농상집요 역주

農桑輯要譯註

이 책은 한국연구재단의 지원으로 세창출판사가 출판, 유통합니다.

농상집요 역주 農桑輯要譯註

A Translated Annotation of the
Agricultural Manual "Nongsangjipyo"

元刻大字本 / 石聲漢 校注
최 덕 경 역주

세창출판사

『**농상집요**』는

농상(農桑)과 수리(水利) 문제를 전문적으로 관리하는 원대(元代) 중앙기구인 대사농사(大司農司)에서 주관하여 편찬한 책이다. 이 책은 원 세조(世祖) 지원(至元) 10년(1273년)에 간행되었는데, 중국정부에서 편찬한 현존하는 농업생산 지도서 중 최초의 서적이라고 할 수 있다. 이 책의 편찬에는 맹기(孟棋), 창사문(暢師文), 묘호겸(苗好謙) 등이 참여하였다.

역주자 **최덕경**(崔德卿): dkhistory@hanmail.net

부산대학교 사학과를 졸업하고 동 대학원에서 석사학위를 취득했으며, 건국대학교에서 "中國古代 鐵製農具와 農業生産力의 발달"(1992.2)로 문학박사학위를 취득했다. 주된 연구방향은 중국고대농업사, 생태환경사 및 농민생활사이다. 이후 농민의 삶의 문제에도 관심을 가지고자 한다.

국립경상대학교를 거쳐 현재 부산대학교 사학과 교수로 재직하고 있으며, 중국사회과학원 역사연구소 객원교수 및 북경대학교 사학과 초빙교수를 역임하였다.

저서로는 『중국고대농업사연구』(1994), 『중국고대 산림보호와 생태환경사 연구』(2009)가 있으며, 역서로는 『중국고대사회성격논의』(공역: 1991)와 『중국사(진한사)』(공역: 2004)가 있다. 그 외 80여 편의 전공 관련 논문이 있다.

농상집요 역주 農桑輯要譯註

1판 1쇄 인쇄 2012년 3월 5일
1판 1쇄 발행 2012년 3월 15일

저자 | 大司農司 교주자 | 石聲漢
역주자 | 최덕경
발행인 | 이방원
발행처 | 세창출판사
신고번호 | 제300-1990-63호
주소 | 서울 서대문구 냉천동 182 냉천빌딩 4층
전화 | (02) 723-8660 팩스 | (02) 720-4579
http://www.sechangpub.co.kr
e-mail: sc1992@empal.com

ISBN 978-89-8411-371-8 93520

이 번역도서는 2009년도 정부재원(교육과학기술부 인문사회연구역량강화사업비)으로 한국연구재단의 지원을 받아 연구되었음(KRF-2009-421-A00002).

이 도서의 국립중앙도서관 출판시도서목록(CIP)은 e-CIP홈페이지(http://www.nl.go.kr/ecip)와 국가자료공동목록시스템(http://www.nl.go.kr/kolisnet)에서 이용하실 수 있습니다.(CIP제어번호: CIP2012001104)

역주자 서문

본서는 『농상집요農桑輯要』를 번역하고 교석한 책이다. 『농상집요』는 현존하는 농업지도서 중 최초의 관찬서이며, 전국적인 성격을 띤 농서이다. 본서의 원문은 1979년 상해도서관에서 발견한 지원 5년(1339)에 영인된 원각대자본元刻大字本 『농상집요農桑輯要』 선본善本(이하 '원각대자본'으로 약칭)을 저본으로 했으며, 교석은 석성한石聲漢 선생이 교주校注한 『농상집요교주農桑輯要校注』(이하 '석성한교주본'으로 약칭)를 위주로 여러 주석본을 함께 참고하였다.

『농상집요』는 원元나라 세조世祖 쿠빌라이칸 10년(1273)에 편찬된 농서로, 모두 7권으로 구성되어 있다. 쿠빌라이칸은 권농정책의 일환으로 중앙에 대사농경大司農卿을 두고, 지방마다 권농사勸農使 및 순행권농부사를 각각 배치하여 전국의 농업생산을 독려하였다. 이들은 이러한 업무수행 과정에서 농서의 편찬 보급이 필요하다는 점을 인식하고, 그러한 정황을 황제에게 건의하였다. 『농상집요』 편찬을 주도한 맹기孟祺도 바로 산동지역의 권농부사였다.

『농상집요』는 다른 농서와는 달리 국가 주도로 편찬된 농서로, 편찬 당시의 그 영향력이나 파급효과는 매우 컸다. 이 책이 국내에 들어오게 된 시기는 『농상집요』가 간행된 지 75년이 지난 1348년 고려 충정왕 때로 이암李嵒 선생이 원나라로 파견되었다가 국내로 돌아올 때 이 농서를 가져왔다. 그 후 24년이 흐른 공민왕 21년에 다시 간행되었다. 『농상집요』는 조선 후기까지 국내 농업에 많은 영향을 주면서 여러 농서를 편찬할 때 활용되기도 하였다.

『농상집요』를 처음으로 교석한 석성한(1907-1971)은 중국 근대 중국을 대표하는 농학자로서, 많은 농서를 어떤 연구자보다 치밀하게 고증하였다. 그의 성과는 이후의 연구자들이 그대로 차용하거나 다소 첨삭하는 정도에 머물고 있다. '석성한교주본'은 그의 「농상집요교주약례」에서 볼 수 있듯이 기존 『농상집요』의 여러 판본을 비교, 대조한 후에, 오탈자를 바로잡음과 동시에 상세한 교석까지 달고 있다.

본 역주서가 원각대자본元刻大字本의 원문을 저본으로 한 것은 초판본 『농상집요』와 70여 년밖에 차이가 없어 다른 책보다 더 원본에 가까울 것이라는 신뢰성 때문이다. 이것을 석성한이 엄청난 노력을 기울여 교주한 판본과 면밀히 검토해본 결과 실제로 글자가 첨삭된 곳은 물론 순서가 뒤바뀐 곳도 적지 않았다. 다행스러운 것은 문장의 의미나 흐름은 큰 차이가 없다는 점이다. 하지만 원각대자본 역시 완전한 것은 아니다. '석성한교주본'은 이 점을 보완하는 것에 적지 않은 도움을 주었다. 게다가 본서는 근래 출판된 무계유繆啓愉의 『원각농상집요교석元刻農桑輯要校釋』본과 마종신馬宗申의 『농상집요역주農桑輯要譯注』본도 참고하여 [역자주]를 달아 석성한 교주의 부족한 부분을 보완하였다. 따라서 본서는 전문 연구자는 물론이고, 생태농업에 관심을 가진 자에게도 자세한 안내와 참고서 역할을 할 수 있을 것으로 생각한다.

기존에 출판된 역서는 중국농서 연구자가 참가하여 번역한 것이 아니었기 때문에 역사 일반에 대한 오류가 적지 않다. 게다가 저본과는 동떨어진 역주를 하고 있으며, 역주 내용도 부실하고 그나마 근거도 달지 않아 전문가가 활용하기에는 적지 않은 문제점을 지니고 있다.

역자는 중국농업사 전문가로서 우선 이러한 문제점을 극복하고 우리 학계에 제대로 된 역주서를 내놓기 위해 1차적으로 다양한 판본에 의거하여 교석을 추가했으며, [역자주]의 근거도 다각도로 제시하였다. 이를 통해 본서 한 권만으로도 서너 권의 『농상집요교석』을 한꺼번에 얻게 되는 셈이 될 것이며, 일반인은 물론 전문가도 적극적으로 활용할 수 있게 편성하였다. 특히 원문과 역문을 한 쪽에 2단으로 편집함으로써 양자를 직접 상호대조할 수 있게 하여 원문을 익히는 데도 도움을 주고자 하였다. 이때 석성한의 주注는 각주脚注로 처리하였고,

글자 첨삭의 차이는 [교석校釋]으로, 판본간의 차이는 [교안校案]으로 편성하여 각 편의 뒤쪽에 후주後注로 처리함으로써 번잡함을 피함과 동시에 연구자들의 기호에 따라 이를 활용할 수 있도록 했다.

본서의 구성은 총 7권 10편으로 나누어져 있다. 그 내용을 보면 1편의 「전훈典訓」은 총론의 성격을 띠고 있으며, 농본사상을 설명하고 있다. 2편 「경간耕墾」은 토지정리와 이용에 대한 내용을 담고 있으며, 3편 「파종播種」은 각종 곡물, 기름을 함유한 열매, 섬유 등 세 종류의 기본 농작물의 경작, 재배에 대한 내용을 담고 있다. 4편 「재상栽桑」은 뽕나무 배양과 재배를 설명하고, 5편 「양잠養蠶」은 누에 키우기와 명주실의 생산에 대한 지침으로 내용이 매우 풍부하다. 그 다음으로, 6편은 「과채瓜菜」류 재배, 7편은 「과실果實」재배, 8편의 「죽목竹木」은 대와 수목재배를, 9편은 「약초藥草」, 10편 「자축孳畜」은 가축 사육에 대해 설명하고 있다. 그리고 마지막에는 매월 해야 하는 일을 기록한 「세용잡사歲用雜事」를 붙여 농업과 부업에 필요한 여러 가지 중요한 항목을 대부분 빠짐없이 기술하고 있다.

주지하듯 『농상집요』는 고금의 모든 농사 전문가들의 서적을 구하여 중복되는 부분은 삭제하고 중요한 부분만을 요약하여 한 권의 책으로 간행한 농서이다. 이런 『농상집요』에는 이전의 『제민요술』과는 달리 뽕나무와 양잠에 관한 내용이 많이 첨부되어 있고, 새로운 채소와 약초 등에 대한 설명이 40여 가지가 추가되어 있으며, 점후占候와 같은 미신적 요소와 금기가 많이 사라진 것을 볼 수 있다. 이것은 시대의 변화에 따라 농업의 요구도 달라졌음을 반영한다. 이 농서는 이후 중국은 물론 조선시대의 『농서집요農書輯要』(1415년)나 『농사직설農事直說』(1429년) 등의 농업서 편찬에 많은 영향을 끼쳤으며, 동아시아 농업의 시야를 크게 확대시켰다는 점에서 의의가 크다.

주지하듯 전근대사회의 농업생산은 역사발전의 주된 동력이었다. "백성은 나라의 근본이요, 음식은 백성의 하늘이다."라는 말은 농업의 중요성을 잘 말해주고 있다. 공자 역시 "나는 경험 있는 농부만 못하다."라는 말을 통해서 농민의 위대함을 말하고 있다. 농서는 농민의 경험을 오래 기억하기 위해 편찬하는 서적이다. 하지만 최근 한국의 경우를 보면 조선시대 이전, 우리에게 적지 않은 영향을 끼쳤던 중국농서의 번역서가 거의 출판되지 않고 있다. 게다가 산업화로 인해 농업의 비중이 나날이 줄어들고, 도시가 발달함에 따라 농업과 농업사에 대한 이해가 부족하게 된 것은 물론이고 농업사 연구자마저 크게 줄어들고 있다.

그런가 하면 한편에서는 최근 화학비료나 농약에 오염되고 유전자 조작 농산품이 늘어나면서 식품의 안전문제와 유기농업의 중요성이 부각되어, 농업이 곧 생명산업이며, 생태산업이라는 인식이 확산되면서 전통농법에 대한 관심이 고조되고 있다. 본 역주서는 지난 수천 년의 농업을 집대성한 관찬 농서로서 생태농업의 경작방법과 그 가치를 이해하는 데 크게 도움을 줄 것이다. 그리고 차세대 연구자에게는 본 역서가 농업사의 중요성을 새롭게 인식하는 토대가 될 것으로 생각한다. 『농상집요』를 번역하게 된 것은 바로 이러한 이유 때문이다.

그동안 본서의 번역은 역주자가 1차로 역주하여 매주 토요일마다 부산대학교 '생태농서연구회'에서 발표하고, 함께 토론하는 방식으로 진행되었다. 본 연구회는 수 년 전에 결성된 전문적인 농서 연구모임으로, 구성원 중에는 역사와 농업사 연구자 이외에도 다양한 연구자가 포함되어 있다. 모임에서 해결하기 곤란한 용어나 문제는 농촌진흥청의 전문가들의 도움을 받기도 하였다. 아울러 독자의 이해를 돕기 위해 『농상집요』에 등장하는 각종 농기구나 농업 활동을 그림으로 삽입하였다. 특히 권7에 등장하는 다양한 질병과 약제 용어 등은 의학용어사전과 인터넷 사전을 이용하여 해당 용어에 대한 설명을 일일이 [역자주]로 처리하여 독자의 이해를 돕고자 하였다.

번역 작업을 하면서 갈등이 되었던 부분은 직역과 의역의 문제였다. 가능한 직역을 원칙으로 하면서 직역을 하였을 경우 우리 문화에 비추어 볼 때 이해할 수 없는 부분은 의역을 하거나 구체적인 표현을 덧붙였다. 또 주석가들마다 원문에 대한 이해가 달라 문장의 표점이 다르고, 그로 인해 해석이 달라진 점도 있었다. 이런 경우 가능한 원각대자본의 원문과 석성한의 주석에 따랐으며, 다소 문제가 되는 부분은 번역했을 때 우리 국어에 보다 알맞은 방식으로 표점을 조정하기도 하였다.

명품을 만들어보자는 다짐을 하면서 번역을 시작했지만, 전문가의 눈에는 여전히 부족한 부분이 적지 않을 것이다. 또한 막상 출판하려니 부족한 부분 때문에 두려움이 앞선다. 이후 수정의 기회가 주어지면 최근의 연구성과까지 반영하여 출판할 것을 다짐해 본다.

끝으로 한 권의 책이 햇빛을 보기까지 적지 않은 분들의 도움을 받았다. 우선 매주 토요일 스터디에 참여하고 있는 '생태농서연구회' 회원들에게 깊이 감사드린다. 오랜 시간동안 함께 고민하고 토론하면서 많은 자극을 받았다. 그리고 누구나 쉽게 이해할 수 있도록 편안한 문체로 바꾸어주고, 원문을 일일이 대조해준 부산대학교 사학과 김소현 양과 김상용 군에게도 이 자리를 빌려 감사드린다. 이 외에도 본서를 명저번역과제로 선정하여 경제적 지원을 아끼지 않았던 한국연구재단 관계자에게 감사하며, 무엇보다 까다로운 필자의 요구를 말없이 들어준 세창출판사 김명희 실장님에게도 고마움을 전한다. 이 분들의 도움 덕택에 본서가 세상에 나오게 되었다.

마지막으로 이 책이 생태유기농업을 부활시키는 길잡이가 되기를 바라며, 동시에 생태농경방식이 곧 우리의 생명과 환경을 지키는 미래이며, 우리 산업의 경쟁력이라는 인식이 정착되기를 기대해본다.

2011년 11월 11일 금정산 미리내골 언덕에서

역주자 최덕경 씀

농상집요 원서原序

황제께서 천하를 다스림에 있어, 백성들의 생활이 풍족하고 즐겁게 일하여 영원히 배고픔과 추위를 걱정하지 않길 바라시어, '대사농사大司農司'[1)] 설립을 명하셨다. 다른 일은 하지 말고, 농사와 양잠을 권면하는 일만 하도록 하였으며, 이를 시행한 지 5, 6년이 지나자 효과가 현저하게 나타났다. 백성들의 경작지 개간과 경작의 기술이 예전보다

1) '조립대사농사(詔立大司農司)': 왕반(王磐)의 서문에 따르면, 대사농사의 설립을 명한 것은 그가 서를 쓰기 6, 7년 전의 일이다. 서를 지원(至元) 10년에 썼으므로, 여기에서 '6, 7년'을 거슬러 올라가면 지원 3년 또는 4년, 즉 1264년 또는 1265년이 된다. 『원사(元史)』 권4의 「본기사(本紀四)」를 찾아보면, [세조(世祖)] 중통(中統) 2년 8월 정미(丁未)[진원(陳垣)의 『중서회사일력(中西回史日曆)』에 따르면, 1261년 9월 4일] 요추(姚樞)를 '대사농(大司農)'으로 하여 '권농사(勸農司)'를 처음으로 설립했다. … 권7 「본기칠(本紀七)」 지원 7년 2월 임진(壬辰)(1270년 3월 6일)에 '사농사(司農司)'를 설립했다. … 12월 병신(丙申) 초하루(1271년 1월 13일) '사농사'를 '대사농사'로 바꾸었다. 권8 「본기팔(本紀八)」 … 지원 10년 3월 갑인(甲寅) 초하루(1273년 3월 21일) "대사농사에게 명하여 관리를 파견하여 순행하도록 했다." … 또 권87 「백관지삼(百官志三)」의 '대사농사' 조에도 "지원 7년에 설립이 시작됐다."라고 했다. 『속통전(續通典)』과 『신원사(新元史)』의 기록은 『원사』와 동일하다. 『원사』에 따르면, '대사농사의 설립'은 지원 7년이며, 이는 왕반이 서를 쓰기 전이 분명하다. 하지만, 서를 쓰기까지는 '6, 7년'이 아니라 3년여밖에 안 되니, 연대가 맞지 않는다. 왕반이 당시의 한림원사였고, '국사원(國史院)'을 겸직했던 사관(史官)이었다는 것을 감안해 보면, 그의 연월 기록이 잘못되었을 리는 없고, 『원사』의 연대 기록이 앞뒤가 맞지 않는 부분이 많으므로 『원사』의 기록이 잘못됐을 가능성이 있다. 그 후의 「백관지삼」에 따르면, 지원 14년(1277)에 있는 '파(罷)'(대사농사?)는 '본기(本紀)'에는 없다. 「본기십일(本紀十一)」: 18년 10월 기유(己酉)(1281년 11월 20일) '농정원(農政院)'으로 바꾸었다. … [「백관지」에는 '치관육원(置官六員)'이라는 숫자가 있다.] 20년(1283)에 다시 '무농사(務農司)'로 바꾸었다는 글은 「백관지」에만 보인다. 「본기십사(本紀十四)」, 23년 6월 을사(乙巳)(1286년 6월 23일), "여전히 대사농사이다."(「백관지」와 동일하다.) [성종(成宗)] 대덕(大德) 원년(元年)(1297), [인종(仁宗)] 황경(皇慶) 2년(1313년), 대사농사의 '대사농' 관원의 수가 늘었다.

몇 배나 늘었다. 농사의 여러 전문가들은 농사를 짓는 사람들이 근면하게 일을 한다고 해도, 파종에 이로운 것과 양잠의 순서가 있기 때문에 이러한 것들을 익히지 못하면 힘은 들지만 성과는 적고, 풍작을 이룰 수 없음을 걱정하였다. 그리하여, 고금의 모든 농사 전문가들의 서적을 구하여 살펴보면서, 중복되는 부분은 삭제하고 중요한 부분만을 요약하여 한 권의 책으로 만들고 제목을 『농상집요農桑輯要』라고 했다. 모두 7권이며, 판본으로 새겨서 천하에 전파하였으며, 그 제목들을 권두에 모았다. 나는 일찍이 「빈시豳詩」[2]를 읽고 주나라가 팔백년 동안 번성할 수 있었던 것은 모두 농사의 어려움에서부터 경험을 쌓았기 때문이라는 것을 알았다. 『맹자孟子』[3]를 읽어보면, 그 안에서 왕도를 논하며 누차 강조하는 것은 "남자는 경작을 하고, 여인은 양잠을 하며, 다섯 마리의 닭과 두 마리의 돼지를 기르고, 그 시기를 놓치지 않으며, 나이가 많은 사람은 비단으로 만든 옷을 입고 고기를 먹으며, 일반 백성들은 굶주리지 않고 추위에 떨지 않는다."라는 구절이다. 농사와 양잠은 얼마나 대단한 것인가! 이는 진정 백성들의 먹는 것과 입는 것의 원천이며, 나라의 부강의 기본이다. 왕이 된 자는 백성들을 교화하고, 풍속을 두터이 하며, 효와 우애를 돈독히 하고, 예절과 겸손을 숭상하게 함으로써 태평에 이르게 하며, 백성들을 어질고 장수하게 하며, 이러한 권리를 누리지 못하는 자가 없도록 한다. 그러한즉 이 책의 발행은 천하를 이롭게 하고자 함이니, 이를 어찌 한두 마디로 다 표현할 수 있겠는가? 이를 개인에 비한다면 도주陶走와 의돈猗頓이 재산을 모은 기술이요, 국가에 비한다면 주나라의 성왕成王과 강왕康王, 한나라의 문제

2) '빈시(豳詩)': 『시경(詩經)』 「국풍(國風)·빈풍(豳風)·칠월(七月)」편을 가리킨다.

3) '『맹자(孟子)』': 『맹자』 「양혜왕장(梁惠王章)」에 두 절이 있으며, 「등문공장(滕文公章)」에는 한 절이 있는데, 모두 맹가(孟軻)가 구상한 '왕도지치(王道之治)'의 정치, 경제시스템에서의 풍족한 상황에 대해 기록하고 있다.

文帝와 경제景帝의 시대와 맞물린다 하겠다. 서에서 어떻게 더 찬양을 해야 후세가 그 중요성을 알 수 있을까?

지원至元 계유癸酉년, 늦가을[4]에 한림학사 왕반王磐[5] 글

4) '지원계유세계추중순일(至元癸酉歲季秋中旬日)': 진원의 『중서회사일력(中西回史日曆)』에 따르면, 1273년 11월 초순이다.

5) '한림학사왕반(翰林學士王磐)': 『원사』 권87의 「백관지」의 '한림겸국사원(翰林兼國史院)'조에 "중통초, 왕악(王鶚)이 한림학사가 되었다. … 지원 원년(1264)에 비로소 설치되었다."라는 구절이 나온다. 『원사』 권160의 열전47에 「왕반전(王磐傳)」이 있다.

일러두기

1. 원문은 기본적으로 1979년 상해박물관에서 발견된 원각대자본元刻大字本『농상집요農桑輯要』에 따랐으며, 필요시 석성한石聲漢이 각종 판본을 참고하여 교석한 원문은 【 】 속에 넣어 원각대자본과 상호 대비하여 참고하도록 하였다. 때문에 전본을 비롯하여 각종 판본에 의존하여 고증했던 석성한의 교석내용은 근거한 판본이 달라짐으로써 서술방식을 적지 않게 수정하였음을 밝혀둔다.
2. 본서 역주서가 저본으로 한 교석본은 1982년 농업출판사에서 간행한 석성한의 『농상집요교주農桑輯要校注』본이다. 하지만 [역자주]를 통해 무계유繆啓愉가 교석한 1988년 농업출판사의 『원각농상집요교석』과 마종신馬宗申이 2008년 상해고적출판사에서 역주한 『농상집요역주』본도 함께 참고하였음을 밝혀둔다.
3. 본서의 각주는 1) 2) 3)의 번호 순으로 해당 페이지의 하단부에 삽입하고, 역자의 주는 [역자주]로 표기했는데, 저본으로 삼은 석성한의 주는 [역자주] 표기를 하지 않았다.
4. 【교석校釋)】과 【교안校案】의 주는 대개 석성한의 교석본을 따랐으며, 필요시 원문을 함께 표기하여 해당 조문의 끝에 삽입하였다. 【교석校釋】의 번호는 ❶ ❷ 방식으로 일련번호를 매겼으며, 【교안校案】은 ⓐⓑⓒ의 일련번호를 사용하였다.
5. 서명은 『 』, 편과 절은 「 」로 표현하였다. 예컨대 『효경孝經』 「원신계援神契」로 한다.
6. 한자표기는 한글과 음이 다를 경우 [ ] 안에 한자를 넣었으며, 한글과 한자음이 같을 경우 그 글자 옆에 한자를 작게 표기해두었다. 다만 주의 글씨가 작을 경우, 한자를 더 이상 작게 표기할 수 없어 ( )에 넣어 처리하였다. 원문을 표기할 때는 번역문 다음에 [ ] 속에 한문을 삽입하여 병기했다.
7. 원문의 표점은 간혹 석성한 교석본과는 달리 번역문에 적합하게 고쳐 표기하였다.
8. 권7에 자주 등장하는 식물이나 질병의 명칭을 간단하게 설명할 경우 일일이 그 근거를 제시하지 않고 처음 등장하는 곳에 근거를 제시하여 중복을 피하였다.

차 례

권3
187

권4
265

권5
371

권7 579

부록 639

농상집요 역주 | 권1

A Translated Annotation of the
Agricultural Manual "Nongsangjipyo" | No. 1

농업의 지침 [典訓]

농업의 기원

農功起本

『주서周書』[1]에서 이르기를, "신농씨神農氏 때 하늘에서 조[粟][2]가 비 오듯이 내려와 신농씨는 마침내 밭을 갈고 그 씨를 뿌렸다."라고 한다.

『백호통白虎通』[3]: "고대 사람들은 모두 날짐승과 들짐승의 고기를 먹었다. 신농씨 때에 이르러 … 하늘의 변화에 순응하고, 토지의 적합성에 따라 구분하고, 따비[耒耜][4]와 같은 농기구를 제작

『周書』曰, 神農之時, 天雨粟, 神農遂耕而種之.

『白虎通』: 古之人民, 皆食禽獸肉. 至於神農 … 因天之時, 分地之利, 制

1) '주서(周書)': 이 절은 『제민요술』 권1의 「경전제일(耕田第一)」에 인용되었으며, 『태평어람(太平御覽)』 권78 「황왕부삼(皇王部三)」에 인용된 것은 『제민요술』과 같다. 여기에서 말하는 '주서(周書)'는 1부(部)가 이미 소실된 고서(古書)를 일컫는 것으로, 오늘날 전해지고 있는 '급총주서(汲冢周書)'가 아니다.

2) 역자주 속(粟)은 본래 단일 곡물인 조를 뜻하지만, 고대 중국의 주곡이었다는 점에서 곡물의 총칭으로도 사용된다.

3) '『백호통(白虎通)』': 동한시대 반고(班古)가 편찬한 『백호관통덕론(白虎觀通德論)』을 줄여서 『백호통(白虎通)』이라고 했다. 본서에서 인용한 부분은 지금은 권1 「호(號)」편에 보인다. 역자주 본문에는 '백호관통덕론'이라고 나와 있으나, 마종신(馬宗申)의 역주에서는 '백호통덕론'이라고 한다.[『농상집요역주(農桑輯要譯注)』(이후에는 마종신 역주라고 약칭함), 상해고적출판사, 2008]

4) 역자주 뇌사(耒耜)는 고대 농경에 사용된 수노동 농구이며, 혹자는 쌍치(雙齒) 도구로 흙을 파는 쟁기를 '뢰(耒)'라 하고, 삽 모양의 보습이 부착된 것을 '사(耜)'라고 하고, 혹자는 뢰는 사의 손잡이 부분이며, 사는 입토 부분을 일컫는다고 한다. 마종신의 역주에는 상고시대 흙을 뒤엎는 뢰사에서, 사는 흙을 일으키는 것이고, 뢰는 그 손잡이라고 한다. 원시시대에는 나무로 만들었지만 후에 쇠로 바뀌었으며 쟁기로 발전하였다고 한다. 우리말로는 따비라고 한다.

하여, 백성들에게 농업에 종사하도록 가르쳤다. 그는 신神과 같이 농사의 오묘한 이치를 통달하여, 백성들로 하여금 즐겁게 농사일에 종사하도록 하였기 때문에 그를 일러 '신농神農'이라 일컬었다."

耒耜, 教民農作. 神而化之, 使民宜之, 故謂之'神農'.

『전어典語』[5]: "신농씨는 일찍이 각종 야초野草를 맛본 후에 먹을 수 있는 곡식을 선별하여 백성들로 하여금 비로소 알곡을 먹게 했다."

『典語』: 神農嘗草別穀, 烝民乃粒食.

『세본世本』[6]: 수倕[7]는 따비[耒耜]를 제작하였다. 수는 신농의 대신大臣이다.

『世本』: 倕作耒耜. 倕, 神農之臣也.

『주본기周本紀』[8]: 기棄는 어릴 때 … 마麻와

『周本紀』: 棄爲

---

5) '『전어(典語)』': 삼국시대 오나라의 명장인 육항(陸抗)의 아들 육경(陸景)[육운(陸雲), 육기(陸機)의 큰형]의 저서 중에 『전어』가 있다. 당나라 유현(劉玄)의 『사통(史通)』 자서(自序)에 보인다. 인용된 문장은 『초학기(初學記)』 권9에 보이며, 『태평어람』 권78 「황왕부삼(皇王部三)」에 인용된 문장은 "신농은 100가지 풀을 맛보고, 100가지 곡물로 나누었으며, 모든 백성들은 이에 음식을 먹게 되었다.[神農嘗百草, 別百穀, 蒸民乃粒食.]"이다.

6) '『세본(世本)』': 위나라 문제(文帝) 조비(曺丕)가 찬집한 책으로 현재 몇 가지 집본(輯本)이 전해진다. 본서에 인용한 문장은 『제민요술』에서 인용한 것과 같다. 『태평어람』 권823 「자산부삼(資産部三)」의 '뇌(耒)'절의 인용문은 "구요(咎繇)가 뇌사를 만들었다.[咎繇作耒耜.]"이다. 여기에서 '구요(咎繇)'는 '고요(皐陶)'이다.[『초사(楚辭)』 참조]

7) 역자주 마종신의 역주에 의하면, 수(倕)는 전설상의 상고시대의 손재주가 뛰어난 장인이었다. 『상서(尙書)』 「순전(舜傳)」에 이르기를 "순 임금은 일찍이 그를 임명하여, 각종 수공업을 관장하게 했다."라고 한다.

8) 『주본기(周本紀)』: 『사기』 본기(本紀) 권4이다. "기(棄)는 어렸을 때 위대한 사람이 되겠다는 뜻을 세웠다. 그는 경작을 하면서 놀았는데, 삼, 콩을 심는 것을 좋아했으며, 그 수확도 좋았다. 그가 성인이 되어 농사를 잘 짓게 되고, 토지에 따라 알맞은 방법을 취하니, 농사를 짓는 사람들의 경작상황이 좋아졌고, 농민들이 모두 그 방법을 따랐다. 요 임금이 그 소식을 듣고 기(棄)를 농사(農師)로 삼아 모든 백성들이 그로 인한 혜택을 입었다. … [棄爲兒時, 屹如巨人之志. 其游戲, 好種樹麻、菽, 麻、菽美. 及爲成人, 遂好耕農, 相地之宜, 宜穀者稼穡焉, 民皆法則之. 帝堯聞之, 擧棄爲農師, 天下得其利. …]"

콩[菽]을 파종하며 놀기를 좋아했다. … 이어 어른이 되어서도 밭 갈아 농사짓기를 좋아했다. 땅의 적합함을 살펴서 곡식을 파종하기에 적합한 곳은 개간하여 농사를 지었다. 백성들은 모두 그를 본보기로 하였다. (이로 인해) 요堯 임금은 그를 농사農師로 기용하였다.

『한서漢書』「식화지食貨志」: 후직后稷이 처음으로 견전법甽田法[9]을 실시했는데, 두 개의 보습[耜]을 조합하여 짝[耦]을 이루어 경작하였다.[10] 안사고(顔師古)[11]가 이르기를, '고랑[甽]'은 이랑[壟]이다.[12]

「예문지藝文志」[13]: 농가農家에는 모두 9개의

兒時 … 其遊戱, 好種樹**1**麻、菽. … 及爲成人, 遂好耕農. 相地之宜, 宜穀者稼穡之. 民皆法之. 堯擧以爲農師.

『漢·食貨志』: 后稷始甽田, 以二耜爲耦.**2** 顔師古曰 '甽' 畎同, 壟也.

「藝文志」: 農九

9) 역자주 견전법은 고랑과 이랑을 작성하여 고랑에 파종하는 방식이다. 이 방식이 이미 후직 때부터 실시되었다고 한다.

10) '이사위우(二耜爲耦)': '우경(耦耕)'의 해석에 대해서는 이견이 많다. 어떤 학자는 이 구절에 근거하여 두 사람이 좌우로 나란히 서서, 각자 사(耜)를 하나씩 갖고, 동시에 흙을 파서 뒤집는 것이라고 주장한다. 하지만 오늘날 이러한 방식의 흔적은 전혀 남아 있지 않은데다, 두 사람이 나란히 서서 동시에 밭을 갈면 서로에게 방해도 되고 사실에도 부합되지 않는다. 다른 견해는 두 사람이 밭의 양쪽 시작점에서 등을 지고 서서, 각자 사를 가지고 한 줄씩 밭을 갈면서 뒤로 가는 것이다. 이렇게 하다보면 결국 두 줄이 만나면서 하나의 이랑이 만들어지니, '이사위우(二耜爲耦)'라는 가설과도 맞아떨어지고, 방법도 비교적 합리적이다. 그 외에 두 가지 견해가 더 있다. 하나는 한 사람이 앞줄에서 밧줄로 쟁기를 끌고, 다른 한 사람이 뒤에서 쟁기를 받치는 것으로, 앞에 있는 사람이 소가 쟁기를 끄는 역할을 대신하는 것이다. 이것이 바로『한서』「식화지」에서 말하는 "그리하여 평도령(平都令) 광(光)은 조과(趙過)에게 사람이 쟁기를 끄는 방법을 가르쳐주었다. [故平都令光, 敎(趙)過以人輓犁.]"는 방식이다. 두 번째는 앞에 있는 사람이 도랑을 갈고, 뒤에 있는 사람은 그 도랑을 더욱 깊게 쟁기질 하는 것이라는 견해가 있다. 유선주(劉仙洲)의『중국농업기계발명사(中國農業機械發明史)』7쪽 '우경(耦耕)의 정확한 해석' 참고.

11) '안사고(顔師古)'는 당나라 만년현(萬年縣)[지금의 서안(西安) 부근] 사람이다. 『당서(唐書)』권73에 전해지는 내용이 있으며, 반고의『한서』에 주(注)를 달았다.

12) 역자주 안사고가 고랑[甽]은 밭 사이의 작은 고랑[小溝]인데, 이랑[壟]과 동일한 것으로 해석하고 있는 것은 이해하기 힘들다. 혹자는 '견(畎)'이라고도 한다.

분파가 있는데, 저작은 모두 114편이다. 농가는 하나의 학파로서, 후직后稷과 농관農官에서 비롯되었다. 온갖 곡식을 파종하고, 농경과 양잠에 힘써 이로써 의식이 풍족하게 되었다.

家, 百一十四篇.[3] 農家者流, 蓋出農稷之官. 播百穀, 勸耕桑, 以足衣食.

〈그림 1〉 따비[耒耜][왕정(王禎)『농서』]

▌교 석 (校釋)▐

[1] '수(樹)': 격본(格本)에는 '식(植)'으로 되어 있으나, 전본(殿本)에 따라 '수'로 쓰는 것이 『사기(史記)』 원본과 일치한다. '수(樹)'는 동사로 쓸 수 있으며, '수립하다', '재배하다'로 해석한다. [역자주] 격본은 원각본(元刻本)에 근거하여 복각한 것이다.

[2] '우(耦)'자 아래의 주(注)에는 격본에는 "고랑인 견(甽)은 견(畎)과 동일하며, 이랑이다.[甽, 畎同; 壟也.]"라고 한다. [역자주] 견(甽)과 견(畎)이 동일하다는 것은 이해되지만, 고랑을 이랑과 동일하다고 파악한 것은 수긍하기 어렵다. 전본은 『한서(漢書)』의 원주(原注)를 인용했는데, 더욱 상세하고 명료하므로 전본을 따르도록 한다.

[3] '백일십사편(百一十四篇)': 격본에는 '백사십일편(百四十一篇)'으로 되어 있으나, 전본에 고쳐 쓴 '백일십사편(百一十四篇)'이 합당하다. [역자주] 석성한은 교주에서 "원본에는 141편으로 되어 있으나 『한서』에 의거해서 바로잡았다고 한다.[按原本作百四十一篇. 今據『漢書』校改.]"라고 한다.

13) 「예문지(藝文志)」란 『한서』 「예문지」를 가리킨다.

양잠의 기원

『한서漢書』「식화지食貨志」14): 곡식 … 과 포백 … 이 두 가지는 백성이 살아가는 근본이다. 신농씨의 시대부터 발전하여 왔다.

『역경易經』「계사繫辭」15): 신농神農씨가 죽은 후 황제黃帝, 요堯, 순舜씨가 뒤를 잇고, 그들은 변화를 잘 깨우쳐 백성으로 하여금 게으르지 않게 하였다.…백성들은 매우 편안한 의복을 착용하고 천하는 잘 다스려졌다. 대개 건괘乾卦와 곤괘坤卦의 계시를 받은 것이다.16) 공영달(孔穎達)이 주소하기를, 황제 이전에는 새와

蠶事起本

『漢·食貨志』: 嘉穀 … 布帛 … 二者, 生民之本. 興自神農之世.

『易·繫辭』: 神農氏沒, 黃帝、堯、舜氏作, 通其變, 使民不倦. … 垂衣裳而天下治. 蓋取諸乾坤. 4 疏: 黃帝已上, 衣鳥獸之皮. 其後人多獸少, 事或窮乏, 故以絲、麻、布、

---

14) "『한서』「식화지」의 권두(卷頭) 부분에서 인용했다. "'식(食)'은 농사를 지어 얻은 좋은 곡식으로 먹을 수 있는 것을 일컬으며, '화(貨)'는 포백(布帛)처럼 입을 수 있는 것과 금(金), 도(刀), 구(龜), 패(貝) 등으로 재화와 이익을 분배하고 유무(有無)를 서로 통하게 하는 것을 일컫는다. 이 두 가지는 백성들을 살게 하는 근본으로 신농(神農) 때부터 번창하게 되었다.[食謂農殖嘉穀可食之物, 貨謂布帛可衣, 及金、刀、龜、貝, 所以分財布利, 通有無者也. 二者, 生民之本, 興自神農之世.]" 이는 「식화지(食貨志)」 제목의 '식'과 '화'의 뜻을 설명한 것으로, 이 두 가지는 백성들의 경제생활의 기초가 되는 것이므로 '생민지본'이라 한 것이다. "신농(神農) 때부터 번창하게 되었다."는 것은 전설일 뿐이다. 역자주 위의 인용문의 '가곡(嘉穀)'은 예전에는 조를 가리키는 말이었으나, 후에 오곡을 총칭하는 용어가 되었다고 한다. 석성한 주석에는 구(龜)를 '상(象)'으로 표기했지만 원문에 따라 '구'로 고쳐 표기하였다.

15) 『역·계사(易·繫辭)』는 『역경』「계사하」로서 다음 문장에서 인용했다. "… 神農氏沒, 黃帝、堯、舜氏作, 通其變, 使民不倦, 神而化之, 使民宜之. 易, 窮則變, 變則通, 通則久. 是以自天祐之, 吉無不利. 黃帝、堯、舜, 垂衣裳而天下治, 蓋取諸乾坤…." 이는 전국시대 이후의 사람이 위작(僞作)한 문장이다.

16) 역자주 무계유 교석본에 의하면, 취제건곤(取諸乾坤)이란 음양의 변통에 따라서 날로 새로워지고 달로 변화하는 것을 말한다. 『역경』의 왕필(王弼)의 주에 의하면 '건'과 '곤'은 천지의 조화, 남녀의 존비 등의 계시가 의복에서 비롯된다고 한다.[무계유교석(繆啓愉校釋), 『원각농상집요교석(元刻農桑輯要校釋)』(이후

짐승 가죽으로 옷을 만들었다. 그 후 사람은 많아지고 짐승이 줄어들면서 가죽이 용도에 충분하지 않게 되자 명주와 삼으로 짠 비단과 베로 옷을 지어 … 백성으로 하여금 편안하게 하였다고 한다.

帛而制衣裳 … 使民得宜也.

『통전通典』[17]: 주나라 제도에 … “선잠先蠶에 제사지냈다.”[18] … 선잠은 곧 ‘천사성天駟星’[19]을 가리키는 것이다. … 옛날에는 잠蠶

『通典』: 周制, … “享先蠶.” … 先蠶, ‘天駟’也. … 蠶與馬同氣. 漢

무계유 교석본으로 약칭), 농업출판사, 1988]

17) 『통전(通典)』은 두우(杜佑)의 『통전』 권46 「예육(禮六) 선잠(先蠶)」에서 인용했다. “주나라의 제도에 의하면 중춘(仲春)에 황후와 후궁은 양잠을 권면하기 위해 재계(齋戒)하고, 선잠(先蠶)에 제사를 지내고 직접 뽕잎을 따서 양잠을 장려하였다.[周制: 仲春, … 后妃齋戒, 享先蠶而躬桑, 以勸蠶事.]” 그 아래에 “… 선잠(先蠶), 천사(天駟: 전갈자리) … 원잠을 금지했다.[禁原蠶.]”라는 작은 주를 달았다. 그 아래에 “원(原)은 다시[再](=여러 차례 잠을 거친 누에)의 뜻이다. 천문에서 ‘신(辰)’은 ‘마(馬)’이다. ‘잠(蠶)’과 ‘마(馬)’는 기운이 같다. 원잠(原蠶)을 금하는 것은, 말을 상하게 하기 때문이다.”라는 작은 주를 달았다.

“한나라의 황후는 동교(東郊)에서 양잠을 했다.[漢皇后蠶於東郊.]” 아래의 “잠신(蠶神)에게 제를 지낸다.”라고 함은 ‘원유부인(苑窳婦人)’과 ‘우씨공주(寓氏公主)’ 이들 두 명의 신을 말한다.(역자주 『후한서』「의례지」에 보인다.) ‘窳’의 음은 ‘俞’이다. “북제에서는 … 소, 양, 돼지 각각 한 마리로써 선잠에 제사를 지냈다. 황제 헌원(軒轅)은 단상에서 … 선농(先農)에 예를 취하는 것과 같이 제를 올렸다 ….”, “후주(後周)의 제도를 보면, 황후는 … 양, 돼지 각각 한 마리로써 친히 선잠 서릉씨(西陵氏)에게 제를 올렸다 ….”라고 작은 주를 달았다. 『통전』에 의하면 ‘선잠’은 주(周)[『주례(周禮)』를 가탁한 것임], 한, 후한, 위, 진(晉), 남조, 송, 북제, 후주, 수와 당 각 왕조 황후들의 잠신(蠶神)에게 지내는 제사 의식을 기재하고 있다. 『농상집요』에서 ‘주’와 ‘전한’ 이 두 ‘고대’ 외에 ‘북제’와 ‘후주’ 등 ‘중원(中原)을 통치한’ 이들 두 북방 민족을 특히 선택한 사실에서 당시[원나라가 금나라를 멸한 후 세조(世祖)가 아직 강남(江南)지역을 얻기 전] 원나라 때 중원으로 이주한 한인(漢人)[=요, 금 및 황하유역 사람]들이 몽고족을 도와 황하유역에 정권을 세웠을 때, 스스로 이들 2개 민족의 통치를 계승하고 있다고 여겼음을 짐작할 수 있다.

18) 역자주 전근대사회에서 사람들의 생활에 필요한 옷을 만든 상징적 존재로 최초로 양잠을 가르쳤다는 선잠 서릉씨(西陵氏)를 제사하는 것이다.

19) ‘천사(天駟)’: 별자리의 명칭. 역자주 『주례(周禮)』에 따르면, 천사(天駟: 별 이

과 마馬의 정기가 서로 같다고 인식하였다. 한나라 제도에는 '잠신'에 제사하고 말하길, '원유부인', '우씨 공주'라고 한다. … 북제北齊에서 … '선잠'은 황제 헌원씨에게 제사하고 … 선농先農의 제사 의례와 같이 하였다. 또한 후주後周에서는 … 선잠 서릉씨先蠶西陵氏에게 제사[20]하였다.

制, 祭 '蠶神', 曰 '苑窳羊主反 5 婦人', '寓氏公主'. … 北齊, … '先蠶'祠黃帝軒轅氏 … 如先農禮. 後周 … 祭先蠶西陵氏.

교 석(校釋)

4 '곤(坤)'자 아래의 주: 격본에는 '소(疏)'자를 써서 인용을 시작하였으나, 전본에는 "공영달(孔穎達)이 이르기를, 황제 이전에는 새와 짐승 가죽으로 옷을 만들었다. 그 후 사람은 많아지고 짐승이 줄어들면서 가죽이 용도에 충분하지 않게 되자 명주와 삼으로 짠 비단과 베를 짜서 옷을 지어, 백성으로 하여금 편안하게 하였다고 한다.[孔穎達曰 黃帝已上, 衣鳥獸之皮. 其後人多獸少, 事或窮乏, 故以絲、麻、布、帛而制衣裳, 使民得宜也.]"라고 하여 비교적 명확하게 제시하고 있다.

5 '유(窳)'자 아래 반절음은 전본에는 빠져 있지만 격본에는 음주(音注)인 '양주반(羊主反)'이 보인다.

름으로 房星)는 마조(馬祖)를 말한다. 말의 조상신을 제사하는 것을 마조라고 한다.

20) 역자주 무계유 교석본에 의하면 '서릉씨(西陵氏)'는 전설상으로 백성들에게 가장 먼저 양잠을 가르친 누조(嫘祖)이다. 『사기』「오제본기」에는 황제가 헌원의 언덕에 살면서 서릉씨의 딸에게 장가가서 누조가 되었다고 한다.

농업에 대한 경전의 교훈

經史法言

『상서尙書』「홍범洪範」: '팔정八政'[21]에 이르길 첫째가 식食이고, 백성들을 가르쳐 농업에 힘쓰게 하였다. … 사람은 먹지 않으면 죽는다. 식(食)은 사람에게 가장 시급한 것이므로 먼저 가르쳐야 한다. … 음식은 부지런히 농사지어 구한다. 둘째는 화貨이다. 백성들에게 물자를 구하도록 가르친다. … 옷은 양잠하고 방적함으로써 얻을 수 있다고 한다.

『書·洪範』: "八政": 一曰食, 教民使勤農業也. … 人不食則死. 食於人最急, 故教爲先也. … 食則勤農以求之. 二曰貨. **6** 教民使求資用也. … 衣則蠶績以求之.

「무일無逸」[22]: 주공周公이 말하길, "오호라! 군자君子는 먼저 개인의 향락을 도모해서는 안 된다. 먼저 농업의 어려움을 알아야만, 이내 개인의 편안함을 이야기할 수 있고, 그런 즉 백성[小人]이 어떻게 생활하는지를 알 수 있다."[23] 농사란 농부들

「無逸」: 周公曰: "嗚呼! 君子所其無逸. 先知稼穡之艱難, 乃逸, 則知小人之依." **7** 稼

---

21) '홍범(洪範)'에 의하면 "기자(箕子)는 … 우(禹)왕에게 내린 아홉 가지 큰 규범 중 … 세 번째는 농업에 쓰이는 팔대 영역[農用八政]인데, … 팔대 영역의 첫째는 먹는 것[食]이며, 둘째는 재화[貨], 셋째는 제사[祀], 네 번째는 사공(司空: 토지를 관리하는 관직), 다섯째는 사도(司徒: 교육을 관리하는 관직), 여섯째는 사구(司寇: 사법을 관리하던 관직), 일곱째는 손님을 대접하는 것[賓]이며, 여덟째는 군대[師]를 가리킨다.[箕子乃言曰 … 錫禹洪範九疇 … 次三曰農用八政 … 八政: 一曰食, 二曰貨, 三曰祀, 四曰司空, 五曰司徒, 六曰司寇, 七曰賓, 八曰師.]"라고 말했다. 이는 바로 두 가지 기본 조건(음식과 재화)과 한 가지 의식, 다섯 가지의 관리 인원으로 농업생산을 통제하는 것이다.

22) 역자주 『상서(尙書)』의 편명. 「무일(無逸)」: 『상서』「주서(周書)」「무일」 앞의 구절에 보인다. 내용은 성왕(成王)이 즉위하자 주공은 성왕의 탐욕과 무사안일을 경계하여 말한 것이다. 해석은 주에서 인용한 '공안국왈'에서 이미 보았다.

23) 역자주 마종신(馬宗申)은 역주에서 여기서 '군자'는 일반 독서인의 범칭이 아니고 국가의 통지자를 가리키며, 실제는 성왕(成王)을 암시한다고 한다. 주공(周公)은 성왕에게 먼저 농사일의 힘든 것을 경험한 연후에 개인생활을 안배하도록 했다. 이것은 두 가지 의미를 내포하고 있다. 하나는 안일함을 좇는 군왕의 관념

의 어렵고 고된 일이다. (군자는 마땅히) 먼저 그것을 알고 개인의 안일함을 도모한다면, 비로소 백성[小人]이 어떻게 생활을 유지하는지를 알 수 있게 된다고 하였다.24)

稽, 農夫之艱難事. 先知之, 乃謀逸豫, 則知小人之所依怙.

『예기禮記』「왕제王制」25): 국가에 9년간의 비축분이 없으면 '부족한 상태'라고 한다. 6년간의 비축분이 없으면 '위급한 상태'라고 한다. 3년간의 비축분이 없으면 "국가 형태를 갖추고 있더라도 국가라고 할 수 없다."라고 한다. 3년간 농사를 지으면 반드시 1년의 식량을 남겨 놓아야 하고, 9년간 농사를 지으면 반드시 3년 먹을 식량은 남겨 두어야 한다. 30년을 이와 같이 한다면 비록 흉년이나 가뭄이 들고 물난리가 닥쳐도 백성들의 얼굴에 굶주린 기색이 없게 될 것이다.

『禮記·王制』: 國無九年之蓄, 曰'不足'. 無六年之蓄, 曰'急'. 無三年之蓄, 曰"國非其國." 也. 三年耕, 必有一年之食, 九年耕, 必有三年之食. 以三十年之通, 雖有凶, 旱, 水溢, 民無菜色.

『효경孝經』「서인장庶人章」26): 사계절 천기天氣의 변화를 이용하며, 봄이 되면 파종하고, 여름에는 김매고, 가을이면 수확하고 겨울에는 저장한다고 하였다. 재배곡물에 따라 토지를 구분하고, 다섯 가지 토양27)의 높

『孝經·庶人章』: 用天之道, **8** 春則耕種, 夏則芸苗, 秋則穫刈, 冬則人廩. 分地之利,

을 벗어나게 하는 것이며, 다른 하나는 중농사상을 수립하는 것이라고 한다.

24) 역자주 무계유 교석본에 의하면, 이것은 사람들이 농민의 생산에 의존하여 생활한다는 것을 지적한 것으로 군주는 반드시 농업을 잘 돌보아야 하며, 그런 연후에 비로소 안일함을 얻을 수 있다는 것을 의미한다고 한다.

25) 『예기(禮記)』「왕제편(王制篇)」의 "총재(冢宰)가 국가의 용도를 제정한다.[冢宰制國用.]"는 구절에 보인다. "… 연말에[歲之杪] 오곡을 거두어들이고,[五穀皆入] 그런 후에 국가의 예산을 제정한다.[然後制國用.] … 30년 평균을 내서,[以三十年之通] 들어온 예산으로 지출할 예산을 정한다.[量入以爲出.] … 나라에 9년간 비축해 놓은 것이 없는 것을 '부족'이라고 한다.[國無九年之蓄, 曰 '不足'.] … 백성들의 얼굴에 '채색(菜色)'이 없다.[民無'菜色'.]('채색'은 주식과 부식이 부족하여 산나물로 목숨을 연명할 때 나타나는 '영양결핍성 부종'이다.)"라고 한다.

26) 『효경(孝經)』「서인장(庶人章)」에 보이며, 인용한 형병(邢昺: 북송 초기의 사람) 주석본의 각본이 있다.

고 낮음을 구분하고, 그에 따라 적합한 곡식을 파종한다고 했다. 몸을 삼가고 용도를 절약하여 몸을 삼가고 공경한즉, 치욕을 입지 않게 되고, 씀씀이를 절약하면 추위와 굶주림에서 벗어날 수 있다. 부모를 봉양한다면 이것이 곧 백성들의 효인 것이다.

分別五土之高下, 隨所宜而播種之. 謹身節用, 身恭謹, 則遠恥辱, 用節省, 則免饑寒. 9 以養父母, 此庶人之孝也.

『사기史記』28): 태사공太史公이 이르기를 … 일 년을 살려고 하면 곡식을 심고, 십 년을 살려고 하면 나무를 심고, 백 년을 살려고 하면 덕을 베풀어라. 덕은 곧 인재를 키우는 것을 말한다. 지금 녹봉이나 작읍爵邑도 없으면서 그들과 비슷한 부류의 즐거움을 누릴 수 있을 정도의 재력을 가지고 있는 자를 '소봉素封'29)이라 한다. … 예로부터 황야의 평원[陸地]에서 말[馬] 200개의 발굽을 기르고, 『한서음의』에 이르기를 50필이라고 한다. 소는 천 개를 발굽과 뿔을 기르고, 【안사고가】 이르기를, 167마리의 소를 일컬으며, 말은 귀하고 소는 흔하여, 이러한 숫자를 기

『史記』: 太史公曰 … 居之一歲, 種之以穀, 十歲, 樹之以木, 百歲, 來之以德. 德者, 人物之謂也. 今有無秩祿之奉, 爵邑之入, 而樂與之比者, 命曰'素封'. … 故曰陸地, 牧馬二百蹄, 10 『漢書音義』曰: 五十匹

27) 역자주 마종신은 역주에서 "『주례』에 의하면, '오토(五土)'란 산림, 천택(川澤), 구릉, 분연(墳衍), 원습(原濕) 등의 다섯 가지의 토양을 일컫는다."라고 한다.

28) 『사기』「화식열전(貨殖列傳)」에 보이며, '태사공왈(太史公曰)'은 사마천(司馬遷)이 자신의 아버지 사마담(司馬談)의 말을 인용한 것이다. 본서에서 인용한 문장은 삭제하여 줄인 것이다. 작은 주는 사마정(司馬貞)의 『사기정의(史記正義)』를 위주로 하고, 안사고(顏師古)의 『한서』 주도 가끔 인용했다. 마지막 구절인 "이것이 '소봉(素封)'이란 말인가? 아니다.[豈所謂素封者耶? 非也.]"는 원래 사마담이 부정적인 의미로 한 말로서 상인을 무시하는 의미가 있다. 지금 인용된 형식이 원대의 전본(傳本)과 다른지의 여부는 알 수가 없다.

29) 역자주 무계유 교석에 의하면 '소(素)'는 희다 또는 비어 있다는 의미로서 관직을 하지 않으면서 단지 농장과 목축업을 경영하여 그 경제력이 '봉군(封君)'에 버금하는 것을 일러 '소봉'이라 한다고 한다. 마종신의 역주에서도 『사기정의(史記正義)』에 이르기를, 벼슬하지 않으면서 스스로 토지가 있어서 공양할 수 있으며, 그 누리는 이익이 봉군에 버금하는 것을 이름 하여 '소봉(素封)'이라 한다고 하고 있다.

준으로 한 것이라고 한다. 천 족足의 양을 방목한다고 했다. 수초가 풍부한 늪지대[澤中]에 천 족足의 돼지를 기르며, 위소는 250두라고 한다. 강가에는 천 석石의 물고기를 생산하는 연못이 있고, 서광(徐廣)이 이르기를, 물고기는 근량(斤兩) 단위로 계산한다.[30] 산간지역에 살고 있는 사람들에게는 목재로 쓸 천 그루의 큰 나무가 있다. 안읍安邑에는 천 그루의 대추나무가 있고, 연燕과 진秦에는 천 그루의 밤나무가 있고, 촉蜀, 한漢, 강릉江陵 지역[31]에는 천 그루의 귤橘나무가 있고, 회북淮北, 상산常山[32] 이남에서 황하와 제수濟水 사이에는 천 그루의 배나무가 있다.[33] 진陳, 하夏지역에는 천 무畝의 옻나무[漆]가 있고,[34] 제齊, 노魯에는 천 무畝의 뽕나무[桑]와 삼나무[麻]가 있고, 위수渭水지역에는 천 무의 대나무[竹]가 있다. 이름난 국읍國邑과 만 세대 규모의 대도시 근교에는 무당 1종鍾이 생산되는 천 무의 토지

也. 牛蹄角千, [11] 曰, 百六十七頭牛, 馬貴而牛賤, 以此爲率. 千足羊. 澤中千足彘, 韋昭曰, 二百五十頭. 水居千石魚陂, 徐廣曰, 魚以斤兩爲計也.[12] 山居千章之材.[13] 安邑千樹棗. 燕秦千樹栗, 蜀漢江陵千樹橘, 淮北常山已南河濟之間千樹萩.[14] 陳夏千畝漆,[15] 齊魯千畝桑麻, 渭川千畝竹. 及名國萬家之城, 帶郭千畝

30) 역자주 석성한의 교주에는 "120근을 1석(石)이라고 한다. 안사고가 이르기를, 큰 못에서 고기를 기르면, 일 년에 천 석(石)의 물고기를 거두어들인다.[百二十斤爲石. 顔師古曰 大陂養魚, 一歲收千石魚.]"라는 말을 소주(小注)로 이어서 덧붙이고 있다.

31) 역자주 마종신의 역주에는 촉한(蜀漢)과 강릉 지역은 사천의 동부, 섬서 남부의 한중(漢中) 및 호북 북부의 강릉현(江陵縣) 일대지역이라고 한다.

32) 역자주 석성한의 교주에는 안사고의 주를 인용하여 '추(萩)'는 곧 '추(楸)'라고 한다. 낙언(樂彦)에서는 재(梓)는 나무이름이고, 끌채[轅]를 만들 수 있다고 한다. 마종신은 역주에서 '상산'(常山)은 상산군으로 한대에 설치했으며, 지금의 하북성이며 군치는 원씨현(元氏縣)에 있다고 한다.

33) 역자주 마종신의 역주에는 추(萩)는 신수치(辛樹幟)의 고증에 의하면, "추(萩)는 배(梨)를 말한다."라고 했다고 한다. 이 지역은 중국에서 유명한 배의 생산지라고 한다.

34) 역자주 석성한의 교주에는 안사고의 "진현(陳縣), 하현(夏縣)에서 옻나무를 재배하여 그 옻나무의 액을 채취한다."라는 말을 인용하고 있다.

가 있다. 서광(徐廣)에 따르면 1종(鍾)은 6곡(斛: 10말) 4두(斗)이다. 천 무畝에 잇풀[치(巵)]과 꼭두서니풀[천(茜)][35]을 기르고, 서광은 이르기를, 치(巵)는 지(支)로 발음하고, '선지[鮮支]'이다. 천(茜)은 천(倩)으로 발음하고, '홍람(紅藍)'이라고도 하고, 그 꽃은 비단을 적황색으로 물들인다고 한다.[36] 천 이랑의 생강[薑]과 부추[韭]를 재배하였다. 서광(徐廣)은 천 이랑[畦]은 25무(畝)라고 한다.[37] 배인안(裵駰按): 위소(韋昭)가 이르기를, 휴(畦)란 이랑[壟]이라고 한다. 이런 사람들은 모두 천호후千戶侯[38]에 버금가는 부를 가지고 있다. 그러나 이렇게 풍부한 물자는 장사를 해서 번 것도 아니고, 외지에서 무역을 통해서 얻는 것도 아니며, 오로지 앉아서 거두어들인 것이다. 몸은 벼슬하지 않은 처사處士이지만, 많은 것을 취하였다. … 어찌 '소봉素封'이라 하지 않을 수 있겠는가?라고 하였다.

『한서漢書』「식화지食貨志」[39]: 주나라 제도

畝鍾之田. 徐廣曰 六斛 四斗也. 若千畝巵, 茜, 徐廣曰, 巵, 音支, '鮮支'也. 茜, 音倩, 一名'紅藍'. 其花染繒赤黃也. 千畦薑 韭. 徐廣曰 千畦, 二十五畝. **16** 駰按 韋昭曰 畦猶壟也. 此其人, 皆與千戶侯等. 然是富給之資也. 不窺市井, 不行異邑, 坐而待收. 身有處士之義而取給焉. … 豈非所謂 '素封'者耶?

『漢 · 食貨志』:

---

35) 역자주 무계유 교석에는 치(巵)는 식물명으로 서광(徐廣)은 일찍이 자적(紫赤)색의 국화과 홍난화(紅蘭花)라 했으며, 꽃은 홍색을 염색이나 연지를 만드는 데 사용된다. 천(茜)은 치자(梔子)라고 하며 상록관목으로, 과일은 황색의 염료로 사용된다고 한다. 마종신은 "치를 선지(鮮支)라고 하고, 천(茜)은 홍난(紅蘭)이라고 하여 일치된 해석을 보이지 않고 있다고 하면서 혹자는 선지를 홍난으로, 혹자는 치자(梔子)나무라고 한다."라고 교석하고 있다.

36) '서광왈(徐廣曰)': 서광(徐廣)의 이 주는 맞는 곳이 거의 없다. '연지(鮮支)'는 천연 황색명주[天然黃絹]이지 치자(巵子)로 염색한 것이 아니다. 천초(茜草)의 뿌리를 염료로 하는 것과 홍화[紅藍花]는 전혀 다르다.

37) 역자주 『색은(索隱)』의 위소(韋昭)에서는 휴(畦)는 농(壟)과 같으며, 50무(畝)라고 하며, 유희(劉熙)가 맹자에 주석하여 이르기를 "지금 풍속으로는 25무는 소휴이고, 50무는 대휴라고 한다, 왕일(王逸)은 휴는 구(區)와 같다."라고 한다.

38) 역자주 '천호후'는 천호(千戶)를 식읍 받은 후작(侯爵)이다.

39) 『한서』「식화지」에 보인다. 본서는 『제민요술』 권1에 있는 「종곡(種穀) 제3」

에는 곡식을 파종할 때는 반드시 오종五種을 섞어 파종하도록 하였는데, 이는 재해를 대비하기 위한 것이었다. 오종(五種)은 곧 오곡(五穀)으로 기장[黍], 조[稷], 삼[麻], 맥(麥), 콩[豆]을 일컫는다고 한다. … 밭 가운데 있는 집[廬] 주위에 뽕나무[桑]를 심고,[40] 채소류[菜茹][41]는 밭이랑에 심고, 오이[瓜], 박[瓠], 과실[果], 열매류[蓏][42]는 밭머리 부근에 재배한다. 닭·돼지[豚·彘]·개는[43] 때를 잃지 않고 기르고, 부녀들이 누에 치고 방직하게 되면 50살이 되어 비단옷을 입을 수 있고, 70살이 된 사람은 고기를 먹을 수 있다.

(농부가 일을 마치고) 집에 들어올 때는 반드시 땔감을 들고 오며, 그 무게는 서로 같지 않으며, 다만 반백의 노인은 빈손으로 돌아와도 무방하였다. 겨울이 되어 농부가 밭에서 돌아오면 밤에는 마을의 부인들과 함께 모여 방적을 하였는데 한 달에 45일의 노동을 하였다. 복건이 이르기를, 한 달 중에는 특별히 매일 야밤까지 방적을 하여, 이것이 15일에 해당하니 모두 45일이 된다고 한다. 한 곳에 서로 모여 방적을 하는 것은 불 밝히는 비용을 절약하기 위함이고, 서로 좋고 부족한 기술을 교류함으로써

周制: 種穀必雜五種, 以備灾害.[17] 五種卽五穀, 謂黍, 稷, 麻, 麥, 豆也. … 還廬樹桑,[18] 菜茹有畦, 瓜、瓠、果、蓏, 殖於疆場. 雞、豚、狗、彘, 毋失其時, 女修蠶織, 則五十可以衣帛, 七十可以食肉.

入者必持薪樵,[a] 輕重相分, 斑白不提挈. 冬, 民旣入, 婦人同巷相從, 夜績 女工, 一月得四十五日. 服虔曰 一月之中, 又得夜, 半, 爲十五日, 凡四十五日也.[19] 必相從者, 所以省費燎火, 同巧拙, 而

의 인용문을 사용했다. '주제(周制)' 이 두 글자는 『한서』와 『제민요술』에 모두 없는 것으로, 『농상집요』의 편자가 첨가한 것이다.

40) 역자주 석성한의 교주에는 안사고를 인용하여, 환(還)은 둥글게 에워싸는 것이라고 한다.

41) 역자주 '여(茹)'는 채소의 총칭이며, '채여'는 채소류이다.

42) 역자주 설문해자에 의하면 나무에 달린 열매를 과(果)라고 하고, 오이류의 식물과 같이 땅 위에 열리는 과실을 라(蓏)라고 한다.

43) 역자주 돼지의 다른 이름은 시[豕: 『시경(詩經)』], 희[豨: 『장자(莊子)』], 돈[豚: 『주례(周禮)』], 체[彘: 『이아(爾雅)』] 등이 있다.

마을의 습속을 통일하기 위함이다.[44)]

『관자』[45)]: 백성이 놀고먹을 길이 없으니 반드시 농사에 힘써야 한다. 백성이 농사에 힘쓴즉 토지는 개간되고, 토지가 개간되면 양식이 많아지고, 양식이 많아지면 국가는 부유해진다.

『제민요술』[46)]: '전傳'에 이르길, "사람이 생을 도모함에 있어서 부지런하면 먹거리에 부족함이 없다."라고 한다. 옛말에 이르길, "힘써 일하면 가난함을 극복할 수 있고, 삼가 신중하면 재난을 벗어날 수 있다."라고 했다. 이것은 사람이 힘써 근면하면 가난하지 않게 되고, 삼가 신중하면 재난을 피할 수 있다는 것이다. … 보통 사람 경우, 관청에서 감독을 하면 힘써 일하는데, 방임하고 관여하지 않으면 나태해져 문제를 일으키게 된다. … "농사일을 제대로 하지 않고, 뽕나무와 과실수의 성장이 좋지 않고, 가축을 살찌우지 못하는 사람에게는 마땅히 채찍을 뽑아들어야 한다. 대조리[籬; 梅]가 떨어져서 온전하지 못하고, 담장이 무너져 견고하지 못하고, 정원의 청소를 깨끗이 하지 못한 사람은, 마땅히 몽둥이로 다스려야 한다."라고 하였다. 이것은 농부에게 생산을 잘할 수 있도록 감독하는 효과적인 방법이다. 또 천자

合習俗也.[20]

『管子』: 民無所游食, 則必農. 民事農, 則田墾, 田墾, 則粟多, 粟多, 則國富.

『齊民要術』[21]: '傳'曰, "人生在勤, 勤則不匱." 古語曰, "力能勝貧, 謹能勝禍." 蓋言勤力可以不貧, 謹身可以避禍. … 庸人之性, 率之則自力, 縱之則惰窳耳. … "稼穡不修, 桑果不茂, 畜産不肥, 鞭之可也. 梅落不完, 垣牆不牢, 掃除不淨,[22] 笞之可也." 此督梁之方也. 且天子親耕, 皇后親蠶, 況夫田父, 而

44) 역자주 석성한의 교주에는 안사고의 견해를 인용하여, 소(燎)는 밝게 하는 것이고, 화(火)는 따뜻하게 하기 위함이라고 한다.

45) '『관자(管子)』': 『관자(管子)』「치국(治國) 제48」에 보인다.

46) '『제민요술(齊民要術)』': 가사협(賈思勰)이 쓴 서문 뒷부분의 몇 단락을 인용한 것이다.

가 몸소 (자전에서) 밭 갈고[47] 황후가 친히 양잠을 하는데 하물며 농부가 게으른 마음을 품고 농사에 힘쓰지 않으면 되겠는가?

懷窳惰乎?

▎교 석(校釋)▎

6 '서홍범인문(書洪範引文)'의 주: 격본에는 '공영달왈(孔穎達曰)'이라는 네 글자가 없고, 공영달의 소(疏)를 나누어 각각 '식(食)'과 '화(貨)'자 아래에 주를 달았는데, 전본에는 '공영달왈(孔穎達曰)' 네 글자를 더해서 주를 달고 있다.

7 '소인지의(小人之依)' 아래의 주에 전본에는 '공안국왈(孔安國曰)' 네 글자가 더 있지만 격본에는 이 부분이 빠져 있다.

8 '용천지도(用天之道)' 및 '분지지리(分地之利)' 두 구절 아래의 주: 전본에는 모두 '형병왈(邢昺曰)'로 인용을 시작하고 있으나, 격본에는 이 부분이 빠져 있다.

9 '서인지효야(庶人之孝也)' 아래의 주: 전본에는 전부 빠져 있으나, 격본에는 달려있다. 원각대자본에는 이 주가 앞 문장 "근신절용(謹身節用)" 다음에 달려 있다.

10 '이백제(二百蹄)' 아래의 주: 격본에서는 "『한서음의』에는 50필이라고 했다. [『漢書音義』曰 五十疋.]"라는 주를 달고 있다. 역자주 석성한은 교주에는 이 부분에 "司馬貞曰, 馬有四足, 二百蹄, 五十匹也."라는 것을 보충하고 있다.

11 '우제각천(牛蹄角千)' 아래의 주를 격본에는 『사기』의 주에 따라 "『漢書音義』曰 百六十七頭也. 馬貴而牛賤, 以此爲率.[『한서음의』에는 "(소)167마리다. 말은 비싸고 소는 싸니, 이를 기준으로 삼는다.]"라고 하고 있다. 역자주 석성한은 그의 교주본에서 "顏師古曰, 百六十七頭牛, 爲蹄與角凡一千二. 言千者, 擧成數也. 孟康曰 馬貴而牛賤, 以此爲率."를 인용하여 보충하고 있다.

12 격본에는 이 다음의 구절이 없다. 『사기』의 원주에는 '서광왈(徐廣曰)' 아

---

47) 역자주 마종신의 역주에는 '친경(親耕)'은 고대 천자가 몸소 자전(耤田)을 경작하는 의례이다. 이것이 후대 관례가 되어 역대 제왕은 친경의 전례(典禮)를 거행하여 농업을 중시한다는 뜻을 표시하였다고 한다.

래에 원래 '물고기는 근량(斤兩)으로 계산한다.[魚以斤兩爲計也.]'라는 문장만 있다. 석성한의 교석본에는 그 다음 구절로 '백이십근위석(百二十斤爲石)'이라는 문장이 보인다.

13 '천장지재(千章之材)' 아래의 작은 주가 격본에는 빠져 있다. 역자주 석성한의 교석본에는 그 자리에 "服虔曰, 章, 方也. 顔師古曰, 大材曰'章'."이라는 주가 달려 있다.

14 '천수추(千樹萩)' 아래의 주가 격본에는 빠져 있으나, 전본에는 『한서』의 "顔師古曰 '萩'卽'楸'字. 欒彥曰 梓, 木也, 可以爲轅者."라는 주를 인용하고 있다.

15 '천무칠(千畝漆)' 아래의 주는 격본에는 빠져 있다. 역자주 전본에는 『한서』의 "顔師古曰, 陳縣夏縣, 種漆樹, 以取其汁."이라는 주가 달려 있다.

16 격본에는 '위소(韋昭)' 위에 "사안(駟案)[이는 '인안(駰案)'을 잘못 새긴 것이다.]"이 있다. 전본에서는 삭제했다.

위에서 인용한 『사기』를 살펴보았을 때, 격본 소주는 모두 『사기집해(史記集解)』에 근거한다고 보는 것이 원칙적으로 합리적이며, 원대(元代)의 각본(刻本)도 이렇게 했을 가능성이 높다. 전본은 「색은」, 「정의」 및 「한서」 주를 섞어서 인용해 보충했는데, 원래는 '가법(家法)'에 맞지 않는 일이기 때문에, 교감(校勘)할 때에 삭제하는 것이 마땅하다. 하지만 지금 우리의 임무는 『농상집요(農桑輯要)』의 교주(校注)로서, 독자들이 『농상집요』의 글자들을 이해할 수 있도록 하는 것이 목적이다. 전본에 추가된 주는 이런 면에 있어서 의미가 크다. 『사기』, 『한서』의 원서는 모두 존재하므로 주석의 원래 모습을 이 책에서 원래대로 돌려놓을 필요가 없다.

『사기』의 인용문은 문장의 끝에 주를 달았으나, 격본에는 없다. 문맥으로 미루어 볼 때 전본에서 추가한 것임을 알 수 있다.

17 소주에 '안사고왈(顔師古曰)'이라는 네 글자가 격본에는 없으나 전본에는 보인다.

18 '환려수상(還廬樹桑)' 아래의 주가 격본에는 없다. 역자주 전본에는 "顔師古曰 '還' 繞也."라는 주가 달려 있다.

19 '야(也)'자는 격본에 없다. 전본과 『한서』에는 모두 있으므로 보충해야 한다.

20 '습속야(習俗也)' 아래의 주: 격본에는 위쪽에 '료(燎)'자 아래의 주 '역소반(力召反)'밖에 없다. 하지만 전본에는 "顔師古曰 燎所以爲明, 火所以爲溫. 燎, 力召反."라는 주가 달려 있다.

21 '『제민요술(齊民要術)』' 아래의 주가 격본에는 없다. **역자주** 석성한의 교주에는 "후위(後魏) 고양(高陽)태수 가사협(賈思勰)이 편찬한 것이다.[後魏高陽太守賈思勰撰.]" 라고 하는 주를 덧붙이고 있다.

22 '정(淨)': 전본에는 '진(盡)'으로 잘못되어 있으나, 격본에 따라 '정(淨)'으로 하는 것이 『제민요술』 원문에서 인용한 중장통(仲長統: 179~220년)의 글과 일치한다.

교 안(校案)

ⓐ '입자필지신초(入者必持薪樵)': 『한서』 원문을 보면, 위에 있는 '칠십가이식육(七十可以食肉)' 뒤와 이 구절 앞에 당시에 전해져 내려오는 주나라 때의 관리(管理)제도를 서술한 단락이 더 있다. 농촌의 가족 단위의 각종 편제(編制) 및 교육관리 기구, 봄에 경작이 시작되는 기간과 겨울에 농사를 쉬는 기간 동안의 관리에 대한 내용이 담겨 있다. 봄에는 모든 백성들에게 들에 나가 일을 하도록 하고(밭에 나가 노동을 하되 쉬는 것도 밭에서만 가능하다.), 겨울에는 모두 '읍(邑)'(토담으로 둘러싸인 작은 마을 또는 '방어용 촌락[堡子]')에 들어가도록 한다.[春, 令民畢出在野, 冬, 則畢入於邑.] '들에 나갈 때'에는 매일 아침 촌장(村長)과 인장(鄰長)이 마을에서 나가는 것을 감독하며, 저녁에 마을로 들어올 때 역시 조사를 해야 한다. "들어오는 자는 필히 일할 때 벤 땔감을 가지고 돌아와야 한다.[入者必持薪樵.]"는 마을에 들어올 때의 조사관리 사항이다. 『제민요술』은 이 제도에 관한 서술을 삭제했고, 노교본(盧校本)에는 "여기에서 '입(入)'자는 근거가 없으므로, 본서의 '춘령민필출재야(春令民畢出在野)'는 이 구절의 앞에 와야 한다."라고 주장하고 있다. '입(入)'자에 근거가 없다는 것은 확실하나, '춘령민필출재야'만 보충하는 것만으로는 문장을 완전히 이해할 수 없다. 그러므로 아침에 나가고 저녁에 돌아올 때 조사했던 방식도 보충해 넣어야 한다.

농업에 대한 선현들의 관심

先賢務農

『맹자』[48]: 후직은 백성들에게 농사짓고 오곡을 재배하는 것을 가르쳤다. 오곡을 수확하여 백성들이 살 수 있게 되었다.

『孟子』: 后稷敎民稼穡, 樹藝五穀. 五穀熟, 而民人[23]育.

『범승지서』[49]: 탕 임금 때 한재旱災가 발생하니 재상 이윤伊尹은 밭에 구덩이를 파서[區田] 백성들에게 그 속에 시비한 종자를 넣고 물을 날라 곡물에 뿌려주는 법을 가르쳤다. 범(氾)은 물의 이름이다. 또 성이기도 한데 돈황과 제북(濟北)[50]의 두 명망가(名望家)에서 기원했으며, 그들 본래의 성은 범(凡)씨였지만, '범수(氾水)'에서 진(秦)의 난을 피했기 때문에 성을 범(氾)으로 고쳤다.[51]

『氾勝之書』:[24] 湯有旱災, 伊尹作爲 '區田', 敎民糞種, 負水澆稼. 氾, 水名. 又姓, 出燉煌, 濟北二望, 本姓 '凡'氏, 避地于 '氾水', 因改焉.

『사기』[52]: 관중管仲이 … 제나라 재상이 되었을 때 … 그가 좋아하고 미워하는 것을 일반 백성들과 똑같이 하였다. 그가 일찍이 말하길, "창고가 그득해야 백성들이 예절을 알게 되고, 의복과 식량이 풍족해야 바야흐로 백성들이 영욕榮辱을

『史記』: 管仲 … 相齊, … 與俗同好惡. 其稱曰 "倉廩實, 而知禮節, 衣食足, 而知榮辱."

48) 『맹자(孟子)』 「등문공(滕文公)」장의 '허행(許行)'절에 보인다.

49) 『범승지서(氾勝之書)』는 전한시대 성제(成帝)(기원전 32년~기원전 7년) 때 농학자 범승지(氾勝之)가 편찬한 농서로 산실된 지 오래다. 일찍이 범승지는 관중 지역에서 농업을 지도하여 많은 수확을 가능케 하였다. 본서에 인용한 문장은 『제민요술』 권1 「종곡제삼(種穀第三)」에 보인다.

50) 역자주 마종신의 역주에는 제북군은 한의 문제 때 설치되었는데, 성(城)은 지금의 산동성 장청현(長淸縣) 남쪽에 있다고 한다.

51) 역자주 마종신은 역주에서, 이 주는 『농상집요』에 연계하여 더한 것이다. 이 역사 사실은 『집운』의 '범(凡)'자 조목에서 관련하여 나온 것이다. 범수(氾水)는 지금의 하남성 범수현 서쪽 경계이다. 안사고가 말하기를, "이 강의 옛 음은 범(凡)이라고 읽는다."라고 하였다. 이 주가 석성한의 교주에는 위 장 『범승지서』 다음에 달려 있다.

52) 『사기』 「관안열전(管晏列傳)」에 보인다. 인용문은 삭제하여 줄인 것이다.

깨닫게 된다."라고 하였다.

의돈猗頓[53]은 노나라의 가난한 선비였다. 도주공陶朱公[54]의 부유함을 전해 듣고 치부의 방법을 물었다. 도주공이 그에게 이르기를, "빨리 부유해지려면 가축을 길러 새끼 치라."[55]라고 하였다. 이내 소와 양을 기르고 새끼를 쳐서 가축의 수가 만 두頭를 헤아릴 정도가 되니 그 재산이 왕공王公과 버금갈 정도였다.[56]

猗頓, 魯窮士. 聞陶朱公富, 問術焉. 告之曰, "欲速富, 養五牸." 乃畜牛羊, 子息萬計, 貲擬王公.[25]

『장자』[57]: 장오봉인長梧封人이 말하기를 "옛날, 내가 농작물을 파종할 때, 밭갈이를 소홀히 하여 파종하니 수확의 결실 또한 형편없는 상태로 나에게 돌아왔다. 김매기를 대충 하니 그 결실 또한 그 같은 상태로 나에게 보답하더라. 이듬해에는 흙덩이를 부수고 잘 삶아서 부드럽게 하고 김을 매니 작물이 무성하여,[58] 일 년 내내 배불리 먹

『莊子』: 長梧封人曰 "昔予, 爲禾稼而鹵莽種之, 則其實亦鹵莽而報予. 芸而滅裂之, 則其實亦滅裂而報予. 來年[26]深其耕而熟耰之,

---

53) '의돈(猗頓)'은 『사기』「화식열전」에 보인다. 인용문의 내력에 대해서는 전본에 첨가한 작은 주에서 이미 정확하게 설명했다. **역자주** 의돈은 춘추시기의 노나라 사람으로 목축과 염업을 경영하여 큰 부자가 되었다. 재산이 왕후와 같아서 사람들이 (부를 축적한 사람들을) '도주(陶朱), 의돈(猗頓)의 부'라고 불렀다.

54) **역자주** 마종신에 의하면, 도주공은 춘추시기 사람으로 이름은 범려이고 월왕 구천을 보좌하여 오나라를 멸망시킨 뒤에 관직을 버리고 도 지역으로 가서 주공이라 이름하고 상업을 통해 부를 이루었다고 주석하고 있다.

55) '오자(五牸)'의 '자(牸)'는 새끼를 임신할 수 있는 암컷 동물을 가리킨다. '오(五)'는 상징적인 숫자로 수량이 많다는 것을 의미하는 것이지 꼭 5가지 종류라는 것은 아니다.

56) **역자주** 석성한은 안(按)하여 '노궁사(魯窮士)' 이하를 살펴보면, 「화식열전」 '의돈감염기(猗頓監鹽起)'의 주(注) 가운데 인용한 『공총자(孔叢子)』의 말을 채용한 것이고, 『사기』 본문은 아니라고 한다.

57) 지금 『장자(莊子)』의 「칙양(則陽)」편에 보인다. '로망(鹵莽)'은 'lǔ mǔ'라고 읽고, '제(齊)'는 거성으로 읽으며 '방식'을 가리킨다. '염(厭)'은 오늘날의 '염(饜)'자로 '배부르다'는 뜻이다.

고 굶주리지 않았다.”라고 한다.

『한서』「식화지」[59]: 이회李悝는 위魏 문후文侯를 위해 지력을 다하는 가르침을 만들었다. 안사고가 이르기를, 이회는 문후의 신하로, 회(悝)는 회(恢)로 발음한다고 한다. 사방 백리의 토지는 모두 9만 경으로[60] 산과 구릉, 늪지, 주거지가 1/3을 차지하고, 나머지 경지는 6백만 무이다. 농사짓기를 부지런히 한즉, 무당 3되[升]의 수확을 더 올릴 수 있다. 복건이 말하길, 농민에게 3되를 준 것이라고 한다. 신찬(臣瓚)은 3되는 당연히 3말[斗]을 말하는 것이라고 한다. 농사에 최선을 다한즉, 일 무당 3말을 더 생산할 수 있음을 일컫는다. 사고가 말하길, 실

其禾繁以滋, 予終年厭飧.”

『漢·食貨志』: 李悝爲魏文侯作盡地力之敎. 顔師古日 李悝, 文侯臣也, 悝音恢. 以爲地方百里, 提封九萬頃, 除山、澤、邑居, 參分去一, 爲田六百萬畮. 治田勤謹, 則畮益三升. 服虔日, 與之三升也. 臣瓚日

---

58) 역자주 무계유의 교석본에는 ‘누(耨)’ 즉 김매기작업으로 해석하고, 전본에서는 이를 ‘우(櫌)’ 즉 흙을 부수는 작업으로 인식하고 있다. 원각본은 사마표(司馬彪)가 『경전석문(經典釋文)』「장자음의(莊子音義)」의 해석에 따라 ‘누’로 고쳐 표기하고 있다.

59) 『한서』 권24의 「식화지상(食貨志上)」에는 “전국시대에 이르러 … 이때 이회(李悝)는 위나라의 문후(文侯)를 위해 지력을 다하는 가르침을 만들었다.[至於戰國 … 是時, 李悝爲魏文侯作盡地力之敎.]”라는 문장이 있다. “그것을 상하게 한다.[其傷一也.]”는 본 절의 인용문에서 나온 것이다.

60) ‘제봉(提封)’: 왕념손(王念孫)의 『광아소증(廣雅疏證)』 권6에는 “… 제봉, 무려, 도범야(提封, 無慮, 都凡也)”에 대해 “제봉(提封)은 큰 숫자를 가리킨다. 지금의 ‘모두’와 같다.[提封, 亦大數之名, 猶今日言通共也.]”라고 소(疏)를 달고, 다음과 같은 예를 열거했다. 『한서』「형법지(刑法志)」에는 “모두 백리이고, 대략 만 정(井)이다.[一同百裏, 提封萬井.]”라고 했고, 「식화지」의 예문은 “땅은 백리이고 대략 9만 경(頃)이다.[地方百里, 提封九萬頃.]”이며, 「지리지(地理志)」에서는 “대략 밭 145,136,405경(頃)[提封田一萬四千五百一十三萬六千四百五頃]” 부분과 「광형전(匡衡傳)」에 “낙안향의 원래 밭의 크기는 대략 3,100경(頃)이다.[樂安鄕本田提封三千一百頃.]”라는 부분을 통해 예를 들고 있다. 역자주 ‘제봉(提封)’: 마종신의 역주에 의하면, 고대 정전제는 사방 1리(里)를 정(井)으로 하고, 1정은 9부(夫)이며 900무에 해당한다. 사방 100리의 토지는 1만 정이기 때문에 모두 900만 무라고 한다. ‘제봉’은 ‘모두’, ‘총계’의 의미라고 한다.

지의 계산에 의하면 당연히 3말이 되어야 하므로 신찬의 주장이 옳다고 한다. 농사일에 힘쓰지 않으면 손해 또한 이와 같다. 사방 백리 토지의 수확량의 증감은 모두 180만 석에 달한다.

當言 '三斗'. 謂治田勤, 則畮加三斗也. 師古曰, 計數而言,字當爲 '斗', 瓚說是也. 不勤, 則損亦如之. 地方百里之增減, 輒爲粟百八十萬石矣.

또 말하길, "쌀 구입 가격이 너무 비싸면 민[도시민]이 고통을 받는다. 위소가 이르길, 이 민은 관료[사(士)], 수공업자, 상인을 일컫는다고 한다. 식량 값이 너무 싸면 농민이 손실을 입는다. 도시민이 고통을 받으면 뿔뿔이 흩어지고, 농민이 고통을 받으면 나라가 가난해진다. 그러므로 곡식 값이 너무 비싸거나 너무 싼 것은 모두 해를 끼치게 된다."라고 하였다.

又曰 "糴甚貴, 傷民. 韋昭曰 此 '民' 謂士、工、商也. 甚賤, 傷農. 民傷, 則離散, 農傷, 則國貧. 故甚貴與甚賤, 其傷一也."

한 문제文帝[61] 때에 가의賈誼가 황제에게 아뢰길, "『관자』에 '창고가 그득해야 백성들이 예절을 안다.'라고 했습니다. 백성의 양식이 부족한데 국가가 잘 다스려진 경우는 옛날부터 지금에 이르기까지 들어본 적이 없습니다. … 한漢나라가 건국하여 지금에 이른 지 거의 40년이 되었습니다. 관청과 개인의 식량 비축이 여전히 매우 애통할 정도로 부족합니다. … 인간사에 풍년과 기아

漢文帝時 賈誼說上曰, 管子曰 "倉廩實, 而知禮節." 民不足而可治者, 自古及今, 未之嘗聞. … 漢之爲漢, 幾四十年矣. 公私之積, 猶可哀痛. …

61) "한 문제 때, 가의가 황제에게 아뢰기를[漢文帝時, 賈誼說上]": 또한 「식화지상」에도 보인다. 원문은 "문제가 즉위하고, 몸소 근검절약을 실천하며, 백성들의 안위를 걱정했다. 지금의 백성들은 전국시대와 마찬가지로 농업을 등지고, 상공업만을 추구한다. 가의(賈誼)가 아뢰기를 … [文帝卽位, 躬修儉節, 思安百姓. 時民近戰國, 皆背本趨末. 賈誼說上曰 …]"이다. 본 절의 인용은 삭제한 구절이 있기는 하나, 자구(字句)는 바꾸지 않았다.

가 있는 것은 천시天時의 운행에 관련된 일입니다. 비록 우와 탕의 재위 시절에도 천재를 벗어날 수가 없었습니다. 가령 불행하게도 사방 2~3천리에 걸쳐 큰 가뭄이 발생한다면 국가라도 어찌 백성을 구휼할 수 있겠습니까? 갑자기 변경에 위급한 상황이 발생하여 수십, 수백만의 군대를 동원해야 하는 경우가 생긴다면 국가는 무엇으로 그들에게 식량을 제공할 수 있겠습니까?"라고 하였다.

世之有飢穰，天之行也. 禹湯被之矣. 卽不幸，有方二三千里之旱，國胡以相恤. 卒然邊境有急，數十百萬之衆，國胡以餽之.

대체로 식량을 비축한다는 일은 천하의 안위에 관련된 큰 일이다. 진실로 곡식이 많고 재물이 넘치면 이루어지지 않을 일이 있겠는가? 성을 공격하면 반드시 취하고, 강토를 지키면 견고하여 전쟁을 하면 반드시 승리할 것이다. 적을 회유하면 아마 먼 곳에서도 반드시 투항할 것이니, 어느 때에 부르더라도 이르지 않을 것이다. 지금 백성으로 하여금 돌아가 농사를 짓게 하고, … 천하의 백성들이 제각기 먹을 것을 스스로 생산하게 하며, 놀고 먹거나 수공업에 종사하는 사람들에게 모두 농업생산에 종사하게 한다면 반드시 풍족하게 비축하여 사람들마다 생업을 즐거이 누릴 것이다.

夫積貯者，天下之大命也. 苟粟多而財有餘，何爲而不成. 以攻則取，以守則固，以戰則勝. 懷敵附遠，何招而不至. 今毆民而歸之農，… 使天下各食其力，末技游食之人，轉而緣南畝，則蓄積足，而人樂其所矣.

전한 때 선곡임씨宣曲任氏[62]의 조상은 【진秦

前漢宣曲任氏[27]

62) '전한선곡임씨(前漢宣曲任氏)': 이 구절은 지금은 『사기』 권129 「화식열전」 끝부분에 보인다. 그러므로 '전한' 두 글자를 추가한 것은 시대가 전한 혹은 서한 시대라는 것을 나타내는 것이지, 『한서』를 일컫는 것이 아니다. 전판(殿版) 본서에 첨가한 작은 주에서 말한 "이는 『사기』 「화식열전」에서 수집한 것이다."는 맞는 말이다. 『한서』와 자구가 약간 차이가 나는 것은 '전한' 두 글자를 『한서』를 지칭하는 것으로 잘못 알았기 때문이다. '선곡(宣曲)'은 『사기정의(史記正義)』에서는 "그 위치를 생각해 보면, 관내(關內)에 있는 것이 마땅하다.[按其地, 合在關內.]"

독도督道라는 식량을 비축하는 창고 관리였다. 진이 패망하자 호걸들이 모두 금과 옥을 다투어 차지하였지만, 임씨는 홀로 창고의 곡식을 토굴에 감추었다.】[63] … 초와 한이 서로 형양滎陽에서 대치하고 있을 때, … 좁쌀[米] 한 섬 가격이 일만 전으로 폭등하였다. 호걸의 금은보화가 다 임씨의 수중에 돌아갔다. 임씨는 … 이로 인하여 큰 부자가 되었다. … 절약하고 검소한 생활을 하며 농사와 목축에 힘썼다. … 사람들이 다투어 싼 값으로 구입하려 할 때 임씨는 홀로 비싼 값으로 구입했다. 그 집안의 부는 여러 대로 이어졌다. 그리고 임공任公이 세운 가훈[家約]은 스스로 농사짓고 가축을 쳐서 생산하지 않은 것은 먹거나 입지 않고, 국가에 낼 식량을 납부하지 않고서는 스스로 술을 마시지도 않고 고기도 먹지 않는다는 것이었다. 이로 인해 향리의 모범이 되었다. 고로 부자이지만 황제가 그를 소중하게 여겼다.[64]

【之先, 爲督道倉吏. 秦之敗也, 豪桀皆爭取金玉, 而任氏獨窖倉粟.】… 楚漢相距於滎陽, … 米石至萬. 而豪傑金玉, 盡歸任氏. … 以此起富. … 折節爲儉, 力田畜. … 人爭取賤賈, 任氏獨取貴善. 富者數世. 然任公家約, 非田畜所生, 不衣食, 公事不畢, 則身不得飮酒食肉. 以此爲閭里率. 故富而主上重之. 28

조과趙過는 수속도위搜粟都尉가 되어 대전代田

趙過爲搜粟都

라고 했으며, 장읍(張揖)은 "황건부(黃建夫)각본에는 '관'으로 되어 있는데, 아마도 오자일 것이다. 선곡(宣曲)은 궁궐 이름으로, 곤명지(昆明池)의 서쪽에 있다. [宣曲宮名, 在昆(明)池西也.]"라고 했다.

63) 역자주 『사기』「화식열전」에는 선곡(宣曲) 땅 임씨(任氏)의 선조는 독도(督道)라고 하는 토지의 창고직에 종사했다고 한다. 이 내용은 원각대자본(元刻大字本)에는 없지만 전후 내용의 연결을 위해 석성한의 교주, 즉 "之先, 爲督道倉吏. 秦之敗也, 豪桀皆爭取金玉. 而任氏獨窖倉粟."에 의거하여 내용을 보충하였다.

64) 역자주 석성한의 교주에는 이 부분에 "이를 채록한 『사기』「화식열전」을 살펴보면 『한서』와 자구가 조금 다르다.[按此採『史記』「貨殖傳」, 與『漢書』字句稍異.]"라는 소주를 넣어 보충하고 있다.

을 실시하여 묶은 땅을 대부분 개간하였는데, (대전법은) 적은 힘을 들이고도 많은 곡식을 거두었다.[65]

황패黃霸는[66] 영천潁川태수가 되어 우정郵亭과 향관鄕官[67]을 시켜 모두 닭, 돼지를 기르게 하여 홀아비, 과부와 가난한 자를 구휼했다. 또 백성들에게 농경과 양잠에 힘쓰게 하고 용도를 절약하고 재화를 증식하여, 농업[種樹]과 목축업을 발전시키고, 백성들에게 헛된 낭비를 줄이도록 하여,[68] 천

尉, 能爲代田, 以故田多墾闢, 用力少而得穀多.

黃霸[29]爲潁川, 使郵亭、鄕官, 皆畜雞、豚, 以贍鰥、寡、貧窮者. 及務耕、桑, 節用, 殖財, 種樹畜養, 去浮淫

---

65) 역자주 이 부분은 『한서』 「식화지상」에 나오는 것으로 전본(殿本)에는 누락되어 있다. 마종신은 역주에서 수속도위(搜粟都尉)란 관직은 무제(武帝) 때의 군관이나 상설기구는 아니었으며, 중앙에 설치된 농관(農官)은 대사농(大司農)보다 낮았다고 한다.

66) '황패(黃霸)': 『한서』 권89 「순리전(循吏傳)」에는 "황패가 … 선제가 조서를 내려 이르기를 어사(御史)는 조칙을 기안하여, 현명하고 어진 양주자사 패(霸)를 영천태수로 임명하고 녹봉 2,000석을 내렸다. … 우정(郵亭)과 향관(鄕官)에서 닭과 돼지를 기르게 하여 홀아비와 과부, 가난하고 궁핍한 사람들을 먹여 살렸다. 그리고 조령(條令)을 제정하여 '부노(父老)', '사(師)', '오장(伍長)'을 두고 민간에서 시행하여 사람들에게 착한 일을 많이 하고 사악한 일은 하지 않도록 권고했다. 제때에 농사와 양잠을 하고, 절약하여 재물을 늘리고, 나무를 심고 가축을 기르며, 양식을 아껴 말을 먹이도록 했다. 곡식과 소금은 복잡하고 세밀한 일이라 … [宣帝下詔曰 "制詔御史: 其以賢良高第揚州刺史霸爲潁川太守, 秩比二千石 … 使郵亭鄕官皆畜鷄豚, 以贍鰥寡貧窮者. 然後爲條敎, 置父老師伍長, 班行之於民間, 勸以爲善防奸之意, 及務耕桑, 節用殖財, 種樹畜養, 去食穀馬. 米鹽靡密 …]"라고 하였다. 본 절에서 인용한 부분은 비록 일부 삭제했지만 자구는 고치지 않았다. 『제민요술』 서문에서 인용한 부분 중 앞부분은 비교적 많이 삭제되었고, 뒷부분은 본서에서 인용하지 않았으니 참고하도록 한다. '거(去)'는 '기장(棄藏)', 즉 '저장하다'로 해석된다. '곡(穀)'은 동사로서 '곡식을 먹여 기르다'의 뜻이다.

67) 역자주 마종신의 역주에서, 우정(郵亭), 향관(鄕官)은 한나라 제도로서 현 이하 행정은 10리를 1정으로 하고, 10정을 1향으로 구획했다. 우정은 역관으로서 문서를 발송하는 곳이며, 향관은 향관(鄕館)으로서 향의 업무를 처리하는 관사라고 한다.

68) 역자주 원각본(元刻本)에는 "去浮淫之費, 治爲天下第一"로만 되어 있고, 안사고의 소주(小注)도 없다. 하지만 전본(殿本)에서는 "곡식·말[馬]·쌀과 소금 등은 복잡

하제일의 공적을 쌓았다.

공수[龔遂][69]는 발해渤海태수가 되어 몸소 검약의 모범을 보이고, 백성에게 농업과 잠상에 힘쓰도록 독려하였다. 사람들로 하여금 일인당 느릅나무[楡] 한 그루와 염교[薤] 백 뿌리, 파 오십 뿌리, 부추 한 이랑[畦]을 재배하게 하고, 가정마다 어미 돼지 2마리, 닭 5마리를 기르게 했다. 백성 중에서 도검刀劍을 휴대한 자는 검劍을 팔아 소를

之費，治爲天下第一.

龔逐爲渤海，躬率以儉約,[30] 勸民務農桑. 令口種一樹楡，百本薤，五十本葱，一畦韭，家二母彘 五雞. 民有帶持刀劍者，使

하고 세밀한 일이라 안사고가 이르길 복잡하고 또한 세밀하다고 한다. 처음에는 이처럼 번거로웠다. 황패는 정력적으로 그것을 추진하였다.[去食、穀、馬、米、鹽靡密, 顔師古曰, 雜而且細. 初若煩碎. 然霸精力能推行之.]" 부분을 포함시키고 있다.

69) '공수(龔遂)':『한서』「순리전」에도 보인다. "선제(宣帝)가 즉위하고 오랜 시간이 흐른 후, 발해(渤海) 및 인근 군(郡)은 매년 기아에 허덕이고 도적까지 출몰했으나, 태수가 그들을 붙잡을 수 없었다. 황제가 이를 잘 해결할 수 있는 자를 선발하고자 하니 승상(丞相), 어사(御史)가 수(遂)를 천거하였다. 그때, 수는 이미 칠십 세를 넘긴 나이였다. 황제가 그를 보니, 체구도 작고 들은 바와 맞지 않아 내심 그를 무시하며 물었다. '발해지역이 황폐하고 혼란스러워 짐의 근심이 크오. 그대는 어떻게 그곳의 도적을 없애고 짐의 마음을 흡족하게 할 수 있겠소?' 이에 수는 '그곳은 바닷가이고 이곳으로부터 멀리 떨어져 있어, 폐하의 은혜와 교화가 닿지 않습니다. 그곳의 백성들은 배고픔과 추위에 시달리고 있으나 관리가 이를 불쌍히 여기지 않았기 때문에, (마치 아이들의 놀이처럼) 폐하의 백성들이 폐하의 병기를 훔쳐서 연못가에서 노는 것과 같습니다. 지금 폐하께서는 신이 그곳을 평정하길 바라십니까, 아니면 그곳을 안정시키길 바라십니까?'라고 대답했다. 황제는 수의 대답을 듣고, 매우 기뻐하며 말했다. '현명하고 어진 사람을 택한 것은 그곳을 안정시키길 바랐기 때문이니라.' 이에 수는 '신은 혼란스러운 백성을 다스리는 것은 엉킨 밧줄을 푸는 것과 같아서, 급하게 서둘러서는 안 되고, 천천히 푼 다음에야 다스릴 수 있다고 들었습니다. 승상, 어사께서 잠시 법에 따라 저를 구속하지 마시고, 모든 것을 상황에 맞게 처리할 수 있게 해주시길 바랍니다.'라고 답했다. … 수는 그곳의 풍속이 사치스럽고 변변치 못한 재주를 좋아하며 농사를 짓지 않는 것을 보고는, 솔선수범하여 근검절약하고 백성들에게 농사를 짓고 양잠을 하도록 했다. 또한 한 그루의 느릅나무를 심도록 명령했다. …" 그 다음 문장은 본 절에 인용되어 있다.『제민요술』의 서문에 인용된 것은 본서에 인용된 문장 앞부분의 2구절을 생략한 것이다.

사고, 칼[刀]을 팔아 송아지를 사게 했다. 그들에게 "어찌 소와 송아지를 몸에 차고 다니려 하는가?" 라고 하였다. 봄·여름에는 밭에 나가 농사일을 할 것을 재촉하고, 가을·겨울에는 백성들에게 세금을 부과하여 거두어들이고, 과실과 마름[菱芡]을 비축하니 관리와 백성이 모두 부유한 생활을 누리게 되었다.

賣劍買牛, 賣刀買犢. 曰 "何爲帶牛佩犢." 春夏不得不趣田畝, 秋冬課收斂, 益蓄果實、菱芡, 吏民皆富實.

하무何武[70]는 양주揚州자사가 되어 관할구역[部]에 이르러 토지 개간 면적과 오곡 생장의 좋고 나쁨에 대해 물었다.

何武爲刺史, 31
行部必問墾田頃畝, 五穀美惡.

소신신召信臣[71]은 남양南陽태수가 되자 백성들에게 이익이 되는 사업을 일으키길 좋아했으며, 부유해지도록 힘썼다. 몸소 농사에 힘쓰도록 권장하고 농로[阡陌]를 드나들며 농사를 지도하였다. 그는 관사에 머무를 때나 향촌[鄕亭]을 돌아다닐 때도 편안히 거처에 머무는 일이 드물었다. 때마침 군내에 샘이 있는 것을 보고서는 도랑을 개통하였으며, 수십 곳에 수문과 제방을 설치하여

召信臣爲南陽, 32
好爲民興利, 務在富之. 躬勸耕農, 出入阡陌. 止舍, 離鄕亭, 稀有安居. 時行視郡中水泉, 開通溝瀆, 起水門提閼, 凡數十處, 以廣漑

70) '하무(何武)': 『한서』 열전 권56, 「하무(何武)·왕가(王嘉)·사단전(師丹傳)」. "하무(何武)는 … 양주자사(揚州刺史)로 부임했다. … 양주가 평안했다. 행부(行部: 역자주 모든 부에서 자사 1인을 보내 관리가 다스리는 곳을 순시하게 하는 것을 행부라고 한다.)를 할 때에는 필히 먼저 학교[學宮]를 들러 학생들을 만나고, 그들의 의견을 말하게 했으며, 좋은 점과 나쁜 점을 물은 후에 집으로 돌아갔다. 밖으로 나와서 경작지의 너비와 곡식의 상태를 묻고 기록한 후에 이천석(二千石)을 만나는 것이 관례였다. …"

71) '소신신(召信臣)': 『한서』 「순리전」의 가장 마지막 이야기. "소신신은 … 남양태수로 부임했다. … 신신은 사람됨이 근면하고, 계책이 뛰어나며, 백성들의 재물이 늘어나는 것을 좋아했다.[召信臣 … 遷南陽太守, … 信臣爲人, 勤力有方略, 好爲民興利.]" 본 절에서 인용한 것은 생략한 부분이 약간 있으나, 자구에는 변동이 없다. 아마도 『제민요술』의 원문을 옮겨 적은 듯하다.

관개 면적을 넓혔다. 그리하여 해마다 관개 면적이 증가하여, 많게는 3만 경頃에 이르렀다. 백성들이 관개의 혜택을 입어 곡식을 비축할 수 있는 여유를 가졌다. 신신은 백성들에게 '물을 고루 제공한다는 약속'을 돌에 새겨 밭두둑에 세워서 물 분쟁을 방지하였다. 혼인식과 장례식에 지나치게 사치와 낭비하는 것을 금지하고, 검소와 절약에 힘쓰도록 하였다. (그 결과) 군내에서 경작에 힘쓰지 않는 이가 없었다. 관리와 백성이 신신을 가까이 여기고 사랑하여 '소부召父'라고 불렀다.

灌. 歲歲增加, 多至三萬頃. 民得其利, 蓄積有餘. 信臣爲民作 '均水約束', 刻石立於田畔, 以防分爭. 禁止嫁娶送終奢靡, 務出於儉約. 郡中莫不耕稼力田. 吏民親愛信臣, 號曰 '召父'.

후한의 왕단王丹[72]은 재산이 쌓여 천금千金에 이르렀으며, 남을 위해 베풀기를 좋아하고 다른 사람의 위급한 문제를 두루 살폈다. 해마다 곡물을 수확한 후에는 힘써 노동하여 수확을 많이 한 사람을 살펴서 번번이 술과 안주를 싣고 가서 그들을 격려하고 항상 밭머리의 나무 아래에 자리를 펴고 음식을 준비해서 그들을 위문하며 권면하도록 했다. 돌아갈 때에 남는 술과 안주는 남겨두고 떠났다. 게으른 농민은 유독 왕단의 위로를 받지 못하여 그들 모두 이를 심히 부끄럽게 여겨 이후로는 힘써 농사일을 하지 않는 자가 없었다. 그로 인해 마을이 크게 부유해졌다.

後漢王丹家累千金, 好施與, 周人之急. 每歲時農收後, 察其强力收多者, 輒歷載酒肴, 從而勞之, 便於田頭樹下, 飮食勸勉之. 因留其餘肴[33]而去. 其惰懶者, 獨不見勞, 各自恥不能致丹, 其後無不力田者. 聚落以致殷富.

---

72) '왕단(王丹)': 본서에서 인용한 내용은 『제민요술』서의 인용문과는 완전히 같으나, 범엽(范曄)의 『후한서(後漢書)』에 있는 자구와는 차이가 있다. 『범서(范書)』의 「왕단전(王丹傳)」은 열전 권17에 있다. 열전에서 당나라 장회태자(章懷太子) 이현(李賢)이 붙인 주는 『동관기(東觀記)』를 인용한 것이며, 본서 및 『제민요술』서의 인용문과 비슷하다. 가사협이 원래 『동관한기(東觀漢記)』에서 인용한 것이 아닐까 추측한다.

두시杜詩73)는 남양태수가 되어 노역을 줄이고 백성을 아꼈으며 개간 면적을 크게 증가시켜 군내의 백성들은 집집마다 크게 풍족해졌다. 그를 칭송하여 이르길, "앞에는 소부召父가 있고, 뒤에는 두모杜母가 있다."라고 하였다.

杜詩爲南陽, [34] 省愛民役, 廣拓土田, 郡內, 比室殷足. 爲之語曰, "前有召父, 後有杜母."

임연任延74)이 구진九眞75)태수가 되었다. 구진의 풍속은 사냥을 생업으로 하였으며, 아직 소로 밭가는 방식[牛耕]을 알지 못하여 항상 빈곤하였다. 임연은 이에 백성들에게 각종 농기구를 만들

任延爲九眞太守. 九眞[35]俗、以射獵爲業, 不知牛耕, 每致困乏. 延

---

73) '두시(杜詩)': 『후한서』 권21 「두시전(杜詩傳)」에 보인다. "남양태수(南陽太守)로 부임했다. 생활이 검소하고 청렴하며 공평했고, 형벌은 엄하게 함으로써 위엄을 세웠다. 지략이 뛰어나고, 백성들의 노동을 줄여 주었다. 수력을 이용한 풀무를 만들고 쇠로 농기구를 만들어, 힘은 덜 들이면서도 성과는 높여, 백성들이 편해졌다. 또한 물이 괸 땅을 정비하여 토지를 확장하니, 고을 내의 모든 가정이 풍족해졌다. 당시 사람들은 그를 소신신(召信臣)에 비유했는데, 남양에는 '예전에는 소부(召父: 소신신을 아버지로 비유)가 있었고, 그 후에는 두모(杜母: 두시를 어머니에 비유)가 있다.'는 말이 있었다."라고 하였다. 『태평어람』 권26 '양태수'는 『동관한기』를 인용하였는데, 『책부원귀(册府元龜)』 677 '목수부(칠)능정[牧守部(七)能政]'; 같은 책, 678 '목수부(팔)흥리[牧守部(八)興利]'의 글자와 대략 일치한다.

74) '임연(任延)': 범엽의 『후한서』 권66 「순리(循吏)」 제2전(傳): "임연(任延), 자(字)는 장손(長孫)이며, 남양군(南陽郡) 완현(宛縣) 사람이다. … 건무(建武) 초기에[안(案): '건무'는 한나라 광무제(光武帝) 때의 연호이다. 건무 초기는 서기 1세기 20년대이다.] 구진태수(九眞太守)로 임명되었다. … 구진사람들은 사냥을 업으로 삼았기 때문에 우경(牛耕)을 몰라 백성들은 항상 교지(交址)에서 쌀을 샀고, 항상 부족했다. 이에 임연은 철로 밭을 갈 농기를 만들 것을 명하고, 황무지를 개간하는 법을 가르쳤다. 해마다 경작지가 늘어나고, 백성들이 풍족해졌다.[任延, 字長孫, 南陽宛人 … 建武初, 詔徵爲九眞太守. … 九眞俗以射獵爲業, 不知牛耕, 民常告糴交址, 每致困乏. 延乃令鑄作田器, 教之墾辟. 田疇歲歲開廣, 百姓充給.]" 본서에 인용한 것은 약간 생략한 부분이 있다.

75) 역자주 마종신의 역주에는 구진군(九眞郡)은 한대에 설치했고, 이 지역의 습속은 사냥을 생업으로 했으며, 진(晉), 남조(南朝)의 송(宋), 제(齊)에까지 존속하였다. 지금의 월남(越南)의 하내(河內) 이남, 순화(順化) 이북 지역이라고 한다.

도록 하고, 그들에게 사용 방법을 가르쳐서 토지를 개간하게 하였다. 이로써 해마다 개간 면적이 증가되어 백성들의 생활이 넉넉해졌다.

乃令鑄作田器, 敎之墾闢. 歲歲開廣, 百姓充給.

자충茨充[76]이 계양현령桂陽縣令에 부임했을 때, 그 지역의 풍속은 뽕나무를 재배하지 않아 백성들은 양잠과 방직과 삼[麻]실을 잣는 이익을 누리지 못하였다. 대부분 모두 겨울옷에 삼과 모시껍질을 비벼 채워 넣었다. 백성의 습속은 게으르고 생활은 누추하여 짚신[麤履]조차도 신는 사람이 극히 적었다. 많은 사람들의 발이 갈라져서 피가 나오고 엄동설한에는 모두가 화톳불에 손발을 쬐는 것이 고작이었다. 자충은 백성들에게 뽕나무와 산뽕나무를 재배하도록 하고, 양잠을 해서 신발

茨充爲桂陽令, 俗不種桑, 無蠶、織、絲麻之利. 類皆以麻枲頭貯衣. 民惰窳, 少麤履. 足多剖裂血出, 盛冬皆然火燎炙. 充敎民益種桑柘, 養蠶、織履. 復令種苧麻. 數年之間, 大賴其

76) '자충(茨充)': 본서에 인용한 것은 『제민요술』의 서와 완전히 같다. 범엽의 『후한서』에는 '자충(茨充)'에 대한 이야기만 적은 전기는 없으며, 「순리」 제1전 「위삽전(衛颯傳)」의 끝부분에 추가되어 있다. "남양의 자충은 삽(颯)을 대신해 계양에 왔고, 그곳을 잘 다스렸다. 백성에게 뽕나무, 산뽕나무, 마, 모시풀 등을 심는 법을 가르쳤으며, 누에를 길러 신발을 만들 것을 명하니[안(案): '屨'는 '履'자로 해야 한다.], 백성들이 그 혜택을 입었다.[南陽茨充代颯爲桂陽. 亦善其政, 敎民種殖桑、柘、麻、紵之屬, 勸令養蠶織屨(履), 民得利益焉.]" 이현은 『동관한기』를 인용하여 다음과 같은 주를 붙였다. "원화 연간에[장제(章帝)의 두 번째 연호와 연관시켜 봤을 때, 84~86년에 해당함] 형주자사가 황제에게 글을 올렸다. 신이 장사의 경계에 이르렀을 때, 보이는 사람들마다 모두 맨발이었습니다. 신이 어좌에게 '신발이 없으면, 아프지 아니한가?' 하고 물었더니, 어좌가 답하기를 '12월 한겨울이면 갈라지고 찢어져서 피가 납니다. 불을 쬐기도 하고, 움직여서 따뜻하게도 하지만, 어떤 경우에는 고름이 나고 짓무릅니다. 건무년에 계양태수 자충이 사람들에게 양잠을 가르쳐서, 백성들이 혜택을 보았습니다.'라고 했습니다. 오늘날 강남지역에 누에로 신을 짜는 것을 아는 이가 많은 것은 자충의 가르침 덕분입니다.[元和中, 荊州刺史上言, 臣行部入長沙界, 觀者皆徒跣. 臣問御佐曰: '人無履亦苦之否?' 御佐對曰: '十二月盛寒時幷有剖裂血出, 燃火燎之, 春溫或膿潰. 建武中, 桂陽太守茨充敎人種桑蠶, 人得其利, 至今江南頗知桑蠶織屨, 充之化也.]"

짜는 것을 가르쳤다. 또 모시와 삼을 심게끔 하였다. 몇 년이 흐르자 양잠과 방직의 이익에 힘입어 따뜻한 의복과 신을 신을 수 있었다. 지금 강남 지방에서 뽕나무를 재배하고 누에를 기르고 신발 짜는 것은 모두 자충이 가르친 덕택이다.

利, 衣履溫暖. 今江南知桑蠶、織履, 皆充之教也.

장감張堪[77]이 어양漁陽태수에 제수된 후, 논 8,000여 경을 개간하고 백성에게 벼를 심도록 권장하여 부유한 생활을 누리도록 하였다. 백성들이 그에 대해 노래하여 말하기를, "뽕나무에는 곁가지가 없고 밀 이삭은 두 갈래로 나뉘네. 장태수가 어진 정치를 베푸니 더 없이 기쁘다네."라고 하였다.

張堪拜漁陽太守, 開稻田八千餘頃, 勸民耕種, 以致殷富. 百姓歌曰, "桑無附枝, 麥穗兩歧. 張君爲政, 樂不可支."

번중樊重[78]은 자字가 군운君雲이다. 수장경후壽張敬侯에 봉해져 대대로 농사를 잘 지었고, 상업을 통해 재산을 증식하는 것을 좋아했다. 번중의 성품은 온화하고 인정이 많으며, 법도가 있었다. 3대가 같이 거주하였는데, 자손들이 아침, 저녁으로 문후를 여쭈었고, 마치 관공서에 있는 것처럼

樊重, 字君雲. 36 益壽張敬侯. 世善農稼, 好貨殖. 重性溫厚, 有法度. 三世共財, 子孫朝夕禮敬, 常若公家.

77) '장감(張堪)': 범엽의 『후한서』 권21 제4전(傳): "장감은 남양군 완현 사람이다. … 어양태수로 부임했다. … 이에 호노[현재 북경시 순의현(順義縣)의 동북쪽]에 논 8,000여 경을 개간하여 백성들에게 경작하도록 하니, 백성들의 생활이 풍족해졌다. 백성들은 '뽕나무에는 곁가지가 없고 밀 이삭은 두 갈래로 나뉘네. 장태수가 어진 정치를 베푸니 더없이 기쁘다네.'[張堪, 南陽宛人 … 拜漁陽太守 … 乃於狐奴開稻田八千餘頃, 勸民耕種, 以致殷富. 百姓歌曰, '桑無附枝, 麥穗兩歧. 張君爲政, 樂不可支.']"라는 노래를 불렀다. 어양(漁陽)은 현재 북경시의 동북쪽으로 밀운현(密雲縣), 계현(薊縣), 평곡현(平谷縣), 순의현(順義縣) 등을 포함한다.

78) '번중(樊重)': 범엽의 『후한서』 권22, 「번굉전」. 번굉의 부친 '번중(樊重)', 자(字)는 군운(君雲)이다. … 본서에서 인용한 내용은 『범서』와 완전히 일치한다. 단지, "아들에게 한결같이 경계하여 말하기를[常戒其子曰]" 이하의 내용은 번굉에 관한 것으로, 전본에 첨가한 작은 주는 매우 정확하다.

엄격하였다. 그가 집안의 재산을 경영하고 관리함에 있어 방치하고 버린 물건이 하나도 없었으며, 어린 노비에게도 일을 시켜서 각자의 소임을 다하게 하였다. 그래서 상하가 모두 한 마음으로 협력하니 가정의 수입이 해마다 배로 증가하여, 이내 개간한 토지가 300여 경에 달하였다. 그가 짓는 집은 모두 몇 개의 대청[重堂]과 누각[高閣]을 갖추었고, 제방의 물을 정원에 끌어 들였다. 또 그의 집에는 물고기를 기르고, 가축을 사육하여 가정에서 소비되는 물품을 모두 자급할 수 있었다. 그는 일찍이 가구를 만들고자 해서 먼저 손수 가래나무와 옻나무를 재배하여 다른 사람의 비웃음을 받기도 했다. 그러나 몇 년이 흘러 재배한 나무가 모두 이용할 수 있게 되자 그를 비웃었던 자들도 와서 그에게 빌리기를 청하였다. 그의 재산은 수만(전)에 달하였으며 종족의 어려운 이를 구휼하였고, 마을 사람들도 그의 은혜를 입었다. 외손 하씨何氏가 있었는데, 형제간에 재산 분쟁이 있었다. 번중이 그것을 부끄럽게 여겨 밭 2경으로 그 소송을 해결하여 현의 사람들의 칭송과 호평을 받았다. 평소 남에게 빌려 준 돈이 수백만 전에 달하였는데, 유언을 남겨 그 문서를 모두 불 지르게 하였다. 채무자들이[79] 그 사실을 듣고 모두 부끄러이 여겨 앞을 다투어 와서 갚았다. 번중이 항상 그 아들에게 경계하여 말하기를,[80] "차고 넘치는

其營理産業物無所棄, 課役童隷, 各得其宜. 故能上下戮力財利歲倍, 至乃開廣田土三百餘頃. 其所起廬舍, 皆有重堂高閣, 陂渠灌注. 又池魚牧畜, 有求必給. 嘗欲作器物, 先種梓、漆, 時人嗤之. 然積以歲月, 皆得其用, 向之笑者, 咸求假焉. 貲至巨萬, 而賑贍宗族, 恩加鄉閭. 外孫何氏, 兄弟爭財. 重恥之, 以田二頃, 解其忿訟, 縣中稱美. 其素所假貸, 人間數百萬, 遺令, 焚削文契. 責家聞者, 皆慚, 爭往償之. 常戒其子曰, 37 "富貴盈溢, 未有能終者. 吾非

79) '책(責)': '채무자'로 해석한다.

부귀를 끝까지 실패 없이 유지했던 사람은 없었다. 나 또한 부귀와 영화를 좋아하지 않는 것은 아니다. 어찌되었든 하늘의 뜻[天道][81]은 가득 차서 교만한 것을 싫어하고 겸손하고 공경하는 것을 좋아하니 앞 시대의 권세가들은 모두 확실한 징계를 받았다. 부모를 받들고 스스로를 보전한다면 어찌 즐겁지 않겠는가."라고 하였다.

不喜榮勢也. 天道惡滿而好謙, 前世貴戚, 皆明戒也. 保身全己, 豈不樂哉."

왕경王景[82]은 여강廬江태수가 되었다. 백성들이 우경牛耕을 사용하는 법을 알지 못하여, 토지에 비록 잠재력이 있다 하더라도 식량은 도리어 항상 부족하였다. 왕경이 이에 백성들에게 소를 이

王景爲廬江太守. 百姓不知牛耕, 致地力有餘, 而食常不足. 景乃敎用

80) 역자주 여기에 인용된 소주(小注) 즉, "『후한서』의 본 구절의 내용을 살펴보면, 굉(宏)의 사람됨은 겸손하고 부드럽고 경외하고 신중하니 구차스럽게 승진하기를 원하지 않았다라고 한다. 이것은 군운(君雲)의 아들 굉이 그 자식을 훈계한 말이다. 이것을 군운이 그 자식을 훈계하였다고 하는 것은 착오이다.[按『後漢書』本句上, 有宏爲人, 謙柔畏愼, 不求苟進二句. 是君雲之子宏, 戒其子之言. 此作君雲戒其子, 有脫誤.]"라고 하는 부분은 원각본이나 격본에는 보이지 않는다.

81) 역자주 마종신은 '천도(天道)'는 곧 하늘의 뜻이라고 주석하고 있다.

82) '왕경(王景)': 범엽의 『후한서』 권66 「순리」에 의하면, "왕경(王景)은 자는 중통(仲通)이며, 낙랑군(樂浪郡) 남한(誹邯; 음은 'nǎm hǎm'이다)[역자주 : '초한인(謶邯人)'으로 검색되기도 함] 사람으로 (건초 8년: 83년) … 여강(廬江) 태수로 부임했다. 우선 '백성들이 우경(牛耕)을 사용하는 법을 알지 못하여, 토지에 비록 잠재력이 있었다 하더라도 식량은 도리어 항상 부족했다. 군계(郡界)에는 초나라의 재상 손숙오(孫叔敖)가 개간한 언덕배기[芍陂] 논이 있다. 이에 (왕)경은 관리들과 백성들을 이끌고 황무지를 개간하고, 쟁기를 이용해 경작하는 방법을 가르쳤다. 이로 인해 경작지가 넓어졌으며, 경내의 생활이 풍족해졌다. 비석에 경계사항을 새기게 하여, 백성들이 금지조항을 알도록 했다. 또한, 누에를 치고 명주를 짜는 것을 법규로 정하고, 향정(鄕亭)에 알렸다. 여강(廬江)에는 이에 대한 문사(文辭)가 전해진다.'[王景, 字仲通, 樂浪誹邯(音'nǎm hǎm')人 … 遷廬江太守. 先是'百姓不知牛耕, 致地力有餘而食常不足. 郡界有楚相孫叔敖所起芍陂稻田. 景乃驅率吏民, 修起蕪廢, 敎用犂耕. 由是墾闢倍多, 境內豐給. 遂銘石刻誓,令民知常禁. 又訓令蠶織, 爲作法制, 皆著于鄕亭. 廬江傳其文辭.']"라고 한다. '여강'은 오늘은 안휘성 여강현 부근이다. 한대의 낙랑군은 북한의 수도 평양에 있다.

용해 밭을 쟁기질하는 법을 가르치니 개간한 토지가 배로 증가하여 관할 지역의 백성들의 의식이 풍족해졌다. 그는 또 백성들에게 양잠과 방직을 가르치고 아울러 양잠과 방직에 관한 규정을 만들어 각지의 향촌[鄕亭]에 붙여두게 했다.

犁耕, 墾闢倍多, 境內豊給. 又訓令蠶織, 爲作法制, 著於鄕亭.

왕부王符[83)]가 이르기를, 한 성인 남자가 농사짓지 않으면 천하가 굶주리게 된다. 한 아낙네가 베를 짜지 않으면 천하가 추위에 떨게 된다. 이는 지금 세속이 마치 모두 본업인 농경을 버리고 장사치로 전향하여 가는 것과 같다. … 한 사람의 성인 남자가 농사지으면 백 사람이 먹을 수 있고, 한 아낙이 양잠을 하면 백 사람이 옷을 입을 수 있다는 것은 의심할 바 없다. 한 사람의 역량으로서 백 사람을 공양하니 누가 능히 이처럼 하지 않겠느냐고 하였다.

王符曰, 一夫不耕, 天下受其飢. 一婦不織, 天下受其寒. 今擧俗舍本農, 趨商賈. … 是則一夫耕, 百人食之, 一婦桑, 百人衣之. 以一奉百, 孰能供之.

최식崔寔[84)]은 오원五原태수가 되었다. 그 지역의 토양은 삼과 모시 재배에 적합했지만, 그 지역 백성들은 방적과 직포 기술을 알지 못하였다. 백성들은 겨울철에 옷이 없어서 가는 풀을 쌓아 그 더미 속에 누워서 추위를 피하였다. 관리들은 풀로 옷을 지어 외출하였다. 최식은 그들을 위해서 방적과 직포 공구를 제작하고, 방직의 방법을 가

崔寔爲五原. 土宜麻、枲, 而俗不知織績. 民冬月無衣, 積細草而臥其中. 見吏, 則衣草出. 寔爲作紡績織紝之具, 以教, 38 民

83) '왕부(王符)': 범엽의 『후한서』 열전 권39, 「왕부전(王符傳)」에는 왕부(王符)의 저서 『잠부론(潛夫論)』의 「부치편(浮侈篇)」을 인용한 것이 보인다.

84) '최식(崔寔)': 본 절에 인용된 것은 범엽의 『후한서』 권42 「최인전(崔駰傳)」에 추가되어 있는 최식(崔寔)에 대한 이야기로 문자가 완전히 동일하다. 『제민요술』의 서문에 인용한 것은 거의 비슷하다.

르쳐 백성들로 하여금 엄동설한의 고통을 면하게 하였다.

유도劉陶[85]가 이르기를, 백성은 백 년 동안 생활에 필요한 물품은 없어도 살 수 있지만, 하루라도 밥을 먹지 않을 수는 없으니 그런 까닭으로 식량이 가장 필요한 물품이라고 하였다.

구람仇覽[86]은 포정의 수장[蒲亭長]으로 근무하면서 사람들에게 생산을 장려하고, 조문을 제정하여 채소와 과일 재배의 수량과 양육할 닭과 돼지의 수를 상세하게 규정하였다. 농사가 끝나면 이내 자제들을 모이게 하여 학습시켰다. 백성들 중에 쉽게 이탈하거나 손을 놓고 쉬는 등 제멋대로 하는 자들은 밭일을 시키든지 잠상 노동을 하게 하였으며, 엄격한 감독과 징계 조례를 만들었

得以免寒苦.

劉陶曰 民可百年無貨, 不可一朝有飢, 故食爲至急也.

仇覽爲蒲亭長, 勸人生業, 爲制科令, 至於果菜爲限, 雞豕有數. 農事既畢, 乃令子弟羣居就學. 其剽輕游恣者, 皆役以田桑, 嚴設科罰. 躬助喪事,

85) '유도(劉陶)': 본 절에 인용된 것은 범엽의 『후한서』 권47에 환제(桓帝) 때 누군가 대전(大錢)의 주조를 바꿔야 한다고 상소문을 올리자, 유도가 바꿔서는 안 된다는 의견을 올렸다는 내용에서 보인다. 『제민요술』의 서문에도 인용되어 있다.

86) '구람(仇覽)': 범엽의 『후한서』 열전 권66, 「순리」 제11전[목차에는 '구향(仇香)'으로 되어 있다]: "구람(仇覽), 자는 계지(季智), 이름은 향(香)으로, 진류군(陳留郡) 고성현(考城縣) 사람이다. … 40세 때, 현(縣)에서 관리직을 주면서 포정(蒲亭)의 수장으로 선발했다. 사람들에게 생업을 장려하고, 조문을 제정하여 채소와 과일 재배의 수량과 양육할 닭과 돼지의 수를 상세하게 규정하였다. 농사가 끝나면 이내 자제들을 모이게 하여 학습시켰다. 백성들 중에 쉽게 이탈하거나 손을 놓고 쉬는 등 제멋대로 하는 자들은 밭일을 시키든지 잠상 노동을 하게 하였으며, 엄격한 처벌조항을 만들었다. 자신은 몸소 백성 상가(喪家)의 일을 돕고 가난하거나 혼자 있는 사람들을 어루만지고 진휼하였다. 일 년이 지난 후, 민심은 크게 변하였다.[仇覽字季智, 一名香, 陳留考城人 … 年四十, 縣召補吏, 選爲蒲亭長. 勸人生業, 爲制科令, 至于果菜爲限, 鷄豚有數, 農事既畢, 乃令子弟羣居, 還就黌學. 其剽輕游恣者, 皆役以田桑, 嚴設科罰. 躬助喪事, 賑恤窮寡. 朞年稱大化.]" 전기 뒷부분의 내용에 곽림종(郭林宗)과 함께 태학(太學)에서 지낸 적이 있는 것으로 보아, 후한 말기의 사람일 것이다.

다. 자신은 몸소 백성 상가喪家의 일을 돕고 가난하거나 혼자 있는 사람들을 어루만지고 진휼하였다. 일 년이 지난 후, 민심은 크게 변하였다.

賑恤窮寡. 朞年, 稱大化.

두기杜畿[87]는 하동河東의 태수가 되어 농경과 잠상에 힘쓰도록 했으며, 암소를 치고 말을 먹이고, 심지어 닭과 돼지를 치는 수량까지 모두 규정을 만든 까닭에 집집마다 의식이 풍족해졌다. 그런 다음에는 학교를 세우고, 효제孝悌를 뽑아 쓰니 하동군은 마침내 안정되었다.

杜畿爲河東, 勸耕桑, 課民畜牸牛草馬, 下逮雞豚, 皆有章程, 家家豐實. 然後興學校, 擧孝悌, 河東遂安.

동회童恢[88]가 불기不其의 현령縣令[89]으로 제수

童恢除不其令.

87) '두기(杜畿)': 『삼국지(三國志)』「위지(魏志)」 권16, 「두기전(杜畿傳)」: 태조(太祖)가 순욱(荀彧)에게 말했다. "관서(關西: 함곡관 서쪽)의 장군들은, 험한 지세를 이용해서 마등(馬騰)을 막아야 한다. 그들을 징용하면 반드시 우리 부대를 어지럽힐 것이다. … 하동(河東)은 산과 물로 둘러싸여 있고, 주변은 변화가 많은 지역이니, 현재의 천하의 요충지이다. 그대는 나에게 그곳을 지킬 소하(蕭何), 구순(寇恂)과 같은 인재를 추천해 달라." 순욱은 '두기가 바로 그런 인재입니다.'라고 답했다. 이에 두기를 하동태수로 임명했다. … 기는 관대하고 인자하게 다스렸다. … 백성에게 암소와 암말을 기르도록 하는 것에서부터 서서히 닭, 돼지, 개 등까지 기르도록 했으며, 이 모든 것은 규정이 있었다. 백성들은 부지런히 농경을 했으며, 집집마다 풍요로워졌다.[關西諸將, 恃險與馬, 徵必爲亂 … 河東被山帶河, 四鄰多變, 當今天下之要地也. 君爲我擧蕭何、寇恂以鎭之." 彧曰: '杜畿其人也.' 於是追拜畿爲河東太守. … 畿治之, 崇寬惠 … 漸課民畜牸牛、草馬,下逮鷄豚犬豕, 皆有章程. 百姓勤農,家家豐實.]" 『제민요술』 서문에는 일부가 인용되어 있으며, 본서는 『제민요술』의 서문에 근거하여 옮겨 적었다.

88) '동회(童恢)': 범엽의 『후한서』 권66 「동회전(童恢傳)」, "동회(童恢), 자는 한종(漢宗)이다." 아래에 당나라 장회태자 이현의 주가 있다. "『사승서(謝承書)』에는 '동(童)'은 '동(僮)'으로, '회(恢)'는 '종(種)'으로 되어 있다." … "불기(不其)의 법령은 제외한다. 법을 위반한 자가 있으면, 언제나 법령에 따라 효시(曉示)했다. 본현의 관리가 그 직책을 잘 수행하여 좋은 일을 수행한다면, 모두 술과 안주를 내려 장려하도록 하였다. 그리고 농경, 방직, 파종, 수확 등 각종 농사활동에는 모두 구체적인 규정을 정하였다. 그러자 현 전체가 무사 안녕하였다."라고 한다. 본서의 이번 절은 『범서』에 근거하여 일부만 인용한 것이다. '불기(不其)'는 한나라 때의 제후국으로, 나중에 현(縣)으로 바뀌었다. 지금은 산동(山東), 즉 묵현(墨縣)

되었다. 만약 본 현의 관리가 그 직책을 잘 수행하여 좋은 일을 수행한다면, 모두 술과 안주를 내려 장려하도록 하였다. 그리고 농경, 방직, 파종, 수확 등 각종 농사활동에는 모두 구체적인 규정을 정하였다. 그러자 현 전체가 무사 안녕하였다.

若吏稱其職, 人行善事, 皆賜酒肴以勸勵之. 耕、織、種、收, 皆有條章. 一境淸靜.39

『제민요술齊民要術』: 황보륭皇甫隆90)은 돈황墩煌군의 자사刺史였는데, 돈황의 백성들이 파종용 쟁기[耬犂]를 만들 줄 몰랐다. 파종을 할 때 많은 인력과 소의 힘을 들이지만 곡식 생산량은 매우 낮았다. 륭隆은 이내 백성들에게 파종용 쟁기를 만드

『齊民要術』: 皇甫隆爲燉煌, 燉煌俗不曉作耬犁. 及種, 人牛功力旣費, 而收穀更少. 隆乃

서남쪽의 불기사(不其社)이다.

89) 역자주 마종신의 역주에서 불기현(不其縣)은 지금의 산동, 즉 묵현(墨縣)이다. 제(除)는 제보(除補)로서 구직(舊職)을 없애고 신 관직으로 제수함을 의미한다고 한다.

90) '제민요술(齊民要術)·황보륭(皇甫隆)': 『제민요술』의 서에는 황보륭에 대한 이야기가 있다. 『삼국지』 「위지」 권16, 「창자전(倉慈傳)」에는 『위략(魏略)』을 인용한 주가 있다. "가평(嘉平)년[위나라 제왕 조방(曺芳)의 두 번째 연호, 249~254년] 황보륭을 … 태수로 임명했다. 처음에 돈황의 백성들이 파종용 쟁기[耬犂]를 만들 줄 몰라서 파종을 할 때 많은 인력과 소의 힘을 들이지만 곡식 생산량은 매우 낮았다. 륭(隆)은 이내 백성들에게 파종용 쟁기를 만드는 기술을 가르쳐 노동력은 절반 이상 감소시키고, 수확량은 절반이나 증가시켰다. 또 돈황의 풍습에는 부녀자가 입는 치마를 주름지게 만들어 그 모양이 마치 양의 창자와 같게 했는데, 그 때문에 한 벌의 치마에 한 필의 포(布)가 필요했다. 황보륭은 이를 금지하고, 새로운 방식으로 치마를 고치니 절약한 비용이 이루 헤아릴 수 없었다고 한다. [至嘉平中, 安定皇甫隆 … 爲太守. (初燉煌不甚曉田, 常灌漑滀水, 使極濡洽, 然後乃耕. 又)不曉作耬犂. 用水及種, 人、牛工力旣費, 而收穀更少. 隆到, 敎作耬犂, (又敎衍漑. 歲終率計,) 其所省庸力過半, 得穀加五. 又燉煌俗, 婦女作裙, 攣縮如羊腸, 用布一匹. 隆又禁改之, 所省復不訾.]"

가사협은 어환(魚豢)의 『위략』[권15, 「종상자(種桑柘) 제45」는 『위략』에 기재되어 있는 신정(新鄭)의 장(長) 양패(楊沛)가 말린 오디를 가지고 조조(曹操)를 구한 자료를 인용했다.]을 본 적이 있다. 황보륭과 관련된 이 사료는 아마도 『위략』의 기록 일부를 가져와서 쓴 것인 듯하다. 『위략』은 오대십국 시대에 이미 산실되었기 때문에, 원나라 때 사농사(司農司)가 『농상집요』를 편찬할 때에는 『제민요술』을 근거로 할 수밖에 없었다.

는 기술을 가르쳐 노동력은 절반 이상으로 감소시키고, 수확량은 절반이나 증가시켰다. 또 돈황의 풍습에는 부녀자가 입는 치마를 주름지게 만들어 그 모양이 마치 양의 창자와 같게 했는데, 그 때문에 한 벌의 치마에 한 필의 포布가 필요했다. 황보륭은 이를 금지하고, 새로운 방식으로 치마를 고치니 절약한 비용이 이루 헤아릴 수 없었다.

教作耬犁, 所省傭力過半, 得穀加五. 又燉煌俗, 婦女作裙, 攣縮如羊腸, 用布一匹. 隆又禁改之, 所省復不貲.

동충童种[91]은 불기不其의 현령縣令으로 부임하여 사람마다 돼지 한 마리와 암탉 4마리씩을 기르게 하여 이것들을 제사에 올리도록 하고, 또한 상喪을 당하면 관棺을 사는 비용으로 충당하도록 하였다.

僮种爲不其令, 率民養一豬, 雌雞四頭, 以供祭祀, 死買棺木. 40

안비顏斐[92]는 경조윤京兆尹에 임명되어 백성

顏斐爲京兆, 乃

91) '동충(僮种)': 『제민요술』의 서에 인용되어 있는 '동충(僮种)'의 출처는 사승(謝承)의 『후한서』 '동회(童恢)'인 듯하다. 『농상집요』의 서는 별도로 한 조(條)를 두었다. 전본에 추가되어 있는 작은 주는 매우 정확하다.

92) '안비(顏裴)': 『삼국지』 「위지」 권16 「창자전」의 주에는 『위략』[어환(魚豢)이 저술?]이 인용되어 있다. "안비(顏斐), 자는 문림(文林)이다. … 후에 경조태수(京兆太守)가 되었다. 처음에 경조(京兆)에서 마초(馬超)를 물리쳤을 때, 그곳의 백성들은 대부분 농사에 전념하지 않았다. … 이에 안비는 자신이 다스리는 현(縣)의 백성들에게 농로[阡陌]를 정비하도록 하고, 그 도로가에 뽕나무와 과실수를 심도록 하였다. 또 농한기에는 목재를 베도록 하고, 백성들로 하여금 수레 만드는 기술을 서로 전수하도록 하였다. 또 소가 없는 가정은 반드시 돼지를 기르게 하여 돼지 가격이 오를 때를 틈타 팔아서 소를 구입하도록 했다. 처음 시행할 때는 백성들이 번거롭게 여겼지만, 한두 해가 지나자 집집마다 견고하고 큰 수레와 큰 일소를 가지게 되었다.[顏斐字文林 … 後爲京兆太守. 始, 京兆從馬超破後, 民人多不專於農殖, … 斐到官, 乃令屬縣整阡陌、樹桑果. 是時民多無車牛. 斐又課民以閑月取車材, 使轉相教匠作車. 又課民無牛者, 令畜猪狗, 賣以買牛. 始者民以爲煩, 一二年間, 家家有丁車、大牛.]" 『제민요술』의 서에 인용되어 있는 '안비(顏裴)'는 아마도 『위략』의 '안비(顏斐)'일 것이다. 옛 사람들의 이름으로 봤을 때, '문림(文林)'은 아마도 이름이 '비(斐)'일 것이므로, '배(裴)'는 형태가 비슷하여 잘못 전해진 듯하다. 본서는 『제민요술』의 서를 옮겨서 인용한 것으로 일부를 약간 생략했다.

들에게 농로[阡陌]를 정비하도록 하고, 그 도로가에 뽕나무와 과실수를 심도록 하였다. 또 농한기에는 목재를 베도록 하고, 백성들로 하여금 수레 만드는 기술을 서로 전수하도록 하였다. 또 소가 없는 가정은 반드시 돼지를 기르게 하여 돼지 가격이 오를 때를 틈타 팔아서 소를 구입하도록 했다. 처음 시행할 때는 백성들이 번거롭게 여겼지만, 한두 해가 지나자 집집마다 견고하고 큰 수레[93]와 큰 일소를 가지게 되었으며, 일들이 정돈되면서 의식이 풍족해졌다.

令整阡陌, 樹桑果. 又課以閑月取材, 使得轉相敎匠作車. 又課民無牛者, 令畜豬, 投貴時, 賣以買牛. 始者, 民以爲煩, 一二年間, 家有丁車大牛, 整頓豊足.

초자譙子[94]는 말하기를, "아침에 함께 집을 나서더라도 저녁에 귀가하는 시간이 다르듯이 (같이 야채를 캐더라도) 근면하고 부지런한 사람은 광주리에 가득 캘 수 있다. 가령 새의 깃과 짐승의 털[羽毛]이 있을지라도 옷감을 짜지 않으면 옷을 지어 입을 수가 없다. 사람은 풀을 먹고 물만 마시

『譙子』曰 "朝發而夕異宿, 勤則菜盈傾筐. 且苟無[41]羽毛, 不織不衣. 不能茹草飮水. 不耕不食, 安可以不自

안(案): 본 절의 제목 및 격식으로 봤을 때, 이회(李悝)부터 이습예(李襲譽)까지는 '사(史)'부의 '법(法)'과 '언(言)'이어야 한다. '사(史)'부의 개개인은 대략 시대별로 차례로 배열되어 있으므로, '전한', '후한' 등 제목의 목록은 서명도 될 수 있고, 시대 명으로 볼 수도 있다. 안비(顔斐), 초주(譙周), 중장통(仲長統)에서 조식(曹植)까지는 모두 삼국시대 사람이다. 다만, 진사왕(陳思王)에만 '위(魏)'자가 표기되어 있으며, 다른 곳에는 없다. 이 '진사왕' 전체 부분을 가장 앞부분에 놓아서 위나라로 삼국시대를 대표하는 표시를 한 것인데, 후에 옮겨 적는 과정에서 뒤집힌 것이 아닌가 싶다.

93) 역자주 마종신의 역주에서 '정거(丁車)'의 '정(丁)'은 견고하다는 의미로서 '정거'는 견고한 큰 수레의 의미이며, 또 수레바퀴에 철정을 박아 만든 큰 수레를 뜻하기도 한다고 한다.

94) '초자(譙子)': 본서의 인용문과 『제민요술』의 인용문은 완전히 같다. 『초자(譙子)』가 어떤 책인지에 대한 근거는 아직 찾지 못했다. 삼국시대 촉한(蜀漢) 의 '초주(譙周)'가 쓴 것이 아닐까 싶다.

며 생활할 수는 없다. 농경을 하지 않으면 밥을 먹을 수가 없는데, 어찌 스스로 노력하지 않을 수가 있겠는가?"라고 하였다.

이형李衡[95]은, 무릉군武陵郡 용양현龍陽縣 동정호 모래언덕에 집을 짓고 감귤 천 그루를 심었으며, … 임종 때가 되어 그 아들에게 이르기를 "우리의 마을[州里]에는 천 명의 나무 노예[木奴][96]가 있

力哉."

李衡於武陵龍陽洲上作宅, 種甘橘千樹, … 敕兒曰 "吾州里, 有千頭

95) '이형(李衡)': 『삼국지(三國志)』「오서(吳書)」 권3의 「손휴전(孫休傳)」: 조칙을 내려 말하기를, "단양태수(丹陽太守) 이형(李衡)은 … 의심할 여지가 없다.[丹陽太守李衡 … 勿令自疑.]"라고 말했다. 아래의 주는 『양양기(襄陽記)』를 인용한 것이다. "제갈각(諸葛恪)은 단양태수(丹陽太守)로 임명되었다. … 처 습씨(習氏)는 … 이형(李衡)이 집안일을 다스리려 할 때마다 부인이 말을 듣지 않았다. 후에 몰래 10명의 식객을 무릉(武陵)과 용양(龍陽)의 물가(모래사장)로 보내 집을 짓게 하고, 감귤나무 1,000그루를 심었다. 그리고 죽기 전에 아들에게 이르기를 '우리 집이 이렇게 가난한 것은 네 어머니가 내가 재산을 모으는 것을 싫어해서이다. 하지만 내 땅에는 1,000명의 나무 노예[木奴]가 있다. 이들은 너에게 먹을 것과 입을 것을 달라고 하지도 않으며, 해마다 비단 한 필을 상납하니, 쓰기에 부족함이 없을 것이다.'라고 했다. 이형이 죽고 20여 일이 지난 후 아들이 이를 어머니에게 말하니, 어머니가 대답했다. '그것은 아마도 감귤나무일 것이다. 집에서 식객 10명이 나간 지 7, 8년이 되었는데, 이는 필히 네 아버지가 그들을 보내 살게 한 것일 테다.' 네 아버지가 항상 태사공(太史公)에게 '강릉(江陵)에 귤나무 1,000그루가 있으니, 제후에 봉해진 것이나 마찬가지 아닌가.'라는 말을 하기에, 내가 '사람이 덕이 없음을 걱정해야지, 재물이 없음을 걱정해서는 안 됩니다. 가난하더라도 지위가 높으면, 그것만으로도 좋은데, 이러한 것들이 무슨 소용이 있습니까?'라고 했다. 오나라 말에 이형의 감귤나무가 다 자라고, 해마다 비단 수천 필을 얻으니, 집안이 풍족해졌고, 진(晋)나라 함강(咸康)(진나라 성제의 두 번째 연호, 335～342년)년까지도 그 집터에는 말라죽은 감나무가 있었다.[(諸葛)恪被誅, 求爲丹陽太守. … 妻習氏 … (李)衡每欲治家, 妻輒不聽. 後密遣客十人, 於武陵龍陽汜洲上作宅, 種甘橘千株. 臨死, 敕兒曰: '汝母惡我治家, 故窮如是. 然吾州裏有千頭木奴. 不責汝衣食, 歲上一匹絹, 亦可足用耳.' 衡亡後二十餘日, 兒以白母, 母曰: '此當是種甘橘也. 汝家失十戶客來七八年, 必汝父遣爲宅.' 汝父恒稱太史公言, '江陵千樹橘, 當封君家'. 吾答曰: '且人患無德義, 不患不富, 若貴而能貧, 方好耳, 用此何爲!' 吳末, 衡甘橘成, 歲得絹數千匹, 家道殷, 晉咸康, 其宅址枯樹猶在.]" 『태평어람』 권966 '감(甘)' 항(項)에 인용한 『양양기』와 대략 비슷하다.

다. 그들은 너에게 결코 의식衣食을 조르지 않으면서도 한 그루마다 매년 비단 한 필씩을 너에게 바칠 것이므로 쓰기에 부족함이 없을 것이다."라고 하였다. … 감귤은 크게 자라서 과연 해마다 비단 수천 필匹을 얻게 하였다.

木奴. 不責汝衣食, 歲上一匹絹, 亦可足用矣." … 橘成, 歲得絹數千疋.

중장자仲長子[97]는 말하기를, "하늘이 사람을 대신하여 계절을 만들었는데, 내가 만약 농사에 힘쓰지 않는다면, 곡식을 거둘 수 없다. 봄이 와서 때에 맞추어 비가 내리면, 밭갈이부터 시작하여 곡물을 수확하고 음식물을 제기[簠簋][98]에 담아 제사상에 올리는 것으로 마무리된다. 게으른 사람은 무당 1부釜를 생산하지만 근면한 사람은 1종鍾[99]을 생산한다. 농시農時가 이미 다다랐는데 때를 맞추어 농사짓지 않은 사람이 어찌 먹을 음식을 얻을 수 있겠는가?"라고 하였다.

仲長子曰"匹爲之時, 而我不農, 穀亦不可得而取之. 青春至焉, 時雨降焉, 始之耕田, 終之簠簋. 惰者釜之, 勤者鍾之. 時及不爲, 而尙乎 42 食也哉."

북위北魏 신찬辛纂[100]은 하남자사에 임명되자

北魏 辛纂, 拜河

96) 역자주 마종신은 역주에서 '목노(木奴)'는 감귤나무를 가리킨다. 혹은 과일나무의 범칭이다. 『제민요술』 「종매행삼십육(種梅杏三十六)」의 주에는 "나무노예 천 그루는 흉년이 없다. 이것은 과실로 곡식을 바꿀 수 있음을 말한 것이다."라고 하였다.

97) '중장자(仲長子)': 중장통(仲長統)은 후한말기, 삼국시대 이전의 사람이다. 저서로는 『창언(昌言)』이 있으며, 본서에서 인용한 것은 현재 『제민요술』의 자서(自序)에 보인다.

98) 역자주 무계유 교석본에는, 보궤(簠簋)는 옛날 제물을 담는 그릇인데, 수확의 뜻을 담고 있다고 한다. 혹자는 보, 궤는 방형과 원형의 양식을 저장하는 그릇으로 탈곡하여 곡식을 창고에 넣는 것을 의미한다고 한다.

99) '타자부지(惰者釜之) 근자종지(勤者鍾之)': 고대 마른 식료품의 용량을 계산하는 단위로는 십진(十進)이 있다. 10약(龠)은 홉[合], 10홉은 되[升], 10되는 말[斗], 10말은 석(石)이다. 사진(四進)도 있는데 4되[升]는 두(豆), 4두는 구(區), 4구는 부(釜), 10부는 종(鍾)이다. 1종은 6곡 4두이며, 1부는 6두 4승이다.

농업과 양잠을 독려하고, 스스로 들에 나가 감독하고 살폈으며, 부지런한 자에게는 상으로 비단과 재물을 지급하고, 게으른 자에게는 징벌을 가하였다.[101)]

內刺史, 督勸農桑, 親自檢視, 勤者資以物帛, 惰者可以罪.

'위魏' 진사왕陳思王[102)]이 이르기를, "추위에 떨고 있는 자는 크고 귀한 옥[尺玉][103)]을 탐내지 않고, 한 벌의 거친 베옷[短褐][104)]을 바랄 뿐이다. 굶

'魏'陳思王曰 "寒者, 不貪尺玉, 而思短褐. 飢者,

---

100) '신찬(辛纂)': 『위서(魏書)』 권77의 「신찬전(辛纂傳)」의 '하내태수(河內太守)'는 본 절에서 인용한 문장과 전혀 관련이 없다. 『책부원구(册府元龜)』 권678 「목수부(牧守部)」 권과류(勸課類)를 살펴보면 "두찬(杜纂)은 청하내사(淸河內史)이다. 그는 뽕나무 농사를 권장하고 감독했으며, 몸소 순시하여 근면한 자에게는 상으로 재물과 비단을 내리고, 게으른 자는 질책하고 처벌을 했다. 죽은 자를 조문하고, 살아 있는 자를 위로하니, 온정이 넘쳤다.[杜纂, 爲淸河內史, 勸督農桑, 親自檢視, 勤者賞以物帛, 惰者加以罪譴. 吊死問生, 甚有恩記.(역자주 본문에는 '吊生問死', 甚有恩紀)로 되어 있음]"라는 내용은 본 절에서 인용한 것과 상당히 비슷하다. 함분루(涵芬樓)에서 영인(影印)한 송촉대자본(宋蜀大字本) 『위서』(권88, 열전76)에 있는 「두찬전(杜纂傳)」에는 '상(賞)'을 '자(資)'로, '타(惰)'를 '타(墮)'로 한 것 외에는, 『책부원구』에서 인용한 것과 모두 똑같다. 신찬과 두찬, 두 사람은 이름도 같고 관직 또한 두 글자가 같아 혼동을 일으킨 것이 분명하다. 또한, '하내태수(河內太守)'와 '청하내사(淸河內史)', 이 두 관직명이 뒤섞이면서 '하남자사(河南刺史)'가 된 것이다.

101) 역자주 이 부분의 문장은 석성한의 교주에서는 뒤 문장의 "親耘耬於隴畝"의 다음에 등장하지만 원각대자본에 의거하여 고쳤다.

102) '진사왕(陳思王)': 조식(曹植)이다. 이 몇 구절은 『제민요술』의 자서에 인용되어 있다. 구양순(歐陽詢)의 『예문유취(藝文類聚)』 권5에 인용한 것에 따르면, 구양순이 올린 표(表)에 있다.

103) 역자주 마종신의 역주에는 척옥(尺玉)은 직경 1척인 둥근 옥[玉璧]으로 크고 귀한 것을 일컫는다고 한다.

104) '단갈(短褐)': 『사기』 권6 「진시황본기(秦始皇本紀)」에는 '한자리단갈(寒者利短褐)'이라는 구절이 있다. 배인(裵駰)의 『사기집해(史記集解)』에는 서광의 말을 인용한 '일작단(一作短)'이 있다. '단갈'은 바로 '거친 베옷'이다. 사마정의 『사기색은(史記索隱)』에 따르면, "'수(裋)'의 음은 '수(竪)'이다. '갈(褐: 표백을 하지 않은)' 포를 짧게 마름질하여 일을 할 때 입으며, 짧고 좁아서 '단갈(短褐)', 혹은 '수갈(竪褐)'이라 한다.[裋, 一音竪. 褐布竪裁, 爲勞役之衣, 短而且狹, 故謂之短褐, 亦

주린 자는 결코 천량의 황금을 원하지 않고, 오직 한 끼 배불리 먹기를 바란다."라고 하였다.

'진晉'의 환선桓宣[105]은 양양襄陽을 지키면서, 농사와 양잠을 장려하였다. 때때로 마차[軺軒][106]에 호미와 따비[耒耜]를 싣고 다니면서 친히 논밭에 나가 김매기와 수확에 참가하기도 하였다.

'당唐'의 장전의張全義[107]는 하남윤河南尹으로

不願千金, 而美一食."

'晉'桓宣, 鎭襄陽, 勸課農桑. 或載鋤耒於軺軒, 或親耘穫於隴畝.

'唐'張全義爲河

謂豎褐.]"라고 한다.

105) '환선(桓宣)': 『진서(晉書)』 권81 「환선전(桓宣傳)」에 보이며, 본 절에 인용한 것과 완전히 일치한다. 역자주 환선은 동진초의 사람으로 도간(陶侃)이 그를 양양(襄陽)에 있는 석륵부장(石勒部將)을 토벌하려 파견했는데, 도간은 그로 하여금 그 땅을 진수하게 하였으며, 10여 년 재직하게 했다고 한다.

106) 역자주 초헌(軺軒)은 한 마리 말이 끄는 작은 마차를 의미하며, 대개 대부(大夫)가 타는 마차이다.

107) '장전의(張全義)': 『오대사(五代史)』 권63(『당서』 '열전'15) 및 『오대사기(五代史記)』 권45(「잡전(雜傳)」33)에 있다. 전의(全義)의 원래 이름은 장언(張言)이며, 복주임복(濮州臨濮)[지금의 하남성(河南省), 산동성(山東省) 사이의 '금제체홍구(金堤滯洪區)'북부] 사람이다. 어렸을 때, 황소의군(黃巢義軍)에 참가한 적이 있다. 황소(黃巢)를 따라 장안(長安)을 공략하였고, 이부상서수운사(吏部尙書水運使)의 직책을 맡았다. 황소의 봉기가 실패한 후에, 제갈상(諸葛爽)에게 투항하였다. 제갈상이 피살당하자 장전의는 동료인 유경(劉經)과 제갈상의 아들 제갈중방(諸葛仲方)을 옹립하였다. 중방이 진종권(秦宗權)의 장군 손유(孫儒)에 의해 쫓겨나자, 장전의는 원래 제갈상의 수하에 있던 이한지(李罕之)와 손을 잡고, 낙양(洛陽)을 점거하고 있던 주전충(朱全忠)에게 투항한다. 주전충은 당나라 소종(昭宗)에게 장전의를 하남윤(河南尹)(낙양시 시장에 해당)으로 천거했고, 소종으로부터 '전의(全義)'라는 이름을 하사받았다. 장전의는 하남윤으로 재임하던 시절에 근면하고 검소하게 군과 백성을 다스렸으며, 농업 생산 자구책을 실시했으며, 이한지를 도왔다. 하지만, 이한지는 약탈에만 신경을 쓸 뿐, 생산에는 관심이 없었다. 장전의는 이한지의 요구를 만족시킬 수 없었고, 이한지가 이극용(李克用)과의 대전을 위해 출병을 하자, 장전의는 이한지의 근거지인 하양(河陽)[지금의 하남맹현(河南孟縣) 등]을 기습하여 점거했다. 상황이 다급해지자 이한지는 이극용과 화평을 맺고, 이극용의 군대를 빌려 장전의가 있는 곳을 포위했다. 이에 장전의는 주전충에게 구원을 요청했고, 주전충은 군대를 파병하여 이한지를 몰아내고, 장전의에게 계속해서 하남윤을 맡도록 했다. 주전충이 황제가 되자, 장전의

를 위왕으로 임명하고 '종석(宗奭)'이라는 이름을 하사했다. 후에 이극용의 아들 이존욱(李存勖)[이후 당(唐) 장종(莊宗)이 됨]이 양나라의 수도 변경(汴京)[지금의 개봉(開封)]을 공격했을 때, 장전의는 이존욱에게 투항하고 다시 '전의'라는 이름을 썼으며, 제왕에 책봉되었다. 낙양 시절을 전후하여 40년간 장전의는 정치적으로는 원칙이 없었으나, 농업생산은 시종일관 장려했다.

본서에서 인용한 장전의의 행적을 전문(傳文)에서는 보지 못했다. 하지만, 『오대사』전에는 장전의가 낙양에서 농업생산을 장려한 상황이 다음과 같이 비교적 자세하게 기록되어 있다.

"이에 따라 이한지는 하양절도사(河陽節度史)가 되고, 장전의는 하남윤이 되었다. 장전의는 근면하고 검소했으며, 군대와 백성들을 잘 돌보았다. 비록 도둑이 많기는 했으나, 경작을 장려하였으므로 창고는 나날이 두둑하게 쌓여갔다. … 양나라 태조는 정회(丁會)에게 하양을 지키도록 했으며, 전의는 다시 하남윤이 되었다. … 초기, 채주(蔡州)의 손유(孫儒)와 제갈상(諸葛爽) 간의 낙양을 차지하기 위한 쟁탈전이 끊이지 않던 7, 8년 동안 도성은 다 타버려 재만 남고, 온통 가시나무와 잡초만 무성했다. 장전의가 처음 도착해 수하들과 함께 저자거리에 머물렀을 때, 성내에는 가난한 백성들의 원성이 하늘을 찌를 정도였다. 장전의는 그들을 잘 위로하고, 수하들에게는 잡초를 제거하고 씨를 뿌리도록 명령하여, 농사와 전쟁을 병행했다. 곡식과 소를 교환하고, 해마다 개간하는 경작지가 늘어났으며, 흩어지고 떠나갔던 백성들을 다시 불러들여 자식과 같이 대했다. 매년 농사를 시작할 때면, 몸소 밭고랑을 만들고, 술과 음식을 내주었으며, 정사는 관대하게 하고 일처리는 간소화하여, 관리들이 감히 기만하지를 못했다. 시간이 지나자 성내에는 휴전(閑田)이 없어지고, 주민이 5, 6만 호(戶)나 되었다.[罕之遂自領河陽, 表全義爲河南尹. 全義性勤儉, 善撫軍民, 雖賊寇充斥, 而勸耕務農, 由是倉儲殷積. … 梁祖以丁會守河陽, 全義復爲河南尹 … 初, 蔡賊孫儒、諸葛爽爭據洛陽, 迭相攻伐, 七八年間, 都城灰燼, 滿目荊榛. 全義初至, 唯與部下聚居故市, 井邑窮民, 不滿百戶. 全義善于撫納, 課部人披榛種藝, 且耕且戰. 以粟易牛, 歲滋墾闢, 招復流散, 待之如子. 每農祥勸耕之始, 全義必自立畎畝, 餉以酒食, 政寬事簡, 吏不敢欺. 數年之間, 京畿無閑田, 編戶五六萬.]"라고 한다.

전(傳)에는 『낙양진신구문기』[북송의 장제현(張齊賢)의 저서]를 인용한 주가 있다.

"왕은 농사를 짓고, 길쌈을 하는 모든 백성들을 아꼈다. 그 해에 누에치기와 농사가 잘 된 집이 있는데 도성 일사(一舍, 삼십리) 내에 있을 경우, 말을 타고 그 집을 찾아가서 온가족을 불러 모아 친히 노고를 치하하고, 술과 음식을 하사하며, 남편에게는 바지를, 부인에게는 치마를 하사했다. … 햇곡식과 누에고치를 받으면 얼굴에 희색이 만연했다. 백성들 사이에는 "대왕은 노래하고 춤추는 잔치판[聲伎]을 좋아하지 않아 간혹 볼 때마다 일찍이 웃는 모습을 볼 수 없었다. 유독 맥류나 누에의 작황이 좋으면 비로소 미소 지었다."라는 말이 돌았다. … 가을이 봉직했는데, 그곳은 황소의 난[黃巢之乱]과 이어서 진종권秦宗權[108]과 손유孫儒[109]의 참혹한 정치를 겪

南尹, 經黃巢之亂, 繼以秦宗權、孫儒

면 농가를 둘러보고, 논에 풀이 없는 집을 볼 때면 말에서 내려 식객에게 그 집을 보고 오게 하고, 논 주인을 불러 노고를 치하하고 옷과 재물을 하사했다. 벼 사이에 풀이 있고 경작이 제대로 안 되어 있는 것을 보면, 바로 논 주인을 불러 질책했다. 황무지에서 곡물의 싹이 자라는 것을 보면, 이를 꾸짖으며 이유를 물었다. 백성이 소가 없거나 일손이 없어 농사를 짓지 못한다고 하소연하면, 말에서 내려 이웃들을 불러 '이 자에게 일손과 소가 부족한데, 어찌 도와주지 않는 것이냐?'며 질책했고, 주위 사람들이 모두 자신의 잘못을 사죄하면 용서해 주었다. 낙양의 백성들은 서로 멀고 가까운 구별이 없이, 소가 적은 사람에게는 서로 도움을 주었고, 인력이 부족한 사람에게도 마찬가지였다. 밭을 가진 자는 서로 뽕나무 농사를 권했다. 집집마다 비축하게 되니 홍수와 가뭄에도 기아에 허덕이는 백성이 없었다.[王每喜民力耕織者, 某家今年蠶麥善, 去都城一捨之內, 必馬足及之, 悉召其家老幼, 親慰勞之, 賜以酒食茶綵, 丈夫遺之布袴, 婦人裙衫 … 取其新麥新繭, 對之喜動顏色, 民間有竊言者曰, '大王見好聲伎, 等閒不笑, 惟見好蠶麥即笑爾.' … 每觀秋稼, 見田中無草者, 必下馬命賓客觀之, 召田主慰勞之, 賜之衣物. 若見禾中有草, 地耕不熟, 立召田主集衆決責之. 若苗荒地生, 詰之, (民)訴以牛疲或闕人耕鋤, 則田邊下馬, 立召其鄰仵責之曰, '此人少牛, 何不衆助之'鄰仵皆伏罪, 即赦之. 自是, 洛陽之民無遠近, 民之少牛者, 相率助之. 少人者亦然. 田夫田婦相勸, 以力耕桑爲務. 是以家家有蓄積, 水旱無飢民.]" [「제왕장령공외전(齊王張令公外傳)」 원전과 맞춰봤을 때, 몇몇 자구 외에는 대체적으로 일치한다.] 아마도 본서를 찬집한 사람은 후기의 전기를 자료로 사용했거나, 이들 자료들을 편집한 후 별도로 기록한 적이 있는 것 같다. 그래서 이 자료가 『오대사』 및 『오대사기』와 맞지 않는 것 같다.

안(案): 장전의는 당나라 말기의 사람이므로 시대순으로 봤을 때, 이습예의 뒤에 놓여야 한다. 아마도 『낙양진신견문기(洛陽搢紳見聞記)』가 『당서』보다 시기적으로 이르므로 이곳에 배열한 듯하다.

108) '진종권(秦宗權)': 당나라 말, 채주상채[蔡州上蔡: 지금의 하남상채(河南上蔡)] 사람이다. 어렸을 때 번진 할거 당시의 지방 무력세력에 참가하여 점차 지위가 높아졌다. 황소가 봉기를 일으켰을 때 처음에는 통치계급 편에 서서 의군을 섬멸하려고 했다. 하지만, 희종(僖宗) 중화(中和) 3년(338)에 황소가 관중(關中)에서 퇴각하여 동쪽으로 이동했다. 진종권(秦宗權)은 의군에게 패한 후에도 여전히 채주에 머물면서 의군에 호응했다. 황소가 죽은 후 그는 채주에서 스스로를 황제라 칭하며, 진언(秦彦), 진현(秦賢), 진고(秦誥), 손유(孫儒) 4명의 장군을 각지에 파병했으나, 결국 이들의 배신으로 실패하게 된다. 『당서』 및 『신당서(新唐書)』에 「진종권전(秦宗權傳)」이 있다.

109) '손유(孫儒)': 하남 사람으로 진종권에게 투항했다. 당나라 희종 광계(光啟) 원년(885)에 진종권의 명을 받고 서쪽으로 출병하여 낙양, 맹현(孟縣), 섬현(陝縣),

은 까닭에 주민은 백 호戶에도 못 미쳤으며, 성곽의 사방에는 농사짓는 사람을 찾아볼 수 없었다. 전의는 유민을 불러와 살게 하고 그들로 하여금 농경에 종사하도록 권유했다. 몇 년이 지난 후, 도성의 크고 작은 거리[坊曲][110]는 점차 옛날의 모습을 되찾았으며, 각 현縣의 호구 또한 대부분 회복되었다. 뽕나무와 삼[麻]이 두루 무성하게 자라고, 들판에는 경작하지 않는 황무지는 볼 수 없게 되었다.

전의全義는 사람됨이 사리에 밝고, 다른 사람을 기만하지도 않으며, 그의 정치는 번거롭지 않고 소박하면서 너그러웠다. 전의가 매번 외출할 때, 어떤 경지의 작황이 좋은가를 보고 바로 말에서 내려 좌우 수행원과 함께 살펴보고, 토지 주인을 불러 술과 음식을 주어 격려했다. 또 누에와 맥류麥類의 수확이 좋으면 이따금 친히 그 집에 방문하여 늙은이와 아이를 모두 불러내어 차와 비단 옷가지 등을 선물하기도 하였다. 민간에서 이르기를, "장공張公은 노래하고 춤추는 잔치판[聲伎][111]을 좋아하지 않아 간혹 볼 때마다 일찍이 웃는 모습을 볼 수 없었다. 유독 맥류나 누에의 작황이 좋으면 비로소 미소 지었다."라고 하였다. 어떤 농가의 경지가 황폐하고 풀이 많을 경우, 전의

殘暴, 居民不滿百戶, 四野俱無耕者. 全義招懷流散, 勸之樹藝. 數年之後, 都城[43]坊曲, 漸復舊制, 諸縣戶口, 率皆歸復. 桑麻蔚然, 野無曠土.

全義明察, 人不能欺, 而爲政寬簡. 出, 見田疇美者, 輒下馬與僚佐共觀之, 召田主, 勞以酒食. 有蠶麥善收者, 或親至其家, 悉呼出老幼, 賜以茶綵衣物. 民間言"張公不喜聲伎, 見之未嘗笑. 獨見佳麥良繭則笑耳." 有田荒穢者, 則集衆杖之. 或訴以"乏人

괵주(虢州) 등을 함락시키고 장안을 향해 진격했다. 낙양에서 이한지를 격파하고 제갈중방을 몰아냈으며 낙양의 궁궐을 불태웠다.

110) 역자주 마종신의 역주에는 방곡의 원래 뜻은 '소가곡항(小街曲巷)'으로 '대가소항(大街小巷)' 즉 크고 작은 거리라는 의미라고 한다.

111) 역자주 무계유 교석본에는 성기(聲技)는 가무여악(歌舞女樂)의 잔치판을 의미한다고 한다.

는 그 집안사람들을 모두 불러 매질을 하였다. 간혹 매 맞은 사람이 토지가 황폐된 것은 "인력과 소가 부족했기 때문이다."라고 하소연하면, 바로 이웃사람들을 불러 "그가 분명 인력과 소가 부족했다면, 그대들은 왜 그를 돕지 않았는가?"라고 힐책하고 많은 사람들이 잘못을 시인하자 비로소 그들을 풀어주었다. 이로 말미암아 이웃끼리 서로 부족한 것이 있으면 서로 도와, 그 결과 집집마다 식량이 쌓여 설령 흉년을 만나더라도 굶주리지 않아 마침내 (하남은) 부유한 지역으로 변하였다.

牛". 乃召其鄰里, 責之曰 "彼誠乏人牛, 何不助之." 衆皆謝, 乃釋之. 由是鄰里有無相助, 故比戶皆有蓄積, 凶年不飢, 遂成富庶焉.

이습예李襲譽[112]는 일찍이 그 자손들에게 항상 이르기를, "내가 북경 부근에 땅 10경頃이 있는데 잘 경작한다면 먹기에 풍족하다. 하내河內[113]에

李襲譽嘗謂子孫曰 "吾負京有田十頃, 能耕之, 足

112) '이습예(李襲譽)': 『당서』 권59(열전 9) 「이습지전(李襲志傳)」의 뒤에는 이습지(李襲志)의 동생인 '이습예(李襲譽)'가 붙어 있다. "남는 돈으로는 책을 쓸 뿐이었다. 양주(揚州)에서 관직을 그만두니 경서와 사서가 수레에 넘쳐났다. 그는 일찍이 자손에게 '나는 경성(京城) 부근에 10경의 땅을 하사받았으니, 그곳을 경작하면 충분히 먹고 살 것이며, 하내(河內)에는 뽕나무 1,000그루를 하사받았으니, 누에를 치면 충분히 입고 살 수 있을 것이다. 또한, 강동(江東)에서 쓴 책들을 읽으면 관리가 될 수 있을 것이다. 내가 죽은 후, 너희들이 이 3가지만 할 수 있다면 어찌 다른 이를 부러워하겠느냐?'[其餘資多寫書而已. 及從揚州罷職, 經史遂盈數車. 嘗謂子孫曰, '吾近京城有田十頃, 耕之可以充食, 河內有賜桑千樹, 蠶之可以充衣. 江東所寫之書, 讀之可以求官. 吾沒之後, 爾曹但能勤此三事, 亦何羨于人.']"라고 일렀다. 『신당서』 권91(열전 16)에는 "나는 재물을 좋아하지 않아 궁핍하긴 하지만, 경성(京城) 부근에 10경의 땅을 하사받았으니, 그곳을 경작하면 충분히 먹고 살 것이며, 하내(河內)에는 뽕나무 1,000그루를 하사받았으니, 누에를 치면 충분히 입고 살 수 있을 것이다. 또한, 강동(江東)에서 쓴 책들을 읽으면 관리가 될 수 있을 것이다. 내가 죽고 난 후 이 일들을 열심히 한다면 다른 사람의 도움을 받을 일이 없다.[吾性不喜財, 遂至窶乏. 然負京有賜田十頃, 能耕之, 足以食. 河內千樹桑. 事之可以衣. 江都書, 力讀可進京求官. 吾歿後, 能勤此, 無資于人矣.]"라고 되어 있다. 본서에서는 『신당서』의 일부를 가져온 것이 분명하다.

113) 역자주 지금 하남성 황하 이북 지역이다.

천 그루의 뽕나무를 심어 두었으니 양잠과 방적에 힘쓴다면 입을 옷은 마련할 수 있을 것이다. 오직 농경과 양잠을 게을리 하지 않는다면, 남의 도움을 받을 필요가 없을 것이다."라고 하였다.114)

以食. 河內千樹桑, 事之, 可以衣. 能勤此, 無資於人矣."

농상집요 제1권

農桑輯要卷第一

교 석(校釋)

23 '이민인육(而民人育)': 격본(格本)에는 '민인(民人)'으로 되어 있는데, 『맹자(孟子)』의 전본(傳本)과 같다. 전본에는 '인민(人民)'으로 되어 있는데, 아마도 교정할 때의 착오인 듯하다.

24 '『범승지서(氾勝之書)』' 아래의 주: 격본에는 인용문 뒤에 있으나, 전본(殿本)에는 문장 앞으로 옮겨져 있다.

25 '자의왕공(貲擬王公)' 아래의 주는 격본에는 없다. 역자주 석성한은 교주본에서 "按 '魯窮士'以下, 採用「貨殖列傳」'猗頓監鹽起' 注中所引『孔叢子』語, 非『史記』本文."이라는 내용을 새로 추가하고 있다.

26 '내년(來年)' 두 글자 및 아래의 주는 격본에는 빠져 있다. 역자주 석성한의 교주에는 그 다음의 '변제(變齊)'에 대해 "주(注): 변(變)은 갱(更)이다. 그 법을 변경함이다. 제(齊)는 같음[同]이다.[注: 變 更也. 變更所法也. 齊, 同也.]"라는 주를 달고 있다.

27 '선곡임씨(宣曲任氏)': 격본에는 "전에는 곡물창고를 감독하는 관리였다. 진(秦)나라가 패하고, 많은 호걸들이 금과 옥을 차지하기 위해 다투었으나, 임씨만 유독 창고에 곡식을 저장하였다.[之先爲督道倉吏. 秦之敗也, 豪傑皆爭取金玉, 而任氏獨窖倉粟.]"가 없다. 또한 '형양(滎陽)' 아래에 "백성들은 경작을 할 수 없었다.[也, 民不得耕種.]"도 없으며, '기부(起富)' 아래의 "부자들은 다투어 사치했으나, 임씨는[富人爭奢侈, 而任氏]" 등의 구절도 없다. 『농상집요』

114) '무자어인(無資於人)'은 남에게 손 내밀어 빌을 바가 없다는 뜻이며, 『구당서(舊唐書)』에서는 '하선어인(何羨於人)', 즉 "남에게 얼마나 부끄러운 일인가?"라고 덧붙여 써져 있다.

의 원본이 이러한지, 호문환(胡文煥)이 새길 때 생략한 것인지 알 수가 없다.

28 '주상중지(主上重之)' 아래의 주는 격본에는 빠져 있으나, 전본에서 새로 추가한 것이 분명하다. 또한 격본에는 주 뒤에 바로 "조과(趙過)는 수속도위(搜粟都尉)가 되어 대전법(代田法)을 실시하여 묵을 땅을 대부분 개간하였는데, (대전법은) 적은 힘을 들이고도 많은 곡식을 거두었다.[趙過爲搜粟都尉, 能爲代田, 以故田多墾闢, 用力少而得穀多.]"라는 구절이 보이나, 전본에는 없다. 이 부분은 '경간(耕墾)' 편(篇) '종곡(種穀)' 조(條)에 인용되어 있다.

29 '황패(黃霸)'절의 경우, 격본에는 "태수(太守)' 및 '조령(條令)'을 제정하여 이를 민간에서 시행하여 사람들에게 착한 일을 많이 하고, 사악한 일은 하지 않도록 권고했다.[爲條教, 班行之於民間, 勸以爲善防奸之意.]"와 끝 부분의 "헛된 낭비를 줄이도록 했다. 곡식·말[馬]·쌀과 소금 등은 복잡하고 세밀한 일이라[去食, 穀馬米鹽靡密]" 및 작은 주 "처음에는 이처럼 번거로웠으나, 황패(黃霸)는 훌륭하게 그것을 추진했다.[初若煩碎, 然霸精力能推行之.]" 등의 구절이 없고, 단지 '부음지비(浮淫之費)' 네 글자만 있다.

30 "태수가 솔선수범하여 근검절약했다.[太守躬率以儉約.]": 격본에는 빠져 있다.

31 "하무(何武)는 양주자사(揚州刺史)이다.[何武爲揚州刺史.]": 격본에는 '양주(揚州)'라는 두 글자가 없다.

32 '태수(太守)': 격본에는 이 두 글자가 빠져 있으나, 전본에는 보인다.

33 '효(肴)': 복건(福建), 광동(廣東)지역의 전본에는 모두 '유(有)'로 잘못 표기되어 있다. 강소(江苏)지역의 전본에 따라 '효(肴)'로 하는 것이 격본 및 『후한서(後漢書)』 권17 「왕단전(王丹傳)」의 주에 인용된 『동관한기(東觀漢記)』와 일치한다.

34 '태수(太守)': 격본에는 이 두 글자가 빠져 있으나, 전본에는 있다.

35 격본에는 '속(俗)'자의 위에 '구진(九眞)'이라는 두 글자가 중복되어 나오는데, 『후한서』 본전의 어법과 동일하다. 전본에는 빠져 있다.

36 격본에는 '군운(君雲)' 아래 주가 없고, '익수장경후(謚壽張敬侯)'라는 다섯 글자가 여러 번 나온다. 이 글자들은 전본 주석의 끝부분에도 있다. 『후한서』 「번굉전(樊宏傳)」의 '재선농가(在善農稼)'라는 구절의 앞에는 이 다섯 글자가 없고, 뒤에 있는 문장에 '祠(=祭, 제사)重墓, 追爵謚爲壽張敬侯'가 있다. '수장후(壽張侯)'는 '벼슬[爵]'이고, '경(敬)'은 '시호[謚]'로서, 원래는 별개의 일이다. 예를 들어, '시호[謚]'라고 하면, '수장후(壽張侯)'를 쓰지 말

거나 아니면 '추작(追爵)' 두 글자를 써야 전본의 주석이 맞다. 역자주 전본에는 "『後漢書』'樊宏傳'宏, 世祖之舅. 封爲壽張侯. 父重, 追爵. 謚壽張敬侯."라는 주가 달려 있다.

37 '자왈(子曰)' 다음의 작은 주는 격본에는 없다. 역자주 전본에는 "按『後漢書』本句上, 有宏爲人, 謙柔畏愼, 不求苟進二句. 是君雲之子宏, 戒其子之言. 此作君雲戒其子, 有脫誤."라는 주를 추가하고 있다.

38 원각대자본에는 '교(敎)'자 다음에 글자가 없지만, 석성한의 교석본에는 '지(之)'자가 있다. 그러나 격본에는 앞의 '구(具)'자 앞에 지(之)'자가 있다.

39 '정(靜)': 격본에는 '정(靜)'으로 되어 있고, 이는 『후한서』의 전문(傳文)과 같다. 전본에서 쓴 '정(淨)'이 잘못된 것이다.

40 "죽으면 관을 산다[死買棺木]." 아래의 주는 격본에는 빠져 있다. 역자주 전본에는 여기에 "按僮種卽童恢. 見『後漢書』注. 前 '吏稱其職'一條, 採之本傳. 此條採之『齊民要術・序』以一人而兩載其事."라는 주를 새로 첨가하고 있다.

41 '무(無)': 격본에는 '유(有)'로 되어 있으며, 이는 『제민요술』의 인용문과 같다. 하지만 이렇게 하면 해석이 안 되므로, 전본에 따라 '무(無)'를 써야 문장의 뜻이 통한다.

42 '호(乎)': 전본에는 '득(得)'으로 되어 있으며, 문장의 뜻도 통한다. 격본에는 '호'로 되어 있고 이는 『제민요술』의 인용문과도 같으며, 이 역시 해석이 가능하다. 임시로 격본 및 『제민요술』을 따른다.

43 '도성(都城)': 복건, 광동, 절강(浙江) 지역에서 새긴 전본에는 '도성(都成)'으로 되어 있고, 격본 및 강소 지역에서 새긴 전본에도 '도성(都成)'으로 되어 있다. 다음 문장인 '여러 현의 호구[諸縣戶口]'로 살펴볼 때, 이곳에 쓰인 두 개의 글자가 합쳐진 하나의 단어는 명사여야 하며, '도성(都城)'으로 하는 것이 이러한 조건에도 부합하면서, '제현(諸縣)'과도 대조를 이룰 수 있다. 『오대사(五代史)』의 원문에 "도성이 다 타버렸다.[都城灰燼.]"는 구절이 있는데, 여기의 '도성(都城)'과도 대응된다. 또한 장제현(張齊賢)이 쓴 『낙양진신구문기(洛陽搢紳舊聞記)』 권2의 '제왕장령공외전(齊王張令公外傳)'을 참고해 보면, "도성이 점차 웅장한 모습을 회복했다.[都城漸復壯觀.]"는 구절이 있다. 또한 당홍(唐鴻)의 저서 『행상(行狀)』의 "깨진 기와와 황무지 안에서 도성을 일으키다.[於瓦礫丘墟之內, 化出都城.]"를 인용했다. 이러한 증거들은 '도성(都城)'으로 하는 것이 옳다는 것을 말해주고 있다.

農桑輯要譯註

Nongsangjipyo

농상집요 역주 | 권2 1

A Translated Annotation of the
Agricultural Manual "Nongsangjipyo" | No. 2

경작과 개간 [耕墾]

땅갈이	耕地
『제민요술』[1]: 봄갈이[春耕] 후에는 즉시 흙을 평평하게 고르는 작업을 해주어야 한다. 예전에는 '우(櫌)'라 하였는데, 지금은 '노(勞)'[2]라 한다. 『설문(說文)』에는	『齊民要術』: 春耕, 尋手勞. 古曰'櫌', 今日'勞'. 『說文』

1) 『제민요술』을 인용한 내용은 『제민요술』 제1편, 「경전제일(耕田第一)」의 문장을 인용한 것이다.

2) 노(勞): 노는 아래의 소주(小注)에 있는 '랑(郞)과 도(到)의 반절음'에 의거하여, lao로 읽어야 한다. 이 소주에 나와 있는 '랑과 도의 반절음'은 『제민요술』에는 없고, 아마도 『손씨음의(孫氏音義)』에 나오는 문자로 생각된다. 왜냐하면 남조의 제와 양나라 시기에 비로소 반절음이 있었기 때문에, 가사협(賈思勰)은 『제민요술』에서 이를 채용하지 않았을 것이다. 뿐만 아니라 그 다음에 나오는 소주(小注)에는 봄, 가을 두 계절을 동시에 언급하고 있다. 만약 노(勞)자에 주를 달고자 한다면 그 다음에 나오는 주에 놓아야 할 것이다.

"예전에는 요(櫌)라 하였으며 지금은 노(勞)라 한다." 요(櫌)자가 자서(字書)에 나오는 음이 우(優)와 같은지 아닌지는 문제의 소지가 있다. 우(憂)자로 보면 요는 현재 rǎo로 읽는다. 예전에 nǎo로 읽은 것도 있다. 우(櫌)자는 지금도 nāo로 읽는다. 그러므로 우(櫌)자는 nǎo로 읽어야 할 것인지도 모른다. nǎo와 lǎo는 첩운(疊韻)일 뿐만 아니라, l과 n은 종종 서로 바꾸는 경우도 있다. 따라서 우(櫌)와 노(勞)는 아마도 동일한 글자이지만 다르게 표기하는 글자로 생각된다.

노(勞)라는 농기구는 왕정(王禎) 『농기도보』 권2 「뇌사문(耒耜門)」에 그림이 나와 있다. 그것은 현재 사용하고 있는 농기구와 완전히 동일하다. 관중에서는 그것을 mò라 읽고, 마(糖)로 쓴다. 실제로는 본서의 본문에 나오는 노를 마(摩)라고 할 때의 마를 의미한다. **역자주** 본서에 등장하는 '노'는 뒤의 삽입된 그림에서 보는 바와 같이 끌개[勞]로 흙을 깨고 고르는 작업[평탄작업]을 하는 데 사용하는 농구인데, 작업 중에 흙을 부수어 부드럽게 하기도 한다. 대개 덩굴이나 가시나무를 엮어 만든 이빨[齒]이 없는 끌개이다. 무계유 교석본에는 『제민요술』시대에 북방에 갈고[耕], 써레질[耙]하고 평탄작업[耮]을 하는 것은 보습과 내한에 필요한

'우(櫌)란 흙을 고르는 농기구[摩田器]'라 하였다. 지금 사람들은 '노(勞)'를 '마(摩)'라고 한다. **가을갈이를 한 토지는 흙의 표면이 하얗게 마른**[3] **뒤에 끌개[勞]로 논밭의 흙을 깨고 평평하게 고르는 작업을 해주어야 한다.** 봄에는 바람이 많기 때문에 만약 경작 후 즉시 흙을 끌개[勞]로 평평하게 고르지 않으면, 토양이 쉽게 성글고 건조해진다. 가을밭은 물기를[4] 많이 머금고 있기 때문에, 경작 후 즉시 평평하게 고르면 땅이 굳어지게 된다. 농언(農諺)에도 "밭갈이를 하고 나서 바로 평탄작업을 하지 않으면, 아예 갈지 않고 내버려두는 것만 못하다."라고 하고 있다. 이 말은 토양의 수분을 촉촉하게[5] 유지하는 것이 어려우니, 하늘에서 비가 내릴 때 습기를 유지하라는 것이다. 환관의 『염철론』[6]에는 "울창한 나무 밑에 좋은 풀이 없고, 큰 흙덩이 사이에 잘 자란 모[苗]가 없다."라고 한다. 칩(塌)은 밭의 습기가 많다는 뜻이다. 폭(暴)은 음이 폭(曝)이며, 다 써버린다는 의미이다. **무릇 가을갈이는 깊게 해야 하고, 봄갈이와 여름갈이는 얕게 해야 한다. 쟁기질한 땅의 폭은 좁은**[7] **것이 좋고, 한 번 갈고 두 번**

曰"櫌, 摩田器." 今人亦名'勞'曰'摩'. **秋耕, 待白背勞.** 春 **2** 既多風, 若不尋勞, 地必虛燥. 秋田塌實, 濕勞令地硬. 諺曰"耕而不勞, 不如作暴." 蓋言澤難遇, 喜天時故也. 桓寬『鹽鐵論』曰"茂木之下無豊草, 大塊之間無美苗." 塌, 田實也. 暴, 音曝, 耗也. **凡秋耕欲深, 春夏欲淺. 犂欲廉, 勞欲再.** 犂廉耕細, 牛復不疲. 再勞地熟, 旱亦保澤也. **秋耕稀,** 掩同. **青者爲**

것으로 이미 경작기술로 정형화되었다고 한다. 마종신(馬宗申)은 역주에서 '노(勞)'는 『제민요술』의 '린(藺)'이라 하고 진압의 뜻이며, 흙을 부드럽게 다진다는 의미로 약토를 강토로 만들어준다고 한다.

3) 역자주 '백배(白背)'는 토양이 건조하게 되면 토양의 표토층이 흰색으로 변하는 것을 말하며, 지금 노동(魯東) 등지에는 여전히 이런 말을 사용하고 있다.

4) 칩(塌): 『제민요술』에서 주음(注音)은 '장(長)과 겁(劫)의 반절음'으로 되어 있으므로, gié로 읽어야 한다. 『광운(廣韻)』에 의거하면 giep로 읽어야 한다. 그 의미는 단단하면서 물을 많이 머금고 있음을 나타낸다.

5) 역자주 무계유 교석본에는 택(澤)은 수분을 일정하게 유지하고 있는 땅을 지칭한다고 한다.

6) 역자주 『염철론』「경중편」에는 무목(茂木)이 무림(茂林)으로 되어 있다.

7) 염(廉): 염은 좁고 긴 것을 가리킨다. 쟁기질 한 곳의 폭이 좁아야, 갈아엎는 효과가 비로소 탁월하게 나타난다.

끌개로 골라주어야 한다. 쟁기를 좁게 하여 정교하게 갈면, 소도 일에 지치지 않는다. 반복하여 논밭의 바닥을 고르면, 토양의 질이 부드러워져 (토양에 덩이가 생기지 않고) 가뭄이 들어도 물기를 (잃지 않고) 머금게 된다. 가을갈이는 갈아엎는[8] 것인데, 가린다(掩)는 의미와 동일하다. 푸른 풀을 갈아엎는 것을 최상으로 여긴다. 겨울이 되면 푸른 풀이 다시 자라는데 이를 덮어주면, 그 비료 효과가 팥[小豆]을 덮는 것과 버금간다. 초벌갈이는 깊게 해야 하고, 거듭 갈 때는[9] 얕게 해야 한다. 초벌갈이를 깊게 하지 않으면 토양을 부드럽게 할 수 없고, 거듭 가는 갈이를 얕게 하지 않으면 맨땅이 뒤집어지게 된다. 띠풀이 자란 땅은 소나 양을 풀어 놓아 밟게 해야 한다. 밟으면 풀뿌리가 뜬다. 7월에 갈아엎으면 곧 죽게 된다. 7월이 되어 갈아엎지 못하면 갈더라도 풀이 다시 살아난다. 대체로 논밭을 기름지게 하는 방법 중에서 갈아엎는 것은 녹두가 가장 좋고, 그 다음이 팥이나 참깨이다. 어떤 것이든지 5~6월 사이에는 조밀하게 심어야 한다. 흩뿌려 조밀하게 파종한다.[10] 7~8월 사이에 쟁기로 풀을 갈아엎어 죽이

上. 比至冬月, 青草復生者, 其美與小豆同. 初耕欲深, 轉地欲淺. 耕不深, 地不熟, 轉不淺, 動生土也. 菅茅之地, 宜蹤牛羊踐之. 踐則根浮. 七月耕之則死. 非七月, 復生矣. 凡美田之法, 綠豆爲上, 小豆胡麻次之. 悉皆五六月中穊 羹3懿反. 漫種也. 種, 七月八月, 犁稀殺之, 爲春穀田, 則畝收十石. 一石, 大約今二斗七升, 十石, 今二石七斗有餘也. 後『齊民

8) 엄청(稀靑): 엄(稀)자에 대해서는 소주(小注)에 이미 명확하게 해석하였다. 엄청(稀靑)은 "푸른 풀을 갈아엎어 땅 속에 묻는다."라는 의미이다.

9) 역자주 마종신은 역주에서 전지(轉地)는 재경(再耕: 두벌갈이) 혹은 중경(重耕)을 의미한다고 하고 있다.

10) 역자주 소주(小注)에서 나오는 만종(縵種)은 의미상 통하지 않는 것으로 알려졌다. 만종과 산종(散種)은 모두 살파(撒播)를 지칭한다. 미(穊)자의 실질적인 의미는 '조밀하다'는 기(概)와 같다. 그러므로 미종(穊種)은 바로 기종(概種), 밀종(密種)을 지칭하는 것이고, 이는 '파종하는 것이 조밀하다.'는 의미이다. 무계유(繆啓愉)는 미(穊)를 기(概)로 보고, 밀파(密播)로 해석했는데, 일본의 니시지마 사다오(西嶋定生)도 같은 의미로 해석하고 있다. 석성한(石聲漢)은 다만 미종(穊種)을 만파(縵播)로 보고, 살파(撒播)라고 해석했다.

고, 이듬해 봄철의 곡물을 파종하면, 무畝당 10섬[石]을 거둘 수 있다. 1섬은 대략 지금의 2말 7되, 10섬은 지금의 2섬 7말 조금 넘는 양이다. 이후에 나오는 『제민요술』에 기록되어 있는 섬[石]과 말[斗]은 이것에 의거한 것이다. 이처럼 땅을 기름지게 하는 방법은 누에똥[11]이나 잘 썩은 분뇨를 사용한 것과 버금가는 효과를 거둘 수 있다.

要術』中 '石', '斗'倣此. 其美, 與蠶矢熟糞同.

『범승지서』에 의하면 무릇 밭갈이의 근본은 농사시기에 맞추어 경작하여 토양을 부드럽게 해 주어야 하며,[12] 거름과 수분을 유지하는 데 힘쓰고, 서둘러 김매고 수확하는 데에 있다고 하였다. 봄에 얼음이 풀려서 땅기운이 솟아나면, 땅이 비로소 부드러워진다. 하지 이후 날씨가 더워지면서 음기가 비로소 일어나기 시작하면, 다시 한 번 땅이 풀린다. 하지 후 90일이 되면 낮과 밤의 길이가 같아져서 하늘과 땅의 기운이 모두 알맞게 어우러진다. 이 시기에 맞추어 한 번 밭갈이를 하면, (평상시에) 다섯 차례 논밭갈이를 한 것에 버금가는데[13] 이를 '고택膏澤'이라 한다. 이것은 모두 농시를 좇은 덕분이다. 봄이 되어 땅기운이 통하면, 굳고 야문 땅인 흑강토[壚土][14]조차도 갈이할

『氾勝之書』曰, 凡耕之本, 在於趨[4]時和土務糞澤, 早鋤早穫. 春凍解, 地氣始通, 土一和解. 夏至, 天氣始暑, 陰氣始盛, 土復解. 夏至後九十日,[5] 晝夜分, 天地氣和. 以此時耕田, 一而當五, 名曰'膏澤'. 皆得時功. 春地氣通, 可耕堅硬强地[6]黑壚

11) 역자주 시(矢)는 시(屎)와 같은 의미이다.

12) 역자주 무계유 교석본에는 '취(趨)'는 재촉한다는 의미이며, '취시(趨時)'는 적합한 시간을 재촉한다는 의미이다. '화토(和土)'는 적당한 때 경작하여 토양을 부드럽고 유화하게 한다는 것이라고 한다.

13) 역자주 이 부분은 "적당한 시기에 논밭갈이를 한 번 하면, 그 수확량을 5배나 거둘 수 있다."는 의미로도 볼 수 있다.

14) 역자주 무계유 교석본에 의하면, 『설문』에는 노토(壚土)가 곧 흑강토(黑剛土)

수 있다. 갈아엎고 나면 즉시 그 흙덩이를 부수고, 땅을 골라주어[15] 잡초를 자라게 하고, 풀이 자라나면 다시 한 번 갈아엎는다. 또한 가랑비가 내리면 또 다시 밭갈이를 하여 땅을 부드럽게 하며, 이때도 흙덩이를 없앤 후 파종시기가 될 때까지 기다린다. 이것이 바로 딱딱한 땅을 부드럽게 만드는 방법이다.

土. 輒平摩其塊, 以生草, 草生, 復耕之. 天有小雨, 復耕, 和之, 勿令有塊, 以待時. 所謂强土而弱之也.7

봄철에 땅의 기운이 소통하기 시작하면, 흙덩이가 풀어지고, 흙속의 묵은 뿌리도 손으로 뽑을 수 있다. 입춘 후 20일이 지난 뒤에는 토양의 온화한 기운이 사라지고, 곧 토양이 단단해진다. 이때에 밭갈이를 하면 한 번 하는 것이 평상시 네 번 하는 것과 맞먹는다. 온화한 기운이 사라지고 밭갈이를 하면, 네 번을 한다고 해도 한 번 하는 것보다 못하다. 살구나무에 꽃이 피기 시작하면, 즉시 성근 땅[輕土]과 푸석(부실)한 땅[弱土]을 갈아엎어 준다.[16] 살구꽃이 지기를 기다려서, 다시 밭갈이를 한다. 밭갈이한 즉시 끌개[勞]로 흙덩이를

春候地氣始通, 土塊散, 陳根可拔, 此時. 二十日以後, 和氣去, 卽土剛. 以時8耕, 一而當四. 和氣去耕, 四不當一. 杏始華榮, 輒耕輕土弱土. 望杏花落, 復耕. 耕輒勞之. 草生, 有雨澤耕, 重勞之.

라고도 하는데, 현재 황하하류유역의 민간에서는 여전히 '노토'라는 명칭이 있다. 이는 석회질 점토(粘土)가 오랜 세월 바람에 날려 쌓여 이루어진 단단한 토양인 강토(强土)이다. 옛사람들은 '강토(剛土)' 혹은 '강토(强土)'라고 불렀다. 이 같은 점성이 강한 '노토'는 습기가 너무 많거나, 너무 건조하면 경작하기 어렵다. 다만 습기와 건조가 적당할 때 경작하는 것이 좋으며, 그렇게 되면 토양도 부드럽고 흙덩이도 잘 부서져 토양의 구조를 바꿀 수 있고 보습에도 유리하여 발아나 생장 발육에 좋다고 한다.

15) 역자주 마평(摩平) 또는 평마(平摩)라고도 하며, 쟁기(犁) 등을 이용하여 작업한다.

16) 역자주 마종신의 역주에 의하면 '경토', '약토'는 모두 토질이 푸석하여 점성이 없는 토양이다. '경토'와 '중토(重土)'는 '약토'와 '강토'의 명칭으로 고서에 항상 보인다고 한다.

부수고 평탄작업을 한다. 풀이 돋아나고, 비가 내려서 흙이 촉촉하게 되면, 다시 밭갈이를 하고 거듭 흙을 부수고 평평하게 고르는 작업을 한다. 토양이 지나치게 성글다면 소나 양으로 하여금 흙을 밟도록 한다. 이같이 하면 토양이 단단해진다. 이것이 바로 푸석한 토양을 단단하게 바꾸는 방법이다.

土甚輕者, 以牛羊踐之. 如此則土強. 此謂弱土⑨而強之也.

'잡설雜說'에 이르기를, 무릇 농사짓는 농가는, 반드시 자신의 능력을 헤아려야 한다. 차라리 적게 파종하는 것이 좋지, 욕심을 내어 많이 파종하는 것은 좋지 않다.[17] 무릇 토양이 척박한 곳이 있다면, 모름지기 거름을 더 주어야 한다. '거름 밟는 법[踏糞法]'[18]은 다음과 같은데 가을에 수확을 하고 난 후, 타작한 곡식의 짚 등을 한 곳에 쌓아 두고, 매일 소의 발아래 3치[寸] 두께로 펴서 깔아 준다. 예전의 1척은 대략 지금의 1척 3촌 정도 된다. 이후에 나오는 『제민요술』의 '자[尺]', '치[寸]'는 이에 의거하여 환산한 것이다.[19] 이튿날 아침에 거두어 한 곳에 모아서 겹겹

'雜說', 凡人家營田, 須量己力. 寧可少好, 不可多惡. 凡地有薄者, 卽須加糞糞之. 其'踏糞'法, 秋收治田後, 場上所有穀穰等, 並順收貯一處, 每日布牛脚下, 三寸厚. 古一尺, 大約今一尺三寸有餘. 後『齊民要術』'尺'、

17) 역자주 이 말은 실질적으로 적은 노동력을 들여 많은 수확을 거두려는 것을 경계하는 것으로 토지의 성질이나 노동력의 상황에 맞게 경작할 것을 강조한 것이다.

18) 역자주 답분법(踏糞法)은 비료 만드는 방법의 하나이다. 그 외 비료 만드는 방법으로는 교분법(窖糞法: 움파기), 증분법(蒸糞法: 찌기), 양분법(釀糞法: 띄우기), 외분법(煨糞法: 태우기), 자분법(煮糞法: 삶기) 등이 있다. 답분법(踏糞法)은 가축의 발굽을 이용하여 비료를 만드는 방법이다.

19) "예전의 1척은 대략 지금의 1척 3촌 정도 된다." 이 부분의 환산 기준에 오류가 보인다. 즉 중국 역대 계량 단위의 실치량(實値量)은 일반적으로 모두 점차 커져갔다. 바로 앞의 문장에서 나오는 (무게 단위에 관한) 소주(小注)의 "1섬(一石)은 대략 지금의 2말[斗] 7되[升]이다."라는 말은 원칙적으로 정확하다. 주척(周尺)은 한척(漢尺)에 비해 짧고, 한척(漢尺) 또한 수당척(隋唐尺)에 비해 짧다. (『농정전

이 쌓아 둔다. 다시 앞서 언급한 대로 펴놓고, 밤을 지낸 뒤 바로 거두어 쌓아둔다. 12월과 정월 사이가 되면 잘 밟은 거름은 밭에 실어낸다.

'寸'倣此. 每平旦, 收聚堆積之. 還依前布之, 經宿卽堆聚. 至十二月正月之間, 卽載糞糞地. 10

『종시직설』[20]: 옛 농법에는 쟁기질은 한 번 하고 써레질[糶]은 여섯 번 한다고 하였다. 지금 사람들은 쟁기질을 깊이 하면 좋다는 것은 알지만, 써레[21]질을 세심하게 하는 것이 더욱 온전한 효

『種蒔直說』: 古農法, 犁一糶六. 今人只知犁深爲功, 不知糶細爲全

서』 전제(田制) 중의 「현호선생정전고(玄扈先生井田考)」에는 간략한 설명이 있으므로 참고가 된다.) 『제민요술』이 편찬된 북위시기의 척(尺)에 있어서, 주(注)를 만들 때 '지금(북위시대)'의 표준척은 얼마인가를 환산해야 하며, 결코 '옛 1척'을 '지금의 1척 3촌 정도'로 환산할 수는 없다. 이곳에서 오류가 발생한 데에는 2가지 가능성이 있다. 하나는 두 개의 수량이 바뀐 것으로 볼 수 있다. 즉 '지금의 1척은 대략 옛 1척 3촌 정도'라고 해야 할 것이다. 다시 말하면, 옛 1척(古一尺)은 대략 지금의 8촌(寸)에 못 미치는 정도가 될 것이다. 다른 하나는, '옛 2척은 대략 지금의 1척 3촌 정도'일 것이다. 『농상집요』 권3 「종심(種椹)」에 이와 유사한 소주가 있다. 즉 영조척촌(營造尺寸)은 이에 의거한 것이다. 이른바 영조척촌은 국가에서 규정한 계량용척(計量用尺)이다. 토목건축에 사용하는 것과 직조(織造)에 사용하는 치수의 차는 매우 크다. 『농정전서』에서는 명대의 흠정아척(欽定牙尺)은 일반 척에 비해 대략 4분의 1 정도 된다고 언급되어 있다. 예를 들어, 직조척(織造尺)을 기준으로 환산하면, '옛 1척'은 '직조척 6촌(寸) 5분(分) 이상'이 될 것이며, '옛 2척[古二尺]'은 '직조척(織造尺) 1척 3촌'이 될 것이다. 따라서 앞에서 필자가 설명한 '옛 2척은 대략 지금의 1척 3촌정도'와 비슷하다.

20) 『종시직설』: 이 농서는 현재 그 원래의 모습을 알 수 없으며, 『송사(宋史)』 「예문지(藝文志)」에도 수록되어 있지 않다. 남송시대의 저작물에서도 이 농서를 인용한 흔적을 찾을 수 없다. 『농상집요』의 경지에서 나오는 파(糶)와 『농상집요』의 「종곡」에서 인용한 '영주지동(營州之東)', '출자해연(出自海壖)' 등의 어구로 볼 때, 대체로 금조(金朝) 통치하의 황하 하류지역의 인물이 쓴 농서로 추정된다. 『농상집요』와 『농기도보』에 이 농서의 일부가 언급되어 있다.

21) 파(糶): 자서(字書)에는 나오지 않는 글자이다. 자형(字形)으로 볼 때, 아마도 bà 혹은 bǎ로 읽을 수 있고, 대체로 현재의 파(糶)자의 초보적 형태이다. 대체로 왕정(王禎) 『농기도보』 권2, 4쪽의 파(杷)와 같은 뜻으로, 왕정은 지금의 파(耙)와 통용된다고 하였다. 파(糶)와 파(擺)는 동일한 글자이나, 달리 표기한 것에 불과한 것

과를 거둔다는 사실을 모른다. 써레질이 제대로 되지 않으면 흙이 거칠고 덩어리가 생기며, 땅속이 비게 되어 씨를 뿌린 다음에 비록 싹이 나더라도 뿌리가 거친 흙속으로 뻗어서 뿌리와 흙이 서로 붙지 못하므로 가뭄에도 견디지 못하고, 허공에 매달려 죽거나 벌레가 먹거나 말라 죽는 따위의 여러 병들이 생긴다. 써레질을 잘 해주면 흙이 부드럽고 견실하게 되어 뿌리가 이러한 가늘고 부드러우면서 실한 흙 속에서 뻗게 되고, 또 파종할 때 돌굴레[碾][22]로 흙을 깨고 눌리면서 평탄작업을 해주면, 뿌리와 흙살이 서로 붙게 되므로 자연스레 가뭄을 잘 견디며, 여러 가지 질병도 막을 수 있게 된다.

功. 耀功不到, 土麤不實,下種後, 雖見苗, 立根在麤土, 根土不相著, 不耐旱, 有懸死, 蟲咬, 乾死等諸病. 耀功到, 土細又實, 立根在細實土中, 又碾過, 根土相著, 自耐旱, 不生諸病.

『한씨직설』[23]: 농사를 지으면서 알아두어야 할 중요한 사실은 첫째로 소의 힘이 소유하는 경지보다 넉넉해야 한다는 것과,[24] 둘째는 인력이 재

『韓氏直說』: 爲農大綱, 一則牛欺地, 二則人欺苗. 牛

으로 생각된다. 왕정은 『종시직설』을 인용하면서, 육구몽(陸龜蒙)의 『뇌사경(耒耜耕)』에서 인용한 파(耙)자로 바꾸어 사용하였다.

22) 역자주 무계유의 『원각농상집요교석(元刻農桑輯要校釋)』(이후 '무계유 교석본'으로 약칭)의 주(注)에 의하면, 돌굴레는 목재 또는 석재로 만든 원주형 농구로서 파종 후, 쇄토 평탄 작업을 할 때 사용하며, 왕정 『농기도보』 2에는 '육독(磟碡)' 또는 '녹독(碌碡)'이라는 말이 있는데, 속칭 '석곤자(石磙子)'라고도 한다.

23) 『한씨직설』: 이 농서는 『농상집요』와 왕정 『농기도보』의 인용문에서 일부 볼 수 있지만, 원서(原書)에 대해서는 불분명하다. 대개 금조(金朝) 통치하의 황하 유역에서 쓰여진 농서로 추정되며, 『농상집요』에서 인용하는 순서에 의거하여 볼 때, 편찬 시기는 『종시직설』에 비해 늦을 것으로 추정된다.

24) 기(欺): 이 타동사의 의미는 속이다(欺騙), 우롱하다(欺侮)는 의미보다 더 짙으며, 아마도 '일찍 손을 쓰다[早下手]'의 의미일 것이다. 역자주 ① 무계유 교석본에 의하면 '기'는 '침해', '모욕'의 의미로서 『방언(方言)』 권1에 보인다고 한다. 여기서의 의미는 때맞추어 땅을 갈고, 모종 사이의 잡초를 제거하고, 비료와 물을

배작물보다 충분해야 한다는 것이다.[25] 소의 힘이 경지면적보다 넉넉하면, 파종할 때 적합한 시기를 잃지 않게 되고, 인력이 재배작물보다 충분하면 힘도 아끼고 곡물의 파종도 좋아진다. 그렇지 않으면 헛되이 힘만 들이고 좋은 수확을 거둘 수 없다.

欺地則所種不失其時, 人欺苗, 則省力易辦. 反是, 則徒勞無益矣.

무릇 토양은 겨울보리를 심는 것을 제외하고는 가을에 갈아두는 것이 좋다. 먼저 써레[鐵齒櫂]로 가로 세로로 써레질한 뒤에, 다시 쟁기로 가늘게 갈아엎는데, 갈면서 바로 흙덩이를 깨고 평탄작업을 한다. 지면이 대체로 허옇게 될 즈음에 다시 두 차례 써레질한다. 이듬해 봄이 되어 땅기운이 통할 때, 태양이 가장 높이 솟아오를 때를 틈타 다시 네다섯 번 써레질한다. 이러한 땅은 포슬포슬하고 촉촉하여, 표토층의 기름진 흙[26]이 손가락 네 마디 깊이까지 들어갈 정도가 되어 봄에 비가 내리지 않더라도 농사철[農時]이 되면 언제나 씨앗을 뿌릴 수 있다. 가을갈이를 했던 땅이라면 잡초도 자연히 적어서 김을 매는 노력도 크게 줄일 수 있다. 만약 소의 힘이 부족하여 가을갈이를 모두 할 수 없다면, 조를 심을 토지를 제외하고는, 나머지 기장이나 콩 심을 땅은 봄갈이도 고려해볼 만

凡地, 除種麥外, 並宜秋耕. 先以鐵齒櫂縱橫櫂之, 然後插犁細耕, 隨耕隨橯. 至地大白背時, 更櫂兩徧. 至來春, 地氣透時, 待日高, 復櫂四五徧. 其地爽潤, 上有油土四指許, 春雖無雨, 時至便可下種. 秋耕之地, 荒草自少, 極省鋤工. 如牛力不及, 不能盡秋耕者, 除種粟地外, 其餘黍

주고 땅을 잘 다져주는[蹲苗] 등의 작업을 시기에 맞추어 과단성 있게 하라는 의미라고 한다. ② 마종신의 역주에 의하면, 이것은 의미가 잘 통하지 않는다. 전후의 문맥으로 미루어 소의 힘이 경지보다 낫다는 뜻으로 소의 힘이 소유하는 토지를 경작하기에 충분하다는 것으로 보고 있다.

25) 역자주 이 부분은 심경운전(深耕耘田)의 필요성을 비유적으로 설명하고 있다.

26) 역자주 무계유의 교석에는 '유토(油土)'는 여러 차례 써레질하여 매우 가늘고 부드러워 토양의 표면이 물기가 있고 부드럽고 윤기 있는 토양이라고 한다.

하다. 모름지기 가을갈이는 서둘러 하는 것이 좋고, 봄갈이는 늦게 하는 것이 좋다. 가을갈이를 서둘러 해야 하는 것은 날씨가 추워지기 전에 따뜻하고 온화한 기운이 땅속으로 스며들게 되면 모苗가 무성하게 잘 성장하게 되기 때문이다. 가을이 지나 날씨가 추워지고 서리가 내리게 되면 반드시 해가 중천에 있을 때 밭갈이를 해야 한다. 만약 한기가 땅속으로 스며들게 되면[27] 땅이 척박해져 먹을 만큼 수확을 거두지 못한다. 봄갈이는 늦게 해야 한다는 것은, 봄기운이 따뜻해질 때까지 기다린다는 것으로 해가 중천에 떴을 때, 앞에서 말한 대로 밭을 갈고 써레질을 한다.

豆等地, 春耕亦可. 大抵秋耕宜早, 春耕宜遲. 秋耕宜早者, 乘天氣未寒, 將陽和之氣, 掩在地中, 其苗易榮. 過秋, 天氣寒冷, 有霜時, 必待日高, 方可耕地. 恐掩寒氣在內, 令地薄不收子粒. 春耕宜遲者, 亦待春氣和暖, 日高時, 依前耕耮.

〈그림 1〉 곰방메[耰](왕정 『농서』)

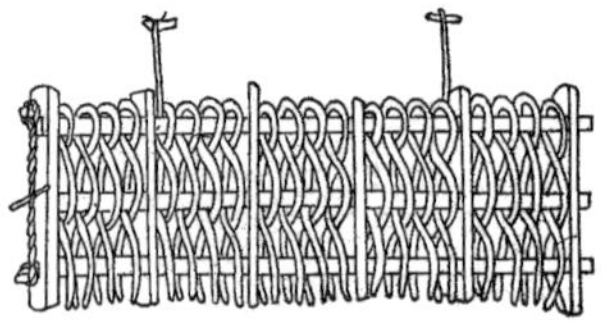

〈그림 2〉 이빨 없는 끌개[耮](왕정 『농서』)

27) "장양화지기(將陽和之氣), 엄재지중(掩在地中), … 공엄한기재내(恐掩寒氣在內)": 이러한 온도조건은 나중에 약간의 효과를 보기는 했으나, 탁월한 효과를 얻지는 못했다. 서광계의 『농정전서』에서 이 구절을 인용하면서, 소주(小注)를 만들어 이 부분에 대해 비판을 하였는데, 참고할 만하다.

〈그림 3〉 끌개[撻](왕정 『농서』)

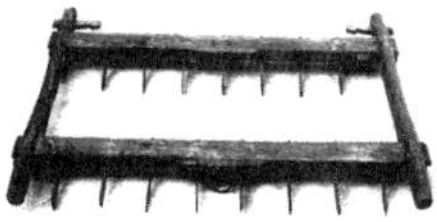

〈그림 4〉 이빨 달린 끌개[鐵齒杷](왕정 『농서』)

▌교 석(校釋)▐

1 '권2(卷二)': 『영락대전』본을 저본으로 해서 편찬된 무영전각본(武英殿刻本, 이하 '전본'으로 약칭)에는 「경간(耕墾)」편을 권1에 수록하였다. 석성한의 교주본은 전본을 기초로 정리하면서, 원간본(元刊本, 이하 '원본'으로 약칭), 격치총서본(格致叢書本, 이하 '격본'으로 약칭)에 의거하여, 「경간」편을 권2(卷二)의 앞머리에 두고 있다.

2 '춘(春)': 전본에는 추(秋)로 되어 있으나, 격본에는 춘(春)으로 되어 있다. 이는 『제민요술』에 수록된 원래의 글자와 의미가 부합된다.

3 '갱(羹)': 원본, 격본 및 『제민요술』 각 판본의 원문에는 모두 미(美)로 되어 있으나, 전본에는 모두 갱(羹)으로 되어 있다. 『광운(廣韻)』 4권, 거성(去聲)의 '육지(六至)', '췌(萃)'뉴(紐)에는 '미(穖)'자가 있는데, 이를 '벼가 찰지다.[稻禾黏也.]'라고 풀이하고 있다. 하지만 실질적으로 미(穖)는 '벼가 찰지지 않다'는 의미이다. 『설문해자』 화부(禾部)의 미(穖)자의 풀이에는 '벼[稻]는 자주색 줄기로 찰지지 않다.[稻紫莖不黏也.]'라고 되어 있다. 따라서 독음도 fēi 혹은 fèi여야 하며, 萃(cuì)가 아니다. 『오편(五篇)』 화부(禾部)의 미(穖)자는 이곳의 미(穖)자와 관련이 없다. 『집운(集韻)』 4권, 거성(去聲)의 육지(六至), 췌(萃)뉴(紐)에는 이 글자가 없다. 그러나 미(媚)뉴(紐)에는 미(穖)자가 있다. 이를 '산종하는 것이다'라고 풀이하고 있다. 이는 전본(傳本) 『제민요술』 중의 '미(美)와 의(懿)의 반절음'이라는 음절과 부합될 뿐만 아니라 의미상으로도 부합하므로, 재차 언급할 필요는 없다. 그러나 이 희귀한 자가 만들어진 내력으로 말하면, 형성자여야 한다. 기(冀)자와 이 기자에서 만들어진 기(驥)자는 yì로 읽든지 jì(gi)로 읽을 수 있다. mi로 읽기는 어렵다. '미(美)와 의(懿)의 반절음'은 gi로 읽어야 하며, 대략 수당시대 내지 북송시대의 북방음과 서로 부합한다. 전본에는 갱(羹)자로 되어 있다.

4 '추(趨)': 명간본(明刊本)에는 취(趣)로 되어 있고, 이는 『제민요술』에 나와

있는 문장과 동일하다. 전본에는 추(趨)로 되어 있는데, 이는 후대에 쓰여진 방식이다. 한대까지의 문장에서 취(趣)는 '시기를 취하다'는 의미로 많이 사용되었다. 예를 들면, 『월령(月令)』의 '취민수렴(趣民收斂)', 『한서(漢書)』 「주발전(周勃傳)」의 '취위아어(趣爲我語)'가 있고, 또 『시경(詩經)』 「대아(大雅)·문왕지십(文王之什)·역박(棫樸)」장(章)의 '좌우취지(左右趣之)', '면(緜)' '래조취마(來朝趣馬)' 등에까지 소급할 수 있다. 또 『한서』 「식화지」의 기록에는 "조과는 … 백성이 간혹 소가 부족하여 고통을 겪거나 비가 내려 땅이 촉촉해도 경종하기 알맞은 농시를 놓치는 경우가 있다."라는 문장이 있는데, 이에 대해 안사고(顔師古)가 주를 달아 설명하기를 "추(趨)는 취(趣)라 읽고, 취의 의미는 급(及)이다."라고 하였다. 추보다는 취로 하는 것이 범승지(氾勝之) 시대의 관습과도 더 부합된다.

5 '구십일(九十日)': 전본에는 '십(十)'자가 빠져 있다. 원본, 격본, 『제민요술』의 판본에는 '십(十)'자가 있다. 전본에 일(日)자 아래의 "안범승지서작하지후구십일(案氾勝之書作夏至後九十日)"이라는 주(注)를 단 것은 영락대전 초록에 대한 잘못된 교기인 듯하다.

6 점본(漸本: 청 광서 을미년)은 절본(浙本)에 잘못 쓰인 야(也)를 계승한 것이다. 강소본, 광동본, 복건본에는 여전히 지(地)로 되어 있는데, 이는 원본, 격본, 『제민요술』에 인용되어 있는 문장과 부합된다.

7 '야(也)'는 전본에는 빠져 있지만, 원본, 격본 및 『제민요술』 인용문에는 들어있다.

8 '이시(以時)'는 전본에는 이차시(以此時)로 기록되어 있고, 원본, 격본 및 『제민요술』의 인용문에 모두 차(此)자가 없다.

9 '약토(弱土)': 원본, 격본에 토(土)자가 빠져 있는데, 전본에 의거해서 보충하였다. 이는 『제민요술』 원문의 인용문과 동일하다.

10 이곳의 주(注)는 원본, 격본에 모두 없다. 역자주 전본에는 "『안(按): 제민요술』에는 '잡설(雜說)' 4조가 있는데, 이 절에서는 제1조만 채용하였다.[按『齊民要術』有'雜說'四條. 此節, 採第一條之說.]"라는 소주가 추가되어 있다.

씨뿌리기 [播種] [11]

구곡의 종자 거두기 기장, 메기장, 차조, 벼, 삼, 보리, 밀, 콩, 팥

『제민요술』[28]: 무릇 오곡의 씨앗은 습기에 젖어 눅눅해지면 싹트질 못하고 설령 싹이 트더라도 죽어버리고 만다. 잡다한 종자가 섞여 있는 것은 이삭이 이르거나 늦게 패어 고르지가 않고 곡식을 찧어도 쌀이 적게 나며, 잘 도정하기도 어렵다. 곡식을 내다 팔더라도 품종이 뒤섞였다는 흠집으로 퇴짜 맞기 쉬우며, 또 밥을 짓더라도 익는 정도가 알맞게 조절되지 않는다. 따라서 (종자를 거둠에 있어) 특별히 주의를 기울이지 않으면 안 된다.[29] 조, 기장, 검은 기장, 수수, 차조는 해마다 별도로 씨앗을 받는다. 이삭이 실하고 빛깔이 좋은 것을 골라서 베어낸 후에 높은 곳에 걸어두고, 이듬해에 쓸 씨앗으로 삼는다. 종자를 심기

收九穀種 黍, 穄, 秫,[12] 稻, 麻, 大麥, 小麥, 大豆, 小豆

『齊民要術』: 凡五穀種子, 浥鬱則不生, 生者亦尋死. 種雜者, 禾則早晚不均, 舂復減而難熟. 糶賣以雜糅見疵,[13] 炊爨, 失生熟之節. 所以特宜存意, 不可徒然. 粟、黍、穄、粱、秫, 常歲別收. 選好穗純[14]色者, 劁才雕反刈高懸之, 以擬明年種子. 將種前

---

28) 『제민요술』: 이 장에서는 『제민요술』「수종제이(收種第二)」의 전문을 인용하였다. 제1절은 『제민요술』 본문에서 빠진 부분이 있다. 『제민요술』은 원래 『범승지서』에서 인용한 문구를 「종곡제삼(種穀第三)」편에 잡다하게 수록하였다.

29) '도연(徒然)': '도(徒)'는 '근거할 바가 없다.'는 뜻이고, 연(然)은 상황을 말한다. 도연(徒然)은, 즉 '심혈을 기울이지 않고 옛 방식에 따른다.'라는 뜻이다.

20여 일 전에 꺼내어 물에 넣어 씻은 후, 물에 뜨는 쭉정이나 풀씨를 제거하면 잡초가 생기지 않는다. 곧바로 햇볕에 말려서 파종한다.

『범승지서』[30]에 이르기를, “말을 곡물더미로 끌고 와서[31] 몇 입을 먹이고, 그런 연후에 말이 밟은 씨앗을 심으면 자방虸蚄 따위의 벌레가 생기지 아니한다.”라고 하였다.

『범승지서』에서 또 이르기를, “습기와 열기를 받아 씨앗이 상하게 되면 벌레가 생긴다.”[32]라

二十餘日, 開出, 水洮,[15] 浮秕去則無莠. 卽曬令燥, 種之.

『氾勝之書』曰, 牽馬令就穀堆食數口, 以馬踐過, 爲種, 無虸蚄等蟲也.

又, 種傷濕鬱熱,[16] 則生蟲也.

---

30) 『범승지서』: 이 장은 『제민요술』에서 『범승지서』의 견마(牽馬), 종상습(種傷濕), 취맥종(取麥種), 취화종(取禾種), 욕지세소의(欲知歲所宜) 각 절을 인용한 내용으로, 출처는 『제민요술』의 「수종제이(收種第二)」 부분이다. 박전(薄田)과 취마골(取馬骨) 두 절의 출처는 「종곡제삼(種穀第三)」 부분이다. 『범승지서』의 원서를 볼 방법이 없기 때문에 범승지서의 본래 모습을 알 길이 없으므로, 이 부분들이 원서에서는 어떻게 배열되어 있었는지 판단할 수가 없다. 그러나 박전(薄田)절은 확실히 조의 종자[禾種]를 가리키는 것으로, 조를 심는 일이 틀림없으므로 『제민요술』에서 「종곡제삼(種穀第三)」을 삽입한 것은 정확한 것이다. 『농상집요』에서 이렇게 배열한 것은 『제민요술』보다 타당하지 못하다. 수종법(溲種法)에 있어서 『범승지서』에서는 어떤 종류의 곡물인지 분명하게 밝히지 않았는데, 『제민요술』의 「종곡(種穀)」에서 인용한 것은 아마 다른 근거가 있을 것이다. 『농상집요』에서 이렇게 배열한 것 역시 일리는 있다. 다른 부분의 근거를 추정할 수 있다. 『범승지서』는 송대 말 원대 초에 유실되었다. 『농상집요』를 편찬한 사람이 반드시 『범승지서』의 원문을 보았다고 하기 어렵다. 인용문의 형식을 통해 추론해 보건대, 『제민요술』에 인용된 것을 따를 수밖에 없었을 것이다. 그러므로 이런 분할과 재편집은 『범승지서』의 원래 형식으로 보기 어렵다.

31) 견마(牽馬) 다음에 나오는 문장은 순전히 미신적인 유심론에 근거한 것으로, 어떠한 사실적 근거도 없다. 자방(虸蚄)이란 ‘농작물에 해를 입히는 나방 애벌레’를 일컫는 말이다.

32) “종상습울열즉생충(種傷濕鬱熱則生蟲)”: 이 부분은 저장해둔 종자가 상하게 되는 요소들에 대해 전면적으로 정확하게 정리하고 있다. 그러나 나열한 현상들은 아직 부족한 부분이 있다. 종자가 습해서 통풍되지 않는[鬱] 곳에 저장해 두면, 종자 자체 및 표면에 붙어 있는 미생물들의 호흡열이 발산되지 못해 빠르게 열이 생겨난다. 어떤 종자의 해충알은 이런 고온다습한 조건하에서 빠르게 부화할 수 있다. 그러나 새로 부화된 유충은 대부분 통풍이 좋지 않은 환경에서는 질식해서 죽

고 하였다.

『범승지서』에는 또 "밭이 척박하고, 거름을 주기 어려울 경우에는 누에똥과 조[禾]를 함께 섞어 심으면[33] 곡식에 벌레가 나지 않는다."라고 되어 있다.[34]

又, 薄田不能糞者, 以原蠶矢雜禾種種之, 則禾不蟲.

게 된다. 지금은 이런 방법을 이용하여 종자의 해충을 소멸시키기도 한다. 벌레가 죽은 뒤에 반드시 때에 맞춰 통풍시켜줘야 한다. 그렇지 않으면 발아 능력이 손상되거나 종자에 곰팡이가 생길 수도 있다. 예컨대 벌레가 막 부화하였는데 통풍조건이 갑자기 호전되면 오히려 벌레가 자라는 데 도움을 준다. 이것이 바로 '습하고[濕] 밀폐되고[鬱] 따뜻한[熱]' 것은 종자에 해를 끼치는 가장 큰 요소이기는 하나 그렇다고 유일한 요인은 아님을 알려주는 것이다. 무릇 습열한 종자는 곰팡이가 생기기 쉽고 곰팡이가 생기고 나면 종자더미 가운데 부분이 뜨고 열이 나서 썩게 된다. 이때 종자더미의 표면온도와 습도가 상대적으로 낮은 부분에는 남아 있는 종자에 균사체가 들러붙어 있는데, 보기엔 마치 '충사(蟲絲)'처럼 보인다. 이른바 '벌레가 생긴다[生蟲]'는 것은 아마도 이 같은 '충사'를 뜻하는 것이지 진짜 '벌레[蟲]'를 뜻하는 것이 아닐 수도 있다. 요컨대 '습하고, 밀폐되고, 따뜻한' 세 가지 조건이 결합되면 반드시 저장해놓은 종자를 해치게 된다. 습하고 밀폐만 되어 있다 해도 일정한 시간이 지나면 이 역시 열을 발생시키게 된다. 건조하면서 따뜻한 것은 새로 받아놓은 종자를 보존하기에 유리한 환경이긴 하지만, 그 효과는 오래가지 않는다. 종자가 공기 중의 '습기'를 흡수하여 밀폐된 상황에서는 여전히 습열이 발생할 가능성이 있다. 종자를 자주 뒤섞어주고 통풍시켜주면 설령 약간의 습기와 열기가 있다 하더라도 건조하고 서늘한 환경으로 되돌릴 수 있는 것이다. 습하지만 통풍이 되면 열이 발생할 기회가 줄어든다. 자주 뒤섞어주고 햇볕에 말려서 습하고 밀폐되고 따뜻해질 가능성을 최대한 낮추는 것이 종자를 보관하는데(특히 파종 재료) 필수조건이다. 이는 각 민족 모두가 쓰디쓴 경험 속에서 얻은 교훈이다. 『범승지서』는 이 점을 총정리하여 기록하였으며, 이미 장장 2천 년의 역사를 지녔으니 모두가 중시할 만하다.

33) "원잠시잡화종종지(原蠶矢雜禾種種之)": 원잠(原蠶)은 다화잠(多化蠶)이다. 즉 다화성의 누에로서 중국 남부・인도 등의 아열대 및 열대 지방에서 사육되며, 고치모양은 방추형(紡錘形)이다. 시(矢)는 시(屎) 혹은 균(菌)의 옛 가차자(假借字)이다. 종종지(種種之)에서 앞의 종(種)자는 상성(上聲)으로 읽고, 종자(種子)를 가리킨다. 뒤의 종(種)자는 거성(去聲)으로 읽고 동사의 역할을 한다. **역자주** 무계유 교석본에는 원잠은 이화성잠 혹은 다화성잠으로 가잠을 일컫는다고 한다.

34) **역자주** '원잠(蚖蠶)': 원진잠(蚖珍蠶)의 이화잠(二化蠶)이다. 『제민요술』「종상자(種桑柘)」에서는 "『영가기(永嘉記)』에서 이르기를, 영가(永嘉)에 8종의 누에

『범승지서』에 또 이르기를, 말뼈를 구해서[35] 한 섬이 되게 곱게 부수어 물 석 섬을 섞어 세 차례 끓이고 찌꺼기를 걸러낸 다음 뼈를 달인 육수에 부자附子 다섯 알을 넣는다. 3~4일 뒤에 부자를 꺼내고 남은 즙액과 같은 분량의 누에 및 양羊의 똥을 넣어 잘 섞는다. 휘저어 고루 섞는다. 걸쭉한 죽처럼 되도록 저어 준다. 파종하기 20일 전에 종자를 담그면 씨앗이 보리밥과 같은 형상으로 변하게 된다. 날씨가 가물고 건조한 때에 씨앗을 담그면 잘 마른다. 얇게 펴고 여러 차례 뒤적여 말린다. 이튿날 아침에 다시 담근다. 그러나 날씨가 흐리거나 비가 내리면 담가서는 안 된다. 예닐곱 차례 정도 담근다. 번번이 햇살에 말리고 저장하는데 절대 축축해지지 않도록 해야 한다. 씨 뿌릴 때가 되면 남은 즙에 담가서 파종하는데, 이리하면 농사지을 때 메뚜기나 병충해가 생기지 않는다.[36] 말뼈가 없을 경우에는, 눈 녹인 물을 써도

又取馬骨剉一石, 以水三石煮之, 三沸, 漉去滓, 以汁漬附子五枚. 三四日, 去附子, 以汁和蠶失, 羊矢各等分, 撓. 呼毛[17]反. 攪也. 令洞洞如稠粥. 先種二十日時, 以溲種, 如麥飯狀. 常[18]天旱燥時溲之, 立乾. 薄布, 數撓令乾.[a] 明日復溲. 天陰雨則勿溲. 六七溲而止. 輒曝, 謹藏, 勿令復濕. 至可種時, 以餘汁溲而種之, 則禾稼不蝗

가 있다. 원진잠(蚖珍蠶)·자잠(柘蠶)·원잠(蚖蠶)·애진(愛珍)·애잠(愛蠶)·한진(寒珍)·사출잠(四出蠶)·한잠(寒蠶)이며, 모두 재숙(再熟) 누에이다. 앞의 종류는 모두 ~진(珍)이라 한다."라고 하였다. 또 『제민요술』「종상자(種桑柘)」에서 이르길, "원진(蚖珍)은 3월에 이미 실을 뽑고, 나방이 나오며, 알을 거둔다. 7·8일이면 알을 쪼개고 누에가 태어난다, 많이 기르고 원잠(蚖蠶)이라 한다."라고 하였다. 석성한(石聲漢)의 주석에서는 원(蚖)자는 아마 원잠(原蠶)의 원(原)일 것이라고 한다. 『주례』에도 원잠(原蠶)이 있는데, 바로 다화잠(多化蠶)이다.

35) '말뼈를 구해[取馬骨]' 다음에 나오는 문장은 종자를 위한 시비처리로 볼 수 있다. 다만 그 절차가 너무 번잡하여, 의구심이 든다. 적어도 불황충(不蝗蟲)은 구체적인 사실에 근거했다고는 볼 수 없다. 사실이라면 『범승지서(氾勝之書)』의 원래 내용이 참위(讖緯)와 염승(厭勝)과 같은 내용을 반영하고 있는지도 모른다.

36) '병충해가 생기지 않는다.[不蝗蟲.]': 여기서의 황(蝗)은 비황(飛蝗)을 가리키며, 충(蟲)은 그 외의 일반 해충을 지칭하는 것으로 생각된다. 『시경(詩經)』「소아(小

된다. 눈 녹인 물은 오곡을 정화하여 가뭄으로부터 작물이 견딜[37] 수 있게 한다. 매년 겨울에 저장해둔 눈 녹인 물을 그릇에 담아 땅속에 묻어 둔다. 이 같은 방식으로 종자를 다루면 항상 두 배의 생산량을 올릴 수 있다.

蟲. 無馬骨, 亦可用雪汁. 雪汁者, 五穀之精也, 使稼耐旱. 常以冬藏雪汁, 器盛, 埋於地中. 治種19如此, 則收常倍.

보리 종자를 받을 때에는, 보리가 익기를 기다려 수확하면 되는데, 이삭이 크고 알찬 것을 가려내어 이를 베고 묶어서, 마당의 높고 건조한 곳에 세워 두고, 햇볕에 바싹 말려 쭉정이벌레[白魚][38]가 생기지 않게 한다. 만약 쭉정이벌레가 생기면, 바로 까불어 날려 없앤다. 마른 쑥을 가져다 함께 섞어서 저장하는데,[39] 보리 한 섬, 쑥 한 단

取麥種, 候熟, 可穫, 擇穗大强者, 斬束立場中之高燥處, 曝使極燥, 無令有白魚. 有輒揚治之. 取乾艾雜藏之, 麥一石, 艾一

雅) · 보전지십(甫田之什) · 대전(大田)」 제1장에서는 해충의 종류를 4종류로 구별하고 있는데, 황(蝗)은 그 중의 하나이다.

37) "설즙(雪汁) … 사가내한(使稼耐旱)": 눈 녹은 물은 천연 증류수이다. 염도(鹽度)는 지표수나 지하수에 비해 모두 낮다. 종자는 저농도 용액에 두면 오히려 흡수 확대가 쉽게 됨은 사실이다. 또 아마도 뿌리가 일찍이 생장하도록 촉진시킬 수 있기 때문에, 오랜 봄가뭄의 해를 피할 수 있다. "눈 녹은 물은 오곡의 생장에 필요한 핵심요소이다."라는 말에서는 한대(漢代) '참위지학(讖緯之學)'의 유심론(唯心論)을 엿볼 수 있다.

38) '백어(白魚)': 옷 좀[衣魚]을 말한다. 백어(白魚)는 볏짚[稿秸]과 종이[紙張] 등을 먹이로 삼는다. 저장 중인 종자 속에서 나올 수도 있다. 단, 심양(沈陽) 맹방평(孟方平)과 산동과학원역사연구소(山東科學院歷史研究所) 왕자영(王子英) 등의 말에 의하면 산동지역에서는 보리 이삭[穗]의 가장 끝에 달린 두 개의 쭉정이[空小穗]를 백어라 부른다고 한다. 색이 희고, 형상이 물고기 꼬리 모양이기 때문에 『범승지서』에서 이야기하는 백어는 마땅히 쭉정이[空小穗]라 할 수 있다. 보리 이삭[麥穗]을 볕에 쬐고 바짝 말린 후 다시 탈곡할 때에 키질하면, 백어는 쉽게 날려버릴 수 있다.

39) '건애잡장(乾艾雜藏)': 쑥 잎의 냄새와 쓴 맛은 알곡을 먹고 사는 해충이 좋아하지 않는 것이다. 말린 쑥을 섞어 저장하면 상당한 효과가 있어 시도해볼 만하다.

의 비율로 질그릇이나 대그릇에 보관하면 된다. 이렇게 하여 때를 맞추어 파종하면 수확량이 배가 된다.

조[禾]의 씨앗을 받으려면, 키가 큰 조의 이삭을 가려내어 꼭대기의 한 마디 아래 부분을 베어내어 묶어서 높고 건조한 곳에 걸어 두면, 종자가 썩지 않는다.

그 해에 어떤 곡식을 파종하는 것이 좋은지를 알고자 한다면, 포대 자루에 조 등의 여러 곡식을 각각 같은 양으로 담아서 음지에 묻어두면 된다. 동짓날 묻는 것이 좋으며, 동지로부터 50일이 지난 후에 곡물 자루를 꺼내어 포대의 무게를 달아 그 중에서 가장 많이 무거워진[40] 곡식이 그 해에 파종하기에 가장 적합한 종자이다.[41]

최식[42]이 말하기를, 오곡을 각각 한 되씩 저울에 달아서 작은 옹기에 넣고 담장의 그늘 아래

把, 藏以瓦器竹器. 順時種之, 則收常倍.

取禾種, 擇高大者, 斬一節下, 把懸高燥處, 苗則不敗.

欲知歲所宜, 以布囊盛粟等諸物種, 平量之, 埋陰地. 冬至日 窖埋, 冬至後五十日, 發取, 量之, 息最多者, 歲所宜也.

崔寔曰, 平量五穀各一升, 小罌盛,

40) '식(息)': 팽창한다[漲大]는 뜻이다.

41) '세소의야(歲所宜也)': 이런 징조는 실제적인 근거가 있다고 말하기 어렵다.

42) '최식(崔寔)' 다음에 인용된 문장은 『제민요술』 권1, 「수종제이(收種第二)」를 보면 『범승지서』의 뒤에 있다. 제1절은 『옥촉보전(玉燭寶典)』에서 인용한 『사민월령』에는 보이지 않는다. 단 조선본 『사시찬요』 「11월(十一月)」편에 '최식 종곡법을 시도하다.'를 인용하여 "동지(冬至)날에 평균 오곡 각 1되를 각각 담아 북쪽 담장 그늘에 묻는다. 동지 후 50일에 꺼내어 저울에 단다. 많이 불어난 것을 그 해에 심는 것이 적합하다."라고 되어 있다. 『제민요술』 인용문을 살펴보면 마지막 문장은 원문 형식이 아닌데 베껴 기록할 때에 생략한 표시만 있을 뿐이다. 도대체 누가 생략한 것인지(가사협 본인인지, 아니면 나중에 옮겨서 베낀 사람인지)는 알 수가 없다. 살펴보면 최식이 시도한 방법 중에서 두 가지는 『범승지서』의 기록과 다르다. 분량이 1되로 정해진 것과 옹기[小罌: 작은 병]를 사용하여 담고, 포대를 사용하지 않은 것이다. (『사시찬요』의 포대[布囊]는 의심할 만하다.) 가사협은 이를 다른 조항에 넣어 두었다.

에 묻어 둔다. 나머지 과정은 위의 방식과 같다고 하였다.

『사광점술』[43]에 이르기를, 오목五木은 오곡의 징후보다 앞선다. 오곡의 수확을 알고자 한다면 일단 오목을 잘 살펴야 한다. 그 해 나무 중에서 가장 무성한 것을 택하여 이듬해에 그와 상생하는 곡식을 많이 파종하면 조금도 손실을 입지 않는다고 한다.

『잡음양서』[44]에는 조[禾]는 대추나 버드나무의 잎이 나올 때 생겨나며, 보리는 살구나무의 잎이 나올 때 생겨나고, 밀은 복숭아나무 잎이 나올 때 발생하며, 벼는 버드나무나 수양버들이 잎이 나올 때 생겨나며, 기장은 느릅나무 잎이 나올 때

埋墻陰下. 餘法同上.

『師曠占術』曰, 五木者, 五穀之先. 欲知五穀, 但視五木. 擇其木盛者, 來年多種之, 萬不一失也.

『雜陰陽書』曰, 禾生於棗或楊, 大麥生於杏, 小麥生於桃, 稻生於柳或楊, 黍生於榆, 大

43) 『사광점술(師曠占術)』: 대개 한대 방사들과 혹은 방사 비슷한 유생(소위 음양가)이 집록한 일종의 점복서이다. 사광(師曠)은 춘추시대 진(晉)의 국가악대의 영대관(領隊官)이다. 전설에는 그가 예지 능력을 가지고 있었다고 한다. 책 이름은 사광을 빌려 기록했는데, 대체로 이런 전설에 근거를 두어왔음이다. 본 조항의 내용은 미신적인 것을 붙여 모은 것에 불과한 것 같고, 실질적인 근거는 확실하지 않다.

44) 『잡음양서(雜陰陽書)』는 아마도 한대(漢代) 음양가의 책일 것이다. 앞 첫 단락은 자연 물후현상이다. 이것은 수목들의 잎이 나면 곧 종자가 발아할 환경적 조건이 모두 갖추어진 것을 의미한다. '소맥은 복숭아와 상생한다.' 하였는데, 만약 봄소맥을 가리킨다면 그럴 듯하지만, 당시 성행하던 겨울 소맥은 결코 합당하지 않다. 두 번째 단락은 순전히 총진법(總辰法: 일진을 점치는 법)이라고 일컫는 미신이다. 이 책에서 인용한 『제민요술』「종곡제삼」, 「서제제사」, 「대두제육」, 「소두제칠」, 「종마제팔」, 「대소맥제십」, 「수도제십일」편 등에 보인다. 제일 마지막의 "무릇 오곡은 대체로 상순이 좋고, 그 다음은 중순이다."라는 구절은 『제민요술』에서 인용한 『잡음양서』에는 보이지 않는다. 『제민요술』 본문에는 "대체로 오곡은 상순에 심은 것은 온전하게 거두고, 중순은 중간 정도를 거두고, 하순은 수확량이 낮다."라는 문장이 별도로 존재한다. 본서에서는 『제민요술』의 인용문을 한 군데에 모아 둔 것인지, 원서대로 수록한 것인지는 알 길이 없다.

생겨나고, 콩은 홰나무 잎이 나올 때 생겨나며, 팥은 자두나무 잎이 나올 때 발생하며, 삼은 버드나무나 가시나무가 잎이 나올 때 생겨난다고 한다.

『잡음양서』에서 또 이르기를, 대체로 조를 심을 때는 인寅・오午・신申일이 적합하고, 을乙・축丑・임壬・계癸일은 피한다. 차조[秫]는 인寅일을 피하고, 늦조[晩禾]는 병丙일을 피한다. 보리[大麥]는 해亥・묘卯・신辰일이 적합하고, 자子・축丑・무戊・기己일은 피한다. 밀[小麥]은 꺼리는 날이 보리와 마찬가지이다. 벼[稻]는 무戊・기己일과 '사계일'45)이 적합하며, 인寅・묘卯・진辰・갑甲・을乙일을 피한다. 기장은 사巳・유酉・술戌일이 적합하고, 인寅・묘卯・병丙・오午일을 피한다. 검은 기장[穄]은 미未・인寅일을 피한다. 콩은 신申・자子・임壬일이 적합하고, 묘卯・오午・병丙・정丁・갑甲・을乙일을 피한다. 팥은 꺼리는 날이 콩과 같다. 마[麻]는 사계일과 무戊・기己일을 피한다. 무릇 오곡은 대체로 해당 월의 상순이 적합하고, 그 다음은 중순이 적합하다고 한다.

『사기』46)에 이르기를, "음양가들의 견해는

豆生於槐, 小豆生於李, 麻生於楊或荊.

又, 凡種禾, 宜寅、午、申, 忌乙、丑、壬、癸. 秫忌寅, 晩禾忌丙. 大麥宜亥、卯、辰, 忌子、丑、戊、己. 小麥, 忌與大麥同. 稻, 宜戊、己、四季日, 忌寅、卯、辰、甲、乙. 黍宜巳、酉、戌, 忌寅、卯、丙、午. 穄忌未、寅. 大豆宜申、子、壬, 忌卯、午、丙、子、甲、乙. 小豆, 忌與大豆同. 麻, 忌四季日, 戊、己. 凡五穀大判宜上旬, 次中旬.

『史記』曰 "陰陽

---

45) 역자주 '사계일(四季日)': 마종신의 역주에는 1년을 춘하추동 사시(四時)로 나누고, 매 시(時)는 맹중계(孟仲季) 3개월로 구분하고, 계월(季月)은 매 시의 세 번째 월로 설명하고 있다. 즉 1년의 4개의 계월은 3, 6, 9, 12월이다. '사계일'은 이런 4개의 계월에서 '월건일(月建日)'을 가리킨다. 예컨대 3월의 건진(建辰), 6월의 건미(建未), 9월의 건술(建戌), 12월의 건축(建丑) 등이다. 따라서 '사계일'은 진(辰)・미(未)・술(戌)・축(丑)일이 되는 셈이라고 한다.

46) 『사기(史記)』: 이곳에서 인용한 사기는 고쳐 쓴 이후 형식의 『제민요술』에 근

사람들이 구속을 받고 금기하는 것이 많다."라고 하였다. 다만 그들 견해의 대략은 알되 그것을 왜곡하여 따르도록 강요해서는 안 된다. 농언에는 "농시를 살펴 적절한 습기가 있을 때 파종하는 것이 최상책이다."[47]라고 한다.

之家，拘而多忌." 止可知其梗概，不可委曲從之. 諺曰 "以時其ⓑ澤，爲上策"也.

❙교 석(校釋)❙

⑪ 파종편(播種篇): 전본(殿本)에서는 파종편 앞에 '대전(代田)'과 '구전(區田)' 두 항목이 더 있다. '대전'은 원본(元本)과 격본(格本)에서는 「종곡(種穀)」편에 인용된 『제민요술』 말미의 한 단락이다. '구전' 항목은 격본에서는 본권의 말미에 있다. (원본에서는 공교롭게도 파손된 부분이라서 어느 부분이었는지를 알 수 없다.) 지금은 격본형식에 따라 분류하였으며, 석성한의 교주에서는 '구전'은 본권의 말미에 두어야 마땅하다고 한다.

⑫ '출(秫)': 전본에서는 패(稗)로 여겼으나, 원본과 격본에는 출(秫)로 쓰고 있다.

⑬ '자(疵)': 전본에서는 이후의 습관에 따라 '자(訾)'로 고쳐 썼으나, 원본과 각본에 '자(疵)'로 쓴 것에 따라 『제민요술』의 원래 인용문과 같이 하였다. 안(案): 『순자(荀子)』 「불구제삼(不苟第三)」: "정의직지(正義直指), 거인지과(擧人之過), 비훼자야(非毀疵也)"라는 부분은 '자(疵)'를 써서 '불만을 표시한다.'를 대표한다.

거한 것이지, 지금 전하는 『사기』의 원문과는 다르다. 『사기』 「태사공자서(太史公自序)」에서 음양가에 대한 비평을 보면, "음양술은 크게 번잡하여 대부분 꺼리는 바이니 사람들이 구애받아 대부분 두려워하는 바다."라고 하였다. 가사협(賈思勰)은 총진술(總辰術: 일진을 점치는 법)을 비판하는 태도에서 한층 나아가 총진술에 대처하는 방법을 명확히 제시하였다. 즉 "총진술의 개략적인 내용은 알고 있으되, 실제로 실천함에 있어서는 총진술의 방법을 왜곡해서 따라서는 안 된다."라고 하였을 뿐만 아니라, "적합한 농시를 지키고, 일정한 습기를 유지해야 한다."라는 원칙도 제시하였다.

47) 『제민요술』의 「종곡(種穀)」에 인용한 『범승지서(氾勝之書)』 끝부분에 나오는 말이다.

14 '순(純)': 원본과 격본에서는 '절(絶)'로 되어 있으나, 전본에 '순(純)'으로 되어 있다.

15 '개출수조(開出水洮)': 원본과 격본에는 '출(出)'자가 누락되어 있으며, 전본에서는 '조(洮)' 대신 근대의 '도(淘)'자로 기록하였다. 이 책에서는 『제민요술』 원문에 따라 고쳤다.

16 '열(熱)': 원본과 격본에서는 숙(藝)자로 오인하였으나, 전본의 열(熱)에 의거하여 『제민요술』의 원래 인용문에 맞추었다.

17 '모(毛)': 원본, 격본은 모(毛)라 쓰고 가나자와 문고본 『제민요술』도 이와 같다. 전본은 '노(老)'라 쓰고 『제민요술』 남송 이후 여러 본과 같다. 살펴보면, 『광운(廣韻)』 평성하(平聲下) '육호(六豪)' 호모절의 '호(蒿)'뉴(紐), 요(撓)자, 풀이하면 '어지럽다'로 여기의 주문(注文)과 바로 부합한다. 상성 '32호(皓)', 호(呼)와 노(老)의 반절의 '호(好)'뉴(紐)이고, 다만 '호(好)'자 및 다른 판본의 '뉴(敀)' 두 글자가 있을 뿐인데, '요(撓)' 31교(巧)와 '교(獿)'뉴(紐)의 '요(撓)'자는 없고, 풀이하면 요란으로 의의가 통할 수 있다. 단 마땅히 노와 교의 반절인 neo음으로 읽어야 하고, '호(呼)' 반절상자의 글자로 사용할 수는 없다. '모(毛)'라 쓰는 것이 가장 적합할 것이다.

18 '상(常)': 전본(殿本)은 당(當)이라 쓴다. 하지만 원본·각본이 『제민요술』에서 인용하여 '상(常)'으로 쓰고 있다.

19 '종(種)': 원본·각본 모두 '곡(穀)'자이다. 전본(殿本)에 의거하여 쓴 '종(種)'으로 쓰고 있으며, 『제민요술』의 인용문과 같다. 『태평어람(太平御覽)』(823) 「자산부(資産部) 3」, '종식(種殖)'항에서 인용한 『범승지서』를 살펴보면 이 글자 또한 종(種)이다.

교 안 (校案)

ⓐ '영건(令乾)': 『제민요술』 각 판본에는 '영즉건(令則乾)'으로 되어 있는데, 즉(則)을 즉(卽)자로 사용한 것이다.

ⓑ '기(其)': 『제민요술』 원문에는 급(及)으로 쓰여 있었다. '급택(及澤)'은 바로 '습기를 일정하게 유지하는 것'을 지칭한다.

조[穀] 파종

『제민요술』[48]: 대체로 곡식[穀[49]]은 빨리 익는 것도 있고, 늦게 익는 것도 있으며, 곡물의 줄기가 높은 것도 있고, 낮은 것도 있으며, 수확이 많은 것도 있고, 적은 것도 있으며, 곡물의 성질이 어떤 것은 강하고, 어떤 것은 약하며[50] 쌀 맛이 좋은 것도 있고, 좋지 못한 것도 있으며, 낟알이 어떤 것은 도정을 하면 쌀이 많고, 어떤 것은 쌀이 적다.[51] 빨리 익은 것은 곡물의 줄기[苗]는 짧으나 수확량이 많고, 늦게 수확하는 것은 곡물의 줄기는 길지만 수확량은 적다. 모[苗]가 강한 것은 짚이 짧은 황곡(黃穀)류의 곡식이며, 곡물이 약한 것은 짚이 긴 청곡, 백곡, 흑곡류의 곡식이다. 수확량이 적은 품종은 맛은 좋으나 도정한 후에 쌀의 양이 적고, 수확량이 많은 품종은 맛은 나쁘지만 도정한 후에 양은 많다.[52] 토지가 어떤 곳은 비옥하고

種穀

『齊民要術』: 凡穀, 成熟有早晚, 苗稈有高下, 收實有多少, 質性有強弱, 米味有美惡, 粒實有息耗. 早熟者, 苗短而收多, 晚收者, 苗長而收少. 彊苗者短, 黃穀之屬是也, 弱苗者長, 青、白、黑者是也. 收少者, 美而耗, 收多者, 惡而息也. 地勢有良薄, 良田宜種

---

48) 『제민요술』: 여기서 인용한 『제민요술』은 마지막 한 구절인 "최식(崔寔)이 말하길 … "이라는 문장을 제외하고, 『제민요술』「종곡제삼(種穀第三)」에 모두 보인다. 중간에는 절을 삭제한 것도 있고, 순서도 같은 것은 아니다.

49) 곡(穀)이 곡물의 총칭인지 본 장에서는 분명하지 않지만, 권2에 제시된 각종 곡물 중 가장 중요한 조[粟]가 빠져 있다. 오곡 중에서 조가 으뜸이었고, 이를 곡으로 말하기도 한 것을 보면 조 또는 조의 개량품종을 곡의 총칭으로 사용된 것이 아닌가 생각되기도 한다. 『제민요술』「종곡제삼」편에는 "곡(穀)은 직(稷)이다. 속(粟), 곡(穀)은 오곡의 총칭이고, 결코 속(粟)은 아니다. 하지만 오늘날에는 직을 곡이라고 부르고 이것이 속명(俗名)이다."라고 한다.

50) 역자주 무계유의 교석본에서는 '강약'을 줄기의 굵고 단단하거나 섬세하고 부드러움으로 보았다. 또한 '강(彊)'자는 『제민요술』에서 '강(强)'자와 동일하다고 하였다.

51) 역자주 무계유 교석본에서는 '식(息)'은 증가해서 더해진 것이고, '모(耗)'는 감소해서 손실을 본 것이며, 이것은 출미율(出米率)을 가리킨다고 보았다.

52) 역자주 무계유 교석본에 의하면, 가사협은 당시 조[粟] 품종의 특성에 대해 분석하였다고 한다. (1) 그루의 키가 높고 낮음과 생산량의 관계: 줄기가 낮은 것은

어떤 곳은 척박하기 때문에, 비옥한 밭은 늦게 파종해야 하고, 척박한 땅은 빨리 파종해야 한다. 좋은 땅은 늦게 파종해도 좋을 뿐 아니라 빨리 파종해도 어떠한 해가 없다. 척박한 땅은 빨리 파종해야 하는데, 늦게 파종하면 열매를 맺지 못한다. 최식(崔寔)[53]은 "비옥한 밭에는 조밀하게 파종하는 것이 좋고, 척박한 땅에는 성글게 파종하는 것이 좋다."[54]라고 하였다. 비탈진 산

晩, 薄田宜種早. 良田非獨宜晩, 早亦無害. 薄地宜早, 晩必不成實也. 崔寔曰, "美田欲稠, 薄田欲稀." 山澤有異宜. 山田, 種彊苗, 以

생산량이 많고, 높은 것은 생산량이 낮다. 이것은 1,400여 년 전의 관찰기록으로 주목할 만하다. (2) 그루의 키의 높낮이와 성숙기, 줄기의 강약, 입자의 색은 일정한 상관성이 있다. 줄기가 낮으면 성숙이 빠르고, 줄기는 비교적 거칠고 튼튼하여 잘 넘어지지 않으며, 산전(山田)에 파종하는 것이 적당하며, 열매는 황색이다. 줄기가 높으면 이와는 정반대이며, 저전(低田)에 파종하면 좋으며, 열매는 청, 백, 흑색이다. 『제민요술』에는 86개의 조 품종을 열거하고 있는데, 이 중 빨리 익는 14개 중에서 '황(黃)'으로 이름하고 있는 것이 8개이고, 늦게 익는 10개 중 '청', '흑'으로 명명하는 것이 7개이다. 그 외 성숙기가 분명하지 않는 62개 품종 중에서 대부분은 '황', '적'으로 명명되고 있다. 이것은 당시 파종한 조의 품종은 생산량이 비교적 높은 조숙, 중숙의 줄기가 낮은 황곡이 우세를 점하고 있음을 알 수 있다. (3) 점성이 많으면 수확량이 적고, 먹기는 좋지만 밥의 양은 많지 않고, 점성이 없는 것은 맛에는 차이가 있지만 수확량이 많고 밥의 양은 많다. 이런 오랜 모순은 살펴볼 만하다.

53) '최식왈(崔寔曰)'에 인용된 문장은 『사민월령(四民月令)』에서 3월에 메벼[秔稻]를 심는 것과 4월에 대두를 심는다는 것에서 보인다. 『사민월령』 원문에서는 "비옥한 땅은 성글게 파종해야 하고, 척박한 땅은 촘촘하게 파종해야 한다.[美田欲稀, 薄田欲稠.]"로 거꾸로 되어 있는데, 여기에서는 바꾸어 놓았다.

54) **역자주** 『제민요술』과 『사민월령』 3월, 4월조에는 "미전욕희(美田欲稀), 박전욕조(薄田欲稠)"라고 되어 있는데, 이와 반대로 『농상집요』의 석성한과 무계유 교석본에서는 모두 "미전욕조(美田欲稠), 박전욕희(薄田欲稀)"로 바꾸어 놓았다. 그러나 『제민요술』 「대두」편에 의하면 최식은 4월에 대·소두를 파종할 때는 "미전욕희(美田欲稀), 박전욕조(薄田欲稠)"로 하였고, 「수도(水稻)」편에서는 3월에 메벼(稻)를 파종할 때 "미전욕희(美田欲稀), 박전욕조(薄田欲稠)"로 하고, 「종곡(種穀)」편에서 2~3월에 조[禾]를 심을 때는 "미전욕조(美田欲稠), 박전욕희(薄田欲稀)"로 하였다. 대두의 경우에는 분얼이 많아서 비옥한 땅에 조밀하게 파종하게 되면 작물 간에 서로 방해를 받기 때문에, 가능한 한 드물게 파종해 주어야 한다. 또 대두는 뿌리 박테리아가 있어 스스로 지력을 보존할 수 있는 성질이 있기 때문에 척박한 땅에는 가능한 조밀하게 파종하는 것이 좋다. 『농상집요』 무계유 교석본에 의하면, 중국에는 단줄기 식물이 많아서 비옥한 땅에는 조밀하게 파종해야 지력을

지[山田]와 저습지[澤田]에는 심는 곡물을 각각 달리 해야 한다. 산전(山田)에는 줄기가 강한 모[苗]를 심어야 바람과 서리에 견딜 수 있고, 택전(澤田)에는 줄기가 비교적 여린 우량한 품종을 심어야 꽃과 열매를 보증할 수 있다. 농시에 따르고 땅의 이로움[地利]을 헤아린다면, 적은 힘을 들이고도 큰 성과를 거둔다. 만약 제 맘대로 일을 처리하여 농시와 땅의 이로움에 대한 객관적인 법칙을 어기게 되면,[55] 수고만 할 뿐 수확은 없게 된다.

避風霜, 澤田, 種弱苗, 以求華實也. 順天時, 量地利, 則用力少而成功多. 任情返道, 勞而無獲.

대개 곡식을 심을 밭은, 녹두나 팥을 심었던 밭이[56] 가장 좋고, 마·기장·참깨를 심었던 밭이 그 다음이고, 순무[蕪菁]나 콩을 심었던 밭이 가장 좋지 않다. 일찍이 과채(瓜菜)류를 심었던 밭에 곡식을 파종한 것을 본 적이 있는데, 녹두 심었던 밭 못지않게 좋다. 본문 중에는 아직 과(瓜)를 심었던 땅에 대해 거론하지 않았기 때문에 여기에 부기하여 둔다.

凡穀田, 菉豆、小豆底爲上. 麻、黍、胡麻次之, 蕪菁、大豆爲下. 常見瓜底, 不減菉豆. 本既不論, 聊復記之.

대개 봄에 파종하는 곳은 깊게 파야 하고, 여름에 파종하는 곳은 얕게 파야 한다. 곡식을 파종하는 때는 비온 뒤가 가장 좋은데, 비가 적게 오면 촉촉할 때 파종해야 하며, 비가 많이 내리면 잡초가 나기를 기다린 이후에 다시 파종한다. 비가 적게 내려 촉촉하지 않으면 곡식의 싹이 나지 않고, 비가 많이 내렸는데 흙의 표면이 하얗게 마를 때까지 기다리지 않고 땅이 축축한

凡春種欲深, 夏種欲淺. 凡種穀, 雨後爲佳, 遇小雨直接濕種, 遇大雨待薉生. 小雨不接濕, 無以生禾苗, 大雨不待白背, 濕轣,[20] 則令苗

충분히 이용하여 생산량을 높일 수 있고, 척박한 땅에서는 드물게 파종해서 비력의 부족을 면할 수 있다고 하였다. 석성한과 무계유의 교석본은 조[禾]와 벼[稻]에만 국한해야 하는 것이지, 전체 작물에 적용하게 되면 문제가 많게 된다.

55) '반도(返道)': 반(返)자는 마땅히 반(反)으로 해야 하는데, 아마도 가차한 것이나 원서를 베껴 전하던 중에 잘못 쓴 것으로 보인다.

56) '저(底)': 앞에 심은 작물의 밑동(그루터기)을 가리킨다.

상태에서 파종하면,[57] 흙덩어리가 져서, 모[苗]가 가늘어진다. 잡초가 무성해지면 먼저 호미질을 한 번 하고 나서 그 뒤에 파종을 하는 것이 좋다. 봄에 만약 가뭄이 들면 (지난해) 가을갈이 한 땅에 밭이랑을 일구고 비를 기다려야 한다. 봄에 새롭게 뒤엎어 갈 때는 절대 이와 같이 해서는 안 된다. 여름에 밭이랑을 일궈두면 빗물에 씻겨 내려가 곡식의 생장에도 좋지 않을 뿐만 아니라 갈대와 잡초가 섞여서 같이 자라게 된다.

대개 밭에는 일찍 파종하는 것과 늦게 파종하는 것을 서로 섞는 것이 좋은데, 절기가 늦게 오고 빨리 옴에 따라 생기는 곤란함을 조절하고 예방할 수 있다.[58] 윤년이 있는 해에는 절기가 뒤로 미뤄지므로, 늦게 심어야 마땅하다. 그러나 대체로 빨리 심고자 한다. 일찍 심는 밭은 늦게 심는 밭보다 수확량이 배가 된다. 일찍 심은 밭은 잡초가 적어 관리하기가 쉽고, 늦게 심은 곳은 잡초가 무성하여 싹이 나오기가 어렵다. 그 수확량이 많고 적음은 그 해의 기운에 따라 결정되고, 빨리 심는 것과 늦게 심는 것과는 관계가 없다. 그러나 빨리 심은 곡식은 겁질이 얇고, 낟알이 알차고 많으며, 늦게 심은 곡식은 겁질이 두꺼우며 낟알이 적고 부실하다.

瘦. 薉若盛者, 先鋤一徧, 然後納種, 乃佳也. 春若遇旱,21 秋耕之地, 得仰壟待雨. 春耕者, 不中也. 夏若仰壟, 匪直盪汰不生, 兼與草薉俱出.

凡田, 欲早晩相雜, 防22歲道有所宜. 有閏之歲, 節氣近後, 宜晩田. 然大率欲早. 早田倍多於晩. 早田淨而易治, 晩者蕪薉23難出. 其收任24多少, 從歲所宜, 非關早晩. 然早穀皮薄, 米實而多, 晩穀皮厚, 米少而虛也.

---

57) 역자주 무계유 교석본에서는 녹(轆)은 전본(殿本)과 동일하며, 원본(元本)에서 교석하기를 전(輾)이라 하였는데 『제민요술』과 동일하다. 전(輾)은 돌태로 누르는 농기구로서, 녹(轆)이라 한 것은 적합하지 않다고 보았다.

58) 역자주 마종신의 역주에서 '세도(歲道)'는 절기가 늦게 오는지 빨리 오는지를 지적한 것으로, 바람, 서리, 비, 이슬과 자연재해 등은 농작물생장의 요소의 변화에 영향을 준다. 각종 요소의 종합적인 작용으로 인해 어떤 해는 일찍 곡물을 수확하고 어떤 해는 늦게 수확하는데, 이를 일러 '세도의조(歲道宜早)', '세도의만(歲道宜晩)'이라고 한다.

곡물의 모종의 싹[苗]이 말의 귀[耳]와 같이 자라면, 바로 호미의 뾰족한[59] 끝부분으로 호미질을 해야 한다. 속설에는, "곡식을 얻으려면, 싹 잎이 말귀[馬耳]같이 자랐을 때, 뾰족한 호미로 호미질해야 한다."라고 한다. 모가 듬성듬성 자란[60] 곳은 호미질하면서 그것을 보충해 준다.

苗生如馬耳, 則鏃鋤. 諺曰, "欲得穀, 馬耳鏃." 稀豁之處, 鋤而補之.

무릇 오곡은 곡식이 어린 싹일 때부터 호미질[61] 해주는 것이 가장 좋다. 어린 싹일 때부터 호미질을 해주면 힘을 낭비하지 않을뿐더러, 곡식의 성장도 특별히 좋아진다. 모가 큰 후에 호미질하면 잡초의 뿌리가 무성하여 힘을 더 써야 할 뿐만 아니라 수확량도 적다. 밭이랑에서 모종이 돋아나면, 깊게 호미질을 한다. 호미질은 여러 번 하여도 무방하다. 한 차례 매고 나서 다시 시작하고, 잡초가 없어도 잠시라도 멈춰서는 안 된다. 호미질은 잡초를 없앨 뿐만 아니라 토양을 부드럽게 하여 이삭의 열매가 많아지게 하고, 쭉정이가 적고 도정한 쌀의 양도 많게 한다. 10번을 호미질하면, 8할의[62] 쌀을 얻게 된다. 봄에 호미

凡五穀, 唯小鋤之爲良. 小鋤者非直省功, 穀亦倍勝. 大鋤者, 草根繁茂, 用功多而收益少. 苗出壟, 則深鋤. 鋤不厭數. 周而復始, 勿以無草爲[25]暫停. 鋤者, 非止除草, 乃地熟[26]而實多, 糠薄末息. 鋤得十徧, 便得八米也. 春

---

59) '촉서(鏃鋤)': 촉(鏃)자는 원래 화살촉[箭鏃]을 가리킨다. 즉 뾰족하고 예리한 날을 가진 무기의 끝 부분이다. 후대에는 초(鍬)라는 농기구를 칭한 것이라고 본다. 역자주 무계유의 『원각농상집요교석(元刻農桑輯要校釋)』에서는 촉서를 일종의 호미질하는 방법으로 설명하고 있다.

60) 역자주 무계유 교석본에서는 활(豁)은 모[苗]가 모자라는 것을 가리키며, 역대 농서에서는 모[苗]를 보충하는 것을 중시하였다고 한다.

61) 역자주 무계유 교석본에서는 지(之)자가 전본(殿本)에 있고, 『제민요술』에는 없다고 하였다.

62) '팔미(八米)': 곡식의 입자가 10할 가득 찬 것을 빻은 뒤에 8할의 도정미를 얻는 것이다. 호미질을 여러 차례 하면, 뿌리를 깊게 내리게 할 수 있어, 물기를 더 잘 흡수하게 되므로, 알갱이가 더 알차게 되는 효과를 거둘 수 있다. 지금의 섬서성 북쪽[陝北]에는 "종자를 심어 여덟 번 호미질하면, 알이 8할이고 껍질이 2할이 된다."라는 이야기가 있다.

질하는 것은 땅을 부드럽게 일구기 위함이고, 여름에 (호미질하는 것은) 잡초를 제거하기 위함이다. 그러므로 봄에 호미질할 때, 땅이 축축하다면 밟으면서 호미질해서는 안 된다. 6월 이후에는 비록 축축하더라도 호미질해도 무방하다. 봄의 싹은 연약하여 아직 땅에 그늘을 만들지 못한다. 만약 축축한 땅에 호미질하면 땅은 딱딱해진다. 여름의 싹은 (무성하여) 그늘을 드리워 땅이 햇볕에 노출되지 않기 때문에 축축한 땅이라도 호미질에 의한 해가 없다.[63] 『관자(管子)』[64]에서는 "국가를 다스리는 사람은 농부가 추울 때 밭을 갈게 하고, 더울 때 김을 매게 하는 것이다."라고 하였다. 운(芸)은 잡초를 제거한다는 의미이다.

鋤起地, 夏爲除草. 故春鋤不用觸濕. 六月已後, 雖濕亦無嫌. 春苗旣淺, 陰未覆地. 濕鋤則地堅. 夏苗陰厚, 地不見日, 故雖濕亦無害矣. 『管子』曰, "爲國者, 使農寒耕而熱芸." 芸, 除草也.

대개 파종을 할 때에는 소가 천천히 가도록 하고, 파종하는 사람은 그 속도에 맞추어 파종한 (이랑 위의 작은) 고랑 바닥을 발로 흙을 덮으며 밟아준다. 소가 더디게 움직이면 씨앗을 고르게 파종할 수 있고, 사람이 발로 밟으면 모의 생장이 무성해진다. 흙을 덮는 족적이 죽 이어지

凡種, 欲牛遲緩, 行種人令促步, 以足躡壟底. 牛遲, 卽子勻, 足躡, 則苗茂. 足跡相接者, 亦ⓒ不煩撻

63) "춘묘기천(春苗旣淺) … 수습역무해의(雖濕亦無害矣)": 황하 유역의 황토지대에 대한 설명으로 사실과 완전히 부합한다. 점성이 있는 토양은 특히 황토가 습기를 머금었을 때 더 단단해지고(쟁기, 호미 혹은 발로 밟는 것과 상관없이), 더 건조해져 단단한 덩어리로 결합하고, 심지어 방망이로 때려도 부서지지 않는다. 『제민요술』에는 "습한 땅을 경작하면 단단해지니[堅垎], 여러 해가 지나도 나아지지 않는다.", "습한 땅을 경작하려면, 땅 표면이 하얗게 마르고 난 뒤에, 신속하게 써레질하여 평탄작업을 하면 땅이 손상되지 않는다. 그렇게 하지 않으면 토양이 심하게 나빠진다.[경전제일(耕田第一)]" "습하면(濕), 땅에 한 발짝도 발을 디뎌서는 안 된다.[조도제십이(旱稻第十二)]"라는 이 세 구절은 모두 이런 특징을 가리킨다.

64) 『관자(管子)』: 현행본 『관자(管子)』 「거승마제육십팔(巨乘馬第六十八」에 "나라를 잘 다스리는 사람은 농부로 하여금 추울 때 밭을 갈고, 더울 때 김을 매게[署耘] 하였다."라는 자구와는 약간 차이가 있는데, '서(署)'자가 '열(熱)'자보다 비교적 낫다.

면, 다시 끌개[撻][65]로 다질 필요가 없다. **곡식이 익으면 속히 베고, 마르면 속히 쌓는다.** 베는 것이 이르면 낫 이빨이 손상되며, 베는 것이 늦으면 이삭이 떨어진다. 바람을 맞으면 수확량이 감소하고, 축축할 때 쌓아두면 짚단이 썩는다. 쌓는 것이 늦어져도 손실이 생기며, 비를 연이어 맞게 하면 귀가 나오게 된다.[66]

也. 熟速刈, 乾速積. 刈早, 則鎌傷, 刈晚則穗折. 遇風則收減, 濕積則藁爛. 積晚則損耗, 連雨則生耳.

『여씨춘추呂氏春秋』[67]에 이르기를,[68] **곡식의 모종은 어릴 때에는 홀로 서고자 한다.** 약하다는 것은 어리다는 의미이다. 모가 자라면서 어릴 때에는 홀로 서고자 하는 특성이 있으며, 상호간의 간격이 적당하면 생장이 좋고 무성해진다. **모가 큰 이후에는 서로 함께 하고자 하는데,** 서로 의탁하여 자라면 넘어지지 않게 된다. **모가 성숙할**

『呂氏春秋』曰, 苗其弱也欲孤. 弱, 小也. 苗始生, 小時, 欲得孤特, 疏數適, 27 則茂好也. 其長也, 欲相與俱, 言相依阻 28

65) 역자주 석성한과 무계유의 교석본에 의하면, '끌개[撻]'는 나뭇가지를 묶어서 그 위에 진흙이나 돌덩이를 눌러 흙을 평탄하게 하거나 부드럽게 고르는 농구라고 한다.

66) '귀가 난다[生耳]': 두보(杜甫) 시집 '추우탄(秋雨嘆)'의 한 구절에 "곡식 끝에 귀가 나와서 기장 이삭이 검어졌네."가 있고, 『조야첨재(朝野僉載)』에 따라 "쌀은 조로 만든 것이 아니다."라고 주를 넣었다. 장작(張鷟)의 『조야첨재』에서, "봄비의 첫 번째 [甲子]는 … 가을비의 첫 번째[甲子]는 곡식 끝에 귀가 나서 …"라는 점후(占候) 농언이 기록되어 있다. "곡식 끝에 싹이 나다[禾頭生耳]"라는 설명은 당대(唐代)에 유행하고 있었다. 귀가 난다[生耳]는 것은 대게 조[禾] 이삭이 축축하게 된 후에 곰팡이가 슬어서 못쓰게 된 것인데, 곰팡이류가 낟알의 몸체에서 팽창해서 튀어나오고 윤곽이 둥글게 되는 것을 보고 '귀'와 같다고 한 듯하다. [목이(木耳)도 버섯류의 균체이다.] 두보(杜甫) 시와 『조야첨재』에서 보이지 않지만, 과거에는 '생이(生耳)'를 '발아하다[生芽]'라고 오인하였는데, 지금 바로 잡는다.

67) 『여씨춘추』를 인용한 이 문장은 『여씨춘추』「토용론(土容論)」의 「변토(辯土)」편에 보인다. 『제민요술』에서 원래 인용한 것에 따르면, 제1절 아래 면에 "범종, 욕우지완(凡種, 欲牛遲緩) …"의 뒤에 온다. '범종(凡種)' 아래에 나오는 단락은 원래 가사협(賈思勰) 자신이 쓴 정문(正文)에서는 중경(中耕) 조작(操作)과 서로 연이어져 있다. 『농상집요』에서는 이렇게 분리되어 나뉘어 있으나, 그다지 합리적이지 못하다.

68) 역자주 본 단락은 무계유의 교석본인 『원각농상집요교석(元刻農桑輯要校釋)』에서는 "범종(凡種) … 연우즉생이(連雨則生耳)" 단락의 뒤에 위치한다.

때에도 서로 의지한다. 서로 의지하면 줄기가 상하거나 꺾이지 않는다. 이런 이유 때문에 세 개의 모가 같이 모여 있으면, 수확이 많아지는 것이다. 족(族)은 한 곳에 모인다는 뜻이다. 우리 모는 이랑에 가지런하게 줄지어 있기 때문에 빨리 잘 자라며, 모가 어릴 때에도 서로 방해 받지 않아 성장이 빠르다. 행간의 거리는 넓고 적당해야 하며, 줄은 반드시 발라야 한다. 파종한 이랑이 바르면 통풍이 잘된다. '행(行)'은 행렬을 가리킨다.

『효경원신계孝經援神契』[69]에서 이르기를, 황색과 백색의 토양은 곡식이 자라기에 적합하다고 하였다.

『범승지서氾勝之書』에는, 곡식을 파종하는 데에 고정된 기일은 없고, 토지의 상황에 따라 파종 시기를 결정한다고 한다. 3월에 느릅나무 꼬투리가 달릴 때, 비가 와서 토양이 견실해지면 곡식을 파종할 수 있다. 조생종의 조[稙禾]는[70] 하지夏至 이후 80～90일이 되면 자주 밤중에 각종 징후를 살펴야 하는데, 하늘에서 서리나 이슬이 내리면, 새벽에 두 사람이 마주보고 긴 새끼줄의 끝을 잡고서 해가 뜰 때까지 곡식의 서리나 이슬을 털어내야 한다. 이와 같이 하면 곡식의 이삭과 오곡[71]이

不偃仆. 其熟也, 欲相扶. 相扶持, 不傷折. 是故三以爲族, 乃多粟. 族, 聚也. 吾苗有行, 故速長, 弱不相害, 故速大. 橫行必得, 從行必術. 正其行, 通其風. 行, 行列也.

『孝經援神契』曰, 黃、白土, 宜禾.

『氾勝之書』曰, 種[d]無期, 因地爲時. 三月榆莢時, 雨 高[e]地强土, 可種禾. 稙禾, 夏至後八九十日, 常夜半候之, 天有霜, 若白露下, 以平明時, 令兩人持長索, 相對各持一端, 以

69) 효경원신계(孝經援神契): 이는 한나라 때의 '위서(緯書)'의 일종이다. 지금은 이미 사라져 소실되었다. 명대 손곡(孫穀)이 『서고정(書古征)』에 편집하여 넣었다. 청대(淸代) 황석(黃奭)의 『한학당총서(漢學堂叢書)』에도 소실본이 수록되어 있다.

70) 역자주 무계유의 교서에서 직화(稙禾)는 '조생종의 종자'로, 오늘날에도 여전히 '직장가(稙莊稼)', '직곡자(稙穀子)', '직맥자(稙麥子)' 등의 속칭이 있다고 한다. 『범승지서』 「조(禾)」편과 『제민요술』 「종곡」편에 등장한다.

상해를 입지 않는다.

『한서』「식화지」에 이르기를, 곡식을 심을 때는 반드시 다섯 가지의 곡물을 조금씩 파종하여 재해에 대비해야 한다. 밭에는 나무가 있어서는 안 되는데, 이는 오곡의 생장을 해치기 때문이다. 경작에 힘쓰고, 자주 김매기를 하며, 수확 때에는 도적질하듯이 재빨리 끝내야 한다고 하였다.

동중서董仲舒가 이르기를, 『춘추春秋』에 다른 곡식에 대해서는 기록하지 않았지만, 맥류와 조[禾]의 수확이 좋지 않다는 사실에 대해서는 기록하고 있다. 이를 통해 성인聖人이 오곡 중에서 맥과 조를 가장 중히 여겼음을 알 수 있다고 하였다.

조과趙過가 수속도위搜粟都尉에 임명되었을 때, 대전代田을 만드는 데 능하여 1무畝의 토지에 3개의 고랑을 짓고, 해마다 (고랑과 이랑을) 바꾸어 파종하였던 고로 이를 '대전代田'72)이라 하였다.

穊禾中, 去霜露, 日出乃止. 如此, 禾稼五穀不傷矣.

『漢書·食貨志』[29] 曰, 種穀必雜五種, 以避災害. 田中不得有樹, 用妨五穀. 力耕數耘, 收穫如盜寇[f]之至.

董仲舒曰, 『春秋』, 他穀不書, 至於麥、禾不成則書之. 以此, 見聖人於五穀, 最重麥禾也.

趙過[30]爲搜粟都尉, 過能爲代田, 一畮三甽, 歲代處, 故曰'代田'. 師古曰

---

71) 역자주 오곡(五穀)은 '조, 콩, 기장, 보리, 벼'를 말한다. 고대에 다섯 가지 곡물을 가리키는데, 이 다섯 가지 곡물에 대해서 다양한 견해가 있다. 가장 주요한 두 가지 견해는 다음과 같다. 첫 번째 견해는 벼, 기장, 조, 보리, 콩이고, 다른 견해는 마, 기장, 조, 보리, 콩이다. 둘의 차이점은 앞에 것은 벼가 있고 마가 없고, 뒤에 것은 벼 대신 마가 있다는 것이다.

72) 역자주 대전법(代田法)은 전한 무제 말년에 수속도위(授粟都尉)에 임명된 조과(趙過)에 의해 시행된 경작법으로 『한서』 식화지에 상세히 기술되어 있다. 마종신의 역주에 의하면, 대전법은 견전법(甽田法)의 기초 위에서 발전하였다. 그 방식은 견전의 고랑에 파종하고, 모[苗]가 점차 자라면 이랑의 흙으로 모의 뿌리를 배토하고, 곡물이 성장하게 되면 원래 이랑의 흙을 모두 모의 뿌리에 배토하여 이랑은 고랑이 된다. 그리고 원래 파종한 고랑은 배토되어 이랑이 된다. 따라서 해마다 고랑에 파종하지만 실제는 고랑, 이랑에 돌아가며 파종하는 꼴이 되어 지력

사고(師古)는 대(代)를 바꾸는 것[易]이라 하였다. 이것은 예부터 전해오는 농법이다. 후직后稷이 처음으로 밭에 고랑을 지었으며, 두 개의 따비[耜]를 짝으로 하여 땅을 갈았는데, 사고(師古)는 두 개의 따비를 나란히 하여 밭을 갈았다고 한다. (이 같은 방식으로 땅을 갈면) 폭 1척, 깊이 1척이 되며, 이를 '고랑[甽]'이라고 하며, 그 고랑의 길이는 이랑의 끝과 동일하다. 한 이랑에 3개의 고랑을 내었으니, 1부(夫: 100무)에는 300개의 고랑이 만들어지며, 종자는 고랑[甽] 속에 파종하였다. 곡식의 모종에 잎이 난 이후에, 가볍게 이랑 위의 풀을 김매어 준다. 사고(師古)는 누(耨)는 서(鉏)로 김매는 것이라고 하였다. 동시에 이랑 위의 흙을 긁어내려서 고랑에 심어진 뿌리를 북돋아준다. 사고(師古)는 퇴(隤)란 흙을 아래로 긁어내린다는 것으로, 음(音)은 퇴(頹)라고 하였다. 날씨가 매우 무더워지면, 두둑의 흙은 호미질로 인해 평평해지며, 뿌리는 더욱 깊게 북돋워져 바람과 가뭄에 잘 견디게 된다. 사고(師古)는 능(能)을 견딘다[耐]는 의미와 통한다고 하였다. 그가 만든 땅갈이[耕], 김매기[耘] 및 파종[下種] 농구는 모두 사용하기 편리하고, 정교한 작업을 가능케 하는 특징을 지니고 있다. 대개 12 '부夫'가 경작하는 밭[田]을 보면 1 '정井'과 1옥屋이며, 이것은

代, 易也. 古法也. 后稷始甽田, 以二耜爲耦, [31] 師古曰 併兩耜而耕. 廣尺深尺, 曰'甽', 長終畮. 一'畮'三甽, 一'夫'三百甽, 而播種於甽中. [32] 苗生葉以上, 稍耨壟草. 師古曰, 耨鉏[33]也. 因隤其土, 以附苗根. 師古曰 隤, 謂下之也. 音頹. 比盛暑, 壟盡而根深, 能風與旱. 師古曰 能, 讀曰'耐'. 其耕耘下種田器, 皆有便巧. 率十二'夫', 爲田, 一'井'一屋, 故畮五'頃'. 鄧展曰 九'夫'爲'井', 三'夫'爲'屋'. 夫百畮, 於古爲十二頃. 古, 百步爲畮, 漢

을 돕는다고 하여 대전법이라고 불렀다고 한다. 그리고 대전법의 작무법은 너비 1무의 토지에 3가닥의 고랑을 만드는데, 그 고랑의 크기는 너비 1자[尺], 깊이 1자이다. 이 대전법을 위해 새로 경작 및 파종용 농구가 고안되었다. 그것은 쌍 날을 가진 보습으로서 두 마리의 소로 끌게 하고 세 사람이 이를 조작하였다고 전해진다. 이와 같은 대전법을 통해 연간수확량이 만전(縵田)에 비해 무당 1섬[斛] 이상 증대되었다고 한다.

[한대漢代의 면적으로 환산하면] 5'경頃'의 토지에 해당한다. 등전(鄧展)은 9'부(夫)'는 1'정(井)'이며, 3'부(夫)'를 1'옥(屋)'이라고 하였다. 1부(夫)가 100무(畝)의 토지를 경작했으니, 옛날(상앙변법 이전)[73] 기준으로 보면 12경(頃)의 토지에 해당한다. 옛날의 1무(畝)는 100평방보(步)였지만, 한나라 때에의 1무는 240평방보(步)였다. 따라서 옛날의 1,200무(畝)는 지금의 5경에 해당한다고 하였다. 우리耦犂를 사용하여 경작할 때는 소 두 마리와 사람 세 명이 한 노동단위를 이룬다. 대전代田의 한해의 수확은 항상 만전縵田보다 무당 1섬[斛] 이상의 수확을 올릴 수 있다. 사고(師古)는 '만전(縵田)'을 (대전법을 실시하기 이전의) 고랑을 만들지 않은 밭이라 하였다. 파종을 잘 하는 사람은 두 배의 수확을 올릴 수 있었다. 사고(師古)는 고랑에 잘 파종하는 사람은 만전(縵田)보다 2섬[斛] 이상을 더 거둔다고 하였다. 조과趙過는 일찍이 태상과 삼보[74] 지역에 사람을 파견하여 밭가는 법[대전법]을 가르쳤다. 소림(蘇林)이 이르기를, 태상(太常)은 황제의 능묘를 주관하였지만, 능묘가 있는 마을에도 사람이 살고 있어 그들에게 파종하는 방식을 가르쳤다고 한다. '대농大農'은 손재주 있는 노비와 전문가를 두어 농구제작을 책임지게 하였다. 2,000석의 관리가 현령縣令, 현장縣長, 삼로三老, 역전力田 및 마을 중의 농사를 잘 짓는 부로夫老를 파견하여 농기

時, 二百四十步爲畮. 古千二百畮, 則得今五頃. 用耦犂, 二牛三人. 一歲之收, 常過縵田畮一斛以上. 師古曰, '縵田'謂不爲甽者也. 善者倍之. 師古曰 善爲甽者, 又過縵田二斛已上也. 過使教田太常三輔. 蘇林曰, 太常主諸陵, 有民, 故亦課田種. '大農'置工巧奴與從事, 爲作田器. 二千石遣令長三老力田及里父老善田者, 受田器, 學耕種養苗狀. 蘇林曰 爲'法意狀'也. 民或苦少牛, 亡以趨澤. 師古曰 趨, 讀曰趣, 趣, 及也, 澤, 雨之潤澤

---

73) 역자주 제2차 상앙변법이 행해진 효공 12년(기원전 350년)에 천맥(阡陌)제가 실시되면서 1무가 240보로 되었다.

74) 역자주 무계유 교석본에는 태상과 삼보를 관직이름으로 보고 있는 데 반해, 니시지마 사다오[西嶋定生]는 『중국경제사연구(中國經濟史研究)』(東京大學出版會, 1966)에서 태상과 삼보를 모두 지역 명으로 보고 있다. 원문의 의미로 보아서는 후자의 견해가 타당하며, 지금의 섬서성 관중 평원지역인 것으로 보인다.

구를 받고, 밭을 갈고, 파종하고 모[苗]를 북돋우는 방법을 배우게 했다. 소림(蘇林)은 양상[狀]을 방법[法]의 의미로 해석하고 있다. 어떤 농민은 밭을 가는 소가 적어 농시에 맞추어 촉촉할 때 경작하고 파종할 방법이 없었다. 사고(師古)가 이르기를, 추(趨)는 취(趣)라고 읽고, 취란 미친다(及)는 의미이며, 택(澤)은 비가 내려 촉촉한 땅을 의미한다고 한다. 전직 평도현平都縣의 현령인 광光이라는 사람은 조과趙過에게 인력으로 쟁기[人輓犁]를 끄는 기술을 가르쳤다. 사고(師古)가 이르기를, 만(輓)은 끈다는 의미라고 하였다. 조과趙過는 조정에 상주하여 광光을 그의 속료인 승丞으로 삼아, 광이 백성들에게 서로 노동력을 도와 쟁기를 끌도록 가르쳤다. 사고(師古)가 이르기를, 용(庸)은 곧 품앗이 노동(功)이며, 바꾸어 말하면 공(功)은 함께 쟁기를 끌어 경작한다는 의미이다. 그 뜻은 노동력을 빌리는 것[庸賃]과 같다고 하였다. 대개 쟁기를 끌 사람이 많으면 하루에 30무를 경작할 수 있고, 적을 경우라도 13무를 경작하여 그로 인해 많은 토지가 개간되었다. 이후 백성은 모두 대전을 편리하게 여겨, 적은 힘을 들이고도 많은 수확을 올릴 수 있었던 것이다.

也. 故平都令光, 敎過以人輓犁. 師古曰 輓, 引也. 過奏光以爲丞, 敎民相與庸輓犁. 師古曰, 庸, 功也, 言換功共作也. 義亦與'庸賃'同. 率多人者, 田日三十畝, 少者, 十三畝, 以故田多墾闢. 是後民皆便代田, 用力少而得穀多.

최식崔寔[75]이 이르기를 "조과趙過는 민民에게 밭갈이와 파종법을 가르쳤는데, 그 방법은 한 마리의 소에 보습이 세 개 달린 쟁기를 부착하여 단지 한 사람이 쟁기를 잡고 부리면서 쟁기에 달린

崔寔曰, 趙過敎民耕殖, 其法三犁共一牛, 一人將之, 下種挽耬, 皆取備

75) '최식왈(崔寔曰)': 이 단락은 『제민요술』 「경전제일(耕田第一)」의 가장 끝에 있다. 본서에서 재인용하면서, 첫 번째 구절에서 몇 글자를 삭제했다. 최식은 말년에 요동태수를 지냈다. 이 내용은 대체로 그가 요동에서 재임할 때에 기록한 것이다.

파종상자 속의 곡식을 파종할 수 있도록 하는 것이다. 하루에 1경頃을 파종할 수 있었다. 제(齊)나라의 대무(大畝) 계산에 의하면, 1경은 35무(畝)이다. 삼보三輔 지역의 농민은 여전히 그 혜택을 누리고 있다. 지금의 요동遼東 지역의 밭갈이 하는 쟁기는 끌채의 길이가 4척이나 되어 소머리를 돌리거나 쟁기를 회전할 때 서로 방해를 받는다. 두 마리의 소를 두 사람이 이끌고, 한 사람은 쟁기를 잡고, 다른 한 사람은 씨를 뿌리며, 두 사람은 인력으로 누리[挽耬]를 끌었다. 모두 두 마리의 소와 여섯 사람을 써서 일을 하지만 하루에 겨우 25무의 땅을 갈아 씨를 뿌릴 수 있을 뿐이다. 그 효과는 이와 같이 큰 차이가 있다. 세 개의 보습이 달린 쟁기를 한 마리 소가 끄는 것은 지금의 세 발 달린 누거(耬車)와 같다. 지금 산동(山東)의 제주(濟州) 서쪽 지역에서는 여전히 긴 끌채가 달린 쟁기와 두 발 달린 누거가 사용되고 있다. 긴 끌채가 달린 쟁기는 평지의 밭을 가는 데는 가능하지만, 산지나 협곡지역 사이에서 사용하기에는 적합하지 않다. 또한 쟁기의 회전이 매우 곤란하며, 힘이 많이 들고, 아직은 제나라 사람들이 사용하는 위려(蔚犁)의 편리함에 미치지 못한다. 다리가 둘 달린 누리로 파종하면 (다리가 고정되어 있어) 고랑이 너무 조밀하여[76] 외다리 누리로 파종하는 효과에 미치지 못한다.

『종시직설種蒔直說』: 김매는 방법에는 일반

焉. 日種一頃. 據齊地大畝, 一頃爲三十五畝也. 至今三輔猶賴其利. 今遼東耕犁, 轅長四尺, 迴轉相妨. 既用兩牛, 兩人牽之, 一人將耕, 一人下種, 二人挽耬. 凡用兩牛六人, 一日纔種二十五畝. 其懸絶如此. 案[34]三犁共一牛, 若今三脚耬矣. 今自濟州已西, 猶用長轅犁, 兩脚耬. 長轅, 耕平地尙可, 於山澗之間, 則不任用. 且回轉至難, 費力, 未如齊人蔚犁之柔便也. 兩脚耬種, 壠穊, 亦不如一脚耬之得中也.

『種蒔直說』: 芸

76) 역자주 '농기(壠穊)': 무계유 교석본에 의하면, 누리의 다리가 고정됨으로 인해서 지나치게 조밀하게 파종되어, 외다리누리로 자유롭게 파종 거리를 조정하는 것만 못하다고 한다. 또 농기(壠穊)의 기(穊)가 석성한 교주본에는 개(概)로 잘못 쓰여 있으나, 『제민요술』「경전」편에는 기(穊)로 되어 있으므로 원문에 따라 교정하였다.

적으로 네 가지가 있는데, 첫 번째는 "모종 사이를 가볍게 김맨다[撮苗]"는 것이며, 두 번째는 "깊게 김을 매고 복토해서 이랑을 평평하게 해준다[布]"는 것이며, 세 번째는 "뿌리를 북돋우어 준다[擁]"[77]는 것이며, 네 번째는 "재차 김을 매어준다[復]"는 것이다.[78] 민간에서는 흔히 '첨미(添米)'라 이른다. 한 번이라도 김매기를 소홀히 하면 강아지풀 같은 잡초가 무성해지고, 쭉정이와 같은 잡다한 것들이 밭으로 스며들게 된다. 지금 김매는 농기구로 영주의 동쪽 지역에서는 가래[鏟]를 사용한다. 또 다른 농구가 있는데, 연해의 간석지干潟地에서 사용하는 것으로 '누서耬鋤'라고 부른다. 누서의 모양은 파종기인 누리[耬]와 유사하다. 다만 외다리 아래에 씨앗을 담는 상자가 없다. 외다리 하단에 위로 향해 비스듬히 구멍을 뚫어 양쪽 끌채 중앙 뒤쪽에, 원래 씨앗 상자를 안치하는 곳에 가로막대기를[79] 끼우고 중간에 구멍을 하나 낸다. 호미[鋤]를 만들 때 자루의 목 부분이 구부러져 있어 마치 김을 매는 호미와 유사하지만, 전부 쇠로 만들어져 있다. 아래위로 굵기가 일정하며, 호미날은 둥글고 양 끝부분이 뾰족하여 은행잎 모양과 유사하다. 사용할 때는 누서의 쇠손잡이를 누(耬)의 외다리 아랫부분의 경사

苗之法, 其凡有四, 第一次曰'撮苗', 第二次曰'布', 第三次曰'擁', 第四次曰'復'. 俗曰'添米'. **35** 一功不至, 則稂莠之害, 秕糠之雜入之矣. 今之器以鋤, **36** 營州之東, 以鏟. 爰有一器, 出自海壖, 號曰'耬鋤'. 耬樣一如下種耬. 但獨脚無耬斗爾. 於獨脚下端, 從後向上, 斜鑿一竅, 兩轅中央近後, 舊安耬斗處, 横桄中, 亦鑿一竅. 鋤制, 柄項彎曲, 一如芸苗鋤, 但其柄純以鐵爲之. 麄細上下若一, 鋤

77) '옹(擁)': 습관적으로 옹(擁)자를 쓴다. (오늘날 장강 중·상류의 구어체에서 ōng으로 말한다.)

78) 역자주 이것은 '촬(撮)', '포(布)', '옹(壅)', '복(復)'의 모종을 김매는 네 가지 법에 관한 것으로 왕정『농서』「서치(鋤治)」편에서 볼 수 있는데, 이는『종시직설』에 대한 설명이다. 본문의 내용은 무계유의 교석본에 의거하여 번역했음을 밝혀둔다.

79) '광(桄)': 현재에는 huǎng으로 읽는다. 즉, 가로로 설치된 나무이다. 엄격히 말하면, 수(隋)·당(唐) 이전에 '횡(横)'자를 읽는 방법 중의 하나이다. 오(吳) 방언으로 횡(横)은 wàng이라 읽고, 호남(湖南) 북부방언으로 가로목을 wáng이라 칭했다. 이는 다만 횡(横)자를 읽는 하나의 방법일 뿐이다.

진 구멍에 끼워 넣고, 누서 손잡이의 끝은 가로 막대의 구멍 위로 튀어나오게 한다. 호미의 날은 앞을 향해 가로로 설치하고, 누리 다리의 아랫부분에 드러나게 한다. 모를 김맨 다음, 당나귀 주둥이에 대로 엮은 부리망[80]을 채워 누서를 끌어 김을 맨다. 처음에는 한 사람이 나귀를 이끄는데, 익숙해진 이후에는 사람이 끌고 갈 필요가 없다. 다만 한 사람이 가볍게 누서를 잡고 가면 된다. 2~3치[寸] 정도 깊이로만 김을 매더라도 인력으로 호미질 하는 것보다 3배의 효과가 난다. 김맬 수 있는 밭은 하루에 20무 남짓하다. 지금도 하북, 산서 등의 연조燕趙 지역에서는 여전히 이 농기구를 사용하고 있으며, '확자劐子'[81]라고 부른다. '확자'의 형태는 누서와 다소 차이가 있다. 확자로 처음 호미질 하면 지면에 작은 고랑이 만들어지는데, 곡물의 뿌리가 아직 성장하지 않았다면 가뭄을 견디지 못하는데, 누서의 날은 흙 속에 있어서 호미질하여 고랑을 만드는 데는 부적합하다. 두 번째 호미질할 때는 누서에 기러기 날개 모양의 나무 볏(擗)을 부착하면 고랑을 팔 수 있으며, 고랑의 양쪽으로 뒤엎은 흙은 고랑 양쪽의 곡물의 뿌리를 북돋우는 데 사용한다. 흙은 뒤엎는 볏[擗土] (제작하는 방법): 두께와 폭이 각각 3치,

刃尖圓，如杏葉樣．用時，將鋤柄於耬脚下端斜竅中穿過，其柄末上出横桄竅中．其鋤刃横冒於耬脚下端．概苗後，用一驢帶籠觜挽之．初用一人牽，慣熟不用人．止一人輕扶．入土二三寸，其深痛過鋤力三倍． 所辦之田，日不啻二十畝．今燕趙多用之，名曰'劐子'． '劐子'之制，又少異於此．钁子第一徧卽成溝子，穀根未成，不耐旱，耬鋤刃在土中，故不成溝子．第二徧，加擗土木鴈翅，方成溝子，其土分壅穀

---

80) '자(觜)': 원래 가장자리의 한 부분이 바깥쪽으로 돌출되어 있는 뿔로 만든[角制] 술그릇[酒器]이다. 후에 '주전자 주둥이[壺觜]'의 의미로 바뀌었고, 더 나아가 '입[口]'을 자(觜)라 칭하였다. 마지막으로 '입구(口)'변을 더하여 지금의 '취(嘴)'가 되었다. 재갈[籠觜]은 가축을 부릴 때 가축들이 농작물을 뜯어 먹는 것을 방지하기 위해 채우는 부리망이다.

81) '확자(劐子)': 확(劐)은 huò라 읽는다. 왕정 『농기도보』 「곽삽문(钁臿門)」에 그림이 있다. 그러나 설명이 명확하지는 않다. 유선주(劉仙洲) 선생[『중국고대농업기계발명사(中國古代農業機械發明史)』, 22쪽]은 하북 보정(保定)일대에서는 합자(耠子)라고 하고, 합(耠)자는 he와 같이 읽으니, 즉 확(劐)자라고 하였다.

길이가 7치인 나무를 (앞이 뾰족하고 뒤가 너른) 삼각형 모양으로 만든다. 앞부분은 뾰족하게 하고, 그 가운데에는 길이 1촌, 폭 반 촌이 되는 구멍을 파고 쇠 호미 자루에 구멍을 내어, 그것을 호미 날 위에 단단하게 부착시킨다.

根. 擗土 37 用木, 厚三寸, 闊三寸, 長七寸, 取成三角樣. 前爲尖, 中鑿一竅, 長一寸, 闊半寸, 穿於鐵鋤柄上, 壓鋤刃上.

『한씨직설韓氏直說』: 누서耬鋤가 지나가면 모종 사이에 누서가 닿지 않은 조그만 빈 공간이 생기는데, 이는 호미로 한 번 호미질 해주어야 한다. 메기장·조·콩·팥 등의 밭에는 마땅히 두 다리의 간격이 1척 3촌 정도 되는 종시種蒔[82]로 파종해야 한다. 서(鋤)와 누(耬)로 중경제초하기 쉽기 때문이다. 삼·보리를 파종하는 밭에는 다리 폭이 좁은[狹脚] 종시를 쓰는 것이 좋다.

『韓氏直說』: 如耬鋤過, 苗間有小豁不到處, 用鋤理撥一徧. 如種黍粟大小豆 38 等田, 當用一尺三寸寬脚'種蒔'下種. 易使鋤耬故也. 如種麻麥, 用狹脚'種蒔'則可.

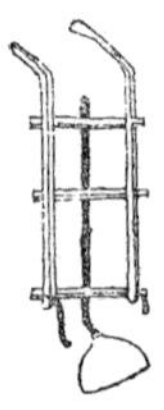

〈그림 5〉 누서(耬鋤)(왕정 『농서』)

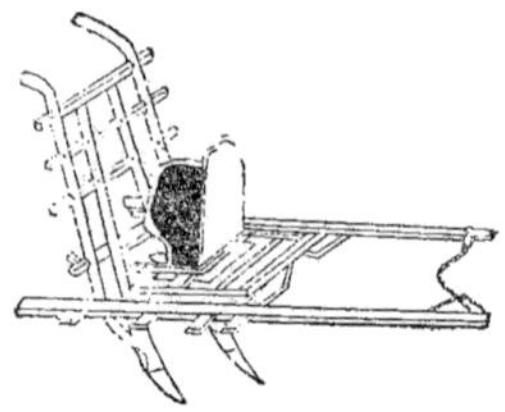

〈그림 6〉 누거[耬車(=脚耬)](왕정 『농서』)

82) '종시(種蒔)': 왕정의 『농기도보』에 의하면 종시(種蒔)는 누(耬)를 지방에서 부르던 이름이라고 한다.

〈그림 7〉 우서(耰鋤)(왕정 『농서』)

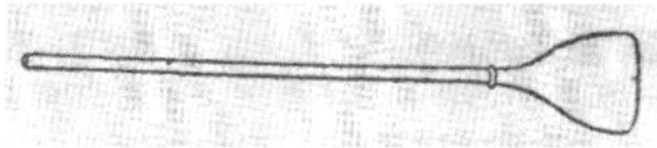

〈그림 8〉 산(鏟)(왕정 『농서』)

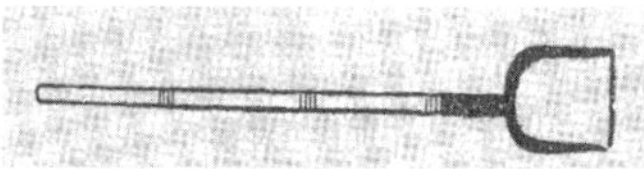

〈그림 9〉 등서(鐙鋤)(왕정 『농서』)

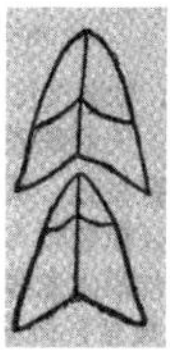

〈그림 10〉 확자(劐子)(왕정 『농서』)

▎교 석 (校釋) ▎

20 '녹(轆)': 전본(殿本)에서는 녹(轆)으로 쓰고 있다. 원본, 격본에는 전(輾)으로 쓰고 있으며, 이는 『제민요술(齊民要術)』의 원문과 일치한다.

21 '한(旱)': 민각(閩刻)·절각(浙刻)·전본(殿本) 및 점본(漸本)에서는 조(早)라고 하였다. 원본·격본에 의거하여 한(旱)이라 하였는데, 이는 『제민요술』의 원문과 일치한다.

22 '방(防)'자는 전본(殿本)에서는 모두 빠져 있지만 원본·격본(格本)에는 이 글자가 있으며, 이는 『제민요술』의 원문과 일치한다.

23 '무예난출(蕪薉難出)': 전본(殿本)에서는 무예난치(蕪薉難治)라고 되어 있으며, 남송(南宋) 이후의 『제민요술』과 일치한다. 원본·격본에 의거하여 무예난출(蕪薉難出)로 하였고, 가나자와 문고본[金澤文庫本] 『제민요술』과 일치한다.

24 '임(任)': 원본·격본에는 재(在)라 하였고, 전본(殿本)에서는 지(之)라 하였으며, 『제민요술(齊民要術)』 교정본에 의하면 임(任)이라 하였고, 감(堪)이라고 해석하였다.

25 '위(爲)': 원본·격본에는 위(爲)라 되어 있고, 전본(殿本)에서는 이(而)라 되어 있다.

26 '지숙(地熟)': 전본(殿本)에서는 숙지(熟地)라 되어 있으며, 원본・격본에는 거꾸로 되어 있는데, 이는 『제민요술』과는 일치한다.

27 '적(適)': 전본(殿本)에서는 빠져 있다. 원본・격본에는 보이며, 이는 『제민요술』에 인용된 문장 및 원문에 주를 단 것과 일치한다.

28 역자주 '조(阻)': 전본(殿本)에서는 식(植)이라 되어 있으며, 『제민요술』과 일치한다. 원본・격본에는 조(阻)라고 되어 있다.

29 '서(書)'자는 전본에는 없다. 원본과 격본 및 『제민요술』 원래 인용문 형식에 따라 보충하였다.

30 '조과(趙過)': 전본을 『영락대전(永樂大典)』에 의거하여 집록할 때, 이 절의 표제를 대전(大田)으로 하여 한 조(條)를 이루는데, 「경간(耕墾)」편 「경지(耕地)」조는 『한씨직설(韓氏直說)』 뒷부분에 삽입되었다. 원본・격본 모두 「종곡(種穀)」편 내에 들어 있는데, 달리 표제를 추가하지는 않았다.

31 '우(耦)'자 다음의 주석문(注文)이 전본(殿本)에는 빠져 있지만, 원본과 격본에는 보인다. 원본은 이(而)를 위(爲)라 하였는데, 명판본(明本)에 의거해 이(而)라 하니, 『제민요술』에 인용된 주석문과 『한서(漢書)』 주석문과는 부합한다.

32 견중(甽中) 다음의 주석문은 원본과 격본에는 없다. 역자주 전본(殿本)에는 "사고(師古)는 종(種)은 곡식의 종자(穀)를 일컫는다고 한다.[師古曰, 種謂穀子也.]"는 내용을 추가하고 있다.

33 '서(鉏)': 원본과 격본에서는 경(耕)이라 하였고, 전본에서는 서(鉏)라 하였는데, 이는 『제민요술』 인용문과 『한서』 원래 주석[原注]에 합치된다.

34 '안(案)'자는 전본에는 빠져 있는데, 원본과 격본에 의거하여 보충해 넣었다. 이는 『제민요술』의 원문과 부합하는데, 이 안(案)의 내용은 가사협이 추가한 것이다.

35 '첨공(添米)': 전본에서는 첨미(添米)라 하였다. 미(米)자의 의미는 분명하지 않다. 격본과 노교(盧校)에는 첨공(添功)이라고 한다. 『농정전서』 인용문에도 공(功)이라 하였다.

36 다음에 격본과 『농정전서』 인용문에는 '영주지내(營州之內)'란 말이 있지만 전본에는 없다.

37 벽토(擗土) 두 자가 전본에는 작은 글자로 쓰여, 위와 아래문장이 연결되어 있다. 원본과 격본 『농정전서』 인용문에는 큰 글자로 쓰여 있다.

38 '두(豆)': 전본에는 빠져 있는데, 원본과 격본에는 보인다.

▌교 안(校案)▌

ⓒ ‘역불번달(亦不煩撻)’: 『제민요술(齊民要術)』에서는 원래 ‘역불가번달(亦不可煩撻)’로 되어 있는데, 불가(不可) 두 글자가 확실히 잘못된 것이다. 원본·격본에서는 가(可)자를 뺐고, 대개는 불가(不可)가 해석하기 어려워, 가(可)를 불필요하다 여겨 없앴다. 사실 불가(不可)가 불(不)보다 낫다.

ⓓ ‘종무기(種無期)’: 『제민요술』 전본(傳本)에는 보통 종무기(種無期)라 되어 있지만, 『태평어람(太平御覽)』(839, 956)에 문장을 인용하였는데, 모두 종화무기(種禾無期)라 되어 있다. 마땅히 화(禾)자를 보충해야 한다.

ⓔ ‘고지강(膏地强)’: 『제민요술』 전본(傳本)에 누락되어 있는데, 『태평어람(太平御覽)』(836 및 956)에 의거하여, 고지강토(高地强土)라고 바르게 고쳐야 한다.

ⓕ ‘도구(盜寇)’: 『한서』의 원문과 『제민요술』 인용문에 의거하여, 구도(寇盜)로 바뀌어야 마땅하다.

보리와 밀 귀리를 덧붙임

『제민요술』[83]: 보리와 밀의 파종을 할 때는 모두 5월과 6월에 토양을 햇볕에 말려야 한다.[84] 햇볕에 말리지 않은 토양에 파종하면, 그 수확은 절반으로 줄어든다. 최식(崔寔)은 “5월과 6월에 맥류 밭을 갈아엎어야 한다.”라고 하였다.

『효경원신계孝經援神契』에 이르기를, 비옥한

大小麥 青稞附

『齊民要術』: 大、小麥, 皆須五月、六月暵地. 不暵地而種者, 其收倍薄. 崔寔曰, “五月、六月菑麥田”也.

『孝經援神契』

83) 『제민요술(齊民要術)』에는 본장의 인용문이 청과(青稞)의 한 구절뿐이지만, 원대의 『제민요술』「대소맥제십(大小麥第十)」에서 보인다.

84) ‘한(暵)’은 작열하는 햇볕에 쬐이는 것이다.

검은 빛깔의 토양[黑墳]은 맥류를 심기에 알맞다고 하였다.

『범승지서』에는, 맥류를 파종할 때는 농시農時를 맞추는 것보다 생장에 더 좋은 것은 없다. 일찍 심으면 병충해가 발생하고, 마디가 많아지지만, 늦게 심으면 이삭이 작고, 열매가 적다고 한다.

맥류를 파종해야 하는 시기인데 만약에 날이 가물어서 비가 오지 않는다면, 초장酢漿[85] 초(酢)는 초(醋)와 같은 글자이다.과 누에똥을 맥류 종자와 함께 자정 전후에 잠시 담가두었다가 새벽이 되면 서둘러 씨를 뿌려 준다. 종자가 새벽이슬[白露]과 함께 땅속으로 묻히도록 하는 것이다. 초장은 맥류를 가뭄에 견디도록 하고, 누에똥은 추위를 이겨내게 한다.

맥의 싹이 나와서 누런색을 띠는 것은 너무 조밀하게 심겨져 손상된 것이므로 빼곡한 곳은 호미로 드문드문 솎아준다.

최식은 무릇 보리와 밀은 백로白露가 되면, 척박한 밭에서 파종할 수 있으며, 추분秋分에는 중간 등급의 밭에서 파종을 하며, 10일이 지난 후에는 기름진 밭에서 파종한다. 다만 광맥穬麥[86] 대맥류이

云, 黑墳宜麥.

『氾勝之書』曰, 種麥得時, 無不善. 早種, 則蟲⑨而有節, 晩種[39]則穗小而少實.

當種麥, 若天旱無雨澤, 則薄漬麥種以酢 與醋字同.[40] 漿幷蠶矢, 夜半漬, 向晨速投之. 令與白露俱下. 酢漿令麥耐旱, 蠶矢令麥忍寒.

麥生黃色, 傷於太稠, 稠者, 鋤而稀之.

崔寔曰, 凡種大、小麥, 得白露節, 可種薄田, 秋分, 種中田, 後十日, 種

85) 초장(酢漿)은 녹말을 가라앉혀서 발효 후 유산(乳酸)으로 만든 일종의 청량음료이다. 역자주 초장은 양조(釀造)에 사용되는 액체 효모, 또는 산장(酸漿)을 말한다.

86) 역자주 마종신의 역주에는 '광맥(穬麥)'을 『사민월령』에는 보리 중에서 까끄라기가 없는 것을 '광(穬)'이라 했으며, 이시진(李時珍)은 대맥 중에 껍질이 두껍고 푸른색을 가진 보리라고 한다. 이것은 보리[稞大麥]의 한 품종이라고 한다.

다. 은 빠르거나 늦거나 일정한 시간이 없다. 춘맥은 정월에 파종을 시작하여 … 2월까지는 마쳐야 한다고 하였다.

美田. 唯穬 大麥類. 麥, 早晚無常. 正月, 可種春麥 41 … 盡二月止.

귀리[青稞] 맥의 이름와 밀[麥[87]]은 탈곡하기가 곤란하며, 오직 청명하고 건조한 날에[88] 돌 고무래[碌碡]나 돌절구[碾]를 이용해서 탈곡한다. 보리와 같은 시기에 여문다. 밀가루[麵]로 미숫가루나 밀전병을 만들 수 있으며, 그 맛은 매우 좋다. 맷돌을 이용하여 완전히 갈면 밀기울[麩]이 없어진다.[89] 한 번 호미질하면 비교적 좋고, 호미질하지 않아도 괜찮다.

青稞 麥名. 麥 治打時稍難, 唯快 42 日用碌碡碾. 與大麥同時熟. 麪堪作麨及餅 43 飥甚美. 磨盡無麩. 鋤一徧, 佳, 不鋤亦得.

『사시유요四時類要』[90]: "보리와 밀을 햇볕에 쬐어 말릴 때", 금년에 수확한 것은 6월에 마당을 깨끗이 쓸고, 지면에 강한 열기[91]가 내리쬐기를 기다려, 여러 사람이 함께 보리를 창고에서

『四時類要』: '曬大小麥', 今年收者, 於六月掃庭除, 候地毒熱, 衆

---

87) 역자주 이때 맥(麥)은 후술하는 '보리와 같은[與大麥]'이라는 의미로 미루어 밀[小麥]로 번역했다.

88) 역자주 마종신의 역주에 의하면, 『제민요술』과 『농상집요』의 각 판본에는 '영일(映日)', '복일(伏日)'로 되어 있지만 석성한의 교주본에는 '쾌일(快日)'이라고 하여 배우 청명하고 건조한 날로 해석하고 있다고 한다.

89) 역자주 원문에는 "호미질을 한 번 해주어도 좋고 하지 않아도 괜찮다.[鋤一徧佳, 不鋤亦得.]"라는 구문이 첨가되어 있지만, 앞뒤 문맥상 직접적인 연관이 없기 때문에 번역해 넣지 않고 각주로 처리하였다.

90) 『사시유요(四時類要)』: 이것은 명대 조선간본(朝鮮刊本)인 『당한악찬(唐韓鄂撰)』에서 볼 수 있다. 『사시찬요(四時纂要)』「6월(六月)」편은 이 내용과 거의 일치한다. 단지 조선간본에서는 남송의 필사본에 의거하여 '쇄(曬)'자가 '살(暰)'자로 되어 있다. 또 「6월(六月)」에는 원래 "어시일취지청정일(於是日取至淸靜日)"로 되어 있다. 또 좌(剉)자 다음에 '화(和)'자가 있다. 마지막으로 또 "『제민요술(齊民要術)』운(云), 의이호도(宜以蒿圖), 교즉부주(窖則不蛀)" 등의 글자가 있다.

91) 역자주 '독열(毒熱)': 마종신의 역주에는 매우 뜨거운 열을 말하며, 뜨거워 마치 손을 델 것 같은 열을 뜻한다고 한다.

꺼내어 얇게 펼쳐 놓는다. (이때에) 도꼬마리[蒼耳] 열매를 가져다가 잘게 부수어 맥과 함께 뒤섞어서 햇볕에 말린다. 오후 1~3시경에 이르러, 낟알이 뜨거워졌을 때 거두어들이면, 2년 동안 벌레[蛀]가 슬지 않는다. 주(蛀)는 충(蟲)이다. 만약 묵은 보리가 있다면 이 또한 이러한 방법에 따라 다시 햇볕에 쬐어 말리면 된다. 모름지기 (이는) 입추立秋 전에 말려야 하고, 입추 이후에 말리게 되면, 이미 벌레가 생겨나기 시작하므로 아무런 장점도 없다.

手出麥薄攤. 取蒼耳碎剉, 拌曬之. 至未時, 及熱收, 可以二年不蛀. 音注, 蟲也.[44] 若有陳麥, 亦須依此法更曬. 須在立秋前, 秋後, 則已有[45]蟲生, 恐無益矣.

『사농필용士農必用』[92]: 옛 농언農諺에 따르면, "팽조彭祖[93]는 8백세를 살았는데, 올누에[穉蠶]를 기르고 올보리[穉麥][94]를 파종하는 것을 결코 잊은 적이 없었다."라고 한다. 또 이르기를, "추사일秋社日[95] 후에 맥류를 심을 때는 재빨리 누리[耬]를

『士農必用』: 古農語云, "彭祖壽, 年八百, 不可忘了穉蠶穉麥." 又云, "社後種麥爭回

---

92) 『사농필용(士農必用)』: 이 책은 현재 전해지지 않고 있는 황하 유역의 또 다른 농서이다. 아마도 금대(金代) 통치 말년의 저작으로 추정된다.

93) 역자주 마종신은 역주에서 팽조(彭祖)는 삼황오제시대에 해당하는 전욱(顓頊)의 현손(玄孫)으로, 요(堯), 순(舜), 하(夏), 상(商)시대까지 약 800년간 살았다고 알려져 있는 전설적 인물이다. 요임금이 그를 팽월에 분봉하였다고 하여 팽조라고 했다고 한다. 그에 대해서는 『장자(莊子)』「각의(刻意)」, 『초사(楚辭)』「천문(天問)」, 『사기(史記)』「초세가(楚世家)」 등에 기록되어 있다.

94) '직(穉)': 조생종 품종을 직(穉)이라 하고, 만생종 품종을 치(稺)라 한다. 직잠(穉蠶)은 조잠(早蠶)이고, 직맥(穉麥)은 올맥[早麥]이다.

95) 역자주 '사일(社日)': 무계유의 교석에는 주대(周代)에 입춘(立春), 입추(立秋) 후의 갑일(甲日)을 사일(社日)이라 하였다. 이후에 여러 변화를 거쳐, 당대에 비로소 고정되었는데, 입춘(立春), 입추(立秋) 후의 다섯 번째 술일(戌日)을 각각 춘사일(春社日)과 추사일(秋社日)이라 하였다. 추후(秋後)는 추사일 이후를 의미하며, 그 시간은 춘분과 추분을 전후하여 적당하다. 이러한 지적은 빠른 파종을 강조한 것이라고 한다.

돌려 사용해야 한다." 또 "추사일 후에 맥류를 심을 때도[96] 재빨리 소[牛]를 돌려 부려야 한다."라고 하였다. 이는 농시를 놓쳐서는 안 된다는 절박함을 이와 같이 극적으로 표현한 것이다.[97]

耬." 又云 "社後種麥爭回牛." 言奪時甚急, 46 如此之甚也.

『한씨직설韓氏直說』: 5·6월이 되어 맥류의 씨앗이 여물면, 줄기가 여전히 푸른색을 띠고 있을 때 절반을 수확하고, 완전히 익었을 때 나머지를 수확한다. 만약에 너무 많이 여물게 되면 낟알이 떨어져 손실이 난다. (수확한 후에는) 매일 늦은 저녁까지 벤 맥麥을 마당에 운반하여 쌓은 다음 거적[98]으로 잘 덮어 비를 맞지 않게 한다. 모름지기 거적(苫)은 농한기에 미리 준비해둔다. 만약 미처 다 운반하지 못했을 경우에는, 밭 가운데 쌓아두고 거적으로 잘 덮어 둔다. 날이 맑아지면 밤을 틈타 마당으로 운반하고, 즉시 한두 수레를 풀어 맥을 바닥에 펼쳐놓는데, 얇게 펼수록 잘 마른다. 한 차례 돌절구[碾]를 돌려 알곡을 털어내고, 다시 뒤집어 주고 나서, 또 한 차례 돌절구를 돌린다. 그리고 생긴 지푸라기는 마당 옆에 쌓아두고, 알곡은 깨끗하

『韓氏直說』: 五六月麥熟, 帶青收一半, 合熟收一半. 若過熟, 則抛費. 每日至晚, 卽便載麥上場堆積, 用苫緻覆, 以防雨作. 苫須於以前農隙時備下. 47 如般載不及, 卽於地內苫積. 天晴 乘夜載上場, 卽攤一二車, 薄卽易乾. 碾過一徧, 翻過, 又一徧. 起稭下場, 揚子收起. 雖未淨,

96) '사후종맥(社後種麥)': 추사일(秋社日) 후에 서둘러 맥류를 파종함을 의미한다.

97) 역자주 "사후종맥쟁회루(社後種麥爭回牛)"에서 쟁(爭)은 '전력을 다해 무엇을 하다.'는 의미이다. 마종신은 역주에서 '회우(回牛)'를 '회루(回耬)'라고 하며, '회루(回耬)'는 파종 시에, 조금이라도 빨리 파종을 해야 하며, 동시에 쉬지 않고 계속해서 파종해야 함을 의미한다고 한다. 즉 보리 파종 시에는 빠른 시간 내에 마쳐야 한다는 것을 비유한 말이다. 마종신은 역주에서 이 장면은 농시를 맞추기 위해 농부들이 분초를 다투는 정황을 묘사한 것이라고 한다.

98) '점(苫)': 마른 볏짚으로 짠 거적이며, 가장자리 부분에 짠 흔적이 보이지 않는다. [『농상집요』「수치점천(修治苫薦)」에 인용되어 있는 『사농필용(士農必用)』의 주(注) 참조.]

게 까불어 거두어들인다. 짚을 깨끗하게 털어내지 못한 맥류를 전부 돌절구질한 이후에 아직 이삭이 붙어 깨끗하게 털어내지 못한 짚은 다시 한 번 돌절구질을 한다. 이처럼 하면 하루에 한 마당 분량의 일을 해낼 수 있으며, 밭에서 맥을 다 베고 난 후에는 이미 3분의 2의 맥 절구질이 끝나게 된다. 농가의 바쁜 시기는 누에 칠 때와 맥류를 수확할 때만큼 비교될 만한 것이 없다.[99] 옛 농언에 "맥류 수확은 불을 끄는 것처럼 (재빨리) 해야 한다."[100]는 말이 있다. 만약 맥류 수확이 조금이라도 늦어지면, 곧 장마가 닥쳐 농가가 엄청난 손실을 입기 때문이다. 또 맥을 수확하는 데 시간을 너무 많이 사용하게 되면, 가을 곡식[秋苗]의 김매기도 어렵게 된다.

直待所收麥都碾盡, 然後將未淨稭稈再碾. 如此, 可一日一場, 比至麥收盡, 已碾訖三之二. 農家忙併, 無似蠶麥. 古語云"收麥如救火." 若少遲慢, 一値陰雨, 卽爲災傷. 遷延過時, 秋苗亦誤鋤治.

99) "농가망병(農家忙併), 무사잠맥(無似蠶麥)": 6월 초순은 일반적으로 화북지역에서 누에올리기[蠶上簇: 누에 상족작업]와 보리탈곡[麥上場]을 하는 시기이다. 누에는 상족(上簇) 이전과 큰잠[大眠] 이후에 먹는 양이 특히 많아, 양잠농가에서 가장 바쁜 시기가 되므로 이때에는 농가의 부녀들이 총동원된다. 이어 보리를 탈곡할 때에는 빨리 베고 빨리 탈곡해야, 비 피해나 (이삭 위에) 발아(發芽)하는 피해 등을 막을 수 있다. 이 두 작업은 모두 시간을 재촉하는 일이므로, 농가의 사람들이 특히 바쁘다. 금(金)·원(元) 시대에 "보리를 수확하는 것은 불을 끄는 것과 같다."는 말과 오늘날 관중에서 "용이 곡식을 탈취하다.[즉 날씨가 악화되기 전에 수확을 해야 한다는 뜻]"라는 말은 모두 농사 경험에서 나온 교훈이므로, 주의할 만한 가치가 있다.

100) 역자주 절강지역의 농언에는 "할맥여구화(割麥如救火)"라는 말이 있고, 화북지역의 농언(農諺)에는 "맥수여구화(麥收如救火)"라는 말이 있는데, 모두 보리 수확을 빨리 해야 함을 강조하는 말이다.

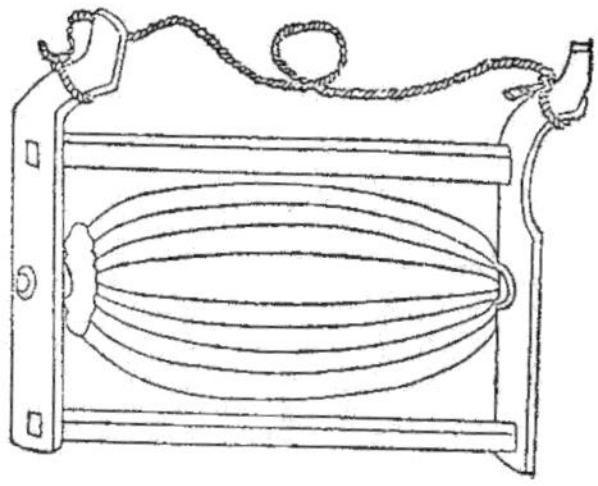

〈그림 11〉 녹독(碌碡)(왕정 『농서』)

〈그림 12〉 돌연자방아[石碾](왕정 『농서』)

〈그림 13〉 귀리[靑稞](왕정 『농서』)

〈그림 14〉 도꼬마리[蒼耳]

▎교 석(校釋)▎

39 만종(晩種)은 전본(殿本)에는 종(種)자가 빠져 있으나, 원본과 격본 및 『제민요술』의 원래 인용문에는 있다.

40 '초(酢)' 다음에 나오는 주문은 전본에는 단지 초동(醋同) 두 글자만 있다.

41 '춘맥(春麥)': 전본(殿本)에는 맥(麥)자 다음에 있는 『제민요술』의 춘맥 아래에 있는 비두(豍豆)라는 두 자의 주가 있는데, 전본에 추가된 부분이다. 『제민요술』에 따르면 원래 이 구절은 『사민월령(四民月令)』에서 인용된 것이다. 『사민월령』의 원문의 비두(豍豆) 다음에는 여전히 적지 않은 작물이 소개되어 있는데, 본문에는 다만 춘맥만을 언급하고 다른 작물들을 언급하지 않았으므로, 이와 같은 주석의 설명은 그 의의가 크지 않아 삭제하였다.

42 '쾌(快)': 전본에는 영(映)으로 되어 있다. 『제민요술』에는 남송(南宋) 이후 각본에는 복(伏)으로 되어 있다. 현재는 원본, 격본에 '쾌'로 적혀 있는 것에 의거하였으며, 이는 가나자와[金澤] 문고본 『제민요술』과 부합된다. 쾌일(快日)은 매우 청명하고, 건조한 날씨를 뜻한다.

43 "면감작초급병탁(麪堪作麨及餅飥), 마진무부(磨盡無麩).": 이 문장은 문제가 매우 많다. 석성한의 『제민요술금석(齊民要術今釋)』에는 효율적인 해석을 위해 다음과 같이 정리하였다.

(1) '초(麨)': 『제민요술』 각본에는 모두 '반(飯)'으로 되어 있다. 그러나 원본과 격본, 전본의 본서(本書)에는 모두 '초(麨)'로 적혀 있다. 아마도 원대에 『농상집요』를 편찬할 때, 고자(古字)[초(麨)=초면(炒麪)]를 당시의 습속으로 설명하면서 개정했을 것이며, 여기서는 『농상집요』의 특징을 보존하기 위해, 『제민요술』과 같이 '반(飯)'으로 썼다.

(2) '병(餅)': 원본과 격본에는 병(餅)으로 되어 있으나 『제민요술』 각본[학진토원(學津討原) 및 점서촌사(漸西村舍)총간, 본서 제외]도 이와 같다. 전본에는 '박(餺)'으로 되어 있다. '병(餅)'[=병(併)]은 물로 반죽한 모든 것을 가리키는데, 그 다음에 다시 찌거나[蒸], 끓이거나[煮], 굽거나[烤], 튀겨서[煠] 익힌 전분질의 식품이다. 탁(飥)은 밀가루 반죽한 것을 얇게 떠서 끓이거나 튀겨서 익힌 것이다. 원대에도 그대로 병(餅)이라고 되어 있다.

(3) '마진(磨盡)': 두 글자 사이에 『제민요술』 가나자와[金澤] 문고본, 명(明) 초본(抄本), 비책휘함계통(秘冊彙函系統) 각본(各本), 학진토원본(學津討原本)에는 모두 '총(總)'자가 있다. 본서의 원본, 격본에는 모두 '총(總)'자가 있지만, 전본에는 삭제되어 있다. 생각건대, '총(總)'자가 반드시 포함되어야 할 것 같지만, '총진(總盡)'으로는 문장이 성립되지 않으니, 당연히 '마진(磨盡), 총(전)무부[總(全)無麩]'로 뒤집어 작성해야 마땅하다.

44 "음주(音注), 충야(蟲也)": 이 주석은 전본에는 없고, 원본과 격본에는 보인다. (『사시찬요』에는 이 주석이 없고, 대개 『농상집요』를 토대로 한 것이다.)

45 '이유(已有)': 이 두 글자는 전본에는 없지만, 원본과 격본에는 있으며, 이는 『사시찬요』의 원문과도 부합된다.

46 '탈시심급(奪時甚急)': 격본에는 "탈시지급, 여차지심(奪時之急, 如此之甚)"이라고 되어 있다. 원본이나 격본에는 빠져 있다.

47 "점수어이전농극시비하(苫須於以前農隙時備下)": 이 부분은 전본에는 누락되어 있고, 격본에는 있다. [『농정전서』 맥(麥) 부분에 인용한 주(注)에 '이(以)'는 '우(雨)'로 되어 있다.]

▌교 안(校案)▌

⑨ '충이유절(蟲而有節)': 『제민요술』 전본에는 이와 같다. 그러나 포본(鮑本) 『태평어람(太平御覽)』 권838 「백곡부이(百穀部二)」의 '맥(麥)'항의 인용문에는 "수강이유절(穗强而有節)"로 되어 있는데, 색본 『태평어람(太平御覽)』에 의거하는 것이 옳다. 역자주 하지만 『여씨춘추(呂氏春秋)』 「심시(審時)」편의 "일찍 파종하면 줄기가 무성하지 못하여 결실을 맺지 못한다.[莖殺而不遂.]"라는 구절을 보면, 『제민요술』의 견해가 합당한 듯하다.

논 벼

『제민요술』: 벼는 토지에 대한 요구가 엄격하지는 않지만, 다만 해마다 땅을 바꾸어 윤작[101] 하는 것이 좋다. 논을 선택할 때는 물이 흐르는 상류 가까이가 좋다. 땅의 좋고 나쁨에 상관없이 물이 맑으면 좋은 벼가 자랄 수 있다. 3월에 벼를 파종하는 것이 가장 좋으며, 4월 상순은 그 다음이며, 4월 중순에 파종하는 것이 가장 바람직하지 못하다. 먼저 논에 물을 댄다. 10일이 지난 후, 녹축轆軸[102]을 10

水稻

『齊民要術』: 稻無所緣, 唯歲易爲良. 選地欲近上流. 地無良薄, 水清則稻美也. 三月種者爲上時, 四月上旬爲中時, 中旬爲下時. 先放水. 十日後, 曳

101) 역자주 '세역위양(歲易爲良)': 마종신은 역주에서, '역(易)'은 바꾸고, 변화시키는 것으로 해마다 논을 바꾸게 하는 것이다. 고대에는 땅은 넓고 사람이 적은 상황에서 일반적으로 있었던 것이라고 한다.

102) 역자주 '녹축(轆軸)': 마종신의 역주에는, 원각본에는 녹축(轆軸)이라고 하고 있지만, 『제민요술』에서는 '육축(陸軸)', 왕정 『농서』에서는 역택(磿碌)이라고 하고 있다. 이는 나무나 돌로 제작하며, 롤러의 표면에는 이빨이 달려 있다. 그 기능은 수전에서 흙덩이를 눌러 부술 뿐만 아니라 흙을 부드럽게 하는 작용도 한다고 한다.

여 차례 끌면서 흙을 잘게 부수어준다. 끌어주는 횟수는 많을수록 좋다. 토양이 부드럽게 되고, 잡초를 정리하고 나면, 볍씨를 물에 깨끗하게 일어, 물에 뜨는 찌꺼기를 제거하지 않으면 가을에 피[103]가 나게 된다. 담가 둔다. 담근 지 3일이 지나면 물에서 걸러내어 대나무 둥구미[草篅][104] 대껍질로서 짜서 만든 둥근 형태의 곡식을 담는 용기이다. 에 담아[105] 습기가 들어가지 못하도록 잘 덮어준다. 다시 3일이 지나면 새싹이 2푼[分] 정도 자라는데, 1무畝마다 3되[106]씩 뿌린다. 파종 후 3일 동안은 사람을 시켜 새가 쪼아 먹지 못하도록 한다. 모가 7~8치[寸] 크기로 자라면, 묵은 잡초들도 다시 자라는데, 낫으로 수면 아래에서 그들을 베어내면, 풀은 전부 완전히 문드러져 죽게 된다. 모가 점점 자라나면 다시 한 번 잡초를 뽑아준다. 잡초를 뽑아내는 것을 '호(薅)'라고 한다. 김매기를 끝내고 나면 물을 빼고, 벼의 뿌리를 햇볕에 말

轆軸[48]十徧. 徧數唯多爲良. 地旣熟, 淨淘種子, 浮者不去, 秋則生稗. 漬. 經三宿, 漉出, 內草篅市專[h]反, 判竹, 圜以盛穀. 中[49]裛之. 復經三宿, 芽生[50]長二分, 一畝三斗擲. 三日之中, 令人驅鳥. 稻苗長七八寸, 陳草復起, 以鎌侵水芟之, 草悉膿死. 稻苗漸長, 復須薅. 拔草曰'薅'. 薅訖, 決去水, 曝根令堅.

---

103) 역자주 '피[稗]': 외떡잎식물인 벼과(Poaceae)에 속하는 1년생 풀이다. 키는 1m에 이르며 뿌리는 깊게 내린다. 잎은 벼의 잎과 비슷하지만 잎혀[葉舌]와 잎귀[葉耳]가 없어 구별된다. 나쁜 환경에서도 잘 자라므로 옛날에는 구황식물(救荒植物)로 심어왔으나, 현재는 벼의 생장을 방해하기 때문에 뽑아버리며, 이를 피사리라고 한다.

104) 역자주 무계유 교석본에는 둥근형태의 곡물을 담는 용기로서 풀이나 대로 짜서 만드는데, 작은 것은 광주리 같고, 큰 것은 곳집만하다고 한다.

105) 내(內): '납(納)'자의 가차. 즉 '받아들이다[收入]'라는 의미이다.

106) 역자주 무계주 교석본에서는 3되[升]가 아니라 3말[斗]이라고 되어 있지만, 수도(水稻) 직파법이었기 때문에 『제민요술』의 기록처럼 3되가 옳다. 하지만 『수호지진묘죽간(睡虎地秦墓竹簡)』「창률(倉律)」, 43쪽에서 벼와 마의 파종량은 다른 곡물보다 많아 1무당 '2+2/3말[二斗大半斗]'이었는데, 당시 한 말은 오늘날에 비해 약 1/10 정도의 수준이었으며, 위진남북조시대는 무당 면적도 늘어나고 양기(量器)도 오늘날의 1/5~1/3 정도로 확대된 것을 보면 『제민요술』 단계에 무당 파종량이 3되인 것은 너무 적은 양으로 판단된다.

려 벼가 튼튼하게 서게 한다. 그 후에는 장마와 가뭄의 상태에 따라 적당히 관개해 준다. 벼가 익어갈 무렵에 다시 물을 빼준다. 서리가 내리게 되면 수확한다. 베어내는 시기가 이르면 낟알이 파랗고 알차지 못하며, 베어내는 시기가 늦으면 이삭이 떨어져버려 수확량이 줄어든다.

量時水旱而漑之. 將熟, 又去水. 霜降穫之. 早刈, 米青而不堅, 晩刈, 零落而損收.

북쪽의 고원지대에는 본래 물을 가둘 수 있는 저수지나 못이 없어, 단지 물이 천천히 굽이를 따라 흐르는 지역에서 벼농사를 짓는다. 2월에 언 땅이 녹고 지면이 마르면 잡초를 불태운 뒤에 땅을 갈아주고 바로 논에 물을 댄다. 열흘 정도가 지나 흙덩이가 물에 의해 풀어지면, '곰방메[木斫]'[107]로 경지를 평평하게 잘 정리한다. 파종방법은 앞서 지적한 것과 같이 하면 된다. 모가 7~8촌 정도까지 자라면 뽑아서 옮겨 심는다. 만약 해마다 논을 바꾸어 짓지[易田] 않았다면, 잡초와 피가 같이 자라, 베어내더라도 죽지 않기 때문에 모를 심고난 후 다시 잡초를 제거해야 한다. 관개와 수확의 방법은 완전히 앞서 제시한 것과 같다. 논 두둑[108] 물을 막는 제방이다. 의 크기는 일정한 규격이 없으며 지세에 적합한지 여부에 따라 정하고, 물을 고르게 넣을 수 있도록 한다.

北土高原, 本無陂澤, 隨逐隈曲而田者. 二月氷解, 地乾, 燒而耕之, 仍卽下水. 十日, 塊旣散液, 持'木斫'平之. 納種如前法. 旣生七八寸, 拔而栽之. 旣非歲易, 草稗俱生, 芟亦不死, 故須栽而薅之. 漑灌收刈, 一如前法. 畦畤 堤厓也. 大小無定, 須量地宜, 取水均而已.

---

107) 역자주 '곰방메[木斫]': 왕정 『농서』에는 이를 우(耰)라고 하는데, 흙덩이를 부수는 농구이다. 지름이 두 치 남짓하고 길이가 한 자쯤 되는 둥근 나무토막에 4자 정도의 긴 자루를 박아 '정(丁)' 자 모양으로 만들었다.

108) 역자주 '휴렬(畦畤)': '휴(畦)'는 이랑과 논 안을 구분하는 작은 구역의 의미로 사용되고, '열(畤)'은 논의 경계인 논 두둑이다. 여기서 휴렬(畦畤)은 논 두둑(논두렁)의 의미로 사용되고 있다. 무계유 교석본에는 '휴'는 전면(田面)이며, '열'은 두둑[田埂]이다. '휴열'의 '휴'는 두둑 안에 있다고 한다.

벼를 보관할 때는 반드시 대나무로 된 통가리를 사용해야 한다. 벼는 물기를 머금은 곡식이기 때문에 움집에 묻게 되면 땅의 습기를 받아 썩어버린다. 벼를 찧을 때는 반드시 겨울에 해야 하며, 여러 날 동안 햇볕에 쬐어 건조시킨 다음 하룻밤동안 서리가 내리는 곳이나 이슬이 내리는 곳에 보관해 두었다가 찧어야 한다. 만약 겨울에 마르지 않은 상태에서 찧게 되면 쌀에 청색 곰팡이나 적색 곰팡이[109]가 끼게 되며, 서리를 맞히지 않거나 햇볕을 쬐지 않으면, 쌀을 찧을 때 부서지게 된다.

藏稻必須用箪.51 此既水穀, 窖埋得地氣, 則爛敗也. 春稻, 必須冬時, 積日燥曝, 一夜置霜露中, 卽春. 若冬春不乾, 卽米青赤脈起, 不經霜, 不燥曝, 則米碎矣.

찰벼를 파종하는 방법도 완전히 동일하다.

秫稻法, 一切同.

『주관周官』에 이르기를, '도인稻人'은 저습지의 농사를 담당한다. 저습지에 벼를 심는 것을 말한다고 한다. 그것을 '심다[稼]'라고 표현한 것은 마치 딸을 시집보내 자식을 낳아 번식시키는 것 같기 때문이다. (그 방법은) 웅덩이[瀦]에 물을 채우고, 제방을 만들어 웅덩이의 물이 외부로 빠져나가는 것을 막고, 도랑을 이용하여 물을 유도하고, 논머리의 작은 도랑[물꼬: 遂]으로 물이 고르게 논으로 흘러들게 하고, 논두렁[列]을 만들어 물을 가두고, 배수용 도랑[澮]으로 물이 빠지게 한다. 물이 논 가운데 들어오면[涉] 베어 놓은 잡초를 처리하게 함으로써 벼 파종을 위한 준비작업을 한다. 정사농(鄭司農)이 말하기를, '저습지[瀦]'와 '제방[防]'은 『춘추전(春秋傳)』[110]에 쓰여 있듯이 "제방[原防]으로 경

『周官』曰, '稻人', 掌稼下地. 以水澤之地種穀也. 謂之'稼'者, 有似嫁女相生. 以瀦畜水, 以防止水, 以溝蕩水, 以逐均水, 以列舍水, 以澮寫水. 以涉, 揚其芟, 作田. 鄭司農說 '瀦', '防', 以『春秋傳』曰, "町原防, 規偃瀦." '以列舍水', '列'者, 非一道以去水也.

---

109) 역자주 '청적맥기(青赤脈起)': 무계유는 교석에서 쌀은 수분 함량이 높아 도정한 이후에도 저장과정 중에 쉽게 열이 발생하여 청색, 적색 곰팡이 균이 덤벼들게 된다고 한다.

계를 짓고,[111] 저습지의 정도로 구획한다."라는 사실에서 볼 수 있고, "논두렁을 만들어 물을 가둔다."는 것에서 '열(列)'은 결코 물을 배수하는 한 가지 기능만 있는 것이 아니다. "물이 논 가운데 들어오면[涉] 베어 놓은 잡초를 처리하게 한다."라는 해석은 물이 빠져나가기 때문에 논 안에 다니면서 낫으로 베어낸 풀을 걷어낼 수가 있다는 것이다. 두자춘(杜子春)은 '탕(蕩)'을 '화탕(和蕩)'으로 읽고, 도랑(溝)으로 물을 흐르게 한다고 해석하고 있다. 정현(鄭玄)은 '언저(偃豬)'라는 말을 물 가두는 못으로 해석하고, '제방[防]'은 못 사방의 둑이라고 한다. '작은 도랑[물꼬: 遂]'은 논머리의 물을 대는 작은 고랑[小溝]이며, '논두렁[列]'은 논의 두둑[畦畇]이다. '도랑[澮]'은 논의 뒷면에 있는 물을 빼는 큰 고랑[大溝]이다. '관리한다[作]'는 곧 다스린다는 의미이다. 위에서 물꼬[작은 도랑: 遂]를 터주어 물을 논두렁 안에 가두게 되면, 물이 채워지면서 지난해에 베어 놓은 잡풀이 물에 떠 처리가 용이하게 되어 논을 정리할 수 있게 되면서 벼[稻]를 심을 수 있다고 한다. 모름지기 논에 벼를 심을 경우에는 여름철에 물을 이용하여 잡초를 모조리 없애고, 그런 연후에 (남아 있는 것들은) 베어 내어야 한다. '제거한다[殄]'는 말은 병들게 한다든지 없앤다는 뜻이라고 한다. 정사농(鄭司農)은 '풀을 벤다는 것[芟夷]'은 『춘추전(春秋傳)』에는 '베어냄[芟萸]으로써 번식하지 못하게 한다[蘊崇]'[112]는 것으로 설명하고 있

"以涉揚其芟", 以其水寫, 故得行其田中, 擧其芟鉤也. 杜子春讀'蕩'爲'和蕩', 謂以溝行水也. 玄謂'偃豬'者, 畜流水之陂也, '防', 豬旁隄也. '遂', 田首受水小溝也, '列', 田之畦畇也. '澮', 田尾去水大溝. '作', 猶治也. 開遂, 舍水於列中, 因涉之, 揚去前年所芟之草, 而治田種稻. 凡稼澤, 夏以水殄草, 而芟夷之. '殄', 病也, 絶也. 鄭司農說'芟夷', 以『春秋傳』曰, "芟夷蘊崇之". 今時謂禾下麥, 爲'夷下麥', 言芟刈其禾, 于下種麥也. 玄謂將以澤地爲稼者, 必於夏六

---

110) "정사농(鄭司農)이 이르기를 … 규언저(規偃豬)": 정사농은 한대 경학가인 정중(鄭衆)이다. '설(說)'은 해설이다. 이 구절을 해석하면 정사농은 『춘추전(春秋傳)』의 '정원방규언저(町原防規偃豬)'를 인용하여 '저(豬)'와 '방(防)'의 두 글자를 해설하였다.

111) 역자주 무계유 교석에는 『좌선』 「양공(襄公) 25년」의 기록에 대해 진(晉)의 두예주(杜預注)에는 '언저(偃豬)'는 저습지로서 물이 미치는 정도에 따라 헤아리며, '방(防)'은 제방이라고 한다. 당(唐)대 공영달은 소(疏)에서 '원(原)' 역시 제방 사이의 땅이라는 사실을 소개하고 있다.

다. 오늘날 조를 수확한 다음에 맥을 파종하는 것을 '이하맥(夷下麥)'[113]이라고 하는데, 조를 거두어들이고, 그 터에 맥(麥)을 파종한다는 말이다. 정현(鄭玄)은 저습한 땅에 농사를 짓는 사람은 반드시 여름철 6월에 큰비[大雨]가 올 때 물을 대어 새로 생겨나는 잡초를 담가 죽게 하고, 가을철에 땅에 물이 마를 때, 베어 내면 이듬해에 농사를 지을 수 있다고 한다. 수초가 자라는 저습지에는 '까끄라기가 있는 곡식[芒種]'을 심을 수 있다. 정사농(鄭司農)은 "수초가 자라는 저습지에는 까끄라기가 달린 곡물[芒種]을 심을 수 있다."라고 했으며, '망종'[114]은 '벼나 밀을 뜻한다.'라고 하였다.

『범승지서』에 이르기를, '벼를 심는 일'은 봄에 땅이 풀리면서 먼저 땅을 갈아엎는 일로 시작된다. 벼를 심을 논을 크게 만들 필요는 없는데, 구획이 크면 물의 깊이를 적절하게 조절하기가 쉽지 않기 때문이다. 동지冬至가 지난 후 110일이 되면[115] 벼를 파종하기 시작한다. 벼가 모[苗]일 때

月之時, 大雨時行, 以水病絶草之後生者, 至秋, 水涸芟之, 明年乃稼. 澤草所生, 種之'芒種'. 鄭司農云 "澤草之所生, 其地可種芒種." '芒種', '稻, 麥也.'

『氾勝之書』: '種稻', 春凍解, 耕反其土. 種稻區, 不欲大, 大則水深淺不適. 冬至後一百一十日, 可種稻.

---

112) 역자주 무계유 교석에는, 『좌전(左傳)』「은공(隱公) 6년」에 "나라를 위하는 일은 농부가 몹쓸 잡초를 베어 없애는 일과 같이 악한 일을 보는 것이다. 삼이(芟夷)는 곧 높이 쌓아 올리는[蘊崇] 일로서 근본을 끊고 번식하지 못하게 한다는 것이다."라고 한다.

113) 역자주 마종신의 역주에는 '이하맥(夷下麥)'은 화하(禾下)를 이(夷)로 하는 것이라고 한다. '이(夷)'는, 즉 화(禾)의 그루터기를 의미한다. '삼이(芟夷)'는 벼와 맥 같은 곡물을 지면에 붙여 베어낸다는 의미이다. 무계유는 교석에서 조를 베고 그 아래 맥을 심는다는 것은 2년3숙의 윤작복종 관계를 반영하는 것이라고 한다.

114) 역자주 무계유 교석본에는 절기상으로의 망종(芒種)은 음력 4월 14일로서 모내기를 하는 시기이지만 여기에서는 까끄라기가 달린 곡물을 뜻한다고 한다.

115) 역자주 동지 후 110일은 청명절(4월 5일) 무렵이다. 무계유는 교석에서 이 무렵 '종도(種稻)'는 수전의 직파를 가리키며, 오늘날 관중에도 청명을 전후하여 파

는 수온을 높여주어야 하는데, 논두렁[塍] 논 두둑을 의미한다. 의 물꼬를 마주보고 똑바로 내야 온도를 유지할 수 있다. 하지夏至가 지난 뒤에는 날씨가 매우 무덥기 때문에 물길의 물꼬를 엇갈리게 열어주어야 한다.116)

최식崔寔이 이르기를, "3월에는 메벼[粳]의 볍씨를 파종한다. 기름진 논에는 볍씨를 듬성듬성 파종하지만, 척박한 논에는 조밀하게 파종해야 한다."라고 하였다.

始種, 稻欲溫, 溫 52
者, 缺其塍, 畦畔也. 令水道相直. 夏至後, 大熱, 令水道錯.

崔寔曰, 三月可種粳稻. 稻, 美田欲稀, 薄田欲稠.

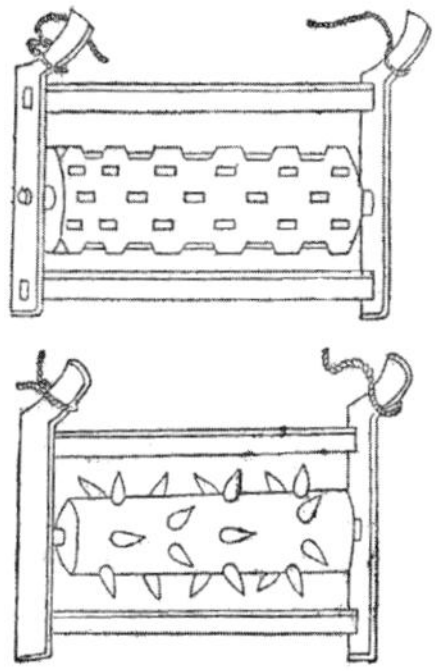

〈그림 15〉 육축(陸軸)[石磟碡(상), 木磟碡(하)](왕정 『농서』)

〈그림 16〉 곰방메[耰](왕정 『농서』)

종해서 묘를 키운다고 한다.

116) 역자주 '수도상직(水道相直)'과 '수도착(水道錯)': 마종신의 역주에는 '수도상직'은 온도가 비교적 낮은 신수(新水)가 논 속으로 흘러 들어와도 물이 흐르는 거리가 짧기 때문에 논의 수온의 저하가 현저하지 않다고 한다. 하지만 '수도착'은 새로 흘러들어온 냉수가 반드시 논 중간을 돌아 흐르기 때문에 논물의 온도를 크게 떨어뜨린다고 한다.

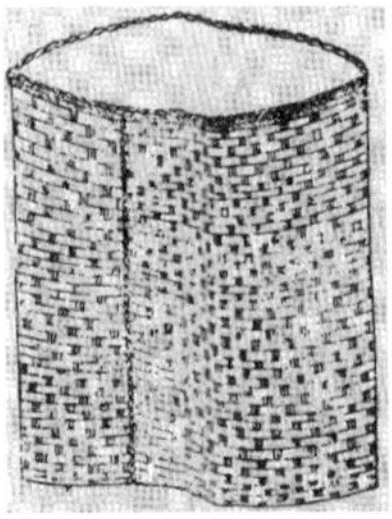

〈그림 17〉 초천(草篅)(왕정 『농서』)

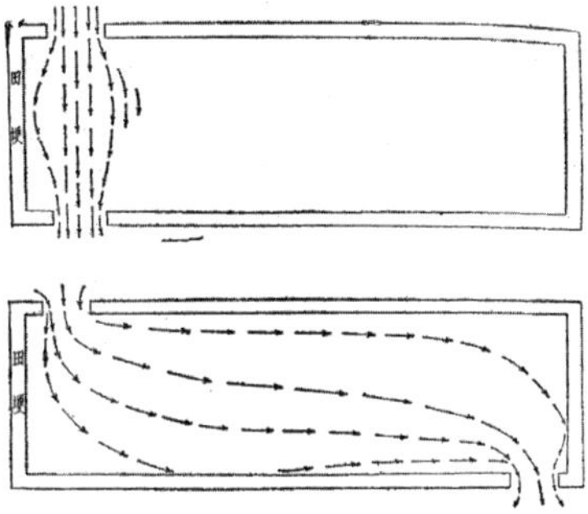

〈그림 18〉 논의 관개와 수온[곧은 물꼬(상), 대각선물꼬(하)] (무계유교석, 『농상집요』)

〈그림 19〉 곳집[囷](왕정 『농서』)

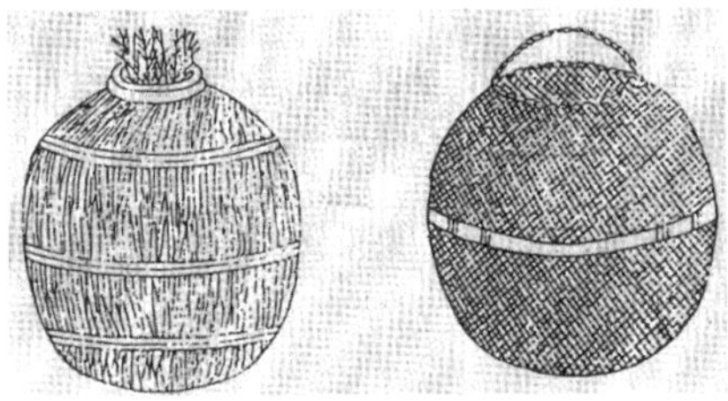

〈그림 20〉 대광주리[篅](왕정 『농서』)

▎교 석 (校釋) ▎

48 '녹축(轆軸)': 전본(殿本)에는 녹축(轆軸)으로 되어 있으며, 격본(格本)에는 육축(陸軸)으로 되어 있다.

49 '중(中)': 전본에는 없다. 격본에 의해 보충하였으며, 『제민요술』의 원문과 부합한다.

50 '생(生)': 위의 것과 동일하다.

51 '단(篅)': 격본에서는 점(簟)으로 되어 있다. 노교(盧校)와 별본(別本)에서도 '점(簟)'이라고 한 것은 아마도 격본을 가리키는 듯하다. 전본에서는 단(篅)으로 되어 있어 『제민요술』의 원문과 부합한다. 『제민요술』의 원 주석에서 이미 벼의 종자는 움집에 담아서는 안 된다고 설명하고 있다. 점은 대나무나 풀 따위로 엮은 용기이다. 윗부분에서 『제민요술』을 인용하기를, 보리도

'볏짚을 베어 만든 소쿠리'만 사용하였다고 한다. 황하유역은 예전에 벼를 대규모로 경작하는 경우가 많지 않아, 점(篅)을 사용하기에 넉넉했기 때문에, 강남처럼 댓자리를 둘러싸서 통가리를 만들 필요가 없었다.

52 '온(溫)': 전본(殿本)의 두 가지 글자 모두 습(濕)으로 되어 있다.

| 교 안(校案) |

ⓗ '전(篅)': 『제민요술』에는 원래 규(規)로 되어 있다. 『광운(廣韻)』의 평성상(平聲上)의 오지(五支), 수(垂)뉴(紐)[시(是)와 위(爲)의 반절로 되어 있음] 부분과 화(和) 평성하(平聲下) 이선(二仙), 천(遄)뉴[시(市)와 연(緣)의 반절로 되어 있음] 부분에 모두 천(篅)자가 있는데, 해석이 약간 다른 점이 있으나, 사실 이는 단지 한 글자에 대한 두 가지 독음이 있는 것일 뿐이다. 단(耑)이라는 글자를 따르는 것 중, 단(湍), 단(端), 단(緣) 등의 운모는 uan인 데 반해, 서(瑞), 췌(揣), 췌(惴) 등이 ui인 것을 보면 이 두 천(篅)자의 관계를 알 수 있다.

밭 벼

『제민요술』: 밭벼는 저지대[下田]에 파종하는 것이 적당하다. 흰색 토양이 검은색 토양보다 좋다. 하전이 높은 언덕[高原]보다 좋다는 말은 아니다. 그러나 여름철 물이 고여 있는 저지대 하전에서는 조[禾], 콩[豆]과 밀을 심을 수가 없지만, 벼[稻]는 하전에 파종하여[117] 비록 물에 잠길지

旱稻

『齊民要術』: 旱稻用下田. 白土勝黑土. 非言下田勝高原. 但夏停水者,ⓘ 不得禾豆麥, 稻田種, 雖

117) 역자주 '전(田)': 마종신은 역주에서 '전'은 원래 '사(四)'의 잘못이라지만, 뜻이 불명확하다. 석성한(石聲漢) 교주본에는 '麥稻, 四種'으로 고쳤지만, 이 역시 의미가 분명치 않다. 그래서 "벼는 하전에 파종한다.[稻下田種.]"라고 고치고, "도종재하전(稻種在下田)"의 의미로 해석하고 있다.

라도 수확할 수 있다. 이처럼 고전과 하전에서 모두 수확할 수 있어 땅의 이점[地利]을 잃지 않게 된다. 낮은 땅에서 벼를 파종하면 노동력이 많이 들고, 높은 지대에서 벼를 파종해도 조[禾]와 마찬가지로 노동력이 많이 든다. 대체로 물이 고여 있는 저지대는 물이 마르고 나면, 흙이 널판자처럼 일어나고 단단해진다. 흙이 말라 갈라진다. 물기가 많으면 진흙처럼 질척거려서 관리하기가 어렵게 되고, 또 쉽게 풀이 무성해진다. 땅이 메마르고 척박하게 되면[118] 각(埆)의 음은 각(殼)이다. 씨앗이 발아하지 못하고 죽게 된다. 봄갈이 때, 종자 손실이 더욱 심하다. 때문에 5~6월에 땅을 햇볕에 말리고, 보리파종을 준비해야 한다. 보리를 심을 때에 아직 물이 고여 있으면, 9월 중에 다시 한 번 땅을 갈아엎고, 이듬해 봄에 벼를 심는다면 만에 하나의 실수도 없게 된다. 봄이 되어 비로소 땅을 갈아엎으면, 열 번 파종해 반드시 다섯의 수확도 거두지 못한다는 것은 실로 사람들의 오해이다.

무릇, 하전에 파종할 때는 가을이나 여름을 가리지 않고 물기가 말라 토양이 하얗게 되기를 기다려 서둘러 갈아엎어 써레[耙]로 흙덩이를 부수고, 끌개[勞] 파(耙)이다. 로 평평하게 고른다.[119] 여러 차례 갈아엎으면 땅이 삶겨 부드러워진다. 지나치게 건조하면 흙이 단단해지고 지나치게 비가 많이 내리면 진창처럼

澇亦收. 所謂彼此俱穫, 不失地利故也. 下田種者, 田功多, 高原種者, 與禾同等也. 凡下田停水處, 燥則堅垎. 土乾也. 濕則汙泥, 難治而易荒. 墝埆音殼. 而殺種. 其春耕者, 殺種尤甚. 故宜五、六月暵之, 以擬大麥.❶ 麥時水澇, 不得納種者, 九月中復一轉, 至春種稻, 萬不失一. 春耕者, 十不收五, 蓋誤人耳.

凡種下田, 不問秋夏, 候水盡, 地白背時, 速耕杷勞 杷, 白駕反. 頻煩令熟. 過燥則堅, 過雨則泥, 所以宜速耕也.

---

118) 역자주 '요각(墝埆)': 무계유 교석에는 '요각'은 토지가 척박하다는 의미로서, 이 속에는 토지를 관리하기 어렵다는 의미가 포함되어 있다고 한다. 마종신은 '요(墝)'는 땅이 고르지 않다는 뜻이며, 요각(墝埆)은 오늘날 '교학(磽确)', 즉 메마르고 척박하다는 의미로 역주하고 있다.

119) 역자주 '경파로(耕杷勞)': 무계유는 교석에서 이곳의 '파로(杷勞)'의 의미는 오늘날 '파(耙)', '로(耮)'의 의미로 해석해야 한다고 한다.

되므로 (땅이 하얗게 되기를 기다려) 신속하게 갈아엎어야 한다.

2월 중순에 벼를 파종하면, 이는 최고의 시기인 것이고 3월은 그 다음이며 4월 초순에서 중순까지는 최악의 시기이다.

二月半種稻爲上時, 三月爲中時, 四月初及半, 爲下時.

씨앗을 담가 시비하는 요령은 정해진 법대로 하되, 종자를 축축하게 적셔서 싹을 틔워, 씨뿌리개[耬犂]를 이용하여 고랑을 파면서 그곳에 종자를 파종하고 덮는다. 이처럼 씨뿌리개를 이용하여 고랑을 만들어 파종하면, 씨앗을 절약할 수 있고, 또 포기가 무성하여 씨를 흩어 뿌리는 것보다 좋다. 이어서 다시 한 번 흙덩이를 부수고 골라준다. 만일 그 해에 봄추위가 닥쳤는데도 농시가 늦어질까를 걱정하여 일찍 심기를 원하면, 반드시 종자를 담그지 않아도 벼 종자의 여린 싹이 얼어 말라 죽지 않는다. 단단한 흑토에 파종하였는데, 씨앗이 아직 싹트기도 전에 가뭄을 만나면, 소나 양이나 사람들을 동원하여 밭을 밟게 하는 것이 좋다. (그러나) 땅이 축축하다면 한 발걸음도 밟아서는 안 된다.

漬種如法, 裛令開口, 耬耩稖種之. 稖種者, 省種而生科, 又勝擲者. 卽再徧勞. 若歲寒早種, 慮時晩, 卽不漬種, 恐牙焦也. 其土黑堅彊之地, 種未生前遇旱者, 欲得令牛羊及人踐履之. 濕則不用一迹入也.

벼의 싹이 나온 후에, 사람을 시켜서 이랑 위를 한 차례 밟게 해야 한다. 밟아 주면 생장이 무성하고 결실이 많아진다.

稻旣生, 猶欲令人踐壟背. 踐者茂而多實也.

벼의 모종이 3치[寸] 정도 자라게 되면 고무래질[120]을 하고, 끌개[勞]로 흙을 깨고 평탄작업을 하며 김매기를 한다. 잡초를 김맬 때는 반드시 때를 맞추어 신속하게 해야 한다. 볏 싹은 유약한데 잡초로

苗長三寸, 杷、勞而鋤之. 鋤唯欲速. 稻苗性弱, 不能扇草, 宜數鋤之. 每經一

120) 역자주 '파(杷)': 이 상황에서는 벼의 묘종이 일정 정도 자랐을 때이기 때문에 파(杷)는 갈퀴와 같은 고무래질로 해석하는 것이 합당하며, 써레질[耙]로 해석하면 곤란할 듯하다.

뒤덮이게 할 수 없으므로 자주 김매기를 해주어야 한다. 한 차례 비가 내릴 때마다 고무래질을 하고 평평하게 골라준다. 벼 싹이 1자[尺] 남짓 자라나면, 끝이 뾰족한 봉鋒[121]옛농구 으로 김매기를 한다. 비가 내리면 다른 농사일을 할 수 없으니 비를 무릅쓰고라도 논의 잡초를 매주어야 한다. 벼 포기가 커 지나치게 빽빽하면 5~6월 장마철을 틈타 뽑아 다른 곳으로 옮겨 심는다. 옮겨 심는 법: 얕게 심어야 수염뿌리[細根]가 사방으로 뻗어 성장이 무성해진다. 만약 깊게 심으면 뿌리가 곧게 흙속으로 들어가 모가 한 곳에 모여 분얼(分蘖)이 쉽지 않게 된다. 뽑아 옮겨 심을 때, 모자 지나치게 자란 것은 잎의 끝부분을 2~3치 정도를 잘라준다. 이때 모의 생장점[苗心][122]을 상하게 해서는 안 된다. 7월 이후에 더 이상 모를 쪄 옮겨 심어서는 안 된다. 7월에는 온갖 풀이 성장하는 때이므로, 이미 때가 너무 늦다.

雨, 輒欲杷、勞. 苗高尺許, 則鋒. 古農器. 天雨無所作, 宜冒雨薅之. 科大如概者, 五六月中, 霖雨時, 拔而栽之. 栽法: 欲淺, 令其根鬚四散, 則滋茂. 深而直下者, 聚而不科. 其苗長者, 亦可拔ⓚ去葉端數寸. 勿傷其心也. 入七月不復任栽. 七月百草成, 時晚故也.

만약 높은 지대의 밭[高田]에 벼를 파종할 때에는, 너무 비옥한 땅을 찾을 필요는 없다. 차라리 황폐한 땅에 파종하는 것이 좋다. 땅이 지나치게 비옥하면, 벼가 쉽게 넘어지고, 황폐한 땅의 장점은 풀이 없다는 점이다. (황폐한 땅도) 마찬가지로 가을에 갈고 써레질하고 흙을 평평하게 골라 부드럽게 해주어야 한다. 이듬해 봄에 토양이 촉촉해져 황장黃塲[123]이

其高田種者, 不求極良. 唯須廢地. 過良則苗折, 廢地則無草. 亦秋耕, 杷、勞令熟. 至春, 黃塲. 納種. 不宜濕下. 餘法, 悉與下田同.

---

121) 역자주 무계유의 교석에는 '봉(鋒)'은 인력으로 조작하며, 보습의 끝이 뾰족하고 볏이 없는 농구로서 흙을 얕게 일으킬 수는 있지만 뒤집어엎을 수는 없는 농구라고 한다.

122) 역자주 '기심(其心)': 마종신은 역주에서 '심(心)'은 '묘심(苗心)'으로 화서(花序)와 생장점 등의 의미라고 한다.

123) '장(塲)': 이 글자는 장소의 '장(場)'이 아니고, '장(暘)'자의 또 다른 표기법으로, '장(暘)' 또는 '장(塲)'은 '상(傷)'으로 읽는다. 현재는 '물기 먹은'이라는 뜻을

되었을 때를 틈타 씨를 뿌린다. 물기가 많은 곳에 씨를 뿌리는 것은 좋지 않다. 그 밖의 방법은 하전下田과 동일하다.

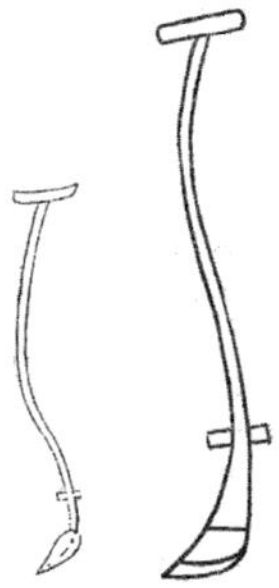

〈그림 21〉 봉(鋒)(왕정 『농서』)

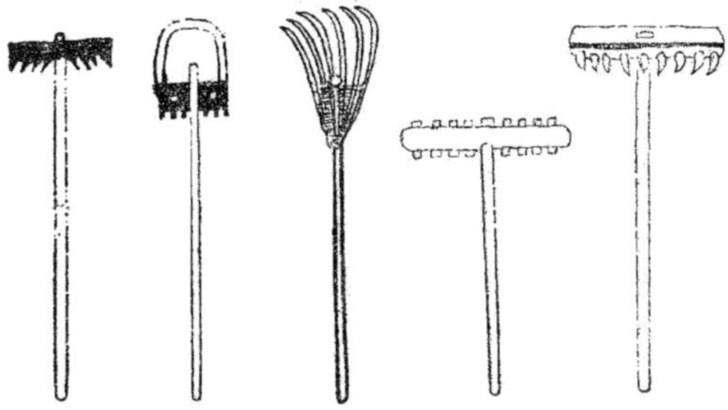

〈그림 22〉 다양한 형태의 갈퀴와 고무래[杷](왕정 『농서』)

▌교 안(校案)▌

❶ "단하정수자(但下停水者)" 이하에, 『제민요술』 각본은 다소 차이가 있다. 『농상집요』 격본에는 '하(下)'자가 '하(夏)'자로 되어 있다. 이는 명나라 때 남송본 『제민요술』을 베껴 쓴 것과 같다. 전본은 『비책휘함(秘冊彙函)』 계통본(系統本)과 같다. '사(四)'자는 『농상집요』 각본과 가나자와 문고본[金澤文庫本], 『제민요술』이 같다. 하지만, 『제민요술』 남송 이후의 각본에는 '田'으로 되어 있는 것이 많다. 전본의 원래 모습을 유추해 보면, "但夏停水者, 不得禾豆麥稻, 田種. 雖澇亦收"로 읽을 수 있다. 아마도 "여름에 물이 부족하면, 조와 콩을 심을 수 없다. 하전에 밀을 심으면, 힘이 많이 든다. 쌀은 물이 넘쳐도 수확할 수 있다. 고원지대에 심는 것은 조와 같다. 이처럼 상전, 하전 모두 다 수확할 수 있는 것은 땅의 이점을 잃지 않았기 때문이다.[但夏停水者, 不得禾、豆. 下田種麥, 用功多. 稻, 雖澇亦收. 高原種者, 與禾同等.

지닌 '상(墒)'으로 쓴다. 따라서 황장은 토양 중에 보유하고 있는 습윤도와 좋은 토질구조를 두고 하는 말이다. 황장(黃場: 황토), 흑장(黑場: 흑토)은 현재 구어(口語)에 아직 남아 있다.

所謂彼此俱獲, 不失地利故也.]"라고 읽어야 할 것이다.

ⓙ '대맥(大麥)':『제민요술』에는 원래 '광맥(穬麥)'으로 되어 있다.

ⓚ '렬(捩)':『제민요술』에 따라 '발(拔)'이 아니라 '렬(捩)'로 해야 한다. '뉴[扭 비틀다, 돌리다]'로 해석한다.

메기장[124] 피[稗]를 덧붙임

黍穄 稗附

『제민요술』: 일반적으로 메기장[黍穄]을 파종할 토지로는 황무지를 새로 개간한 밭이 가장 좋고, 콩[大豆]을 심었던 밭이 그 다음이며, 조[穀]를 심었던 밭이 가장 나쁘다. 토지는 갈고 써레질하여 부드럽게 해주어야 한다. 재차 갈아엎는 것이 좋다. 만약 봄・여름에 갈아엎은 경우, 씨를 뿌린 뒤에 다시 흙을 끌개[勞]로 평평하게 골라 주는 것이 좋다. 1무畝의 땅에는 4되[升]의 씨앗을 뿌린다. 3월 상순에 씨 뿌리는 것이 농시農時에 가장 좋고, 4월 상순이 그 다음이며, 5월 상순이 가장 나쁘다. 여름에 메기장[黍穄] 씨를 뿌릴 때는, 올조[稙穀]와 같은 시기에 파종한다. 여름에 파종하지 않을 때는 대략 뽕나무의 오디[椹]가 붉게

『齊民要術』: 凡黍穄田, 新開荒爲上, 大豆底爲次, 穀底爲下. 地必欲熟. 再轉乃佳. 若春、夏耕者, 下種後, 再勞爲良. 一畝用子四升. 三月上旬種者, 爲上時, 四月上旬爲中時, 五月上旬爲下時. 夏種黍穄, 與稙穀同時. 非夏

124) 역자주 기장의 종류는 매우 다양하다.『제민요술』「서제제사(黍穄第四)」에 의하면, 기장의 명칭으로 거(秬: 검은 찰기장), 비(秠: 검은 기장), 우서(牛黍), 도미서(稻尾黍), 적서(赤黍), 마혁대흑서(馬革大黑黍), 온둔황서(温屯黃黍), 백서(白黍), 구망(堰芒), 연합(燕鴿)과 제(穄)가 있는데, 제(穄)에는 붉은 색, 흰색, 검정색, 청황색과 연합의 5가지가 있다고 한다. 그 외에도 민간에는 원앙서(鴛鴦黍), 백만서(白蠻黍), 반하서(半夏黍), 노피제(驢皮穄) 등이 보인다고 한다. 서제(黍穄)는 찰기장과 검은 메기장으로 동시에 부를 때는 기장이라고 하는 것이 좋을 듯하다.

물들 무렵에 파종한다. 농언(農諺)에는 "오디가 주렁주렁 달리면 기장을 파종할 때"라고 한다. 토양의 건조, 습윤한 정도는 땅이 촉촉해지는 황장黃場[125] 때가 좋으며, 파종을 끝낸 뒤에는 끌개[撻][126] 오늘날 둔자(屯子)이다.[127]로 끌어 눌러 덮어줄 필요가 없다. 10월, 11월, 12월에 '나무가 어는[凍樹] 날'을 기억해 두었다가 기장을 파종하면 절대 실패하지 않는다. '나무가 언다[凍樹]는 것'은 엉겨 붙은 서릿발이 나뭇가지에 쌓인다는 것을 말한다. 가령 모월 초삼일에 나무가 얼면, 기장을 그 달의 초삼일에 파종하는 것이 좋으며, 다른 것도 모두 이런 방식에 따른다. 또 10월에 나무가 언다면 올기장[早黍]을 심는 것이 좋고, 11월에 나무가 언다면 이르지도 늦지도 않은 중간기장[中黍]을 심는 것이 좋으며, 12월에 나무가 언다면 늦기장[晩黍]을 심어야 한다.[128] 만약에 10월부터 이듬해 정월까지 항상 나무가 언다면, 올기장이든 또는 늦기장이든 상관없이 모두 파종할 수 있다. 검은 메기장[穄]을 수확하는 시기는 가능한 빠를수록 좋고, 메기장[黍]은 다소 늦게 베는 것이 좋다. 검은 메기장을 늦게 베면 낟알이 많이 떨어지고, 메기장을 너무 일찍 수확하면, 낟알이 영글

者, 大率以椹赤爲候. 諺曰 "椹厘厘, 種黍時." 燥濕候黃場, 種訖不曳撻. 今時'屯子'也. 常記十月、十一月、 十二月'凍樹日'種之, 萬不失一. '凍樹'者, 凝霜封著木條也. 假令月三日凍樹, 還以月三日種黍, 他皆倣此. 十月凍樹, 宜早黍, 十一月凍樹, 宜中黍, 十二月凍樹, 宜晩黍. 若從十月至正月皆凍樹者, 早晩黍悉宜也. 刈穄欲早, 黍欲晩. 穄晩多零落, 黍早米不成. 諺

125) 역자주 앞의 본서 「한도(旱稻)」편의 주를 참조하라. '황장(黃場)'은 토양 중에 보유하고 있는 습윤도와 좋은 토질구조를 두고 하는 말이다. 황장(黃場: 황토), 흑장(黑場: 흑토)은 현재 구어(口語)에 아직 남아 있다.

126) 역자주 끌개[撻]는 왕정(王禎)의 『농서(農書)』 「농기도보(農器圖譜)·뇌사문(耒耜門)」에 의하면 나뭇가지를 엮어서 만든 것으로 위에 진흙이나 돌을 얹어 흙을 눌러 평탄하게 고를 때 사용하는 농구라고 한다.

127) '둔자(屯子)': 왕정(王禎)의 『농서(農書)』 「농기도보(農器圖譜)·뇌사문(耒耜門)」에 '돈거(砘車)'라는 조가 있다. ['돈(砘)'의 음은 둔(鈍)이라고 주(注) 하고 있다.] '돈거(砘車)'는 흙을 다질 때 쓰는 도구로, 용도는 '끌개[撻]'와 같다.

128) 역자주 마종신은 역주에서 10월에 나무가 얼면 3월에 파종하는 것이 좋고, 11월에 얼면 4월에 파종하고, 12월에 나무가 얼게 되면 5월에 파종하는 것이 좋다고 한다.

지 않게 된다. 농언[農諺]에는 "검은 메기장은 줄기 끝이 푸를 때에 베고, 메기장은 이삭을 떨굴 때에 벤다."라고 한다. 모두 물기가 있을 때 밟아 탈곡한다.[129] 오래 쌓아 두면 쉽게 눅눅해지거나 뜨게 되며, 너무 건조한 것을 탈곡하면 낟알에 두모(兜牟)[130]가 너무 많이 달라붙는다. 검은 메기장은 밟아 탈곡한 후, 즉시 한 번 쪄서 눅눅하고 열기가 있는 상태에서 밀봉한다. 찌지[蒸] 않으면 찧기가 어렵고 쌀이 많이 부서지며, 봄이 되면 흙냄새도 난다. 찌고 나면 찧기도 쉽고, 알갱이가 견실해져 여름을 지내도 여전히 향긋한 냄새가 난다. 기장은 수시로 볕에 말려서 건조시켜야 한다. 습한 것을 한데 쌓아 모아 두면 눅눅하고 뜨게 된다. 흔히 기장 가운데 찰진 것은 소출이 적다. 검은 메기장[穄] 가운데 맛이 좋은 것은 소출도 적고 찧기도 힘들다.

曰 "穄青喉, 黍折頭." 皆卽濕踐. 久積❶則浥鬱, 燥踐多兜牟. 穄, 踐訖卽蒸而裛[53]之. 不蒸者, 難舂, 米碎, 至春又土臭. 蒸則易舂, 米堅, 香氣經夏[54]不歇也. 黍, 宜曬之令燥. 濕聚則鬱. 凡黍, 黏者收薄. 穄, 味美者亦收薄, 難舂.

『효경원신계孝經援神契』에 이르기를, 검은 색의 구릉지 토양[墳土]은 기장 재배에 적합하다고 하였다.

『孝經援神契』云, 黑墳宜黍.

『범승지서』에 이르기를 기장[黍]은 여름[暑]의 의미이며, 기장을 파종할 때는 반드시 여름을 기다려야 한다고 했다. 기장의 이삭[黍心]이 아직 패기 전에[131] 비가 내려 이삭을 적시게 되면, 이삭

『氾勝之書』曰, 黍者, 暑也, 種者必待暑. 黍心未生, 雨灌其心, 必傷無

129) 역자주 마종신은 역주에서 옛날엔 절구질하여 탈곡하는 것은 '천(踐)'이라고 하였고, '연타(碾打)'라고 하지 않은 것은 소가 마당에 깐 곡식을 밟아 탈곡하는 방식에서 유래되었기 때문이며, 최근까지 산간지역에서는 이런 모습을 볼 수 있었다고 한다. 무계유는 역시 교석에서 '천'은 누른다는 위미로서 익은 굴레[碌壓] 등으로 눌러 탈곡하는 방식이라고 한다.

130) '두모(兜牟)': '두회(頭盔)'이다. 처음에는 '주(胄)'라고 불렀다가 그 뒤로는 '두무(兜鍪)'라고 불렀다. '무(鍪)'는 여기에서는 음이 같은 '모(牟)'를 썼다. 기장의 낟알이 마르고 나면 겉껍질이 낟알에 붙어 마치 머리에 투구를 쓴 것처럼 잘 떨어지지 않는다. 습할 때 껍질을 벗기면 이러한 문제를 피할 수 있다.

이 상하여 결실을 맺지 못한다. 기장의 이삭이 막 패기 시작할 때 이슬을 맞으면 좋지 않다. (이 경우) 두 사람이 마주보고 긴 줄을 당겨 이슬을 떨어내는데, 해가 나오면 그친다. 무릇 파종한 기장을 복토覆土하고 제초하는 작업은 조[禾]를 재배하는 법과 동일하다.

實. 黍心初生, 畏天露. 令兩人對持長索, 槩去其露, 日出乃止. 凡種黍, 覆土鋤治, 皆如禾法.

피[稗]는 수해나 가뭄에 잘 견뎌 파종하면 수확하지 못할 때가 없다. 또 생장이 매우 왕성하여 파종하면 흉년을 대비하기에 적합하다. 피의 종자에도 알곡이 들어 있는데, 익으면 도정을 하여 밥을 지어 먹을 수 있으며, 결코 차좁쌀[粱米]보다 못하지 않다. 또 그것으로 술을 빚을 수도 있다. 술맛은 진하고 좋으며, 메기장[黍]이나 찰기장[秫] 술보다 훨씬 뛰어나다. 위 무제(魏武帝)가 일찍이 전농(典農)[132]을 시켜서 피를 심게 하였는데, 1경(頃)에 2천 곡(斛)을 수확했으며, 한 곡을 찧으면 3~4두(斗)의 알곡을 얻었다. 흉년이 들면 이를 갈아서 배고픔을 면할 수 있었으며, 또 풍년이 들면 소·말·돼지·양에게 먹였다.

稗, 既堪水旱, 種無不熟之時. 又特滋茂, ⓜ 宜種之備凶年. 稗中有米, 熟時, 擣取米炊食之, 不減粱米. 又可釀作酒. 酒甚美釅, 尤踰黍秫. 魏武使'典農'種之, 頃收二千斛, 斛得米三四斗. 大儉, 可磨食之, 若値豊年, 可以飯牛、馬、豬、羊.

『무본신서務本新書』: '찰기장쌀[糯不換]'을 파종하라. 찰기장쌀[糯米]의 값은 메기장쌀[黃米]보다 비

『務本新書』: "種糯不換", 糯米

131) 역자주 '서심미생(黍心未生)': 마종신은 역주에서 '서심(黍心)'은 기장의 이삭[黍穗]을 가리키며, 이삭이 성장하지 않았다는 것은 이삭이 패어 분화되지 않아 아직 완성되지 않았음을 뜻한다고 한다. 무계유는 교석에서 '미생(未生)'은 이삭이 아직 패기 전을 가리킨다고 하며 '서심초생(黍心初生)'은 이삭이 패어 나오기 시작하는 초기단계를 뜻한다고 한다. 이삭이 팰 때는 충분한 햇볕을 필요로 하는데, 연속적으로 비가 내리면 좋지 않다. 하지만 이슬이 처음 나온 이삭에 대해 어떤 해를 끼치는가는 연구해볼 만한 일이라고 한다.

132) 역자주 전농교위(典農校尉), 전농중랑장(典農中郎將)은 모두 위무[魏武: 조조(曹操)] 때 설치된 둔전(屯田)을 주관하던 관리이다.

싸다. 지금 메기장쌀은 찰기장쌀과 유사하며, 백황미白黃米[133]라고 하는데, 이것을 옛날에는 '나불환糯不換'이라고 불렀으며, 많이 심게 하여 술을 빚는 데 사용했는데, 맛이 아주 좋았다.

價值, 比黃米價高. 今有與糯米相類者, 白、黃米是也. 舊呼'糯不換', 宜多種之, 造酒爲佳.

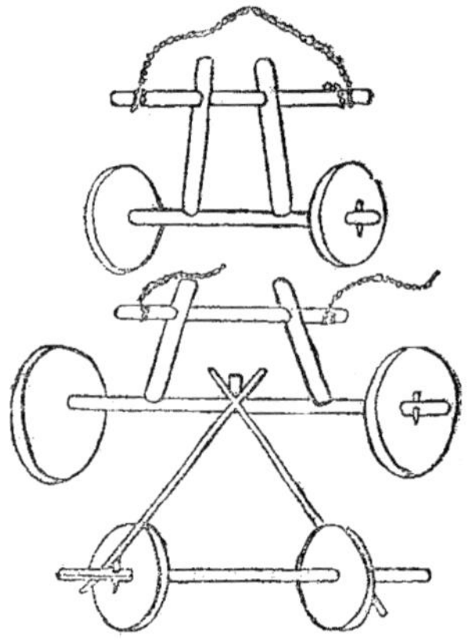

〈그림 23〉 둔자[屯子(砘車)](왕정 『농서』)

▌교 석 (校釋)▐

53 '읍(裛)'자 아랫부분의 주(注)는 전본에는 빠져 있으나, 격본(格本)에는 보인다. 『제민요술』 원본에도 이 주(注)가 있다.

54 '하(夏)': 전본에는 '구(久)'로 되어 있으나, 격본에는 '하(夏)'로 표기하고 있으며, 이는 『제민요술』 원본과도 일치한다.

133) 역자주 '백활미'는 지역에서는 '나불환(糯不換)'이라고 이름했다. 찰기장(黍米)은 아니고 일정한 찰기를 지닌 검은 기장쌀[穄米]이다.

| 교 안 (校案) |

ⓛ '적(積)': 『제민요술』 원문에는 '적(積)'으로 되어 있다.

ⓜ '무(茂)': 『제민요술』의 원래 인용문은 "무성하면, 쉽게 잡초가 생긴다. 좋은 밭에서는 무(畝)당 2~30곡[斛]을 얻을 수 있다.[茂盛, 易生蕪穢. 良田畝得二三十斛.]"이다. 본서에서는 일부만 인용한다.

차 조[134]

『제민요술齊民要術』: 차조[양출(粱秫)]는 모두 척박한 땅에 듬성듬성 심는 것이 좋고, 씨 뿌리는 시기는 올조[稙穀]와 같다. 늦게 파종하면 전혀 소출이 나지 않는다. 토지의 건습에 대한 요구나 써레질하고 끌개[勞]로 평평하게 고르는 작업은 조와 마찬가지이다. 수확은 늦출수록 좋다. 찰기장과 차조는 모두 알갱이가 떨어질 염려는 없지만, 일찍 수확하면 낟알이 덜 여물어 손실이 생긴다.

粱秫

『齊民要術』: 粱、秫, 並欲薄地而稀種, 與稙穀同時. 晚者全不收也. 燥濕之宜, 杷、勞之法, 一同穀苗. 收刈欲晚. 性不零落, 早刈損實.

134) 역자주 진(晉)의 곽복(郭璞)에 의하면 양(粱)에는 붉은 색과 흰색 두 종류가 있는데, 양은 양속(粱粟)이라고 칭한다고 한다. 西山武一・熊代幸雄 역, 『교정역자주 제민요술』, アジア經濟出版社, 1969, 76쪽에 의하면 갑골문에 등장하는 화(禾)나 직(稷)은 맛은 없으나 내한성은 강하고, 『시경(詩經)』의 양(粱)은 맛은 좋지만 내한성에는 약하고 씨알이 큰 원종(原種)이다. 『범승지서(氾勝之書)』의 속(粟), 『제민요술』의 곡(穀)과 오늘날의 곡자(穀子)는 이 양자의 품종을 교배하여 생겨난 알이 크고, 맛이 좋고 내한성도 강한 신품종이라고 한다. 이시진(李時珍)에 의하면 "주대에는 '양'이라 칭하고 '속'으로 부르지 않았는데, 한대 이후 비로소 크고 털이 긴 것을 양(粱)이라 하고, 가늘고 털이 짧은 것은 속(粟)이라 했으며, 오늘날에는 통칭하여 속이라 하고, 양의 이름은 모른다."라고 한다. 마종신은 역주에서 고서 속의 '양'은 '속'의 우량품종에서 나온 좋은 조라고 하며, '출(秫)'은 이시진에 의하면, 양미(粱米)와 좁쌀 중 차진 것을 말하며, 점속(黏粟)이라고도 한다.

콩 비두[䴢豆][135]를 덧붙임

『제민요술齊民要術』: 봄콩[春大豆]은 올조[稙穀]를 심은 뒤에 파종한다. 2월 중순이 파종에 가장 좋은 시기이고, 3월 중순이 그 다음이며, 4월 상순은 가장 좋지 않은 파종기이다. 늦게 파종해도 되는 해에는 5·6월에도 파종할 수 있다. 그러나 파종시기가 늦어지면 질수록 종자를 더 늘려주어야 한다. 땅은 굳이 부드럽게 손질할 필요는 없다. 땅이 지나치게 부드러우면 싹이 왕성해져, 결실은 오히려 떨어진다. 수확은 다소 늦게 해야 한다. 콩알이 떨어지지는 않지만, 수확을 빨리 하면 (여물지 않아) 손실이 생긴다. 콩밭 김매기는 두 차례 이상 할 필요가 없으며, 잎이 다 떨어진 다음에 베어 낸다. 잎이 다 떨어지지 않으면, 탈곡하기 어려워진다. 베어낸 다음에는 서둘러서 밭을 갈아엎는다. 콩의 성질은 물 소모량이 많아[136] 가을에 갈아엎

大豆 䴢豆附

『齊民要術』: 春大豆, 次稙穀之後. 二月中旬爲上時, 三月中旬爲中時, 四月上旬爲下時. 歲宜晚者, 五、六月亦得. 然稍晚稍加種子. 地不求熟. 地過熟者, 苗茂而實少. 收刈欲晚. 此不零落, 刈早損實. 鋤不過再, 葉落盡, 然後刈. 葉不盡則難治. 刈訖則速耕. 大豆性炒,ⓝ 秋

---

135) 역자주 『광아(廣雅)』「석초(釋草)」편에는 '비두(䴢豆)는 완두(豌豆)이다.'라고 한다. 완두는 1년 또는 2년생 초본식물로서 열매는 둥글고, 연한 콩깍지와 열매를 모두 먹을 수 있다. 이시진(李時珍)은 『본초강목(本草綱目)』「완두」에서 완두를 호두(胡豆)라고도 하며, 싹이 부드러워 완두라고 이름을 지었다고 한다. 하지만 뒤이어 '완두'의 항목이 새롭게 등장하는 것으로 미루어 비두를 완두라고 하기에도 분명 문제가 있을 듯하다. 무계유 교석에 의하면, '비두'의 명칭은 『사민월령(四民月令)』에 처음으로 등장하며, 북방에서 초봄 후에 파종하는 비두는 완두일 가능성이 매우 크다. 하지만 『제민요술』「대두」편에는 '비두'를 대두류로서 인식하여, 가사협은 당시 비두가 완두가 아니라고 한다.

136) 역자주 무계유는 교석에서는 『제민요술』「대두」편의 '대두성초(大豆性炒)'를 '조(燥)'의 의미로 해석하고 있다. 대두는 본래 수분 소모량이 많은데, 특히 개화기와 콩깍지가 열리는 시기에는 수분을 더욱 많이 필요로 하여, 대두를 파종한 밭은 본래 습기가 부족하다. 만약 수확 후, 다시 갈아엎지 않으면 토양이 건조해져 말라 버리게 된다. 마종신은 대두는 물소모량이 많아 콩의 그루터기에는 본래

지 않으면 토양이 엄청 건조해진다.

『효경원신계孝經援神契』에 의하면, 붉은 흙[赤土[137]]이 콩[菽] 파종에 적합하다고 한다.

『범승지서氾勝之書』에는, 콩[大豆]은 해마다 수확이 안정되고, 재배도 용이하여[138] 옛날부터 이것으로 흉년을 대비하기에 적합하였다. 식구 수에 따라 한 사람당 콩 5무畝를 파종했으며, 이것은 농사짓는 사람의 근본이었다고 한다.

3월에 느릅나무[楡]에 꼬투리가 달릴 무렵에 비가 내리면 지대가 높은 밭에 콩을 심는다. 토지가 잘 정리되어 크게 덩이진 것이 없으면 1무畝에 콩 5되[升]를 파종하고, 토지가 잘 정리되지 않은 밭은 콩을 더 늘려 파종한다. 콩을 파종함에 있어, 하지夏至 후 20일까지는 파종할 수 있다. 콩이 발아할 때, 콩잎이 콩 껍질[139]을 머리에 이고 돋아나기 때문에 깊게 갈아서는 안 된다. 파종하는 콩의 간격은 고르고 드물어야 한다. 콩 꽃은 개화할 때, 햇볕을 쬐는 것을 싫어한다. 햇볕을 쬐면 누렇게 변하고 문드러지며 뿌리는[140] 마르게 된다.

不耕, 則無澤也.

『孝經援神契』曰, 赤土宜菽也.

『氾勝之書』曰, 大豆保歲易爲, 宜古之所以備凶年也. 謹計家口數, 種大豆, 率人五畝, 此田之本也.

三月榆莢時, 有雨, 高田可種大豆. 土和無塊, 畝五升, 土不和, 則益之. 種大豆, 夏至後二十日尙可種. 戴甲而生, 不用深耕. 大豆須均而稀. 豆花憎見日. 見日, 則黃爛而根焦也.

물기가 부족한데, 만약 가을 추수 후에 다시 갈아엎지 않으면 토양은 곧 건조해져 한 점의 수분도 남아 있지 않게 된다고 주석하고 있다.

137) 역자주 마종신은 역주에서, 적토는 『상서(尙書)』「우공(禹公)」편에 서주(徐州) '궐토적분(厥土赤墳)'이라 하여, 일종의 상, 중등의 토양이다. 토양의 성질은 황적색의 점성토양으로 남방의 붉은 토양[紅壤]과는 다르다고 한다.

138) 역자주 '보세(保歲)': 무계유 교석에 의하면 '보세'는 1년의 수확을 보증하는 것이며, '역위(易爲)'는 비교적 용이하게 처리한다는 의미라고 한다.

139) 역자주 무계유는 '갑(甲)'은 열매의 씨껍질과 동물의 딱딱한 겉껍질이라고 주석하고 있다.

콩을 수확하는 방법은[141] 콩깍지가 검게 변하고, 줄기가 엷은 청색으로 변하면, 즉각 수확하고 주저해서는 안 된다. (수확이 늦어져서) 콩깍지가 터져 콩알이 떨어지게 되면, 오히려 손실을 입게 된다. 이 때문에 "콩은 마당[場]에서 익는다."라고 한다.[142)]

穫豆之法, 莢黑而莖蒼, 輒收無疑. 其實將落, 反失之. 故曰 '豆熟于場'.

최식崔寔은, 정월에는 비두豍豆를 심고, 2월에는 콩[大豆]을 심는다. 또 3월 황혼 무렵에[143)] 참성參星이 서쪽으로 지고, 살구꽃이 활짝 피며, 뽕나무 오디가 빨갛게 될 무렵에 콩을 심어도 된다고 한다.

崔寔曰, 正月可種豍豆, 二月可種大豆. 又曰 三月, 昏參夕, 杏花盛, 桑椹赤, 可種大豆.

4월에 때에 맞게 비가 내리면 콩과 팥을 심을 수 있다. 기름진 밭에는 드물게 씨를 뿌려야 하고, 척박한 밭에는 조밀하게 심는 것이 좋다고 하였다.

四月, 時雨降, 可種大、小豆. 美田欲稀, 薄田欲稠.

---

140) '황란이근초(黃爛而根焦)'에서 '근(根)'자는 이해가 가지 않는다. '고(枯)'로 써야 할 듯하다.

141) '확두지법(穫豆之法)'에서 범승지(氾勝之)는 대두(大豆)는 콩이 잘 떨어지기에 손실을 입는다고 강조하고 있다. 『제민요술』에서 말한 "이것은 잘 떨어지지 않으며, 일찍 베면 수확에 손실이 있다.[此不零落, 刈早損實.]"라는 말과는 매우 다르다. 아마도 범승지 이후 시간이 500년 넘게 흐르면서 콩의 품종을 선택할 때 콩이 떨어지는 문제를 해결했을 수도 있고, 범승지가 말한 대두와 가사협(賈思勰)이 말한 대두가 동일한 식물이 아닐 수도 있다. **역자주** 콩은 대개 위의 콩깍지가 청색이고, 아래 콩깍지가 검은색일 때 수확한다.

142) **역자주** 이 구절은 전본에는 있지만, 원각본에는 없다. 이 구절은 위의 콩깍지가 청색이고, 아래 콩깍지가 흑색을 띨 때, 가지고 와서 그것을 마당에서 익게 한다는 의미이다.

143) '혼참석(昏參夕)'의 '석(夕)'자는 이해가 가지 않는다. 『하소정(夏小正)』에 '혼참복(昏參伏)'이라고 기재되어 있는데, '석'은 아마도 '복(伏)'자가 훼손되어 잘못 옮겨 적은 듯하다.

▌교 안(校案)▌

ⓝ '초(炒)'는 '온(溫)'이라고 쓴 판본도 있는데, 『제민요술』 원문에서 해결하기 어려운 문제 중 하나이다. '온(溫)'은 사농사(司農司)의 편찬인이 고친 것이라고도 하지만 그다지 적합하지 않다.

팥 녹두(菉豆)·백두(白豆)를 덧붙임

『제민요술』: 팥[小豆]은 대개 보리를 갈았던 밭에 심는다. 보리 수확이 다소 늦어질 염려가 있기 때문에 땅의 여유가 있는 농가는 항상 지난해에 심었던 땅을 남겨두었다가[144] 팥 심을 준비를 해야 한다.

『범승지서』에는 팥은 수확을 보장할 수도 없으며, 수확하기도 어렵다. 오디[椹]가 검게 변할 무렵, 비가 내린 이후에 파종한다. 떡잎이 벌어지면, 호미질을 한다. 잎이 5~6장쯤 자라면 다시 호미로 김을 맨다고 한다.

콩과 팥은 너무 깨끗하게 호미질하면 좋지 않다.[145] 옛날부터 깨끗하게 호미질하지 않는 것

小豆 菉豆, 白豆附

『齊民要術』: 小豆, 大率用麥底. 然恐小晚, 有地者, 常須兼留去歲穀下以擬之.

『氾勝之書』曰, 小豆不保歲, 難得. 椹黑時, 注雨, 種. 豆生布葉, 鋤之. 生五, 六葉, 又鋤之.

大豆、小豆, 不可盡治也. 古所以

---

144) '곡하(穀下)'는 곧 앞[이전] 작물의 그루터기가 남아 있는 곡물의 경작지이다.

145) '진치(盡治)'는 콩잎을 따서 채소로서 식용으로 한다는 의미이다. 역자주 무계유의 교석본에서도 '진치'를 앞의 석성한과 같이 해석하고 있지만, 「대두」편에서 "콩밭 김매기는 두 차례 이상 할 필요가 없다."라는 사실로 미루어 여기서는 '치인(治人)'을 말하는 것이 아니라 김매기[鋤治]로 해석하는 것이 합리적일

은, 잎이 완전히 펼쳐지면[146] 잎 속에 기름기가 생기는데, 계속적으로 호미질을 하면 잎이 손상되면서 기름기가 유실되어 팥알이 충실하지 못하게 된다. 그러나 (요즘) 농부는 끊임없이 호미질을 하기 때문에 수확량이 감소되는 것이다.

不盡治者, 豆生布葉, 豆有膏, 盡治之, 則傷膏, 傷則不成. 而民盡治, 故其收耗折也.

녹두菉豆나 백두白豆[147]의 파종방식은 팥과 서로 동일하다.

菉豆、白豆種法與小豆同.

완 두[148]

豌豆

『무본신서務本新書』: 완두는 2월, 3월에 심는다. 여러 종류의 콩 가운데, 완두는 장기 저장[149]에 효과적이고, 또 생산량도 높고 그 성숙도 빠르

『務本新書』: 豌豆, 二、三月種. 諸豆之中, 豌豆最

듯하다.

146) '포엽(布葉)'의 '포(布)'는 '펼치다[展開]'로 해석할 수 있다. 그러므로 '포엽'은 완전히 펼쳐진 잎이며, 오늘날 작물학에서 말하는 '진엽(眞葉)'이라고 볼 수 있다.

147) 역자주 마종신은 역주에서 백두(白豆)는 반두(飯豆)라고도 한다. 이시진의 『본초강목』에 의하면 "반두는 팥[小豆] 중에서 흰 것을 말하며, 크기는 녹두와 같으며, 콩깍지는 팥과 유사하다."라고 한다. 백두라는 것은 오늘날의 '흰팥[白小豆]'을 일컫는다고 한다.

148) 역자주 무계유는 교석에서 완두는 1년생 혹은 해를 넘겨 자라는 재배작물로서 본문에서 2, 3월에 파종한다는 것은 봄에 파종하여 여름에 수확하는 일년생 완두를 뜻하며, 오늘날 북방에서는 여전히 재배하고 있다. 또 봄에 파종하여 가을에 수확하는 것도 있다. 회수 이남에는 통상 겨울에 파종하여 봄에 수확하는, 해를 넘기는 종자를 재배한다고 한다.

149) 역자주 '내진(耐陳)': 마종신은 완두 종자의 수명이 비교적 길어 장기간 저장할 수 있으나, 창고의 해충인 상(蟓)은 심각한 피해를 입힌다고 주석하고 있다.

다.[150] 도시 근처에서는 콩꼬투리를 따서 팔아 필요한 물건을 구입하기도 한다.[151] 이전부터 농부[152]들은 종종 갓 수확한 완두를 헌상하여 (주인에게) 맛보게 하였다. 이것은 한 해 중 가장 먼저 익어 귀하기 때문이다. 또 완두가 익을 때에는 사람이나 말에 밟히거나 상해를 입는 경우가 적다. 이런 점을 헤아려[153] 완두는 많이 심는 것이 좋다.

爲耐陳, 又收多, 熟早. 如近城郭, 摘豆角賣, 可先變物. 舊時庄農, 往往獻送[55]此豆, 以爲嘗新. 蓋一歲之中, 貴其先也. 又熟時少有人馬傷踐. 以此校之, 甚宜多種.

▌교 석 (校釋)▐

[55] '송(送)'자는 전본에는 빠져 있으나, 격본에 따라 보충하였다.

150) 역자주 무계유 교석본에 의하면 완두가 익는 기간은 품종과 환경조건의 차이 때문에 조숙한 것은 80~120일이나, 월동하는 것은 대개 160일 이상이다. 『무본신서(務本新書)』가 말하는 완두는 봄에 파종하는 조숙종이라고 한다.

151) '변물(變物)': 즉 물건을 판 돈으로 필요한 물건을 사는 것을 말한다. 역자주 여기서는 콩꼬투리를 팔아 필요한 물건을 구입한다는 의미이다.

152) 역자주 마종신은 '庄'은 '莊'의 속어로 장농(莊農)은 향촌의 농부로서 생산에 종사한 전호(佃戶)를 의미한다고 한다.

153) '교(校)': 교(校)자는 'gào'라고 읽는다. [혹은 'jiào'라고 읽는다. 현재 사천(四川), 귀주(貴州), 호북(湖北)와 호남(湖南) 지역의 방언에는 여전히 'gào'로 읽는다.] '비교(比較)'의 '교(較)'는 원래 '교(校)'로 썼다. 여기에서는 '계산하여 따지다[計較]'의 '교(較)'로 썼다.

고 량[薥[154]秫]

『무본신서』務本新書[155]: 고량[薥秫]은 낮은 지대에 심는 것이 좋으며, 봄에 일찍 파종한다. (그러면) 품이 적게 들면서 소출은 많으며, 다양한 용도로 사용할 수 있다.[156] 먹다 남은 것을 갈아서[157] 밀기울이나 쌀겨와 잘 섞으면 가축[158]의

薥秫

『務本新書』: 薥秫, 宜下地, 春月早種. 省工, 收多, 耐用. 人食之餘, 攔碎多拌麩糠, 以飼

---

154) '촉(薥)'은 수수[촉서(薥黍)]이다. 지금은 '촉서(蜀黍)'로 쓰는데, 고량(高粱)을 말한다. 왕념손(王念孫)은 『광아소증(廣雅疏證)』에서 '촉(蜀)'을 '높고 크다[高大]'로 해석하며, 촉서는 길이가 긴 기장[黍]을 가리키는 것이지, 결코 사천(四川)에서 나온다는 것은 아니라고 하였다. 더 이른 시기에 편찬된 책 가운데, 『박물지(博物誌)』에 '지절 3년에 촉서를 심었다.[地三年種蜀黍.]'라는 구절에 '촉서(蜀黍)'라는 명칭이 나온다. [이 구절을 포정박(鮑廷博) 각본 『태평어람(太平御覽)』 권934 '사(蛇)'와 권842 '서(黍)'에서 인용했다. 지(地)자 아래에 '절(節)'자가 더 있는데, '지절(地節)'은 한나라 선제(宣帝)의 연호이다.] 『박물지』가 만일 장화(張華)가 쓴 것이 맞는다면, 진(晉)나라 초[혜제(惠帝) 팔왕의 난 이전]에 이미 이 명칭이 있었던 셈이다. 하지만, 『박물지』에 비해 조금 뒤에 나온[고증은 『제민요술금석(齊民要術今釋)』「제이 분책(分册)」 244쪽 참고] 곽의공(郭義恭)의 『광지(廣志)』에는 '양화(楊禾)'가 있는데, 곽의공은 "중국의 '파화(巴禾)', '목직(木稷)'이다.[中國巴禾木稷也.]"라고 생각했다. 그 중에 '양화(楊禾: 백양나무 같이 높고 곧은 벼)', '파화(巴禾: 높고 크다는 뜻이며 사천을 가리키는 것이 아니다.)', '목직(木稷)'이라는 3가지 명칭이 가리키는 것은 아마도 '촉서' 혹은 고량인 듯하며, 최소한 글자의 표면적인 의미로 봤을 때는 같다. 위(魏) 나라 장읍(張揖)의 『광아(廣雅)』「석초(釋草)」에서 "관[藿: '획(獲)'자임에 분명]양(粱), 목직야(木稷也)"라고 했는데, '획량(獲粱)'은 수확한 기장[粱]으로 볼 수 있으며, 역시 고량을 말하는 것이다. 그러므로 왕념손의 '촉(蜀)'자에 대한 해석은 정확하다고 할 수 있다. 고량이 중국에 유입된 것은 삼국시대 이후가 아닌 듯하다.

155) '『무본신서(務本新書)』': 이 책은 『송사(宋史)』「예문지(藝文志)」에는 보이지 않는다. 본서에 인용한 책들의 순서로 추측해 보았을 때, 시대는 『종시직설(種蒔直說)』 이전으로 보이며, 금나라 때 황하(黃河) 유역에 살던 사람의 저서로 잠정적으로 추정할 수밖에 없다.

156) 역자주 마종신은 역주에서 '내용(耐用)'의 '내(耐)'는 『한서』「고제기(高帝紀)」에 의하면, '임(任)'의 의미이며, 용도가 매우 폭넓다는 의미라고 한다.

157) '엽쇄(攔碎)': 청소한 먼지 및 폐기한 물건으로 오늘날의 '쓰레기[垃圾]'를 일

좋은 사료가 된다. 그 밖에도 고량 대[稈]로는 누에 잠박을 짜거나 울타리를 치며, 땔감으로 쓰기도 한다. 성읍 안에 들고 가서 팔아 다른 일용품으로 바꿀 수도 있다.

五牸. 外稭稈, 織箔、夾籬寨, 作燒柴. 城郭貨賣, 亦可變物.

메 밀

蕎麥

『제민요술齊民要術』[159]: 무릇 메밀을 재배하기 위해서는 5월에 밭을 간다. 25일이 지나 잡초가 썩어 문드러진 후에 다시 한 번 간다. 파종할 때 한 번 더 갈아 모두 세 번 갈이를 한다. 입추立秋를 전후하여 10일 이내에 파종한다. 만약 파종 전에 세 번 갈이를 해주면 메밀의 열매도 3층層으로 맺히게 된다. 아래 두 층의 열매는 검은 색으로

『齊民要術』: 凡蕎麥, 五月耕. 經二十五日,❾ 草爛, 得轉. 幷種, 耕三徧. 立秋前後, 皆十日內種之. 假如地耕三徧, 卽三重

컬으며, 'là xì'라고 읽는다. 광동어에서는 lap-sap으로 읽는다. 『광운(廣韻)』에는 '엽잡(擸揷)'이라고 되어 있는데, 당나라 이전의 독음은 오늘날의 광동어와 비슷하다. 여기에 쓰인 '엽쇄(擸碎)'는 쓰레기라는 뜻이지만, '쇄(碎)'는 폐구음을 동반하지 않으므로 금나라 중엽이라는 것을 증명할 수 있을 것이다. 황하유역 방언 중 '잡(揷)'의 폐구음은 이미 사라졌다. 역자주 마종신은 역주에서 '엽쇄(擸碎)'는 여기서 맷돌로 곡식을 갈아 부순다는 의미라고 한다.

158) 역자주 무계유 교석본에 의하면, '자(牸)'는 원래 어미 가축을 뜻하나 여기서는 가축을 두루 가리킨다고 한다.

159) '『제민요술(齊民要術)』'의 인용문은 현재 『제민요술』 권전(卷前)의 「잡설(雜說)」에 보인다. 메밀의 도입은 수당(隋唐)시대보다 빠를 수는 없다. 여러 가지 증거를 종합해 볼 때 「잡설」이 가사협의 원서에 있던 내용이 아님을 알 수 있다. 하지만, 북송(北宋) 사람이 『제민요술』 「잡설」의 첫 부분 "삶의 길은 벼슬을 하지 않으면 농사를 짓는 것이다.[治生之道, 不仕則農.]"라는 구절을 인용한 것으로 보아 「잡설」의 저자는 필시 북송시대 이전의 사람일 것이다.

변하며, 단지 위의 한 층의 열매만 흰색이다. 모두 흰 즙이 나오며, 열매 속의 흰 즙이 가득 차 진하게 되면,[160] 서둘러 수확한다. 다만 수확한 메밀 가지[梢]를 서로 잇대어 마당에 펴놓으면, 흰 것이 점차 검은 색으로 변한다. 이것이 곧 메밀을 수확하는 좋은 방법이다. 만약 맨 위쪽의 흰색 열매가 반쯤 검은색으로 바뀌기를 기다려 수확했다가는 아래 두 층의 검은 열매는 다 떨어져 버리게 된다.

著子. 下兩重子黑, 上一重子白. 皆是白汁, 滿似56如濃, 卽須收刈之. 但對梢荅57鋪之, 其白者, 日漸盡變爲黑. 如此, 乃爲得所. 若待上頭總黑半, 已下黑子盡落矣.

교 석 (校釋)

56 '사(似)': 격본에 이 '사(似)' 자가 있고, 『제민요술』 전본(傳本)과도 같으나, 전본(殿本)에는 빠져 있다.

57 '답(荅)': 전본(殿本)에는 오늘날 통용되는 글자인 '탑(搭)'으로 되어 있으나, 격본(格本)에는 '답(荅)'으로 되어 있고, 이는 『제민요술』 각본(各本)과 같다. '답'에는 서로 대응한다는 뜻이 있으므로, '상답(相荅)'은 즉, '서로 대응한다'라는 뜻이다.

교 안 (校案)

● '이십오일(二十五日)': 『제민요술』에는 원래 '삼십오일(三十五日)'로 되어 있다.

160) 역자주 무계유는 농(濃)은 농(膿)의 가차(假借)이며, 흰 즙이 농후해진 상태를 뜻한다고 교석하고 있다.

참 깨 『본초연의(本草衍義)』[161]에는 단지 '지마(脂麻)이다.'라고 하였다.

胡麻 『本草衍義』曰 "止是脂麻也."

『제민요술』: 호마胡麻는, 한서에는 장건(張騫)이 외국에서 깨[麻] 종자를 구해 왔다고 한다.[162] 지금 민간에서 흔히 '오마(烏麻)'라 부르는 것은 잘못된 것이다. 지금 세간에는 흰 참깨[白胡麻]와 8모 참깨[八稜胡麻]가 있다. 흰 참깨는 기름[油]이 많고, 또 밥을 지어 먹을 수도 있다. 이것은 빈 땅[白地][163]에 심는 것이 좋다. 2・3월이 농시農時에 가장 적합하다. 4월 상순이 그 다음이며, 5월 상순은 가장 좋지 않은 시기이다. 해당 달의 15일 이전에 파종하면 결실이 많고 잘 영글며, 15일 이후에 파종한 것은 씨알 달리는 것도 적고 쭉정이도 많다. 파종시기는 비가 그친 이후가 좋다.[164] 만약 물기가 있을 때를 틈타 심지 않으면, 종자가 말라[165]

『齊民要術』: 胡麻 漢書張騫從外國得胡麻子. 今俗人呼爲'烏麻', 非也. 案今世有白胡麻、八稜胡麻. 白者油多, 而又可以爲飯. 此宜於白地種. 二、三月, 爲上時. 四月上旬, 爲中時, 五月上旬, 爲下時. 月半前種者, 實多而成,

161) '『본초연의(本草衍義)』': 구종석(寇宗奭)이 편찬한[『총서집성초편(叢書集成初編)』의 『십만권루총서(十萬卷樓叢書)』에 따른 배인본(排印本)] 『본초연의』 제1조 「호마(胡麻)」를 참고했다. 원문 "여러 전문가들의 말이 서로 다르나, 다만 지금의 지마(脂麻)만 이견이 없다. … [諸家之說, 參差不一, 止是今脂麻, 更無他義. …]"의 '지마(脂麻)'는 기름이 많은 '마(麻)'이다. 현재는 습관적으로 '참깨(芝麻)'라고 쓴다.

162) "장건이 외국에서 호마를 들여와 심었다.[張騫從外國得胡麻種.]": '호마(胡麻)' 혹은 '지마(脂麻)'는 대략 양한(兩漢)시기에 중아시아에서 중국으로 들어왔을 것이다. 진(晉)나라 때 그것을 도입했는데, 장건의 공이다.

163) 역자주 무계유의 교석에는 백지(白地)는 두 종류의 뜻이 있는데, 하나는 토양의 상이한 형태의 특징(색, 구조, 강도 및 경작정도 등)을 뜻하며, 다른 하나는 같은 작물에 일정한 해에 땅을 비우고 연작하지 않는 땅을 일컫는다. 여기서는 후자, 즉 공한지 혹은 휴한지 또는 빈 땅을 뜻한다고 한다.

164) 역자주 마종신은 "파종시기는 비가 그친 이후가 좋다.[種欲截雨脚.]"에서 '절(截)'의 의미는 '단(斷)'으로 비가 그쳤음을 의미한다고 한다.

165) 역자주 '융이불생(融而不生)': 마종신은 역주에서 '융'은 '융화(融和)'의 의미로서, 깨 씨가 작아 건조한 토양에 파종하게 되면 말라보이지 않게 된다고 한다.

싹이 트지 않는다. 1무畝에 씨앗 2되[升]를 뿌린다. 흩어 뿌릴 때[漫種], 먼저 누耬로 갈고 고랑을 지어 씨를 흩뿌린 다음 이빨[齒] 없는 끌개[勞][166]를 끌어 흙을 평평하게 골라 준다. 끌개 위로 사람을 올려 세워서 끌면 덮는 흙[覆土]이 너무 깊어져 싹이 잘 나오지 않는다. 누거[耬]로 갈아 씨를 뿌릴 경우에는 건조한 모래를 씨앗과 반반씩 뒤섞어 뿌린다. 모래를 섞지 않으면 고르게 뿌려지지 않는다. 밭이랑에 파종한 깨에 잡초가 무성하다면, 뾰족한 호미(鋒鋤)나 누서(耬鋤)로 김을 매주어야 한다. 모종의 호미질은 3차례 이상을 해서는 안 된다. 베어서 한 손으로 쥘 정도로 작게 묶는다. 한 움큼이 크면 말리기가 어렵고, 두드려 털 때도 손에 잘 잡히지 않는다. 5~6움큼을 한 다발로 만들어서 서로 비스듬히 기대어 놓는다. 이렇게 하지 않으면 바람이 불 때 쓰러지면서 쉽게 알이 떨어져 수확에 손실이 생긴다. 참깨의 꼬투리가 터지기를 기다려 수레를 타고 밭으로 나가서 다발을 흔들어 떨어낸다.[167] 깨 다발을 거꾸로 세워 들고 작은 막대기로 가볍게 두들겨 턴다. 다시 다발을 묶어 세워 둔다. 사흘마다 한 차례씩 더 턴다. (이것을) 4~5차례 하면, 깨알이 모두 떨어지게 된다. 만약 물기가 있을 때 베어낸 깨는 땅위에 옆으로 쌓아 두면, 발열로 인해 빨리 건조된다. 비록 후덥지근할지라도 바람이 불어 알이 떨어져 손실될 염려는 없다. 열기를 받은 깨알은 비록 종자로 쓰기에는 적합하지

月半後種者, 少子而多秕也. 種欲截雨脚. 若不緣濕, 融而不生. 一畝用子二升. 漫種者, 先以耬耩, 然後散子, 空曳勞. 勞上加人, 則土厚不生. 耬耩者, 炒沙令燥, 中半和之. 不和沙, 下不均. 壟種若荒, 得用鋒耬. 鋤不過三徧. 刈束欲小. 束大, 則難燥, 打, 手復不勝. 以五六束爲一藂, 斜倚之. 不爾, 則風吹倒, 損收也. 候口開, 乘車詣田抖擻. 倒豎, 以小杖微杖之. 還藂之. 三日一打. 四五徧乃盡耳. 若乘濕橫積, 蒸熱速乾. 雖鬱裛, 無風吹虧之慮. 裛者不中爲種子, 然油

166) 역자주 왕정『농서』「농기도보집지이(農器圖譜集之二)」에 의하면, '노(勞)'는 이빨이 없는 끌개로 종자를 덮고 평평하게 고르는 데 이용된다고 한다.

167) 역자주 마종신은 역주에서 수레를 타고 밭에 나가 깨를 수확할 때, 편안하게 있지 않고 마차를 끌고 다니며 깨를 운반하였다고 한다.

못하지만, 기름을 짤 때에는 전혀 문제될 것이 없다.

無損也.

『사시유요四時類要』:168) 매 그루를 한 자[尺] 간격으로 띄워 심는 것을 표준으로 한다.

『四時類要』: 每科相去一尺爲法.

〈그림 24〉 삼각누리[三脚耬]

암 삼[麻子]169): 차조기씨[蘇子]를 덧붙임

麻子 蘇子附

『제민요술』: 만약 대마의 씨를 수확하려면 검은 반점이 있는 종자를 심어야 한다. 검은 반점이 있는 종자는 열매가 많이 달린다. 최식(崔寔)이 말하기를 "암삼

『齊民要術』: 止取實者, 種斑黑麻子. 斑黑者實饒.58 崔

168) '사시유요(四時類要)': 『사시찬요(四時纂要)』「2월(二月)」「종호마(種胡麻)」조의 끝부분에 보인다.

169) '마자(麻子)': 대마(大麻)의 암그루가 맺은 열매를 지칭한다. 역자주 마종신은 역주에서 대마는 또 화마(火麻), 한마(漢麻), 선마(線麻)라고도 한다고 하였다. 암수의 그루가 달라 수삼은 시마(枲麻)라고 하며 줄기가 가늘고 길며, 암 것보다 1개월 빨리 수확하며, 주로 줄기의 껍질을 이용하여 섬유를 얻는 데 이용한다. 암삼은 저마(苴麻)라고 하며, 본서에서는 '마자(麻子)'라고 칭했는데, 주로 씨를 받는 데 이용되었다. 본서에 의하면 검은 반점이 있는 종자는 대부분 암삼이라고 하여 이 견해에 따라왔지만, 최근에는 이 견해를 믿지 않고 있다고 한다. 무계유는 교석에서 대마의 모종이 5, 6치[寸] 정도 자라면 대개 암수를 구별할 수 있다고 한다. 농가에서는 대개 목적에 따라 암, 수삼을 재배하며, 먼저 성숙하는 수삼을 수확한 후 암삼이 익으면 수확하여 종자를 거둔다고 한다.

[苴麻]의 열매는 검고 알차서 무겁다. 열매를 찧어 기름을 내어 촛불을 밝히는 데에도 쓰이지만, 삼실을 만드는 데는 사용하지 않는다."라고 하였다. 암삼을 재배할 땅은 모름지기 두 번 갈아야 한다. 1무에 3되[升][170] 정도의 종자를 사용한다. 3월에 파종하는 것이 농시에 가장 좋고, 4월은 중간쯤이며, 5월 초순이 시기적으로 가장 좋지 않은 때이다. 대략 2자 전후에 한 모종을 남긴다. 너무 빽빽하게 심으면 열매가 맺히지 않는다. 암삼의 토지는 항상 깔끔하게 김을 매주어야 한다. 풀이 많으면 열매 맺는 것이 적어진다. 수[雄]삼의 꽃가루가 퍼져나가면[171] 수삼을 뽑아 없앤다. 만일 수삼의 꽃가루가 날아 퍼지기 전에 수삼을 없애면 암삼이 열매를 맺을 수 없다. 대개 길가에 오곡을 심는 밭은 항상 가축들의 피해를 입게 마련인데, (밭머리에) 참깨와 암삼을 심으면 이런 피해를 막을 수 있다. 참깨는 가축[六畜]들이 먹지 않고, 암삼의 경우 그 끝부분을 잘라 먹게 되면 오히려 곁가지가 더욱 잘 자라게 된다. 이들 두 작물을 수확하게 되면, 족히 등불을 환하게 밝힐 만한 비용을 건질 수 있다. 콩을 심는 밭에는 절대로 암삼을 섞어 심지 않도록 주의해야 한다. 삼이 지면에 쏟아지는 햇볕을 가려 두 작물 모두의 성장에 좋지 않고 수확도 적어진다. 6월 중순에는 암삼을 심은 땅에 순무[蕪菁]를 흩어 뿌리고 한 번 김을 매어 주면, 장차 순무를 수확할 수 있다.

寔曰 "苴麻, 子黑, 又實而重. 擣治作燭, 不作麻." 耕須再徧. 一畝用子三升. 三月種者爲上時, 四月爲中時, 五月初爲下時. 大率二尺留一根. 穊則不成. ⓟ 鋤常令淨. 荒則少實. 旣放勃, 拔去雄. 若未放勃去雄者, 則不成子實. 凡五穀地畔, 近道者, 多爲六畜所犯, 宜種胡麻, 麻子以遮之. 胡麻、六畜不食, 麻子, 齧頭則科大. 收此二實, 足供美燭之費也. 愼勿于大豆地中雜種麻子. 扇地兩損, 而收並薄. 六月中, 可於麻子地間, 散蕪菁子而鋤之, 擬收其根.

170) 역자주 석성한의 교주본에서는 2되로 고쳐 적고 있다.
171) '발(勃)': 분말이나 기포를 주위에 흩뿌리는 것으로, '패(孛)(=혜성)'와 같은 것을 모두 '발(勃)'이라고 한다. 여기에서는 대마의 수 그루가 꽃가루를 뿌리는 것[수분(授粉)]을 지칭한다.

『범승지서』에 이르기를, 암삼의 키가 1자쯤 자라면 누에똥을 거름으로 준다. 누에똥이 없으면 뒷간의 잘 썩은 인분도 좋다. 그루당 1되쯤을 거름[追肥]한다. 날씨가 가물어 비가 오지 않으면, 흐르는 물을 길러 뿌려준다. 흐르는 물이 없을 경우에는 우물물에 햇볕을 약간 쬐어 한기를 걷어낸 다음에 준다.[172] 비가 때맞추어 내리면 물을 줄 필요가 없다. 물은 자주 줄 필요는 없다. 서리가 내리면 암삼의 씨가 익기 때문에 빨리 베어 내야 한다. 간혹 암삼 나무의 줄기가 지나치게 크고 굵으면 톱으로 잘라낸다고[173] 한다.

『氾勝之書』曰, 樹高一尺, 以蠶矢糞之. 無蠶矢, 以溷中熟糞亦善. 樹一升. 天旱, 以流水澆之. 無流水, 曝井水, 殺其寒氣以澆之. 雨澤時適, 勿澆. 澆不欲數. 霜下實成, 速斫之. 其樹大者, 以鋸鋸之.

『무본신서務本新書』: 무릇 오곡五穀을 파종하는 밭이 도로 가까운 곳에 있으면, 밭머리에 별도로 차조기씨[蘇子][174]를 파종하여 가축들이 곡식을

『務本新書』: 凡種五穀, 如地畔近道者, 亦可另種蘇子,

---

172) 역자주 무계유 교석에는 샘물은 흐르는 물보다 일반적으로 온도가 차기 때문에 이로써 관개를 할 때는 온도를 높여주어야 하는데, 논의 수온을 조절하는 매우 합리적인 조치이다. 이것은 아주 이른 시기의 기록이라고 한다.

173) '톱으로 그것을 톱질한다.[以鋸鋸之.]': 굵고 거대한 대마 암그루는 밑줄기의 직경이 한 치 반 가까이에 달한다. [심양(沈陽)의 개방평(蓋方平) 씨가 자국을 보여준 적이 있다. 이에 대해 감사한다.] 그러므로 톱을 사용해서 톱질을 해야 한다.

174) '소자(蘇子)': 기름을 짤 때 쓰는 차조기씨[蘇子]는 예로부터 '임(荏)'이라고 불렀다. 『제민요술』「임료제이십육(荏蓼第二十六)」의 '들깨기름[荏油]'에 대한 설명이 『무본신서』보다 더 자세하다. "들깨는 색이 녹색으로 곱고 향이 좋아, 떡[餠]을 익힐 때(지지거나 혹은 데칠 경우) 참깨보다는 못하고 마실유보다는 낫다. 또한 누린내가 난다. 그러므로 들깨기름은 '기름[澤]'(=머리기름)으로 쓸 수 없는데, 사람의 머리카락을 태우기 때문이다. (들깨기름은 건성유라서 산소와 접촉하면 딱딱하게 굳어서 마치 타서 눌어붙은 것처럼 된다.) 곱게 갈아 죽처럼 걸쭉하게 끓여 먹으면 대마씨보다 훨씬 좋다. 그 외에 초로도 쓸 수 있다.(횃불에 붓고 불을 붙여 빛을 밝힌다.) 백전유(帛煎油: 달여서 도료로 쓰거나, 칠하여 방수포를 만든다.)로 더욱 좋다. 들깨기름은 성질이 순(淳)하여 (물이 흡수되지 않는다.) 비단에 칠하는 데는 마실유보다 낫다."라고 한다.

밟아 손상하는 피해를 막을 수 있다. 그 씨를 받아 기름을 짜면 등불을 밝힐 수 있고, 기름을 정련하여 각종 물건에 기름을 칠할 수도 있다.

以遮六畜傷踐. 收子打油, 燃燈甚明, 或熬油以油諸物.

교 석(校釋)

58 '실요(實饒)': 전본에는 '실요(實饒)'라고 되어 있으나, 격본과 『제민요술』 원본에는 앞뒤 글자가 바뀌어 있다.

교 안(校案)

ⓟ '성(成)': 『제민요술』에는 원래 '경(耕)'으로 되어 있다.

삼

『제민요술』: 무릇 (섬유용) 대마를 파종할 때는 대개 흰 삼씨[白麻子]를 사용한다. 흰색 삼씨는 수삼[雄麻]이다. 어떤 것은 색깔은 비록 희더라도 이빨로 깨물어 보면 속은 도리어 마르고 기름기가 없는 것이 있는데, 이것은 쭉정이로서 파종하기에 적합하지 않은 종자이다. 만약 시장에서 종자를 구입한다면, 잠시 입속에 머금어 색깔에 변화가 없으면 좋은 종자이다. 검은 색으로 변하는 것은 습기와 열을 받아 변질된 종자인 것이다. 삼[大麻]은 좋은 밭에 심어야 하지만, 굳이 묵혀둔 토지[故墟][175]를 이용할 필요는 없다. 묵혀둔 토지는 너무 비옥하여 삼의 잎 대부분이 일찍 말라 죽게 되어 베

麻

『齊民要術』: 凡種麻, 用白麻子. 白麻子爲雄麻. 顏色雖白, 齧破枯燥無膏潤者, 秕子也, 亦不中種. 市糴者, 口含少時, 顏色如舊者, 佳. 如變黑者, 裛.59 麻欲得良田, 不用故墟. 故墟亦良,60 有黟葉夭折之患,

를 짤 수 없게 된다. '과(夥)'[176]는 잎이 말라버림을 의미한다. **척박한 땅에는 시비를 해야 한다.** 거름은 잘 썩어야 한다.[177] 썩은 거름이 없으면 팥을 심었던 밭을 사용해도 좋다. 최식(崔寔)이 이르기를, "정월에 밭이랑(疇)에 거름을 낸다."라고 한다. 이 이랑이 곧 (파종할) 삼밭을 의미하는 것이다. **밭갈이는 흙을 곱고, 부드럽게 하는 것이 좋다.** 종횡으로 일곱 차례 이상 갈아 주면, 대마의 줄기가 자랄 때 잎이 마르는 것이 적어진다.[178] **삼밭은 경지를 해마다 바꾸어 재배하는 것[歲易]이 좋다.** 윤작하여 파종하지 않으면(抛子種),[179] 대마의 마디가 길어진다.[180] **좋은 밭에는 1무에 삼 종자 3되**

不任作布也. 夥, 草葉壞也. **地薄者糞之.** 糞宜熟. 無熟[q]者, 用小豆底亦得. 崔寔曰 '正月糞疇.' 疇, 麻田也. **耕不厭熟.** 縱橫七徧已上, 則麻無葉也. **田欲歲易.** 抛子種, 則節高. **良田一畝, 用子三升, 薄田二升.**

---

175) 역자주 '고허(故墟)': 마종신은 역주에서 문자의 의미로는 오랫동안 비워둔 주택이나 건축물이 훼손된 터를 지칭한다. 하지만 이 속에 등장하는 고허는 장기간 방치하여 경작하지 않은 토지로서 기름진 토지를 의미하는데, 실제 생활 속에서 이런 토지는 매우 적다. 그런가 하면 『제민요술』에는 '고허분(故墟糞)'이라 하여 일종의 거름을 뜻하기도 하는데, 본문의 내용으로 보면 토지를 가리키지만 거름으로 해석해도 뜻은 통한다고 한다.

176) '과(夥)': 이 글자는 『제민요술』 각본에는 원래 '점(黏)'으로 되어 있다. 본서에서 인용하면서 '과'로 고쳤다. 대략 '정(丁)과 파(破)의 반절음[丁破反]'으로, 비슷하게 생긴 글자를 선택해서 쓴 것인 듯하나, 우리는 이것이 '할(藒)'자를 잘못 보고 베낀 것이라 여기고 있다. '할(藒)'은 '개(稭: 짚, 줄기)'의 다른 표현이다. 뒷부분의 "과(夥)는 정(丁)과 파(破)의 반절음이다. 잎이 상한다.[夥, 丁破反, 草葉壞也]."는 것은 대개 『집운(集韻)』의 "점은 정과 하의 반절음이다. 잎이 상한다.[黏, 丁賀反, 草葉壞.]"에 근거하여 고쳐서 쓴 것으로, 신뢰할 수 없다.

177) 역자주 무계유 교석본에서는 원문의 '분역숙(糞亦熟)'을 '분의숙(糞宜熟)'으로 고치고 있는데, 의미상 무계유의 견해가 합당하다고 판단하여 그에 따라 번역했다.

178) '마무엽(麻無葉)': 『제민요술』의 원문 역시 이렇게 되어 있다. 아마도 '엽(葉)'자 위쪽에 '황(黃)' 혹은 '패(敗)' 등의 글자가 누락된 듯하다.

179) 역자주 무계유 교석본에 의하면, '포자종(抛子種)'의 '포(抛)'는 모자(母子)를 서로 떨어지게 하는 것으로 '포자'는 재배지를 바꾸는 것으로 윤작하여 경작지를 바꾸는 것을 의미한다고 한다. 이와 반대도 산동지역에서는 '자모(子母)'를 같은 해 파종하여 수확하는 것을 '자모종(子母種)'이라고 한다.

180) "포자종칙절고[抛子種則節高]": 마디가 길면 삼베도 길게 뽑을 수 있으니, 이

[升]를 뿌리며, 척박한 밭에는 1무에 2되를 파종한다. 모종이 조밀하게 파종되면, 줄기가 가늘고 자라지 않는다.[181] 드문드문 뿌리면 줄기가 거칠고 껍질의 질도 좋지 않다. (파종은) 하지 10일 전이 가장 좋고, 하지 날에 파종하는 것이 그 다음이며, 하지에서 10일이 지난 때가 가장 좋지 않다. "(겨울) 보리가 누렇게 여물면 삼[大麻]을 심고, 삼이 누렇게 익으면 보리를 파종하는 것"이 가장 좋은 적기(適期)를 이르는 말이다. 농언에 이르기를, "하지 이후에 삼을 심으면, 개[狗]마저 (삼밭에) 숨을 수 없다."라고 한다. 혹자는 이에 답하여 말하기를 "단지 비[雨]만 많이 내려도 낙타[駝] 등을 덮어 가릴 수 있다."라고 한다. 또 농언에는 "5월에 비가 내리면 부자(父子) 사이에도 서로 일손을 빌릴 수 없다."라는 말이 있다. 이것은 5월에 비가 내리는 것을 틈타 급히 파종해야 하기 때문에 속설에서는 (가까운 사이도 상호) 양보하지 않았음을 말한 것이다. 하지가 지나서 파종한 삼은 줄기가 짧을 뿐만 아니라 껍질도 가볍고 얇다. 이 때문에 반드시 농시를 좇고 기회를 놓쳐서

穊則細而不長. 稀則麤而皮惡. 夏至前十日, 爲上時, 至日, 爲中時, 至後十日, 爲下時. "麥黃種麻, 麻黃種麥." 亦良候也. 諺曰 "夏至後, 不沒狗." 或答曰 "但雨多, 沒橐駝." 又諺曰 "五月及澤, 父子不相借." 言及澤急說非辭[61]也. 夏至後者, 匪唯淺短, 皮亦輕薄. 此亦趍時, 不可失也. 父子之間, 尙不相假借, 而況他人者也? 澤多者, 先漬麻子令芽

상적인 조건이라 하겠다. 하지만 '抛子種(연작하지 않음)'이라고 해서 마디가 길어진다는 보장은 없다. 이는 우연한 일을 일반화시켜 판단한 유심적 추론으로 보인다. **역자주** '포자종(抛子種)'에 대한 해석은 다양하지만, 글자의 뜻으로 해석하여 포자종을 산파[뒤에서 말하는 만척자(漫擲子)]의 의미로 해석하며, 산파는 조파(條播)와는 달리 모 사이의 거리가 없어 삼의 줄기가 가늘고 높으며, 잎이 적고 마디가 길어진다고 한다. 그런가 하면 무계유 교주에서는 '포자종'을 윤작하여 전작물을 재배하지 않는 경지에 재배하는 것으로 이해하고 있다. 수삼은 대개 비교적 길고 가늘며 마디도 길다. 윤작하여 연작하지 않음으로 인해 마디가 긴 장점을 유지할 수 있어 섬유용으로 적합하다. 당시의 속어로서 '포자'는 모자(母子)가 서로 떨어져 존재한다는 의미로서, 재배지를 바꾸는 것을 의미한다. 원문의 '세역(歲易)'과 상호 관련지어 설명해야 한다는 점에서 본 번역에서는 무계유의 견해를 취하였다.

181) "가늘고 자라지 않는다.[細而不長.]": '장(長)'은 상성(上聲)으로 읽으며, 생장(生長)하다는 뜻이다.

는 안 된다. 부자 사이에서도 일손을 빌릴 수 없는데, 하물며 다른 사람이야 말해 무엇 하겠는가? 땅에 물기가 너무 많을 경우, 우선 삼씨를 물에 담가서 싹을 틔워야 한다. 빗물을 받아 삼 종자를 담그면[182] 싹이 빨리 나온다. 우물물에 담그면 싹이 늦게 나온다. 종자를 담그는 방법: 삼씨를 물에 담그고 대략 두 섬의 쌀로 밥을 지을 시간 동안 기다렸다가 걸러내어 자리 위에 두고, 3～4치 두께로 펴서 자주 뒤적거려준다. 모두 땅의 기운을 받게 하면, 하룻밤이 지나면 곧바로 싹이 나온다. 만약 물거품이 일어나면 열흘이 지나도 싹이 나오지 않는다. 땅의 겉흙이 허옇게 마르기[白背]를 기다렸다가 누거耬車로 고랑을 타 씨를 흩어 뿌리고 끌개[勞]로 흙을 평평하게 골라준다. 만약 비가 그친 후에 바로 씨를 뿌리면, 땅이 너무 축축하여 삼 싹이 연약하게 나온다. 땅의 겉흙이 희끗희끗하게 마를 때를 기다려 파종하면 삼 싹이 건강하게 솟아나온다. 땅에 습기가 적을 때는 삼씨를 잠깐 동안 물에 담갔다가 곧바로 꺼내서 싹이 트기 전에[183] 누거耬車에 넣어 고랑을 파서 그 속에 파종한다. 끌개[撻]로

生. 取雨水浸之, 生芽疾. 用井水則生遲. 浸法, 著水中, 如炊兩石米頃, 漉出, 著席上, 布令厚三四寸. 數攪之, 令均得地氣, 一宿卽芽出. 水若滂沛, 十日亦不生. 待地白背, 耬耩, 漫擲子, 空曳勞. 截雨脚卽種者, 地濕, 麻生瘦. 待白背者, 麻生肥. 澤少者, 暫浸卽出, 不得待生芽, 耬頭中下之. 不勞曳撻. 麻生數日中, 常驅雀. 葉青乃止. 布葉而鋤. 頻煩

182) “빗물을 받아 그것을 담근다.[取雨水浸之.]”: 빗물은 자연적으로 증류된 후 공기 중의 수증기가 응결한 순수한 물로서, 공기 중의 먼지에 붙어 섞여 들어간 불순물만 있을 뿐, 광물질이 매우 적다. 우물물, 특히 황하 유역의 가뭄지역은 토양에 염분이 많아, 일반적으로 ‘센물[苦水]’이라고 부른다. 순수한 물에 씨앗을 담그면, 물을 빨리 흡수해 일찍 발아할 수 있다. 염분이 함유된 물은 발아 과정을 늦추므로, 염분 함량이 높을수록 발아가 늦다. 또 물이 너무 많으면 산소를 차단시켜 지방질 종자의 경우 호흡이 원활하지 않아 발아가 억제된다.

183) “습기가 적을 때는 … 싹이 트기 전[澤少者, … 不得待生芽]”: 이미 수분을 흡수한 종자의 경우, 싹이 트기 전에 건조한 환경에 처하면 수분 흡수가 곤란하여 발아가 늦춰질 수는 있으나, 수분 흡수 후 다시 불어나 결국에는 발아하게 된다. 만약 이미 싹이 튼 후에 건조해지면, 이미 나온 어린 뿌리와 싹이 말라 죽으면서 전체가 죽게 된다. 커다란 종자는 물에 담그기가 적합하지 않은데 바로 이러한 이치이다.

평탄작업을 하거나 끌개[撻]로 눌러 부드럽게 고를 필요가 없다. 삼 싹이 나온 후 며칠 동안은 항상 참새를 쫓아 주어야 한다. 잎이 푸른색으로 변하면 새 쫓는 일을 그만둔다. 잎이 활짝 펼쳐지면 김매기를 한다. 김매기는 두 번 한 후, 그만 둔다. 모가 커 김매기를 하게 되면 삼을 다치게 하기 십상이다. 너무 조밀하거나 나약한 모는 과감하게 솎아 낸다. 삼의 꽃가루가 마치 잿가루와 같이 피어나면 곧바로 벤다. 어떤 지역에서는 낫을 이용하여 베고, 어떤 지역에서는 손으로 뽑는데, 각 지역의 습관에 따른다. 꽃가루가 아직 흩어지기 전에 베면 삼의 껍질이 숙성되지 않고, 꽃가루가 흩어지는데도 베지 않으면, 삼 껍질이 흑갈색으로 변한다.184) 베어들인 삼 단[把: 움큼]은 작아야 하며, 쌓아둔 가리185)는 낮게 한다. 그래야 쉽게 마른다. 하룻밤이 지나면 뒤집어 준다. 만약 서리나 이슬을 맞게 되면 (뒤집지 않는다.) 삼의 껍질이 누렇게 변한다. 삼의 수확은 깔끔하고 정갈하게 해야 된다. 잎이 달린 채 수확하면 썩기 쉽다. 삼을 담글 때는 물이 맑아야 하며, 담근 후 껍질 숙성은 적당해야 된다.186) 흐린 물에 담갔다가 꺼내면 삼이 검어지

再徧, 止. 高而鋤者, 便傷麻. 稠弱不堪者, 拔去. ❶ 勃如灰, 便刈. 刈、拔, 各隨鄕法. 未勃者收, 皮不成, 放勃不收, 卽驪. 葉 小束也 欲小, 𥢶欲薄. 爲其易乾. 一宿, 輒翻之. 得霜露, 則皮黃也. 穫欲淨. 有葉者喜爛. 漚欲淸水, 生熟合宜. 濁水, 則麻黑, 水少, 則麻脆. 生則難剝, 大爛, 則不任. 暖泉不氷凍, 冬日漚者, 最爲柔肕也.

---

184) '시(臘)': 송나라 간본(刊本) 『제민요술』에는 이 글자가 '려(驪)'로 되어 있다. 즉 갈색 바탕에 검은색을 띠고 있다는 뜻이다. 마가 늙으면 섬유에 폐놀성 화합물질이 침전되어 흑갈색으로 변할 수 있다. '려(驪)'로 하면 뜻이 통하나, '시(臘)'로 하면 해석이 안 된다.

185) 역자주 무계유 교석본에 의하면, '박(𥢶)'은 포(鋪)와 같은 의미라고 하는데, 곡식을 벤 후, 논밭에 작게 쌓아둔 것을 일컫는다.

186) '구(漚)': 무계유 교석에는 구마(漚麻)는 물에 담구어 분해하는 방법으로 삼 줄기의 껍질과 목질부의 교질물을 분리시키는 것으로 이 부분의 점성을 제거하면 삼 껍질이 쉽게 벗겨진다. 삼 껍질의 발효분해과정이 적당한 것을 일러 '생숙합의(生熟合宜)'로서, 이가 지나치면 손실이 많고, 미치지 못하면 벗기기 힘들어 모두 마 섬유의 생산과 품질에 영향을 끼친다고 한다.

고, 물이 모자라면 삼이 약하여 잘 끊긴다. 물에 담근 후 얼마 되지 않으면 (숙성이 부족하여) 껍질 벗기기가 힘들고, 너무 오래 두면 쉽게 문드러져 삼의 내근력이 없어진다. 만약 따뜻한 샘물이 있어 겨울에도 얼지 않는다면, 겨울에 담그는 것이 가장 부드럽고 질긴 삼을 만들 수 있다.

『범승지서』에 이르기를, (섬유용) 수삼[枲][187]을 너무 일찍 파종하면, 줄기가 단단하고 껍질이 두꺼우며 마디가 많아진다. (반면에) 너무 늦게 심으면 껍질이 질기지 못하다. 차라리 일찍 심는 것이 좋지만 결코 늦게 심어서도 안 된다. 하지가 20일 지난 무렵에 삼을 물에 담그면,[188] 섬유가 마치 명주실과 같이 부드러워진다.

『氾勝之書』曰, 種枲太早, 則剛堅, 厚皮多節. 晚, 則皮不堅. 寧失于早, 不失於晚. 夏至後二十日漚枲, 枲和如絲.

▌교 석(校釋)▐

59 '읍(裛)': 전본에는 '쇠(衰)'로 되어 있으나, 격본과 『제민요술』 원본에는 '읍(裛)'으로 되어 있다.

60 '고허역양(故墟亦良)': 전본에는 '역양(亦良)' 두 글자가 빠져 있으나, 격본에는 '태박(太薄)'으로 되어 있다.

61 "급택급설비사(及澤急說非辭)": 전본에는 '설비사(說非辭)' 이 세 글자가 빠져 있으나, 격본에는 『제민요술』 원본과 마찬가지로 이를 보충하고 있다.

---

187) '시(枲)': 무계유 교석에 의하면 시(枲)는 수삼[雄麻]이라고 한다.

188) 역자주 무계유는 하지 후 20일 무렵에 삼을 물에 담그는 것은 분명 봄에 파종하고 여름 수확하는 섬유용 삼[大麻]일 것이다, 하지만 『제민요술』에서는 단지 '하파추수(夏播秋收)'하는 대마만 기술되어 있다고 한다.

▌교 안(校案)▌

ⓠ '무숙(無熟)': 『제민요술』 원문에는 '분(糞)'자를 보충하고 있다.
ⓡ "조약불감자발거(稠弱不堪者拔去)": 『제민요술』에는 이 구절이 없다.

모 시[苧麻]

『도경圖經』:[189] '모시의 뿌리'가 어느 곳에서 생산되었는지는 기록이 없어 알 수 없으나 오늘날은 복건[閩]·사천[蜀]·강소[江]·절강[浙] 등지에서 모두 재배되고 있다. 모시의 껍질로는 천을 짤 수 있다. 모시는 8~9자[尺] 정도 자란다. 잎은 닥나무[楮]의 잎과 흡사하고 겉은 푸르지만 뒷면에는 하얗고 잔털이 있다.[190] 여름과 가을 사이에 잎겨드랑이[葉腋]에서 가느다란 이삭이 나와 푸른 꽃이 핀다. 모시의 뿌리는 황백색이며, 가볍고 속이 비어 있다. 2월과 8월에 채취한다. 이 외에 산모시[山苧][191]도 있는데, 이 역시 집에서 키우는 것과

苧麻

『圖經』: '苧根', 舊不載所出州土, 今閩、蜀、江、浙有之. 其皮可以績布. 苗高七八尺. 葉如楮葉, 面靑背白, 有短毛. 夏秋間, 著細穗, 靑花. 其根黃白而輕虛. 二月、八月採. 又有一種山苧亦相

189) '『도경(圖經)』': 송나라 인종(仁宗) 가우(嘉佑) 6년 9월(1061년 10월) 소송(蘇頌)이 황명을 받들어 편찬한 『도경본초(圖經本草)』를 지칭한다. 인용문은 금나라 태화갑자(泰和甲子)(1204)의 회명헌(晦明軒)간본 『중수정화경사증류본초(重修政和經史證類本草』(『사부총간(四部叢刊)』 영인본)(11)의 「초부(草部)·하품지하(下品之下)」 '저근(苧根)' 조에 보이는데, 문자가 유사하다. '단(斷)'자 아래 '다(多)' 자가 있으며, '기(璣)'자는 '기(機)'자로 잘못 기록되어 있고, '관원에 그것을 심었다.[官園種之.]'의 아랫부분에 '세재예편[歲再刈便]'이라는 네 글자가 있다.

190) 역자주 무계유 교석본에 의하면, 이것은 백엽종저마(百葉種苧麻: Boehmeria nivea)로서 중국 모시라고 하며, 잎의 뒷면에 흰색 털이 많고, 섬유품질이 좋으며, 생산량도 높고 적응성도 강하다.

비슷하다. 육기陸機의 『모시초목조수충어소毛詩草木鳥獸蟲魚疏』[192]에 의하면, "한 포기의 모시는 항상 땅속에서 자라는 수십 개의 묵은 뿌리가 있는데, 봄이 되면 스스로 가지를 쳐서 별도로 나누어 옮겨 심을 필요가 없다. 형[荊]과 양[揚][193] 지역에서는 매년 세 차례 벤다. 관부에서는 백성에게 밭에 모시를 재배하도록 권장한다. 모시의 껍질을 벗길 때, 대칼로 모시 껍질의 표면을 깎으면 두꺼운 부분은 저절로 떨어져나가고 (부드럽고 질긴) 힘줄 같은 속피를 얻게 되는데, 이것을 물에 넣고 삶아서 비벼 실을 꼰다[緝[194]]."라고 하였다. 오늘날 강소[江]·절강[浙]·복건[閩] 등지에서는 여전

似. 謹按陸璣『草木疏』云 "苧, 一科數十莖, 宿根在地中, 至春自生, 不須栽種. 荊、揚間, 歲三刈. 官令諸園種之. 剝取其皮, 以竹刮其表, 厚處自脫, 得裏如筋者, 煮之, 用緝." 今江、浙、閩中, 尙復如此. *孕婦胎損方所*

---

191) 역자주 무계유 교석본에 의하면, 산저(山苧)는 야생종으로 줄기가 가늘고 가지가 많다. 섬유층이 얇고, 거칠며 벗겨내기 힘들고 품질이 떨어진다고 한다.

192) "「육기초본소(陸璣草木疏)」": 즉 오나라 육기(陸璣)의 『모시초목조수충어소(毛詩草木鳥獸蟲魚疏)』를 가리킨다. 『총서집성초편』에 『고경해휘함본(古經解彙函本)』 영인본이 있는데, 권상(卷上)에 「가이구저(可以漚紵)」조가 있다. 원문은 다음과 같다. "저(紵)는 마(麻)이다. 수십 개가 그루로 자란다. 묵은 뿌리가 땅 속에 있어 봄이 되면 스스로 자라나니, 해마다 심지 않는다. 형주와 양주 사이에서는 한 해에 세 번 수확한다. 지금 관청의 동산에 그것을 심어, 해마다 거듭 베지만[割: 간본의 원주(注)의 「시소(詩疏)」에는 '할(割)'을 '예(刈)'로도 표기했다.] 베면 바로 나온다. 쇠로써 그 거죽을 벗기면 마치 대나무같이 단단한데, 표면을 긁어내면 두꺼운 껍질이 스스로 벗겨진다. 그 속에서 힘줄처럼 질긴 것을 얻어 그것을 삶아 직물로 썼다. 그것을 '휘저(徽紵)'라고 한다. 현재 남월(南越)의 삼베는 모두 이 마(麻)를 사용한 것이다.[紵亦麻也, 科生, 數十莖, 宿根在地中, 至春自生, 不歲種也. 荊、楊之間, 一歲三收. 今官園種之, 歲再割, 割便生. 剝之以鐵若竹, 刮之表, 厚皮自脫, 但得其裏韌如筋者, 鬻(卽煮子)之用緝, 謂之徽紵. 今南越紵布皆用此麻.]"

193) 역자주 형(荊)은 오늘날 호남, 호북지역이며, 양(揚)은 절강, 강서지역에 해당한다.

194) 역자주 마종신은 역주에서 집(緝)은 『설문(說文)』에는 '적(績)'이라 하며, 단옥재(段玉裁)는 "모시의 껍질을 벗겨 실처럼 꼰 것이다."라고 한다.

히 이런 가공방식을 채용하고 있다. (모시뿌리는) 대개 임신한 부인의 태아 손실[胎損]을 치료하는 데 쓰인다. 또 주로 백단白丹[195]병을 치료한다. 즉 모시뿌리를 삶아 진하게 우려낸 물로 매일 3~4 차례 씻으면 병 치료에 좋다. 위주韋宙[196]는 등에 생긴 종기[癰疽]를 치료한다. 처음 발견하여 아직 종기에 고름이 나지 않을 때에는 모시뿌리와 잎을 부드럽게 찧어서 환부에 바르고, 밤낮으로 몇 차례 바꾸어 주면 종양이 점차 사그라져 병이 낫게 된다.[197] 도은거陶隱居[198]는 모시는 오늘날 실을 방적한다고 하였다.

須. 又主'白丹'. 濃煮水浴之, 日三四, 差. 韋宙"療癰疽發背". 初覺, 未成膿者, 以苧根葉熟擣傅上, 日夜數易之, 腫消則差矣. 陶隱居云, 苧, 卽今績麻也.

○ 새로 덧붙이기: 모시 옮겨 심는 법: 3, 4월에 씨를 뿌릴 경우, 처음(모종을 키울 때)에는 메마른 모래흙이 가장 좋고, 모래와 흙이 서로 알맞게 섞인 땅이 그 다음으로 좋다. 집 가까이 울타리가

新添: "栽種苧麻法": 三、四月種子者, 初用沙薄地爲上, 兩和地爲次. 園

195) 역자주 무계유의 교석에서 백단(白丹)은 중의(中醫)의 병명으로 단독(丹毒)의 일종이다. 기혈(氣血)과 풍열(風熱)이 막혀 피부에 발진이 생기는데, 혈이 막히면 적단(赤丹)이, 기가 막히면 백단이 나타난다고 한다.

196) '위주(韋宙)': 『정화증류본초(政和證類本草)』 앞부분의 「신출경사방서(新出經史方書)」에는 위주(韋宙)의 『독행방(獨行方)』이 있다. 안(案): 위주는 당나라 선종(宣宗: 847-895) 때 영남절도사(嶺南節度使)를 지낸 적이 있으니, 9세기의 사람이다. 역자주 『신당서(新唐書)』 「순리(循吏)」 「위단부자우주전(韋丹附子韋宙傳)」에는 위주(韋宙)가 일찍이 영주자사(永州刺史)와 영남절도사(嶺南節度使)를 지냈다고 한다.

197) '차(差)': '채(瘥)'(=병이 낫다)의 뜻으로 차용한 것이다.

198) '도은거(陶隱居)': 남조시대의 제나라, 양나라 사람 도홍경(陶弘景)은 스스로를 '화남은거(華南隱居)'라고 칭했다. 저서로는 『명의별록(名醫別錄)』이 있다. 『정화증류본초』의 「모시풀 뿌리(苧根)」조를 인용하여, "도홍경은 오늘날 방적은 모시풀을 사용한다. 또한 산에 있는 모시풀도 비슷하니 사용할 수 있다.[陶隱居云, 卽今績苧爾. 又有山苧亦相似, 可入用也.]"라고 하였다.

쳐진 밭에다 심는데, 그런 밭이 없다면 물가나 우물 가까운 곳에 심어도 좋다. 먼저 흙을 한두 번 괭이질한 다음에 이랑을 만드는데, 이랑의 폭은 반보, 길이는 4보로 한다. 다시 한 번 괭이질을 하며 발로 가볍게 밟아 주거나 혹은 가래 등으로 가볍게 눌러 땅을 실하게 한다. 그렇게 하지 않으면 땅에 공극[虛懸199)]이 나타난다. 다시 써레로 흙을 부수고 평평하게 고른다. 하룻밤이 지난 다음 이랑에 물을 댄다.200) 이튿날 새벽에 이빨이 가는 써레로 가볍게 흙을 갈아 일으키고, 다시 써레질을 하여 평평하게 고른다. 즉시 이랑의 촉촉한 흙 반 되와 종자 한 홉[合]을 서로 잘 섞어서 골고루 흩어 뿌린다. 한 홉이면 6~7이랑을 파종할 수 있다. 파종이 끝나면 흙을 덮을 필요는 없다. 흙을 덮으면 싹이 나오지 않는다. 나무막대기에 3~4개의 아주 가는 가지를 묶어 이랑을 휘젓고 뒤섞어201) 평평하게 하면 좋다. 이랑 위에 2~3자 높

圃乃種之， 如無園者， 瀕河近井處亦得. 先倒劚土一二徧, 然後作畦, 闊半步, 長四步. 再劚一徧, 用脚浮躡, 或杴背浮按稍實. 不然, 著水虛懸. 再杷平. 隔宿, 用水飲畦. 明旦, 細齒杷浮耬起土, 再杷平. 隨時用濕潤畦土半升, 子粒一合, 相和勻撒. 子一合, 可種六七畦. 撒畢, 不用覆土. 覆土則不出. 於畦內, 用極細梢杖三

199) 역자주 '허현(虛懸)': 마종신은 역주에서 새로 심경하여 뒤엎은 땅을 만약 흙덩이를 잘게 부수지 않고, 흙을 눌러 채워 관개를 하게 되면, 토층 중에 많은 공극이 형성되는데, 이를 속칭 쥐구멍[鼠洞]이라 하며, 이것이 곧 허현(虛懸)이라고 한다. 허현 위에 곡물이 생장하게 되면 뿌리를 내릴 수 없게 되어 좋지 않게 된다고 한다.

200) '음(飮)': 타동사로 사용되어, 즉 물 혹은 다른 음료를 공급한다는 뜻으로 쓰일 때는 거성(去聲)으로 읽는다. 토양에 있어서 '음수(飮水)'는 물을 대는 것을 말한다. 현재 장강 중・상류 지역의 입말에서는 아직도 이 표현을 사용하는 곳이 많다. 물을 대는 것을 '음수(飮水)'라고 하며, 액체성 혹은 반액체성 비료를 주는 것을 '음분(飮糞)'이라고 한다. 『수시통고(授時通考)』「어음문(淤蔭門)」의 '음(蔭)' 자는 사실상 '음(飮)'자로 써야 한다.

201) '발자(撥剌)': '발(撥)'은 '휘젓다'는 뜻이고, '자(剌)'['cì'로 읽는 '자(刺)'가 아니라 'là'임]는 '뒤집다'는 뜻이다. 이 둘을 이어 동사로 쓰면 '휘저어 뒤섞다'는

이의 시렁[棚]을 설치하고, 그 위에 가느다란 발을 덮어 준다. 5·6월, 햇살이 따가울 때에는 발 위에 다시 이엉을 덮어 준다. 오직 햇볕을 차단하여 그늘지게 해야만 어린 모종이 말라 죽지 않게 된다. 다만 지면이 다소 건조하면 부엌 빗자루를 이용하여 시렁 위에 물을 가늘게 뿌려 주어 시렁 아래의 이랑이 항상 촉촉하게 젖어 있도록 해야 한다. 모시의 씨앗에서 아직 싹이 나오지 않았거나 싹이 땅을 뚫고 나올 힘이 약하기 때문에 (이랑은 항상 촉촉해야 하는데) 갑자기 물을 주면 (그 환경을) 견디지 못한다.[202] 만약 날씨가 흐릴 때나 새벽이나 저녁 무렵에는 덮어 놓았던 발을 걷어 준다.

이렇게 하면 10일쯤 뒤에 싹이 나온다. 풀이 돋아나면 곧바로 뽑아 준다. 어린 싹이 손가락 세 개의 길이쯤 자라면 시렁을 더 세워 둘 필요가 없다. 만약 이랑의 줄기 끝이 마르면 물줄기가 약한 물로 가볍게 뿌려 준다. 싹이 3치[寸] 정도 자라나면 이전보다 조금 더 기름진 땅을 택하여 별도로 이랑을 내고 옮겨 심는다.

옮겨 심을 때에 이르러 하루 전날 밤에 먼저 싹이 자랄 이랑에 물을 한 번 준다. 이튿날 새벽에도 빈 이랑에 물을 한 차례 더 뿌려준다. 모시 모

四根, 撥剌令平可. 畦搭二、三尺高棚, 上用細箔遮蓋. 五、六月內炎熱時, 箔上加苫重蓋. 惟要陰密, 不致曬死. 但地皮稍乾, 用炊箒細洒水於棚上, 常令其下濕潤. 緣子未生芽, 或苗出力弱, 而不禁注水陡[62]澆故也. 遇天陰及早夜, 撤去覆箔.

至十日後, 苗出. 有草卽拔. 苗高三指, 不須用棚. 如地稍乾, 用微水輕澆. 約長三寸, 却擇比前稍壯地, 別作畦移栽.

臨移時, 隔宿先將有苗畦澆過. 明旦, 亦將做下空畦

뜻이다.

202) 역자주 ‘두(陡)’는 돌연히, 갑자기의 의미이다. ‘두요(陡澆)’는 돌연히 물을 준다는 의미로 모[苗]가 너무 어린데 돌연히 물을 주면 어린 모종이 견디지 못한다. 무계유의 교석에 의하면 모시 이랑은 항상 촉촉하게 유지되어야 하기 때문에 물을 항상 뿌려주어야 하는데, 언제나 이렇게 하지 못할 경우에는 그런 환경에 견디지 못한다고 한다.

종은 날이 있는 도구를 써서 뿌리에 붙어 있는 흙과 함께 파내어 이랑 속에 옮겨 심는데, 4치 간격으로 한 그루씩 심는다. 자주 김을 매어 주고, 3~5일마다 한 차례씩 물을 뿌려 준다. 이와 같이 하여 20여 일이 지나서부터는 10일 또는 보름에 한 차례씩 물을 준다. 10월 이후에는 소나 나귀 또는 말의 생똥을 이랑에 1자 두께로 덮어 (월동을 준비해) 준다. 미리 가을갈이를 하고, 써레질을 하여 잘 부순 비옥한 땅을 선택하고, 아울러 부드러운 거름을 시비하여 이듬해 봄이 되자마자 옮겨 심는다. (옮겨 심는 시기는) 봄기운이 나타날 때가 가장 좋고, 휴면하고 있던 모시의 싹이 틀 시기가 그다음이며, 모시의 싹이 생장하기 시작할 때가 가장 좋지 않은 시기이다.

澆過. 將苧麻苗, 用刃器帶土掘出, 轉移在內, 相離四寸一栽. 務要頻鋤. 三五日一澆. 如此將護二十日之後, 十日半月一澆. 至十月後, 用牛、驢、馬生糞, 蓋厚一尺. 預選秋耕耰熟肥土, 63 更用細糞糞過, 來年春首移栽. 地氣已動爲上時, 芽動爲中時, 苗長爲下時.

○ 옮겨 심는 방법: 우선 열을 지어 구덩이를 파는데, 구덩이마다 1자 5치 간격으로 서로 띄운다. 이랑에서 키운 모시 모종을 파서 구덩이 속에 옮겨 심는다. 구덩이 안의 흙으로 모종을 북돋운 다음 물을 준다.[203] 만일 여름이나 가을에 옮겨 심는다면 비가 내려 땅이 축축해진 틈을 타야 한다. 그리고 뿌리나누기[分根] 할 때에는 흙이 붙은 채로 근처의 땅에 옮겨 심어야 좋다.

栽法, 掘區成行, 方圓相去一尺五寸. 將畦中科苗移出, 栽於區內. 擁土區中, 以水湮之. 若夏秋移栽, 須趁雨水地濕. 分根連土, 於側近地內分栽亦可.

오래된 묵은 뿌리를 옮겨 심을 경우에는 칼

其移栽年深宿

203) '인(湮)': '인(煙; yān)'이라고 읽는다. '인몰(湮沒)'은 꼭대기까지 물에 잠겼다는 뜻이다.

이나 도끼로 대략 손가락 서너 개의 길이로 묵은 뿌리를 자른다. 옮겨 심을 때는 열을 지어 구덩이를 파고, 사방이 각각 1자 5치 간격이 되도록 띄운다. 매 구덩이마다 두 세 뿌리를 뉘어 심되 구덩이와 구덩이는 바둑판 모양으로 배열한다.[204] 모종을 이식한 후 흙을 덮어주고, 그 다음에 물을 준다. 3~5일을 기다렸다가 다시 한 번 물을 준다. 모가 자라면 부지런히 김을 매고, 날이 가물면[205] 물을 준다. 만약 멀리 옮겨 재배할 경우에는 반드시 자른 묵은 뿌리를 원래의 흙과 함께 부들[蒲]로 잘 감싸 묶고 바깥은 다시 멍석으로 잘 덮어 바람이나 햇볕이 들어가지 않게 해야 한다. 그렇게 하면, 비록 몇 백리 밖으로 가지고 가서 심을지라도 살릴 수 있다. 재배하는 방식은 앞에서 설명한 바와 같다.

根者, 移時用刀斧將根截斷, 長可三四指. 栽時成行, 作區, 方圍各離一尺五寸. 每區臥栽三二根, 棊盤相對. 擁土畢, 然後下水. 候三五日, 復澆. 苗高勤鋤, 旱則澆之. 若地遠移栽者, 須根科少帶元土, 蒲包封裹, 外復用席包掩合, 勿透風日. 雖數百里外, 栽之亦活. 栽培法如前.

첫 해에 (새로 심은 모시가) 대략 1자 정도 자라나면 바로 낫으로 베어낸다. 이 모시는 실을 만드는 데 사용하지 못한다. 또다시 자라서 베어낸 것

初年長約一尺, 便割一鎌. 麻未堪用. 再候長成, 所

204) '기반상대(棊盤相對)': 즉 한 줄씩 건너뛰어 번갈아 놓는 것이다. 예를 들어, 정방형 9칸에 대각선은 5칸, 정방형 25칸에 대각선 13칸의 형식이다. 유럽 체스판의 흑·백 격자무늬와 같다. 현재 일부지역의 입말에서는 아직도 '바둑판 격자[棋槃格子]' 혹은 '매화점(梅花點)'이라고 한다. **역자주** 이는 모시[苧麻] 뿌리를 나누어 번식하는 방식으로 구멍의 분포는 대개 정방형을 취하나 정삼각형의 배열방식도 있다. 이들은 토지이용률을 높이고, 통풍과 채광의 조건을 높이기 위함이다. 이 속에 2~3뿌리를 한 묶음으로 한다. '기반상대(棊盤相對)'는 통상적인 정방형 파종법이다. 사방이 각 1척 5촌 떨어져 있다.

205) **역자주** 석성한의 교주본에는 '조칙요지(早則澆之)'라고 하지만, '조(早)'보다는 '한(旱)'이 적합할 듯하여 바꾸어 번역했다. 무계유와 마종신의 교석에서는 모두 '한(旱)'으로 표기하고 있다.

은 실을 뽑는 데 사용할 수 있다. 10월이 되어 이미 베어낸 그루터기에[206] 나귀나 말의 똥을 1자 정도의 두께로 덮어 주면 겨울에도 얼어 죽지 않는다. 이듬해 2월 초에는 갈퀴 달린 고무래[杷[207]]로 덮었던 똥을 걷어내어 주면 모시 싹이 나오게 된다. 이후에는 해마다 이와 같이 한다. 뽕나무처럼 휘묻이[壓條] 번식법을 채용하여 모시를 재배할 수도 있다. 3년째가 되면 새로 자란 그루와 땅속에 있는 그루터기가 서로 뒤엉켜 번식하는데, 만약 그루를 나누어 옮겨 심지 않는다면 점차 왕성하게 생장하지 못한다. 즉시 오래된 나무의 주위에 빽빽하게 자라고 있는 새로운 그루를 앞에서 제시한 방법에 따라 다시 나누어 옮겨 심어야 한다. 해마다 세 번 모시를 베어낼 수 있다.

割卽堪績用. 至十月, 卽將割過根楂, 用驢、馬糞蓋厚一尺, 不致凍死. 至二月初, 杷去糞, 令苗出. 以後歲歲如此. 壓條滋胤,[64] 如桑法, 移栽亦可. 第三年, 根科交胤[65]稠密, 不移必漸不旺. 卽將本科周圍, 稠密新科, 再依前法分栽. 每歲可割三鐮.

매번 모시를 베어낼 때, 뿌리 곁에 작은 싹이 5푼[分] 정도 자라나면, 다 자란 모시[大麻][208]는 바로 벨 수 있다. 모시를 베어낸 후, 다시 작은 싹[小芽]이 왕성하게 자라나면 바로 두 번째로 모시를 베어낸다. 만약 작은 싹이 지나치게 많이 자랐는데도 다 자란 모시를 베어 내지 않으면 작은 싹은 왕성하게 생장하지 않을 뿐만 아니라 동시에 이

每割時, 須根傍小芽出土, 約高五分, 其大麻卽爲可割. 大麻旣割, 其小芽榮長, 便是下次再割麻也. 若小芽過高, 大麻不割,

---

206) '근사(根楂)': '사(楂)'는 현재 '치(茬)'로서 통용한다. 역자주 무계유는 '근사(根楂)'를 수확 후 땅속에 남아 있는 뿌리와 그루터기를 의미한다고 한다.

207) 역자주 고무래[杷]는 밭에서 땅을 고르고, 흙덩이를 깨는 도구이다. 여기에 등장하는 고무래는 모시의 모를 재배하는 이랑을 평평하게 하였기 때문에 써레가 아니라 손으로 사용하는 작은 고무래였을 것이다.

208) 무계유 교석본에 의하면 이 '대마(大麻)'는 섬유가 성숙한 저마(苧麻)를 가리킨다고 한다.

미 자란 모시까지도 손실을 입게 된다. 그래서 대략 5월 초에 첫 번째로 베어내고, 6월 중순에 두 번째로 베어내고, 8월 중순에 세 번째로 베어낸다. 두 번째 벤 것이 성장이 가장 빠르고, 모시의 질도 가장 좋다.

모시를 베어낸 후, 수시로 대나무 칼이나 쇠칼을 이용하여 가지 끝부터 쪼갠 다음 손으로 껍질을 벗기고, 칼로 그 안쪽의 하얀 섬유층[白瓤[209]]을 벗기고, 밖에 붙은 잡질[皴皮[210]]을 떼어낸다. 벗긴 섬유층은 작은 다발로 묶어 지붕 위에 걸어두고, 밤에는 이슬을 맞추고, 낮에는 햇볕에 말린다. 이렇게 5~7일 정도 말리면 모시는 자연스럽게 흰 색으로 변한다. 그런 연후에 거두어들인다. 만약 날씨가 흐리거나 비가 내리면 처마 밑에 바람이 잘 통하는 곳에 걸어 건조[211]시킨다. 비를 맞게 되면 검은 반점이 생겨나기 때문이다.

벗긴 모시는 봄·여름·가을 날씨가 따뜻할 때, 모시를 쪼개어 실을 삼는데[分績], 그 요령은 일반적인 방식과 같다. 만일 겨울에 실을 삼으려면

不唯小芽不旺, 又損已成之麻. 大約五月初一鎌, 六月半一鎌, 八月半一鎌. 唯中間一鎌長疾, 麻亦最好.

刈倒時, 隨卽用竹刀或鐵刀, 從梢分批開, 用手剝下皮, 卽以刀刮其白瓤, 其浮上皴皮自去. 縛作小槖, 搭於房上, 夜露晝曝. 如此五七日, 其麻自然潔白. 然後收之. 若値陰雨, 卽於屋底風道內搭涼. 恐經雨黑漬故也.

所剝之麻, 春、夏、秋溫暖時, 分績與常法同. 若於

209) 역자주 '白瓤(백양)': 무계유는 원래는 과육(瓜肉)을 뜻하며, 또한 감귤처럼 주머니 속의 과육을 뜻하기도 한다고 하였다. 여기서는 모시껍질 속의 질긴 섬유층을 뜻한다고 한다.

210) 역자주 마종신의 역주에는 피부는 대개 얼거나 바람으로 인해 갈라지고, 준피(皴皮)는 모시의 조잡한 표피층으로 교질(膠質)과 잡질을 포함하고 있다고 한다.

211) '양(涼)': 거성으로 읽는다. 현재 '양(晾)'으로 통용한다. 역자주 마종신은 양(涼)의 의미는 바람 부는 곳에 두어 건조시킨다는 의미라고 한다.

따뜻한 물로 촉촉하게 모시를 적셔야 쪼개기 쉽다. 이와 같이 하지 않으면, 모시가 마르고 굳어져서 쪼개어 실을 삼기가 어렵다.

冬月, 用溫水潤濕, 易爲分擘. 不然, 乾硬難分.

모시 삼기가 끝나면, 실을 감아 '실타래[纓子[212]]'를 만들어 물 항아리에 하룻밤 동안 담가둔다. 물레[紡車]로 실을 모두 잣은 다음에는 뽕나무 가지를 태운 재를 뿌린 물속에 하룻밤을 담가둔 후 건져 낸다. 실 다섯 냥兩마다 깨끗한 물 한 잔에 가는 석회[213]를 골고루 섞어 그릇 안에 넣고 하루 동안 보관한다. 이튿날 석회를 제거하고, 기장 짚을 태운 재를 물에 넣어 푹 삶아내면 자연히 희고, 보들보들해진다. 햇볕에 말리고, 다시 맑은 물로 한 차례 더 삶아낸다. 그런 뒤에 다른 물을 사용하여 깨끗하게 흔들어 씻어내고, 다시 햇볕에 말리고 실로 삼아 날실과 씨실을 펼쳐 둔다.[214] 베를

其績既成, 纏作'纓子', 於水甕內浸一宿. 紡車紡訖, 用桑柴灰淋下水內浸, 一宿撈出. 每纑五兩, 可用一淨水盞細石灰拌勻, 置於器物內, 停放一宿. 至來日, 擇去石灰, 却用黍稭灰淋水煮過, 自然白輭. 曬乾, 再用淸

212) 역자주 마종신의 역주에는 왕정 『농서』에 의하면 모시를 삼은 후에 물레를 이용하여 일정한 길이와 무게의 실을 감은 실꾸리 혹은 실타래를 만드는데 이것을 영자(纓子)라 한다고 하고 있다.

213) "정수잔세석회(淨水盞細石灰)": 이 구절은 착오가 있는 듯하다. 『사고전서본(四庫全書本)』 왕정 『농서』 「농기도보(農器圖譜)」의 「마저문(麻苧門)」에는 '행대감찰어사(行臺監察御史) 첨운경(詹雲卿)의 베 짜는 법'이 인용되어 있는데, 마포는 "좋은 잿물에 잘 담갔다가 볕에 말리고, 다시 담갔다가 말린다. 이 작업을 이틀간 하며, 비벼서는 안 된다. 다시 담갔다가 건석회(幹石灰)에다 두 시진 동안 담근다.[好灰水中沈蘸曬幹, 再蘸再曬, 如此二日, 不得揉搓. 再蘸濕了, 于幹石灰內周遍浸泡兩時久.]"라고 기재되어 있다. 즉 원나라 때에는 마포의 알칼리 처리에 건석회를 섞는 단계가 있었다. 다음은 "석회를 제거해야 한다.[要擇去石灰.]"[이는 아마도 건회(幹灰)를 사용했었기 때문일 것이다.]라고 되어 있는데, 이 방법에 따르면, 이 구절은 "작은 잔의 깨끗하고 미세한 석회[小盞淨細石灰]"가 되어야 한다. '수(水)'는 '소(小)'자를 잘못 쓴 것이고, '정(淨)'은 마땅히 '세(細)' 앞에 와야 한다.

214) "노포경윤직조(纑鋪經緯織造)": '노(纑)'는 골라 낸 '토리[縷]' 혹은 '가는 실[織纖]'이다. '포(鋪)'는 배치하는 것이다. '경윤(經緯)'은 '날실과 씨실[經緯]'이다.

짜는 것은 일반적인 방법과 같다.

水煮一度. 別用水擺拔極淨, 曬乾, 逗成纑. 鋪經胤[66]織造, 與常法同.

이러한 모시는 한 해에 세 차례 베어낸다. 무당 모시 30근斤을 얻으며, 최소한 20근 이상을 얻을 수 있다. 오늘날 진채陳蔡[215] 지역에서는 근당 가격이 지폐[鈔] 300문文[216]이며, 수입은 일반 삼[大麻]을 재배하는 것보다 몇 배가 넘는다. 모시를 잘 삼는 사람은 모시 껍질 한 근에서 베 짤 수 있는 실 한 근을 얻는다. 가는 베의 경우, 어떤 것은 한 근의 실로 한 필匹의 베를 짤 수 있고, 그 다음 급은 한 근 반의 실로 1필을 짜고, 그 다음으로는 2근이나 3근의 실로 1필을 짠다. 이렇게 짜낸 모시는 부드럽고 질기며 희다. 이것은 삼베[217]와 비교할 때, 값도 한두 배 높다. 그리고 이런 모시는 옮겨심기를 성공한 이후에도 묵은 뿌리가 해마다 자생하여 번식하니 한 번의 수고로 영원토록 이

此麻, 一歲三割. 每畝得麻三十斤, 少不下二十斤. 目今陳、蔡間, 每斤價鈔三百文, 已過常麻數倍. 善績者, 麻皮一斤, 得績一斤. 細者, 有一斤織布一疋, 次, 一斤半一疋, 又次, 二斤、三斤一疋. 其布、柔朋潔白. 比之常布, 又價高一二倍. 然則此麻, 但

역자주 마종신은 역주에서 노(纑)는 실을 삼아 직포에 이용할 수 있는 모시실을 말한다. 직포용의 사선(紗線)과 같으며, 또한 마사(麻紗)라고 칭한다고 한다.

215) 역자주 무계유는 지금의 하남성 회양(淮陽)이남 회하(淮河) 이북 일대를 말한다고 한다.

216) "가초삼백문(價鈔三百文)": '초(鈔)'는 인쇄해서 만든 화폐이다. 즉 오늘날의 말로 하면 지폐이다. 원나라 세조 쿠빌라이 칸은 여러 종류의 지폐를 인쇄한 바 있는데(비단으로 만든 화폐도 있었으나 발행하지 않았다.) 가격은 항상 기복이 있었다. 어림잡아 보건대, '삼백문(三百文)'은 대략 명주실 6량(兩)의 관가(官價)와 같다. 당시 1근(斤)은 16량이다.

217) 역자주 '상마(常布)': 무계유는 이것을 삼[大麻]으로 만든 실이나 방직품을 뜻한다고 한다.

익을 얻을 수 있다. | 栽植有成, 便自宿根, 可謂暫勞永利矣.

▌교 석(校釋)▌

62 '두요(陡澆)': '두(陡)'자는 전본에는 '도(徒)'로 되어 있으나, 격본에 따라 수정했다. '두(陡)'는 '갑자기, 별안간[驟然]'의 뜻이다.

63 '토(土)': 전본에는 '토(土)'로 되어 있으나, 격본에 따라 '지(地)'로 되어 있다.

64 '윤(胤)': 격본에는 '윤(胤)'으로 되어 있으나, 전본에는 '무(茂)'로 되어 있다. 이는 청나라 세종(世宗)의 이름인 '윤(胤)'[청 세종 옹정제(雍正帝)의 본명은 애신각라 윤진(愛新覺羅胤禛)]자를 쓰는 것을 피하기 위해 고쳐 쓴 글자이다. '윤(胤)'을 명사로 쓰면 번식을 통해 얻은 후손으로 해석되며, 동사로 쓰면 번식으로 해석된다. 역자주 윤(胤)을 『설문(說文)』에서는 '자손을 계승하다'는 의미로 보고 있다.

65 '윤(胤)': 이 글자는 전본에는 '결(結)'로 바꿔서 썼다. 격본에 따라 '윤(胤)'자로 다시 바꿔서 쓴다.

66 '윤(胤)': 전본에는 '위(緯: 씨줄)'로 바꿔서 썼다. 예로부터 자주 쓰이던 글자이긴 하나 격본에 따라 '윤(胤)'으로 바꿔서 썼다. [안(案): 이상 3곳은 명나라 말 『평로당(平露堂)』의 원본 판각본(刻本)인 『농정전서(農政全書)』를 인용한 문장에서도 모두 '윤(胤)'으로 쓰고 있다. 도광(道光)시기 이후에 복각(復刻)한 것들은 모두 전본 『농상집요』에 근거하여 바꿔 썼다.]

목 화 | 木綿[67]

○새로 덧붙이기: '목화 재배법': 사질토양[218] 또는 물기가 차지 않은 비옥한 땅을 먼저 | 新添: '栽木綿法': 擇兩和, 不下

218) '양화(兩和)': 토양이 함유하고 있는 거친 모래의 분량이 알맞은 것을 지칭하

선택하여 재배한다. 정월이 되어 땅의 기운이 풀릴 때를 기다려 세 번에 걸쳐 심경하고, 갈아엎고 난 뒤 써레를 사용하여 부드럽게 평탄작업을 하고 난 다음 이랑과 고랑[219]을 만든다. 이랑은 길이 팔 보步, 폭 일 보로 하고, 반 보는 이랑 면[畦面]을 내고 반 보는 이랑의 경사면[畦背][220]을 낸다. 두 번에 걸쳐 깊이 괭이질하고, 써레를 이용하여 이랑 면을 평평하게 한 다음 종자를 덮을 흙을 이랑 경사면에 쌓아 둔다. 곡우穀雨 전후에 좋은 날씨를 골라서 씨를 뿌린다. 씨를 뿌리기 하루 전에 이미 만들어 놓았던 이랑과 고랑에 세 차례 물을 준다. 물에 씻어 일은 종자를 축축한 땅에 쌓아 두고 질그릇으로 덮어 하룻밤 동안 둔다. 다음날 꺼내어 재를 약간 섞어서[221] 종자를 엉기지 않게 분

濕肥地. 於正月地氣透時, 深耕三徧, 耬蓋調熟, 然後作成畦畛. 每畦, 長八步, 闊一步, 內半步作畦面, 半步作畦背. 深斸二徧, 用杷耬平, 起出覆土, 於畦背上堆積. 至穀雨前後, 揀好天氣日下種. 先一日, 將已成畦畛, 連澆三水. 用水淘過子粒, 堆於濕地

며, 모래와 흙의 분량이 대략 같다. 역자주 마종신의 역주에는 앞의 「저마(苧麻)」조 '새로 덧붙이기[新添]'항에 '양화지(兩和地)'란 말이 등장하는데, 그것은 사질 토양을 의미한다. 목면은 사질 토양 이외에 약간 점성이 있는 배수가 잘 되는 토양에서도 생장하기 때문에 여기서는 약간의 점성을 띤 사질 토양을 일컫는다고 한다.

219) 역자주 '진(畛)': 무계유 교석본에 의하면, 이랑[畦] 사이의 작은 고랑[小溝]을 가리키고, 밭 사이의 작은 길(小徑)로는 해석할 수 없다고 한다. 마종신은 진(畛)은 밭 사이의 길[阡陌]이라고 하며, 휴진(畦畛)은 넓은 경사면을 지닌 이랑이라고 한다.

220) 역자주 이랑의 양 측면의 합이 반보이고, 나머지 반보의 이랑 면은 직접 파종하는 공간이다.

221) "용소회차득영리(用小灰搓得伶俐)": 이 구절은 당시 대도(大都: 베이징)의 입말이다. 『원곡선(元曲選)』에 있는 어휘와 비교해 보았을 때, '영리(伶俐)'는 똑똑하고 활발하다는 뜻 외에도 상쾌하며 눅눅하게 엉기지 않는다는 뜻도 있다. '소(小)'자는 '적은 양[少量]'으로 해석할 수 있겠고(혹은 염분이 비교적 적은 재?), 대략 건회를 사용해 목화씨 껍질 표면의 수분을 깨끗하게 흡수한다는 뜻이다. 역자주 무계유는 교석에서 '영리(伶俐)'는 면화씨를 소량의 초목 재에 섞어 손으로 비벼 떨어지

리시켜, 물을 뿌린 이랑에 소밀하게 할지 드물게 할지를 참작하여 흩어 뿌린다. 그리고 앞서 일구어 놓은 흙으로 손가락 하나 두께로 덮고, 더 이상 물을 주지 않는다. 6~7일을 기다려서 목화 싹이 일제히 나올 즈음에 날이 가물면 다시 물을 준다. 목화밭[棉田]은 항상 깨끗하게 호미질을 해야 한다. 모종이 빽빽한 곳은 다른 곳으로 옮겨 심고, 드물면 그럴 필요가 없다. 매 1보步마다 단지 두 포기만 남긴다. 조밀하면 열매가 맺히지 않는다. 모종이 자라서 키가 2자[尺] 이상 되면 '끝눈'222)을 떼어낸다. 곁가지도 1자 반이 자라면 또한 그 끝눈을 떼어낸다. 이같이 하면 잎사귀 사이마다 빈틈없이 꽃피고 열매가 맺게 되며, 다래(목화 열매)가 벌어져서 솜이 곧 떨어지려 할 때 목화가 익은 것이다. 익을 때마다 따내고 따낸 것은 즉시 발 위에 펼쳐 두고 낮에는 햇볕에 널어 말리고 밤에는 이슬을 맞게 한다. 목화씨가 마르면 거두어들인다.

上, 瓦盆覆一夜. 次日取出, 用小灰搓得伶俐, 看稀稠撒於澆過畦內. 將元起68出覆土, 覆厚一指, 再勿澆. 待六七日, 苗出齊時, 旱則澆漑. 鋤治常要潔淨. 穊則移栽, 稀則不須. 每步只留兩苗. 稠則不結實. 苗長高二尺之上, 打去'衝天心'. 旁條長尺半, 亦打去心. 葉葉不空, 開花結實, 直待棉欲落時爲熟. 旋熟旋摘, 隨卽攤於箔上, 日曝夜露. 待子粒乾, 取下.

길이 2자[尺]에 손가락 굵기만 하고, 양쪽 끝

用鐵杖一條, 長

게 하여 엉기지 않게 함으로써 파종하는 데 편리하도록 한 것을 가리킨다고 한다.

222) '충천심(衝天心)': 오늘날 일반적으로 많이 사용하는 '끝눈[頂尖]'을 의미한다. 역자주 무계유 교석본에 의하면 충천심은 정심(頂心)이고 방조(旁條)는 방심(旁心)이라고 한 것으로 보아 전자는 본 가지의 끝눈이고, 후자는 곁가지의 끝눈으로 해석하였다. 무계유는 이 기록을 면화 정지(整枝)의 최초의 기록이라고 한다. 하지만 최근의 시험에 의하면 정지 효과는 반드시 본문과 일치하지 않아 끝눈을 제거하는 것 이외 기타 정지조치가 가치 있는 일인지는 더 분석이 필요하다고 한다.

이 점차 가늘어지는, 마치 떡을 미는 방망이 모양의 쇠방망이 한 개와, 또 길이 3자에 폭이 5치, 두께 2치인 배나무 판 하나를 사용하여 목화씨를 제거하는 기구[씨아: 軋花車]를 만든다. 목화를 씨아의 목판 위에 놓고 쇠방망이를 천천히 굴리면 목화씨가 빠져 나오는데 거두면서 계속 굴리면 곧 깨끗한 솜이 된다. 이것을 꼬아서 가는 실을 잣거나 혹은 솜을 옷에 넣기도 하는데 이는 매우 가볍고 따뜻하다.

二尺, 麤如指, 兩端漸細, 如趕餅杖樣, 用梨木板, 長三尺, 闊五寸, 厚二寸, 做成床子. 逐旋取綿子, 置於板上, 用鐵杖旋旋趕出子粒, 卽爲淨綿. 撚織毛絲, 或棉裝衣服, 特爲輕暖.

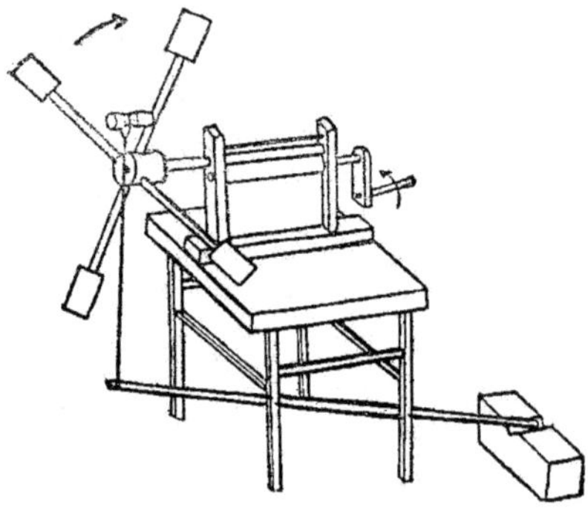

〈그림 25〉 씨아[軋花機]

▌교 석(校釋)▌

67 '면(綿)': 일반적으로 전본의 '면(棉)'자는 모두 '목(木)' 부수이다. 격본에는 제목에 있는 '면(棉)'만 '목(木)'을 부수로 썼다. 본문[正文]에서는 일률적으로 '사(糸)'를 부수로 하는 '면(綿)'으로 쓰고 있다.

68 '원기(元起)': 전본에는 '기(起)' 밑에 '취(取)'자가 있다. 이는 아마도 위 줄의 글자 '취출(取出)'이 잘못 들어간 것으로 보인다.

구 전

『제민요술』: 『범승지서』[223]의 '구종법'區種法에 의하면, [은(殷)나라] 탕왕湯王 때 한재旱災가 발생하여 당시의 재상宰相이었던 이윤伊尹은 '밭에 구덩이를 파는 법[區田法]'을 만들어 내어, 백성들에게 그 속에 거름한 종자를 넣고 물을 날라 곡물에 뿌려주는 기술을 가르쳐 주었다.[224] 구전區田은 오로지 거름기[糞氣]로 비옥한 토지를 만들기 때문에 반드시 좋은 밭일 필요는 없다. 각종 산지와 구릉, 마을 부근의 고지대, 벼랑, 지세가 높고 가파른 비탈 및 사람이 쌓은 넓고 두꺼운 흙담[225]은 모두 구전區田을 만들 수 있다. 구전은 구덩이 주변의 땅까지 경작할 필요가 없는데, 이는 구전의 지력을 다 발휘하게 하기 위해서이다.

『무본신서』: 대체로 풍작이 들고 흉작이 든다는 것은 일정한 규칙이 있는 것이 아니라 하늘의 오묘한 이치이다. 따라서 군자君子는 우환을 잊지 않는 것을 매우 중요시 여겨 사전에 준비하고

區田[69]

『齊民要術』:『氾勝之書』'區種法'曰, 湯有旱災, 伊尹作爲'區田', 敎民糞種, 負水澆稼. 區田, 以糞氣爲美, 非必須良田也. 諸山、陵、近邑高、危、傾阪、及丘城上, 皆可爲區田. 區田不耕旁地, 庶盡地力.

『務本新書』: 夫豊儉不常者, 天之道也. 故君子貴於思患而豫防之. 湯

223) '『범승지서(氾勝之書)』': 인용문은 『제민요술』「종곡제삼(種穀第三)」 참고.

224) 역자주 무계유의 교석에는 구종법(區種法) 혹은 구전법(區田法)은 중국 고대의 가뭄을 딛고 생산력을 높일 수 있는 기술로 개발되었다고 한다. 그 특징은 구덩이 속을 깊이 갈고 밖의 땅은 갈지 않으며 구덩이 속에 집중적으로 시비하고 물을 주는 기술로 구덩이 속의 토지 잠재력을 충분히 발휘해서 생산력을 높이는 방법이라고 한다.

225) "산(山), 능(陵), 근읍고(近邑高), 위(危), 경판(傾坂), 급구(及丘), 성(城)": '산'은 끊임없이 이어진 산, '능'은 단독으로 높게 쌓여 있는 흙더미, '근읍'은 대거주지 부근, '고'는 고지대, '위'는 벼랑, '경판'은 지세가 높고 가파른 비탈, '구'는 자연적으로 만들어진 작은 흙더미, '성'은 사람이 쌓은 넓고 두꺼운 흙 담이다. 역자주 무계유는 '산'은 산지이며, '능'은 크고 넓은 흙더미이고, '구(丘)'는 작은 흙더미이며, '성(城)'은 성곽담장 등의 땅이다. 이들은 모두 평지의 비옥한 땅이 아니고, 그 구덩이는 지형에 따라 작은 구덩이를 파서 배치하였다고 한다.

대비하였다. 탕왕湯王 시절에 7년에 걸친 대가뭄이 발생하여 이윤伊尹은 이 구전법을 만들어 내었는데, 대체로 오늘날의 호박[瓜]을 파종하는 방법과 흡사하다. '구덩이'[區]는 농한기에 여유가 생길 때 조금씩[226] 파 둔다. 정월에는 봄보리[春大麥]를 심고, 2·3월에는 마[山藥][227]나 토란[芋子]을 심으며 3·4·5월에는 올조[穀]와 콩·팥·광저기[豇豆]·녹두를 심는다. 8월에는 보리·밀과 완두豌豆를 심는다. 순서에 따라 해야 하며, 너무 많이 구전을 만들려고 욕심내어서는 안 된다. 올조[穀]·콩·보리·밀은 각각 백여 구덩이씩 심고, 마와 토란은 각각 열 구덩이씩 심으면, 대략 40~50석石을 수확할 수 있어서 여러 식구가 있는 집이라도 굶주리지 않을 수 있다. 임진년壬辰年과 무술년戊戌年과 같은 재난이 있을 때라도[228] 구

有七年之旱, 伊尹製此法, 大槩與今時種瓜相類. '區', 當於閑時旋旋掘下. 正月, 種春大麥. 二、三月, 種山藥、芋子, 三、四、五月, 種穀、大、小、豇、菉豆. 八月, 種二麥、豌豆. 節次爲之, 亦不可貪多. 穀、豆、二麥, 各料百餘區, 山藥、芋子, 各一十區, 通約收四五十石, 數口之家, 可以

---

226) 역자주 '선선(旋旋)': 무계유는 교석에서 선선(旋旋)은 조금씩, 여유가 생길 때의 의미라고 한다.

227) 역자주 마의 뿌리를 한방에서 이르는 말이다. 강장제로서 유정(遺精), 대하, 소갈, 설사 따위를 치료하는 데에 쓴다.

228) '임진무술(壬辰戊戌)': 이 2개의 기년간지(紀年干支)는 『무본신서』 시기를 추정하는 중요한 단서이다. 이 2개의 연대는 2가지 가능성이 있다. 하나는 금나라 세종 12년의 임진(壬辰)과 18년의 무술(戊戌)로서, 즉 1172년과 1178년이다. 다른 하나는 금나라 애종(哀宗) 천흥(天興) 원년(元年)의 임진 및 금나라 멸망 후의 무술로서, 즉 1232년과 1238년일 가능성이 있다. 본서의 저자는 이 두 시기 중의 하나 혹은 이 두 시기에 일어난 천재 혹은 인재를 직접 겪은 듯하다. 『금사본기(金史本紀)』「세종중(世宗中)」에는 다음과 같이 기재되어 있다.

12년 4월 가뭄, 계해(癸亥)일에 오래된 가뭄으로 산천(山川)에 제사를 지낼 것을 명했다. … 5월 갑술(甲戌), 산동 동쪽 지역 호자온(胡剌溫)의 여진족 이주민[猛安]의 기아를 구휼하도록 명했다. … 정축(丁丑), 저거(阻居)에 머무를 때 오랜 가뭄 끝에 비가 내렸다.

17년 3월 신해(辛亥) 11일, 하북, 산동, 섬서, 하동(河東), 서경(西京), 요동 등

전을 3무畝나 5무畝 정도 파종한 사람들은 모두 굶주려 죽는 사태를 면할 수 있을 것이다.

無饑矣. 壬辰、戊戌之際, 但能區種三五畝者, 皆免飢殍.

농상집요 제2권

農桑輯要卷第二

| 교 석 (校釋) |

69 '구전(區田)': 원본(元本)에는 이 조(條)가 없으나, 격본에는 권2의 끝부분에 있고, 전본에는 권1의 「경간(耕墾)」편 끝부분에 있다.

---

10 지역은 작년에 가뭄이 들고 메뚜기로 피해를 입어 세금을 면제해 주었다.

18년 정월 경신(庚申), 중도(中都), 하북, 하동, 산동, 하남, 섬서 등 지역은 작년에 재해를 입어 세금을 면제해 주었다.

19년 작년에 홍수와 가뭄을 입어 전조세(田租稅)를 면제해 주었다.

이 몇 년간 많은 지역이 재해를 입었다. '임진 무술의 해'에 연속으로 몇 년간 안 좋은 사건, 천재를 겪은 농민들은 물과 비료를 집중적으로 주는 방법을 이용해, 작은 면적의 토지에서 농작물을 재배하고, 겨우겨우 목숨을 연명할 수 있는 정도의 식량을 얻었을 것이다. 이런 일들이 있고 몇 년 후에 "고통이 가라앉고 그것을 직시할 수 있게 된" 저자는 당시의 상황을 자신의 저서에 기술한 것이다. 당시에는 책을 목판에 새겨서 전파하려면 상당히 긴 시간이 걸렸다. 『농상집요』에 모아져 기록되어 있는 문헌의 순서에 따라 보면, 『사농필용(士農必用)』, 『종시직설(種蒔直說)』 및 『한씨직설(韓氏直說)』은 모두 『무본신서』 뒤에 있다. 이들 서적은 2, 3년 내에 모두 출현했지만, 몇 년의 시간이 흐르고 나서야 목판에 새겨서 전해지면서, 『농상집요』에 수록되었다. 애종 임진년에서 『농상집요』가 편찬되기까지는 40년이 있다. 무술년은 금나라가 이미 멸망한 다음으로, 계유(癸酉)년까지는 단지 36년이다. 당시에 36년이라는 시간은 3, 4부에 달하는 이런 장서가 연속으로 출현하기에는 부족한 듯하다. 애종 임진년에서 무술년까지 황하 중하류와 하류지역은 전쟁이 끊이지 않았으니, 더욱 심각한 재해가 아닐 수 없다. 전쟁 중에 농민이 '구전(區田)'과 같은 경작을 할 수 있었을지의 여부는 단정하기 어렵다. 『종시직설』과 『한씨직설』에서는 전쟁의 영향을 받은 흔적은 보이지 않는다. 그나마 『사농필용』에는 조정의 큰 소동을 가리키는 '변혁'이라는 표현이 있어 이 책이 금나라 선종 때의 책[권3의 주 참고]일 것이라는 추측이 가능하다. 그러므로 나는 『무본신서』가 세종 대정(大定) 18년 이후 몇 년이 흘러서야 쓰인 책이며, 금나라 멸망 후에 쓰인 책일 가능성은 아주 낮다고 생각한다.

구곡의 풍토와 모시와 목면에 관한 논의 [論九穀風土時月及苧麻木綿]

맹기(孟祺)[229]

구곡의 풍토 및 파종시기

九穀風土及種蒔時月 70

곡물의 품종은 서로 같지 않고, 모두 각각에 맞는 풍토가 있다. 씨를 뿌리고 그것을 가꾸는 시기도 각각 빠르고 늦은 차이가 있다.

穀之爲品不一, 風土各有所宜. 種藝之時, 早晚又各不同.

『상서尙書』「우공禹公」[230]편에 의하면, 기주冀州[231]의 흙은 흰 토양[白壤][232]이고, 그 토지의 등급[233]은 중중中中이다. 연주兗州[234]는 흙이 검은

按『書·禹貢』, 冀州, 厥土惟白壤, 厥田惟中中. 兗州,

229) 역자주 무계유 교석에 의하면, 맹기(孟祺)는 서명(署名)으로 『농상집요』 편찬자의 중요한, 유일한 정보이다. 전본에는 이 같은 서명이 없는데, 저자가 지워버린 듯하다. 아마 맹기는 『농상집요』 초편의 주요 편찬자였으며, 그 후 2교와 재판 때는 수정과 보완을 거친 듯하다. 맹기(1241~1292)는 자는 덕경(德卿)이고, 안휘성 숙현(宿縣) 사람이다. 지원(至元) 7년(1270)에 고려로 출사하였다. 귀국 후에 산동 동서도권농부사(山東東西道勸農副使)를 역임했다고 한다.

230) 『상서(尙書)』「우공(禹貢)」편에서 채록한 것이다.

231) 역자주 무계유는 교석에서 지금의 하북(河北)·산서(山西)의 두 성이 대부분이라고 한다.

232) 역자주 「우공」에는 9주(州)의 토지를 '양(壤)'·'분(墳)'·'치(埴)'·'척(斥)'·'도니(塗泥)'·'청려(青黎)' 등으로 분류하였다. 백양은 『상서』 전주(傳注)에 의하면 흰 토양으로 이때 양은 흙 중에서 덩어리가 없는 부드러운 토양을 말한다. [신수치(辛樹幟), 『우공신해(禹貢新解)』, 농업출판사, 1980 참조.]

233) 역자주 무계유 교석본에 의하면 구주의 토지는 상·중·하에 따라서 다시 상·중·하로 구분한 후 모두 9등급으로 하게 해 주(州)마다 측정하여 한 등급을 평가하였다고 한다.

구릉토[黑墳][235]이고, 그 토지의 등급은 중하中下이다. 청주青州[236]는 흙이 흰 구릉토[白墳]이고, 그 토지의 등급은 상하上下이다. 서주徐州[237]는 흙이 점성의 붉은 구릉토[赤埴墳][238]이고, 그 토지의 등급은 상중上中이다. 양주揚州[239]는 흙이 진흙[塗泥]이고, 그 토지의 등급은 하하下下이다. 형주荊州[240]는 흙이 진흙[塗泥][241]이고, 그 토지의 등급은 하중下中이다. 예주豫州[242]는 흙이 양壤[243]이고, 저지대는 분로墳壚[244]로 되어 있어서 토지의 등급은 중상中

厥土黑墳, 厥田惟中下. 青州, 厥土白墳, 厥田惟上下. 徐州, 厥土赤埴墳, 厥田惟上中. 揚州, 厥土惟塗泥, 厥田惟下下. 荊州, 厥土惟塗泥, 厥田惟下中. 豫州, 厥土

234) 역자주 '연주(兗州)': 기(冀), 노(魯), 예(豫)의 변경지역으로 지금의 하남 동남 및 산동 서북의 땅이다.

235) 역자주 '흑분(黑墳)': 마종신은 역주에서 『상서』 전주(傳注)에 의하면 흑색의 구릉지의 토양을 말하며 분(墳)은 성글게 쏟아 오른 비옥한 토양을 말한다고 한다.

236) 역자주 지금의 산동 동부이다.

237) 역자주 무계유는 지금의 강소 북부 및 노(魯), 환(皖)의 변경지역이라고 한다.

238) 역자주 '적치분(赤埴墳)': 마종신은 역주에서 『상서』 전주(傳注)에 의하면 "점성이 있는 흙을 치이다.[土黏曰埴.]"라고 하는데, 이에 근거하여서 해석하면 '적치분'은 적색으로 점성을 띤 구릉의 흙을 의미한다고 한다.

239) 역자주 지금의 회하(淮河) 이남에서 동남연해까지로서 안휘, 강소, 절강, 강서성 지역이다.

240) 역자주 지금의 호남과 호북성 지역이다.

241) 역자주 '도니(途泥)': 마종신은 역주에서 『상서』 전주(傳注)에 의하면 점성이 있는 축축한 땅으로서 주로 양주와 형주에 분포하며 양주의 도니는 토질이 하하급인 데 비하여, 형주의 도니는 하중이라고 한다. 그러나 강남의 도니에는 쌀이 널리 생산되어 흔히 어미(魚米)의 고장이라고 한다.

242) 역자주 지금의 하남과 호북성 북부지역이다.

243) 역자주 '양(壤)': 『상서』 기주백양(冀州白壤)의 주석에서 '양'은 토질이 부드럽고 덩이가 없는 비옥한 토양이라고 한다. 마종신은 역주에서 '양'은 백양과 황양처럼 색깔로 말하지 않는 것은 지역 내의 흙 색깔이므로 결코 한 종류의 색깔로 말할 수 없기 때문이다. 따라서 색을 명확히 제시할 수 없다고 한다.

244) 역자주 '하토분노(下土墳壚)': 마종신은 『상서』 전주(傳注)에 의하면 고지는 양토(壤土)라 하고, 저지는 분토(墳土)와 노토(壚土)라 한다. 『설문(說文)』에 의하면 노토는 흑강토라고 해석한다고 한다.

上이다. 양주梁州[245]는 그 흙이 청여青黎[246]이고, 토지의 등급은 하상下上이다. 옹주雍州[247]는 그 흙이 황양黃壤이고, 토지의 등급은 상상上上이라고 한다.

惟壤, 下土墳壚, 厥田惟中上. 梁州, 厥土青黎, 厥田惟下上. 雍州, 厥土惟黃壤, 厥田惟上上.

또 『주례周禮』 「직방씨職方氏」[248]에 의하면 양주揚州는 곡물로서 벼稻의 재배가 적합하고, 예주豫州는 다섯 종의 곡물재배가 적합하다. 기장[黍]·조[稷][249]·콩[菽]·밀[麥]·벼라고 한다. 청주青州에는 곡물로서 벼가 적합하고, 연주兗州에 적합한 곡물로는 4종이 있다. 기장·조·밀·벼라고 한다. 옹주雍州는 기장과 조가 적합하며, 유주幽州[250]에 적합한 곡물로는 3종이 있다. 기장·조·벼라고 한다. 기주冀州

又『周禮·職方氏』, 揚州其穀宜稻, 豫州, 其穀宜五種. 黍, 稷, 菽, 麥, 稻. 青州, 其穀宜稻, 兗州, 其穀宜四種. 黍, 稷, 稻, 麥. 雍州, 其穀宜黍、

245) 역자주 지금의 섬서 서쪽 한수 유역의 사천 등지이다.

246) 역자주 마종신은 역주에서 『상서』 전주(傳注)에 의하면 청려(青黎)는 색깔이 검푸르며 매우 비옥한 토양이다. '려(黎)'는 다소 성글다는 의미로서 흑강토보다 약간 성근 흙이라고 한다.

247) 역자주 지금의 섬서 및 그 이서의 감숙 서부지역이다.

248) 『주례(周禮)』 「직방씨」는 지금의 『주례』 「하관·대사마·직방씨(夏官·大司馬·職方氏)」로서 "천하의 지도를 장악하여 천하의 땅을 지배하였고, 이를 국(國), 도(都), 비(鄙), 4개의 오랑캐(四夷), 8개의 오랑캐(八蠻), 7개의 오랑캐(七閩), 9개의 오랑캐(九貉), 5개의 오랑캐(五戎), 6개의 오랑캐(六狄)의 백성으로 구분하고, 재물과 9가지 곡식(九穀), 6가지 가축(六畜)의 수를 파악하여 주나라는 좋은 점과 나쁜 점을 알고자 했다. 또한 9주(九州)의 나라로 나누어 함께 이롭게 했다.[掌天下之圖, 以掌天下之地, 辨其邦國、都鄙、四夷、八蠻、七閩、九貉、五戎、六狄之人民, 與其財用, 九穀六畜之數要, 周知其利害. 乃辨九州之國, 使同貫利.]"라고 했으며, 각 주의 재료들을 이 몇 구절로 정리했다.

249) 역자주 '직(稷)'에 대해서는 다양한 견해가 있다. 우선 곡물의 총칭, 조, 기장 또는 이들의 별칭이라는 설이 그것이다. 여기서는 기장이 병렬되어 등장하기에 조[粟]의 의미로 해석하였다.

250) 역자주 현 하북성 북경 일대이다.

는 기장·조가 적합하며, 병주幷州[251]에 적합한 곡물은 다섯 종이다. 두 경서經書를 살펴보건대, 비록 『상서』에는 유주와 병주가 빠져 있고, 『주례』에는 서주徐州와 양주가 빠져 있지만, 구주九州의 풍토에 적합한 대략적인 곡물의 상황을 살필 수 있다.

稷, 幽州, 其穀宜三種. 黍, 稷, 稻. 冀州, 其穀宜黍、稷, 幷州, 其穀宜五種. 合二經觀之, 雖幽、幷、徐、梁, 互闕所載, 而九州風土之宜, 其大凡可見矣.

한 지역[州] 안에서도 풍토가 서로 같지 않으며, 다만 사정[條目[252]]이 너무 번거로워 책에서는 모두를 상세히 기록하지는 않았다. 토양과 곡물에 근거하여 나누어서 조사하였다. 무릇 진흙땅[泥塗]으로 그 토지의 등급이 중하中下이고 벼를 심을 수 있다면, 반드시 형주와 양주에 얽매일 필요가 없다. 무릇 황양黃壤 혹은 백양白壤의 땅으로서 그 토지가 중상이며 기장·조·수수·콩을 심을 수 있는 곳이라면, 반드시 옹주나 기주에 얽매일 필요가 없다. 무릇 분토墳土·노토壚土·첨식토黏埴土의 토지가 섞여 있으며[253] 밀을 심을 수 있는 곳은 굳이 병주·청주·연주·예주에 한정하여 얽매일 필요가 없다.

然一州之內, 風土又各有所不同, 但條目繁多, 書不盡言耳. 觸類而求之. 苟泥塗所在, 厥田中下, 稻卽可種, 不必拘以荊、揚. 土攘黃, 白, 厥田中上, 黍、稷、梁、菽卽可種, 不必限於雍、冀. 墳、壚、黏、埴, 田雜三品, 麥卽可種, 又不必以幷、青、兗、豫爲定也.

---

251) 역자주 현 산서성 태원부 지역이다.

252) 역자주 마종신은 역주에서 '조목(條目)'을 두서(頭緖), 즉 실마리, 단서, 사정의 의미로 해석하고 있다.

253) 역자주 마종신은 역주에서 '전잡삼품(田雜三品)'의 품은 토지 세 개의 등급을 가리키는 것으로서 점토, 분토, 노토이거나 상전, 중전, 하전을 막론하고 모두 밀을 파종할 수 있는 것으로 해석된다고 한다.

농시農時의 빠르고 늦은 것에 대해서 『제민요술』은 '상上'·'중中'·'하下'의 세 시기를 사용하고 있고, 대부분은 모두 낙양洛陽 지역을 표준으로 삼았다. 이는 '하나를 통해 사물 전체를 추측한다[擧一反三]'는 의미다. 주공周公의 토규지법土圭之法[254]으로 추정할 때 낙양이남 천리千里의 땅은 대부분 매우 덥고 낙양 이북 천리는 매우 춥다. 무더운 날이 길어지면 농사짓는 시기를 앞당기지 않으면 안 된다. 엄동설한이 길어지면 농사를 짓는 때를 늦추는 것이 좋다.

若夫時之早晩, 按『齊民要術』有'上'、'中'、'下'三時, 大率以洛陽土中爲準. 此亦擧一隅之義爾. 以周公土圭之法推之, 洛南千里, 其地多暑, 洛北千里, 其地多寒. 暑既多矣, 種藝之時, 不得不加早. 寒既多矣, 種藝之時, 不得不加遲.

또 각 지역에는 산과 구릉과 시내[川]와 골짜기의 높낮이가 똑같지 않고, 평원과 습지[255]는 넓고 좁은 차이가 있다. 어떤 지역은 비록 낙양의 남쪽에 있지만 산줄기가 높고 평원이 넓어 경치[景氣]가 처량淒凉하고, 날씨는 북방과 같이 한랭하다. 또 어떤 지역은 낙양의 북쪽이지만 산이 감싸고 있어 바람과 해는 따사로이 비추어 주어 남방과 똑같이 덥다. 낙양의 동쪽과 서쪽 지역의 차이가

又山、川高下之不一, 原、隰廣隘之不齊. 雖南乎洛, 其間山原高曠, 景氣淒淸, 與北方同寒者, 有焉. 雖北乎洛, 山隈掩抱, 風日和昫, 與南土同

254) '주공토규지법(周公土圭之法)': 『주례(周禮)』「지관·대사도(地官·大司徒)」편의 처음 부분인 '대사도의 관직'에는 "토규(土圭)로 흙의 깊이를 측정한다. 해의 그림자로 지중(地中)을 구한다. 해가 남쪽이면 그림자가 짧고, 매우 덥고 태양이 남쪽으로 이동하면, 그림자가 짧고, 날씨가 덥다. 해가 북쪽이면 그림자가 길고 매우 춥다. … 하지(夏至) 때 해의 그림자 길이가 5치[寸]일 때를 지중이라 한다."라는 구절이 있다.

255) 역자주 '원습(原隰)': 무계유는 높고 평평한 곳을 '원'이라 하고, 낮고 평평한 곳을 '습'이라 한다고 한다.

이와 같다.

暑者, 有焉. 東西以是爲差. ·

가령 각 지역에서 모두 똑같은 농시를 채용하고 있는 것은, 실로 비파의 기러기발을 아교로 붙여서[256] 곡조를 내지 못하는 것과 같게 된다. 『범승지서』[257]에는 "파종 시기는 고정된 날이 없고 마땅히 각 지역의 정황에 따라 농사 시기가 결정되는 것"이라는 말이 있다. 진실로 탁견이라고 할 만한 명언名言[258]이다. 지금 이곳에 인용하는 것을 다만 독자가 능히 참작하기를 바랄 뿐이다.

苟比而同之, 殆類夫膠柱而鼓瑟矣. 『氾勝之書』有言, "種無期, 因地爲時", 此不刊之論也. 表而出之, 庶覽者有所折衷焉.

▌교 석 (校釋)▐

70 "구곡풍토급종시시월(九穀風土及種蒔時月)": 격본에는 이 조 및 그 아래에 '저마목면(苧麻木棉)'조가 없는데, 전본에는 「경간(耕墾)」편 끝부분에 '구전(區田)'이 있으며, 「구곡의 풍토와 모시와 목면에 관한 논의[論九穀風土時月及苧麻木綿]」편은 별도로 설정하지 않고 있다. 여기에서는 원각대자본에 의거하여 바로 잡는다.

---

256) "교주이고슬(膠柱而鼓瑟)": 『사기(史記)』 권81 「조사전(趙奢傳)」에 인상여(藺相如)가 조나라 왕에게 조괄(趙括)을 장군으로 삼는 것은 '교주고슬(膠柱鼓瑟)'이라고 간언했다는 기록이 있다. 왜냐하면, 조괄은 부친인 조사(趙奢)의 저서를 읽을 수는 있으나, 융통성 있게 응용하지를 못하니, 마치 비파의 기러기발을 아교로 붙여 놓으면 소리를 낼 수는 있으나 곡조를 만들지 못하는 것과 같다는 것이다.

257) 『범승지서(氾勝之書)』 「종곡(種穀)」편에 보인다. 인용문은 '종(種)'자 아래 '화(禾)'자가 빠져 있다.

258) **역자주** 무계유 교석본에 의하면 '간(刊)'은 삭제의 의미이므로, '불간(不刊)'은 탁견(卓見)으로 바꿀 수 없음을 의미한다고 한다.

모시와 목면

苧麻木綿

위대하도다! 자연계에서 만물이 발생하는 이치는 어느 곳에서나 존재한다. 모시[苧麻]는 원래 남방의 물산이고, 목화는 서역에서 나는 것이다. 근래 모시는 하남河南에서 재배하고, 목화는 섬서의 동쪽 지역에서도 재배하고 있는데, 매우 무성하게 자라서 원래의 산지에서 심어 기른 것과 다를 바가 없다. 두 지방의 백성들은 아주 큰 이득을 보고 있다. 시험적으로 심어 효과를 보고 나서 마침내 각 지역의 토양 여건에 따라서 파종하게 된 것이다. 세간의 논의에 의하면[悠悠之論],[259] 대개 풍토가 맞지 않는다고 핑계를 대고 있다. 이는 오늘날 중국의 모든 물산이 다른 지역[異方]에서 들어왔다는 사실을 잘 모르기 때문이다. 옛 사례를 가지고 말하면, 호두[胡桃][260]·수박[西瓜][261]은 유사流沙[262]나 총령葱嶺[263]의 바깥 지역에서 생산된 것이 아니었던가? 지금의 사례를 가지고 말하면, 사탕수수[甘蔗]·차의 어린잎[茗芽][264]은 장가牂柯·

大哉! 造物發生之理, 無乎不在. 苧麻, 本南方之物, 木綿亦西域所產. 近歲以來, 苧麻藝於河南, 木綿種於陝右, 滋茂繁盛, 與本土無異. 二方之民, 深荷其利. 遂即已試之效, 令所在種之. 悠悠之論, 率以風土不宜爲解. 蓋不知中國之物, 出於異方者非一. 以古言之 胡桃、西瓜, 是不產於流沙葱嶺之外

259) 역자주 '유유(悠悠)': 무계유는 교석에서 이를 비속, 저속, 평범하다는 의미라고 한다.

260) 역자주 호도(胡桃)는 『박물지』에 이르기를 "(한 무제 때) 장건이 서역에서 석류와 호도, 포도를 가지고 왔다."라고 한다.

261) 역자주 서과(西瓜)는 남조(南朝) 때에 한과(寒瓜)라 하여 서역에서 들여왔다가 뒤에 이름을 서과라고 하였다.

262) 역자주 마종신은 역주에서 유사(流沙)는 오늘날 신강의 타클라마칸사막이라고 한다.

263) 역자주 총령(葱嶺)은 신강의 서부지역으로 파미르 고원 및 곤륜산 부근을 지칭한다.

공邛・착筰[265]이라는 아주 먼 지역에서 대표적으로 생산되는 것이 아니었던가? 하지만 이 모두가 지금은 중국[266]에서 진귀한 식품으로 여겨지고 있다. 어찌 유독 모시[苧麻]와 목화[木綿]에 대해서만 문제로 삼는 것인가?

乎? 以今言之, 甘蔗、茗芽, 是不産於牂柯、邛、筰之表乎? 然皆爲中國珍用. 奚獨至於麻、綿, 而疑之?

비록 그렇더라도 풍토가 맞지 않다는 핑계를 대거나 이것을 심어 기르는 데 세심한 주의를 기울이지 않는 자도 있다. 혹은 심어 기르는 일에 비록 세심한 주의를 기울이더라도 그 기르는 방법을 알지 못하는 자도 있다. 그러기에 특별히 심고 기르는 방법을 위에 열거하여 농업 생산 기술을 필요로 하는 사람이 사용할 수 있도록 하였다. 훗날 생산의 효과가 나타나면, 분명 더운 여름날에는 시원한 세모시옷[267]을 입게 될 것이고, 매우 추운 날에는 곱고 따뜻한 면 옷을 입게 될 것이니, 이런 연후에 (내가 말한 것이) 조금도 보탠 것이 없었음을 알게 될 것이다.

雖然託之風土, 種藝之不謹者, 有之. 抑種藝雖謹, 不得其法者, 亦有之. 故特列其種植之方於右, 庶勤于生業者有所取法焉. 他日功效有成, 當暑而被纖絺之衣, 盛冬而襲麗密之服, 然後知其不爲無補矣.

---

264) 역자주 '명아(茗芽)': 무계유는 명아(茗芽)는 차의 잎을 의미한다고 한다. 찻잎과 사탕수수는 천금(川黔)에서 기원한 이후 다른 지역으로 전파되었다고 하는데, 정확한 이야기는 아니라고 한다.

265) '장가(牂牁)·공(邛)·작(筰)': '장가'의 음은 'zāng kē'이다. 한나라 때 장가국(牂牁國)은 오늘날 귀주성(貴州省)의 서북쪽이다. '공'의 음은 'qióng'이며, 오늘날 사천성(四川省) 서창(西昌) 일대의 나라이다. '작'의 음은 'zuò'이며, 오늘날 사천성 한원현(漢源縣)에 있던 또 다른 나라이다.

266) 역자주 '중국': 고대사회에서 말하는 중국은 주로 황하유역을 지칭한다.

267) 역자주 '섬치(纖絺)': 무계유는 교석에서 '섬치'는 세모시[細苧布]로서 여름베[夏布]라고 한다.

農桑輯要譯註

Nongsangjipyo

농상집요 역주 | 권3

A Translated Annotation of the
Agricultural Manual "Nongsangjipyo" | No. 3

뽕나무 재배 [栽桑] 산뽕나무[柘]를 덧붙임

뽕나무종자 논의

『제민요술齊民要術』[1]: 뽕나무 오디[桑椹]가 익을 때, 흑노상黑魯桑의 오디를 수확한다. 황노상(黃魯桑)은 (열악한 환경 속에서) 오래 견디지 못한다. 농언(農諺)에 이르기를, "노상[2]이 1백 그루이면 솜[綿]도 많고, 또 비단[帛]도 많

論桑種

『齊民要術』: 桑椹熟時, 收黑魯椹. 黃魯桑不耐久. 諺曰 "魯桑百, 豊綿 1 帛." 言

1) 『제민요술(齊民要術)』: 지금 『제민요술』 권5 「종상자제사십오(種桑柘第四十五)」에 보인다.

2) '노상(魯桑)': 『제민요술』과 다음 문장에 인용된 『사농필용(士農必用)』의 글을 보면, '형상(荊桑)'은 교목형(喬木型)이고, '다형엽(Polymorphic Leaves)'성을 지닌 키가 큰 뽕나무로서 '수상(樹桑)'재배를 할 수 있다. 이에 비해 '노상(魯桑)'은 심장처럼 생긴 '어린 잎'을 지닌 키가 작은 관목형(灌木型) 나무로서 '지상(地桑)' 재배를 할 수밖에 없다. 그러므로 『제민요술』에서는 "오늘날 '형상(荊桑)', '지상(地桑)'이라는 이름이 있다.[今世有'荊桑'、'地桑'之名.]"라고 하면서, '형상'과는 다른 방식으로 심는 '지상'의 예로 '노상'을 들었다. 본 절의 인용문에 따르면, 노상은 다시 '황노상(黃魯桑)'과 '흑노상(黑魯桑)' 두 종류로 나뉜다. 대개 황노상은 오디열매에 테르펜류의 색소가 있어서 익으면 붉은 색에 노란색을 띠거나 노란색에 붉은 색을 띤다. 흑노상은 오디열매에 안토시아닌 성분이 다량 함유되어 있어 익으면 까맣게 변한다. 일반적으로 다량의 안토시아닌을 만들어내는 '변종', '아종' 또는 '품종'은 생활력이 강하고, 종성성대사(綜成性代謝) 능력이 뛰어나며, 열악한 환경에서도 비교적 잘 견딘다. 흑노상은 황노상에 비해 더 오래 견디는데 아마도 이 이유 때문일 것이다. 역자주 무계유는 교석에서 노상은 어린누에를 먹이는 데 적합하고, 형상은 큰 누에를 먹이는 데 적합한 것은 『제민요술』과 비슷하지만, 오늘날은 대개 뽕잎과 그 안배는 상반되어 있다고 한다. 즉 조생 뽕과 누에 체질을 보면 노상 잎의 육질은 단백질의 함량이 많아 큰누에의 성장에 오히려 유리하다. 그리고 형상으로 키워 막잠을 자고 난 후의 누에에게 지상을 주어 앞서 노상을 먹여 명주실이 질기지 않은 폐단을 보완한다고 한다.

다.”라고 한다. 또 노상의 뽕잎이 좋으면 할 일은 줄어드는 데 반해 이익은 많아진다고 한다.

『박문록博聞錄』[3]: 백상白桑은 오디가 적게 달린 가지를 휘묻이[壓條]하는 방식으로 번식한다. 만약 백상의 씨가 있다면 바로 그 종자를 파종할 수 있는데, 모름지기 음지에 파종해야 한다. 백상의 잎은 두툼하고 커서 생산된 고치가 무겁고, 튼실하여 고치에서 생산된 실은 일반적인 누에고치보다 배나 많다.

『사농필용士農必用』: 뽕나무의 특성에서 중요한 것은 뽕잎이 거친지 부드러운지를 분별하고, 적합한 재배방식을 찾아내어 각종 뽕나무를 충분히 이용하는 데 있다. 뽕나무 품종은 아주 많아서 일일이 열거할 수 없다. 가장 이름난 것은 ‘형상(荊桑)’과 ‘노상(魯桑)’이다. 형상은 오디가 많고 노상은 오디가 적다. 잎이 얇고 뾰족하며, 잎의 가장자리가 톱니처럼 되어 있는 것이 형상인데, 줄기와 가지 및 뽕잎이 모두 거칠고 강한 것이 모두 형상의 종류이다. (반면) 잎이 둥글고 두꺼우며, 진액이 많은 것은 모두 노상의 종류에 속한다. 무릇 나무의 줄기, 가지와 뽕잎이 부드럽고 무성한 것은 모두 노상의 것들이다. 형상 종류는 뿌리가 깊고, 나무의 속도 견

其桑好, 功省, 用多.

『博聞錄』: 白桑少子, 壓枝種之. 若有子, 可便種, 須用地陰處. 其葉厚大, 得繭重實, 絲倍每❷常.

『士農必用』: 桑之種性, 性在辨其剛柔, 得樹藝之宜, 使之各適其用. 桑種甚多, 不可徧擧. 世所名者, ‘荊’與‘魯’也. 荊桑多椹, 魯桑少椹. 葉薄而尖, 其邊有瓣者, 荊桑也, 凡枝、幹、條、葉堅勁者, 皆荊之類也. 葉圓厚而多津者, 魯桑

3) ‘『박문록(博聞錄)』’: 청나라 예찬(倪燦)이 찬집한 『송사예문지보(宋史藝文志補)』의 「자부·잡가류(子部·雜家類)」에는 진원정(陳元靚)의 『박문록(博聞錄)』 열 권이 실려 있다. 진원정은 남송 이종(理宗) 때 사람이며, 『박문록』은 지금 전해지는 것이 없다. 본서에서 인용한 것과 진원정의 또 다른 저서인 『세시광기(歲時廣記)』(권4의 주8 참조)의 인용문을 통해 봤을 때, 『박문록』은 이전 사람들의 저서를 모아서 적은 것으로, 사가(私家)의 ‘유서(類書)’와 비슷한 성격의 찬집서(撰輯書)이다. 사실 이 조는 『사시찬요(四時纂要)』 권1 「정월(正月)」편 종상(種桑)조의 후반부를 보충하여 쓴 것이다. 『사시찬요』 원문의 이 조의 나머지 전반부는 본서에 인용되어 있으며, 아래쪽에 보인다.

실하고, 키도 커 큰 나무로 자라기에 적합하다. 노상의 종류는 뿌리가 깊지 못하고 줄기의 속도 견실하지 못하고, 키도 작아 지상(地桑)[4] 재배에 적합하다. 그러나 형상의 가지와 잎은 모두 노상처럼 무성하게 성장하지 못한다. 때문에 노상의 가지를 형상에 접붙이면 뽕나무가 오래 유지되고 또 무성하게 성장할 수 있다. 노상을 지상(地桑)으로 재배하기 때문에 '휘묻이'를 하여 새로운 그루를 번식시켜 '오래된 뽕나무를 바꾸는' 방법으로 끊임없이 이어 재배함으로써, 오랫동안 뽕나무를 유지, 존속시킬 수 있다. 형상류의 뽕잎은 큰 누에에게 먹이기 적합하고, 그 실은 질겨서 사(紗)와 나(羅)와 같은 비단을 짜는 데 적합하다. 『상서(尚書)』「우공(禹貢)」[5]편의 "그 광주리에 담겨 있는 산뽕나무를 먹여 만든 생사"에 대해 주석하기를 "염(檿)은 산뽕나무[山桑]이다."라고 했다. 이것은 형상 중에서도 가장 우수한 종류이다. 노상류는 애누에에게 먹이기 적합하다.

也. 凡枝、幹、條、葉豊腴者, 皆魯之類也. 荊之類, 根固而心實, 能久遠, 宜爲樹. 魯之類, 根不固而心不實, 不能久遠, 宜爲地桑. 然荊桑之條葉, 不如魯桑之盛茂. 當以魯條接之, 則能久遠而又盛茂也. 魯爲地桑, 而有'壓條'、'換根'之法, 傳轉無窮, 是亦[3]可以長久也. 荊桑之類, 宜飼大蠶, 其絲堅紉,[4] 中紗羅. 『書·禹貢』, "厥篚檿絲": 注曰 "檿, 山桑." 此荊之美而尤佳[5]也. 魯桑之類, 宜飼小蠶.

4) 역자주 마종신은 역주에서 지상(地桑)은 오늘날 저간상(低幹桑)이라 불리며, 크기가 작은 뽕나무로 높이는 대개 70cm 이하라고 한다.

5) '서우공(書禹貢)': 『상서(尚書)』「우공(禹貢)」에 "청주 … 그것의 가리개는 명주실이다.[青州 … 厥篚檿絲.]"라고 되어 있다. 역자주 염사(檿絲): 누에가 산뽕나무 잎을 먹고 토해낸 실이다.

〈그림 1〉 노상(魯桑)

〈그림 2〉 형상(荊桑)

〈그림 3〉 지상(地桑)

▎교 석(校釋)▕

1 '면(綿)': 전본에는 '금(錦)'으로 되어 있다. 원본(元本) 및 격본에는 '면(綿)'으로 쓰여 있고 이는 『제민요술』의 교정본과도 일치한다.

2 '배매(倍每)': 전본 중의 민각(閩刻), 절각(浙刻)에는 '배매(倍每)'로 새겨져 있으며, 소각(蘇刻) 및 원본, 격본에는 '매배(每倍)'로 쓰여 있다.

3 '시역(是亦)': 민각, 절각에는 '역시(亦是)'라고 되어 있으나, 소각 및 원본, 격본에는 '시역(是亦)'으로 되어 있다.

4 '인(紉)': 민각, 절강(浙江)에는 '인(紉)'으로 되어 있고, 소각 및 원본, 격본에는 '인(韌)'으로 되어 있다.

5 "미이우가(美而尤佳)": 원본에는 '유이우(類而尤)'로 되어 있고, 전본에는 '유이우가(類而尤佳)'로 되어 있다. 격본에 따라 '미이우(美而尤)'로 하고, 전본의 '가(佳)'자도 남겨놓는다. 왕정의 『농서』 권5 「농상통결오(農桑通訣五)」의 「종식편제십삼(種植篇第十三)」에 인용한 것을 살펴보면, '산이우가(産而尤佳)'로 되어 있다.

오디 씨 심기

『제민요술』[6]: 흑노상의 오디[黑魯椹]를 수확하여 당일 물에 씻어서 건져낸 뒤 햇볕에 말린다. 이내 그 종자를 밭이랑에 파종한다. 이랑에 파종하는 방법은 모두 아욱 심는[種葵] 방식과 동일하다. 이랑은 늘 풀을 깔끔하게 김매 주어야 한다.

『범승지서』[7]에 이르기를, '뽕나무를 파종하는 방법'은 5월에 잘 익은 오디를 따서 물속에 담갔다가 곧 손으로 으깨어[8] 물로 깨끗이 씻어서 종자를 건져 그늘에서 말린다. 비옥한 땅 10무畝를 정지整地하여, 만약 오래도록 경작하지 않은 땅이 있으면 더욱 좋다. 잘 갈아 평탄작업을 해둔다. 1무당 기장[黍]과 오디씨 각각 3되[升]를 섞어서 파종한다. 기장과 뽕나무는 동시에 자라게 한다. 호미로 풀을 제초하면서, 뽕나무 모종을 적당한 간격으로 조절한다. 기장은 익으면 수확을 한다. 이때 뽕나무 모종이 성장하여 기장과 키가 같아지면, 잘 드는 낫으로 최대한 지면에 붙여 뽕나무와 기장을 동시에 베어 내어 햇볕에 바싹 말린다. 이후에 바람이 적당하게 불면 불을 놓아 태운다. 뽕잎이 봄이 되어 새롭게 생장하면 1무당 3채반[箔]

種椹

『齊民要術』: 收黑魯椹, 卽日以水淘取, 曬燥. 仍畦種. 治畦下種, 一如葵法. 常薅令淨.

『氾勝之書』曰 '種桑法'五月取椹著水中, 卽以手潰[6]之, 以水取子, 陰[7]乾. 治肥田十畝, 荒田久不耕者, 尤善. 好耕治之. 每畝, 以黍椹子各三升, 合種之. 黍桑當俱生. 鋤之, 桑令稀疏調適. 黍熟, 穫之. 桑生正與黍高平, 因以利鎌摩地刈之, 曝令燥. 後有風調,[8] 放火燒之. 桑至春生,

---

6) 『제민요술(齊民要術)』: 『제민요술』 권5 「종상자제사십오(種桑柘第四十五)」에 등장한다.

7) 『범승지서(氾勝之書)』: 인용문은 『제민요술』 권5 「종상자제사십오」에 보인다.

8) 역자주 『농상집요』, 『제민요술』의 각 판본에는 '지(漬)'로 되어 있으나, 무계유 교석본에는 『제민요술』의 원각본에 의거하여 궤(潰)로 되어 있다. 본문의 의미상으로는 궤(潰)로 해석하는 것이 합당할 듯하다.

의 누에를 먹일 수 있다고 하였다.

『사시유요四時類要』[9]: '뽕나무를 파종하는 것'은 아욱을 파종하는 것과 동일하다. 흙은 두껍게 덮지 않아야 한다. 두꺼우면 싹이 나지 못한다. 싹이 1자尺 정도 자라면 흙과 섞은 퇴비를 한 차례 뿌려준다.

『무본신서務本新書』: 4월[10]에 오디를 파종한다. 2월에 파종하는 묵은 오디 또한 이와 같은 방법으로 한다. 동서 방향으로 이랑을 만들어 잘 썩은 거름[熟糞]을 흙과 함께 섞어, 누리[耬[11]]로 땅을 갈고 평평하

一畝食三箔蠶.

『四時類要』: '種桑'如種葵法. 土不得厚. 厚卽不生. 待高一尺, 又上糞土一徧.

『務本新書』: 四月種椹: 二月種舊椹亦同. 東西掘畦, 熟糞和土, 耬平, 下

9) '『사시유요(四時類要)』': 조선각본(朝鮮刻本)을 영인한 『사시찬요』 권1 「정월편(正月篇) 종상(種桑)」조의 원문은 다음과 같다. "흑노상의 오디를 거두어, 물에 씻어 씨를 얻고, 햇볕에 말린다. 잘 갈아놓은 경작지의 이랑에 파종[畦種]하는데, 아욱을 심는 방법과 같다.[원문에는 '종(種)'자가 빠져 있으나, 본서의 인용문에 따라 보충해야 함] … [收黑魯椹, 水淘取子, 曝幹. 熟耕地畦種, 如種葵法. …]"(이하 부분은 본서에 인용한 것과 같음) 그리고 끝부분에는 "4,5척(尺)이 되면, 깨끗하게 김매주고, 다음해 정월에 옮겨 심는다.[當四五尺, 常耘令浄. 來年正月移之.]"가 있고, 그 다음에는 "백상(白桑)은 씨가 없으면, 휘묻이해서 심어야 씨를 얻을 수 있고, 그것을 심으면 된다. 단지 그늘진 곳에서 물을 자주 주기만 하면 된다.[白桑無子, 壓條種之, 纔收得子便種, 亦可. 只須于陰地, 頻澆爲妙.]"가 있다.

안(案): 『사시찬요』의 이 절의 경우, 본서에서 인용한 앞·뒤 몇 구절은 『제민요술』에서 발췌한 것으로 생략한 부분이 조금 있으며, '1차 자료'가 아니다. 하지만 백상에 관한 몇 구절의 경우는 일단 처음 보는 기록이다. 이후, 『박문록』에서는 내용[위의 문장인 「논상종(論桑種)」장에서 인용한 문장 참조]을 조금 더 보충해서 썼다.

10) 역자주 무계유의 교석에는, 『범승지서』에 의하면, 음력 5월에 오디를 수확하는데, 『무본신서』에는 4월에 오디를 파종한다고 되어 있다. 이러한 사실은 『범승지서』는 황하 중하류의 오디를 반영한 것이라고 한다면, 『농상집요』는 강남지역의 농업적 환경을 소개한 것에 따른 것이다. 양자의 환경의 차이가 이러한 상황을 반영하는 것 같다. 현재 황하 중하류 지역에서 오디가 있는 시기는 품종과 환경에 따라 차이가 있지만, 대개 시기적으로는 양력 5월 하순에서 6월 중순까지라고 한다.

11) 역자주 '누(耬)': 무계유는 교석에서 강종(耩種)이라고 하는데, '강'은 파종용 공구로서, 이전의 누리(耬犁)에 해당한다고 한다.

게 고른 후에 물을 댄다. 물기가 스며든 이후에, 다시 종자를 뿌린다. 기장과 오디 씨를 함께 파종하면 오디 씨가 기장의 힘을 빌려[12] 쉽게 싹을 틔울 수 있으며, 기장은 또한 뽕나무 싹이 올라올 때 햇볕을 차단하는 역할을 해 준다. 또한 미리 뽕나무 이랑의 남쪽과 서쪽에 어저귀[檾][13]를 파종하는데, 뽕나무 싹이 나온 이후에 어저귀의 그늘이 여름철의 따가운 햇볕을 차단해 준다. 뽕나무 싹이 2~3치 정도 자랐을 때 가뭄이 들면 물을 뿌려 준다. 만약 뽕나무 오디와 기장을 섞어 파종하지 않을 경우에는 수시로 이랑 위에 낮은 시렁을 설치하여 그 위에 발[箔]을 덮어 주는데, 낮에는 발을 펼쳤다가 밤에는 거둔다. 처서處暑가 지난 뒤에는

水. 水宜濕透, 然後布子. 或和黍子同種, 椹藉黍力, 易爲生發, 又遮日色. 或預於畦南畦西種檾, 後藉檾陰遮映夏日. 9 長至三二寸, 旱則澆之. 若不雜黍種, 須旋搭矮棚於上, 以箔覆蓋, 晝舒夜捲. 處暑之後, 不須遮蔽. 至十月之後,

12) 역자주 무계유 교석본에 의하면, 기장의 종자는 뽕나무 종자에 비하여 3~4배가 크기 때문에, 땅을 뚫고 올라오는 힘이 비교적 강하고, 싹이 트는 것 또한 비교적 빠르다. 그러므로 기장 싹이 흙을 뚫고 나오는 힘을 빌려 비교적 순조롭게 뽕나무 싹을 틔울 수 있다고 한다.

13) "미리 이랑의 남쪽과 이랑의 서쪽에 어저귀를 심는다.[預于畦南畦西種檾.]": '경(檾)'은 지금 쓰는 '경(苘)'의 본디 글자로 금규(錦葵)과의 Abutilon avicennoe [역자주 : Abutilon avicennae(어저귀)가 맞는 표현인 듯하다.]를 가리킨다. 뽕나무 모종과 기장을 함께 심은 것은 『범승지서』에서 처음 보인다. 만약 『범승지서』의 이 절이 맞다면 기원전 1세기에 이미 시작된 것이고, 설사 범승지의 기록이 사실이 아니라고 할지라도 6세기 이전 가사협이 살았던 시기에는 이미 시작된 것임에 틀림없다. 금나라 때에는 어저귀와 뽕나무 모종을 함께 심는 것으로 바뀌었는데, "어저귀는 높고 빽빽하게 그늘을 드리우고, 또한 바람과 이슬을 통하게 한다.[檾陰高密, 又透風露.]"라는 언급에서 기술적인 개선이 있었음을 알 수 있다. 다만 금나라 중엽은 모시풀과 목화가 아직 강을 건너가기 전이라 황하 유역은 식물 섬유의 공급이 부족했으므로, 이 역시 기술 발전을 촉진시킨 또 다른 요인일 것이다. 『사농필용』에는 장막을 사용해서 (어저귀가) 뽕나무 모종과 서로 비료 및 수분을 다투는 것을 개선하였는데, 그 기술이 한층 더 발전하였다. 『사농필용』의 "어저귀가 다음이고, 기장의 모가 그 다음이다.[檾麻次之, 黍苗又次之.]"라는 것은 아주 잘 정리한 것이다.

더 이상 덮을 필요가 없다. 10월 후에는 뽕나무와 기장대[서개(黍稭); 서간(黍秆)]를 동시에 베서, 적당한 바람이 불 때 불을 질러 태운다. 그리고 이내 이랑 위에 거름과 묵은 재를 뿌려주고, 봄이 되면 뽕잎이 무성해지는데 그 이듬해에 옮겨 심는다.

桑與黍稭 同時刈倒, 須風燒之. 仍糝糞土, 蔽灰, 春暖榮茂, 次年移栽.

○ 한 가지 방법: 부드러운 땅[熟地]을 먼저 누리[耬]로 갈아 한 이랑에 기장을 파종한다. 거친 풀로 새끼를 꼬아 약 한 팔[托][14] 길이 정도로 잘라 여러 개로 만들어 물에 담가 부드럽게 하는데, (풀물[面湯]을 사용하여 담그면 더 좋다) 잘라둔 풀로 만든 새끼의 양 끝을 3~4치쯤 남겨 놓고,[15] 중간에는 골고루 10여 개의 젖은 오디 씨앗을 붙여준다. 기장을 파종한 이랑 사이에 풀로 꼰 새끼를 팽팽하게 눕혀 놓고, 풀 새끼의 양 끝을 흙으로 두껍게 눌러 두고, 중간 부분은 얇게 흙을 뿌려[糝][16] 덮는다. 각각 1보步[17] 혹은 2보 간격으로 위의 방법대로 풀 새끼줄을 설치하고, 전후좌우에 가지런히 간격을 맞춘다. 가뭄이 지속되면 물을 뿌려주어야 한다. 10월 이후에는 기장과 뽕을 동시에 베어

一法: 熟地, 先耩黍一壟. 另搓草索, 截約一托, 以水浸軟一麪飯湯更妙, 索兩頭, 各歇三四寸, 中間勻抹濕椹子十餘粒. 將索臥於黍壟內, 索兩頭, 以土厚壓, 中間糝土薄覆. 隔一步或兩步, 依上臥一索, 四面取齊成行. 久旱宜澆. 十月, 刈燒, 加糞

14) '일탁(一托)': 즉 한쪽 팔을 뻗은(물건을 '받쳐 들기' 위한) 길이이다. 역자주 모지와 중지를 편 길이를 말하지만, 여기서는 너무 짧다. 무계유 교석에서는 1~2척 길이로 추측하고 있다.

15) '헐(歇)': 즉 '사이에 쉬는 곳'을 남겨놓는다.

16) 역자주 석성한 교주본에는 '삼(摻)'이라 했지만 무계유 교석본에서는 '삼(摻)'을 '삼(糝)'으로 보고, 산토(散土)의 의미로 사용하고 있다.

17) 역자주 "보(步)": 1보(步)의 길이는 진시황 때는 6척(1척은 23.1cm)이었으나, 당송시대로 접어들면서 5척 1보제가 정착되었다. 1척의 길이는 시대에 따라 변하며 원명시대에는 대략 31.6~32cm 정도이다. 1척을 32cm로 보고 환산하면 1보는 160cm 정도가 된다.

내고, 불에 태우며, 모판에 거름을 주는 등의 일은 앞의 방법과 동일하다. 겨울철과 봄철에는 모판에 눈을 덮고 거름도 주는데, 청명절清明節을 전후해서 걷어낸다. 장마철에는 뽕나무 모종이 성글거나 조밀한 곳을 살펴서 모종을 이식하거나 보충해 준다. 이 방법은 이랑[18]에 파종하여 모를 길러 옮겨 심는 방법보다 힘이 덜 들고, 생존율이 높으며, 또한 2년 일찍 (제대로 된) 뽕나무로 성장하게 된다. 만일 묵은 오디 씨가 남아 있으면 봄에 파종하는 것이 더욱 좋다. 모종이 자란 이후에는 울타리나 담장을 쳐서 단단히 보호해 준다.

如前. 冬春擁雪蓋糞, 淸明前後, 掃去. 霖雨時, 覷稀稠移補. 比之畦種旋移, 省力, 決活, 早二年得力. 如舊有椹, 春種更妙. 後宜築圍牆固護.

간혹 풀 새끼를 꼬아 파종하는 것이 너무 번거롭고 잘 부서지는 것이 염려되면, 기장과 오디 씨를 섞어서 호리병박[葫蘆]에 넣고 점파[點種][19]한 후 점파한 곳은 빗자루로 쓸어 고루 펴준다.

或慮索繁碎, 以黍 椹相和, 於葫蘆內點種, 過處, 用箒掃勻.

간혹 가뭄으로 파종이 곤란하다고 염려되면, 기장을 파종한 이랑의 흙을 일구어 평평하게 한 뒤, 기장을 파종한 이랑을 따라 작은 구덩이들을 만들어 먼저 물을 주고 나서 다시 오디 씨를 파종한다.

或慮天旱, 宜就黍壟內, 撥土平勻, 順壟作區, 下水種之.

○ 또 하나의 방법: 봄이 되면 먼저 부드럽게

又法: 春月, 先

---

18) 역자주 원문의 휴종(畦種)은 두둑에 파종하는 것이라기보다는 이랑에 파종하는 것이 합리적일 것으로 생각된다. 왜냐하면 두둑에 뽕나무를 심는 것은 수목형 뽕나무로서 주로 울타리 경계용이다. 한번 심고 나면 고정적이기 때문에 다시 다른 곳으로 이종한다는 것은 현실적으로 불가능하다. 만일 밭두둑에 뽕나무를 심어서 이종하게 된다면 이종할 때 밭두둑을 훼손하게 되므로 비현실적이다.

19) 호로점종(葫蘆點種): '호로'는 왕정 『농서』 「도보이(圖譜二)」의 '종호(種瓠)'에 해당하며, 씨앗을 한 개 또는 몇 개씩을 점파하는 파종농구이다.

간 땅에, 동서의 방향에 따라 줄을 짓고 적당한 간격으로 고루 어저귀[20]를 파종한다. 그런 연후에 오디 씨를 누에똥[蠶砂]과 섞거나 또는 바싹 말린 기장 씨와 섞어도 좋다. 비가 온 후에 어저귀를 심은 북쪽에 발이 하나 달린 누리[單耩]를 이용하여 파종하거나 고르게 점파해도 좋다. 이 방법을 사용하면 낮은 시렁을 설치하거나 기장을 함께 파종하는 것에 비해서 어저귀의 그늘이 높고 짙으며, 또 바람과 이슬이 잘 통하고 스며든다. 비록 10여 무畝를 파종하더라도 그다지 힘이 많이 들지 않는다.[21]

『사농필용』: 이랑에 파종하는 법(畦種法)은 앞에서 말한 것과 같다. 종자는 새 오디를 사용해야 하고 묵은 것을 사용해서는 안 된다. 새 오디 씨를 파종하는 것이 가장 좋고 지난 해 묵은 오디로 봄에 파종하면 대부분 싹이 나지 않는다. 낮은 시렁을 설치하여 이랑에 그늘을 지워 오디 씨를 파종한 것이 가장 좋고, 어저귀를 사용하여 그늘을 만든 것이 그 다음이며, 기장의 싹을 이용하여 그늘을 만드는 것이 그 다음으로 좋다. 뽕나무 싹이 나오면 모와 모 사이의 간격을 조정하는데 그루 사이의 간격은 5~7치[寸] 정도 되게 한다. '치[寸]'는 영조척(營造尺)의 치[寸]이다.[22] 다른 곳도

於熟地內，東西成行，勻稀種檾．次將桑椹與蠶沙相和，或炒黍穀亦可．趁逐雨後，於檾北單耩或點種．比之搭矮棚與黍同種，緣檾陰高密，又透風露．雖種十數 10 畝，亦不甚委曲費力．

『士農必用』：畦種與前法同．種子，宜新不宜陳．新椹種之爲上，隔年春種，多不生．蔭畦搭棚爲上，檾麻次之，黍苗又次之．桑芽出，間令相去五七寸．營造尺寸也．他倣此．頻澆．過伏，可長至三尺．割去

---

20) 역자주 '경(檾)'은 '경(苘)'이라고도 하며, 청마(青麻)라고도 하는데 아욱과에 해당하는 식물이다.

21) '위곡(委曲)': '위(委)'는 결말을 뜻하며 복잡하고 사소하다는 의미이며, '곡(曲)'은 '우여곡절'이라는 뜻이다. '위곡'은 원래 세밀하고 꼼꼼하다는 뜻이다.

22) '영조척촌(營造尺寸)' : 정부가 규정하여 반포하는 것으로, '영조(營造)'(=토목공정)에 쓰이는 표준 길이의 계량을 '영조척촌'이라고 한다. '공부(工部)'에서 정하기 때문에 '공부척(工部尺)'이라고도 한다. 역자주 구광명(丘光明)『중국역대

이와 같다. 자주 물을 준다. 복伏날이 지나면 3자[尺]의 높이로 자란다. 어저귀를 벤다. 10월에 이르러서 뽕나무 묘목을 지면 가까이에서 벤다. 이어 땅 위에 잡동사니 풀을 흩어 뿌려서 불을 지른 후에, 묘목의 뿌리를 태울 염려가 있기 때문에 불을 크게 질러서는 안 된다. 거름과 풀을 덮어 준다. 이듬해 봄이 되면 써레질하고, 누리[耬]로 파종하며 거름과 풀을 걷어내고, 물을 준다. 한 그루[科]마다 세 개의 싹이 나오게 되면, 가장 왕성하게 자란 하나의 가지만 남긴다. 뽕나무 싹이 성장하여 뿌리를 내리면 그늘은 필요 없고 자주 물만 주면 된다. 가을이 되면 노상魯桑은 5~7자 높이로 자라고, 형상荊桑은 3~4자 높이로 자란다. 노상은 옮겨 심어 지상(地桑)[23]으로 만들 수 있으며, 형상은 뽕나무 밭 가운데 옮겨 심어 재배한다.

䔶麻. 至十月內, 附地割了. 撒亂草, 走火燒過, 火不可大, 恐損根. 糞草蓋. 至來春, 杷耬去糞草, 澆. 每一科, 自出芽三數箇, 留旺者一條. 已成根, 則不順蔭, 可頻澆. 至秋, 魯桑, 可長五七尺, 荊桑, 可長三四尺. 魯桑, 可移爲地桑, 荊桑, 可移入園養之.

〈그림 4〉어저귀[䔶](倪根金 校注, 『구황본초교주(救荒本草校注)』, 169쪽)

〈그림 5〉 호로(葫蘆)파종기(왕정 『농서』, 「농기도보집2 · 호종(瓠種)」

도량형고(中國歷代度量衡考)』, 과학출판사(科學出版社), 1992, 104쪽에 의하면 영조척 1자[尺]는 32㎝라고 한다.

23) 역자주 나지막하게 가꾸는 뽕나무를 가리킨다. 앞 장의 주를 참고하라.

〈그림 6〉 강(耩: 耬犁)을 사용하여 파종하는 법

〈그림 7〉 강(耩: 耬犁)

▌교 석(校釋)▌

6 '궤(潰)': 원본, 격본에는 '반(拌)'으로 되어 있으나, 전본과 『제민요술』의 교정본에는 '지(漬)'로 하고 있다. 무계유는 교석에서 원각대자본에 의거하여 '궤'로 보고 있다.

7 '음(陰)': 원본, 격본에는 '쇄(曬)'로 되어 있으나, 전본에 따라 '음(陰)'으로 하는 것이 『제민요술』의 원문(原文)과 일치한다.

8 '조(調)': 전본에는 빠져 있으나, 원본, 격본에 따라 보충하는 것이 『제민요술』의 원문과 일치한다.

9 '하일(夏日)': 전본에는 '하지(夏至)'라고 되어 있으나, 원본, 격본에는 본문과 같이 되어 있다.

10 '십수(十數)': 전본에는 '수십(數十)'으로 되어 있으나, 원본, 격본에 따라 앞뒤를 바꾸어 놓고 있다.

지 상

『무본신서務本新書』: '지상'은 본래 노상魯桑의 재배에서 나왔다. 만약 노상의 싹을 지상 재배하는 방식에 따라 재배하려면, 건장하고 왕성한 새로 나온 가지를 선택하여 대략 5~6개만 남겨두고, 부

地桑

『務本新書』: 夫'地桑', 本出魯桑. 若以魯桑萌條, 如法栽培揀肥旺者,

지런히 제초하고 시비해야 한다. 뽕나무 가지는 이미 수가 정해져 있어 잎은 많을 수가 없다. 많은 잎에 공급되는 영양물질[24]이 하나의 잎에 집중되면, 그 잎은 자연스럽게 비대해진다. 이것이 곧 '지상地桑'이다.

約留四五條, 鋤治添糞. 條有定數, 葉不繁多. 衆葉脂膏, 聚於一葉, 其葉自大. 卽是'地桑'.

○ 지상 재배법: 가을이 지나 묵혀둔 경지[熟白地][25]를 쟁기로 깊이 갈아[26] 이랑을 만들고, 거름을 준다. 흙을 파내어 구덩이를 만든다. 소[牛]가 없으면 인력으로 구덩이를 파도 좋다. 선달[臘月]에 묻어둔 뽕나무 가지는 가지 묻는 방법은 뒤에 나온다. 춘분을 전후해서 싹이 튼 것을 선택하여 7~8치 혹은 1자 정도로 잘라 구덩이 흙을 다듬고 부드럽게 일군[鍬][27] 다음, 물을 주고 나서 가지를 눕혀 심는다. 흙을 덮는 두께는 손가락 3~4개 크기로 하고, 흙을 덮는 두께가 너무 두꺼우면 싹이 나기 어렵다. 손으로 누르며 골라준다. 구덩이 동, 남, 서쪽에 5~7개의 어저귀를 심는다. 5월이 지나 잎이 조금 자라면, 때맞추어 거름을 주고 흙을 북돋아준다. 이후에 뽕나무 가지가 자라면 바로 지상

栽地桑法: 秋後, 於熟白地內, 深耕一犁, 就壟加糞. 撥土爲區. 如無牛, 掘區亦可. 春分前後, 取臘月所埋桑條, 埋條法如後. 揀有萌芽處, 各盤七八寸或一尺, 鍬區下水, 臥條栽之. 覆土約厚三四指, 深厚則難生. 以手按匀. 區東、南、西, 種䔢五七粒. 五月之後, 芽

---

24) 역자주 무계유는 교석에서 비고(肥膏)는 액체 상태의 영양물질로서, 전지한 뽕나무는 영양이 집중하여 가지의 생장이 비교적 빠르고 잎도 많고 그 형태도 크다고 한다.

25) 역자주 무계유 교석본에 의하면, 숙백지(熟白地)는 미리 남겨둔, 단기 휴한(休閑) 숙지(熟地)라고 한다.

26) 역자주 마종신은 역주에서 "쟁기 하나 깊이로 깊이 간다."라고 해석하고 있지만, 만약 쟁기로 깊이 갈이한다면, 결국 보습의 깊이만큼 간다는 의미가 될 것이다.

27) '수(鍬)': suǒ라고 읽는다. 즉 날이 있는 농기구를 사용해서 잘라내고 베어 평평하게 고른다는 것이다. 역자주 무계유는 '수(鍬)'는 원래 조각하고, 다듬는다는 의미인데, 여기서는 지난해 만든 구덩이를 다시 한 번 갈이 하여 흙을 부드럽게 하는 송토(鬆土) 작업을 함을 의미한다고 한다.

을 만들 수 있으며, 혹은 노상의 가지를 골라서 가을에 깊이 심으면 재빨리 성장한다.

葉微高, 旋添糞土. 已後, 條高, 便作地桑, 或揀魯桑窠[11]兒, 秋間埋頭深栽, 更疾得力.

『사농필용士農必用』: 지상地桑 재배의 성패는 오직 배양하는 방법에 달려 있는데, 잡초에 뒤덮이거나 물기가 부족해서는 안 된다. 수상(樹桑)이 없는 집에서 모두 지상만 사용하면 인력을 배로 줄일 수 있다. 수상과 지상이 모두 있는 집은 수상이 장성한 후에는 지상의 잎을 따서 사용하지 말고, 물을 주고 호미질하여 지상의 잎을 더욱 무성하게 자라게 한다. 누에가 막잠을 자고 나서 간혹 수상이 제때에 공급되지 못하면, 수시로 지상의 잎으로 보충할 수가 있다. 이렇게 하면 누에가 익을 때까지 뽕잎은 부족하지 않게 된다.

『士農必用』: 地桑之功, 惟在治之如法, 不致荒燥. 無樹桑之家, 純用地桑, 則人力倍省. 有樹桑兼地桑之家, 樹葉[12]既成, 地桑可止而勿用, 加澆鋤之功, 便之滋長. 至其蠶大眠之後, 或樹桑不能時至, 則可就取地桑補之. 蠶至終老, 不致闕食.

○ 지상을 심는 방법: 담을 쌓아 뽕나무 밭을 조성한다. 밭을 쟁기나 괭이로 파서 부드럽게 한 후, 사방 5자[尺] 크기의 범위 안에 구덩이 한 개씩을 판다. 1무마다 240그루를 심는다. 구덩이의 사방과 깊이는 각각 2자로 한다. 구덩이마다 잘 썩은 거름 3되를 썩지 않은 거름은 사용할 수 없으며, 땅에 시비할 때는 웃거름은 거의 하지 않는다. 흙과 고루 섞어 물 한 통을 부어 묽은 진흙으로 만든다. 이랑에서 키운 노상의 묘목을 뿌리째 파내서 매 그루마다 뿌리 위 줄기를 6~7치[寸]만 남기고, 그 나머지는 잘라 낸다. 자른 부위를 가열된 팬(pan)[28] 위에 올려놓고

布地桑法: 牆圍成園. 將園內地, 或牛犁或钁斸熟, 方五尺內掘一阬. 每[13]地一畝, 合栽二[14]百四十科. 方深各二尺. 阬內下熟糞三升, 生糞不中, 壯地不[15]用. 和土匀, 下水一桶, 調成稀泥. 將畦內種成魯桑, 連

지진다. 구덩이마다 한 그루를 심는다. 뿌리 부분을 진흙 속에 꽂는다. 빨리 효과를 보고자 하면, 두 그루를 심는다. 곧바로 구덩이 밑바닥까지 눌렀다가 가볍게 3～5차례 들어 올려준다. 잔뿌리를 잘 펴지도록[29] 하려는 것이다. 뽕나무의 끝부분이 구덩이 속 지면과 일치되게 주위의 부드러운 흙을 구덩이 속에 가득 채워 넣는다. 이튿날 다시 구덩이 흙을 실하게 다져 준다. 구덩이의 네 주위를 둘러가며 흙을 다지는데, 다진 흙이 구덩이의 절반쯤에 이르면 뿌리 아래쪽의 흙이 자연스럽게 견실해진다. 흙이 견실하지 않으면 뿌리와 흙이 서로 긴밀하게 부착되지 않게 되고, 그렇게 되면 공중에 쉽게 떠 죽게 된다. 구덩이의 절반은 부드러운 흙을 끌어다가 가볍게 다지면서 평평하게 채운다. 뽕나무 모종에 붙은 흙은 꼭꼭 다져서는 안 된다. 너무 다지게 되면 싹이 나오기 어렵다. 다지지 않은 푸석한 흙을 구덩이에 위로 쌓아 올려 마치 요리도구인 팬을 엎은 모양처럼 만들되, 흙

根掘出，一科自根上留身六七寸，其餘截去. 截斷處，火鏊上烙過. 每一阬栽一根. 將根坐於泥中. 欲疾見功者，栽二根. 按至阬底，提三五次. 欲令根須舒順. 按桑身，頂與地平，擁周圍熟土，令阬滿. 次日築實. 匝阬四邊築，下土至半阬，根下土自實. 不實則根土不相着，多懸死. 上半阬擁熟土，輕築令平滿. 附身土，不可築

28) "오상낙과(鏊上烙過)": 더 오래 전에는 '오(鏊)'자를 '오(鏖)'로 썼으며, (ng)áo 또는 (ng)ào라고 읽었다. 지금은 일반적으로 '오(鏊)'로 쓰고, ào라고 읽는다. 이는 옮길 수 있는 후라이팬으로서 가열하는 데 쓰인다. 식물의 상처가 부패하는 것을 방지하는 데에는 불로 지지는 것이 간단하면서도 효과적인 방법이다. 역자주 마종신은 "대오자(大鏊子)"의 의미로 미루어 '사방 두 자 깊이'의 구덩이를 덮을 수 있었던 가정용 가마솥뚜껑 같은 팬이었던 것 같다고 한다. 절단한 뽕나무의 상처 부위를 이런 화로로 한 번 지져주면 부패소독의 효과와 더불어 줄기의 도관을 파괴시켜 수분과 영양분이 외부로 빠져나가는 것을 막을 수 있다.

29) '수(須)': '수(鬚)'자의 고대 표기이며, 원래는 위쪽의 '표(髟)'가 없었다. 다음 절의 「이재(移栽)」편에서 인용한 『무본신서』에는 이미 오늘날 통용되고 있는 '수(鬚)'를 쓰고 있다. 여기에 있는 나무를 옮겨 심는 방법은 우선 흙탕물 구덩이를 하나 만들고, 나무뿌리를 그 안에 담근 후 위쪽으로 몇 번 들어 올려서 잔뿌리가 모두 곧게 뻗을 수 있도록 한다. 이렇게 하면, 나중에 흙을 덮은 후에 뿌리들이 흙 알갱이와 잘 밀착되어 훨씬 빨리 성장할 수 있게 되므로, 옮겨 심은 나무가 자리를 잡을 수 있도록 하는 아주 좋은 방법이다.

의 두께가 5~7치쯤 되게 하면, 사방은 자연스럽게 둥근 고리모양의 못이 조성된다. 물을 주면 속으로 스며들기 편리하다.

부드러운 흙[30]에서 새로 나온 싹이 손가락 4~5마디 정도 자라면 한 그루에 가지 한두 개만 남긴다. 일상적인 방법대로 물을 주고 김매기를 하면, 그 해에 5자 정도 자란다. 이듬해에 자란 가지와 잎을 지면에 붙여 베어 누에에게 먹일 수 있다. 반드시 등이 두꺼운 강철 낫으로 단번에 가지를 잘라야 한다. 둔한 낫은 단번에 자를 수 없어 잘라내고 남은 부분이 매끈하지 않아서 빗물이 스며들어 뿌리가 상하기 쉽다. 지상(地桑)은 뽕나무의 몸체가 흙 밖으로 나오지 않게 해야 하고, 다만 새로 나온 가지만 흙속에서 길게 뻗어 나오게 해야 한다. 뽕나무 몸통이 흙에서 나오는 것을 '각고(脚高)'라고 하는데, 몸통에서 자란 가지는 왕성하지 않고, 또 비바람에 의해 쉽게 흔들리거나 부러지게 된다. 가지와 잎을 베어낸 그루터기 주위에는 항상 많은 싹이 자라난다. 매 그루마다 4~5가지를 남기고 나머지는 모두 솎아낸다. 해마다 지면 가까이 대고 베어내면, 지상의 그루터기가 점점 왕성해져서 남는 가지가 점점 많아진다. 야생 노상魯桑의 뿌리를 이용하여 지상을 재배할 수도 있다. 재배방식은 위와 동일하다. 지상은 3년이 경과하면 세력이 왕성해지며, 5년이 지나면 땅속의

實. 實則芽難生. 用虛土封, 堆如大鏊子樣, 可厚五七寸, 周圍自成環池. 水澆於內.

芽出虛土四五指, 每一根止留一二條. 澆鋤如法, 當年可長五尺餘. 次年, 附根割條葉飼蠶. 須用厚背剛鐮, 一割要斷. 鈍鐮, 一割不能斷, 則條楂不齊, 雨浸傷根. 地桑不宜放出身, 只要條從土中長出. 身出土, 名爲'脚高'. 身上所長條不旺, 又多被風雨擺折. 割過處, 每一根盤周圍, 數芽出. 每一科, 可計留四五條, 餘者間去. 年年附地割之, 根漸旺, 留條漸多. 野魯桑根科, 栽之亦可. 全如

30) 역자주 허토(虛土)는 송토(鬆土)로서 푸석하면서 부드러운 흙을 의미한다. 마종신은 역주에서 허토를 구덩이 위에 쌓아두었다가 구덩이를 메우는 데 사용했다고 한다. 이것은 다진 흙이 아니기 때문에 싹이 나오고 습기를 보전하는 데에 편리하다.

뿌리가 서로 얽히게 된다. 뿌리가 서로 얽히게 되면 왕성하게 자라지 못한다. 봄철에 서로 얽힌 뿌리는 모두 잘라 파내고, 그 위에 거름과 흙을 덮어준다. 간혹 물을 주거나 비가 내리기라도 하면 다시 왕성하게 자란다. 그 후, 지상의 그루터기가 점차 커지는 것을 고려하여 휘묻이 방법을 통해 "뽕나무 가지를 심고", 별도로 밭에 울타리를 치며, 재배방식은 전술한 바와 같이 한다. 3년 후, 새 뽕나무가 왕성하여 가지를 베어 누에에게 먹일 때, 묵은 뽕나무 그루터기 위에 한 개의 가지만 남겨두면, 이듬해에는 저절로 한 그루의 뽕나무로 자라게 된다. 이것을 나누어 "줄지어 뽕나무를 심는다."[31] 이와 같이 계속 신구(新舊)를 바꾸어 심으면 끝없이 기를 수 있다. 그러나 노상으로 기르는 누에는 그 실이 질기지 아니하다. 이를 고려하여 약간의 형상(荊桑)을 재배하여 누에가 막잠을 잔 후에 노상과 함께 사이사이 먹인다.

前法. 地桑, 三年後正長旺, 五年後, 根相交. 根交則不旺. 春時, 將相交根斫斷, 掘去, 添上糞土. 或澆過, 或得雨, 卽復長旺. 次後斟酌, 其根欲大, 將壓成'栽子', 圍別園, 如前法栽之. 三年後, 新桑茂盛, 養蠶斫桑時, 將舊桑根上, 只留一條, 隔年自成一樹. 分出栽爲'行桑'. 如此傳轉, 無有盡期. 然魯桑所飼蠶, 其絲少堅韌. 可斟酌栽荊桑樹, 於大眠後, 取葉間飼之.

『한씨직설韓氏直說』: 지상은 우물 근처의 밭에 심어야 한다. 잡초가 있으면 호미로 김을 매주고, 비가 내리지 않으면 물을 준다. 누에가 알에서 나올 때까지 3차례 물을 주면 잎은 자연스럽게 빨리 생장한다. 뽕나무 품종에는 일찍 자라는 것이 있고, 더디게 자라는 것도 있다. 모름지기 일찍 자라는 것을 가려 지상으로 배양하면 좋다.[32]

『韓氏直說』: 地桑, 須於近井園內栽之. 有草則鋤, 無雨則澆. 比及蠶生, 可澆三次, 其葉自然早生. 桑種: 自有早生者, 遲生者. 須擇其早生者, 爲地桑則可.

---

31) 역자주 '행상(行桑)': 무계유는 뽕나무밭이나 밭에 정식으로 줄지어 옮겨 심은 뽕나무라고 한다.

32) 역자주 무계유는 교석에서 지상(地桑)은 노상(魯桑)에서 비롯되며, 노상은 조생품종이라고 하였다. 『사농필용』에서 말하는 "노상은 어린누에 재배에 적합하다고 하는 것"은 이와 유관하다.

▎교 석(校釋)▎

11 '비(箄)': 전본에는 '초(艸)'변의 '비(萆)'로 되어 있으나, 원본, 격본에 따라 '죽(竹)' 변으로 바꿨다. '비(箄)'의 음은 bēi, běi, bài 또는 bī이다. 자서(字書)에는 본서의 의미와 부합하는 해석이 없는 것으로 보아, 금나라 때 북쪽 지방의 사투리가 아닌가 싶다. 그 이후의 각 조(條)와 비교해 봤을 때, 이것은 꺾꽂이할 때 쓰이는 나뭇가지를 가리키는 것으로, 이 뒤에도 여러 곳에 나오나 일일이 교(校)를 달지 않겠다.

12 '엽(葉)': 원본, 전본에는 '엽(葉)'으로 되어 있으나, 격본에는 '상(桑)'으로 쓰고 있다.

13 '매(每)': 전본에는 '내(內)'로 되어 있으나, 원본, 격본에는 '매(每)'로 쓰여 있다.

14 '이(二)': 전본에는 '일(一)'로 되어 있으나, 원본, 격본에 따라 '이(二)'로 고친다. '오척(五尺)'은 일보(一步)이므로, 일무(一畝)에는 245보가 있어야 한다.

15 '불(不)': 전본에는 '불(不)'로 되어 있으나, 원본, 격본에는 '소(少)'로 되어 있다.

묘목 옮겨심기

『제민요술』: 뽕나무 오디 씨를 이랑에 파종하여 다음해 정월에 모종을 다시 옮겨 재배한다. 2~3월에 옮겨 심어도 좋다. 대체로 5자[尺] 간격으로 한 뿌리씩 심는다. 일반적으로 오디 씨를 파종하는 것은 늦게 자라고, 가지를 휘묻이[壓枝]하는 것만큼 빨리 자라지 않는다. 옮겨 심을 뽕나무 묘목이 없을 때에 비로소 오디 씨를 파종한다. 새로 옮겨 심은 뽕나무 묘목의 아래를 괭이로 파내고, 그 자리에 대개 녹두와 팥[小豆]을 파종한다.

移栽

『齊民要術』: 桑椹畦種, 明年正月, 移而栽之. 仲春, 季春亦得. 率五尺一根. 大都種椹長遲, 不如壓枝之速. 無'栽'者, 乃種椹也. 其下, 常斸掘, 種菉豆、小

이 두 종류의 콩은 밭을 비옥하게 하고 콩의 자양분은 뽕나무에도 유익하다. 옮겨 심은 뒤 첫 2년 동안은 절대로 뽕잎을 따거나 가지치기를 해서는 안 된다.[33] 나무가 어릴 때 뽕잎을 따면 나무의 성장이 배나 더디게 된다.

豆. 二豆良美, 潤澤益桑. 栽後二年, 愼勿採沐. 小採者, 長倍遲.

『무본신서』: 뽕나무 모종은 첫 1~2년 동안은 분명 수분과 양분의 전달체계[脂脉][34]와 뿌리 및 가지가 여리고 약하다. 춘분이 지나면 구덩이를 파고 옮겨 심을 수 있다. 구덩이의 흙벽을 수직으로 깎아낸다. 흙벽 아랫부분의 흙을 파서 일구고 3~4되[升]의 물을 준다. 뿌리에 흙덩이가 달려 있는 어린 묘목[桑簞兒]을 흙벽에 기대어 심는데, 이때 뽕나무 묘목의 줄기와 뿌리 부분은 모두 자연스럽게 잘 펴주고, 그런 후에 흙을 덮고 다져 준다. 구덩이 북쪽 면의 흙벽은 구덩이 면보다 약 2~3치 높게 쌓는다. 대개 모든 초목의 뿌리와 줄기는 새로 옮겨 심은 후에 모두 흔들리거나 움직여서는 안 된다. 그러므로 흙벽을 이용하여 북풍을 차단하고, 구덩이가 태양을 향하게 함으로써 햇볕을 잘 받게 해 준다.

『務本新書』: 桑生一二年, 脂脉根株, 亦必微嫩. 春分之後, 掘區移栽. 區土直上下裁成土壁. 壁底, 旁鍬其土, 下水三四升. 將桑簞兒靠壁栽立, 根科須得勻舒, 以土堅覆. 土壁, 比區地約高三二寸. 大抵一切草木根科, 新栽之後, 皆惡搖擺. 故用土壁遮禦北風, 迎合日色.

지금 사람들은 어린 뽕나무 묘목을 옮겨 심을 때, 약간의 잔뿌리만 남기고, 흙은 거의 붙지 않게 한다. 그런데 옮겨야 할 길이 멀고 바람이 불고 햇빛이 비치면 어린 묘목의 수분과 양분의 전

今時移栽小桑, 微帶根鬚, 上無寸土. 但經路遠, 風日耗竭脂脉, 栽後

33) '채목(採沐)': '채(採)'는 잎을 따는 것이고, '목(沐)'은 나뭇가지를 쳐내는 것이다.

34) 역자주 무계유는 '지맥(脂脉)'은 수분과 양분 및 그것을 전달하는 것을 의미한다고 교석하고 있다.

달[脂脉]이 소진되어 옮겨 심은 후에 살아나기 어렵다. 또 살아나더라도 왕성하게 자랄 수가 없다. 그런데도 사람들은 도리어 "토양 조건이 적합하지 않다."라고 하는 것은 실로 어리석은 말이다. 지금부터 작은 묘목을 옮겨 심으려 할 경우, 가령 거리가 멀고 수량이 많으면 10여 개의 묘목을 한 묶음으로 하여 묘목의 뿌리를 흙탕물에 잠시 담그고, 그 위에 흙을 뿌리고 겉은 풀로 감싸준다. 간혹 거적이나 부들을 이용하여 싸주기도 한다. 풀로 감싼 틈은 질펀한 진흙을 이용하여 단단히 봉한다. 이 외 어린 묘목을 운반하는 수레 짐칸도 거적 등으로 단단하게 가려 막아서[35] 바람과 햇볕이 스며들지 않도록 해준다. 수레 중간에 순서대로 눕혀 놓은 묘목의 몸통 부분은 거적이나 풀로 덮어 주어야 한다. 뽕나무 묘목을 심을 장소는 미리 구덩이를 파고 시비해 둔다. 나무가 도착했을 때는 이른 아침에 물을 주고, 아래의 방법에 따라 심는다.

○ 가을에 옮겨 심는 방법: 평상시 뽕나무 묘목을 옮겨 심으려면, 대부분 봄에 온전한 나무를 파서 옮겨 심는다. 봄에는 세찬 바람이 부는 날이 많아 흔들리기가 쉬우며, 또 봄비도 자주 내리지 않고, 게다가 날씨마저 점차 무더워져 뽕나무 싹트기가 어렵기 때문에 잘 살 수가 없다. 살더라도 성장이 매우 더디게 된다. 만약 원래의 나무를 베어내면, 그 위에 다시 새로 뽕나무가지가 자라는데, 뽕나

難活. 縱活亦不榮旺. 却稱"地法不宜", 此係拙謬. 今後應栽小樹, 若路遠移多, 約十餘樹, 通爲一束, 於根鬚上, 蘸沃稀泥, 泥上糝土, 上以草包. 或蓆, 蒲包. 包內, 另用淳泥固塞. 仍擗夾車箱兩頭, 不透風日. 中間順臥樹身, 上以席草覆蓋. 預於栽所, 掘區下糞. 樹到之時, 晝[16]便下水依法栽培.

秋栽法: 平昔栽桑, 多於春月全樹移栽. 春多大風吹擺, 加之春雨艱得, 又天氣漸熱, 芽葉難禁, 故多不活. 活亦遲得力. 若是斫去元榦, 再長樹身,

35) '벽(擗)': 돗자리, 발 등으로 틈새를 메운다. (권4의 교석 참조)

무에게 쇠 냄새를 맡게 하면 생장이 특별히 왕성해진다.[36] 지상地桑의 재배 경험은 이러한 점을 잘 말해준다. 남방 지역에서는 10월에 뽕나무를 묻어서 재배한다. 하삭河朔[37] 지역의 기온은 매우 한랭하여 가을에 재배하는 것이 적합하다. 여름과 가을의 교체기에 집중 강우가 내릴 때[38] 심는 것이 가장 좋다. 파헤친 구덩이의 깊이는 1자 이상으로 하고, 재배 후 지면에 약 1~2개 손가락 길이 정도만 노출시키고 나머지는 베어버린다. 심기를 끝마치면 흙을 단단하게 다져야 하고, 절단한 부분의 상처는 흙으로 봉해주는 것이 좋다. 날이 추워 땅이 얼게 되면 사정을 살펴서 거름을 더 덮어 준다. 이듬해 봄이 되어 따뜻해지면 덮어 놓았던 거름을 걷어

桑聞17鐵腥愈旺. 地桑是其驗也. 遆南地分, 十月埋栽. 河朔地法18頗寒, 故宜秋栽. 霖雨內爲上時. 區深一尺之上, 平地約留樹身一二指, 餘者斫去. 栽罷, 地須堅築, 以土封瘢. 比及地凍, 於上約量添糞. 春暖之後, 就糞撥爲土盆. 雨則可聚,

36) "상문철성유왕(桑聞鐵腥愈旺)": 뽕나무는 부아(副芽: 덧눈)와 부정아(不定芽: 맞눈)가 매우 많으며, 상처가 나서 부러지면 부정아와 부아가 여기저기로 아주 빠르게 퍼진다. 양잠업의 기반은 아마도 뽕나무의 이런 강력한 '복원' 본능 때문일 것이다. 사람들이 뽕나무를 심고 누에를 치기 전에, 야생 상태에서의 누에가 야생 뽕잎을 먹을 때, 뽕나무는 빠르게 새싹과 새 가지를 성장시켜 야생 누에의 번식력을 증가시키는 데 일조했고, 덕분에 충분히 사용할 수 있는 명주실과 누에고치가 나올 수 있었으며, 우리의 조상들이 양잠을 시작할 수 있었다. 사람들은 뽕나무를 심고, 양잠을 하면서 경험을 쌓았고, 나뭇가지를 베면 부아와 부정아의 성장을 촉진시킬 수 있다는 것을 발견했다. 이에 따라 '뽕나무의 가지를 치는 것'이 양잠의 일상적인 일이 되었고, 뽕나무를 키울 때 새 가지가 나도록 하는 데 꼭 필요한 방법이 되었다. 뽕나무는 베어내서 '더욱 무성하게 자란[愈旺]' 것이지 절대로 '쇠 냄새를 맡았기[聞鐵腥]' 때문은 아니다. 이 구절은 전체적으로는 맞지만 완전히 유심적인 추론인 듯하다.

37) 역자주 마종신은 역주에서 '하삭(河朔)'은 황하의 이북지역을 가리키고, 여기서는 낙양을 '지중(地中)'으로 하고 있으니 하삭은 낙양 이북을 지칭하며, 남방지역[遆南地分]은 낙양 이남을 가리킨다고 한다.

38) 역자주 '임우(霖雨)': 북방의 기후는 건조하고 비가 적다. 그러나 여름과 가을의 교체기에는 도리어 집중강우가 내리는데, 때문에 이것을 '임우'라고 칭한다.

내고, (뽕나무 아랫부분의) 흙을 화분[土盆] 형태로 만들어 준다. 비가 내리면 빗물이 이곳에 모이고, 가물 때는 이를 통해 물 주기가 편리하다. 뽕나무의 남쪽에는 봄에 먼저 어저귀를 심는다. 장마가 지기 시작하면 뽕나무 가지가 이미 무성하게 성장하여 지상地桑이 만들어진다. 간혹 가늘고 약한 가지가 있으면 잘라 버리고 왕성한 가지 1~2개를 남겨 두면 이듬해에 제대로 된 뽕나무로 자라난다. 또한 사방의 곁가지를 휘묻이하여 번식을 하게 되면 한 그루의 뽕나무로 수십 그루를 증식시킬 수 있다. (원 줄기를 잘라내고 재배하는 것이) 나무 전체를 옮겨 심는 것보다 매 그루의 나무가 모두 생존력을 지니게 되어, 뽕나무가 매우 무성하게 생장한다.

旱則可澆. 樹南, 春先種䔢. 比及霖雨以來, 芽條蕤茂, 就作地桑. 或削去細條, 存留旺者一二枝, 次年便可成樹. 或是就壓傍條, 一樹又胤 19 十餘. 比之全樹栽者, 樹樹必活, 桑亦榮茂.

10월이 되어 '뽕나무가 휴면기'에[39] 접어들 때 '매두상埋頭桑'[40]을 재배하는 것이 적당하다. 뽕나무 몸체를 절단하여 재배하는 것은 앞에서 말한 가을에 옮겨 심는 법과 동일하다. 겨울에는 뽕나무의 수분과 양분이 모두 아래의 뿌리 부분에 저장되어 있다가[41]

十月'木迷', 宜栽'埋頭桑'. 截去桑身, 栽如秋栽法. 冬月根脉下行, 乘春併發, 一年之間, 長

39) 역자주 '목미(木迷)': 무계유는 교석에서 이는 수목이 휴면기에 들어섬을 의미하며 민간에는 "나무를 이식할 때는 나무 자신이 알지 못하게 해야 한다."는 속설이 있다고 한다.

40) 역자주 이 방법은 위에서 지적한 바와 같이 대략 뽕나무의 몸통을 1~2개의 손가락 크기만 남기고 나머지는 잘라내는 방식이다.

41) "근맥하행(根脉下行)": 이 구절의 구체적인 내용은 아마도 나무의 영양분의 흐름[脉]이 가을에 낙엽이 떨어진 후에는 주로 뿌리 쪽을 향해 이동한다는 것을 가리키는 듯하다. 실제로는 나무의 가지를 베어낸 후에는 가지가 원래 가지고 있었던 영양분이 모두 손실되어 다시 아래로 향하는 '맥'이 없다. 하지만 지면(地面) 윗부분의 나뭇가지를 베어내게 되면 그 나뭇가지가 겨울 동안 소비해야 할 양분,

봄을 틈타 한꺼번에 펴져나가 1년 사이에 원래 나무보다 더 자라게 된다.

過元樹.

재배한 지 2년 이상 된 뽕나무 묘목이 곡우시기에도 가지와 잎의 성장이 왕성하지 못하면, 지면에서 한 손가락 반 정도의 높이에서 경목硬木[42]을 나무 몸통에 바싹 붙여 도끼로 절단하는데 — 자귀[錛][43]를 사용하면 더욱 좋다. 윗면의 자른 나무 상처에 흙을 채워 밀봉해주는 것이 좋다. 나무의 남쪽 면에 기장의 씨앗 5～7개를 파종한다. 10여 일이 지나면 양자兩者의 싹이 앞다투어[44] 돋아나는데, 가뭄이 들면 자주 물을 준다. 입하立夏가 지난 후에는 이런 방법을 사용할 수 없다.

栽二年之上桑, 穀雨其間, 但有芽葉不旺者,[20] 以硬木貼樹身, 去地半指, 一斧截斷 — 快錛更妙. 糝土封其樹瘢. 樹南, 種黍五七粒. 十餘日, 妬出芽條, 旱則頻澆. 立夏之後, 不宜此法.

즉 뿌리가 공급해야 할 양분도 동시에 필요가 없어진다. 다음해 봄에 뿌리 부분에서 나는 새로운 가지가 자라는 데 필요한 물질적 조건은 나무줄기를 남겨두었을 때보다 더 좋다. 그 외에, 뿌리 가까이에 있는 부정아일수록 뿌리로부터 실질적으로 필요한 양분을 흡수할 수 있는 거리가 짧고, 대기 중에 노출된 면적이 상대적으로 작을수록 다음해 봄에 더 잘 자란다.

42) 역자주 뽕나무의 어린 줄기가 연약하여 도끼질하면 쉽게 흔들거려서 자르기가 쉽지 않기 때문에 경목을 대어 자르면 효과적이다.

43) '분(錛)': 『광운(廣韵)』에는 없으나, 『집운(集韵)』(평성상 '平聲上') '이십삼혼(二十三魂)'의 '분(奔)'에 수록되어 있으며 '평목기(平木器)'라고 해석되어 있다. 대략 북송시대 초기의 새로운 글자이며, 지금 통용되는 '분(錛)'은 커다란 서(鉏: 호미) 또는 확(钁)으로 날카로운 날이 있는 철로 된 정반이며 지면과 평행한 방향으로 베는 데 쓰이고, '도끼'와 기능은 비슷하지만, 모양이나 사용방식은 다르다.

44) '투(妬)': 이 글자는 원본, 격본에 모두 이렇게 쓰여 있고, 전본에는 '투(妒)'로 되어 있는데 같은 글자의 '표준 표기'이다. 절본에는 '시(始)'로 되어 있는데, 아마도 『농정전서』의 인용문에 근거해서 바꾼 듯하나, 더 좋은 해석은 아니다.

안(按): 여기에 적혀 있는 방법은 원래의 나뭇가지를 베어내고, 뿌리의 남쪽에 기장을 심는 것이다. 기장이 발아한 후, 뽕나무 역시 부정의 새 가지가 나기 시작한다. 이는 마치 기장을 심은 후 뽕나무가 기장에게 질투를 해서 경쟁적으로 자라나는 것처럼 보인다. '투(妒)'자가 전혀 이해가 안 가는 것은 아니지만, 이처럼 '의인화'된 비교는 완전히 유심론에서 비롯된 것이다.

1년 중 대한大寒 시기에는 뽕나무를 옮겨 심을 수 없지만, 그 나머지 달에는 옮겨 심을 수 있다.

一歲之中，除大寒時分不能移栽，其餘月分皆可.

『농상요지(農桑要旨)』[45]에는 평원지역은 토양이 퇴적되어 비옥하고, 포슬포슬하므로 형상과 노상을 막론하고 모두 재배할 수가 있다. 만약 토지가 산비탈 가까이 있으면 토질이 붉고 단단하여 오직 형상 재배에만 적당하다.

『農桑要旨』云平原淤壤，土地肥虛，荊桑、魯桑，種之俱可. 若地連山陂，土脉赤[21]硬，止宜荊桑.

또 처음 재배한 뽕나무가 갓 장성한 그루로 자라게 되면 중심가지 위의 잎은 따서는 안 된다. 기타 사방의 다른 곁가지[46]는 단지 잎만 딸 수 있을 뿐 가지를 절대 베어서는 안 된다. 이와 같이 무성해진 가지는 중심 줄기를 둘러싸[47] 소가 이것을 먹거나 쟁기나 써레가 부딪치는 위험을 막아준다. 나중에 중심 가지가 커지면 사방의 곁가지는 잘라낼 수 있다. 중심의 주된 줄기가 자란 후에는 모든 수분과 양분의 전달체계[脂脉]가 중심 가지에 집중하여 큰 나무로 성장할 수 있으며, 목질이 견실하고 생장이 무성하여 줄기에 '속이 비는 병'이 생기지 않는다.[48]

又初栽後成科時，中心長條上葉勿採. 其餘在旁脚科，止採其葉，且勿劚斫. 蓋令枝葉[22]繁密，就爲藩蔽，以防牛畜咽咬損，[23] 犁欏拖挽之患. 後中心枝旣麤，卽可劚斫在旁科條. 本根旣盛，脂脉盡歸中心

45) '『농상요지(農桑要旨)』': 본권의 다음 글과 권4에 이 책을 인용한 곳이 몇 군데 있다. 저자와 연대를 알 길이 없다. 본서에 인용된 내용은 모두 작은 글자로 새겨져 있기 때문에, 다시 찬집되고 새길 때 사농사가 당시 수집한 새로운 책을 더 넣은 듯하다. 이렇게 봤을 때, 이 책은 대략 원나라 10년보다 이른 시기일 리는 없고, 아무리 빨라도 원나라 23년 『농상집요』를 다시 새기기 얼마 전에 나왔을 것이다.

46) 역자주 무계유는 교석에서 이 문장의 '성과(成科)'는 갓 자라난 작은 나무이며, '각과(脚科)'는 뿌리 부근의 잔가지와 잔 줄기로서 주된 줄기를 보호한다고 한다.

47) 역자주 '번폐(藩蔽)'는 사방으로 뻗어난 가지가 중심 줄기의 울타리(보호막)가 된다는 말이다.

48) '강심(糠心)': 줄기 또는 뿌리 중심부의 속(줄기의 가장 중심부로 죽은 세포로 이루어져 있다.)부분 유조직이 노화되어 죽기 전에 남아 있는 원형질로, 점차 근처의 살아 있는 조직세포에 의해 흡수되거나, 또는 침투한 혐기성 세균류에 의해 결국에는 완전히 소모되어 성긴 세포벽만 남고, 거칠고 단단하며 텅 비게 되어 마

枝, 便可長成大樹, 堅久茂盛, 不生'糠心'

『사농필용』: 농사를 짓는 데 중요한 것은 재배하는 시일을 살피고, 또 지역의 조건에 부합되게 하여 농사의 적당함을 잃지 않게 하는 것이다. 뽕나무를 재배하는 데 적합한 시기는 춘분 전후 10일과 10월 한 달이 가장 좋다. 춘분 전후는 만물이 소생하는 시기이고, 10월은 '양월(陽月)'[49] 또는 '소춘(小春)'이라고 하여 수목이 생장하는 달로서, 이때 재배하면 원기(元氣)[50]를 배양할 수 있다. 이상의 농시는 낙양(洛陽) 근교 천리 지역 이내에 적합한 시령으로서 기타 지방은 그때에 따라서 적당하게 조정할 수 있다. 뽕나무는 쉽게 자라는 나무이다. 일찍이 장안(長安)에 시범적으로 지상을 재배해 보니 뽕나무가 쉽게 살아나지 않는 11월달을 제외한 나머지 달에는 모두 재배할 수 있었다. 그러나 봄과 한랭한 달에는 반드시 청명한 날의 사시(巳時: 오전 9시~11시)와 오시(午時: 오전 11시~오후 1시) 사이의 따뜻한 기운을 빌려서 재배해야 한다. 가령 심어 놓은 뽕나무 모종이 이랑에서 돋아나왔는데 갑자기 날씨가 추워지거나 바람이 불고, 비가 올 것 같으면, 따뜻한 물을 흙에 살살

『士農必用』: 種藝之宜, 惟在審其時月, 又合地方之宜, 使之不失其中. 栽培所宜, 春分前後十日, 十月內, 並爲上時. 春分前後, 以及發生也, 十月號'陽月', 又日'小春', 木氣長生之月, 故宜栽培, 以養元氣. 此洛陽方左千里之所宜, 其他地方, 隨時取中可也. 桑者, 易生之物. 嘗於長安試地桑, 除十一月不生活, 餘月皆可. 然春時及寒月, 必於天氣晴明, 巳、

치 바람이 든 것 같다. 이러한 상태를 지금은 'kāng心'이라고 한다. kāng자는 일반적으로 '강(糠)'으로 쓰지만, '강(康)'으로 쓰는 것이 옳을 수도 있다. 즉 속은 비어 있고, 내용이 없다는 뜻이다.

49) 역자주 '양월(陽月)': 『이아(爾雅)』 「석천(釋天)」에 의하면 '10월은 양이다'라고 한 것에서 음력 10월의 별칭임을 알 수 있다. 마종신에 의하면 10월 건해(建亥)는 순음(純陰)의 달로서, 음이 극에 달하면서 쇠퇴하기 때문에 10월은 양의 시작이 된다. 11월 동지는 처음 양이 생겨나며, 양은 자(子)일에서 생긴다. 양은 해(亥)일에서 시작되고, 자일에서 생긴다. 때문에 10월 순음을 양월이라고 한다.

50) 역자주 마종신은 역주에서 옛말에 의하면 천지인과 만물은 모두 각각 그 '원기(元氣)'를 지니고 있다. 천지가 아직 분화되기 전의 혼돈상태의 기를 원기라고 한다. 사람의 정신 혹은 정기를 원기라고도 하는데, 이는 만물생명력의 근원의 뜻으로 쓰인 원기로 칭할 수 있다고 한다.

뿌려 주어야 한다. 날씨가 무더운 달에는 반드시 시원해지는 저녁 시간을 기다려서 재배해야 한다. 아울러 미리 밭에다가 어저귀, 삼 및 기장을 드물게 파종해서 뽕나무 묘에 그늘을 만들어 준다.

午[24]間, 藉其陽和. 如其栽子已出元土, 忽變天寒、風、雨, 以熱水[25]調泥栽培之. 熱月則必待晚涼. 仍預於園內, 稀種檾或麻、黍爲蔭.

○ 수상樹桑 기르는 방법: 담장을 쌓아서 뽕밭을 두르고 밭의 크기는 원하는 만큼으로 한다. 밭 가운데를 부드럽게 괭이질을 한 후 사방에 3자 전후의 구덩이를 하나 판다. 구덩이의 사방 깊이, 거름 주고 물 대는 것 등은 지상(地桑) 재배하는 방법과 같다. 이랑에 파종한 형상荊桑은 전체 가지를 뿌리 부분이 달린 채로 파낸다. 재배하는 방식은 앞에서 이야기한 것과 동일하다. 다만 실하게 다진 흙은 지면과 평평하게 하고, 또한 위에는 흙으로 나무 몸통을 1~2자 높이로 둥글게 덮고, 주위에 둥근 못을 만든다. 비가 오지 않을 때 물을 주기가 편리하다. 뽕나무 묘목이 보통 성인의 키만큼 자랐을 때, 묘목의 가지 끝을 잘라주면 옆 가지가 생겨난다. 뽕나무 묘목이 자라게 내버려 두거나 쉬게 한다. 새 가지를 그해 봄에는[51] 잘라서는 안 되며, (가지를 자르면) 그루가 수년간 왕성해지지 않는다. 12월이나 이듬해 정월에 가지를 치면 괜찮다. 공들여 물을 주고, 호미질을 하면 가을에 지붕의 서까래 크기 정도로 자라난다. 그 해 10월이나 혹 이듬해 봄에 옮겨 심을 때 '뽕나무를 줄지어' 심는다. 만약 이와

養樹桑法: 牆圍成園, 大小隨人所欲. 將園內地, 耕斸熟, 方三尺許掘一阬. 阬之方深, 下糞、水, 與栽地桑法同. 將畦內種出荊桑, 全條連根掘出. 栽培亦如前法. 但所築實土與地平, 上復用土, 封身一二尺, 周圍自成環池. 無雨則澆. 待桑身長至一大人高, 割去梢子, 則橫條自長. 任令滋長, 休科去. 新條當春不宜科, 科了數年不旺. 十二月內, 或次年正月科, 則不妨. 如澆治有功,

51) '당춘(當春)': '당(當)'자는 구어 습관에 따라 거성으로 읽는다. '당춘'은 곧 '당년[當年=본년(本年)] 봄'을 의미한다.

같이 뽕밭에서 키우지 않고 어릴 때부터 줄지어 재배를 한다면, 대부분 비바람과 어린 가축들에 의해서 훼손된다.

至秋可長大如壯椽. 十月內或次年春, 可移爲'行桑'. 若不如此於園內養成, 從小便栽爲行桑者, 多被風雨, 孳畜損壞.

야생 형상荊桑이 큰 교목으로 자랄 수 없는 것은 뽕밭에 뽕나무 뿌리를 옮겨 심어 배양한다. 재배하는 방식은 지상과 같다. 싹이 나온 뒤에 건장한 가지 하나만 남기고, 어른 키 높이로 자랐을 때 그 나무를 배양하는 방식은 위와 같다.

野荊桑不成身者, 移根於園內養之, 亦同. 栽培如地桑法. 芽出, 留旺者一條, 長至如大人高, 其科養法[26]如前.

교 석(校釋)

[16] '주(晝)': 전본에는 빠져 있으나, 원본, 격본에는 보인다.

[17] '문(聞)': 전본에는 '간(間)'으로 되어 있으나, 원본, 격본에 '문'으로 되어 있다.

[18] '법(法)': 전본에는 '기(氣)'로 되어 있으나, 원본, 격본에는 '법'으로 되어 있다.

[19] '윤(胤)': 전본에는 청나라 세종의 본명인 윤진(胤禛)을 쓰는 것을 피하기 위해, '생(生)'자로 바꿔 썼으나, 원본, 격본은 '윤'으로 되어 있다.

[20] "재배한 지 2년 이상 된 뽕나무 묘목이 곡우 시기에도 가지와 잎의 성장이 왕성하지 못한 것[栽二年之上桑穀雨其間但有芽葉不旺者]": 원본, 격본 원문에는 모두 이렇게 되어 있고, 전본에는 "栽二年之上, 其間但有芽葉不旺者, 於穀雨時"로 되어 있다. 하지만, 두 가지 상황이 다 틀린 부분과 누락된 부분이 있다. 원본의 '기(其)'자를 '기(期)'자로 써야 할 것이다.

[21] '적(赤)': 전본에는 '견(堅)'으로 되어 있으나, 원본, 격본에 따라 '적(赤)'으로 한다.

22 '엽(葉)': 전본에는 '엽(葉)'으로 되어 있으나, 원본, 격본에 따라 '조(條)'로 되어 있다.
23 '교손(咬損)': 원본, 격본에는 '인교(咽咬)'로 되어 있다. '인(咽)'자는 자서에는 안 보이는 것으로 보아 금나라와 원나라 때의 새로운 글자인 듯하며, 고대의 '간(豤)'자를 대신해 썼으며, 지금의 '습(啃)'인 듯하다.
24 '시(時)': 전본에는 빠져 있으나, 원본에는 있다.
25 '수(水)': 민각, 절각에는 '토(土)'로 되어 있으나, 소각 및 원본, 격본에는 '수(水)'이다.
26 '법(法)': 전본에는 빠져 있으나, 원본, 격본에는 붙어 있다.

가지 휘묻이

『제민요술』: 모름지기 뽕나무의 '묘목'을 취하려면, 정월이나 2월에 갈고리모양의 말뚝으로 아래쪽 가지를 눌러 구부러지게 하여 땅에 고정시켜야 한다. 새로운 가지에서 잎이 두어 치[寸] 자라나면 다시 마른 흙으로 덮어주는 것이 좋다. 흙이 축축하면 가지의 잎이 문드러진다. 이듬해 정월에 가지를 잘라다 심는다. 주택가나 밭의 울타리 주변에 심을 때는 한번 심으면 고정된다. 밭 가운데 심을 때는 오디 씨를 심는 법과 같이 한다. 먼저 2~3년 동안 빽빽하게 심은 후에 다시 정식으로 옮겨 심는다.

『무본신서』: 한식寒食이 지난 후, 2년 이상 된 뽕나무[地桑]는 나무 전체를 꺾쇠 모양의 구부정한 말뚝으로 눌러 땅에 붙여 고정시키고52) 땅을 파

壓條 27

『齊民要術』: 須取'栽'者, 正月二月中, 以鉤杙壓下枝, 令著地. 條葉生高數寸, 仍以燥土壅之. 土濕則爛. 明年正月中, 截取而種之. 住宅上及園畔者, 固宜卽定. 其田中種者, 亦如種椹法. 先穊種二三年, 然後更移.

『務本新書』: 寒食之後, 將二年之上桑, 全樹以兜橛

서 고랑을 만든다. 줄기 위에서 이미 자란 작은 가지는 흙 밖으로 나오게 하고, 그 나머지 가지는 전부 흙으로 덮어준다. 뿌리 주위는 흙을 파서 화분[盆] 모양으로 만들어 준다. 날이 가물면 수시로 물을 준다. 만일 [휘묻이에 사용할] 원줄기가 없다면 단지 뽕나무 아래의 작은 가지를 위에서 말한 방법대로 고랑을 파서 휘어서 묻고 흙을 덮어 두면 된다. 6월에는 나무 전체를 휘묻이하기에 적합하지 않다.

袪定, 掘地成渠. 條上已成小枝者, 出露土上, 其餘條樹, 以土全覆. 樹根周圍, 撥作土盆. 旱宜頻澆. 如無元樹, 止就桑下脚窠, 依上掘渠埋壓. 六月下宜全壓.

『사농필용』: 봄이 되어 땅기운이 돌기 시작할 때, 지상地桑 곁가지의 끝을 3～5치[寸] 정도 잘라내고, 빈 땅에 구부려 눕힌다. 묘목이 많이 필요할 때는 여러 가지를 구부려 눌러둘 수도 있는데, 필요한 만큼 한다. 땅 위에 우선 다섯 손가락 깊이의 둥근 고랑을 하나 파서[53] 구부린 뽕나무가지를 고랑 안에 눕히

『士農必用』: 春氣初透時, 將地桑邊傍一條, 梢頭截了三五寸, 屈倒於地空處. 多用栽子, 多屈幾條, 隨人所欲.

52) '두궐거정(兜橛袪定)': '두(兜)'는 투구, 즉 곡선을 이루며 사람의 머리를 싸고 있는 물건이다. 이 의미를 확장하여 곡선을 이루며 둘러싸고 있는 물건 혹은 동작을 모두 '두(兜)'라고 한다. 예를 들면, '호주머니[衣兜]', '빙돌다[兜圈子]' 등이 있다. '궐(橛)'은 짧거나 작은 나무말뚝이다. '거(袪)'는 원래 '수만(袖彎)'으로 해석했다. 중국의 고대 상의는 소맷부리를 넓게 만들어서 위쪽으로 손을 넣었다 뺐다 할 수 있는 공간을 만들었고, 나머지 부분은 모두 재봉질을 해서 각이 진 주머니처럼 만들어서 물건을 넣을 수 있도록 했다. 팔을 아래로 늘어뜨리거나 올릴 때, 주머니 안의 물건이 중력에 의해 주머니 아래쪽의 각이 진 곳으로 쏠리는데, 이것이 바로 '거(袪)' 또는 '수만(袖彎)'이다. 소위 '수장(袖藏)', '수진(袖珍)' 및 '수리건곤(袖里乾坤)'이라 함은 이러한 '거(袪)' 또는 '수만(袖彎)'을 가리키는 것이지, 나중에 사람들이 자주 입던 '소매가 좁은 호복(胡服)'일 리 없다. "두궐거정(兜橛袪定)"은 여러 개의 구부러진 나무말뚝을 사용해서 [나무 줄기의 기부(基部)를] 빙 둘러서 고정하는 것이다. 사실상 전 절에서 인용한 『제민요술』에서 언급한 "구부정한 말뚝으로 아래쪽의 가지를 눌러서 땅에 붙인다.[以鉤杙壓下枝, 令著地.]"라는 뜻이며, 단지 '아래쪽의 가지[下枝]'가 아니라 '나무 전체[全樹]'라는 점이 다르다.

고 갈고리 모양의 말뚝으로 걸어 박아 고정시킨다. 뽕나무가지가 짧은 것은 2개의 말뚝을 쓰고, 가지가 길면 3개의 말뚝을 사용한다. 휘묻이하는 가지의 끝은 공중에 드러나게 하여 흙에 닿지 않게 한다. 그 후 위로 자라나는 새싹 가지의 가지런한 모습이 마치 가는 써레 이빨과도 같다. 휘묻이를 한 가지 위에 자란 싹은 대략 5치 간격에 한 개만 남기고 나머지는 따내 버린다. 애누에를 먹여도 좋다. 4~5월 중, 맑은 날 사시와 오시 사이에 가로로 눕혀둔 가지[54]의 양쪽에 끈적끈적하고,[55] 따뜻한 진흙을 가져다 가지 위에 얹고 이랑을 만들어 주면, 눕혀둔 가지가 와근臥根: 누운 뿌리 으로 바뀌게 된다. 저녁에 그 뿌리에 물을 준다. 그날 밤에 와근에서 수염뿌리가 생겨난다. 가을이 되면 그 싹과 가지는 모두 줄기가 된다. 10월에 혹은 이듬해 춘분을 전후로 한다. 와근 가까이에[56] 있는 뿌리 밑동을 잘라낸다. 흙에서 파내어 새로 생긴 줄기와 줄기 사이를 자른다. 하나같이 (자른 것이) 지팡이 모양 같다. 뿌리 하나마다 한 그루의 '묘목'이 된다. 이 방법대로 하면 끊임없이 뽕나무 묘

地上，先兜一渠，可深五指餘，臥條於內，用鉤橛子攀釘住．條短，則二箇．長則三箇．懸空不令著土．其後芽條向上生，如細杷齒狀．橫條上，約五寸留一芽，其餘剝去．可飼小蠶． 至四五月內，晴天，巳、牛時間，橫條兩邊，取熱溏土，擁橫條上成壟，橫條卽爲臥根．至晚，澆其根科．當夜臥根生須．至秋，其芽條皆爲條身．至十月，或次年春分前後．際臥根根

53) '두(兜)': 동사로서, '곡선을 이루며 둘러싸다.'라는 뜻이다.

54) 역자주 '횡조(橫條)': 이는 휘묻이하여 눕혀 눌러둔 가지를 말한다.

55) '당(溏)': 천천히 흐르는 고체와 액체의 혼합물로 '탁액(濁液)'보다는 조금 더 끈적하다. 가장 처음으로 디아스타아제를 이용해 녹말을 물에 녹여 만든 '당(餳)', 또는 '당(餹)', '당(糖)' 및 초기의 '자당(蔗糖)'은 모두 '당(溏)'한 것이다. '당토(溏土)'. 즉 끈적한 진흙탕이다. 역자주 무계유는 교석에서 '당토(溏土)'는 무른 진흙이며, "열(熱)"은 『신농최요(神農最要)』에 의하면 "햇볕에 말리는 것"으로, "4, 5월 맑은 날 사시와 오시에 진흙과 물을 섞어 햇볕에 말려 눕혀 둔 가지에 올려 이랑을 만드는 것이다."라고 한다.

56) '제(際)': 전치사로서, '~가에서'[='제(際)']이다.

목을 생산할 수 있다.

頭, 截斷取出. 隨間空處斫斷. 一如㭬子樣. 每一根爲一'栽'. 此法, 出胤[28]栽子無窮.

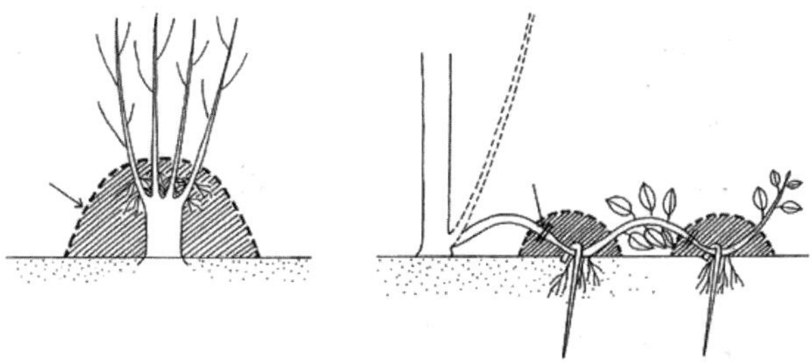

〈그림 8〉 가지 휘묻이 방법

▌교 석(校釋)▌

[27] '조(條)': 전본에는 '상(桑)'으로 되어 있으나, 원본, 격본의 '조(條)'가 뒤의 문장인 '재조(栽條)'에서 인용한『무본신서(務本新書)』끝 절의 "때문에 종심(種椹: 오디 심기), 가지 휘묻이[壓條], 가지심기[栽條]를 제시했으며, 이 세 가지 중 택해서 사용해야 한다.[故具種椹、壓條、栽條之法, 三者擇而用之.]"의 '압조(壓條)'와 서로 호응한다. 역자주 앞의 본문에는 "삼자택이행지(三者擇而行之)"라고 하여 '행(行)'을 '용(用)'으로 쓰고 있으나, 검색 결과 '행(行)'자였음을 밝혀둔다.

[28] '출윤(出胤)': 전본은 왕의 이름을 쓰는 것을 피하기 위해 '맹아(萌芽)'로 바꿔서 썼으나, 원본, 격본에는 본문처럼 쓰고 있다.

가지 꽂아 심기

『무본신서』: 늦가을 농한기에 미리 심을 '구덩이'를 파 놓으면 겨울을 지나면서 땅 기운이 물기를 흡수하고, 또 심을 때 한창 바쁜 일손을 다소나마 줄일 수 있다. 구덩이의 깊이는 사방으로 각 2자 이상 파야 하며, 썩은 거름 1～2되를 흙과 섞어 구덩이 안에 넣는다. 파낸 흙은 북쪽은 높게 쌓고 남쪽을 약간 낮게 하여 겨울과 봄에 내린 비와 눈을 머물게 한다. 나머지 구덩이도 이에 준하여 판다. 12월[臘月] 안에 건장하게 자란 노상魯桑의 가지 2～3개를 한 '움큼'으로 만들어 예리한 도끼로 단번에 찍어, 자른 자리를 불속에서 살짝 그을린다. 가지 45개마다 볏짚을 사이사이에 넣고 한 묶음으로 만들어 양지쪽 구덩이 안에 눕혀둔다. 구덩이 깊이와 길이는 3～4자쯤으로 하며, 미리 파놓아야 한겨울에 땅이 얼어 파기 어려운 상황을 막을 수 있다. 그리고 흙으로 두껍게 덮어 준다. 춘분 이후에 (묻어두었던 뽕나무 가지를) 꺼내고, 도로 그 구덩이의 흙을 파내어[57] 물 3～4되를 붓고 조[粟] 20～30알을 파종한다.[58] 뽕나무 가지의 밑받침을 둥그렇게 하여 풀[草]로 단단하게 묶어 눕혀 구덩이 안에 옮겨 심고는 흙을 손가락 3～4개의 두께로 덮어 준다. 만약 가지를 심을 때에는 가지 끝이 2～3치 정도 드러나면 흙을 덮어

栽條

『務本新書』: 秋暮農隙時分, 預掘下'區', 藉地氣, 經冬藏濕, 又分減栽時併忙. 區, 方深各二尺之上, 熟糞一二升, 與土相和, 納於區內. 土宜北高南下, 以留冬春雨雪. 餘區準此. 臘月內, 揀肥長魯桑條三二枝[29]通連爲一'窠', 快斧斫下, 卽將楂頭, 於火內微微燒過. 每四十五條[30]與稈草相間作一束, 臥於向陽阬內. 阬: 深、長三四尺, 當預掘下, 防冬深地凍難掘. 以土厚覆. 春分已後, 取出, 却將元區跑開, 下水三四

57) '포(跑)': páo로 읽는 '부(掊)'자여야 하나, 지금은 '포(刨)'로 쓴다.

58) 역자주 청 심련(沈練) 『잠상설(蠶桑說)』 「수상법(樹桑法)」에는 휘묻이할 때 "선도(秈稻)를 줄 아래 흩어 뿌리면 뿌리가 쉽게 내린다."라고 하는 기록이 있다.

주는데, 1자 남짓 두껍게 덮어서 모두 잘 다져 준다. 이어서 푸석한 흙을 따로 가지 끝에만 봉긋하게 덮어 준다. 이후에 싹이 나면 푸석한 흙을 쉽게 뚫고[59] 나올 수 있다. 미리 구덩이의 남쪽에 어저귀를 심는다. 땅은 그늘지고 습한 것이 좋으니 수시로 물을 대준다. 만약 모든 가지를 눕혀 심는다면 싹이 난 후에 흙을 조금씩 덮어주어야 한다. 어린 가지가 높이 자라면 곁가지를 잘라낸다. 3년이 되면 완전한 뽕나무로 성장한다. 간혹 지상地桑으로 만들기도 한다.

升, 布粟三二十粒. 將條盤曲, 以草索繫定, 臥栽區內, 覆土約厚三四指. 如或出露條尖三二寸, 覆土宜厚尺餘, 俱當堅築. 仍以虛土, 另封條尖. 已後, 芽生, 虛土自兌.[31] 先於區南種穊. 地宜陰濕, 時時澆之. 若全臥栽者, 已後逐旋添土. 芽條長高, 斫去傍枝. 三年可以成樹. 或就作地桑.

○ 뽕나무 가지 끝을 심는 방법: 매두상埋頭桑[60]으로 잘라낸 뽕나무 가지 끝을 심을 때, 두세 개의 가지를 한 묶음으로 만들어 앞서 제시한 바와 같이 가지를 꽂아 심는 방식[栽條法]으로 심는다. 또 무[蘿蔔] 속에 뽕나무 가지 하나를 꽂아 무의 기력[61]을 빌리면 아주 효과가 좋다. 구덩이를 파

栽桑梢:[32] 據埋頭栽桑, 斫下桑梢, 相連三二枝爲一窠, 栽如前法. 或於蘿蔔內穿過一枝, 假借氣力, 更妙. 掘

59) 역자주 무계유 교석본에서는 충(充)을 태(兌)로 보고, 외부의 힘에 의해 공혈(孔穴)이 생긴다는 의미로 받아들이고 있다. 즉 새싹이 발아한 후 자연스럽게 푸석한 흙을 뚫고 밖으로 나온다는 의미이다.

60) 역자주 '매두상(埋頭桑)'을 심는 방식은 본서 「이재(移栽)」편의 『무본신서(務本新書)』의 '추재법(秋栽法)'에 보인다. 그 방식은 뽕나무의 몸통을 손가락 한두 굵기만 남기고 나머지는 모두 제거하는 것이다. 이 속에는 뿌리가 달리지 않은 윗부분에서 가지를 자른 것을 '상초(桑梢)'라고 한다.

고, 흙을 덮어 야무지게 다지는 등의 일은 모두 앞의 방법과 같다.

○ 이랑에 뽕나무 가지 심는 법: 가을에 이미 부드럽게 간 땅을 2월에 다시 써레[62]로 고른 다음 동서 방향으로 쟁기를 이용해 이랑을 만들고, 적당한 간격으로 흙을 파 구덩이를 만든다. 그리고 지난해 12월에 묻었던 뽕나무 가지를 앞의 방법대로 심는다. 또한 홑뿌리가 건장한 뽕나무 가지는 위의 방식에 따라 심어도 좋다.

뽕나무 가지를 심을 때, 만약 묵은 뽕나무가 많다면 어린 가지를 많이 베어낼 수 있지만, 묵은 뽕나무가 적은데도 어린 가지를 너무 많이 베어내는 것은 이듬해 누에에게 뽕잎을 먹이는 데 영향을 줄 수 있다. 그러므로 앞에서 지적한 바와 같이 '오디씨 심기', '휘묻이' 및 '가지 옮겨심기' 중에서 하나를 선택하여 시행한다.

○ 『사농필용』의 꺾꽂이 방법: 울타리를 쳐서 밭을 만들고, 그런 후에 땅을 골라 구덩이를 파는 것 등은 모두 지상地桑을 심는 방법과 같다. 잎이 큰 노상魯桑 가지의 눈이 파랗게 변하면서 싹이

區堅埋, 依前法.

壟種桑條: 秋耕熟地, 二月再櫂勻, 東西起疄,[33] 約量遠近, 撥土爲區. 將臘月元埋桑條栽依前法. 或是單根肥[34]長桑條, 依上栽之, 亦可.

栽種桑條者, 若舊桑多處, 可以多斫萌條, 若是少處, 又慮斫伐太過, 次年悞蠶. 故具'種椹'、'壓條'、'栽條'之法, 三者擇而行之.

『士農必用』揷條法: 牆圍成園, 掘阬如地桑法. 大葉魯桑條上青眼動時,

61) 역자주 마종신은 역주에서 무의 기력은 무가 함유하고 있는 유기물질과 수분을 의미하는 듯하다. 이곳에는 구체적인 심는 법은 상세히 말하고 있지는 않기 때문에 효과가 어떠했는지는 추측하기 어렵다고 한다.

62) 역자주 파(櫂)는 쇠스랑과 써레[耙]의 의미로 사용하지만, 여기서는 후자의 의미로 사용된 듯하다. 대개 중국의 쇠스랑은 당대 이후 도입되었다고 보고 있다.

틀 때,[63] 가지를 1자 길이로 양 끝을 자르고, 그 끝을 달군 팬 위에 놓고 지진다. 구덩이 하나마다 가지 2~3개를 약간 비스듬히 꽂는다. 재배하는 방식은 지상과 동일하다. 싹이 나오기를 기다려 꽂은 가지 위에 푸석한 흙을 3~5치[寸] 높이로 봉긋하게 쌓아두고, 한 가지에는 오직 곁가지 한 개만 남긴다. 가을이 되면 두어 자 가량 자란다. 이듬해에는 가지와 잎을 잘라내어 누에를 먹일 수 있다. 다만 그해 삼복(三伏) 더위가 염려되면 물을 주고, 햇볕을 잘 차단하면 살아난다. 이랑 안에 꽂아 심어도 좋다. 만일 그곳에서 거둘 만한 (꺾꽂이용) 가지가 없다면 미리 다른 곳에서 잎이 큰 노상魯桑을 골라두었다가 12월에 뽕나무가지를 베어 와서 토굴 안에 보관한다. 꽃이나 과일나무의 접붙이기할 가지를 보관하는 것처럼 한다. 바람이 통하게 해서는 안 되는데, 바람이 통하면 말라 버린다. 뽕나무 가지 위의 겨울 싹눈이 파랗게 변해 싹이 트려고 할 때 토굴을 열면, 그 속에 보관하였던 뽕나무 가지

科條長一尺之上, 截斷, 兩頭烙過. 每一阬內, 微斜插三二條. 栽培如地桑法. 待芽出, 封堆虛土三五寸, 每一根科 35 止留一條. 至秋, 可長數尺. 次年割條葉飼蠶. 止怕當年三伏日, 澆、蔭不闕, 無不活者. 畦內揷亦可. 如當處無可採之條, 預於他處, 擇下大葉魯桑, 臘月割條, 藏於土穴. 如藏花果接頭. 透風則乾了. 候至桑樹條上青眼微

63) '청안동(青眼動)': 나무의 싹을 일반적으로 '안(眼: 눈)'이라고 부른다. 양쪽 가장자리는 뾰족하고 중간은 타원형인 것이 마치 사람의 눈처럼 생겼다. 봄이 되어 싹이 트는 것을 '동(動)'이라고 한다. 『제민요술』 권4의 「삽리제삼십칠(插梨第三十七)」의 '엽미동(葉微動)'설에 따르면[본서의 권5, 「과실(果實) 리(梨)」장 인용 참조], 일반적으로 '동안(動眼)'은 모두 우선 황갈색의 인편 안에 여린 잎의 청녹색이 보이기 때문에 '청안동(青眼動)'이라고 한다.

본 절의 끝에는 음력 12월에 '토혈(土穴)'에 묻는 삽목에 대해 기술했다. 노지에 "뽕나무 가지 위의 겨울 싹눈이 파랗게 변해 싹이 트려고 할 때, 토굴을 열면[桑樹條上青眼微動時, 開穴]" 그때, "뽕나무가지의 싹눈도 싹이 튼다. 하지만 황색[條上眼亦動, 但黃色]"인 것도 볼 수 있는데, 이것은 아주 상세한 관찰 기록이다. 저장했던 접가지는 온도와 습도 등의 조건이 노지보다 좋기 때문에, 노지의 뽕나무가지의 눈이 조금 나올 때 저장했던 가지의 눈은 이미 좀 더 나와 있는 것이다. 하지만, 빛을 보지 못했기 때문에 엽록소의 양이 너무 적어서 '황색(黃色)'인 것이다.

의 싹눈에도 싹이 튼다. 토굴 속 가지의 눈은 노란색을 띤다. 가지를 잘라서 불로 지지고, 가지를 꽂아 심고, 흙을 북돋우는 방법 등은 앞에서 지적한 것과 동일하다.

動時, 開穴, 所藏條上, 眼亦動. 但黃色. 截、烙、栽培, 用度如前.

▌교 석(校釋)▌

29 '지(枝)': 전본에는 '근(根)'으로 되어 있고, 원본에는 '매(枚)'로 되어 있는데, 원래 고대에 계속 사용하던 글자로 격본에 따라 '지(枝)'로 하는 것이 근대의 언어습관과 더 잘 맞는다.

30 '사십오조(四十五條)': 격본, 전본에는 모두 '사십오조(四十五條)'로 확정적인 표현을 하고 있는데 반해, '노교(盧校)'의 안어(按語)에 따라 '사오십조(四五十條)'로 되어 있다.

31 '태(兌)': 원본, 격본에는 '태(兌)'로 되어 있으나 전본에 따라 '충(充)'으로 되어 있다. 『농정전서(農政全書)』 권32에는 '탈(脫)'로 인용하고 있다.

32 '재상초(栽桑梢)': 전본에는 다른 장(章)의 제목으로, 줄을 바꿔 아래 칸에 적혀 있다. 원본, 격본에 따라 하나의 분조(分條)로 하고 줄을 바꾼 뒤 바로 본문 내용을 이어 쓴다.

33 '창(暘)': 상 전본에는 '장(場)'으로 되어 있으나, 원본, 격본에는 '창(暘)'으로 되어 있다. '창(暘)'자는 『제민요술』에서 '롱(壠)'자와 이어서 썼으며, 서로 해석도 가능하다. 『제민요술』 권5 「종괴류추재오작제오십(種槐柳楸梓梧柞第五十)」편의 '양류(楊柳: 버드나무)'조에 "이랑을 만든다.[卽作暘壠.]", "일무에 3개의 이랑[一畝三壠]", "… 이랑이 넓고 좁은 것이 마치 파 이랑과 같다.[暘中寬狹, 正似蔥壠.]"라고 되어 있는데 확실한 예라고 할 수 있겠다.

34 "앞의 방법에 따라 심는다. 또는 하나의 두껍고 긴 뽕나무 가지이다.[栽依前法, 或是單根肥長桑條.]"의 '의(依)'자는 민각, 절각에는 '어(於)'로 되어 있으나, 소각 및 원본, 격본에는 '의'로 되어 있다. '비(肥)'자는 전본에는 빠져 있으나, 원본, 격본에는 있다.

35 '과(科)': 민각, 절각에는 '사(斜)'로 되어 있으나, 소각 및 원본, 격본에는 '과'로 되어 있다.

뽕나무 줄지어 심는 법 『제민요술』, 『사농필용』에는 오디 씨를 심었다가 나중에 옮겨 심고, 옮겨 심은 후에 줄지어 심는다고 한다. 『무본신서』에는 이랑에 심은 뒤에 즉시 뽕나무를 옮겨 줄지어 심는데, 다시 '옮겨 심지'[轉盤]는 않는다[64]고 한다.

布行桑 『齊民要術』『士農必用』種椹而後移栽, 移栽而後布行. 『務本新書』畦種之後, 卽移爲行桑, 無'轉盤'之法.

『제민요술』: 뽕나무가 팔뚝만한 크기로 자라나면 정월 중순에 옮겨 심는다. 또 가지를 자를 필요가 없다.[65] 대충 10보步마다 1그루를 심는데, 나무그늘이 서로 닿아 가리게 되면 그 사이에 재배하는 조와 콩이 자라는 데 방해가 된다. 줄지어 심은 나무는 약간 어긋나게[66] 심어야 하고, 서로 바로 마주보게 해서는 안 된다. 마주 보고 심으면 쟁기질하는 데 방해가 된다.

『사농필용』: 뽕나무 밭 안에서 키운 형상荊桑과 노상魯桑의 묘목을 옮겨 심으려고 하면, 12월에 옮겨심기에 편하게 곁가지와 나뭇가지 끝을 잘라낸다. 작은 나무는 위쪽에 3~5개의 잔가지를 남겨두고, 굵기가 주발 둘레만한 나무는 10여 개의 잔가지를 남기는데, 길이는 1자 이상이어야 한다. 나머지 가지는 모두 쳐낸다. 이듬해 봄, 뽕나무의 눈에 싹이 틀 무렵, 뿌리째 파낸다. 이후

『齊民要術』: 桑栽大如臂許, 正月中移之. 亦不須髡. 率十步一樹, 陰相接, 則妨禾豆. 行欲小掎角, 不用正相當. 相當則妨犁.

『士農必用』: 園內養成荊魯桑小樹, 如轉盤時, 於臘月內可去不便枝梢. 小樹, 近上留三五條, 椀口以上樹, 留十餘條長一尺以上. 餘者, 皆科去.

---

64) '전반(轉盤)': 해석은 본 절에서 인용한 『사농필용』 끝부분의 주문(注文)에 보인다. 역자주 본 절의 작은 주에 보면 "농가에서는 옮겨 심는 것을 전반이라고 부른다."라고 하고 있다. 그 의미는 한번 심고나면 더 이상 옮겨 심지 않는다는 것을 뜻한다.

65) '곤(髡)': 원래는 (죄인의) 머리카락을 자르는 것을 가리키나, 나뭇가지 끝과 잎을 자른다는 의미로 차용되었다.

66) 역자주 무계유 교석본에 의하면, '소기각(小掎角)'은 편사(偏斜)의 의미로 정면이 아니라 약간 비스듬하게 심어, 심은 모양이 방형이 되지 않도록 하는 것이라고 한다.

널따란[67] 밭에 옮겨 심는데, 줄과 줄 사이의 간격은 8보步로 하고, 줄에는 4보마다 나무 한 그루씩을 심는데, 서로 마주 보게 한다. 심고 북돋우고, 물을 주는 방식은 앞에서 제시한 대로 한다. 뽕나무를 심은 줄 사이에 곡식을 재배할 수 있다. 줄 간격이 8보이기 때문에 우경(牛耕)을 사용하더라도 "소를 되돌려 왕복으로 갈 수 있는 넓이"이다. 뽕나무는 4보 간격으로 한 나무씩 심었는데, 4보 간격의 땅을 비워두면[68] 시간이 흐른 후[69] (서로 방해받지 않고) 큰 나무로 성장할 수 있다. 뽕나무가 서로 마주보고 있으면 가로방향으로 경작할 수 있기 때문에 뽕밭이 황폐화되지 않으며, 뽕나무도 거칠어지지 않는다. 가시나무[荊棘]로 뽕나무 밭에 울타리를 쳐서 보호하는 것이 좋다. 그 해에 가로로 뻗은 가지에서 자란 긴 가지는 12월에 가지치기를 하여 적당한 밀도로 간격을 조정해준다. 이듬해 봄이 되면 누에에게 먹일 수 있다. 야생뽕나무[野桑]는 교목喬木으로 성장하면 바로 옮겨 심을 수 있다. 가로로 뻗은 가지를 남기는 방식은 앞에서 제시한 것처럼 한다. 야생뽕나무는 일명 "옮겨 심지 않아 생명이 짧은 뽕나무(一生桑)[70]"

至來春, 桑眼動時, 連根掘來. 於漫地內, 闊八步一行, 行內相去四步一樹, 根對栽之. 栽培, 澆灌如前法. 桑行內種田. 闊八步, 牛耕一"繳"[36]地也. 行內相去四步一樹, 破地四步, 已久可成大樹. 相對則可以橫耕, 故田不廢墾, 桑不致荒. 荊棘圍護. 當年橫枝上所長條, 至臘月, 科令稀匀得所. 至來年[37]春便可養蠶. 野桑成身者, 卽可移栽. 留橫枝如前法. 一名"一生桑", 其根

67) 역자주 마종신은 역주에서 만지(漫地)는 북방의 방언에서 야외를 '만지'라고 하는데, '대전(大田)'으로 번역하니 뜻이 매우 합당하다고 한다.

68) 역자주 마종신은 역주에서 파지사보(破地四步)의 뜻은 분명하지 않지만 '파(破)'는 파비(破費), 모비(耗費) 등의 의미로서, 4보의 토지를 허비하고 한 그루의 뽕나무를 심을 정도로 공간이 충분하여 큰 나무로 자라도 서로 방해를 받지 않는다는 의미로 판단하고 있다.

69) '이구(已久)': 원래 '일구(日久)'였는데, '일(日)'자가 약간 훼손돼서 '이(已)'자로 본 듯하다.

70) 역자주 '일생상(一生桑)': 뒤의 문맥으로 미루어 야생 뽕나무의 수명이 짧음을 의미한다. 무계유 교석본에 의하면, '일생상'은 생장 이후 옮겨 심지 않은 뽕나무로서 옛사람들은 뿌리를 뽑아 옮겨 심는 것을 '재생(再生)'이라 불렀다고 한다.

라고 하는데, 뽕나무 뿌리가 평평하게 펴져 얕게 뿌리내리기 때문에 오래 살지 못하고 저절로 죽는다. 옮겨 심어 뿌리를 바꾸면 생장도 왕성해지고, 오래 산다. 농가에서는 옮겨 심는 것을 '전반(轉盤)'이라고 한다. 뽕나무는 과일나무와 같이 옮겨 심게 되면 무성해진다. 묵은 뿌리를 잘라내면 다시 새 뿌리가 나온다. 새 뿌리는 땅속에서 평평하게 뿌리내리지 않고, 아래로 향해 뻗어가기 때문에 왕성하게 자라고, 오래 산다.

平淺, 故不久自死. 轉盤換根, 則長旺又久遠也. 農家謂[38]移栽爲'轉盤'. 桑同果樹, 一移一旺. 舊根斫斷, 新根卽生. 新根不平生, 向下生也, 以此故, 長旺久遠.

교 석(校釋)

[36] '격(繳)': 절본(浙本)은 절각에 따라 '척(彳)'변의 '요(徼)'자로 되어 있고, 소각, 원본, 격본은 '사(糸)'변의 '격(繳)'자로 되어 있다. '격(繳)'자는 원래 반복해서 감는다는 뜻으로, 한 공간에 바짝 붙어 평행으로 여러 차례 왕복하는 것이다. 왕정 『농서』 권2 「농상통결이(農桑通訣二) 경간편제사(耕墾篇第四)」에는 "경작지 안에서, 우선 둘이 쌍을 이루어 밭을 가는데, 이때 둘 다 안쪽을 향해서 갈아나가 합쳐지면서 하나의 이랑이 되는 것을 '부린(浮疄)'이라고 한다. 부린을 시작으로 하여, 바깥쪽을 향하여 밭을 갈기 시작하는데 이렇게 한 단이 끝나는 것을 일(一)'격(繳)'이라고 한다.[所耕地內, 先併耕兩犁, 墢皆內向, 合(爲)一壠謂之'浮疄', 自浮疄爲始, 向外繳耕, 終此一段, 謂之一'繳'.]"라고 되어 있다. 즉, 경작지 일 '격'은 요구에 따라 넓이가 미리 정해진 땅에서 중앙의 두 줄부터 시작하여 평행으로 계속해서 왕복하며 여러 줄의 밭을 가는 것이다. 여기에서 일 '격'은 팔보[八步: 4장(丈)] 정도의 간격으로 정했다.

[37] '년(年)': 전본(殿本)에는 빠져 있으나, 원본에 는 있다.

[38] '위(謂)': 전본, 격본(格本)에는 빠져 있으나, 원본(元本)에는 보인다.

뽕나무밭 관리[71] 벌레와 좀 방제법을 덧붙임

『제민요술』: 뽕나무밭을 갈 때에 쟁기를 뽕나무 가까이 붙여서는 안 된다. 뽕나무가 상하고, 쟁기도 파손되는 두 가지의 손실을 입게 된다. 쟁기가 닿지 않는 곳은 괭이로 땅을 파고, 지면으로 올라온 들뜬 뿌리를 잘라내고, 누에똥으로 거름을 준다. 들뜬 뿌리를 베어내면 누리(耬犁)나 쟁기를 사용할 때 방해받지 않으며, 또 뽕나무의 생장도 건장하고 무성해진다.

○ 또 다른 방법: 해마다 뽕나무 주위 1보(步) 거리 안에 순무[蕪菁] 씨를 뿌리고, 순무를 거두어들인 후에 뽕밭에 돼지를 풀어 나머지를 먹게 하면 토지가 부드럽고, 연해져서 쟁기로 갈이하는 것보다 낫다.

조와 콩을 심을 때는 되도록 뽕나무 가까이에 바짝 붙여 심는다. 이와 같이 하면 땅의 이로움을 놓치지 않고, 뽕밭은 또 고르게 숙성될 수 있다. 뽕나무 주위에 순무를 파종한 곳은 재차 조와 콩을 심을 필요가 없다.

『무본신서』: '뽕밭의 뽕나무의 사이'[72]는 항상 관리해서 깨끗하게 유지해야만 바람이 잘 들고 햇빛이 잘 스며들어 뽕나무가 무성해진다. 만일 '자벌레[步屈]'[73]와 같은 해충이 발견되더라도 쉽게 잡을 수 있다. (또한) 이렇게 하면 겨울과 봄

修蒔 治蟲蠹等法附

『齊民要術』: 凡耕桑田, 不用近樹. 傷桑破犁, 所謂兩失. 其犁不著處, 斸地令起, 斫去浮根, 以蠶矢糞之. 去浮根, 不妨耬犁, 令樹肥茂也.

又法: 歲常繞樹一步, 散蕪菁子, 收穫之後, 放豬啖之, 其地柔輭, 有勝耕者.

種禾、豆, 欲得逼樹. 不失地利, 田又調熟. 繞樹散蕪菁者, 不勞逼也.

『務本新書』: '桑隔'內, 修蒔宜淨, 使透風日, 則桑決榮茂. 萬一有'步屈'等蟲, 又易

---

71) 역자주 마종신은 '수시(修蒔)'의 '수(修)'는 다스린다는 의미로 뽕나무 가지치기 등을 의미하며, '시(蒔)'는 모종을 심거나 옮겨 심는 등의 작업으로 해석하고 있다. 무계유는 교석에서 본 절의 내용은 뽕나무밭 관리와 환경위생 및 농작물의 간작 등을 포함하고 있다고 한다.

72) '상격(桑隔)': '행상(行桑)'의 행간(行間)과 주간(株間) 사이의 간격이다.

73) '보굴(步屈)': 즉 자벌레다. 아래 본 절의 각주를 참조하라.

에 놓은 들불이 번져 뽕나무 태우는 것을 면할 수 있다.

○ 봄 가뭄의 대비: 가을이 깊어질 때, 미리 뽕나무 밑에 적당한 양의 거름을 주고, 겨울에 땅기운이 습기를 머금으면 뽕나무는 자연스럽게 무성해진다. 봄철에는 나무 아래의 흙을 파서 흙 화분[土盆]처럼 만들어준다. 비가 오면 흙 화분 속에 물이 고이며, 가뭄이 들면 흙 화분에 물주기가 편리하다. 호미질하여 뽕나무 사이의 빈 터를 잘 다듬어 놓으면 뽕나무가 가뭄을 잘 견디고, 또 해충의 피해를 막을 수 있다. 뽕나무밭이 강이나 우물 가까운 곳에 있다면, 한 번만 충분히 물을 주어도 습기를 유지할 수 있다.[74)]

○ 서리 재해의 방비[75)]: 3월 사이에 만약 날씨가 갑자기 추워지고, 북풍이 몰아칠 경우, 먼저 뽕나무밭 북쪽에 그 날의 바람의 세기를 보아 가며 마른 거름과 잡동사니 풀을 많이 쌓아둔다. 밤이 깊어지기를 기다려 불을 놓아 따뜻한 기운이 연기를 따라 순풍에 흩어지면서 서리 기운을 막

捕打. 冬春之除, 免野火延燒.

備春旱者: 秋深, 預於桑下約量擁糞, 經冬, 地氣藏濕, 桑亦榮旺. 春月, 撥作土盆. 雨則可聚, 旱則可澆. 鋤治桑隔, 自然耐旱, 又辟蟲傷. 瀕河近井, 若能一澆, 亦不失節.

備霜災者: 三月間, 儻值天氣陡寒, 北風大作, 先於園北, 覰當日風勢, 多積糞草. 待夜深, 發火燠煴, 假借煙

---

74) 역자주 무계유는 '절(節)'은 법도로서 관리상의 보상(保墒: 보습)조건이라고 한다.

75) '비상재(備霜灾)': 이 방법들의 출처는 사실 『제민요술』 권4의 「재수제삼십이(栽樹第三十二)」편에서 인용한 『식경(食經)』이다. 원래의 인용문은 다음과 같다. "무릇 모든 과실은 꽃이 만개했을 때 서리를 맞으면, 열매를 맺을 수 없다. 항상 농원에 악초와 생똥[生糞]을 저장해 두어야 한다. 오랫동안 비가 내리다가 날이 개고, 차가운 북풍이 불어오면 밤에 반드시 서리가 내린다. 이때, 생똥에 불을 지펴 음울한 연기를 피우면(='연기가 자욱하게'. 즉 불꽃은 없고 연기만 나오게 불을 지핌) 연기가 발생하여 서리 맞는 것을 피할 수 있다.[凡五果, 花盛時遭霜, 則無子. 常預於園中, 貯惡草生糞. 久而新晴, 北風寒徹, 是夜必霜. 此時, 放火作煴, 少得烟氣, 則免于霜矣.]" 서리를 연기의 입자와 결합하게 해서 작물의 서리 피해를 줄일 수 있다.

아준다. 꽃나무와 과일밭의 서리 방지법도 이와 같다.

『사농필용』: '나무 뽕나무[樹桑]의 병病': 변란[76] 이후 뽕나무밭을 관리하지 않은 지가 여러 해 되었다. 실로

氣, 順風以解霜凍. 花果倣此.

『士農必用』: '樹桑之病': 自變革之後,

76) '변혁(變革)': 여기에서 말하는 '변혁(變革)'은 분명히 '조정'의 대변동으로 인해 일어난 백성의 생활의 큰 소동을 일컫는 것이다. 『사농필용』 혹은 금나라 중엽 이후 황하 유역 사람들의 저서(석성한 교주본; 권2의 주 참조)를 통해 추측해 보면, 이 변혁은 바로 금 왕조 때의 사건일 것이다. 금 왕조의 궁정 1차 대변동은 1149년 해릉왕(海陵王) 양(亮)이 희종(熙宗)을 죽이고 황제로 즉위한 사실이다. 2차 대변동은 1161년 양이 피살되고 세종(世宗) 옹(雍)이 즉위한 것이며, 3차 대변동은 1213년 위소왕(衛紹王) 윤제(允濟)가 폐위되고 선종(宣宗) 순(珣)이 즉위한 것이다. 원 제국이 서서히 번창하면서 위소왕과 선종은 모두 원의 위협을 받은 적이 있으며, 선종은 1214년 어쩔 수 없이 도성을 버리고 변량(汴梁)으로 천도했고, 황하 이북지역은 대부분 원의 병력이 점령했다. 마지막으로 애종(哀宗) 수서(守緖)는 전쟁에 연패하여 채주(蔡洲)까지 도피했다가 1234년 왕위를 마지막 황제 승린(承麟)에게 넘기고 자결할 수밖에 없었다. 『사농필용』은 본서에 인용된 문헌 순서 중 『무본신서』 다음에 나열되어 있다. 이는 『사농필용』이 『무본신서』보다 늦은 시기의 책이라는 뜻이다.

권2 「구전(區田)」편에 인용된 『무본신서』의 '임진 무술의 해[壬辰戊戌之際]'에서 『무본신서』가 아마도 금 세종 이후(권2의 각주 참조)에야 나타났을 것이라고 추측한 바 있으며, 『사농필용』에서 가리키는 '변혁'은 해릉왕 양이 희종을 죽인 것과 해릉왕이 피살된 두 가지 사건을 가리키는 것일 리 없다. 위소왕이 폐위됐을 때에도 작은 전쟁이 있었지만, 규모가 그다지 크지 않았기 때문에 백성들이 양잠을 할 수 없을 정도는 아니었다. 애종의 도피는 시기적으로도 이미 늦었을 뿐만 아니라 혼란도 컸기 때문에 단기간 내에 뽕나무 밭이 회복되었을 가능성이 없으며, 이러한 경험을 근거로 침착하게 책을 쓰고, 목판에 새겨서 전파시키기도 쉽지 않았을 것이다. 선종이 남쪽으로 천도한 후 황하 이북지역이 원나라의 통치하에 있었을 때, 혼란이 지나고 질서가 안정된 후에야 백성들은 십여 년 이상 공을 들여 양잠업을 회복시켰을 것이고, 이러한 책도 나올 수 있는 기회가 닿았을 것이다.

그러므로 우리는 잠정적으로 이 '변혁'을 금나라 선종이 '상도(上都)'에서 '변량'으로 천도한 것을 가리키는 것으로 가정한다. 위쪽의 「이재(移栽)」장에는 『사농필용』의 주를 인용하여, 장안(長安)의 상황을 기록하고 있으며, 아래쪽 「과작(科斫)」장에는 '태중(泰中)', '낙양(洛陽)', '하동(河東)', '산동(山東)', '하삭(河朔)' 등에 대한 조사, 기록을 인용하여 말하고 있다. 그러므로 『사농필용』이 책으로 만들어질 때는 사천(四川)이 아직 원 병력에 점령되지 않았으며, 대략 원 태조(太

오랫동안 황폐해진 뽕나무 밭을 갑자기 사용하게 되었다. 황폐해진 뽕나무는 생장이 더디고, 기르는 누에 또한 늦게 자란다.[77] 누에 익는 시기가 더뎌지게 되면 가지와 뽕잎을 따는 시간도 그에 따라 늦어진다. 이렇게 되면 이듬해 뽕잎이 나오는 시기도 늦어진다. 시간이 흐를수록 뽕잎이 나오는 시간은 누에가 나오는 시기와 맞지 않게 된다. 때문에 누에치는 사람들은 황폐된 뽕나무 밭은 반드시 개간하고 뽕나무를 베어내어 다시 무성한 가지가 자라도록 해야 한다. (그렇게 하면) 그 이듬해에 나온 뽕잎은 누에가 나오는 시기와 그다지 벗어나지 않을 것이다.

桑田不治, 積有歲年. 苟就其久荒之業, 爲一時之用. 荒桑 39 晩生, 其蠶則穉. 穉蠶老遲, 則科葉亦遲. 故明年之葉, 其生也又差晩矣. 積年愈多, 則與蠶生之日愈不能相及. 爲蠶事者, 必當開墾其田, 科斫其桑, 使之滋長成條. 其次年所生之葉, 與蠶生之時, 自不相遠也.

『한씨직설韓氏直說』: 뽕나무 뿌리부분의 곁가지[脚科]와 땅 위에 들뜬 뿌리는 시기에 맞춰 모두 잘라 버려야 한다. — "뽕나무 묘목"은 그 방식에 따라 심어야 한다. — 이와 같이 하면 빈 공간에 곡물을 재배해도 방해받지 않으며, 또한 뽕나무 뿌리가 깊어져 가뭄에 잘 견디고, 뽕잎의 생장이 빠르고, 무성해진다.

『韓氏直說』: 桑樹脚科並浮根, 依時皆可斸去. —可作"栽子"者, 依法栽之.— 不妨耕種, 其桑自然根深耐旱, 葉早生榮茂.

祖) 철목진(鐵木眞: 칭기스칸 아명) 말년 및 태종(太宗) 와활대(窩闊臺: 우구데이 칸 또는 오고타이 칸) 때 황하 유역[하남(河南) 서부, 산동 동부, 하북(河北)의 대부분을 포함]의 많은 지역이 원의 지배를 받고, 하남 동부, 산동 서부의 일부 지역만이 금의 통치를 받았을 때 나타난 것이라고 추정할 수 있겠다.

77) '기잠칙치(其蠶則穉)': '치(穉)'와 '직(稙)'은 서로 반대이다. '직(稙)'은 일찍 심은 벼고, '치(穉)'는 늦게 심은 벼, 즉 어린 곡식이다. '직잠(稙蠶)'과 '치잠(穉蠶)'은 일찍 자란 누에(熟蠶)와 늦게 자란 누에이다. 늦게 자란 치잠은 성숙(='늙기')이 늦기 때문에, 뽕잎을 먹는 기간이 비교적 길다. 때문에 뽕[='과엽(科葉)']을 채취하여 말기의 사료로 주는 시기 역시 늦춰져서, 뽕나무가 성장하는 계절의 종점과 더욱 가까워진다. 이렇게 되면, 유기물의 축적에 손실이 있을 수밖에 없고, 그 결과 "다음해 잎 역시 그 성장이 더욱 늦춰진다.[明年之葉, 其生也又差晩矣.]"는 결론에 이른다.

『농상요지(農桑要旨)』[78]에 이르길 뽕나무를 해치는 벌레나 좀은[79] 결코 한 종류가 아니다. '노주(蠦蛛)', '보굴(步屈)', '마충(麻蟲)', '상구(桑狗)' 등의 해충이 피해를 입히게 되면, 반드시 뽕나무 뿌리 주위에 흙을 돋우어 쌓아 주거나, 혹은 빗자루로 들깨기름[蘇子油][80]을 뽕나무 뿌리 주변에 바른 다음, 나무를 털고 두드려서 벌레와 좀을 떨어트린 다음, 다시는 나무 위로 올라오지 못하게 하고 즉시 때려잡는다. 간혹 나무 아래에 베[布]를 펼쳐 들고 떨어지는 벌레를 골라내어 제거하기도[81] 한다. '야잠(野蠶)'이 해를 끼치는 것은, 그것이 가잠(家蠶)과 함께 자고 일어나는 시

『農桑要旨』云: 害桑蟲蠹[40]不一. '蠦蛛'、'步屈'、'麻蟲'、'桑狗'爲害者, 當生發時, 必須於桑根周圍, 封土作堆, 或用蘇子油於桑根周圍塗掃, 振打既下, 令不得復上, 卽蹉撲之. 或張布幅, 下承以篩之. '野

78) 『농상요지(農桑要旨)』를 인용한 '치충두법(治蟲蠹法)': 본 장의 제목 아래에는 "해충, 좀 등을 물리치는 법에 대한 부가설명[治蟲蠹等法附]"이라는 작은 주가 있다. 하지만 '치충두(治蟲蠹)'는 커다란 글씨로 된 정문(正文)은 없고, 이렇게 작은 글씨로 새겨진 『농상요지』밖에 없다. 이 『농상요지』 단락과 제목 아래의 작은 주는 모두 이후 다시 편찬되면서 삽입된 것인 듯하다.

79) '해상충두(害桑蟲蠹)': 이러한 해충에는 어떤 종류가 있는지 여러 국내 전문가에게 자문을 구해 봤으나, 많은 답변을 듣지 못했고, 게다가 수긍할 수 있는 답변은 더욱 적었다. 실질적으로 해충으로 지적할 수 있는 4가지는 다음과 같다.

(1) '보굴(步屈)': (전한 말기) 양웅(楊雄)의 『방언(方言)』 권11에는 "자취(蠀蠘)는 '자벌레[蚇蠖]'라고 한다.[蠀蠘謂之蚇蠖.]"라고 기록되어 있으며, 곽박(郭璞)은 "또 '보굴(步屈)'이라고 부른다.[又呼步屈.]"라고 주를 달았다. 『태평어람(太平御覽)』 권948에는 『방언』을 인용하여 '척확(尺蠖)'으로 되어 있다.

(2) '야잠(野蠶)': 지금도 여전히 '야잠(野蠶)'이라고 부른다.

(3) '강랑(蜣蜋)': 절강농업대학교의 축윤가(祝允佳) 교수는 쇠똥구리라고 했다.

(4) '천수우(天水牛)': 하늘소과, 특히 뽕나무하늘소이다.

그 외에, '노주(蠦蛛)'도 있는데, 이는 아마도 '누고(螻蛄: 땅강아지)'의 독음상 실수인 듯하다.

80) '소자유(蘇子油)': 즉 들깨기름으로, 들깨(Perilla ocimoides)의 씨를 짜서 얻은 건성유이다. 나무뿌리 주변에 바르면, 산성화되면서 건조될 때 아교나 끈끈이를 바른 것 같은 층이 만들어지는데, 이는 나무에 다시 올라가려고 하는 해충을 달라붙게 해서 해충들이 다시 나무에 올라갈 수 없도록 한다. 효과는 상당히 긴 시간 동안 지속된다.

81) '하승이사지(下承以篩之)': 이 구문은 글자를 앞뒤로 바꿔어서 '하이사승지(下以篩承之)'나 '하승지이사(下承之以篩)' 아니면 '지(之)'자를 삭제해야 할 듯하다.

간이 같기 때문인데, 어릴 때는 그다지 해를 끼치지 않는다. 막잠[大眠]을 자려 할 때는 5～6일 동안 가잠에게 먹일 (야잠의) 뽕잎을 열심히 베어들이되 가지째로 베어다 쌓아 두고는 바람을 쐬거나 햇볕에 마르지 않게 해야 한다. 야잠은 뽕나무 가지를 베어낼 때 자연히 떨어지게 되고 비록 남은 놈이 있어도 쌓아두는 과정에 쪄 죽는다. 하루 이틀 사이에 뽕잎이 시들어 부드러워지거든 가지에서 돌려 따내 가늘게 썰어서 미지근한 소금물에 섞어 먹인다. 그렇게 하면 뽕잎이 싱싱해질 뿐 아니라 또 소금의 성질이 서늘하여 누에에게도 유익하다. 이와 같이 하지 않고 베어 들이는 것이 늦어져 3일 안에 야잠이 막잠에서 깨어나면 뽕잎을 다 먹어치울 것이니 가잠은 무엇을 먹겠는가?

蠶'爲害者, 其蟲與家蠶同眼起, 小時不爲害. 欲大眠時, 將應有五六日內飼蠶桑葉, 併力收斫, 連枝積貯, 不令日氣曬炙. 其野蠶, 當斫時, 自然振落, 縱有留者, 亦因積貯蒸死. 一二日, 桑葉萎輭, 當旋旋剸下, 切細, 以溫鹽水拌飼之. 不唯其葉生新, 抑鹽性凉, 於蠶有益. 不然遲於收斫, 三日內, 野蠶大眼起, 桑葉必盡爲所食, 家蠶又何望乎?

또 쇠똥구리[蜣螂蟲]라는 것이 있는데, 그 습성은 노주(蠦蛛)와 마찬가지로 낮에는 나무 위에 숨어 있다가 밤이 되면 나와서 뽕잎을 먹는다. 반드시 큰 몽둥이로 나무를 쳐서 벌레를 흔들어 떨쳐 내리고, 밑에서는 베[布]를 펼쳐 받아 모았다가 바람 부는 데서 태우면, 뽕나무에 숨어 있던 벌레들이 그 냄새를 맡고는 스스로 도망간다. 이상의 벌레들은 대개 잎을 먹는 것들이다. 또 어떤 벌레는 뽕나무 뿌리를 갉아먹고, 껍질도 먹으며 날아가기도 하여 '뽕나무하늘소[天水牛]'라고 하는데, 한여름에 변태하여 대개 나무줄기 주변 땅속에 알을 낳는다. 유충의 형태는 구더기[蛆]처럼 생겨 나무의 진액을 빨아 먹다가 가을과 겨울이 되면 점점 자라서 나무 몸통을 갉아먹는데, 크기는 굼벵이[蠐螬]만 하다. 3～4월이 되면 나무에서 번데기[蛹]로 변했다가 이후에 날개 달

又有'蜣螂蟲', 性如蠦蛛, 晝潛於土,[41] 夜出食葉. 必須上用大棒振落, 下用布幅承聚, 於上風燒之, 桑間蟲聞其[42]氣卽自去. 以上蟲, 蓋食葉者也. 又有蠹根食皮而飛者, 名曰'天水牛', 於盛夏時, 生[43]皆沿樹身, 匝地生子. 其子, 形類蛆, 吮樹膏脂, 到秋冬漸大, 蠹食樹身,

린 뽕나무하늘소로 탈바꿈한다. 그러므로 뽕나무하늘소의 피해를 입은 뽕나무는 가을이 되면 잎이 빨리 누렇게 변하고, 겨울을 지나 봄이 되면 차츰 말라 죽는다. 이를 제거하는 방법은 한여름에 뽕나무하늘소의 유충이 나무껍질을 파먹을 때에 나무 몸체에서 반드시 진액이 흘러나와 젖게 되는데, 이곳은 대개 지면에서 3~5치 떨어진 지점이다. 즉시 도끼로 나무껍질을 벗겨 유충을 때려죽이면, 그 피해는 저절로 없어진다. 만약 유충이 이미 나무 몸체에 파고들어갔다면 구멍을 파거나 베어내어 없애야 한다. 무릇 뽕나무에 피해를 주는 해충은 모두 '뽕나무들 사이'에 잡초와 황무지가 있기 때문에 발생하며, 그 피해는 건강한 뽕나무[82]에까지 미친다. 만일 뽕나무 아래의 땅을 부드럽게 갈아 잘 관리한다면, 분명 이러한 뽕나무 해충은 발생하지 않을 것이다.

大如蠐螬. 至三四月間, 化成樹蛹, 却變天水牛. 故其樹, 方秋先發黃葉, 經冬及春, 必漸枯死. 除之之法, 當盛夏食樹皮時, 沿樹身必有流出脂液濕處, 離地都無三五寸. 卽以斧削去, 打死其子, 其害自絶. 若已在樹身者, 宜以鑿剔除之. 凡諸害桑蟲蠹, 皆因'桑隔'荒蕪而生, 以致累及熟桑. 使盡修桑[44]下爲熟地, 必無此害桑蟲蠹也.

○ 또 뽕나무들 사이에 밭작물[田禾][83]을 심을 수 있는데, 어떤 것은 뽕나무에 유익하고, 어떤 것은 불리하다. 가령 조[穀]를 심으면[84] 땅속 습기가 줄어들어 토지가 건조하게 된다. 가을이

又桑間可種田禾, 與桑有宜與不宜. 如種穀, 必揭得地脉亢乾. 至秋,

82) 역자주 마종신은 역주에서 '숙상(熟桑)'은 건강한 뽕나무를 가리킨다. 뽕나무 밭 관리는 매우 깨끗해야 하는데, 통풍과 빛이 잘 스며드는 것이 좋은 뽕나무라고 한다.

83) "상간가종전화(桑間可種田禾)": 이는 뽕나무 사이에 다른 농작물을 함께 심는 것으로, '전화(田禾)'는 오직 식량으로 쓰이는 농작물만을 가리키는 것이 아닐 뿐 아니라 조와 고량(=촉서) 등은 모두 뽕나무와 함께 심을 수 없다. 『농상요지』에서 종합한 경험은 매우 정확하고, 명료하여 지금까지도 참고할 만하다.

84) 역자주 '종곡(種穀)'의 '곡(穀)'은 대개 곡식의 총칭을 말하지만, 아래에 고량, 콩류 등과 같이 개별 곡물의 설명이 등장하는 것으로 미루어 여기서는 곡물의 총칭으로 보기는 곤란할 듯하다. 그리고 바로 위의 주(注)에 의하면 조와 고량이 뽕나무와 함께 심을 수 없는 작물로 제시되어 있는 것으로 미루어 볼 때, 여기서의 '곡'은 조[粟]로 이해하는 것이 합당할 듯하다.

되면 뽕잎이 먼저 누렇게 변하고, 이듬해에는 뽕잎이 까칠하고,[85] 얇아져 2~3할 정도의 감산이 발생한다. 또 뽕나무하늘소를 불러들이고, 뿌리를 갉아먹고 껍질의 수액을 빨아 먹는 해충도 생겨난다. 만약 고량[蜀黍][86]을 심으면 그 잎의 끝이 뽕나무와 높이와 같아지는 혼잡스런 상황으로 말미암아 뽕나무가 무성하게 자랄 수 없다. 만약 녹두, 검정콩[黑豆], 참깨[芝麻], 오이[瓜], 토란[芋] 등을 심으면, 그 뽕나무가 무성해져서 이듬해에 잎이 2~3할 정도 많이 생산된다. 기장[黍]을 심어도 좋다. 농가에서 흔히 말하기를 "뽕나무는 기장을 부추기며, 기장은 뽕나무를 부추긴다."라고 한다. 이들은 위에서 말한 대강의 정황이다.

桑葉先黃, 到明年, 桑葉澀薄, 十減二三. 又招45天水牛, 生蠹根吮皮等蟲. 若種蜀黍, 其梢葉與桑等, 如此叢雜, 桑亦不茂. 如種菉豆、黑豆、芝麻、爪、芋, 其桑鬱茂, 明年葉增二三分. 種黍亦可. 農家有云, "桑發黍, 黍發桑." 此大槩也.

교 석(校釋)

39 '황상(荒桑)': 전고(傳校)에는 '황엽(荒葉)'으로 수정되어 있다. '엽(葉)'이 어떻게 황폐해질 수 있는지 이해하기 힘들다. 뽕나무밭(桑園)에 잡초가 무성하면 '황원(荒園)'이라 부르고, 황원에 있는 뽕나무는 '황상(荒桑)'이다. 황상은 잡초가 수분과 광물질 영양성분을 흡수해서 느리게 성장하게 된다.

40 '충(蟲)': 전본에는 '잠(蠶)'으로 되어 있고, 원본에는 '충'으로 되어 있다.

41 '토(土)': 전본에는 '상(上)'으로 되어 있고, 원본에는 '토'로 되어 있다.

42 '기(其)': 절본에는 절각에 근거하여 '유(有)'로 되어 있으나, 소각, 민각에는 원본과 같이 '기(其)'로 되어 있다.

43 '생(生)': 전본에는 '생(生)'으로 되어 있으나, 원본에는 '솔(率)'로 되어 있다.

85) 역자주 '삽(澀)': 마종신은 '삽'은 두 가지 해석이 있는데, 하나는 뽕잎이 광택과 물기가 없는 것이며, 다른 하나는 뽕잎의 맛이 떫다는 의미라고 한다.

86) 역자주 '촉서(蜀黍)'에 대해 『본초강목』에는 사천(蜀)에서 생산되는 '촉서(蜀黍)'로서, 고량(高粱)을 가리킨다고 한다.

44 '상(桑)': 전본에는 '축(築)'으로 되어 있고, 원본에는 '상'으로 되어 있다.
45 '초(招)': 전본에는 '치(致)'로 되어 있으나, 원본에는 '초(招)'로 쓰여 있다.

가지치기[87] 뽕잎 따기를 덧붙임

『제민요술』: 뽕나무의 가지치기[剶桑][88]는 12월이 가장 좋고, 1월이 그 다음이며, 2월이 가장 좋지 않다. 가지를 친 후, 흰 즙액이 나오면 뽕잎의 생산량에 손실이 생긴다. 일반적으로 뽕나무가지가 많은 것은 가지치기를 많이 하고,[89] 뽕나무의 가지가 적은 것은 적게 베어낸다. 가을에는 가지를 많이 쳐야 하는데 한낮은 피해야 한다. 태양열을 받으면 뽕나무가지가 마른다. 가지치기를 많이 하면 봄에 가지가 무성해진다. 겨울과 봄에는 가지치기를 가볍게 하는데, 이때는 하루 종일 작업을 할 수 있다.

봄에 뽕잎을 딸 때는 반드시 기다란 사다리와 높은 걸상이 필요하다. 여러 사람이 동시에 한 나무의 뽕잎을 따거나 또 가지를 원래의 위치에

科斫 採葉附

『齊民要術』: 剶**46**桑, 十二月爲上時, 正月次之, 二月爲下. 白汁出則損葉. 大率, 桑多者, 宜苦斫, 桑少者, 宜省剶. 秋斫, 欲苦而避日中. 觸熱樹焦枯. 苦斫春條茂. 冬春省剶, 竟日得作.

春採者, 必須長梯高杌. 數人一樹, 還條復枝務令淨

87) 역자주 '과작(科斫)': 마종신은 이것은 통상 뽕나무의 가지를 쳐서 정지(整枝)하는 것인데, 나누어 이야기하면 가지치기는 '과조(科條)'이고, 나무 몸통을 베는 것은 '작수(斫樹)'라고 주석한다.

88) 역자주 '천(剶)'은 나뭇가지를 잘라내는 것으로, '천상(剶桑)'은 뽕나무가지를 전지하는 것이다. 고 농서 중에는 '천(剶)'과 '박(剝)'이 혼용되어 사용되고 있다.

89) 역자주 마종신은 주석에서 본서에서는 습관적으로 '고작(苦斫)'이란 표현으로 중작(重斫), 다작(多斫), 다전벌(多剪伐)을 설명하고 있고, '생작(省斫)'이란 표현으로 소작(少斫), 경작(輕斫), 소전벌(少剪伐)을 설명하고 있다고 한다.

되돌릴 때는 반드시 잎을 깨끗하게 따도록 힘써야 한다. 잎을 따는 작업은 아침과 저녁에 하며, 한낮 무더운 시간은 피한다. 사다리가 길지 않으면 높은 곳의 가지를 부러뜨리게 된다. 사람이 많지 않으면 사다리를 오르내리는 사람이 피로해진다. 딴 뽕나무 가지를 원 위치로 되돌리지 않으면 뽕나무 가지가 굽게 된다. 뽕잎을 깨끗하게 따지 않으면 두 번째 뽕에는 '구각(鳩脚)'[90]잎이 많아진다. 아침, 저녁으로 잎을 따야 뽕잎이 촉촉한 윤기를 유지할 수 있다. 한낮의 무더운 시간을 피하지 않으면 잎이 마르게 된다. 가을에는 잎을 적게 따는데, 단지 서로 방해되는 가지와 잎만 제거한다. 가을에 잎을 많이 따면 가지에 손상이 생길 수 있다.

盡. 要欲旦暮, 而避熱時. 梯不長, 高枝折. 人不多, 上下勞. 條不還, 枝仍曲. 採不淨, '鳩脚'多. 旦暮採, 令潤澤. 不避熱, 條葉乾. 秋採欲省, 裁去妨者. 秋多採, 則損條.

『사농필용』: 키 큰 나무뽕나무[樹桑]는 드물게 심고, 제때 가지를 쳐 주어야 한다. 시기에 맞춰 가치치기를 한다. 뽕나무의 가지가 풍성하고, 잎이 기름지고 또 일찍 자라게 하려면, 개미누에가 나오는 시간이 늦어서는 안 된다. 뽕나무의 가지치기를 듬성듬성하게 해주면 자연스럽게 뽕나무 가지가 무성해져 잎이 기름지게 된다. 금년에 때맞추어 가지치기를 하면 자란 뽕나무 가지가 무성하고 기름지게 되어, 이듬해의 뽕잎은 자연 성장이 빠르고 기름지고 윤기 있게 된다.

『士農必用』: 樹桑, 惟在稀科時斫. 依時斫也. 使其條葉豊腴而早發, 不致蠶之稺也. 稀則條自豊, 葉自腴. 令年科不過時, 則長條豊美, 明年之葉, 自然早發而又腴潤也.

○ 또 가지치기[科斫]의 이로운 점: 오직[91] 중간의 중심 줄기를 남기지 않는 데 있다. 한 사람이 나무 중간에 들어설 틈을 만들어 몸을 돌려가며 도끼질을 하여 뽕나무의 가지와 잎을

又, 科斫之利, 惟在不留中心之枝. 容立一人於其內, 轉身運斧,

90) 역자주 '구각(鳩脚)': 무계유 교석본에 의하면, 이는 뽕나무의 가지와 잎을 잘라 누에를 먹일 때, 잘라낸 가지부분이 가지런하지 않고 마른 말뚝[枯樁]처럼 들쭉날쭉한 부분이 생기면, 그 가지 사이에 병균이나 해충이 들어가게 되어 발육이 불량한 구각 잎이 자란다고 한다.

91) 본조(條) 제목 아래의 작은 글씨는 큰 글씨로 써 본문[正文]으로 해야 한다.

땅 위에 떨어뜨린다.[92] 이때 어깨 높이 정도의 결상을 가지고 뽕나무의 주위를 돌며, 그 위로 오르락내리락하며 중심 줄기가 있는 뽕나무를 베어내면, 한 사람이 여러 사람의 작업효율을 거둘 수 있다. 뽕나무에는 쓸데없는 가지가 많아서는 안 되는데, 쓸데없이 많으면 가지치기할 때 노동력이 많이 허비될 뿐 아니라 뽕나무 잎이 얇고, 맛도 없어진다. 이 때문에 뽕나무의 가지치기는 누에를 치는 데 있어 가장 중요한 작업이다. 당시 사람들은 미리 농한기를 이용해 가지치기한다는 사실을 알지 못하여 한창 바쁜 시기에 헛되이 공력만 낭비하고, 힘은 배로 들고, 누에 역시 합리적인 방법으로 기를 수 없었다. 만약 가지를 치는 방법을 잘 터득하였다면, 쉽게 뽕나무에 올라 뽕나무 가지를 자를 수 있었을 것이다. 그리고 가지의 뽕잎도 쉽게 딸 수 있었을 것이다. 게다가 누에가 먹기에 부족함이 없을 정도로 뽕잎을 제때에 맞춰 공급할 수 있었을 것이며, 또한 그 잎은 윤기가 나고 두터웠을 것이다. 속설[農語]에는 "호미 끝에는 3치 깊이의 못[澤]이 있고, 도끼 끝에는 두 배의 뽕잎이 있다."라는 말이 있다. 진중(秦中)[93]에도 한 가지 (가지치는) 방법이 있었는데, 이름하여 '박상(剝[94]桑)'이라고 하였다. 12월[臘月]에 쓸데없는 뽕나무 가지를 다 제거하고, 드문드문 가지를 남겨 둔다. 그리고 남겨둔 가지의 아랫부분에는 겨우 4개의 겨울 싹눈만 남기고, 나머지는 모두 없애 버린다. (그렇게 하면) 남은 가지는 이듬해에 모두 중심가지[95]로 변하고, 겨울

條葉偃落於外. 比之擔負高兀 47 遶樹上下, 科有心之樹者, 一人可敵數人之功. 條不可冗, 冗則費芟科之功, 葉薄而無味. 是故科斫爲蠶事之先務. 時人不知預治於農隙之時, 而徒費功力於蠶忙之日, 人則倍勞, 蠶亦失所. 如得其法, 使樹頭易得其條. 條上易得其葉. 蠶不待食, 葉以時至, 又其葉潤厚. 農語云, "鋤頭自有三寸澤, 斧頭自有一倍桑." 秦中一法, 名曰'剝桑'. 臘月中, 悉去其冗, 所存之條甚疎. 又於所存條根之上, 僅留四眼, 餘留去之. 其所留者, 明年則爲柯, 其

92) 역자주 무계유 교석본에 의하면, '언락(偃落)'은 중심 줄기를 잘라낸 후, 사방으로 어느 정도 뽕나무 가지가 자라면 사람이 갈라진 줄기의 중심에 서서 가지를 베는데, 이때 가지는 자연히 사방으로 떨어진다. 나무형태가 비교적 정제되면 관리도 편해진다.

93) 역자주 '진중(秦中)'은 섬서(陝西) 중부의 평원, 즉 관중(關中) 땅으로서 춘추전국 시대에 진(秦) 나라의 영토였기 때문에 그렇게 불렀던 것 같다.

94) 역자주 '박(剝)': '천(剗)'자를 잘못 쓴 것 같다고 석성한은 교주하고 있는데, 이것은 전본에 근거했기 때문인 듯하다.

싹눈이 자라 푸른 가지가 되어 3자 정도까지 자라난다. 그 위에 자란 잎은 보통 때보다 두 배나 많고, 윤택이 흐르며, 기름지다. 누에가 늙어 익을 무렵이 되면 손으로 뽕잎을 따서 먹이고, 유독 밖으로 향해 자란 가지 하나만 남긴다. 무성하게 자라 가을이 되면 가지는 한 길[尋丈; 一丈][96] 정도의 길이로 자라난다. 이후 매년 12월이 되면 다시 위의 방법과 같이 가지치기를 한다. 시간이 지나, 남은 줄기가 거듭 무성해지면 다시 한 번 밑에서부터 잘라낸다. 이렇게 1년이 지나면 같은 방법으로 다시 시작하는 것이다. 낙양(洛陽)과 하동(河東)지역은 가지치기하는 방식이 동일하다. 산동(山東)과 하삭(河朔)지역은 이와는 달리 그루를 가지치기할 때, 싹이 튼 가지는 반드시 남기는데, 아마도 풍토에 따른 차이인 듯하다. 나는 한번 이 같은 '박상(剝桑)'의 방법을 시도해 보고도 싶었지만, 아직 착수하지는 못하였다.

眼中所發靑條, 可長三數尺. 其葉倍常, [48] 光澤如沃. 蠶逼老而手採之, 獨留一向外之條. 滋長及秋, 其長以至尋丈. 臘月, 復科之如前. 歲久, 則所留之柯重繁, [49] 復從下斫去. 旣周而復始. 洛陽, 河東亦同. 山東, 河朔, 則異於是, 必留明 [50] 條, 疑風土所宜. 然欲一試此'剝桑'之法而未果也.

○ 나무 베어내는 법[斫樹法]: 옮겨 심으면서 뽕나무는 5~7자 높이로 자란다. 바로 뽕나무 중심의 끝가지를 베어 낸다. 중심 가지가 없어지면 새로 나온 가지는 자연스럽게 밖으로 향해 자라게 된다. 나무가 크게 자라면 한 사람이 나무 중심에 서 있을 만큼 공간이 생긴다. 만약 이미 장성한 나무를 옮겨 심었더라도 중간에 자란 중심 줄기와 가지를 베어낸다.

斫樹法: 自移栽時, 長五七尺高. 便割去梢. 旣不留中心, 其條自向外長. 樹長大, 中心可容立一人. 如長成樹者, 當中有身及枝者, 亦可斫去.

○ 가지치기[科條法]: 무릇 가지치기를 하는 데

科條法: 凡可科

---

95) 역자주 '가(柯)'는 가지[莖]이다. 마종신은 역주에서 여기서는 중심 줄기에서 자라는 중심 가지를 뜻한다고 한다. 민간에서는 흔히 중심 줄기를 '수신(樹身)'이라고 하며, 수신 다음의 가지는 '이목(二木)'이라고 한다.

96) 역자주 옛날 8척(尺)은 일심(一尋)이며, '심장(尋丈)'은 곧 1장(丈: 10척) 전후이다.

에는 네 가지의 경우가 있다. 하나, '물이 방울져 떨어지는 가지' 아래로 늘어진 가지. 하나, '몸을 찌르는 가지' 안쪽으로 자라는 가지. 하나, '나란히 붙어 있는 가지' 두 가지가 상호 더불어 의존하여 자라면, 그 중 하나는 제거한다. 하나, '자질구레하고 쓸모없는 가지'이다. 비록 순리대로 생긴 가지일지라도 너무 많고 조밀하면 쓸모없게 된다. 가지치기는 12월이 가장 좋고, 정월이 그 다음이다. 12월에는 뽕나무의 수액이 아직 가지에 올라오지 않고,[97] 또 농한기이다. 어떤 농가에서 봄에 가지치기하는 것은 쉽게 뽕나무 껍질[98]을 벗기기 위해서라고 하는데, 봄에 가지치기를 하면 도리어 수액이 손실된다. 만약 뽕나무 껍질을 벗기려면 12월이나 정월에 베어낸 가지를 양지바른 흙속에 묻어 두었다가 2월에 꺼내면 쉽게 껍질이 벗겨진다.

去法, 有四等, 一, '瀝水條', 向下垂者. 一, '刺身條', 向裏生者. 一, '駢指條', 相併生者, 選去其一. 一, '冗脞條'. 雖順生, 却稠冗. 臘月爲上, 正月次之. 臘月津液未上, 又農隙. 人家春科, 只圖容易剝皮, 却損了津液也. 欲用桑皮, 將臘月正月科下條, 向陽土內培了, 至二月中取之, 可自剝.

97) '진액미상(津液未上)': '진액(津液)'은 나뭇가지 안에 수액(樹液)이 흐르는 것이다. 음력 12월은 일반적으로 소한(小寒)에서 입춘(立春)까지 세 개의 절기 중간에 있는 달이다. 황하유역에서 강회(江淮) 지역은 지온(地溫) 및 기온이 가장 낮은 때이기도 하다. 이 시기에 수액의 상승류(수액 및 체관부의 유기양분 포함)는 거의 완전히 정지되므로, 이때 가지를 치면 양분의 손실이 가장 적다. 그러므로 "수액이 아직 올라가지 않는다.[津液未上.]"라는 말은 매우 정확하다.

98) '용이박피(容易剝皮)': 봄이 되어 따뜻해진 후에 기온이 상승하고, 뽕나무의 형성층이 분열을 시작할 때, 새 세포는 연하고 부드럽기 때문에 나무껍질이 가장 잘 벗겨진다. 하지만 이 시기는 양분 상승류가 매우 원활한 시기로, 벗겨낸 나무껍질에 붙어 있는 양분은 나무 전체를 놓고 봤을 때에는 손실이 증가한 것이므로, "수액이 손실됐다."라고 한다. 『사농필용』에서 추천하는 방법을 살펴보면, 겨울에 뽕나무 가지를 베어내고 음지에 묻으면, 나뭇가지에 있는 수분이 증발하지 않고 보존될 뿐만 아니라 얼어서 손상이 되지도 않는다. 봄이 되면 지표의 온도가 상승하고 형성층도 마찬가지로 바로 분열을 시작하지만, 원래 나무에 있던 양분은 소모되지 않으니 매우 합리적이고, 경제적인 방법이다. 이러한 기록은 나무 양분의 흐름과 형성층의 활동 사이의 관계에 대해 중국의 농민들은 늦어도 12세기에 이미 정확하게 파악하고 있었다는 것을 말해주고 있다.

▌교 석 (校釋)▐

46 '천(剶)': 전본에는 '리(劙)'로 되어 있으나, 원본, 격본에는 『제민요술』의 원문과 같이 '천(剶)'으로 하고 있다. 본 절(節)에는 모두 세 곳이 있는데, 모두 마찬가지이다.

47 '올(兀)': [역자교석] 원본(元本)에는 '기(几)'로 되어 있으나, 격본에는 '범(凡)'으로 되어 있다. 전본에는 '올(杌)'로 되어 있다. 왕정의 『농서』 권21 「농기도보십칠(農器圖譜十七)」의 '상기(桑几)'조의 인용문에는 '기(几)'로 되어 있다.

48 '상(常)': 전본에는 '장(長)'으로 되어 있으나, 원본, 격본에는 '상'으로 되어 있다.

49 '중번(重繁)': 전본에는 '번중(繁重)'으로 되어 있으나, 원본, 격본에는 '중번'으로 되어 있다. '중(重)'자는 평성(平聲)으로 읽어야 한다.

50 '맹(萌)': 원본, 격본에는 '명(明)'으로 되어 있고, 전본에는 '맹(萌)'으로 되어 있다. 석성한은 교주에서 '재조(栽條)'장에 인용된 『무본신서』의 "싹이 트는 가지를 많이 벨 수 있다.[可以多斫萌條.]"와 대비를 이루려면 '맹(萌)'으로 하는 것이 좋다고 한다.

접붙이기

『사농필용』: 접붙이기의 묘수는 형상(荊桑)의 밑둥치를 대목(臺木)으로 하고, 노상(魯桑)의 가지를 접수(接穗)로 하여 접붙이는 것이다. 기후가 온화하고 잘 융합하는 계절을 택하여 신중한 솜씨로 잘 접착하여 견고하게 싸매고, (흙을 잘 덮고) 속을 두껍게 싸매어야 하는데 너무 엉성하고 얇게 싸매어 얼게 해서는 안 된다. 춘분(春分) 열흘 전이 가장 좋은 시기이고, 춘분 5일 전후가 보통의 시기이다. 만약 뽕나무 가지의 겨울눈이 푸른색으

接換 51

『士農必用』: 接換之妙, 荆桑根株, 接魯桑條也. 惟在時之和融, 手之審密, 封繫之固, 擁包之厚, 使不至疎淺而寒凝也. 春分前十日, 爲上時, 前後五日爲中

로[99] 변하려 할 때를 택하면, 더욱 좋다. 이러한 시기는 전국 각지 어디를 불문하고 적용할 수 있다. 그러나 접붙이기 작업은 반드시 청명한 날을 기다려 외부의 따뜻한 햇볕의 기운을 빌려 진행해야 한다. (접수와 대목을) 접붙인 것이 밀착되지 않으면, 그들 간의 생기와 수액이 상호 유통될 수 없다. 흙을 덮고 속을 감싸는 것이 견고하지 못하거나 두껍지 못하면 바람과 한기가 들어와 각종 병충해가 발생하게 된다. '씨를 뿌려 싹이 난 이후 줄곧 자란'[100] 과일나무는 그 과실이 작고, 맛도 좋지 않다. 그러나 한번 접붙이고 나면 크기도 크고 맛도 좋아진다. 뽕나무 역시 이와 같다. 따라서 접붙이는 노력을 이해할 수 있다. 또 나무의 생기는 겨울에 뼈와 살[101] 사이에 저장되어 있다가 봄이 되면 근육 사이로 돌아다닌다. 생기가 돌고 나서야 수분과 양분도 따라 돈다. 또한 사람의 혈관과 맥박도 마찬가지로 밤에는 가라앉고 낮에는 들뜨는데, 사람의 기혈에도 부침이 있는 것과 마찬가지이다. '피부'(껍질) 안과 '단단한 뼈'(속심) 밖에는 푸르고 윤기 있는 물질, 즉 나무의 '근육[肌肉: 인피부(韌皮部)]'[102]이 존재한다. 지금은 봄에

時. 然取其條眼襯靑爲時, 尤好. 此不以地方遠近皆可準也. 然必待晴暖之日, 以藉其陽和也. 接不密, 則氣液難通. 擁包不固厚, 則風寒人而害生也. 果之'一生'者, 質小而味惡. 旣一接之, 則質碩大而味美. 桑亦如是. 故接換之功, 不容不知也. 且木之生氣, 冬則藏於骨肉之際, 春則行於肌肉之間. 生氣旣行, 津液隨之. 亦如人之生脉, 夜沈晝浮, 而氣血從之.

---

99) '조안친청(條眼襯靑)': '조(條)'는 나뭇가지의 끝이고, '안(眼: 눈)'은 싹이다. '친청(襯靑)'은 나무껍질을 투과하여 드러나는(=襯) 녹색이다. 봄이면 나뭇가지 끝의 형성층은 분열을 시작하고, 새로운 유조직 세포를 만들며, 표피를 뚫고 들어온 광선의 영향을 받아 엽록소를 생성한다. 이와 동시에 잎의 싹도 빠르게 자라면서 연록색의 새로운 잎의 뾰족한 부분이 인편을 뚫고 드러난다. 이러한 활동들은 성장기가 이미 시작되었으며, 농가의 접붙이기가 성공할 가능성이 어느 정도 보장되었다는 것을 나타낸다.

100) '일생(一生)': 접붙이기를 하지 않고 '씨로부터 자란' 나무이다.

101) '골육(骨肉)': 다음 문장에 따르면, 원서에서는 나무와 사람에 대해 해부학적으로 다음과 같은 비유를 통해 층을 구분하였다.

분류	인 체	나 무
피부	표피, 진피(피), 피하지방(부)	나무껍질(피), 형성층과 그 바깥쪽 조직(부)
근육	근 육	모든 수액을 포함한 형성층의 안쪽
골격	골 격	심 및 속 등 대부분 죽은 조직

102) 역자주 '근육[肌肉]'은 체관부로서 식물의 인피부(韌皮部)라고도 하며, 물질을

만물이 소생하는 시기를 틈타 수목의 생기와 수액도 그에 따라 운행하기 시작하여, 좋은 나뭇가지[接穗]를 보잘것없고, 열악한 줄기에 이식하여 두 기질을 서로 교류시킨다. 교류하면 곧 변화되고, 변화가 있으면 새로운 물질로 바뀌어, 앞에서 지적한 것처럼 보잘것없고, 열악한 기질은 어느새 사라진다. 우량한 품질이 나타나는 것은 실로 신비스런 현상이다. 산곡도인(山谷道人)의 '접화(接花)'라는 시[103]에서 "옹야(雍也)는 본래 (신분이 미천한) 이우(犂牛)의 아들[104]이고, 중유(仲由)는 원래 보잘것없는 지역 출신[鄙人]이다. 마루에 오르고[升堂] 방에 들어가는[入室][105] 것

'皮膚'之內 '堅骨'之外, 青而潤者, 木之'肌肉'也. 令乘發生之時, 卽其氣液之動移, 精美之條茾, 以合其鄙惡之榦質, 使之功相附麗, 二氣交通. 通則變, 變則化, 向之所謂鄙惡者, 而潛消於冥冥之中. 蓋

전달하는 통로역할, 즉 형성층(부름켜)을 말한다.

103) '산곡도인접화지십(山谷道人接花之什)': '산곡도인(山谷道人)'은 북송시대의 시인 황정견(黃庭堅)의 호이다. '접화시(接花詩)'는 지금 『산곡시주(山谷詩注)』[사부총간본, 외집삼(四部叢刊本, 外集三)]의 '화사후접화(和師厚接花)'에 보인다. 시는 다음과 같다.

妙手從心得, 接花如有神.
根株穰下土, 顏色洛陽春.
雍也本犂子, 仲由原鄙人.
升堂與入室, 只在一揮斤.

104) '옹야본리자(雍也本犂子)': 『산곡시주』의 원주: 『사기(史記)』의 「중니제자열전(仲尼弟子列傳)」을 보면: 염옹(冉雍)의 자(字)는 중궁(仲弓)이다. 공자가 말했다. "염옹, 이 사람에게는 왕이나 제후를 맡겨도 된다." 여기에서 '남면(南面)'은 '남쪽을 향해 앉다'라는 뜻이다. 이는 나라의 지도자에게만 있는 예법이다. 하지만 염옹의 아버지는 신분이 미천했다. 이에 대해 중니[공자]는 이렇게 말했다. "검은 바탕의 얼룩소의 새끼인데, 붉은 황색을 띠고 뿔이 보기 좋게 났다.(붉은 황색과 좋은 뿔은 제사용으로 쓰이는 기준임.) 비록 이를 쓰지 않으려고 하나, 제사를 받을 산천(山川)의 신이 이를 마다할 리 있겠는가?[犂牛之子, 騂且角, 雖欲勿用, 山川其捨諸?]" 공자의 이 두 마디는 『논어(論語)』의 「옹야제육(雍也第六)」편에 보인다.

105) "승당여입실(升堂與入室), 지재일휘근(都在一揮斤)": 『산곡시주』의 원주: 중유(仲由)의 자는 자로(子路)이다. 자로는 성격이 난폭한데다 힘자랑을 좋아해서 수탉을 갓처럼 얹고 작은 수퇘지를 달고 다녔으며(이 두 가지 장식은 힘이 좋다는 것을 보여주는 것임), 공자를 업신여겼다. 공자가 예를 세우고 서서히 자로를 인도하자, 마침내 유복(儒服)을 입고 예전의 습관을 버렸다.(마음으로부터 따르는 것을 나타냄.) 『논어』「선진제십일(先進第十一)」편에는 이런 말이 있다. "공자가

이 모두 도끼를 어떻게 휘두르느냐에 달려 있다."라고 하였다. 실로 자연계 만물의 오묘한 조화를 잘 묘사한 것이 아닌가!

精美之至, 其用乃神. 山谷道人'接花'之什有云, "雍也本犁子, 仲由元鄙人. 升堂與入室, 都在一揮斤." 可謂善形容造化之妙者也.[52]

○ 폐수廢樹에 접붙이기: 폐수는 늙은 뽕나무다. 그것은 가지와 줄기는 굵지만, 자라나는 뽕나무가지는 도리어 짧고, 뽕잎도 얇은데다가 더 이상 왕성한 뽕나무로 생장할 수 없다. 접붙이는 방법에는 4가지가 전해진다. 첫째는 삽접(揷接)이고, 둘째는 벽접(劈接)이며, 셋째는 엽접(靨接)으로 '첩접(貼接)' 또는 '신선접(神仙接)'이라고도 한다. 넷째는 비접(批接)이며, '탑접(搭接)'이라고도 한다.[106] 접붙이는 방법은 각기 본 절에서 나누어 구체적으로 소개할 것이다. 늙은 뽕나무는 삽접을 하거나 벽접을 한다.

接廢樹:[53] 廢樹, 老樹也. 謂枝榦豊大, 條短葉薄, 不能復滋長者. 接法, 可傳者有四. 一、揷接, 二、劈接, 三、靨接, 又名'貼接', 又名'神仙接'. 四、批接, 又名'搭接'. 其法度, 各具本條. 廢樹, 可揷接, 又可劈接.

○ 삽접법揷接法: 대목臺木을 골라 땅 가까운 곳을 톱으로 자르고, 대목[砧盤][107] 위쪽의 인韌피

揷接法, 附地鋸斷, 於砧盤上肌肉

이르기를 중유의 학문은 이미 승당(升堂: 마루에 오를 정도라는 뜻으로, 초기의 성공을 거뒀다는 뜻)에 이르렀으나, 다만 아직 방에 들어오지 못했을 따름이다.(즉 학문이 심화되지는 않았다는 뜻임)[子曰由也升堂矣, 未入於室也.]"라고 했다. 『장자(莊子)』에는 "장석(匠石)은 … 작은 도끼를 휘둘러 바람을 일으킨다.[匠石, … 運斤成風.]"라고 나와 있다. 이 말은 낙양에 모란을 심었다는 것인데, 등주(鄧州)와 접한 곳에 꽃을 심어 보잘것없는 사람이 변해 좋은 인재[士]가 되었다는 뜻이다.

106) 역자주 무계유 교석본에 의하면, '삽접(揷接)'은 접수를 대목의 형성층(부름켜)과 목질부 사이에 넣어 접붙이는 방식으로 고대 초기의 통상적인 방식이었다. '벽접(劈接)'은 실제 삼각형 감접(嵌接)이며, 오늘날 쪼개접[割接]이라는 벽접은 아니다. '엽접(靨接)'은 눈접[芽接]으로 옛날 부녀자들이 빰에 점을 붙이는 것에서 유래하여 첩접(貼接)이라고도 한다. '탑접(搭接)'은 오늘날 설접(舌接)이라고도 한다.

부[肌肉: 형성층, 부름켜] 속에, 대꼬챙이[竹篦][108]를 1치 반 정도의 깊이로 꽂아 넣는다. 혹 끼우거나 박아도 좋다. 대꼬챙이의 크기는 접수(接穗) 하단부에 견주어 절반정도 깎아내는데, 한 면은 '바깥쪽으로 튀어나오게[蒲背]'[109] 하고, 한 면은 평면으로 하되, 말의 귀 모양으로 깎는다. 사용할 때는 입속에 넣어 따뜻하고 부드럽게 한다.[110] 대목에 끼울 때는 평평한 면을

內, 附骨用竹篦子插下, 可深一寸半. 或插或釘. 竹篦子, 大小比接頭劈半樣, 一面'蒲背', 一面平也, 削成馬耳狀. 用時, 噙養溫

---

107) '침반(砧盤)': '침(砧)'은 전에는 '침(碪)'으로 썼다. 원래는 옷을 빨거나, 비단을 다듬질할 때 받치는 돌덩이로 다듬질을 버티는 것이었다. 나중에는 야채와 고기를 써는 도마 역시 이를 차용하여 '침판(砧板)'이라고 불렀다. 『사시찬요』 권1 「정월(正月)」편 '접수(接樹)'조에는 "바탕나무를 고를 때, 도끼자루(=방망이)가 사람의 팔뚝만큼 큰 것들은 모두 접붙이기를 견딜 수 있는데, 이를 수침(樹砧)이라고 한다.[取樹本大如斧柯及臂者, 皆堪接謂之樹砧.]"라고 언급하고 있다. (본서 권5의 마지막 장을 살펴보면, 이 조가 『사시유요(四時類要)』라는 제목으로 인용되어 있다.) 이것이 '침목(砧木)'이라는 명칭의 시발점이며, 『사농필용』에서는 '침반(砧盤)'이라는 명칭(인용한 문장의 작은 주에 정의가 있음)으로 발전했는데, 이는 침목의 윗부분을 톱질하면 남은 부분은 평평한 것이 마치 판(盤)과 같기 때문이다. 지금 "접수(接穗)['수(穗)'자는 글자의 원래 뜻과 상당히 많은 차이가 있음]" 또는 '접조(接條: 접가지)'라고 하는 것은 『사농필용』에서 말하는 '접두(接頭)'이다. 『사농필용』 이전의 책(『사시찬요』 포함)에는 이를 지칭하는 명칭이 없는 듯하다. 『제민요술』에서는 침목은 '주(主)', 접조는 '객(客)'이라고 했으나, 나중에 이 명칭을 쓴 사람은 매우 적다. **역자주** 침반, 침판 또는 침목(砧木)은 흔히 대목(臺木)이라고 부르고, 접조 또는 접두(接頭)는 접수(接穗)를 일컫는다.

108) 비자(篦子): 머리를 빗는 빗[篦, 과거에는 '비(比)'자만 썼음]이 아니라 틈새를 벌리는 꼬챙이를 가리킨다. 비잠(批箴) 또는 피침(披針)이다.

109) '포배(蒲背)': '포(蒲)(부들, 향포 같은 수생식물)'의 뾰족한 잎과 마찬가지로 뒷면에는 등뼈처럼 곧게 튀어나온 것이 있고, 옆면은 둥글고 바깥쪽으로 돌출돼 있으며, 횡단면은 '렌즈'와 같은 모양이 된다. "일면포배일면평(一面蒲背一面平)"은 횡단면이 '볼록 렌즈'와 같은 모양이 된다는 뜻이다.

110) "금양온화(噙養溫和)": '금(噙)'은 '입에 머금다(銜)'라는 뜻이다. 원래 '함(銜)'의 독음은 'kiém'으로 '금(禽)'자의 발음법과 비슷하다. '금(噙)'자는 이렇게 새로 만들어진 글자이다. 그러므로 "금양온화(噙養溫和)"는 사실상 입 안의 따뜻하고 축축한 환경을 이용해서 비자(篦子)를 너무 차갑지도 또 너무 건조하지도 않게 함으로써 침목의 형성층의 활성 조직을 손상시키는 것이다. 이와 동시에 타액 속의 구강 미생물이 만들어 내는 '성장 호르몬류 물질'은 비자(篦子)를 통해 형성층과 그 부근의 조직 안으로 딸려 들어가서 활착을 촉진시킬 수도 있다. 다음에 나

목질부에 밀착시킨다. 톱질한 자리를 '침반(砧盤)'이라고 하고, 단단한 목질 부분을 뼈대[骨]라고 하며, 껍질의 안쪽 목질부 바깥의 푸르고 부드러운 조직을 '인피부[肌肉: 형성층]'라고 한다. 톱질을 할 때는 이빨이 가는 것을 사용해야지 굵은 것을 사용하면 침반의 근육이 상하게 된다. 접수[接頭][111]는 다섯 치 이상 되어야 한다. 겨울 싹눈이 이미 푸른색으로 변한 가지를 선택한다. 접수의 아랫부분 1치 반 정도 되는 곳을 잘 드는 얇은 칼날로 비스듬히 절반을 깎아내는데, 위는 돌출되고 아래는 뾰족한[判官頭][112] 형태로 깎고, 나머지 반의 하단부는 말귀 모양으로 깎는다. 또 깎아낸 곳과 대응하는 접수接穗의 등 부분[바깥부분]은 칼로 표피를 횡으로 살짝 끊고[113] 벗겨서 접수 끝부분의 푸른색 유연한 조직을 노출시킨다. 가볍게 끊어서 유연한 조직에 상처를 입혀서는 안 된다. 또 말귀 모양의 뾰족하게 깎은 접수 끝부분의

和. 揷時, 平面附骨. 鋸過處爲'砧盤', 堅木爲'骨', 皮內骨外, 靑輭者爲'肌肉'. 鋸用細齒者, 齒麤傷肌肉. 接頭, 可長五寸之上. 其眼襯靑者. 根頭一寸半, 用薄刃刀子, 刻下中半, 刻成'判官頭'樣, 餘半, 削其骨成馬耳狀. 又與刻下處相照, 蒲背上, 用刀子遏斷浮皮, 剝去, 顯露肌肉. 輕遏, 不可

오는 "장접두금양온화(將接頭噙養溫和)" 역시 같은 뜻이다.

111) 역자주 '접두(接頭)': 접두는 접수(接穗)이며, 여기서는 주로 접수를 취하고, 보존하는 방법에 대해 말하고 있다.

112) '판관두(判官頭)': 금세기 20년대에 호남(湖南) 장사(長沙) 및 인근 지역의 입말에 '판관두(判官頭)'라는 것이 있는데, 이마는 높게 튀어나오고, 아래턱은 비스듬히 안쪽으로 좁아지는 것을 의미한다. 또한 "나머지 반은, 목질부분을 깎아서 말의 귀처럼 만들면[餘半, 削其骨成馬耳狀]"(즉 옆은 조금 높게 하고 중간은 오목하게 파서 한쪽 끝을 뾰족하게 하면) 접가지의 모양이 된다. 이렇게 하면, 두 목질(바탕나무와 접가지)이 미끄러지지 않고 밀착할 수 있기 때문에 접붙인 후에 활착이 더 순조롭게 된다. 역자주 윗부분은 돌출하고, 다음은 경사면이 마치 계단 모양으로 돌출되고, 아랫부분은 뾰족하게 깎은 모양이다.

113) '알(遏)': 대개 '옹(齆)'자이며 입성(入聲)이다. [『광운』에 따르면, '알(遏)'은 'wok'로 읽어야 하며, 옹(齆)의 'wong'과 대응된다.] '옹(齆)'자는 『제민요술』 권1의 「경전제일(耕田第一)」 및 권4의 「삽리제삼십칠(揷梨第三十七)」에 보인다. 후자는 본서의 권6에 인용되어 있으며, 농가에서 배나무를 접붙일 때 접가지에 대한 것과 동일한 방법으로 한다.

목질부분을 절반으로 자르고, 접수 끝의 푸른 근육질과 형성층을 목질의 끝보다 반쯤 더 길게 나오게 노출시킨다. 접수를 입속에 머금어 따뜻한 열기를 쐬게 하면, 사람의 생기[114]에 힘입어 쉽게 살아난다. 사람들이 이때, 술을 먹거나 자극성이 강한 음식을 먹어서는 안 된다. 틈새에 끼워둔 꼬챙이[竹篦]를 꺼내고, 즉시 길게 나온 푸른 근육질로 접수[接頭]의 말귀 모양의 뾰족한 끝을 감싸 대목[砧盤] 속에 끼워 넣는다. 반드시 접수와 대목은 잘 밀착시켜야 한다. 대목마다 2~3개의 접수를 삽입하여 접붙인다. 접수의 목질부와 대목의 목질부를 서로 마주 붙이고, 인피부(靭皮部)와 인피부가 서로 붙어야 대목의 수분과 양분이 인피부의 중간으로 소통할 수 있다. 만약 서로 붙지 않거나 긴밀하게 결합되지 않으면 대부분 살지 못한다. 만일 긴 인피부(靭皮部)가 말귀모양의 뾰족한 접수의 끝부분을 감싸지 못한다면, 인피[근육][115]가 마찰을 일으키기 때문에 대개 살 수 없게 된다. 새로운 쇠똥과 흙을 섞어 진흙을 만들어 접붙여 싸맨 부분에 발라 잘 봉하고,[116] 젖은 흙을 두둑하게 쌓아 대목을 덮는다. 흙을 쌓은 정도를 보고 대목 밑둥치[樹盤]의 크기를 엿볼 수 있다. 접수[接頭] 꼭대기에는 겨울싹눈 1~2개만 남긴다. 3~4치 두께로 흙을 덮는

傷肌肉. 又將馬耳尖頭薄骨, 割去半分, 靑肌肉自長於骨尖半分也. 將接頭噙養溫暖, 假借人之生氣易活. 人於其時, 不可喫酒及濃厚滋味物. 取出篦子, 就用靑肌肉半分, 裹接頭馬耳尖, 揷下. 極要嵌密. 每一砧盤上, 揷二條或三條. 令接頭之骨, 與樹之骨相著, 肌肉, 與樹之肌肉相著, 木之津液, 行於肌肉之間. 如不相對, 著又不緊密, 多不活. 如不用半分肌肉裹馬耳尖, 則擦了肌肉, 故亦多有不活者. 用新牛糞, 和土爲

114) "사람의 생기를 빌리다[假借人之生氣]": 접붙일 가지[椄穗]를 입에 물고 있으면 비자(篦子)를 입에 물고 있는 것과 같은 효과가 있다.[위의 주) 110 참조] 이것은 '생기를 빌리는[假借生氣]' 무슨 신비스런 작용을 하는 것은 아니다.

115) "근육을 비빈다.[擦了肌肉.]": 이렇게 활성조직을 많이 남겨놓으면, 접가지를 삽입할 때 접가지가 직접 닿는 부분 이외의 부분이 마찰로 인해 상하는 것을 줄일 수 있다.

116) "새 쇠똥과 흙으로 진흙을 만들어 봉하여 덮는다.[新牛糞和土爲泥封泥.]": 신선한 쇠똥에는 성장 호르몬류의 물질이 들어 있어 활착을 촉진시킨다.

다. 흙을 덮은 주위에는 가시달린 멧대추나무[棘刺]를 사용하여 보호한다.

泥封泥了, 濕土封堆. 大小斟酌其樹盤. 接頭頂上, 可留一二眼. 土厚三四寸. 周圍棘刺遮護.

접수에서 자라난 어린 가지가 1～2자 높이로 자랐을 때, 대략 2～3개만 남기고 나머지는 전부 베어 버린다. 어린 가지 곁에 나무기둥을 세워 의탁하게 하고, 어린 가지가 길고 높게 자라게 되면 새끼줄이나 칡덩굴로 기둥에 묶어둔다. 이와 같이 하지 않으면 어린 가지는 비바람에 부러진다. 어린 가지가 굵고 크게 자랐을 때, 단지 두 개의 가지만 남겨두면 나중에 두 개의 줄기를 가진 나무[雙身樹][117]로 자라난다. 그 해 8～9자에서 10자 정도의 높이로 자랄 수 있다. 어린 가지가 어른의 키 높이만큼 자랐을 때, 가지의 끝을 자르고, 옆가지는 자라도록 내버려 두되, 뽕잎을 따거나 가지를 잘라서는 안 된다. 12월에 이르면 옆으로 난 가지를 자르는데, 주된 줄기마다 3～4개의 가지만 남기고, 가지의 길이는 모두 1자로 한다. 활기가 있는 가지는 모두 1자 길이로 남기고, 길든 짧든 나무를 둥근 모양으로 가지런히 정리한다. (12월에 남긴 가지는) 이듬해 주된 줄기[柯]로 성장하며, 주된 줄기에서 자라난 가지를 듬성듬성 균일하게 잘라주면, 가을이 되면 장성한 뽕나무가 된다. 그리고 벽접劈接도 할 수 있다. 벽접의 방

接頭生芽條, 出土長高一二尺, 約量留三二條, 其餘割去. 傍埋椽子一條, 爲依柱, 芽條漸長, 用繩子或葛條, 總繫在柱上. 不如此, 被風雨擺折. 芽條漸長壯, 止可留二條, 後爲雙身樹也. 當年可長八、九尺, 一丈. 至大人高時, 截去梢, 其橫枝自長, 勿採剝. 至臘月內, 科截橫條, 每一身, 可留三四枝, 各長一尺. 然不可拘定, 或可長或短, 取其樹勢圓也. 明年爲柯, 柯上

117) 역자주 무계유 교석본에 의하면 쌍신수(雙身樹)는 두 개의 나무줄기가 있는 나무형태라고 한다.

법은 아래에 서술하는 바와 같다.

起條, 採令稀勻, 至秋成樹. 劈接亦可. 其法如後.

○ 또 다른 방법: 땅을 파서 뿌리가 나오면, 사방으로 뻗은 뿌리는 도끼로 잘라내고, 중간의 중심뿌리[正根]를 파내어 그 뿌리 주위의 여러 가닥의 곁뿌리[根楂]는 가는 톱으로 잘라 버리고, 대목[砧盤]으로 만든다. 대목 하나마다 벽접劈接을 하거나 삽접揷接을 실시하여 2~3개의 접수를 접붙인다. 대목의 크기를 짐작하여 뿌리가 가늘어서 접붙일 수 없는 나무는 쓰지 않는다. 흙을 두둑하게 쌓아주는 것 등은 앞의 방법과 같다. 어린 가지가 너무 조밀하게 자라나면, 그 중 가운데 것들을 약간 제거한 후 적당한 간격으로 맞춘다. 이듬해가 되면 원래의 땅에는 오직 큰 가지 한 개만 남기고, 그 나머지는 모두 '뽕나무 묘목[栽子]'을 만들어 다른 땅에다 옮겨 심는다. 어린 가지 곁에 나무기둥으로 버팀목을 만드는 방식은 앞서 제시한 것과 같다.

又法: 掘土見根, 將橫根周圍一遭, 斧斫斷, 掘去中間正根, 將周圍根楂, 細鋸子截成砧盤. 每一砧盤, 或劈接, 或揷接, 二三接頭. 斟酌砧盤大小, 細根不堪接者, 勿用. 封堆等如前法. 芽條出土, 若太稠密, 則間令得所. 至來年, 止留一條大者於本地, 其餘分出爲'栽子', 於別地栽之. 用依柱如前.

○ 벽접법劈接法: 먼저 지면과 바짝 붙여 수평으로 톱으로 나무의 몸체를 자른다. 이 대목[砧盤]의 바깥쪽에서 아래로 1치 반 지점에 잘 드는 칼로 찔러 좌우 양쪽을 벌리면서 위로 향해 그으면 갈라진 피육皮肉이 마치 새의 부리처럼[118] 대목의

劈接法: 先附地平鋸去身榦. 於砧盤傍, 向下一寸半皮肉上, 用快刀子尖, 向上左右, 斜

118) '비활(批豁)': '비(批)'는 잘라서 틈을 만드는 것이고, '활(豁)'은 벌려서 보이게 하는 것이다. "향상좌우사(向上左右斜)"는 날카로운 칼을 찔러 넣어 칼날을 고정시키고, 그 뒤쪽의 칼날로 좌우로 벌리는 것이다. 이렇게 틈을 만들어 벌려진 공간

평면까지 벌어진다. (그 모양이) 아래쪽은 뾰족하고, 위쪽은 한 손가락 굵기 정도로 넓어 그 중간에 갈라져 새의 부리모양처럼 생긴 부분을 칼로 깎아 낸다. 칼로 인해 벌어진 부분의 모양이 까마귀의 부리와 같이 생기는데, 양쪽 경사진 면은 도랑의 벽면과 같지만 평평하게 생긴 도랑의 바닥은 없다. 뾰족하면서 얕은 것이 위쪽으로 갈수록 점점 넓어진다. 대목의 평면까지는 대략 손가락 절반 굵기 정도의 넓이이다. 접수[接頭]의 길이는 5치[寸] 정도이다. 굵기는 대개 손가락 굵기이고, 접수 끝 한 치 반 안에서 반을 남기고, 나머지 반은 좌우 양쪽을 칼로 깎아내어 메밀[蕎麥]의 삼각형 깍지119) 모양처럼 끝을 뾰족하게 한다. 이를 입안에 머금어 따뜻한 기운이 돌게 한 후에 대목 옆쪽에 부리모양으로 쪼개둔 고랑 속에 결합하여 꼭 맞게 접합하고, 늙은 나무 대목의 형성층과 접수의 형성층을 잘 맞춘다. 이런 방식에 따르면 대목 위에 여러 개의 접수를 벽접할 수 있다. 대목의 크기를 보고 (그 수를) 결정한다. 갓 받은 쇠똥을 흙과 섞어서 진흙을 만들어 접붙인 부분의 사방을 잘 봉해주고, 다시 새 뽕나무 껍질로 단단히 얽어 매준다. 밖에는 또 쇠똥에 흙을 섞어 만든 진흙으로 얽어맨 뽕나무 껍질을

批豁兩道, 至平面. 其下尖, 其上闊一指, 中間批豁斷者, 剔去. 其批豁了處, 如一鴉觜54樣, 渠子也, 兩壁有斜面, 無平底. 其尖淺, 向上漸深. 至平面, 可深至半指許. 接頭可長五寸. 其麤細如一指許者, 於根頭一寸半內, 量留一半, 將其外一半, 左右削兩刀子, 成蕎麥楞樣, 令頭尖. 口內噙養溫暖, 嵌於砧盤傍所批渠子內, 極要緊密, 須使老樹肌肉, 與接頭肌肉相對著. 於一砧盤上, 如此接至數箇. 斟

[즉 '거자(渠子)']의 크기와 모양은 대략 V자형의 새의 부리와 같이 생겼다. 역자주 무계유 교석본에는『사농필용』에는 '벽접법'으로 부르나, 실제는 삼각형 감접법(嵌接法)이라고 한다.

119) '교맥릉(蕎麥楞)': 메밀 알갱이는 전체적으로는 삼각뿔모양의 사면체이며, 모두 네 개의 모서리[='릉(楞)']가 있다. 접가지의 절반은 좌우 양쪽을 칼로 비스듬히 깎으면, 앞쪽 끝은 뾰족하게 되고, 앞쪽과 좌우 양쪽에 모서리가 하나씩 생기면서 긴 삼각뿔모양이 된다.

두둑하게 발라주고, 그 위에 축축한 흙을 5치 두께로 쌓아준다. 흙을 쌓는 정도는 대목의 크기에 따른다. (마지막에는) 주위를 가시달린 멧대추나무로 가려 보호해준다. 접수에서 자란 어린 가지가 1～2자 정도 길이로 자라나면, 어린 가지의 상태를 살펴 2～3가지만 남긴다. 의지할 기둥을 사용하는 방법은 앞에서 지적한 방식과 같이 한다.

酌砧盤大小. 用新牛糞和土成泥, 封泥其接頭周遭, 又用新桑皮纏緻牢固上. 又用牛糞[55]土泥, 封泥了所緻[56]桑皮, 然後用濕土封堆接頭上, 可厚五寸. 大小斟酌其樹盤. 周圍棘刺遮護. 接頭生[57]條芽出土, 長高一二尺, 約量留三二條. 用依柱如前.

○ 크고 작은 나무의 접붙이기: 큰 나무를 접붙일 때는 벽접법과 삽접법을 쓰는 것이 좋고, 작은 나무는 탑접(搭接)법과 엽접(靨接)법이 적합하다. 지면 가까이에서 접을 붙여 진흙으로 봉하고, 두둑하게 쌓아 주는 방식은 앞에서 지적한 것과 같다. 나무 몸체의 중간을 잘라서 대목으로 삼아 접붙일 때는 접붙인 부분의 틈새를 종이로 봉하는 것이 좋으며, 그 위에 다시 떨어진 거적[席] 조각으로 마치 주둥이가 위로 향한 동이[盆]처럼 감싸 그 속에 젖은 흙을 채워 촉촉하게 접수를 배양하고, 바람이 통하지 않게 해준다. 바닥이 없는 깨진 단지나 동이를 사용해서 거적을 대신해도 좋다. 거적에 싼 흙이 마르면 물을 뿌려 준다. 가지가 자라 감싼 흙을 뚫고 나오더라도 감싸 준 흙

接大小樹,[58] 大樹宜劈接、揷接, 小樹宜搭接、靨接. 附地接者, 封泥擁培如前. 半身截成砧盤接者, 但其縫罅上用紙封, 又用破席片包裹,[59] 如仰盆子樣, 內盛潤土, 培養其接頭, 勿令透風. 用無底瓦罐, 盆子代席片, 亦可. 土乾則洒水. 所包土上, 條

을 바로 제거할 필요가 없다. 가을이 되어 어린 가지가 튼튼해지고, 접붙인 곳도 잘 붙으면 감싼 흙은 더 이상 필요 없게 된다. 만약 접수가 모두 살았다면, 대목의 상태를 파악하여 옆으로 자란 가지를 얼마나 남길 것인가를 결정한다.

芽長出, 其所包土, 亦休取去. 至秋, 條長成, 接處長定, 所包土不用也. 如接頭都活, 則斟量橫枝多少, 樹之氣力留之.

○ 눈접법[靨120)接法]: 옆으로 난 가지를 잘라 단지 한 자 정도만 남긴다. 그러나 절단할 가지의 길이는 고정되어 있지 않지만, 반드시 나무 윗부분의 모양은 둥근 형태여야 한다. 접수 위에 난 겨울눈은 칼끝으로 껍질과 목질부의 형성층을 사방 반 치 정도 잘라서 가볍게121) 겨울눈이 달린 껍질과 형성층 한 조각을 들어 올린다. 뽕 눈 아래쪽, 목질부 위쪽에 쌀알 같은 소심자(小心子)122)가 있는데, 그것은 뽕나무 눈의 기(氣)가 나오는 근본이며, 들어 올릴 때, 손톱 끝으로 긁어 일으켜 소심자가 형성층의 윗면에 달려 있게 한다. 입에 그 조각을 잠시 머금고 있다 꺼내는데, 옆으로 난 가지 위에 물기 자국이 배어나오면 다시 입속에 머금고 따뜻한 기운을 불

靨接者, 60 可就於橫枝上截了, 留一尺許. 然尺寸不可定, 61 惟取樹勢圓也. 於接頭上, 眼外方半寸, 刀尖刻斷皮肉, 至骨, 款揭下帶眼皮肉一方片. 其眼底骨上, 一小心子如米粒, 此是一芽生氣之根, 揭時用指甲剗起, 令其小心子帶於皮肉之上.

---

120) '엽(靨)': 발음은 '압(壓)'자와 같으며, 북조의 서위에서부터 수, 당, 황하유역의 여인들은 비단, 금박을 작게 잘라서 뺨에 붙이는 것을 좋아했는데, 이것을 '엽(靨)', '엽자(靨子)' 또는 '화자(花子)'라고 했다. 둔황의 석굴벽화를 보면 이러한 장식품을 많이 볼 수 있다. '압접(壓接)'은 마치 여인들이 뺨에 '점[靨]'을 붙인 것처럼, 늙은 나무껍질에 싹이 있는 나무껍질을 붙인 것이다. 지금은 이런 접목법을 '아접(芽接: 눈접)'이라고 한다.

121) '관(款)': '가볍고 부드러우며 확실하다'로 해석된다.

122) '소심자(小心子)': 이는 싹의 표피 안쪽에 관다발과 연결되어 있는 곳으로, 이곳의 형성층은 활착에 가장 많은 영향을 준다. 역자주 마종신은 이것은 식물체의 주된 운수계통과 지지계통이 되기 때문에, 그것은 뽕나무 싹의 생기[양분]의 근본이 된다고 한다.

어넣는다. 칼끝으로 물기 주위의 껍질과 형성층을 깎아 긁어내 목질부가 드러나도록 하여, 접수에서 취한 싹눈 조각을 잘라낸 부분에 잘 끼워 접합한다. 싹눈이 위로 향하게 하고, 뒤집어 놓아서는 안 된다. 싹눈 조각의 아래 위의 끝을 가늘고, 얇은 뽕나무 껍질로 잘 묶어 준다. 단단하거나 느슨하게 묶었는지를[123] 살펴야 하는데, 너무 단단하게 묶으면 생기(生氣)가 서로 통하지 않고, 또 너무 느슨하게 묶으면 싹눈과 잘라낸 부위가 서로 붙지 않아 모두 살아나기 어렵다. 쇠똥을 흙과 섞어 진흙을 만들어 싹눈의 사방에 발라 잘 봉한다. 나무에 접붙일 싹눈의 양은 나무의 크기에 달려 있다.

○ 작은 눈[小芽]이 달린 가지의 접붙이기: 혀접[舌接: 탑접(搭接)][124]의 방법을 사용할 수 있다. 이랑에 파종하여 해를 걸러 자라고 있는 형상荊桑의 어린 가지를 땅에서 3치 정도 떨어진 곳에서 칼을 이용하여 위로 향해 말귀 모양으로 깎는다. 보통 굵기의 노상魯桑의 접수 역시 말귀 모양으로 깎는다. 두 개의 말귀 모양으로 깎은 가지를 서로 포개어[搭] 붙이고, 가느다란 뽕나무 껍질로 잘 묶고, 쇠똥과 흙으로 만든 진흙을 이용해 밀봉하고, 그 위에 젖은

口噙少時, 取出, 印濕痕於横枝上, 復噙養之. 用刀尖依濕痕四圍, 刻斷皮肉, 揭去, 露骨, 將接頭上鼈皮嵌貼上. 其眼向上, 勿令顚倒. 上下兩頭, 用新細薄桑皮繫了. 斟酌其緊慢, 太緊, 則生氣不通, 太慢, 則不相附著, 俱難活也. 用牛糞和泥, 眼四周泥了. 其所貼之鼈多少, 可量其樹之大小.

接小芽條:[62] 可用搭接法. 就畦內, 將已種出荊桑隔年芽條, 去地三寸許, 向上削成馬耳狀. 將一般麤細魯桑接頭, 亦削成馬耳狀. 兩馬耳相搭, 細桑皮繫了, 牛糞泥封,

123) '만(慢)': 헐렁하고 느슨하다는 뜻이다.

124) 역자주 탑접(搭接)은 혀접[舌接]이라고도 하는데, 이는 대목과 접수를 각각 비스듬히 깎아 올려붙이는 접붙이기 방법이다.

흙으로 쌓아 준다. 어린 가지가 흙 밖으로 나오면 1~2개의 눈만 남겨 둔다. 가을이 되면 키가 어른만큼 자란다. 이듬해에 뽕밭에 옮겨 심으면 큰 나무로 배양할 수 있다. 기르는 방법은 앞에서 제시한 것과 동일하다. 여러 과일 나무를 혀접[답접]하는 방법도 이와 동일하다.

○ 접수[接頭]를 만들어 저장하기: 부근에 접수가 있으면, 접붙일 때 가져다가 사용하면 된다. 접수가 먼 곳에 있다면, 미리 납월 절기 내에 뽕나무 가지를 베어둔다. 뽕나무 가지를 베어 배양하는 방법은 완전히 삽조법(揷條法)과 동일하다. 만약 접수를 채취할 곳이 너무 멀면, 뽕나무 가지를 부들과 짚을[125] 함께 찧어 다듬어 기름을 담은 적이 없는 감물을 들인 새 대바구니[柿簍] 속에[126] 넣어둔다. 밖에는 밀봉을 하여 공기가 통하지 않게 하면, 비록 천리의 먼 길일지라도 얼거나 손상되지 않는다. 과일나무의 접수는 2년 된 가지가 적당한데, 저장하는 법과 접붙이는 방법은 뽕나무 접붙이는 것과 동일하다.

濕土擁培. 其芽條出土, 可留一二芽. 至秋, 長如一大人高. 明年, 可移入園中養之. 其法如前. 接諸果木亦同.

取藏接頭: 側近有接頭者, 臨接時取. 遠處有者, 預先於臘月節氣內, 割取其條. 其採取培養之法, 全如揷條法內所說. 如取接頭處過遠者, 可於未曾盛油新柿簍中, 與蒲棒[63]穰一處椿[64]了. 外密封不透, 雖行千里, 不致凍傷. 果木, 宜二年條, 其藏及接法亦同.

125) '양(穰)': 부드럽고 성기며, 탄성이 있는 고체를 '양(穰)'이라고 하며, 'ráng'으로 읽는다. 예를 들면, '곡양(穀穰)', '맥양(麥穰)' 등이 있다.

126) '시루(柿簍)': '감물을 들인[柿漆: 감에서 추출한 타닌과 가용성 펙틴질 및 펙틴산을 혼합한 용액]' 대바구니로 기름을 담을 수 있으며, 이름은 '시루(柿簍)'이다.

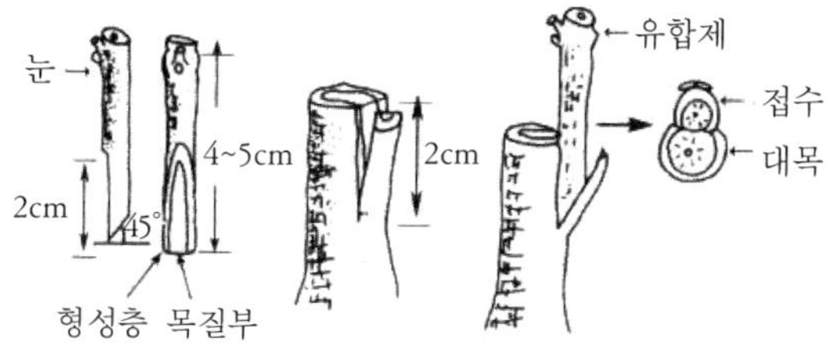

〈그림 9〉 접붙이기 방법(차건성, 『접목과 삽목』, 2007)

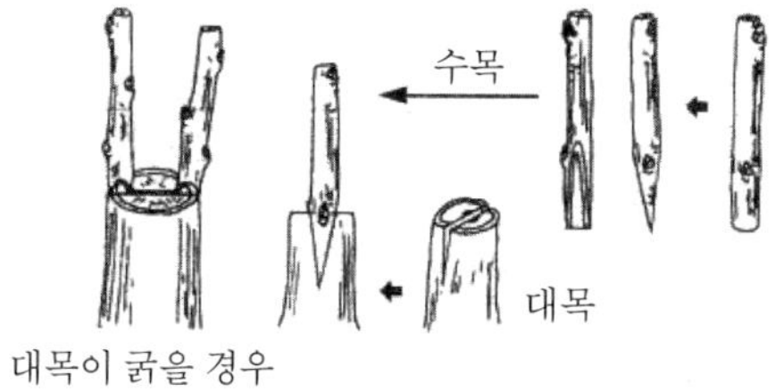

〈그림 10〉 대목이 굵은 쪼개접(차건성, 『접목과 삽목』, 2007)

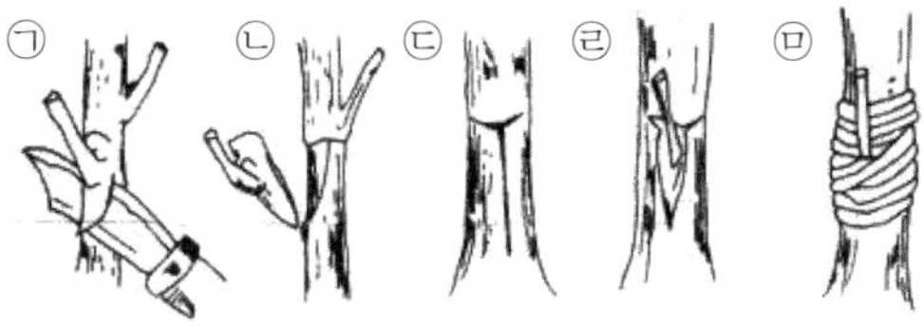

㉠ 접눈따기 ㉡ 접눈을 따낸 모습 ㉢ 대목에 칼집을 낸 모습
㉣ 접눈을 대목에 꽂은 모습 ㉤ 끈으로 매어 눈접을 마친 모습

〈그림 11〉 눈접붙이기(차건성, 『접목과 삽목』, 2007)

▎교 석(校釋)▎

51 이 장(章)의 제목과 조 앞부분의 "사농은 필히 접붙이기의 묘를 사용해야 한다[士農必用接換之妙]"와 '묘(妙)'자 아래의 작은 주는 전본에는 모두 누락되어 있고, '과조법(科條法)' 아래에 바로 붙어 있다. 원본, 격본은 본문과 같이 되어 있다.

52 '야(也)': 전본에는 '야(也)'로 되어 있는데, 원본, 격본에 따라 '여(歟)'로 되어 있다.

53 '접폐수(接廢樹)': 전본에는 별도의 장으로 되어 있으며, 이 세 글자를 줄을

바꿔 제목으로 삼았다. 원본에 따라 이를 소제목으로 고쳐서 줄을 바꾼 뒤 바로 본문 내용을 이어 쓴다. (격본에는 마침 이 부분의 페이지가 빠져 있다.)

54 '아자(鴉觜)': '자(觜)'는 민각, 절각에는 '자(子)'로 되어 있으나, 소각 및 원본에 따라 '자(觜)'로 한다. '자(觜)'자는 원래 뿔 종류를 가리키는 것에서 올빼미과 새의 뿔과 부리를 가리키는 것으로 의미가 발전(=파생)됐다가, 다시 모든 새의 부리를 가리키는 것으로 확장되었다. 나중에는 사람의 입 또는 짐승의 주둥이도 '자(觜)'라고 불렀으며, '구(口)'변을 추가하여 '취(嘴)'라고 썼다. 지금 장강(長江) 유역의 상당수 방언 지역에서는 여전히 금속으로 만든 '환정(鐶釘)'을 '노아취(老鴉嘴)'라고 부른다.

55 '우분(牛糞)'아래의 "흙을 섞어 만드는데 … 또 쇠똥[牛糞]도 사용한다.[和土成 … 又用牛糞.]"의 스물네 자는 전본에는 누락됐으나, 원본, 격본에는 등장한다. 노교(盧校)에는 '조(遭)'자를 '위(圍)'로 고쳐 썼다. 송나라 때의 시와 사를 살펴보면, '주조(周遭)' 이 두 글자를 하나의 단어로 쓴 것을 자주 볼 수 있다.

56 '격(繳)': 전본에는 '격(擊)'으로 되어 있으나, 원본, 격본에 따라 '격(繳)'으로 하는 것이 위의 글과 호응된다. '격(繳)'자는 여러 차례 왕복하는 것으로 해석된다.

57 부교(傅校)에는 '생(生)'으로 되어 있고, 전본에는 '상(上)'으로 쓰고 있다. [노교, 유교(劉校)에는 모두 교(校)가 없다.] 두 글자가 모두 있어 '상생(上生)'으로 하는 것이 더욱 적합한 듯하다.

58 '접대소수(接大小樹)': 전본에는 이 네 글자를 장의 제목으로 삼아 줄을 바꿔 써서, '취장접두(取藏接頭)'의 뒤, '의상(義桑)' 앞으로 옮겨 놓았다. 원본, 격본에는 '접환(接換)'장의 분조로 하여 본문처럼 '벽접(劈接)'의 뒤에 포함시키고 있다.

59 '과(褁)': 전본에는 '과(褁)'로 되어 있으나, 원본, 격본에 따라 '계(系)'로 쓰고 있다.

60 '자(者)': 전본에는 '법(法)'으로 되어 있으나, 원본, 격본에는 '자'로 되어 있다.

61 "고정되어 있지 않다[不可定]": 원본, 격본에는 '구(拘)'자가 없으나, 전본에는 "不可拘定" 한 글자가 더 있다. 송나라와 원나라의 백화문에는 '고정되지 않는다[不拘定]'라는 말을 자주 사용했다.

62 '접소아조(接小芽條)': 전본에서 이 분조는 '탑접법(搭接法)'에서 시작하며,

소제목과 작은 글자들이 없다. 원본, 격본은 본문과 같이 되어 있다.

63 '봉(棒)': 전본에는 누락되어 있고, 격본에는 '포(包)'로 되어 있으나, 이해하기 어렵다. 원본에 따라 '봉(棒)'자를 보충한다. '포봉(蒲棒)', 즉 부들의 과서(果序)는 과실, 종자 및 남아 있는 꽃 부분을 포함하며, 부드럽고 가벼워 포장할 때 속을 채우는 재료로 쓰기에 좋다. [포봉융(蒲棒絨)을 가리킨다.]

64 '장(椿)': 원본, 격본에는 '장(椿)'으로 되어 있으며, '장과(裝裹)'의 '장(裝)'의 의미로 빌려 쓴 것이 분명하다. 전본에 따라 '장(藏)'으로 하면, 끝 구절의 "그것의 저장과 접목법 또한 같다.[其藏及接法亦同.]"의 '장(藏)'자와 서로 호응된다.

협력하여 뽕나무 심는 법[127]

義桑

『무본신서』: 가령 한 마을에서 두 집이 서로 힘을 합해 (뽕나무 밭의) 낮은 담장을 쌓는다면, 네 면이 각 1백 보步의 담장을 쌓을 수 있으며, 만약 참가하는 집이 많으면, 지면은 넓고 힘은 더욱 줄어들 것이다. 한 집은 2백 보의 담장을 쌓을 수 있게 된다. 담장 안의 빈 공간은 모두 1만 평방보가 된다.[128] 1평방보마다 뽕나무 1그루를 심으면, 1만 그루를 심을 수 있으며, 한 집마다 뽕나무 5천 그루를 나눌 수

『務本新書』: 假有一村, 兩家相合, 低築圍牆, 四面各一百步, 若戶多地寬, 更甚省力. 一家該築二百步. 牆內空地, 計一萬步. 每一步一桑, 計一萬株,

127) 역자주 무계유 교석본에 의하면, '의상(義桑)'은 두 집 이상이 합작하여 뽕나무밭의 담장을 쌓는 것으로, 노동력과 비용을 줄이고, 또 협력하여 일을 도모하기도 편리하다고 한다.

128) "울타리 안의 빈 공간은 모두 일만 보이다.[牆內空地,計一萬步.]": 여기의 '보(步)'와 "매일보일상(每一步一桑)"의 '보(步)'는 모두 '평방보(平方步)'이다. 위 글의 '백보(百步)', '이백보(二百步)'의 '보(步)'는 오척일보(五尺一步)의 길이이다. 다음에 나오는 '이천오백보(二千五百步)' 또한 '평방보(平方步)'이다.

있다. 만약 한 집에서 단독으로 쌓는다면, 네 면의 담장의 길이가 2백 보인 뽕나무 밭을 쌓을 수 있으며, 뽕 밭의 빈 땅은 단지 2천5백 평방보에 그친다. 위의 방법에 따라 1평방보마다 뽕나무 한 그루를 심으면, 2천5백 그루밖에 심을 수 없다. 그 노력과 이익이 이처럼 동등하지 않다.[129] 만약 분쟁이 일어나는 것을 염려한다면, 뽕나무 밭의 중간에 울타리를 쳐서 분리할 수도 있다. 이처럼 하면 단독으로 담장을 쌓는 것보다 두 배로 뽕나무를 많이 심을 수 있을 뿐만 아니라 또한 피차간에 노동력을 빌려 주어 일처리도 쉬울 것이다.[130]

一家計分五千株. 若一家孤另一轉, 築牆二百步, 牆內空地止二千五百步. 依上一步一桑, 上得二千五百株. 其功利不侔如此. 恐起爭端, 當於園心以籬界斷. 比之獨力築牆, 不止桑多一倍, 亦遞相藉力, 容易句當.

뽕나무와 관련된 잡다한 것들

桑雜類

『제민요술』: 오디가 익을 때, 많이 따 햇볕에 말려 저장해두면, 흉년에 양식이 부족할 때 배고

『齊民要術』: 椹熟時, 多收, 曝乾

129) 역자주 ‘모(侔)’는 『설문(說文)』에는 ‘제등(齊等)’, 즉 가지런하다, 동등하다는 의미이다.

130) ‘구당(句當)’: 당나라 때 용어이다. 당나라 덕종(德宗) 때 ‘구당(句當)’관이 있었다. ‘당(當)’자는 거성(去聲)으로 읽으며, 원래는 ‘감당하다’는 뜻인데, 지금은 습관적으로 ‘당(檔)’으로 쓴다. ‘구(句)’자는 ‘gōu’로 읽으며, ‘일을 맡다’로 해석된다. 그러므로 ‘구당(句當)’을 이어서 쓰면, ‘일을 맡아 감당하다.’가 되며, 다시 말하면 ‘일을 제대로 처리하다.’, ‘일을 잘 처리하다.’가 된다. 이는 나중에 ‘어떤 일을 하다’라는 뜻으로 의미가 확장되었으며, 다시 부정한 일을 지칭하는 뜻으로 바뀌었다.

픔을 채울 수 있다. 『위략(魏略)』에 이르기를, 양패(楊沛)는 신정현(新鄭縣)의 현관(縣官)이었다. 한(漢) 헌제(獻帝) 홍평(興平) 2년[131] 말에 백성들이 대부분 기근으로 인해 생활이 어려웠다. 양패는 백성들에게 오디를 말려 저장하고, 야생콩[豋豆]을 따게 했으며, 아울러 조사를 하여 비축하고 남은 것은 일괄적으로 관청에 모아 부족한 양식에 대비했는데, 모두 1천여 곡(斛)을 모았다. 이때 위(魏) 태조[太祖[132]: 조조(曹操)]는 천여 명의 군대를 이끌고 출병하여 서쪽으로 가서 황제를 영접했지만, 모두 군량을 가지고 있지 않았다. 양패가 태조를 영접했을 때, 마른 오디를 가지고 가서 헌상했다. 태조는 매우 기뻐하였다. 후에 태조가 승상이 되었을 때, 양패를 파격적으로 선발하여 업현령(鄴縣令)으로 삼고, 노예[133] 10인과 비단 1백 필을 하사하였다. 이것은 그를 칭찬하는 것과 동시에 또 그의 마른 오디에 보답하기 위한 것이었다. 지금[134] 황하(黃河) 이북에 식구가 많은 집은 오디 1백 섬(石) 이상을 저장하고, 작은 집도 수십 곡(斛)을 비축하고 있다. 그러므로 두낙주(杜洛周)와 갈영(葛榮)의 변란[135] 이후 기근이 수년간 계속되었지만, 백성들은 마른 오디로 생명을 온전히 유지할 수

之，凶年粟少，可以當食.『魏略』曰，楊沛爲新鄭長. 興平末，人多飢窮. 沛課民益畜乾椹，收豋豆，閱其有餘，以補不足，積聚千餘斛. 會太祖西迎天子，所將千人皆無糧. 沛謁見，乃進乾椹. 太祖甚喜. 及太祖輔政，超爲鄴令，賜生口十人，絹百疋. 既欲勵[65]之，且以報乾椹也. 今自河以北，大家收百石，少者，尙數十斛. 故杜葛亂後，饑饉薦[66]臻，唯[67]仰以全軀命. 數州之內，民死而

---

131) '홍평(興平)': 동한시대 헌제(獻帝)의 두 번째 연호이며, 194년에서 195년이다.

132) '태조(太祖)': 삼국시대 위나라의 조조(曹操)를 '태조(太祖)'로 높여 불렀다. '서영천자(西迎天子)'는 조조가 장안에 가서 이최(李傕)와 곽범(郭氾)의 진영에서 헌제를 납치해 하남(河南)으로 데려온 것을 일컫는다.

133) '생구(生口)': 노예가 된 포로이다.

134) 역자주 본래 '령(令)'이라 했고, 전본(展本)에도 '령(令)'이다. 『제민요술』에는 '금(今)'으로 되어 있다.

135) 역자주 무계유의 교석에 의하면, '두갈(杜葛)'은 두낙주(杜洛周)와 갈영(葛榮)을 가리킨다. 후위 효명제(孝明帝) 효창(孝昌) 원년(525) 유현진(柔玄鎭) 사람 두락주가 기병하여 위나라에 반기를 들었다. 다음해 갈영도 기병을 하여 화북 5개 주현을 점령했다. 그들의 병란은 모두 기율이 없이 오로지 포로를 주살하는 짓만을 일삼아 인민들은 엄청난 재앙을 당하였다. 3년이 되는 해에 두갈은 실패했지만, 이 후 534년 후위가 동위와 서위로 분열하여 전란은 계속되었다고 한다.

있었다. 몇몇 고을의 백성이 죽을 지경에서 살아날 수 있었던 것도 모두 마른 오디 덕택이었다고 한다.

生者, 乾椹之力也.

『무본신서』: 뽕나무 오디는, 평상시에는 대추와 함께 반죽하여 소[餡]를 만들어 구운 떡을 만드는 데 쓰이는데, 먹으면 달고, 몸에도 좋다.

『務本新書』: 桑椹, 平時以棗、椹拌餡, 煿餅食之, 甛而有益.

○ 오디 달임[葚子煎]: 잘 익은 오디를 따서 단지에 넣고 으깬 후 베[布]로 즙을 짜서 자기그릇에 담아 밤낮으로 한데에다 두고, 49일을 보낸다. 이를 끓인 물에 타서[136] 마시면 귀와 눈이 밝아지고, 장기가 좋아지고, 혈기도 온화해진다. 간혹 소량의 벌꿀을 타서 돌그릇에 담아두고 달여 먹어도 좋다. 각종 부스럼으로 고생할 때는 오디를 달여 고약을 만들어 환부에 붙이면 신기한 효과가 있다.

椹子煎, 採熟椹, 盆內微研, 以布紐汁, 磁器盛頓, 晝夜露地放之, 四十九日. 以湯點服, 明耳目, 益水藏, 和血氣. 或加蜜少許, 石器同煎, 亦可. 病諸瘡疾, 作膏藥貼, 神效.

○ 뽕나무의 사마귀 알집[桑螵蛸][137]과 뽕나무 뿌리의 흰 속껍질[桑根白皮]은 약용으로 쓰인다.

桑螵蛸、桑根白皮, 皆入藥用.

○ 뽕나무 껍질로 만든 종이[桑皮抄紙]: 초봄에 뽕나무 위에 달린 잡다한 가지를 잘라내어 싹눈 채로 껍질을 벗겨 종이를 만드는 것이 가장 좋고, 나머지 달에 종이로 만든 것은 그 다음이다.

桑皮抄紙. 春初劐斫繁枝, 剝芽皮爲上, 餘月次之.

○ 뽕나무로 화살[弓弩]의 태胎[138]를 만들면

桑木爲弓弩胎, 68

136) '수장(水藏)': '장(藏)'자는 거성으로 읽는다. '장부(臟腑)'는 원래 '장부(藏府)'로만 쓰였으나, 동한시대 이후에 누군가 '월(月)'변을 첨가했다.

137) '상표소(桑螵蛸)': 뽕나무에 있는 사마귀의 알이다. 역자주 무계유는 이는 신장을 보전하여 오줌을 잘 누게 하는 약재로 쓰인다고 한다.

138) 역자주 무계유 교석본에 의하면, '태(胎)'란 화살의 중심부분으로 나무나 대나무를 재료로 하며, 안팎 양면에는 소뿔과 소 힘줄을 풀로 붙이기 때문에 중심 뼈

끌어당기는 힘에도 잘 견딘다.

○ 뽕나무 흰 목이버섯[桑莪][139]은 채식[素食] 중에서도 오묘한 식품이다. 또 '5종류의 목이버섯目耳': 뽕나무 · 홰나무[槐] · 느릅나무[榆] · 버드나무[柳] · 닥나무[楮]의 버섯이다. 뽕나무와 홰나무에서 자란 것이 가장 좋다. 들이나 밭 가운데 있는 것은 독이 있을지도 모르므로 먹어서는 안 된다.

則耐挽拽.

桑莪素食中妙物. 又'五木耳': 桑、槐、榆、柳、楮是也. 桑、槐者爲良. 野田中者, 恐有毒, 不可食.

교 석(校釋)

65 '려(勵)': 원본, 격본에는 '려(厲)'로 되어 있으며, 『제민요술』의 원래 인용문과 일치한다. 전본의 '려(勵)'는 『삼국지·위지(三國志·魏志)』 권19 「가규전(賈逵傳)」 끝부분의 주문(注文)에서 인용한 『위략(魏略)』의 「양패전(楊沛傳)」과 같으며, 오늘날의 습관과도 일치하므로 전본을 따른다.

66 '천(薦)': 전본에는 '천(薦)'으로 되어 있으며, 격본에는 비어 있다. 원본과 『제민요술』의 원문에 는 '천(荐)'으로 되어 있다. '천(薦)'의 의미는 누차(屢次)를 뜻한다.

67 '유(唯)': 전본에는 '유(惟)'로 되어 있으나, 원본, 격본에는 '유(唯)'로 되어 있다.

68 '태(胎)': 격본에는 '사(射)'로 되어 있고, 다음 구절에 속해야 한다. 세 개의 교(校) 원본(元本)에 모두 교(校)가 안 붙어 있으며, 전본의 '태(胎)'자는 원본과 일치하는 듯하다.

대를 '태'라고 한다.

139) '상아(桑莪)': 북송시대 도곡(陶穀)의 『청이록(淸異錄)』[함분루본(涵芬樓本) 『설부(說郛)』 권61]의 「소편(蔬篇)」에는 "북쪽 지역의 뽕나무에는 백이(白耳)가 자라는데, 이름은 '상아(桑鵝)'이다. 재산이 넉넉하고, 부귀하며, 권력을 지닌 자들이 그것을 즐기며 '오정지(五鼎芝)'라고 한다.[北方桑上生白耳, 名桑鵝. 富貴有力者, 咸嗜之, 呼五鼎芝.]"는 글이 있다. 즉 뽕나무 위의 흰목이(木耳) 버섯이다.

구지뽕나무[140]

『제민요술』: 구지뽕나무 심는 법: 밭을 갈아 엎어 흙덩이를 부드럽게 부순 후, 갈아서 이랑을 만든다. 구지뽕나무의 열매가 익을 때 많이 따서, 물에 씻고 일어 씨를 취한 다음 말린다. 씨를 흩어 뿌린 후에는 끌개[勞]를 이용하여 흙덩이를 깨고 땅을 잘 골라준다. 잡초가 발생하면 수시로 뽑아 버리고 풀이 자라 황폐해져 뽕나무의 묘목을 덮게 해서는 안 된다. 3년이 지나면, 나무를 솎아내어 가공하지 않고도[141] 노인의 지팡이를 만들 수 있다. 10년이 지나면, 톱으로 베어 나무 중간을 네 쪽으로 쪼개 지팡이를 만들거나 말채찍 또는 작은 평상[胡床][142]을 만들 수 있다. 15년 이후에는, 활의 재료로 사용하거나, 신[履]을 만들 수 있고, 잘라낸 나무로 송곳과 칼자루[143]를 만들 수도 있다. 20년이 되면 소달구지[犢車]의 재료로 사용된다. 말안장을 양쪽에서 받쳐주는 다리[鞍橋][144]

柘

『齊民要術』: 種柘法, 耕地令熟【乾】[69]耬耩作壟. 柘子熟時, 多收, 以水淘汰令淨, 曝. 散訖, 勞之. 草生, 拔却, 勿令荒沒. 三年, 間斸去, 堪爲渾心扶老杖. 十年, 中四破爲杖, 任爲馬鞭、胡牀. 十五年, 任爲弓材, 亦堪作履, 裁截碎木, 中作錐、刀靶. 二十年, 好作犢車材. 欲作鞌橋者, 生枝

140) 역자주 무계유는 교석에서 양잠의 뽕잎이 부족할 때 구지뽕나무 잎으로 보충한다고 한다. 원래 낙엽이 지는 작은 관목이지만, 토질에 적합하면 교목으로도 성장하며, 목재는 치밀하고 단단하고 질겨서 활과 지팡이 등을 만들 때 사용된다. 나무를 끓여 즙을 내 황적색 염료를 만들 수 있다. 구지뽕나무의 특징은 잎이 계란형이며 열매는 둥글다는 점이 일반 뽕나무와 다르다고 한다.

141) '혼심(渾心)': '혼(渾)'은 '천연의', '가공이 필요하지 않은 또는 가공을 하지 않은 것'이라는 뜻이다. 그러므로 '혼심(渾心)'은 자연적으로 원래의 마음을 가지고 있는 것이다.

142) 역자주 무계유는 교석에서 흔히 접을 수 있는 의자로서 교의(交椅)라고 하고 있다. 대개 교차되는 두 개의 나무와 끈으로 만들어 지는 가벼운 의자이다.

143) '파(靶)': 즉 자루이다. 지금은 '파(欛)'로 많이 쓰인다. 사실 '파(把)'자는 거성으로 읽으며, 손으로 잡는 곳이다.

를 만들려면, 먼저 구지뽕나무에서 길이 3자 정도의 긴 나무 가지를 골라 새끼줄로 그 가지에 단단히 묶고, 새끼의 한쪽 끝은 땅에 박은 말뚝에 고정시켜 나무 가지를 아치형태의 다리 모양으로 구부러지게 한다. 10년 뒤, 구지뽕나무는 자연스럽게 안장 다리를 만들 나무로 자라난다.[145] 구지뽕나무를 빠른 화살[快弓]을 만드는 재료로 사용하려면 돌이 많은 산이나 북쪽 음달에 심어야 한다. 만약 고원高原의 산지가 흙이 두껍고 물이 깊은 지역이라면, 깊은 구덩이를 많이 파야 한다. 무릇 구지뽕나무가 자라기에 적합한 곳은 구덩이의 깊이에 따라 1장丈 혹은 1장 반 정도 곧게 자라, 묘목이 구덩이에서 나온 이후에는 사방으로 무성하게 가지가 자라난다. 이 구지뽕나무는 줄기가 곧아서 일반 구지뽕나무의 목재와는 다르다. 10년 이후에는 어떤 물건을 만들더라도 쓰이지 않는 데가 없다.

長三尺許，以繩繫旁枝，木橛釘著地中，令曲如橋．十年之後，便是渾成柘橋．欲作快弓材者，宜於山石之間北陰中種之．其高原山田，土厚水深之處，多掘深阬．中種桑柘者，隨阬深淺，或一丈、丈五，直上出阬，乃扶疎四散．此樹條直，異於常材．十年之後, 無所不任.

○ 구지뽕나무 잎을 누에에게 먹이면, 실이 좋아지는데 이를 거문고 등의 줄로 만들면 맑은 소리가 울려 퍼져 일반적인 줄과 비교할 수가 없다.

柘葉飼蠶，絲好, 作琴瑟等絃, 淸鳴響徹, 勝於凡絲遠矣.

『박문록』: 구지뽕나무 잎은 대부분 떼를 지어서 자라는데, 줄기는 성글지만 곧으며, 잎이 많고 두터워 봄누에를 치는 데 사용된다. 그 실은 냉

『博聞錄』: 柘葉多藂生, 榦疎而直, 葉豊而厚，春蠶食

144) 역자주 말안장을 양쪽에서 고정하고 받쳐주는 버팀목이 바로 앞, 뒤의 안교(鞍橋)이다. 안교가 있음으로 인해 등자나 안장 걸이를 안정되게 설치할 수 있다.

145) '혼성(渾成)': '혼(渾)'자에 대한 해석은 위의 '구지뽕나무'의 주) 142를 참조하도록 하고, '혼성(渾成)'은 인력을 사용하여 임시로 만든 것이 아닌 자연적으로 생성된 것을 말한다.

수를 이용해서 고치를 켜므로 '냉수사冷水絲'라고 한다. 구지뽕나무는 먼저 나온 개미누에가 먼저 자고 일어나며, 먼저 섶에 올라가 고치를 친다. 구지뽕나무 잎을 1년간 따지 않게 되면, 이듬해 봄에 나온 잎은 반드시 누에에게 독이 된다. 만일 그 해에 따지 않았으면, 여름에 모두 쳐서 잎을 떨어뜨려야 다시 자란 구지뽕나무 잎에서 독이 없어진다.

之. 其絲, 以冷水繰之, 謂之'冷水絲'. 柘蠶先出、先起、而先繭. 柘葉隔年不採者, 春再生必毒蠶. 如不採, 夏月皆要打落, 方無毒.

농상집요 제3권

農桑輯要卷第三

〈그림 12〉 구지뽕나무(柘樹)

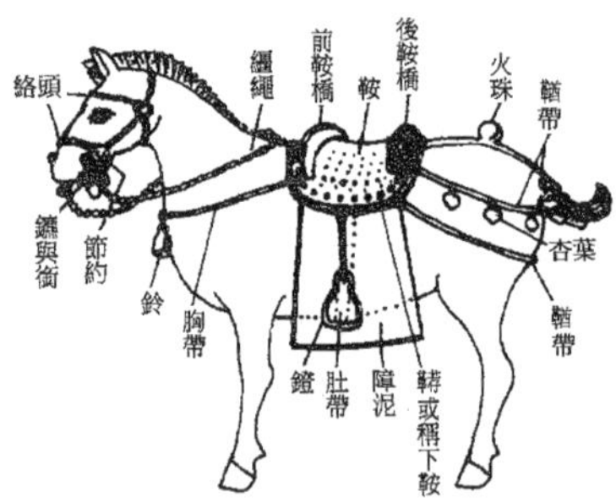

〈그림 13〉 말안장의 앞 뒤 안교(鞍橋)[『고문물칭위도전(古文物稱謂圖典)』 삼진출판사, 261쪽]

▌교 석 (校釋)▐

69 이 문장에서 '건(乾)'이 왜 들어갔는지 이해되지 않는다. 원각대자본을 저본으로 하고 있는 무계유 교석본에는 이 글자가 생략되어 있다. 원각본(元刻本)과 석성한(石聲漢)이 참고한 청대 건륭연간의 무영전본(武英殿本)과의 차이인 듯하다.

농상집요 역주 | 권4

A Translated Annotation of the
Agricultural Manual "Nongsangjipyo" | No. 4

누에치기[養蠶]

누에의 본성

『제민요술』[1]: 『춘추고이우春秋考異郵』[2]에 이르기를 "누에는 양기陽氣에 속하며, 물을 아주[3] 싫어하기 때문에 누에는 뽕잎만 먹고 물은 먹지 않는다."라고 하였다.

『사농필용士農必用』: 누에의 특성은 누에알[蠶卵]이 누에알받이종이[蠶種紙] 위에 있을 때는 저온을 유지해야 한다. 개미누에[蟻]가 부화되어 나올 때는 아주 따뜻하게 해주어야 한다. 두잠[停眠][4]에

論蠶性

『齊民要術』:『春秋考異郵』曰 "蠶陽物, 大❶惡水, 故蠶食而不飲."

『士農必用』: 蠶之性, 子在連則宜極寒. 成蟻,❷ 則宜極暖. 停眠起,

1) '『제민요술(齊民要術)』': 본권에서 인용한 『제민요술』은 원서의 권5 「종상자제사십오(種桑柘第四十五)」편에 붙어 있는 '양잠(養蠶)'의 내용이다. 앞으로는 별도의 주를 달지 않는다.

2) '『춘추고이우(春秋考異郵)』': 양한 시기의 참위서(讖緯書)의 하나로, 원서는 이미 소실되었으며 저자도 알 수 없다. 명나라 말 손곡(孫穀)이 찬집한 『고징서(古徵書)』의 각 조항에 따르면, 책의 내용은 '사물의 조짐[物應]'을 중심으로 전부 견강부회한 유심론적 미신이라고 한다. 본 조만 해도 "먹이는 먹으나, 물은 마시지 않는[食而不飲]" 동물은 굉장히 많은데, 왜 굳이 누에를 '양물(陽物: 양의 기운이 강한 동물)'이라고 했는지에 대해서 저자는 아마 대답할 수 없을 것이다. 후한시대의 장형(張衡)은 참위가 만연하자 그것을 금지해야 한다는 주장을 한 바 있으며, 참위는 훗날 저절로 사라졌다. 이를 통해서 옳지 않은 것은 대중이 용인하지 않았음을 알 수 있다.

3) 역자주 무계유 교석본에서는 '대오수(大惡水)'를 '물을 아주 싫어한다.'라고 해석하고 있다.

4) 역자주 '정면(停眠)'은 두잠[二眠]을 가리킨다. 무계유 교석본에 의하면, 정(停)은 중간의 의미로 정오(停午)가 중오(中午)를 뜻하는 것과 같다. 두잠[二眠]은 석

서 깨어날 때는 따뜻하게 해주어야 한다. 막잠[大眠]을 자고 난 이후에는 서늘하게 해주어야 한다. 누에가 익을 무렵에는 점차 따뜻하게 해주어야 한다. 섶[簇]에 올린 이후에는 아주 따뜻하게 해주어야 한다.

宜溫. 大眠後 宜涼. 臨老 宜漸暖. 入簇則宜極暖.

| 교 석 (校釋) |

1 '대(大)': 전본에는 『제민요술』 전본의 인용문과 같이 '대(大)'로 되어 있으나 격본에는 '화(火)'로 되어 있다. 이는 『태평어람』 권825 「자산부오(資產部五)」의 '잠(蠶)'항에 인용되어 있는 『춘추고이우(春秋考異郵)』와 같다. 『태평어람』의 원래 인용문은 "누에는 양의 기운이 강하며, 화(火)이다. 화(火)는 수(水)를 싫어하니, 먹이는 먹지만 물은 마시지 않는다. 뽕나무는 땅의 액이며, 목(木)은 화(火)를 살리니, 누에를 칠 때에는 3월의 잎이 먹이로 가장 적합하다.[蠶, 陽者, 火. 火惡水, 故食不飮. 桑者土之液, 木生火, 故蠶以三月葉類會精, 合相食.]"이다. 확실히 문구에 빠진 부분이 있긴 하지만, '양자화(陽者火)'가 아래 문장인 '화오수(火惡水)'를 잘 설명하고 있다. 역자주 석성한은 교주에서 문장의 뜻으로 봤을 때, '화오수(火惡水)'의 '화(火)'자가 '대(大)'보다 낫다고 한다.

2 '의(蟻)': 이 글자는 격본에는 '의(蟻)'로 되어 있고, 전본에는 '아(蛾)'로 되어 있다. 본권의 '의(蟻)'자가 전본에는 모두 '아(蛾)'자로 되어 있다. 하지만 격본에서는 '아(蛾)', '의(蟻)', '의(螘)' 세 자를 혼용해서 썼기 때문에 매우 혼란스럽다. 『예학기(禮學記)』에는 "개미의 새끼는 때가 되면 그것을 (모방하여) 짓는다.[蛾子而時術之.]"라는 구절이 있다. 여기에서 '아(蛾)'자는 알에서 나온 유충을 가리키는 것으로, '의(蟻)'자의 뜻으로 썼다. '노교(盧校)'는 목록의 '초사의(初飼蟻)'장의 이름 아래에 "누에가 처음 나온 것을 보면, 가늘고 작은 것이 마치 개미와 같아서 '의(蟻)'라고 한다. 그리고 고치가 된 후 고치를 뚫고 나온 날개가 있는 것은 '아(蛾)'라고 한다. 암컷과 수컷이 만나

잠누에의 중간에 해당하는 한잠[一眠]으로서 누에치는 전 시기 가운데 중간의 시기에 해당하기 때문에 정면(停眠)"이라 하였다.

낳은 이듬해의 '아(蛾)'를 기르는 법이 있다는 것을 듣지 못했다. 『학기』에 있는 "개미의 새끼는 때가 되면 그것을 (모방하여) 짓는다.[蛾子而時術之.]"의 '아(蛾)'는 '의(蟻)'로 읽어도 되지만, 본서에서 언급한 바와 같이 원래 다른 것이니 이 둘을 혼용하는 것은 적합하지 않다. 옛 서적에는 '의(蟻)'자를 종종 '의(螘)'로 쓰기도 했는데, 이는 잘못된 것이다. 그 안의 고쳐야 할 것이 한둘이 아니니, 뜻으로 그것을 구별하는 것이 옳다."라고 기록하고 있다. 여기에 노문초(盧文弨)도 "본서를 살펴보면, 원래 '의(蟻)'자인데 '아(蛾)'로 잘못 쓴 것이 많고, 이미 목록에서도 보인다. 독자들이 사물의 이치에 따라 이를 유추해야지, 일일이 교정할 수가 없다."라고 교(校)를 달며, 본서에서 '의(蟻)'자를 '아(蛾)'자로 써서 혼동을 일으킨 것이 사실임을 지적했다. 날개가 있는 성충은 『설문(說文)』에 따라 '아(𧊚)'로 쓰고, 유충은 '아(蛾)'로 쓰면 구분이 가능하다. 지금은 습관에 따라 '의(蟻)'자를 써서 알에서 깨어난 유충을 나타내고, '아(蛾)'자는 성충을 나타내는 것으로 한다. 원래 '아(蛾)'자로 썼던 것을 '의(蟻)'자로 고친 경우 석성한 교주의 본문에서는 일률적으로 오른쪽 상단에 '*'로 표시했으며, 일일이 교(校)를 달아 설명하지 않았다. '아(蛾)'자로 써야 하는 것은 고치지 않았으며, 아무런 표시도 하지 않았다.

누에씨 거두기

『제민요술』: 종자로 사용할 누에고치를 거둘 때는 반드시 누에섶 중에서 선택을 하였다. 위쪽에 가까우면 누에고치 실이 얇고, 지면에 가까우면 낳은 알이 부화되지 않는다.

『무본신서務本新書』: 누에를 기르는 방법 중에 가장 먼저 해야 할 것은 종자고치를 선별하는 것이다. 오늘날 사람들은 따낸 누에고치를 일괄적으로 채반 위에 쌓아 두는데, 종종 실을 뽑기도

收種

『齊民要術』: 收取繭種, 必取居簇中者. 近上則絲薄, 近地[a]則子不生也.

『務本新書』: 養蠶之法, 繭種爲先. 今時摘繭, 一概並堆箔上, 或因繰絲

전에 어떤 고치는 이미 나방이 나오고, 이러한 누에나방은 산란을 한다. 이것은 덮고, 누르고, 그을리고, 열을 받아 생긴 누에나방이기 때문에 결코 완전한 것이 없다. 병든 나방이 나은 새끼가 병이 나는 것은 자연스러운 이치이다. 이후에 고치를 선택함에 있어 섶을 열 때 누에섶 윗부분의 빛을 향해 있는 고치나 이엉 위에 있는 고치는 분명 모두 튼튼한 좋은 고치이다. 『농상요지(農桑要旨)』에 이르기를, "종자고치를 선택함에 있어서는 암수를 반드시 반반씩 취해야 한다. 섶의 위쪽 부위에 있는 것은 대부분 숫고치이고, 아래쪽에 있는 것은 대부분 암고치이다."라고 하였다. 진지홍(陳志弘)은 이르길,[5] "숫고치는 모양이 가늘고 뾰족하며, 고치실은 튼실하나 고치는 다소 작은 데 반해, 암고치는 모양이 둥글고, 굵으며 고치실은 두껍고, 고치는 비교적 크다."라고 하였다. 고치를 별도로 떼어내어 통풍이 잘 되는 서늘한 방 안의 깨끗한 채반 위에 놓고 하나하나 가지런하게 단층으로 배열한다. 기일이 차면 누에나방이 저절로 변태하여 나오는데, (이와 같이 해주면) 열을 받아 뜨고 눌려져서 발버둥치며 뚫고 나오는 고통을 면할 수 있다. 이것이 실로 어린누에를 선천적으로 건장하게 하는[胎教] 가장 중요한 일이다. 누에나방 중에 만약 날개가 꺾이거나 촉수가 없어

不及, 有蛾出者, 便就出種. 罨、壓、熏、蒸, 因熱而生, 決無完好. 其母病, 則子病, 誠由此也. 今後繭種, 開簇時, 須擇近上向陽, 或在苫草上者, 此乃强梁[3]好繭. 『農桑要旨』云, 繭必雌雄相半. 簇中, 在上者, 雄, 在下者, 雌. 陳志弘云, 雄繭, 尖、細、緊、小, 雌者, 圓、慢、厚、大. 另摘出, 於通風凉房內淨箔上, 一一單排. 日數既足, 其蛾自生, 免熏、罨、鑽、延之苦. 此誠胎教之最先. 若有拳翅、禿眉、焦脚、焦尾、熏黃、

5) '진지홍(陳志弘)': 아직 고증할 수 있는 자료를 얻지 못했다. 본서의 본권에는 '진지홍왈(陳志弘曰)'이라는 인용문이 두 조가 있는데, 모두 작은 글씨의 주문으로 되어 있으며, 『농상요지』의 뒷부분에 붙어 있다. 그러므로 다시 새기거나 편집을 할 때 사농사(司農司)에서 보충해서 넣었고, 『농상요지』보다 시기적으로 뒤에 넣은 듯하다.

지거나, 다리나 꼬리가 타들어가거나, 누렇게 그을리거나, 배가 붉거나, 털이 없거나, 무늬가 검거나 몸과 머리가 검거나, 가장 먼저 나오거나 가장 늦게 나오는 것은 일괄적으로 골라내어 사용하지 않는다. 오직 살찌고 좋은 나방을 누에알받이종이 위에 골고루 듬성듬성하게 펼쳐놓는다. 높고 밝으며 서늘한 곳을 골라 채반을 설치해서 누에알받이종이를 깔아 놓는다. 누에채반 아래의 지면은 반드시 물로 깨끗하게 청소해 준다. 누에종자를 받는 데 사용하는 종이는 두꺼운 종이가 가장 좋고, 얇은 종이는 종자를 물에 담글 때 견디지 못한다. 『야어(野語)』[6]에서 "누에알받이종이는 소회지(小灰紙)[7]를 쓰면 더욱 좋다."라고 하였다. 누에나방이 알을 낳은 후에, 누에나방을 누에알받이종이에서 옮겨서, 빈 방의 모퉁이에 땔나무풀을 세워 나방을 풀 위에 흩어 놓는다. 18일이 지난 후에 서남쪽의 빈터에 흙구덩이를 파고 누에나방을 구덩이에 묻는다. 윗부분은 땔나무 풀을 잘 덮은 후 흙으로 덮어서 벌레나 새가 쪼아 먹지 못하도록 한다. 누에는 사람에게 도움을 주는 유익한 벌레이기 때문에 이치상 이와 같은 사랑을 받는다.[8] 『농상요지(農

赤肚、無毛、黑紋、黑身、黑頭、先出、末後生者, 揀出不用. 止留完全肥好者, 匀稀布於連上. 擇高明涼處, 置箔鋪連. 箔下地須洒掃潔淨. 蠶連, 厚紙爲上, 薄紙不禁浸浴.『野語』云, 連用小灰紙更妙. 候蛾生足, 移蛾下連, 屋內一角空處, 竪立柴草, 散蛾於上. 至十八日後, 西南淨地, 掘阬貯蛾. 上用柴草搭合, 以土封之, 庶免禽蟲傷食. 蓋有功於人, 理當如此.『農桑要旨』云, 將蛾作三

---

6) '야어(野語)': '작가미상'의 유와 같이 '혹자는', '농언에는', '…의 말에 따르면' 등의 구전의 뜻이 아니라 서명(書名)인 듯하다. 책의 저자, 시대는 고증할 수 있는 자료를 얻지 못했다. 본서의 본권에 인용된 부분은 모두 다섯 조이며, 모두 작은 글씨의 주문으로 되어 있는 것으로 보아, 『농상요지』 및 '진지홍왈(陳志弘曰)'과 마찬가지로 다시 새길 때 보충한 것인 듯하다.

7) 역자주 마종신은 특수하게 제작된 종이로 구체적으로는 알 수 없다고 하고 있지만, 무계유는 비교적 두껍고, 조밀한 면지(綿紙)인 듯하다고 한다.

8) "공이 있는 자에게는 마땅히 이렇게 해야 한다.[有功於人, 理當如此.]": 이러한 생각은 중국 노동자들의 후덕한 성품을 보여주는 것이다.

桑要旨)』에서 "농사짓는 땅[種田地]에 3개의 구덩이를 파서 누에나방을 땅속에 묻으면, 땅속에서 수년 동안 가시풀[刺芥][9]이 자라지 않게 된다."라고 하였다.

阬, 埋種田地內, 能使地中數年不生刺芥.

『사농필용』: 양잠을 하는 일은 본래 시작하면서부터 신중히 해야 하는데, 이는 훗날에 근심거리가 되지 않게 하기 위함이다. 누에가 자고 일어나는 시간은 모두 하나같지 않다. 왜냐하면 개미누에가 부화하는 시간이 일치하지 않기 때문이다. 개미누에가 부화하는 시간이 일치하지 않는 것은 누에종자를 거두는 방법이 다르기 때문이다. 따라서 "양잠은 오로지 시작할 때 신중해야 한다."라는 것이다.

『士農必用』: 蠶事之本惟在謹於謀始, 使不爲後日之患也. 眠起不齊. 由於變生之不一. 變生不一, 由於收種之不得其法. 故曰, "惟在謹於謀始".

○ 누에고치 고르기 종자를 선별하는 일이다.[10] 누에섶의 중요한 부분인 동남쪽에서 밝고 매끈하며 튼실한 고치를 딴다.

擇繭 出種者. 取簇中腰東南, 明淨厚實繭.

9) "가시풀이 나지 않는다.[不生刺芥.]": 이는 우연히 맞아떨어진 현상이다. 아마도 구덩이를 팔 때 깊은 곳의 뿌리까지 모두 끊어버려서, 얕은 곳의 뿌리 역시 뒤집혔을 것이다. 이것이 자계(刺薊)의 성장에 영향을 주면서 잠시 안 보이는 것뿐이지 누에나방을 묻는 것과는 상관이 없다. 하지만 이 조의 기록으로 자계(혹자는 지느러미엉겅퀴도 이 속에 포함)가 꽤 오래 전부터 황하유역에서 기피하는 잡초였다는 것을 알 수 있다.

10) '택견(擇繭)': 전본, 격본에는 이 제목이 한 줄을 차지하며 세 칸을 띄어서 써서, 장절의 소제목의 자리에 있다. 하지만 정문의 앞에는 『농상집요』에서 열거한 출처의 서명이 없어 『농상집요』의 체계와 일치하지 않는다. 게다가 본권 뒷부분의 '족잠조사등법(簇蠶繰絲等法)'에는 '택견(擇繭)'이라는 제목의 장이 더 있다. 비록 내용은 다르지만 제목은 중복된 듯하다. 『농정전서』 권31에 인용한 것으로 같은 조가 있는데, 제목은 '우왈(又曰)'이라고 되어 있다. 앞의 조는 『사농필용』이며, 본서에서 본조의 앞 절 역시 『사농필용』인데 이로써 본 조가 『사농필용』의 한 단락이라는 것을 추측할 수 있다. 이 제목 아래의 '출종자(出種者)'라는 주는 여기서 말하는 '택견(擇繭)'이 '수종(收種)'의 용도라는 것을 말해주며, 실제로 이 조의 내용은 바로 누에씨 거두기와 누에 고르기이다. 그러므로 여기의 '택견(擇繭)'은 『사농필용』의 분조의 제목이고, 아래쪽의 '아(蛾)'자와 함께 두 개의 분조로서 '수종(收種)'장에 포함되어야 한다.

○ 누에나방: 첫째 날에 나온 누에나방을 '묘아苗蛾'라고 부르며, 이는 사용하지 않는다. 잠실 안에 섶풀을 깔고, 그 위에 쓰지 않을 누에나방을 놓아둔다. 둘째 날부터 나온 누에나방은 사용할 수 있다. 누에나방은 같은 날 나온 것을 같은 등급으로 취급한다. 구분하여 누에알받이종이 위에 기록하여 써두었다가 며칠 지난 후에 개미누에가 나올 때 각각 같은 등급의 무리로 취급한다. 2일을 전후하여 근처 알받이종이 위에서 깨어난 개미누에는 한 무리로 취급해도 좋다. 그 다음 3일을 전후하여 받은 누에는 한 무리로 취급해서는 안 되며, 이러한 것은 장차 누에가 자고, 일어나는 시기가 고르지 못해 극히 좋지 않다. 다만 별도로 누에를 무리지어 사육하면 가능하다. 맨 마지막에 나오는 누에나방은 '말아末蛾'라고 하는데 역시 사용하면 안 된다.

누에알받이종이[蠶連]를 시렁[蠶槌][11] 위의 누에채반 위에 깔아 두고, 암수의 누에나방을 서로 짝짓기 시킨다. 당일에 누에알받이종이를 3~5차례 들추어서, 오줌을 털어준다. 미시未時: 오후 1~3시 후에 살짝 숫누에나방을 떼어내 버린다. 묘아(苗蛾)와 (한 곳에) 둔다. 그 뒤에 짝짓기가 끝난 어미누에나방을 누에알받이종이 위에 고르게 배치한다. 드문드문 적당히 배치한다. 어떤 누에나방이 낳은 알이 고리

蛾: 第一日出者, 名'苗蛾', 不可用. 屋中置柴草, 上放不用蛾. 次日以後出者, 可用. 每一日所出, 爲一等輩. 各於連上寫記, 後來下蟻時, 各爲一等輩. 二日相次爲一輩猶可. 次三日者, 則不可, 爲將來成蠶, 眠起不能齊, 極爲患害. 另作一輩養則可. 末後出者, 名'末蛾', 亦不可用.

鋪連於槌箔上, 雄雌相配. 當日可提掇連三五次, 去其尿也. 至未時後, 款摘去雄蛾. 放在'苗蛾'一處. 將母蛾於連上勻布. 稀稠得所. 所生子如環成

11) 역자주 누에채반을 설치한 나무 시렁이다. 왕정『농서』에 말하기를, "이 남방의 반비(槃篚)에 시렁이 있고, 더욱 북방의 연박(椽箔)에 추(槌)가 있음이다."라고 하고 있다. 남방에서는 잠반(蠶槃), 잠비(蠶篚)를 놓아두는 나무 시렁을 '잠가(蠶架)'라 부르고, 북방에서는 채반[蠶箔]을 놓아두는 나무 시렁을 '잠추'라고 말하는데, 이를 통해 '잠추'와 '잠가'가 같은 뜻임을 알 수 있다. 단지 지역에 따라 이름이 다를 뿐이다.

모양이거나 또 더미지어 쌓여 있으면 이런 나방과 알은 모두 사용할 수 없다. 나머지 나방이 알을 다 낳으면, 어미나방이 누에알받이종이 위에서 3~5일 동안 지속적으로 누에알을 보호 양육하도록 한다. 누에알이 어미나방의 보호 양육을 거치지 않으면 생기(生氣)가 부족하게 된다. 그런 연후에 어미누에나방을 숫누에나방, 묘아 및 말아와 같이 한 곳에 두었다가 18일이 지난 후에 땅에 매장한다.	堆者, 其蛾與子皆不用. 其餘者,4 生子數足, 更當就連上, 令覆養三五日. 不覆養則氣不足. 然後, 將母蛾亦置在雄蛾、苗蛾、末蛾處, 十八日後, 埋之.

교 석(校釋)

3 '양(梁)': 전본에는 '양(良)'으로 되어 있고, 격본에는 '양(梁)'으로 되어 있다. '강양(强梁)'은 '강폭(剛暴: 강하고 맹렬하다)'으로 해석된다. 이는 『노자(老子)』를 보면 사람에게는 맹렬함이 미덕은 아니지만, 누에나방[蠶蛾]에게는 생활력이 왕성하다는 증거라고 한다. 하지만 『농정전서』 권31의 인용문에는 여전히 '양(良)'으로 되어 있으며, 명판 『농상집요』에도 '양(良)'으로 되어 있다.

4 "그 성충과 알은 모두 필요가 없고, 그 나머지 … [其蛾與子皆不用, 其餘者 …]": 노교(盧校)에 "별본(別本)을 살펴보면, '그 성충과 알[其蛾與子]' 네 글자와 '그 나머지[其餘者]' 세 글자가 없다. 성충이 알을 낳으면 원래 아무런 필요가 없으니, 군더더기가 아니고 무엇이겠는가? 그것을 없애도 문장의 뜻이 완전하다."라고 되어 있다. 격본(格本)은 노교(盧校)의 기록과 일치한다. 노교의 의견을 고려해 봤을 때, 노문초의 말에서 앞부분은 주목할 만한데, 이 일곱 글자를 지우면 문장이 간단명료해지는 장점이 있다. 하지만, 뒷부분은 그다지 주도면밀하지 않다. 본문 뒷부분에는 성충이 알을 낳은 후 "다시 누에알받이종이에서 3~5일을 기르며," 그런 후에 어미 성충을 버린다고 나와 있다. 당시의 습관만 보아도 산란 후의 어미 성충은 아직 쓸모가 있다. "원래 아무런 필요가 없다."는 것은 그 후의 일로 원서의 뜻과 일치한다고 볼 수 없다. 알이 마치 고리처럼 둥그렇게 쌓인 것은 확실히 사용할 수 없다는 말은 맞다.

추가기록: 격본 본 절의 “3~5일 기른다.”의 바로 아래에 “누에알받이종이 씻기[浴連]”의 “매달 때에는 …”이라고 되어 있다. 원본의 한 쪽은 18줄, 한 줄은 18자로 되어 있다. ‘3~5일’은 마지막 페이지에 있다. 대개 원간(元刊)에 따른 격본은 이 아래의 두 쪽이 없으므로, “누에알받이종이 씻기[浴連]”조는 제목과 정문의 앞부분, 윗부분에 있는 ‘수종(收種: 누에씨 거두기)’ 장의 마지막 두 줄의 본문이 누락되어 있다. 이 단락은 본서에서는 ‘전본’과 대조해서 교를 붙일 수밖에 없었으며, 전본 간에 차이가 없어 원본의 원래 상황과 일치하는지 알 길이 없다.

교 안(校案)

ⓐ ‘근지(近地)’: 『제민요술』에는 원래 ‘근하(近下)’로 되어 있다.

누에알받이종이를 물에 씻기 누에알받이 종이를 저장하는 것을 덧붙임

浴連 收貯蠶連附

『세시광기歲時廣記』[12]: ‘집정력集正曆’을 인용

『歲時廣記』: ‘集

12) ‘세시광기(歲時廣記)’: 남송 진원정(陳元靚)의 저서이다. 『총서집성(叢書集成)』의 초판은 『십만권루총서(十萬卷樓叢書)』에 근거하여 활자를 조판한 배인본(排印本)이 있다. 권두에 육심원(陸心源)이 쓴 서문이 있는 것으로 보아, 진원정은 남송(南宋) 이종(理宗)(1235-1264) 때의 복건성 숭안(崇安) 사람으로 그의 조부는 “득도(得道)한 선인(仙人)”인 것으로 추정된다. 이 조는 배인본 권11 「변잠종(變蠶種)」조에 있으며 원문은 다음과 같다.

“정월 보름날 누에알 씻기를 마치면, 작은 줄에 묶어서 하룻밤 동안 걸어 놓아 봄의 기운을 받아 변하게 둔다. 색이 변한 것은 거두어 서늘한 곳에 두었다가 항아리에 담아 놓는다. 항아리의 깊이는 1치[寸]이며, 풀로 덮어 둔다. 서늘한 곳에 두는 주된 이유는 누에가 나오는 것을 늦추게 하려는 것이다.[正月十五日, 浴蠶種子. 絣小繩子, 掛搭一昔, 令春氣稍改; 變色卻收於清涼處, 著一甕盛. 須去甕底一寸, 以草蓋覆. 貴得清涼處, 令生遲也.]”

하여 말하자면, 무릇 물에 씻은 누에알받이종이는 작은 끈으로 묶어서 매달아 둔다. 정월 대보름[上元日][13]까지 씻은 누에알받이종이를 1~7일간 걸어서 말린 후, 다시 거두어 항아리에 담아서 공기가 맑고 매우 서늘한 곳에 놓아둔다. 누에알받이종이는 서늘하게 해주어야 개미누에가 나오는 시기를 늦출 수 있다.

正曆'凡浴蠶種了, 小繩子搭挂. 上元日浴畢, 掛一七日, 却收於淸涼處, 著一甕盛. 貴得淸涼, 令生遲也.

또 납일(臘日: 12월)에 누에씨를 거두어 바구니에 넣고 뽕나무 위에 걸어 두고, 서리·싸락눈을 맞고 비와 눈이 내리는 곳에 두었다가 입춘(立春)이 되어 거두어들이는데, 이를 '자연욕[天浴]'[14]이라고 한다. 통상 누에나방이 낳은 알은 실한 것과 허한 것이 있는데, 12월 엄동설한이 지나면 허한 알은 더 이상 쓸모없게 되어 부화하지 않고[15] 도태된다. 오직 실한 알에서 낳은 개미누에만이 건장하게 자랄 수 있다.

又臘日取蠶種, 籠挂桑中, 任霜霰雨雪飄凍, 至立春收, 謂之'天浴'. 蓋蠶蛾生子, 有實有妄者, 經寒凍後, 不復狂生. 唯實者生蠶, 則强健有成也.

『무본신서』: 농가에서는 개미누에가 누에알받이종이에서 생겨날 때부터 납월의 삼팔일三八

『務本新書』: 農家, 自蟻在連, 直

본서의 인용문과는 자구에서 차이가 있다. 본 조 아래의 작은 주는 배인본 제39권에 보이고, 역시 출처는 『집정력(集正歷)』이며, 글자의 차이는 크지 않다. '노(露)'자가 '산(霰)'자로 되어 있는 것[안(案): '산(霰)'자가 정확하다. 음력 12월에는 '노(露: 이슬)'가 매우 드물다.], '입춘(立春)' 아래 '일(日)'자가 더 있는 것, '망(妄)'자가 중복된 것(중복하는 것이 맞다.), '성(成)'자 위에 '수(收)'자가 있는 것 등은 본서의 인용문보다 낫다. 『송사(宋史)』「예문지(藝文志)」6, 자부(子部)·역산(歷算)류에 기재되어 있는 『음양집정력(陰陽集正歷)』 3권은 찬집인이 없다.

13) 역자주 정월 대보름으로 음력 정월 15일을 일컫는다.

14) '천욕(天浴)': 자연적인 냉동환경을 이용하여 약한 누에씨를 도태시키는 것은 좋은 방법임이 분명하다.

15) 역자주 무계유 교석본에 의하면, '광생(狂生)'이란 태어나서는 안 되는 것이 태어나고, 태어나도 쓸모없는 것을 일컫는다. '천욕(天浴)'은 천연의 냉동조건을 이용하여 엄격한 배란의 실험을 거쳐 도태시켜 강자만을 남기는 것을 의미한다. '광화(狂花)'는 꽃이 피었으나 열매를 맺지 않는 것을 일컬으며, '낭화(浪花)'라고도 한다.

日[16]에 이르기까지 연속해서 씨를 세 차례[17] 물에 씻는다. 어떨 때는 씻는 횟수가 너무 많고 어떨 때는 너무 부족하다. 전반기에서는 (알받이종이를 물에 씻는 것을) 너무 등한시하고, 후반기에는 또 지나치게 많이 한다.[18] 12월에 이르면 누에종이는 이미 나방의 독기毒氣에 오염되어 있고, 앞서 8~9개월간 더러운 것이 스며들어 선천적으로 누에를 건강하게 키우고자 하는 방식에는 심히 어긋난다.

至臘月內, 三八日, 浴連三次. 太過不及. 前倨后恭. 比及此時, 蛾溺毒氣, 先熏汙八九月, 甚違胎養之方.

지금 이후, 누에알을 알받이종이 위에 낳으면서부터 즉시 통풍이 잘되고, 연기가 없는 서늘한 방에 뽕나무껍질 끈으로 한 장 한 장을 걸어 두되 햇빛이 비치지 않도록 한다. 만약 날씨가 너무 더우면, 오미午未(오전 11시~오후 3시)시에는 누에알받이종이를 그늘지고, 서늘한 방의 깨끗한 바닥 위에 펴놓았다가 신시申時(오후 3시~5시)에 도로 매단다. 걸어서 18일을 말린 후에 청명한 날, 일출 이전에 깊은 우물에서 첨수甛水[19]를 길어 누에알받이종이를 씻는다. 대략 밥 한 끼 먹을 시간 동안

今後, 自蛾在連, 即於無煙通風涼房內, 桑皮索上單掛, 不得見日. 若遇天氣炎熱, 於午、未間, 將連鋪在涼房淨地上, 申時却掛起. 至十八日後, 遇天色晴明, 日未出時, 汲深井甛水,

---

16) 역자주 '삼팔일'은 무계유 교석본에 의하면 음력 12월 8일, 18일, 28일을 일컫는다고 한다.

17) 역자주 무계유 본에 의하면 "어떤 때는 너무 지나치고, 어떤 때는 부족한데 전반기의 시기에는 누에알받이종이를 물에 씻는 것을 크게 중시하지 않고, 후반기에는 또 지나치게 한다.[太過不及 前倨後恭.]"라는 내용이 있는데, 석성한이 기초한 전본에는 빠져 있다.

18) 역자주 마종신의 역주에 의하면, 3, 4월에서 누에가 깨어나는 12월까지, 이 기간은 8, 9개월이나 되는데 알받이종이를 물에 씻지 않고, 끝날 무렵은 12월 한 달에 불과한데 도리어 3차례나 씻는다. 때문에 때론 너무 지나치고, 때론 너무 부족하다고 한 것이다. 전본(殿本)에는 이 소주(小注)가 빠져 있다.

19) 역자주 무계유 교석본에 의하면 첨수(甛水)는 담수로서, 북방의 우물물이 만약 짠 맛이 없으면 상대적으로 이를 일러 '달콤하다'라고 말한다고 한다.

누에나방의 독기에 젖어 있는 종이를 물에 담가 독기를 제거하고 난 후에, 위의 방법과 같이 한 장씩 쭉 매달아 걸어둔다. 임산부나 아이를 낳은 지 1개월이 안 된 산모는 누에알받이종이를 씻는 작업에 참여해서는 안 된다. 또한 두꺼운 옷가지나 솜으로 누에알받이종이를 감싸서도 안 된다. 누에알받이종이는 구리・철・소금・재와도 가까이 해서는 안 된다. 삼끈으로 누에알받이종이를 걸어서는 결코 안 되며, 만일 삼을 멀리하지 않으면 후에 누에알이 대부분 말라 죽고, 개미누에가 태어날 수도 없다. 『본초(本草)』에서 진장기(陳藏器)[20]는 "모시[苧麻]를 누에씨 가까이 두면 누에가 태어나지 못한다."[21]라고 하니 응당 멀리 떼어놓아야 한다. 삼복三伏 때에 다시 알받이종이를 씻고 가을이 되어서 맑은 날에 누에알받이종이 2장을 연결해서 실로 듬성듬성 꿰매어 서로 등지게 하여 하나의 누에알받이종이를 만들어서 끈 위에 걸어 두면 가을바람에 의해서 생기는 마찰을 피할 수 있다. 7~8월에는 누에알받이종이를 거두어 저장해서는 안 된다. 너무 일찍 저장하면 작은 누에가 왕성하게 깨어나지 못

浴連. 約一頓飯間, 浸去便溺毒氣, 依上單掛. 孕婦幷未滿月産婦, 不得浴連. 勿用厚衣綿絮包裹. 勿近銅、鐵、鹽、灰. 不得用麻繩繫掛, 如或不忌, 後多乾死不生. 『本草』陳藏器云, "苧麻近蠶種, 則蠶不生" 當遠之. 三伏內再浴至秋高時兩連, 用線, 長綴通作一連索上搭挂, 庶免秋風磨擦. 七、八月, 不宜收起. 早收, 蠶子不旺. 至十月, 天晴收卷, 桑皮索繫懸之.

---

20) '진장기(陳藏器)': 이시진(李時珍)의 『본초강목(本草綱目)』 권1의 차례에 따르면, 당나라 개원 연간에 삼원현위(三原縣尉)를 지냈는데 저서로는 『본초습유(本草拾遺)』 10권이 있다.

21) "모시풀이 누에씨 근처에 있으면, 누에가 자라지 않는다.[苧麻近蠶種 則蠶不生.]": 『중수정화증류본초(重修政和證類本草)』 권11에 있는 「저근(苧根)」조의 '진장기왈(陳藏器曰)' 다음에 이 구절이 있다. 이는 아마도 한두 번의 우연의 일치였을 것이다. 예를 들면 모시풀이 자라는 주변에 누에 병을 일으키는 미생물이 있었다거나, 막 담근 마의 즙에서 독성 물질이 나와서 누에의 알에 해를 입혔다든지 하는 등이다. 하지만 모든 모시풀 제품에 해를 입혔을 리는 없다.

한다. 10월이 되어 맑은 날에 거두고 말아서 뽕나무껍질 끈으로 묶어 걸어 둔다.

동짓날과 음력 12월 초팔일에 앞에서 말한 바와 같이 누에알받이종이를 씻어서 걸어둔다. 흐르는 물[長流水]로 씻는 것이 가장 좋고, 그 다음으로 정화수(井花水)[22]가 좋다. 그리고 보름이 되면 몇 장의 누에알받이종이를 한 권으로 말아서 뽕나무껍질 끈으로 잘 묶어 뜰 안에 높은 장대를 세워 매달아 걸어 두어 12월의 차가운 공기를 받게 하고, 또한 뭇별과 달의 정수를 받게 한다. 섣달 그믐날 밤에 '오방초五方草'를 도부목사桃符木柤[23]와 함께 물로 끓여 우려내어 차갑게 해둔다. 정월 초하루 오경五更(새벽 3시~5시)에 이를 사용해서 알받이종이를 씻어 주면, 각종 사악한 기운을 피할 수 있고, 저주를 벗어날 수 있어서 누에를 기르는 데 유익하다. '오방초'는 바로 말이빨처럼 생긴 풀(馬齒莧: Portulaca olercea)이다. 5월 5일에 담벼락이나 지붕 위 혹은 인적이 드문 외딴곳에서 채취하는 것이 가장 좋다. 만약 봄에 가뭄이 들면 늦게 자라며, 천사일(天社日)[24]이나 중양절에 채취하는 것도 좋다. 입춘이 지난

冬至日, 臘八日, 依前浴挂. 長流水爲上, 井花水次之. 比及月望, 數連一卷, 桑皮索繫定, 庭前立竿高挂, 以受臘天寒氣, 又採辰精月華. 至歲除夜, 用'五方草'同桃符木柤, 以水同煎, 放冷. 元日五更, 浴連, 辟諸惡、解厭魅、宜蠶. '五方草'者, 馬齒莧是也. 五月五日, 於牆頭幷屋上, 或人跡少到處採者, 佳. 若春旱遲生, 至天社日, 重九

---

22) '정화수(井花水)': 새벽에 처음으로 우물에서 기른 물을 '정화(井花)' 또는 '정화수(井花水)'라고 한다.

23) '오방초(五方草)를 도부(桃符)의 찌꺼기와 함께[五方草同桃符木柤]': '사(柤)'는 '차재(樝滓: 찌꺼기)'의 '차(樝)'이다. 이러한 방법은 근거가 충분치 않으므로 우연의 일치 또는 견강부회일 것이다. **역자주** 도부를 만들 때 잘라낸 복숭아 나뭇가지를 말하며, 옛날의 미신에는 귀신이 복숭아나무를 두려워하여 복숭아나무에 문신(門神)을 그려서 만든 나무판자를 일러 도부라고 하고, 정월 초하루에 문에 걸어서 귀신을 내쫓았다.

24) **역자주** 천사일(天社日)은 음력 8월 추사일(秋社日)이다. 추사일은 입추(立秋) 후 다섯 번째의 무일(戊日)인데 무일은 일진의 천간(天干)이 무(戊)로 된 날이다.

후, 연기가 없는 실내에 깨끗한 빈 항아리 하나를 놓고 가늘게 썬 건초를 항아리 밑 부분에 깐 뒤, 그 안에는 검은 콩 1~2말을 담고 실 감는 얼레[絲籰] 하나를 콩 위에 세우고, 누에알받이종이 세 장씩을 한 묶음으로 하여 느슨하게 말아 뽕나무 껍질로 잘 묶어서 얼레 주위에 둘러 세운 다음, 성긴 비단[紗布]으로 항아리를 덮어 둔다. 십 수 일마다 누에알받이종이를 꺼내어 바람을 쏘이고, 햇빛을 쬐어준다. 또 개미누에 알받이종이는 연기를 매우 싫어하고 꺼려한다. 농가에는 연기를 피우지 않는 집이 적으므로 매일 연기를 쐬면 알이 열을 받아 봄이 되자마자 개미누에가 생겨나게 된다. 이때 뽕나무 잎이 아직 자라나지 않았기 때문에 농민들은 대부분 흙이나 콩으로 누에알받이종이를 덮고, 누르니 개미누에가 이러한 고통을 받고 며칠 후에 부화하게 되면 반드시 매우 허약하게 된다. 이러한 질병의 원인을 살펴 다방면의 보완책을 강구해야 한다. 예를 들어 한 마을 수십 집의 누에알받이종이를 각 집에서 스스로 표시한 후, 마을의 사장(社長)이 모두 거두어서[25] 연기 없는 곳에 보관해 둔다면 그을리고 뜨며, 덮여 눌리는 고통을 면할 수 있을 것이다.

日採, 亦同. 立春後, 無煙屋內置淨甕一隻, 細切乾茅草襯底, 另貯黑豆一二斗, 上立一絲籰, 慢卷蠶連三紙, 桑皮繫定, 遶籰豎立, 以紗蓋甕. 每十數日, 將連取出, 略見風日. 又蟻連大忌煙熏. 農家少有避煙房舍, 日值煙氣熏蒸, 胎先蘊熱, 來春必變. 爲見桑葉未生, 多以土, 豆埋壓, 蟻遭因苦, 後必消耗. 審此病源, 決合多方救護. 謂如一村數十家蠶連, 各自封記, 社長斂集, 於無煙處寄放, 庶免熏埋之苦.

『사농필용』: 물로 씻은 누에알받이종이를 매달 때는 누에알이 있는 부분을 바깥에 두는데, 바람이 불면 두 개의 누에알받이종이가 서로 마찰되어 누에알이 손상될 우려가 있기 때문이다.

『士農必用』: 浴畢掛時, 須蠶子向外, 恐有風相磨[5]損其子. 冬至日及

25) "사장(社長)이 거둬들여 연기가 없는 곳에 두었다.[社長斂集於無煙處寄放.]": 이는 사람들이 자발적으로 조직한 상부상조의 시작으로 주목할 만하다. 역자주 '사(社)': 고대 지방의 모임으로, 50가를 단위로 나이가 많고 농사일을 잘 아는 사람을 '사장(社長)'으로 뽑았다.

동짓날과 섣달 초팔일에 누에알받이종이를 물로 씻을 때는 너무 차가운 물은 사용하지 말아야 하며, 이틀간 담가 두었다가 다시 꺼낸다. 만일 물이 너무 차면 개미누에가 나올 수 없다.[26] 설이 지난 후에 누에알받이종이를 항아리 속에 세워서 보관하는데, 누에알받이종이를 느슨하게 말아 듬성듬성 놔두어야 한다. 십수 일마다 해가 높이 떴을 때, 꺼내서 바람을 한번 쐬어 주고, 매번 비가 온 후에는 꺼내서 햇볕에 말려 준다. 습기를 받을까 두렵지만 바람을 쏘이는 시간이 너무 길어서도 안 된다.

臘八日, 浴時, 無令水極凍, 浸二日, 取出. 水極凍則不能出連. 年節後, 甕內豎連, 須使玲瓏. 每十數日, 須日高時一出, 每陰雨後, 卽便曬曝. 恐傷濕潤. 然見風亦不可多時.

〈그림 1〉 누에알받이종이 씻어 걸기(왕정『농서』「蠶連」)

〈그림 2〉 얼레[絲籰](『수시통고』「繅絲」)

26) 역자주 '불능출연(不能出連)'의 말은 두 가지 해석이 있다. 하나는 너무 차가운 물에 누에알받이종이를 씻으면 누에알이 동사하여서 개미누에가 나올 수 없다는 것이다. 또 하나는 물이 너무 차가우면 누에알받이종이를 물속에 넣어서 씻어서는 안 된다는 것이다. 두 해석 중에서 전자의 해석이 비교적 따를 만하다.

▎교 석(校釋)▎

5 '풍상마(風相磨)': 격본 및 왕정의 『농서』 권6 및 권20, 『농정전서』 권31의 인용문에는 모두 '상(相)'자가 없다. 따로 걸려 있는 누에알받이종이는 바람에 날리면서 '부딪칠[磨: 마찰]' 염려는 별로 없다. 겹쳐서 매달았을 때에만 바람에 움직이면서 서로 부딪치게[相磨] 된다. '상(相)'자는 남겨놓을 필요가 있다.

잠사에 미리 준비해야 하는 것들
[蠶事豫備]6

마른 뽕잎을 거두어 저장하기

『무본신서』: 가을이 깊어 뽕잎이 아직 누런색으로 변하지 않았을 때, 한꺼번에 대량으로 뽕나무 잎을 수집하여 햇빛에 말리고, 찧어서 연기가 없는 곳에 저장했다가 봄누에가 막잠[大眠]을 자고 난 이후에 사용할 수 있도록 준비해둔다.

『사농필용』: 뽕나무의 잎이 지려고 할 때 뽕잎을 훑어 딴다. 뽕잎이 떨어지지 않으려는 시점에서 따면 이듬해에 싹틀 뽕나무 눈이 손상된다. 이미 잎이 떨어진 뽕잎을 취하게 되면 마르고, 영양분이 없다. 거둔 뽕잎은 곳집[囤]에 넣어서 진흙으로 밀봉해야 한다. 12월에 찧고 갈아서 가루로 만든다. 12월에 갈아서 가루를 만들면 누에의 열병(熱病)을 치료할 수 있다. 옹기(甕器)에 넣을 공간만 있다면 많이 수확해도 좋으며 누에를 먹이고 남는 것이 있으면 소의 사료로도 쓸 수 있는데 소는 아주 잘 먹는다.

收乾桑葉

『務本新書』: 秋深, 桑葉未黃, 多廣收拾, 曝乾, 擣碎, 於無煙火處收頓, 春蠶大眠後用.

『士農必用』: 桑欲落時, 捋葉. 未欲落捋, 傷來年桑眠. 已落者, 短津味. 泥封收囤.7 至臘月內, 搗磨成麪. 臘月內製者, 能消蠶熱病. 甕器內, 可多收, 飼蠶餘剩作牛料, 牛甚美食.

교 석 (校釋)

6 '잠사예비(蠶事預備)': 격본에 이러한 제목이 있는데, 한 줄을 차지하면서

위에 한 칸을 띄었고, 본권 첫 줄의 큰 제목인 '양잠(養蠶)'과 형식이 같다. 전본에는 빠져 있으나, 격본에 따라 보충한다.

안(案): 격본에서 본권의 제목을 따로 표시한 것이 모두 43개이다. 그 중에는 위에 한 칸 띄어 첫 줄의 '양잠(養蠶)'과 같은 것이 9개다. 하지만 전본에서는 따로 제목을 표시한 것이 41개뿐으로, 그 중에 '양잠(養蠶)'만 위에 한 칸 비운 큰 제목이다. 격본에서는 나머지 여덟 개의 큰 제목 중에서 '양사면잠(養四眠蠶)', '하추잠법(夏秋蠶法)'만 세 칸 아래에 쓴 것(즉 소제목으로 처리)을 제외하고, 나머지 '잠사예비(蠶事預備)', '수치잠실등법(修治蠶室等法)', '변색생의하의등법(變色生蟻下蟻等法)', '양난사양분대등법(涼暖飼養分擡等法)', '잠사잡록(蠶事雜錄)', '족잠조사등법(簇蠶繅絲等法)'(아래의 교석 10, 11, 16, 27, 28 참조) 등 여섯 개는 칸을 띄우지 않았다. 격본의 위에 세 칸 비운 34개의 제목이 전본에는 모두 있고, 이 외에도 '욕연(浴連)', '화창(火倉)', '용엽(用葉)' 등 3개가 더 있다. 그 중 '욕연(浴連)', '화창(火倉)', '용엽(用葉)'은 모두 격본에서 없어진 쪽에 있다. '용엽(用葉)'은 격본에는 줄 바꿔 쓰기를 하지 않고 맨 윗부분에 동그라미를 그려 분조(分條)임을 표시했으니, 전본이 잘못 분류된 것이다. 우리의 분석 결과 격본에 더 있는 여섯 개의 큰 제목 및 그 아래의 작은 제목 사이에 전체 내용의 총괄과 세부사항의 분류라는 관계가 있는 것으로 보아, 호문환이 임의로 첨가한 내용은 아닌 듯하다. 전본은 『영락대전』에서 찬집한 내용이므로, 자연히 제목 역시 『영락대전』의 것을 가져온 것이다. 『영락대전』에 각 서적을 기록할 때, 권, 장, 조, 단락을 나눌 때 원서를 따르지 않고, 잘못 분류하거나 합친 내용 또는 누락되거나 혼란을 일으킨 부분이 종종 있다.[호도정(胡道靜)이 찬집한 『종예필용(種藝必用)』「인언(引言)」 주) 7 참조] 그러므로 전본에서 이 6개의 큰 제목이 빠진 것은 『영락대전』이 잘못됐기 때문임을 알 수 있다. '용엽(用葉)'이라는 소제목이 나온 것 역시 『영락대전』이 '혼잡하게' 정리되어 있다는 것을 반영한다. 하지만 다른 면으로 보면, 본서의 나머지 여섯 권의 제목 체계는 매우 엄격하고, 치밀하게 정리되어 있다. 그런데 권4의 분류가 다소 체계가 없으며[특히 '잠사잡록(蠶事雜錄)'은 매우 어수선하다.], 나머지 여섯 권과 완전히 다르다. 제목 체계의 차이는 주로 내용에 의해 결정되는데, 양잠에 관한 내용 자체가 원래 소소하고 번잡하기 때문에 다른 권들과 체계가 다를 수 있다. 하지만, 차이가 이렇게 심한 것은 이상하다. 이에 대해 두 가지 가정을 해볼 수 있다. 첫 번째 가정은 원서의 이 권은 다른 사람이 편집을 해서 형식이 독특하다는 것이며, 두 번째 가정은 원서가 여러 차례 새겨지고 편집되는 과정에서 이 권에 대한 가공이 제일 많았고, 변화도 제일 컸다는 것이다.

7 '돈(囤)': 격본에는 '고(固)'라고 되어 있는데, 전본의 '돈(囤)'보다 못한 듯하다.

콩가루 · 쌀가루로 누에먹이 만들기

『무본신서』: 12월 초팔일에 새로 길어온 물에 녹두菉豆를 담가 일어 낸다. 누에 한 채반 당[27] 대략 반 되를 사용한다. 얇게 펼쳐서 햇볕에 말린다.

또 백미를 깨끗이 일어, 누에 한 채반 당 대략 쌀 반 되를 사용한다. 물기를 뺀다. 위의 두 곡물은 그늘진 곳[28]에 저장한다.

『야어(野語)』에는 "음력 12월 안으로 짜낸 기름을 가지고 잠실 안의 등을 켜면 각종 곤충이 들어오지 못한다."라고 한다.

製豆粉米粉

『務本新書』: 臘八日, 新水浸菉豆. 每箔約半升. 薄攤, 曬乾.

又, 淨淘白米, 每箔約半升. 控乾. 以上二物, 背陰8收頓.

「野語」云: 臘月造油, 蠶房內點燈, 諸蟲不入.

교 석 (校釋)

8 '배음(背陰)': 다음에 '처(處)'가 전본에는 빠져 있으나, 격본에는 있다.

27) 역자주 : '매박잠(每箔蠶)'은 큰 누에 한 채반을 가리키는 것으로 콩가루, 쌀가루는 큰 누에의 사료로 이용된다.

28) 역자주 '배음(背陰)'은 북방의 방언이다. 햇볕이 이르지 않는 곳을 뜻한다. 또 녹두와 쌀을 갈아 가루로 만들었다는 내용은 이 책의 「대면대사(大眠擡飼)」장에 보인다.

쇠똥 모으기

『무본신서』: 겨울철에 쇠똥을 많이 거두어 쌓아 둔다. 봄이 되어 거두면 부족할까 걱정되기 때문이다. 봄이 되어 날이 따뜻해지면 쇠똥을 밟아서 둥글넓적하게 만들어,[29] 말린 후에 거적으로 덮어 둔다. 태울 때에 나는 향기는 누에에 매우 이롭다.

『사농필용』: 12월에 쇠똥을 볕에 말린다. 봄이 되면 절구질하여 빻아 반은 저장하고, 나머지 반은 물에 고르게 버무린 다음 몽둥이로 다져서 둥글넓적한 쇠똥덩이를 만든다.

收牛糞

『務本新書』: 冬月, 多收牛糞堆聚. 春月旋拾, 恐臨時闕少. 春暖, 踏成墼子, 曬乾, 苫起. 燒時香氣宜蠶.

『士農必用』: 臘月曝乾. 至春, 碾搥碎, 一半收起, 一半用水拌勻, 杵築爲墼.

누에채반에 깔 풀 준비하기

『무본신서』: 12월에 띠풀[茅草][30]을 베어다 누에채반에 깔아주면 누에에게 매우 좋다.

收薅草

『務本新書』: 臘月刈茅草作蠶蓐, 則宜蠶.

---

29) '격자(墼子)': 부서진 가루를 눌러서 둥글넓적하게 만든 것을 '격(墼)'이라고 한다. '곡격(縠墼)'(음은 hú jī)은 땅덩이로, 관중(關中) 지역의 입말에는 지금까지도 남아 있다. 오어(吳語)로는 숯을 눌러서 둥글게 또는 둥글넓적하게 만든 것을 '탄격(炭墼)'이라고 한다.

30) 역자주 '모초(茅草)': 백모(白茅)를 가리킨다. 화본과이며 다년생 초본으로 잎은 가늘고 뾰족하며, 거적이나 도롱이를 만드는 데 사용된다.

쑥·나뭇가지 거두기

『사농필용』: 누런 쑥·콩깍지[豆稭] 및 뽕나무가지를 거두어 모아둔다. 기타 초목의 가지 중에서 말라 단단해져 악취가 없는 것도 사용할 수 있다.

收蒿梢

『士農必用』: 收黃蒿、豆稭、桑梢. 其餘梢, 乾勁, 不臭氣者, 亦可.

이엉과 거적 수리하고 관리하는 법

『사농필용』: 짚과 누렇게 말린 들풀 등은 모두 사용할 수 있다. 다만 짜서 만든 이엉과 거적은 반드시 단단해야 한다. 한쪽 끝은 가지런히 묶고, 다른 한쪽 끝은 묶지 않아 가지런하지 않은 것을 '이엉[苫]'이라 하고, 두 끝을 모두 묶어서 가지런하게 한 것은 '거적[薦]'이라고 한다.

『야어(野語)』에 이르길 "이엉을 띠풀로 만들면 누에가 섶에 올라갈 때 매우 가뿐하고, 또 누에섶 속이 뜨지 않는다."라고 한다.

修治苫薦

『士農必用』: 穀草、黃野草皆可. 但必令緊密. 一頭截齊, 一頭留梢者爲'苫', 兩頭齊截者爲'薦'也.

『野語』云, 苫用茅草, 上簇輕快, 又不蒸熱.

양잠도구 준비하기 누에의 양식[蠶糧]을 덧붙임

『제민요술』: 최식崔寔이 이르길, 3월 청명절이 되면 누에치는 아낙네[蠶妾]로 하여금 누에시렁[槌]·시렁의 가로대[椽]·채반[箔]·잠롱[籠]을 잘 준비하게 한다고 하였다.[31]

治蠶具 蠶糧附

『齊民要術』: 崔寔曰: 三月淸明, 令蠶妾具槌、椽、箔ⓑ籠.[9]

『사농필용』: 양잠의 용구와 고치실 켜는 도구는 힘써 미리 충분히 준비해야 한다. 시렁·채반·시렁가로대·칼·낫[鎌]·도끼[斧]·물레[軠]·솥[釜] 등이 있다. 끓인 물에 고치실을 켜는 경우[熱絲]에는 솥이 커야 하고, 찬물에 실을 켜는 경우[冷絲]는 솥은 작아야 하지만, 동이[盆]는 커야 한다. 부뚜막은 때에 맞추어 잘 손질한다.

『士農必用』: 蠶具及繰絲器皿, 務要寬廣. 槌、箔、椽、切刀、鎌、斧、軠、釜等. 熱絲則釜宜大, 冷絲則釜宜小, 盆欲大. 其竈, 臨時治之.

쌀을 찧고, 밀가루를 낸다.[32] 누에 키우기에 바쁠 때는 이런 것을 만들 여유가 없다.

舂磨米、麪. 蠶忙時不及也.

▌교 석(校釋)▌

❾ '박농(箔籠)' 아래의 주문(注文), 즉 "按『齊民要術』作令蠶妾, 治蠶室, 塗隙、穴, 具槌、持、箔、籠"은 격본에는 없다. 어기(語氣)로 봤을 때 전본을 편집할 때 편집자가 첨가한 것이라는 것을 짐작할 수 있다. 전본의 '특이사항'인 듯하다. 노교는 이 주문에 대해 "각각의 제목을 따르되 본서를 모두 베껴서는 안 된다. 잠실의 틈을 칠한다.[治蠶室塗穴隙.] 아래의 조를 참조하면, 누락된 것이 아니다."라고 지적하였다.

▌교 안(校案)▌

ⓑ '연박(椽箔)': 『제민요술』 및 『옥촉보전(玉燭寶典)』 권3에 인용된 최식의 원문에는 '적박(持薄)'으로 되어 있다. '적(持)'과 '연(椽)'은 같은 물건이며, 가로로 얹은 나뭇가지로 채반을 받치는 것이다. '박(薄)'과 '박(箔)'은 같은 글자의 다른 표기법이다.

---

31) 역자주 석성한의 교주본에서는 다음 부분에 "『제민요술』에서는 누에치는 아낙네로 하여금 잠실을 살피게 하고, 구멍이나 빈틈을 막고, 누에시렁[槌]·채반 시렁 가로대(持)·채반[箔]·잠롱[籠]을 갖추게 한다.[按『齊民要術』作令蠶妾, 治蠶室, 塗隙、穴, 具槌、持、箔、籠.]"라는 부분을 삽입하고 있다.

32) 역자주 "쌀을 찧고 밀가루를 낸다."는 것은 누에의 양식을 위한 것이지, 사람이 먹을 것이 아니다.

잠실 등을 수리하고 관리하는 법
[修治蠶室等法][10]

잠 실

『제민요술』: 잠실을 지을 때는 사면에 창을 내고 창에는 종이를 바른다. 울타리는 두껍게 쳐야 한다. 최식이 이르길 3월 청명절에 잠실을 수리하고 관리하는데 잠실의 벽의 틈과 구멍을 진흙을 발라 막는다고 하였다.

『무본신서』: 잠실은 북옥[남향집][33]이 가장 좋고, 남옥[북향집]과 서옥[동향집]이 그 다음이며, 서향으로 잠실을 짓는 것이 가장 좋지 않다. 서향집은 태양이 서쪽에서 쬐고, 또 서풍을 받기 때문에 만물이 생장 발육하는 기운을 충분히 받지 못한다. 곡우일穀雨日, 4월 20일이 되면 잠실에 진흙을 발라 잘 수리하고, 불을 지펴 말리고, 누에시렁을 설치하여 냉기가 스며드는 곳이 없도록 한다. 만약 개미누에가 깨어나려는 시기에 비로소 진흙을 발라 잠실을 수리하게 되면, 벽의 습기가 마르지 않아 누에에 백강병[白醭]이나

蠶室

『齊民要術』: 修屋欲四面開窗, 紙糊. 厚爲籬. 崔寔曰: 三月, 淸明, 治蠶室, 塗隙穴.

『務本新書』: 蠶屋: 北屋爲上, 南屋西屋次之, 大忌東屋. 爲西照日色, 又西風非長養之氣. 至穀雨日, 先須泥補, 熏乾, 豎槌了畢, 勿透風氣. 若逼蠶生旋泥者, 牆壁濕潤, 多生白醭, 貼

33) 역자주 무계유 교석본에 의하면, 전본에서는 정옥(正屋)을 북옥(北屋)이라고 하고 있으며, 집은 북쪽에 자리 잡고 남쪽으로 향해 있기 때문에 정옥이라고 한다. 남옥(南屋)이라고 하는 것은 남쪽에 자리 잡고 북쪽으로 향해 있으며, 서옥(西屋)은 서쪽에 자리 잡고 동쪽으로 향해 있으며, 동옥은 동쪽에 자리 잡고 있으며 서쪽으로 향해 있다. 여기서의 잠실은 북쪽에 자리 잡고 남쪽으로 향하도록 설계가 되어 있어서 비록 북옥을 가리키는 것일지라도 그 집은 반드시 사합원(四合院)이 될 필요는 없다.

첩사貼沙병[34]과 같은 각종 질병이 발생하게 된다. 잠실의 대문에는 갈대발[葦簾]이나 거적[草苫]을 이중으로 쳐 주어야 한다. 처마 바깥에는 별도로 발을 쳐서 차단할 필요는 없는데, 수시로 통풍과 채광이 필요하기 때문이다. 잠실의 동쪽 칸에 거적이나 발을 쳐서 방 한 칸을 따로 만들고, 그 안에서 개미누에를 부화孵化시킨다. 작은 문을 설치하여 출입하고, 문 위에는 부들로 엮은 발[蒲簾]을 걸어둔다. 대체로 방이 작기 때문에 따뜻한 기운[火氣]을 유지하기가 쉽다. 작은 누에[小蠶]가 두잠자기[二眠]를 전후하여 막은 벽을 철거한다. 개미누에는 때때로 작은 방에서 성장, 변화하는데, 달군 불[熟火]은 쉽게 방을 따뜻하게 해준다. 두잠[停眠]을 잔 이후에는 넓고, 밝은 방으로 옮겨 준다.

沙之病. 蠶屋正門, 須重挂葦簾草薦. 簷外不必以箔欄夾，令時通風日故也. 屋內東間, 另用席箔攔夾一間, 於內生蟻. 留小門出入, 上挂蒲簾. 蓋屋小則容易收拾火氣. 停眠前後拆去. 蟻或於小屋內生之，熟火易爲烘暖. 停眠後，移入寬快屋內.

잠실은 반드시 넓고, 밝으며 가지런하고, 깨끗하며 공기가 잘 통해야 하고, 햇볕이 잘 들어야 한다. 잠실 앞에는 큰 나무의 그늘이 있어서는 안 되고, 남쪽 잠실과 북쪽 잠실의 거리는 멀리 떨어져야 한다.[35] 남쪽과 북쪽 두 면에 창을 내고, 서쪽으로 창을 내는 것은 피해야 한다. 남・북의 창을 구분하여 창문에 말아 올리는 창호지[捲窓][36]에

蠶屋, 須要寬快潔淨, 通風氣, 映日陽. 屋前不宜有大樹密陰, 南北屋相去宜遠. 宜安南北窗, 大忌西窗. 南北窗上, 各糊捲

34) 역자주 백복(白醭)의 복(醭)은 만물이 부패하면서 백화(白花)가 일어나는 현상이다. 백복병은 백강병(白殭病)이라고 하며, 곰팡이가 기생하면서 생긴 누에 병이다. 병이 걸린 누에시체의 표면은 흰색의 곰팡이가 피어나기 때문에 백복병이라고 한다. 첩사병은 속칭 건백병(乾白病)이라고 하며, 일종의 위장에 고름이 생기는 병이다. 병든 누에가 너무 적게 먹으면 설사를 하는데, 누에똥이 끈적끈적하기 때문에 첩사병이라고 한다.

35) 역자주 거리를 두는 것은 북옥(北屋)의 잠실이 가려 햇볕과 공기유통이 차단되지 않게 하기 위함이다.

36) 역자주 옛날 창문은 고정되어 자유롭게 열 수가 없어 그 위에 종이를 바르면

각각 풀칠을 한다. 한잠[一眠]을 잔 후에 날씨가 맑고 남풍이 불면, 북쪽 창의 권창을 말아 올리고 북풍이 불면 남창을 말아 올리는데, 이것은 '간접적으로 흘러 들어오는' 바람과 공기가 누에에 매우 유익하기 때문이다. 만약 한 집에 잠실이 3칸인데 그저 십수 개 채반의 누에만 기른다면, 비록 잠실에 북쪽 창이 없을지라도 새롭게 낼 필요가 없다. 왜냐하면 기르는 누에가 적고, 방 또한 넓어서 분명 방 안의 온도가 지나치게 높지는 않을 것이다. 만약 누에 기르는 양이 20채반 이상이면 반드시 북쪽 창문을 새롭게 내어야 하며, 창문은 반드시 약간 낮게 설치해야 하고, 창문 위에는 갈대발이나 거적을 걸어 두어야 한다. 잠실蠶室 남쪽 처마의 바깥쪽에는 미리 움막의 행목[도리]을 설치해서 누에가 막잠[大眠]을 잘 때 움막 지붕을 잘 덮어줌으로써 처마 밖의 찌는 듯한 더위를 차단해 주어야 한다. 서쪽 산장山牆37)의 바깥에 별도로 햇볕을 차단하기 위해 경사진 지붕38)을 설치해준다. 오늘

窗. 一眠之後, 但遇白日晴明, 若是南風, 却捲北窗, 若有北風, 却捲南窗, 蓋'倒溜'風氣宜蠶故也. 假有一家, 蠶屋三間, 止養蠶十數箔, 雖無北窗, 亦不須剏開. 蓋爲蠶少屋寬, 必無太熱. 若至二十箔以上, 決當剏開北窗, 近下安置, 但是窗上須挂葦簾, 草薦. 南簷外, 先架立搭棚橂柱, 大眠時搭蓋, 以隔臨簷熁熱. 西山牆

통풍과 환기가 되지 않을 뿐 아니라 창문의 종이도 유리처럼 투명하지 않았다. 이 같은 결점을 보완하기 위해 창 위에 몇 개의 구멍을 내어 권창[捲窗, 즉 권지(卷紙)]을 바른다. 창을 바를 때에는 위쪽의 한 방향에만 붙이고, 위로 올렸다가 내리기를 할 수 있는 권지(卷紙)를 발랐는데 이것이 곧 권창이다. 권창은 공기와 햇볕의 양을 조절하여 잠실 내의 온도를 변화시키는 데 탁월한 효과를 발휘하며, 이러한 권지는 예전부터 종종 사용되었다.

37) 역자주 전통적인 가옥에서 맞배지붕의 경우, 산 모양의 지붕이 있는 측면 벽을 산장이라고 한다.

38) '저붕(趄棚)': '저(趄)'자의 음은 jü 또는 zü이다. 원래는 '자(趑)'와 함께 쓰였는데, '자저(趑趄)'는 '머뭇거리다'는 뜻이다. 여기에서의 용법은 아마도 송, 금, 원나라 구어(口語)의 음을 기록한 것으로 임시로 시렁을 설치한 움막을 뜻하는 것으로 보인다. 역자주 본문의 내용으로 볼 때, 저붕(趄棚)의 의미는 집 측면의 산

날에는 대부분 수숫대를 엮어 서쪽 산장(山牆) 밖에 움집 형태를 만들어 (햇볕을 차단해) 준다. 이는 산장 전체가 서쪽에서 햇볕을 받는 것을 피하게 해 준다. 잠실의 서남쪽 모퉁이에 처마기둥에서부터 남쪽으로 높은 벽을 4~5보步 정도로 쌓거나 혹은 수숫대를 이용하여 두껍게 울타리를 치고, 진흙으로 발라 준다. 이는 누에가 막잠을 자고 난 후, 창문의 종이를 뜯어낼 때 서남풍이 불까 두려워하여 그런 것인데, 이 같은 바람은 누에가 쉽게 상해[39]를 입을 수 있게 한다. 섬서陝西와 하남河南 두 곳은 이러한 피해가 아주 심한데, 조趙지역[40]에서 북쪽으로 갈수록 점차 완화된다. 『요지(要旨)』[41]에 잠실 지반의 기초는 지면보다 1자 정도 높게 해주어야 하고, 잠실 지을 땅을 선택할 때 반드시 음양의 형세에 근거할 필요는 없다고 한다.[42] 진지홍(陳志弘)이 이르기를 잠실 집의 기초는 마땅히 새로운 흙으로 메워줘야 하며, 말린 후 진흙으로 두껍게 덮어 줘야 한다고 했다.

外, 另搭趄棚. 今時多用薥黍楷壁. 以避滿牆西照. 蠶屋西南角, 從柱向南, 高壘牆壁四五步, 或夾厚籬障, 以泥泥飾. 防大眠之後, 剪開窗紙, 恐有西南風起, 此風大傷蠶. 陝西河南尤甚, 趙地以北頗緩. 『要旨』云: 蠶屋地基, 須高一尺, 擇地不必以陰陽形勢爲法. 陳志弘云: 屋基, 新土填乾, 於上用泥重覆.

『사농필용士農必用』: 잠실을 지을 때는 반드시 높고 넓게 지어야 하는데,[43] 잠실이 낮으면 공기가

『士農必用』: 修屋宜高廣, 低則鬱浥

장(山牆) 밖에 경사진 지붕을 덮어주었던 것으로 생각된다.

39) 역자주 무예유 교석본에 의하면, 봄에 부는 서남풍은 지역차로 인해서 때로는 한습하거나 건조하다. 그러나 이는 모두 누에의 생육활동에 좋지 못하여 병이 나기 쉽다. 하남과 섬서 지역에서는 가장 먼저 그런 피해를 입지만 장성 이북에서는 비교적 피해가 약하다.

40) 역자주 '조지(趙地)'는 지금의 산서성 북부 및 하북성 남부를 일컫는다.

41) '요지(要旨)': 내용 및 본서에 인용되었을 때의 배열방식으로 봤을 때, 『농상요지』의 약칭인 듯하다.

42) "음양의 기운에 따라 땅을 고를 필요는 없다.[擇地不必以陰陽形勢爲法.]": 『농상요지』의 저자가 이처럼 소위 '형가(形家)'라고 하는 당시의 미신에 도전했다는 것은 주목할 만하다. 이와 동시에 이 구절을 통해 틈만 있으면 파고드는 미신이 생산에 얼마나 큰 장애가 되었는지를 알 수 있다.

통하지 못하여 답답하고 후덥지근하다. **잠실은 남북의 벽에 인접한 곳에 지어서는 안 된다.** 잠실 남쪽에서 견방(棒房)을 지으면 양기를 막고, 북쪽에서 하방(厦房)[44]을 지으면 음기가 생겨남을 도와주는 것이다. **누에떨기 1개월 전에는 잠실을 진흙으로 잘 발라주어야 한다.** 진흙이 두꺼우면 추위와 더위를 잘 견딜 수 있다. **정문正門을 제외하고는 주변에 모두 창문을 설치할 수 있으며 — 서쪽 창문만 열지 않으면 무방하다 — 창문은 높고 커야 한다.** 매 칸마다 창문을 내면 더욱 좋다. 만약 벽 가운데 '통산주(通山柱)'[45]가 있으면, 벽에 2개의 창문을 낼 수 있고, 만약 재력이 없는 경우에는 벽을 따라 고르게 여러 개의 나무막대기를 설치해도 좋다. **매 칸의 지붕 위에는 도리[46]를 내고,**

多熱. 勿接棒厦. 南棒, 隔陽氣, 北厦, 助陰氣. 蠶生前一月, 泥飾. 厚則耐寒熱. 除正門外, 每周圍可徧安窗 — 無西窗不妨 — 宜高大. 每間開壁更好. 如壁內有'通山柱'者, 一壁上分安兩座, 力不及者, 勻立直柴枝亦可. 檁棒之間, 每一間內,

---

43) '견하(棒厦)': '인(人)'자 모양이 아니라 한쪽 면만 비스듬하게 경사진 모양의 지붕을 '하(厦)'라고 한다. '견'의 해석은 다음의 주를 참조할 것. '견하'는 대략 기존의 벽을 한 면으로 해서 '견'에서부터 바깥쪽으로 뻗어나가게 덮어서 만든 '하(厦)'이다. 즉 한 면이 비스듬한 것을 말한다. 역자주 견하(棒厦)란 남견(南棒), 북하(北厦)를 일컫는 것으로, 잠실의 벽을 이용해서 남쪽 또는 북쪽의 처마 끝에 용마루가 없이 비스듬한 지붕을 가진 집을 일컫는다. 무계유 교석본에는 집의 뒤쪽을 하(厦)라 하고, 집의 앞쪽을 견(棒)이라 하고 있다.

44) 역자주 석성한 교주본의 원문에서는 북견(北棒)으로 되어 있으나 의미상 북하(北厦)가 타당하여 수정해 두었다.

45) 역자주 예전의 평방(平房)에서는 두 가지 짓는 법이 있는데, 하나는 집의 대들보를 직접 벽 위에 설치하는 것이고, 다른 하나는 대들보를 기둥 위에 설치하고, 이후에 그 기둥을 벽 속으로 집어넣는 것이다. 이와 같은 방법은 비교적 많은 비용이 들지만, 꽤나 견고하게 지을 수 있다. 통산주는 지붕의 용마루상의 가장 높고 가장 굵은 대들보에 기둥을 세워, 집 산장의 중간에 위치시킨 것으로 대칭을 이루고 있으므로 통산주 좌우에는 각각의 창문을 설치하였다.

46) '늠견(檁棒)': 『집운』의 상성(上聲) '사십칠침(四十七寢)'에는 '름(廩)' 뉴(紐, 성모)(당시에는 대개 lǐm로 읽었다)에 '단(檀)'자가 있으며, '지붕 위 횡목(橫木)'으로 해석된다. 『광운』의 거성(去聲) '삼십이산(三十二霰)'에는 '현(俔)'뉴(당시에는 대개 kièn으로 읽었다)에 '견(棒)'자가 있으며, '횡견목(橫棒)'으로 해석된다. 지금은 많은 지역에서 지붕의 대들보와 직각을 이루는 나무를 '단(檀)'이라고 하

처마 끝의 중간에 3개의 '환기창[照窗]'47)을 낸다. 길이와 넓이는 대략 5~6치로 하면 된다. 창문 위쪽에 있는 잠실 양쪽 끝의 산장山牆에도 마치 처마[棒] 위에 조창(照窗)을 낸 것처럼 창을 설치해야 한다.48) 큰 창은 먼저 헌 종이를 사용하여 전부 바르고, 바깥은 거적으로 빈틈없이 꼼꼼하게 덮어주고, 조창도 '권창(卷窗: 말려서 올리는 창호지)'을 발라 밀봉한다. 창틀의 높이는 2자 5치를 넘어서는 안 된다. 매 칸의 방에는 지면 가까운 곳에 3개의 '바람구멍'을 만들어 주는데, 구멍의 크기는 고양이가 들락날락할 정도이다. 그러나 평상시에는 벽돌이나 흙벽으로 잘 닫아 두고 또한 진흙으로 단단하게 발라주어야 한다.

各開三'照窗'. 長闊皆五六寸許. 兩山壁窗近上, 亦各如棒上開照窗. 大窗先用故紙全糊, 外各用草薦密封蓋了, 照窗, 亦糊'捲窗'密封. 窗臺, 高不過二尺五寸. 每一間, 附地透開三'風眼', 如猫竇. 却用磚坯蓋塞了, 泥封固密.

〈그림 3〉 잠실(蠶室) (왕정 『농서』)

고, 평행을 이루는 것을 '견(棒)'이라고 한다. '견(棒)'의 뜻은 배를 끌어당기는 밧줄을 '견(縴)'이라고 부르던 것과 관련이 있는 듯하다.

47) '조창(照窗)': 글의 내용에 따르면 지붕 아래의 벽 꼭대기에 터놓은 '들창'으로, 빛이 들어오고 환기를 시킬 수 있으며, 바로 중국 옛 주택의 '환기창'이라고 할 수 있다.

48) '여(如)': 윗글 및 왕정의 『농서』의 글귀에 따라 '어(於)'로 해야 할 것이다.

| 교 석 (校釋) |

10 '수치잠실등법(修治蠶室等法: 잠실 수리 및 관리법)': 이 제목은 격본에 따라 보충한다.

추가기록(附記): '잠실(蠶室)'장은 『제민요술』의 한 절을 인용한 후, 『무본신서』의 긴 단락과 『사농필용』의 한 단락을 인용했다. '화창(火倉)'의 장 제목과 『제민요술』, 『무본신서』에서 인용한 부분이 있는데, 『무본신서』는 원간(元刊)의 격식에 따라 '수습화기(收拾火氣)'의 위에 모두 네 줄이 있다. 이상의 몇 단락을 합치면 36줄이며, 이는 원간본의 두 쪽에 해당하는데, 격본에는 모두 누락되어 있다. 다만 '수습화기(收拾火氣)'의 『제민요술』 바로 아래 주문에 최식(崔寔)의 『사민월령(四民月令)』을 인용했다. 이렇게 누락된 부분에 대해 노교, 전교에는 아무런 설명도 없으며, 교기(校記)도 없다. 왕정의 『농서』 권20 「농기도보십육(農器圖譜十六)」「잠소문(蠶繅門)」의 '잠실(蠶室)' 및 '화창(火倉)' 두 조를 참조하여 교를 붙였다. 『농정전서』 권31의 이 단락은 아마도 격본 또는 동일한 명판 『농상집요』를 옮겨 적은 것으로, 누락되거나 보충된 상황이 격본과 완전히 일치하여 대조자료로 사용할 수 없다.

난방용 난로

『제민요술』: 잠실 안 네 모퉁이에 난로를 설치하여 불을 피운다. 불이 만약 한 군데만 있으면 온도가 고르지 않게 된다.

『무본신서』: 무릇 개미누에의 부화를 위해 작은 방을 설치할 경우, 사방의 벽에 빈 감실[龕; 벽난로]을 쌓는다. 여덟 개나 여섯 개를 쌓아도 좋다. '삼성參星'[49]의 모양과 같이 한쪽이 높고 한쪽이 낮아 그

火倉

『齊民要術』: 屋內四角著火. 火若在一處, 則冷熱不均.

『務本新書』: 生蠶, 有小屋者, 四壁挫壘空龕. 或八或六. 頗類'參星'樣, 一

49) 역자주 삼성(參星): 28수 중의 하나로 오리온좌 중앙 부분에 나란히 있는 세 개

속에 불을 담아 두면, 화기를 고르게 분산시킬 수 있다. 만일 큰 잠실에서 개미누에가 깨어난다면, 한쪽 벽에 설치된 벽난로만으로는 곤란하니 시렁 채반의 바깥쪽에 토대土臺를 쌓거나 지상에 나무 말뚝을 박아 그 위에 화로[火盆]를 안치한다. 화로 바깥에 따로 장막이나 발을 쳐서 불기운이 모이게 한다. 누에가 어릴 때, 소똥을 다져 둥글납작하게 만들어 불을 붙여 연기가 나지 않을 때까지 태우고, 다시 벽난로 안으로 옮겨 넣어 둔다. 만일 벽난로 같은 시설이 없다면, 시렁이 있는 사방에 적당하게 불 피운 화로를 놓아둔다. 누에의 두잠이 가까워지면 불 피우는 것은 중지한다. 만약 춥고 더운 온도가 고르지 못하면, 이후 누에가 자고 일어나는 시간이 같지 않게 된다.

또 요즘은 잠실 안에 벽난로같이 달군 불을 피워 추위를 막는 시설이 없어 필요할 때 수시로 땔나무로 불을 피우는데, (이 경우) 연기에 잠롱[籠]이 심하게 그을려 누에가 열기의 피해를 입어 대부분 '검게' 변한다.

○ 『사농필용』: 난방용 난로 관리: 잠실의 지면 중앙에 구덩이를 하나 파는데, 구덩이의 너비와 깊이는 잠실의 크기에 따라 결정된다. 가령 1~3 칸의 잠실에 4개의 시렁 가로대[椽]가 설치되어 있다면, 사방 4자 너비의 구덩이를 팔 수 있다. 이러한 크기는 잠실의 크기

高一下, 頓藏熟火, 庶屋火氣匀停. 如大屋內, 生蠶一邊, 難就壁龕, 當於箔查外, 挫壘土臺, 或釘木橛, 上安火盆. 盆外另夾帷箔, 收拾火氣. 蠶小時, 將牛糞墼子, 燒令無煙, 移入龕內頓放. 如無壁龕等, 止於槌箔四向, 約量頓火. 近兩眠則止. 若寒熱不均, 後必眠起不齊.

又, 今時蠶屋內, 素無禦寒熟火, 止是旋燒柴薪, 煙氣籠熏太甚, 蠶蘊熱毒, 多成'黑蔫'.

『士農必用』: 治火倉: 屋當中, 掘一阬, 闊狹深淺, 量屋大小. 謂如一三間四椽屋, 四方一面可

의 항성이다. 이것은 난방용 난로의 배치가 마치 삼성과 같이 사방으로 흩어진 모양을 하고 있어 표현한 말이다.

에 따라 가감할 수 있다. 구덩이 주위를 빙 둘러 벽돌이나 기와로 2자 높이의 난로 벽을 쌓은 후에 점성이 강한 진흙으로 바른다. 난로의 깊이는 4자로 한다. 곱게 잘 부순 쇠똥을 구덩이 밑바닥에 3~4 손가락 굵기 정도의 두께로 한 층을 깐다. 쇠똥은 12월에 수집하여 부순 것이다. 쇠똥 위에 다시 뿌리와 마디가 달린 굵고 마른 땔나무를 한 층 깐다. 땔나무의 직경은 5촌 이상의 것으로 하며, 대개 뽕나무·느릅나무 및 홰나무 등 단단한 땔나무면 모두 괜찮다. 땔나무 위에 다시 쇠똥 한 층을 덮고, 땔나무 사이 빈틈을 쇠똥으로 채워 단단히 다져 준다. 결코 허술하게 해서는 안 되며, 빈 공간이 생기면 쉽게 화염이 일어나서 잠실을 태우고, 또 남아 있는 달군 불[熟火]도 오래 가지 못한다. 쇠똥과 땔나무를 번갈아 깔면서 빈틈을 채워 구덩이를 잘 다져 주고,[50] 마지막에 다시 윗부분에 아주 두껍게 쇠똥을 덮어 준다.

闊四尺. 隨屋大小加減. 阬周圍, 磚坯接壘高二尺, 長粘泥泥了. 通計深四尺. 細碎乾牛糞, 阬底上鋪攤一層, 厚三四指. 臘月所收槌碎者. 帶根節麤乾柴, 於糞上鋪一層. 五寸以上徑者, 凡桑、楡、槐等堅硬者, 皆可. 柴上又鋪糞一層, 於柴空隙處, 築得極實. 愼不可虛, 虛則火焰起傷屋, 又熟火不能久. 糞柴相間, 椿阬滿, 上復用糞厚蓋了.

대략 개미누에가 부화하기 7~8일 전에, 쇠똥 위에 달군 불[熟火]을 얹어 놓으면 검고 누런 연기가 5~7일간 난다. 개미누에가 깨어나기 하루 전에 잠실의 문을 약간 열어 주었다가 연기가 완전히 빠져나가면 바로 문을 잘 닫아 준다. 따뜻한 기운이 나갈까 염려되기 때문이다. 이때 구덩이 속의 땔나무와 쇠똥은 구덩이 밑으로 꺼져 달군 불[熟火]로 변한다. 누에가 어릴 때는 따뜻한 것을 좋아하지만 연기를 두

約蠶生前七八日, 糞土煨熟火, 黑黃煙五七日. 於蠶蟻生前一日, 少開門, 出盡煙, 卽閉了. 恐暖氣出. 其柴糞陷下, 已成熟火. 蠶小喜暖怕煙, 不

50) '장(椿)': '장(裝)'자의 의미로 차용한 것인 듯하다.(권3의 교석 참조.)

려워하기 때문에 잠실에는 막 피운 불[生火]을 사용해서는 안 된다. 그리고 막 피운 불은 불길이 거세게 일어났다 꺼졌다 하여 일정하지 못하니 고른 온도를 유지할 수 없다. 불구덩이 속의 불이 일단 달군 불로 변하면 절대 연기가 나지 않고, 1~2개월간[51] 꺼지지도 않는다. 뒤적거리지 않으면 마치 불이 없는 것 같으나 땔나무 가지로 재를 뒤집으면 바로 열기가 올라온다. 불구덩이는 위로 반드시 2자 높이 정도 쌓아야만 불기운이 위로 올라가 골고루 퍼지고, 또한 한밤중[52]에 돌아다니다 잘못하여 불구덩이에 빠지는 것도 막을 수 있다. 불기운으로 잠실을 다 말리고 나면, 벽은 모두 따뜻해져서 '흑파黑婆'[53] 등 각종 해충은 모두 열 기운에 그을려 죽게 된다. 쇠똥을 태워 잠실을 따뜻하게 그을리면 누에에게 아주 유익하다. 누에는 쇠똥을 좋아하고, 소는 누에똥[蠶沙]을 좋아한다.

可用生火. 又生火或驟或歇, 不能均勻. 此火既熟絶無煙氣, 一兩月不滅. 不動, 便如無火, 用柴枝剔撥, 便暖氣熏騰也. 上必壘高二尺者, 欲使火氣上騰至空中散布均勻, 又防寅夜人行, 悞陷入也. 其屋乾透, 其壁皆暖, '黑婆'等諸蟲, 盡熏了. 牛糞熏屋, 大宜蠶也. 蠶喜牛糞, 牛喜蠶沙.

○ 창문 바르기: 창문 위에 발랐던 오래된 종이는 깨끗한 새 종이로 바꾸어 발라 준다. 창을 바를 때 밖에 걸어 두었던 거적을 걷을 필요가 없고, 묵은 종이를 찢으면서 새 종이를 발라 주어 잠실의 열기가 달아나지 않도록 해야 한다. 창문마다 말아 올리는 창호지[卷窗][54] 4개를

糊窗: 窗上故紙, 却用淨白紙替換糊了. 外莫捲草薦, 旋扯故紙, 糊新紙, 不使熱氣出去了. 每一窗,

---

51) '일양월(一兩月)': 노교(盧校)에서는 "숯불은 밝기가 오래 가지만 한두 달 가지는 못한다. 게다가 양잠은 그렇게 길게 할 필요가 없다.[熟火雖明久, 亦不能一二月. 且蠶事亦不須如此經久也.]"면서 '일이일(一二日: 하루나 이틀)'로 해야 한다고 했다. 한두 달은 확실히 이치에 맞지 않고, 하루나 이틀은 춘잠(春蠶) 초기의 수요에 미치지 못한다. 그러므로 '일이진(一二辰)', 즉 12~24일이 맞는 듯하다.

52) 역자주 '인야(寅夜)'는 심야를 가리키며, 밤 3~5시까지를 '인시(寅時)'라고 한다.

53) 역자주 '흑파(黑婆)'가 무엇인지 알 수는 없지만, 『빈풍광의(豳風廣義)』 권중(卷中) 「잠실(蠶室)」에 의하면 "흑파, 모기, 파리 등의 곤충이 모두 그을려 죽게 된다."라고 한다.

54) 역자주 '권창(卷窗)'은 대개 모두 매우 작으며, 커도 한 자[尺] 미만이다. 누에가

붙인다. 촘촘하게 잘 붙여야 한다.

嵌四大倦窗. 宜密.

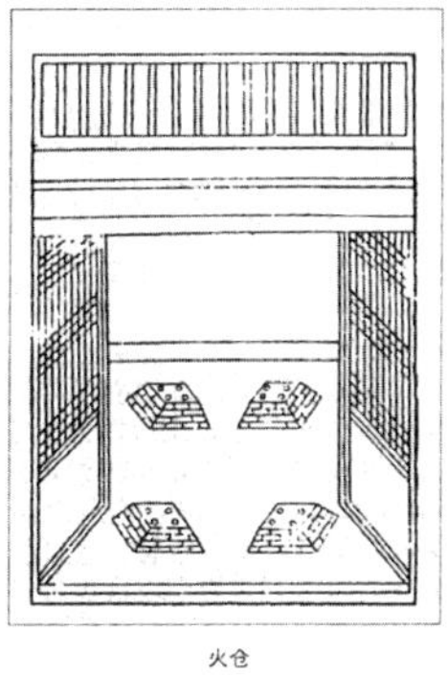

〈그림 4〉 난방용난로[火倉](왕정 『농서』)

누에시렁 안치하기

『제민요술』: 누에가 두잠을 잘 때쯤에는 항상 3개의 채반을 안치해야 한다. 중간 채반은 누에를 두고 위 채반과 아래 채반은 비워 둔다. 아래 채반을 비워 두는 것은 흙 기운과 격리를 하고자 함이고, 위 채반을 비워 두는 것은 공기 중에서 가라앉은 먼지를 피하기 위해서이다.

『사농필용』: 위아래 두 누에채반에는 모두 잘게 썬 짚을 깔아준다. 가운데 채반은 잘게 썰고, 또 두들겨 연하게 한 깔개[蓐草]를 고르고 평평하

安槌

『齊民要術』: 比至再眠, 常須三箔. 中箔上安蠶, 上下空置. 下箔障土氣, 上箔防塵埃.

『士農必用』: 上下二箔上, 皆鋪切碎稈草. 中一箔,

성장한 이후, 하나의 창문에 몇 개의 구멍을 뚫어 말아 올릴 수 있는 창호지[卷窗]를 붙였다.

게 깔아준다. 채반의 사방주위는 가장자리에서 약 5~7치[寸] 넓이로 띄워준다. 그런 후에 깨끗한 종이를 연하게 비벼서 깔린 깔개의 크기에 따라 종이를 한 장으로 붙여서 중간 채반의 깔개 위에 덮어 둔다. 종이를 명주실과 같이 부드럽게 비벼야 한다.

用切碎擣軟稈草爲蓐, 鋪案平匀. 仍須四邊留箔棱五七寸. 揉淨紙, 粘成一段, 可所鋪蓐大, 鋪於中箔蓐上. 揉紙極軟如棉.

『요지(要旨)』에 이르기를 바닥의 채반은 반드시 2장을 깔아주는데, 개미누에가 나온 이후에 매일 태양이 높이 솟았을 때 한 개의 채반을 꺼내서[55] 오후까지 햇볕을 쬔 다음 다시 부화된 개미누에의 채반 아래에 깔아 둔다. 둘째 날에는 앞에서 말한 방법과 동일하게 밑 채반을 꺼내서 햇볕에 쬔다. 이렇게 반복해서 속을 받쳐 주면 누에는 자연계의 따뜻한 양기를 받게 된다. 두잠에서 깨어나 먹이를 먹은 이후에는 채반을 겹치는 것을 더 이상 하지 않는다.

『要旨』云: 底箔須鋪二領, 蠶蟻生後, 每日日高, 捲出一領, 曬至日斜, 復布於生蠶箔底. 明日又將底箔撤出, 晒曝如前. 翻覆襯藉, 使受自然陽和之氣. 停眠起食, 然後撤去.

55) 역자주 무계유 교석본에 의하면, '출일령(出一領)'의 앞에 권(捲)을 붙여 두었는데, 그렇게 되면 박(箔)은 채반보다는 말 수 있는 발의 의미로 보아야 하는데, 이 경우 앞 문장의 "두 장의 채반을 깐다."는 것과 의미상 통하지 않는다. 석성한의 주석에 따르는 것이 합리적일 것 같다.

변색·개미누에 깨기·개미누에 떨기 등의 방법 [變色生蟻下蟻等法] 11

변 색[56]

『무본신서』: 청명절淸明節에 항아리에 넣어 두었던 누에알받이종이를 꺼내서 바람을 등진 따뜻한 방에 옮겨 실내 가운데 매달아 둔다. 너무 높게 매달아 두면 찬 기운을 받게 되고, 너무 낮으면 흙 기운이 스며든다. 곡우절에 누에알받이종이를 꺼내 바람이 잘 들고 햇볕이 좋은 곳에 걸어 둔다. 원래 바깥쪽에 있었던 누에알받이 종이는 안쪽으로 옮기고,[57] 원래 왼쪽으로 말아두었던 것은 바꾸어 오른쪽으로 말아 두고, 오른쪽으로 감아두었던 것은 왼쪽으로 바꾸어 감아 둔다. 매일 거꾸로 바꾸어 말아 두고 앞에서 지적한 대로 거두어들인다. 개미누에가 부화될 때 모두 따뜻한 바람을 받고 햇빛을 쐬면 부화가 고르게 진행된다.

『요지』에 이르기를 청명절이 지난 후, 누에알은 처음에는 붉은색을 띠며, 크고 탱탱하게 변한다. 다시 그 후에는 둥글고 뾰족하게 변하고, 약간 납작해지면서, 색깔은 봄의 수양버들과 같이 푸

變色

『務本新書』: 淸明, 將甕中所頓蠶連, 遷於避風溫室, 酌中處懸挂. 太高傷風, 太下傷土. 穀雨日, 將連取出, 通見風日. 那表爲裏, 左捲者却右捲, 右捲者却左捲. 每日交換捲那, 捲罷依前收頓. 比及蠶生, 均得溫和風日, 生發匀齊.

『要旨』云: 淸明後, 種初變紅和肥滿. 再變尖圓微低, 12 如春柳色.

---

56) 역자주 변색은 푸른색으로 변하게 하는 것을 의미하며, 푸른색으로 바뀌게 되면 부화가 균일하게 되고 개미누에가 나오는 시간을 조정하여 누에를 건강하게 하고 비단의 질을 높일 수 있다는 장점이 있다.

57) '나(那)': 지금 습관적으로 사용하는 '나(挪)'자로, '이동하다'로 해석된다.

른색으로 변한다. 다시 후에 개미누에로 바뀌면서 누에알 속에서 가득 웅크리고 있을 때의 색깔은 먼 산의 회색빛으로 변한다. 이 같은 누에알에서는 분명 좋은 개미누에가 부화될 것이다. 만약 (청명절이 지난 후에) 누에알의 윗부분이 평평해지고 말라 있거나 아울러 푸르거나 누렇거나 붉은 색깔을 띠고 있으면, 더 이상 누에알을 기를 가치가 없다. 이러한 것은 좋은 개미누에를 받을 수 없기 때문이다.

『사농필용』: 누에알 색깔 변화의 속도는 응당 자연에게 맡겨야 하고, 누에 자신의 정상적 변화를 깨뜨려서는 안 된다. 뽕잎의 생장에 따라서 누에떨기의 시기를 결정한다. 이것은 3일간의 처리를 거쳐서 누에알이 전부 회색으로 바뀌는 시기에 하는 것이 적절하다. 『농어(農語)』에 이르기를 "양잠에는 3가지가 일치해야 한다."라고 하는데, 곧 알을 낳는 시기, 개미누에가 나오는 시기 및 누에가 잠자고 일어나는 시기가 일치해야 한다는 것이다. 구체적인 방법은 뽕잎이 이미 자란 이후에 오전 진시辰時: 오전 7시~9시에서 사시巳時: 오전 9시~11시에 햇빛과 바람이 잘 통하는 곳에서 항아리 속의 누에알받이종이를 꺼내어 손으로 폈다 말았다 하며, 들어올려[58] (햇볕을 쬐어) 주는 것이다. 펼 때는 누에알받이종이의 뒷면을 해 쪽으로 향하여 단지 따뜻하게만 하고, 뜨거울 때까지 쬐여서는 안 된다. 매번 펼치고 말아줄 때는 원래 바깥쪽으로 말았던 것은 반대로 안쪽으로 말고, 원래 안쪽으로 말았던 것은 반대로 바깥쪽으로 말며, 원래 가로로 말았던

再變蟻，周盤其中，如遠山色．此必收之種也．若頂平，焦乾，及蒼,黃,赤色，便不可養．此不收之種也．

『士農必用』：蠶子變色，惟在遲速由己，不致損傷自變．視桑葉之生，以定變子之日．須治之三日，以色齊爲准．『農語』云'蠶欲三齊.' 子齊，蟻齊，蠶齊是也．其法：桑葉已生，自辰 巳間，於風日中，將甕中連取出，舒卷提掇．舒時連背向日，曬至溫，不可熱．[13] 凡一舒一捲時，將元捲向外者，却捲向裏，元向裏者，却捲向外，橫者竪捲，竪者橫

58) 역자주 '사권제철(舒卷提掇)'은 햇볕 아래 연속적으로 쬐는 방법으로서, 누에알받이종이를 반복적으로 햇볕에 쬐는데 그 차수와 시간은 일정하지 않지만 변색된 알이 일정한 수량에 도달하게 한다. 이 방법의 결점은 자연적인 변화가 아닌 인위적 변화라는 데 있다. 양산(陽山)의 『빈풍광의(豳風廣義)』에 의하면 "면포에 종자를 싸서 따뜻하게 해 주는 방법"이 햇볕에 쬐는 것보다 좋다고 한다.

것을 세로로 말아줘야 하며, 세로로 말았던 것은 고쳐 가로로 말아줘야 한다. 또한 양쪽 끝에서부터 가운데 쪽으로 말아서 합쳐도 된다. 누에알받이종이를 펼치고 마는 것은 고정된 횟수는 없지만 첫날은 3할 정도의 누에알이 회색으로 변색되어야 비로소 거둬들여야 한다. 이 후 둘째 날에 변색되는 알이 7할에 달하면 곧 거두어들일 수 있다. 이때 거둔 누에알받이종이는 반드시 종이로 잘 붙여 봉한 다음 앞에 제시한 방법과 같이 항아리 속에 보관한다. 셋째 날이 되어 오시午時가 지나면 다시 알받이 종이를 꺼내서 펼치고, 손으로 들어 올리고 말면서 햇빛에 말린다. 누에알받이종이를 펼치고, 손으로 들어 올리고 반나절 동안 계속 반복하여 펼치고 말아 주는 것을 십수 차례 해준다. 이는 반드시 모든 누에씨가 회색으로 변할 때까지 해야 한다. 세 번째 누에알받이종이를 꺼낼 때는 반드시 오시(午時: 오전 11시~오후 1시)가 지나야 하는데 그 원인은 처음 회색으로 변한 누에알이 먼저 알에서 깨어날까 두렵기 때문이다. 누에가 알에서 깨어나는 시간은 오전 9시에서 오후 1시(巳午時) 이전이며,[59] 오후 1시(午時) 이후에는 알에서 깨어나지 않는다.

『상잠직설桑蠶直說』[60]: 누에알을 빨리 부화시키려면, 펴고 말아 올리는 횟수를 자주하고 누에알받이종이도 느슨하

捲. 以至兩頭捲來, 中間相合. 舒捲無度數, 但要第一日: 十分中變灰色者變至三分, 收了. 次二日, 變至七分, 收了. 此二日收了後, 必須用紙密糊封了, 如法還甕內收藏. 至第三日, 於午時後, 出連舒捲提掇. 展連, 手提之, 凡半日十數徧. 須要變至十分. 第三次必須至午時後出連者, 恐第一次先變者先生蟻也. 蟻生在巳午時之前, 過午時便不生.

『桑蠶直說』: 欲疾生者, 頻舒卷, 卷之

59) 역자주 무계유는 교석에서 이것이 누에 부화시간에 대한 최초의 기록이라고 한다. 『천공개물』「내복」편에는 누에의 부화시기는 통상 오전 7시에서 11시가 비교적 많다고 한다. 혹자는 이 기록을 누에떨기 하는 시간이라고 하지만 동의하기 어렵다.

60) 『상잠직설(桑蠶直說)』: 서적의 연대, 저자의 이름 모두 고증할 길이 없다. 본권에는 모두 두 조가 인용되어 있는데, 이것이 첫 조로 격본의 정문에는 작은 글자로 씌어 있는 데 주의할 필요가 있다. 그리고 다른 조는 뒤쪽의 '양사면잠(養四眠蠶)'으로 전본에는 서명인 상잠(桑蠶) 두 글자의 순서가 반대로 씌어 있다.

게 말아야 하며, 개미누에가 깨어나는 시기를 늦추려면 말고 펴는 횟수를 줄이고 누에알받이종이를 좀 단단하게 말아준다.

須虛慢，欲遲生者，少舒卷，卷之須緊實.

| 교 석 (校釋) |

11 "변색 · 개미누에 깨기 · 개미누에 떨기 등의 방법[變色生蟻下蟻等法]"의 제목은 격본과 같다.
12 '미저(微低)': 전본에는 '미저(微低)'라고 쓰고 있다. 격본에는 '기중(其中)'으로 되어 있는데, '기중미저(其中微低): 그 중 작고 약한 것'으로 붙여 써야 할 것이다.
13 '불가열(不可熱)': 격본에는 '열(熱)'자 위에 '지(至)'자가 있어 위 구절의 '지온(至溫)'과 중복된다. 전본은 본서의 내용과 같다.

개미누에 깨기

『사농필용』: 개미누에 깨기에 있어서 가장 중요한 것은 누에알을 어느 때 서늘하게 하고, 어느 때 따뜻하게 해야 하는지를 아는 데 있으며, 아울러 누에알을 변색시키고 개미누에 깨기를 억제하는[61] 방법을 적절하게 구사하여 개미누에가 깨는 시기를 고르게 하는 데 있다. 만일 개미누에의 깨는 시간이 고르지 않으면, 누에가 잠자고 일어나는 것부터 익을 때까지 모두 고르지 않게 된다. 이와 같이 하는 방법은 누에알이 모두 회색으로 변했을 때, 2장의 누에알받이종이를 서로 마주보게 합쳐 한 장의 깨끗한 빈

生蟻

『士農必用』: 生蟻，惟在凉暖知時，開捎得法，使之莫有先後也. 生蟻不齊，則其蠶眠起至老，俱不能齊也. 其法，變灰色，已全，以兩連相合，鋪於一淨箔上，緊捲了兩頭，繩束，卓立於無烟

61) '긍(捎)': 일반적으로 '가두다', '억류하다'로 해석된다.

발 위에 깔아 놓고, 발을 단단하게 말아서 양쪽 끝을 새끼로 잘 묶어서 연기가 없는 깨끗하고, 서늘한 방에 세워 두는 것이다. 이렇게 해서 3일째 되는 날 밤에 발을 꺼내어 펼쳐서 개미누에가 깨어난 것이 없으면 그보다 더 좋은 것은 없을 것이다. 만약 개미누에가 먼저 깨어났다면, 그것은 닭 깃털로 쓸어버리고 사용하지 않는다. 먼저 깨어난 개미누에를 '행마의(行馬蟻)'라고 하는데 이러한 개미누에를 키우면 누에가 (잠자고 일어나는 것이) 고르지 않게 된다. 그런 연후에 각 3장의 누에알받이종이를 가볍게 말아 새로 지은 따뜻한 잠실 안에 놓아둔다. 누에시렁의 주변 (습기에 직접 맞닿지 않는) 하단부의 채반 위에 세워 둔다. 동녘이 밝아올 때까지 기다렸다가 누에알받이종이를 실외로 가지고 가서 정원 안의 채반 위에 한 장을 깔아준다. 만약 이슬이 내리면, 서늘한 방안이나 움막 아래에 (채반 위에 한 겹으로 깔아) 둔다. 대략 밥 한 끼 먹는 시간의 절반 정도가 지난 후, 알받이종이를 잠실에 옮겨서 지면과 가까운 아래 채반 위에 겹쳐 깔아준다. 머지않아 검은색의 개미누에가 동시에 깨어난다. 먼저 태어나거나 뒤에 태어나는 것이 없다. 개미누에와 누에알받이종이를 저울에 달아서 두 개의 중량을 각각 기록해둔다.[62]

淨凉房內. 第三日晚, 取出展箔, 蟻不出爲上. 若有先出者, 雞翎掃去不用. 名'行馬蟻', 留則蠶不齊. 每三連虛捲爲一卷, 放在新暖蠶房內. 槌匝下隔箔上. 候東方白, 將連於院內一箔上單鋪. 如有露, 於凉房中或棚下. 待半頓飯時, 移連入蠶房, 就地一箔上單鋪. 少間, 黑蟻齊生. 並無一先一後者. 和蟻秤連, 記寫分兩.

62) 역자주 개미누에가 나온 후 무게를 재어 두는 이유는 누에가 성장한 이후 얼마만큼 채반이 있어야 하며, 어느 정도 뽕잎과 설비 등을 준비해야 하는지를 가늠하는 데 편리하기 때문이다.

개미누에 떨기

『제민요술』: 갓 태어난 누에를 물 억새로 쓸어 거두면 누에가 손상을 입게 된다.

『박문록博聞錄』: 지상地桑의 잎을 머리카락 굵기로 가늘게 썰어서 깨끗한 종이 위에 골고루 흩어 놓는다. 그 후 누에알받이종이를 그 위에 덮어준다. 개미누에가 뽕잎의 향내를 맡으면 스스로 뽕잎 위로 올라온다. 반드시 거위 깃털로 쓸어낼 필요는 없다.

『무본신서務本新書』: 농가에서 개미누에를 떨어내는 방법은 대부분 복숭아 막대기를 사용하여 부화하고 있는 누에알받이종이를 뒤집어서 두들겨 털어내고, 연후에 떨어져 나온 개미누에를 쓸어 모아 종이로 싸서 양을 측정하고, 개미누에를 채반에 잘 깔아주는 것이다. 이후 종종 병이 생기는 것은 대부분 이러한 고통을 감내하지 못하는 폐단 때문이다. 이때부터 개미누에가 곧 나오려고 하면 채반 위에 깔개 풀을 골고루 깔아준다. 깔개 풀은 잘 찧어서 부드럽게 해주어야 한다. 잘 달군 불에 붉은 대추를 1~2알 정도 올려놓고 미리 누에알받이종이의 양을 헤아린 연후에 잘게 썬 뽕잎을 깔개 풀 위에 골고루 흩어주고, 누에알받이종이를 뒤집어서 가는 뽕잎 위에 덮어준다. 만약 개미누에를 골고루 펼쳐 놓으려면 자주 개미누에알받이종이를 옮겨줘야 한다. 개미누에가 모두 깨어나기를 기다려서, 다시 개미누에의 빈 알받이종이

下蟻

『齊民要術』: 蠶初生, 用荻掃, 則傷蠶.

『博聞錄』: 用地桑葉細切如絲髮, 摻淨紙上. 却以蠶種覆於上. 其子聞香自下. 切下可以鵝翎掃撥.

『務本新書』: 農家下蟻, 多用桃杖翻連敲打, 蟻下之後, 却掃聚, 以紙包裹, 秤見分兩, 布在箔上. 已後, 節節病生, 多因此弊. 今後, 比及蟻生, 當匀鋪蓐草. 蓐宜擣軟. 煻[14]火內燒棗一二枚, 先將蠶連秤見分兩, 次將細葉摻在蓐上, 續將蠶連翻搭葉上. 蟻要匀稀, 連必頻移. 生盡之後, 再秤空連, 便知蠶蟻

의 무게를 달아 보면 깨어난 개미누에의 양이 어느 정도인지를 알 수 있다. 이와 같은 방법에 따라 깬 개미누에를 받으면 조금의 손상도 없게 된다. 오늘날 사람들이 흔히 말하기를 3냥兩의 개미누에가 깨어나면 보통 한 채반에 가득 펼쳐놓을 수가 있는데, 지나치게 과밀하거나 또 너무 빽빽해서 눌리게 되면 누에의 손상을 피할 수 없다.

分兩. 依此生蠶, 百無一損. 今時謂如下蟻三兩, 往往止布一席, 重壘密壓, 不無損傷.

이후 만약 3냥의 개미누에가 있다면 반드시 한 잠박 위에 고르게 가득 펼 수 있다. 만일 깨어난 개미누에의 양이 많거나 적더라도 모두 이 같은 표준에 따라 증감할 수 있다. 또 누에는 절대로 많이 기르려고 욕심내어서는 안 된다. 가령 자신의 능력이 개미누에를 3냥만 기를 수 있는데, 욕심 때문에 많은 양을 길러 4냥의 개미누에를 기르려고 한다면, 그 결과로 뽕잎, 잠실, 누에서까래, 누에채반, 인력, 땔감 등이 모두 부족하게 되므로 이로 인해 누에와 재물 둘 다의 손실을 보게 될 것이다.

令後, 下蟻三兩, 決合勻布一箔. 若分兩多少, 驗此差分. 又愼莫貪多. 謂如己力止合放蟻三兩, 因爲貪多, 便放四兩, 以致桑葉、房屋、椽, 箔、人力、柴薪, 俱各不給, 因而兩失.

『사농필용』: 개미누에를 받는 일에는 오로지 세심한 배려와 정성을 기울여야 하며, 개미누에를 듬성듬성 고르게 배치하여 개미누에가 놀라고 손상되는 것이 없어야 하며, 또한 지나치게 조밀하게 하거나 서로 겹치게 해서는 안 된다. 개미누에가 깨어날 때 누에치는 아낙[蠶婦]은 깨끗이 목욕을 하고 옷을 갈아입은 후에 비로소 잠실에 들어간다. 실내에서는 향을 피우고 정원에 있는 닭, 개, 가축의 암컷들은 모두 먼 곳으로 쫓아내야 하는데, 이는 새로 깨어난 개미누에가 놀라지 않도록 하기 위해서이다. 개미누에가 일제히 깨어나면 즉시 새 뽕잎을

『士農必用』: 下蟻惟在詳款稀勻, 使不致驚傷而稠壘. 是時蠶母沐浴淨衣, 入蠶屋. 蠶屋內焚香, 又將院內雞犬孳畜, 逐向遠處, 恐驚新蚭也. 蟻生旣齊, 取新葉, 用快利刀切極細. 須下蟻時旋切, 則葉查

따서 예리한 칼로 가늘게 썰어 준다. 뽕잎은 개미누에를 거두어들이는 것을 기다릴 때 즉시 잘라 주는데, 잘려 나간 잎에서[63] 진액이 생긴다. 만약 무딘 칼을 사용하면 미리 잘 잘라도 잘린 부위에는 전혀 진액이 보이지 않는다. 체를 사용하여 가늘게 썬 뽕잎을 누에시렁에 있는 채반의 종이 위에 고르고 얇게 흩어준다. 모름지기 체를 사용해야만 뽕잎을 골고루 뿌려줄 수 있다. 만약 뽕잎이 골고루 뿌려지지 않으면, 어떤 개미누에는 많이 먹게 되고 어떤 것은 적게 먹게 된다. 체는 대나무로 짜거나 갈대로 엮어도 좋으며, 조나 기장의 줄기[64]로 만들어도 좋다. 체는 일반적으로 작은 사발만한 크기로 하고 체 바닥에 네모난 구멍들은 작은 손가락이 통과할 정도의 크기이면 된다. 개미누에알받이종이를 가는 뽕잎 위에 덮어 주면, 개미누에는 자연히 뽕잎 위로 올라온다. 만약 어떤 개미누에가 오랫동안 여전히 누에알받이종이에서 내려오지 않고 심지어 알받이종이의 뒷면으로 올라가게 되면 뒤집어 주고, 만약 여전히 알받이종이에서 내려오지 않으면 알받이종이 채로 버려도 된다. 이러한 유형의 개미누에는 발육에 결함이 있을 뿐만 아니라 병에 걸린 개미누에이기 때문이다. 한 채반의 깔개 위에 만약 3냥의 개미누에가 있다면, 익은누에가 될 경우 서른 채반으로 늘어난다. 1전(錢)[65] 무게의 개미누에가 익은누에 시기가 되면 한 채반

上有津. 若鈍刀預切下, 則查乾無津. 用篩子篩於中箔蓐紙上, 務要勻薄. 須用篩子, 乃能勻. 不勻則食偏. 篩用竹編, 葦子亦可, 秫黍藍亦可. 如小椀大, 篩底方眼, 可穿過一小指也. 將連合於葉上, 蟻自緣葉上. 或多時不下連, 及緣上連背翻過, 又不下者, 並連弃了. 此殘病蟻也. 一箔蓐上, 下蟻三兩, 蠶至老, 可分三十箔. 每螘一錢, 可老蠶一箔也. 一 係長一丈, 闊七 15 尺之箔, 如箔小, 可減螘. 下螘多, 則蠶稠爲後患也. 一 養蠶過三十箔者, 可更加下螘箔, 養蠶少

63) 역자주 엽사(葉查)의 사(查)는 사(楂) 혹은 사(碴)와 같으며, 칼에 의해 잘린 부분을 지칭한다.

64) 역자주 무계유 교석본에 의하면, 원문의 개(藍)는 개(稭)와 같은 것으로 줄기를 의미한다고 한다. 혹자는 이를 고량 줄기라고도 하며, 북방에서는 이를 출개(秫稭)라 칭한다고 한다.

65) 역자주 무계유 교석본에 의하면, 이것은 북방에서의 양잠의 개미누에와 익은

이 된다. — 채반은 길이 10자 폭 7자의 것으로, 만약 채반이 위에서 지적한 것보다 작다면 개미누에를 내리는 것을 줄여야 할 것이다. 깨어난 개미누에가 너무 많으면 누에가 성장했을 때 너무 조밀하여 이후 많은 번거로움이 있게 된다. — 누에의 수량이 서른 채반을 넘으면 별도로 개미누에 채반을 늘려야 하며, 누에 기르는 것이 적으면 광주리를 사용해도 좋으며, 누에 깔개를 까는 방법 등은 앞에서 지적한 것과 같다.

者, 用筐可也, 蓐如前法.

▎교 석(校釋)▎

14 '당(煻)': 민각에는 '당(糖)'으로 되어 있으며, 절각에는 '당(塘)'으로 되어 있는데, 모두 해석이 안 된다. 소각 및 격본에는 '당(煻)'으로 쓰고 있다. 『광운』 평성하(平聲下)의 '십일당(十一唐)', '당(唐)'뉴(紐)에 '당(煻)'자가 들어 있으며, '당외화(煻煨火)'로 해석된다. 즉 불꽃도 없고 연기도 없는 뜨거운 재의 화기이다.

15 '칠(七)': 전본에는 '칠(七)'이라고 되어 있고, 격본에는 '이(二)'라고 되어 있다. 채반의 크기는 사용의 편의를 위주로 하되 규격을 통일할 필요는 없다. 다만 여기에서 언급하는 치수는 '노잠(老蠶)'과 '의잠(蟻蠶)'의 비율과 수량을 결정하는 숫자이기 때문에 확실히 할 필요가 있다. 북송시대 진관(秦觀)

누에의 채반의 비례를 최초로 기록한 것이다. 1전(錢)의 개미누에의 양은 익은누에가 되었을 때 누에가 차지하는 면적이 70평방척(채반의 길이 10척, 폭 7척)이 되어 현재 대잠기(大蠶期)의 채반면적의 표준과 대체로 일치한다. 송의 진관(秦觀)의 『잠서(蠶書)』「제거(制居)」에서 언급하기를 '사방 1척'의 개미누에가 고치가 되면 '사방 4장(丈)'에 이른다고 한다. 이 말은 성숙한 누에는 개미누에에 비교하여 몇 배가 된다는 의미로, '사방 1척'의 개미누에가 익은누에로 될 때 차지하는 면적은 '사방 1장'이며, 이는 개미누에의 400배에 해당된다. 큰 누에의 밀도가 낮으면 누에가 차지하는 면적은 더욱 커지게 된다. 진관이 사용한 것은 길이 7척, 폭 5척의 광주리로, 채반보다 작다. 『사농필용(士農必用)』에서는 누에가 많으면 채반을 사용하고 누에가 적으면 광주리를 사용한다고 한다. 진관은 광주리를 사용하여 계산단위로 하지 않고, 이른바 '사방 4장'이라 한 것의 의미는 어림잡은 수치인 듯하다. 또 '폭 7척'은 『격치(格致)』본에서는 '폭 2척'이라고 하고 있다.

의『잠서(蠶書)』의 기록에 따르면, 채반은 '사방 4장'으로, 대략 2장(丈) 넓이의 사각형으로 상상이 안 될 정도로 엄청난 크기인 듯하다. 다만 실제 크기를 내보면 '길이 7자[尺]', '너비 5자[尺]', 총 면적은 35평방자[方尺]이며, 여기에서 말하는 '4장(四丈)'은 40평방자로 보면 대략 옳다. 그 후의 서적 중에는 구체적인 크기를 제시한 것이 매우 적다.『사농필용』에서 언급한 것은 황하 중하류 지역의 일반적인 농가에서 사용하던 일례일 것이다. 이 지역의 일반 농가의 방 크기를 고려해볼 때, '길이 1자, 너비 7자'는 너무 넓다. 이는 옮기기도 어려울뿐더러 방 안에 채반 2, 3개도 못 넣는다. 너비 2자는 또 너무 좁으니, 3자에서 4자반 정도일 것이다.

온도관리·누에치기·채반 바꾸기 등의 방법 [凉煖飼養分擡等法] 16

냉난방 온도관리66) 총론 | 凉煖總論

『제민요술』: 난로의 불을 조절하여 온도가 적당하도록 유지한다. 더우면 개미누에가 바싹 마를까 불안하고, 추우면 더디게 성장한다.

『무본신서』: 봄누에[春蠶]를 기르는 시간은 하루 밤낮을 대략 사계절에 빗대어 말할 수 있다. 아침과 저녁의 날씨는 흡사 봄, 가을과 비슷하고, 한낮은 여름과 같으며, 깊은 밤은 겨울과 유사하다. 차고 더운 것이 일정하지 않으니 난로 속에 비록 불덩이가 있더라도 모두 사정을 참작하여 온도를 가감하여야 하며, 일정하게 다루어서는 안 된다. 개미누에가 처음 깨어나면 연속으로 두잠[兩眠]을 자게 되는데, 잠실 안은 따뜻하게 해주어야 한다. 누에치는 아낙네는 모름지기 홑옷[單衣]을 입고 자신의 몸으로 살펴보아야 한다. 만약 자신이 스스로 추위를 느끼면 누에도 반드시 추울 것이니 불

『齊民要術』: 調火令冷熱得所. 熱則焦燥, 冷則長遲.

『務本新書』: 春蠶時分, 一晝夜之間, 比類言之, 大概亦分四時. 朝暮天氣, 頗類春秋, 正晝, 如夏, 深夜如冬. 既是寒暄不一, 雖有熟火, 各合斟量多寡, 不宜一體. 自蟻初生, 相次兩眠, 蠶屋內正要溫煖. 蠶母須著單衣,

---

66) 역자주 큰제목인 "량난사양분대등법(凉煖飼養分擡等法)"은 전본에는 빠져 있다. 본 장의 잠실 온도조절 기능은 전적으로 잠실의 건축에 따라 결정되기에 설비가 중요하다. 누에는 변온동물로서 사육온도의 고저는 누에의 생장은 물론 누에고치의 질과 큰 관련을 가진다. 일반적으로 넉잠누에의 경우 적합한 온도는 개미누에일 때가 27~28°C로 가장 높고, 이후 점차 낮아져 넉잠 이후에는 23~24°C로 내려간다.

덩이를 더 넣어주어야 하고, 만약 자신이 덥게 느껴지면 누에 역시 더운 것이니 불의 양을 헤아려 약간 줄여주어야 한다. 한잠 잔 후에 날씨가 맑으면 오전 9시에서 오후 3시 사이에 잠시 문 위의 거적을 말아 올려 바람과 햇빛이 들도록 해준다. 막잠에서 일어난 후에는 세 차례 먹이를 주는 것으로 끝낸다. 창문에 붙였던 종이를 뜯어낼 때, 햇볕과 바람이 갑자기 들어오면 누에가 놀라 후에 대개 병이 생기게 된다. 옛사람들이 이르기를 "가난한 집에서 아이 기르는 법을 깨닫는다."라고 한다. 이것은 바로 가난한 사람들은 통상 아이를 바깥 바닥에 두고 바람을 쐬고, 햇볕을 쬐는 것이 일반적이기 때문이다. 누에를 기르는 것도 이와 같다.

以身體較. 若自身覺寒, 其蠶必寒, 便添熟火, 若自身覺熱, 其蠶亦熱, 約量去火. 一眠之後, 但天氣晴明, 巳、午、未之間, 暫捲起門上薦簾, 以通風日. 免致大眠起後, 飼罷三頓投食. 剪開窗紙時, 陡見風日, 乍則必驚, 後多生病. 古人云, "貧家悟得養子法." 蓋是多在露地慣見風日之故. 蠶亦如此.

막잠을 자고 나면 누에가 다 자라며, 뽕잎 먹는 양도 10배나 늘어나고, 채반이나 깔개[蓐草]도 크게 증가하고, 누에똥도 많아져서 잠실 안은 자연적으로 답답한 열기를 띠게 된다. 게다가 날씨까지 무더워지면, 잠실 안은 바람을 통하게 하고 온도를 내려주어야 한다. 큰 누에에게 세 끼 먹이를 주고 나서 문에 걸어두었던 발을 말아 올리고 창문의 종이를 찢어낸다. 잠실입구 문에 물 항아리를 두고, 그 속에 갓 길어놓은 물을 부어주면 서늘한 기운이 생겨난다. 혹시 찬바람과 폭우를 만나거나 밤에 기온이 너무 서늘하게 되면 창과 문

至大眠後, 蠶長十分, 葉增十倍, 蓐廣沙多, 自然發熱. 加之天氣炎熱, 蠶屋內全要風涼. 三頓投食罷, 宜捲起簾薦, 剪開窗紙. 門口置甕, 旋添新水, 以生涼氣. 儻遇猛風暴雨, 或夜氣太涼, 却將簾薦

의 거적과 발을 잠시 내려준다.

『사농필용』: 냉난방 온도 조절하기: 누에는 개미누에일 때 매우 따뜻하게 해주어야 하는데, 이때 날씨가 오히려 차갑다. 막잠에서 일어난 뒤에는 서늘하게 해주어야 하는데, 이때 날씨는 도리어 매우 덥다. 또 바람이나 비, 흐림과 맑음 등은 그 변화를 예측할 수 없고, 또 아침과 저녁, 낮과 밤의 기온이 다른데도, 간혹 그에 따라 조정해주지 않으면, 누에는 즉각 병이 생긴다. 다만 잠실을 적절히 수리해주면 잘 적응할 수 있게 된다.

暫時放下.

『士農必用』: 加減涼暖: 蠶成蟻時, 宜極暖, 是時天氣尙寒. 大眠後宜涼, 是時天氣已暄. 又風雨,陰,晴之不測, 朝,暮,晝,夜之不同, 一或失應, 蠶病卽生. 惟蠶屋得法, 則可以應之.

잠실의 배치는 사방의 창에 권창(捲窓)을 바르고, 잠실 안에는 달군 불을 심어 보관해둔다. 예컨대 누에는 따뜻해야 하는데 날씨가 도리어 추워지면 창문의 거적을 내리고, 불덩이를 헤집어주어야만[67] 바깥의 한기가 들어오지 않고, 실내가 자연스레 따뜻하게 변한다. 만약 큰 추위가 닥치면 여러 차례 불덩이를 헤집어주어야 한다. 여전히 한기를 이길 수 없으면 잠실의 바깥에서 쇠똥덩이를 태워 연기가 나지 않도록 한 후에, 잠실의 네 모퉁이에 놓아두면 온기가 자연스럽게 확산되며, 한기가 물러난 이후에 남아 있는 불을 빼준다. 또 누에가 서늘해야 하는데 날씨가 도리어 매우 따뜻할 경우에는 불을 재로 덮고, 창문의 거적을 걷어 올리면, 실내의 열기가 줄어들고 바깥의 서늘한 기운이 안으로 들어온다. 만약 특별히 무더운 날씨가 되면 모든 거적을 다 말아 올리는데, 여전히 그 열기를 해소할 수 없으면, 그 창의 종이를 뜯어내고 지붕 위의 조창(照窓)도 말아 올리고, 담장 아래 바람구멍[風眼]도 열고, 창문 바깥쪽과 시렁 아래쪽에 새로 길러온 물[68]을 뿌려 주면 서늘한 공기가 자

屋之制, 周置捲窗, 中伏熟火. 謂如蠶欲暖, 而天氣寒, 閉苫窗, 撥火, 則外寒不入, 和氣內生. 若遇大寒, 屢撥熟火. 不能勝其寒, 則外燒糞墼, 絶煙, 置屋中四隅, 和氣自然熏蒸, 寒退則去餘火. 蠶欲涼而天氣暄, 閉火而捲苫窗, 則火氣內息, 而涼氣外入. 若遇大熱, 盡捲苫窗, 不能解其熱, 則去其窗紙, 上捲照窗, 下開風眼, 窗外槌下,

67) 역자주 '발화(撥火)', '폐화(閉火)'는 대개 재[灰]를 이용하여 덮거나 헤집어 불의 온도를 조절하는 방식이다.

68) 역자주 '신수(新水)'는 서늘한 기운이 도는 물로서 대개 우물물을 가리킨다.

연스럽게 돈다. 더위가 물러난 후에는 그 창에 종이를 발라 잘 보수하고 바람구멍을 단단히 막아 준다. (이와 같이 하면) 누에가 개미누에에서 섶에 오르기까지 추위와 더위의 고통을 받지 않게 되어 병이 생기는 것이 적어지며, 또한 누에고치를 풍성하게 수확할 수 있게 된다. 이것은 모두 잠실 온도 조절에 따른 효과이다.

그러나 춥다고 갑자기 잠실을 덥게 해주면 안 되고 차츰차츰 불을 가해 주어야 한다. 춥다고 갑자기 덥게 하면 누에는 누렇고 말랑말랑(黃輭)하게 되어 쉽게 병이 생긴다.[69] 덥다고 하여 잠실을 갑자기 서늘하게 해서도 안 되며, 점차적으로 창문의 종이를 뜯어내야 한다. 덥다가 홀연히 서늘해지면 누에가 빳빳하게 변한다. 이러한 상황도 잘 알고 있어야 한다. 또 한창 더울 때에 갑자기 한기를 느끼게 되면 누에는 입을 다물고 뽕잎을 먹지 못한다. (이럴 때는) 즉시 연기가 나지 않는 소똥 태운 불덩이를 화로[70] 위에 담아, 포크처럼 생긴 나뭇가지를 이용해 불이 담긴 화로를 밀어 넣어 시렁 아래쪽에 왔다 갔다 하여 한기를 물리치면, 누에가 이내 뽕잎을 먹기 시작한다.

洒潑新水, 涼氣自然透達. 熱退, 則糊補其窗, 閉塞風眼. 使其蠶自初及終, 不知有寒熱之苦, 病少繭成. 一室之功也.

然寒不可驟加暖熱, 當漸漸益火. 寒而驟熱, 則黃輭多疾. 熱不可驟加風涼 當漸漸開窗. 熱而驟風涼, 則變殭. 此又不可不知也. 又正熱猛著寒, 便禁口不食. 卽用鏊子盛無煙熟牛糞火, 用杈托火鏊 於槌箔下往來, 辟去寒氣, 蠶自食葉也.

| 교 석(校釋) |

16 "온도관리 · 누에치기 · 채반 바꾸기 등 방법[涼暖飼養分擡等法]"이라는 제목은 격본과 동일하다.

---

69) 역자주 누에가 열을 받으면 쉽게 세균성 위장병에 감염되어 무기력해지고 몸이 누렇게 변하며, 발육이 늦고 점차 작아진다.

70) 역자주 '오자(鏊子)'는 권3에서는 음식물을 지지는 속이 깊은 쇠냄비나 프라이팬(pan)의 의미로 사용되었지만, 무계유 교석본에는 화분(火盆), 즉 화로의 의미를 담고 있다고 한다. 그러나 마종신은 역주에서 '오자'는 북방에서 떡을 지질 때 사용하는 쇠프라이팬이라고 한다. 가장 아래층의 잠박은 지면과 가까이 있으며, 프라이팬은 쇠로 된 원판이며, 높이가 낮기 때문에 낮은 잠박 아래에 넣기가 편리하다. 무계유가 '오자'를 '화분'이라고 한 것은 잘못이라고 한다.

누에치기 총론

『무본신서』: 누에는 반드시 밤낮없이 먹이를 주어야 한다. 먹이를 주는 횟수가 많아지면 누에는 반드시 빨리 익고, 적을 때는 더디게 익는다. 25일간 먹여 익는 누에는 한 채반에서 실 25량을 얻을 수 있으며, 28일간 먹여 익는 누에는 한 채반에서 얻는 실이 20량으로 줄어든다. 만약 누에를 먹인 시간이 한 달이나 40일에 이르면 한 채반에서 겨우 실 10여량을 얻을 수 있다. 누에를 치는 사람은 절대로 잠에 빠지거나 나태해져서는 안 된다. 매번 누에에게 먹이를 던져준 후에는 다시 채반을 돌아보고, 만약 뽕잎을 덜 준 곳이 있으면 반드시 다시 뿌려 고르게 해주어야 한다. 만약 날이 흐려 비가오고 기후가 서늘해지면 먹이를 주기 전에 먼저 잎을 떼어낸 짚 한 단에 불을 붙여 채반의 주위를 돌면서 쬐여 한기와 습기를 없앤 다음에 누에에게 뽕잎을 주면 누에가 병이 걸리지 않는다.

첫잠을 잘 때는 반드시 누에가 전부 잠들기를 기다린 후에야 비로소 먹이 주는 것을 멈추어야 하고, 모두 잠에서 깬 뒤에는 먹이를 주어야 한다. 만약 8~9할 정도의 누에만 잠에서 깨어났는데 먹이를 주면 누에가 익을 때까지 잠에서 깨어나는 것이 고르지 않고, 아울러 손실도 많아진다.

두잠[停眠]에서 막잠[大眠]까지 누에가 잠을 자

飼養總論

『務本新書』: 蠶必晝夜飼. 若頓數多者, 蠶必疾老, 少者遲老. 二十五日老, 一箔可得絲二十五兩, 二十八日老, 得絲二十兩. 若月餘或四十日老, 一箔止得絲十餘兩. 飼蠶者, 愼勿貪眠, 以懶爲累. 每飼蠶後, 再宜遶箔巡視, 若有薄處, 必再摻令勻. 若値陰雨天寒, 比及飼蠶, 先用去葉秤草一把, 點火遶箔四向照過, 逼去寒濕之氣, 然後飼蠶, 蠶不生病.

一眠, 候十分眠, 纔可住食, 至十分起, 方可投食. 若八九分起便投食, 直到蠶老, 決都不齊, 又多損失.

停眠至大眠, 蠶

려고 할 때 만약 누에 몸이 '누런 빛'을 띠면 누에를 들어 올려 채반을 바꾸고, 먹이 주는 것을 멈춘다. 잠에서 막 깨어날 때 천천히 뽕잎을 먹이는데 뽕잎은 가볍게 뿌려 주어야 한다. 만약 누에 몸이 '흰 빛'을 띠면 매우 배고프다는 것을 말하는 것이니 뽕잎을 가늘게 썰어 주며, 갑자기 먹이를 너무 많이 주면 누에는 쉽게 상하여 병이 생기게 된다. 만약 누에가 '푸른 빛'을 띤다면 이는 바로 누에가 양분을 축적해야 한다는 것을 말하는 것이니 절대 뽕잎을 적게 주어서는 안 되며, 부지런히 먹여야 한다. 요즘 농가에서 양잠을 할 때, 흔히 두잠부터 막잠에 이르기까지 대부분의 누에는 이미 잠들었는데, 누에치는 아낙은 여전히 뽕잎을 뿌려주며, 전부 잠들고 간혹 소수의 누에가 잠에서 깨어날 때에 비로소 먹이를 중지한다. 이는 먼저 잠든 누에가 오랫동안 뽕잎 아래 덮이게 되면 점차 허물벗기가 곤란해진다는 사실을 모르고 있는 것이다. 막잠을 자고 일어난 뒤에 대부분 채반에서 이리저리 배회하며(잘 먹지도 않고), 섶에 올리고 나서도 모두 고르지 않게 된다.

뽕잎은 습기와 열기를 꺼린다. 누에가 젖은 뽕잎을 먹으면 항상 설사병이 생긴다. 열기가 있는 뽕잎[熱葉]을 먹으면 복결腹結 변비가 생기거나 머리가 커지고 꼬리가 뾰족해진다.[71] 별도로 작은 방을 만들거나 움막을 쳐서 비나 이슬에 젖은 뽕잎을 놓아두어 뽕잎에 물기가 마르기를 기다린 다음 누에에게 먹인다.

欲向眠, 若見'黃光', 便合擡解, 住食. 直候起時, 慢飼, 葉宜輕摻. 若蠶'白光'多, 是困餓, 宜細細飼之, 猛則多傷. 若蠶'靑光', 正是蠶得食力, 勿令少葉, 急須勤飼. 令時農家, 停眠至大眠, 眠蠶大半, 蠶母猶自摻葉, 直候都眠, 或有起者, 纔方住食. 不知先眠之蠶, 被葉罨蓋多時, 以漸不能退皮. 至大眠起後, 多是往來遊走, 直到入簇, 決都不齊.

葉忌濕, 忌熱. 蠶食濕葉, 多生瀉病. 食熱葉, 則腹結, 頭大, 尾尖. 當蓋小屋或起[17]棚, 頓放雨露濕葉, 控去濕潤,

71) 역자주 무계유 교석본에 의하면, '머리가 크고 꼬리가 뾰족해지는 병'은 세균에 중독된 질병이라고 하지만, '복결(腹結)'은 누에 변비로서 누에가 마르거나 딱딱한 뽕잎을 먹을 경우 이런 병을 일으킨다고 한다.

『사농필용』: 누에를 먹일 때 뽕잎을 주는 양은 오직 누에의 몸 빛깔이 어떻게 변하느냐에 따라 먹이를 더 줄 것인가 덜 줄 것인가, 뽕잎을 두껍게 깔아줄 것인가 얇게 주어야 할 것인가를 결정한다. 후술하는 '개미누에 나누기[擘黑]' 및 '석잠[三眠]'의 항목에서 '색에 따라 먹이를 가감하는 법'은 모두 그 항목의 주(註) 안에 기술되어 있다. 지나치게 많이 먹이거나 부족해서도 안 된다. 개미누에가 막 깨어나면 색깔이 검다. 3일이 지나 점차 흰색으로 변하면 '먹이로 향할 시기[向食]'이니, 다소 뽕잎의 양을 늘려 주어야 한다. 다시 푸른색으로 변하면 '왕성하게 먹을 시기[正食]'이니, 응당 더욱 많은 양을 주어야 하며, 비록 누에가 배불리 먹었을지라도 상하지 않는다. 다시 누에 몸이 흰색으로 변하면 '천천히 먹는 시기[慢食]'이니 뽕잎 주는 양을 줄여야 한다. 누에 색깔이 누렇게 변하면 '적게 먹어야 할 시기[短食]'로 이를 '향면(向眠)'이라고 하며 먹이를 줄여주어야 한다. 완전히 누런색으로 변하면 먹는 것을 '중지하는 시기[住食]'로 이때를 '첫잠[正眠]' 자는 시기라고 한다. 누에가 잠에서 깨어나 누런색에서 흰색으로 변하고, 흰색에서 푸른색으로 되었다가, 푸른색에서 다시 흰색이 되고, 흰색에서 누런색으로 변하는 것이 한잠자기[一眠]이다. 누에가 매번 잠자고 일어날 때 몸의 변화는 대개 이와 같다. 응당 '먹이를 줄여 주어야 할 시기[減食]'에 지나치게 많이 먹이면 음식에 식상하게 되며, 식상하면 입을 굳게 다물고 더 이상 먹지 않고, 병이 생긴 누에는 이후 잠자려고 하는 시기도 늦어진다. 누에가 '왕성하게 먹일 시기[正食]'에 배불리 먹지 않으면 누에가 굶주리게 되고, 굶주리면 누에의 몸이 허약해져서 병을 불러오고, 또한 누에가 잠자는 시기도 늦어지고, 또 고치도 얇아진다.

然後飼蠶.

『士農必用』: 飼養之節, 惟在隨蠶所變之色, 而爲之加減厚薄. 後'擘黑'及'三眠'條內'隨色加減食法', 具此條註內. 使無過不及也. 蠶生, 色黑. 三日後, 漸變白, 則'向食', 宜[18]少加厚. 變青則'正食', 宜益加厚, 雖飽亦不傷. 復變白則 '慢食', 宜少減. 變黃則 '短食', 謂之 '向眠', 宜愈減. 純黃則 '住食', 謂之 '正眠'. 眠起自黃而白, 自白而青, 自青復白, 自白而黃, 又一眠也. 凡眠起, 變色, 例如此. 時當'減食', 飼之過則傷, 傷則禁口不食, 生病而眠遲. 時當'正食', 飼之不及, 則餒, 餒則氣弱而生病, 亦眠遲而又繭薄也.

○ 뽕잎 먹이기: 누에가 먹어서는 안 될 뽕잎이 세 가지가 있다. 첫째, 비나 이슬을 맞은 뽕잎으로, 이것은 습기를 머금고 또 차가우니, 누에가 먹이면 갈색으로 변하고 설사병이 생기고, 누에가 익으려 할 때 오물이 스며들어 누에의 실주머니[고치]가 터져, 고치를 켜서 좋은 실을 뽑을 수 없게 된다. 이처럼 습한 뽕잎을 다스리는 법은 따온 뽕잎을 차곡차곡 쌓아 거적으로 덮어두면 잠깐 사이에 그 안에서 증열(蒸熱)이 발생하는데, 열이 적당한 정도에 이르면 덮었던 거적을 열고 잎을 펼쳐 두면, 윗면의 습기가 증발되고 뽕잎도 차갑지 않게 되므로 곧바로 누에에게 먹일 수 있다. 둘째, 바람과 햇볕에 시든 잎은 누에가 먹으면 복결(腹結)병이 생긴다. 셋째, 젖어서 악취가 나는 잎은 누에가 먹으면 여러 가지 질병이 발생한다. 두 번째, 세 번째와 같은 잎은 다스릴 방법이 없으니 버리는 것이 좋다.

○ 『한씨직설韓氏直說』: 추사단면법抽飼斷眠法: 누에가 잠자기에 들어갈 때 몸에 누런 빛이 차지하는 비율을 살펴서 그에 비례하여 뽕잎 양을 감소시킨다. 뽕잎은 뒤로 갈수록 점차 잘게 썰고, 얇게 뿌려주며, 먹이는 횟수도 점차 많게 한다. 만일 누런 빛의 누에가 전체 잠상의 3/10을 차지하면 바로 전체 뽕잎의 3/10을 감해 주고, 뽕잎은 보통 때보다 조금 더 잘게 썰어, 얇게 뿌리고 먹이를 주는 횟수도 좀 더 늘려 준다. 만약 누런 빛의 누에가 5/10로 늘어나면 뽕잎 주는 양을 5할을 감해 주며, 이전 것보다 더욱 가늘게 썰고 더욱 얇게 뿌려 주며, 먹이를 주는 횟수도 좀 더 늘려 준다. 다시 만일 전체 채반의 누에 중에서 누런 빛이 8할을 차지하게 되면 뽕잎 8할을 감해 주며, 앞에서보다 훨씬 더 가늘게 썰어 주고 아주 얇게 뿌려 주며, 뽕잎을 매우 자주 주어야 한다. 모든 누에가 누런 빛으로 변하기를 기다렸

用葉:[19] 蠶不可食之葉有三. 一, 承帶雨露, 旣濕又寒, 食則變褐色, 生水瀉, 臨老, 則漫破絲囊, 不可抽繰. 製之之法, 芟葉實積, 苫席覆之, 少時, 內發蒸熱, 審其得所, 啓苫覆而攤之, 濕隨氣化, 葉亦不寒, 卽可飼之也. 二, 爲風日所薦乾者, 生腹結. 三, 浥臭者, 卽生諸疾. 斯二者, 無可製之法, 棄之可也.

『韓氏直說』: 抽飼斷眠法: 蠶向眠時, 量黃白分數, 抽減所飼之葉. 漸次細切, 薄摻, 頻飼. 如十分中有三分黃光者, 卽十分中減葉三分, 比尋常稍宜細切, 薄摻, 頓數亦宜稍頻. 如十分中有五分黃光, 卽減五分, 比先次又細切, 薄摻, 其頓數更宜加頻. 如十分中有八分黃光, 卽減去八分, 比

다가 날이 흐리거나 맑은 때 또는 아침이나 밤을 불문하고 서둘러 누에를 들어 채반을 바꾸어 주어야 한다. 빈 채반과 깔개[蓐草]를 미리 준비하여 일을 그르치지 않도록 해야 한다. 채반을 바꿀 때는 잠시 먹이 주는 것을 멈추고, 누에가 일제히 일어났을 때 다시 먹이를 준다. 이것을 '추사단면법'[72]이라고 한다. 이것은 누에의 뽕잎을 덜어내어 잠자는 누에를 덮어 누르지 않게 하고, 오직 잠들지 않은 누에에게만 먹이를 먹여 빨리 잠들게 하는 것이다. 이와 같이 하면, 누에가 자고 깨는 것이 비교적 고를 뿐만 아니라 또 뽕잎에 눌려 열에 괴로워하는 병도 없게 된다. 옛사람들이 일찍이 말하기를 "'추사단면법'을 배워 쓰게 되면 해마다 계획대로 누에 실을 얻을 수 있다."라고 하였으니, 이것을 알아두지 않으면 안 된다.

先次, 切令極細, 摻令極薄, 其頓亦令極頻. 候十分黃光, 不問陰晴早夜, 急須擡過. 預備箔蓐, 可無失悞. 擡過時, 住食, 起齊時投食. 此爲'抽飼斷眠'之法. 謂抽減眠蠶之葉, 不致覆壓, 專飼未眠之蠶, 使之速眠. 不惟眠起得齊, 且無葉罨燠熱之病. 前人謂"學取'抽飼斷眠法', 年年歲計得絲蠶"不可不知也.

❙ 교 석 (校釋) ❙

17 '저(趄)': 민각과 격본에는 '기(起)'로 되어 있으나, 소각 및 절각에는 '저(趄)'로 기술하고 있다. '저붕(趄棚)'은 윗글의 '잠실(蠶室)'장을 참조하라.

18 '의(宜)': 전본에는 없으나, 격본에는 있다.

19 '용엽(用葉)': 전본에는 이 절의 제목을 세 칸 띄어서 썼다. 제목 아래의 글은 두 줄의 작은 글씨로 새겨져 있으며, 세 번째 줄부터는 모두 세 칸을 띄었다. 책 전체에서 여기만 이렇게 되어 있는데 굉장히 독특하기도 하고, 왜 그런

72) 역자주 '추사단면법'을 도입하면 누에의 잠자고 일어나는 시간 차이를 크게 단축시켜 기본적으로 잠자고 일어나는 것을 일치시킬 수 있다.

것인지 알 수가 없다. 격본에서는 '용엽(用葉)' 이 두 글자를 『사농필용』 중 분조(分條)의 제목으로 보고 윗부분에 동그라미를 그려 단락을 나누었다. 아랫부분은 여전히 두 줄의 작은 글씨이다. 지금은 격본에 따라 『사농필용』의 분조로 처리하고, 두 줄의 작은 글씨는 잠정적으로 작은 글씨로 둔다.

누에 채반 바꾸기

『무본신서務本新書』: 누에를 들어 올릴 때는 반드시 여러 사람이 한꺼번에 재빨리 들어 올려야 한다. 만약 누에가 키[箕] 안에서 오랫동안 쌓여 있으면 누에 몸에서 땀이 나 나중에 반드시 병이 생겨 손상을 입게 되며, 누에를 들어 올려 채반을 바꾸어 (똥을 치워) 주어야 누에가 손상되는 것을 줄일 수 있다. 내버려 두면 익은누에가 있다 해도 섶 안에서 대부분 얇은 고치를 짓게 된다.

누에찌끼는 자주 제거해 주어야 한다. 만약 깨끗하게 제거하지 않고 오래 두면 열이 발생하고, 누에가 찌는 듯한 열을 받게 되면 하얗게 굳어지는 '백강白殭'병에 걸리게 된다. 매번 누에를 들어 올려 채반 바꾸기를 한 후에는 채반 위에 누에를 드문드문 펴 주어야 한다. 빽빽하게 놓아두면 힘센 누에는 먹을 수 있지만, 체력이 약한 누에는 먹지 못하고, 반드시 채반 위를 돌아다니게 된다. 또 (잠실은 평소 문을 닫아 두어) 본래 통풍이 되지 않는데, 갑자기 문을 열면 모르는 사이에 들어오

分擡總論

『務本新書』: 擡蠶, 須要衆手疾擡. 若箕內堆聚多時, 蠶身有汗, 後必病損, 漸漸隨擡減耗. 縱有老者, 簇內多作薄皮.

蠶沙宜頻[20]除. 不除, 則久而發熱, 熱氣熏蒸, 後多'白殭'. 每擡之後, 箔上蠶宜稀布. 稠則强者得食, 弱者不得食, 必遶箔遊走. 又風氣不通, 忽遇倉卒開門, 暗値'賊風', 後多'紅

는 바람[賊風]을 맞게 되어 나중에 대부분 적갈색으로 굳어지는 '홍강紅殭'[73]병에 걸리게 된다.

殭'.

누에를 채반에 깔 때는 손으로 가볍게 내려놓아야 하고, 높은 곳에서 아래로 뿌리듯 내려놓아서는 안 된다. 만일 높은 곳에서 아래로 뿌리듯 내려놓으면 누에의 몸이 서로 부딪혀서 누에가 왕성하게 성장하지 못하게 되는데, 이후 흔히 섶 안에서 볼 수 있는 '고치를 짓지 못하는 익은 누에', '고치 속의 붉은 번데기[赤蛹]' 같은 것들은 대부분 이로 인해 생긴 것이다.

布蠶, 須要手輕, 不得從高摻下. 如或高摻, 其蠶身遞相擊撞, 因而蠶多不旺, 已後簇內'懶老翁', '赤蛹'是也.

『요지(要旨)』에 이르기를, 누에의 '백강'병은 어릴 때에 음기에 뜬 열기를 받아 상해를 입은 것이다. 맑은 날 재빨리 키(箕) 3~4개를 이용하여 바꾸어가며 누에를 실내에서 뜰로 옮겨가서 따뜻한 햇볕을 받게 해준다. 한 채반의 누에를 들어 올려, 다시 다른 채반 위에 고루 펴서 햇볕을 받게 하면 누에가 받은 음습한 기운은 완전히 없어지게 된다고 한다.

『要旨』云: 蠶有'白殭', 是小時陰氣蒸損. 天晴急用簸箕三四具, 轉蠶中庭, 使日氣煦照. 擡一箔, 則復布一箔, 得日氣, 則盡解矣.

○ 『야어(野語)』에 이르기를, 누에 밑의 쓰레기가[74] 비교적 푸석푸석한 것은 그 누에에게 병이 없다는 것이다. 쓰레기가 조각을 이루면서 물기가 많고 하얗게 쌓인 것은 누에가 이미 병에 전염되었다는 것이니, 속히 누에를 들어 올려 채반을 바꾸어 주어야 한다. 만약 바로 누에 채반을 바꾸어 주어야 하는데, 날이

『野語』云: 蠶燠乾鬆者, 其蠶無病. 蠶燠成片, 濕潤白積者, 蠶爲有病, 速宜擡解. 如正可擡, 却遇陰雨風冷,

73) 역자주 '홍강(紅殭)'은 누에가 굳어지는 병 중의 하나로, 진균(眞菌)의 기생에 의해 야기되는 병으로 누에 시체가 굳어지고, 몸 표면에는 적갈색의 진균 팡이실과 포자가 자란다. 누에 채반에 습기가 많고, 온도가 적합하면 포자가 생성되기에 매우 유리하다.

74) '잠욱(蠶燠)': 글의 내용에 따르면, 잠사(蠶沙: 누에의 똥)가 묻은 잎인 듯하다. 역자주 마종신의 역주에 의하면 누에의 몸 아래의 누에찌끼, 잎 부스러기, 허물 등이 혼합된 후 형성된 쓰레기로서 본서에서는 간혹 '사욱(沙燠)'이라 한다고 한다.

흐리거나 비가 내리고 바람이 불고 차게 되면, 들어 올려 채반 바꾸기를 하지 말고, 띠풀[茅草]을 콩알만 하게 잘게 썰어 채반마다 고르게 1~2말 뿌려 주고, 다시 그 위에 뽕잎을 뿌려 주면, 누에가 곧 뽕잎을 먹기 위해 풀 아래에서 뽕잎 위로 올라온다. 띠풀은 아래쪽의 습기를 차단해주기 때문에 사용하는 것이고, 날이 맑게 개면, 다시 자리를 들어 올려 채반을 바꾸어 주어야 한다. 만약 띠풀이 없다면 볏짚을 대신 사용해도 된다고 하였다.

則不敢擡, 用茅草細切如豆, 每一箔可用一斗或二斗, 勻撒蠶上, 上再摻葉, 移時蠶因食葉沿上. 其茅草能隔燠熱, 天晴再擡. 如無茅草, 稈草次之.

『사농필용』: 누에를 들어 올리고 채반을 나누고 바꾸는 것은, 자주 해주고 정성을 다해 조심스럽게 해야 하고, 잠상 위에 드문드문하게 고르게 놓아주어야 누에가 습기와 뜬 열기를 받지 않아 상해나 손상이 없다. 누에가 점차 늘어나면 반드시 누에채반을 바꾸어 주어야 하는데, 누에 밑에 쓰레기가 두껍게 쌓이면 반드시 들어 올려 치워주어야 한다. 누에 채반 바꾸는 시기를 맞추지 못하면 누에가 빽빽해 서로 포개지게 되고, 채반 바꾸는 시기를 놓치면 습기와 열에 뜨게 된다. 그러므로 누에채반을 나누고 바꾸는 것을 자주 해주어야 한다. 누에는 연체동물이므로 손으로 건드리고 만지작거려서는 안 된다. 어린누에의 채반을 나누고 바꾸어 줄 때에는 항상 잘 보살펴 주다가, 누에가 컸다고 해서 채반을 나누고 바꿀 때에 돌보고 아낄 줄을 모른다면, 채반 속에 오래 머문 누에는 어지럽게 쌓이고 포개지며, 먼 데서 누에를 채반 속으로 던지고, 높은 데서 아래로 떨어트리니, 누에가 병이 들고 상해를 입는 것은 모두 이런 사정에서 비롯된다. 그러므로 누에채반을 나누고 바꿀 때는 조심하고 정성을 다하며, 드물고 고르게 펼쳐 놓아야 한다.

『士農必用』: 分擡之便, 惟在頻、款、稀、勻, 使不致蒸濕損傷也. 蠶滋多, 必須分之, 沙燠厚, 必飼擡之. 失分則不勝稠疊, 失擡則不勝蒸濕. 故宜頻. 蠶者, 柔軟之物, 不禁觸弄. 小而分之, 猶能愛護, 大而擡之, 莫能顧惜也, 未免久堆亂積, 遠擲高抛, 生病損傷, 實由於此. 故宜安款而稀勻.

(누에가 잠자는 시간이) 만약 고르지 못하다면, 자주 먹이를 주어 늦잠 자는 누에로 하여금 빨리 잠자도록 해서 모든 누에가 고르게 잠자고 일어나

或有不齊, 頻飼以督其後者, 使之相及, 而各取其齊

게 할 수 있다. 누에가 자고 일어나는 것이 고르지 못한 것은 처음 종자를 받을 때 생긴 것이다. 만약 지금 이 같은 상황이 발생한다면 이제부터 치료해야 한다. 만일 누에채반에서 순황색의 누에 중 흰색이 퇴색하면서 누런색으로 변하는 것이 뒤섞여 보이면, 이것은 순황색 누에와 잠자는 시기가 크게 차이가 나지 않는 것이므로 자주 먹이를 주어 성장을 촉진시키면 이내 빨리 함께 잠자리에 들게 할 수 있는데, 이것은 부지런히 먹이를 주면 누에가 잠자리에 드는 시간을 이르게 할 수 있기 때문이다. 또 만약 어떤 누에가 순황색을 띠기 시작하는데, 이와 동시에 청색과 백색의 누에가 많으면, 이것은 순황색 누에와 잠자는 시기가 차이가 많이 나는 것이므로 비록 먹이를 자주 줄지라도 황색 누에의 잠자는 시간을 따라 잡을 수 없다.

也. 蠶眠不齊, 病原於初. 今旣然矣, 當從此治之. 如於純黃之中, 雜見其退白而向黃者, 是與純黃不相懸遠, 頻飼以督之, 則猶得相及, 飼頻則可速其眠故爾. 如己見純黃, 又多青白, 此與純黃旣遠, 雖飼之之頻, 則亦莫及.

대개 누에의 색깔이 바뀌는 것은 누에 일생의 각종 변화 중에서 가장 작은 변화이다. 누에가 잠잔 후 먹지 않고, 허물을 벗으면 이것은 여러 변화 중 비교적 큰 변화이다. 이후 번데기가 되고, 나방이 되는 것은 가장 큰 변화로서 누에 본래의 모습을 잃게 되는 것이다. 누에가 순황색으로 변하고 곧 입을 닫고 먹지 않으며 잠을 자는 것은 마치 사람이 큰 병에 걸려 전신의 기혈에 변화가 일어나는 것과 같다. 잠을 잔 후 하루 종일 고요하고 편안하게 외부의 방해를 받지 않고 쉬는 것과 같다.

蓋蠶之變色, 爲變之小. 其眠則絶食退膚, 爲變之大也. 爲蛹爲蛾, 則變之尤大而至於化也. 凡至純黃, 則結嘴不食而眠, 如人之大病, 周身之氣血, 一爲變換. 一晝夜靜安不擾, 則眠爲得所.

지금 청색과 백색의 누에가 아직 많은데도 계속 먹이를 주어 어지럽히고, 청백색의 누에가 먹이를 찾는다고 서로 짓밟게 되면 잠자는 누에가 편안하게 잠을 자지 못하게 된다. 청색과 백색의 누에가 누런색으로 변하면 잠이 들려는 시기로서, 일찍 잠든 누에는 도리어 이미 잠에서 깨어 활동을 하기 시작한다. 방금 잠에서 깨어난 누에는 조금만 먹으려고 하는데, 이것은 마치 병든 사람이 조금씩 먹으면서 원기를 보충하고자 하는 것과 같다. 이때 (누에치는 사람이) 종종 (상대적으로) 잠이 늦은 누에가 방

今以青白者尙多, 飼而亂之, 動而蹂之, 則眠者失其所矣. 比其青白者變黃而向眠, 則此已過眠, 而動起. 動起之初, 欲得少食, 亦如人之病起, 欲得少食, 以接氣血也. 以後者方

금 잠들려고 하자 억지로 먹이를 주지 않고, 굶주리게 하고, 또 잠이 늦은 누에(늦게 잠에서 깬 누에)가 반드시 활동하기를 기다려 먹이를 주게 되면 누에는 대개 병에 걸리고 비단실의 생산량도 적어지니 정말로 애석한 일이다. 그러므로 『잠경(蠶經)』[75]에서 "누에가 잠자고 일어나는 것이 고르지 않으면 비단 실이 반으로 줄어든다."라고 하였는데, 바로 이것을 두고 한 말이다.

眠, 勤其食而不投, 以困以餓, 又必待後者動起而飼之, 多病少絲, 端爲可惜. 故『蠶經』云: "眠起不齊絲減半." 良謂此也.

▌교 석(校釋)▐

[20] '빈(頻)': 전본에는 '돈(頓)'으로 되어 있으나, 격본에는 '빈(頻)'으로 되어 있다. 잠사(蠶沙)는 계속해서 여러 차례[頻] 깨끗하게 해 주어야지, 한 번[頓] 했다는 경우는 없다.

초기 개미누에 기르기

初飼蟻

『무본신서』: 초기 개미누에 기르는 법: 잘게 썬 가는 뽕잎을 가볍게 체질하여 체반 위에 올려 주며, 써는 칼은 날카로워야만 뽕잎의 굵기가 고르게 된다. 쉬

『務本新書』: 初飼蟻法: 宜旋切細葉, 微篩, 切刀宜快, 快

75) '잠경(蠶經)': 『당서(唐書)』「경적지(經籍志)」 및 『신당서(新唐書)』「예문지(藝文志)」에는 저자의 이름이 없는 『잠경(蠶經)』 한 권이 기록되어 있으며, 『신당서』에는 두 권짜리 『잠경』이 있다. 그 외에 북송시대의 『숭문총목(崇文總目)』에는 『회남오잠경(淮南五蠶經)』 세 권이 있으며, 왕정의 『농서』의 「농상통결육(農桑通訣六) 잠소(蠶繅)」편 및 「농기도보」「잠소문(蠶繅門)」의 '잠신(蠶神)'에는 '회남오잠경왈(淮南五蠶經曰)'이 인용되어 있다. 이 조에 나와 있는 『잠경』들은 이미 소실되었기 때문에, 본서에 인용된 것이 이 세 종류의 『잠경』 중 하나인지, 아니면 또 다른 종류인지는 알 수 없다.

지 않고 자주 먹이를 준다. 두 시간[時辰]마다 대략 네 번을 먹이며, 하루 동안 모두 49차례 혹은 36 차례 먹인다. 게으른 사람은 항상 너무 번거롭고 쓸데없는 짓이라고 하지만, 나는 "새로 깨어난 개미누에는 단지 뽕잎의 즙액만 빨아들이는데, 만약 먹는 횟수가 많지 않으면, 마치 젖먹이 어린아이[76]가 어릴 때 젖이 부족하게 되면, 성장한 이후에도 반드시 비쩍 마르고 병에 걸리는 것과 같다."라고 말할 수 있다. 개미누에가 처음 깨어나면, 반드시 전날 밤 따온 동남쪽으로 뻗은 가지 위의 기름지고 부드러운 뽕잎을 따서 옹기 속에 따로 담아두었다가, 수시로 꺼내 잘게 썰어 준다.

『사농필용』: 개미누에 먹이는 법: 밤새 뽕나무에 물을 뿌려 두었다가 수시로 그 뽕잎을 딴다. 밤새 물을 뿌려 두면 뽕잎에 즙액이 많아져서 수시로 잎을 따도 마르지 않는다. 날카로운 칼로 뽕잎을 잘게 썰어 성긴 체로 쳐서 채반 위에 얇게 깔아 준다. 날카로운 칼로 썰지 않으면 잎의 수액이 곧 없어지게 되며,[77] 가늘게 썰지 않으면 잎이 개미누에를 덮게 된다. 체로 쳐서 잎을 펴주지 않으면, 고르게 깔리지 않고, 잎이 고르게 깔리지 않으면, 어떤 누에는 많이 먹고 어떤 누에는 적게 먹게 된다. 그러나 잘게 썬 잎에 남아 있는 적은 즙액은 오래 가지 못하고 잠깐 사이 말라 버리므로[78] 수시로 잎을 썰어 자주 체질하여 먹여야 한다.

則飁細勻停. 不住頻飼. 一時辰約飼四頓, 一晝夜通飼四十九頓, 或三十六頓. 懶者頗疑煩冗, 予曰, "新蟻止食桑葉脂脉, 若頓數不多, 譬如寸乳嬰兒[21]小時失乳, 後必羸弱病生." 蟻初生, 須隔夜採東南枝肥葉, 甕中另頓, 旋取細切.

『士農必用』: 飼蟻之法: 當宿澆其桑, 旋摘其葉. 宿澆則多液, 旋摘則不乾. 利刃以細切之, 疎篩以薄布之. 非利刃則無液, 非細切則蓋蟻. 非篩, 則不勻, 非勻, 則偏食. 然葉楂之微液, 不能久存, 少頃之間, 卽成枯溜, 故

---

76) 역자주 마종신은 역주에서 '촌유영아(寸乳嬰兒)'에서 원나라 사람들이 '촌(寸)'을 작다는 것으로 해석한 것을 보면, 이는 '젖먹이 어린아이'를 뜻한 듯하다고 한다.

77) 역자주 마종신은 날카로운 칼은 칼날이 가지런하고 윤기가 나서 썰게 되면 진액이 밖으로 드러나지만, 무딘 칼은 칼날이 거칠어 진액이 분산되어 진액을 볼 수 없다고 역주하고 있다.

첫날에는 개미누에를 하루[79] 동안 49차례나 먹이며, 이튿날에는 30차례 먹인다. 뽕잎은 약간 두껍게 준다. 셋째 날은 20여 차례 먹인다. 뽕잎은 다시 조금 더 두껍게 준다. 잠실은 아주 따뜻하면서 어둡게 해주어야 좋다. 대체로 갓 깨어난 개미누에는 어둡게 해주어야 하고, 잠잘 때에도 어두운 것이 좋다. 잠을 자려고 하거나 갓 잠에서 깬 누에는 약간 밝게 해주어야 하고, 먹이를 먹기 시작한 후에는 밝게 해주어야 한다. 이후에는 모두 이에 비추어 처리한다.

須旋切而頻篩也. 第一日飼, 一復時可至四十九頓, 第二日飼, 至三十頓. 葉微加厚. 第三日飼, 至二十餘頓. 又稍加厚. 宜極暖宜暗. 大凡初蟻, 宜暗, 眠宜暗. 將眠及眠起, 宜微明, 向食宜明. 後皆倣此.

교 석(校釋)

21 '영아(嬰兒)': 격본 및 『농정전서』 권31의 인용문에는 '영(嬰)'자에 '촌유(寸乳)' 두 글자가 더 있다. 분명히 '촌(寸)'자가 잘못됐거나, '시(侍)'의 행서를 잘못 보고 옮겨 적은 것이다. 대조하여 교정할 방법이 없어 의문점은 남겨 두되 고치지 않는다.

개미누에 나누기

擘黑

『사농필용』: 개미누에 나누는 법: 개미누에가 부화한 후, 셋째 날 9~13시 사이에 따로 빈 시

『士農必用』: 擘黑法: 第三日巳,

78) 역자주 '유(溜)'는 잎의 즙액이 말라버린다는 의미로서 전본에는 '건(乾)'으로 쓰고 있다.

79) 역자주 무계유 교석본에 의하면, '일복시(一復時)'는 일주야(一晝夜)를 일컫는다고 한다.

렁 위에 세 개의 누에채반을 안치한다. 누에시렁 안치법은 앞에서 지적한 바와 같다. 누에에 찌꺼기가 다소 붙은 채로 개미누에를 가볍게 들어 올려 손으로 정성을 다하여 작은 바둑알 크기 정도로 떼어내어 가운데 채반 위에 펼쳐 놓되, 채반에 가득 차게 펼쳐 놓는다. 채반 가장자리를 비워두어서는 안 된다. 점차 뽕잎을 주는 양을 늘려준다. 아침에 날이 맑으면, 동쪽 창문 위의 거적을 걷고, 누에는 동쪽에서 비치는 햇살을 좋아한다. 바람을 등지고[80] 햇빛과 마주한 창문의 거적을 걷어 준다. 이후에는 평소에도 항상 이와 같이 한다. 만약 흐린 날이거나 새벽이나 해가 지고 난 후일 때는 창의 거적을 말아 올려서는 안 된다. 거적은 매일 밤에는 내려야 한다. 무릇 맞바람이 드는 창의 거적과 석양이 비쳐드는 창문은 열어서는 안 된다. 왜냐하면 누에가 그런 바람과 햇볕을 싫어하기 때문이다. 이후에는 모두 이같이 한다. 비록 누에가 막잠 후에 서늘한 것을 좋아한다 할지라도, 거센 바람은 피하게 하는 것이 좋다. 이후 누에 색깔이 점차 변하게 되면, 몸 색깔의 변화에 따라 먹이를 더 주거나 줄여 주는데, 완전히 황색으로 변하면 먹이 주는 것을 멈춘다. 이를 '첫잠[頭眠]'시기라고 하며, 시간이 빠르거나 늦거나에 관계없이 모두 때맞추어 채반 바꾸기를 해 준다.

午時間, 於別槌上, 安三箔. 如前初安槌法. 微帶燠, 薄掲蟻, 款手擘如小棊子大, 布於中箔, 可盈滿. 不留楂也. 可漸漸加葉飼. 早晴, 可捲東窗苫, 蠶喜東照. 及當日背風窗. 自此後, 當日宜如此. 天陰早暮且不宜. 至夜則閉. 凡迎風窗苫, 及西照窗戶不可開. 蠶畏風也. 後皆倣此. 雖大眠後喜涼, 亦可以避其猛風也. 漸漸變色, 隨色加減食. 至純黃則不飼. 是謂'頭眠', 不以早晚擡過.

80) 역자주 '배풍(背風)'은 '영풍(迎風)'과 반대어로, 바람이 남쪽을 향해 불면 남쪽 창은 영풍창(迎風窓)이고, 북쪽창은 배풍창(背風窓)이 된다.

첫잠 때 채반 나누기와 먹이기

頭眠擡飼

『사농필용』: 첫잠 때에 개미누에 나누기[擡頭眠]: 누에가 잠을 잘 때는 입을 다물고 먹지 않으며, 또한 허물을 벗으려는 누에의 첫 번째 큰 변화[81]이다. 따로 빈 시렁 위에 4층으로 채반을 설치하고, 위아래 두 채반 중 위의 것은 먼지를 막는 데 쓰고, 아래 것은 습기를 막는 데 사용되며, 가운데 두 개의 채반은 누에를 놓는 데 사용한다. 채반 위에 깔개를 까는 방법은 앞에서 지적한 것과 같다. (누에를 들어 올릴 때는) 누에에 찌꺼기가 약간 붙은 채로 누에를 들어 올리되, 큰 바둑돌 정도로 나누어 시렁의 가운데 두 개의 채반 위에 가득 펼쳐 놓는다. 작은 누에를 들어 올릴 때 누에의 찌꺼기가 많으면 누에가 열을 받아 뜨게 되어 병이 생긴다. 하루에 여섯 차례 뽕잎을 주고, 다음날에는 차츰 뽕잎의 양을 늘려 준다. 창문의 거적은 반만 걷어 준다. 누에가 누런색으로 변하기 시작할 때 잠실을 매우 따뜻하게 해주어야 하고, 잠이 들어서도 따뜻하게 해주어야 하고, 일제히 잠에서 깨어난 이후에는 약간만 따뜻하게 해도 괜찮다.

첫잠누에의 자리 나누기를 하는 방식은, 누에가 한참 뽕잎을 먹을 때, 누에 자리 나누기를 하는 것을 '대포식(擡飽食)'이라고 한다. 작은 동전 크기로 누에를 나누어 3개의 채반 위에 가득 펼쳐 놓는 것이다. 누에의 색깔이 변함에 따라 먹이를 더 주거나 줄인다.

『士農必用』: 擡頭眠: 蠶眠結嘴不食, 皮膚退換, 蠶之一大變也. 別槌上鋪四箔, 上下隔塵潤, 中二箔, 安蠶. 用蓐如前. 薄帶沙燠, 揭蠶, 分如大棊子大, 布滿中二箔. 沙燠厚, 則蒸, 蠶生病. 一復時可六頓, 次日, 可漸漸加葉. 可開捲窗一半. 初向黃時, 宜極暖, 眠定, 宜暖, 起齊, 宜微暖.

擡頭眠飽食, 正食時擡, 名'擡飽食'. 分如小錢大, 布滿三箔. 辨色加減食.

81) 역자주 전본(殿本)에는 '일변(一變)'이라고 표현한 데 반해, 『농정전서(農政全書)』 권31에서는 '대변(大變)'이라고 표현하고 있으며, 무계유 교석본은 후자의 입장에서 해석하고 있다. 누에가 허물을 벗는 것은 그 일생에서 큰 변화이기에 후자의 입장에 따른다.

두잠 때 자리 나누기와 먹이기

『사농필용』: 두잠 때에 자리 나누기: 작은 동전 크기만큼 누에를 나누어 6개의 채반 위에 가득 펼쳐 놓는다. 누에가 잠에서 일제히 깨어나면 처음에는 얇은 뽕잎을 먹여야 한다. 하루 동안 네 차례 뽕잎을 주고, 다음날에는 점차 뽕잎을 늘려준다. 누에 몸 색깔의 변화를 판별하여 먹이를 더 줄 것인가 줄일 것인가를 결정한다. 간간이 권창捲窓을 전부 열어준다. 다만 맞바람이 드는 창은 열어서는 안 된다. 누에 몸이 누런색으로 변할 때에는 따뜻하게 해주어야 하고, 잠이 든 후에는 약간만 따뜻하게 해주어도 좋으며, 모두 깨어난 후에는 따뜻하게 해주어야 한다.

배불리 먹은 두잠 누에의 자리 나누기: 앞의 방법과 같다. 이때 이미 온갖 찌꺼기가 묻은 누에를 통째로 들어 올려 나누기할 필요는 없으며, 직접 누에를 손으로 집어 올려 다른 채반 위에 흩뿌리고,[82] 또 손으로 고루 펴서 12개의 채반 위에 가득 펼쳐 놓는다. 그러나 높은 곳에서 아래로 내던지거나 또 먼 곳에서 채반으로 떨어뜨려서는 안 된다. 누에의 몸이 손상될까 두렵기 때문이다. 누에의 몸 색깔의 변화에 따라 먹이를 더 주거나 줄여 준다.

停眠擡飼

『士農必用』: 擡停眠, 分如小錢微大, 布滿六箔. 起齊, 頭食宜薄. 一復時, 可四頓, 次日可漸加葉. 辨色加減. 或全開捲窗. 惟避當風窗. 初向黃時, 宜暖, 眠定, 宜微暖, 起齊, 宜溫.

擡停眠飽食, 如前法. 蠶可撥可摻, 不須分揭, 可布滿十二箔. 然不可高抛遠擲. 恐損蠶身. 辨色加減食.

82) 역자주 무계유 교석본에 의하면, '가발(可撥)'은 뽕잎을 주기 전에 가볍게 움직여 자리를 골고루 해주는 것이고, '가삼(可摻)'은 누에똥을 제거할 때, 가볍게 집어 채반의 자리를 넓혀주고, 누에를 들어 올려 나누는 방식을 채용하지 않는 것이라고 한다.

막잠 때 자리 나누기와 먹이기

『무본신서』: 누에가 막잠을 자고 일어나면,[83] 누에 밑 찌꺼기를 자주 치워야 하고, 먹이를 자주 주어야 한다. 혹시 서남풍이 불기 시작하면 창문의 발이나 거적을 내리고, 이때에는 누에를 들어 똥갈이를 하지 말아야 한다. 채반 위에 누에를 펼쳐 놓을 때는 반드시 손가락 하나 정도의 거리를 두고 누에를 한 마리씩 배치해야 한다. 음력 선달[臘月]에 저장해 두었던 녹두菉豆를 꺼내 물에 담가 두었다가 점차 싹이 트면 볕에 말린 다음 갈아서 고운 가루를 만든다. 선달에 저장해 두었던 흰쌀을 쪄서 익힌 후 가루를 만들어도 좋다. 네 번째 먹이를 먹기 시작할 때, 녹두가루를 뽕잎과 함께 섞어 고루 누에에게 먹이면 누에의 열독熱毒을 풀 수 있고, 실도 많아지며, 켜기도 쉽고 질기며 광택도 난다. 만일 뽕잎이 모자라면 지난 가을에 거두어 둔 마른 뽕잎을 다시 찧어 가루로 만들고, 새 뽕잎에 물을 뿌려 약간 축축하게 한 다음에 그 위에 가루를 뿌리고 골고루 섞어서 부족한 뽕잎을 보충하여[84] 누에에게 먹이면 녹두가루나 쌀가루[85]를 먹이는 것보다 결코 못

大眠擡飼

『務本新書』: 大眠起, 㷔宜頻除, 蠶宜頻飼. 或西南風起, 將門窗簾薦放下, 此際不宜擡解. 箔上布蠶, 須相去一指, 布蠶一箇. 取臘月所藏菉豆, 水浸, 微生芽, 曬乾, 磨作細麪. 臘月所藏白米, 蒸熟作粉, 亦可. 第四頓投食, 拌葉匀飼, 解蠶熱毒, 絲多易繰, 堅韌有色. 如葉少, 去秋所收桑葉, 再擣爲末, 水洒新葉微濕, 摻末拌匀, 接闕飼蠶, 比[22]食

83) 역자주 '대면(大眠)'은 막잠으로, 마종신의 역주에 의하면, 막잠을 자고나면 큰 누에로 진입하게 되는데, 석잠누에의 제4령기이다. 이 시기에 뽕잎을 먹는 양은 총량의 9할 이상을 차지하며, 배설량도 많고, 공기도 혼탁해지고 누에의 각종 찌꺼기는 습하여 누에가 뜨기 쉽다. 때문에 부지런히 먹이고 동시에 부지런히 찌꺼기를 제거해주어야 한다고 한다.

84) '접궐(接闕)': '궐(闕)'은 부족해서 끊어진 것으로, 신선한 뽕잎의 공급부족을 가리킨다. '접궐(接闕)'은 이러한 부족을 구제하는 것이다.

85) '두면(豆麪)': '두(豆)'는 녹두싹 가루를 가리키고, '면(麪)'은 쌀가루를 가리킨다. '비식두면(比食豆麪)'은 "녹두싹 가루 먹는 것과 쌀가루 먹는 것을 비교해 보

하지는 않을 것이다. 또 상추[萵苣]잎도 뽕잎이 모자란 것을 보충할 수 있다. 잠실의 남쪽 처마 바깥쪽에 미리 움막의 들보도리나 기둥을 세워두었다가 막잠 잘 때 움막을 쳐 준다.

○『사농필용』: 막잠 때의 자리 나누기: 누에를 '큰 동전'[86] 크기만큼 나누어 채반 스물다섯 개에 가득 차게 펼친다. 누에가 잠에서 모두 깨어나면 먹이를 주는데, 하루에 세 차례씩 준다. 첫 번째에는 뽕잎을 얇게 흩어주어야 한다. 뽕잎이 누에를 덮을 정도면[87] 된다. 두 번째에는 처음보다 더 얇게 준다. 누에를 덮을 필요는 없다. 세 번째 뽕잎의 두께는 첫 번째 먹이를 줄 때와 같다. 뽕잎으로 누에를 덮어준다. 이 세 차례의 먹이가 만일 모자라지 않는다면, 누에는 익을 때까지 식욕은 왕성하지 않을 것이다. 둘째 날이 시작되면 점차 잎의 양을 늘려준다. 누에 몸의 색깔이 변하는 것에 따라 뽕잎을 주는 횟수를 더하거나 줄여준다. 권창捲窓을 전부 걷어 창으로 햇빛이 비치도록 한다. 잠실이 너무 무더우면 다시 발라둔 창문 종이를 잘라낸다. 그러나 너무 덥지

豆麪, 係本食之物. 又萵苣亦可接闕. 蠶屋南簷外, 先所架立搭棚檁柱, 此時搭蓋.

『士農必用』: 擡大眠: 分如'折二錢'大, 布滿二十五箔. 起齊投食, 一復時可三頓. 第一頓宜薄. 但可覆白. 第二頓比前又薄, 不覆白. 第三頓如第一頓. 覆白. 此三頓食如不短, 則其蠶至老食慢. 次日可漸加葉. 辨色加減頓數. 可全開捲窗照窗. 過熱, 則更劙開窗紙.

다."로 해석된다.

86) '절이전(折二錢)': 『송사(宋史)』「신종본기(神宗本紀)」에 희녕(熙寧) 6년(1073)에 "절이전(折二錢)을 행했다.[行折二錢.]"라고 기록되어 있다. 즉 1문(文)이 2문의 가치에 해당하는 동전(銅錢)이며, 이것이 '절이(折二)'라는 명칭의 시작이다. 이후에 역대 왕조에서 '절이(折二)', '절삼(折三)'에서 '당오(當五)', '당십(當十)' 등 고액 화폐를 주조한 경우가 많았다. 금나라 왕조가 소량의 동전 및 철전(鐵錢)을 주조한 바 있으나 백성들 사이에서 주로 통용된 금속화폐는 북송에서 남송(南宋)까지의 동전과 철전이다. '절이전(折二錢)'은 송나라 신종(神宗) 때 화폐인 듯하며, 1문이라는 '소전'에 비해 큰 액수이나 두 배에는 못 미친다.

87) '복백(覆白)': 흰색누에의 몸이 완전히 가려진(=덮인) 것이다. 역자주 '백(白)'은 누에 몸이 흰색임을 뜻하며, 뽕잎으로 누에를 덮으면 흰색이 보이지 않게 되므로 '복백(覆白)'이라 하였다.

않다면 이 같은 방법을 따를 필요가 없다. 처음 누에가 누런 빛을 띠기 시작할 때는 약간 따뜻하게 해주어야 하고, 잠이 든 이후에는 따뜻하게 해주어야 하며, 잠에서 모두 일어나면 서늘하게 해주어야 한다.

○ 깔개 없애기[落蓐]: 누에가 막잠에서 모두 깨어나 6~7차례 먹이를 먹은 후에 누에에 깔아준 풀을 없애는데, 즉시 누에의 찌꺼기와 깔개 풀을 완전히 제거한다. 이 또한 '대포식(擡飽食)'[88]이라 부른다. 큰누에는 채반 30개로 나눌 수 있을 것이다. 누에 몸 색깔의 변화에 따라 먹는 양을 더 주거나 줄여 준다. 한참 먹을 시기에는 매번 먹이를 먹인 후에 뽕잎을 담은 광주리를 들고 누에 채반시렁 주위를 둘러본 후, 채반 위를 덮은 뽕잎 가운데 군데군데 빈 곳이 드러나 보이면,[89] 즉시 빈곳에 잎을 뿌려 보충해준다. 누에는 막잠을 잔 이후, 식욕이 왕성해지는데 제때 1푼[分]의 뽕잎이 부족하면 1푼의 실이 감소한다. 다만 군데군데 빈곳이 보이는 것은 어떤 누에가 먼저 뽕잎을 다 먹어 치워버린 것이니, 즉시 부족한 곳에 뽕잎을 보충해 주어야 한다. 이같이 해주지 않으면, 곧 얇은 고치가 생기게 된다.

但不至熱, 則不拘此例. 初向黃時, 宜微暖, 眠定, 宜溫, 起齊, 宜涼.

落蓐: 大眠起, 投食後第六七頓可落蓐, 全去沙燠. 蓐草也, 卽是'擡飽食'. 可分至三十箔. 辨色加減食. 正食時, 每飼後可挾葉筐遶槌巡之, 但見箔上有斑黎處, 卽摻葉補合. 蠶至大眠後, 正食時, 闕一分葉, 卽減一分絲也. 但見有斑黎處, 是蠶先食葉透也, 卽當補合. 不如此, 則後來多有薄繭也.

---

88) 역자주 '대포식(擡飽食)'은 일반적으로 채반을 바꾸며 누에똥과 깔개를 제거하는 방식으로 세 가지로 구분된다. 기제(起除: 누에가 잠에서 일어난 후 첫 번째 갈기), 면제(眠除: 누에가 잠자기 전에 한 번 갈기), 중제(中除: 앞의 두 시기의 중간에 갈기)가 있다. 본서에서 말하는 상황으로 보아 첫잠과 둘째 잠 시기의 누에 '대포식'은 모두 중제에 해당한다. 그러나 막잠 이후의 중제 수는 확실히 많을수록 좋다.

89) '반여(斑黎)': '반(斑)'자는 역대로 '반점', '얼룩무늬'로 해석되었고, 쉽게 이해할 수 있다. '여(黎)'자의 원뜻은 황색에 검정색을 띠는 것으로 기장이 익었을 때의 색이다. 여기에서는 '반(斑)'자와 함께 쓰여 이해하기 어렵다. 아마도 '반난(斑爛: 얼룩무늬)'인데, 금나라 때 황하유역에서 독음이 약간 변하면서 소리를 기억하여 이렇게 기록한 듯하다.

○ 쌀가루 버무리기[拌米粉]: 섣달[臘月]에 갈아 만든 것이다. 막잠을 잔 뒤 7~8번의 먹이를 준 뒤, 9~13[巳午時]시 사이에 뽕잎을 썰어 채반 위에 깔아 놓고, 깨끗한 물을 뿌려 고르게 잘 섞는다. 잠시 후 흰 쌀가루를 곱게 체질하여 뽕잎과 함께 아주 골고루 잘 섞는다. 한 광주리의 뽕잎마다 깨끗한 물 1되와 쌀가루 4량(兩)을 사용한다. 만일 쌀가루가 없다면, 깨끗한 물만 뿌려 섞는다. 한 광주리로 한 채반의 누에를 먹일 수 있다. 모든 누에에게 한 차례는 먹여야 한다.

○ 뽕잎가루 섞기[拌桑麪]: 누에의 몸이 충만하고 알차면 고치가 단단하고 두꺼워지며, 실도 부드러우면서 질기게 된다. 뽕잎을 썰어 새로 길어온 물을 뿌려 골고루 잘 섞은 다음, 뽕잎 가루를 잘 체질하여 고르게 버무린다. 막잠을 잔 이후에 간간이 3~5차례 먹인다. 만약 매번 한 끼에 두 광주리의 뽕잎을 먹는다면, 뽕잎가루를 섞은 한 광주리의 뽕잎으로도 가능하니, 순수 뽕잎은 절반으로 줄어든다. 만일 누에가 많아 뽕잎이 충분하지 못하면 막잠을 잔 후에 간간이 다섯 차례 먹여도 무방하다. 만약 누에의 먹이가 모자라지 않으면, 굳이 뽕잎가루를 섞은 뽕잎을 먹일 필요는 없다.[90]

○ 똥갈이: 막잠 이후, 11~12번째 먹이를 먹이는 사이에 똥갈이를 한다. 똥갈이 하는 방법은 전술한 바와 같으며, 똥을 전부 치워 버린다. 이렇게 하지 않으면 누에가

拌米粉: 臘月內成造者. 至第七十頓食後, 於巳午時間, 將切下葉攤在箔[23]上, 新水灑拌極勻. 待少時, 細羅白粉子, 拌令極勻. 每葉一筐, 用新水一升, 粉子四兩. 如無, 止用新水. 一筐可飼一箔. 所有之蠶, 皆可飼一頓.

拌葉麪: 令蠶體充實, 爲繭堅厚, 爲絲堅韌也. 切葉, 洒拌新水極勻, 羅桑麪, 拌勻. 於大眠後, 間飼三五頓. 假令每頓飼葉二筐, 今止用一筐, 減葉一半. 如蠶盛葉闕, 大眠後, 間飼之, 五頓亦無妨. 蠶食不闕, 不可用.

擡沙: 於大眠後, 飼食第十一二頓間, 可擡. 擡如前法,

90) '불가용(不可用)': '가불용(可不用)'의 앞뒤를 바꿔 쓴 듯하다.

뜨는 것을 견디지 못하여 익을 무렵에 병이 나서 고치실을 켜기가 쉽지 않다. 누에가 익을 무렵에 먹이를 줄 때는 잘게 썰고 얇게 펴서 자주 주어야 한다. 익은누에를 기르는 것은 애누에를 기르는 것과 같고, 또 늙은 사람을 부양하는 것과도 마찬가지로 한 번에 너무 많이 먹으면 반드시 몸이 상하게 된다. 만약 이처럼 조심하지 않으면 누에가 뽕잎을 깨끗이 먹지 못하여 남은 뽕잎이 뜨고 눅눅해져, 누에가 뽕잎을 단 채로 섶에 올라가고 그러면 나오는 누에고치 또한 눅눅해져 마치 소금물에 젖은 것처럼 된다. 이런 고치를 '족한견(簇汗繭)'이라고 하는데 고치실을 켜기가 매우 곤란하다. (잠실에서 누에가 익으려 할 때는) 약간만 따뜻하게 해준다. 사람도 늙으면 추위를 견디지 못하지만, 당시의 날씨의 춥고 따뜻한 것을 고려하여 융통성 있게 조치한다. 대체로 누에는 막잠을 잔 이후보다 아직 익기 전에는 약간만 따뜻하게 해주는 것이 좋다. 이상과 같은 방법에 따르면, 처음 개미누에에서부터 익은누에가 되기까지 불과 24~25일밖에 걸리지 않는다. 이런 일수를 초과하면 할수록 뽕잎은 더 많이 소비되고 생산되는 실의 양은 더욱 적어진다.

『한씨직설』: 누에는 막잠을 잔 뒤, 15~16차례 먹고 나면 곧 익는데, 실이 얼마나 생산될지는 전적으로 이 며칠 사이에 달려 있다. 뽕잎이 넉넉하면 실의 생산이 많아지고, 부족하면 실의 생산이 적어진다. 나는 일찍이 어떤 노인이 '추사단면법抽飼斷眠法'에 따라 누에를 기르는 것을 본 적이 있는데, 채반 안의 누에 열 마리 중 아홉 마리가 익으면 비로소 채반에서 누에를 꺼내 섶에 올렸다. 이같이 하면 지은 누에고치가 눅눅해지고 뜨게 되는 걱정은 없어지

全去沙燠. 不如此, 則不禁蒸鬱, 臨老生病, 難以抽繰. 蠶欲老, 飼之宜細, 薄宜頻. 養老如養小, 亦如人老, 頓食則傷. 若不如此, 則食葉不淨, 其葉蒸濕, 帶葉入簇, 所結繭亦濕潤, 如經鹽水. 此名'簇汗繭', 難抽繰. 宜微暖. 如人老不禁寒涼, 然亦可相度, 當如[24]天氣涼暖, 消息斟酌. 大意比大眠後未老時, 宜微暖也. 依按其法, 蠶自蟻至老, 不過二十四五日. 過此, 日數愈多, 桑愈廢, 而絲愈少也.

『韓氏直說』: 蠶自大眠後, 十五六頓卽老, 得絲多少, 全在此數日. 葉足則絲多, 不足則絲少. 見有老者, 依'抽飼[25]斷眠法'飼之, 候十蠶九老, 方可就箔上, 撥蠶入簇.

며, 누에가 섶에 오른 후 빨리 고치를 짓게 되어 고치가 견실해지며 실은 많아진다. (속설에 이르기를) 누에치는 것은 특별한 기술이 필요 없고, 먹이기만 하면 바로 익는다고 한다.

如是則無簇汗蒸熱之患, 繭必早作, 硬而多絲. 養蠶無巧, 食足[26]便老.

▌교 석(校釋)▐

[22] '비(比)': 절각에는 '차(此)'로 되어 있으나, 소각, 민각 및 격본에는 본서와 같이 되어 있다.

[23] '박(箔)': 민각, 절각에는 '엽(葉)'으로 되어 있으나, 소각 및 격본에 따라 고친다.

[24] '여(如)': 전본에는 '여(如)'로 되어 있으나, 격본에 따라 '시(時)'로 되어 있다. '당시(當時)'라는 단어는 역대로 통용되고 있다.

[25] '사(飼)': 민각, 절각에는 '사(絲)'자로 되어 있으나, 소각 및 격본에는 본문과 동일하다.

[26] '족(足)': 전본의 '족(足)'자가 격본에는 '도(到)'로 되어 있는데, 고려해 볼 필요가 있다.

넉잠누에 기르기

養四眠蠶

『상잠직설桑蠶直說』: 넉잠누에에는 또 다른 품종이며, 이를 기르는 방식은 봄누에[春蠶][91] 기르는 것과 동일하다. 그러나 (한 채반의 개미누에가) 세잠 때가 되면 15채반으로 자리 나누기를 할 수

『桑蠶直說』:[27] 此蠶, 別是一種, 與養春蠶同. 但第三眠, 止擡開十五

91) 역자주 마종신은 역주에서, 봄누에는 석잠누에를 말하며, 앞에서 설명한 것은 모두 석잠누에이다. 따라서 넉잠누에는 또 다른 품종을 가리킨다고 한다.

있으며, 석잠 이후 한참 먹을 때 20채반으로 누에 자리 나누기[擡飽食]를 하고, 막잠[넉잠] 때 자리 나누기를 할 때는 30채반에 달하게 된다.

箔, 擡飽食, 二十箔, 大眠擡三十箔.

▌교 석(校釋)▌

27 『상잠직설(桑蠶直說)』: 전본에는 '잠상직설(蠶桑直說)'이라고 되어 있으나 격본에 따라 '상잠직설(桑蠶直說)'로 고치는 것이 앞부분의 '변색(變色)'장에서 인용한 서명과 부합된다.

잠사잡록(蠶事雜錄) 28

올누에 기르는 이점

『한씨직설』: 올누에[92]는 빨리 익으며, 질병이 적고, 뽕잎을 절약할 수 있고, 생사의 생산량도 높아 금년에 올누에 고치를 거두는 것뿐만 아니라 다음해 좋은 뽕잎도 재배할 수 있다. 올누에는 곡우穀雨에 부화되어 불과 23~24일이면 익는다. 이때 뽕잎이 피어나고, 뽕의 진액津液과 양분은 위로 올라가는데, 뽕나무 가지를 잘라내어도 하지夏至 때까지, 하지가 지난 후 한번 아래에서 음기(陰期)가 생성되면,[93] 뽕의 진액은 다시는 위로 올라가지 않는다. 여전히 한 달 남짓 자라게 되는데, 그 가지와 잎이 지난해보다 무성하게 자란다. 이듬해 봄이 되면 뽕나무에 잎이 나오는 시기도 빨라지게 된다. 세월이 흐를수록 그 잎은 더욱 무성해지고 누에도 깨어나는 것이 빨라진다.

稙蠶之利

『韓氏直說』: 稙蠶, 疾老少病省葉多絲, 不惟收却今年蠶, 又成就來年桑. 稙蠶生於穀雨, 不過二十三、四日老. 方是時, 桑葉發生, 津液上行, 其桑斫去, 比及夏至, 夏至後, 一陰生, 津液不上行. 可長月餘, 其條葉長盛, 過於往歲. 至來年春, 其葉生又早矣. 積

---

92) 역자주 무계유 교석에 의하면, '직잠(稙蠶)'은 조잠(早蠶)으로 1년에 한 번 부화하는 누에라고 한다.

93) 역자주 '일음생(一陰生)'에 대해 마종신은 하지가 지난 후 수목의 즙액은 위로 올라가지 않는다고 하지만, 이 견해는 실제와 부합하지 않는다. 흔히 수목은 하지가 지난 후 소서·대서 무렵 기온이 높을 때가 생장이 가장 왕성한 시기이다. 다만 여름이 지나고 가을이 되면 수목의 생장은 비로소 점차 감퇴된다고 주석하고 있다.

年旣久, 其桑愈盛, 蠶自早生.

▌교 석(校釋)▌

28 격본에서는 '잠사잡록(蠶事雜錄)'으로 되어 있고, 석성한의 교석본에는 '잠사잡록(蠶事樔錄)'으로 되어 있으며, 전본에는 누락되어 있다.

늦은 누에의 피해

『한씨직설』: 늦은 누에[94]는 늦게 익고 질병이 많으며 뽕잎도 많이 먹고 생사의 생산도 적은데, 올해의 누에만 늦어 잘못되는 것이 아니라 다음해 뽕잎에도 손해가 발생한다. 세상 사람들은 오로지 많은 이익을 탐하는 것만 알 뿐, 좀 더 일찍 서두르면 더 큰 이익이 얻을 수 있다는 사실을 알지 못한다. 누에알받이종이를 눌러 덮고[95] 뽕잎이 무성해지기를 기다리면, 금년의 누에는 이미 생장이 늦고, 이듬해 뽕잎도 더욱 생장이 늦어지게 된다.

晩蠶之害

『韓氏直說』: 晩蠶遲老, 多病, 費葉, 少絲, 不惟晩却今年蠶, 又損却來年桑. 世人惟知婪多爲利, 不知趨早之爲大利. 壓覆蠶連, 以待桑葉之盛, 其蠶旣晩, 明年之桑, 其生也尤晩矣.

94) 역자주 마종신은 교석에서 '만잠(晩蠶)'에는 두 가지 종류가 있는데, 1년 중 두 번 부화하는 누에, 개미누에로 늦게 깨어나 한 번 부화하는 누에가 있다고 한다.

95) 역자주 마종신은 누에알받이종이에서 개미누에로 깨어나는 것을 늦게 하려면 알받이종이를 단단하게 누르거나 덮어 밀폐시키는 방법을 사용한다고 한다.

누에치기의 10가지 큰 일[96]

『무본신서』: 잠실의 춥고 따뜻함, 누에의 굶주림과 배부름, 깔린 누에의 드물고 촘촘한 정도, 누에의 잠자기와 깨어나기, 먹이를 빨리 주는 것과 늦게 주는 것 등이다. 먹이 줄 때, 빠르고 느리게 주는 정도를 말한다.

十體

『務本新書』: 寒、熱、飢、飽、稀、密、眠、起、緊、慢. 謂飼時緊慢也.

누에 몸의 세 가지 빛깔[97]

『잠경蠶經』: (누에가 일어나) 몸이 흰 빛깔을 띠면 누에가 뽕잎을 먹기 시작하는 때이고, 푸른 빛깔을 띠면 왕성하게 먹을 때이며, 피부에 주름이 지면 배를 주린 것이고, 누런 빛깔로 변하면 점차 먹이 주는 것을 멈추어야 한다.

三光

『蠶經』: 白光向食, 青光厚飼, 皮皺爲飢, 黃光以漸住食.

마땅히 해주어야 할 여덟 가지

『한씨직설』: 누에가 잠들었을 때에는 어두

八宜

『韓氏直說』: 方

96) '체(體)': 동사로 쓰는 '체험(體驗: 체험하다)', '체회(體會: 경험하여 익히다)', '체첩(體貼: 친절하다)'은 모두 개인 스스로의 신체적인 주관적 추측에서 나온 것이다.
97) 역자주 '삼광(三光)'의 경우 누에가 한잠의 기간 중에 몸빛이 규칙적으로 변한다. 몸빛의 변화에 따라 뽕잎을 주는 정도를 결정한다.

워야 한다. 잠에서 깨어난 이후에는 밝아야 한다. 누에가 어리고 잠을 자려 할 때는 따뜻하고 어두워야 한다. 누에가 크고 잠에서 깨어난 이후에는 반드시 밝고 서늘해야 한다. 누에가 뽕잎을 먹기 시작할 할 때는 바람이 있어야 하며, 맞바람이 드는 창은 피하고, 등진바람 창[下風窓][98]을 열어 놓는다. 뽕잎을 많이 주고 다그치듯 먹인다. 갓 잠에서 깨어난 누에는 바람을 싫어하며, 뽕잎을 얇게 흩어주고 천천히 먹여야 한다. 누에가 좋아하는 것을 알지 못하면 안 된다. 이와 같이 누에의 본성을 위반하여 크게 거스르게 되면 반드시 누에를 성공적으로 키울 수 없다.

眠時, 宜暗. 眠起以後, 宜明. 蠶小幷向眠, 宜暖宜暗. 蠶大幷起時, 宜明宜涼. 向食, 宜有風, 避迎風窗, 開下風窗. 宜加葉緊飼. 新起時怕風, 宜薄葉慢飼. 蠶之所宜, 不可不知. 反此者, 爲其大逆, 必不成矣.

누에를 드물게 놓아 주어야 할 세 시기

三稀

『잠경』: 개미누에를 떨기 할 때, 채반 위에 올려놓을 때, 섶에 올릴 때이다.[99]

『蠶經』: 下蟻, 上箔, 入簇.

---

98) 역자주 무계유 교석본에 의하면, '하풍(下風)'은 배풍(背風)이라고 한다.

99) 역자주 개미누에를 드물게 편다는 의미는 부화되어 나온 개미누에를 누에자리[蠶座] 위에 모아 먹일 때 드물게 해주어야 하며, 그리고 누에를 채반 위에 올려 펴줄 때나 익은누에를 섶에 올릴 때도 드물게 놓아주어야 함을 뜻한다. 예컨대 섶에 올릴 경우, 너무 조밀하게 두면 만들어진 고치가 배설물에 오염되거나 습도가 많게 되어 드물게 놓는 것보다 좋지 않다.

충분히 준비해야 할 다섯 가지

『잠경』: 첫째는 인력이고, 둘째는 뽕잎이며, 셋째는 잠실이고, 넷째는 채반이며, 다섯째는 섶이다. 이엉이나 쑥 가지 등을 말한다.

五廣

『蠶經』: 一人, 二桑, 三屋, 四箔, 五簇. 謂苫席蒿梢等.

각종 금기 사항

『무본신서』[100]: 누에는 젖은 뽕잎을 먹는 것

雜忌

『務本新書』: 忌

100) '인무본신서(引務本新書)': 『무본신서』에는 이러한 '잡기(雜忌: 여러 가지 금기사항)'가 열거되어 있으며, 대략 다음의 다섯 가지로 분류할 수 있다.

(1) 뽕잎은 습기나 열을 피해야 한다는 말은 정확하고 합리적이다.

(2) 일부 휘발성 유기화합물이 연소된 후 공기에 섞이면 누에에 해로우므로 피해야 한다. 그 중에서도

① 단쇄알킬, 특히 아세트알데히드, 아크릴알데히드(씨트로넬랄인 듯하다): 물고기를 굽거나 튀기는 것, 연기와 불, 지념(紙捻)(특히 기름에 담가 두었던 것)을 입으로 불어서 끄는 것, 연기를 쏘이는 것 등이 모두 이에 속한다.

② 환원식 유기 황화물: 피부, 털, 머리카락, 오훈채[五辛]를 태우는 것.

③ 사향(麝香).

④ 에틸알코올, 초산: 술을 지니고 있는 사람이 뽕잎을 썰어서 누에를 먹이거나, 자리를 나누거나 누에를 펼치는 것: 술, 식초.

이러한 것들은 일반적으로 봤을 때 정확하고도 합리적이다.

(3) 누에는 심하게 흔들리는 것을 견디지 못한다. 가까이에서 물건을 찧거나, 문이나 창문을 두드리는 것을 싫어한다는 것이 이러한 부류에 속한다고 볼 수 있다. "부뚜막 위에 칼을 놓는 것(떨어뜨리면 소리가 난다.)"과 "잠실 안에서 울거나 고함을 지르는 것", "욕이나 음란한 말을 하는 것" 등을 금하는 것은 부주의함으로 인해 부딪치거나 흔들리는 것을 막기 위한 것으로 그런대로 합리적이라고 할 수 있겠다.

(4) 누에는 빛에 민감하므로 "밤중에 잠실의 창틈으로 갑자기 등불을 비춰서는 안 된다."

을 꺼린다.

○ 누에는 더운 뽕잎을 먹는 것을 꺼린다.

○ 개미누에가 갓 깨어 나올 때 잠실 안에 먼지를 쓸어내는 것을 꺼린다.

○ 물고기나 고기를 기름에 졸이거나 지지는 것을 꺼린다.

○ 잠실 안에서는 불꽃이나 종이 꼰 것을 불어 끄지 않는다.

○ 잠실 근처에서 절구질하는 것을 꺼린다.

○ 문과 창, 시렁과 채반 및 소리 나는 물건을 두드리는 것을 꺼린다.

○ 잠실 안에서 울거나 고함치는 것을 꺼린다.

○ 거친 말과 음란한 말을 꺼린다.

○ 밤중에 등불이나 불빛이 홀연 잠실의 창문에 비치지 않게 한다.

食濕葉.

忌食熱葉.

蠶初生時, 忌屋內掃塵.

忌煎煿魚肉.

不得將煙火紙撚於蠶房內吹滅.

忌側近舂擣.

忌敲擊門窗槌箔及有聲之物.

忌蠶屋內哭泣叫喚.

忌穢語淫辭.

夜間, 無令燈火光忽射蠶屋窗孔.

---

(5) 누에는 깨끗해야 하므로 "집 안의 먼지를 쓸어서는 안 되고, 누에치는 아낙[蠶母]은 손을 씻고 항상 깔끔해야 한다." 이 외에 "출산한 지 만 한 달이 안 된 산부는 누에치기를 해서는 안 된다."는 말은 누에치는 아낙은 매우 부지런해야 하는데, 출산한 지 만 한 달이 안 된 산부는 건강을 보살펴야 하므로 이처럼 부지런해야 하는 일에는 적합하지 않다는 측면에서 본다면 합리적이다. 하지만 과거에 효자는 '불길하다'고 하는 것과 마찬가지로 임산부는 '불결하다'고 여기고 이 둘을 금기하는 것이라면 비합리적인 미신이다.

"누에치는 아낙은 옷의 색을 자주 바꿔서는 안 된다."는 누에에 직접적인 영향을 주지 않는다. 하지만 아낙이 자주 옷의 색을 바꿔 입는다면 누에를 기르는 데 집중한다고 볼 수 없으므로, 이는 고려해 봄직하다. "부뚜막 앞에서 탕을 끓이고 재를 뿌리는 것"은 부뚜막과 잠실의 거리를 말하는 것으로 봐야 한다. 너무 가까우면 온도와 습도가 짧은 시간 내에 급격히 변하고, 멀면 아무런 의미가 없을 것이다. 아래의 『사농필용』에서 지적한 것과 비교해 봤을 때, 잠실 내의 안정적인 온도와 습도, 청결한 환경에 주의를 기울이는 것은 모두 매우 합리적이고 정확하다.

○ 출산한 지 한 달이 안 된 산부는 누에치는 아낙[蠶母] 일을 해서는 안 된다.[101]

未滿月産婦, 不宜作蠶母.

○ 누에치는 아낙은 색깔이 다른 의복을 자주 바꿔 입어서는 안 되며, 손을 씻어 늘 청결하게 해야 한다.

蠶母不得頻換顔色衣服, 洗手長要潔淨.

○ 술 먹은 사람이 뽕잎을 썰어 누에에게 먹이거나 누에를 들어 채반 나누기를 하고, 누에를 펴 주는 일을 하는 것을 꺼린다.

忌帶酒人切桑飼蠶, 及擡解布蠶.

○ 누에는 깨어나서 익을 때까지 연기에 노출되는 것을 크게 꺼려한다.

蠶生至老, 大忌煙熏.

○ 부뚜막 위나 누에 채반 위에 칼을 놓아두어서는 안 된다.

不得放刀於竈上箔上.

○ 부뚜막 앞에서 뜨거운 물을 재에 끼얹는 짓을 꺼린다.

竈前忌熱湯潑灰.

○ 산부나 상복[102]을 입은 효자孝子가 집 안으로 들어오는 것을 꺼린다.

忌産婦孝子入家.

○ 잠실에서 가죽이나 털, 헝클어진 머리카락을 태우는 것을 꺼린다.

忌燒皮毛亂髮.

○ 술 · 식초 · 오신五辛[103]류의 물품 · 누리

忌酒醋五辛羶

---

101) 역자주 한 달이 안 된 출산부는 청결하지 않고 심지어 불길하다는 것으로, 무계유는 이것을 봉건미신의 잔재라고 인식하며, 아직도 소수민족의 민간에서 남아 있다고 한다.

102) 역자주 이전의 효자는 흰 효복(孝服)을 입어 대개 불길하다고 인식했다. 무계유 교석본에는 그 원인에 대해 상이 나면 왕래하는 사람들이 많아 쉽게 전염병을 누에에게 옮길 수 있기 때문이라고 하면서 이것은 어찌 효자에게 국한되겠느냐고 반문하며, 황당한 미신이라고 일축하고 있다.

103) 역자주 무계유 교석본에 의하면, 오신(五辛)은 파, 마늘, 부추, 염교[薤], 고수풀[荽] 등 매운 맛의 훈채 식물을 뜻한다고 한다. 그리고 불교에서 금하는 다섯 가지 음식물은 마늘과 파, 부추, 달래, 홍거의 다섯 가지로, 대부분 자극이 강하고

고 비린내[羶腥]・사향麝香 등이 잠실에 들어오는 것을 꺼린다.

『사농필용』: 맞바람을 맞으며 햇볕을 마주한 창을 여는 것을 꺼린다.

○ 서쪽에서 해가 비치는 것을 꺼린다.

○ 한창 더운데 사나운 바람이 불거나 추위가 몰아치는 것을 꺼린다.

○ 한창 춥다가 갑자기 너무 더워지는 것을 꺼린다.

○ 깨끗하지 않은 사람이 잠실에 들어오는 것을 꺼린다.[104]

○ 잠실 근처에서 악취가 나는 것을 꺼린다.

腥麝香等物.

『士農必用』: 忌當日迎風窗.

忌西照日.

忌正熱著猛風驟寒.

忌正寒陡令過熱

忌不淨潔人入蠶室.

蠶屋忌近臭穢.

냄새가 많은 것이 특징이다.

104) 역자주 이것은 매우 합리적인 것으로 깨끗하지 못한 사람은 전염병균을 가져올 수 있기 때문이다.

누에섶에 올리기, 고치 실켜기 등의 방법 [簇蠶繰絲等法] [29]

누에섶에 올리기

『제민요술』: 누에가 익을 때, 비를 맞게 되면 고치가 못 쓰게 되니 누에를 잠실 안에서 섶[105]에 올리는 것이 가장 좋다. 채반 위에 얇게 가는 가지를 한 층 깔아 누에를 그 위에 올려두고, 다시 땔나무가지[마른 가지]를 얇게 덮어준다. 하나의 시렁에 10개의 채반을 안치할 수 있다.

『무본신서』: 누에섶을 올리는 땅은 높고 평평해야 하고, 섶 안은 통풍이 잘 되어야 한다. 섶에는 마른 나무와 풀을 골고루 깔아주어야 하며, 누에를 펼쳐 놓을 때는 드문드문 놓아주어야 한다. 빽빽하게 펼쳐 놓으면 쉽게 뜨게 되고, 섶에 열이 생기면 고치를 만들기 어렵고, 고치실을 켜기도 매우 곤란하다. 동북쪽이나 가축[六畜]을 기

簇[30]蠶

『齊民要術』: 蠶老時値雨者, 則壞繭, 宜於屋內簇之. 薄布薪於箔上, 收蠶訖, 又薄以薪覆之. 一槌得安十箔.

『務本新書』: 簇蠶, 地宜高平, 內宜通風. 勻布柴草, 布蠶宜稀. 密則熱, 熱則繭難成, 絲亦難繰. 東北位, 幷養[31]六畜處, 樹下,

---

105) 역자주 섶은 누에가 고치를 짓도록 만들어진 기구이다. 대개 누에는 키우는 공간에서 짚이나 마른 나뭇가지를 이용하여 고치를 짓게 하지만, 여기서는 누에를 키운 공간과는 별도로 고치를 짓기 위해 외부에 건축물을 설치했는데 이것도 섶으로 칭하고 있다. 무계유 교석본에 의하면, 당시 북방에는 모두 집 밖에 섶이 있었는데, 비가 오면 집 안으로 섶을 옮겼다고 한다. 가사협이 비를 맞아 고치를 망친 교훈이 있어 집안에 섶을 설치할 필요를 느낀 것이다. 『무본신서』 등에는 여전히 집 밖에 섶이 보이지만, 왕정 『농서』 「잠족」편에는 북방의 집 밖에 설치된 섶의 각종 폐해에 대해 논의되어 있다고 한다.

르는 곳, 나무 아래쪽이나 구덩이 위쪽, 똥 냄새가 나거나 오염된 물이 흐르는 곳에는 모두 섶을 설치해서는 안 된다.

阬上, 糞惡流水之地, 不得簇.

『야어(野語)』에 만일 날씨가 무더우면, 한낮에 누에를 섶에 올려서는 안 되는데 누에가 익으면 햇볕이 내리쬐는 것을 견디지 못하기 때문이라고 하였다.

『野語』: 如天氣暄熱, 不宜日午簇蠶, 蠶老, 不禁日氣曬暴故也.

『사농필용』: 섶을 관리하는 방법에서 가장 중요한 것은 건조하고 따뜻하게 해주는 것으로 섶 안의 찬 기운과 습기를 없애주는 것이다. 섶 안의 고치에는 여섯 가지의 병이 있다. 첫째는 섶 안에 습기가 차는 것[簇汗]이고, 둘째는 낙족(落簇)이며, 셋째는 유주(游走)이고, 넷째는 붉은 빛 번데기로 변하는 것[赤蛹]이며, 다섯째는 딱딱하게 굳어지는 것[變殭]이고, 여섯째는 까맣게 변하는 병[黑色]이다. 섶에 습기가 차서 생기는 병의 원인은 익은누에가 뽕잎을 깨끗하게 먹지 못하여 남은 뽕잎이 뜨고 습해지는데, 누에가 그 뽕잎을 붙인 채로 섶 안으로 들어갔기 때문이다. 그래서 만든 고치 또한 축축해지는데, 이것을 족한(簇汗) 고치라고 한다. 그 나머지 다섯 가지 고치의 병은 누에섶을 설치한 땅이 습하고 날씨가 차기 때문에 생기는 것이다.[106] 누에가 익으려 하면, (잠실 밖에) 섶을 '놓아둘 공간'을 골라 불을 피워 바싹 말려 건조시키고, 재를 깨끗하게 청소한 다음에 그 위에 섶을 설치해야 한다.

『士農必用』: 治簇之方, 惟在乾暖, 使內無寒濕. 簇中繭病有六. 一, 簇汗. 二, 落簇. 三, 遊走. 四, 變赤蛹. 五 變殭. 六, 黑色. 簇汗之病, 蠶老食葉不淨, 其葉蒸濕, 帶葉入簇. 故繭亦濕潤, 此爲簇汗. 其餘五病, 皆地濕天寒所致. 蠶欲老, 可簇'地盤', 燒令極乾, 掃除灰淨,[32] 於上置簇.

106) 역자주 무계유 교석본에 의하면 이 여섯 종류의 고치 병 중에 '낙족', '유주'는 얇은 고치 혹은 기형의 고치이고, '적용'은 누에고치가 오염된 것이고, '변강', '변흑'은 섶의 고치가 흑강병(黑殭病)인지 족견병(簇繭病)인지 문장만으로는 분명하게 알 수가 없다. 이들 병의 원인은 확실히 섶이 축축한 것이나, 한랭한 기온과 밀접한 관계가 있으며, 누에 체질이 질병에 약한 것도 근본적인 원인이 될 수 있을 것이라고 한다.

○ 『한씨직설』: 둥근 섶 안치하기: 땅이 좀 높은 곳에 '섶의 다리'를 만들어 (둥근) 섶을 안치하면, 여섯 채반의 누에를 섶에 넣을 수 있다. 채반의 누에가 9할 정도의 익었을 때 소량의 뽕잎을 뿌려준다. 이때 주는 뽕잎을 '상마상(上馬桑)'이라고 한다. 채반 위의 누에를 키[簸箕]를 사용하여 섶에 옮기고[107] 손으로 가볍게 섶 위에 흩어 놓는다. 동남쪽으로부터 흩기 시작하며, 땅에 떨어뜨려서는 안 된다. 반드시 드물고 고르게 흩어놓고, 다시 그 위에 다시 나뭇가지나 쑥[蒿] 또는 콩대[豆稭] 을 덮어 준다. 다시 앞서 지적한 것과 같이 누에를 그 위에 흩어놓는데, 세 채반을 흩은 이후에 다시 그 위에 나뭇가지를 덮을 때 뿌리부분이 (섶의 중심부) 위로 올라오게 덮어 준다. 이와 같이 해주면 누에의 섶이 둥글고 안정된다. 이후에는 누에를 그 위에 흩어준다. 여섯 번째의 채반을 섶에 올리고 나서 섶 위에 쑥을 덮어 주면 섶이 둥글게 되며, 그 후에 위에 채반을 둘러치거나 이엉으로 섶 꼭대기를 정자亭子와 같이 원뿔모양으로 감싼다. 비가 새지 않게 막아 준다. 저녁이 되면 또 거적을 사용하여 섶을 밑에서부터 위에까지 쭉 감싸 준다. 다음날 해가 떴을 때 섶 주위의 거적을 걷어 준다. 저녁에는 다시 거적으로 감싸 주고, 3일이 지나 누에가 고치를 지으면 이런 번거로운 일은 하지 않는다. '마두족(馬頭簇)'[108] 역시 위와 같은 방식

『韓氏直說』: 安圓簇: 於阜高處, 打成'簇脚', 一簇可六箔蠶. 十分中有九分老者, 宜少摻葉. 名'上馬桑'. 就箔上, 用簸箕般去, 宜款手摻於簇上. 自東南起頭, 不令落地. 務令稀勻, 上復覆梢蒿, 或豆稭. 復摻蠶如前, 至三箔, 覆[33]梢倒根在上. 如此則簇圓又穩. 自後蠶可近上. 摻至六箔覆蒿令簇圓, 上用箔圍苫繳, 簇頂如亭子樣. 防雨. 至晚, 又用苫, 將簇從下繳至上苫相接. 日出高時, 捲去. 至晚, 復繳, 三日外, 繭成不用. '馬頭簇', 亦依上苫繳.

---

107) '반(般)': 지금은 '扌'변을 더해서 '반(搬)'으로 쓴다.

108) '마두족(馬頭簇)': 예전에 '마두(馬頭)'는 입체적인 개념을 뜻했으며, 중간은 높게 등줄기처럼 솟아 있고, 이 등줄기는 꼭대기에서 양 옆으로 늘어져 내려가면서

으로 거적으로 감싸 준다. 사용되는 나무와 풀은 많아야 하며, 섶은 또 정교해야 한다. 중간에는 받침대가 있어야 한다. 누에가 많으면 '마두족'을 쓰는 것이 좋다. 섶의 다리는 남북으로 둔다.

柴薪要廣, 簇又玲瓏. 中間宜架杆. 蠶多, 宜'馬頭簇'. 脚宜南北.

○ 섶을 햇볕에 쬔다[曬簇]: 누에를 섶에 올린 후의 셋째 날 오전 7~11[辰巳]시 사이에 채반의 거적을 열어 햇볕을 쬐고 오후 1~3[未]시에 이르러 다시 앞서와 같이 거적을 잘 덮어준다. 만약 햇볕을 받아 너무 뜨거우면 섶 위 지주목에 덮개[109]를 세워 햇살이 들지 않도록 가려 준다.

曬簇: 上蠶後, 第三日辰巳時間, 開苫箔日曬, 至未時, 復苫蓋如前. 如當日過熱, 上楮單箔遮日色.

○ 누에섶 옮기기[翻簇]: 누에를 섶에 올릴 때 섶이 비에 젖게 되면 비가 그치고 날이 갤 때에 즉시 누에섶을 '설치할 공간'[110]을 고른다. 만일 지면이 비에 젖었다면, 담[牆]에서 나온 마른 흙을 가져다가 두껍게 덮는다. 섶을 설치하는 방법은 기술한 바와 같다. 이미 고치의 집이 지어졌는지 지어지지 않았는지 관계없이 모두 옮기고 다른 섶에는 앞에서와 같이 거적으로 감싸 준다. 만약 누에를 섶에 올릴 때 가랑비가 내리면 옮길 필요는 없고, 오직 섶을 햇볕에 쬐어 말려 주기만 하면 된다. 또 다른 방법이 있다. 익은누에를 섶에 올리려고 할 때 비가 내리면, 잠실 안 본래 시렁[槌] 아래쪽의 지면 위에 섶을 안치하고, 창문을 열어서 바람이 통하게 한다. 밤

翻簇: 上蠶時, 被雨霑濕, 雨纔止纔晴, 即選一簇'地盤'. 如雨濕了, 則取乾牆土厚覆. 治簇之法如前. 不以成繭不成繭, 翻騰遷移, 別簇封苫如前. 小雨則不須, 但可曝曬. 又有一法. 臨簇有雨, 只於蠶屋中本槌下, 地面上安簇, 開了門窗, 使透

비스듬하게 경사진 모양이다. '마두족(馬頭簇)'은 이러한 '마두(馬頭)'의 모양으로 만든 누에섶이 분명하다. 이러한 모양의 섶은 '밑동은 남북향'으로 북단은 높고 좁으며, 남단은 길고 기울어져 있어서 햇빛을 충분히 받을 수 있다.

109) '단박(單箔)': '단(單)'은 한 겹으로 된 베이고, '박(箔)'은 짚 또는 갈대, 대나무 등을 엮어서 만든 덮개이다.

110) '지반(地盤)': 위쪽에 인용된 『사농필용』을 보면, 섶을 올릴 때 필요한 공간을 말하는 것이다.

이 되거나 흐리거나 비가 내려 날씨가 추워지면 바로 창문을 닫고 쇠똥 말린 것을 불에 태우면, 섶을 이동하는 방법보다 더 좋다. 또 다른 방법은 누에시렁의 채반 위에 드문드문 쑥을 한 층 뿌리고, 시렁의 사방에 나뭇가지나 쑥 그리고 발이나 거적으로 감싸주면 누에가 자연스럽게 고치를 지으니 이런 방법은 빗속에서 섶을 짓는 것보다 훨씬 낫다.[111] 지(槌)의 음은 지(支)이다.[112]

風氣. 早夜或陰雨變寒, 則閉門窗, 添牛糞火, 比翻簇之法. 又爲妙也. 又一法, 槌箔上, 虛撒蒿, 槌周圍簇梢與蒿, 箔苫圍之, 蠶自作繭, 猶勝於雨中簇也. 槌音支.

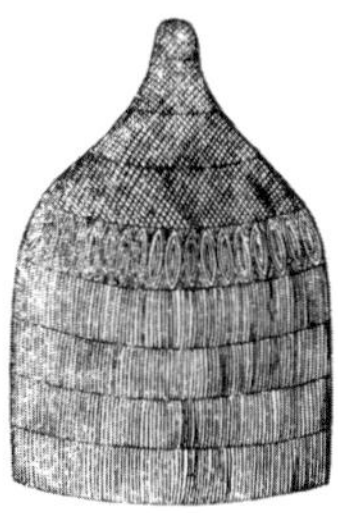

〈그림 5〉 단족(團簇)(『수시통고』「분박(分箔)」)

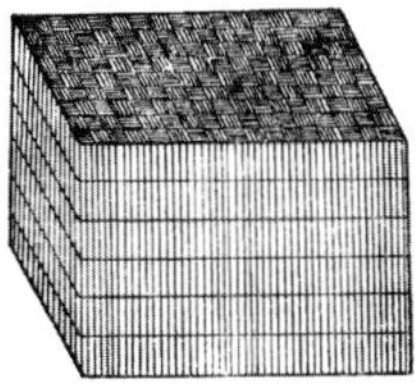

〈그림 6〉 마두족(馬頭簇)(『수시통고』「분박(分箔)」)

111) 작은 주에 기록되어 있는 두 가지의 개선 방법을 보면 바뀐 점은 많지 않지만, 간편하고 효과도 양호한 것이 확실히 한 단계 발전하였다. 이를 통해 사람들은 항상 기술 향상을 통해 노동의 강도를 줄이면서도 효과는 높일 수 있는 방법을 찾기 위해 노력했음을 알 수 있다. 비록 조금씩 개선되긴 하였지만, 이것이 쌓이면 큰 효과를 거둘 수 있다.

112) '지음지(槌音支)'의 주(注)는 '지(槌)'자에 대한 설명이 분명하다. 석성한은 지(槌)를 '지(搘)'로 보고 지(搘)는 '쇄족(曬簇)' 분조에 속하며, 멀리 떨어진 이곳에 있어서는 안 된다고 하였다. 격본과 전본에는 모두 같은 곳에 있고, 잘못 놓인 것은 아마도 원간(元刊)인 것 같다고 한다.

〈그림 7〉 잠족(蠶簇)(왕정 『농서』)

교 석(校釋)

29 "누에섶에 올리기, 고치 실켜기 등 방법[簇蠶繰絲等法]"의 제목은 격본과 동일하다.

30 '족(簇)': 절각에는 '탄(瘓)'으로 되어 있으나, 소각, 민각 및 격본에는 '족'으로 되어 있다.

31 '양(養)': 전본에는 '식(食)'으로 되어 있는데, 이는 차용법이 아니라 확실히 잘못 쓴 것이다. 격본에는 '양'으로 되어 있다.

32 '정(淨)': 전본에는 '부(浮)'로 되어 있고, 격본에는 '정'으로 되어 있다.

33 '복(覆)': 전본에는 '복(復)'으로 되어 있으나, 격본에는 '복(覆)'으로 되어 있다. 세 개의 채반을 놓고, 쑥이나 콩줄기 짚으로 덮을(=覆) 때 뿌리 쪽을 위로 가게 뒤집어서 이 줄기들을 미리 깔아 놓은 섶과 교차되게 하고, 뿌리 쪽도 먼저 깔아 놓은 줄기 및 가지들과 마주보게 들어올린다. 이렇게 하면 짚이 가운데로 모여서 높게 솟아오르고, 주변은 낮게 펼쳐지면서 섶이 둥글고 안정적으로 된다. '복(復)'자는 '복(覆)'자로 차용할 수 있으나, 여기의 '복(復)'자는 '다시'라는 뜻이 연상되기 쉬워 이해하기 어렵다.

고치고르기	擇繭
『무본신서』: 고치를 택하는 작업은 많은 사람이 일제히 손을 놀려 재빠르게 선택하여 서늘한 곳에 얇게 펼쳐 놓아야만 나방이 나오는 시간을 자연스럽게 늦추어, 실을 켤 때 정신없이 바쁜 것을 벗어날 수 있다.[113]	『務本新書』: 繭宜併手忙擇, 涼處薄攤, 蛾自遲出, 免使抽繰相逼.

고치 실켜기	繰絲
『사농필용』: 고치실을 켜는 비결은 오직 켜는 실이 가늘고, 둥글고, 균일하고, 견실해야 하며, 불균일하지 않고, '이음새'나 '뭉친 곳'이 없어야 한다는 것이다. '절(節)'은 이음새를 말하며, '핵(核)'은 매듭[114]이 진 것을 말한다. 거칠고 좋지 않은 것은 고	『士農必用』: 繰絲之訣, 惟在細、圓、勻、緊, 使無褊、慢、'節'、'核'. 接頭爲'節', 疙疸爲'核'.

113) 역자주 마종신은 교석에서 북방지역은 양잠으로 매우 바쁜 계절이 밀의 수확시기와 같다. 때문에 일손이 항상 부족하여 고치실을 켜는 시기가 늦추어진다고 한다.

114) '흘달(疙疸)': 원곡(元曲)에는 '흘달(疙疸)'이라는 단어가 많이 보이는데, 이는 원래 피부 또는 근육의 일부분이 '충혈'되어 튀어나온 것을 가리킨다. 지면(地面), 더 나아가 심리적인 면에 있어서의 장애나 돌출된 것을 형용할 때에도 쓰인다. '흘달(疙疸)'이라고 쓰게 되면, 일종의 '병적인 상태'를 나타낸다. 지금은 '흘탑(疙瘩: 부스럼)', '을탑(圪塔: 둔덕)', '흘탑(紇繨)' 등 이체(異體) 형식이 있는데, 모두 음을 차용[예를 들어 '탑(塔)'자는 습관적으로 ta라고 읽지 da라고 읽지 않는다. 또한 '흘(紇)'은 he라고 읽지 ge라고 읽지 않는다.]한 것이나 차용한 글자는 그다지 필요와 꼭 맞아 떨어지지는 않는다. 조금 더 이른 시기의 '골돌(榾柮)'(나무뿌리의 결절을 가리킨다.), 이것은 대개 '혼돈(餛飩)'을 가리키며, 남송시대 초기의 『동경몽화록(東京夢華錄)』에 나온다. 이는 이보다 더 이른 시기의 '골타(骨朵)'(수, 당에서 북송 초기)이다. 최근에는 문학작품에서 '격단(格蛋)'이라고 쓴

르지 않다. 번데기가 살아 있는 생고치로 실을 켜는 것이 제일 좋다. 만일 손이 모자라면 번데기를 죽인 뒤에 천천히 고치실을 켜도 된다. 번데기를 죽이는 방법은 세 가지가 있다. 첫째는 고치를 햇볕에 쬐는 것이고, 둘째는 소금물에 담그는 것이며, 셋째는 찌는 것이다. 찌는 방법이 가장 좋은데, 그러나 대부분 사람들이 할 줄 모른다. 햇볕에 말리면 고치가 손상되고, 소금물에 담그는 것이 안정적이다.

麤惡不匀也. 生繭繰爲上. 如人手不及, 殺過繭慢慢繰. 殺繭法有三. 一日曬, 二鹽浥, 三蒸. 蒸最好, 人多不會. 日曬損繭, 鹽浥者穩.

○ 뜨거운 솥에서 실켜기[熱釜]: 굵은 실은 ‘단교(單繳: 돌대에 실을 한 번 감아 뽑아내는 실)’로 켤 수 있고, ‘쌍교(雙繳: 돌대에 실을 두 번 감아 뽑아내는 실)’115)로도 켤 수 있다. 그러나 냉분(冷盆)으로 켠 실처럼 깨끗하고 광택이 나지는 않는

熱釜: 可繰麤絲‘單繳’, ‘雙繳’亦可. 但不如冷盆所繰者潔淨光瑩也. 釜要大, 置於竈

것을 보았는데, 작품의 배경이 되는 곳에 사는 사람들에게 물어보니 그들도 이 글자를 모른다고 했다. 생각건대 작가가 ‘달(疸)’자를 ‘단(旦)’으로 읽고, 쓸 때는 ‘단(蛋)’자로 쓴 것이지 실제로 쓰는 말은 아닌 것 같다.

115) 역자주 단교(單繳), 쌍교(雙繳) 및 전교(全繳)는 고치를 삶아 실을 뽑아 그것을 물레에 감는 작업을 할 때 사용되는 용어이다. 즉 뽑은 실을 물레[軠軸]에 잘 감기 위해서는, 우선 고치에서 뽑은 여러 개의 실을 한 곳에 모아 주는 틀이 필요하다. 그 틀에는 대나무관에 철사를 끼운 장치[蛾眉杖]가 있는데 실이 그 관에 감겨나가면서 정리된 상태로 물레에 감기게 된다. 감기는 것을 교(繳)라고 한다. 단교는 철사에 끼워 잘 돌아가는 대나무관의 돌대에 한 번 감기는 것을 말하며, 쌍교는 두 번 감기는 것을 말하고, 전교는 이러한 철사를 끼운 대나무를 상하 또는 그 이상을 설치하여 각각 두 번 돌린 후에 물레에 감는 장치를 말한다.

쌍교(雙繳)의 방법에는 몇 가지가 있는데, 하나는 한 대나무관의 돌대에 같은 방향으로 두 번 돌린 후 물레에 감는 방식이며, 다른 하나는 상하 두 개의 돌대에 각각 한 번씩 감아 물레에 감는 방식이다. 도교(掏絞)는 한 번 대나무관의 돌대에 감고 난 후 다음번 감을 때는 첫 번째 감은 실의 가운데로 넣어 꼬듯이 감는 방법인데, 이때 주의해야 하는 것은 물레로 실을 감을 때 묶이지 않고 잘 풀릴 수 있도록 감아야 한다. 실을 한 번 감는 단교보다 쌍교를 하면 고치에서 뽑힌 실의 움직임을 일정하게 할 뿐 아니라 실이 느슨하지도 탱탱하지도 않아 비록 장력은 크지만 물레의 속도를 높일 수 있으며, 아울러 켜낸 실이 탄탄하고 깨끗하며 광택이 난다는 장점이 있다. 본서에서는 전교의 방식도 권장하고 있는데, 철사를 끼운 대나무가 많을수록 실을 감는 속도가 늦고 번거로운데, 왜 이를 권장하는지는 알 수 없다.

다. 고치를 삶는 솥은 커야 하고, 부뚜막 위에 설치하여 부뚜막에서 찌는 법과 같다.116) 솥 위에 큰 시루를 올려서 주둥이를 맞붙이고, 그 속에 물을 8할 정도 채운다. 시루 중간에 나무판대기 하나를 가로질러 놓으면 양쪽으로 나누어져 두 사람이 마주하여 실을 켤 수 있다. 고치가 적은 경우에는 다만 작은 시루 하나만 사용하면 된다. 물은 반드시 뜨거워야 하며, 고치를 천천히 솥에 넣어 주어야 한다. 넣은 고치가 너무 많아, 때맞추어 실을 켜지 못하게 되면, 삶은 고치가 손상된다.

上，如蒸餾法. 釜上大盆甑接口，添水至甑中八分滿. 甑中， 用一板欄斷，可容二人對繰也. 繭少者，止可用一小甑. 水須熱，宜旋旋下繭. 多下，則繰不及，煮損.

○ 낮은 온도의 그릇[盆]에서 고치 실켜기[冷盆]117): '전교(全繳: 이음새가 없는 둥근 실)'로 가는 실을 켤 수

冷盆： 可繰'全繳'細絲. 中等繭可'雙繳'.

116) 역자주 이 작은 주는 석성한의 교주본에는 없지만, 무계유본에는 있어 첨가했다.

117) '냉분(冷盆)': 왕정의 『농서』 권20에 있는 「농기도보십육(農器圖譜十六)」의 '냉분(冷盆)'조에 있는 그림에는 분(盆)과 물레가 있는데, 그 외에 더 중요한 화로, 부뚜막, 연기 배출구 등의 구조에 대해 그린 판본은 없다. 지금은 본서에 인용된 자료에 따라 모든 장비가 갖춰진 '설명도'를 그려보았다. 역자주 석성한의 교주본의 그림은 부뚜막 부분이 뚜렷하지 못해 이해하기 곤란하다. 따라서 아래 그림은 무계유 교석본의 내용에 근거하여 그린 것임을 밝혀둔다.

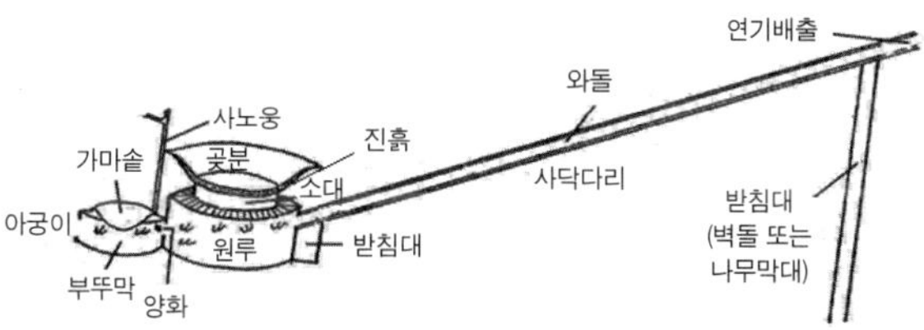

〈그림 8〉 냉분와돌 설명도(무계유 교석본, 288쪽)

이를 보면, 모든 조작은 작은 '분(盆)'에서 소량의 누에고치를 삶아 '실의 첫머리를 켜는'(=실의 첫머리를 뽑는) 것이다. 그런 후에 즉시 '냉분(冷盆)' 즉 곶분(串盆)으로 옮겨 너무 높지 않은 온도로 유지하면서 천천히 실을 물레로 끌어올

있다. 보통의 고치로 '쌍교(雙繳)'를 켤 수도 있는데, 뜨거운 솥에서 켜낸 실보다 깨끗하고 광택이 있으며, 또 부드럽고 질기다. 비록 '냉분'이라고는 하지만 실제 물은 매우 뜨겁다. **솥[盆]은 커야 하며, 미리 그 바깥쪽에 진흙으로 바른다.** 솥 아가리의 지름이 2자 5치 이상 되는 것을 미리 뒤집어 잘 붙는 차진 진흙으로 밑바닥과 온 둘레 및 아가리[118] 주변까지 네 손가락 굵기 정도의 두께로 바르고 아가리 부근에 이르면서 점차로 얇게 발라 햇볕에 쬐어 말린다. 이를 '곶분(串盆)'이라고 한다. **사용할 때에는 물을 8~9할 정도 채운다.** 물의 온도는 균일해야 하며, 갑자기 차가워지거나 갑자기 뜨거워서는 안 된다. **가마솥은 작아야 한다.** 솥 아가리 지름이 1자 이하이면, 솥이 작으니 넣어 삶을 고치도 적게 된다. 고치를 계속적으로 솥에 넣어주는데, 넣은 고치가 많으면 너무 많이 삶기거나 또 고르게 삶기지 않는다.[119]

比熱釜者有精神，而又堅韌. 雖曰'冷盆'，亦是大ⓒ溫也. **盆要大，先泥其外.** 口徑二尺五寸之上者，預先翻過，用長粘泥泥底，並四圍至唇，厚四指，將至唇漸薄，日曬乾. 名爲串盆. **用時，添水八九分滿.** 水宜溫暖常勻，無令乍寒乍熱. **釜要小.** 口徑一尺以下者，小則下繭少. 繭欲頻下，多下，則煮過，又不勻也.

리는 것이다. 이렇게 하면 불도 절약하고, 일하는 사람의 작업 환경도 좋으면서(지나치게 덥지 않으면, 연기에 그을리지도 않는다.), 누에고치도 심하게 익지 않고 '전교(全繳)'의 고급 실을 켤 수 있다. 이러한 모든 과정은 매우 합리적이고 경제적이며 많은 사람들의 경험과 지혜가 모여서 얻어진 결과이다. 그리고 그 후 300여 년이 흘러 서광계는 사람들의 경험과 지혜를 모으고, 여기에 본인이 생각하는 개선사항을 추가하여 '연냉분(連冷盆)'을 만들 것을 제안했다. 즉 "물을 끓이는 전용 냄비[鍋] 하나, 실의 첫머리를 뽑는 솥[釜] 두 개, 곶분(串盆) 두 개, 실을 켜는 물레[소거(繅車)] 두 개와 다섯 사람이 함께 일을 한다. 하나의 냄비와 두 개의 솥이 하나의 아궁이문[竈門]을 쓰고, 열과 연기가 와돌(臥突)로 들어가면서 곶분을 데운다. 한 사람은 부뚜막을 담당하여(=불을 때고) 두 개의 솥과 두 개의 분에 물을 공급하며, 빼서 물을 흘려보낸다. … 두 사람은 솥만 관리하며 실의 첫머리를 뽑고, 두 사람은 분(盆)만 관리하며 실을 켠다. … 다섯 사람이 여섯 사람의 몫을 하며, 부뚜막 하나가 부뚜막 세 개의 역할을 한다." 『농정전서』 권31에 보이며, 서광계는 본서에서 "그림은 다음과 같다."라고 언급했으나, 안타깝게도 완성된 『농정전서』에서는 그림이 보이지 않는다.

118) '진(唇)': 곶분의 가장자리의 약간 두껍고 바깥쪽으로 나와 있는 부분으로, 사람의 입술과 비슷하다. 역자주 그래서 아가리부분[口沿部]이라고 한다.

119) 역자주 마종신의 역주에 의하면 '냉분(冷盆)'과 '열부(熱釜)'의 차이는 열부법

○ 굴뚝[突[120]竈]: 반쪽으로 쪼갠 벽돌로 중간이 비도록 둥글게 쌓아 원루圓壘를 만든다. 원통 모양을 띠게 한다. 그 높이는 고치실을 켜는 사람의 키에 절반쯤 되도록 하고, 그 원의 직경은 곶분串盆의 크기에 따른다. 원루의 중간에는 둥근 소대小臺를 하나 쌓는다. 소대(小臺)의 지름은 곶분의 바닥보다 작아야 한다. '곶분'은 그 작은 대 위에 얹어 놓는데, 이때 곶분은 원루보다 아가리 부분이 높게 튀어나오도록 한다. 고치의 실마리를 찾는 데 사용되는 작은 솥을 거는 부뚜막은 원루[121]에 붙여 안치하는데, 원루보다 절반 정도 낮게 하고, 작은 부뚜막의 '엄화揜火'[122]는 원루로 통하게 한다. 아궁이 뒤쪽에 불과 연기가 지나가는 곳을 '엄화'라고 한다. '엄화'가 들어가는 원루의 맞은편 원루의 벽의 위쪽에 굴뚝[煙突]의 입구를 낸다. 그곳에 '비스듬히 누운 굴뚝[臥突]'을 만드는데, 길이는 7~8자 이상으로 한다. 만드는 방법은 우선 원루의 굴뚝을 안치하는 한 면에 단[臺: 突臺] 하나를 쌓는데, 원루 상에 뚫린 연통의 입구보다 약간 낮게 설치한다. 또 원루와 7~8자 떨어진 곳에 높이 5자가 되는 단 하나를 설치한다. 낮은 담을 이용하거나 나무로 받침대를 세운다. 길

突竈: 半破塼坯, 圓壘一遭, 中空. 直桶子樣. 其高, 比繰絲人身一半, 其圓徑, 相盆之大小. 當中壘一小臺. 徑比盆底小. 坐'串盆'於小臺上, 其盆要比圓壘高一唇. 靠元壘安打絲頭小釜竈, 比圓壘低一半, '揜火'透圓壘. 竈子後, 火煙過處, 名'揜火'. 與'揜火'相對圓壘匝近上, 開煙突口. 做一'臥突', 長七八尺已上. 先於安突一面壘一臺, 比突口微低. 又相去七八尺外, 安一臺, 高五

은 바로 뜨거운 솥의 고치에서 실마리를 찾고 실을 켜지만, 냉분법은 고치를 작은 솥에서 삶아 실마리를 찾아 청사견을 냉분 중에 옮겨 실을 켜는 것이다. 냉분이라고 하지만, 실제 물의 온도는 뜨거운 솥의 온도보다는 약간 낮다고 한다.

120) '돌(突)': 굴뚝의 원래 이름은 '돌(突)'이다.

121) '원루(元壘)': '원(元)'자는 '원(圓)'자로 해야 할 듯하다. 이는 '곶분(串盆)'을 올려놓는 원루(圓壘)이다.

122) '엄(揜)': 나중에는 일반적으로 '엄(掩)'으로 썼다.

이 1장[丈] 되는 서까래 나무 두 개를 높이가 다른 두 개의 단 위에 비스듬히 올려놓고, 두 나무 사이의 거리는 벽돌 한 장의 폭 정도로 한다. 그런 연후에 나무 위의 벽돌을 이용하여 진흙을 발라 비스듬히 누운 굴뚝[臥突] 하나를 만든다. 두 장의 서까래 나무 위에 벽돌을 한 층을 평평히 깔고, 양 옆에 벽돌을 세운 다음, 그 위로 다시 한 층 벽돌을 덮고 진흙으로 바르면 누운 '굴뚝'이 만들어진다. 반드시 굴뚝의 구멍은 아궁이 구멍과 서로 반대 방향이어야 한다. 만일 아궁이의 불구멍이 남향이면 굴뚝 구멍은 북쪽으로 향해야 된다. 고치실을 켜는 곶분(串盆)은 작은 솥과 굴뚝의 가운데 올려놓으며, 불길이 곶분의 밑바닥과 곶분 아래의 둥근 소대(小臺)를 치고 들어가, 그 둘레로 연기와 불꽃이 곶분(串盆)을 휘감고 지나 굴뚝 속으로 빠져나가므로 곶분의 물은 항상 뜨겁고 온도도 일정하게 된다. 이렇게 하면 고치실을 켜는 곶분이 연기와 불에서 약간 떨어지게 되어 실켜는 사람이 연기와 불에 시달리지 않게 되므로 안전하게 일할 수 있다.

尺. 或就用牆, 或就用大爲架子. 用長一丈椽二條, 斜磴在二臺上, 二椽相去, 闊一墫坏許. 用墫坏泥成一臥突. 二椽上, 平鋪墫坯一層, 兩邊側立, 上復平蓋泥了, 便成一'臥突'也. 須與竈口相背. 謂如竈口向南, 突口向北是也. 繅盆居中, 火衡盆底與盆下臺, 煙焰遶盆過, 烟出臥突中, 故得盆水常溫又勻也. 又得煙火與繅盆相遠, 其繅絲人, 不爲煙火所逼, 故得安詳也.

○ 물레[軖車]:123) 실 뽑는 물레의 높이는 솥과 같고, 그 축의 길이는 2자이며, 그 가운데의 직경은 4치, 양끝의 직경은 3치로 한다. 느릅나무[榆]나 홰나무[槐木]로 만든다. 물레는 사각四角이거나 육각六角이다. 물레의 바퀴살[臂]의 총 길이는 1자 5치이다.

軖車: 牀高與盆齊, 軸長二尺, 中徑四寸, 兩頭三寸. 用榆槐木. 四角或六角. 臂通長一尺五

123) '광거(軖車)': 『광운』 평성하(平聲下)[십양(十陽)에서 '광(狂)'뉴(kuáng)로 읽는다.]에 '광(軖)'자가 있으며 '물레'로 해석된다. 왕정의 『농서』 권20의 「농기도보십육」의 「잠소문(蠶繅門)」에는 '남소거(南繅車)'와 '북소거(北繅車)' 두 개의 그림이 있는데, 설명에는 진관(秦觀)의 저서 『잠서』를 인용하면서 '내지우거(乃至于車)'의 '거(車)'자를 모두 '광(軖)'으로 고치고, "왕변을 없애고, 고치를 켜는 바퀴[물레]이다.[去王切, 繅輪也.]"라고 주를 달아 설명했다.

육각의 물레는 사각만 못하다. 물레의 각이 적으면 실을 풀기 쉽다. '비(臂)'는 바퀴살로 쌍바퀴살이거나 홑바퀴살이다. 쌍바퀴살이 비교적 안정적이다. 물레는 발로 밟아 돌려야 한다. 또한 고치실을 켜는 기구[繅車]에 설치된 대나무관은 가늘어야 한다. 명주실을 짜는 수통[穗筒子]과 비슷하게 가늘어야 한다. 철사를 대나무관124)에 꿰고 그 양쪽에 세운 말뚝[樁子]에 철사를 꿰어 고정한다. 대나무관에 철사를 끼우고 그 양쪽에 말뚝을 세워 그 철사를 가로로 고정하면, 철사를 꿴 대나무관은 가볍고 경쾌하다. 이렇게 하지 않으면 실을 켜도 절대 좋은 실이 나오지 않는다. 옛사람들은 "일을 잘하고자 하면 반드시 먼저 그 도구가 편리해야 한다."라고 하였다. 나머지는 일상적으로 실켜는 도구를 만드는 방법과 같다.

寸. 六角不如四角, 軖角少, 則絲易解. '臂'者, 輻條也, 或雙輻, 或單輻. 雙輻者穩. 須脚踏. 又繅車竹筒子宜細. 細似織絹穗筒子. 鐵條子串筒, 兩樁子亦須鐵也. 兩竪樁子上, 橫串鐵條, 鐵條穿筒子, 旣輕又利也. 不如此則不能成絶妙好絲. 古人有言, "工欲善其事, 必先利其器." 餘如常法.

○ 고치의 실마리 찾기[打絲頭]: 한 사람이 전문적으로 실마리를 찾는다. 작은 솥 안에 물을 9할 정도 채우고 아궁이에 굵고 마른 장작을 사용하여 불을 땐다. 장작이 가늘면 끊임없이 땔나무를 넣어야 하므로 불길이 고르지 않게 된다. 불길이 세어지면 고치를 끓는 물속에 넣는다. 한 번에 고치를 적게 넣어야지 많이 넣으면 안 된다. 고치를 많이 넣으면 불의 세기와 시간이 지나쳐 켜는 실이 적어진다. 젓가락125)을 사용해서 가볍게 뒤적거려 고치를 뜨거운 물속에 고루 후벼가며 '낭두(囊頭)'126)

打絲頭: 用一人. 小釜內, 添水九分滿, 竈下燃麤乾柴. 柴細旋添, 火不勻停. 候水大熱, 下繭於熱水內. 下繭宜少不宜多. 多則煮過, 繅絲少. 用筯輕剔撥, 令繭滾轉盪勻, 挑惹起

124) 역자주 철사에 끼워진 대나무관을 따라 실이 돌면서 단단해지는 것은 물론이고, 물레에 실이 안전하게 잘 감길 수 있도록 유도하는 장치인데, 때문에 관은 잘 회전해야 하고, 흔들거려서는 안 된다.

125) '저(筯)': 젓가락을 의미한다.

126) '낭두(囊頭)': 제일 먼저 토해낸 실로 고치의 가장 바깥부분이며, 고치의 시작점이다. 실 샘이 이때 가장 충실하고, 팽창압력이 가장 크기 때문에 중간과 끝부

를 찾는다. 고치 바깥에 몰려 있는 실마리를 '낭두'라 한다. 손으로 이것을 꽉 잡은 다음, 수면에서 가볍게 아래위로 몇 차례 흔든 연후에 다시 그 낭두를 들어 올리면, 그 낭두 아래쪽이 곧 '청사淸絲'이다. 낭두를 떼어내는데, 만약 손으로 거듭 낭두를 휘젓거나, 또 팔목에 몇 번 감아 그 길이가 5~7자에 달하면 고치에서 좋은 실 10할 중에 2~3할을 버리게 되는 꼴이 되니 참으로 애석한 일이다. 만약 손으로 가볍게 흔들어 낭두를 끄집어낸다면 그 길이는 1자에 지나지 않는다. 한 손으로 청사淸絲를 꽉 잡고, 다른 손으로는 물이 새는 국자를 사용하여 고치를 퍼내어 조심스럽게 곶분串盆의 따뜻한 물속으로 집어넣는다. 국자 밑바닥에 이 같은 구멍을 많이 뚫은 것을 누표(漏杓)라고 한다. 바가지에 뚫으면 더욱 좋다. 청사 끝을 곶분 바깥쪽에 있는 '사노옹絲老翁' 위에 걸어 둔다. 곶분 곁의 땅위에 말뚝을 박아 (청사를 걸어) 둔 것을 '사노옹'이라 한다.

'囊頭'. 纏絲頭, 名'囊頭'. 手捻住於水面上, 輕提掇數度, 復提起, 其囊頭下, 卽是'淸絲'. 摘去'囊頭', 如重手攪撥囊頭, 又於手拐子纏數遭, 可長五七尺, 將繭上好絲, 十分中去了二三分, 實爲可惜. 如輕手剔, 撥起囊頭, 長不過一尺也. 一手撮捻淸絲, 一手用漏杓窈34繭, 款送入溫水盆內. 杓底上多鏤眼子, 爲漏杓. 漏瓢更好. 將淸絲掛在盆外邊'絲老翁'上. 盆邊釘揷一橛子, 名'絲老翁'.

○고치 실켜기[繰絲]: 한 사람을 쓴다. '사노옹' 위의 대략 15가닥 이상의 청사 실마리가 걸려 있는데, 황사(黃絲)는 비교적 굵어 고치 수가 적다. 한 곳으로 모아 '동전구멍'[127]에 꿰면, 동전 아래에 (대략 15개 이상

繰絲: 用一人. 將'絲老翁'上淸絲, 約十五絲之上, 黃絲麤減繭數. 總爲一

분의 '청사(淸絲)'에 비해 두껍다.

127) '전안(錢眼)': 진관의 『잠서』에는 '전안(錢眼)'이라는 명칭과 만드는 법이 있다. "판(板)은 솥의 바닥보다 길게 하고, 너비는 삼촌(寸), 두께는 칠서(七黍)[=이(釐)]로 한다. 두께의 중간에[칠이(七釐) 두께의 중간에] 커다란 엽전 하나를 끼워

의) 고치가 한 곳에 모이는데, 이것을 '사와(絲窩)'라고 하고 또 '서반(絮盤)'이라고도 한다. 실 가닥이 철사를 대나무관[篙頭]에 끼워 만든 아미장蛾眉杖을 거쳐 다시 아미장의 아래로 두 번 감고, 물레에 걸 때 또 두 번 감으며, 다시 사노옹 위의 다른 청사淸絲를 가져다가 앞에서와 같이 물레에 건다. 두 개의 사와(絲窩)는 끝을 가지런하게 하여 실을 켠다. 오른쪽 다리로 물레를 밟아 오른쪽으로 돌리며, 항상 눈은 빈틈없이 주시하고, 손은 끊임없이 곶분串盆 속의 두 개의 사와絲窩를 움직인다. 만약 사와 가운데 어떤 고치가 먼저 다 켜지면 번데기가 솥에 가라앉게 되며, 또 고치실이 끊어져서 고치가 사와에서 떨어져 물에 뜨게 되면 사와의 양이 줄어들게 된다. 그렇게 되면 즉시 사노옹絲老翁의 청사를 가져다가 적당히 이어주어 두 개의 사와가 항상 크기가 일치하도록 힘쓴다. 눈으로 항상 주시하고, 손은 움직여 자주 청사를 붙여준다. 한 번 붙이는 것이 3~4가닥을 넘지 않게 해준다. 붙이는 때를 놓치면 감는 실이 가늘어지고, 이음새가 많으면 실이 굵어진다. 만약 손이 실 끝을 잇는 데 바빠 천천히 물레를 밟으면 실은 비교적 굵어진다.[128] 만일 한 번에 붙이는 청사가 많을 때는 물레를 빨리 밟아 주어야만 실이 비교적 가늘어진다. 손과 다리가 서

處, 穿過'錢眼', 錢下, 繭櫕緊, 名'絲窩', 又名'絮盤'. 繳過篙頭蛾眉杖子上兩繳, 杖子下兩繳, 掛於軖上, 又取絲老翁上淸絲, 如前挂於軖上. 兩個絲窩, 其頭齊行. 右脚踏軖, 右轉, 長切照覷, 撥掠兩絲窩於內. 有繭絲先盡, 蛹子沈了者, 繭絲斷了, 繭浮出絲窩者, 其絲窩減小. 卽取淸絲, 約量添加, 務要兩絲窩大小長均. 眼專 35 覷, 手頻撥頻添. 添不過三四絲. 失添, 則細了, 多添則麤了. 36 如或手添

넣는다. 판의 끝부분을 나와 솥의 귀를 가로지르도록 하고, 다시 돌로 누른다. 실의 첫머리는 엽전의 구멍[錢眼]을 통과하여 올라가니, 이를 가리켜 '전안(錢眼)'이라고 한다.[爲版長過鼎面, 廣三寸, 厚七黍. 中其厚揷大錢一, 出其端, 橫之鼎耳. 復鎭以石, 緖總錢眼而上之, 謂之'錢眼'.]" 역자주 『잠서』에는 이 문장 속의 '복(復)'이 '후(後)'로 되어 있으나 석성한의 교주본에 의거하여 번역하였다.

128) '교쟁(較爭)': '교(較)'는 비교하는 것이고, '쟁(爭)'은 다른 한쪽을 강화시키는 것이다.

로 잘 균형이 맞아야만 고른 실을 얻을 수 있다. 또 실을 붙일 때, 청사를 사와(絲窩) 위에 덧붙이면 켜낸 실에 바로 '이음새[接頭]'가 생기지만, 청사를 손가락으로 사와 안쪽에 집어넣으면 자연스럽게 흔적이 드러나지 않고 붙어 '이음새'가 보이지 않는다. 이것을 '전교사(全繳絲)'라 하고, 이 실은 둥글고 튼튼하며 마디가 없어서 가장 좋은 실이다. 이 실은 사라(紗羅)와 상등품의 필단(疋段)을 짜기에 적합하다.[129] 아미장 위에 단지 두 번 감는 것을 '쌍교사(雙繳絲)'고 하며, 그 실은 그다지 둥글거나 튼튼하지 않고 약간의 마디가 있어 중간 등급의 실이다. 이것으로는 사라를 짤 수 없고, 중등품의 비단을 짜기에 적합하다. 아미장 위에 단지 한 번 감는 실을 '단교사(單繳絲)' 또는 '헐구사(歇口絲)'라고 한다. 실이 때로는 탄탄하고 때로는 느슨하며 큰 마디가 있어 필단은 짤 수 없고, 오직 견백(絹帛)을 짜기에 적합하며, 그다지 견실하지도 않다. 이같이 한 번 감은 헐구사는 대부분 뜨거운 솥 안에서 실을 켜낸 것이다.

不迭，脚慢踏軠，其絲較爭麤．如或手添得多了，脚緊踏軠，其絲較爭細．手脚相應，亦可取勻也．添絲，搭在絲窩上，便有'接頭'，將清絲用指面喂在絲窩內，自然帶上去，便無'接頭'也．此名'全繳絲'，圓緊無疙疸，上等也．中作紗羅上等疋段．[37] 如蛾眉杖上只兩繳，名'雙繳絲'，不甚圓緊，有小疙疸，中等也．不中紗羅，中中等匹段．[38] 如蛾眉杖上只一繳，名'單繳絲'，又名'歇口絲'．褊慢有大疙疸，不中疋段，只中絹帛，亦不堅壯．此單繳[39]歇口絲，多只是熱釜中繰也．

129) '중(中)': 즉 '가능하다'로, "~의 요구를 만족시키다"라는 뜻이다.

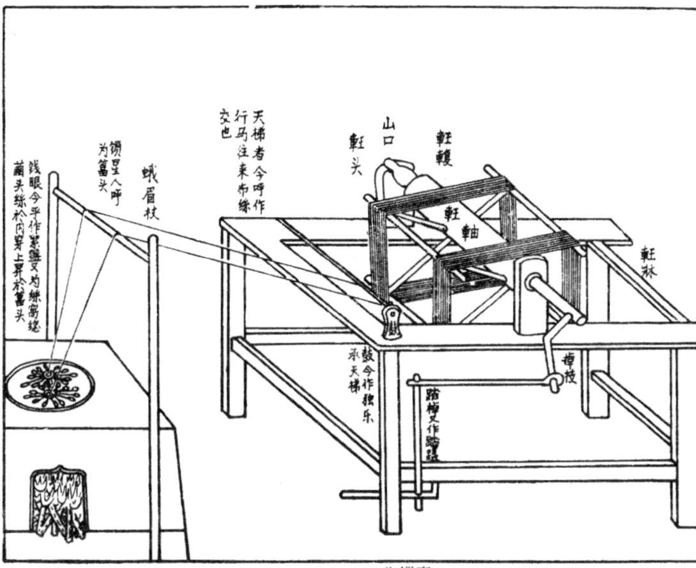

北繅車

〈그림 9〉 북소거(北繅車)[『수시통고』「소사(繅絲)」]

南繅车

〈그림 10〉 남소거(南繅車)[왕정 『농서』「소거(繅車)」]

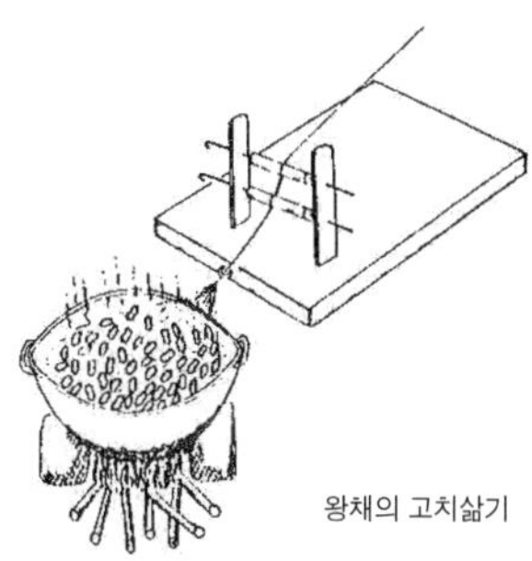

〈그림 11〉
고치삶기(『장상견학술용어사전』, 한국잠사학회, 96쪽)

熱 釜

〈그림 12〉 열분(熱盆) [『수시통고』 「소사(繅絲)」]

冷盆

〈그림 13〉 냉분(冷盆)(왕정 『농서』)

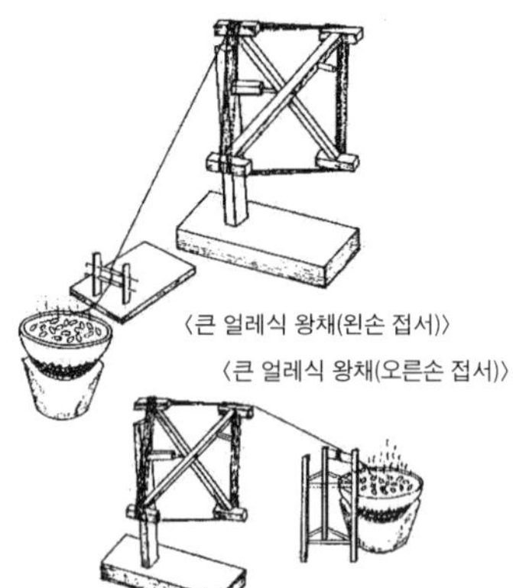

〈그림 14〉 큰얼레식 왕채(『장상견학술용어사전』, 한국잠사학회, 130쪽 참조)

▌교 석(校釋)▌

34 '요(窈)': 전본에는 '작(綽)'으로 되어 있으나, 격본에는 '요(窈)'로 되어 있다. '작(綽)'자는 '펴다(舒)'라고 해석할 수 있으며, '요(窈)'자는 아마도 동음의 '요(舀: 퍼내다)'자를 차용한 것으로 보인다.

35 '전(専)': 전본에는 '전(轉)'으로 되어 있으나, 소각, 절각, 격본에는 '전(専)'으로 되어 있다.

36 '료(了)': 민각에는 '자(子)'로 되어 있으나, 소각, 절각, 격본에는 '료(了)'로 되어 있다.

37 '단(段)': 전본에는 '단(緞)'자로 되어 있으나, 격본에는 '필단(匹段)'으로 되어 있다. '필단(匹段)'은 당시 고급 견직물의 통칭으로, 한쪽 면이 광택이 나는 '단(緞)'은 그 중 한 종류이다.

38 '필단(匹段)': 전본에는 '단필(緞匹)'로 되어 있으나, 격본은 본문과 동일하게 쓰여 있다.

39 '격(繳)': 전본에는 '조(絛)'로 되어 있으나, 격본에는 격(繳)으로 되어 있다.

▌교 안(校案)▌

ⓒ '대온(大溫)': 왕정의 『농서』 권20에 있는 「농기도보십육」의 '냉분'조에는 『농상직설(農桑直說)』의 "'냉분(冷盆)'이라고는 하나, 이 역시 불로 그것을 따뜻하게 하는 것이다.[雖曰'冷盆', 亦是火溫之.]"라는 글귀가 인용되어 있다. '화(火)'자를 쓰는 것이 '대(大)'자보다 더 적합하니, 고려해 볼 만하다.

누에고치 찌는 법 / 蒸餾繭法

『한씨직설』: 만약 누에고치가 단단하고 결이 두껍다면 반드시 고치실을 켤 때 잘[130] 풀리고 힘이 덜 든다. 이런 고치는

『韓氏直說』: 如蠶成繭硬, 紋理麤者,

130) 역자주 무계유 교석에 의하면 '쾌(快)'는 '빨리'의 뜻으로, 고치실의 풀리는 비율이 높아야 분해가 빠르다는 의미이다. 그렇게 될 때 실이 잘 끊어지지 않고, 생사의 질도 좋아진다고 한다.

쪄서 냉분(冷盆)을 이용하여 실을 켠다. 고치가 얇고 결이 가는 것은 반드시 실을 빨리 켤 필요가 없고, 쪄서도 안 되며, 이런 고치는 열분(熱盆)을 이용하여 실을 켜야 한다.

必繰快. 此等繭, 可以蒸餾, 繰冷盆絲. 其繭薄, 紋理細者, 必繰不快, 不宜蒸餾, 此止宜繰熱盆絲.

○ 누에고치 찌는 법: 대바구니로 만든 3층 찜통을 사용하는데, 부드러운 풀로 묶은 풀단[草圈] 한 개를 솥 아가리 부분에 안치하고, 두 개의 대바구니 찜통을 풀단 위에 앉힌다. 그 대바구니의 크기는 고려할 필요가 없다. 대바구니 찜통 안에 누에고치를 손가락 3~4개의 정도의 두께로 고루 깐다. 자주 손등을 고치 위에 대보고 온도를 측정하는데, 만일 고치가 손을 데일 정도로 뜨겁다면, 밑의 찜통을 꺼내고 다시 위에 다른 찜통 한 개를 위에 올려 준다. 너무 지나치게 쪄서는 안 된다. 지나치게 찌면 실마리가 연해진다. 또 덜 쪄도 안 된다. 충분하게 찌지 않으면 나방이 반드시 고치를 뚫고 나온다. 만일 손등이 데일 정도라면 바로 적합하게 쪄진 것이다. 잠실 시렁의 채반 위, 그 끝에서부터 대바구니 찜통 속의 고치를 쏟아내어[131] 손으로 가볍게 펴준다. 만일 채반 위에 고치가 가득 차면, 채반 위에 다시 쫙 펴준다. 고치에 냉기가 스며들게 되면, 그 위에 가는 버드나무 가지로 가볍게 덮어 준다. (이미 가져온) 누에고치

其蒸餾之法: 用籠三扇, 用軟草扎一圈, 加於釜口, 以籠兩扇坐於上. 其籠不以大小. 籠內匀鋪繭, 厚三四指許. 頻於繭上, 以手背試之, 如手不禁熱, 可取去底扇, 却續添一扇在上. 亦不要蒸得過了. 過了, 則軟了絲頭. 亦不要蒸得不及, 不及, 則蛾必鑽了. 如手背不禁熱, 恰得合宜. 於蠶房槌箔上, 從頭合籠內繭在上, 用手微撥動. 如箔上

131) 역자주 마종신은 역주에서 '종두(從頭)'는 채반의 끝에서부터 시작함을 의미하는 것이라 하며, 또 '합(合)'은 대바구니 속의 고치가 채반 위에 합치되는 것으로, 쏟아놓는 것을 의미한다고 한다.

는 당일에 모두 다 쪄야 한다. 만약 다 찌지 않으면 이튿날 반드시 나방이 나온다. 이와 같이 하면 한 달 이내에 빠르게 고치실을 켤 수[132] 있다.[133] 고치를 삶은 가마솥 속에 소금 1량, 기름 반량을 넣으면, 찐 고치의 실마리가 말라서 켜기 어려운 곤란함은 없어진다. 만일 찌는 고치가 많으면, 기름이나 소금을 여러 차례 나누어 천천히 넣어 준다.

繭滿, 打起更攤一箔. 候冷定, 上用細柳梢微覆了. 其繭只於當日都要蒸盡. 如蒸不盡, 來日必定蛾出. 如此, 繅絲一月, 一般繅快. 釜湯內, 用鹽一兩, 油半兩, 所蒸繭, 不致乾了絲頭. 如餾繭多, 油鹽旋旋入.

〈그림 15〉 고치삶기[繭籠] (왕정 『농서』)

132) 역자주 무계유의 교석본에서 '일반(一般)'의 의미를 '일양(一樣)'으로 해석하고 있다.

133) 역자주 원문의 [ ] 속의 내용("如此, 繅絲一月, 一般繅快")은 석성한 교주본이 저본으로 한 전본에는 빠져 있다.

여름, 가을누에 기르는 법

『제민요술』: 『회남자淮南子』[134]에 이르길 원잠原蠶은 1년에 두 차례 실을 뽑을 수 있어 결코 이익 되지 않는 것이 아니지만, 왕이 법으로 사육을 금지한 것은 뽕나무가 해를 입을까 걱정되었기 때문이라고 하였다.

『무본신서』: 대개 여름누에를 기를 때는 약간 적게 길러야 하는데, 이것은 가을누에 종자의 보존을 고려해야 하기 때문이다. 왜냐하면 뽕나무의 새 가지를 훼손하면 이듬해 봄누에의 뽕잎을 그르칠까 걱정되기 때문이다. 오늘날 여름누에[熱蠶]를 기르는 농가는 항상 종이를 창에 발라 ―파리가 날아드는 것을 막아주지만― 공기가 유통하는 것을 차단한다. 맑은 날에는 잠실이 열에 떠서 누에가 병이 생기고, 흐린 날은 잠실에 습기가 차서 누에에 흰곰팡이[白醭][135]가 생기기 때문에 (종이를 창에 바르는 것만으로는) 맑은 날, 흐린 날을 불문하고 모두 안심할 수 없다. 마땅히 가는 비단[紗]을 창에 바르고, 묵은 짚으로 누에 깔개를 만들어주어야 한다. 먼저 종이 반쪽 부분에 가는 비단[紗]

夏秋蠶法

『齊民要術』: 『淮南子』曰, 原蠶, 一歲再登, 非不利也, 然王者法禁之, 爲其殘桑也.

『務本新書』: 凡養夏蠶, 止須些小, 以度秋種. 慮恐損壞萌條, 有悞明年春蠶桑葉. 今時養熱蠶, 以紙糊窗―因避飛蠅―遮盡[40]往來風氣. 天晴, 罨熱病生, 陰, 則濕, 生白醭, 陰晴俱不便. 當以紗糊窗, 陳稈草作蓐. 紙條先貼紗邊, 餘紙就糊窗上. 中間以線繫紗在

134) '제민요술인회남자(齊民要術引淮南子)': 본서에 인용된 자구는 『제민요술』과 완전히 일치한다. 금본(今本) 『회남자(淮南子)』 「태족(泰族)」편의 원문에는 '원(原)'은 '원(螈)'으로, '등(登)'은 '수(收)'로 하고, '연(然)'자의 아래에는 '이(而)'자가 있다. '원잠(原蠶)'은 여러 차례의 잠을 거친 누에이다.[권1의 「잠사기본(蠶事起本)」 주를 참고]

135) 역자주 마종신은 역주에서, 잠실에 습기가 차면 곰팡이가 기생하는데, 누에의 각종 찌꺼기에 흰 곰팡이가 생기면, 누에에게 감염되어 백강병(白殭病)이 생기게 된다고 한다.

을 붙이고, 나머지 반쪽 종이는 창문 위에 바른다. 가는 비단[紗]의 중간을 실로 꿰매어 창살 위에 매단다. 누에치는 일이 끝나면, 가는 비단[紗] 주변의 종이를 물로 적시어 걷어내고, 이듬해 비단은 다시 사용한다. 혹은 억새풀로 발을 짠다. 굵은 삼실[麤絲]로 엮어 짠다. 창의 크기에 따라 잘 매어두면 반드시 진흙을 바르지 않아도 파리가 날아드는 것을 막고, 공기의 자유로운 유통을 차단한다. 잠실에 별도로 방 하나를 만들어 관련된 자 이외는 출입하지 못하도록 한다. 반드시 남북으로 창을 안치해야 한다. 가위로 뽕잎을 잘라 주고, 매일 아침저녁으로 누에를 들어 채반을 나누어 주고, 밤낮으로 부지런히 먹인다.

窗欞上. 蠶罷, 以水潤紙, 揭下, 明年再用. 或用荻簾. 麤麻線繫織. 當窗繫定, 不嵩泥之, 遮蔽飛蠅, 透脫風氣. 另搬41一房, 不令雜人出入. 決安南北窗. 以剪剪葉, 旦暮擡分, 兼夜頻飼.

가을누에[秋蠶]가 처음 개미누에로 깨어날 때는 삼복 날씨가 지나간 지 얼마 되지 않았을 무렵으로 더운 기운은 여전히 남아 있어 잠실은 항상 습기가 많으니, 바로 문과 창문을 사방으로 열어 공기를 소통해야 한다. 대개 갓 깨어난 개미누에도 서늘하고, 쾌적하게 해주어야 한다. 묵은 짚으로 누에채반의 깔개를 만들되 보릿짚을 써서는 안 된다. 매일 한 차례씩 누에를 들어 채반을 바꾸어 준다. 채반 바꾸기를 해주지 않으면 대부분 흰 곰팡이[白醭]가 생긴다. 가을누에가 한잠[一眠]을 잘 때는 따뜻하게 해주어야 하고, 두잠[再眠]을 잘 때는 봄과 같이 온난하게 해주어야 하며, 모든 문과 창의 거적이나 발을 쳐야 하고, 잠실 안에는 모름지기 연기가 나지 않는 달군 불을 사용해야 한다. 막잠[大眠]을 잘 때는 밤낮으로 모두 따뜻하게 해주어야 하

秋蠶初生時, 去三伏猶近, 暑氣仍存, 蠶屋多生濕潤, 正要四通八達, 風氣往來. 蓋初生却要涼快. 以陳稈草作蓐, 勿用麥稭. 一日一擡, 失擡多生白醭. 一眠, 宜溫, 再眠, 如春, 門窗俱挂薦簾, 屋內須用無烟熟火. 大眠全要暄暖, 大忌北風寒氣. 勿飼雨露冷葉. 春秋蠶法,

고, 북풍과 한기를 철저하게 피해야 한다. 비나 이슬을 맞아서 젖은 찬 뽕잎을 먹여서는 안 된다. 봄누에와 가을누에가 필요로 하는 온도는 앞뒤가 완전히 뒤바뀌니, 몸으로 직접 측량하는 것이 매우 필요하다.

首尾顚倒, 深宜體測.

가을누에를 섶에 올릴 때에는 점차 가을이 깊어지는데, 밤에 날이 차고 바람이 차가워지면 누에가 고치를 짓지 않을 수 있으니 섶의 서북쪽으로 기둥을 세우고, 서까래와 채반을 매달아 북쪽에서 불어오는 한랭한 공기를 막아준다. 단지 2~3일 밤 사이에 섶 위의 누에는 고치를 짓게 된다.

簇蠶時, 相次秋高, 恐值夜寒風冷, 不能作繭, 可於簇西北埋柱, 繫椽箔, 遮禦北風寒氣. 三兩夜之間, 便可作繭.

『사농필용』: 여름누에[夏蠶]: 이는 또 다른 한 종류의 누에로서 속칭 '삼생잠(三生蠶)'[136]이라고 한다. 이런 누에는, 봄누에가 낳은 알이 배양되어 여름누에의 종자가 되고, 여름누에가 낳은 알이 가을누에의 종자가 되고, 가을누에가 낳은 알이 봄누에의 종자가 된다. 사육할 때 빈공간이 생겨서는 안 된다. 공간이 생기면 누에종자가 끊기게 된다. 개미누에는 깨어나서 익을 때까지 모두 서늘한 것을 좋아한다. 파리나 벌레를 꺼려한다. 우선 여름누에가 깨어나기 전에 보릿겨를 잠실 벽 아래쪽에 쌓은 다음 태운다. 습기와 각종 벌레를 제거할 수 있다. 개미누에를 나누기한

『士農必用』: 夏蠶: 此別是一等, 俗謂'三生蠶'. 春養出夏種, 夏養出秋種, 秋養出來春種. 不可間闕, 闕則絶其種. 自蟻至老, 俱宜涼. 忌蠅蟲. 先於蠶生前, 用麥糠擁於蠶房壁脚燒之. 去溼氣及諸蟲

136) 역자주 마종신의 역주에는, '삼생잠(三生蠶)'은 3번 탈바꿈하는 누에로 그것은 봄누에와는 상이한 품종이다. 원문에는 '하잠(夏蠶)'과 '삼생잠(三生蠶)'을 혼동하고 있는데, 대개 당시에는 하잠이 모두 세 번 탈바꿈하였기 때문이다. 따라서 두 번 탈바꿈하는 '원잠(原蠶)'과 세 번 탈바꿈하는 '하잠(夏蠶)' 및 '삼생잠(三生蠶)', 그리고 '추잠(秋蠶)'을 모두 구별하지 않은 것이라고 한다.

뒤에 매일 하루 이른 아침에 한 번 누에를 들어 채반 바꾸기를 해준다. 그 나머지 사육하는 방법은 봄누에를 기르는 것과 같다. 여름누에는 많이 기르지 못하고, 단지 가을누에 종자를 거두기 위한 것에 지나지 않으므로 많이 기르면 뽕잎이 손상될 수 있다. 여름누에를 기를 때는 단지 뽕나무 가운데 좋지 못한 가지를 베어내고 뽕잎을 따면 된다.

子. 擘黑後, 須一日早晨一擡. 其餘並與養春蠶同. 此蠶不可多養, 止欲收秋蠶種, 多則損葉. 然只可科採桑中冗條取葉也.

○ 가을누에[秋蠶]: 일명 '원잠(原蠶)'[137]이라고 한다. 뽕잎을 따면 뽕나무는 결코 손상되지 않을 수 없다. 봄누에가 불행히 천재(天災)를 만나면, 부득이 가을누에를 쳐서 그 해 수입을 보충하지 않을 수 없다. 그러나 가을누에도 일찍 길러서는 안 되고 늦게 길러야 한다. 가을누에가 처음 깨어났을 때는 서늘하게 해주어야 하지만, 점차로 온난한 것을 좋아하는 것으로 변하게 되며, 봄누에를 기르는 것과는 서로 상반된다. 이 시기에 몸으로 온도를 측정하여, 반드시 필요한 만큼 적당하게 조절해주어야 한다. 처음 (누에가 어릴 때)에는 뽕잎을 한 잎 한 잎 따지만, 누에가 크게 되면 뽕잎을 훑어 딴다.[138] 처음에는 가는 비단[紗]을 창에 바르고, 점차 날이 추워지면 그 위에 다시 종이를 한 겹 더 발라 권창捲窓을 내주어야 한다. 누에섶과 고치 실켜는 방법은 앞에서 지적한 바와 같다.

秋蠶: 一名'原蠶'. 捋葉, 不無傷桑. 春蠶不幸, 遇天災, 不得已養之, 以補歲計. 然不宜穉, 宜穉也. 初宜涼, 漸漸宜暖, 與養春蠶正相反. 其間體候, 須欲得所. 初可摘葉, 蠶大則捋葉. 初用紗糊窗, 漸漸天寒, 上復用紙糊, 留捲窗. 簇與繰絲, 法如前.

『요지(要旨)』: 여름누에[熱蠶]는 시렁 밑에서 반드시 보릿

『要旨』: 熱蠶: 槌底

137) 역자주 무계유 교석본에 의하면, '원잠'은 흔히 '두 번 탈바꿈하는 누에'인데, 본문의 『사농필용』에서는 여러 번 탈바꿈하는 누에를 가리키고 있다고 한다.

138) 역자주 마종신은, '적엽(摘葉)'은 한 잎 한 잎 따는 것을 말하며, '날엽(捋葉)'은 손으로 가지 끝에서 죽 훑어 따는 것으로, 가지의 모든 잎과 여린 순까지 모두 떨어져나간다. 훑어 따기는 속도는 빠르지만 내년에 자라는 뽕나무에 많은 피해를 준다고 주석하고 있다.

겨나 보릿짚을 태워 주어야 한다. 또 큰 길 위에 밟고 다닌 마른 흙먼지 3~4섬[石]을 거두어다 개미누에가 깨어나는 날 시렁 아래 고르게 펴 주면 습기를 물리칠 수 있다. 가을누에를 섶에 올리려면 대부분 섶의 중심에 달군 불[熟火]을 놓아두는데, 이같이 하면 누에섶을 태울 위험이 크기 때문에 북풍 영향을 차단할 수 있는 곳에 섶을 설치해야 한다. 섶 아래 보릿짚을 고르게 깔아주고 마른 뽕나무 가지로 섶의 중심을 만들고, 새로 말린 기장 짚으로 깔개[139]를 만들면, 누에섶에서 따뜻한 기온이 발산하여 불을 피울 필요가 없다. 만약 누에섶이 비가 내려 습기가 차면, 거듭 새 섶으로 바꾸어주어야 한다.

亦宜用麥糠, 麥藍燒之. 又大路上踏踐起乾塵土, 收三四石, 生蠶日, 於槌底攤平, 可辟暑濕. 簇秋蠶, 多於簇心用熟火, 或致焚燒, 不若止於映北風處爲簇. 簇底用麥藍均鋪, 簇則用乾桑柴爲梢, 新乾黍藍爲草, 得自然溫暖之氣, 不須用火矣. 經雨則倒簇.

농상집요 제4권

農桑輯要卷第四

교 석(校釋)

40 '진(盡)': 격본, 전본에 따라 '진(盡)'으로 되어 있고, 노교에는 '개(蓋)'로 되어 있는데, 이것도 고려해 볼 만하다.

41 '벽(擗)': 전본에는 '벽(闢)'으로, 격본에는 '벽(擗)'으로 되어 있다. 본권의 '잠실(蠶室)'장에는 『무본신서』를 인용한 "따로 발을 사용하여 사이를 나누어 준다.[另用席箔擗夾一間.]"라는 말이 있는데, '벽(擗)'은 바로 방 안에 임시로 벽을 만들어 막고, 둘러싸면 또 다른 작은 공간이 생겨난 것을 가리킨다. 여기에서는 같은 책 내의 같은 관습어로 해석해야 하며, 따로 '만들어 낸[開闢]' 것이 아니다.

139) '초(草)': '욕(蓐)' 또는 '욕초(蓐草)'로 해야 할 듯하다.

농상집요 역주 | 권5

A Translated Annotation of the
Agricultural Manual "Nongsangjipyo" | No. 5

과 채[瓜菜]

참외심기[種瓜] 오이[黃瓜] 덧붙임

『제민요술』[1]: 외씨[瓜[2]子] 거두는 법: 해마다 '가장 먼저 맺힌 외씨[本母子]'[3]를 골라 양쪽 머리 부분을 잘라내고 오직 가운데 씨만 거둔다.[4] '본모

種瓜

『齊民要術』: 收瓜子法: 常歲歲先取'本母子'瓜, 截

---

1) 『제민요술(齊民要術)』: 본장에서 인용한 『제민요술』의 각 조는 지금은 권2 '「종과제십사(種瓜第十四)」'에 보인다. 여기에서 과(瓜)는 부록의 '황과(黃瓜: 오이)'를 제외하고 모두 참외를 가리키는 것이다.

2) 역자주 무계유 교석본에 의하면 과(瓜)는 참외(甜瓜)를 가리킨다고 한다. 산동 익도(益都)와 임구(臨朐) 등의 현에서는 지금도 참외(甜瓜)의 은과(銀瓜) 품종과 기타 양질의 참외 품종이 있는데, 대개 껍질이 얇은 계통으로 과질이 연한 유형에 속하며, 이를 보편적으로 재배한다. 또한 미하(瀰河) 연안 대부분에도 이러한 품종이 분포하고 있으며, 은과는 유명한 특산물이다.

3) 역자주 무계유는 교석하여, 본모자과(本母子瓜)는 가장 먼저 열리는 외를 가리킨다고 하였다. 참외의 대부분의 품종은 주된 덩굴 위에 열매가 열리지 않고, 가지 덩굴의 암꽃에 열린다. 주된 덩굴을 어미 덩굴이라고 하고, 가지 덩굴을 새끼 덩굴이라고 하며, 곁가지 덩굴의 가지는 손자 덩굴[孫蔓]이라고 한다. 본모자과는 어미 덩굴의 뿌리 근처의 새끼 덩굴 위에서 가장 먼저 열리기 때문에 본모자과라고 명명한 것이다. 덩굴의 측면에서 외가 열리는 것이 참외의 특성인데, 참외의 변종 중에 월과(越瓜), 채과(菜瓜) 등도 이와 마찬가지이다. 호박[南瓜], 수박[西瓜], 동아[冬瓜] 등은 이와 같지 않은데, 그것들은 주된 덩굴 위에서도 외가 열리며, 아울러 비교적 빨리 열린다고 한다.

4) 역자주 무계유는 교석에서, '오직 가운데 씨만 거둔다.[止取中央子.]'라고 한 것은 오이의 종류는 매우 많지만, 일정한 공통적인 특성을 지니고 있는데, 과실 중의 종자는 부위마다 형성조건이 다르지만, 그 중 중간 부위의 종자는 비교적 빨리 형성되고, 강한 생활력과 생리적 기능을 갖추고 있다. 이로 인해 종자가 충실하고 생산성이 높으며 또 빨리 익는 특성을 지니고 있는 것을 가리킨 것이다. 『제민요술』에서는 가장 빨리 열리는 외를 선택하여 양쪽 끝을 잘라 중간 부분의 씨를 취

자(本母子)'란 것은 몇 개의 잎이 갓 자라났을 때 열리는 외[瓜]로, 이 같은 외의 종자는 열리는 시기도 빠르다. 중간시기에 익는 참외를 종자[中輩瓜子]로 사용할 때는 덩굴길이가 2~3자로 자란 다음에 비로소 외가 달리며, 늦게 익는 참외의 종자[後輩子]를 사용할 때는 덩굴길이가 충분히 자란 이후에 비로소 외가 열린다. 외가 익는 시간도 늦다. 일찍 익는 외의 종자를 파종하면 외의 성숙은 빠르지만 크기는 작고, 늦게 익는 외의 종자를 파종하면 외의 성숙은 늦더라도 외는 비교적 크다. 본모자 양쪽 끝을 잘라내는 것은 외 꼭지에 가까운 씨는 맺히는 참외가 구부러지고 작으며, 참외 머리에 가까운 씨는 참외가 짧고 구부정하기 때문이다.[5)]

去兩頭, 止取中央子. '本母子'者, 瓜生數葉便結子, 子復早熟. 用中輩瓜子者, 蔓長二三尺, 然後結子, 用後輩子者, 蔓長足, 然後結子. 子亦晚熟. 種早子, 熟速而瓜小, 種晚子, 熟遲而瓜大. 去兩頭者, 近蔕子, 瓜曲而, 細, 近頭子, 瓜短而喎.

또 다른 방법으로 외 종자를 거두는 법은 외를 먹을 때 좋은 외의 씨를 취하여, 즉시 가는 겨에 섞어서 햇볕에 말리고 거의 다 마를 때쯤에 겨를 비벼서 없애고 키질하는데, (이때는) 깨끗하고 신속하게 한다.

又收瓜子法,[1] 食瓜時, 美者收取, 卽以細糠拌之, 日曝向燥, 挼而簸之, 淨而且速也.

외를 심을 때는 좋은 땅을 사용해야 되는데, 팥[小豆]을 심었던 자리가 가장 좋고, 기장[黍]을 심었던 자리가 그 다음으로 좋다. (팥과 기장을) 베어낸 후 즉시 흙을 뒤집어엎고 자주 갈아 준다. 2월 상순에 외를 심는 것이 가장 좋은 농사 시기이며, 3월 상순이 그 다음으로 좋은 시기이고, 4월 상순이 가장 좋지 않은 시기이다. 5월과 6월에는 '장

良田小豆底, 佳, 黍底次之. 刈訖卽耕, 頻煩[2]轉之. 二月上旬種者爲上時, 三月上旬爲中時, 四月上旬爲下時. 五月六月上旬,

하여 재배를 하면 외가 열리는 것이 빠르고, 대대로 동일한 씨를 취하여 재배하면 열매가 일찍 익는 품종으로 자랄 수 있다고 한다. 주석에는 조생과[本母子瓜], 중생과, 만생과의 종자로 파종하여, 그 대(代)와 그 다음 대의 외의 결실이 빠르고 늦은 것을 비교하면서 구체적이고, 세심하게 관찰하고 있다고 한다.

5) '와(喎)': wāi로 읽으며, 지금의 습관으로는 '왜(歪)'로 쓰는 글자이다.

과藏瓜'[6]를 심을 수 있다.

외 심는 법은, 우선 물로 참외 씨를 깨끗이 씻은 다음 소금과 섞는다. 소금을 섞어 주면 병에 걸리지 않는다. 먼저 호미[鋤]를 눕혀서[7] 흙을 평평하게 깎아 지표면상의 마른 흙을 걷어 낸다. 마른 흙을 깎아 내지 않으면 비록 구덩이가 깊고 크다고 하더라도 여전히 마른 흙이 섞여서 남아 있기 때문에 외가 쉽게 싹이 트지 않는다. 그 후에 구덩이를 파는데, 크기는 말[斗] 아가리[斗口] 크기만하게 한다. 그 속에 외씨 4알과 콩[大豆] 3알을 햇볕이 쬐이는 흙더미 옆에 묻는다. 외의 싹에서 몇 개의 잎이 나온 후에 콩의 싹은 끊어낸다. 외의 싹은 힘이 약해서 혼자서 싹을 틔울 수 없으므로 콩을 심어서 흙을 들어 올리게 해야 한다. 외의 싹이 나온 후에는 콩 싹이 도리어 외의 싹을 가리므로 외의 싹이 자라나지 못하게 된다. 콩의 싹을 끊으면 진액이 나오는데, 이것은 외가 촉촉한 기운을[8] 받을 수 있게 도와준다. 절대로 콩을 뽑아내서는 안 되는데, 콩을 뽑아내면 흙이 쉽게 건조해지기 때문이다. 여러 번 호미질을 하면 외가 달리는 것이 많아지고, 호미질을 하지 않으면 외가 잘 열리지 않는다. 오곡류나 채소류, 나무와 풀 열매(果蓏)[9]류도 모두 이와 같다.

可種'藏瓜'.

凡種瓜法, 先以水淨淘瓜子, 以鹽和之. 鹽和則不籠**3**死. 先臥鋤耬却燥土. 不耬者, 阬雖深大, 常雜燥土, 故瓜不生. 然後掊蒲溝切. 阬, 大如斗口. 納瓜子四枚, 大豆三箇, 於堆旁向陽中. 瓜生數葉, 掐去豆. 瓜性弱苗, 不能獨生, 故須大豆爲之起土. 瓜生不去豆, 則豆反扇瓜, 不得滋茂. 但豆斷汁出, 更成良潤. 勿拔之, 拔之, 則土虛燥也. 多鋤則饒子, 不鋤則無實. 五穀, 蔬菜, 果, 蓏

6) '장과(藏瓜)': 절여서 보관하는 데 사용하는 참외이다. 역자주 5월, 6월에 심는 가을외인 작은 참외는 '장과(醬瓜)'를 만들 수 있다. 산동의 장아찌 가게에서는 항상 가을 참외 속을 파내고, 그 속에 8가지의 속 재료를 채워서 같이 절여주며, 이것을 '포과(包瓜)'라고 하는데 이는 널리 알려진 밑반찬이다.

7) '와서(臥鋤)': '와(臥)'는 지면과 평행하다로 해석되므로 '와서(臥鋤)'는 수평으로 된 호미이다.

8) '경성양윤(更成良潤)': 콩의 싹을 끊으면, 끊어진 절단면에서 진액이 흘러나오기 때문에 "콩의 싹을 끊으면 진액이 나오는데, 이것은 외가 촉촉한 기운을 받을 수 있게 도와준다.[豆斷汁出, 更成良潤.]"라고 하는 것이다.

之屬, 皆如此也. 蓏郎果反.

○ 외에 생기는 벌레를 예방하는 법治瓜籠[10]法: 아침에 일어나 이슬이 아직 증발되기 전에 막대기로 참외 덩굴을 들어 올리고 외의 뿌리 아래에 재를 뿌려준다. 하루 이틀이 지난 후에 외의 뿌리에 흙을 북돋아 주면 더 이상 벌레가 생기지 않는다.[11]

治4瓜籠法: 旦起, 露未解, 以杖擧瓜蔓, 散灰于根下. 後一兩日, 復以土堆其根, 則永無蟲矣.

○ 대개 외가 채 익기도 전에 일찍 썩어 문드러지는 원인은 모두 발로 밟아서 잎과 덩굴이 손상되고, 외를 딸 때 조심하지 않고 외 덩굴을 뒤집었기 때문에 생긴 것이다. 만약 이러한 이치를 알고 신중하게 보호한다면 서리가 내려서 외 덩굴이 마를 때까지 외 수확을 할 수 있다. 이러한 방법에

凡5瓜所以早爛者, 皆由脚躡及摘時不愼, 翻動其蔓故也. 若以理愼護, 及至霜下葉乾, 子乃盡矣. 但依此法,

9) 역자주 과라(果蓏) 중 과(果)는 나무열매를, 라(蓏)는 풀열매를 뜻하는데, 외는 모두 라(蓏)라고 칭한다.

10) '과농(瓜籠)': 문장의 내용으로 봤을 때, 마지막의 "오랫동안 벌레가 없다.[則永無蟲矣.]"라는 구절에서 '과농(瓜籠)'은 벌레 때문에 생기는 질병을 가리키는 것으로 보인다. 진딧물이 잎 뒷면에서 잎의 즙을 빨아먹으면 잎의 뒷면이 안쪽으로 오그라들면서 잎 전체가 대롱과 같은 모양이 된다. '과농'이라고 하는 것은 아마도 이런 증상을 일컫는 듯하다. 참외의 뿌리에 재를 뿌려주면 개미가 줄기를 타고 진딧물을 어린잎으로 옮겨 확산되는 것을 감소시키거나 방지할 수 있다. 하지만 이미 생긴 진딧물의 번식을 막거나 어린잎에 있는 진딧물이 더 어린잎으로 이동하는 것은 막을 수 없다. 씨앗에 소금으로 처리를 하는 것도 진딧물의 발생을 억제하는 효과가 없다.(윗 문장 '鹽和則不籠死'의 주석 참조) 어떤 병인지에 대해서는 일단 의문점을 남겨 놓을 수밖에 없다.

11) 역자주 석성한의 교주본에는 그 다음에 "외를 따는 또 다른 방법: 길 위에서 손을 뻗어서 딴다. 지나가는 나그네가 오이 덩굴을 밟지 않게 하기 위해서는 덩굴을 뒤집어 덮어 둔다. 만약 그루터기 없이 외를 심는다면, 땅이 아무리 좋아도 싹이 곧게만 뻗고 가지가 많지 않아 외가 적게 열린다. 만약 그루터기가 없는 곳이라면 마른 나무를 세워주면 된다.[又摘瓜法: 在步道上, 引手而取. 勿聽浪人踏瓜蔓, 及翻覆之. 若無茇而種瓜者, 地雖美好, 正淂長苗直引, 無多槃歧, 故瓜少子. 若無茇處, 竪乾柴亦淂.]"라는 사실을 삽입하고 있다.

따른다면 외밭에 올외[早], 외[中], 늦외[晩]의 3가지 종류의 외를 구별하여 파종할 필요가 없다.

○ 구덩이를 파서 외를 심는 법區種瓜法: 6월에 비가 내린 뒤에 녹두를 심고, 8월 중순에 쟁기로 녹두를 흙속에 갈아엎고 10월에 다시 한 번 갈아 주며, 10월 중순에 외를 파종한다. 일반적으로 2보步 거리마다 한 개의 구덩이[區]를 파며 구덩이 크기는 대야[盆]입 크기로 하되 깊이는 5치[寸] 정도로 판다. 흙을 구덩이의 사방에 북돋아 채소 이랑과 같이 만든다. 구덩이 밑바닥은 반드시 평평하게 하고 발로 흙을 잘 밟아 습기를 유지할 수 있도록 해준다. 외씨와 콩[大豆]을 각각 10알씩 구덩이 속에 두루 뿌린다. 외씨와 콩은 짝이 되도록 파종하는데 왜냐하면 외가 대두의 힘을 빌려 흙을 뚫고 나오게 하기 위함이다. 거름 다섯 되를 그 위에 덮어 준다. 거름 또한 고르고 평평하게 덮어 준다. 또 흙 1말을 거름 위에 얇게 뿌려 주고 다시 발로 가볍게 밟아 준다. 겨울에 큰 눈이 올 때 재빠르게 힘을 합쳐 눈을 구덩이 위에 덮어서 큰 더미로 쌓아 준다. 봄에 푸른 풀이 돋아날 무렵이 되면 동시에 외도 돋아나는데 외의 줄기와 잎이 건장하고 무성한 것이 보통의 외보다 우수한 것이다. 또한 외밭은 항상 습기를 유지해 주면 가뭄이 들어도 피해를 입지 않게 된다. 5월이 되면 외가 빨리 익는다. 구덩이를 파서 외를 심는 데 있어[區種瓜] 콩 싹을 끊어내고 외를 호미질하는 방법은 통상적인 방법과 같다. 만약 한 구덩이[區]에서 10개의 씨앗이 전부 싹이 나오면 너무 빽빽하기 때문에 조금 솎어내야 하는데, 1구덩이에 4개

則不必別種早晩及中三輩之瓜.

區種瓜法:6 六月雨後, 種菉豆, 八月中犁稴殺之, 十月, 又一轉, 卽十月終種瓜. 率兩步爲一區, 坑大如盆口, 深五寸. 以土壅其畔, 如菜畦形. 坑底必令平正, 以足踏之, 令其保澤. 以瓜子大豆各十枚, 徧布坑中. 瓜子大豆兩物爲雙, 藉其起土故也. 以糞五升覆之. 亦令均平. 又以土一斗, 薄散糞上, 復以足微躡之. 冬月大雪時, 速併力推雪於坑上爲大堆. 至春草生, 瓜亦生, 莖葉肥茂, 異於常者. 且常有潤澤, 旱亦無害. 五月瓜便熟. 其掐豆鋤瓜之法, 與常同. 若瓜

의 싹을 남기는 것이 좋다.

子盡生, 則大概, 宜掐去之, 一區四根卽足矣.

○ 또 다른 방법으로는 겨울에 외씨 여러 개를 열기가 있는 쇠똥[牛糞] 속에 넣고서 쇠똥이 언 이후에 거두어 음달에 쌓아 두는 것이다. 외를 심는 땅의 크기에 따라서 사용하는 한도를 정한다. 정월에 땅이 풀리면 즉시 갈아엎고 습기가 있을 때 파종하는데 대개 1평방 보步마다 거름 1말을 뿌리고 쟁기로 흙을 갈아 덮어준다. 그렇게 하면 외는 반드시 건장하고 무성해지며 일찍 익게 되고, 비록 구덩이에 파종한 외에는 미치지 못하더라도 보통 외보다는 훨씬 우수하다.

又法, 冬天以瓜子數枚, 內熱牛糞中, 凍卽拾聚, 置之陰地. 量地多少, 以足爲限. 正月地釋, 卽耕, 逐暘布之, 率方一步, 下一斗糞, 耕土覆之. 肥茂早熟, 雖不及區種, 亦勝凡瓜遠矣.

외밭에 개미가 있을 때는 골수[髓]가 있는 소나 양의 뼈를 외의 뿌리 근처에 놓아두었다가 개미가 골수 위에 달라붙으면 가져다 먼 곳에 버린다. 두 세 차례 버리면 개미가 없어진다.

有蟻者, 以牛羊骨帶髓者, 置瓜科左右, 待蟻附, 將棄之. 棄二三, 則無蟻矣.

○ 최식崔寔[12]이 말하기를, 12월 납제[臘時] 때 구운 고기를 끼운 꼬챙이[13]를 외밭의 네 모퉁이에 꽂아두면 해충[蓋][14]을 없앨 수 있다고 한다. 외

崔寔曰, 十二月臘時祀炙萐, 樹瓜田四角, 去蓋. 瓜中

12) '최식왈(崔寔曰)': 인용된 문장은 『제민요술』 외에 『옥촉보전(玉燭寶典)』의 권12월에 인용된 『사민월령(四民月令)』에도 보인다.

13) '납시사자삽(臘時祀炙萐)': '납(臘)'은 음력 12월의 제사를 지내는 예법이다. 제사를 지낼 때 구운 고기를 올린다. '삽(萐)'은 긴 자루가 있는 풀줄기로, 쇠꼬챙이(꼬치)를 꽂을 수 있으며 황하 유역에서 파는 설탕을 졸인 '산리홍(山里紅)'에 쓰이는 '꼬챙이'와 같다. ['삽(萐)'자의 아래쪽 반은 바로 이러한 물건을 '상형화'한 것이다.]

14) '감(蓋)': 지금 하남(河南), 섬서(陝西) … 등의 지역에서는 진딧물을 yúhàn이라고 부르며, '유한(油汗)'으로 쓴다. '한(汗)'자는 아마 '감(蓋)'자인 듯하다. 『광운』

해충을 '감(蜭)'이라 한다.

○ 『용어하도龍魚河圖』[15]에 이르기를, 외의 끝부분이 2개의 코처럼 돌출된 외는 먹으면 죽는다고 한다.

오이[黃瓜]: 일명 '호과(胡瓜)'라고도 한다. 4월 중순에 파종한다. 외의 옆에 나뭇가지를 세워서 오이 덩굴이 기어올라 자라도록 한다.

『박문록博聞錄』: 화약花藥[16]을 재배할 때는 사향麝香을 가장 꺼려하는데, 외는 특히 더 꺼려한다. 한 이랑에[17] 몇 포기의 마늘과 염교[薤]를 심어 둔다면, 사향이 있어도 해가 되지 않는다.

蟲, 謂之'蜭'.

『龍魚河圖』曰, 瓜有兩鼻, 殺人.

黃瓜: **7** 一名'胡瓜'. 四月中種之. 宜竪柴木, 令引蔓緣之.

『博聞錄』: 種花藥最忌麝, 瓜尤忌之. 塍栽數株蒜薤, 遇麝不損.

평성하(平聲下)의 '이십삼담(二十三談)'의 '감(酣)'(원래 hām으로 읽는다.)뉴, 거성(去聲)의 '오십사감(五十四闞)'의 '감(憨)'(원래 hàm으로 읽는다.)뉴에 모두 '감(蜭)'자가 있다. 평성에는 '상충(桑蟲)'이라고 주가 붙어 있고, 거성에는 '과충(瓜蟲)'이라고 주가 붙어 있다. 여기에서는 원래 작은 주에 '호람반(胡濫反)'으로 음이 붙어 있으며, 원래 hàm으로 읽었으나, m음이 후에 n음으로 바뀌면서 hàn이 되었다.

15) '『용어하도(龍魚河圖)』': 양한시기의 일종의 '예언'으로 지금은 『고징서(古徵書)』 권34에 보인다. 이것은 『제민요술』 및 『사시찬요』에 모두 인용되어 있다. 『예문유취(藝文類聚)』 권87, 『초학기』 권28, 『태평어람』 권978에 인용되어 있는 것은 출처가 『고징서』라는 것을 명시하고 있다. 현존하는 자료로 봤을 때, 이 서적은 예언 중에서도 가장 황당무계하고 미신을 신봉하고 있는 것으로 보인다.

'과비(瓜鼻)'는 참외의 끝부분에 남아 있는 암술머리의 흔적을 가리키며, 기형적으로 암술과 수술이 나란히 난 형태의 암술머리가 있는데, 이것은 암술머리가 두 개인 참외로 자라게 되는 것을 자주 볼 수 있다.

16) 역자주 무계유 교석본에 의하면 '화약(花藥)'은 목단, 작약을 가리킨다고 하는데, 여기서는 대개 일반적인 화훼로서 대부분 약용으로 사용되기 때문에 화약이라고 칭한 것이라고 한다.

17) '승(塍)': '승(塍)'자를 잘못 쓴 듯하다. '승(塍)'은 경작지의 가장자리 또는 밭의 가장자리에 높게 나온 두둑이다. 『유양잡조(酉陽雜俎)』 권19에는 사향이 참외를 망친다는 내용이 기록되어 있는데, 얼마나 근거가 있는 것인가는 고려해볼 필요가 있다.

교 석(校釋)

1 '우수과자법(又收瓜子法)': 전본에는 작은 글자로 새겨 앞 조의 주에 두었으나, 격본에는 『제민요술』의 원래 배열방식과 같이 큰 글자이다.

2 '번(煩)': 전본에는 '번(翻)'으로 되어 있으나, 격본에는 『제민요술』의 원문과 같이 '번(煩)'으로 하고 있다. '번(煩)'자에는 고생스러운 일을 반복한다는 뜻이 있다. 『제민요술』에서는 '빈번(頻煩)'이라고 두 글자를 연결하여 부사로 사용하는 경우가 많으며, 여러 차례 반복하는 것을 나타낸다.

3 '롱(籠)': 전본에는 '능(能)'으로 되어 있으나, 격본에는 『제민요술』의 원문과 같이 '롱(籠)'으로 되어 있다. '과농(瓜籠)'은 벌레로 인한 질병으로 '치과농법(治瓜籠法)'조의 정문에 보인다.

4 '치과농법(治瓜籠法)': 전본에는 이 제목이 한 줄을 차지하고, 세 칸을 띄어 써서 큰 항목으로 처리하고, 정문이 시작되는 곳에 '제민요술(齊民要術)'이라는 네 글자를 첨가했다. 본문은 격본과 같이 『제민요술』의 원래 형식을 복원시키고, '종과(種瓜)'의 한 분조로 하였다.[다음의 校釋6의 3)을 참조]

5 '대체로 오이가 일찍 문드러지는 것은 … [凡瓜所以早爛 …]'이라는 단락이 전본에는 작은 글자로 새겨져 있고, '치과농법(治瓜籠法)'의 주문과 섞여 있는데다가 "但依此法, 則不必種早、及中三輩之瓜."[역자주 "不必別種早、晩及中三輩之瓜"(원문에는 두 글자가 더 있음)]라는 작은 주도 누락되어 있다. 지금은 격본과 같이 하고, 작은 주를 보충하여 『제민요술』의 원래 형태로 돌려놓는다. 노교에도 작은 주가 누락됐다고 기록되어 있다.

6 '구종과법(區種瓜法)': 전본에는 이 제목이 한 줄을 차지하고, 정문이 시작되는 곳에 '제민요술'이라는 네 글자가 첨가되어 있으며, 구절 끝부분의 '즉무의의(則無蟻矣)' 아래에는 "이 조의 첫 줄을 살펴보면, 원본에 『제민요술』이라는 서명이 누락되어 있으므로, 이를 첨가하여 교정한다.[按此條首行, 原本脫去『齊民要術』書名, 今校增.]"라는 주석이 달려 있다. 소위 원본이라고 함은 『영락대전』을 가리키는 것일 수밖에 없다. 지금은 격본과 마찬가지로 '종과(種瓜)'의 한 분조로 하고, 전본의 작은 주는 삭제한다.

노교의 '종과(種瓜)'조에는 모두 네 개의 교가 있으며, "범과소이조란(凡瓜所以早爛) …" 아래에 '작은 주'가 누락된 상황을 기록한 것 외에, 나머지 세 개의 교를 옮겨 적어보면 다음과 같다.

1) (첫 번째 조가 있는 곳) 이 제목을 살펴보면, 오이심기에 대한 내용을 모두 포괄하고 있으므로, '치과농법(治瓜籠法)' 한 줄, '구종과법(區種瓜法)' 한 줄로 따로 제목을 쓸 필요가 없다. 별본(別本)들을 살펴보면 모두 별도의

제목을 달지 않았다.

2) ['범종과(凡種瓜)'가 있는 곳] 윗부분을 살펴보면, 한 칸을 띄우는 것이 적합하다.

3) ['황과(黃瓜)'가 있는 곳] 이 조를 살펴보면, 다른 각본에는 그 뒤의 『박문록』 앞에 있다. 구본(舊本)에는 이 자리[즉 '범종과(凡種瓜)'조 끝부분의 작은 주 '라랑과반(蓏郎果反)' 아래]의 아래에 '치과농법(治瓜籠法)'이 바로 윗줄과 이어져 있고 한 칸 띄어져 있으며, '구종과법(區種瓜法)' 역시 마찬가지이다. 상술한 조들을 모두 한 조로 했기 때문에 『제민요술』이라고 서명을 달지 않은 것이므로, 구본이 맞다 할 수 있겠다.

노교에서 말하는 '별본', '구본'이 어떤 판본인지에 대해서는 명확하게 지칭하지 않았고, 다만 명각(明刻)의 일종일 것이라 생각한다. 지금 우리가 응용한 격본은 이 네 곳이 모두 노교와 일치하며, 배열 방식 역시 노문초가 말한 것과 같이 되어 있다. 정확하게 말하자면 노문초가 전본을 비평한 것이 완전히 옳은 말이라는 것이다. 『영락대전』은 조의 분류 및 병합이 마구 뒤섞여 있고, 잘못된 것도 있어서 혼동을 일으키는 부분이 많으며, 여기 전본의 '치사유분(治絲愈棼)'도 잘못된 것을 또 잘못 분류한 것인 듯하다.

7 '황과(黃瓜)': 전본에는 '종과(種瓜)'의 "범종과(凡種瓜) …" 분조의 뒤에 있고, 전본에서는 '종과(種瓜)'의 제일 마지막 조이며, 아래의 '치과농법(治瓜籠法)'과는 또 별개의 조이다. 그러므로 전본은 작은 주인 "가령 덩굴의 가장자리로 그것을 끌어당긴다.[令引蔓緣之.]" 아래에 "'황과(黃瓜)'조를 살펴보면, 원본에는 '치과농법(治瓜籠法)'에 잘못 들어가 있다. 목록의 작은 주에 따르면, 그것은 이 조의 끝부분에 있어야 하므로 지금 교정한다."라는 주를 첨가했다. 윗부분의 **6**에 인용된 노교 1), 3)을 보면, '치과농법(治瓜籠法)' 및 '구종과법(區種瓜法)' 이 두 개의 분조가 원래는 『제민요술』에 따라 전체가 '종과(種瓜)'조 안에 인용되어 있지만, 원래 목록에는 작은 주로 '황과부(黃瓜附)'라고 적혀 있으므로, 『제민요술』에서 인용한 '종과(種瓜)'에 대한 모든 조의 끝에 붙어 있어야 한다. 즉 인용된 또 다른 서적인 『박문록』 앞에 있어야 하는 것이다. 지금은 격본에 따라 이곳으로 고치며, 이것은 『농상집요』의 원서 체계의 치밀한 특징 중 하나이다.

수 박

西瓜

○ 새로 덧붙이기: 수박 심는 방법은 앞에서 서술한 외[18]를 심는 법과 같다. 그루와 그루는 약간 떨어지게 하는 것이 좋다. 만약 수박을 많이 파종할 경우에는 부드럽게 잘 갈아 엎은 이랑 위에 씨를 흩어 뿌린 이후에 끌개[撈]로 평평하게 해준다. 수박의 싹이 나온 이후에 다시 각 그루의 싹 주변에 흙을 쌓아서 북돋아준다. 큰 수박의 수확을 원한다면 1보步마다 한 그루씩 남기고, 각 그루에는 한 개의 수박만 남기고 나머지 덩굴과 꽃은 모두 따내 버린다. 수박은 3말[斗]을 담을 수 있는 용기[19] 크기 정도로 자라게 된다.

新添: 西瓜, 種同瓜法. 科宜差稀. 多種者, 熟地垡頭上, 漫擲撈平. 苗出之後, 根下擁作土盆. 欲瓜大者, 一步留一科, 科止留一瓜, 餘蔓花皆掐去. 瓜大如三斗栲栳.

동 아

冬瓜

『제민요술』[20]: 동아를 심는 법: 담장 주변의 그늘진 곳에 터를 잡고 둘레가 2자, 깊이가 5치인 둥근 구덩이를 만들어서 잘 썩은 거름과 흙을 섞어 준다. 정월 그믐에 파종한다. 2월과 3월에 파종해도

『齊民要術』: 種冬瓜法: 傍牆陰地, 作區, 圓二尺, 深五寸, 以熟糞及土

18) 역자주 무계유 교석본에는 이 '외'를 참외라고 한다.

19) 역자주 '고로(栲栳)'는 버드나무 가지나 대나무 껍질로 짠 곡물을 담는 용기(容器)이다.

20) '『제민요술(齊民要術)』': 본장의 두 절은 「종과제십사(種瓜第十四)」편의 뒷부분에 보인다.

좋다. 싹이 나온 후에 나뭇가지를 담장에 기대게 하여 동아 덩굴이 위로 기어오르도록 한다. 가뭄이 들어서 비가 오지 않을 때는 물을 뿌려주어야 한다. 8월이 되면 덩굴의 끝자락을 잘라내고 열매를 솎아낸다. 한 그루에 5~6개의 동아만 남긴다. 많이 남기면 동아가 크게 자라지 않는다. 10월에 여러 번 서리가 내린 후에 수확한다. 일찍 거두면 썩기 쉽다.

相和. 正月晦日種. 二月三月亦得. 既生, 以柴木倚牆, 令其緣上. 旱則澆之. 八月, 斷其梢, 減其實. 一本但留五六枚. 多留則不成也. 十月霜足, 收之. 早收則爛.

동아[21]나 김치참외[越瓜],[22] 조롱박[瓠子]은 모두 구덩이를 파서 외를 심는 것같이 10월에 구덩이에 파종을 한다. 겨울이 되면 눈을 밀쳐서 구덩이에 쌓아 모아 둔다. (10월에 심은 외는) 기름지고 윤기가 나게 자라며 튼실하고 맛이 좋아 봄에 심는 것보다 좋다.

冬瓜越瓜瓠子十月區種, 如種瓜法. 冬則堆[8]雪著區上, 爲堆. 潤澤肥好, 乃勝春種.

▌교 석 (校釋)▌

[8] '퇴(堆)': 전본, 격본에는 모두 '퇴(堆)'로 되어 있다. 노교에는 "'퇴(堆)'자를 살펴보면, 별본에는 '추(推)'로 되어 있으며, 이 위와 아래 문장에는 모두 '추(推)'로 되어 있다."라고 나와 있다.

---

21) 역자주 무계유 교석본에 의하면 '동과(冬瓜)' 앞부분이 전본에서는 비워져 있지만, 원각본에서는 위의 문장과 연결되어 있는데 일반적인 통례에 비추어 볼 때 당연히 비워둔 표시를 해 두어야 한다고 한다.

22) 역자주 무계유 교석본에 의하면 월과(越瓜)는 채과(菜瓜)라고도 한다. 그러나 실제로는 종류가 다르다. 월과는 껍질이 얇고 수분이 많으며, 속이 연해서 생것으로도 먹을 수 있다. 채과는 껍질이 두껍고 수분이 적으며 속이 여물어 생으로 먹으면 신맛이 난다. 그러나 예부터 서로 혼용해서 사용했으며, 오늘날 지방의 속명에는 실제로 월과이면서 채과라고도 한다. 월과와 채과는 참외의 변종이라고 한다.

조롱박[23] 지금은 '호로(葫蘆)'라고 한다. 옛날에는 일반적으로 '호(瓠)'라 했다.

『제민요술』[24] : 『범승지서氾勝之書』에 이르는 조롱박을 구덩이에 파종하는 법: 종자를 거둘 때는 모름지기 큰 것을 선택해야 한다. 만약 1말을 담을 수 있는 것은 1섬을 담을 수 있는 것으로 자라나게 되고, 1섬을 담을 수 있는 것은 10섬을 담을 수 있는 크기로 키울 수 있다. 먼저 구덩이를 파는데, 구덩이의 직경과 깊이는 모두 3자로 한다. 누에똥[蠶沙]과 흙을 반반씩 섞고, 만약 누에똥이 없다면 소의 생똥도 좋다. 구덩이 속에 부어 넣어서 발로 잘 밟고 물을 준다. 물이 다 스며들면 조롱박씨 10개를 심고 앞서 잘 섞어 두었던 거름을 그 위에 덮어 준다. 조롱박 덩굴이 2자 정도 자랐을 때, 10개의 덩굴을 한 곳에 합하여 약 5치 길이의 천을 감아 묶은 연후에 진흙을 바른다. 며칠이 지나지 않아 묶은 부분이 합쳐져 한 줄기가 된다. 덩굴 줄기 중에 제일 강한 것을 남겨 두고 나머지는 모두 잘라 낸다. 덩굴 줄기가 자라서 열매를 맺은 이후에 열매 이외의 덩굴이 뻗어나간 부분은 잘라내서 덩굴이 더 이상 널리 퍼지지 않도록 한다.

瓠 今名'葫蘆', 古通曰'瓠'.

『齊民要術』: 『氾勝之書』曰, 區種瓠法: 收種子須大者. 若先受一斗者, 得收一石, 受一石者, 得收十石. 先掘地作阬, 方圓 深各三尺. 用蠶沙與土相和, 令中半, 若無蠶沙, 生牛糞亦得. 著阬中, 足躡令堅, 以水沃之. 候水盡, 卽下瓠子十顆, 復以前糞覆之. 旣生, 長二尺餘, 便總聚十莖一處, 以布纏之五寸許, 復用泥泥之. 不過數日, 纏處便合爲一. 莖留强者,

23) 역자주 박과의 한해살이 덩굴풀. 줄기는 덩굴손이 있으며, 한여름에 꽃이 피고 자라게 되면 길쭉하고 중간이 잘록하다. 껍질이 단단하여 말려서 그릇으로 쓴다. 조롱박 또는 호리병박이라고 한다.

24) '『제민요술(齊民要術)』': 지금은 『제민요술』 권2 「종호제십오(種瓠第十五)」에 보인다.

○ 종자를 받는 법: 갓 달린 2~3개의 조롱박은 좋지 않기 때문에 따내고, 4, 5, 6번째 열매만 남기는데, 각 구덩이마다 조롱박 3개를 남기면 족하다.

날이 가물면 물을 줘야 하는데, 구덩이 둘레에 깊이 4~5치의 작은 도랑을 파서 그 속에 물을 가득 붓는데 물은 먼 곳에서 천천히 스며들게 하고 직접 구덩이 속에 물을 부어서는 안 된다.

『가정법家政法』에 이르기를 2월에 외와 조롱박을 파종할 수 있다고 하였다.

『사시유요四時類要』[25]: 큰 조롱박[葫蘆]을 심는 법은, 2월 초에 땅에 구덩이를 파는데 구덩이의 크기는 사방을 4~5자로 하고 깊이도 4~5자로 한다. 참깨 대, 녹두 대와 썩은 풀 등을 채워 넣고, 한 층은 흙과 거름을 섞어 덮고, 또 한 층은 풀을 덮어 모두 4~5층을 채워 넣는다. 가장 위쪽에는 1자 정도 깊이로 거름과 흙을 섞어 덮고, 10여 개의 종자를 파종한다. 싹이 나온 이후에 4개의 튼실한 줄기를 골라서 두 줄기를 하나로 붙이는데 — 붙인 곳은 대나무 칼로 두 줄기의 껍질을 각각 반 정도 깎아내어 깎아낸 껍질 부분을 꼭 붙여서

餘悉掐去. 引蔓結子, 子外之條亦掐去之, 勿令蔓延.

留子法: 初生二三子不佳, 去之, 取第四五, 六, 區留三子卽足.

旱時須澆之, 阬畔周匝小渠子, 深四五寸, 以水停之, 令其遙潤, 不得阬中下水.

『家政法』曰, 二月可種瓜瓠.

『四時類要』: 種大葫蘆, 二月初, 掘地作阬, 方四五尺, 深亦如之. 實塡油麻, 菉豆藉稭同. 及爛草等, 一重糞土, 一重草, 如此四五重. 向上尺餘著糞土, 種十來顆子. 待生後, 揀取四莖肥好者, 每兩莖肥

25) '『사시유요(四時類要)』': 지금은 『사시찬요』 권2 「2월(二月)」편에 보인다.

— 삼 껍질로 잘 감고 황토로 잘 봉한다. 이것은 나무를 접붙이는 방법과 동일하다. 서로 마주보고 붙인 줄기가 살아난 이후에 또 하나의 덩굴은 잘라내고 그런 연후에 다시 남아 있는 2개의 덩굴을 앞의 방법과 같이 반쯤 껍질을 벗겨 붙이는 것은 이미 서술한 방법과 같다. 살아나면 단지 한 덩굴만 남기는데, 이에 이르면 4가닥의 덩굴을 합하여 한 그루로 만든다. 열매가 달릴 때쯤에 크고 반듯하고 좋은 것 2개를 택하고 나머지 열매는 천천히 따먹는다. 이와 같이 하면은 본래 1말을 담을 수 있는 조롱박 종자가 1섬을 담을 수 있는 대형 조롱박으로 변하게 된다. 이것이 바로 장자莊子에서 말한 위 혜왕魏惠王이 대형 조롱박[大瓠][26] 심는 법인 것이다.

好者相貼着 — 相貼處, 以竹刀子刮去半皮, 以刮處相貼 — 用蔴皮纏縛定, 黃泥封裹. 一如接樹之法. 待相著活後, 各除一頭, 又取所活兩莖, 准前刮去皮, 相著, 如前法. 待活後, 唯留一莖, 四莖合爲一本. 待著子, 揀取兩箇周正好大者, 餘有, 旋旋除去食之. 如此, 一斗種可變爲

26) '장자위혜왕대호지법(莊子魏惠王大瓠之法)': 『장자(莊子)』 「소요유(逍遙游)」편에는 위 혜왕(魏惠王)에게 커다란 호리병박이 있었는데, 처치할 수 없을 정도로 그 크기가 컸다는 내용을 기록한 우화가 한 편 있다. 이는 원래 풍자를 위한 것이며 실제 심는 법은 없다. 『사시찬요』에서 이렇게 얘기한 것은 사실 우화를 차용한 것일 뿐 장자나 책과는 상관이 없다. 기록한 방법으로 보아, 앞부분에 인용한 『제민요술』에서 전재하여 인용한 『범승지서』를 답습한 것이라는 것을 쉽게 알 수 있다. 이 단락의 『범승지서』의 진실성은 매우 의심스럽다. 일반적으로 호리병박과의 열매의 크기에는 뿌리 부분에서 공급되는 물과 광물질도 매우 중요하게 작용한다. 하지만, 결정적인 요소가 전부 뿌리와 나뭇가지, 잎에 있는 것은 아니다. 원래는 씨방에서 수정된 밑씨가 자라 생성된 씨앗의 총 개수와 태좌의 생장성과가 더욱 중요한 조건이다. 또한 열매의 광합성 물질의 축적이 가지와 잎보다 더욱 큰 역할을 한다. 밑씨의 수는 제한적이며, 열매의 면적과 체적의 두 방면에 걸친 성장 역시 말이 안 되기 때문에, 열매가 열 배까지 커질 수 있다는 것은 매우 의심스럽다. 그러나 이러한 '인공적인 배양'이 『범승지서』에서 말하는 열 줄기까지는 아니더라도 『사시찬요』에 기록되어 있는 네 줄기가 실제로 가능한 일인지는 앞으로 연구가 좀 더 필요할 것이다.

盛一石物大. 此『莊子』魏惠王大瓠之法.

토 란

芋

『제민요술』[27]: 『범승지서』에 이르길, 토란을 심을 때 파는 구덩이[區]는 가로 세로를 각 3자로 하고, 깊이도 3자로 한다. 콩대콩의 줄기를 가져다가 구덩이[區] 안에 깔고, 발로 잘 밟아 1자 5치 두께가 되게 한다. 축축한 흙과 거름을 섞어서 구덩이 속의 콩대 위에 까는데, 1자 2치 두께가 되게 한다. 물을 주고 (마른 후에) 한 번 밟아 주어 습기를 보존하게 한다. 토란 뿌리[28] 5개를 가져다가 네 모퉁이와 구덩이 중앙에 한 개씩 놓고, 발로 잘 밟아 준다. 가물면 자주 물을 준다. 콩대가 썩은 이후에는[29] 토란 뿌리에서 새로운 토란이 자라나

『齊民要術』: 『氾勝之書』曰 種芋區, 方深皆三尺. 取豆萁, 豆莖. 內區中, 足踐之, 厚尺五寸. 取區上濕土與糞和之, 內區中萁上, 令厚尺二寸. 以水澆之, 足踐, 令保澤. 取五芋子, 置四角及中央, 足

27) '『제민요술(齊民要術)』': 이 부분은 『제민요술』 권2 「종우제십육(種芋第十六)」에 보인다.

28) 역자주 '우자(芋子)'는 토란의 둥근 줄기, 곧 뿌리를 가리키는 것으로 뿌리의 끝에는 꼭지눈이 있고 그 꼭지눈 아래에는 둥근형태의 마디가 여러 개 있으며, 마디 위에는 가는 털과 겨드랑 눈이 있다. 뿌리의 머리 부분에 있는 꼭지눈에서 새로운 싹이 돋아나며, 온대지역에서는 일년생 재배를 한다.

29) 역자주 무계유 교석본에 의하면, 한 해를 지나 두껍게 묻어 둔 콩대는 저수와 습기를 보존하는 작용을 하지만 쉽게 썩지 않아서 영양분을 공급하는 데는 한계가 있다고 한다.

는데 모두 3자로 자란다. 한 구덩이에서 3섬[石][30]을 거둘 수 있다고 하였다.

踐之. 旱, 數澆之. 其爛芋生, 子皆長三尺. 一區收三石.

○ 토란 심는 또 다른 법: 반드시 비옥하고 부드러우며 물 가까이에 있는 땅을 선택하여[31] 흙을 잘 섞어 부드럽게 해서 흙덩이가 생기지 않도록 한 후에 거름을 준다. 2월[32]에 비가 잦으면 토란을 파종한다. 대략 2자 간격마다 한 그루를 심는다. 토란 뿌리는 땅속 깊이 뿌리 내리는 것을 좋아하기 때문에 뿌리 주위의 흙을 깊이 파서 토양을 부드럽게 해 주어야 한다. 가물면 물을 준다. 풀이 자라면 김매기를 하는데 여러 차례 해도 나쁠 게 없다. 만약 이와 같은 방법으로 토란을 재배한다면 생산량은 일반적인 방법에 비해 배로 거둘 수 있다.

又種芋法: 宜擇肥緩土近水處, 和柔, 糞之. 二月注雨, 可種芋. 率二尺下一本. 芋生根欲深, 劚其旁, 以緩其土. 旱則澆之. 有草鋤之, 不厭數多. 治芋如此, 其收常倍.

『열선전列仙傳』[33]에 이르기를, 어떤 신선의 기품을 지닌 주객酒客이 양현梁縣[34]의 현승縣丞이 되어 백성들에게 널리 토란을 심게 하였다. (또 이르기를) "3년 후가 되면 반드시 큰 기근이 들지어다." 뒷날 과연 그가 말한 것처럼 되었지만 양현의

『列仙傳』曰: 酒客ⓐ 爲梁, 使烝民益種芋."三年當大飢." 卒如其言, 梁民不死. 案: 芋可以

---

30) 역자주 이때 '섬[石]'은 부피가 아닌 중량단위로 보아야 할 것이다.

31) 역자주 무계유 교석본에 의하면, 토란은 온난 습윤한 기후를 좋아하는 작물로서, 토질은 비록 크게 구애 받지 않으나 보수와 배수가 좋고 유기질을 많이 함유하고 있는 사질토나 점토질 토양이 가장 좋으며, 강가 근처의 충적토양도 매우 좋다. '물 가까운 땅'을 선택하는 것은 관개가 편하기 때문이라고 한다.

32) 역자주 무계유 교석본에는 원각본에서는 3월로 되어 있다고 한다.

33) 역자주 무계유 교석에는 이는 한나라 유향(劉向)의 편저로서, 훗날 혹자는 위진시대의 방사(方士)의 위작이라고 하기도 한다.

34) 역자주 무계유 교석에는 이 현은 한대에 설치한 현의 이름으로서 지금은 하남성 임여현(臨汝縣)에 해당된다고 한다.

백성들은 굶주림에서 벗어날 수 있었다. 안(案): 토란은 구황작물이다. 오늘날 중원지역의 사람들은 대부분 토란을 재배하는 것을 중요시 여기지 않고, 젊은이들은 심지어 토란이 흉년이 들 때 중요한 작용을 하는지도 알지 못한다. 홍수, 가뭄, 바람, 해충, 서리, 우박 등의 재해를 만나면 길바닥에 굶어 죽은 사람이 가득하고 백골이 도처에 널려 있다. 토란이 구황작물인 것을 알아도 도리어 심지 않고 앉아서 죽음을 기다리니 이 어찌 비극이 아니겠는가!

救饑饉, 度凶年. 今中國多不以此爲意, 後生至有耳目所不聞見者. 及水、旱、風、蟲、霜、雹之灾, 便能餓死滿道, 白骨交横. 知而不種, 坐致泯滅, 悲夫.

『무본신서務本新書』: 토란은 하얀 모래땅[沙白地]에 파종하는 것이 좋으며, 땅은 깊이 갈아야 한다. 2월에 파종하는 것이 가장 좋다. 6~7치 거리를 두고 한 뿌리씩 토란을 파종한다. 토란은 자주 쳐다보는 것을 싫어한다. 많은 사람이 오가고, 여러 사람들이 바라보고, 아울러 솥을 씻는 소리가 들리는 곳에 토란을 파종하면 무성하게 성장하지 못한다. 여름철 무더울 때가 되어 줄기가 높게 자라고 더욱 무성해지면 그루터기의 사방을 김매어 부드럽게 해준다. 가을철이 되어 새로 자란 작은 토란에서 잎[子葉][35]이 나오면 뿌리부분의 흙을 북돋아준다. 토란은 기근을 구제할 수 있으며, 해충과 누리[蝗]의 피해를 입지 않는다. 서리가 내린 후에 수확한다. 겨울철에 먹으면 병을 예방할 수 있다. 나머지 달에는 지나치게 많이 먹으면 곤란하다.[36] 서리가 내린 다음에 토란뿌리 위의 줄기[芋

『務本新書』: 芋宜沙白地, 地宜深耕. 二月種爲上時. 相去六七寸下一芋. 芋羞三月.ⓑ 衆人來往, 眼目多見, 幷聞刷鍋聲處, 多不滋胤.❾ 比及炎熱, 苗高則旺, 頻鋤其旁. 秋生子葉以土壅其根. 芋可以救饑饉, 蟲蝗不能傷. 霜後收之. 冬月食, 不發病. 其餘月分, 不可多食. 霜後, 芋子上芋白

35) '엽(葉)': 이 글자는 틀린 글자인 듯하다. 해석하기 어렵다.

36) 역자주 토란은 소화가 용이하지 않아 많이 먹으면 위장에 장애를 일으킨다.

白]37)를 쪼개어 끓는 물에 한번 데친 후 햇볕에 쬐어38) 말린다. 겨울철 솥에 볶아먹으면 부들순[蒲笋]보다 맛이 훨씬 좋다.

○ 구덩이를 파서 토란을 재배하는 법: 구덩이는 10자의 길이에 폭 1자, 깊이 1자로 만들며, 구덩이와 구덩이 사이의 길이는 1보步로 하는데, (이렇게 하면) 통풍과 번식이 잘 된다.

擘下, 以滾漿水煠過, 㬠乾. 冬月炒食, 味勝蒲笋.

區芋: 區長丈餘, 深闊各一尺, 區行相間一步, 寬則透風滋胤. 9

교 석(校釋)

9 '윤(胤)': 전본에는 왕의 이름을 쓰는 것을 피하기 위해 '식(息)'으로 바꿔서 썼으나, 격본에는 원래대로 되돌려 놓고 있다. [황성증(黃省曾)의 『종우법(種芋法)』 역시 『무본신서』를 인용한 것이 있는데, 역시 '윤(胤)'자이다.]

교 안(校案)

ⓐ "주객(酒客)은 양나라의 왕으로 백성들에게 토란을 심도록 하여 이롭게 하였다.[酒客爲梁, 使烝民益種芋.]": 『태평어람』 권975의 '우(芋)'항에 인용되어 있는 문장은 "酒客爲梁烝, 使民益種芋"이다. 그리고 오관(吳琯)이 새긴

37) '우백(芋白)': 토란 잎자루의 아랫부분은 바깥쪽에 있는 오래된 잎의 잎자루에 의해 갈색으로 둘러싸여 있는데, 이 부분은 부드럽고 연하며 살이 많아 식용으로 쓰인다.

38) '쇄(㬠)': 남송에서 금나라, 원나라까지의 서적 중에는 이 글자를 '쇄(曬)', '쇄(晒)'로 쓴 것이 많은데, 이는 송나라 때 음을 기록하던 습관이다. '쇄(煞)'는 육조에서 수나라, 당나라 시기의 필기체로 '살(殺)'자의 변형이며, '살(殺)'에는 sài로 읽는 법이 있으며, 점점 줄다가 끝이 난다는 뜻에서 다시 '아주'의 뜻으로 변했다. 예를 들어, '강쇄(强煞)'는 "매우 좋다"이고, '풍류쇄(風流煞)'는 "풍류가 극에 달하다"이다. 지금은 광동어 사투리에 이 단어가 아직 남아 있는데, 양거성(陽去聲)으로 읽힌다. sài로 읽는 '쇄(煞)'에 '일(日)'변을 첨가하여 '햇볕에 말리다'라는 뜻을 나타낸다.

'우백(芋白)'은 이처럼 말려서 만들면 3~4년 동안 상하지 않고 보관할 수 있다. 강서(江西), 호남(湖南) 등지에서는 아직도 이러한 방법이 이용되고 있다.

『고금일사(古今逸史)』본의 「열선전(列仙傳)」에는 "주객(酒客)은 양나라의 왕으로 백성들에게 토란을 심도록 하여 이롭게 하였다.[酒客爲梁烝, 使民益種芋.]"라고 되어 있다. 『제민요술』의 각 전본은 이 부분이 모두 뒤바뀌어 있으므로, 오관이 새긴 「열선전」은 주목할 만하다.

ⓑ '우수삼월(芋羞三月)': 황성증은 '종우법(種芋法)'[『총서집성초편』의 영인 '백릉학산(百陵學山)'본]의 '삼지예법(三之藝法)'에서 인용한 『무본신서』에는 "토란은 자주 쳐다보는 것을 싫어한다.[芋羞三目.]"로 되어 있으며, 이는 다음 문장인 "많은 사람들이 오가며, 눈으로 자꾸 보면 …[衆人來往, 眼目多見 …]"과 서로 호응을 이룬다. 많은 사람들이 오가거나 솥을 씻는 소리가 토란의 성장에 어떻게 영향을 미치는지는 이해하기 힘들다. 이러한 설명은 기껏해야 우연의 일치이거나 견강부회일 뿐이다.

아 욱[39] | 葵

『제민요술』: 아욱[葵]에 대하여 『광아(廣雅)』에 이르길 야생아욱[藈]을 곧 아욱이라고 한다. 『광지(廣志)』에는 호규(胡葵)의 꽃은 자홍색이라고 한다. 살펴보건대, 오늘날 볼 수 있는 아

『齊民要術』: 葵 『廣雅』曰: 藈, 丘葵也. 『廣志』曰: 胡葵, 其花

39) '규(葵)': 몇 년간 재배하고 관찰한 결과, 나는 현재 오기준(吳其濬)의 『식물명실도고(植物名實圖考)』 권3에 있는 '소류(蔬類)' 제1조의 '동규(冬葵)'에 언급되어 있는 고대채소 규(葵)는 바로 '동규(冬葵)'이자 사천(四川), 호남의 '동현채(冬莧菜: 비름)'라고 믿고 있다. 오기준은 '동한채(冬寒菜)'라고 기록했는데, 이는 아마도 오기준이 중원사람이기 때문에 섬서(陝西), 장강(長江) 유역의 대부분 지역 및 운남(雲南), 귀주(貴州), 영남(嶺南)지역에서 '현(莧)'을 hàn으로 읽었던 것과는 달리, 습관적으로 '현(莧)'을 '현(現)'으로 읽었기 때문인 것으로 보인다. 동규(冬葵)는 "Malva verticillata[아욱]"가 분명하다. 복건(福建), 정장(汀漳)일대 및 강서에서는 동규의 열매가 작고 동그란 것이 마치 바둑알과 같다며 '기채(棋菜)'라고 부른다. 오기준이 '기채(蘄菜)'라고 쓴 것 역시 오해이다. 호북(湖北), 운남, 귀주(貴州)에서 같은 종류에 속하는 금규(錦葵)를 '기반화(棋盤花)'라고 부르는 것으로 보아 '규(葵)', '기(棋)'에서부터 완원(阮元)이 말한 숙기(淑氣), 즉 '촉규(蜀葵)'까지 모두 "한 가지 음이 변한 것"이 틀림없다. 이시진의 『본초강목』 권16 「습

욱은 자색 줄기와 백색 줄기의 두 종류인데, 종류에 따라 큰 것도 있고 작은 것도 있다. 그 외에 또한 압각규(鴨脚葵)라는 종류도 있다.

紫赤. 按今世葵有紫莖白莖二種, 種別復有大小之殊. 又有鴨脚葵也.

심기 전에 반드시 아욱 씨를 햇볕에 바싹 말려야 한다. 아욱 씨는 비록 1년이 지나도 축축해져 변질되지는 않지만 만약 습기가 있는 상태로 파종을 하면 잎에 반점이 생기는 병이 걸려 잎이 싱싱하고 부드럽지 않게 된다. 토질은 비옥하면 할수록 좋으며, 이미 경작된 토양이 더욱 좋다. 만약 토질이 척박하면 시비를 해야 하며, 편

臨種時, 必燥曝葵子. 葵子雖經歲不浥, 然濕種者, 疥而不肥也. 地不厭良, 故墟彌善. 薄則糞之, 不宜妄種.

초하(隰草下)」에 있는 '규(葵)'조 '석명(釋名)'의 "지금 심는 사람이 있다는 것을 듣지 못했다[今日不聞有種者]."라는 말은 확실히 이해가 부족했기 때문이다. 왕세무(王世懋)가 지은 『학포잡소(學圃雜疏)』의 「소부(蔬附)」장에서는 "채소의 종류 중에 아욱이 없는데, 어떤 채소가 그것인지 모르겠다.[菜品無葵, 不知何菜當之.]"라고 언급되어 있는데, 이는 이시진의 영향을 받았기 때문일 것이다. (『학포잡소』가 『본초강목』보다 9년 늦다.) 하지만 '강남(江南)' 지역에서는 실제로 아욱을 채소로 심지 않는다. 방이지(方以智)가 지은 『통아(通雅)』 권44의 '식물목곡소(植物木穀疏)'에서 "옛날에는 '채'를 '규'라고 한다.[古謂菜爲葵.]", "예전 사람들은 아욱을 배추, 산나물의 통칭으로 불렀다.[古人竟以葵爲呼菘菜野菜之通稱.]"라고 한 것은 왕세무의 의미에서 확장된 듯하나 그 근거가 엉성하고 억지스러운 면이 있다. 사천, 호남, 강서 지역에서는 일반적으로 가을에 심어서 겨울에 먹는데, 복건지역에서는 여름에도 먹는다고 한다. 필자가 관중(關中)에서 재배해 보니, 아욱은 실제로 봄, 여름, 가을 모두 싹이 나며, 여름, 가을, 겨울에 나는 잎을 나물로 쓴다. 진엽이 세 개 이하로 난 작은 싹은 결빙을 견딜 수 있으며, 조금 큰 잎은 얼어 죽기 쉽다. 늦은 가을에 심은 줄기가 얼어 죽은 후에도, 봄이 되면 땅속의 뿌리에서 싹을 틔우고 날이 풀리면 성장속도가 매우 빠르다. 그러므로 비록 이름은 '동규(冬葵)'이지만, 사실은 '사철나물'이다. 다만, 겨울의 잎이 크고 두툼하며 맛이 좋으며, 잎과 꽃대의 끝이 확실하게 태양을 향하고 있다. 마디마다 수많은 싹을 틔우는데, 축이 되는 싹을 잘라내지 않으면 이러한 싹들은 아주 조금만 자라며, 그 높이는 마디를 덮을 정도에 불과하다. 축이 되는 싹 또는 큰 가지를 잘라내면 작은 싹 중의 몇 개가 빠르게 자라기는 하지만 그래도 기본적으로 마디를 덮을 정도로 자라는 것이 보통이다. 『제민요술』 전의 서적에서 말하는 '경양(傾陽)', '자위기족(自衛其足)'은 모두 실제로 존재하는 확실한 성장 현상이다. 『제민요술』에서 "10월 말, 5월 초, 6월에 심을 수 있다.", "6월, 8월에 반을 잘라내면, 그루터기가 두툼하고 연하게 난다."라고 했는데, 이는 관중에서도 분명 그러하다.

의에 따라 종자를 함부로 파종해서는 안 된다.

반드시 봄에 이랑을 만들어 파종하고 물을 줘야 한다. 봄에는 바람이 많고, 가물어서 이랑을 만들어 파종하지 않으면 안 된다. 또한 이랑에 파종하면 토질을 유용하게 사용할 수 있어 채소 수확도 많아지며, 한 이랑에서 재배한 채소로도 한 사람이 족히 먹을 수 있다. 이랑의 길이는 12자, 폭은 6자로 한다. 이랑이 너무 크면 물을 주기가 곤란하고, 작업하는 사람이 채소를 심은 이랑을 밟기가 불편하게 된다. 이랑은 깊이 파서 윗면에 잘 썩은 거름과 흙을 반반씩 잘 섞어 1치 두께로 덮는다. 써레[鐵齒杷]로 흙을 잘게 부수고, 평탄작업을 하여 발로 잘 밟아 준다.[40] 그런 후에 물을 흠뻑 준다. 물이 다 스며들면 아욱 씨를 파종한다. 다시 잘 썩은 거름과 흙을 반반씩 섞어 1치 두께로 종자를 덮어 준다. 아욱 떡잎이 3개 정도 나올 때 다시 물을 준다. 물을 주는 시간은 새벽과 저녁 무렵이며, 정오에 물을 주어서는 안 된다. 한 차례 잎을 딸 때마다 즉시 써레질을 해주며, 물을 대고 시비한다. 세 번 잎을 딴 후에는 거듭 다른 종자를 파종해야 한다. 일 년 중 모두 세 번을 재배할 수 있다. 무릇 이랑에 파종하는 채소는 이랑을 정지하는 방법이 모두 아욱의 방법과 같아 거듭 설명하지 않겠다.

春必畦種水澆. 春多風旱, 非畦不得. 且畦者省地而菜多, 一畦供一口. 畦長兩步, 廣一步. 大則水難均, 又不客人足入. 深掘, 以熟糞對半和土覆其上, 令厚一寸. 鐵齒杷耬之, 令熟, 足蹋使堅平. 下水, 令徹澤. 水盡, 下葵子. 又以熟糞和土覆其上, 令厚一寸餘. 葵生三葉, 然後澆之. 澆用晨夕, 日中便止. 每一掐, 輒杷耬地令起, 下水加糞. 三掐更種. 一歲之中, 凡得三輩. 凡畦種之物, 治畦皆如種葵法, 不復條列煩文.

무릇 일찍 파종해야 하는 것은 반드시 가을에 먼저 땅을 갈아 두는 것이 좋다. 10월 말이 되어 땅이 얼려고 할 때 씨를 흩어 뿌리고 평평하게

早種者, 必秋耕. 十月末, 地將凍, 散子, 勞之. 一畝三

40) '철택(徹澤)': '철(徹)'은 통달했다는 뜻이며, '택(澤)'은 촉촉해진다는 뜻이므로, '철택(徹澤)'은 푹 적신다는 뜻이다.

골라준다. 1무(畝)당 3되의 종자를 파종한다. 정월 말에 종자를 흩어 뿌려도 좋다. 발로 잘 밟아 주면 더욱 좋다. 밟아 준 것은 채소가 튼튼해진다. 땅속의 얼음이 녹으면 싹이 빨리 자란다. 자주 김을 매어 흙을 부드럽게 해 줄수록 더욱 좋다.

5월 초에 다시 그 자리에 파종을 한다. 봄 아욱은 이미 오래되었고, 가을 아욱을 아직 파종도 하지 않았으므로, 이때 파종하는 것은 봄과 가을 사이에 먹기 위함이다. 6월 초하루에는 흰 줄기의 가을 아욱을 파종한다. 흰줄기의 아욱은 말려 저장하기에 적합하다. 자색줄기의 아욱은 말리면 검고 떫게 된다.

가을 아욱은 먹을 만하다. 5월 초에 파종하였던 아욱을 계속 남겨서 종자를 받는다. 봄 아욱에서 열린 종자는 그 성숙이 고르지 않다. 때문에 5월에 파종한 종자를 남겨 사용해야 한다. 이때 지면 가까이에서 봄 아욱을 잘라내면, 뿌리 위에서 싹이 자라나는데 연하고 부드러워 맛이 아주 좋다. 일상에서 식용할 수 있으며 가을 아욱보다 더욱 좋다. 그것을 남겨 두고, 또한 잎이 달린 채로 베어내어 그 채로 저장한다. 아욱의 가을 잎을 딸 때는 반드시 5~6개의 잎을 남겨 두어야 한다. 잎을 따지 않으면 (옆가지가 쉽게 생기지 않기 때문에) 가지가 적어지며, 몇 장의 잎만 남기면 그루가 잘 자라게 된다. 아욱의 잎을 딸 때는 반드시 이슬이 사라진 이후여야 한다. 농언에 이르기를, "이슬이 달려 있으면 아욱의 잎을 따서는 안 되며, 한낮에는 부추의 잎을 따서는 안 된다."라고 한다. 8월 중순에 가을 아욱을 벤다. 지면 가까이에 있는 가지는 남겨둔다. 가지가 많으면 땅에서 1~2치 거리에서 베어내고,

升. 正月末散子亦淂. 人足踏踐之, 乃佳. 踏者菜肥. 地釋卽生, 鋤不厭數.

五月初, 更種之. 春者旣老, 秋葉未生, 故種此相接. 六月一日, 種白莖秋葵. 白莖者, 宜乾. 紫莖者, 乾則黑而澁.

秋葵堪食. 仍留五月種者取子. 春葵子熟不均. 故須留中輩. 於此時, 附地剪却春葵, 令Ⓒ根上蘖生者, 柔輭至好. 仍供常食, 美於秋菜. 留之, 亦中爲榜簇. 掐秋葉, 必留五六葉. 不掐則莖孤, 留葉則科大. 凡掐葵, 必待露解. 諺曰, "觸露不掐葵, 日中不剪韭." 八月半, 剪去. 留其岐. 岐多者, 則去地一二寸, 獨莖者, 亦可去

줄기가 하나이고 가지가 없는 것은 땅에서 4~5치 되는 거리에서 베어낸다. 그루에서 새로 나온 가지는 아주 튼실하고 연하다. 수확 때가 되면 사람의 무릎 높이만큼 자라나고, 줄기와 잎이 싱싱하고 맛있다. 그루는 비록 크지 않아도 채소 잎의 크기는 도리어 두 배 이상이나 된다. 만약 일찍 자란 가을 아욱은 세어 줄기를 베어내지 않으면, 비록 키가 수척이나 자란다 하더라도 자란 잎과 가지가 매우 질겨 전혀 먹을 수 없다. 먹을 수 있는 것은 다만 가운데 잎뿐이다. 기타 나머지 줄기 밑 부분에 달린 잎은[41] 황색을 띠며 맛도 극히 떫고, 삶아도 맛이 없다. 아욱 잎을 보면 매우 많은 것 같지만 정작 먹을 수 있는 것은 매우 적다.	地四五寸. 櫱生肥嫩. 比至收時, 高與人膝等, 莖葉皆美. 科雖不高, 菜實倍多. 其不剪早生者, 雖高數尺, 柯葉堅硬, 全不中食. 所可用者, 唯有葉心. 附葉黃色至惡, 煮亦不美. 看雖似多, 其實倍少.
아욱의 수확은 반드시 상강[霜降: 양력 10월 23일 무렵]이 지난 후에 한다. 너무 빠르면 잎이 황색으로 변하거나 썩게 되며, 너무 늦으면 잎이 검은 색으로 변하고 맛도 떫어진다. 아욱의 잎이 달린 채로 베어낸 마른 그루터기[榜簇]는 모두 그늘진 응달에 놓아둔다. 햇빛을 보게 되면 채소는 맛이 떫게 된다. 잘라낸 가지 부스러기는 수확이 끝난 후에 땅에서 손으로 끌어 모은다.[42] 잎이 시들고 난 후에 다시 끌어 모으면 곧 썩는다.	收待霜降. 傷早黃爛, 傷晚黑澁. 捞簇皆須陰中. 見日亦澁. 其碎者, 割訖, 卽地中尋手糺之. 待萎而糺者必爛.
최식崔寔이 이르기를, 6월 초엿새 날에는 가을 아욱을 파종할 수 있다. 중복中伏 이후에는 겨울 아욱[冬葵]을 파종할 수 있다. 9월이 되면 아욱을 담그거나 햇볕에 말릴 수 있다고 한다.	崔寔曰: 六月六日可種葵. 中伏後, 可種冬葵. 九月, 作葵菹乾葵.

41) '부엽(附葉)': '부(附)'자는 '부(跗)'로 써야 할 듯하다. 즉 줄기 밑 부분의 오래된 잎이다.

42) '규(糺)': '규(糾)'의 옛 표기법이다. '규(糾)'는 '모으다', 즉 '묶음을 만들다'라는 뜻이다.

▌교 안(校案)▌

ⓒ '영(㳂)': 전본에는 '영(泠)'으로 되어 있지만, 교정본 『제민요술』에는 '영(㳂)'으로 되어 있다.

가 지

『제민요술』43): 가지 심는 법[種茄子法]: 가지는 9월에 익었을 때 따서 배를 갈라 종자를 물속에 넣어 일군 후에, 물에 가라앉은 것을 취하여 재빨

茄子

『齊民要術』: 種茄子法: 茄子九月熟時, 摘取, 擘破,

43) '『제민요술(齊民要術)』': 본장의 인용문은 지금은 『제민요술』 권2 「종과제십사(種瓜第十四)」편의 제일 끝에 보인다. 『제민요술』은 후한시대 이후에 가지를 참외과로 보던 습관을 그대로 이어받아 '가지'를 「종과(種瓜)」편의 뒤쪽에 붙이고, 본편의 편 제목의 주에 "왕일(王逸)이 『과부(瓜賦)』에서 말하기를, '낙소(落疏)'의 글 …[王逸《瓜賦》曰: '落疏'之文 …]"을 인용했는데, 이전에는 필자가 서적을 자세히 검토하지 않아서 '낙소(落疏)'라는 이름은 어떻게 해석해야 할지 몰랐다고 한다. 중국과학원역사연구소의 전보종(錢寶琮) 교수가 '낙소(落疏)'는 가지의 별칭으로 절강(浙江) 가흥(嘉興)에서는 지금도 통용된다는 사실을 지적했고, 나중에야 장강하류, 장강이남 지역에는 '낙소(落疏)'라고 하는 곳이 많다는 것을 알게 되었다. 『본초강목』 권28에 있는 나채류제일조(蓏菜類第一條) '가(茄)'는 그 석명 아래에 당나라 진장기(陳藏器)(『본초습유(本草拾遺)』)를 인용하며 "'가(茄)'의 한 이름은 '낙소(落蘇)'이며, 뜻은 알 수 없다.[茄一名落蘇,名義未詳.]"라고 했다. 이시진은 여기에 안을 추가하여 "『오대이자록(五代貽子錄)』[지금은 남송시대의 홍매(洪邁)의 『용재속필(容齋續筆)』 권13에 『이자록(貽子錄)』이라고 인용한 것이 보인다.]에는 '낙소(酪酥)'라고 되어 있는데, 아마 그 맛이 마치 '낙소(酪酥)'와 같기 때문일 것이며, 의미가 통하는 듯하다.[按『五代貽子錄』作酪酥, 蓋以其味如酪酥也, 于義似通.]"라고 했다. 하지만 이는 단지 추측일 뿐 단정 짓기는 어렵다. 표기법에 대한 이견으로 봤을 때에는 음역한 것일 가능성도 있다. '가(茄)'자는 원래 하경(荷梗)[연(蓮)의 잎자루와 꽃자루]을 가리키는데, 이러한 과일과 채소의 이름을 차용한 것은 전한의 왕포(王褒)의 『동약(僮約)』에서도 이미 보이며, '별가피사(別茄披葸)'에서 '사(葸)'와 이어서 쓰면 하경일 리 없다. 『제민요술』의 정문에는 '가자(茄子)'라고만 했다.

리 햇볕에 말려 잘 싸서 보관한다. 2월이 되면 이랑을 만들어 파종한다. 이랑을 만들고 물을 주는 것은 아욱 심는 법과 완전히 동일하다. 가지는 물을 좋아하므로 항상 땅을 촉촉하게 유지해줘야 한다. 잎이 4~5개 나온 이후에 비올 때를 틈타서 흙이 달린 채로 옮겨 심는다. 만약 날이 가물어 비가 오지 않는다면 이랑에 물을 흠뻑 주고, 밤에 옮겨 심으며 한낮에는 자리로 덮어 주어 햇볕을 쬐지 않도록 한다. 10월에 가지를 파종하는 것은 오이를 구덩이 파종[區種]하는 법과 같다.[44] 겨울에는 구덩이 속에 눈을 쌓아 두어야 하며, (그렇게 하면) 구덩이에 파종한 것을 옮겨 심을 필요가 없다.

봄에 가지를 파종할 때는 이랑을 만들 필요가 없고, 일반적으로 오이를 파종하는 것과 같이 해도 무방하다. 다만 매일 아침저녁으로 여러 차례 물을 주어야 한다.

『무본신서』: 가지에 막 꽃이 필 때 심은 그루의 수에 따라 적당하게 가지와 잎을 잘라내면 늦은 가지[晩茄][45]가 열리게 된다.

水淘子, 取沈者, 速曝乾, 裹置.[10] 至二月, 畦種. 治畦下水, 一如葵法. 性宜水, 常須潤澤. 著四五葉, 雨時, 合泥移栽之. 若旱無雨, 澆水令徹澤, 夜栽之. 白日以席蓋, 勿令見日. 十月種者, 如區種瓜法. 推雪著區中, 則不須栽.

其春種, 不作畦, 直如種凡瓜法者亦得. 惟須晚[d]夜數澆耳.

『務本新書』: 茄初開花, 斟酌窠數, 削去枝葉, 再長晚茄.

44) 역자주 무계유 교석본에 의하면, 이것은 모두 겨울에 오이와 가지를 심는 법이다. 오이와 가지는 모두 따뜻한 기온을 좋아하는 채소로서 한창 자라는 시기는 바로 고온의 계절이며, 이때는 결실이 많고 좋은 과실을 맺게 되지만, 추위에 약하여 서리가 오면 즉시 죽는다. 이른바 겨울에 파종한다는 것은 노지에서 겨울에 파종해서 겨울철에 싹이 나는 것이 아니라 노지가 얼기 전에 종자를 파종하고 충분히 물을 주어야 이듬해 봄에 비교적 빨리 싹이 돋아난다는 것이다. 『제민요술』의 오이와 가지에 대한 구덩이 재배는 모두 구덩이 속에 눈을 쌓는 방법을 취하는데, 이는 추위를 막고 습기를 보존하는 데 큰 작용을 하지만 만약 봄에 눈이 내리게 되면 눈 녹은 물이 지나치게 많아 빨리 땅속에 스며들 수가 없어서 종자의 발아에 이롭지 못하다고 한다.

45) 역자주 무계유 교석본에 의하면, 이것은 일반적인 가지치기와 잎을 따내는 방식이 아니고 의도적으로 조숙한 품종의 그루를 늦게 열매를 맺도록 바꾼 방식이

가을이 깊어지면 늙은 가지를 데쳐서 연하게 하여 물에 담근 후에 껍질을 벗겨 소금을 뿌려 고루 섞어 저장한다.[46] 겨울에 먹을 때 참기름을 치면 맛이 아주 좋다.

秋深, 老茄煮軟, 水浸去皮, 以鹽拌匀. 冬月食用, 旋添麻油爲上.

교 석(校釋)

10 '치(置)': 격본과 『제민요술』의 원문은 본문과 같으나 전본에는 누락되어 있다.

교 안(校案)

ⓓ '만(晩)': 격본에는 '만(晩)'으로 되어 있고, 『제민요술』과 동일하다. 석성한은 교석에서 '만(晩)'자는 '야(夜)'자와 겹쳐져 있기 때문에 전본의 '효(曉)'자가 조금 더 낫다고 한다.

순 무

蔓菁

『제민요술』[47]: 순무를 파종할 때는 반드시

『齊民要術』: 種

며, 이는 시절이 겹치지 않는 상황에서 수요를 조절하기 위한 방법이다. 현재 어떤 채소 농가에서 이른 가지[早茄]가 노쇠한 이후, 만약 시장에 가을에 수확한 가지의 공급이 적다면 이른 가지의 노쇠한 가지[枝]를 잘라내어 재차 새로운 가지가 자라게 하고 비료와 물을 주어 관리하면 1개월가량 지나 좋은 가을 가지[秋茄]를 얻을 수 있다고 한다.

46) 역자주 이것은 늦은 가을 가지를 저장하는 방식을 소개하는 것이다. 실제 가지를 가공하여 저장하는 방식은 매우 많다.

47) '『제민요술(齊民要術)』': 이 부분은 『제민요술』 권3의 「만청제십팔(蔓菁第十八)」에 보인다.

많은 것을 필요로 하지는 않지만, 다만 토지는 비옥해야 된다. 때문에 이전에 순무를 경작한 적이 있는 토양에 무너진 담장의 흙을 이용하여 새롭게 시비하는 것이 가장 좋다.[48] 만약 경작한 터에 거름이 없다면 초목을 태운 재로 거름을 만들어 1치 두께로 덮어준다. 재거름의 시비가 지나치게 많으면, 토지가 건조해져 생장에 좋지 않다. 토지는 갈아엎어서 가늘고 부드럽게 해야 한다.

不求多, 惟須良地. 故墟新糞壞牆垣乃佳. 若無故墟糞者, 以灰爲糞, 令厚一寸. 灰多, 則燥不生也. 耕地欲熟.

7월 초에 파종한다.[49] 무당 3되의 씨를 파종한다. 처서(양력 8월 23일)에서 8월 백로(양력 9월 8일)까지 모두 파종할 수 있다. 일찍 파종한 것은 소금에 절여 김치[菹]로 만들며, 늦게 파종한 것은 말린 채소[乾菜]로 만들 수 있다. 흩어뿌린 후에 끌개[勞]를 이용해서 평평하게 고르는 작업을 해주며, 습할 때에는 파종해서는 안 된다. 습할 때 파종하면 토질이 굳어져 잎이 마르게 된다. 싹이 나온 이후에 굳이 제초할 필요는 없다.[50]

七月初種之. 一畝用子三升. 從處暑至八月白露節, 皆得. 早者作菹, 晚者作乾. 漫散而勞, 種不用濕. 濕則地堅, 葉焦. 旣生, 不鋤.

9월 말에 잎을 수확한다. 수확이 늦으면 잎이 누렇게 변하여 떨어진다. 여전히 뿌리를 땅속에 남겨두어

九月末收葉. 晚收則黃落. 仍留根取

48) '고허신분괴장원(故墟新糞壞牆垣)': '고허(故墟)'는 원래 동일한 작물을 심었으나 지금은 휴경하는 토지를 가리킨다. '新糞壞牆垣'은 최근['신(新)']에 옛날 담장의 흙을 이용해서 비료를 만든다는 것이다. 그 다음에 나오는 작은 주에 나오는 '허(墟)'자는 '장(墻)' 또는 '원(垣)'으로 해야 할 듯하다.

49) 역자주 무계유 교석본에 의하면, 순무는 서늘한 것을 좋아하기 때문에 가을에 재배한다. 북방에는 대개 7월 하순에서 8월 상순에 파종을 하는데, 이보다 앞서면 비교적 무덥기 때문이다. 하지만 머지않아 서늘한 계절이 되므로 뿌리의 육질이 성장하는 데 가장 적합하다고 한다.

50) 역자주 무계유 교석본에 의하면, 순무는 대개 관리가 용이하지만 어린 싹일 때는 토양이 부드러운 것이 좋고 비가 온 후에는 다시 중경 제초를 해야 한다. 뿌리 부분이 점차 성장하여 지면으로 드러날 때 배토를 하고 흙을 덮을 때는 뿌리가 보이지 않을 정도만 하여 뿌리의 육질이 외형상 아름답게 해줘야 품질도 좋아진다고 한다.

야 종자를 거두는 데 편리하다[51]. 10월 중순에 쟁기로 대충 한 번 거칠게 간다.[52] 밭을 갈아엎는다. 밭을 갈아엎어 나온 순무를 거두어들인다. 만약 갈지 않으면 약간 남아 있는 순무의 잎이 무성하지 않고, 달린 종자도 많지 않게 된다. 잎으로는 절인 채소를 만들 수 있고, 그 중 일부를 취하여 마른 채소와 '말린 순무 잎 김치'를 담그기도 한다.[53] 말린 순무잎 김치[蘸菹]는 이듬해 정월이 되어야 비로소 담근다. 모름지기 가장 좋은 잎을 남겨서 이를 준비해야 한다. 다 베어낸 후에 손으로 고르고 잘 정리해서 머리 땋듯이 엮는다. 잎이 시들기 전에 엮는다. 잎이 시든 이후에 엮으면 곧 문드러진다. 엮은 것을 지붕 아래의 그늘지고 통풍이 잘 되는 서늘한 곳에 걸어두고, 연기를 쐬게 해서는 안 된다. 연기를 쐬게 되면 맛이 쓰게 된다. 잎이 마르면, 곧 거두어 주방에 쌓아 놓고 거적으로 잘 덮어 둔다. 쌓는 것은 날씨가 흐리고 공기가 습할 때가 가장 좋으며, 그때가 아니면 잎이 쉽게 부서진다. 오랫동안 거적을 덮어두지 않으면 맛이 떫어진다.

子. 十月中, 犁𪎷畤, 耕田起土也. 拾取耕出者. 若不耕畤, 則留者英不茂, 實不繁也. 其葉作菹, 擬作乾菜及'蘸ⓔ菹'者. 蘸菹者, 次年正月始作耳. 須留第一好菜擬之. 割訖, 則尋手擇治而辮之. 勿待萎. 萎而後辮則爛. 挂著屋下陰中風涼處, 勿令煙熏. 煙熏則苦. 燥, 則上在廚積置以苫之. 積時, 宜候天陰潤, 不爾, 多碎折. 久不苫, 則澁也.

---

51) 역자주 이것은 직접 종자를 채취하는 것이고 이식하는 것은 아니다. 그러나 이식하여 어미그루를 선택하는 것은 어미그루의 좋은 장소를 선택하는 것만 같지 못하다.

52) 역자주 무계유 교석본에 의하면, 쟁기로 거칠게 고랑을 파서 순무 뿌리의 일부분이 드러나게 한다고 한다.

53) '양저(蘸菹)': 『제민요술』 권9에 있는 「작저장생채법제팔십팔(作菹藏生菜法第八十八)」편의 '양저법(蘸菹法)', "절이되 자르지 않는 것을 '양저(蘸菹)'라고 한다.[菹不切曰蘸菹.]"에 따르면 채소 전체를 절이는 것이다. 역자주 『제민요술』의 양저법은 엮은 순무 잎을 풀어서 끓는 물에 데친 후, 냉수에 씻어 소금물에 담가서 물을 빼고 기장으로 쑨 풀죽과 누룩을 섞어 항아리에 넣고 봉하면 7일 후에 숙성된다고 한다.

봄여름 사이에 잎을 식용하며 이랑에 파종하는 순무는 아욱을 이랑에 재배하는 방식과 같다. 잎을 잘라낸 이후에는 다시 그곳에 파종한다. 봄에서 초가을까지 한 자리에 3번 파종할 수 있어, 늘 매우 좋은 김치[菹]를 제공해 준다. 뿌리만 거두어들일 경우에는[54] 보리나 밀을 심었던 땅에 재배할 수 있다. 6월 중순에 파종하고 10월에는 땅이 얼려고 할 때 쟁기로 갈아엎은 후에 수확한다. 1무당 몇 수레를 수확할 수 있다. 수확을 빨리하면 뿌리가 가늘어진다.

春夏畦種供食者, 與畦葵法同. 剪訖更種. 從春至秋, 得三輩, 常供好菹. 取根者, 用大小麥底. 六月中種, 十月將凍, 耕出之. 一畝得數車. 早出者根細.

순무를 많이 재배하는 또 다른 방안: 도시 근처의 좋은 토지 1경頃에, 7월 초에 파종한다. 6월에 파종한 것은 비록 뿌리가 굵지만 잎은 도리어 벌레 먹기 쉬우며,[55] 7월 말에 파종한 것은 잎이 비록 건강하고 연할지라도 뿌리는 도리어 가늘고 매우 작다. 오직 7월 초에 파종한 것만 뿌리와 잎의 생장이 모두 좋다.

又多種蔓菁法: 近市良田一頃, 七月初種之. 六月種者, 根雖麤大, 葉復蟲食, 七月末者, 葉雖膏潤, 根復細小. 七月初種, 根葉俱得.

한漢 환제桓帝는 조서[56]를 내려 "메뚜기와 홍

漢桓帝詔曰, "橫

54) 역자주 뿌리를 거둔다는 말은 잎의 품질은 다소 떨어지더라도 먹을 수는 있다는 것을 의미한다.

55) 역자주 『농정전서(農政全書)』 권28에서 말한 이와 같은 정황은 강남의 상황이고, 황하하류의 정황과는 같지 않다.

56) '한환제조(漢桓帝詔)': 지금 전해지고 있는 범엽(范曄)의 『후한서』 「제기칠(帝紀七)」에 "영흥(永興) 2년, 사례교위(司隸校尉)(=수도 경비 부대) 소속의 자사에게 '메뚜기로 인한 재앙이 심한데, 수재까지 겹쳤으니 곡식을 거두지 못해 백성들이 저장을 한 것이 없다. 피해를 본 지역에 순무를 심도록 하여 백성들이 먹을 수 있도록 하라!'고 명했다. …[永興二年, 詔司隸校尉、部刺史曰: 蝗災爲害, 水變仍至, 五穀不登, 人無宿儲. 其令所傷郡國種蕪菁, 以助民食. …]"라고 기록되어 있다. 『태평어람』 권979의 '황(蝗)'항에 인용되어 있는 『동관한기』에는 "메뚜기와 홍수가 재해가 되었다.[蝗水爲災.]"라고 되어 있다. 두 서적에 보이는 '황(蝗)'자

수의 재난을 입어 오곡에 흉년이 드니, 재해를 입은 군국에 명령을 내려 모두 순무를 파종하게 하여 백성들의 부족한 식량을 구제하도록 하라."라고 하였다. 이 같은 설명은 순무가 사람들이 흉년을 넘길 수 있도록 도와 기근에서 구제할 수 있다는 것을 말해주고 있다. 햇볕에 말린 후 쪄서 먹으면 달고 맛있다. 만약 흉년이 들어 1경(頃)의 순무를 파종하면, 백 사람을 먹여 살릴 수 있다.

水爲灾, 五穀不登, 令所傷郡國皆種蔓菁,[f] 以助民食." 然此可以度凶年, 救饑饉. 乾而蒸食, 既甛且美. 若值凶年, 一頃可活百人.

『무본신서』: 순무를 파종할 땅은 거름을 주고 다시 갈아엎어야 하며 반복하여 평평하게 골라준다. 초가을이 되면 파종하기 시작하는데, 어린 싹에서부터 꽃이 피고 열매를 맺을 때까지 줄기와 잎을 모두 먹을 수 있다. 10월 초에 싹을 뜯어서 끓는 물에 삶아, 죽이나 국에 섞어서 먹기도 하며 남은 것은 햇볕에 말려 둔다. 그리고 뿌리는 땅속에 남겨 둔다. 간혹 하삭河朔지역에서는 날씨가 한랭하여 뿌리가 얼어 죽는다는 것을 걱정하여, 10월 말이 되면 소 한 마리에 두 개의 쟁기를 채워 갈아엎어서 순무의 뿌리를 캐낸 이후에 흙을 평탄하게 해 준다. 앞서 파낸 순무는[57] 햇볕에 말려둔다. 겨울철에 쪄서 익혀 먹으면 맛이 좋다.

『務本新書』: 耕地宜加糞, 往復匀蓋. 秋初可種, 自破甲至結子, 皆可食. 十月初, 挽苗, 煠作和菜. 餘者曬過. 留根在地. 或慮河朔地寒凍死, 可于十月終, 以年隔兩犁耕一犁, 拾去菜根之後, 却將暘土櫂匀. 據先耕出之數曬過. 冬月蒸食,

---

는 『제민요술』에 인용되어 있는 '횡수(橫水)'와는 다르다. 난조보(欒調甫) 선생은 편지에서 아마도 동음자라 잘못 쓰인 것 같다고 지적했다.

57) '거선경출지수(據先耕出之數)': 권4의 「재조(栽條)」장에 인용되어 있는 『무본신서』 '재상초(栽桑梢)'의 첫 구절인 "땅속에 묻혀 있는 뽕나무의 가지를 베어[據埋頭桑斫下桑梢]"를 예로 들어 비교해 보면, '거(據)'자는 '점유하다'는 뜻에서 '수중에 있다'는 뜻으로 변했다. '先耕出之數'는 10월 말에 갈아엎은 땅을 가리킨다.

봄에 자라난 꽃줄기[薹苗]도 채소 가운데 매우 좋은 채소이다.

4월에 순무의 씨를 거두고 기름을 짜는데— 섬서陝西지역에서는 순무씨 기름[菜油][58]을 단지 먹는 용도로만 알고 있다. (이를 사용하여) 불을 밝히면 매우 밝고, 이 기름은 흰머리를 검은 머리로 바꿀 수 있다.[59] 참깨에 비해서 파종이 용이하며

甛而有味. 春生薹苗, 亦菜中上品.

四月收子打油— 陝西惟食菜油. 燃燈甚明, 能變蒜髮. 比芝麻易種收多. 油不發風. 武侯多

58) '섬서유식채유(陝西惟食菜油)': 이 구절은 주목할 필요가 있다. 지금 관중지역의 섬남(陝南)에서 식용유로 사용하는 유채(油菜)는 다른 지역과 마찬가지로 모두 운대(蕓薹: 유채)이다. '운대'에 대한 최초의 기록은 잠정적으로 『제민요술』 권3의 「종촉개운대개자제이십삼(種蜀芥蕓薹芥子第二十三)」편에서 언급하고 있는 "2월이나 3월 하순에 심어서 … 서리가 내리면 수확한다.[二三月下種, … 足霜乃收.]"로, 운대의 생장 계절이 지금의 운대와 다른 것으로 보아 아마도 또 다른 종류의 식물인 듯하다. 『본초강목』 권26 「훈채류(葷菜類)」에 있는 '운대(蕓薹)' 조의 '발명(發明)' 아래에 손사막(孫思邈)이 "정관(貞觀) 7년 3월(633년 4월), 내가 내강현(內江縣: 오늘날 사천 내강현을 가리킴)에서 … 나는 『본초강목』에서 운대는 풍을 낫게 하고, 부종을 가라앉힌다고 한 것을 생각하고 잎을 따서 빻은 후 붙였다. …[貞觀七年三月, 予在內江縣 … 予思『本草』蕓薹治風游丹腫, 遂取葉搗傅. …]"라고 한 것이 인용되어 있다. 이 기록이 진실되고 믿을 만한 것이라면, 오늘날 심는 월동 운대임이 분명하다. 2, 3월에 심어서 3월에 그 잎을 따서 빻은 후 붙이는 것은 가능하나 매우 많은 양이 필요한데, 월동 운대라면 쉽게 설명할 수 있다. 정관 7년에서 『무본신서』를 만들기까지(대략 13세기 초로 추측) 약 600년의 시간차이가 있다. 사천의 월동 운대는 아직 섬서까지 전해지지 않았고, 섬서지역에서는 순무를 짜서 식용기름으로 사용했다. 원나라 이전에 섬서지역에는 아마도 운대가 없었을 것이며, 최소한 지금의 월동 운대는 아니다. 서안(西安) 동쪽 교외의 백록원(白鹿原) 반파촌(半坡村) 유적지에서 발견된 채소의 씨가 운대의 씨일 가능성은 거의 없으며, 아마도 초기의 순무씨일 것이다.

59) '능변산발(能變蒜髮)': '산발(蒜髮)'은 흰머리이다. '능변산발(能變蒜髮)'은 말 자체가 애매하다. 검은 머리가 흰머리가 된다는 것인가? 아니면 흰머리가 검은 머리가 된다는 것인가? 불을 밝히는 데 사용되는 것인지, 식용인지, 아니면 머릿기름의 효과가 있다는 것인지 확실하지 않다. 『본초강목』 권26에 있는 '순무[蕪菁]'조의 '자(子)'부조(附條)의 '주치(主治)'에는 당나라 맹선(孟詵)(『식료본초(食療本草)』)의 "기름을 짜서 머리에 바르면 산발을 바꿀 수 있다.[壓油塗頭, 能變蒜髮.]"는 말이 인용되어 있는데, 이것은 '머릿기름'으로 썼다는 뜻이다. 또한 『강목』

수확도 많다. 기름을 먹으면 풍風이 발생하지 않는다. 제갈량[武侯]은 순무를 많이 파종하도록 권장하여 사천[川]의 파촉[蜀] 지방에서는 '제갈채諸葛菜'라고 불린다. 순무의 씨 기름을 사용하여 볶을 때, 참깨를 조금 섞으면[60] 참기름[小油]과 별 차이가 없다.

勸種此菜, 故川蜀曰'諸葛菜'. 油臨時用熬動, 少摻芝麻, 煉熟, 卽與小油無異.

교 안(校案)

ⓔ '양(釀)'자음의 주는 『제민요술』 전본에는 '인장반(人丈半)'으로 되어 있으며, '중원음(中原音)'이다. 하지만 본서에서는 강남음(江南音)인 '여량반(女亮反)'을 사용했다. 『광운』 상성(上聲)에 있는 '삼십육양(三十六養)'의 '양(壤)'뉴(rǎng으로 읽는다.)와 거성(去聲)에 있는 '사십일양(四十一漾)'의 '양(釀)'뉴(niàng으로 읽어야 한다.)에 모두 '양(釀)'자가 기재되어 있다.

ⓕ '만(蔓)': 전본에는 '만청(蔓菁)'이라 쓰고 있는 데 반해, 『제민요술』에는 '무청(蕪菁)'이라 쓰고 있다.

무 홍당무[胡蘿蔔]을 덧붙임

蘿蔔 胡蘿蔔附

『제민요술』[61]: 배추[菘]와 무 심는 법은 순무

『齊民要術』: 種

'운대'조의 '자(子)' 부조(附條)의 '주치(主治)'에 '장기(藏器)'의 "기름을 취해 머리에 바르면, 머리카락이 검고 길게 자란다.[取油傅頭, 令發長黑.]"가 인용되어 있으며, 아마도 흰머리를 검은 머리로 변하게 한다는 것일 듯하다. 사실 여부는 연구결과로 증명해야 할 것이다.

60) '섬(摻)': '삼입(參入)'의 '삼(參)'자로 사용했으며, '섬집(摻執)', '섬부(摻扶)'가 아니다.

61) '『제민요술(齊民要術)』': 지금은 『제민요술』 권3의 「종만청제십팔(種蔓菁第十

심는 법과 같다. 배추는 순무와 유사하지만 비교적 크다.[62] 『방언(方言)』[63]에 이르기를, 순무[蕪菁] 중에서 자색의 꽃이 피는 것을 '무[蘆菔]'라고 한다고 하였다. 무의 뿌리와 종자는 비교적 굵고 크다.[64] 그 줄기와 뿌리 및 잎은 모두 날것으로 먹을 수 있다. 종자로 사용할 무는 겨울에 풀로 덮어 주어야 하며,[65] 덮어주지 않으면 얼어 죽는다.

菘蘆菔法, 與蔓菁同. 菘菜似蔓菁而大. 『方言』曰: 蕪菁, 紫花者, 謂之'蘆菔'. 根實麤大. 其角及根葉, 並可生食. 取子者, 草覆之, 不則凍死.

『사시유요』:[66] 무를 심는 곳은 가는 모래땅이 적합하며, 5월 중에 5~6번 쟁기질하며, 6월 6일에 파종한다. 김매어 흙을 부드럽게 하는 횟수는 많을수록 좋다. 만약 모가 조밀하다면 싹이 어릴 때 솎아내어 약간 성글게 해주어야 한다. 10월이 되면 수확하여 구덩이에 저장한다.

『四時類要』: 種蘿蔔, 宜沙輭地, 五月犁五六徧, 六月六日種. 鋤不厭多. 稠, 卽小, 間拔, 令稀. 至十月, 收窖之.

○ 새로 덧붙이기: 무를 심는다. 먼저 괭이로

新添: 種蘿蔔.

八)」의 뒤 단락에 보인다.

62) 역자주 '이대(而大)'는 전본과 같고, 『제민요술』에는 '무모이대(無毛而大)'라고 되어 있다. 숭채(菘菜)는 배추 종류의 채소로서 잎 표면에는 잔털이 없기 때문에 '무모(無毛)'라는 두 자가 반드시 있어야 한다. 재배환경과 관리가 좋지 않으면 무의 육질이 크게 자라지 않아 마치 숭채와 같아서 옛사람들은 매번 이 두 개를 혼동하였다. 하지만 가사협은 혼동하지 않았다.

63) 역자주 『방언(方言)』은 한대 양웅(揚雄)의 찬술이다. 이 책은 각 지방의 명목과 실제를 말한 것이다.

64) 역자주 이는 『제민요술』에 등장하는 것으로, 가사협은 "무(蘿蔔)는 순무[蕪菁]가 아니다."라고 하였는데, 이는 『방언』에서 순무 중에서 자색 꽃을 피우는 것을 무라고 한 것에 대한 비판이다. 실제 순무의 꽃은 황색이지 자색의 꽃은 없으며, 무는 연한 자색이거나 백색의 꽃이 핀다.

65) 역자주 무를 노지에서 겨울을 나게 하여 이듬해 씨를 취하는 것은 일종의 조방적 경작방법이다.

66) '『사시유요(四時類要)』': 인용문은 지금은 조선각본 『사시찬요』 권3의 「6월(六月)」편에 보인다.

깊게 땅을 파서 이랑을 만들어 써레로 평평하게 고른다. 이랑은 길이 12자, 폭 4자로 만든다. 잘 썩은 고운 거름 한 짐을 져다가 고르게 이랑 안에 뿌린다. 다시 한 차례 땅을 파서 일으킨다. 흙을 덮고, 다시 이랑을 써레질하여 고른 다음 이랑에 물을 흠뻑 준다. 물이 다 스며든 후에 종자를 이랑 위에 뿌린다. 나무 가래[木杴]로 흙을 고르게 뿌려 종자를 잘 덮는다. 싹이 자라 잎이 2장 정도 나왔을 때, 가물어 비가 오지 않으면 물을 주어야 한다. 한 되의 종자를 20개의 이랑에 파종할 수 있다.

물 무[水[67]蘿蔔][68]: 정월이나 2월에 모두 파종할 수 있다. 생장기가 60일이며, 뿌리와 잎을 모두 먹을 수 있다. 여름 네 달 동안은 파종할 수 있다. '큰 무[大蘿蔔]'는 초복에 심고, '물 무'는 말복末伏에 심는다.[69] 하지만 상강霜降이 되면 동시에 수확하여, 소금에 절이거나[70] 구덩이를 파서 저장하면 모두 수시로 이용할 수 있다. 만약 이듬해 씨

先深劚成畦, 耙平. 每畦可長一丈二尺, 闊四尺. 用細熟糞一擔, 勻布畦內. 再劚一徧, 劚起. 覆土, 再耬平, 澆水滿畦. 候水滲盡, 撒種於上. 用木杴勻撒覆土. 苗出兩葉, 旱則澆之. 每子一升, 可種二十畦.

水蘿蔔, 正月二月種. 六十日, 根葉皆可食. 夏四月, 亦可種. '大蘿蔔', 初伏種之, '水蘿蔔', 末伏種. 皆候霜降, 或淹【醃】

---

67) 본 절에 인용한 글에는 '수라복(水蘿蔔)'이 모두 두 번 나오는데, 잘못된 글자가 있는 듯하다. 두 번째 것은 '소라복(小蘿蔔)'이 되어야 '대(大)'자와 대구를 이룬다. 즉 '복라복(伏蘿蔔)'의 크기는 두 종류인데, 큰 것은 초복에 심고, 작은 것은 말복에 심는다.

68) 역자주 '물 무'는 통통하고 연하고 즙이 많으며, 달고 맵지 않아 주로 날것으로 먹는다. 정월, 2월에 파종하는 것은 속칭 '열라복(熱蘿蔔)', '소라복(小蘿蔔)'이라고 한다.

69) 역자주 여기서 말하는 '물 무"는 겨울 무의 한 품종이다. 날로 먹을 수 있는 물무는 늦게 파종해야 하며, 일찍 파종하는 것은 맛이 맵다.

70) 역자주 석성한은 교주에서 무를 단순히 담그는 것이 아니라 구체적으로 소금에 담근다고 하여 '엄(淹)'보다 '엄(醃)'으로 쓰고 있다.

를 받을 종자 무를 남기려면 깊은 구덩이 속에 잘 넣어두고, 구덩이 중간에 공기가 통하도록 한 단의 풀을 넣어둔다.[71] 봄이 되어 기氣가 통하여 싹이 트면 무를 꺼낸다. 밭에 크고 작은 이랑을 만들어 거름을 주고 이를 옮겨 심는다. 가물면 물을 주어 싹이 그곳에 잘 적응하여 생장할 수 있도록 해준다. 하지夏至가 지난 뒤에 씨를 거두어, 가을에 파종할 종자로 쓴다.

或藏, 皆得用. 如要來年出種, 深窖內埋藏, 中安透氣草一把. 至春透芽生, 取出. 作壟或畦, 不糞栽之. 旱則澆, 須令得所. 夏至後收子, 可爲秋種.

홍당무[胡蘿蔔][72]: 복날[伏] 중에 이랑에 심거나 굳센 땅[壯地]에 종자를 흩뿌린다.

胡蘿蔔: 伏內畦種, 或壯地漫種.

촉개·운대·겨자

蜀芥芸薹芥子

『제민요술』[73]: 잎을 따서 이용하는 촉개와 운대[74]는 모두 7월 중순에 파종한다. 땅은 거름을

『齊民要術』: 蜀芥芸薹, 取葉者,

---

71) 역자주 무를 구덩이에 저장할 때, 구덩이 입구를 한 단의 짚으로 틀어막는데, 이를 속칭 '공기구멍[氣眼]'이라고 한다.

72) '호라복(胡蘿蔔)': 이러한 종류의 채소의 재배에 관한 최초의 기록은 본서보다 조금 이른 시기의 것인 『음선정요(飮膳正要)』에 보이며, 세조(世祖) 때 홀사혜(忽思慧)가 편찬했다.

73) '『제민요술(齊民要術)』': 지금은 『제민요술』 권3 「촉개운대개자제이십삼(蜀芥蕓薹芥子第二十三)」에 보인다.

74) 역자주 마종신의 역주에 의하면, 겨자[芥子]와 촉개(蜀芥), 운대(蕓薹)는 모두 십자화과(十字花科) 운대 속(屬)으로서 1~2년생 초목이다. 개체의 줄기와 잎은 식용으로 사용되고 매운맛이 있으며, 씨에도 매운맛이 있어서 조미료로 사용된다. 운대의 여린 잎도 식용으로 사용되며 그 종자는 기름을 짤 수 있는 유채의 일

주고 정지하여 부드럽게 해야 하며, 파종하는 방법은 순무[蕪菁]와 같다. 싹이 난 이후에는 호미질할 필요가 없다. 10월에 순무를 거두고, 이어서 촉개를 수확한다. 소금에 절인 채소와 김치를 만들거나[75] 햇볕에 말려 건채(乾菜)를 만들 수 있다. 운대는 충분히 서리가 내렸을 때 비로소 수확해야 한다. 서리가 충분히 내리지 않으면 맛이 떫다. 겨자, 촉개와 운대에서 거둔 씨는[76] 모두 2~3월에 비가 충분히 내렸을 때 파종한다. 이 3가지 채소는 모두 추위를 잘 견디지 못하기 때문에 밭에서 월동을 하면 얼어 죽으므로 봄에 파종해야 한다. 날씨가 가물 때는 이랑에 파종하고 항상 물을 뿌려줘야 한다. 5월이 되어 익으면 씨를 거둔다. (밭에서 월동을 하는) 운대는 겨울에 풀을 사용하여 덮어 주어야만 씨를 거둘 수 있으며, 또한 (줄기와 잎 등의 신선한 채소는) 식용으로 사용할 수 있다.

『무본신서』: 갓[芥子菜]은 입추 이전에 파종해야 한다. 일반적으로 갓은 비록 만청과 같지는 않

皆七月半種. 地欲糞熟, 種法與蕪菁同. 旣生, 亦不鋤之. 十月, 收蕪菁訖時, 收蜀芥. 中爲鹹淡二葅, 亦任爲乾菜. 芸薹足霜乃收. 不足霜卽澁. 種芥子及蜀芥, 芸薹取子者, 皆二三月, 好雨澤時種. 三[11]物性不耐寒, 經冬則死, 故須春種. 旱則畦種水澆. 五月熟而收子. 芸薹冬天草覆, 亦得取子, 又得生茹供食.

『務本新書』: 芥子菜, 宜秋前種. 大

종이다. 촉개는 호개(胡芥)라고도 하며, 그 씨는 촉 지방에서 많이 생산된다. 촉개와 운대는 주로 잎을 사용하며 겨자는 열매를 따서 조미료로 만든다고 한다.

75) 역자주 『제민요술』「작저장생채법제팔십팔(作葅藏生菜法第八十八)」에 의하면, 옅은 소금물로 김치를 담글 때 맑은 기장과 쌀죽, 보릿가루를 사용하면 맛이 좋다고 한다.

76) 역자주 마종신의 역주에는 씨를 거두는 목적은 종자로 사용하는 것 이외에 겨자씨는 조미료를 만들고, 운대씨는 기름을 짜는 데 사용된다고 한다. 혹자는 제민요술 시대에는 아직 채소 열매로서 기름을 짜는 방법을 몰랐다고 하는데, 이 같은 견해는 논의해 볼 필요가 있다. 왜냐하면 가사협은 이미 만청의 씨로 기름 짜는 법을 알고 있었는데, 채소 열매로 기름을 짤 수 있다는 사실을 몰랐을까 하는 의문이 생기기 때문이다.

을지라도 여러 방면에서 매우 유사하다. 갓의 씨는 '겨자꽃[芥花]'[77]이나 '겨자가루[芥末]'를 만든다. 만일 도시 부근에 살고 있다면 갓을 많이 파종하는 것이 좋다. 대개 겨울철에 소금으로 절이거나 저장해두었는데, (이는) 집집마다 모두 식용했음을 의미한다. 연기도 들지 않고 비도 맞지 않는 곳에 걸어 두고 말리면, 3년간 먹을 수 있다.

槩雖不及蔓菁, 餘亦頗同. 子作'芥花'、'芥末'. 如近城郭, 芥菜宜多種. 蓋冬月醃藏, 家家用度. 晒乾, 於無煙雨處架起, 三年亦可食.

▌교 석(校釋)▐

⑪ '삼(三)': 전본에는 '이(二)'라고 되어 있으나, 격본에는 『제민요술』의 원문과 같이 '삼(三)'으로 되어 있다.

생 강

薑

『제민요술』[78]: 생강은 흰 모래땅에 심는 것이 적합하며,[79] 그 위에 약간 거름을 뿌려준다. 땅

『齊民要術』: 薑宜白沙地, 少與糞

77) 역자주 『본초강목』에서 갓의 씨의 용도에 대해 2차례 말하고 있는데, 겨자를 갈아서 겨자 장을 만들면 맛이 좋다고 한다. 여기서 겨자 꽃은 곧 겨자 장[芥醬]을 가리킨다.

78) '『제민요술(齊民要術)』': 지금은 『제민요술』 권3 「종강제이십칠(種薑第二十七)」에 보인다.

79) 역자주 마종신의 역주에는, 생강의 습성은 비옥하고 부드러우며 습기가 촉촉하고 배수가 잘 되는 토양에 적합한데, 흰 모래토양은 기본적으로 이와 같은 요건에 부합된다고 한다.

은 삼을 재배하는 것과 같이 매우 부드럽게 갈아주며, 갈이의 횟수는 많으면 많을수록 좋다. 7차례 가로세로로 갈아주는 것이 가장 좋다.[80] 3월에 파종한다. 먼저 누리耬犂로 2차례 갈아 이랑과 고랑을 만든 연후에 이랑에 따라 생강을 파종한다. 1자 거리에 한 포기씩 심으며 그 위의 3치 두께로 흙을 덮어준다. (싹이 난 이후에는) 자주 김매기를 해 준다. 6월에 (이랑 위에) 시렁을 만들어 갈대발[葦屋[81]]을 쳐서 그늘지게 한다. 생강은 추위도 견디지 못하고 더위도 견디지 못하기 때문이다. 9월에 파내서 집 안에 보관한다. 중원지역[82]은 기후가 한랭하여 토굴을 파서 곡물의 짚과 흙으로 생강을 묻어둔다. '늑(稈)'은 곡식의 짚[穀穰]이다. 중국[중원]지역의 풍토는 결코 생강을 파종하는 데 적합하지 못하며,[83] 생강은 이곳에서 겨우 생장할 뿐 무성하게 번식할 수는 없다. 때문에 파종한 것은

和. 熟耕如麻地, 不厭熟. 縱橫七徧尤善. 三月種之. 先重**12**耬耩, 尋壠下薑. 一尺一科, 令上土厚三寸. 數鋤之. 六月, 作葦屋覆之. 不耐寒熱故. 九月掘出, 置屋中. 中國多寒, 宜作窖, 以穀稈合埋之. '稈', 穀穰. 中國土不宜薑, 僅可存活, 勢不可滋息. 種者, 聊擬藥物小小耳.

80) 역자주 생강은 부드럽고 비옥한 사질 토양을 좋아하고, 소금기가 있고 지나치게 찰기가 있는 저습지에는 적합하지 않다. 생강의 실뿌리는 발달되지 않아서 토양 속으로 들어가는 것이 얕아 뿌리의 수량과 가지도 작기 때문에 토양은 모름지기 뒤집어엎어 써래로 비교적 깊고 부드럽게 갈아줘야 한다.

81) '위옥(葦屋)': '옥(屋)'자는 원래 지붕 위의 덮개이며, 집은 그 중 한 형식으로, 천으로 만든 '악(幄: 장막)'도 있다. '위옥(葦屋)'은 갈대발을 엮어서 만든 장막이다.

82) '중국(中國)': 남북조 시대에 북조 사람들은 황하유역을 '중국(中國)'이라고 부르고, 장강유역을 '강남(江南)'이라고 불렀으며, 오령(五嶺) 이남 지역을 '영남(嶺南)'이라고 했다.

83) 역자주 무계유 교석본에 의하면, 중국의 장강, 주강유역 및 운귀 일대는 비교적 온난 다습한 지역으로서 생강의 재배에 가장 적합하다고 한다. 북방에는 주로 산동 태산산맥 이남의 구릉지역에서 재배하고 있으며, 하남, 섬서, 요녕 등지에도 생강을 소량 재배한다. 그러나 북방은 기후가 비교적 한량하고 건조하여 생강을 재배하는 것이 남방만큼 적합하지 못하다. 원문에서 말하는 중국이란 북위시대의 영토에 대해서 말한 것으로 중원지역에 해당한다.

약물을 사용해야만 적게나마 재배할 수 있다.

○ 최식崔寔[84]이 이르길, 3월 청명절淸明節이 지난 후 10일이 되면 흙으로 묻어두는데,[85] 4월 입하立夏가 지난 후에 누에가 한참 뽕잎을 먹을 때 생강이 자라 싹이 나면 즉시 파종한다. 9월에 생강을 저장하는데 만약 그 해에 기후가 따뜻하면 10월로 늦출 수 있다. 생강(生薑)은 '자강(茈薑)'이라고도 부른다.

崔寔曰: 三月, 淸明節後十日封生薑, 至四月, 立夏後, 蠶大食, 芽生, 可種之. 九月, 藏茈薑, 其歲若溫, 皆待十月. 生薑謂之'茈薑'.

『사시유요』[86]: 생강파종: 1보 넓이의 이랑을 만드는데 길이는 지형에 따라 정한다. 가로로 이랑을 1자 정도의 거리로 만드는데, 이랑의 깊이는 5~6치로 한다. 이랑에 세 손가락 너비만한 싹이 난 생강을 1자 간격으로 한 포기씩 심고, 3치 두께로 흙을 덮어 주며, 다시 그 위에 누에똥을 덮어 준다(거름을 덮어 주어도 좋다). 싹이 나온 후에 풀이 자라면 즉시 김매기를 한다. 점차 흙을 북돋아 준다. 그 후에는 이랑이 높아지고, 고랑은 더욱 깊어져서 더 이상 흙을 북돋아 줄 필요가 없다. 김을 매는 횟수는 많을수록 좋다.

『四時類要』: 種薑: 闊一步作畦, 長短任地形. 橫作壟, 相去一尺餘, 深 13 五六寸. 壟中, 一尺一科, 帶芽大如三指闊, 蓋土, 厚三寸, 以蠶沙蓋之(糞亦得). 芽出後, 有草卽耘. 漸漸加土. 已後, 壟中却高, 壟外

84) '최식왈(崔寔曰)': 이것은 『제민요술』에서 집중적으로 인용하고 있는 형식으로, 『옥촉보전』에서 인용한 『사민월령』이다. 이 몇 구절은 각각 '3월', '4월' 각 조에 분산되어 있다. (지금 보존되어 있는 『옥촉보전』은 '9월'조가 없다.)

85) 역자주 무계유 교석본에 의하면, 이것은 생강을 재배하기 전에 싹을 촉진하는 처리 방식으로, 가장 빠른 기록이다. 산동에서 속칭 항강(炕薑)이라 한다. 산동 태안현의 생강농사는 햇볕을 쬔 종자용 생강을 항아리 안에 넣어 진흙으로 봉하여 싹틔우기를 촉진시킨다. 항강에 소요되는 시간은 약 1개월로서 온도가 비교적 높으면 약간 기간이 축소되는데, 이는 최식이 말하는 것과 대략 일치한다고 한다.

86) '『사시유요(四時類要)』': 지금은 조선각본 『사시찬요』 권2 「3월(三月)」편에 보이며, 본서에 인용된 것은 앞·뒤의 몇 구절을 삭제했다.

卽深，不得併上土.
鋤不厭頻.

| 교 석 (校釋) |

[12] '중(重)': 전본에는 '종(種)'으로 되어 있으나, 격본과 『제민요술』의 원문은 본문과 일치한다.

[13] '심(深)': 전본에는 누락되어 있으나, 격본과 『제민요술』의 원문에는 본문의 내용과 일치한다.

버 섯[14]

菌子[14]

『사시유요』[87]: 3월에 버섯 종자를 심는다.: 썩은 구構; 닥나무를 일명 닥나무[楮]라고 한다. 구해 나무와 잎을 땅에 묻어둔다. 항상 (밥솥을 씻은) 뜨물을 부어서 습기를 유지해주면 2~3일 지난 후에 곧 싹이 난다.

또 다른 파종법: 이랑에 잘 썩은 거름을 뿌린다. 6~7자 길이의 닥나무[構木]를 작은 크기로 잘라서 찧어 부수어, 채소를 재배하는 법과 같이 고루 이랑 속에 뿌린 후 흙을 덮어주고, 항상 물을

『四時類要』: 三月種菌子: 取爛構一名楮. 木及葉，於地埋之. 常以泔澆令濕. 三兩日卽生.

又法: 畦中下爛糞. 取構木，可長六七寸，[9] 截斷磓碎，如種菜法，于畦中

87) '『사시유요(四時類要)』': 지금은 『사시찬요』 권2에 있는 「3월(三月)」편의 '종균자(種菌子)'조에 보이며, 본서에 인용된 앞부분의 다섯 글자는 원서에 없는데, 아마도 본서에는 월과 원제목을 합쳐서 이 구절을 만든 듯하다. 재배방식으로 봤을 때, 여기에서 가리키는 것은 '목이'나 '지계(地鷄)'가 아니라 '곡균(穀菌)'(Collybia velutipes: 팽이버섯)일 것이다.

뿌려서 습기를 유지해 주어야 한다. 만약 처음 나온 버섯 싹이 자라나면 고무래를 뒤집어 그 싹을 밀어버린다. 이튿날 새벽에 또 자라나면 다시 밀어버린다. 세 번 밀어버린 이후에 다시 자라나서 크게 되면 즉시 따서 식용한다. 닥나무[構木]에서 자란 버섯은 사람이 먹어도 해가 되지 않는다.

匀布, 土蓋水澆, 長令潤. 如初有小菌子, 仰杷推之. 明旦又出, 亦推之. 三度後, 出者甚大, 卽收食之. 本自構木, 食之不損人.

▌교 석(校釋)▌

14 '본제목 아래에 격본에는 작은 주인 '균거민반(菌、渠愍反)'이 있다. 이 글자는 명나라와 청나라 이후로 매우 익숙해진 글이라서 『영락대전』에서는 이미 삭제되었기 때문에 전본에도 없으므로, 우리도 보충하지 않았다.

▌교 안(校案)▌

ⓖ '촌(寸)': 『사시찬요』 조선각본에 따라 '척(尺)'으로 해야 한다.

마 늘[88)]

蒜

『제민요술』[89)]: 마늘은 비옥한 사질 토양에

『齊民要術』: 蒜

88) 역자주 대산(大蒜), 호산(胡蒜), 총산(蔥蒜)류의 채소로서 백합과이다. 먹는 부분에는 비늘줄기가 있으며 통마늘[蒜頭]이라고 한다. 마늘줄기에서 쭉 뻗어 나온 줄기를 종대[蒜薹]라고 한다. 이 외에도 식용하는 연한 잎과 줄기를 일러 마늘 줄기라고 하며, 청산(青蒜), 산묘(蒜苗)라고 한다.

89) '『제민요술(齊民要術)』': 지금은 『제민요술』 권3 「종산제십구(種蒜第十九)」에

심는 것이 적합하다.[90] 흰 사질 토양에 심은 마늘은 달고 마늘통이 굵다.[91] 검은 사질 토양에 심은 것은 이보다 다소 못하며, 단단한 점성 토양에 심은 것은 마늘의 맛이 맵고 또 알이 부실하다. 세 번 갈이를 해주어 땅을 부드럽게 한 뒤, 9월 초에 파종한다.[92]

○ 파종법: 토양이 일정한 습도를 유지할 때 누리로 땅을 간 이후에, 이랑을 따라 손으로 5치에 한 그루씩 파종한다. 농언에 이르길, "그루의 좌우를 모두 김매기를 해주며 1무에 만여 그루가 적당하다."라고 하였다. 파종한 이후에 땅에 끌개[勞][93]를 끌어 흙을 깨고 평탄작업을 해준다. 2월 중순에 김매기를 시작해 3차례는 해야 한다. 풀이 없더라도 김매기를 하지 않으면 안 된다. 김매기를 하지 않으면 통마늘이 작아진다. 마늘종대가 구부러질 때 즉시 그것을 잘라 수확한다.[94]

宜良輭地. 白軟地, 蒜甛美而科大. 黑軟次之, 剛强之地, 辛辣而瘦小也. 三徧熟耕, 九月初種.

種法: 黃𪊲時, 以耬耩, 逐壟手下之, 五寸一株. 諺云: "左右通鋤, 一萬餘株." 空曳勞. 二月半, 鋤之, 令滿三徧. 勿以無草而不鋤. 不鋤則科小. 條拳而軋之. 不軋則獨科. 葉

보인다.

90) 역자주 무계유 교석본에 의하면, 마늘의 실뿌리는 얕아서 물의 흡수력이 약하므로 비옥한 사질 토양에 적합하다. 이런 종류의 토양은 비교적 부드럽고 비옥한 성분을 흡수하는 능력이 좋아 생겨난 통마늘이 비교적 크며 수분도 많고 매운 맛은 상대적으로 적다. 토질의 점성이 강하면 비늘줄기가 늘어났을 때 받는 압력이 커서 통마늘이 부실하고 매운맛이 난다고 한다.

91) 역자주 원문의 과(科)는 산과(蒜科)로서 산두(蒜頭)를 일컫는다.

92) 역자주 무계유 교석본에 의하면, 가을에 마늘을 파종하는 곳은 지금의 산동 하남, 기남(冀南), 진남(晉南) 등 상대적으로 온난한 지역으로 추분에서 한로 사이에 파종하며 이듬해 여름이 되면 수확한다. 북쪽의 추운 지역에는 봄에 파종하여 여름에 수확한다.

93) '공예노(空曳勞)': '노(勞)'는 권2에 보이며, '공예(空曳)'는 '노(勞)' 위에 사람을 세우거나 무거운 물건을 놓지 않고 끄는 것이다.

94) '조권이알지(條拳而軋之)': 마늘의 꽃줄기[='조(條)']는 처음에는 곧게 나오다가 어느 정도 시간이 지나면 구부러진다.[='권(拳)'] 이때, 오후에 공기가 건조할 때 꽃줄기를 위쪽으로 뽑아서 자르거나, 흐리고 비가 올 때 잎 집을 제치고 작은 칼로 베어내는 것이 바로 '알(軋)'이다. 뿌리 부분의 양분이 줄기 쪽으로 옮겨가

잘라 수확하지 않으면 쪽마늘이 되어버린다. 마늘의 잎이 누런색으로 변하면 끝이 뾰족한 농구[鋒]로 마늘을 파내서 바람이 잘 드는 시원한 곳에 걸어둔다. 일찍 수확한 마늘은 껍질이 붉고 마늘 알이 야물어서 멀리 수송할 수 있으며, 늦게 수확한 것은 껍질이 벗겨지고 마늘 알이 쉽게 부서진다. 탈(皴)은 껍질이 벗겨져 쉽게 부서진다는 의미이다.

黃鋒出, 則辮於屋下風涼之處桁之. 早出者, 皮赤科堅, 可以遠行, 晚則皮皴而易碎. '皴', 皮壞也.

겨울철이 되어 날씨가 추워지면 땅에 곡물의 짚을 덮어주는데, 마늘 한 줄에 짚 한 줄을 덮는다. 이와 같이 하지 않으면 마늘이 얼어 죽는다. 마늘 대에 달린 종자[95]를 파종하면 첫 해는 단지 외마늘로 자라지만, 파종한 이듬해에는 큰 마늘[大蒜]로 성장하여 통마늘이 주먹만한 크기로 자라서 보통 마늘보다 크게 된다. 이랑 아래 작은 기와 조각을 놓고 외마늘을 그 위에 두고 그 흙을 잘 덮어 주면, 통마늘은 곧 좌우로 넓어지고 커지게 되는데 그 모양은 특별하고 자못 기이하다. 예컨대 산서의 병주(并州)지역[96]에는 큰 마늘[大蒜]이 없어서 마늘을 파

冬寒, 取穀稈布地, 一行蒜, 一行稈. 不爾則凍死. 收條中子種者, 一年爲獨瓣, 種二年者, 則成大蒜, 科皆如拳, 又逾于凡蒜矣. 瓦子壟底, 置獨瓣蒜于瓦上, 以土覆之, 蒜科橫闊而大, 形狀殊別,

는 것을 막아 땅속 비늘줄기[鱗莖]가 더욱 크게 생장할 수 있도록 한다. 관중 지역에서는 지금도 이런 방법을 사용한다.

95) 역자주 마늘 대에서 생겨나는 기(氣)에 의하여 비늘줄기가 생기는데 산주(蒜珠), 천산(天蒜)이라고 한다. 『도경본초(圖經本草)』에 의하면 산주와 외마늘은 유사하며 수량은 많지만 개체는 매우 작다. 이는 번식해서 다시 커질 수 있다. 대산은 외마늘을 번식시킨 것으로서, 파종량이 많고 또한 끊임없이 무성 번식을 진행하는데, 생명력이 쇠퇴하게 되면 통마늘이 작아지게 된다. 무계유 교석본에 의하면, 산동 농학원에서는 일찍이 『제민요술』에 기록된 특수기술로써 마늘 대에 달린 종자로 실험을 했다. 실험결과 확실히 가사협의 견해처럼 첫해는 먼저 외마늘로 성장을 하고, 이듬해는 쪽이 나누어져서 큰 마늘로 자랐으며 통마늘이 매우 컸다. 그것은 큰 마늘의 번식률과 생산량을 제고하는 것을 설명하는 것이며, 또한 그루터기를 건강하게 해서 다시 크고 튼튼하게 하는 작용을 한다. 현재는 마늘 종자의 퇴화를 방지하고 종성(種性)을 제고시키는 조치 중의 하나로 채택하고 있다.

96) 역자주 무계유 교석에 의하면, 병주(并州)는 후한의 치소로 지금의 태원지역이

종할 때 조가(朝歌)[97]에 가서 마늘 종자를 구입했다. 파종한 지 1년이 지난 후에는 '백 쪽의 마늘[白子蒜]'[98]로 변하는데, 마늘쪽의 크기가 마늘 대에 달린 마늘[99]과 같다. 병주 지역의 순무 뿌리는 사발의 아가리 크기만 하다. 비록 다른 주의 (작은) 어떠한 순무 종자를 이곳에 파종하든 1년이 지나면 곧 커진다. 하지만 병주 지역에서는 마늘쪽은 작아지고 순무의 뿌리는 커진다. 이 두 가지 경우는 매우 상반되는 것이며, 이러한 현상의 원인을 밝히기가 쉽지 않다. 또 하나의 경우를 말하자면 병주 지역의 순무는 8월 중순이면 수확하게 되며, 9월 중순이 되면 순무의 종자를 거둘 수 있다.[100] 그리고 오곡과 채소와 각종 과일의 수확 시기는 다른 주, 현들과 더불어 큰 차이가 없는데, 이것 또한 하나의 기이한 일로 생각된다. 병주(并州)지역의 완두는 정형(井陘)[101]의 동쪽을 넘어서며 산동의 곡식은 호관(壺關)·상당(上黨)[102]에 들어가지만, 모두 싹만 자라고 결실은 맺지 못한다. 이상은 모두 내가 친히 본 바이며 결코 다른 사람들의 믿을 수 없는 말을 전해 듣고 한 말이 아니다. 요컨대 모두 각 지역의 토지가 다름으로 인해서 생긴

亦足以爲異. 令并州無大蒜, 朝歌取種. 一歲之後, 還成'百子蒜'矣, 其瓣麁細, 正與條中子同. 蕪菁根, 其大如椀口. 雖種他州子, 一年亦變大. 蒜瓣變小, 蕪菁根變大. 二事相反, 其理難推. 又八月中方得熟, 九月中始刈得花子. 至於五穀蔬果, 與餘州早晩不殊, 亦一異也. 并州豌豆, 度井陘已東, 山東穀子, 入壺關上黨, 苗而無實. 皆余自所親見, 非 15 信傳

며 위진남북조 시대에도 여전히 그대로 사용되었다고 한다.

97) 역자주 조가(朝歌)는 은대의 수도지역으로 지금의 하남성 기현(淇縣)이다.

98) 역자주 무계유 교석본에 의하면, '백자산(百子蒜)'은 마늘쪽이 특히 가늘고 작고 많은 것이다. '마늘 대에 달린 종자[條中子]'의 마늘쪽은 극히 가늘고 적으며 대개 0.5g 정도의 무게이다. 산서성 태원 일대는 특히 추워서 큰 마늘을 가을에 파종하는 것은 적합하지 못하다고 한다.

99) '조중자(條中子)': 마늘 꽃줄기의 꽃차례 사이에 낀 '주아(珠芽: 구슬눈)'이며, 무성번식기관이기도 하다.

100) 역자주 마종신의 역주에는 순무의 뿌리는 북방의 경우 겨울 전에 수확하여 굴 속에 저장을 하는데, 봄이 되면 밭에 파종을 하고 4~5월 사이에는 종자를 거둘 수 있다고 한다. 여기서 9월에 종자를 거둔다는 것은 지나치게 늦다는 것을 알 수 있다.

101) 역자주 무계유 교석에는 지금의 하북성 정형현(井陘縣)이라고 한다.

102) 역자주 호관(壺關)과 상당(上黨)은 지금의 산서성 동남쪽의 호관, 장치(長治) 일대라고 무계유는 교석하고 있다.

이상 현상이라 할 수 있다.

疑. 蓋土地之異者也.

달래[澤蒜][103] 심는 법: 미리 땅을 갈아엎는다. 달래의 씨를 수확할 때가 되면 거두어 들여 널리 흩어 파종한 이후에 끌개[勞]로 땅을 평평하게 골라준다. 달래는 음식물의 향료로 사용할 수 있다. 강남 사람[吳人]들이 고기를 조리할 때 이것을 많이 사용한다. 뿌리와 잎을 소금에 절이면 마늘과 파와 부추를 넣는 것보다 더욱 좋다. 달래의 번식력은 매우 강하여 단 한 번 파종하면 해마다 스스로 자라나 넓게 번식한다. 한 구덩이 간격으로 파내어 식용하고, 빨리 파낸 부분의 흙을 잘 덮어주면 다시 새롭게 번식한다. 단지 몇 개의 이랑에만 파종해도 식용으로 한없이 사용할 수 있다. 집에서 재배할 때는 정지된 밭에서 파종하기 때문에 야생보다 더욱 좋다.

種澤蒜法: 預耕地. 熟時, 採取子, 漫散勞之. 澤蒜可以香食. 吳人調鼎, 率多用此. 根葉作葅, 更勝葱韭. 此物蕃息, 一種永生. 蔓延滋漫, 16 年年稍廣. 間區斸取, 隨手還合. 但種數畝, 用之無窮. 種子地熟, 美於野生.

○ 최식이 이르기를,[104] '뻐꾸기[布穀鳥]'[105] 우는 소리가 날 때 달래[小蒜]를 수확한다. 6월과 7월에 소산을 파종하며, 8월에는 큰 마늘[大蒜]을 심

崔寔曰, 布穀鳴, 收小蒜. 六月, 七月, 可種小蒜, 八

103) 역자주 택산(澤蒜)은 산마늘[山蒜]이라고도 하며 백합과의 파[葱]과에 속한다. 산과 들에서 자라며 단년생 초본으로서, 땅 아래에는 비늘줄기가 있고 크기는 대추와 같으며 맛은 파와 같다. 『본초강목』에 의하면 산산(山蒜)은 택산(澤蒜), 석산(石蒜)과 동일 작물이라고도 하며, 산과 못과 돌 사이에서 각각 자란다고 무계유 교석본에서 소개하고 있다.

104) '최식왈(崔寔曰)': 이것은 『제민요술』에서 집중적으로 인용하고 있는 형식으로, 『옥촉보전』에 인용되어 있는 『사민월령』은 각각 '4월', '6월', '8월'의 각 조에 보인다.

105) 역자주 무계유 교석본에 의하면, '포곡(布穀)'은 발고(勃姑), 곽공(郭公)이라고도 하며 모두 그 우는 소리에 따라 붙인 이름이다. 그것은 곡우 후에 울기 시작하여 하지 후에 멈추는데, 사람들은 일찍부터 그것을 곡물의 재배를 알리는 징후의 새라고 여겨왔다고 한다.

을 수 있다고 한다.

『사시유요』:[106] 마늘을 파종할 때는 이랑을 잘 지어서 파종하며, 시비하고 물을 주어야 한다.

『무본신서』: 마늘은 이랑에 옮겨 심는데 매 포기를 옮겨 심을 때마다 먼저 약간의 밀기울을 흩뿌려 준다. 땅은 부드러워야 하며 봄이 되어 날씨가 따뜻할 때에 김매기를 해 준다. 마늘종대를 뽑아낼 때는 자주 물을 준다. 밀을 베는[107] 시기에 사람이 많이 먹어두면 무더위의 독기를 해소할 수 있다.

月, 可種大蒜.

『四時類要』: 種蒜: 作行, 下糞, 水澆之.

『務本新書』: 蒜, 畦栽, 每窠先下麥糠少許. 地宜虛, 春暖則鋤. 拔薹時, 頻澆. 劙麥時, 人多食, 解暑毒.

교 석 (校釋)

15 '비(非)': 민각, 절각에는 '전(傳)'으로 되어 있으나, 소각 및 격본은 『제민요술』의 원문과 같이 '비(非)'로 되고 있다.

16 '만(漫)': 전본에는 '만(曼)'으로 되어 있으나, 격본과 『제민요술』의 원문은 '만(漫)'으로 쓰고 있다. '만(漫)'은 '만(滿: 가득 차다)'으로 해석된다.

106) '『사시유요(四時類要)』': 지금은 『사시찬요』 권4 「8월(八月)」편에 보인다. 원문은 원래 『제민요술』에서 발췌하여 인용하였으며 다소 보충한 부분이 있다. 본서에서는 원서의 제목 및 중간의 두 구절을 발췌하여 인용했는데, 이는 『사시찬요』에서 보충한 중요한 문구이다. '하(下)'자는 조선본에는 '상(上)'으로 되어 있으나, 본서에서 인용한 '하(下)'자만 못하다.

107) '발(劙)': 『집운』 입성(入聲)의 '십삼말(十三末)', '발(鱍)' 뉴(紐)에 '발(鱍)'의 이체자로, "칼날이 두 개인 낫"으로 해석했다. 과거엔 『집운』에 따라 Puoei로 읽어야 했으나, 지금은 puó로 읽어야 한다.

염 교[108] 䪥와 薤는 동일하다

䪥 薤同

『제민요술』[109]: 염교는 비옥한 흰 사질 토양에 심는 것이 적합하며, 세 번 뒤집어 갈아 주는 것이 좋다. 2월에서 3월 사이에 파종한다. 8월에서 9월 사이에 심어도 좋다. 대개 7~8개의 모종을 한 구덩이에 심는다. 농언에 이르길 "파는 세 개의 모종, 염교는 네 개의 모종이다."라고 한다. 이 말은 파를 옮겨 심을 때는 세 개의 모종을 한 묶음으로 심고, 염교를 심을 때는 네 개의 모종을 한 구덩이에 심는다는 의미이다. 그러나 모종의 수가 많을 경우 그 다발이 둥글고 커지기 때문에 7~8개의 모종을 기준으로 한다.

『齊民要術』: 薤宜白軟良地, 三轉乃佳. 二月, 三月種. 八月九月種亦得. 率七八支爲一本. 諺曰: "葱三薤四." 移葱者, 三支爲一本, 種薤者, 四支爲一科. 然支多者, 科圓大, 故以七八爲率.

염교의 비늘줄기[鱗莖][110]는 3월에 잎이 푸를 때를 기다려 파내는데, 잎이 푸르기 전에 파내면 속이 충분히 차지 않아 염교의 비늘줄기가 매우 여위게 되고 만다. 햇볕에 말려 바깥의 마른 껍질을 비벼서 제거하고 마르고 강한 뿌리를 잘라낸다. 강한 뿌리를 남겨두고 햇볕에 말리지 않으면, 반드시 여위고 가늘어져 튼튼하게 자랄 수 없다. 먼저 누耬로 땅을 갈아 이랑이 마를 때를 기다려 구덩이를 파고 심는다. 이랑이 마른 후에 시비

薤子三月葉青, 便出之, 未青而出者, 肉未滿, 令薤瘦. 燥曝, 挼去莩餘, 切却彊根. 留强根而濕者, 卽瘦細, 不得肥也. 先重耬耩地, 壟燥, 掊而種之. 壟燥則薤肥,

---

108) 역자주 마종신의 역주에는 류자(藟子) 또는 교두(蕎頭)라고 한다. 파와 마늘과 같은 야채로서 백합과의 다년생 초목에 속한다. 비늘줄기가 짧은 방추형이며 흰색 또는 옅은 자색이다. 분얼의 힘이 강하다. 비늘줄기로서 무성번식을 하며 비늘줄기는 생식하거나 또는 익혀서 먹는다.

109) '『제민요술(齊民要術)』': 지금은 『제민요술』 권3 「종해제이십(種薤第二十)」에 보인다.

110) 역자주 종자용 염교의 비늘줄기는 땅속에서 월동을 하고, 이듬해 파종할 때 비로소 꺼낸다.

를 하면 염교는 생장이 왕성해지며, 거듭 갈아 이랑에 복토하면 염교의 흰 부분이 길게 자란다. 통상 1자 간격으로 한 구덩이를 파서 파종한다.

잎이 자라면 곧 김매기를 시작하며 자주 김을 매도 상관없다. 염교를 심은 땅은 잡초가 잘 자라는데, 잡초가 자라 황폐해지면 염교의 비늘줄기가 여위게 된다. 5월에 봉鋒[111]을 이용해서 한 차례 땅을 찔러주며, 8월 초에는 또 한 차례 땅을 갈아준다. 갈지 않으면 흰 부분이 짧아진다. 염교의 잎을 잘라서는 안 된다. 잎을 자르게 되면 흰 부분이 길게 자라지 못한다. 항상 잎을 먹으려고 하면 별도로 파종해야 한다. 9월과 10월이 되면 곧 파내어 판매한다. 너무 오랫동안 키우게 되면 좋지 않게 된다. 종자용의 염교뿌리를 준비하려면, 이듬해 봄이 되어 언 땅이 풀리면 즉시 꺼내어 햇볕에 말리면 된다.

○ 최식[112]이 이르길, 정월에는 염교와 부추[韭]를 심을 수 있다. 7월에는 염교를 분재할 수 있다고 하였다.

『사시유요』[113]: 정월 상신일上辛日[114]에 염교

耩重則白長. 率一尺一本.

葉生卽鋤, 鋤不厭數. 薤性多穢, 荒則羸瘦. 五月鋒, 八月初耩. 不耩則白短. 葉不用剪. 剪則損白. 供常食者別種. 九月十月出賣. 經久不佳也. 擬種子, 至春地釋, 出卽曝之.

崔寔曰, 正月, 可種薤、韭. 七月別種薤矣.

『四時類要』: 正

---

111) 역자주 왕정(王禎) 『농서(農書)』 「농기도보집지삼(農器圖譜集之三)」에 의하면 봉(鋒)은 따비와 같은 기능을 한다고 한다. 봉은 따비처럼 아랫부분에 금속 날이 달려 땅을 쉽게 갈고 뒤집기가 용이하다.

112) '최식왈(崔寔曰)': 『옥촉보전』에 인용되어 있는 『사민월령』은 각각 「정월」, 「7월」조에 있다. '별종(別種)'은 따로 심는 것이다.

113) '사시유요(四時類要)': 지금은 『사시찬요』 「정월(正月)」편에 보이며, 제목은 '치해휴법(治薤畦法)'으로 되어 있다. 안: 최식의 『사민월령』에는 "1월 상순의 신일(辛日)에 부추 밭의 마른 잎을 없앤다.[正月上辛日, 掃除韭畦中枯葉.]"가 있다. (본서에 인용되어 있는 내용은 아래 내용 참조) 『제민요술』의 「종구(種韭)」편에는 "1월에 밭에 있는 오랜 잎들을 치운다.[至正月中, 掃去畦中陳葉.]"는 내용밖에 없어, '상순의 신일(上辛日)'에만 국한되지는 않는 듯하다.(본서의 아래 인용문 참조) 또한 『제민요술』의 「종총(種蔥)」편에는 "12월에는 마른 잎을 치운다.[十二

의 이랑 속에 마른 잎을 쓸어내고, 물을 주고 거름을 준다.

月上辛日, 掃去薤畦中枯葉, 下水加糞.

파

葱

『제민요술』[115]: 파 씨를 수확한 이후에는 반드시 얇게 펴서 그늘에서 말리고, 습기차고 무더운 곳에 두어서는 안 된다. 파는 본래 더운 성질이 있어서 쉽게 습기와 열을 받아들이는데, 한번 습기와 열을 받으면 싹을 틔울 수 없게 된다. 파를 심을 토지는 반드시 봄에 녹두를 파종하고 5월이 되어서 쟁기질하여 녹두를 갈아엎어 녹비로 삼는다. 이후 7월 파종 때까지 땅을 몇 차례 갈아엎는 것이 좋다.

1무의 토지에 대개 4~5되의 씨를 파종한다. 좋은 땅에는 5되의 씨를 파종하고, 척박한 땅에는 4되의 씨를 사

『齊民要術』: 收葱子, 必薄布陰乾, 勿令浥鬱. 葱性熱, 多喜浥鬱, 浥鬱則不生. 其擬種之地, 必須春種綠豆, 五月稚殺之. 比至七月, 耕數徧.

一畝用子四五升. 良田五升, 薄地四

月盡除去枯葉枯袍.]"라고 나와 있다. 해자(薤子)에 대한 이 조치는 『사시찬요』에 처음 보인다. 파속 식물(Allium) 중 이 몇 가지는 중국 황하유역에서 재배되며, 겨울을 날 때 '마른 잎'이 많아서 치워주지 않으면, 봄에 새잎이 옛 잎줄기의 틈을 뚫고 구부러져서 나오게 된다. '상신일(上辛日)'[1월 상순에서 천간(天干)이 신(辛)으로 된 날]이라는 규정의 경우, 이는 일종의 '총진(叢辰)'(소위 '좋은 날을 가림', '택일'…)의 미신으로 사실의 근거가 전혀 없다.

114) 역자주 마종신은 역주에서, 상신일(上辛日)은 음력으로 매월 첫 번째 신일을 의미하며, 이와 같은 작업을 반드시 상신일에 해야 한다는 것은 전적으로 미신에 속한다고 한다.

115) '『제민요술(齊民要術)』': 지금은 『제민요술』 권3 「종총제이십일(種蔥第二十一)」에 보인다.

용한다. 볶은 조와 섞어서 심는다. 파 씨의 껍질이 거칠어서 조와 잘 섞지 않으면 종자를 파종할 때 고르게 뿌려지지 않는다. 만약 조를 볶지 않으면 잡초가 무성하게 자랄 수 있다. 두 개의 누리耬犁를 사용해서 거듭 밭을 갈아 이랑과 고랑을 만든다. 구멍 난 표주박[竅瓠]116)을 사용해서 파종하는데 비설批契을 허리117)에 묶어 앞으로 가면서 끈다. 7월부터 씨를 받는다. 다음해 4월이 되어 비로소 한 차례 김매기 한다. 한 차례 김을 맨 이후에는 줄기를 자를 수 있다. 자를 때는 지면과 수평이 되게 한다. 파 줄기를 자르고 남은 부분이 많으면 잎이 적게 나고, 땅속 깊숙이 자르면 뿌리가 손상을 입게 된다. 줄기를 자를 때는 반드시 아침 일찍 작업하여 한낮의 무더위를 피한다. 비옥한 땅의 것은 3차례 자를 수 있고, 척박한 땅의 것은 2차례

升. 炒穀拌和之. 葱子性澁, 不以穀和, 下不均調. 不炒穀, 則草穢生. 兩耬重耩. 竅瓠下之, 以批契繼[17]腰曳之. 七月納種. 至四月始鋤. 鋤徧乃剪. 剪與地平. 高留則無葉, 深剪, 則傷根. 剪欲旦起, 避熱時. 良地三剪, 薄地再剪. 八月止. 不剪則不茂, 剪過則根跳. 若八月不止, 則葱無袍

116) '규호(竅瓠)': 왕정의 『농서』 권12 「농기도보이(農器圖譜二)」의 뇌사문(耒耜門)에는 '호종(瓠種)'이라는 항이 있는데, 여기에 '규호(竅瓠)'라고 기록되어 있다.

117) '비설계요(批契系腰)': '비설(批契)'이라는 도구에 대해서는 예전에는 적당한 설명을 찾지 못했고, 다만 조작 및 사용방법은 글자를 보고 '비(批: 갈라서)'로 만든 '설(楔: 쐐기)'로 위쪽 밧줄에 매듭을 지어서 다른 농기구를 거는 것이라고 유추했다. 최근에 심양(瀋陽)에 있는 맹방평(孟方平) 선생이 서신을 보내 요녕(遼寧)성 조양(朝陽)현 일대의 사람들이 사용하는 도구가 있는데, 그것을 'bǒqi'라고 한다며, 아마 '비설(批契)'일 것이라고 알려주었다. 맹 선생이 보내준 그림과 『요녕농업과학(遼寧農業科學)』 1963년 제5기에 실려 있는 '「요녕성 농작 및 평작 현황(遼寧省壠作與平作的現狀)」'의 소개에 따라 'bǒqi'를 그려보면 다음 그림과 같다.(54쪽 그림2 참조)

'계요(系腰)'는 허리에 묶는 것으로, 이렇게 하면 사람들은 'bǒqi'를 가지고 흙을 덮으면서도 두 손으로는 다른 일을 할 수도 있다. 아마도 사람의 허리에 '규호(竅瓠)'를 매어 앞에서 씨앗을 뿌리고, 이어서 'bǒqi'로 흙을 덮을 것이며, 두 손은 앞의 파종기를 잡고 있고 이 파종기는 가축이 끌면서 갈 것이다. 이처럼 우선 이랑을 파면 이어서 씨를 뿌리고 흙을 덮으며 작업을 하게 되면 경제적이면서도 효율적이다.

자른다. 8월 이후에는 더 이상 자를 수 없다. 자르지 않으면 파는 무성하지 않으며, 너무 지나치게 자르면 뿌리가 위로 자라게 된다. 만약 8월에 자르는 것을 멈추지 않는다면 파의 줄기가 풍성[袍][118]해지지 아니하고, 파의 흰 부분 또한 짧아진다.

而損白.

12월에는 땅속에 말라버린 잎을 모두 다 깨끗하게 청소한다. 마른 잎을 청소하지 않으면 봄이 되어도 잎이 더 이상 무성해지지 않는다. 2, 3월 사이에 파를 수확한다. 좋은 땅에서는 2월에 수확하고, 척박한 땅이면 3월에 수확한다. 파의 종자를 거두려면 별도로 그 땅에 그대로 남겨 둔다. 대파를 심은 땅에 고수[胡荽]를 사이갈이 하면 수시로 식용을 할 수 있으며, 10월이 되어 고수로 절임[119]을 해도 무방하다.

十二月, 盡掃去枯葉枯袍. 不去枯葉, 春葉則不茂. 二月三月, 出之. 良地二月出, 薄地三月出. 收子者, 別留之. 葱中亦種胡荽, 尋手供食, 乃至孟冬爲菹, 亦不妨.

『사시유요』[120]: 파를 파종할 때는 볶은 조를 파 씨와 고루 섞어 파종기인 누리의 한쪽 구멍을 막고 종자를 다른 한쪽 구멍을 통해서만 파종한

『四時類要』: 種葱, 炒穀攪勻, 塞耬一眼 於一眼中

118) 역자주 마종신의 역주에는 파의 흰 부분을 자라게 하는 것이 칼집 같은 긴 잎이라고 한다. 8월 이후에 자르는 것을 멈추지 않으면 날씨가 한랭하게 되어서 잎이 더 이상 자라지 못하므로 파의 흰 부분도 더 이상 성장하지 못하게 된다.

119) '맹동위저(孟冬爲菹)': '맹동(孟冬)'은 음력 10월이다. 이때 호유(胡荽: 고수)는 수확하여 '저(菹: 절임)'할 수 있다. 뒤에 나오는 '호유'장에 인용되어 있는 『제민요술』의 "절임하는 데 이용할 것은 10월에 서리가 내리면 수확할 수 있다.[作菹者, 十月足霜乃收.]"를 참고한다. 역자주 대개 7월에 파를 파종할 때 호유를 파종하여 자라는 대로 먹으며, 10월이 되면 수확을 하는데 자라는 기간은 약 3, 4개월이다.

120) '『사시유요(四時類要)』': 지금은 『사시찬요』 권4에 있는 「7월(七月)」편의 '종총해(種葱薤)'조에 보인다. 본서에 인용된 것은 앞부분의 몇 구절이 삭제되었으며, 기록되어 있는 내용의 자구도 약간 다르다. 본서에 인용된 문장의 형식이 더 좋은 것 같다.

다. 이후에 파의 싹이 나오면 누리의 구멍을 막은 보습으로 흙을 갈아엎어 파뿌리에 배토한다. 이와 같이 하면 행간의 거리를 적당하게 조정할 수 있어 특별히 옮겨 심는 수고를 하지 않아도 된다.

種之. 他月葱出, 取其塞耬一眼之地中土培之. 疏密恰好, 又不勞移.

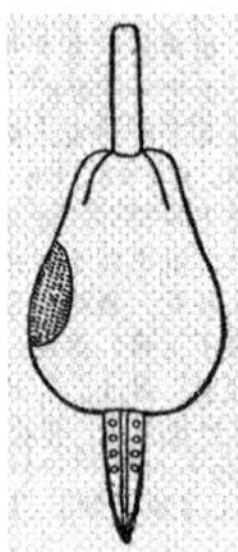

〈그림 1〉 규호(竅瓠) [권 3의 199쪽 〈그림 5〉 호로(葫蘆)파종기와 동일하다.]

〈그림 2〉 비설(批契): 씨 뿌리는 농기구와 이를 거는 도구 [요녕성 조양(朝陽) 일대 사용]

▮교 석(校釋)▮

17 '계(繼)': 격본에는 '계(繼)'로 되어 있으며, 이는 『제민요술』의 명초남송본(明抄南宋本)과 일치한다. 하지만 전본에는 '계(繫)'를 쓰고 있으며, 석성한은 교주에서 전본의 것이 일반적인 습속과 일치한다고 한다.

부 추

韭

『제민요술』[121]: 부추의 종자를 거두어 보관

『齊民要術』: 收

121) '『제민요술(齊民要術)』': 지금은 『제민요술』 권3의 「종구제이십이(種韭第二

하는 것은 파 종자를 보관하는 방식과 동일하다. 만약 시장에서 부추 종자를 구입한다면 반드시 시험을 한번 해보아야 한다. 작은 쇠솥에 물을 담아 불 위에 두고 부추의 종자를 약간 데웠을 때, 잠깐 사이에 싹이 돋아나면 좋은 종자이다. 싹이 나지 않는 것은 습기를 받아 떠서 못쓰게 된 것이다. 이랑을 짓고 물을 주고 거름을 주는 등의 각종 방법은 아욱을 파종하는 방법과 완전히 동일하다. 다만 부추를 파종할 이랑은 깊어야 한다. 부추는 한번 자르면 한 차례 거름을 주어야 하며, 부추 뿌리는 위로 뻗기 때문에 깊게 심어야 한다. 2월 또는 7월에 파종한다.

파종방법: 1되짜리 잔盞을 땅에 거꾸로 엎어 잔의 구연부 안쪽에 종자를 파종한다. 부추는 습성상 안으로 향해 자라고 밖으로 향하지는 않아 둥근 테두리 안에서 무성하게 자란다.

항상 깨끗하게 김을 매주어야 한다. 부추 밭에서는 잡초가 잘 자라기 때문에 항상 풀을 잘 뽑아 주는 것이 좋다. 어느 정도 자라면 즉시 잘라 준다. 첫해에 파종한 것은 한 번만 자른다. 정월에 이랑 사이의 묵은 잎을 제거한다. 땅이 풀린 이후에는 써레를 사용해서 흙을 일구고 잘 썩은 퇴비와 물을 준다. 부추가 3치[寸] 정도 자라면 잘라서 쓸 수 있다. 부추를 자르는 방법은 파를 자르는 방법과 같다. 매년 5번 이상 잘라서는 안 된다. 매번 자르고 나면 모두 써레로 흙을 파서 부드럽게 해주고 물을 주고 거름을 주는 것은 처음과 같다. 부추의 종자를 거두려면 한 차례 잘라낸 이후 더 이상

韭子, 如葱子法. 若市上買韭子, 宜試之: 以銅鐺盛水, 於火上微煮韭子, 須臾牙生者好. 牙不生者, 是浥鬱矣. 治畦、下水、糞覆, 悉與葵同. 然畦欲極深. 韭一剪一加糞, 又根性上跳, 故須深也. 二月, 七月種.

種法: 以升盞合地爲處, 布子於圍內. 韭性內生, 不向外長, 圍種令科成.

薅令常淨. 韭性多穢, 數拔爲良. 高數寸, 剪之. 初種, 歲止一剪. 至正月, 掃去畦中陳葉. 凍解, 以鐵杷耬起, 下水加熟糞. 韭高三寸, 便剪之. 剪如葱法. 一歲之中, 不過五剪. 每剪、杷耬、下水、加糞, 悉如初. 收子者,

---

十二)」에 보인다.

잘라서는 안 된다.

만약 건조한 땅에 파종한다면 이랑을 짓거나 물을 주지 않는다. (그 외에) 써레로 흙을 파서 부드럽게 하고 거름 주는 것 등은 모두 같다. 한번 파종한 이후에는 끊임없이 자란다. 농언에 이르기를 "부추는 게으른 사람들의 채소이다."라고 하였다. 그것은 매년 파종할 필요가 없기 때문이다. 『성류(聲類)』[122]에 이르기를, 부추[韭]는 장구하다[久]는 의미로서, 한번 파종하면 영원히 생장한다고 한다.

一剪卽留之.

若旱種者, 但無畦與水耳. 杷糞悉同. 一種永生. 諺曰: "韭者, 懶人菜." 以其不須歲種也. 『聲類』曰: 韭者, 久也, 一種永生.

최식崔寔에 따르면, 정월 첫 번째 신辛일에 부추 이랑의 마른 잎을 제거해 준다. 7월에 부추 꽃을 절여 저장한다고 한다. 청(菁)은 부추의 꽃이다.

崔寔曰: 正月上辛日, 掃除韭畦中枯葉. 七月, 藏韭菁. 菁, 韭花也.

『사시유요』:[123] 9월에 부추 씨를 거둔다. 부

『四時類要』: 九

122) '『성류(聲類)』': 삼국시대의 위나라 초기(3세기 20년대)의 자서(字書)로 이미 산실되었다. 『수서(隋書)』「경적지(經籍志)」의 '경부소학류(經部小學類)'의 기록에 따르면, '위나라 좌교령 이등 편찬[魏左校令李登撰]'이며, 모두 10권으로 『당서』「경적지」, 『신당서』「예문지」에도 기록되어 있고, 『숭문총목(崇文總目)』과 『송사(宋史)』「예문지(藝文志)」에는 보이지 않는다.

123) '『사시유요(四時類要)』': 이 단락 인용문의 첫 구절은 『사시찬요』 권4의 「9월(九月)」편에 보인다. '종구(種韭)'는 '2월(二月)'편의 제목으로, 제목 아래의 원문은 "부추를 심는 밭이랑은 깊어야 한다. 물과 분뇨를 대는 방법은 아욱(葵)과 같다. (부추를) 벨 때에는, 첫 해에는 한 번만 베고, 벨 때마다 바로 분뇨를 준다. 밭이랑을 깊게 해야 하는 이유는 분뇨를 넣어야 하기 때문이다.[韭畦欲深. 下水和糞, 與葵同法. 剪之: 初歲唯一剪. 每剪卽加糞. 須深其畦, 要容糞故也.]"로, "부추를 심는 밭이랑은 깊어야 한다.[韭畦欲深.]" 이하의 글이 바로 본서에 인용되어 있는 글이다. 안: 『사시찬요』에는 이 조의 앞부분, 즉 삭제되어 본서에 기록되지 않은 부분은 사실 『제민요술』의 원문을 개괄하여 쓴 것으로, 본서에서 삭제하면 『제민요술』과 중복되지 않는다. 줄로 심는 것과 웅덩이에 심는 것은 저마다 장점과 단점이 있다. 하지만 흙이 성기고 뿌리가 깊으며, 물과 비료가 적당하기만 하면 부추는 두껍고 건강하게 자란다. "줄로 심는 것만 못하다.[不如栽作行.]"는 말은 정

추를 파종하고 처음 잘라 낸 것은 버리고, 주인은 먹지 않는다. 부추를 파종할 때 가장 좋은 것은 이랑에 줄을 맞추어서 심는 것이며, (그렇게 하면) 호미로 한 이랑을 김매고 곧바로 다음 이랑을 김맬 수 있다. 매번 한 차례 베어낼 때마다 써레로 한 번 갈아 부드럽게 일구어주면 뿌리가 서로 엉키지 않아 좋다. 이와 같이 하면 부추의 잎이 염교[薤]처럼 넓어진다.

月, 收韭子. 種韭, 第一番割, 棄之, 主人勿食. 韭不如栽作行, 令通鋤. 割一徧, 以杷耬之, 令根不相接爲佳. 如此, 當葉闊如薤.

『박문록博聞錄』: 부추 이랑에 닭똥을 시비하면 더욱 좋다.

『薄聞錄』: 韭畦若用雞糞, 尤好.

고 수[胡荽]124)

胡荽

『제민요술』125): 고수는 거무스레한 회색의 모래땅에 적합하며,126) 세 차례 충분히 갈아주어

『齊民要術』: 胡荽宜黑輭青沙良

확하다고만은 할 수 없다. 게다가 "첫 번째 벤 것은 버리고, 주인은 먹지 않는다. [第一番割, 棄之, 主人勿食.]"는 더더욱 그렇게 할 이유가 없다.

124) 역자주 마종신의 역주에 의하면, 고수는 일명 향채(香菜) 또는 원수(芫荽)라고 하며 잎이 푸른 채소라고 한다. 1, 2년생 초본으로서 한랭한 기후에서 잘 자라며 대개 가을에 재배한다. 흩뿌려 파종하고 몇 차례 나누어 수확한다. 열매는 둥글고 회갈색이며, 지중해 연안이 원산지이고 중국에서 재배한 역사도 오래되었다. 향채는 잎이 연하고 독특한 향기가 있으며, 삶거나 소금에 절여 먹기도 하고 겨울철에 냉동 저장하여 먹기도 한다.

125) '『제민요술(齊民要術)』': 지금은 『제민요술』 권3 「종호유제이십사(種胡荽第二十四)」에 보인다.

126) 역자주 무계유 교석본에 의하면, 흑연(黑輭)은 흑색의 토양이며, 청사(青沙)는 회색의 사질토양이라고 한다. 두 토양은 모두 비교적 포슬포슬하고 부드러워 비

야 한다. 나무그늘 아래나 조와 콩이 잘 자라는 곳에 심어도 좋다.

봄에 파종할 경우에는 전년의 가을에 경작한 토지를 이용한다. 봄이 된 후 얼음이 녹으면 토지는 풀려 일어나게 되는데, 만약 땅속에 습기가 충분하다면 습기가 있을 때 재빨리 파종한다.

○ 파종하는 방법: 도시 근교의 땅은 1무에 종자 2되를 파종한다. 때문에 조밀하게 파종하고, 매번 호미질을 할 때 일부를 솎아내어 도시사람들에게 생채소를 판다. 도시에서 멀리 떨어진 지역은 1무당 종자 1되를 파종하여 적당하게 밀도를 조절한다.

6, 7월에 파종할 씨를 먼저 햇볕에 잘 말린다. 파종하고자 할 때, 단단한 땅위에 종자 1되와 축축한 흙 한 움큼을 놓고 함께 섞어서 발로 종자를 비벼 두 쪽을 낸다. 많이 파종할 때는 벽돌이나 기와로 종자를 비벼도 되며 나무절구로 찧어도 좋다. 고수의 종자에는 두 개의 씨가 들어 있으며, 두 씨를 나누어 각자 한 곳에서 자라게 한다. 만약 씨를 둘로 쪼개지 않는다면 밀도가 고르지 않게 되고, 어떤 종자는 물에 잠겨 싹이 나지 않는다. 종자를 비빌 때에 축축한 흙을 넣어 흙이 껍질 속으로 들어가게 하면 싹이 빨리 나오고 생장도 빨라진다. 파종하기 전에는 종자를 햇볕에 말린다. 왜냐하면 이 채소는 비가 내려야만 싹이 트기 때문에 굳이 축축한 종자를 심을 필요가 없기 때문이다.[127]

地, 三偏熟耕. 樹陰下, 得禾豆處, 亦滑.

春種者, 用秋耕地. 開春凍解, 地起, 有潤澤時, 急接澤種之.

種法: 近市負郭田, 一畝用子二升. 故概種, 漸鋤取, 賣供生菜也. 外舍無市之處, 一畝用子一升, 疏密正好.

六、七月種, 先燥曬. 欲種時, 布子於堅地, 一升子與一掬濕土和之, 以脚蹉令破作兩段. 多種者, 以塼瓦蹉之亦得, 以木礱礱之亦得. 子有兩人, 人人[18]各著. 故不破兩段, 則疏密水裛而不生. 著土者, 令注入殼中, 則生疾而長速. 種時欲燥.

교적 부식질이 많은 비옥한 토양이다.

127) 역자주 무계유 교석본에 의하면, "축축한 종자를 심을 필요는 없다."는 사실은 "봄에는 습기가 있을 때 파종해야 된다."거나 "반드시 습기가 있어야 된다."는 사실

此菜非雨不生，所以不求渇下也.

새벽이나 저녁에 토양이 축축할 때 누리[耬]로 밭을 갈아 이랑을 만들어 손으로 씨를 흩뿌리고, 그 즉시 끌개[勞]로 평평하게 고른다. 봄비가 잘 내리지 않는 시기에는 반드시 습기가 있을 때 파종해야 하며, 머뭇거리다 기회를 놓쳐 버리면 파종할 수 없게 된다. 만약 정월 중순에 땅이 해동하면 절기가 빨라 비록 침종하여 파종하더라도 싹이 나지 않는다. 다만 말린 종자를 파종하고 침종할 필요는 없다. 만약 땅이 2월이 되어서야 해동한다면 절기가 다소 늦은 편이니, 지면에 습기가 부족하여 때에 맞추어서 싹이 나지 않으면 그해 수입이 줄어들게 된다. (이 경우) 즉시 고수종자를 바구니에 담아 따뜻한 곳에 두고 하루에 세 차례 물을 뿌려주고 2~3일이 지나면 곧 싹을 틔울 수 있다. 새벽이나 밤에 습기가 있을 때 종자를 흩어 뿌리면 며칠 후에 싹이 고르게 난다. 고수를 파종할 때는 대개 깨[胡麻]를 파종하는 것과 유사하다. 만약 10일이나 20일이 지나서도 싹이 나지 않는 것을 이상하게 여길 필요가 없으며 머지않아 자연스레 싹이 돋아난다. 땅속에 풀이 있으면 반드시 뽑아주어야 한다.

於旦暮潤時，以耬耩作壟，以手散子，即勞令平. 春雨難期, 必須藉澤, 蹉跎失機, 則不渇矣. 地正月中凍解者，時節既早，雖浸，芽不生. 但燥種之, 不須浸子. 地若二月始解者, 歲月稍晩, 恐澤少不時生, 失歲計矣. 便於暖處, 籠盛胡荾子, 一日三度, 以水沃之, 二三日則芽生. 於旦暮時, 接潤漫擲之, 數日悉出矣. 大體與種麻相似. 假令十日, 二十日未出者, 亦勿怪之，尋自當出. 有草, 乃令拔之.

고수가 2~3치 높이로 자라면 조밀한 곳은 호미로 솎아내어 식용으로 하든지 내다 판다. 10

荾生二三寸，鋤去概者, 供食及賣.

과 모순이 되며, 가을의 파종 또한 "봄과는 달리 습기를 요구한다."라고 말하고 있다. 앞에서 "파종할 때 종자를 햇볕에 말려야 한다."는 것은 말린 종자를 파종한다는 의미로, "습기가 있는 종자를 파종할 필요가 없다."는 것은 "반드시 종자를 물에 담글 필요가 없다."는 것을 잘못 표기한 것이 아닐까 의심된다. 그렇지 않으면 이상의 구절은 가을에 파종하는 경우에는 방법을 달리해야 한다는 것을 말하는 것이다.

월이 되어 서리가 많이 내리면 즉시 수확한다. 종자로 쓸 것은 뿌리를 밭에 그대로 남겨두고 그 사이사이를 약간 듬성듬성하게 뽑아준다. 빽빽하면 무성하게 자라지 않는다. 풀로 그 위를 덮어 둔다. 덮어주면 겨울에도 동사하지 않고 또한 신선한 야채를 얻을 수 있다. 또 이듬해 5월에 종자가 익을 때 뿌리째 파내어 햇볕에 말린다. 종자가 축축하지 않도록 해야 하는데, 습기가 많아 축축해지게 되면 뜨게 된다. 도리깨[格柯][128]로 쳐서 털어내어 고수풀로 짠 멱둥구미[129]에 넣어 저장한다. 겨울철에는 또한 구덩이에 넣어 저장하며 여름철에 다시 꺼내는데, 습기를 받지 않게 하면 5~6년은 족히 보존할 수 있다.

1무의 땅에서 10섬[石]의 종자를 수확하며, 대도시에 내다 팔면 1섬으로 1필의 비단을 바꿀 수 있다.[130] 만약 토지가 부드럽고 포슬포슬하며, 지력 또한 충분하다고 여겨지면 더 이상 갈아엎지 않고 바로 파종할 수 있으며, 종자가 익을 무렵에

十月足霜, 乃收之. 取子者, 仍留根, 間拔令稀. 穊即不生. 以草覆上. 覆者得供生食, 又不凍死. 又五月子熟, 拔取曝乾. 勿使令濕, 濕則裛鬱. 格柯打出, 作蒿篅盛之. 冬日亦得入窖, 夏還出之. 但不濕, 亦得五六年停.

一畝收十石, 都邑糶賣, 石堪一疋絹. 若地柔良, 不須重加耕墾者, 於子熟時, 好子稍有

---

128) 역자주 도리깨[格柯]의 '격(格)'은 나뭇가지이고, '가(柯)'는 약간 큰 나뭇가지이다. 무계유 교석본에 의하면, '격'은 짧은 막대기[杖]이며 '가'는 손잡이로 사용하는 긴 막대기[柄]라고 하며, '격가'는 하나의 막대기에 달린 '가(枷)'인 듯하며 『석명(釋名)』「석용기(釋用器)」에서 '가(枷)'의 의미는 손잡이 끝에 막대기를 붙인 것이라고 한다.

129) 역자주 마종신의 역주에 의하면, 천(篅)은 대나무를 쪼개서 만든 식량을 담는 곳집인데, 여기서는 짚과 풀로 짠 작은 멱둥구미라고 한다.

130) 역자주 마종신의 역주에는 고대에는 대량으로 향채를 파종했는데, 지금도 많이 재배하고 있으나 과거와 현재의 향채를 이용하는 방법은 같지 않으며, 대량으로 향채의 씨를 수확하는 원인 또한 과거와 현재에 사용하는 종류가 다르기 때문이라고 한다. 왕정 『농서』에 의하면 "고수는 그 씨를 잘게 찧으면 향기롭고도 매운 맛이 있어서 음식의 조미료로 많이 사용한다."라고 한다. 대개 후추가루, 오향가루와 더불어 용도가 비슷하다.

잘 익은 종자가 땅에 떨어지려 하면 다시 뽑아 거두어들인다. 아울러 그 즉시 땅을 정교하게 한 번 호미질을 하는데 호미질은 깊고 곧게 해준 연후에 끌개[勞]로 평평하게 고른다. 6월 장마철이 되면, 씨가 떨어져서 저절로 자란[131] 고수가 땅에 가득 자라게 되어, 다시 한 차례 갈아서 파종해야 하는 수고를 줄일 수 있다.

零落者, 然後拔取. 直深細鋤地一徧, 勞令平. 六月連雨時, 穭生者, 亦尋滿地, 省耕種之勞.

가을에 파종하는 것이 5월에 익게 되면 재빨리 뽑고, 즉시 토지를 갈아엎는다. 10여 일이 지난 후에 다시 한 번 간다. 6월이 되어서 또 한 번 갈아주고, 토지를 부드럽게 해주는 것은 마치 깨[麻]를 파종하는 땅과 같이 한다. 6월 중순이 되어 날이 가물게 되면[132] 누리로 밭을 갈아 이랑을 만든다. 종자를 비벼 두 쪽을 낸다. 손으로 흩어 뿌려 파종한 연후에 끌개[勞]로 평평하게 고른다. 모든 것이 봄에 파종하는 것과 동일하다. 다만 여기서 한종旱種이라고 하는 것은 반드시 촉촉할 때 할 필요가 없다는 것이다.[133] 이같이 (6월에) 한종한

秋種者, 五月子熟, 拔去, 急耕. 十餘日又一轉. 入六月, 又一轉, 令好調熟如麻地. 卽於六月中旱時, 耬構作壟. 蹉子令破. 手散, 還勞令平. 一同春法. 但旣是旱種, 不須耬潤. 此菜旱種, 非連雨不

---

131) 역자주 무계유 교석본에 의하면, 여생(穭生)은 씨가 떨어져서 스스로 자란 것을 의미한다고 한다. 생각하건대, 주석자는 이웃사람이 집의 앞뒤에 향채를 파종하는데 대부분은 한 번 파종한 후에 해마다 씨가 떨어져 자생하는 것을 보았다고 여긴 듯하다.

132) 역자주 마종신은 "산동의 기후는 대개 6월 중순에서 7월 사이에 비가 내리는데, 여기서 말하는 한종(旱種)이라는 것은 비가 올 것을 대비하여 파종하는 방법이다."라고 주석하고 있다.

133) '누(耬)'는 '접(接)'으로 해야 할 것이다. 자형이 비슷하여 『제민요술』에서 잘못 써서 새긴 듯하다. 위쪽의 작은 주에는 "아침저녁으로 물을 모아서 흩뿌려준다.[於旦暮時, 接潤漫擲之.]"라는 글이 있다. 여기에서 말하는 것은 '한종(旱種)'으로, 다음에 "계속해서 비가 오지 않으면 자라지 않으므로, 봄과는 달리 축축하게 해줘야 한다.[非連雨不生, 所以不同春月要求濕下.]"라고 설명하고 있다. '접윤

채소는 연일 비를 맞으면서 싹이 나오게 된다. 때문에 습기가 있을 때 파종을 해야 되는 봄철의 파종과는 같지 않다.

生. 所以不同春月, 要求濕下.

파종한 후에 때맞춰 연일 비가 내리지 않고 1개월이 지났음에도 불구하고 싹이 나지 않아도 조급해 할 필요가 없다. 보리를 심은 땅에 파종해도 좋지만, 재빨리 땅을 갈아엎어 부드럽게 해주어야 한다. 비록 명목상으로는 가을 파종[秋種]일지라도 실제로는 6월에 파종한다. 6월 중순이 되면 반드시 장맛비가 내린다. 연일 비를 만나면 싹이 나는데 그 뿌리가 강해지고 포기가 커진다. 7월에 파종하는 것은 비가 내릴 때는 좋지만, 비가 적게 내릴 때에는 전부 싹을 틔우지 못하며 뿌리가 가늘어지고 포기도 작아진다. 6월에 파종한 것과는 크기도 같지 않으며, 10배의 손실을 보게 된다. 일반적으로 땅이 축축할 때에는 밭에 들어가서는 안 된다. 싹이 몇 치 정도 자라면 호미로 지나치게 조밀한 부분은 솎아내어 식용으로 하거나 판다.

種後未遇連雨, 雖一月不生, 亦勿怪. 麥底地亦得種, 止須急耕調熟. 雖名秋種, 會在六月. 六月中, 無不霖. 望連雨生, 則根彊科大. 七月種者, 雨多亦得, 雨少則生不盡, 但根細科小. 不同六月種者, 便十倍失矣. 大都不用觸地濕入中. 生高數寸, 鋤去概者, 供食及賣.

김치를 담글 것은 10월이 되어 서리가 충분히 내리면 비로소 거두어들인다. 1무에 큰 두 수레의 분량을 거둘 수 있으며, 한 수레가 비단 세 필의 값어치가 있다. 만약 땅속에 남겨두고 겨울의 식량으로 하고자 하여 풀로 잘 덮어두면, 겨울 내내 모두 신선한 고수를 먹을 수 있다.

作葅者, 十月足霜乃收. 一畝兩載, 載直絹三疋. 若留冬食者, 以草覆之, 得竟冬食.

(接潤)'은 즉 '습하(濕下)'이며, 한종(旱種)을 할 때에는 축축하게 할 필요가 없다. 하지만, '누윤(耬潤)'은 제대로 설명을 하기가 어렵다.

만약 봄에 약간의 고수를 파종하여 식용으로 하고자 한다면 이랑을 만들어 파종하면 된다. 이랑에 파종하는 방법은 아욱을 심는 것과 동일하다. 종자를 비벼 쪼개고 침종시킨 다음 싹이 나면 파종한다. 낮에는 발[箔]을 덮고, 밤에는 발을 거두어들인다. 낮에 발을 덮어 주지 않으면 햇볕이 너무 뜨거워 싹이 나지 않으며, 밤에 발을 거두지 않으면 벌레가 이랑 속에 구멍을 내어 흙을 파 일으킨다. 일반적으로 채소를 재배할 때 채소의 종자에서 싹이 쉽게 나오지 않을 경우에는 모두 침종법을 사용하여 싹눈을 틔운 후에 다시 파종하면 싹이 빨리 나오게 된다.

其有春種小小供食者, 自可畦種. 畦種者, 一如葵法. 挼子、沃水、生芽種之. 晝用箔蓋, 夜則去之. 晝不蓋, 熱不生, 夜不去, 蟲棲之. 凡種菜, 子難生者, 皆水沃令芽生, 無不卽生矣.

『박문록』: 고수[胡荽]는 반드시 해당 달의 그믐날 밤에 파종한다.134)

『博聞錄』: 胡荽, 必用月晦日晩下種.

〈그림 3〉 도리깨[格柯]

134) "반드시 음력 그믐날 밤에 심어야 한다.[必用月晦日晩下種.]": 이러한 설명은 단지 유심론적 편견으로 사실과 부합하지 않는다. 역자주 무게유 교석본에 의하면, "월말의 어느 날 밤에 파종한다."라고 하며, 비록 고수는 서늘한 것을 좋아하고 음습한 것을 잘 견디지만, 그믐과 더불어 어떠한 관계가 있는가에 대해서는 의문을 제기하며 이 부분에서는 미신의 영향이 크다고 보고 있다.

▌교 석(校釋)▌

18 '인인(人人)': 전본에는 위 구절의 한 개를 포함하여 모두 3개의 '인(仁)'자를 쓰고 있다. 격본에는 '인(人)'자로 한 것이 아래와 위 두 구절을 합쳐서 두 개뿐이며, 이는 『제민요술』 전본과 일치한다. '인(人)'자가 오래된 글자이기는 하지만, 이 문장은 확실히 『제민요술』 전본에 착오가 있는 듯하며, 해석하기가 쉽지 않다. '인(仁)'자를 하나 첨가한 것은 문장의 의혹을 해결하기 위한 것으로 보인다.

시금치 일명 '적근(赤根)'135)

『박문록』: 시금치[菠菜]는 반드시 그 다음 달 초하루[月朔]136)가 지나서 싹이 나야 하기 때문에, 27~28일 사이에 파종하면 월초에 싹이 날 수 있다.

○ 새로 덧붙이기: 시금치는 마땅히 이랑을 만든 이후에 파종하는데, 무[蘿蔔]를 파종하는 방법과 동일하다. 봄이 되어 정월에서 2월까지는 모두 파종할 수 있어 늘 먹을 수 있다. 다 먹지 못하면 뜨거운 물에 데친 후 말려두어서 채소밭에 채소가 없을 때137) 따뜻한 물에 담가 부드럽게 한

菠薐 一名'赤根'

『博聞錄』: 菠菜, 過月朔乃生, 須二十七八間種之, 月初卽生.

新添: 菠薐作畦下種, 如蘿蔔法. 春正月二月皆可種, 逐旋食用. 食不盡者, 滚湯内掠熟, 曬乾, 遇園枯時, 溫水

135) '적근(赤根)': 왕세무의 『학포잡소(學圃雜疏)』에 이 명칭이 기록되어 있다. 호남(湖南) 소양(邵陽) 일대에는 'chǎ; 근채(根菜)'라고 하는 것이 있으나, 쓸 때에는 '차(搽)'로 바꿔서 쓴다.

136) "그 달의 초하루가 지나야만 난다.[過月朔乃生.]": 이러한 설명은 '고수[胡荽]'의 "필히 음력 그믐날 밤에 심어야 한다.[必用月晦日晚下種.]"라는 것과 근원이 동일하다. 하지만 아무런 근거가 없다.

137) '원고(園枯)': 과거에 기계로 관개하는 시설이 없던 시절에, 황하유역에는 겨울

이후에 조미료를 넣어 무쳐 먹으면 아주 좋다. 추사일[138]이 지나고 20일이 되어 파종하는 것은 땅속 구덩이에 묻어서 저장한다. 겨울에도 언제나 신선하고 푸른 채소를 먹을 수 있다.[139]

浸軟, 調食甚良. 秋社後, 二十日種者, 可於窨內收藏. 冬季常食靑菜.

만일 시금치의 씨를 수확하려 한다면, 10월 중에 파종을 하여 땅이 얼 무렵이 되어서 물을 뿌려주게 되면, 이듬해 하지夏至가 될 즈음에 종자를 거둘 수 있어 가을 파종의 종자로 쓸 수 있다.[140]

如欲出子, 十月內種訖, 至地凍時, 水滸過, 來年夏至後, 收子, 可爲秋種.

상 추

萵苣

○ 새로 덧붙이기: 상추는 먼저 이랑을 만든 이후에 파종하는데 앞의 무[蘿蔔] 심는 방법과 동일하다. 그러나 먼저 싹을 틔우게 하려면 우선 종자를 하루 동안 물에 담가 놓은 이후[浸種]에 축축한 땅 위에 거적[141]을 깔고 종자를 그 위에 얇게 펼쳐 둔

新添: 萵苣作畦下種如前法. 但可生芽, 先用水浸種一日, 于濕地上鋪襯, 置子於上, 以

의 한기와 여름의 건기, 일 년에 이 두 시기에는 채소밭이 녹색을 띠는 것을 보기가 힘들었다. 이것이 바로 '원고(園枯)'이다.

138) 역자주 마종신의 역주에는 입추가 지난 후 다섯 번째의 무일(戊日)을 추사일이라고 한다. 시기는 대략 추분의 전후이며, 추사가 지난 후 20일이 되면 이미 한로절이 되어 이때는 대략 음력 9월 상순에 접어든다.

139) 역자주 마종신은 "시금치는 추위에 강하지만 오늘날 황하유역에서는 송·원 시대와는 달리 겨울에도 채소밭에서 월동을 하고 계속적으로 생장을 하기 때문에, 구덩이를 파서 보관하지 않더라도 언제나 신선한 채소를 먹을 수 있다. 이것은 기후가 따뜻해진 것과 관련이 있다."라고 주석하고 있다.

140) 역자주 마종신의 역주에서 음력 8~9월에 파종한 겨울 시금치 중 일부를 수확하지 않고 남겨두면, 이듬해 봄에 꽃을 피우고 열매를 맺기 때문에 특별히 10월에 파종할 필요가 없다고 한다.

다음, 주둥이가 넓은 대야 형태의 질그릇을 덮어준다. 싹이 갓 나오길 기다렸다가 즉시 파종한다.

盆椀合之. 候芽微出, 則種.

봄이 되어, 정월과 2월 사이에 파종한 것은 늘 먹을 수 있다.[142] 추사秋社 이전 하루 이틀 사이에 파종한 것은 상강霜降이 지난 이후에 소금에 절인 채소로 만들 수 있다. 만약 종자를 거두려 한다면, 정월과 2월 사이에 파종해야 90일이 지난 뒤에 씨를 거둘 수 있다.[143]

春正月二月種之, 可爲常食. 秋社前一二日種者, 霜降後, 可爲淹【醃】菜. 如欲出種, 正月二月種之, 九十日收.

쑥 갓

同蒿

○ 새로 덧붙이기: 쑥갓은 이랑을 다 만든 이후에 그 아래에 파종하는데, 앞의 방법과 동일하다.

新添: 同蒿作畦下種, 亦如前法.

봄 2월에 파종하는 것은 늘 먹을 수 있다. 추사일 열흘 전에 파종한 것은 가을채소[144]로도 쓸 수 있다. 만약 종자를 거두려 한다면 봄에 파종했

春二月種, 可爲常食. 秋社前十日種, 可爲秋菜. 如

141) 역자주 무계유 교석본에는 천(襯)은 깔개로서, 깔개의 재료로는 자리와 거적이 사용되었을 가능성이 가장 높으며, 싹 틔우는 것을 촉진하는 도구로 이용한 듯하다고 한다.

142) 역자주 이것은 잎상추이고, 줄기상추의 경우에는 일반적으로 가을에 파종하여 월동을 한 후에 이듬해에 수확한다.

143) 역자주 마종신의 역주에서 줄기상추의 씨를 거두는 방법은 이와 다르다. 봄에 자란 상추를 이랑 위에 남겨두면, 저절로 꽃을 피우고 열매를 맺기 때문에 파종하지 않더라도 씨를 거둘 수 있다고 한다.

144) 역자주 봄채소는 일반적으로 늘 먹을 수 있지만, 가을채소는 늘 먹을 수 있는 것을 제외하고는 주로 저장하거나 말리고 소금에 절이는 등의 용도로 사용할 수 있다.

다가 다 먹지 못해 남은 쑥갓을 이랑에 남겨두면, 저절로 꽃을 피우고 열매를 맺는다.

欲出種, 春菜食不盡者, 可爲子.

비 름

人莧

○ 새로 덧붙이기: 비름은 이랑을 만든 다음에 파종하는데, 앞에서 말한 방법과 동일하다. 다만 5월에 파종한다면 채소밭에 채소가 없을 때도 늘 먹을 수 있다.[145] 만약 종자를 남기고자 할 경우 다 먹지 못한 것을 남겨두면, 8월에 종자가 익을 즈음에 씨를 거둘 수 있다.

新添: 人莧作畦下種, 亦如前法. 但五月種之, 園枯則食. 如欲出種, 留食不盡者, 八月收子.

남 채[146]

藍菜

『무본신서務本新書』: 2월에 이랑을 만들어서 파종한다. 떡잎이 높이 자라면 잎을 따서 먹을 수

『務本新書』: 二月畦種. 苗高, 剝

145) 역자주 마종신은 옛날에는 대부분 봄이나 가을에 채소를 파종했기 때문에 채소밭에 채소가 없는 시기는 5~6월에 해당된다고 주석하고 있다.

146) '남채(藍菜)': 지금의 "노란 꽃의 개람[黃花芥藍: 꽃양배추, Brassica oleracea var. acephala]이다.(역자주 원문에는 'Brrassica acephala'라고 되어 있다.)" 잎에 인디고 화이트가 함유되어 있어, 산화된 후 인디고를 만들어 낼 수 있다는 점은 '남(藍: 쪽)'과 비슷하지만, 꽃, 잎, 종자와 맛은 또 '개(芥)'와 비슷하기 때문에 '개람(芥藍)'으로 불리는 듯하다. 사천성 서부지역의 입말로는 여전히 '남채(藍菜)'라고 불린다.

있다. 잎을 딴 후에는 다시 자라 나오는데, 만약 칼로 벤다면 더 이상 자라지 않는다.

葉食之. 剝而復生, 刀割則不長.

남채의 잎을 물에 넣어 끓인 후에 찬물로 헹구고 건져내면 솥에 넣어 볶아 먹을 수도 있으며,[147] 나물로 무쳐 먹을 수도 있고, 신맛 나는 만두의 소餡[148]로도 사용할 수 있으며, 전병의 소로도 쓸 수 있다. 날것을 먹으면 매운맛이 상당히 강하다.

加火煮之, 以水淘浸, 或炒爁, 或拌食, 或包酸餡, 或捲餅. 生食頗有辛味.

5월에 채소밭에 채소가 없을 때도 남채는[149] 도리어 무성하게 자란다. 때문에 예부터 '주원채主園菜'라고 부르기도 한다. 겨울까지 먹은 이후에 풀로 그 뿌리를 잘 덮어준다.[150] 4월말이 되면 종

五月園枯, 此菜獨茂. 故又曰'主園菜'. 食至冬月, 以草覆其根. 四月

---

147) '남(爁)': 『광운』 상성(上聲)에 있는 '사십구감(四十九敢)'의 '남(覽)'뉴(紐)와 거성(去聲)에 있는 '오십사감(五十四闞)'의 '남(濫)'뉴에는 모두 '남(爁)'자가 들어 있고, '화람(火爁)', '화모(火貌)'로 해석되어 있으나, 해석하지 않은 것과 마찬가지다. 『집운』 평성하(平聲下)에 있는 '이십삼담(二十三談)'의 '남(藍)'뉴, 상성(上聲) '사십구감(四十九敢)'의 '남(覽)'뉴, 거성(去聲) '오십사감(五十四闞)'의 '람(濫)'뉴, '오십칠험(五十七驗)'의 '렴(斂)'뉴의 '람(爁)'은 '화연(火延)', '화행(火行)', '화분(火焚)'으로 해석하고 있다. 이러한 해석들은 모두 여기에서는 쓸 수 없다. 채소를 끓는 물에 데쳐서 건져내고, 여기에 기름, 소금, 간장, 식초를 넣고 버무리는 요리법을 '량반(凉拌)'이라고 하는데, 이를 사천성 서부 지역에서는 Lǎn이라고 한다. 아마도 '남(爁)'자는 『무본신서』에서 Lǎn음을 기록하기 위해 빌려온 것인 듯하다. 『제민요술』과 비교적 이른 서적에는 '람(漤)', '람(㶖)'으로 쓰였다. 수나라와 당나라에서 북송까지 중원사람들은 lǎm 또는 lǎm으로 읽었을 것이며, 이 때문에 『광운』, 『집운』에는 모두 am을 운모로 하는 운부에 기록되어 있다.

148) 역자주 마종신은 역주에서, "개람(芥藍)의 잎은 매운맛이 나서 신맛 나는 만두의 속으로 사용할 경우 그 맛을 더해준다."라고 한다. 남채 잎을 먹을 때 식초를 가미하는 것이 당시의 식습관이 아닐까 하고 짐작하고 있다.

149) 역자주 무계유 교석본에 의하면, 개람(芥藍)은 열에 견디는 성질이 강하여 추위에 강하고 열에 약한 시금치, 쑥갓 등과 같은 녹색 채소류가 부족할 때, 이 채소는 여름이 되어도 무성하기에 여름철에 부족한 채소를 보충할 수 있다고 한다.

150) 역자주 짐작건대, 당시의 황색 개람 육질의 줄기는 결코 오늘날처럼 크지 않

자를 맺게 되는데, 종자를 거두어서 절구에 찧어 가루로 만들 수 있다. 겨자가루와 비슷하다. 뿌리에서 다시 잎이 자라면 또 1년간 먹을 수 있다. 섬서陝西 지역에서 남채[151]를 많이 먹는다.

終, 結子, 可收作末. 比芥末. 根又生葉, 又食一年. 陝西多食此菜.

중산층의 가정에서는 단지 2~3이랑의 남채를 심고, 또한 1~2이랑의 부추를 심는다. 그러면 1년 내내 채소비용을 많이 절약할 수 있다.

若中人之家, 但能自種三兩畦藍菜, 幷一二畦韭. 周歲之中, 甚省菜錢.

근 대[152]

莙薘

○ 새로 덧붙이기: 근대는 이랑을 만들어 파

新添: 莙薘作畦

았기 때문에 겨울철에 그것을 밭에 내버려 두어도 캐서 식용으로 할 수 있다는 것을 알지 못했을 것이다.

151) "섬서(陝西)에서는 이 채소를 많이 먹는다.[陝西多食此菜.]": 이 구절은 매우 주목할 만하다. 지금 관중의 채소밭에는 개람(芥藍)이 완전히 종적을 감췄다. 수많은 채소농가에서 들은 적도 없고 본 적도 없다. 섬남(陝南)에서도 그다지 많이 듣지 못했다. 강남 영남[역자주 嶺南: 오령(五嶺) 이남으로 광동, 광서 일대]에서 가져온 종자는 처음 2년간은 생장도 매우 좋고, 두툼하고 연한 것이 원래의 산지에서보다 더욱 무성했으며, 겨울도 날 수 있어서 풀로 덮어줄 필요도 없었다. 하지만 현지에 남아 있는 종자는 퇴화가 매우 빨라서, 2년 후에는 줄기와 잎이 얇고 딱딱해져서 먹을 수가 없었으며, 콜라비, 순무만도 못했다. 다른 한편으로 봄 파종과 여름 파종을 한 것은 작은 흰 나방, 흰 가루병의 공격에 생장이 매우 어려웠기 때문이다. 이러한 요인들은 과거에는 해결방법이 더 없었을 것이다. 섬서 지역의 채소 목록에서 사라진 것은 아마도 이러한 이유 때문이었을 것이다.

152) '근대[莙薘]': 잎은 첨채(甛菜)로 쓰인다. 지금 guān dǎ 또는 guān ta, jun da라고 부르는 지역이 많다. 역자주 근대는 일명 첨채 또는 우피채(牛皮菜)라고도 불린다. 이시진의 설명에 의하면 첨채를 파종하면 묵은 뿌리가 자생하여 그 잎이 청백색이 되며, 생식하거나 익혀 먹을 수 있고 약간 흙냄새가 난다고 한다.

종하는데, 이것 역시 무[蘿蔔] 심는 방법과 같다.

봄 2월에 파종하고, 여름 4월이 되면 모종을 옮겨 심는다. 채소밭에 채소가 없을 때 식용으로 한다.

만일 종자를 얻으려고 한다면 다 먹지 않고 남겨둔 것을 땅이 얼 때 파내어 따뜻한 곳에 저장한다. 이듬해 봄이 되어 따뜻해지면 옮겨 심어 종자를 거둔다.

下種, 亦如蘿蔔法.

春二月種之, 夏四月移栽. 園枯則食.

如欲出子, 留食不盡者, 地凍時出, 於暖處收藏. 來年春透, 可栽, 收種.

난 향[153] 향채(香菜)를 덧붙임

蘭香 香菜附

『제민요술』[154]: '난향'은 곧 나륵(羅勒)이다. 중원지역에서는 후조(後趙)의 국왕인 석륵(石勒)의 이름을 피하여 난향으로 고쳤는데, 요즘 사람들이 이 명칭을 따른 것이다. '난향'이란 이름이 '나륵'이란 이름보다 좋기 때문에 여기서는 이것을 그대로 따랐다.

3월 중순이 되어 대추나무 잎의 싹이 틀 때를 기다려 난향을 파종하기 시작한다. 빨리 파종하게 되면 헛되이 종자를 낭비하게 되고, 날씨가 추워지면 전혀 싹이 나지 않는다. 이랑을 만든 후에 물을 대는 방식은 모두 아욱을 파종하는 방법과 동일하다. 물이 다 스며

『齊民要術』: '蘭香', 羅勒也. 中國爲石勒諱, 故改, 今人因以名焉. 且'蘭香'之目, 美於'羅勒'之名, 故卽而用之.

三月中, 候棗葉始生, 乃種蘭香. 早種者, 徒費子耳, 天寒不生. 治畦下水, 一同葵法. 及水散子

153) 역자주 난향(蘭香)은 곧 나륵(羅勒)이며 순형과(脣形科) 식물이고 제목에 덧붙인 향채는 고수[胡荽]와 완유(莞荽)를 가리키는 것이 아니고, 『제민요술(齊民要術)』에도 기록되어 있지 않은 조미료용 채소를 일반적으로 가리키는 말이다.

154) '『제민요술(齊民要術)』': 지금은 『제민요술』 권3 「종난향제이십오(種蘭香第二十五)」에 보인다.

들기 전에 종자를 모두 흩어 뿌린다. 물이 완전히 침투한 이후 이랑에 체에 친[155] 숙분熟糞을 이랑의 종자 위로 약간 덮일 만큼 뿌려준다. 이를 두껍게 뿌리게 되면 싹이 나올 수 없는데, 이는 난향의 모종이 매우 부드럽고 연약하기 때문이다. 대낮에는 발로 덮어 주고, 밤이 되면 걷어 낸다. 대낮에는 해를 보지 않게 하고, 밤에는 이슬과 습기를 받게 해야 한다. 싹이 난 이후에는 곧 발을 걷어 준다. 항상 충분히 물을 줘야 한다. 6월에 장맛비가 내릴 때 뽑아서 옮겨 심는다. 모종의 줄기를 따다가 진흙 속에 꽂아두면 되살아난다.[156]

訖. 水盡, 簁熟糞, 僅得蓋子便止. 厚則不生, 弱苗故也. 晝日箔蓋, 夜卽去之. 晝日不用見日, 夜須受露氣. 生卽去箔. 常令足水. 六月連雨, 拔栽之. 掐心栽泥中, 亦活.

소금에 절이거나 말릴 채소로 쓸 것은 9월에 수확해야 한다. 수확이 늦으면 시들어버리고, 맛도 또한 변질된다. 말릴 것은 날씨가 청명할 때 지면에 붙여서 베어내어 땅 위에 펼쳐서 햇볕에 말린다. 그 후에 비벼서 가루로 만들어 항아리 안에 넣어두고 필요할 때 꺼내 쓴다. 뿌리째 뽑아서 걸어두면 쉽게 곰팡이가 피고 또 참새똥[雀糞]이나 먼지가 떨어진다는 문제점이 있다. 종자를 얻으려는 것은 10월에 수확한다. 나머지 각종 조미료로 사용되는 향채를 전문적으로 열거하지 않는 것은 재배하는 방식이 모두 난향과 동일하기 때문이다.

作菹及乾者, 九月收. 晩卽乾惡. 作乾者, 天晴時, 薄地刈取, 布地曝之. 乾乃挼取末, 瓮中盛, 須則取用. 拔根懸者, 裛爛, 又有雀糞塵土之患. 取子者, 十月收. 自餘雜香菜不列者, 種法悉與此同.

○ 『박물지博物志』에 이르길, "말발굽[馬蹄]과 양의 뿔[羊角]을 태워서 재를 만든다. 봄에 축축한 땅에 흩어 뿌려주면 나륵羅勒이 이내 자라난다."라고 한다.[157]

『博物志』曰: 燒馬蹄羊角成灰. 春散著濕地, 羅勒乃生.

---

155) '사(簁)': 지금은 '사(篩)'자로 쓴다.

156) 역자주 이것은 꺾꽂이의 방식을 설명한 것으로 꺾꽂이를 하게 되면 성장은 다소 늦어진다.

『박문록』: 향채에는 항상 생선을 씻은 비린 물을 뿌려주면, 맛이 향긋하고 또한 무성하게 생장하며, 도랑 속의 흙탕물과 쌀뜨물을 뿌려주면 더 좋다고 한다.

『博聞錄』: 香菜, 常以洗魚水澆之, 則香而茂, 溝泥水, 米泔尤佳.

들깨 · 여뀌

荏蓼

『제민요술』[158]: 들깨[159] · 여뀌[160] · 차조기[紫蘇] · 강개(薑芥: 형개) · 훈유(薰菜)[161]는 들깨와 동시에 이랑에서 재배하기 적합하다. 3월 중에 들깨와 여뀌를 파종할 수

『齊民要術』: 荏、蓼、紫蘇、薑芥、薰菜, 19 與荏同時, 宜畦種. 三

157) 역자주 무계유 교석본에 의하면, "『박물지(博物志)』의 기록은 대부분 황당무계한 것들이 많은데 이것 역시 그 중 하나다."라고 한다.

158) '『제민요술(齊民要術)』': 지금은 『제민요술』 권3 「임료제이십육(荏蓼第二十六)」에 보인다. '임(荏: 들깨)' 특히 '료(蓼: 여뀌)'는 지금은 채소로 재배하는 경우가 드물다. ['임유(荏油: 들깨기름)'는 권2의 「호마(胡麻)」장을 참조하라.]

159) 역자주 들깨는 쌍떡잎식물의 순형과로 차조기류에 속한다. 1년생으로 늦봄에 파종하며 가을이 되면 종자가 익는다. 씨로는 기름을 짤 수 있으며 잘 마르는 특성이 있어 우비나 종이우산에 방수용으로 사용하며 식용도 가능하다.

160) 역자주 여뀌는 마디풀과의 한해살이풀이다. 버들여뀌, 매운 여뀌, 수료(水蓼), 택료(澤蓼), 천료(川蓼)라고도 한다. 평지보다 낮은 지대의 길가나 습지 또는 시냇가에서 자란다. 높이는 30~80cm이고 털이 없으며 줄기에서 가지가 많이 갈라진다. 잎은 피침형이거나 긴 달걀 모양으로 어긋난다. 길이는 3~12cm, 너비는 1~3cm이고 가장자리가 밋밋하며 표면에 털이 없다. 잎과 줄기에 타닌이 많이 함유되어 항균 작용이 있다. 여뀌를 찧어 물고기를 잡는 데 쓰기도 한다. 씹으면 맵다. [위키 백과 참조.]

161) 역자주 무계유 교석본에 의하면, 강개(薑芥)는 가소(假蘇), 즉 형개(荊芥)라고도 부른다. 훈유는 여러 학자의 해석에 의하면 향유(香薷)라고도 하는데, 이 두 가지는 들깨 · 차조기와 더불어 순형과에 속하는 매운맛 식물로서 옛날에는 모두 식용으로 사용했다고 한다.

있다. 들깨의 종자는 흰색이 좋으며 황색은 좋지 않다. 들깨의 속성은 쉽게 잘 자란다는 것이며, 여뀌는 물기가 있는 이랑에 파종하는 것이 가장 좋다. 들깨는 텃밭 가장자리의 적합한 곳에 흩어 뿌리고 나면 이후 매 해마다 자생한다.

가을이 되어 들깨가 아직 익지 않았다면, 들깨 꼬투리를 따서 거두어들여 장이 담긴 항아리 속에 넣어 저장한다. '봉(蓬)'은 들깨에 달린 꼬투리이며, 그 속에서 종자가 익게 되면 좋지 않다. 만약 많이 심을 때는 곡식을 파종하는 것과 동일하게 하면 된다. 참새는 들깨의 씨를 먹는 것을 매우 좋아하기 때문에 반드시 집 근처에 파종해야 한다. 들깨 씨를 따서 기름을 짜면 떡을 찌는 기름으로 사용할 수 있다. 들깨기름은 녹색이며 매우 빛깔이 곱고 향이 좋다. 떡을 지질 때 사용하면 참기름 못지않으며 삼씨기름[162]보다 좋다. 삼씨기름에서는 비릿한 냄새가 난다. 그러나 들깨기름은 머리를 '윤택'[163]하게 하는 용도로는 쓸 수 없는데, 바르게 되면 머릿결이 건조해지고 딱딱해지기 때문이다. 씨를 갈아서 탕을 만들면 삼씨보다 낫다. 또 들깨기름으로 불을 밝힐 수도 있다. 좋은 땅의 경우, 1무에 10섬[石]을 거두어들이며 들깨를 많이 재배하여 이를 곡식으로 바꾸면[164] 수입은 두 배로 증

月可種荏、蓼. 荏, 子白者良, 黃者不美. 荏性甚易生, 蓼尤宜水畦種也. 荏則隨宜, 園畔漫擲, 便歲歲自生矣.

荏子秋未成, 可收蓬, 於醬中藏之. '蓬', 荏角也, 實成則惡. 其多種者, 如種穀法. 雀甚嗜之, 必須近人家種矣. 收子壓取油, 可以煮餠. 荏油色綠可愛, 其氣香美. 煮餠亞胡麻油, 而勝麻子脂膏. 麻子脂膏, 並有腥氣. 然荏油不可爲'澤', 焦人髮. 研爲羹臛, 美於麻子遠矣. 又可以爲燭. 良地十石, 多種博穀, 則倍收. 與諸田

---

162) 역자주 '마유(麻油)'는 삼씨기름을 가리킨다.

163) 역자주 무계유 교석본에는 택(澤)은 머리를 윤택하게 하는 머릿기름이다. 들깨기름은 건성유라서 머리에 바르면 들깨기름이 산화하기 때문에 머리카락이 굳고 딱딱하게 변하므로 '초인발(焦人髮)'이라고 했다.

164) '다종박곡(多種博穀)': '박(博)'에는 '서로 바꾼다.'라는 해석이 있는데, '박득(博得: 얻다)'이 한 예이다. '박곡(博穀)'은 곡식의 종자를 돌아가며 심는 것이다. 하지만 구체적인 재배시기와 방법에 대해서는 추측하기가 어렵다.

가한다. 하지만 기타 여러 토지와 더불어 조건이 같은 것은 아니다. '비단에 칠하는 도료[帛煎油]'를 만드는 데는 이보다 더 좋은 것이 없다. 들깨기름은 맑아 비단에 칠하기에 삼씨기름보다 좋다. 여뀌로 절인 채소로 만들려고 할 때는, 2치 길이로 자랐을 때 잘라낸다. 비단포대에 담아서 장독 속에 넣어둔다. 또 자랐을 때 다시 잘라내면 항상 신선하고 연한 채소를 얻을 수 있다. 만약 가을이 되어서 씨가 익어 떨어지고 줄기가 딱딱해지면 잎도 말라버리게 된다. 미리 종자를 거두려면 종자가 익었을 때 재빨리 거두어들인다. 여뀌의 씨는 떨어지기 쉽기 때문에 수확시기가 늦어지면 씨가 다 떨어져버린다. 5~6월에 여뀌를 가루로 만들어[165] 비름과 함께 먹을 수 있다.

不同. 爲'帛煎油'彌佳. 荏油性淳, 塗帛勝麻油. 蓼作菹者, 長二寸則剪. 絹袋盛, 沈於醬甕中. 又長, 更剪, 常得嫩者. 若待秋子成而落, 莖旣堅硬, 葉又枯燥. 取子者, 候實成速收之. 性易凋零, 晚則落盡. 五月六月中, 蓼可爲虀以食莧.

| 교 석 (校釋) |

19 '유(莱)': 전본에는 '엽(葉)'으로 되어 있으나, 이는 『영락대전』에 쓰인 글자를 그대로 답습한 것이다. 『제민요술』에는 '유(莱)'로 되어 있는데, 격본에는 'X'라고 되어 있다. 아마도 『제민요술』을 조사해서 글자를 보충하지 않았기 때문일 것이다.

---

165) 역자주 무계유 교석본에는 '제(虀)'는 매운맛이거나 간장과 초를 가미한 분말 형태의 조미료라고 한다.

미나리 · 씀바귀 고거(苦蘧)[166]를 강동 지역에서는 '고매(苦蕒)'라고 부른다.	**芹蘧** 苦蘧 江東呼'苦蕒'
『제민요술』[167]: 미나리와 씀바귀, 두 종류의 채소는 모두 뿌리째로 이랑에 옮겨 심는다. 항상 물을 충분히 주어야 한다. 그러나 특히 반潘 쌀을 씻은 물 감泔과 소금기 있는 물을 싫어하여 이 물을 주게 되면 바로 죽는다. 재배된 미나리와 씀바귀는 모두 번식이 왕성하며 달고 연하여 야생에서 자란 것보다 좋다.	『齊民要術』: 芹蘧 收根畦種之. 常令足水. 尤忌潘淅米汁也. 泔及鹹水, 澆之則死. 性易繁茂, 而甛脆勝野生者.
더욱이 흰 씀바귀는 거름기를 좋아하여 해마다 수확할 수 있다.	白蘧尤宜糞, 歲歲可收.

감로자 甘露子[168]	**甘露子**
『무본신서』: 놀고 있는 땅에 구덩이를 만들	『務本新書』: 白

166) 역자주 고거채(苦苣菜)이며 국화과로서 다년생 초목이다. 잎과 줄기에는 흰 즙이 들어 있는데 약용으로도 쓸 수 있다. 초봄에 싹이 나며 붉은 줄기와 흰 줄기 두 종이 있는데, 줄기 중간은 비어 있고 아주 연하며 꺾으면 흰 즙이 나온다.

167) '『제민요술(齊民要術)』': 지금은 『제민요술』 권3 「양하근거제이십팔(襄荷芹蘧第二十八)」에 보인다.

168) 역자주 마종신의 역주에는, 감로자는 순형과의 식물로 초석잠(草石蠶), 지잠(地蠶), 토용이라고도 한다. 땅속줄기에서 자라며 끝은 뚱뚱하고 육질이 있으며 구슬이 이어진 형태이고, 색은 흰색이며 손가락크기만한 것이 대부분이다. 겨울에 수확하며 식용으로 쓰이고 소금에 절여 김치로 만들기도 한다. 연약하여 섬유질은 없다. 오늘날 남방의 절인 감로수 통조림은 선물용으로 사용되고 있다고 한다.

어 파종한다. 더운 날에는 보리등겨를 덮어주면 이슬을 받아 촉촉해져 잘 자란다.

地內區種. 署月, 以麥糠蓋之承露滋息.

콩메주

豆豉

『사시유요』[169]: 6월에 메주된장을 담근다. 검은콩의 양을 별도로 정하지 않은 경우에 그 양은 2~3말이면 족하다. 깨끗하게 일어 하룻밤 물에 담가 둔 연후에 건져내어 물기를 빼고 말린다. 쪄서 익힌 후에 꺼내어 멍석 위에 펼친 뒤 온도가 내려가 사람의 체온과 같이 될 때 쑥으로 잘 덮어준다. 이는 노란곰팡이[170]를 피게 하는 방법과 같다. 3일에 한 번 들여다보고, 콩 위에 곰팡이가 두루 피면 발효가 잘된 것이다. 발효가 너무 지나쳐도 안 된다. 키질을 하여 곰팡이를 떨어내고 햇볕에 말려 물에 담가 뒤섞는다. 콩이 너무 질어도 안 되고 너무 되어도 안 된다. 다만 손으로 콩을 쥐었을 때 즙이 손가락 사이로 빠져 나올 정도면 적당

『四時類要』: 六月, 造豆豉. 黑豆不限多少, 三二斗亦得. 淨淘, 宿浸, 漉出, 瀝乾. 蒸之令熟, 於簟上攤, 候溫如人體, 蒿覆. 一如黃衣法. 三日一看, 候黃衣上徧, 卽得. 又不可太過. 簸去黃, 曝乾, 以水浸拌之. 不得令太濕, 又不得令太

169) '『사시유요(四時類要)』': 지금은 조선각본 『사시찬요』 권3 「6월(六月)」편에 보이며, 『제민요술』 권8의 「작시제칠십이(作豉第七十二)」편의 '작시법(作豉法)'과 '식경작시법(食經作豉法)'에서 가져왔으며, 본서에 인용된 문장은 자구가 조선각본에 비해 완벽하다.

170) 역자주 '황의(黃衣)'는 간장을 만드는 데 사용하는 메주라는 설도 있지만, 무계유 교석본에 의하면, '황의'는 콩류에 번식하는 양조용 미생물로, 흔히 생의(生衣)라고 칭하며 누룩을 가리키는 것은 아니라고 한다.

하다. 항아리 속에 넣어 잘 다져주고 뽕나무 잎을 3치 두께로 덮어준 후에 항아리 뚜껑을 덮고 진흙으로 밀봉한 후 햇볕이 잘 드는 곳에 둔다. 7일이 지난 후에 항아리를 열어 콩을 꺼내어서 햇볕에 말린다. 다시 물을 섞어 거듭 항아리 속에 저장하는 것은 앞에서 행한 방식과 동일하다. 이와 같이 6~7차례 반복하여 콩의 빛깔이 좋아지면 즉시 다시 한 번 찐 후, 펴서 열기가 없어지면 항아리에 넣어 눌러준 뒤에 진흙으로 봉해 주면 다 된 것이다.[171]

乾. 但以手捉之, 使汁從指間出爲候. 安甕中實築, 桑葉覆之, 厚可三寸, 以物蓋甕口, 密泥于日中. 七日開之, 曝乾. 又以水拌, 却入甕中, 一如前法. 六七度, 候好顏色, 卽蒸過, 攤却火氣, 又入甕中, 實築之, 封泥. 卽成矣.

밀기울메주[172]

麩豉

『사시유요』[173]: 6월에 밀기울메주를 만든다. 밀기울은 그 양에 관계없이 물과 고루 섞어 쪄

『四時類要』: 六月, 造麩豉. 麥麩

171) 역자주 마종신은 여기서 말하는 '콩메주' 담그는 법에서 소금과 기타 조미료를 가미하는 부분이 보이지 않는 것으로 보아 오늘날의 제조방법과 다른 듯하다고 한다.

172) 역자주 마종신은 역주에서 밀기울을 원료로 하여, 메주를 만드는 방법과 동일하게 만든 부식품으로 맛은 메주와 비슷하기 때문에 밀기울메주라고 하였다고 한다.

173) '『사시유요(四時類要)』': 지금은 조선본 『사시찬요』 권3 「6월(六月)」편에 보인다.

서 익힌 후에 꺼내어 서늘한 곳에 펼쳐 널어 온도가 사람의 체온과 같아지면, 쑥으로 덮어서 곰팡이가 두루 피도록 한다. 꺼내어서 햇볕에 널어 말린다. 물과 뒤섞어서 물이 충분히 배게 한다. 그런 후에 항아리 속에 잘 다져넣어 뜰에 안치하고, 땅 위에 거꾸로 뒤집어놓은 후에 재를 항아리 주변에 두른다. 7일이 지난 후에 꺼내어 펴서 햇볕에 말린다. 만약 여전히 짙은 색이 나오지 않는다면 위의 방식에 따라 다시 한 번 뒤섞어 항아리 속에 넣는다. 색깔이 좋아지면 그만둔다. 색깔이 검은색으로 변한 후에 다시 한 번 쪄서 열기가 있을 때 항아리 속에 넣어 잘 다지고, 진흙으로 항아리 주둥이를 밀봉한다. 겨울 내내 먹을 수 있으며 밀기울메주의 따뜻한 특성이 콩메주보다 낫다. 날(捺)은 눌러 다진다는 의미이다.

不限多少, 以水匀拌, 熟蒸, 攤候溫如人體, 蒿艾罨取黃衣徧. 出攤, 曬令乾. 卽以水拌令浥浥. 却入缸甕中, 實捺, 安於庭中, 倒合在地, 以灰圍之. 七日外, 取出, 攤曬. 若顏色未深, 又拌, 依前法, 入甕中. 色好爲度. 色好黑後, 又蒸令熱, 及熱入甕中, 築, 泥却. 一[20]冬取喫, 溫暖勝豆豉. 捺, 搦也.

교 석(校釋)

[20] '일(一)': 전본에는 '이(以)'로 되어 있으나, 격본에 따라 '일(一)'로 되어 있으며, 이는 조선본(朝鮮本)『사시찬요(四時纂要)』와 일치한다. '일동(一冬)'은 겨울 내내를 가리킨다.

과 실 [果實]

배 심기 배나무 접붙이기[174]를 덧붙임

『제민요술』[175]: 종자를 심어 묘목을 키우는 방법은 배가 익었을 때 배를 통째로 땅에 묻는 것이다. 1년이 지나고 봄이 되어 땅이 해동할 때 묘목을 옮겨 심는다. 잘 썩은 거름과 물을 충분히 준다. 겨울에 나뭇잎이 떨어진 이후에 나무 모종을 지면 가까이에서 베어내고, 달군 숯으로 베어낸 상처 부위를 지진다.[176] 2년이 지나면 열매를 맺는다. 만약 저절로 자랐거나 파종하여 옮겨 심지 않은 것은 모두 열매가 달리는 것이 늦다.[177] 하나의 배나무마다 10개 정도의 씨가 있는데, 그 중 2개의 씨만 자라 배나무가 되고, 나머지 씨는

種梨 揷梨附

『齊民要術』: 種者, 梨熟時, 全埋之. 經年, 至春, 地釋, 分栽之. 多著熟糞及水. 至冬葉落, 附地刈殺之, 以炭火燒頭. 二年卽結子. 若穭生及種而不栽者, 則著子遲. 每梨有十許子, 惟二子

174) 역자주 '삽리(揷梨)'는 배나무의 접붙이기 방식이다.

175) '『제민요술(齊民要術)』': 이 장에 인용한 자료는 지금은 『제민요술』 권4의 「삽리제이십칠(揷梨第二十七)」에 보이며, 어려운 글자와 구절은 이미 『제민요술금석(齊民要術今釋)』의 제이분책(第二分册)의 원편(原篇)에 주석을 단 바 있으므로, 여기에서는 중복하지 않는다.

176) 역자주 무계유 교석본에 의하면, "달군 숯으로 끄트머리를 지지는 것"은 뽕나무와 닥나무 등에 불을 질러 그루터기를 지지는 방식과 같다. 이와 다른 점은 다른 나무들은 짚에 불을 놓아 지졌는데, 여기서는 달군 숯을 가지고 지진 것으로 보아 확실히 소량으로 재배한 것을 알 수 있다.

177) 역자주 무계유 교석본에는 '종이부재(種而不栽)'란, 실생묘가 스스로 발아해서 자란 것이며 옮겨 심지 않은 것을 뜻한다고 한다. 묘목은 단계별로 배태와 모종의 시기를 겪기 때문에 실생묘는 열매를 맺는 시기가 비교적 늦다. 이것은 과수를 재배함에 있어서 오늘날까지도 아직 해결되지 않은 문제이다.

모두 자라서 팥배나무가 된다.[178]

접붙인 배나무는 열매를 빨리 맺는다. 접붙이기를 할 때는 개아그배나무[棠]와 팥배나무[杜]를 이용한다. 개아그배나무에 접붙인 것은 달린 배가 크고 과질이 곱다. 팥배나무에 접붙이는 것은 그 다음으로 좋다. 뽕나무에 접붙인 것은 배의 육질이 가장 좋지 않다. 대추나무나 석류나무에 접붙인 것은 자라서 최고의 배가 된다. 그렇지만 10그루를 접붙이면 단지 1~2그루만 살게 된다. 팥배나무가 팔뚝크기로 자라면 모두 접붙일 수 있다. 먼저 팥배나무를 옮겨 심고 1년이 지난 후에 다시 접을 붙인다. 팥배나무를 상호 접붙이고, 옮겨 심는 작업은 동시에 진행하는 것이 좋다. 만일 팥배나무가 죽으면 접수(接樹) 또한 살지 못한다. 팥배나무가 크면 5개의 접을 붙일 수 있으며, 나무가 작다면 2~3개의 접만을 붙일 수 있다.

배나무의 싹이 트기 시작할 때가 접붙이기에 가장 좋은 시기이며, 싹의 외피가 터질 때는 적합한 시기가 아니다.

먼저 삼끈[麻紉][179]을 만들어 놓고 팥배나무의 밑동에 10여 차례 감는다. 이후에 지면에서 5~6치 높이 되는 곳을 톱으로 잘라낸다. 감지 않으면 접붙일 때 나무껍질이 갈라질 염려가 있기 때문이다. 팥배나무의

生梨, 餘皆生杜.

插者, 彌疾. 插法, 用棠、杜. 棠、梨大而細理. 杜次之. 桑梨大惡. 棗、石榴上插得者, 爲上梨. 雖治十, 收得一二也. 杜如臂已上, 皆任插. 常ⓗ先種㉑杜, 經年後插之. 主客㉒俱下亦得. 然俱下者, 杜死則不生也. 杜樹大者, 插五枝, 小者或三或二.

梨葉微動爲上時, 將欲開莩爲下時.

先作麻紉, 纏十許匝. 以鋸截杜, 令去地五六寸. 不纏, 恐插時皮披. 留杜

178) 역자주 무계유 교석본에 의하면, 다른 꽃에서 화분을 받아 종자를 형성한 잡종성 때문에, 다수의 과일나무를 재배한 종자의 변이성은 매우 크고 배의 종자의 재배는 더욱 순수성을 보존하기가 힘들다. 이로 인해 파종을 하면 단지 100 중 20만이 자라서 배나무가 되고 나머지는 팥배나무로 자라게 된다. 따라서 『제민요술』은 접붙이기를 통한 번식을 강조하고 있다.

179) '인(紉)': 평성(平聲)으로 읽으면 '단승(單繩)'으로 해석되며, 엮지 않은 섬유이다.

대목을 너무 높게 남기면 대목의 가지와 잎은 무성해지지만 태풍을 만나면 갈라지기 쉽다. 팥배나무의 대목을 높게 남기게 되면 배나무는 빠르게 성장한다. 대신 대나무나 갈대로 만든 자리로 팥배나무 대목의 둘레를 감싼 이후에 흙을 덮어서 대목을 묻어 줘야 한다. 바람이 불 때에는 대나무 광주리로 배나무의 접수를 덮어 씌워 바람이 불어 갈라지는 것을 방지한다.

高者，梨枝繁茂，遇大風則披. 其高留杜者，梨樹早成. 然宜作蒿簟❶盛杜，以土築之，令沒. 風時，以籠盛梨，則23免披耳.

대나무를 비스듬히 깎아서[180] 대꼬챙이로 만들어 대목의 부름켜[形成層]와 목질부 중간에[181] 1치 깊이로 찔러 넣는다. 우수한 품종의 배나무 중 양지쪽의 가지 응달의 가지는 결실이 많지 않다. 를 5~6치 길이로 잘라서 마찬가지로 나무속까지 잘라내는데 크기와 길이는 대꼬챙이 정도로 비스듬히 자른다. 동시에 칼로 가볍게 경사면의 뒷면에 있는 겉껍질[黑皮]을 벗겨낸다. 녹색의 부름켜를 손상시키지 않아야 한다. 푸른 속껍질이 상하게 되면 접붙인 것이 살 수 없다. 그 이후에 잘라낸 대꼬챙이를 뽑아낸 뒤 배나무의 접수를 꽂아 넣는데 벗겨낸 겉껍질 부분까지 꽂아 넣는다. 접수의 목질부를 대목의 목질부에 마주보게 하고 접수의 부름켜와 대목의 부름켜를 서로 맞닿게 한다. 접붙인 이후에는 헝겊으로 대목의 정수리 부분을 둘러싸고 고운 진흙을 발라 봉해주며 흙으로 덮어준다. 이때는 배나

斜攕，❶竹爲攕，刺皮木之際，令深一寸許. 折取其美梨枝，陽中者，陰中枝則實少. 長五六寸，亦斜攕之令過心，大小長短與攕等. 以刀微劙梨枝斜攕之際，剝去黑皮. 勿令傷青皮. 青皮傷，則死. 拔去竹攕，卽插梨令至劙處. 木邊向木，皮還近皮. 插訖，以緜莫幕同.❻ 杜頭，封熟泥於上，以土培覆.

---

180) 역자주 석성한의 『제민요술』의 주에 의하면, '섬(攕)'은 뾰족하게 깎는다는 의미라고 한다.

181) 역자주 무계유 교석본에 의하면, 이곳은 껍질과 목질부의 사이다. 목질부는 준목질부와 접하게 하고 부름켜는 준부름켜와 접하게 하여 형성층이 밀착되어야만 비로소 살 수 있다고 한다.

무 가지가 약간 드러나게 한다. 사방을 흙으로 덮는다. 배나무 가지의 접수에 물을 주고, 물이 다 마르면 윗면에 흙을 덮되 굳어서 딱딱해지지 않도록 해야 한다. 이 방법을 따르면 백 그루를 접붙여도 한 그루도 죽지 않는다. 배나무 가지는 매우 부러지기 쉬워 흙을 덮을 때 아주 조심해야 한다. 부딪혀서는 안 되고[182] 부딪히게 되면 곧 부러진다.

令梨枝僅得出頭. 以土壅四畔. 當梨上沃水, 水盡, 以土覆之, 勿令堅涸. 百不失一. 梨枝甚脆, 培土時宜愼之. 勿使掌撥, 掌撥則折.

만약 팥배나무를 열십자형으로 쪼개서 접붙이게 되면[183] 열 그루를 접붙여도 단 한 그루도 살아나기 어렵다. 이것은 목질부가 갈라져서 나무껍질이 찢어지니 중간에 빈틈이 생겨 쉽게 말라버리기 때문이다.

其十字破杜者, 十不收一. 所以然者, 木裂皮開, 虛燥故也.

배를 접붙여서 살아나게 되면 팥배나무 대목 위에 잎이 나는데 이 경우에는 수시로 잎을 따내야 한다. 만약 잎을 따내지 않으면 생장의 힘이 분산되어 접수한 배나무의 성장이 늦어진다.

梨旣生, 杜旁有葉出, 輒去之. 不去勢分, 梨長必遲.

통상 배나무를 접붙일 때 만약 과수원의 나무를 접붙인다면 곁가지를 접수로 삼고, 정원 앞의 나무를 접붙인다면 중심 가지를 접수로 삼는다. 곁가지를 접수로 쓰면 나무가 아래로 향하게 되어 배를 따기가 편리하고, 중심 가지를 접수로 쓰면 나무가 위로 향하게 되어 성장에 방해를 받지 않는다. 큰 나무의 밑동에서 자라난 작은 나뭇가지를 접수로 쓰면 나무의 형태는 매우 아름답지만 5년이 지나서야 비로소 그 열매를

凡揷梨, 園中者, 用旁枝, 庭前者, 中心. 旁枝, 樹下易收, 中心, 上聳不妨. 用根蒂小枝, 樹形可憘, 五年方結子. 鳩脚老枝, 三年卽結子, 而樹醜. 『吳氏本草』

182) '장발(掌撥)': '장(掌)'은 '손바닥'이 아니라 '탱(牚)'을 가차한 것으로 '탱(撑)' 자이다.

183) 역자주 이것은 벽접법(劈接法)으로, 벽접은 봄에 실시하며 이를 따르면 접붙인 식물이 살아날 확률이 매우 높다.

맺는다. 비둘기 다리 모양의 늙은 가지를 접수로 쓰면 3년만 지나도 열매를 맺지만 나무의 형태는 보기에 매우 좋지 않다. 『오씨본초(吳氏本草)』184)에 이르기를, "금속에 의해 상해를 입은 사람과 어린아이에게 젖을 먹이는 부녀자는 배를 먹어서는 안 된다. 배를 많이 먹게 되면 신체가 손상되니 결코 신체를 보양하는 과일은 아니다. 출산을 전후한 임산부나 쾌유되지도 않은 병자가 배를 많이 먹게 되면 병이 더욱 깊어진다. 가래와 기침으로 고생하는 사람은 배를 먹을 때 더욱 신중해야 한다."라고 한다.

曰: 金創、乳婦, 不可食梨. 梨多食則損人, 非補益之物. 産婦蓐中, 及疾病未愈, 食梨多者, 無不致病. 欬逆氣上者, 尤宜慎之.

무릇 먼 곳에서 배나무 가지를 가져와 접수로 사용할 경우에는 잘라낸 이후에 뿌리 아랫부분을 3~4치 정도 불에 지져두어야 수백 리 밖으로 옮겨도 여전히 살 수 있다.

凡遠道取梨枝者, 下根, 卽燒三四寸, 亦可行數百里猶生.

○ 배 저장하는 법: 첫서리가 내린 이후에 신속하게 배를 딴다. 서리를 여러 번 맞으면 여름까지 저장할 수 없다. 집 안에 깊은 구덩이를 파는데 구덩이 밑은 습기가 없어야 한다. 배를 따서 가운데 넣으면, 그 위를 덮지 않아도 여름까지 상하지 않는다. 배를 딸 때는 반드시 접촉에 주의해야 하며 어떠한 손상도 입지 않게 해야 한다.

藏梨法:[24] 初霜後, 卽收. 霜多則不得經夏也. 於屋下掘作深窨坑, 底無令潤濕. 收梨置中, 不須覆蓋, 便得經夏. 摘時, 必令好接, 勿令損傷.

무릇 신맛이 나는 배는 여러 차례 물을 바꾸어 삶아 익히면 단맛이 나게 되고 아울러 사람에게도 해롭지가 않다.

凡醋梨, 易水熟煮, 則甛美而不損人也.

184) '『오씨본초(吳氏本草)』': 이 작은 주는 『제민요술』의 원래 배치에 문제가 있다. 아마도 "일반적으로 먼 곳에서 배나무 가지를 잡는다.[凡遠道取梨枝.]" 또는 '장리법(藏梨法)' 뒤에 있어야 하지 않나 싶다.

교 석(校釋)

21 '종(種)': 민각, 절각에는 '삽(揷)'으로 되어 있으나, 소각 및 격본에 따라 '종(種)'으로 하는 것이 『제민요술』 원문과 일치하며, 실제로도 '심은[種]' 후에야 '꽂을[揷]' 재료가 생긴다.

22 '주객(主客)': 전본에는 '지동(至冬)'으로 되어 있으나, 격본에 따라 '주객(主客)'으로 되어 있으며, 이는 『제민요술』의 원문과 일치한다. '주(主)'는 바탕나무를 가리키며, '객(客)'은 접가지를 가리킨다.

23 '칙(則)': 전본에는 누락되어 있으나, 격본에는 본문과 같으며, 이는 『제민요술』 원문과도 일치한다.

24 '장리법(藏梨法)': 전본에는 이 두 절을 하나의 장으로 처리했으며, 제목은 한 줄을 차지하고 세 칸을 띄어서 썼다. 그리고 정문은 줄을 바꿔서 썼으며, 위쪽에 '제민요술'이라고 네 글자를 첨가하고, 두 번째 절의 끝에 "이 조의 첫 번째 줄을 살펴보면, 원본에는 『제민요술』이라는 서명이 누락되었으나 지금은 이를 교정하여 첨가한다."라는 주가 붙어 있다. 잘못된 상황이 '종과(種瓜)'조에서 분리되어 나온 '치과농법(治瓜籠法)'(교 4) 및 '구종과법(區種瓜法)'(교 6)과 유사하므로, 지금은 격본에 따라 원래대로 주를 삭제한다. 노교 역시 같은 지적을 했다.

교 안(校案)

ⓗ '상(常)': 『제민요술』 원문에는 '당(當)'으로 되어 있다.

ⓘ '작호점(作蒿簟)': 『제민요술』에 따라 '고작호단(高作蒿簞)'으로 해야 한다. '단(簞)'은 풀 또는 싸리나무 채 등을 엮어서 만든 용기이다.

ⓙ '섬(攕)'자 아래의 음주(音注)는 『제민요술』 전본에는 없다.

ⓚ '막(莫)'자 아래의 주문은 『제민요술』에는 없다.

복숭아 앵두·포도를 덧붙임[185]

『제민요술』[186]: 복숭아 심는 법: 복숭아가 익었을 때 복숭아를 통째로 거름[187] 속에 묻어 둔다. 거름하지 않고 일반적인 토양에 파종을 하게 되면 싹이 나지 않으며, 싹이 나더라도 왕성하게 자라지 않는다. 복숭아나무의 결실은 빨라서 3년이면 열매가 달리기 때문에 꼭 파종한 뒤에 '옮겨 심을[栽]' 필요가 없다. 이듬해 봄에 싹이 난 이후에 때맞추어 보통의 토지[188]에 옮겨 심는다. 만약 싹이 난 이후에도 여전히 푸석한 거름에서 자란다면 과실의 크기도 작고 맛도 쓰다.

○ 옮겨 심는 법: 쇠로 만든 가래를 이용하여 흙덩이째로 옮겨 심는 것이 좋다. 복숭아의 씨를 파종하는 것은 쉽지만 옮겨 심는 것은 어렵다. 만약 원래의 땅을 벗어나게 되면 죽는 비율이 높기 때문에 가래를 이용하여 흙째로 떠서 옮겨 심어야 한다.

○ 또 다른 파종법: 복숭아가 익었을 때 담장의 남쪽, 햇볕이 잘 들고 따뜻한 곳에 깊고 넓은

桃 櫻桃蒲萄附

『齊民要術』: 種法: 熟時, 合肉全埋糞地中. 直置凡地, 則不生, 生亦不茂. 桃性早實, 三歲便結子, 故不求'栽'也. 至春既生, 移栽實地. 若仍處糞中, 則實小而味苦.

栽法: 以鍬合土掘移之. 桃性易種難栽. 若離本土, 率多死, 故須然矣.

又種法: 桃熟時, 於牆南陽中暖處,

185) 역자주 마종신의 역주에는 복숭아나무는 핵과류의 과일나무로서, 장미과에 속하며 낙엽 소교목으로 중국에서 가장 오래된 과일나무 중 하나라고 한다. 앵두나무도 핵과류의 과일나무로서, 장미과에 속하지만 낙엽교목으로 중국이 그 원산이다. 포도나무는 장과류의 과일나무로서, 포도과에 속하며 다년생 낙엽 덩굴식물로 중국에서는 한대부터 재배했다.

186) '『제민요술(齊民要術)』': 본서의 이 장은 마지막 단락의 『박문록』 외에 나머지는 모두 『제민요술』 권4의 「종도내제삼십사(種桃柰第三十四)」를 인용한 것이다.

187) 역자주 분지(糞地)는 간혹 분토(糞土) 혹은 분(糞)이라고 칭한다. 여기서는 거름을 준 토양이 아니라 거름더미와 같은 곳을 의미한다.

188) 역자주 마종신은 실지(實地)는 일반적인 토지를 가리키며, 실지는 주석에 있는 '분중(糞中)'과는 반대되는 말이라고 주석하고 있다.

구덩이를 판다. 복숭아 수십 개를 선택한 후 그 씨를 골라내어 쇠똥 안에 넣고 씨의 머리 부분을 위로 가게 한다. 잘 썩은 거름과 흙을 가져다 함께 섞어서 두껍게 1자 두께로 덮어준다. 이듬해 봄이 되어 씨에서 싹이 자랄 때 가볍게 거름을 헤쳐주면 모든 씨에서 싹이 난다. 싹이 나온 복숭아씨는 꺼내어 파종하면 절대 실패하지 않는다. 이후에는 잘 썩은 거름을 덧거름으로 주면 복숭아의 맛이 더욱 좋다.

深寬爲阬. 選取好桃數十枚, 擘取核, 卽納牛糞中, 頭向上. 取好爛糞, 和土, 厚覆之, 令厚尺餘. 至春, 桃始動時, 徐徐撥去糞土, 皆應生芽. 合取核種之, 萬不失一. 其餘以熟糞糞之, 則益桃味.

복숭아의 껍질은 안으로 잘 조여들기[189] 때문에 자란 지 4년 이상 된 복숭아는 반드시 칼로 그 껍질을 수직으로 그어 칼집을 내 주어야 한다. 만약 갈라주지 않으면 껍질이 지나치게 조여들어 죽게 된다. 7~8년 이상 자라면 나무가 노쇠해진다. 나무가 노쇠해진 이후에는 열매도 작아진다. 10년이 넘어가면 죽는다. 이 때문에 복숭아나무는 매년 심어서 끊임없이 갱신해주어야 한다.

桃性皮急, 四年以上, 宜以刀豎劚其皮. 不劚者, 皮急則死. 七八年便老. 老則子細. 十年則死. 是以宜歲歲常種之.

○ 그 밖의 파종법: 복숭아나무에 열리는 과실이 작아질 경우 지면 가까이에서 나무를 베어낸다. 그루터기에서 새로 자라나온 가지가 작지만 튼튼한 복숭아나무로 자라게 된다. 이와

又法: 候其子細, 便附土斫去. 蘖上生者, 便爲少桃. 如此亦無窮

189) 역자주 무계유 교석본에 의하면, '급(急)'은 곧 '긴(緊)'을 의미하며 『다능비사(多能鄙事)』 권7에 의하면 "복숭아는 3년 만에 열매를 맺고, 5년이 되면 왕성해지며, 7년이 되면 쇠퇴하고, 10년이 되면 죽는다. 6년째에 칼로 그 껍질을 갈라주면 끈적끈적한 것이 나와 5년은 더 자랄 수 있다."라고 한다. 이처럼 세로로 상처를 내는 이유는 생장을 왕성하게 촉진하기 위함이다. 복숭아나무의 유령기와 수명은 짧기 때문에 품종・대목・환경・재배조건 등에 따라 매우 큰 차이를 보인다고 한다.

같이 하면 복숭아나무를 계속 키울 수 있다. '얼(枿)'자는 '얼(櫱)'과 동일하다.

○ 앵두: 2월 초부터 산에서 나무를 구해 옮겨 심는다. 원래 양지에서 자란 나무를 옮겨 심을 때는 똑같이 양지에 옮겨다 심고, 원래 음지에서 자란 것은 음지에 심는다. 만약 음양이 바뀌면 쉽게 자라지 못하고 자라더라도 열매를 맺지 못한다. 이러한 과일은 본래 음지에서 생장하는데, 이를 과수원에 옮기면서 양지에 심게 되면 대부분 살아날 수 없다. 보통의 토지 위에 옮겨 심는 것이 적합하고 푸석한 거름 위에 심어서는 안 된다.

○ 포도: 덩굴로 자라 다른 것을 감을 수는 있지만 스스로 설 수는 없기 때문에 지지대를 설치해야 한다. 가지와 잎이 무성하여 그늘이 짙기 때문에 여름에 무더위를 피하기에 좋다. 10월 중순이 되면 나무뿌리에서 약 1보(步) 정도 떨어진 곳에 구덩이를 파서 포도나무 덩굴을 말아서 통째로 구덩이에 묻는다. 가지와 줄기에 가까운 곳에 기장 짚을 얇게 덮어두면 매우 좋다. 만약 기장 짚이 없을 경우에는 흙을 덮어도 좋다. 흙에는 습기가 없어야 하고 습기가 있으면 얼게 된다. 2월 중순이 되면 도로 파내어 펴서 지지대의 위에 걸쳐둔다. 포도는 내한성이 없어 겨울에 흙으로 덮어주지 않으면 쉽게 동사한다. 여러 해 동안 재배된 포도는 뿌리와 줄기가 굵고 커서 구덩이를 뿌리와 약간 멀게 파서 줄기와 덩굴이 부러지지 않도록 해야 한다. 구덩이 밖으로 드러난 줄기와 덩굴은 흙을 파내어 먼저 기장 짚을 덮은 이후에 흙을 덮어준다.

『박문록』: 포도는 대추나무 근처에 옮겨 심는 것이 좋다. 봄이 되면 대추나무 줄기에 구멍을

也. '櫱', '蘖'同.

櫻桃: 二月初, 山中取栽. 陽中者, 還種陽地, 陰中者, 還種陰地. 若陰陽易地, 則難生, 生亦不實. 此果性生陰地, 旣入園囿, 便是陽中, 故多難得生. 宜堅實之地, 不可用虛糞也.

葡萄: 蔓延, 性緣不能自擧, 作架以承之. 葉密陰厚, 可以避熱. 十月中, 去根一步許, 掘作坑, 收卷蒲萄, 悉埋之. 近枝莖, 薄安黍穰彌佳. 無穰, 直安土亦得. 不宜濕, 濕則冰凍. 二月中還出, 舒而上架. 性不耐寒, 不埋則死. 其歲久根莖麁大者, 宜遠根作坑, 勿令莖折. 其坑外處, 亦掘土, 幷穰培覆之.

『博聞錄』: 蒲萄宜栽棗樹邊. 春間,

뚫어서 포도나무가지를 그 안에 끼워 넣는다. 포도나무 덩굴이 자라서 굵어져 구멍 속에 가득 차게 될 때 포도나무 뿌리를 잘라버리면 그 덩굴은 대추나무의 뿌리에 의탁해서 자라게 된다. 열리는 포도는 육질과 씨가 대추와 같다. 들리는 소문에 의하면 북방에서는 모두 이러한 방식에 따라 포도를 재배한다고 한다.[190)

鑽棗樹作一竅, 引蒲萄枝從竅中過. 蒲萄枝長, 塞滿竅子, 斫去蒲萄根, 托棗根以生. 其肉實如棗. 北地皆如此種.

자 두[191)

李

『제민요술』[192): 자두나무는 수명이 길어 나무가 30년이나 살 수 있다. 비록 나무는 마를지라도 맺는 열매는 작지 않다.

『齊民要術』: 李性耐久, 樹得三十年老. 雖枝枯, 子亦不細.

○ 자두나무를 번식시키는 법:[193) 정월 초하

嫁李法: 正月一

190) '『박문록(博聞錄)』「조수접포도법(棗樹接蒲萄法)」': 이러한 접붙이기 방법은 지금까지도 전해지고 있다. 하지만 실제 성공 사례는 들어본 적이 없으며, 이론적인 근거도 찾지 못했다. 『박문록』의 저자인 진원정(陳元靚)은 남송 때의 복건사람으로, 남쪽 지방에 이 방법이 있다고 한 것이 아니라 "북쪽 지역에서는 모두 이렇게 심는다.[北地皆如此種.]"라고 한 것이며, '두루 들어서[博聞]' '기록한[錄]' 것일 뿐, 신빙성이 있다고는 볼 수 없다.

191) 역자주 마종신의 역주에는 자두나무는 핵과류의 과실수로 장미과에 속하며 낙엽교목이다. 중국은 자두나무를 재배한 역사가 매우 오래되었다. 과일은 생식할 수 있을 뿐만 아니라 포, 건과, 혹은 통조림으로 만들거나 술을 담글 수도 있다고 한다.

192) '『제민요술(齊民要術)』': 인용문은 지금은 『제민요술』 권4 「종리제삼십오(種李第三十五)」에 보인다.

루나 보름에 벽돌이나 돌을 자두나무의 갈라진 가지 사이에 놓아두면 열매가 많이 달리게 된다.

○ 또 다른 방법: 음력 섣달에 막대기로 가볍게 갈라진 가지 사이를 두드려 주고, 정월 그믐에 다시 한 번 더 두드려 주면, 역시 열매가 많이 달리게 된다.

자두나무나 복숭아나무는 모두 나무 밑의 잡초를 부지런히 김매어 주어야 하지만 쟁기로 갈아엎을 필요는 없다. 쟁기로 갈게 되면 자두나무가 무성하게 생장하지만 도리어 열매는 맺지 못한다. 만약 쟁기의 보습이 나무에 부딪혀 나무가 상처를 입게 되면 나무는 곧 죽는다. 복숭아나무와 자두나무는 대개 사방 2보步 간격마다 한 그루의 나무를 심는다. 너무 조밀하게 심어 나무 윗부분의 가지들[樹冠]이 서로 맞닿게 되면 열매의 크기가 작아지고 맛도 좋지 않게 된다.

日或十五日，以磚石著李樹歧中，令實繁.

又法: 臘月中，以杖微打歧間，正月晦日，復打之，亦足子也.

李樹桃樹，並欲鋤去草穢，而不用耕墾. 耕則肥而無實. 樹下犁撥亦死. 桃李大率方兩步一根. 大概25連陰則子細，而味亦不佳.

193) '가리법(嫁李法)': 이 방법에 대해 어떤 사람들은 나무의 양분의 상승류를 변화시키는 것을 근거로 삼는다. 하지만 그 효과가 어떠한지, 이론적으로 어떻게 해석할 것인지에 대해서는 과학적인 실험을 근거로 삼을 필요가 있으므로, 지금 결론을 내릴 수 없다. 역자주 무계유 교석본에 의하면, 벽돌로 자두나무의 갈라진 가지 사이에 압력을 가하면 형성층 부분이 압박을 받거나 상처를 입게 되어 유기양분이 아래로 전달되는 데 장애를 받아 압박을 받는 면적이 한쪽에 치우칠 수밖에 없기 때문에 열매를 많이 맺는 것에 대해서는 만족할 만한 결과를 거둘 수 없다. 그러나 다른 측면에서 볼 때, 만약 나무의 가지가 크고 굵지 않다면 나무의 껍질이 바깥으로 뻗어나가서 통풍과 햇볕을 받는 것에서 유리해 탄소 동화작용을 증진시키며 당류 등의 유기영양소를 더 많이 만들게 된다. 그리고 나뭇가지의 경사각이 더 커져서 생장속도는 쭉 뻗은 가지에 비해 느리기 때문에 당류 등 양분의 소모가 줄어들게 되어 그 나머지를 열매 맺는 데 공급할 수 있다. 문장 속에 "막대기로 가볍게 갈라진 가지 사이를 두드린다."라는 말이 있는데, 그것은 '대추를 번식시키는 법'과 유사하지만 효과는 그리 크지 않은 듯하다.

▌교 석(校釋)▌

[25] '대개(大槪)': '개(槪)'자는 전본에는 '개(槩)'로 되어 있으나, 격본에 따라 『제민요술』과 동일하게 고친다. '대개'는 '너무 가깝다'는 뜻이다.

매화·살구

梅杏

『제민요술』[194]: 매화와 살구를 심는 법은 복숭아와 자두를 심는 법과 같다.

『齊民要術』: 栽種, 與桃李同.

○ 백매白梅 만들기: 매실은 신맛이 있고, 그 씨가 막 자랄 때에 딴다. 밤에는 소금물에 담그고 낮에는 태양 아래 말린다. 모두 10일 밤낮으로 담그고 말리는 과정을 거치면 만들어진다. 음식을 익히거나 조리할 때 약간 집어넣는다.

作白梅:[26] 梅子酸, 核初成時, 摘取. 夜以鹽汁漬之, 晝則日曝. 凡作十宿十浸, 十日便成矣. 調鼎和虀, 所在多入也.

○ 오매烏梅[195] 만들기: 이 역시 매실의 씨가 자랄 때에 따서 대바구니에 담아 굴뚝[突][196] 위에서 연기를 쐬게 하면 만들어진다. 오매는 오직 약용으로만 삼고 식품의 조미료로는 쓰지 않는다.

作烏梅: 亦以梅子核初成時摘取, 籠盛, 於突上熏之令乾, 即成矣. 烏梅入藥, 不任調食也.

○ 매화와 살구의 가루[杏李麨][197] 만드는 법:

作杏李麨法: 杏、

194) '『제민요술(齊民要術)』': 인용문은 『제민요술』 권4 「종매행제삼십육(種梅杏第三十六)」에 보인다.

195) 역자주 마종신의 역주에는 오매(烏梅)의 성질은 따뜻하고 신맛이 나서 침을 고이게 하는 것이며, 구충제 작용을 한다고 한다.

196) '돌(突)': '연창(烟囪: 굴뚝)', '연통(烟通)'이다.

197) '초(麨)': 물기 없이 만든 녹말가루는 열을 가하여 분해 작용이 이루어졌기 때

살구와 자두가 익을 때 많이 따서 동이[盆]에 넣은 뒤 으깨어 준다. 갓 만든 베[198]로 즙을 짜 내고 납작한 소반[盤] 밑바닥에 얇게 발라 햇볕에 말린 후에 손으로 비벼 긁어낸다. 물과 섞어 미음을 만들 수도 있고 쌀가루와 섞어 먹을 수도 있으며, 여러 곳에 사용된다.[199]

李熟時, 多收取, 盆中研之. 生布絞取濃汁, 塗盤中, 日曬乾, 以手磨刮取之. 可和水爲漿, 及和米麨, 所在多入也.

『사시유요』[200]: 익은 살구를 과육채로 거름기 있는 땅속에 묻는다. 봄이 되어 싹이 난 이후에 3월이 되면 보통의 땅에 옮겨 심는다. 이미 (거름기 있는 땅에서) 옮겨 온 것이기 때문에 더 이상 거름기 있는 땅에 심을 필요는 없다. 그렇지 않으면 열매가 작아지고 맛도 쓰게 된다. 옮겨 심을 때는 반드시 흙이 붙은 채로 심어야 한다. 3보마다 한 그루씩 심으며, 드물게[201] 심으면 맛이 달다. 단

『四時類要』: 熟杏, 和肉埋糞土中. 至春旣生, 三月移栽實地. 旣移, 不得更於糞地. 必致少實而味苦. 移須合土. 三步一樹, 穊卽味甘. 服食之

문에, 물과 끓이지 않더라도 바로 먹을 수 있다. 즉 '초면(炒面)'이다.

198) 역자주 생포(生布)는 염색과 가공을 거치지 않은 베[布]를 일컫는다.

199) 역자주 석성한의 교주본에서는 이 부분과 위쪽 두 부분이 큰 글자로 되어 있으나 원각대자본(元刻大字本)에서는 작은 글자로 되어 있다.

200) '『사시유요(四時類要)』': 지금은 조선각본 『사시찬요』 권2 「3월(三月)」편에 보인다. '이재(移栽)' 위의 '삼월(三月)' 두 글자는 조선본에는 없으며, 필요도 없는 듯하다. 본서에 지금 인용되어 있는 문장 외에, 뒤에 '방상법(防霜法)' 한 단락이 더 있는데, 원래는 『제민요술』의 「재수제삼십이(栽樹第三十二)」편에 인용된 『식경(食經)』을 개괄하여 쓴 것으로, 본서에는 권3의 「수시(修蒔)」장에 『무본신서』의 한 절이 인용되어 있으며, 내용이 같으므로 여기에서 삭제하는 것이 더 적합하다.

'경어분지(更於糞地)'의 '어(於)'자는 일반적인 습관에 부합하지 않으며, '재(栽)', '식(植)'으로 하거나, 또는 '어'자 앞에 이러한 종류의 글자를 보충하거나, 아니면 '어'자를 아예 삭제해야 할 것이다.

201) 역자주 개즉미감(穊卽味甘)은 『사시찬요』와 전본은 같으며, '개(穊)'는 '희(稀)'를 잘못 표기한 것인 듯하다. '종이(種李)'에서 "너무 조밀하게 심어 나무 윗부분의 가지들[樹冠]이 서로 맞닿게 되면 열매의 크기가 작아지고 맛도 좋지 않게 된다."라는 것과 상반되는 것이다.

약을 복용하여 신선이 되고자[服食] 하는 도가에서는 마땅히 살구를 심어야 한다.

家, 尤宜種之.

| 교 석 (校釋) |

26 '작백매(作白梅)', '작오매(作烏梅)', '작행이초법(作杏李麨法)' 등 세 조문은 본문이 격본에는 『제민요술』의 원래 형식과 같이 작은 글자 두 줄로 쓰인 데 반해, 전본에는 모두 큰 글자로 쓰여 있다.

사과 · 능금[202)]

柰林檎

『제민요술』[203)]: 사과나무와 능금나무는 모두 씨를 파종하지 않고, 먼저 나무로 기른 이후에 옮겨 심는다. 종자를 심으면 비록 싹은 날지라도 좋은 맛이 나기는 어렵다. 나무로 길러 옮겨 심는 방법은 뽕나무를 휘문이하는 방법과 동일하다. 사과와 능금의 뿌리는 모두 지면 위로 드러나지 않기 때문에 번식할 나무를 찾아 옮겨심기가 매우 어렵다. 그래서 휘문이를 해야 한다. 옮겨 심는 방법은 복숭아나 자두를 옮겨 심는 것과 같다.

『齊民要術』: 柰、林檎不種, 但栽之. 種之雖生, 而味不成.❶ 取'栽'如壓桑法. 此果根不浮薉, 栽故難求. 是以須壓也. 栽如桃李法.27

---

202) 역자주 마종신의 역주에 의하면, 내(柰)는 사과의 옛 명칭이다. 인과류(仁果類)의 과일나무로 장미과에 속하며 낙엽교목이다. 대개 접붙여 번식시킨다. 임금(林檎)은 장미과의 낙엽교목이다. 이시진(李時珍)에 의하면 '임금은 곧 사과가 작고 둥근 것'을 말한다고 한다. 무계유의 교석본에는 가사협은 내(柰)와 임금(林檎) 두 종류로 나뉜다고 했으며, 내는 오늘날의 빈과(蘋果)이며 임금은 사과(沙果)라고 한다.

203) '『제민요술(齊民要術)』': 지금은 『제민요술』 권4의 「내림금제삼십구(柰林檎第三十九)」에 보인다.

○ 능금나무는 정월과 2월 사이에 도끼머리 쪽으로 나무 곳곳을 두드려주면 열매를 많이 맺는다.

林檎樹, 以正月二月中, 翻斧斑駁椎之, 則饒子.

▌교 석(校釋)▌

27 전본에는 '재여도이법(栽如桃李法)' 위에 '우법(又法)'이라는 두 글자가 있으며, '우(又)'의 위에는 한 칸 띄어져 있다. 노교에는 "별본을 살펴보면, '우법(又法)'이라는 두 글자가 없고 띄어쓰기도 하지 않았다. 위에서 '재(栽)'를 취하는 방법은 곧 '재(栽)'를 옮기는 방법으로, 이 둘은 한 쌍이지 두 가지 방법이 아니다."라고 되어 있다.

▌교 안(校案)▌

❶ '성(成)': 『제민요술』에는 '가(佳)'로 되어 있다.

대 추 이(椳)대추[204]를 덧붙임

棗 椳棗附

『제민요술』[205]: 항상 맛이 좋은 대추의 모종을 선별하여 남겨 두었다가 옮겨 심는다. 대추나무의 잎이 막 피기 시작할 때 옮겨 심는다. 대추나무

『齊民要術』: 常選好味者, 留栽之. 候棗葉始生而移

204) 역자주 무계유 교석본에 의하면, 이조(椳棗)는 우내시(牛奶柿) 또는 정향시(丁香柿)라고 한다. 감나무과에 속하는 군천자(君遷子)이다. 지금도 민간에서는 대부분 연조(軟棗)라고 하여 대추나무의 이름으로 부르고 있지만 실제는 대추나무의 종류가 아니다.

205) '『제민요술(齊民要術)』': 인용문은 『제민요술』 권4 「종조제삼십삼(種棗第三十三)」에 보인다.

는 그 질이 단단하여 잎이 나는 것이 늦다. 빨리 옮겨 심으면 흙이 단단해져 도리어 생장이 늦어진다. 3보마다 한 그루씩 옮겨 심는데 그 행렬이 서로 대칭되게 해야 한다. 대추나무 사이의 빈 곳은 갈아엎을 필요가 없다. 모름지기 소와 말이 땅을 밟게 하여 지면을 깨끗이 유지해야 한다. 대추나무는 물기를 흡수하는 성질이 강하고, 나무 아래는 농사짓기에 적합하지 않기 때문에 갈아엎을 필요는 없다. 만약 나무 사이에 잡초가 많아지면 벌레가 생기기 쉽기 때문에 깨끗하게 해주어야 한다. 땅이 단단하면 열매가 많이 열리기 때문에 땅을 밟아 주어야 한다.

之. 棗性硬, 故生晩. 栽早者, 堅垎, 生遲也. 三步一樹, 行欲相當. 地不耕也. 欲令牛馬履踐令淨. 棗性堅强, 不宜苗稼, 是以不耕. 荒穢則蟲生, 所以須淨. 地堅饒實, 故宜踐也.

정월 초하루에 태양이 떠오를 때 도끼머리로 나무 위를 군데군데 두드리는 것을 '대추나무 열매 맺히기[嫁棗]'라고 한다. 두드리지 않으면 꽃은 피지만 열매를 맺지 않고, 도끼의 날로 여기저기를 찍으면 열매가 시들어 말라 떨어진다. 익은누에[大蠶]가 섶에 오를 무렵 몽둥이로 가지 사이를 두드려서 지나치게 많이 핀 대추나무 꽃을 떨어뜨린다. 두드려주지 않으면 꽃은 무성하게 피지만 도리어 열매는 잘 달리지 않는다. 대추가 전부 붉어지면 바로 딴다.

正月一日日出時, 反斧斑駮椎之, 名曰'嫁棗'. 不椎,ⓜ 則花而無實, 斫則子萎而落也. 候大蠶入簇, 以杖擊其枝間, 振去狂花. 不打, 花繁實不成. 全赤卽收.

○ 대추 거두는 법: 매일매일 나뭇가지를 흔들어 대추를 떨어뜨리는 것이 가장 좋은 방법이다. 반쯤 붉어졌을 때 거두게 되면 대추의 과육이 아직 꽉 차지 않아 말린 이후에 색이 누렇게 되며 주름이 진다. 붉어지려고 할 때 거두게 되면 맛이 좋지 않다. 완전히 붉어진 이후에도 거두지 않고 오랫동안 두면 대추 껍질이 갈라지고 또한 까마귀의 밥이 되기 쉽다.

收法: 日日撼而落之爲上. 半赤而收者, 肉未充滿, 乾則色黃而皮皺. 將赤味亦不佳. 全赤不收, 久則皮硬, 復有烏鳥之費.[28]

○ 이조梗棗: 음지에 심어야 한다. 양지에 심

梗棗: 陰地種之.

으면 과일이 작아진다. 서리가 충분히 내려 색깔이 자홍색[206]으로 변한 이후에 이내 거둔다. 너무 일찍 거두면 맛이 떫어 먹기에 적합하지 않다.

陽中則少實. 足霜, 色殷, 然後乃收之. 早收者澁, 不任食也.

○ 멧대추가루[酸棗麨] 내는 법: 대부분 색이 붉어지고 잘 익은 대추를 거두어 발 위에 올려 햇볕에 말린다. (말린 대추를) 큰 솥에 넣고 삶아주는데, 물을 대추 위로 넘칠 정도로 담는다. 한 번 끓이고 걸러내어 동이[盆]에 넣고 으깬다. 갓 만든 베를 이용해 즙을 짠다. 쟁반 위나 동이 속에 즙을 발라서 햇볕이 내리쬐는 아래에서 말려, 손으로 비벼서 걷어내어 가루로 만든다. 한 치 길이의 둥근 숟가락[207]으로 한 번 떠서 물 한 사발에 넣으면 신맛과 단맛이 나는 좋은 음료가 만들어진다. 먼 길을 갈 때 쌀가루와 섞어 함께 마시면 배고픔과 갈증을 해소할 수 있다.

作酸棗麨法: 多收紅軟者, 箔上日曝令乾. 大釜煮之, 水僅自淹. 一沸卽漉出, 盆研之. 生布絞取濃汁. 塗盤上或盆中, 盛暑日曝使乾, 漸以手摩挲, 取爲末. 以方寸匕, 投於一椀水中, 酸甛味足, 卽成好漿. 遠行用和米麨, 飢渴得[28]當也.

▌교 석(校釋)▌

[28] '지비(之費)': 전본에는 '탁지(啄之)'로 되어 있으며, 이는 『제민요술』의 훗날 판본과 비슷하지만, 격본에는 가나자와 문고본[金澤文庫本] 『제민요술』과 같이 '지비(之費)'로 하고 있다. [노교: "별본에는 '지비(之費)'로 되어 있는데, 비교적 예스럽다."]

---

206) 역자주 무계유는 '안(殷)'은 붉고 검은빛을 띤 색이다. 연조(軟棗)는 홍남조(紅藍棗)라고도 하는데 그 과일껍질의 색에 따라 붙인 이름이라고 교석하고 있다.

207) 역자주 무계유에 의하면 '방촌비(方寸匕)'는 옛날에 약 가루의 양을 재는 일종의 계량(計量)방법이라고 한다.

| 교 안(校案) |

ⓜ '추(椎)': 『제민요술』에는 원래 '부(斧)'로 되어 있다.
ⓝ '득(得)': 『제민요술』에는 '구(俱)'로 되어 있다.

밤 개암을 덧붙임

『제민요술』[208]: 밤은 단지 종자를 심을 뿐 옮겨 심지는 않는다. 옮겨 심은 것은 설령 살아나더라도 빨리 죽게 된다. 밤이 막 익으면 껍질에서 떨어져 나오는데 그 즉시 실내의 축축한 땅에 묻어 둔다.[209] 종자는 반드시 깊게 묻어 흙이 얼면서 종자가 손상되지 않도록 해야 한다. 외부에서 종자를 가져올 경우에는 가죽 주머니[韋囊]에 담아 가져와야 한다. 무릇 밤이 떨어지고 이틀 이상이 지나 바람을 쐬고 태양빛을 받게 되면 더 이상 싹이 날 수 없다. 이듬해 봄 2월이 되어 모두 싹이 나면 꺼내서 파종한다. 싹이 난 이후 몇 년간은 손을 대서는 안 된다. 무릇 새로 옮겨 심은 나무는 모두 손을 대서는 안 되는데 밤나무는 더욱 그러하다. 3년간은 매년 10월에 항상 풀로 감싸주고 이듬해 2월이 되면 풀어준다. 풀로 감싸주지 않으면 얼어 죽게 된다.

栗 榛附

『齊民要術』: 栗種而不栽. 栽者雖生, 尋死矣. 栗初熟時, 出殼, 卽於屋裏埋著濕土中. 埋必須深, 勿令凍徹. 若路遠者, 以韋囊盛之. 停二日已上, 見風日者, 則不復生. 至春二月, 悉芽生, 出而種之. 旣生, 數年不用掌近. 凡新栽之樹, 皆不用掌近. 栗性尤甚也. 三年內, 每到十月, 常須草

---

208) '『제민요술(齊民要術)』': 본 장의 인용문의 두 단락은 모두 『제민요술』 권4 「종율제삼십팔(種栗第三十八)」에 있다.

209) 역자주 마종신의 역주에는 밤은 쉽게 벌레의 피해를 받게 되는데, 피해를 받은 과실은 종자로 쓸 수 없을 뿐만 아니라 먹지도 못하기 때문에 밤의 저장은 매우 중요한 문제라고 한다. 밤을 잘 저장하면 벌레에 의한 피해를 막을 뿐만 아니라 신선도, 온도 그리고 냉해의 문제 또한 해결할 수도 있다.

	裹. 至二月乃解. 不裹則凍死.
『대대례大戴禮』「하소정夏小正」[210]에 의하면, 8월에 밤이 떨어지면 그것을 얻을 수 있다. 껍질을 '벗겨' 얻는 것을 말하지 않았다고 한다.	『大戴禮』「夏小正」曰, 八月栗零, 而後取之. 不言'剝'之.
○ 개암나무[榛][211]: 『주관주周官注』의 주에	榛:㉙ 『周官注』

210) '『대대례(大戴禮)』「하소정(夏小正)」': 인용문은 「하소정(夏小正)」 '8월(八月)'에 보이며, '령(零)'은 스스로 떨어지는 것이고, '박(剝)'은 인력을 사용해 벗겨내는 것이다.

211) '진(榛)' 제목 아래의 주문은 모두 『제민요술』을 인용한 것인데, 본 교주에서도 설명한 것과 같이 전본의 순서가 뒤집힌 것 외에도 주문의 출처와 내포하고 있는 몇 가지 문제점들이 『제민요술』에도 모두 있다. 이것들을 간단히 설명하면 다음과 같다.

(1) '『주관주(周官注)』': 『주례(周禮)』「천관 총재(天官 冢宰)」의 '변인(籩人)', "음식을 대접하는 그릇에 대추, 밤, 말린 복숭아, 말린 매실, 개암나무 열매를 담는다.[饋食之籩, 其實棗、栗、桃乾、𧀠、榛實.]"절의 주문에 보인다.

(2) '『설문(說文)』': 금전본(今傳本) 『설문해자』와 일치하지 않으며, 해석도 통하지 않는 것이 아마도 잘못 옮겨 적은 듯하다. 『설문해자』에는 '친(親)'으로 되어 있으며, "열매는 작은 밤과 같다.[實如小栗.]"라고 한다.

(3) "위시(衛詩)는 '산에는 진(蓁)이 있다'고 했다.[衛詩曰: 山有蓁.]" 『시경』「국풍(國風) 패풍(邶風)」의 「간혜(簡兮) 제삼장(第三章)」은 금전본에 "산에는 개암나무가 있다.[山有榛.]"라고 되어 있다.

(4) '『시의소(詩義疏)』': 삼국시대 오나라의 육기(陸璣)가 지은 『모시초목조수충어소(毛詩草木鳥獸蟲魚疏)』(지금은 『총서집성초편(叢書集成初編)』에 영인한 '고경해휘함(古經解彙函)'본 등이 있다.)에서 송의 형병(邢昺)이 『이아소(爾雅疏)』에서 인용하기까지 '『시의소(詩義疏)』'라는 명칭을 썼다. 음력 정월, '수지진율(樹之榛栗)'의 소(疏)에는 "진(榛)은 밤나무에 속하는 것으로 두 가지 종류가 있다. 한 가지는 껍질, 잎이 모두 밤과 비슷하며, 열매가 작아 마치 유(柔)(=상수리나무)의 열매와 비슷하고, 맛도 밤과 비슷하여 '수지진율(樹之榛栗)'이라고 한다. 또한 나뭇가지는 횃불로 쓸 수 있다. 다른 한 가지는 가지와 잎은 개다래나무와 비슷하며, 높게 자란다.[안(案): 여기는 누락된 것이 있다.] 맛은 호두와 비슷하며, 요동(遼東), 상당(上黨) 지역에 많다."라고 되어 있다. 육기의 소의 전본을 살펴보면, 모두 원서와 일치한다고는 볼 수 없으나, 『제민요술』에 인용된 것이 더욱 상세하고 정확한 듯하다. 하지만 자구는 전본보다 못한 곳도 있으니, 둘을 참고하여

의하면, 개암나무의 열매는 밤과 그 형상이 유사하지만 개암이 더 작다고 한다. 『설문說文』에 이르길, 개암나무는 가래나무[212]와 비슷하며 열매는 밤보다 작다고 한다. 『위시衛詩』에 이르길 산에는 개암나무[蓁]가 자란다고 한다. 『시의소詩義疏』에 이르길, 진蓁은 목木변으로 밤나무 종류에 속한다고 한다. 여기에는 두 가지 종류가 있는데, 그 중 하나는 가지와 나뭇잎의 모습이 밤나무와 같으며, 열매는 도토리[213]와 유사하고 맛은 밤과 같다. 이것이 바로 「시경」에서 말하는 "개암나무[榛]와 밤나무를 심는다."라는 것의 진榛이다. 그 외 한 종류는 가지와 줄기가 개다래나무[木蓼]와 유사하고 잎은 갈매나무[牛李]의 색깔과 같으며 1길[丈] 높이로 자란다. 그 껍질[214] 속의 씨는 자두와 유사하고 호두 맛이 나며 기름을 짜도 매우 좋고, 생으로 먹을 수도 있다. 어양漁陽・요遼・대代・상당上黨[215] 지역에서 많이 생산된다. 가지나 줄기는 땔감으로 사용되며 불을 붙여 촉으로 사용할 수 있는데 매우 밝고 연기도 나지 않는다.

曰, 榛, 似栗而小. 『說文』曰, 榛似梓, 實如小栗. 『衛詩』曰, 山有蓁. 『詩義疏』云, 蓁, 栗屬. 或從木. 有兩種, 其一種, 大小枝葉, 皆如栗, 其子形似杼子, 味亦如栗. 所謂"樹之榛栗"者. 其一種, 枝莖如木蓼, 葉如牛李色, 生高丈餘. 其核中悉如李, 生作胡桃味, 膏燭又美, 亦可食噉. 漁陽、遼、代、上黨皆饒. 其枝莖生樵爇燭, 明而無煙.

결정할 수 있겠다. 역자주 무계유 교석본에 의하면, 진(榛)은 옛날에는 진(亲)으로도 썼으며, 『설문』에서는 '진(亲)'은 열매가 작은 밤과 같다고 한다.

212) 역자주 마종신은 역주에서 '재(梓)'는 능소화과[紫葳科]에 속하고 낙엽교목이며 열매는 길고 가늘어 동부 콩까지와 유사하며 개암열매와는 전혀 같지 않다고 한다.

213) 역자주 마종신은 저자(杼子)는 곧 도토리[橡子]라고 주석하고 있다.

214) 역자주 본문에서는 복숭아씨와 같은 핵(核)이라고 하지만 문장의 내용으로 보아 껍질[殼]로 해석하는 것이 합당할 듯하다.

215) 역자주 무계유 교석본에 의하면, 어양군(漁陽郡)은 지금의 북경시 밀운현(密雲縣)이며, 요(遼)는 요하지역이며, 대군(代郡)은 오늘날 하남성 울현(蔚縣)지역이고, 상당군(上黨郡)은 오늘날의 산서성 동남부에 위치하고 있다고 한다.

개암나무를 옮겨 심는 방법은 밤나무를 심는 것과 같다.

栽種, 與栗同.

| 교 석(校釋) |

29 '진(榛)'분조는 전본에는 제목의 '진(榛)'자 아래에 '제민요술'이라는 네 글자를 첨가함으로써 '재종여율동(栽種與栗同: 심는 법은 밤나무와 같다.)'을 정문으로 해서 이어져야 『주관주(周官注)』가 된다. 격본에는 '제민요술'이라는 네 글자가 없고, 먼저 『주관주』가 있고 마지막에 '재종여율동(栽種與栗同)'이라는 구절의 정문이 있다. 격본의 이러한 배열순서는 『제민요술』 원문과 유사하다. 하지만 『주관주』절은 『제민요술』의 격식에 따라 제목 '진(榛)'의 주문은 작은 글씨로 해야 한다. 노교에는 "별본에 '주관왈(周官曰)'이 말한 내용을 인용한 것을 살펴보면, 끝에 '재종여율동(栽種與栗同)'이라고 시작되는 구절이 바로 그것이다. 이 조는 바로 앞에 붙어 있는데 따로 '제민요술'이라는 네 글자를 붙일 필요가 있겠는가?"라고 하고 있다.

감

柿

『제민요술』[216]: 옮겨 심을 만한 작은 감나무가 있으면 파서 옮겨 심는다. 만약 묘목이 없다면 감나무의 가지를 잘라서 감나무[연조(軟棗)][217]의 대

『齊民要術』: 柿有小者, 栽之. 無者, 取枝於軟棗根

216) '『제민요술(齊民要術)』': 인용문은 『제민요술』 권4 「종시제사십(種柿第四十)」에 보인다.

217) '연조(軟棗)': 감나무 속의 Diospyros lotus이다. 이러한 식물의 명칭은 '연[軟: ='연(輭)', '연(楩)']조(棗)'라고 하고, 『제민요술』에도 '조(棗: 대추나무)'에 속하는 것으로 분류[위쪽의 '조(棗)'장에 있는 '이조(楩棗)'조에 보인다.]되어 있긴 하지만, 이 나무와 감의 친연관계(親緣關係)가 매우 밀접하다는 것은 이미 알려져 있었으며, 감나무를 접붙이기할 때 바탕나무로 쓰였다. 역자주 무계유 교석본에

목 위에 접을 붙이는데, 배나무의 접붙이는 방법과 동일하다.

上揷之, 如揷梨法.

안석류[218]

安石榴

『제민요술』[219]: 석류나무를 옮겨 심는 방법: 3월 초에 엄지손가락 굵기의 석류 나뭇가지를 잘라 이를 1자 반 정도의 꺾꽂이용 가지로 자른다. 8~9가지를 한 묶음으로 만들어 가지의 아래쪽의 2치 정도를 불로 지진다. 만약 불로 지지지 않으면 즙액이 빠져나갈 수 있다.[220] 1자 7치 정도의 깊이로 직경 1자의 둥근 구덩이를 판다. 가지의 묶음을 구덩이 가장자리에 세워둔다. 가지를 고르게 배열하여 둥글게 배치한다. 가지 중간에 마른 뼈나 자갈을 놓아두고 나무는 본래 마른 뼈나 자갈을 좋아한다.[221] 흙을 덮어 잘 다

『齊民要術』: 栽石榴法: 三月初, 取枝大如手大指者, 斬令長一尺半. 八九枝共爲一科, 燒下頭二寸. 不燒, 則漏汁矣. 掘圓阬, 深一尺七寸, 口徑尺. 竪枝於阬畔. 環圓布枝, 令勻調也. 置

의하면, '연조', 즉 군천자(君遷子)는 감나무의 좋은 침목(砧木)이 되며, 남북방에서 두루 사용하고 있다. 이곳에 감나무 접을 붙인다고 한다.

218) 역자주 안석류는 잡과류의 과실나무로, 안석과에 속하고 낙엽 관목 혹은 작은 교목이며 석류라고 통칭한다. 무계유 교석본에 의하면, 전설에는 장건이 서역에 가서 안석국의 석류 종류를 가지고 왔기 때문에 그 이름을 안석류라고 지은 것이라 한다.

219) '『제민요술(齊民要術)』': 인용문은 『제민요술』 권4 「안석류제사십일(安石榴第四十一)」에 보인다.

220) 역자주 무계유 교석본에 의하면, 석류의 번식방법으로는 현재 대부분 가지를 꺾꽂이하는 방법[扦揷法]을 따르고 있다. 꺾꽂이 할 가지의 영양분의 양과 동태는 그의 재생작용과 밀접한 관계를 가지고 있으며, 끝부분을 지지는 것은 영양분의 손실을 방지하기 위함으로 현재 과일농사에서 여전히 이와 같은 방법을 따르고 있다. 그 밖에 미생물의 침해를 방지하기도 한다.

221) 역자주 마종신은 역주에서 나무가 뼈와 자갈을 좋아한다는 것은 안석류의 '안

진다. 이처럼 한 층은 흙으로 덮고, 한 층은 자갈과 마른 뼈를 채워 넣어 구덩이가 평평해질 때까지 채워준다. 가지 끝에서 1치 정도의 깊이까지 흙을 덮어 준다. 항상 물을 주어 촉촉하게 해 주어야 한다. 꽂아둔 가지가 살아나면 다시 뼈와 자갈을 뿌리 주위에 놓아둔다. 그렇게 하면 구덩이 속의 가지들이 윤기 있고 무성하여 보기 좋게 자랄 수 있다. 만약 한 구덩이에 하나의 가지만 꽂아둔다면 비록 살아난다 하더라도 무성하게 생장하지 못한다.

枯骨礓石於枝間, 骨石是樹性所宜. 下土築之. 一重土, 一重骨石, 平坎止. 其土令沒枝頭一寸許也. 水澆, 常令潤澤. 既生, 又以骨石布其根下. 則科圓滋茂可愛. 若孤根獨立者, 雖生亦不佳. ⓞ

10월 중순에 부들과 짚을 작은 나무에 감싸준다. 감싸주지 않으면 얼어 죽게 된다. 2월 초에는 다시 풀어서 제거한다. 만약 꺾꽂이용 가지를 충분히 얻는 것이 쉽지 않다면, 하나의 긴 가지의 끝부분을 불에 지져 둥글게 구부려 '소 코뚜레모양'을 만들어서 구덩이 속에 평평하게 가로로 묻어도 좋다. 그러나 위의 번식방법과 같이 묘목의 싹이 튼튼하거나 열매를 일찍 맺지는 못한다. (이와 같이 할 경우에는) 코뚜레모양으로 구부린 가지 가운데에 뼈와 자갈을 놓아두어야 한다. (모종을 이용하여 번식시킬 때는) 뿌리를 파내어 구덩이 속에 옮겨 심는데,[222] 그 또한 구덩이 속에 둥글게 배치하여 그 중간에 뼈와 자갈을 넣어둔다.

十月中, 以蒲藁裹而纏之. 不裹, 則凍死也. 二月初乃解放. 若不能得多枝者, 取一長條, 燒頭, 圓屈如'牛拘'而橫埋之, 亦得. 然不及上法根彊早成. 其拘中, 亦安骨石. 其劚根栽者, 亦圓布之, 安骨石於其中也.

석'이라는 글자에서 나왔다고 하지만, 전혀 과학적인 근거는 없다고 한다.

222) 역자주 무계유 교석본에 의하면, 석류나무는 싹이 자라 뿌리가 분얼하기 때문에 가지 친 뿌리를 파내어 모종을 옮겨 심어야 한다. 옮겨 심는 방법은 구덩이 속에 둥글게 배치하는 것이라고 한다.

교 안(校案)

❶ 『제민요술』에는 '가(佳)'자 아래에 '언(焉)'자가 더 있다.

모 과

『제민요술』[223]: 모과는 종자를 심거나 옮겨 심는 것이 모두 가능하다. 휘묻이를 해도 번식할 수 있다. 옮겨 심거나 종자를 심는 방법은 복숭아나 자두나무를 심는 것과 같다.

『무본신서』: 모과는 추사일[224] 전후에 옮겨 심는데, 대개 이듬해가 되면 많은 열매를 맺으므로, 봄에 옮겨 심는 것보다 훨씬 낫다.

木瓜

『齊民要術』: 木瓜種子及栽皆得. 壓枝亦生. 栽種與桃李同.

『務本新書』: 木瓜秋社前後移栽, 至次年, 率多結子, 遠勝春栽.

은 행

『박문록』: 은행의 열매는 암수[225]가 있는데,

銀杏

『博聞錄』: 銀杏

223) '『제민요술(齊民要術)』': 인용문은 『제민요술』 권4 「목과제사십이(木瓜第四十二)」에 보인다.

224) 역자주 마종신은 역주에서 추사(秋社)는 입추 후의 다섯 번째 '무일(戊日)'이라고 주석하고 있다.

225) "은행은 자웅이 있다.[銀杏有雌雄.]": 은행은 계통상 아주 오래된 것으로, 자웅이주의 특징을 지니고 있다는 것을 중국에서는 일찍부터 알고 있었다. 『박문록』

수 열매는 모서리가 세 개이고, 암 열매는 모서리가 두 개이다. 두 종류는 반드시 마주보게 심어야 한다. 만약 못가에 파종할 때는 못에 나무의 그림자가 비쳐도 열매를 맺는다.

有雌雄. 雄者有三稜, 雌者有二稜. 須合種之. 臨池而種, 照影亦能結實.

○ 새로 덧붙이기: 춘분 전후에 옮겨 심는다. 옮겨심기 전에 먼저 깊은 구덩이를 파서 구덩이 속에 물을 넣고 섞어 묽은 진흙으로 만든 후에 모종을 옮겨 심는다. 나무 모종을 파낼 때는 뿌리 주변의 '흙덩이 째로' 파내어 풀이나[226] 삼끈으로 감싸서 옮길 때 흙덩이가 부서지지 않도록 한다.

新添: 春分前後移栽. 先掘深坑, 下水攪成稀泥, 然後下栽子. 掘取時, 連'土封'用草或麻繩纏束, 則不致碎破土封.

등자나무[227] 감자나무[柑] 덧붙임[228]

橙 柑附

○ 새로 덧붙이기: 등자나무는 서천西川・당唐・등鄧의 지역에서 대부분 많이 재배하여 성과를 거두고 있다. 회주[229]에서도 오래 전에 등자나

新添: 西川、唐、鄧, 多有栽種成就. 懷州亦有舊日橙

은 찬집된 서적으로 소재는 비교적 이른 시기의 것이다. 이로써 중국에서는 늦어도 13세기에 이미 이러한 나무의 자웅이주에 대해 알고 있었다는 것을 알 수 있다. 하지만 "연못에 그림자만 비쳐도 열매를 맺을 수 있다.[臨池照影亦能結實.]"라는 말은 사실과 일치하지 않는다.

226) 역자주 마종신은 역주에서 초혹(草或)은 원각본에서는 초요(草要)라고 되어 있으며, 초요는 북방의 방언으로서 거친 풀의 굵은 새끼줄을 가리킨다고 한다.

227) 역자주 마종신은, "등자나무는 운향과 다년생 상록의 작은 교목이다. 단맛이 나는 등자의 과실은 신선한 열매를 그대로 사용하거나 가공하여 사용한다. 잎과 과일의 껍질은 향기가 나는 기름으로도 쓰인다."라고 한다.

228) 역자주 석성한이 주석한 전본에는 덧붙인 부분이 없다고 한다.

무를 심은 적이 있다. 그러나 북방에서는 등자나무를 볼 수 없다. 만약 주변 지역에서 등자나무 심는 기술을 배워 옮겨 심는다면 가용에 매우 보탬이 될 것이다.

樹. 北地不見此種. 若於附近地面, 訪學栽植, 甚得濟用.

○ 감자나무: 등자나무와 서로 같다.

柑: 與橙同.

귤[230]

橘

○새로 덧붙이기: 귤나무는 서천西川・당唐・등鄧의 지역에서 대부분 재배하여 성과를 거두고 있다. 회주에서도 오래 전에 귤나무를 심은 적이 있다. 그러나 북방에서는 귤나무를 볼 수 없다. 만약 주변 지역에서 귤나무 심는 기술을 배워 옮겨 심는다면, 가용에 매우 보탬이 될 것이다.

新添: 西川、唐、鄧, 多有栽種成就. 懷州亦有舊日橘樹. 北地不見此種. 若於附近地面, 訪學栽植, 甚得濟用.

---

229) '서천(西川), 당(唐), 등(鄧), 회주(懷州)': 당나라 때부터 지금의 사천성 서북부 지역을 서천(西川)이라 불렀다. 당주(唐州), 등주(鄧州)는 원나라 때에는 남양부(南陽府)에 속했으며, 지금의 하남(河南)성 남부의 남양(南陽), 심양(沁陽) 지역이다. 원나라 때에는 당나라 때에 쓰던 회주(懷州)라는 옛 명칭을 그대로 사용했으며, 지금의 하남성 서북의 심양(沁陽) 일대이다.

230) 역자주 마종신은 역주에서 현대에 과일나무를 분류함에 있어서 감(柑)과 귤[橘, 길(桔)이라고도 한다.]은 같은 부류에 속하며 운향과라고 한다. 과일의 명칭에서 감은 귤과 구분되지 않으며, 온주(溫州)에서는 밀귤(蜜橘)을 온주밀감이라고도 한다.

풀명자[231] 배[梨]와 유사하지만 시다

樝子 似梨而酸 [30]

○ 새로 덧붙이기: 풀명자나무는 서천西川・당唐・등鄧의 지역에서 대부분 많이 재배하여 성과를 거두고 있다. 그러나 북방에서는 풀명자나무를 볼 수 없다. 만약 주변 지역에서 풀명자나무 심는 기술을 배워 옮겨 심는다면 가용에 매우 보탬이 될 것이다.

新添: 西川、唐、鄧, 多有栽種成就. 北地不見此種. 若於附近地面, 訪學栽植, 甚得濟用.

▌교 석(校釋)▐

[30] 제목 아래의 주문은 전본에는 빠져 있으나, 격본에는 보인다.

각종 과일나무

諸果

『제민요술』[232]: 최식崔寔이 이르기를, 정월 초하루부터 그믐까지는 온갖 나무와 잡목을 옮겨 심을 수 있다. 다만 각종 과일나무는 반드시 보름 이전에 옮겨 심어야 하는데, 보름은 15일을 가리킨다.

『齊民要術』: 崔寔曰, 正月自朔暨晦, 可移諸樹雜木. 唯有果實者, 及望

231) 역자주 마종신은 역주에서 품명자는 팥배나무속(모과속이라고도 한다.)이며, 작은 낙엽교목이라고 한다. 과일은 모과와 유사하여 둥글고 울퉁불퉁하며, 신맛이 있고 먹을 수 있으며 간혹 과실을 짠 즙은 초를 대신하기도 하고 술의 원료로 쓰기도 한다.

232) '『제민요술(齊民要術)』': 본 장은 『제민요술』에서 전재하여 인용한 최식의 『사민월령』[『옥촉보전』에는 「정월(正月)」]에 수록되어 있다. 『식경』에 따른 것으로, 『제민요술』 권4 「재수제삼십이(栽樹第三十二)」편에 보인다.

보름이 지나서 옮겨 심은 것은 열매가 작아진다고 하였다.

『식경食經』에 이르기를, 이름난 과일나무를 심는 방법은 3월 상순에 엄지 굵기의 길이 5자 『유요(類要)』[233]에서는 1자 5치라 하였다. 정도 되는 좋은 가지를 잘라 큰 토란에 꽂아서 파종한다. 만약 토란이 없으면 큰 순무뿌리로 이를 대신해도 좋다. 『유요』에서는 무도 괜찮다고 한다. (이러한 꽂아 심는 방법은) 씨를 뿌려 싹을 틔우는 것보다 좋다. 씨를 뿌릴 경우, 싹은 3~4년이 지나야만 비로소 이와 같이 크게 자라나며, 좋은 품종을 얻을 수 있다고[234] 하였다.

무릇 주요 과일나무[五果]는 정월 초하루 새벽에 닭이 울 때 나무 밑에 불을 밝혀주면 해충의 피해를 입지 않는다.

『박문록』: 유자후가 찬술한 「곽탁타전郭橐駞傳」[235]의 문장에는, 곽탁타가 파종하거나 옮겨 심은 나무 중에 살지 않은 것이 없으며, 또한 무성하게 성장하여 열매도 빨리 열리고 그 수도 많다고

而止, 望謂十五日. 過十五日, 則果少實.

『食經』云, 種名果法, 三月上旬, 斫取直好枝, 如大拇指, 長五尺, 『類要』云, 一尺五寸. 內著芋頭中種之. 無芋, 大蕪菁根亦可. 『類要』云, 蘿蔔亦得. 勝種核. 核三四年乃如此大耳, 可得行種.

凡五果, 正月一日雞鳴時, 把火徧照其下, 則無蟲災.

『博聞錄』: 柳子厚「郭橐駝傳」 所種樹, 或移徙, 無不活, 且碩茂早實

233) '『유요(類要)』': 두 곳에 『유요(類要)』를 인용했으며, 아마도 『사시유요』를 지칭하는 듯하다. 지금은 『사시찬요』 권2의 「3월(三月)」편의 '종제명과(種諸名果)' 조에 보인다.

234) 역자주 무계유 교석본에 의하면, 우량한 과일 품종에 이와 같이 꽂아 심는 방식을 채택하면 비교적 빠르게 번식을 할 수 있다고 한다. 마종신의 역주에는 '행종(行種)'이라는 말에 대해서는 일치되는 견해가 없다. 대개는 '좋은 품종'이라고 해석하는데, 이 말은 꽂아 심게 되면 원래의 우성의 성질을 보존할 수 있다는 뜻이라고 한다.

235) 역자주 마종신은 역주에서 이것은 유종원(柳宗元)의 문장으로 나무 심는 방법에서 탁견이 적지 않다고 주석하고 있다.

한다. 어떤 사람이 그에게 가르침을 구하자 그가 대답하기를, "옮겨 심은 나무의 속성은 나무뿌리를 쭉 펴주는 것, 흙을 평평하게 덮어주는 것, 뿌리에 흙이 많이 달려야 하며 흙을 잘 다져주는 것이다. 방법대로 모든 것을 다 끝냈다면 더 이상 나무를 흔들어서는 안 되고 살지 못할까 걱정해서도 안 되며, 떠난 이후에는 더 이상 돌아보아서도 안 된다. 김을 매고 흙을 일구는 것은 어린아이를 돌보는 것과 같이 한다. 그냥 둘 때는 버리는 것과 같이 한다. 이와 같이 하면 나무의 형태를 보존할 수 있을 뿐만 아니라 그 본성을 지킬 수도 있다. 다른 사람이 나무를 심을 때는 전혀 이와 같지 않았다. 나무뿌리를 구부린 채로 두며, 흙도 새 흙으로 바꾼다. 흙을 많이 북돋우지 않으면 안 된다고 생각한다. 어떤 이는 이와 같이 하지 않고 도리어 나무에 대한 사랑이 지나치고 관심이 너무 커서, 새벽에 보고 늦은 밤에 또 어루만지며 떠날 때는 머리를 돌려 몇 번이나 쳐다본다. 더욱 심한 것은 손으로 나무껍질을 후벼 파서 나무가 살았는지 말라 죽었는지를 살펴보기도 한다. 또 나무를 흔들어 배토가 잘 되었는지 안 되었는지를 살핀다. 그래서 나무는 본성을 나날이 잃어가게 된다. 비록 입으로는 나무를 사랑한다고 하지만, 실제로는 해치는 일이다. 비록 입으로는 걱정한다고 하지만 실제는 적이 되는 것이다. 때문에 그들은 내가 하는 것만 못하다."라고 했다.

以蕃. 有問之, 對曰, "凡植木之性, 其本欲舒, 其培欲平, 其土欲故, 其築欲密. 既然已, 勿動勿慮, 去不復顧. 其蒔也, 若子. 其置也, 若棄. 則其天者全, 而其性得矣. 他植者則不然. 根拳而土易. 其培之也, 若不過焉, 則不及. 苟有能反是者, 則又愛之太恩, 憂之太勤, 旦視而暮撫, 已去而復顧. 甚者, 爪其膚, 以驗其生枯. 搖其本, 以觀其疏密. 而木之性, 日以離矣. 雖曰愛之, 其實害之. 雖曰憂之, 其實讎之. 故不我若也."

대개 나무는 모두 암수[236]가 있으니 수나무

凡木皆有雌雄,

는 대부분 열매를 맺지 못하므로 나무에 1치 크기의 작은 구멍을 뚫어 암나무를 그 구멍 속에 끼워 넣으면 열매를 맺는다. 수컷 은행나무로 시험해 보면 알 수 있다.

而雄者多不結實, 可鑿木作方寸穴, 取雌木塡之乃實. 以銀杏雄樹試之便驗.

사일社日[237]에 나무공이로 각종 과일나무의 가지 사이를 두드려주면 과일은 매우 야물어져 떨어지지 않는다. 만약 과일나무가 열매를 맺지 않을 때도 이 방식을 쓸 수 있다.

社日以杵舂百果樹下, 則結實牢. 不實者, 亦宜用此法.

과일나무에 좀이나 벌레[238]가 생기면, 삼나무로 나무못을 만들어서 그 구멍에 끼워 넣으면

果木有蟲蠹者, 用杉木作釘, 塞其

---

236) "모든 나무는 자웅이 있다.[凡木皆有雌雄.]": 진정한 자웅이주 목본식물의 종류는 많지 않기 때문에 "모든 나무는 자웅이 있다."라고 결코 말할 수 없다. 열매를 많이 맺는 것을 '자(雌)'라고 하고 열매를 맺지 않는 것을 '웅(雄)'이라고 하는 것은 '정의(定義)'상의 문제이며 넘어갈 수 있다. 하지만 여기에서 말하는 개조방법으로는 기대한 효과를 얻을 수 없다. 자웅이주인 나무는 수나무의 수가 너무 적어서 화분이 부족해 수나무의 나뭇가지를 암나무에 접붙이기하여 (화분을) 보충한다. 암나무를 접가지로 하여 수나무인 바탕나무에 접붙이기를 하면, 접붙이기를 많이 할 수 없기 때문에 열매의 증산 효과에 한계가 있다. 추측 중에서 말하는 방법 역시 이러한 상황은 아닐 것이다.

237) "사일(社日)에는 절굿공이로 모든 과일나무 아래를 두드린다.[社日以杵舂百果樹下.]": 과수(果樹)의 뿌리를 두드리면 나무에서 열매가 떨어지지 않으며, 어떤 사람들은 이것이 '접붙이기'와 같은 이유라고 생각한다. 즉 양분의 상승류를 바꾸는 효과가 있다고 보는 것이다. 사실이 어떠한지는 실험을 통해 설명하는 것이 가장 좋을 것이며, 추측건대 효과는 없을 것이다. 적어도 '사일(社日)' 이 날은 특별한 의미가 있을 리 없다. **역자주** 사일은 입춘(立春), 입추가 지난 뒤 다섯 번째의 무일이다. 입춘의 것을 춘사(春社), 입추의 것을 추사(秋社)라고 하는 데, 춘사에는 곡식의 발육(發育)을 빌고, 추사에는 그 수확에 감사(感謝)한다.

238) "과일나무에 벌레나 좀이 있으면[果木有蟲蠹]" 치료 방법은 세 가지가 있으며, 모두 효과가 있는 것으로 보인다. '무화(蕪花)', '백부(百部)'는 매우 유명한 살충제이다. 새로 벌목한 삼나무는 땅이 건조할 때 '송엽순(松葉醇)', '향초철(香草醛: 바닐린)' 등 방향화합물질의 결정이 배어 나오는데, 이러한 화합물질 역시 벌레를 쫓아낼 수 있다.

벌레는 즉각 죽는다. 나무에 벌레나 좀이 생기면 팥꽃나무의 꽃봉오리를[239] 구멍에 채워 넣거나 파부초[百部]의 잎을 채워 넣는다.

穴, 蟲立死. 樹木有蟲蠹, 以芫花納孔中, 或納百部葉.

『세시광기歲時廣記』에서 『둔재한람遯齋閑覽』[240]을 인용하여 말하기를, 무릇 과일나무가 만약 오랫동안 열매를 맺지 않으면 사일社日에 제사에 쓰고 남은 술을 나무 위에 뿌려주는데, 그러면 나무는 더욱 더 무성해진다. 또 사람의 머리카락을 나뭇가지 위에 걸어 두면 각종 새들이 감히 그 근처

『歲時廣記』『遯齋閑覽』, 凡果木久不實者, 以祭社餘酒灑之, 則繁茂倍常. 用人髮挂枝上, 則飛鳥不敢近.

---

239) 역자주 마종신의 역주에는 '원화(芫花)'는 서향과(瑞香科)로 낙엽관목이며 키는 3~4자 정도이다. 꽃은 작고 대롱모양의 꽃받침이 네 개로 갈라지고 보라색이며, 봄에는 먼저 꽃이 핀 이후에 잎이 나는데 이런 식물에는 독이 있어 살충효과가 있다고 한다.

240) '세시광기(歲時廣記)': 『세시광기』의 현존본 중에 『둔재한람(遯齋閑覽)』조는 보이지 않는다. 단지 권14의 「종사과(種社瓜)」 아래에 『제민요술』의 "수세미외는 사일(社日)에 심는 것이 좋다. 그리고 말하기를, 사일에는 절굿공이로 모든 과일나무 아래를 두드리면, 열매를 잘 맺는다. 열매가 맺히지 않을 때도 이러한 방법을 사용하면 좋다.[種絲瓜, 社日爲上. 又雲, 社日以杵舂百果樹下, 則結實牢. 不實者, 亦宜用此法.]"라고 인용되어 있을 뿐이다. 이 조는 확실히 잘못 됐다. 수세미외는 송나라 때에 이르러서야 들어온 것으로 『제민요술』에 수세미외가 언급됐을 리가 없다. '우운(又雲)' 아래는 위 단락이 『박문록』에 인용되어 있으나, 이 역시 『제민요술』과는 관계가 없다. 함분루(涵芬樓) 배인본 『설부(說郛)』에 있는 『둔재한람』에도 이 인용문은 없다. 호도정(胡道靜)이 『영락대전』에서 새로 찬집한 [금나라 오역(吳懌)이 찬집] 『종예필용(種藝必用)』의 제76조는 이 세 조의 한 조와 조금 비슷하다. 『고징서(古徵書)』 권34의 『용어하도(龍魚河圖)』 끝부분에는 『태청외술(太清外術)』 제일칙(第一則)인 "살아 있는 사람의 머리카락을 과일나무에 걸어 놓으면, 까마귀가 감히 그 과일을 먹지 못한다.[生人發挂果樹, 烏鳥不敢食其實.]"가 인용되어 있는데, 두 번째 조와 비슷하다. 아마도 이러한 유심론적 미신에 견강부회하면서 서로 베껴 적은 것으로, 근거가 필요 없을 뿐 아니라 연원을 따질 필요도 없다. 『세시광기』의 찬집자인 진원정(陳元靚)의 조부는 바로 '득도하여 신선이 된' 사람이므로, 그가 찬집한 『박문록(博聞錄)』은 본서의 인용문으로 볼 때 사실도 있긴 하지만 미신도 적지 않다. 이 세 조는 아마도 소실된 『세시광기』 권6의 내용으로 『박문록』과 혼동한 것일 수 있다.

에 날아들지 못한다. 과일나무가 열매를 맺을 무렵에는 흰 옷을 입은 사람이 나무 아래로 지나가는 것을 가장 싫어한다. (흰옷을 입은 사람이 지나가면) 나무에 달린 과일이 전부 떨어져 버린다고 한다.

結實時, 最忌白衣人過其下. 則其實盡落.

각종 과일나무의 접붙이기

接諸果

『사시유요』[241]: 정월에 나무둥치가 도끼자루[242]나 팔뚝 정도로 굵게 되면 모두 접붙일 수 있는데, 이것을 '대목[樹砧]'이라 한다. 만약 대목이 약간 굵다면 지면에서 1자 높이가 되는 곳을 절단한다. 만약 절단한 부위가 땅에서 너무 가까우면 지력이 너무 강해서 접수가 해를 입기 쉽다. 만약 대목이 약간 가늘다면 땅에서 7~8치[寸] 높

『四時類要』: 正月取樹本, 大如斧柯及臂者, 皆堪接, 謂之'樹砧'. 砧若稍大, 卽去地一尺截之. 若去地近截之, 則地力大壯,

241) '사시유요(四時類要)': 지금은 조선각본 『사시찬요』의 '정월(正月)'편에 보이며, 원제목은 '접수(接樹)'이다. 대체적으로 『제민요술』의 '삽리법(揷梨法)'을 기초로 하고 있으나, 일부 유용한 지식도 첨가되어 있어, 『제민요술』에 비해 개선되었다. 기술적으로는 다음과 같은 부분이 있다.

(1) 톱날이 가는 톱을 사용하여 베어서 기계적인 손상이 감소했다.

(2) 원래의 나무피로 감쌌다.

(3) 가시를 써서 보호했다.

이보다 더 중요한 것은 원리에 있어서 '접붙이기'의 친연관계['유(類)']의 역할을 깊이 인식했다는 것이다. 사과나무, 배나무는 모과로 접붙이기를 하고, 밤은 상수리나무로 접붙이기를 한 '유'의 기준 역시 '그 열매 속의 씨가 서로 비슷한 것[其實內子相類者]'이라고 명확하게 나와 있다.

242) 역자주 '부가(斧柯)'는 도끼자루다.

이가 되는 곳을 절단한다. 만일 대목이 가는데도 높은 곳을 절단하면 지기[243]가 그곳까지 도달하기 어렵다. 톱으로 대목을 절단할 때는 가는 톱을 사용해야 하는데, 톱의 이빨이 거칠면 대목의 껍질이 손상된다. 예리한 칼로 대목의 한 면에서 반대쪽까지 1치 깊이로 가른다.[244] 대목의 윗부분에 두 개의 접수를 서로 마주보게 하여 접붙인다. 두 개의 접수가 모두 살아나 잎이 나오면 둘 중에 생장이 약한 가지를 잘라낸다.

夾煞所接之木. 稍小, 31 則去地七八寸截之. 若砧小而高截, 則地氣難應. 須以細齒鋸截, 鋸齒麤卽損其砧皮. 取快刀子於砧緣相對側劈開, 令深一寸. 每砧對接兩枝. 候俱活, 卽待葉生, 去一枝弱 p 者.

접수接樹는 햇볕을 향해 자란 젓가락 굵기 의, 길이 4치 정도 되는 부드러운 가지를 고른다. 음지에서 자란 가지를 접수로 사용하면 결실이 적다. 접수에는 마디 2개가 있어야 하며, 2년 된 가지가 접붙이기에 좋다.[245] 접붙일 때는 대목에 끼워 넣을 접수의 끝부분을 칼로 약간 깎아서 이미 쪼개둔 대목의 가장자리에 반 정도 삽입한다. 대목에 삽입할 부분은 접수의 양쪽 껍질을 가지런하게 깎아 삽입해야 한다.[246] 접수와 대목의 껍질

所接樹, 選其向陽細嫩枝, 如筯麤者, 長四寸 q 許. 陰枝卽少實. 其枝須兩節, 兼須是二年枝, 方可接. 接時, 微批一頭入砧處, 插砧緣劈處, 令入五分. 其入須兩邊

---

243) 역자주 '지기(地氣)': 뒤의 문장에서는 양기(陽氣)라고 하는데, 마종신은 역주에서 이는 모두 생기를 가리키며, 수분과 양분을 뜻한다고 한다.

244) 역자주 이것은 쪼개접[劈接]의 한 형태로, 여기서 말하는 것은 대목의 절단부분 중앙을 수직으로 1치 깊이를 쪼갠다는 것을 뜻한다.

245) 역자주 마종신은 접수에 2개의 마디가 있다는 것은 싹이 자라는 생장점이 두 개 있다는 의미라고 한다. 무계유 교석본에 의하면, 2년 된 가지는 이미 2년 동안 햇볕을 쬐고 자란 가지로 2년 일찍 열매를 맺을 수 있다고 한다. 두 가지 모두 접수를 선택하는 데 필요한 조건이다.

246) 역자주 쪼개접은 마땅히 삽입할 접수의 끝부분의 양쪽을 칼로 비스듬히 깎아

이 서로 맞닿는 부분은 조임의 정도를 적당하게 한다. 느슨하게 조이면 지기가 도달할 수 없고, 너무 꽉 끼우면 접수가 손상을 입게 되기 때문에 조이는 정도에 세심하게 주의를 기울여야 한다.

批所接枝皮處，揷了令與砧皮齊.切令寬急得所. 寬卽陽氣不應，急則力大夾煞，全在細意酌度.

가지를 접붙인 이후에는 별도로 같은 종류[247]의 나무껍질을 길이 1자, 폭 2~3푼[分]으로 벗겨내어 접붙인 가지와 대목의 가장자리의 상처 부분을 잘 동여매어 빗물이 들어가지 못하도록 한다. 동여맨 이후에는 즉시 황토 진흙을 발라서 봉해준다. 대목의 절단면과 접붙인 가지 상단의 자른 부위에도 황토 진흙을 발라준다. 동시에 맞은편에 접붙일 또 다른 접수도 이와 같은 방식에 따라 접붙인다. 진흙을 다 바르면 이내 종이로 접붙인 끝부분을 감싸주고 삼끈으로 동여매어 발라둔 진흙이 떨어지지 않도록 한다. 대목 위의 가지에서 잎이 자란 이후에는 감싸준 부분을 제거한다. 동시에 대목의 뿌리에 재거름으로 시비하여 북돋아준다. 접붙인 작은 나무의 바깥쪽에는 가시나무를 둘러서 보호하여 짐승들이 접붙인 가지를 건드리지 못하도록 한다. 가지에 봄비가 적당히 내리면 더욱 잘 자란다.

揷枝了，別取本色樹皮一片，長尺餘，闊三二分，纏所接樹枝幷　砧緣瘡口，　恐雨水入.纏訖，卽以黃泥泥之. 其砧面幷枝頭，幷以黃泥封之. 對揷一邊, 皆同此法. 泥訖, 仍以紙裹頭, 麻纏之，恐其泥落故也. 砧上有葉生，卽旋去之. 乃ⓡ以灰糞擁其砧根. 外以刺棘遮護，勿使有物動撥. 其枝春雨得所, 尤易活.

과실 중에 그 씨가 서로 유사한 경우, 예컨대

其實內子相類

쐐기모양으로 만들어야 한다.

247) 역자주 '본색(本色)'은 대목의 껍질인지 접수의 껍질인지 여기서 분명하지 않다.

능금과 배는 모과를 대목으로 삼을 수 있으며, 밤은 상수리나무를 그 대목으로 삼을 수 있는데, 이렇게 할 경우 모두 쉽게 살아난다. (이것은) 그들이 모두 같은 유類이기 때문이다.[248)]

者, 林檎、梨向木瓜砧上, 栗子向櫟砧上, 皆活. 蓋是類也.

농상집요 제5권

農桑輯要卷第五

▌교 석 (校釋) ▌

31 '초소(稍小)': 전본에는 '초(梢)' 한 글자밖에 없으나, 격본과 조선각본『사시찬요』는 본문과 일치한다.

▌교 안 (校案) ▌

ⓟ "약한 것을 없앤다.[去一枝弱者.]": 조선각본『사시찬요』에는 "둘 중에 약한 것을 없앤다.[去二枝之弱者.]"라고 했는데, 이것이 더 명확하다.
ⓠ '사촌(四寸)': 조선각본『사시찬요』에는 '사오촌(四五寸)'으로 하고 있다.
ⓡ '내(乃)':『사시찬요』에는 원래 '잉(仍)'으로 되어 있다.

248) 역자주 무계유 교석본에 의하면, 유(類)는 서로 과(科)는 같으나 속(屬)이 다른 것을 의미한다고 한다.

農桑輯要譯註

Nongsangjipyo

농상집요 역주 | 권6

A Translated Annotation of the
Agricultural Manual "Nongsangjipyo" | No. 6

대와 나무 [竹木]

대나무 심기

『제민요술齊民要術』[1]: 대나무를 심는 곳은 높고 평평해야 한다. 산의 구릉지 가까운 곳이 가장 적합하다. 저지대의 샘이 솟는 곳에 대나무를 심으면 뿌리가 물에 잠겨 곧 죽게 된다.[2] 황색과 백색의 부드러운 토양이 비교적 적합하다.

정월이나 2월 중에 서남쪽으로 자라난 뿌리[3]와 줄기를 파내어 잎을 떼어내고 대나무 밭의 동북쪽 모퉁이에 옮겨 심는다. 약 2자 깊이의 구덩이를 파고 흙을 5치 두께로 덮는다. 대나무는 서남

種竹

『齊民要術』: 宜高平之地. 近山阜尤是所宜. 下田得水, 卽死. 黃白軟土爲良.

正月二月中, 斸取西南引根並莖, 芟去葉, 於園內東北角種之. 入阬深

---

1) '『제민요술(齊民要術)』': 지금은 『제민요술』 권5 「종죽제오십일(種竹第五十一)」에 보인다.

2) '하전득수즉사(下田得水卽死)': '득(得)'자는 『제민요술』 전본의 원문이 잘못된 것으로 '정(停)'으로 바꿔야 할 듯하다. '하전정수(下田停水)'는 움푹하게 파인 곳으로 지하수의 수위가 높고, 배수가 잘 되지 않아 물이 빠지지 않고 고여 있는 현상이 자주 생긴다.[다음의 '유(柳)'장에서 인용한 『제민요술』에 '하전정수(下田停水)' 구절이 있다. 또한 권2의 「한도(旱稻)」장에 있는 '하전(下田)'의 작은 주에도 '정수(停水)'가 있다.] 대나무의 땅속 부분은 물에 오랫동안 잠겨 있으면 안 된다. 물에 너무 오랫동안 잠겨 있으면 뿌리와 땅속줄기에 산소 공급이 끊겨 죽게 된다. 하지만 단기간의 '득수(得水: 물을 만나다)'는 심한 장애가 되지 않는다. 역자주 '득수(得水)는 물이 고이지 않는다는 의미이다. 하지만 북방의 방언에 의하면 '득수'와 '견수(見水)'는 모두 지하에서 샘이 솟는다는 의미로 사용되고 있다고 한다.

3) '근(根)': 여기에서는 땅속줄기('대나무 땅속줄기')와 진짜 뿌리 두 가지 모두를 지칭한다.

쪽으로 뻗어나가는 특성이 있다.[4] 때문에 동북쪽 모퉁이에 심어 | 二尺許, 覆土厚五

4) "대나무는 서남쪽으로 뻗는 것을 좋아한다.[竹性愛西南引.]": 이 주에서 말하는 것은 개별적인 경험일 뿐 보편적인 현상은 아닌 것 같다. 일반적으로 '죽림(竹林)'은 사실 하나의 '개체'일 뿐 '군체'가 아니다. 중심이 되는 작은 대나무가 사방팔방으로 수많은 땅속줄기 또는 '뿌리의 모양을 한 줄기'의 가지, 즉 대나무 땅속줄기로 뻗어나간다. 대나무 땅속줄기의 마디에도 가지가 있고, 이 가지 중에서 일부는 지면 위로 자라는 것이 있는데, 이것이 바로 '죽순[筍]'이다. 그리고 땅속에 남아 있는 것은 계속해서 앞으로 뻗어나간다. 죽순은 대부분 하나씩 자라며 중심의 작은 대나무보다는 큰, 새로운 대나무이다. 새로운 대나무는 줄기 마디의 기부(基部)에 또 새로운 대나무 땅속줄기가 나는데, 여기에서도 새로운 뿌리가 자란다. 모든 대나무 땅속줄기는 적당한 내부 환경과 외부 환경이 갖춰지기만 하면, 매년 죽순이 자랄 수 있고, 이 죽순은 새로운 대나무로 성장한다. 새로운 대나무의 땅속줄기에서도 마찬가지로 새로운 죽순과 대나무, 땅속줄기가 자라날 수 있다. 잘 자랄 수 있는 환경이 갖춰졌을 때, 이러한 '영양적인 생장'의 잠재력은 끝이 없다. 그러므로 작은 대나무가 작은 대나무 숲으로, 또 일대를 덮는 큰 대나무 숲으로 자랄 수 있는 것이다. 대나무 땅속줄기가 땅속에서 뻗어나갈 때 사람들은 그것을 느끼기가 어렵다. 대나무 땅속줄기는 사방팔방으로 가지를 뻗어나갈 때, 지상에 있는 사람들의 '집'에 영향을 받아 가지의 방향이 변하거나 하지는 않는다. 뻗어나가는 순서로 봤을 때, 숲의 중심이 되는 작은 대나무가 바로 진짜 '늙은 대나무'이며, 이 대나무는 3, 4년 후면 죽는다. 비교적 일찍 난 대나무도 상대적으로 늙은 대나무이다. 늙은 대나무가 죽거나 베어지면 남은 공간은 수시로 새로운 대나무로 메워진다. 이렇게 몇 년 또는 몇십 년이 지나면 대나무 숲이 '포화' 즉 '만원(滿園)' 상태가 된다. 그러므로 "덩굴이 무성하게 자라면서 새로운 덩굴이 자라고[滋蔓而來生]," 그 결과 "동쪽에 있는 집에서 대나무를 심으면, 서쪽에 있는 집의 땅이 비옥해진다.[東家種竹, 西家治地.]"라는 말은 사실이다. 하지만 이것이 전부는 아니다. 땅속에 담의 토대가 두껍고 깊게 자리 잡고 있다든지, 커다란 돌덩어리나 매설된 하수도가 있다든지, 또는 다른 식물의 뿌리가 비집고 들어와서 막혀 있다든지 하는 등의 자연적 또는 인위적인 장애요소가 있는 것이 아니라면, '서가(西家)'뿐만 아니라, 남쪽, 북쪽 그리고 동쪽도 모두 '치지(治地: 땅을 다스리다)'할 수 있다. 동북쪽의 모서리에 새로 심은 대나무가 뚫고 나갈 수 없는 담의 토대에 막히게 되면, 대나무 땅속줄기가 수평으로 뻗어나가기 힘들어 동북쪽으로 자랄 수 없으므로, "서남쪽으로 뻗어나가[西南引]" "몇 년이 지난 후[數歲之後]" "정원에 가득 차는[滿園]" 현상이 생기는 것이다. 이때 동북쪽의 모서리에 있는 대나무는 이미 늙었기 때문에, 이 나무를 영양성 번식의 출발점으로 삼는다면 "심어도 자라지 않고, 자라도 무성해지지 않는다.[種不生, 生亦不能茂.]" 그러므로 "뿌리 몇 가지를 서남쪽으로 뻗게[取其西南引少根]"라고 하는 것이 더 좋다. 하지만 이는 '특수한 사례'로 봐야지 보편적인 현상은 아니다.

야 한다. 몇 년이 지나면 자연히 대밭 가득 대나무가 자란다. 농언에 이르기를 "동쪽의 이웃이 대나무를 심으면 서쪽의 이웃은 서둘러 정지(整地)해야 한다."라고 하였다. 이 말은 대나무의 뿌리가 무성하게 뻗어나가는 것을 방비해야 한다는 뜻이다. 동북쪽 모퉁이에 있는 것들은 모두 오래된 대나무로, 그들을 옮겨 심더라도 새로운 대나무가 자라날 수 없고, 자라난다 하더라도 무성하게 번식할 수 없다. 따라서 서남쪽을 향해 뻗어나간 어린뿌리를 취한다. 쌀겨나 보릿겨를 거름으로 쓴다. 두 종류의 겨는 각각 서로 다른 거름으로 이용되기에 섞어서 사용해서는 안 된다. 물을 줄 필요가 없다. 물을 주면 잠겨 죽는다. 각종 가축이 대밭에 들어오게 해서는 안 된다.

寸. 竹性愛向西南引. 故於園東北角種之. 數歲之後, 自當滿園. 諺云, "東家種竹, 西家治地." 爲滋蔓而來生也. 其居東北角者, 老竹, 種不生, 生亦不能滋茂. 故須取其西南引少根也. 稻麥糠糞之. 二糠各自堪糞, 不令和雜. 不用水澆. 澆則淹死. 勿令六畜入園.

3월에 담백한 맛의 죽순을 먹고, 4월과 5월에는 쓴맛이 나는 죽순을 먹는다.

三月食淡竹笋, 四月五月, 食苦竹笋.

만약 대나무 그릇을 만들려고 할 때는 반드시 1년 이상 자란 대나무를 베어 써야 한다. 1년이 되지 않은 대나무는 대의 질이 연하여 그릇을 잘 만들 수가 없다.

其欲作器者, 經年乃堪殺. 未經年者, 輭未成也.

『사시유요四時類要』[5]: 대나무를 옮겨 심는 시기는 5월 13일 또는 진일辰日[6]이 적합하다.

『四時類要』: 移竹, 正月十三日及

5) '『사시유요(四時類要)』': '「이죽(移竹)」'조는 『사시찬요』 권3 「5월(五月)」편에 보이며, '종죽(種竹)'은 권1 「정월(正月)」편에 보인다.

6) '5월 13일과 진일[五月十三及辰日]': 조선각본 『사시찬요』에는 '5월 13일 신일[五月十三神日]'로 되어 있다. 『고금도서집성(古今圖書集成)』 「박물회편(博物匯編)」의 「초목전(艸木典)」 권196의 「죽부잡록(竹部雜錄)」에서 『악양풍토기(岳陽風土記)』를 인용하였는데, "5월 13일은 '용생일(龍生日)'이라고 하며, 대나무를 심을 수 있다. 『제민요술』에서는 '죽취일(竹醉日)'이라고 했다.[五月十三謂之'龍生日', 可種竹, 『齊民要術』 所謂'竹醉日'.]"라는 구절이 있다.[원나라 초기 장복(張福)의 『종예필용보유(種藝必用補遺)』를 살펴보면, 호도정 편집본의 49쪽 181조와 내용은 비슷하나 순서는 다르다.] 또한 남송시대 초기 호자(胡仔)의 『초계어

○ 대나무 심기: 가지와 잎을 떼어내고 구덩이 속에 물을 부어 진흙반죽을 만들어 대나무를 옮겨 심고 흙을 덮어주며, 나무공이로 잘 다져주는데, 발로 밟아서는 안 된다. 흙을 5치 두께로 덮어준다. 대나무는 손으로 만지는 것과 손, 얼굴을 씻은 기름기 있는 물을 주는 것을 꺼려하기 때문이며, 물이 묻으면 바로 말라 죽는다.

『박문록博聞錄』[7]: 월암의 대나무 심는 법: 구

辰日, 可以移之.

種竹: 去梢葉, 作稀泥於阬中, 下竹栽, 以土覆之, 杵築定, 勿令脚踏. 土厚五寸. 竹忌手把, 及洗手面脂水澆, 著卽枯死.

『博聞錄』: 月菴

은총화(苕溪漁隱叢話)』 후집31(後集三一)에는 『예원자황(藝苑雌黃)』[남송 초기의 엄유익(嚴有翼)의 저서]의 "대나무를 심을 때에는 진일(辰日)을 많이 택했다.[種竹者多用辰日.]"가 인용되어 있으며, 다음 문장에는 호자가 "『순보(筍譜)』[북송 초기의 승려인 찬녕(贊寧)이 지었다고 전해짐]에는 '민간에서는 대나무에게 생일이 있는데 5월 13일이라고 한다.[民間說竹有生日, 卽五月十三日也.]'라고 했다."라고 안(按)을 첨가했다. 이 세 조를 비교해 보면, 5월 13일은 '용생일(龍生日)'이자 '죽생일(竹生日)'이고, 중국의 십이지에 따르면 진(辰)은 용(龍)이므로 진일(辰日)은 바로 용의 생일이기 때문에 '진(辰)'으로 하는 것이 적합하며, 조선각본의 '신(神)'자는 독음이 비슷하여 잘못 적은 듯하다.

『제민요술』에는 '죽취일(竹醉日)' 또는 '죽생일(竹生日)'이라는 말이 없으며, 『사시찬요』에도 없다. 『초계어은총화』에 인용된 자료로 봤을 때, 최초로 언급된 것은 『순보』이며, 『악양풍토기』는 저자인 범치명(范致明)이 북송 철종(哲宗) 말기 원부(元符)년의 진사(進士)이기 때문에 시기가 더 늦다. 이러한 말들은 오대(五代)말보다 이전에 나왔을 리 없다. '진일(辰日)'은 『사시찬요』에 보이며, 이것과 당나라 때 총진[叢辰: 역자주 점성과 관상을 보는 사람들이 말하는 일종의 미신, 음양오행에 근거하여 길흉화복을 점치는 것을 '총진(叢辰)'이라고 한다.]에 대한 미신과도 관련이 있는 것으로 생각된다. 당나라 초기 이순풍(李淳風)은 유명한 총진가(叢辰家)로서, 그의 저서 『연제민요술(演齊民要術)』에 총진에 관한 미신이 있는 것은 당연한 일이다. 『사시찬요』의 점복, 방위, 총진은 이순풍의 영향에서 벗어날 수 없었으며, 『악양풍토기』에 인용한 『제민요술』은 사실상 이순풍의 『연제민요술(演齊民要術)』인 듯하다.

7) '『박문록(博聞錄)』': 본절에 인용된 『박문록』은 뒤의 두 조에는 『쇄쇄록(瑣碎錄)』이라고 표기하고 있는데, 지금 남송 초기 온혁(溫革)의 『분문쇄쇄록(分門瑣碎錄)』 초본(鈔本)(상해도서관 영인)에 보이는 것 외에도, 호도정 선생은 '몽계운(夢溪云)'이라는 일 조는 『몽계망회록(夢溪忘懷錄)』에서 나오는 것으로 인식하

덩이는 마땅히 깊고 넓게 파서 말똥과 고운 진흙을 구덩이 속에 1자 높이로 채운다. 말똥이 없으면 왕겨를 사용해도 좋다. 여름에는 진흙을 묽게 하고, 겨울에는 되게 한다. 그런 후에 대나무를 파종한다. 서너 개의 대를 한 묶음으로 한다. 또한 흙은 성긴 것이 좋고 얕게 파종해야 한다. 대나무의 줄기까지 복토할 필요는 없다. 진흙을 만약 괭이로 다지면 죽순이 자랄 수 없다.

種竹法: 深闊掘溝, 以乾馬糞和細泥, 塡高一尺. 無馬糞, 礱糠亦得. 夏月稀, 冬月稠. 然後種竹. 須三四莖作一叢. 亦須土鬆淺種. 不可增土於株上. 泥若用钁打實, 則不生笋.

○ 심몽계沈夢溪[8]가 이르길 대나무를 옮겨 심을 때는, 먼저 대밭의 바깥으로 태양을 향해 뻗어나간 대를 선택하여 북쪽을 향해 옮겨 심는다. 대개 대나무의 뿌리는 남쪽을 향해 뻗어나가지 않는 것이 없기 때문이다. 반드시 비가 내리면 옮겨 심는다. '화일火日'[9]과 서풍이 부는 날에는 옮겨 심으면 안 된다. 꽃과 나무를 옮겨 심는 것도 마찬가지라고 하였다. 농언에 이르기를 "대나무를 심는 것에는 정해진 시기가 없고, 비가 오면 옮겨 심을 수 있다. 흙이 많이 붙은 채로 남쪽 가지를 채취하는 것을 기억하라."라고 하였다.

夢溪云, 種竹, 但林外取向陽者, 向北而栽. 蓋根無不向南. 必用雨下. 遇'火日'及有西風, 則不可. 花木亦然. 諺云, "栽竹無時, 下雨便移. 多留宿土, 記取南枝."

고 있다. 『지림(志林)』은 소식(蘇軾)의 작품을 위조한 것으로 첫 번째 조는 논의할 가치도 없는 말이고, 두 번째 조는 죽림의 발생 기원으로 봤을 때는 일리가 있으므로 실천을 통해 증명할 필요가 있으며, '월암죽법[月菴種竹法]'은 출처를 알 수가 없다. 『종예필용보유』[호교주본(胡校注本)]에도 인용되어 있으며, 자구의 차이가 매우 크다.

8) 역자주 무계유 교석본에 의하면, 몽계(夢溪)는 북송 사람 심괄(沈括)인데, 자기 스스로를 몽계장인(夢溪丈人)이라 부르며 『몽계필담』 등의 책을 저술하였다고 한다.

9) 역자주 마종신의 역주에는 화일(火日)은 『여씨춘추』「맹하기(孟夏紀)」"맹하지월, 기일병정(孟夏之月, 其日丙丁)"의 주에서 '병정(丙丁)'일을 가리킨다고 한다.

○ 『지림志林』에 이르길, 대나무에는 암수 구별이 있다.[10] 암대나무의 죽순이 많기 때문에 대나무를 파종할 때는 반드시 암대나무를 선택해야 한다고 한다. 생물은 모두 음양의 구분을 벗어날 수 없기에 믿지 않을 수 없다. 무릇 암수를 인식하려면 대나무 줄기 아랫부분의 첫 번째 가지를 보아, 가지가 두 개이면 암대나무이고, 하나이면 수대나무라고 한다.

『志林』云, 竹❶有雌雄. 雌者多笋, 故種竹常擇雌者. 物不逃於陰陽, 可❷不信哉. 凡欲識雌雄, 當自根上第一枝觀之, 有雙枝者, 乃爲雌竹, 獨枝者, 爲雄竹.

○ 대나무는 꽃이 피면[11] 갑자기 말라 죽는다. 꽃에 달리는 씨가 피[稗]와 같으니, 이를 '죽미竹米'라고 한다. 한 그루의 대나무에 꽃이 피어 시간이 흐르면 모든 대나무에 꽃이 피게 된다. 이를 치료하는 방법은 막 죽미가 달릴 때 비교적 큰 한 그루를 선택하여 그 뿌리에서 3자 정도 되는 곳을 잘라내고 마디 사이를 뚫어 그 속에 거름을 채워 넣으면 꽃 피는 현상이 멈춘다.

竹有花, 輒槁死. 花結實如稗, 謂之'竹米'. 一竿如此, 久之則擧林皆然. 其治之❸法, 於初米時, 擇一竿梢大者, 截去近根三尺許, 通其節, 以糞實之, 則止.

○ 『쇄쇄록瑣碎錄』에 나오는 죽순을 뻗어 나가게 하는 방법: 울타리를 치고 담장 아래에 살쾡

『瑣碎錄』云, 引笋法: 隔籬埋貍或

---

10) 역자주 무계유 교석본에 의하면, "대나무는 암수 구별이 있다."라는 견해는 허황된 설이라고 하며, 대나무와 같은 식물은 자웅동화(雌雄同花)로 암수의 구별이 없으므로 만약 자웅 감별법이 있다면 또한 주관적이라고 한다.

11) 역자주 마종신의 역주에서는 대나무에 꽃이 피면 말라죽는 것은 정상적인 생리현상이라고 한다. 통상적으로 대나무는 60년이 지나면 꽃이 핀다. 실제적으로 꽃피는 현상이 나타나는 것은 대나무의 품종마다의 차이를 배제하더라도 바깥 조건과 토지의 비옥도가 충분하지 않음으로 인해 대밭의 관리가 좋지 못하여 땅속뿌리가 서로 뒤엉키는 것 등의 원인에 의해서 생기는 현상이라고 한다.

이나 고양이를 묻어두면 이듬해 죽순이 저절로 뚫고 올라온다고 하였다.

○ 삼복과 12월[12]에 베어낸 대나무에는 좀이 슬지 않는다. 일설에는 '혈기일'[13]에 대나무를 벌목한다고 한다.

猫於牆下，明年筍自迸出.

竹以三伏內及臘月中斫者不蛀. 一云用'血忌日'.

▌교 석(校釋)▐

1 '죽(竹)': 절각에는 이 '죽(竹)'자가 다음 구절인 '상택자(常擇雌)'의 아래에 있으며, 소각, 민각, 격본, 원본에 따라 인용문이 시작되는 곳으로 옮겨 놓는다.

2 '기(可)': 전본에는 '가(可)'로 되어 있으나, 원본(元本), 격본에는 '기(豈)'로 되어 있다. 그런데 무계유는 교석에서 원본에는 '가'로, 전본에는 '기'로 되어 있다고 하여 석성한의 교주와 다른 견해를 보이고 있다.

3 '지(之)': 전본에는 여기에 '지(之)'자밖에 없으나, 원본, 격본에 따라 중복하여 '치지지법(治之之法)'으로 하고 있다.

소나무 삼나무 · 측백나무 · 노송나무를 덧붙임

松 杉、柏、檜附

『제민요술』[14]: 최식이 이르길, 정월 초하루부

『齊民要術』: 崔

12) 역자주 무계유 교석본에 의하면, 원문의 해석과는 달리 삼복(三伏)의 기간은 바로 대나무가 성장하는 계절이기 때문에 일반적으로 벌목을 해서는 안 되며 또한 좀이 생기기도 쉽다. 그리고 겨울철은 대나무 벌목의 적기이며, 아울러 채취하여 수운할 수 있기 때문에 좀의 피해를 면할 수 있다고 한다.

13) 역자주 '혈기일': 마종신의 역주에 의하면, 옛 속설에서 피를 보아서는 안 되는 날이 혈기일이다. 혈기일에는 가축을 도살해서는 안 된다. 매월 한 번씩 혈기일이 있는데 예컨대 정월에는 축(丑)일이며, 2월에는 미(未)일이라고 한다.

14) '『제민요술(齊民要術)』': 지금은 『제민요술』 권4의 「재수제삼십이(栽樹第三十二)」에 보인다. 인용된 '최식왈(崔寔曰)', 『옥촉보전』 「정월(正月)」조의 인용문은 『사민월령』에 있다.

터 그믐까지 소나무 · 측백나무[15] · 오동나무 · 가래나무 · 대나무 · 옻나무 등의 각종 나무들을 옮겨 심을 수 있다고 하였다.

寔曰, 正月自朔暨晦, 可移松、柏、桐、梓、竹、漆諸樹.

『박문록』: 소나무를 옮겨 심을 때는 춘사일[16] 전에 흙이 달린 채로 옮겨 심으면 백 그루를 심어도 백 그루 모두 살아나며, 이 시기를 놓치면 결코 살아날 수 없다.

『博聞綠』: 栽松, 春社前帶土栽培, 百株百活, 舍此時, 決無生理也.

소나무를 벌목할 때는[17] 한밤중 오경이 시작될 때, 나무껍질을 벗겨내야만 흰개미가 생기지 않는다. '혈기일血忌日'에 벌목하면 더욱 좋다.

斫松木, 須五更初, 便削去皮, 則無白蟻. '血忌日'尤好.

○ 삼목의 꺾꽂이: 경칩을 전후하여 5일 이내에 새로운 가지를 베어내어 구덩이를 판 후에 그 안에 넣고 진흙을 북돋은 다음 공이로 잘 다져준다. 날씨가 흐릴 때[18] 재빨리 꺾꽂이를 한다. 만약 비가 오면 전부 살아날 수 있지만 비가 오지 않으면 모두 살아나기는 힘들다.[19]

插杉: 用驚蟄前後五日, 斬新枝, 斸阬入枝, 下泥杵緊. 相視天陰卽插. 遇雨十分生, 無雨, 卽有分數.

○ 새로 덧붙이기: 소나무와 측백나무 심기: 8~9월에 잘 익은 소나무의 씨[20] 측백나무열매와 같

新添: 種松柏: **4** 八九月中, 擇成熟

15) 역자주 측백나무는 백과(柏科)의 Juniperus Chinensis(향나무) 혹은 원백(圓柏)이라고도 일컫는데, 여기서는 측백나무로 번역하였다.

16) 역자주 마종신은 역주에서 춘사(春社)는 토지에 제사지내는 날로, 입춘 후의 다섯 번째 무일이다. 춘사일 전은 곧 하력[夏曆; 陰曆]으로 2월 중순 전이라고 한다.

17) '작송목(斫松木)': 껍질을 벗겨내서 송진이 대기 중의 산소를 접하여 빨리 마르게 하면, 흰개미가 갉아먹는 것이 더 힘들어진다. 그러므로 이치상 유익하고도 신뢰성 있는 말이다. '혈기(血忌)'일은 '총진(叢辰)'의 미신일 뿐이다.

18) '상시(相視)': '상(相)'자는 거성(去聲)으로 읽으며, 전면적으로 관찰한다는 뜻이다.

19) 역자주 무계유 교석본에 의하면, '즉유분수(卽有分數)'는 전체에서 다소 줄어든다는 의미로 해석된다.

20) 역자주 '자(子)': 무계유 교석본에 의하면 이 글자가 전본에는 없으며, 모든 '송

다. 를 가려 뽑아 솔방울[臺][21]을 벗겨내어 씨를 거둔다. 이듬해 봄 춘분 때가 되면 염분 함량이 낮은 첨수[22]에 열흘 동안 씨를 담가둔다. 이랑을 만들고 물을 주고 거름을 주어서 종자를 이랑에 흩어 뿌리는데, 그 방식은 채소를 파종하는 법과 동일하다. ―혹은 줄에 맞추어 점종하는 방식을 사용하기도 한다.― 그런 후에 흙을 대략 두 손가락 두께로 덮는다. 이랑 위에 낮은 시렁을 설치하여 햇볕을 차단한다. 봄이 되어 가물면 물을 많이 주어 토양이 항상 촉촉하게 유지되도록 한다. 가을이 된 이후에는 시렁을 제거하는데, 이때 소나무는 4~5치[寸]로 자라난다.	松子，子 柏子同. 去臺收頓. 至來春春分時，甛水浸子十日. 治畦、下水、上糞，漫散子於畦內，如種菜法.―或單排點種.―上覆厚土二指許. 畦上搭矮棚蔽日. 旱則頻澆，常須濕潤. 至秋後，去棚，長高四五寸.
10월 중순에 수숫대[23]로 울타리를 쳐 북풍을 막아준다. 이랑 안에 보릿겨를 적당히 흩어 뿌려 나무모종을 덮어 주는데 줄기 위쪽으로 2~3치 두께로 덮는다. 남방(南方)지역에서는 약간 낮게 덮어도 좋다. 이듬해 곡우를 전후하여 손으로 보릿겨를 긁어내고 물을 준다. 다음 겨울에도 이와 같은 방법에 따라 나무 묘목을 덮어준다.	十月中，夾薥稭籬，以禦北風. 畦內亂撤麥糠覆樹，令梢上厚二三寸止. 南方宜微**5**蓋. 至穀雨前後，手爬去麥糠，澆之. 次冬，封蓋亦如此.

자(松子)'의 구과(球果)를 가리키며, 이 '자'는 종자를 가리킨다고 한다.

21) '대(臺)': 송백류(소나무와 측백나무)의 구형(球形) 과서(果序)의 중심축과 인편(鱗片)이 겹겹이 층을 이루고, 아래쪽은 크고 위쪽은 작은 것이 마치 흙으로 쌓은 '대(臺)'와 같다.

22) '첨수(甜水)': 염분 함량이 낮은 물이다. 역자주 염분이 많이 함유된 물을 약수(若水)라고 한다.

23) 역자주 마종신의 역주에는 촉개(薥稭)를 산동지역에서는 수숫대를 일컫는 말로 이용한다고 한다.

2년이 지난 후 3월 중순에 흙이 달린 채로 옮겨 심는다. 먼저 구덩이를 파고[24] 거름과 흙을 잘 섞어 구덩이 속에 넣고, 물을 부어 반죽을 하여 묽은 진흙으로 만든다. 그 속에 묘목을 옮겨 심고 흙을 구덩이에 가득 채운 후에 물을 주어[25] 흙의 틈을 메워 단단하게 만든다. 공이로 다지거나 발로 밟을 필요는 없다. 다음날 갈라진 곳을 발견하면 발로 밟아 잘 다져준다. 항상 물을 주어 습기를 유지시켜준다. 10월에 나무 모종이 기울어지면[26] 흙을 북돋아주어 묘목의 뿌리가 흙 밖으로 드러나지 않도록 해야 한다. 봄이 되면 흙을 걷어낸다. 다음해에는 더 이상 흙을 덮어 줄 필요가 없다.

二年之後，三月中，帶土移栽. 先撅區，用糞土相合內區中，水調成稀泥. 植栽於內，擁土令區滿，下水塌實. 無用杵築脚踏. 次日，有裂縫處，以脚躡合. 常澆令濕. 至十月，袪倒，以土覆藏，毋使露樹. 至春，去土. 次年不須覆.

큰 나무를 심을 때는 3월 중순에 옮겨 심는데, 뿌리 주변에 흙이 많이 달린 채로 옮겨 심는다. 예컨대 나무의 높이가 1길[丈]이면, 흙은 사방 3자[尺] 정도의 두께로 붙여두고, 먼 곳으로 옮길 때는 2자 5치의 흙을 붙여둔다. 나무의 높이가 1길 5자일 경우에는 사방에 흙을 3자 또는 3자 5치 정도를 남겨둔다. 새끼줄로 뿌리의 흙을 잘 감싸준다. 만약 나무가 클 경우에는 아랫부분 2~3층의 나뭇가지를 제거한다. 원래 나무의 남북 방향을 표시해둔다. 파낸 구덩이에 옮길 때는 앞의 방식

栽大樹者，於三月中移. 廣留根土，謂如一丈樹，留土方三尺地，遠移者二尺五寸. 一丈五尺樹，留土三尺或三尺五寸. 用草繩纏束根土. 樹大者，從下劖去枝三二層. 樹記南北. 運

24) '궤(撅)': '굴(掘)'자를 차용한 것이다.

25) '탑실(塌實)': 소나무가 있는 땅에 물을 부으면, 물 때문에 틈 사이의 공기가 빠져 나오면서 흙 알갱이가 가라앉는다. 중력으로 인해 물이 다시 가라앉으면, 흙 알갱이도 같이 가라앉으면서 전체 부피가 줄어들어 무너지고, 탄탄하게 변한다.

26) '거도(袪倒)': '거(袪)'는 구부러진 것으로 해석된다. 권3의 주석 참조.

대로 옮겨 심는다.

○ 노송나무: 노송나무를 옮겨 심는 방법은 소나무를 옮겨 심는 방법과 동일하다. 꺾꽂이로 번식을 할 때는 2~3월에 노송나무의 싹이 틀 때 먼저 황토의 땅을 부드럽고 깊게 갈아 이랑을 만들고 한 차례 흠뻑 물을 준다.[27] 물이 스며든 이후에 다시 한 번 더 물을 주어 흙이 진흙으로 변하기를 기다린다. 작은 손가락 굵기의 노송나무 가지를 베어내어 1자 5치 정도의 길이로 잘라 아랫부분을 말의 귀 모양으로 비스듬히 깎아낸다. 먼저 막대기로 진흙을 찔러 작은 구멍을 만든 후에 노송나무 가지를 그 속에 삽입하는데, 깊이는 대략 5~7치 이상으로 한다. 조밀하게 옮겨 심고, 항상 물을 주어 이랑을 촉촉하게 해준다. 이랑 위에 작은 시렁을 설치하여 햇볕을 차단한다. 겨울철에는 시렁을 떼어내고 따로 북풍을 막아주어 따뜻하게 하며,[28] 이듬해 2~3월에 이것을 떼어낸다. 나무가 크게 자라기를 기다렸다가 다시 옮겨 심는데, 그 방식은 소나무와 측백나무를 옮겨 심는 것과 같다.

至區所, 栽如前法.

檜: 種如松法. 插枝者, 二三月, 檜芽孽動時, 先熟斸黃土地成畦, 下水飲畦一徧. 滲定, 再下水, 候成泥. 將斫下細如小指檜枝, 長一尺五寸許, 下削成馬耳狀. 先以杖刺泥成孔, 插檜枝於孔中, 深五七寸以上. 栽宜稠密, 常澆令潤澤. 上搭短棚蔽日. 至冬換作暖蔭, 次年二三月, 去之. 候樹高, 移栽如松柏法.

교 석(校釋)

4 '송백(松柏)' 다음에 '법(法)'자가 전본에는 빠져 있고, 원본, 격본에는 보인다.
5 '미(微)': 전본에는 '살(撒)'로 되어 있으나, 원본, 격본에는 '미'로 되어 있다.

27) '음(飮)': 거성(去聲)으로 읽으며, 마실 물을 주는 것이다.

28) 역자주 마종신은 난음(暖廕)의 '음'은 비호한다는 의미라고 주석하고 있다. 이 문장에서 말하는 것은 북풍을 막는다는 의미로 수숫대로 울타리를 쳐서 그것을 따뜻하게 보호하는 작용을 했기 때문에 난음이라 한 것이다.

느릅나무

『제민요술』[29]: 느릅나무는 땅에 그늘을 드리우는 특성을 가지고 있는데 그 그늘 아래에서는 오곡이 잘 자라지 못한다. 나무 윗부분 가지[樹冠]의 높낮이와 너비의 정도에 따라서 동・서・북의 세 방향으로 그늘이 지며, 그늘은 모두 수관의 크기와 같다.[30] 느릅나무를 심을 때는 반드시 밭의 북쪽 두둑에 심는다. 가을이 되면 먼저 땅을 갈아 부드럽게 한다. 봄이 되어 꼬투리가 익어서 땅에 떨어질 때 거두어서 땅속에 흩어 뿌리고, 쟁기로 가볍게 갈아준 후에 끌개[耮]를 이용하여 흙을 깨면서 평평하게 골라준다. 이듬해 정월 초에 지면에 붙여서 베어내고 풀을 그 위에 덮은 후 불을 질러 태운다. 한 나무의 뿌리 위에 열 개의 가지가 자라나는데, 오직 하나의 강한 가지만 남기고, 나머지는 손으로 꺾어 딴다. 그 해에 8～9자로 자란다. 불로 태우지 않으면 생장이 느려진다. 3년째 되는 정월에서 2월 사이에 옮겨 심는다. 처음 자라는 어린 모종을 즉시 옮겨 심으면 쉽게 구부러지기 때문에 더불어 무성하게[31] 자라기를 기다려 3년째가 되면 옮겨 심을 수 있다. 옮겨 심은 후 첫 3년은

榆

『齊民要術』: 榆性扇地, 其陰下五穀不植. 隨其高下廣狹, 東西北三方所扇, 各與樹等. 種者, 宜於園地北畔. 秋耕令熟. 至春, 榆荚落時收取, 漫散, 犁細畤, 勞之. 明年正月初, 附地芟殺, 以草覆上, 放火燒之. 一根上必十數條俱生, 止留一根強者, 餘悉掐去之. 一歲之中, 長八九尺矣. 不燒則長遲也. 後年正月二月, 移栽之. 初生卽移者, 喜曲, 故須叢

---

29) '『제민요술(齊民要術)』': 지금은 『제민요술』 권5 「종유백양제사십육(種榆白楊第四十六)」에 보인다.

30) '동서북삼방(東西北三方), 소선각여수등(所扇各與樹等)': 여기서 '선(扇)'은 덮다, 가리다는 뜻이고, 북위(北緯) 지역에서 남쪽의 나무는 그늘이 지지 않으므로, 동, 서, 북 세 방향만을 언급한 것이다.

31) 역자주 마종신의 역주에 의하면, 총림(叢林)은 일종의 파종법으로 느릅나무의 모종은 단독으로 가꾸는 것은 적당하지 않으며 큰 면적에서 묘를 파종하는, 즉 총림의 배양법을 따르는 것이 적합하다고 한다.

잎을 따서는 안 되며, 더욱이 꼭대기의 순을 따서는 안 된다. 꼭대기의 순을 따게 되면 그루가 잘 자라지 않고, 잎이 자라지 않으면 다시 한 번 앞의 방법과 같이 불을 지르면 옛날처럼 무성해진다. 낮은 곳의 곁가지를 자르고 수관樹冠을 잘라 나무 윗가지를 다듬을 필요가 없다. 아랫부분의 곁가지를 자르면 나무의 키는 크지만 가늘고 흉터 자국이 남으며, 자르지 않으면 나무는 비록 키가 높게 자라지는 못하지만 굵게 자라고 병이 생기지 않는다. 농언에 "가지를 치지 않고 수관을 다듬지 않으면 십년이 되어 수레바퀴를 만들 수 있다."라고 한다. 이 말은 나무를 그대로 두면 자라서 굵어진다는 의미이다. 반드시 낮은 가지를 잘라야 할 경우에는 2치 길이를 남겨두고 자른다.

구덩이를 파서 옮겨 심을 때는 먼저 지붕을 이었던 묵은 풀을 구덩이 속에 깔고 난 후에 느릅나무 꼬투리를 그 위에 뿌리고 흙을 덮는다. 불을 놓아 모종을 태우는 방식은 앞의 것과 같다. 지붕을 이은 묵은 풀[짚]은 부패가 빠르고 기름진 것이 똥보다 좋다. 지붕을 이은 묵은 풀이 없다면 똥으로 덮어도 효과는 좋다. 시비를 하지 않으면 비록 싹은 날지라도 매우 연약해진다. 옮겨 심은 이후에는 앞의 방법대로 불을 질러 태운다.

○ 느릅나무 심는 또 다른 방법: 이랑에 있는 느릅나무 종자는 쉽게 참새를 불러 오곡에 해를 입힌다. 또 무리지어 심지 않으면 대부분의 나무 모종이 자라면서 비스듬히 휘게 된다. 그러므로 땅 한 곳을 택하여 오로지 느릅나무만을 심는 것만 못하다. 비어 있는 척박한 땅은 오곡을 심기에 적합하지 못하므로 단지 느릅나무와 흰 느릅나무만을 심는 것이 좋다.

林長之, 三年乃可[6]移種. 初生三年, 不用採葉, 尤忌捋心. 捋心則科茹不長, 更須依法燒之, 則依前茂矣. [7] 不用剶沐. 剶[8]者長而細, 又多瘢痕, 不剶雖短麤, 而無病. 諺曰: "不剶不沐, 十年成轂." 言易麤也. 必欲剶者, 宜留二寸.

於塹阬中種者, 以陳屋草布塹中, 散楡莢於草上, 以土覆之. 燒亦如法. 陳草速朽, 肥[9]良勝糞. 無陳草者, 用糞糞之亦佳. 不糞, 雖生而瘦. 旣栽移者, 燒亦如法.[10]

又種楡法: 其於地畔種者, 致雀損穀. 旣非叢林, 率多曲戾. 不如割地一方種之. 其白土薄地, 不宜五穀者, 惟宜楡及白楡.

느릅나무를 심는 땅은 도시 가까이에 있어야 한다. 느릅나무의 땔감·꼬투리·잎을 파는 수고를 덜 수 있다. 협유梜楡·자유刺楡·범유凡楡[32]의 세 종류의 느릅나무는 마땅히 따로따로 파종해야지 섞어 심어서는 안 된다. 협유의 꼬투리와 잎은 쓴맛이 나고, 범유의 꼬투리와 잎은 달다. 단것은 봄철에 삶아 익혀 내다팔기 때문에 반드시 나누어서 옮겨 심어야 한다.

地須近市. 賣柴、莢葉, 省功. 梜楡、刺楡、凡楡三種, 色別種之, 勿令和雜. 梜楡莢葉味苦, 凡楡莢味甘. 甘者, 春時將煮賣, 是以須別也.

땅을 갈고 느릅나무 꼬투리의 종자를 거두는 방법은 앞에서 말한 것과 같다. 우선 땅을 갈고 골라서 이랑을 만든 후에 느릅나무 꼬투리를 흩어 파종한다. 이랑을 만들어서 파종하면 보기도 좋고 관리하기도 편하다. 5치 거리에 하나의 꼬투리를 심고, 적당한 간격을 유지한다. 파종을 마치면 끌개[勞]를 사용하여 땅을 평평하게 고른다. 느릅나무가 자라면서 잡초도 함께 나오는데 이때 잡초를 손질할 필요는 없다. 이듬해 정월이 되어 (잡초와 느릅나무의 모종을) 지면에 붙여 베어내며 불을 놓아 태운다. 그리고 풀이 제멋대로 자라 느릅나무 가까이에서 모종을 건드리게 해서는 안 된다.[33] 또 이듬해 정월에 잘 자라지

耕地收莢, 一如前法. 先耕地作壟, 然後散楡莢. 壟者看好, 科理又易. 五寸一莢, 稀穊得中. 散訖, 勞之. 楡生, 共草俱長, 未須科[a]理. 明年正月, 附地芟殺, 放火燒之. 亦任生長, 勿使棠近. 又至明年正月, 劚去惡者. 其一株上,

---

32) 역자주 무계유 교석본에 의하면, 범유(凡楡)는 상유(常楡)로 일반적인 느릅나무를 뜻하며 곧 오늘날 백유(白楡)인데, 동북 섬서 등지에서는 느릅나무라고 불리며 하남, 하북 지역에서는 가유(家楡)라고 불린다. 나무껍질은 짙은 회색을 띠며 어린 가지는 회백색이다. 봄에는 먼저 잎이 난 후에 꽃이 피며 열매는 봄에서 여름 사이에 익어 녹색에서 황백색으로 변하는데 속칭 유전(楡錢)이라고 한다. 북방에서는 흔히 열매 꼬투리를 밀가루 혹은 좁쌀가루와 함께 쪄서 먹는다. 푸른 꼬투리는 쪄서 햇볕에 말려 술을 담근다. 익은 열매는 기름을 많이 함유하고 있어 그것을 짜서 장을 만드는 데 사용한다.

33) '당(棠)': 여기에서는 '탱(樘)'자를 차용해서 썼으며, 주문의 '두강반(杜康反)'이라는 독음은 『제민요술』 북송각본의 원래 형식을 답습한 것으로, 북송시대의 입

않는 것은 베어낸다. 한 밑동 위에 7～8개의 뿌리가 자란 경우에는 단지 굵고 곧게 자란 하나의 뿌리만 남기고 모두 베어낸다.

심은 후 3년이 지난 봄에는 꼬투리와 잎을 따다 팔 수 있다. 5년이 된 뒤에는 지붕의 서까래를 만들 수 있다. 목재로 사용할 수 있는 것은 (서까래로 만들어) 팔 수 있다. 목재로 사용할 수 없는 것은 깎아서 팽이[34]나 주발을 만들 수 있다. 10년이 지나면 깎아서 국을 담는 사발[魁]·주발[椀]·병甁·뚜껑이 있는 둥근 합榼과 각종 그릇을 만들지 못하는 것이 없다. 15년이 지나면 깎아서 수레바퀴나 포도주를 담는 통을 만들기에도 적합해진다.

○ 최식이 이르기를,[35] 2월에 느릅나무의 꼬투리가 달리면 푸를 때 따서 말려 지축을 만들 수 있다고 하였다. 지(旨)는 좋다는 의미이다. 축(蓄)은 쌓는다는 뜻이다. 푸른 느릅나무 꼬투리를 거두어 약간 쪄서 햇볕에 말린다. 겨울이 되어 술을 담그면 향기롭고 부드러워 노인들이 마시기에 적합하다. 『시경』에는 "나에게 지축이 있으니 겨울을 잘 날 수 있다."라고 노래하고 있다. 느릅나무 꼬투리의 색이 희게 변하여 떨어지려 할 때 '무투䅽𩞄'를 만들 수 있다. 무투는 곧 느릅나무 장[楡醬]이다. 시절이 빠르고

有七八根生者，悉皆斫去，惟留一根麤直好者.

三年春，可將莢葉賣之. 五年之後，便堪作椽. 不挾者，卽可斫賣. 挾者，鏇作獨樂及[11]盞. 十年之後，魁、椀、瓶、榼、器皿，無所不任. 十五年後，中爲車轂及蒲桃缸.

崔寔曰，二月，楡莢成，及青收，乾以爲旨蓄. 旨，美也. 蓄，積也. 收青莢，小蒸，曝之. 至冬，以釀酒，滑香宜養老. 『詩』云，"我有旨畜，亦以御冬." 色變白將落，可作'䅽𩞄'. 䅽𩞄，

말과 대부분 일치하며, 지금은 습관적으로 chēng으로 읽는다.

34) 역자주 독락(獨樂)은 곧 팽이로, 일본에서는 고마의 한자어로 독락을 사용한다.

35) '최식왈(崔寔曰)':『옥촉보전』「2월(二月)」조는 최식의『사민월령』을 인용했다.

늦음에 따라서 그 시기를 놓쳐서는 안 된다.

『무본신서務本新書』: 느릅나무 잎을 햇볕에 말려 빻아 체에 쳐서 그 가루를 소금물에 잘 섞어 햇볕에 말린다. 날씨가 차가워지면 불 위에 얹어 볶아서 야채와 버무리면 매콤하면서도 맛이 좋다.

楡醬. 隨節早晏, 勿失其適.

『務本新書』: 楡葉曝乾, 擣羅爲末, 鹽水調勻, 日中炙曝. 天寒, 於火上熬過, 拌菜食之, 味頗辛美.

▌교 석(校釋)▌

6 전본에는 '내(乃)'자 다음에 '가(可)'자가 더 있는데, 원본, 격본과 『제민요술』 원문에는 추가하지 않았다.

7 '무의(茂矣)': 민각, 절각에는 '의(矣)'자가 빠져 있으나, 소각, 원본, 격본과 『제민요술』의 원문에는 들어 있다.

8 '천(劖)': 정문에는 한 곳, 주문에는 네 곳이 전본에는 '박(剝)'으로 되어 있으며, 원본, 격본과 『제민요술』에는 본문과 동일하다.

9 원본에는 '비(肥)'자 위에 '근(根)'자가 있으나, 전본, 격본과 『제민요술』의 교정본에는 없다.

10 '야(也)'자는 전본에는 누락되어 있고, 원본, 격본에는 있으며, 이는 『제민요술』 원문에도 마찬가지이다.

11 "독락(獨樂)과 잔(盞)을 조각하여 만든다.[鏃作獨樂及盞.]": 전본에는 '독락급(獨樂及)' 세 글자가 누락되어 있으나, 원본, 격본에는 『제민요술』과 같이 있다. '독락(獨樂)'은 조각해서 만든 장난감으로 지금은 '팽이'라고 한다.

▌교 안(校案)▌

ⓐ '과(科)': 『제민요술』 원문에는 '요(料)'로 되어 있으며, '요리(料理)'로 이어서 쓰인 것은 『진서(晉書)』 권80의 「왕미지전(王微之傳)」에 보이며, 육조에 이미 통용되었을 것이다.

사시나무

『제민요술』[36]: 사시나무는 '고비(高飛)' 또는 '독요(獨搖)'라고도 부른다. 나무의 성질이 강하고 곧아 집을 짓는 재료로 쓸 수 있다. 꺾으면 부러지지만 끝내 휘어지지는 않는다. 느릅나무의 목질은 비교적 물러 시간이 오래 지나면 뒤틀리지 않는 것이 없어 사시나무와 비교하면 차이가 많이 난다. 느릅나무의 성질은 잘 휘어지고 곧고 높게 자라지 않으며 성장 또한 느려서 수년이 지나야만 비로소 용도에 맞게 쓸 수 있다. 집을 짓는 목재로는 소나무와 측백나무가 가장 좋고, 사시나무가 다음이며, 느릅나무가 그 중에서 가장 떨어진다.

○ 사시나무 심는 법: 가을에 땅을 갈아준다. 이듬해 정월과 2월 사이에 쟁기로 골을 타서 이랑을 만든다. 이랑은 쟁기로 왕복하여 한 번 갈아준다. 이랑과 고랑[37]의 폭은 대파를 심은 것과 같이 한다. 이랑을 만든 이후에 다시 가래[鍫]로 이랑에 낮고 작은 구덩이를 판다. 손가락 굵기 정도 되는 3자 길이의 사시나무 가지를 베어 구부려서 그 구덩이 속에 넣는다. 흙을 위에 덮어주고 가지의 양

白楊

『齊民要術』: 白楊, 一名'高飛', 一名'獨搖'. 性甚勁直, 堪爲屋材. 折則折矣, 終不曲撓. 楡性軟, 久無不曲, 比之白楊, 不如遠矣. 且天性多曲, 修直者少, 長又遲緩, 積年方得. 凡屋材, 松柏爲上, 白楊次之, 楡爲下也.

種白楊法: 秋耕令熟. 至正月二月中, 以犁作壟. 一壟之中, 以犁逆順⑫各一到. 𪐴中寬狹, 正似葱壟. 作訖, 又以鍬掘底一阬作小塹. 斫取白楊

36) '『제민요술(齊民要術)』': 인용문은 『제민요술』 권5 「종유백양제사십육(種楡白楊第四十六)」에 보인다.

37) 역자주 '장(𪐴)'은 마종신의 역주에 의하면, '장(塲)'과 같은 의미로 이랑과 이랑 사이의 폭을 가리키며, 행간의 거리를 뜻한다. 다음 문장에서 말하는 '일무삼롱(一畝三壠)'은 행간의 거리가 2척이고, 장의 폭도 2척이 된다는 말이다. 구주(舊株)에서는 대부분 장(𪐴)을 이랑과 고랑의 깊이라고 하는데 이는 잘못된 것이라고 한다. 무계유 교석본에 의하면 '장(𪐴)'은 쟁기질한 고랑을 의미한다고 하며 고랑을 파는 법은 작물과 기술에 따라서 차이가 있다고 한다.

끝이 흙 밖으로 나오게 하여 가지 끝이 위로 수직으로 향하게 한다.[38] 2자 간격마다 한 그루씩 심는다. 이듬해 정월이 되면 상태가 좋지 않은 가지는 잘라낸다. 1무에 세 개의 이랑을 만들어 나무를 심는데 매 이랑마다 720그루를 휘묻이하면, 매 그루마다 두 개의 나무가 자라니 1무에 4,320그루[39]를 심는 격이 된다.

枝, 大如指, 長三尺者, 屈著壟中. 以土壓上, 令兩頭出土, 向上直豎. 二尺一株. 明年正月,13 剝去惡枝. 一畝三壟, 一壟七百二十株, 一根兩株, 一畝四千三百二十株.

3년 후에는 누에시렁 누에시렁의 가로대 을 만들 수 있고, 5년 후에는 집의 서까래를 만들 수 있다. 10년이 되면 지붕의 용마루와 들보의 목재로도 쓸 수 있다.

三年, 中爲蠶樀, 蠶椽. 五年, 任爲屋椽. 十年, 堪爲棟梁.

38) 역자주 마종신은 역주에서 덕양(德楊)과 건양(健楊)과 같은 신품종의 버드나무는 꺾꽂이로 번식을 한다고 한다. 그러나 털이 달린 사시나무는 꺾꽂이를 하면 도리어 쉽게 살아나지 않기 때문에 휘묻이 또는 접붙이기를 해야 한다고 한다.

39) "한 무(畝)에 세 개의 이랑 … 한 무(畝)에 4,320그루[一畝三壠, … 一畝四千三百二十株]": 이 숫자는 상식적으로 이해하기가 매우 힘들다. 고대의 한 '보(步)'와 지금의 한 '보(步)'는 길이의 차이가 크지 않다. 단지 지금의 '보(步)'는 5척(尺)이고, 고대에는 6척(尺)이었을 뿐이다. '2척(尺)에 한 그루[二尺一株]'는 사실상 지금의 1척(尺) 6촌(寸)보다 조금 더 많다. 이 정도의 간격으로 버드나무를 심으면 가지가 어디로 자란단 말인가? 또한 어떻게 처마, 서까래, 마룻대, 들보의 재목으로 자랄 수 있단 말인가? 게다가 1년에 30무(畝)를 팔고, 3년에 "돌아가며 다시 시작하는[周而復始]" 땅에 마룻대, 기둥 등이 원래의 30무(畝)의 땅에서 나온 것이 있다는 것은 상상이 안 된다. 역자주 마종신은 여기서 말하는 무는 240보 1무제로 농마다 720그루를 파종하여 2척에 한 그루를 심고 한 그루에 두 개의 뿌리가 자라고 1무에 세 줄로 파종한다면 720×2×3이 되어 모두 4,320그루가 된다고 한다. 매 2척마다 한 그루를 심고 한 그루에서 두 개의 나무가 자라난다면 그루마다의 거리는 단지 한 자에 불과하여 큰 나무로 성장하기가 현실적으로 불가능하여 이는 탁상공론에 불과하다.

매년 30무를 파종하여 3년이 지나면 90무가 되며 1년에 30무씩의 목재를 팔 수 있다. 팔고나면 또 다른 30무의 나무가 자라기 때문에 오랫동안 계속해서 팔 수 있다. 일반 농민과 비교해서 노력이 만 배나 적게 든다. 삼림에서 멀리 떨어진 곳에는 특히 많이 심어야 한다. 한 가정에서 1천 그루 이상 심으면 필요한 물건은 모두 다 마련할 수 있다.

歲種三十畝, 三年九十畝, 一年賣三十畝. 周而復始, 永世無窮. 比之農夫, 勞逸萬倍. 去山遠者, 實宜多種. 千根以上, 所求必備.

교 석(校釋)

12 '역순(逆順)': 전본에는 '순역(順逆)'으로 뒤집혀 있는데, 격본에 따라 다시 뒤집는 것이 『제민요술』 원문과 일치한다. 우선 역방향으로 밭을 갈고, 다시 순방향으로 밭을 갈아야 '밭이랑'을 만들 수 있다. 그 다음의 '유(柳)'장도 전본에는 이와 똑같이 뒤집혀 있다.

13 '중(中)': 전본에는 누락되어 있으나, 격본에는 『제민요술』의 원래 구절과 같이 이 글자가 있다.

팥배나무

棠

『제민요술』[40]: 팥배가 익으면[41] 따서 종자로 쓴다. 그렇지 않으면 봄이 되기를 기다려 옮겨

『齊民要術』: 棠熟時, 收種之. 否

40) '『제민요술(齊民要術)』': 인용문은 『제민요술』 권5 「종당제사십칠(種棠第四十七)」에 보인다.

41) 역자주 마종신의 역주에는 팥배는 2월에 흰 꽃이 피고 열매는 멀구슬나무[楝]의 크기와 같으며 서리가 내리면 먹을 수 있다고 한다.

심는다.

則春月移栽.

8월 초 날씨가 맑을 때 팥배나무의 잎을 딴다. 얇게 펴서 햇볕에 말리면 진홍색의 염료로 쓸 수 있다.[42] 반드시 날씨가 맑을 때에 잎을 조금씩만 따서 말린 후에 다시 조금만 따서 말린다. 절대로 한꺼번에 많은 잎을 따서는 안 된다. 만약 비를 맞게 되면 잎이 뜨게 되고, 뜨면 진홍색의 염색을 할 수 없게 된다.

八月初, 天晴時, 摘葉. 薄布, 曬令乾, 可以染絳. 必候天晴時, 少摘葉, 乾之, 復更摘. 愼勿頓收. 若遇陰雨則浥, 浥不堪染絳也.

닥나무

穀楮

『제민요술』[43]: 『설문(說文)』에 이르길 "곡(穀)을 곧 저(楮)라고 한다." 오늘날 사람들은[北魏人] 간혹 '각저(角楮)'라고 하는데, 이는 옳지 못하다. 왜냐하면 '각(角)'과 '곡(穀)'의 두 글자는 그 음이 유사하여 혼돈이 생겼기 때문이다. 닥나무의 껍질은 종이를 만드는 데 쓰인다.

『齊民要術』: 『說文』云, "穀者, 楮也." 按今世人, 乃有名之曰'角楮', 非也. 蓋'角', '穀'聲相近, 因誤耳. 其皮可以爲紙者也.

닥나무는 산의 계곡 사이에 심는 것이 적합하며, 심는 토지는 아주 비옥해야 한다. 가을이 되어 닥나무 열매가 익을 때 약간 거두어들여 물에 깨끗이 씻은 다음 햇볕에 말린다. 땅을 갈아 부드

楮宜澗谷間種之, 地欲極良. 秋上, 候楮子熟時, 多收, 淨淘, 曝令

---

42) 역자주 무계유 교석본에 의하면, 팥배나무 잎에는 여러 종류의 안토시안 성분과 다양한 페놀유가 포함되어 홍색과 자색으로 염색할 수 있다고 한다.

43) '『제민요술(齊民要術)』': 인용문은 『제민요술』 권5 「종곡저제사십팔(種穀楮第四十八)」에 보인다.

럽게 해둔다. 2월에는 누리로 갈아 삼씨와 섞어 흩어 파종하고, 끌개[勞]로 평평하게 골라준다. 가을과 겨울에도 삼을 베어서는 안 되는데, 그것이 닥나무의 바람을 막아 보온작용을 해주기 때문이다. 만약 삼씨와 동시에 파종하지 않으면 태반이 얼어 죽는다.

이듬해 정월 초에 지면에 붙여 삼나무와 닥나무를 베어내고 불을 질러 태운다. 1년 동안 닥나무는 사람 키 높이로 자란다. 불을 질러 태우지 않으면 나무의 모종이 연약하여 자라는 것도 늦다. 3년이 되면 베어내어 종이를 만들 수 있다. 3년이 되지 않으면 나무껍질이 얇아 쓰기에 적합하지 못하다.

○ 베어내는 법: 12월이 베어내기에 가장 적합한 시기이며, 4월[44]이 그 다음이다. 이 두 달 사이에 베어내지 않으면 닥나무가 대부분 말라 죽는다. 매년 정월이 되면 모두 불을 놓아 태운다. 땅 위에는 마른 나뭇잎이 있어 불을 놓기에 충분하다.[45] 불을 놓아 태우지 않으면 나무

燥. 耕地令熟. 二月耬耩之, 和麻子漫散之, 即勞. 秋冬, 仍留麻勿刈, 爲楮作暖. 若不和麻子種, 率多凍死.

明年正月初, 附地芟殺, 放火燒之. 一歲即沒人. 不燒者瘦, 而長亦遲. 三年便中斫. 未滿三年者, 皮薄不任用.

斫法: 十二月爲上, 四月次之. 非此兩月, 而斫者, 楮多枯死也. 每歲正月, 常放火燒之. 自有乾葉

44) 역자주 무계유 교석본에 의하면, 『제민요술』과 전본은 동일하며 『사시찬요』도 『제민요술』과 동일한 부분을 인용하고 있다. 음력 12월, 나무가 아직 휴면기에 있을 때 나무의 뿌리를 베어내는 것이 적합하다. 정월이 되어 다시 따뜻해지면 수액이 흐르기 시작하는데, 이때 나무를 베면 12월에 베는 것만큼 좋지 않다. 그러나 정월이 12월 다음으로 적기라 한 것은 잘못이 아니다. 4월이 되어 나뭇잎이 자라 무성해지면 수액이 왕성하게 흐르는데 이때 베어내는 것을 12월과 마찬가지로 적기라 말할 수 있겠는가? 또 아래 문장에서는 매년 정월에 불을 질러 그루터기를 태워야만 비로소 나무가 무성해질 수 있다고 하는데, 정월에 어찌 4월에 베어낸 그루터기를 태울 수 있겠는가? 이런 이유로 '4월'은 모순이 되며 '정월'의 잘못된 표기라고 판단된다.

45) 역자주 마종신은 역주에서 첫 번째 태울 때를 제외하고는 마땅히 삼나무와 닥나무를 동시에 지면에 붙여 베어내어 불을 지르고, 이후에 매년 불을 놓아 태울 때는 그저 땅 위의 마른 가지의 잎과 마른 잡초만 태우도록 한다. 초목의 재는 질

가 무성하게 성장할 수 없다. 2월에는 나무 중에 성장이 좋지 않은 것을 베어낸다. 무릇 옮겨 심을 것은 2월에 옮겨 심는다. 또한 3년에 한 차례 베어낸다. 3년이 지나도 베어내지 않으면 헛되이 돈만 날릴 뿐 어떠한 이득도 없다.

在地, 足得火燃. 不燒, 則不滋茂也. 二月中, 間斸去惡根.ⓑ 移栽者, 二月蒔之. 亦三年一斫. 三年不斫者, 徒失錢無益也.

밭뙈기로 닥나무를 내다파는 경우에는 노동력은 덜 수 있으나 이익은 도리어 작아진다. 닥나무 껍질을 벗겨서 삶은 후에 다시 팔면 비록 노동력은 많이 소모되나 그 이익이 크다. 껍질을 벗긴 닥나무는 땔나무로 쓸 수 있다.46) 만약 스스로 종이를 만든다면 이익은 더욱 많아진다. 30무의 닥나무를 재배하여 매년 10무씩 베어 내다팔게 되면 3년마다 돌아가면서 베어낼 수 있게 되며, 매년 100필의 비단을 생산한 정도의 수입을 올릴 수 있게 된다.

指地賣者, 省功而利少. 煮剝賣皮者, 雖勞而利大. 其柴足以供然. 自能造紙, 其利又多. 種三十畝者, 歲斫十畝, 三年一徧, 歲收絹百疋.

교 안(校案)

ⓑ 『제민요술』에는 원래 '악근(惡根)' 아래에 주가 하나 더 있으나, 본서에서는 인용하지 않았다.

소의 함량이 높아 비료로 효과가 좋기 때문이다.

46) '연(然)': 이 글자의 아랫부분에는 '화(火)'가 있다. 즉 '연소(燃燒)하다'의 '연(燃)'자가 원래 글자이다. 지금의 '연(燃)'자는 '화(火)'자 변을 따로 더 첨가한 것으로, 사실은 과잉 중첩한 것이다.

홰나무[47)]

『제민요술』[48)]: 홰나무 열매가 익을 때 대부분 거두어서 꼬투리를 까 종자를 꺼내어 자주 햇볕에 말려[49)] 벌레가 생기지 않도록 한다. 5월이 되어 하지夏至 10일을 전후하여 물에 종자를 담그는데 삼씨를 물에 담그는 방법과 같다. 6～7일이 지나면 곧 싹이 튼다. 비가 충분히 내려 삼씨를 파종할 수 있을 때, 삼씨와 함께 흩어 뿌린다. 그 해에는 삼과 같은 크기로 자란다. 삼의 수확기가 되면 베어 내고 홰나무의 모종은 그대로 남겨 둔다. 이 같은 홰나무의 모종은 가늘고 길어 스스로 설 수 없기 때문에 나무 곁에 별도로 나무 막대기를 세워 새끼로 묶어준다. 겨울철에 바람이 많이 불고 비가 많이 내리면 새끼를 묶어 놓은 곳에 띠풀을 끼워 넣는데, 이와 같이 하지 않으면 나무껍질에 마찰이 생겨 상처가 남게 된다.

이듬해 땅을 파서 부드럽게 일구어 또 홰나무 아래에 삼씨를 파종한다. 홰나무가 높이 자라도록 도

槐

『齊民要術』: 槐子熟時, 多收, 擘取數曝, 勿令蟲生. 五月, 夏至前十餘日, 以水浸之, 如浸麻子法. 六七日, 當芽生. 好雨種麻時, 和麻子撒之. 當年之中, 即與麻齊. 麻熟, 刈去, 獨留槐. 槐既細長, 不能自立, 根別豎木, 以繩欄之. 冬天多風雨, 繩欄, 宜以茅裹, 不則傷皮, 成痕瘢也.

明年, 斸地令熟, 還於槐下種麻. 脅

---

47) 역자주 마종신 교석본에 의하면, 홰나무는 낙엽교목으로 콩과에 속하며 중국이 그 원산이라고 한다. 서양 홰나무가 도입된 이후에는 중국 홰나무라고도 부른다. 중국의 홰나무는 병충해가 적고 수명도 길어 가로수와 관상수로 사용되며 또한 벌이 꿀을 따는 좋은 수종이기도 하다. 목재는 건축·가구·수레·농기구 등에 사용된다.

48) '『제민요술(齊民要術)』': 『제민요술』 권5 「괴류추재오작제오십(槐柳楸梓梧柞第五十)」에 보인다.

49) 역자주 마종신은 역주에서 중국 홰나무 꼬투리의 과육은 원주형으로 그 종자 사이가 수축되어 구슬모양을 띠고 있어 익은 후에는 갈라지지 않고 여전히 나뭇가지에 달려 있어서 겨울 내내 떨어지지 않는다고 한다. 종자는 흑갈색이며 크기는 콩과 같다고 한다.

와준다.[50] 3년째 되는 정월에 다시 줄맞추어 옮겨 심는다. 그루마다 높고 바르게 자라나 모든 나무가 한결같이 자랄 수 있다. 흔히 이르기를 "쑥이 삼밭 가운데서[51] 자라면 도움 없이도 스스로 자란다."라고 하였다. 만약 마음대로 홰나무 모종을 옮겨 심는다면 성장이 늦을 뿐만 아니라 나무의 형태 또한 휘어지고 볼품없게 된다. 나무를 심는 밭에서 따로 한 구역을 정하여 나무의 모종을 배양하는 것이 좋다.

槐令長. 三年正月, 移而植之. 亭亭條直, 千百若一. 所謂"蓬生麻中, 不扶自立."Ⓒ 若隨宜取栽, 匪直長遲, 樹亦曲惡. 宜於園中, 割地種之.

▌교 안(校案)▌

Ⓒ 『제민요술』 원문, 『순자(荀子)』, 『예기(禮記)』, 『논형(論衡)』에는 '입(立)'자가 모두 '직(直)'으로 되어 있다.

---

50) 역자주 무계유 교석본에는 식물의 햇빛을 좇는 성질을 이용하여 홰나무 싹과 삼이 서로 햇볕을 쬐는 것을 다투어 위로 자라게 하는 것이라고 한다. 이와 같이 성장한 홰나무는 곧고 가지가 벌어지는 것이 적다. 원래 홰나무가 묘목단계일 때는 묘의 끝 부분의 싹눈이 촘촘하고 마디 사이가 짧아 쉽게 나무줄기가 구부러지고 곁가지가 많이 생기는 현상을 초래하기 때문에, 반드시 밀파를 하여 구부러지는 것을 방지하고 가지가 흐트러지는 것을 막아야 한다. 이듬해 곧은 나무줄기를 배양할 단계가 되면 모름지기 다시 줄기를 보강하는 조치를 취해주어야 한다. 『제민요술』의 가사협이 줄기를 배양하는 방법은 홰나무의 묘목을 대마의 촘촘한 줄기 중에서 자라게 하여 대마의 줄기와 서로 햇볕을 쬐기 위해 다투면서 곧게 자랄 수 있도록 돕는 것이라 하였다. 방법은 교묘하지만 간단하고 토지 이용률도 높아 대부분 한꺼번에 수확할 수 있다고 한다.

51) "쑥이 마(麻)밭에서 나면 잡아주지 않아도 곧게 자란다.[蓬生麻中, 不扶自直.]": 『순자』 「권학(勸學)」편에 최초로 나온다. 『대대예기(大戴禮記)』 권5의 「증자제언상제오십사(曾子制言上第五十四)」와 후한시대 왕충(王充)의 『논형』 권2의 「율성(率性)」편에도 인용되어 있다. 『예기』에는 "옛말에 이르기를 부축해 주는 사람이 많다.[古說云, 言扶之者衆也.]"라는 주가 붙어 있다. 『제민요술』도 『예기』에서 인용한 듯하다. 역자주 『순자(荀子)』 「권학편(勸學篇)」에서도 보인다. 이들 책은 '자립(自立)' 대신 '자직(自直)'이라고 쓰고 있다. 『제민요술』에서도 또한 '직(直)'을 쓰고 있는데 오직 『농상집요』의 각종 판본에서만 '입(立)'을 쓰고 있다.

버드나무

『제민요술』:[52] 버드나무 심기: 정월에서 2월 사이에 팔뚝만한 두께의 가늘고 연약한 버드나무 가지[53]를 길이 1자반으로 잘라 아랫부분 2~3치 정도를 불로 지져서, 그 부분이 보이지 않게 땅속에 묻는다. 그리고 항상 물을 충분히 준다. 반드시 몇 개의 가지가 동시에 자라나는데 그 중에서 건장한 한 그루만 남기고 나머지는 다 떼어낸다. 별도로 막대기 한 개를 세워서 버팀목으로 하고 새끼를 막대기에 묶어 준다. 만약 막대기에 묶어 주지 않으면 반드시 바람이 불어 꺾이게 되어서 스스로 자랄 수 없게 된다.

1년이 되면 1길[丈] 높이로 자라게 된다. 그 곁에서 자라나는 곁가지와 잎은 즉시 떼어내어 곧바로 위로 향해 왕성하게 자라도록 도와준다. 나무의 높낮이는 사람의 마음에 달려 있는데, 충분히 자라게 되면 한가운데 순을 떼어낸다. 그러면 곧 새로 나온 곁가지가 사방으로 퍼져서 저절로 아래로 드리워져 부드럽고 가늘고 긴 가지가 매우 보기 좋다. 만약 가운데 순을 따내지 않으면 가지가 사방으로 퍼지지 못하며, 어떤 가지는 기울어지고 어떤 것은 구부러져서 자라나더라도 보기가 좋지 않다.

柳

『齊民要術』: 種柳: 正月二月中, 取弱柳枝, 大如臂, 長一尺半, 燒下頭二三寸, 埋之令沒. 常足水以澆之. 必數條俱生, 留一根茂者, 餘悉掐去. 別豎一柱以爲依主, 以繩欄之. 若不欄, 必爲風所摧, 不能自立.

一年中, 卽高一丈餘. 其旁生枝葉, 卽掐去, 令直聳上. 高下任人取足, 便掐去正心. 卽四散下垂, 婀娜可愛. 若不掐心, 則枝不四散, 或邪或曲, 生亦不佳也.

---

52) '『제민요술(齊民要術)』': 『제민요술』 권5 「괴류추재오작제오십(槐柳楸梓梧柞第五十)」에 보인다.

53) 역자주 마종신은 '약류(弱柳)'는 가늘고 긴 부드러운 가지인 수류(垂柳)를 가리킨다고 주석하고 있다.

6~7월이 되면 봄에 새로 자라난 연한 가지를 잘라 묻어 두면 배로 빨리 자란다. 새로 자란 연한 가지와 푸른 잎은 기세가 왕성하기 때문에 특별히 빨리 자란다.

六七月中, 取春生少枝種, 則長倍疾. 少枝葉靑氣[d]壯, 故長疾也.

○ 갯버들[楊柳][54]: 물이 고여 있는 저습지는 오곡을 파종할 수 없으므로 버드나무를 심을 수 있다. 8~9월이 되어서 고인물이 말라 습도가 적당할 때 빨리 갈아엎고, 때 맞춰 쇠써레[鍋楱]로 써레질한다. 이듬해 4월이 되면 고르게 갈아 흙덩이가 생기지 않도록 하여 즉시 이랑을 만든다. 1무에 3개의 이랑을 만들고, 매 이랑마다 한 차례 반복하여 갈아주는데, 고랑의 폭은 파 이랑의 폭과 같다. 5월 초에서 7월 말까지 매번 하늘에서 비가 내릴 때, 즉시 비를 무릅쓰고 봄에 새로 자라 나온 연한 가지를 길이 1자 이상 되게 잘라서 이랑 중에 꽂아 심는다. 2자마다 하나씩 꺾꽂이한다. 며칠이 지나지 않아 곧 새로운 싹이 자라난다.

楊柳: 下田停水之處, 不得五穀者, 可以種柳. 八月, 九月中[14]水盡, 燥濕得所時, 急耕, 則鍋楱之. 至明年四月, 又耕熟, 勿令有塊, 卽作鴫壟. 一畝三壟, 一壟之中, 逆順各一到, 鴫中寬狹, 正似葱壟. 從五月初, 盡七月末, 每天雨時, 卽觸雨折取春生少枝, 長一尺已上者, 插著壟中. 二尺一根. 數日卽生.

연한 가지는 빨리 자라 3년이 되면 집의 서까래를 만들 수 있으며, 다른 목재에 비해 다소 무르더라도 사용할 수는 있다. 매년 30무를 파종하면

少枝長疾, 三歲成椽, 比如[15]餘木, 雖微脆, 亦足堪事.

54) 역자주 무계유 교석본에 의하면, 양류(楊柳)는 포류(蒲柳)이며 양류과(楊柳科) 양속(楊屬)의 푸른 버드나무, 혹은 유속(柳屬)의 물버드나무로서 남쪽 사람들이 말하는 갯버들의 수류(垂柳)는 아니라고 한다.

3년이면 90무가 되며, 매년 30무의 목재를 내다 팔 수 있다. 1년 동안의 수지를 맞출 수 있다.

歲種三十畝, 三年種九十畝, 歲賣三十畝. 終歲無窮.

○ 빙류憑柳[55]: 난간[楯]·수레바퀴의 테[車輞]나 잡다한 목재 및 목침[枕]으로 만들 수 있다.

憑柳: 可以爲楯、車輞、雜材、及枕.

○ 키버들[箕柳][56] 심는 법: 산간의 계곡과 물이 흐르는 옆이나 물이 고여 있는 저습지 중, 오곡을 파종할 수 없는 곳에 물이 마르기를 기다려서 여러 차례 땅을 갈아준다. 봄이 되어 언 땅이 점차 녹게 되면 산자락과 강변에 키버들 가지를 3치 길이로 재단한다. 때맞춰 흩어 뿌리고 즉시 끌개[勞]로 평평하게 흙을 고른다. 땅을 평평하게 고른 뒤에는 물을 끌어다 채운다. 가을이 되면 즉시 키를 만드는 목재로 사용할 수 있다. 산버들의 목질은 색이 붉고 연하며, 강버들의 목질은 희고 질기다.

種箕柳法: 山澗、河旁、及下田不得五穀之處, 水盡乾時, 熟耕數徧. 至春凍釋, 於山陂河坎之旁, 刈取箕柳, 三寸栽之. 漫散, 卽勞. 勞訖, 引水停之. 至秋, 任爲簸箕. 山柳赤而脆, 河柳白而肕.

『도주공술陶朱公術』에 이르기를 천 그루의 버드나무를 심으면 땔나무를 충분히 얻을 수 있다. 10년이 지난 후에 한그루의 나무를 베어내면 한 수레의 땔 나무를 얻을 수 있다. 매년 200그루를 베어낸다

『陶朱公術』曰, 種柳千樹, 則足柴. 十年以後, 髡一樹得一載. 歲髡二百

55) 역자주 석성한이나 무계유도 이에 대한 주석은 달지 않았으며, 마종신은 '미상'이라고만 하였다. 무엇인지 자세히 알 수 없다.

56) 역자주 마종신은 역주에서 기류(箕柳)는 기류(杞柳)라고도 하는데, 그것은 그 가지로써 키를 짤 수 있다고 하여 붙여진 이름이다. 기류(杞柳)는 본래 양류과의 낙엽 소교목으로 그 가지는 해마다 베어내어 광주리를 짜는 데 사용되기 때문에 대부분 빽빽한 관목의 형상을 이루고 있다고 한다. 무계유 교석본에 의하면, 하북, 하남 등지에서는 '파기류(簸箕柳)'라고 하며, 무리를 이루어 자라는 낙엽관목으로 가지는 가늘고 길며, 부드럽고 질겨 주로 키나 광주리를 짜는 데 사용된다. 성장이 빨라 봄에 생장하는 가지가 한 해에 2~3m정도 자란다고 한다.

면 (그만큼의 수량을 매년 심게 된다면 천 그루의 나무를) 5년을 한 주기로 베어낼 수 있다고 하였다.

樹, 五年一周.

『사시유요四時類要』57): 버드나무 심기: 푸르고 연한 팔뚝 굵기의 가지를 취해서 길이 6~7자 정도로 잘라내고 아랫부분 2~3치 정도를 불로 지져 땅 속에 2자 이상 깊이로 묻는다.

『四時類要』: 種柳: 取青嫩枝, 如臂, 長六七尺, 燒下頭16三二寸, 埋二尺以上.

『박문록博聞錄』: 갯버들의 뿌리의 아랫부분에 우선적으로 마늘 한 쪽을 파종하게 되면 벌레가 생기지 않는다.

『博聞錄』: 楊柳根下, 先種大蒜一枚, 不生蟲.

교 석(校釋)

14 '가나자와 문고본[八月九月中]': 전본에는 '중(中)'자가 빠져 있고, 격본에는 본문과 같다. 『제민요술』에는 원래 '팔구월중(八九月中)'이라고 되어 있는데, 이 문장이 더 간단명료하다.

15 '여(如)': 전본에는 '우(于)'로 되어 있는데, 원본, 격본과 『제민요술』의 원래 글자는 '여(如)'로 되어 있다. 유교(劉校): "원각본(元刻本)에는 '여(如)'로 되어 있는데, 이는 후인이 함부로 고친 것이다." 아마도 함부로 고친 것은 명나라 때 『영락대전』을 옮겨 적은 사람일 것이다.

16 '두(頭)': 원본, 격본에는 빠져 있으나, 전본에서 첨가되어 있으며, 그렇게 해야 『사시찬요』와 일치한다.

교 안(校案)

ⓓ '기(氣)': 가나자와 문고본[金澤文庫本] 『제민요술』은 '기(氣)'자이며, 남송시대 이후의 각본은 '이(而)'자이다. 본서와 격본, 전본은 모두 '기(氣)'자로 되어 있으며, 북송본을 베낀 가나자와 문고본과 일치하므로 주목할 만하다.

57) '『사시유요(四時類要)』': 지금은 『사시찬요』 권1에 있는 「정월(正月)」편의 '종류(種柳)'조에 보이며, 본서에서는 앞부분의 몇 구절만 인용했다.

호두나무

『제민요술』[58]: 호두나무: 『시의소(詩義疏)』에 이르기를, "가래나무[梓]란, 호두나무 중에서 목재 결의 간격이 넓고, 흰색을 띠며 열매가 달리는 것을 가리켜 가래나무라고 한다."라고 하였다. 『설문(說文)』에 이르기를 "개오동나무[檟[59]]가 곧 호두나무[楸]이다."라고 했다. 이런 사실에서 볼 때 호두나무와 가래나무 이 두 가지는 같은 종류임을 알 수 있다. 흰색의 각진 열매가 열리는 것을 '가래나무'라고 한다. 호두나무로 각진 열매가 있는 것을 '각추(角楸)'라고 부르거나 '자추(子楸)'라고 부른다. 누런 색에 열매가 없는 것을 버들호두[柳楸]라고 하는데, 세상 사람들은 그 나무가 황색인 것을 보고 '가시황호두[荊黃楸]'라고 부른다.

반드시 땅의 한 부분을 구획하여 오직 이 나무만 재배한다. 가래나무와 호두나무는 각각 따로 심어 서로 섞이지 않게 한다. 호두나무에 열매가 맺히지 않는다면, 큰 나무 사방에 구덩이를 파서 재배한 나무를 옮겨 심는다. 사방 2보 간격으로 한 그루씩 심으며, 2무의 땅에 한 줄을 심되 한 줄에 120그루를 심는다.[60] 다섯줄에 심으면 모두

楸

『齊民要術』: 楸: 『詩義疏』曰: "梓, 楸之疎理, 色白而生子者爲梓." 『說文』曰, "檟, 楸也." 然則楸梓, 二木相類者也. 白色有角者, 名爲'梓'. 以[17]楸有角者, 名爲'角楸', 或名'子楸'. 黃色無子者爲柳楸, 世人見其木黃, 呼爲'荊黃楸'也.

亦宜割地一方種之. 梓、楸各別, 無令和雜. 楸旣無子, 可於大樹四面掘[18]阬, 取栽移之. 方兩步一根, 兩畝一行, 一行百二十

---

58) '『제민요술(齊民要術)』': 『제민요술』 권5 「괴류추재오작제오십(槐柳楸梓梧柞第五十)」에 보인다.

59) 역자주 마종신은 역주에서 가(檟)는 『설문』에서는 호두나무라고 한다. 『이아(爾雅)』 「석목(釋木)」편에서는 '고도[苦荼]' 즉 '명(茗)'의 별칭이라고 한다.

60) 역자주 여기서 말하는 무제(畝制)는 「백양(白楊)」편 주석에서 말하는 것과 동일하다. 무계유 교석본에 의하면, 1무는 폭 1보[6척], 길이 240보이다. 2무를 하나로 합쳤기 때문에 폭이 2보이고 길이는 240보가 된다. 나무 사이의 거리는 2보이기 때문에 한 줄에는 120그루를 심는 셈이 된다고 한다. 10무 면적에 심는다면 5줄에 600그루를 심는 셈이라고 한다.

600그루를 심게 된다. 10년 후엔 마차의 칸[車], 널빤지[板], 소반[盤], 합盒은 물론이고, 악기도 모두 이 나무로 만들 수 있다. 관[棺材]을 만들 때 사용하면 소나무나 측백나무[柏]보다 훨씬 낫다.

樹. 五行合六百樹. 十年後, 車、板、盤、合、[19] 樂器, 所在任用. 以爲棺材, 勝於松柏.

교 석 (校釋)

[17] '이(以)': 전본에는 '사(似)'로 되어 있으나, 원본, 격본에는 '이(以)'로 되어 있으며, 이는 『제민요술』의 원래 글자와도 일치한다.

[18] 전본에는 '굴(掘)'자 아래에 '작(作)'자가 있으나, 원본, 격본과 『제민요술』 원문에는 삭제했다.

[19] '합(合)': 전본에는 '합(榼)'으로 되어 있으나, 원본, 격본과 『제민요술』 원문에는 본문과 같다. '합(榼)'과 '합(合)'은 후에 통용되기는 하나, 각각 지칭하는 것은 따로 있다. '합(榼)'은 휴대하기 편리한 주기(酒器)를 가리키는 것이며, '합(合)'은 위쪽에 덮개가 있는 용기로, 오늘날 사용하는 '상자'이다.

가래나무

梓

『제민요술』[61]: 가래나무 심는 법: 가을에 땅을 갈아 부드럽게 해준다. 늦가을과 초겨울 무렵, 가래나무의 꼬투리[62]가 익을 때 따서 햇볕에 말려 쳐서 씨를 꺼낸다. 땅을 갈아 이랑을 만들어 종

『齊民要術』: 種梓法: 秋, 耕地令熟. 秋末冬初, 梓角熟時, 摘取, 曝

61) '『제민요술(齊民要術)』': 『제민요술』 권5 「괴류추재오작제오십(槐柳楸梓梧柞第五十)」에 보인다.

62) 역자주 마종신의 역주에는 가래나무의 꼬투리는 가늘고 길어 모양이 광저기 콩의 꼬투리와 유사하다고 한다.

자를 밭에 흩어 뿌리고, 바로 이어 끌개[勞]로 두 번 평평하게 고른다. 이듬해 봄이 되어 싹이 자라날 때, 풀이 나면 즉시 뽑아내어 풀이 가래 모종을 덮지 않게 한다. 삼 년째 정월에 사이사이 모종을 파서 옮겨 심는데, 사방 2보 간격에 한 그루씩 심는다.[63] 가래나무는 큰 나무로 자라기 때문에[64] 너무 빽빽하게 심으면 안 된다.

乾, 打取子. 耕地作壟, 漫散,ⓔ 即再勞之. 明年春生, 有草拔令去, 勿使荒沒. 後年正月, 間斸移之, 方兩步一樹. 此樹須大, 不能概栽.

교 안(校案)

ⓔ '만산(漫散)': 전본에는 '만전(漫田)'으로 되어 있으나 『제민요술』에는 '만산(漫散)'으로 되어 있다.

벽오동[65]

梧桐

『제민요술』[66]: 벽오동: 잎은 벽오동과 같지만, 꽃만 피고 열매를 맺지 않는 것을 '백동(白桐)'[67]이라고 하고, 열매

『齊民要術』: 梧桐: 桐葉, 花而不實者,

63) 역자주 마종신은 나무 간의 거리는 2보이기 때문에 1길 2자가 되며, 옮겨 심는 방식이 호두나무 심는 법과 동일하다고 역주하고 있다.

64) 역자주 마종신은 역주에서 가래나무는 교목으로 높이는 20자에 이르며, 키가 호두나무보다는 작다고 한다.

65) 역자주 마종신은 역주에서 오동은 오동과(科) 오동속(屬)으로 중국이 원산이며 낙엽교목이라고 한다. 나무껍질은 회녹색으로 갈라지지 않으며 자웅동주이고, 열매는 골돌(蓇葖)이라고 하는데, 가운데는 비어 있다고 한다. 무계유 교석본에 의하면, 오동은 청동(青桐)으로 자웅이수이며 목재는 가볍고 무르며 전열성이 없고 공명성이 강하여 좋은 악기의 재료로 사용된다고 한다.

66) '『제민요술(齊民要術)』': 『제민요술』 권5 「괴류추재오작제오십(槐柳楸梓梧柞第五十)」에 보인다.

를 맺고 나무껍질이 푸른 것을 '벽오동[梧桐]'이라고 부른다. 오늘날 사람들은 그 껍질이 청색이기 때문에 '청동(靑桐)'이라고 한다.

曰'白桐', 實而皮靑者, 曰'梧桐'. 按今人以其皮靑, 號曰'靑桐'也.

청동靑桐은 9월에 종자를 거둔다. 2~3월에 직경 1보 크기의 둥근 이랑에 파종을 한다. 만약 이랑이 네모나거나 크면 덮기가 비교적 곤란하기 때문에 모름지기 작고 둥글어야 한다. 이랑을 만들고 물을 주는 방식은 아욱을 심는 법과 같다. 5치[寸]마다 열매 한 개를 심는다. 소량의 잘 썩힌 거름과 흙을 혼합해서 함께 덮어 준다. 싹이 나온 뒤에는 부지런히 물을 줘서 이랑을 촉촉하게 해줘야 한다. 청동은 습기를 좋아하기 때문이다.

靑桐九月收子. 二三月中, 作一步圓畦種之. 方、大則難裹, 所以須圓、小. 治畦下水, 一如葵法. 五寸下一子. 少與熟糞和土覆之. 生後, 數澆令潤澤. 此木宜濕故也.

그 해에 1길[丈] 높이로 자라난다. 겨울이 되면 마른풀을 세워, 나무 사이에 가득 놓아두고, 그런 후에 이랑 바깥쪽을 풀로 잘 둘러준다. 칡덩굴로 10번 정도 감아서 그것을 곧추서게 한다. 그렇지 않으면 얼어 죽게 된다. 이듬해 3월에 대청이나 서재 앞에 옮겨 심으면 우아하고 정갈하고, 아름답고, 보기 좋아 사람들이 매우 좋아한다. 삼년째 겨울에는 더 이상 감싸 줄 필요가 없다. 큰 나무로 자란 뒤에는 그루마다 1섬[石]의 청동 열매를 수확하여 뿌릴 수 있다. 열매는 잎 위에서 성장하며, 많은 것은 5~6알, 적은 것은 2~3알 정도이다. 열매를 볶아 먹으면 맛

當歲卽高一丈. 至冬, 豎草於樹間令滿, 外復以草圍之. 以葛十道束置. 不然, 則凍死也. 明年三月中, 移植於廳齋之前, 華淨姸雅, 極爲可愛. 後年冬, 不須復裹. 成樹之後, 樹別[20]下子一石. 子於葉[21]上生, 多

67) 역자주 마종신은 백동의 열매가 맺히는가의 여부는 예로부터 논쟁이 끊이질 않았다고 한다. 이시진의 전문적인 연구조사 결과에 의하면, "백동은 꽃만 피고 결코 열매는 맺지 않는다."라는 것은 옳지 않고, 다만 열매가 부실하여 사람들이 쉽게 느끼지 못할 뿐이라고 한다.

이 아주 좋다. 맛이 마름[菱]이나 가시연[芡]과 비슷하며, 많이 먹어도 별 탈이 없다.

백동白桐에는 열매가 달리지 않으며, 겨울에 열매 비슷한 것이 맺히는데, 이는 이듬해 필 꽃봉오리[花房[68]]다. 또한 큰 나무 둘레를 파서 재배한 묘목을 가져다가 옮겨 심는다. 나무가 성장한 이후에는 목재로 악기를 만들 수 있다. 청동(靑桐)은 악기 만드는 데 적합하지 않다. 산의 돌 틈에서 자란 것을 악기로 만들면 소리가 더욱 뛰어나다. 청동과 백동 두 목재는 수레의 칸막이 · 널빤지 · 소반 · 합 · 나막신[木屧] 등을 만드는 데 쓰인다.

者五六, 少者二三也. 炒食甚美. 味似菱, 芡, 多噉亦無妨.[22]

白桐無子, 冬結似子者, 乃是明年之花房. 亦遶大樹掘阬, 取栽移之. 成樹之後, 任爲樂器. 靑桐則不中用. 於山石之間生者, 作樂器則鳴.[23] 靑, 白二材, 並堪車, 板, 盤, 合[24]大屧等用.

▌교 석(校釋)▐

[20] '별(別)': 전본에는 '박(剝)'자로 되어 있으나, 원본, 격본과 『제민요술』 원문(原文)에는 '별'로 되어 있다. "수별하자(樹別下子)"는 "나무마다 씨를 뿌린다"는 뜻이다.

[21] '엽(葉)': 전본에는 '포(包)'로 되어 있으나, 원본, 격본에는 '엽(葉)'으로 되어 있고, 이는 『제민요술』의 원래 글자와 부합한다. 오동나무 열매의 조각은 마치 나뭇잎처럼 생겼다.

[22] '야(也)': 전본에는 빠져 있으나, 원본, 격본과 『제민요술』의 원래 구절에는 '야'가 붙어 있다.

[23] "악기로 만들어 울린다.[作樂器則鳴.]": 『제민요술』의 원래 구절에는 '작

68) 역자주 석성한의 교주에는 '화아(花芽)'라고 하고 무계유본에서는 '화뢰(花蕾)'라고 하고 있다. 마종신(馬宗申)은 둘 다 부적합한 주석으로서 씨가 바람에 따라 날아간 후에 남아 있는 원추형의 빈 가지를 옛사람들이 오인하여 화방이라고 했다고 한다.

(作)'자가 없으며, 원본, 격본도 마찬가지이다. 전본은 "악기로 만들면 더욱 좋다.[作樂器尤佳.]"이다. '우가(尤佳)'는 '칙명(則鳴)'으로 고쳐야 문구가 더욱 완벽해진다고 석성한은 교주하고 있다.

24 '합(合)': 전본에는 '합(榼)'으로 되어 있으나, 원본, 격본과 『제민요술』의 원본에는 '합(合)'으로 되어 있다.

옻나무[69]

漆

○ 새로 덧붙이기: 춘분을 전후하여 모종을 옮겨 심는다. 나무가 자라나길 기다렸다가 6~7월에 예리한 도끼[70]로 나무껍질을 찍어 흠집을 내어 대나무 관을 상처부위에 대면 수액이 떨어져 내리는 것으로 칠을 채취할 수 있다.

新添: 春分前後移栽. 後25樹高, 六七月以剛斧斫其皮開, 以竹管承之, 汁滴則成漆.

| 교 석 (校釋) |

25 '후(後)': 격본, 전본에는 '후(後)'로 되어 있으나, 원본(元本)에 따라 '후(候)'로 쓰고 있다.

---

69) 역자주 마종신의 역주에는 "칠(漆)은 산칠(山漆)이라고도 하며, 낙엽교목이며 20m 정도 자란다. 가지와 잎에는 유즙이 있어, 벗겨내어 옻칠을 만들어 좋은 도료로 사용하면 부패를 방지하는 힘이 강하다. 열매는 초로 만들 수 있으며, 씨는 기름을 짜서 비누를 만들 수 있다. 종자로 번식하거나 뿌리로 번식한다. 8년이 지나면 옻칠을 채취할 수 있다. 수령은 40년이 지나면 점차 쇠퇴해진다."라고 한다.

70) 역자주 마종신은 "강철로 만든 도끼는 날이 예리하다. 실은 오늘날 칠을 채취할 때는 더 이상 도끼를 사용하지 않으며, 특별히 제작한 칠 칼을 사용한다."라고 주석하고 있다.

떡갈나무

柞

『제민요술』[71]: 떡갈나무: 『이아(爾雅)』에서는 "상수리나무[허(栩)]가 곧 떡갈나무[저(杼)]"라고 하였다. 곽박(郭璞)의 주(注)에서는 '떡갈나무[柞樹]'라고 하였다. 일반사람들은 저(杼)를 '상수리[橡子]'라 부르며, 상수리 껍질을 '저두(杼斗)'라고 불렀다. 속껍질의 모양이 마치 말[斗]과 유사하기 때문이다. 상수리 열매는 흉년이 되면 구황작물로서 밥으로 먹을 수 있으며, 풍년이 들면 나무 밑에 돼지를 풀어 놓아 먹게 하면 살찌울 수 있다.

산언덕이나 비탈 아래 심으며, 땅을 3차례 갈아 부드럽게 한 후 상수리 열매를 흩어 뿌리고, 때 맞추어 끌개[勞]로 두 차례 평평하게 고른다. 싹이 나온 후에는 잡초를 제거하여 항상 깨끗하게 유지한다. 파종 때 한번 심은 나무는 더 이상 옮겨 심지 않는다.[72] 10년 후에는 서까래로 사용할 수 있으며, 각종 다양한 목재로도 사용할 수 있다. 20년이 지나면 집의 기둥[73]을 만들 수 있다. 떡갈나무를 베어내면 머지않아 다시 새로운 가지가 자라나며, 단지 가지치기만 하면 새로운 나무로 장성하게 된다.[74] 무릇 가구를 만들려고 한다면,

『齊民要術』: 柞: 『爾雅』云, "栩, 杼也." 注云: '柞樹.' 按俗人呼杼爲'橡子', 以橡殼爲'杼斗'. 以剜剜似斗故也. 橡子, 儉歲可食以爲飯, 豐年放豬食之, 可以致肥也.

宜於山阜之曲, 三徧熟耕, 漫散橡子, 卽再勞之. 生則薅治, 常令淨潔. 一定不移. 十年中椽, 可雜用. 二十歲, 中屋欂. 斫去尋生, 科❶理還復. 凡爲家具者, 前件木, 皆所宜種. 十歲之後, 無求不給.

---

71) '『제민요술(齊民要術)』': 『제민요술』 권5 「괴류추재오작제오십(槐柳楸梓梧柞第五十)」에 보인다.

72) 역자주 마종신의 역주에는, 떡갈나무는 종자로서 모종을 배양하여 조림할 수 있고, 또한 직접 파종하여 조림할 수 있다고 한다. 이는 즉 "한번 심어 더 이상 옮겨 심지 않는다.[一定不移.]"라는 것이다.

73) 역자주 마종신은 "각종 공구서에는 '옥단(屋欂)'이란 단어는 보이지 않는다. 추측건대 '옥단'은 들보나 기둥 등의 목재로 생각된다. 떡갈나무는 심은 지 10년 이전에는 성장 속도가 느려 단지 서까래를 만들 수 있지만, 10년 이후에는 성장 속도가 빠르다."라고 한다.

앞에서 말한 것처럼 각종 나무들을 모두 심는 것이 좋다. 10년 후에는 필요한 목재가 자급되지 않는 것이 없다.

교 안(校案)

ⓕ '과리(科理)': 『제민요술』 원문은 여전히 '요리(料理)'로 되어 있으며, 교안 ⓐ와 같다.

쥐엄나무[75)]

『박문록博聞錄』: 만약 쥐엄나무가 열매를 맺지 않으면, 나무줄기에 큰 구멍을 뚫어 생철生鐵 35근을 집어넣고 진흙으로 잘 봉해 주는데, (이렇게 하면) 꽃이 피고 열매가 맺는다. 열매가 다 익었을 때는 대나무껍질로 나무줄기를 여러 차례 돌려 감아 나무못으로 단단하게 박아 주면 날이 어두워졌을 때 저절로 떨어진다.[76)]

皁莢

『博聞錄』: 樹不結, 鑿一大孔, 入生鐵三五斤, 以泥封之, 便開花結子. 既實, 以篾束其本數匝, 木楔之, 一夕自落.

74) 역자주 떡갈나무는 싹을 틔우는 성질이 강하여 틔운 싹으로 새로운 나무가 성장한다.

75) 역자주 마종신은 역주에서, 쥐엄나무는 또 조각(皀角)이라고도 하며, 낙엽교목이며 콩과식물로서 쥐엄나무과에 속한다고 한다. 쥐엄나무 열매는 비누기름 성분을 많이 함유하여 비단을 씻을 때 사용하면 광택을 잘 보전하기 때문에 옛날에는 주로 세제로 이용되었다. 가시, 꼬투리, 씨와 껍질은 모두 약재로 사용된다. 목재는 단단하여 수레나 가구를 만들 수 있다. 무계유는 교석에서 쥐엄나무의 수명은 600~700년 정도이며, 꼬투리 맺는 것이 많은 해와 그렇지 못한 해가 있다고 한다. 열매가 많이 달릴 때는 연속 70~80년간 지속되지만, 열매가 좋지 않은 시기가 100~300년간이나 계속될 때도 있다. 그 이후에는 시들면서 더 이상 꽃이 피거나 열매 맺는 법이 없다고 한다.

○ 새로 덧붙이기: (쥐엄나무를) 심을 때는 반드시 2~3월에 심어야 한다. 꼬투리가 달리지 않을 때는 나무줄기의 남북 두 방향으로 땅에서 1자 높이가 되는 지점에 구멍을 뚫고, 나무못을 박은 다음 진흙으로 틈을 메우면 바로 꼬투리가 맺는다.

新添: 種者, 二三月種. 不結角者, 南北二面, 去地一尺鑽孔, 用木釘釘之, 泥封竅, 卽結.

멀구슬나무[77]

楝

○ 새로 덧붙이기: 멀구슬나무의 열매가 익을 때, 비가 내리기를 기다려 파종한다. 복숭아나 자두나무를 심는 법과 같다. 작은 나무가 성장하면 다시 옮겨 심는다.

新滦: 子熟時, 雨後種. 如種桃李法. 成樹移栽.

참죽나무[78]

椿

○ 새로 덧붙이기: 나무 재질이 단단하고 잎

新添: 木實而葉

---

76) 역자주 이것은 일종의 쥐엄나무의 열매를 따는 묘법이다.

77) 역자주 마종신은 "멀구슬나무는 낙엽교목으로 열매는 타원형이며 겨울에 익는다. 목재는 야물기가 적당하여 병충해에 강하고 건축, 가구, 수차, 농구 및 악기 등의 재료로 사용된다. 관상수로도 사용되어 일명 고련(苦楝)이다."라고 주석하고 있다.

78) 역자주 마종신은 역주에서 "참죽나무[椿]는 향춘(香椿)이라고도 하고, 연과(楝科)이며 춘속(椿屬)이다. 싹이 연하여 '향춘아(香椿芽)'라고도 하며 향기롭고 먹을 수 있다. 나무재질은 단단하며 갈색이고, 무늬는 보기 좋으며, 홍목(紅木) 대용품으로 사용할 수 있어 건축, 기구제작, 조선 등에 사용된다. 끝부분에 둥근 꽃잎이 달리며 꽃은 작다. 씨주머니는 타원형이고 멀구슬나무의 씨와 비슷하게 생겼으며, 끝부분이 5개로 갈라지고 종자는 작아 바람에 의해 다른 곳으로 날아간다."라고 한다.

에 향기가 나며, 또 봉안초鳳眼草[79]가 있는 것은 '참죽나무'라 한다. 나무의 질이 단단하지 못하고 냄새가 나며 봉안초가 없는 것을 '가죽나무[樗]'[80]라 한다. 이들은 모두 춘분 전후에 옮겨 심을 수 있다. 일설에 이르기를 꽃이 피고 꼬투리가 달리는 것을 '가죽나무'라 하고, 꽃이 피지 않고 열매가 맺지 않는 것을 '참죽나무'라고 한다.

香, 有鳳眼草者, 謂之'椿'. 木疎而氣臭, 無鳳眼草者, 謂之'樗'. 皆可於春分前後栽之. 又云, 有花而莢者謂'樗', 無花不實謂'椿'.

갈 대 물억새[荻]를 덧붙임

葦 荻附

○ 새로 덧붙이기: 갈대: 4월에 갈대 싹이 1자 정도 자랐을 때, 집에서 재배한 갈대[81]를 골라 흙이 달린 채로 사발 아가리 크기만큼 흙덩이를 만들어서 저습지[下濕地]에 구덩이를 파 옮겨 심는다. 그루 사이의 사방간격은 1～2자씩 띄운다. 땅속줄기가 힘을 입어 빨리 새순이 자라게 하려면 조밀하게 파종한다. 겨울이 되면 불을 놓아 태운다. 이듬해 봄이 되

新添: 葦: 四月苗高尺許, 選好家[26]葦, 連根栽成土墪,[27]如椀口大, 於於濕地內, 掘區栽之. 縱橫相去一二尺. 欲疾得力, 則密栽. 至

79) 역자주 무계유 교석본에 의하면, "봉안초는 청의 조학민의 『본초강목습유』 권3에서는 냄새나는 참죽나무의 잎[臭椿葉]을 봉안초라고 하였는데, '엽(葉)'은 의심할 여지없이 '실(實)'로 해야 한다. 왜냐하면 봉안초는 취춘(臭椿)의 과실이름이기 때문이다."라고 한다.

80) 역자주 마종신의 역주에는 "가죽나무[樗]는 고목과의 냄새나는 참죽나무[臭椿]라고도 한다. 당의 진장기(陳藏器)가 편찬한 『본초습유(本草拾遺)』에서 말하기를 '가죽나무는 강동에서는 호목수(虎目樹)라고 하고 또한 호안(虎眼)이라고도 한다. 잎이 떨어진 부분의 흔적이 호랑이 눈과 같다.'고 하여 이름 붙여진 것이다."라고 한다. 무계유 교석본에는 봉안초(鳳眼草)는 과실의 이름을 가리킨다고 하는데, 이는 참고할 만하다.

81) 역자주 '가위(家葦)'는 집에서 배양한 갈대, 즉 인공으로 재배한 갈대이다.

어 싹이 나오면 매우 좋은 갈대로 자라난다. 10월이 지난 뒤에 베어낸다.	冬, 放火燒過. 次年春芽出, 便成好葦. 十月後, 刈之.
○ 또 다른 이식방법: 2월에 땅을 부드럽게 갈아 이랑을 만든다. 갈대 뿌리[82]를 파내어 이랑 속에 평평하게 눕혀 옮겨 심고 흙으로 덮어 준다. 이듬해에는 갈대로 자란다.	一法: 二月, 熟耕地作壟. 取根臥栽, 以土覆之. 次年成葦.
○ 또 다른 방식인 휘묻이법[壓栽法]: 갈대가 왕성할 때, 땅에 도랑을 파서 갈대를 구부려 누이고 흙으로 덮어 눌러 주며, 갈대의 끝이 흙 밖으로 나오게 한다. 대개 위로 향한 잎이 흙 밖으로 나오도록 심어야 하며, 이와 같이 하면 아랫부분에서는 곧 뿌리가 자라나고, 윗부분에서는 곧 순이 자라난다. 뽕나무를 휘묻이하는 방법과 다름이 없다. 5년 후에는 땅속의 갈대 뿌리가 서로 얽히니 1자 정도의 간격으로 띄우고,[83] 괭이 날의 넓이 정도의 간격으로 파내 솎아주면 왕성하게 성장한다.	又壓栽法: 其葦長時, 掘地成渠, 將莖袪[28]倒, 以土壓之, 露其梢. 凡葉向上者, 亦植令出土, 下便生根, 上便成笋. 與壓桑無異. 五年之後, 根交, 當隔一尺許, 斸一钁, 卽滋旺矣.
○ 물억새[荻]: 심는 법은 갈대와 동일하다.	荻: 栽與葦同.

교 석(校釋)

[26] '가(家)'자는 전본에는 누락되어 있으나, 원본, 격본에는 있다.

---

82) 역자주 이것은 땅을 기는 뿌리를 말한다.

83) 역자주 무계유 교석본에는, "이것은 뿌리가 서로 얽혀 덩어리가 생기게 되면 성장에 곤란하기 때문에 반드시 갱신해주어야 한다. 그 방법은 한 자 간격으로 한 행(行)의 줄기와 뿌리의 모체를 파내고, 파내지 않고 남은 부분은 새로운 그루로 자라나게 하는 것이다. 이런 방식으로 하여 파낸 한 행이 이미 무성해진 후 다시 남겨진 한 행을 파내면 비로소 완전히 새롭게 된다."라고 한다.

27 "흙덩이를 만들어 옮겨심다.[裁成土墩.]": 원본, 격본에는 '재성토돈(裁成土敦)'으로 되어 있고, 전본에는 '재성토돈(栽成土墩)'으로 되어 있다. '돈(墩)'자는 전본의 형식을 유지하는 것이 이해하기 좋으며, '재(裁)'자는 바꿀 수 없다.['돈(敦)'자는 원래 '퇴(自)'자, 예전의 '퇴(堆)'자의 음이 변한 것이다. 『이아(爾雅)』에는 '구(丘)'를 '돈(敦)'구(丘)가 된다[一成爲'敦'丘]로 해석했으며, 곽박(郭璞)은 여기에 "오늘날 강동(江東)지역에서는 흙이 높이 쌓인 것을 '돈(敦)'이라고 한다.[今江東呼地高堆者爲'敦'.]"라고 주를 달았으며, "두껍게 덮인 것은 '돈(敦)'구(丘)이다.[如覆敦者, 敦丘.]"에는 "돈(敦)은 우(盂)이다.[敦, 盂也.]"라고 주를 달았다. 즉, 가운데 부분이 불룩하고, 입과 바닥이 좁은 취사도구로, 지금은 탕을 끓일 때 쓴다. '토(土)'자 변은 육조시대의 사람이 첨가한 것이다.]

28 '거(祛)': 전본에는 '굴(屈)'로 되어 있고, 격본에는 '부(袪)'로 되어 있다. 원본(元本)에 따라 '거(祛)'로 한다. '거(祛)'자는 본서에서는 '구부러지다'로 해석했다. 권3의 주석 참조.

향 포[84]

蒲

○ 새로 덧붙이기: 4월에 살찌고 왕성하게 자라는 어린 향포[綿蒲][85]를 골라 뿌리에 진흙을 많이 붙인 채로 파내어 습지에 옮겨 심으면, 이듬해에 바로 쓸 수 있다. 심는 곳의 물이 깊을 때는 향포의 흰 부분이 길어지고, 물이 얕은 경우에는 흰 부분이 짧아진다.

新添: 四月, 揀綿蒲肥旺者, 廣帶根泥, 移出, 於水地內栽之, 次年卽堪用. 其水深者, 白長, 水淺者, 白短.

84) 역자주 마종신은 "포(蒲)는 향포를 뜻한다. 못 속에 자라는 다년생 초본으로 5~6자 정도 자라며, 잎이 감싸고 있는 연한 줄기부분을 포백(蒲白)이라 칭하고, 먹을 수 있으며, 바구니, 자리, 부채 등을 짤 수 있으며, 꽃가루는 포황(蒲黃)이라 부르는데 약용으로 쓰인다."라고 주석하고 있다.

85) 역자주 면포(綿蒲)는 어린 향포[幼蒲]라고 하며, '면(綿)'은 갓 자라나 부드럽다는 의미이다.

텃밭 울타리 만들기

『제민요술』[86]: 정원 울타리를 만드는 일반적인 방법: 울타리를 설치할 곳을 반듯하고 깊게 간다. 세 줄의 이랑을 만들고 이랑 사이의 간격은 2자로 한다.

가을에 멧대추[酸棗[87]]가 익을 때에 거두어들여서 이랑 속에 약간 조밀하게 파종한다. 이듬해 가을이 되면 3자 정도 자라는데, 성장이 좋지 못한 나쁜 그루는 사이사이 베어내고, 1자 간격에 한 그루씩 남긴다. 반드시 남긴 그루의 간격을 고르게 하고, 이랑의 행렬을 바르게 하여 그루와 그루가 마주보게 한다. 3년째 봄이 되면 곁가지를 쳐내고 가지를 자를 때는 반드시 (쳐낼 가지의 밑동인) 그루터기[88]를 짧게 남겨두어야 한다. 만약 그루터기를 짧게 남기지 않으면 손상된 껍질의 흔적이 너무 커서 겨울에 한파가 닥치면 얼어 죽는다. 가지치기가 끝나면 바로 울타리를 엮을 수 있다. 상황에 따라 촘촘하게 엮을 수도 있지만, 반드시 약간 느슨하게 엮어야 한다. 끼워 엮은 것이 너무 촘촘하면 다시 자라기 힘들기 때문

作園籬

『齊民要術』: 凡作園籬法: 於牆基之所, 方整深耕. 凡耕作三壟, 中間相去各二尺.

秋上[29]酸棗熟時, 收, 於壟中概種之. 至明年秋, 生高三尺許, 間劚去惡者, 相去一尺留一根. 必須稀概均調, 行伍[30]條直相當. 至明年春, 剶去橫枝, 剶必留距. 若不留距, 侵皮痕大, 逢寒卽死. 剶訖, 卽編爲巴籬. 隨宜夾縛, 務使舒緩. 急卽不復得長故也. 又

---

86) '『제민요술(齊民要術)』': 지금은 『제민요술』 권5 「원리제삼십일(園籬第三十一)」에 보인다.

87) 역자주 무계유는 교석에서 멧대추[酸棗]는 관목 혹은 작은 교목으로 가시가 많아서 속명으로 '야조(野棗)'라고 한다.

88) 역자주 무계유의 교석본에는 거(距)는 『설문』에는 '계거야(鷄距也)'라고 하며, 곁가지를 쳐낼 때 남겨진 부분으로 마치 닭의 뒷발톱과 닮았다고 붙여진 이름이라고 한다.

이다. 4년째 봄이 되면 다시 울타리 위쪽에 새로 자라난 곁가지를 잘라내고, 계속해서 위쪽으로 엮는다. 엮은 것이 7자 정도 되면 충분하다. 만약 다시 더 높이고 싶다면 개인의 취향에 따라 그렇게 할 수도 있다. 흔히 "탱자나무[枳]나 멧대추나무[棘]로 만든 울타리"와 "버드나무가지를 꺾어서 밭의 울타리를 친다."라고 한 것은 모두 이러한 의미이다.

至明年春, 更剝其末, 又復編之. 高七尺便足. 欲高作者, 亦任人意. "枳棘之籬", "折柳樊圃", 斯其義也.

만약 버드나무를 꺾어 울타리를 만들 때에는 1자 간격으로 한 나무씩 꺾꽂이하는데, 반드시 비스듬히 꽂아야 하며, 꽂은 후에 즉시 엮어 준다. 느릅나무의 꼬투리를 이용해 울타리를 만들 때 멧대추를 이용하는 것과 완전 동일하다. 만약 느릅나무와 버드나무를 혼합해서 울타리를 엮을 때는 모두 비스듬히 옮겨 심는다. 사람 키만큼 자라나면 엮을 수 있다.

其種柳作之者, 一尺一樹, 初卽斜插, 插時卽編. 其種楡莢者, 一同酸棗. 如其栽楡與柳, 斜植. 高共人等, 然後編之.

몇 년이 지나면, 나무가 자라 서로 간의 간격이 좁아지고 가지가 종횡으로 교차하고, 나뭇잎이 서로 뒤섞여 자라나 창의 격자[房櫳]와 아주 비슷해진다.[89)]

數年成長, 共相蹙迫, 交柯錯葉, 特似房櫳.31

교 석(校釋)

29 '추상(秋上)': 전본에는 '상(上)'자가 누락되어 있으나, 원본, 격본과 『제민요술』 원문에는 있다.

30 '오(伍)': 민각, 절각에는 '오(五)'로 되어 있으며, 소각, 원본, 격본에는 '오(伍)'로 되어 있으며, 이는 『제민요술』의 원래 글자와 같다. '행오(行伍)'는

89) 역자주 방롱(房櫳)은 창문의 격자로서, 창을 구성하는 격자의 가로목과 세로목이다.

'대형(隊形)'이다.

31 '롱(櫳)': 원본, 격본에는 '롱(籠)'으로 되어 있는데, 이는 비교적 이른 시기의 『제민요술』의 글자이다. 전본에는 '롱(櫳)'으로 되어 있고, 이는 명나라와 청나라 때의 각본과 일치하며, 나중의 습관과도 잘 맞는다.

여러 나무 옮겨심기

『제민요술』[90]: 무릇 각종 나무를 옮겨 심을 때는 모두 음양을 기억하여 원래의 방향을 바꾸지 말아야 한다. 음양의 방향이 어긋나면 살아나기 어렵다. 아주 작은 나무의 모종을 옮겨 심을 때에는 반드시 방향을 기억할 필요가 없다. 큰 나무를 옮겨 심을 때는 마땅히 가지와 잎을 쳐 주어야 한다.[91] 가지와 잎을 쳐 주지 않으면 바람에 흔들려 살아남기가 쉽지 않다. 작은 나무는 반드시 가지와 잎을 칠 필요가 없다.

먼저 깊은 구덩이를 파서 나무를 구덩이에 옮겨 넣고, 즉시 물을 주어 흙이 묽은 진흙이 되게 한 뒤 나무를 동서남북 네 방향으로 흔들어 준다. 흔들어서 묽은 진흙이 나무뿌리 틈새로 들어가게 하면 살아나지 않는 것이 없다. 흔들어 주지 않으면 뿌리 사이가 들떠서 대부분 죽는다. 만약 작은 나무를 옮겨 심는다면 반드시 이와 같이 할 필

諸樹

『齊民要術』: 凡栽一切樹木, 欲記其陰陽, 不令轉易. 陰陽易位, 則難生. 小小栽者, 不煩記也. 大樹髡之. 不髡, 風搖則死. 小則不髡.

先爲深阬, 內樹訖, 以水沃之, 著土令如薄泥, 東西南北, 搖之良久. 搖則泥入根間, 無不活者. 不搖, 根虛多死. 其小

90) '인제민요술(引齊民要術)': 지금은 『제민요술』 권5 「재수제삼십이(栽樹第三十二)」에 보인다.

91) 역자주 '곤지(髡之)'는 무계유 교석본에 의하면 중심과 곁가지를 적당하게 잘라 내면 바람을 피할 수 있을 뿐 아니라 수분 증발도 줄여주기 때문에 지금까지 채용하고 있다고 한다.

요가 없다. 그런 연후에 구덩이에 흙을 메워 주고 단단히 다져 준다. 표면 3치두께의 흙은 다지지 말아야 포슬포슬하게 습기를 유지할 수 있다. 때를 맞추어 물을 주어 나무 구덩이에 항상 습기를 유지하도록 해야 한다. 매번 물을 주어 물이 마를 즈음에 마른 흙으로 덮어 준다. 흙을 덮어주면 습기가 잘 유지되며 흙을 덮어주지 않으면 곧 말라 버리게 된다. 나무는 깊게 묻어야 하며 흔들어서는 안 된다. 나무를 옮겨 심고 나서는 절대 손으로 만져서는 안 되며, 가축이 들이박게 해서도 안 된다. 『전국책(戰國策)』[92]에 이르길 "버드나무는 바로 심든지 눕혀서 심든지 거꾸로 심든지를 불문하고 모두 자라날 수 있다. 그러나 만약 천 사람이 버드나무를 심어도 단지 한 사람이 그것들을 흔들게 되면 한 그루라도 살아날 수 없다."라고 하였다.

樹, 則不煩耳. 然後下土堅築. 近上三寸不築, 取其柔潤也. 時時漑灌, 常令潤澤. 每澆水盡, 卽以燥土覆之. 覆則保澤, 不然卽32乾. 埋之欲深, 勿令撓動. 凡栽樹訖, 皆不用手捉及六畜觝突. 『戰國策』曰, "夫柳, 縱橫顚倒樹之, 皆生. 使千人樹之, 一人搖之, 則無生柳矣."

나무를 옮겨 심는 것은 정월이 가장 좋은 시기인데, 농언에 이르길 "정월에 큰 나무를 옮겨 심을 수 있다."라고 하였다. 옮겨 심는 시기가 적합하면 쉽게 자랄 수 있다는 말이다. 2월이 그 다음으로 옮겨심기에 적합한 시기이며, 3월은 가장 좋지 않다. 단지 대추나무[棗]의 경우 — 닭 부리 모양으로 잎이 나왔을 때 옮겨 심으며, 홰나무[槐]는 — 떡잎이 토끼눈[兎目]만할 때 옮겨 심고, 뽕나무[桑]는 — 싹이 두꺼비 눈만할 때

凡栽樹, 正月爲上時, 諺曰, "正月可栽大樹." 言得時則易生也. 二月爲中時, 三月爲下時. 然棗 — 雞口、 槐 — 兎目, 桑 — 蝦蟇眼, 楡 — 負瘤散.33 自餘雜木,

92) '『전국책(戰國策)』': 지금은 『전국책(戰國策)』 권7 「전수귀어위왕(田需貴於魏王)」장의 『한비자(韓非子)』에 보이며, 『설림(說林)』에도 같은 글자가 보이고, '혜시설진진(惠施說陳軫)'이라는 제목이 있다. 원문은 "버드나무의 경우, 가로로 심어도 살고, 거꾸로 심어도 살며, 잘라서 심어도 산다. 하지만 열 명이 나무를 심었는데 한 사람이 뽑아버리면 살아 있는 버드나무가 없다.[夫楊, 橫樹之卽生, 倒樹之卽生, 折而樹之又生. 然使十人樹之而一人拔之, 則毋生楊矣.]"이며, 『제민요술』에서 인용한 것과 약간 다르다.

옮겨 심으며, 느릅나무[楡]는 ― 꽃봉오리가 작은 혹[93]만할 때 옮겨 심는다. 나머지 각종 나무는 어떤 것은 떡잎이 쥐의 귀[鼠耳]만할 때, 혹은 등에의 날개[虻翅]만할 때 옮겨 심는 등 모두 옮겨심기에 적당한 때가 있다. 위에서 말한 각종 비유는 모두 싹이 날 때의 형상을 가리킨다. 이 시기에 옮겨 심으면 잎이 빨리 자라나오지만, 일찍 옮겨 심으면 도리어 잎이 늦게 나온다. 상황이 비록 이와 같을지라도 차라리 빨리 심는 것이 좋으며 절대 늦게 심어서는 안 된다.

鼠耳、虻翅, 各34 其時. 此等名, 卽皆35 是葉生形容之所象似. 以此時栽種者, 葉皆卽生, 早栽者, 葉晩出. 雖然, 大率寧早爲佳, 不可晩也.

나무의 종류는 매우 많아 일일이 열거할 수 없지만, 이상에서 제시하지 않은 나무를 옮겨 심는 방법은 모두 여기서 제시한 방법을 참고하면 된다.

樹, 大率種數旣多, 不可一一備擧, 凡不見者, 栽蒔之法, 皆求之此條.

최식崔寔[94]이 이르길 "2월 말에서 3월까지는 나뭇가지를 묻어서 심을 수 있다."[95]라고 하였다. 나뭇가지를 흙속에 묻으면 뿌리가 자라나 2년 후에는 옮겨 심을 수 있다.

崔寔曰, 二月盡、三月, 可掩樹枝. 埋樹枝土中, 令生, 二歲已上, 可移種矣.

『무본신서務本新書』: 모든 나무는 옮겨 심을 때 모두 가지의 남북南北 방향을 잘 기억해 두어야 한다. 뿌리가 흙속에 깊이 박혀 있는 것은 흙째로

『務本新書』: 一切栽,36 枝記南北. 根深土遠寬掘, 上37

---

93) 역자주 석성한의 교주에는 '부류산(負瘤散)'의 의미가 분명하지 않다. 마종신은 역주하기를 "느릅나무의 싹은 작은 곡물의 모양이며 떡잎이 필 때 벌어지는 모양이 작은 혹과 같다. 느릅나무는 다른 나무와 달리 먼저 꽃이 핀 뒤 잎이 나온다. 이러한 원리에 의거해 볼 때 옮겨 심는 시기는 마땅히 꽃이 피기 전이어야 한다. 그러므로 '부류'는 촘촘하게 나오는 꽃봉오리일 가능성이 있다."라고 한다.

94) '최식왈(崔寔曰)': 『옥촉보전』은 최식의 『사민월령』을 인용했다.

95) 역자주 무계유 교석본에 의하면, 최식의 『사민월령』에서 보이는 것은 휘묻이 번식 방법의 가장 빠른 기록이라 한다.

넓게 파서 옮기는데,[96] 거적으로 잘 감싸 나무가 햇빛을 보지 않게 한다. 큰 수레에 실어[97] 운반할 때는 사람이 천천히 끌고 가야 한다. 수레가 지나갈 몇백 보 전방의 수레바퀴 자국을[98] 평평하게 하여 노면을 평탄하게 해서 수레바퀴가 흔들리지 않도록 하여야 한다. 옮겨 심을 곳에 나무를 운반한 이후에 방식에 따라서 심고 가꾸면 나무마다 틀림없이 살아나게 된다. 옛사람이 이르길 "나무를 옮겨 심는 데는 일정한 시기가 없으며 나무가 옮겨 심는 것을 못 느껴야 한다."라고 하였다. 구덩이를 팔 때는 넓고 깊이 파야 하며, 물과 흙을 섞어 진흙으로 만든 뒤 이내 햅조와 보리를 100여 알 섞어 넣어 바로 나무를 옮겨 심는다. 옮겨 심은 나무가 클 때는 나무로 지지대를 만들어 세워 준다. 뿌리가 흔들리지 않기만 하면 옮겨 심은 나무가 1길[丈] 높이라 할지라도 살아날 수 있다. 또한 옮겨 심은 나무는 가지와 잎을 쳐주어야 바람을 타지 않는다.

以席包包裹,[38] 不令見日. 大車上般載, 以人拲曳, 緩緩而行. 車前數百步, 平治路上車轍, 務要平坦, 不令車輪搖擺. 於處所, 依法栽培, 樹樹決活. 古人有云, "移樹無時, 莫令樹知." 區宜寬深, 以水攪土成泥, 仍摻新粟大麥百餘粒, 卽下樹栽. 樹大者, 須以木扶架. 若根不動搖, 雖丈許之木可活. 仍須芟去繁枝, 不可[39]招風.

---

96) 역자주 마종신의 역주에 의하면, 원본, 격치본(格致本: 明本), 전본은 모두 '관굴상(寬掘上)'으로 되어 있다. 석성한의 교주본에는 노문초(盧文弨)의 교석에 근거하여 '상(上)'을 '토(土)'로 고쳤다. 『농정전서』 권37도 '토'라고 했다. 하지만 '관굴'은 말할 필요도 없이 흙을 파는 것을 가리키며, '토'자가 있든 없든 문장의 의미는 달라지지 않는다고 한다. 무계유 교석본에 의하면, '상(上)'은 소주본, 원본(袁本)과 같으며, 그 의미는 나무뿌리가 흙속 깊이 들어가 뿌리를 흙째로 깊고 넓게 파낸다는 것이다.

97) '반(般)': 지금은 '반(搬)'으로 쓰인다.

98) 역자주 마종신은 옛날에 농촌에서 사용한 수레는 쇠바퀴였기 때문에 노면이 깊이 패여 있어서, 평평하게 고르지 않으면 수레가 흔들렸다고 주석하고 있다.

교 석(校釋)

32 '즉(卽)': 전본에는 '즉(卽)'으로 되어 있으나, 원본, 격본과 『제민요술』의 원래 글자에는 '칙(則)'으로 되어 있다. 안(案): 『제민요술』 아랫부분의 '건(乾)'자 아래에는 '후(涸)'자가 더 있다.

33 '산(散)'자는 전본에는 빠져 있으나, 원본, 격본과 『제민요술』의 원래 구절에는 보인다.

34 전본에는 '각(各)'자 아래에 '이(以)'자가 더 있는데, 『제민요술』에는 원래 없다. 원본, 격본에도 없다.

35 원본, 격본에는 '개(皆)'자 위에 '즉(卽)'자가 있으나, 『제민요술』과 전본에는 원래 없다.

36 '재(栽)'자 앞에 '이(移)'자는 전본에는 빠져 있으나, 원본, 격본에는 있다.

37 '상(上)': 노교에는 '토(土)'자 인데, 전본, 격본에는 모두 '상(上)'으로 되어 있다.

38 '포(包)': 전본, 격본에는 모두 '포(包)'자가 중첩되어 있으나, 노교에는 하나만 쓰여 있다.

39 '불가(不可)': 전본에는 '불가(不可)'로 되어 있으나, 노교와 격본에는 '칙불(則不)'로 되어 있다.

벌 목

『제민요술』[99]: 나무를 벨 때는 4월과 7월에 베어야 좀이 생기지 않고, 나무질이 강하고 질겨진다. 무릇 열매와 과실이 열리는 나무는 그 열매와 과실이 익을 때가 벌목하기에 적합한 시기이다. 벌목하는 시기가 적합하지 않은 경우에는 항상 좀이 생기고 나무질이 물러지기 쉽다.

伐木

『齊民要術』: 凡伐木, 四月七月, 則不蟲而堅韌. 凡木有子實者, 候其子實將熟, 皆其時也. 非其時者, 蟲而且

99) '『제민요술(齊民要術)』': 지금은 『제민요술』 권5 「벌목제오십오(伐木第五十五)」에 보인다.

	脆也.
적합하지 않은 시기에 벌목한 나무는 물에 1개월 정도 담가 두거나, 불에 그을려 말리면 좀이 생기지 않는다. 물에 담가 둔 나무는 더욱 부드럽고 강인해진다.	凡非時之木, 水漚一月, 或火煏取乾, 蟲皆不生. 水浸之木, 更益柔韌.
「주관周官」에 이르기를 "겨울 11월[100]에는 양목陽木을 베고, 여름 5월에는 음목을 벤다."라고 한다. 정사농(鄭司農)이 이르기를, "봄과 여름철에 자라는 것을 양목이라 하고 가을과 겨울에 자란 것을 음목이라 하는데, 예컨대 소나무와 측백나무 같은 나무가 여기에 속한다."라고 한다.[101] 정현(鄭玄)이 이르기를 "산의 남쪽에서 자라는 것을 양목이라 하고, 산의 북쪽에서 자라는 것을 음목이라고 한다. 겨울철에 양목을 베고 여름에 음목을 베는데 이것은 강하고 부드러운 것을 조화롭게 하기 위함이다."[102]라고 한다. 무릇 측백나무의 본성은 좀이 생기지 않아서 1년 내내 모두 나무를 벨 수 있으며, 계절을 선택할 필요가 없다. 산중의 잡다한 나무는 만약 4월과 7월에 베지 않으면 대부분 좀이 생기며, 산의 남쪽 면과 북쪽 면의 차이가 없다. 정현(鄭玄)의 견해는 전혀 근거가 없다. 「주관」에	「周官」曰, 仲冬斬陽木, 仲夏斬陰木. 鄭司農云, "陽木, 春夏生者, 陰木, 秋冬生者, 松柏之屬." 鄭玄曰: "陽木, 生山南者, 陰木, 生山北者. 冬則斬陽, 夏則斬陰, 調堅輭也." 按柏[40]之性, 不生蟲蠹, 四時皆淂, 無所選也. 山中雜木, 自非[41]七月四月兩時殺者, 率多生蟲, 無山南山北之

100) 역자주 중동(仲冬): 옛날 시기를 정하는 방법으로 1년은 12달이며 봄, 여름, 가을, 겨울 네 계절로 나눠지며 매 계절은 3개월인 맹, 중, 계로 구분된다. 그 예로 10월은 맹동이라 하고 11월 중동이라 하고 12월은 계동이라고 한다.

101) 역자주 마종신은 역주에서, 여기서의 정사농은 정중(鄭衆)이다. 정중과 정현은 후한 사람으로 당시에는 두 사람의 경학대사를 구분하여 정중은 선정(先鄭)이라고 하고, 정현은 후정(後鄭)이라 하였다고 한다. 선정이 항상 푸르다고 한 것은 가을과 겨울철에 계속 성장하는 나무를 음목이라 하고 낙엽이 지는 나무를 양목이라고 했기 때문이다. 정현은 이와는 견해를 달리 하고 있다. 정현의 주석 중에는 항상 선정의 견해를 인용하면서 어떤 때는 동의하고 어떤 때는 보충하며 어떤 때는 견해를 달리하고 있다.

102) '조견연(調堅輭)': 이것은 『제민요술』의 원래 인용 형식으로 금전본 『예기주』에는 '견유조(堅濡調)'로 되어 있다.

보이는 '벌목'의 규정은 하늘의 도리를 따르고 음양을 조화롭게 한다는 것으로 반드시 나무의 질이 강하고 좀이 생기는 것과 관련되어 있는 것은 아니다.

『예기禮記』「월령月令」: 봄 3월에 나무를 베어서는 안 된다. 정현(鄭玄)의 주(注)에서는 "봄은 나무가 왕성하게 자라는 시기이기 때문이다."라고 한다.[103] 여름 4월[孟夏]에는 큰 나무를 베어서는 안 된다. 왜냐하면 시령(時令)을 위반하기 때문이다. 여름 6월[季夏]은 수목이 왕성하게 자라기 때문에, 우관虞官으로 하여금 산에 들어가 산림을 순시하며 벌목하지 못하도록 했다. 왜냐하면 이때 목재가 아직 단단하고 질기지 못하기 때문이다. 가을 9월[季秋]에 초목이 누렇게 시들고 낙엽이 떨어지면 이내 나무를 베어다가 숯을 만들 수 있다. 겨울 11월 동지가 지나면 나무를 벌목할 수 있으며 나무를 베어 화살을 만든다. 이때가 대나무가 가장 단단하게 자라나는 시기이다.

『맹자孟子』에 이르기를 "벌목시기에 맞추어 도끼와 자귀를 들고 숲에 들어가면 목재가 많아서 사용할 수 없다."라고 한다. 조기(趙岐)의 주(注)에는 "(벌목)시기란 초목이 시들어 낙엽이 지는 시기를 가리킨다."라고 한다.

異. 鄭君之說, 又無取則.「周官」'伐木', 蓋以順天道, 調陰陽, 未必爲堅韌之與蟲蠹也.

『禮記』「月令」: 孟春之月, 禁止伐木. 鄭玄注云, "爲盛德所在也." 孟夏之月, 無伐大樹. 逆時氣也. 季夏之月, 樹木方盛, 乃命虞人, 入山行木, 無有斫伐.[42] 爲其未堅韌也. 季秋之月, 草木黃落, 乃伐薪爲炭. 仲冬之月, 日短至, 則伐木取竹箭. 此其堅成之極時也.

『孟子』曰: 斧斤以時入山林, 材木不可勝用也. 趙岐注曰, "時, 謂草木零落之時."

---

103) 역자주 마종신은 '성덕(盛德)'이란 말은 시기(時氣)와 시령(時令)으로 이해되며 이는 또한 천도(天道)라고 한다. 재목(在木)에서 목(木)은 봄을 주관하며 봄은 만물의 생장을 주관한다. 따라서 정월에 벌목하는 것은 극히 합당하지 못한 것이라고 주석하고 있다.

『회남자淮南子』에서 초목이 아직 낙엽이 지지 않았을 때 도끼를 들고 숲속에 들어가서는 안 된다고 하였다.

『淮南子』曰, 草木未落時, 斧斤不入山林.

최식崔寔[104]이 이르기를 "정월부터 6월까지 나무를 베어서는 안 되며 그렇지 않으면 반드시 좀이 생긴다. 11월은 대나무와 나무를 베기에 적합하다."라고 하였다.

崔寔曰, 自正月以終季夏, 不可伐木, 必生蠹蟲. 十一月, 伐竹木.

『사시유요四時類要』[105]: 12월에 대나무와 나무를 베면 좀이 생기지 않는다.

『四時類要』: 十二月斬伐竹木, 不蛀.

▎교 석 (校釋)▎

40 전본에는 '백(柏)'자 위에 '송(松)'자가 있으나, 격본과 『제민요술』 원문에는 없다.

41 원본, 격본에는 '비(非)'자 위에 '자(自)'자가 있으며, 이는 『제민요술』 원문과 일치한다. 전본에는 누락되어 있다.

42 '무유작벌(無有斫伐)': 『제민요술』에는 원래 '무위참벌(毋爲斬伐)'로 되어 있으나, 원본, 격본에는 '무위작벌(無爲斫伐)'로 되어 있다. 전본의 '무유참벌(毋有斬伐)'은 『예기(禮記)』「월령(月令)」과도 일치한다.

---

104) '최식왈(崔寔曰)': 『옥촉보전』에 '최식의 『사민월령』'을 인용한 부분은 각각 「정월(正月)」과 「11월(十一月)」 두 권에 있다.

105) '『사시유요(四時類要)』': 지금은 조선각본 『사시찬요』 권5 「12월(十二月)」편에 보이며, 원문은 "대와 나무를 베는 일은 이 달에 해서는 안 된다.[務斬伐竹木, 此月不注.]"로 되어 있다.

약 초 [藥草]

자초[106] 심기

『제민요술』[107]: 토질이 부드럽고 황백黃白색인 좋은 땅에 심어야 한다. 검푸른 모래땅도 좋다. 새로 개간한 황무지는 기장, 메기장을 심었던 곳이 더욱 좋다. 자초의 특성상 물이 차는 것을 싫어하므로 반드시 높은 밭에 심어야 한다.

가을에 땅을 갈고 봄이 되면 다시 한 번 뒤집어 갈아준다. 3월에 심는데, 누리耬犁로 땅을 갈아 이랑을 만들고 밭이랑을 따라 손으로 종자를 흩어 뿌린다. 비옥한 밭은 1무(畝)에 2되 반의 종자를 사용하고, 척박한 땅은 무당 종자 3되를 사용한다. 파종이 끝나면 노耮로 평평하게 골라준다. 김매는 방법은 곡식을 재배하는 것과 같으며, 깨끗하게 김매줄수록 좋

種紫草

『齊民要術』: 宜黃白軟良之地. 青沙地亦善. 開荒黍穄下大佳. 性不耐水, 必須高田.

秋耕地, 至春又轉耕之. 三月種之, 耬耩地, 逐壟手下子. 良田一畝, 用子二升半, 薄田用子三升. 下訖, 勞之. 鋤如穀法, 潔淨爲佳.[g]

106) 역자주 자초과(紫草科) 자초속의 식물이다. 자초과의 다년초로 산이나 들의 풀밭에서 자생하며, 뿌리는 자줏빛이며 굵고, 키는 30~35cm 정도이다. 한국의 각 지역과 일본 및 중국의 동북부를 비롯한 전역에 분포하며, 해발 50~2,500m에서 생장하며 주로 산비탈의 초지에서 자라고, 초여름에 흰 꽃이 핀다. 봄, 가을에 뿌리를 파서 잔뿌리와 흙을 제거하고 말리거나 약한 불에 그슬려 사용한다. 한방에서 뿌리를 자근(紫根)이라 하여 화상, 동상, 습진 등의 약제로 사용한다.[바이두 사전참조: http://baike.baidu.com]

107) '『제민요술(齊民要術)』': 지금은 『제민요술』 권5 「종자초제오십사(種紫草第五十四)」에 보인다.

다. 고랑 사이에 잡초가 있으면 뽑아준다. 호미로 고랑에 김을 매면 자초의 뿌리가 상하게 된다.

9월 중순에 자초 열매가 익을 때 베어낸다. 껍질이 마르기를 기다려 한꺼번에 쌓아 두었다가 쳐서 종자를 털어 낸다. 껍질이 축축할 때 쌓아두면 종자가 열을 받아 뜨게 된다. (자초와 종자를 수확하면) 즉시 깊고 가늘게 갈아 주는데 깊고 가늘게 갈지 않으면 자초의 뿌리를 다 파내지 못한다. 이랑을 따라 보습이 달린 누리耬犁나 써레로 파내고 땅을 정리한다. 자초의 뿌리를 거둘 때는 사람을 많이 동원하여 한꺼번에 처리하여 재빨리 수확을 마치는 것이 좋다. 비를 만나면 뿌리가 손상된다. 한 줌[扼][108]마다 띠 풀로 묶어 준다. 칡껍질을 갈라 묶어주면 더욱 좋다. 넉 줌마다 1'단[頭]'으로 한다. 당일에 자초뿌리를 정리[109]해서 머리와 끝을 교차하여 10층 전후로 길게 열을 지어 쌓아, 단단하고 평평한 지면 위에 놓고 판석으로 납작해지도록 눌러 준다. 축축할 때 눌러주면 자초의 뿌리가 곧고 길게 되지만, 말려서 다시 눌리면 부스러진다. 눌러 주지 않았던 것은 내다 팔기가 아주 어렵다. 2, 3일 밤이 지나면 단[頭]을 세워서 햇볕에 약간 축축할 정도로 말린다. 볕을 쬐이지 않으면 눅눅해져 검어지고, 너무 말리면 부스러지기 쉽다. 50'단'으로 1'홍洪'을 만든다. '홍(洪)'을 만드는 방법은 단[頭]을 십

其壟底草, 則拔之. 壟底用鋤, 則傷紫草.

九月中, 子熟, 刈之. 候稃燥, 載聚, 打取子. 濕載子則浥鬱. 卽深細耕, 不細不深, 則失草矣. 尋壟以杷耬取, 整理. 收草, 宜併手力速竟爲良. 遭雨, 則損草也. 一扼, 隨以茅結之. 擘葛彌善. 四扼爲一'頭'. 當日則斬齊, 顚倒十重許爲長行, 置堅平之地, 以板石鎭之令褊. 濕鎭, 直而長, 燥鎭, 則碎折. 不鎭, 賣難售也. 兩三宿, 豎頭著日中, 曝之令浥浥然. 不曬則鬱黑, 太燥則碎折. 五十'頭'作一'洪'.

---

108) 역자주 마종신은 '액(扼)'은 일파(一把) 또는 일겹(一掐)의 의미로서, 두 손을 모아서 담는 양을 의미한다고 한다.

109) 역자주 '참제(斬齊)'의 참은 극(極)의 의미로 예컨대 '참신(斬新)'은 극히 새롭다는 뜻이며, '참제'는 매우 가지런하다는 뜻이다. 무계유 교석본에 의하면, 제는 정제의 의미이며 참은 수습한다는 의미라고 하여 참제란 바로 참제 뿌리의 정리 작업을 당일 마친다는 의미로 보고 있다.

자로 교차시켜 단의 굵은 쪽의 머리를 바깥쪽으로 향하게 해서 칡으로 묶는 것이다. 높은 가옥 아래[110]의 서늘한 곳에 시렁을 설치하여 그 위에 놓아준다. 시렁 아래쪽에는 나귀나 말이 똥을 누거나 사람이 오줌을 누지 못하게 한다. 또 연기를 피워서도 안 된다. 그렇지 않으면 자초의 뿌리가 변색한다. 자초를 심어 얻는 수익은 쪽[藍]을 심는 것보다 낫다.

'洪', 十字大頭向外, 以葛纏絡. 著敞屋下陰涼處, 棚棧上. 其棚下, 勿使驢馬糞及人溺. 又忌烟. 皆令草失色. 其利勝藍.

만약 자초를 오래 보존하려면 5월이 되었을 때 다시 방안으로 옮겨 문을 닫고 창문을 잘 막은 다음 진흙으로 밀봉하여 바람이 통하고 공기가 스며들지 못하도록 한다. 입추立秋가 지나 다시 방문을 열어 꺼내면, 자초의 색깔이 조금도 변하지 않는다. 만약 여름철에도 계속해서 (지붕 아래의) 시렁 위에 놓아둔다면, 자초의 색깔은 검게 변하여 더 이상 쓸 수가 없게 된다.

若欲久停者, 入五月, 內著屋中, 閉戶塞向, 密泥, 勿使風入漏氣. 過立秋, 然後開出, 草色不異. 若經夏在棚棧上, 草便變黑, 不復任用.

『무본신서』: 종자를 심고 나서 (깨진)항아리를 끌어서 흙을 평평하게 덮거나[111] 가벼운 맷돌[礰]로 한 차례 눌러준다. 가을이 깊어 종자가 익을 때 뿌리 옆의 흙을 뒤집어 파서 뿌리째 파내어 땅에 자초를 펴놓는다. 조금 마른 다음에 가볍게 그

『務本新書』: 種訖, 拖瓶耮之, 或以輕砘礰過. 秋深子熟, 傍去其土, 連根取出, 就地鋪穧.

---

110) 역자주 '창옥(敞屋)': 이런 집은 대개 삼면에는 담장이 있고, 정면에는 담장이 없다. 뒤 담장 부근에 물건을 올려놓는 시렁을 설치한다. 무계유 교석본에는 창옥은 지붕은 있고 벽이 없는 집이라고 한다. 붕잔(棚棧)은 창옥 아래에 나무를 걸쳐 만든 시렁이라고 한다.

111) 역자주 마종신은 역주에서 "병(甁)은 주둥이가 작은 항아리이다. 대개 흙을 덮을 때는 파(耮)의 뒤에 무거운 물건을 올려놓고 흙을 누르거나 복토하였다. 이 같은 상황은 옛날의 농촌에서는 흔히 볼 수 있지만, 항아리를 끌어 평탄하게 하거나 복토하는 것은 극히 드문 현상인데, '깨진 항아리'를 사용한다고 하면 다소 합리적이다."라고 한다.

흙을 털어낸 후, 띠 풀로 묶어서 자초의 쓸데없는 가지를 잘라낸다.

頗乾， 輕振其土，茅𦮼束，切去虛梢.

▌교 안(校案)▌

❾ ‘결정위가(潔淨爲佳)’: 『제민요술』에는 원래 ‘유정유가(唯淨唯佳)’로 되어 있다.

잇 꽃[112)]

紅花

『제민요술』[113)]: 홍화를 파종할 땅은 기름지고 부드러워야 한다. 2월 말에서 3월 초에 파종한다.

『齊民要術』: 花地欲得良熟. 二月末三月初種也.

○파종하는 방법: 비가 내린 후에 재빨리 파종해야 하는데, 간혹 손으로 흩어 뿌려 파종하기도 하고, 누리耧犁로 파종하기도 하는데, 이들은 모두 삼[麻]을 파종하는 방법과 같다. 또한 호미로 구멍을 파서 점종하여 덮기도 하는데, 가지가 벌어져서 나무가 크더라도 밭 사이를 관리하기가 편리하다.

種法: 欲雨後速下, 或漫散種, 或耬下, 一如種麻法. 亦有鋤掊[43]而掩種者, 子科大而易料理.

112) 역자주 마종신은 역주에서 “잇꽃은 국화과의 초목으로 높이는 140cm 전후이다. 여름에 가지의 끝에서 홍황색의 꽃이 핀다. 연지와 붉은색 염료를 만드는 데 사용되며 종자로는 기름을 짜고 연한 줄기와 잎은 식용으로 사용한다.”라고 한다.

113) ‘『제민요술(齊民要術)』’: 지금은 『제민요술』 권5 「종홍람화치자제오십이(種紅藍花梔子第五十二)」에 보인다.

꽃이 피면 매일 (새벽에) 서늘할 때 꽃을 딴다. 만약 꽃을 따는 시기를 맞추지 못하면 마르게 된다. 꽃을 딸 때는 반드시 한꺼번에 다 따야 한다. 남겨두면 바로 시든다.

花出，日日乘涼摘取. 不摘則乾. 摘必須盡. 留餘卽合.

5월에 종자가 익으면 파내어 햇빛에 말리고 털어서 종자를 거둔다. 종자는 습기를 받아서 뜨지 않도록 해야 한다.

五月子熟， 拔，曝令乾，打取之. 子亦不用鬱浥.

5월 중에는 '늦은 홍화[晩花]'를 파종하는데, 초봄이 될 때 미리 종자를 준비하여 5월이 되면 바로 파종한다. 만약 이른 홍화[新花]의 종자가 익기를 기다려 종자를 거둔 후에 파종하면 늦게 된다. 7월 중순에 꽃을 딸 수 있으며, 꽃의 색이 붉고 선명하여 오래 되어도 바라지 색이 변한다는 의미이다. 않으니 봄에 파종하는 것보다 좋다.

五月，種'晩花'，春初卽留子，入五月便種. 若待新花熟後取子，則又晩也. 七月中摘，深色鮮明，耐久不黦，色壞也.ⓗ 勝春種者.

거둔 홍화의 종자는 삼씨와 가격이 동일하며, 수레바퀴의 윤활유를 만들거나 초[燭][114]를 만들 수 있다.

收子，與麻子同價，旣任車脂，亦堪爲燭.

100무畝 넓이의 홍화는 매일 100사람이 꽃을 따야 하는데, 자신의 가족 노동력의 힘만으로는 1/10도 감당하지 못했다. 그래서 수레를 밭머리에 두고, 매일 아침 수십 명에서 수백 명에 이르는 어린 남녀 노예들을[115] 모아 자발적으로 꽃 따는 일을 돕도록 하였다. (그 결과) 평균 잡아 절반 정

一頃花，日須百人摘，以一家手力，十不充一. 但駕車地頭，每旦當有小兒僮女，十百爲羣，自來分摘. 正須平

---

114) 역자주 무계유 교석본에 의하면, 잇꽃의 종자에는 기름의 양이 약 2~30% 함유되어 있다고 한다.

115) 역자주 무계유 교석본에 의하면, "동(僮)은 노복을 가리키는데, 아동의 동(童)은 동(僮)을 뜻하며 후에는 이 두 글자가 서로 혼용된다."라고 한다.

도는 딸 수 있었다. 이 때문에 설령 남자가 혼자 있거나 두 명의 아녀자만 있을 경우라도 홍화를 많이 파종하였다.

量，中半分取. 是以單夫隻婦，亦得多種.

○ 홍화를 볕에 말리는 법: 따온 홍화는 즉시 방아에 찧어 부드럽게 하여 물에 일구어 포대에 넣어서 누런 즙을 짜낸다.116) 다시 방아로 찧어 멀건 조밥 미음의 맑은 물로 신맛을 씻어낸다. 다시 포대에 넣어 즙을 짠다. 이 즙은 붉은 염료를 만들 수 있어 버리면 안 된다. 즙을 짠 이후에는 붉은 홍화를 항아리 속에 넣고 베로 주둥이를 덮어 둔다. 닭이 울면 다시 고르게 찧어, 거적 위에 펴서 햇빛에 말린다. (볕에 펴서 말리는 것은) 덩어리[餠]를 만들어서 말리는 것보다 좋으며, 꽃으로 덩어리를 만들면 가운데가 마르지 않아서 꽃이 눅눅해져 뜨게 된다.

曬紅花法: 摘取，卽碓擣使熟，以水淘，布袋絞去黃汁. 更擣，以粟飯漿淸而酸者淘之. 又以布袋絞去. 汁卽收取染紅，勿棄也. 絞訖，著甕器中，以布蓋上. 雞鳴，更擣令均，於席上攤而曝乾. 勝作餠. 花作餠者，不淂乾，令花浥鬱也.

| 교 석 (校釋) |

43 '부(掊)'자는 전본에는 빠져 있고, 격본에는 '배(培)'로 되어 있으며, 『제민요술』 원문에는 '부(棓)'로 쓰여 있다.

| 교 안 (校案) |

ⓗ '울(黦)'자 아래의 주문은 『제민요술』에는 원래 없다.

---

116) 역자주 무계유 교석본에 의하면, 잇꽃은 붉은 색소를 함유하고 있을 뿐 아니라, 대량의 황색의 색소도 포함하고 있기 때문에 먼저 황색을 다 짜내면 홍색이 드러난다고 한다.

쪽[117]

『제민요술』[118]: 쪽은 좋은 땅을 골라 3차례 가늘고 부드럽게 갈아준다. 3월 중순에 종자를 물에 담가서 싹이 트게 되면 곧 이랑에 파종한다. 이랑을 잘 다듬고 물을 주는데, 이 모든 것은 아욱을 심는 것과 같다.

쪽이 자라 세 장의 잎이 나오게 되면 물을 준다.[119] 새벽과 밤에 한 번씩 두 차례 준다. 호미질을 하여 잡초를 깨끗하게 제거한다.

5월 중에 비가 막 내리면 즉시 촉촉할 때 누리耬犁로 고랑을 타서 쪽 모종을 뽑아 옮겨 심는다. 한 구덩이에 3모종을 심되 구덩이 간의 간격은 8치[寸]로 한다. 옮겨 심을 때는 여러 사람이 힘을 합쳐 빨리 손을 써서 땅이 마르지 않게 해야 한다. 땅이 하얀색으로 변하게 되면 재빨리 호미질 해준다. 옮겨 심을 때는 땅이 촉촉해야 하고 땅이 흰색으로 변할 때 재빨리 호미질을 하지 않으면 땅이 단단하게 굳게 된다. 5차례 호미질을 하는 것이 가장 좋다. 7월 중순이 되면 쪽빛 물감을 만들 수 있다.[120]

藍

『齊民要術』: 藍地欲良, 三徧細耕. 三月中, 浸子令芽生, 乃畦種[44]之. 治畦下水, 一同葵法.

藍三葉, 澆之. 晨夜再澆. 薅治令淨.

五月中, 新雨後, 卽接濕耬耩, 拔栽之. 三莖作一科, 相去八寸. 栽時宜併功[45]急手, 無令地燥也. 白背卽急鋤. 栽時旣濕, 白背不急鋤, 則堅確也. 五徧爲良. 七月中, 作藍澱.

---

117) 역자주 무계유 교석본에 의하면, 쪽은 요람(蓼藍)을 가리키며 일년생 초본으로, 중국의 남북 각처에서 모두 재배되고 흔히 쪽[藍]이라 칭한다. 쪽의 키는 2~3척까지 자라며, 잎은 계란형이거나 타원형이고 염료를 만드는 데 사용된다고 한다.

118) '『제민요술(齊民要術)』': 지금은 『제민요술』 권5 「종람제오십삼(種藍第五十三)」에 보인다.

119) 역자주 무계유 교석본에 의하면, 쪽은 청명절 전후가 파종의 적기이다. 싹이 땅에서 나올 무렵에는 물을 줘서는 안 되며, 떡잎이 나온 후에 물을 주고 마르게 해서는 안 되므로 반드시 새벽과 밤에 가볍게 물을 줘야 한다고 한다.

○ 최식[121]이 이르기를, 느릅나무[楡]의 꼬투리가 나무에서 떨어질 때 쪽을 파종할 수 있다고 한다. 5월이 되면 쪽을 나누어[122] 옮겨 심을 수 있다. 6월에는 겨울쪽[冬藍]을 파종할 수 있다고 한다. 겨울 쪽이 바로 대람(大藍)[123]이다.	崔寔曰，楡莢落時，可種藍．五月，可別藍．六月，可種冬藍．冬藍，大藍也．

▌교 석(校釋)▌

44 민각, 절각에는 '종(種)'자가 누락되어 있으나, 소각과 격본과 『제민요술』 원문에는 있다.

45 '공(功)': 전본에는 '역(力)'으로 되어 있으나, 격본에 따라 '공(功)'으로 쓰여 있다. 이는 『제민요술』과도 일치한다.

---

120) 역자주 마종신은 역주에서 전(靛)은 쪽의 잎을 석회수에 담가서 얻은 침전물로 남색의 염료라고 한다.

121) '최식왈(崔寔曰)': 『옥촉보전』에는 「3월(三月)」과 「6월(六月)」 두 조에 각각 최식의 『사민월령』이 인용되어 있다.

122) 역자주 석성한 교주본에는 별(別)을 예(刈)라고 표기하고 있다. 그러나 무계유 교석본에 의하면 『제민요술』과 전본은 모두 잘못이라고 하며 『제민요술』 수도(水稻)편과 『옥촉보전(玉燭寶典)』 「5월(五月)」조에는 『사민월령(四民月令)』을 인용하여 별(別)로 표기하고 있다고 한다. 별(別)은 옮겨 심는다는 의미이다. 5월에 쪽을 옮겨 심는다는 기록은 『하소정(夏小正)』에 처음으로 보인다. 『제민요술』에는 쪽을 3월에 파종하여 5월에 옮겨 심는다고 한다. 예(刈)는 확실히 별(別)의 형태상 잘못 표기된 것으로 보이며 무계유의 지적이 합당하다고 판단되어 그의 견해를 따른다.

123) 역자주 석성한 교주본에는 목람(木藍)이라고 되어 있으나 무계유 교석본에서는 『제민요술』과 전본이 모두 목람으로 잘못 표기하고 있다고 보고, 대람(大藍)이 올바르다고 하였다.

치 자[124)]

梔子

○ 새로 덧붙이기: 10월에 잘 익은 치자 열매를 골라 그 씨를 꺼내 깨끗하게 씻어 볕에 말려둔다. 이듬해 봄 3월에 파종하지 않은 모래땅[沙白地][125)]을 골라 파서 이랑을 만든다. 구덩이 깊이는 1자로 하고 구덩이에 있던 원래의 흙은 전부 파내 버리고, 지면의 축축한 표토表土를 거두어 체로 가늘게 쳐서 구덩이 속을 꽉 채워 파종을 한다. (파종은) 가지 심는 법과 같이 조밀하게 한다. 가는 흙을 얇게 뿌려 덮어주고, 이랑에 시렁을 세워서 햇빛을 차단하는데, 시렁의 높이는 약 한 자로 한다. 날이 가물면 하루나 이틀 간격으로 시렁 위에 자주 물을 뿌려 이랑의 흙이 말라 딱딱하지 않게 한다. 약 40일이 지나면 싹이 나온다. 항상 풀을 뽑아주고 땅을 부드럽게 일구고 물을 주어야 한다. 겨울이 되면 쑥으로 두껍게 덮어 잘 보호해 준다.

新添: 十月, 選成熟梔子, 取子淘淨, 曬乾. 至來春三月, 選沙白地, 斸畦. 區深一尺, 全去舊土, 却收地上濕潤浮土, 篩細, 塡滿區, 下種. 稠密, 如種茄法. 細土薄糝, 上搭箔棚遮日, 高可一尺. 旱時, 一二日用水於棚上頻頻澆灑, 不令土脈堅垎. 四十餘日, 芽方出土. 薅治澆漑. 至冬月, 厚用蒿草藏護.

이듬해 3월이 되면 포기를 나누어 옮겨 심는데, 1치[126)] 간격으로 한 포기씩 심는다. 김매고 부

次年三月移開, 相去一寸一科. 鋤

---

124) 역자주 무계유 교석본에 의하면 치자는 천초과(茜草科)의 상록관목이다. 열매는 늦가을과 초겨울에 익으며 황색염료로 쓰거나 약용으로 쓰인다고 한다. 치자는 6~7자 높이로 자라며 잎은 타원형이고 윤기가 나며, 여름철 가지에 흰 꽃이 피며 꽃이 크고 6개의 꽃받침조각으로 갈라지고 꽃이 떨어지기 전에 담황색으로 변한다. 치자의 성질은 차고 이뇨제와 황달 등의 해열에 쓰인다.

125) 역자주 '사백지(沙白地)'의 백(白)은 공한(空閑)의 의미이다. 그것은 심지 않고 비워둔 땅을 가리킨다.

드럽게 흙을 일구고 물주는 것을 자주 해준다. 겨울철이 되면 뿌리 부분에 흙을 두껍게 덮어주고 나뭇가지는 풀로 감싸서 보호한다.	治澆漑宜頻. 冬月, 用土深擁根株, 其枝梢用草包護.
3년째 3~4월에 다시 옮겨 심는데, 1보步 반 간격으로 한 그루씩 심어 행렬을 잘 맞춰줘야 한다.127) 치자 밭에는 반드시 우물을 파서 자주 물을 주고 자주 김을 매어준다. 해마다 겨울이 되면 밭의 북쪽에 두텁게 대울타리를 짜서 찬바람이 몰아치는 것을 막아준다.	至次年三四月, 又移,46 一步半一科, 栽成行列. 須園內穿井, 頻澆, 頻鋤. 每歲冬, 須北面厚夾籬障, 以蔽風寒.
4년째가 되면 꽃이 피고 열매를 맺는다. 10월이 되면 열매를 따서 시루에 넣어서 살짝 찐 후에 햇볕에 말려서 염료로 사용한다.	第四年, 開花結實. 十月收摘, 甑內微蒸過47曬乾用.

교 석(校釋)

46 '이(移)': 민각, 절각에는 '과(科)'로 되어 있으나, 소각과 격본에는 '이(移)'라고 되어 있다.

47 '과(過)'자는 전본에는 빠져 있으나, 격본에는 보인다.

126) 역자주 무계유 교석본에 의하면, "1치 간격으로 한 포기씩 심는다."라는 사실은 극히 불합리하다고 생각되며, 척(尺)자의 잘못이 아닌가 생각하고 있다.

127) 역자주 무계유 교석본에 의하면, 오늘날 남방에서 치자를 재배할 때는 봄에 파종하고 이듬해 봄이 되어 묘목이 1자 이상으로 자라면 옮겨 심을 수 있다. 옮겨 심고 난 후 2~3년이 지나면 열매를 맺는다고 한다.

차[128]

『사시유요』[129]: 종자가 익으면 거두어[130] 축축한 모래흙과 섞어서 대바구니에 담아 볏짚으로 덮어준다. 이렇게 하지 않아서 종자가 얼게 되면 싹이 틀 수 없다. 이듬해 2월에 꺼내어 파종한다.

나무 아래나 북쪽 그늘진 땅에 둘레 3자[尺], 깊이 1자의 구덩이를 파고 구덩이 흙을 부드럽게 일구어서 거름과 고루 섞어준다. 구덩이마다 차 열매 60~70알을 파종하며[131] 1치 두께로 덮어

茶

『四時類要』: 熟時, 收取子, 和濕沙土拌, 筐籠盛之, 穰草蓋. 不爾, 卽凍, 不生. 至二月中出, 種之.

於樹下或北陰之地開坎, 圓三尺, 深一尺, 熟斸, 著糞和土. 每阬中種

128) 역자주 마종신은 차는 산차과(山茶科) 상록 관목으로서 키는 6~7자며 잎은 길고 타원형으로 톱니와 같으며, 봄에 부드러운 잎을 따서 녹차와 홍자를 만든다고 주석하고 있다.

129) '『사시유요(四時類要)』': 조선각본 『사시찬요』 권2 「2월(二月)」편에는 '종차(種茶)'와 '수차자(收茶子)' 두 조가 있으며, 본서에서 인용한 『사시유요』는 아마도 이 두 조를 합쳐서 쓴 것인 듯한데 문구가 일치하지 않는다. 『사시찬요』의 원문은 중국 차나무의 재배기술을 기재한 것 중에 두 번째로 빠른 것으로, 이보다 조금 이른 육우(陸羽)의 『차경(茶經)』보다 훨씬 상세하고 정확하다.

130) 역자주 무계유 교석본에 의하면, 차 열매는 서리가 내리는 것을 전후하여 익는데, 수확 후 만약 겨울 파종을 하지 않는다면 축축한 모래와 흙을 덮어 종자가 적당한 수분을 유지하고, 겨울에 얼지 않도록 해줘야 이듬해 봄에 파종할 때 비로소 정상적으로 싹이 트게 된다고 한다.

131) 역자주 무계유 교석본에 의하면, 『본초강목』 권32 「명(茗)」편에는 "2월에 파종한다. 한 구덩이에 100알을 파종하면 겨우 한 그루가 싹이 트는데, 이는 쭉정이가 많기 때문이다."라고 한다. 이는 차 열매의 발육이 완전하기 않거나 충분히 익지 않고 정선작업을 거치지 않았기 때문이지 결코 차 열매의 본성이 이와 같은 것은 아니다. 『사시찬요』에도 많은 종자를 파종하고 있는데, 혹자는 이시진이 말한 것처럼 쭉정이가 많기 때문이라고 한다. 오늘날은 정선된 잘 익은 차 열매를 택하여 작은 구덩이에 얇게 파종을 하면 대개 구덩이마다 3~5개의 종자를 파종해도 싹이 트는 비율은 정상적이다.

준다. 잡초가 제멋대로 자라더라도 김매기해서는 안 된다. 2자 거리마다 구덩이 하나를 판다. 날이 가물 때는 쌀뜨물을 뿌려 준다. 차나무는 햇볕을 싫어하므로[132] 뽕나무 아래나 대나무 사이에 파종하면 좋다. 2년이 지나면 잡초를 김맬 수 있다. 소변이나 묽은 똥[稀糞]과 누에똥[蠶沙]을 물에 타서 뿌려준다. 다만 모가 작고 뿌리가 연하기 때문에 많이 시비해서는 안 된다.

六七十顆子，蓋土厚一寸强. 任生草，不得耘. 相去二尺種一方. 旱時，以米泔澆. 此物畏日，桑下竹陰地種之，皆可. 二年外，方可耘治. 以小便稀糞蠶沙澆擁之. 又不可太多，恐根嫩故也.

(차나무는) 대개 산중턱 비탈진 곳에 옮겨 심는 것이 좋다. 만약 평지에 심으려면 나무 양쪽에 약간 깊은 고랑을 파서 배수가 용이하도록 해주어야 한다. 나무뿌리가 물에 잠기게 되면 나무는 반드시 죽게 된다. 3년 이상 자란 차나무는 잎을 수확할 수 있다.

大槩宜山中帶坡坂. 若於平地，卽於兩畔深開溝壟泄水. 水浸根，必死. 三年後，收茶.

---

132) "차는 햇빛을 두려워한다.[此物畏日.]": 차나무는 음(陰)에 강한 식물로서, 건조한 공기에 강한 햇빛까지 받으면 잘 자라지 않는다. 찻잎 새싹의 품질을 유지하려면 상대적으로 높은 습도와 안정적인 온도를 유지해야 한다. 그러므로 항상 안개가 끼는 산비탈에 심을 수 없다면 나무그늘을 빌려 그늘을 만드는 것도 좋은 방법이다. **역자주** 무계유 교석본에는, 차가 햇볕이 강하지 않고 구름과 안개 낀 산에서 자라야만 싹이 쉽게 굳어지지 않고, 잎의 육질도 두툼해지며 부드러워져서 차 향기가 진하게 된다고 했다. 그러나 차나무는 따뜻하고 습윤한 기후를 좋아야 하는데 그늘에서 잘 견딘다는 것은 상대적인 의미로, 양질의 찻잎을 생산하려면 모름지기 햇살이 많이 비치는 조건 속에서 재배해야 한다. 차나무는 비록 온난습윤한 것을 좋아하지만 물을 싫어하여 평지에 옮겨 심으면 반드시 배수가 좋아야 한다고 한다.

후 추[133]

椒

『제민요술』[134]: 후추가 여물었을 때 검은 씨를 거두어 저장한다. 후추열매를 속칭 '초목(椒目)'이라고 한다. 사람의 손이 닿지 않게 해야 하며, 사람이 만지면 싹이 날 수 없다.[135] 4월 초에 이랑을 만들어 파종한다. 이랑을 만들고 물을 주는 방식은 아욱을 심는 법과 일치한다. 사방 3치 거리마다 한 알의 종자를 파종하며, 체로 흙을 가늘게 쳐서 약 한 치[寸] 두께로 덮어 준다. 그런 연후에 다시 잘 썩힌 거름을 체질하여 흙 위에 덮어 준다. 날이 가물면 자주 물을 주어야 하며, 항상 이랑이 축축하게 유지되어야 한다. 싹이 2~3치 정도 자라고, 여름에 계속 비가 내릴 때 옮겨 심는다.

○ 옮겨 심는 법: 미리 둘레와 깊이가 3치 정도인 작은 구덩이를 파내고, 칼로 후추나무 주변의 흙을 둥그렇게 그어 파낸 이후에, 흙이 달린 채로 구덩이 속에 옮겨 심으면[136] 만의 하나도 잘못

『齊民要術』: 熟時, 收取黑子. 俗名"椒目". 不用人手數近, 捉之, 則不生也. 四月初, 畦種之. 治畦下水, 如種葵法. 方三寸一子, 篩土覆之, 令厚寸許. 復篩熟糞以蓋土上. 旱, 輒澆之, 常令潤澤. 生高數寸, 夏連雨時, 可移之.

移法: 先作小阬, 圓深三寸, 以刀子圓劃[48]椒栽, 合土移之於阬中, 萬不

133) 역자주 초(椒)는 일명 화초(花椒)라고 하며, 예향(藝香)과다. 낙엽관목으로 줄기는 한 길[丈] 높이로 자란다. 여름에 꽃이 피고, 열매가 딱딱해져 익을 때는 붉은 색이며, 갈라져 벌어지면서 검은 씨가 나온다. 잎과 열매와 껍질은 모두 향료나 약용으로 쓰인다.

134) '제민요술(齊民要術)': 지금은 『제민요술』 권4 「종초제사십삼(種椒第四十三)」에 보인다.

135) 역자주 무계유 교석본에 의하면, 이는 사실과 부합되지 않는다고 한다. 후추의 종자는 오직 그늘에서 말리고 햇볕에서 말려서는 안 되는데, 그렇지 않으면 종자의 기름기가 날아가 싹을 틔우는 데 영향을 미친다고 한다.

136) 역자주 무계유 교석본에 의하면, 여기서 재(栽)는 모종을 파종하는 것을 말하며, 이(劃)는 가른다는 의미라고 한다.

되는 것이 없다. 만약 모를 뽑아서 옮기는 경우에는 대부분 죽는다.

失一. 若拔而移者, 率多死.

만일 다 자란 후추나무를 옮겨 심으려면 2월이나 3월 중에 옮겨 심는다. 먼저 잘 썩은 볏짚에 진흙을 섞어 놓고137) 후추나무를 파내어서 즉시 진흙으로 뿌리를 잘 감싸 묻는다. (이와 같이 하면) 백리 밖으로 가서 옮겨 심더라도 잘 살아날 수 있다.

若移大栽者, 二月, 三月中移之. 先作熟穰泥, 掘出卽封根, 合泥埋之. 行百餘里猶得生之.

이 나무의 본성은 추위를 견디지 못하고, 햇볕을 충분히 받아야 하는 것으로, 겨울철에는 반드시 마른 풀로 감싸주어야 한다. 싸주지 않으면 얼어 죽는다. 무릇 약간 음지에서 자란 후추나무는 이미 일정한 내성을 가지고 있어서138) 싸 줄 필요가 없다. 이것이 곧 "습관이 본성을 만든다."라는 것이다. 나무의 본성은 혹한과 혹서의 환경 속에서 자람에 따라 받아들이는 것도 다르다. 만약 붉은 색과 남색의 물감이 섞인다면, 어찌 바탕이 조금 변하지 않겠는가? 따라서 "그와 어떤 사람이 이웃하고 있는지를 살펴보면 선비의 품성을 알 수 있고, 그의 친구를 보면 그 사람을 알 수 있다."는 것이다.

此物性不耐寒, 陽中之樹, 冬須草裹. 不裹卽死. 其生小陰中者, 少稟寒氣, 則不用裹. 所謂"習以性成". 一木之性, 寒暑異容. 若朱藍之染, 能不易質. 故"觀鄰識士. 見友知人也."

후추나무의 열매가 갈라져 벌어지면 재빨리 거둔다. 맑은 날을 틈타 수확하고, 얇게 펴서 햇볕에 말리는데 하루면 다 마른다. 색깔이 붉으면 후

候實口開, 便速收之. 天晴時摘下, 薄布, 曝之, 令一

---

137) 역자주 마종신의 역주에는, "산동 남부지역의 방언에서는 맥양(麥穰)을 지칭하는데, 즉 밀을 탈곡한 후에 남아 있는 밀짚이다. 조를 탈곡하고 남은 이삭을 곡요(穀蕘)라고 부르며, 콩을 탈곡하고 남은 줄기를 두앙(豆秧)이라고 하는 등 각각의 명칭이 있다. 맥양(麥穰)은 항상 진흙과 함께 섞어서 진흙이 갈라져서 떨어지는 것을 막아준다."라고 한다.

138) 역자주 마종신은 품(稟)은 품성으로서 한량한 기후에 단련이 되어서, 이미 일정한 추위를 견디는 힘을 얻었음을 일컫는다고 주석하고 있다.

추의 향도 진하다. 만약 날이 흐릴 때 수확한다면 색깔이 검게 변하고 향도 좋지 않다. 후추 잎이 푸르고 연할 때 딴 것은 절임을 할 수 있으며, 그늘에 말려서 가루를 만들어 조미료로 사용한다.

日卽乾. 色赤椒好. 若陰時收者, 色黑失味. 其葉, 及青摘取, 可以爲葅. 乾而末之, 亦足充食也.

『무본신서』: 삼향三鄕[139] 지역의 후추를 파종할 때는 가을이 깊어 열매가 익을 때, 큰 열매를 골라 따서 그늘에서 말린다. 후추종자를 잘 싸서 땅을 깊이 파고 묻어둔다. 봄이 되어 날이 따뜻할 때 파내어 양지바른 곳에 땅을 파고 이랑을 만들어 파종한다. 후추나무는 추위를 잘 견디지 못하기 때문에 겨울에 풀을 약간 두껍게 덮어 준다.

『務本新書』: 三鄕椒種, 秋深, 熟時, 揀粒大者[49]摘下, 蔭乾. 將椒子包裹, 掘地深埋. 春暖取出, 向陽掘畦種之. 性不耐寒, 冬月以草厚覆.

2년 뒤에 봄이 되면 옮겨 심을 수 있다. 나무가 작을 때는 겨울에 거름으로 나무뿌리를 덮어 준다. 추운 지역에서는 풀로 나무를 감싸주어야 한다. 이듬해 열매를 맺는다.[140] 후추나무는 '해갈이'를[141] 하지 않으며, 해가 갈수록 더 많은 열매를 맺는다.

二年後, 春月移栽. 樹小時, 冬月以糞覆根. 地寒處, 以草裹縛. 次年結子. 椒不'歇條', 一年繁勝一年.

139) 삼향(三鄕): 금대(金代)에 설치된 진명(鎭名)으로 지금 하남성(河南省)의 낙우현(洛宇縣) 동북쪽이다.

140) 역자주 무계유 교석본에 의하면, 후추는 생장이 빨라서 빨리 열매를 맺는데, 심은 후 2~3년이면 결실을 맺기 시작하다가 4~5년이 지나면 대량으로 열매를 맺는다고 한다.

141) '초불헐조(椒不歇條)': 과일나무는 일정한 나이가 되면 '대소년(大小年)'이 생기는데, 생산량이 많은 해와 생산량이 적은 해가 번갈아 온다. 산초나무는 열매는 많고 '대소년(大小年)'과 같은 현상은 없어서 "산초는 가지에 열매가 없는 날이 없다.[椒不歇條.]"라고 한다.

▌교 석(校釋)▌

48 '리(劙)': 전본에는 '이(蠡)'자로 되어 있으나, 격본과 『제민요술』의 원래 글자에는 '(劙)'로 쓰여 있다.

49 '자(者)'자는 전본에는 빠져 있으나, 격본에는 보인다.

수 유[142)]

『제민요술』[143)]: 이것은 '식수유'이다. '산수유'는 먹을 수 없다. 2월이나 3월에 옮겨 심는다. 버려진 옛 성터 위에나[144)] 둑과 언덕 등의 지세가 높고 건조한 곳에 심는 것이 좋다. 무릇 성터 위에 심는 것은 먼저 성의 길고 짧음에 따라[145)] 구덩이를 파서 1년을 묵힌 후에 다시 구덩이 속에 옮겨 심는다. 이와 같이 하면 수분을 잘 유지하고, 토양도 비옥하게 되어서 평지와 더불어 차이가 없게 된다. 이렇게 하지 않으면 흙이 굳어지고 물기가 빠져나가서 식물의 생장이 늦어지고, 식물이 자라는 연한은 배로 늘어나지만 수목은 도리어 작게 된다.

茱萸

『齊民要術』: '食茱萸'也. '山茱萸'則 50 不任食. 二月、三月栽之. 宜故城、隄、冢、高燥處. 凡於城上種蒔者, 先宜隨長短掘壍, 停之經年, 然後於壍中種蒔. 保澤沃壤, 與平地無差. 不爾者, 土堅澤流, 長物至遲, 歷年倍多, 樹木尚小.

142) 역자주 무계유 교석본에 의하면, "'식수유(食茱萸)'는 예향과로서 낙엽교목으로 키는 두 길[丈] 정도로 자란다. 여름에 가지 끝에서 꽃이 피며 열매는 매운 맛이 나고, 조미료로 쓰인다. 산수유는 산수유과로서 낙엽교목이다. 과일은 적색이며, 새콤달콤하고 약용으로 쓰인다."라고 한다.

143) '제민요술(齊民要術)': 인용문은 『제민요술』 권5 「종수유제사십사(種茱萸第四十四)」에 보인다.

144) 역자주 옛 성터에 대해 『범승지서』에서 일찍이 '구성상(丘城上)'에 구전(區田)을 만든다고 하였다. 석성한, 만국정 선생은 모두 성(城)자를 성장(城墻)으로 해석하고 있는데, 아마 고대의 성장은 흙으로 쌓은 것이 많기 때문인 듯하다.

145) 역자주 성을 오래 방치하면 담이 허물어져서 서로 연결되지 않기 때문에, 성벽의 유적은 길고 짧은 것이 같지 않게 된다.

과일이 갈라져 벌어지면 즉시 수확하여 방 안의 벽 위에 걸어두어 그것을 그늘에 말리고, 연기를 쐬게 하여서는 안 된다. 연기에 쏘이면 맛이 쓰게 되고 향기도 없어진다. 먹을 때는 열매 속의 검은 씨를 제거한다. 육장(肉醬)과 생선젓갈[魚鮓][146]을 만들 때 두루 조미료로 사용된다.

候實開, 便收之. 挂著屋裏壁上, 廕乾,ⓘ 勿使烟熏. 烟熏, 則苦而不香也. 用時, 去中黑子. 肉、醬、魚、鮓, 偏宜ⓙ用.

▌교 석(校釋)▐

50 '칙(則)': 전본에는 '미(味)'로 되어 있으나, 원본, 격본과 『제민요술』 원문에는 '칙'으로 되어 있다.

▌교 안(校案)▐

ⓘ 『제민요술』에는 '음건(廕乾)' 위에 '영(令)'자가 더 있다.
ⓙ '편의용(偏宜用)': 『제민요술』에는 '용(用)'자 위에 '소(所)'자가 더 있다.

회 향[147]

茴香

『무본신서』: 봄이 되어 날씨가 따뜻해지면

『務本新書』: 春

146) '자(鮓)': 음은 zhǎ이다. 날 음식에 전분(소금은 넣는 경우도 있고 안 넣는 경우도 있음)을 넣고 유산균에 의한 발효와 가수분해를 거치면 즙이 상당히 많아지고, 시큼하고 향기로운 냄새가 난다. 처음에는 어류만 사용했기 때문에 '어(魚)'자 변이 붙었으나, 나중에는 각종 육류 및 채소류에도 응용되었다.

147) '회향(茴香)': 산형(繖形) 미나리과 식물인 Foenicum Vulgare(회향)을 가리키는 것으로, 지금은 '회향(懷香)'으로 쓰며, 장강유역에서는 습관적으로 '소회향(小茴香)'이라고 한다. 목란(木蘭)과인 '팔각회향(八角茴香)' 또는 '대회향(大茴香)'(Anicetum japonicum)과는 차이가 있다. 역자주 마종신은 역주에는 "다년생 초본으로 줄기의 높이는 5~6자이다. 열매는 밀알처럼 작고 긴 타원형으로서 짙은 향이 나며, 향로나 약용으로 쓰인다."라고 한다.

양지쪽에 구덩이를 파서 거름과 흙을 섞어 넣고, 먼저 구덩이 속에 물을 준다. 종자는 신선한 것을 사용해야 향기가 나며, 눅눅하지 않은 것이어야 한다. 땅의 넓이에 따라 씨를 뿌리며, 흙을 뿌려 가볍게 덮어준다. 구덩이의 남쪽에 어림잡아 어저귀[䔥]를 심어서 여름철의 뜨거운 햇볕을 가려준다. 손가락 3~4개의 마디 크기로 자랐을 때, 날이 가물면 물을 뿌려준다. (또 다른 파종 방법은) 간혹 장마철을 틈타 갓 받은 씨를 파종해도 좋다.

暖, 向陽掘區, 糞土相和, 區先下水. 子用新香不浥者. 量地下子, 糝土微蓋. 區南約量種䔥, 以遮夏日. 長高三四指, 旱則澆之. 或霖雨時, 就新子種之, 亦可.

10월이 되면 곁가지를 베어내고 거름과 흙으로 뿌리를 덮어둔다.[148] 3월에 거름과 흙을 걷어낸다.

十月, 斫去條梢, 糞土覆根. 三月去之.

연뿌리

蓮藕

『제민요술』[149]: 연씨[蓮子]를 파종하는 법:[150] 8월이나 9월에 단단한 검은 연씨를 거두어, 머리

『齊民要術』: 種蓮子法: 八月、九

---

148) 역자주 마종신의 역주에는 "이것은 다년생 향료인 회향이 겨울을 나기 위한 기술이다. 오늘날 파종하는 회향은 대부분 1년생을 제외하고 월동하지 않는다."라고 한다.

149) '『제민요술(齊民要術)』': 두 조는 지금은 모두 『제민요술』 권6 「양어제육십일(養魚第六十一)」 뒷부분에 첨부되어 있는 수생재배식물에 보인다.

150) 역자주 마종신은 "연씨를 파종하는 법은 연씨를 이용한 유성(有性)번식방법이다. 뒤에 나오는 '연뿌리 심는 법'은 싹이 달린 연뿌리를 심는 것으로서 무성(無性)번식 방법이다. 연뿌리로 번식하면 생장이 빨라 오늘날 대개 이 방법을 취하고 있다."라고 한다.

부분을 기와에 대고 갈아서 껍질을 얇게 한다. 점토[151]를 부드러운 진흙으로 만들어서 연 씨를 간 쪽에 길이 세 손가락 굵기로 2치 정도를 감싸 붙인다. 진흙을 감쌀 때 연 씨의 꼭지부분[152]은 평평하고 무겁게 해주고, 간 머리 부분은 뾰족하고 예리하게 해준다. 진흙이 마를 때 못 속에 던져 넣는데, 무거운 부분이 아래쪽으로 가라앉아서 저절로 자리를 잡는다. 갈았던 윗부분은 껍질이 얇아서 싹이 트기가 쉽기 때문에, 싹이 금방 나온다. 만약 갈지 않으면 껍질이 단단하고 두터워서 빨리 싹이 나오지 못한다.	月中, 收蓮子堅黑者, 於瓦上磨蓮子頭, 令皮薄. 取墐土作熟泥, 封之, 如三指大, 長二寸. 使蔕頭平重, 磨處尖銳. 泥乾時, 擲於泥中, 重頭沈下, 自然周正. 皮薄易生, 少時卽出. 其不磨者, 皮旣堅厚, 倉卒不能生也.
연뿌리 심는 법: 봄이 된 후에 연뿌리 끝의 꼭지눈이 달린 마디를[153] 파다가 양어장의 연못 진흙 속에 심으면 그 해에 바로 연꽃이 핀다.	種藕法: 春初, 掘藕根節頭, 著魚池泥中種之, 當年卽有蓮花.

151) '근토(墐土)': 점토이다.

152) '체두(蔕頭)': '체(蔕)'는 '체(蒂)'자의 과거 표기법이다. 연밥의 꽃받침은 진한 갈색이며, 중간에 마치 언덕처럼 솟아올라 있다. 연밥은 싹이 틀 때, 이곳에서 유근이 나온다. 역자주 마종신은 역주에서 연밥과 연가지가 서로 붙어 있는 부분이 연 씨의 아랫부분이라고 한다.

153) 역자주 '우근절두(藕根節頭)': 무계유 교석본에 의하면, "연뿌리 끝 부분의 두세 마디로서 정수리 부분에 싹이 달려 있지만, 뿌리 마디는 아니다. 오늘날 연뿌리의 번식은 흔히 연뿌리로 무성(無性)번식을 행하고 연씨로 번식하는 것은 매우 드물다. 연뿌리를 파종할 때는 끝부분의 두세 마디 중에서 싹이 왕성하고 상처가 없는 것을 택하여 봄에 옮겨 심는다."라고 한다.

가시연[154]	芡
『제민요술』[155]: 가시연 심는 법: 일명 '계두鷄頭'라고 한다. 8월에 거두어 쪼개 갈라서 씨를 꺼내어 못 속에 흩어 뿌리면 저절로 자라난다.	『齊民要術』: 種芡法: 一名'雞頭'. 八月中, 收取, 擘破取子, 散著池中, 自生也.

세발 마름[156]	芰
『제민요술』[157]: 세발 마름 심는 법: 일명 '마름'이라 한다. 가을에 열매가 익어서 검은색으로	『齊民要術』: 種芰法: 一名'菱'. 秋

154) 역자주 무계유 교석본에 의하면 가시연은 수련과로서, 꽃자루에 가시가 많고 끝부분에 꽃이 달린다. 꽃이 피면 꽃받침이 길어서 가시가 많은 둥근형의 과실이 달린다. 모양은 닭 머리 같다고 하여 계두(鷄頭)라고 하며, 열매는 가을을 전후하여 익고 그 속에 많은 종자가 달린다고 한다.

155) '제민요술(齊民要術)': 두 조는 지금은 모두 『제민요술』 권6 「양어제육십일(養魚第六十一)」 뒷부분에 첨부되어 있는 수생재배식물에 보인다.

156) 역자주 무계유 교석본에 의하면, "기(芰)는 능(菱)의 고칭이다. 『제민요술』에는 오늘날에는 가을에 마름의 열매를 수확해서 대바구니 속에 넣어서 물속에 담가 두었다가, 이듬해 봄에 꺼내어 파종을 한다. 『편민도찬(便民圖纂)』 권5에 실린 것은 오늘날의 방법과 유사하다."라고 한다. 마종신은 역주에서 "마름은 수생식물로서 1년생 초본이며 뿌리는 흙속에서 자라고 줄기는 수면까지 자라는데 여름이 되면 꽃이 피고 열매는 아주 딱딱하고 뿔 모양의 모서리가 있으며 뿔이 두 개, 세 개, 네 개 등의 모양을 가지고 있어 흔히 능각(稜角)이라고 하며 먹을 수 있다."라고 주석하고 있다.

157) '『제민요술(齊民要術)』': 두 조는 지금은 모두 『제민요술』 권6의 「양어제육십일(養魚第六十一)」 뒷부분에 첨부되어 있는 수생재배식물에 보인다.

변할 때 거둔다. 못 속에 흩어 뿌리면 저절로 자라난다.

上, 子黑熟時, 收取. 散著池中, 自生矣.

마 지금은 '산약(山藥)'이라고 한다.

薯蕷 今名'山藥'

『사시유요』[158]: 『산거요술山居要術』[159]에 이르기를, 육질의 뿌리가 흰 쌀알로 만든 것 같은 것을 선택해서 먼저 산약의 뿌리줄기인 산약두山藥豆를[160] 거둔다. 길이 1길, 폭 3자, 깊이 5자인 구덩이 3~5개를 파고, 아래쪽에 촘촘히 벽돌을 깐다. 내벽에는 1자 정도 높이로 벽돌을 세워서, 사

『四時類要』: 『山居要術』云, 擇取白色根如白米粒成者, 先收子. 作三五所阬, 長一丈, 闊三尺, 深五尺,

158) '『사시유요(四時類要)』': 조선각본 『사시찬요』 권2의 「2월(二月)」편에는 '종서예(種署預)' 두 조와 '조서약분법(造署藥粉法)' 두 조가 있다. 앞의 두 조는 각각 『산거요술(山居要術)』과 『지리경(地利經)』을 인용한 것이며, 본서의 인용문과 내용이 상당히 유사하고, 첫 번째 조의 자구만 약간 틀린데, 본문에 인용한 문장이 더 낫다.

159) '『산거요술(山居要術)』': 당나라 왕민(王旻)의 저서인 듯하다. 왕육호(王毓瑚)의 『중국농학서록(中國農學書錄)』 초판 87쪽과 재판 39쪽 참조.

160) 역자주 마종신은 자(子)를 산약두(山藥豆)로 번역하고 있다. 뿌리[根]는 본편에서 모두 육질의 뿌리로 번역하고 있는데, 실제는 땅속에 있는 원주형 육질의 줄기로서 일반적으로 산약이라고 일컫는다. 무계유 교석본에 의하면, 자(子)는 영여자(零餘子)로서 종자를 말하는 것은 아니라고 한다. 마[薯蕷]의 여러 품종을 살펴보면 복날이 지난 후에 잎과 줄기 사이에서 기(氣)가 발생하여 줄기가 생겨나는데, 작고 둥글거나 타원형이어서 속칭 산약두라고 한다. 옛날에는 영여자(零餘子)라고 이름 했으며 번식용으로 사용한다. 영여자는 처음 당나라 진장기의 『본초습유(本草拾遺)』에 보이나, 진씨가 마의 일종이라고 판단한 것은 잘못이다. 마는 비록 꽃이 피지만 매우 작으며 열매도 맺는다.

방의 흙속으로 뿌리가 파고 들어가 가늘게 되는 것을 방지한다. 구덩이를 다 만든 후에 거름[糞土]을 구덩이 속에 채워 넣으며, 한 구덩이에는 3줄로 산약두山藥豆를 파종한 뒤 구덩이를 가득 메운다. 싹이 나게 되면 시렁을 설치한다. 일 년이 지나면 뿌리가 매우 굵어진다. 한 구덩이에서 나온 산약으로 1년간 먹을 수 있다. 육질의 뿌리로 파종할 때는 1자 이하 길이로 잘라서 심는다.

下密布甎. 阬四面一尺許, 亦側布甎, 防別入傍土中, 根卽細也. 作阬子訖, 塡糞土三行, 下子種之, 塡阬滿. 待苗, 著架. 經年已後, 根甚巃. 一阬可支一年食. 根種者, 截長一尺已下種.

○ 또 다른 파종법: 『지리경地理經』에 이르길 큰 것은 2치로 잘라서 뿌리를 심는다. 그 해에 두豆를 거둘 수 있다. 종자를 거둔 후에 겨울 내내 땅속에 묻어 둔다. 2월 초에 꺼내서 재빨리 심는다. 인분人糞을 주어서는 안 된다. 날이 가물면 물을 준다. 너무 질퍽하게 해서는 안 된다. 반드시 우분牛糞과 흙을 섞어서 파종해야만 성장이 좋아진다.

又法: 『地利經』云, 大者, 折二寸爲根種. 當年便得子. 收子後, 一冬埋之. 二月初, 取出便種. 忌人糞. 如旱, 放水澆. 又不宜太[51]濕. 須是牛糞和土種, 卽易成.

『무본신서』: 산약山藥을 파종할 때는 한식을 전후한 시기가 적합하다. 모래땅[沙白地]의 빈터에 길이 한 길[丈] 깊이와 폭이 각각 2자[尺] 정도의 구덩이를 파서 소량의 잘 썩은 쇠똥과 흙을 섞어서 1자 두께로 고르게 채워 넣는다. 위에 가시가 달린 통통하고, 긴 산약을 골라 3~4치 길이로 자른다. 구덩이 속에 고기비늘 모양으로 가지런하게 눕혀서 옮겨 심고, 다시 분토를 5치 전후의 두께

『務本新書』: 種山藥, 宜寒食前後. 沙白地, 區長丈餘, 深闊各二尺, 少加爛牛糞, 與土相和平匀厚一尺. 揀肥長山藥, 上有芒刺者, 每定[52]折長三

로 고르게 덮어 준다. 가물 때에는 물을 주는데 너무 질퍽할 정도로 주어서는 안 된다. 인분을 사용해서는 안 된다. 모가 자란 후에 기다란 장대로[161] 시렁을 만들어 받쳐준다. 상강霜降이 지나 땅이 얼려고 할 때가 되면 뿌리를 파낸다. 그 외 노두蘆頭를[162] 별도로 움 속에 저장하여 이듬해 봄에 옮겨 심으려고 한다면, 그것이 얼어서 상하지 않도록 해야 한다.	四寸. 鱗次相挨, 臥於區內, 復以糞土, 勻覆五寸許. 旱則澆之, 亦不可太濕. 頗忌大糞. 苗長, 以高梢扶架. 霜降後, 比及地凍, 出之. 外將'蘆頭'另窖, 來春種之, 勿令凍損.

▌교 석(校釋)▌

51 '고습(苦濕)': 격본에는 '고습(苦濕)'으로 되어 있으며, 조선각본『사시찬요』의 원래 인용문과 일치한다. 전본에는 '태습(太濕)'이라고 되어 있는데, 석성한은 '태습'이 근대의 언어습관과 더 잘 부합하며, 노교, 유교, 전교에서 원본이 전본과 다르다는 의견이 제시되어 있지 않다는 것은 전본이 원본과 일치한다는 것이라고 한다.

52 '매정(每定)' 두 글자는 전본에는 없으나, 격본에는 보인다. '정(定)'자는 해석하기 힘들다.『농정전서』권27의 '산약(山葯)'조에 인용되어 있는 '매단(每段)'이 더 나은 듯하다.

161) 역자주 무계유 교석본에 의하면, 이때 가지는 가늘고 긴 장대로서, 고량의 줄기나 대나무의 가지 같은 것이고 나뭇가지는 아니라고 한다.

162) '노두(蘆頭)': 땅속의 두툼한 뿌리 부분에 난 가는 뿌리를 '노(蘆)'라고 하며, '노위(蘆葦)'와는 상관이 없다. 아마도 '노(艫)', '루(縷)' 등의 글자가 변해서 생긴 글자일 것이다. 역자주 무계유 교석본에 의하면 인삼, 더덕 등의 식물의 뿌리의 끝부분에는 극히 짧은 뿌리줄기가 있는데, 속칭 노 혹은 노두라고 하고, 형태에 따라서 이름을 달리 하여 '원로(圓蘆)', '죽절로(竹節蘆)'라고 하기도 한다.

지 황[163)]

『제민요술』[164)]: 지황을 파종하는 법: 모름지기 검고 좋은 땅을 먼저 5차례 잘 갈아준다. 3월 상순이 파종하기에 가장 좋은 시기이며, 중순이 다음이고 하순이 가장 좋지 않은 시기이다. 1무당 다섯 섬[石]의 뿌리를 파종[165)]한다. 3월 중순에 판 것을 곧장[166)] 쟁기질한 후, 이어서 파종한다. 4월 말에서 5월 초에 모가 다 자라 나온다. 8월 말에서 9월 초에는 뿌리가 길게 자라 염료로 쓸 수 있다.

만약 종자뿌리를 남기려고 하면 땅속에 남겨두고 캐지 않는다. 이듬해 3월에 다시 캐어 종자뿌리로 사용한다. 대략 1무에 지황 뿌리 30석을

地黃

『齊民要術』: 種地黃法: 須黑良田, 五徧細耕. 三月上旬爲上時, 中旬爲中時, 下旬爲下時. 一畝下種五石. 其種還用三月中掘取者, 逐犂後下之. 至四月末五月初, 生苗訖. 至八月盡, 九月初, 根成中染.

若須留爲種者, 卽在地中, 勿掘之. 待來年三月, 取之

---

163) 역자주 무계유 교석본에 의하면, 지황은 현삼(玄蔘)과로서 다년생 초본이며, 그 육질의 뿌리줄기는 황색의 염료로 사용되며 또한 약용으로도 사용한다고 한다.

164) '『제민요술(齊民要術)』': 지금은 『제민요술』 권5 「벌목제오십오(伐木第五十五)」의 뒷부분에 첨부된 '종지황법(種地黃法)'에 보인다. '지황(地黃)'은 당시 약재 또는 말려서 식용으로 쓰이는 것 외에 염료로도 요긴하게 쓰였다. 『사시찬요』 권4에 있는 「8월(八月)」편에는 '수지황법(收地黃法)'이 있는데, 내용은 '종법(種法)'이다. 인용한 『요술(要術)』은 『제민요술』이 아니라 아마도 왕민의 『산거요술』을 가리키는 듯하다.

165) 무계유는 이 '종(種)'은 뿌리를 파종하는 것으로 지황의 뿌리줄기를 말하며, 이하에도 동일하다고 교석하고 있다.

166) 역자주 무계유 교석본에 의하면, 환(還)은 '선(旋)'과 같으며, 뜻은 '즉용(卽用)'이다. 3월 중순에 파낸 지황의 뿌리는 '속즉(速卽)'의 의미를 내포하고 있다. 이 뿌리가 바로 다음 문장의 '3월에 다시 캐어 종자로 사용한다.'라고 하는 월동근이다. 왜냐하면 파서 종자로 삼는 것이 모두 3월이기 때문에, 상순은 역시 가장 좋은 파종기이기 때문에 반드시 신속하게 하며 늦추어서는 안 된다.

수확할 수 있다. 땅에 잡초가 있으면 김매기를 해주며, 김매는 횟수는 제한이 없다. 김맬 때는 날이 작은 호미를 별도로 제작해서 사용하며, 가는 흙이 싹의 중심부를 덮지 않도록 해야 한다.167)

爲種. 計一畝可收根三十石. 有草, 鋤, 不限徧數. 鋤時, 別作小刃鋤, 勿使細土覆心.

그 해 가을에 지황 수확을 마치고 이듬해에 다시 파종하지 않아도 그것이 저절로 자라난다.168) 오직 시간에 맞춰 김매기만 해준다. 이와 같이 하면 4년간은 다시 파종하지 않더라도 땅속에 남아 있는 묵은 뿌리에서 저절로 싹이 나오게 된다.

令秋收訖, 至來年更不須種, 自旅生也. 惟須鋤之. 如此, 得[53]四年不要種之, 皆[54]餘根自出矣.

▌교 석(校釋)▐

[53] '득(得)'자는 전본에는 누락되어 있으나, 격본과 『제민요술』 원문에는 보인다.
[54] '개(皆)'자는 전본에는 누락되어 있으나, 격본과 『제민요술』 원문에는 있다.

---

167) 역자주 마종신은 역주에서 "지황은 봄에 줄기와 잎이 나는데 줄기의 높이는 겨우 6 내지 7치[寸] 정도 자라기 때문에 김을 맬 때는 날이 작은 호미를 사용해야 할 뿐 아니라 흙이 모의 생장점을 덮지 않도록 주의해야 한다."라고 한다. 무계유 교석본에 의하면, '심(心)'은 떡잎의 중심부위를 가리킨다. 지황의 잎은 줄기의 중심부에서 무더기로 자라거나 뿌리 부분에서 지면에 가까운 곳에 총총하게 자라나기 때문에 중경제초할 때 흙이 쉽게 잎이나 줄기의 생장점을 덮게 된다. 이런 폐단을 피하기 위해서 요즘도 작은 호미로 세심하게 김매기를 한다고 한다.

168) '여생(旅生)': 식물을 재배할 때 한 번 파종을 한 후에 두 번째 생장 계절에는 인공적으로 파종을 하는 것이 아니라, 그 전에 남은 번식기관(종자, 숙근, 주아)에서 직접 발아하여 생장하게 하는 것을 '여생(旅生)'이라고 한다. '여생(稆生)' 또는 '여생(穭生)'은 모두 음을 기록한 것이거나 '루(屢)'자가 변한 것이다.[권5의 「호유(胡荽)」장에서 인용한 『제민요술』의 "6월에 계속해서 비가 내릴 때에도, 여러해살이풀은 어디에서나 찾을 수 있다.[六月連雨時, 穭生者, 亦尋滿地.]" 참고]. 역자주 무계유 교석본에 의하면, '여생'은 묵은 뿌리에서 저절로 자라는 것을 가리킨다. 그러나 지황은 해를 이어서 뿌리종자를 남기기 때문에, 쉽게 병충해를 입기 쉽다.

구기자[169]

枸杞

『박문록博聞錄』[170]: 구기자 심는 법: 가을과 겨울 사이에 종자를 거두어 깨끗이 일구고 씻어 볕에 말린다. 봄이 되면 부드럽게 간 땅에 5치[寸] 넓이의 이랑을 만든다. 팔뚝 크기로 묶은 짚단[171]을 이랑 속에 넣고, 짚단 위에 진흙을 발라서 종자를 파종하고, 가는 흙과 쇠똥을 섞어서 골고루 덮어둔다. 싹이 나오면 때맞춰 자주 물을 준다.

『博聞錄』: 種枸杞法: 秋冬間, 收子, 淨洗, 日乾. 春耕熟地作町, 闊五寸. 紐草稕如臂大, 置畦中, 以泥塗草稕上, 然後種子, 以細土及牛糞, 蓋令偏. 苗出, 頻水澆之.

또 꺾꽂이를 이용하여 번식할 수도 있다.

又可播種.

『무본신서』: 구기자는 원래 심었던 이랑에[172] 파종하는 것이 좋다. 잎은 채소로 먹을 수 있으며, 과일과 뿌리는 약으로 쓸 수 있다.[173]

『務本新書』: 枸杞宜故區畦種. 葉作菜食, 子、根入藥.

169) 역자주 무계유 교석본에 의하면, 구기자는 가지과[茄科]이며 낙엽관목이다. 10여 자 정도로 자라며 열매는 적색을 띠고 말랑말랑하며 계란형이면서 뾰족하고 콩보다는 약간 크다. 열매는 한약재로 쓰이고, 과육은 두껍고 알은 크며, 맛은 단맛이 나는 것이 좋다. 영하(寧夏)의 구기자 품질이 가장 좋으며, 중국의 구기자는 20여 개의 성에서 재배되고 있다고 한다.

170) '『박문록(博聞錄)』': 『박문록』을 살펴보면, 원래는 같은 종류의 책을 모아서 만든 유서(類書)로서, 본서에 인용되어 있는 이 조의 내용은 『사시찬요』 권5에 있는 「10월(十月)」편의 '수구기자(收枸杞子)'조의 앞부분 절반과 비슷하지만, 문장은 『사시찬요』에 비해 간략하다.

171) '준(稕)': 음은 dueu이며, 두꺼운 짚단이다.

172) 역자주 마종신은 '고구휴(故區畦)'는 원래 작물을 파종한 적이 있는 부드럽고 비옥한 땅이라고 역주하고 있다.

173) 역자주 무계유의 교석에는 구기자의 껍질을 약으로 쓸 때, 한약의 이름은 '지골피(地骨皮)'라고 한다.

○ 새로 덧붙이기: 가을에 잘 익은 종자를 거두어 봄이 되면 이랑을 만들어 파종하는데, 채소를 파종하는 방식과 동일하다.

新添: 秋收好子, 至春畦種, 如種菜法.

○ 다른 파종법: 3월중에 싹이 나올 때 일반적인 방법에 따라 옮겨 심는다. 삼복伏 중에 휘묻이를 해도 아주 무성하게 자라난다.

又: 三月中, 苗出時, 移栽如常法. 伏內壓條, 特爲滋茂.

○ 또 다른 방법 : 손가락 4~5개 정도 길이로 가지를 잘라, 습기가 많은 땅속에 묻어도 자라난다.[174]

一法: 截條長四五指許, 掩於濕土地中, 亦生.

국 화

菊花

『박문록』: 국화는 서쪽의 촉나라[蜀] 사람들이 가장 즐겨 심는다. 국화의 어린 싹은 차를 만들 수 있으며, 꽃과 종자는 약재로 쓰인다. 그러나 야생국화[野菊]는 설사를 유발한다. 오직 진국眞菊만이 사람의 수명연장에 도움을 준다.[175] 황색의 꽃

『博聞錄』: 菊, 蜀人多種之. 苗55可入茶, 花子入藥. 然野菊大能瀉人. 惟眞菊延年花.56 乃

174) 역자주 마종신은 역주에서 가지를 잘라서 습기가 많은 땅에 묻어서 옮겨 심는 것이 꺾꽂이와는 약간 다르다고 한다.

175) 역자주 야국과 진국: 무계유 교석본에는 야생국화는 고의(苦薏)라고도 한다. 꽃의 맛은 쓰며 일반적으로 외부 약으로 사용되어 내복약으로는 적당하지 않다. 이른바 진국은 집에서 파종하는 국화를 가리킨다고 한다. 마종신은 『본초강목』에서 소송의 이야기를 인용하여 "국화의 종류는 매우 많은데, 자색의 줄기, 향기, 잎이 두껍고 부드러운 것이 있으며, 연할 때는 식용으로 쓸 수 있고 꽃이 다소 크고 맛이 단 것을 진국(眞菊)이라 한다. 그 줄기가 푸르고 크며 잎이 가늘고 기운이 곧아 마치 쑥과 같아 꽃이 작고 맛이 쓴 것을 고의[野菊]라고 하며 진국은 아니다."라고 한다.

은 국화 본래의 색이며, 향기와 맛이 은은하고 순하며, 꽃과 잎은 물론 뿌리와 종자에 이르기까지 장생하는 약으로 사용한다. 국화의 성질은 곧고 강하며[176] 뭇 꽃과 동시에 피고지지 않는다. 이는 신선의 영적인 기운과 통하기 때문이다.

黃中之色, 氣、味、和正, 花、葉、根、實, 皆長生藥. 其性介烈, 不與百花同盛衰. 是以通仙靈也.

『무본신서』: 빈 땅에 옮겨 심는 것이 좋으며, 연수軟水[甛水]를 뿌려주어야 한다. 어린 싹은 채소로 먹을 수 있으며, 꽃은 약용으로 쓰인다. 3~4월에 뿌리를 흙이 달린 채로 파낸다.[177] 구덩이를 만들어서 거름과 물을 넣고 뒤섞어 진흙을 만든 뒤 국화를 갈라 나누어 심는다. 구덩이마다 1~2그루를 심으면, 얼마 안 있어 무성하게 자란다.

『務本新書』: 宜白地栽, 甛水澆. 苗作菜食, 花入藥用. 三四月, 帶根土掘出. 作區, 下糞, 水調成泥, 擘根分栽. 每區一二科. 後極滋茂.

▌교 석(校釋)▌

55 '묘(苗)': 민각, 절각에는 '황(黃)'자로 되어 있으나, 소각, 원본 및 격본에는 '묘(苗)'로 되어 있다.

56 '화(花)'자는 전본에는 누락되어 있으나, 격본에는 보인다.

---

176) 역자주 무계유는 '개열(介烈)'의 의미는 추위를 막고 서리를 맞아도 시들지 않는다는 것을 의미한다고 한다.

177) 역자주 마종신은 역주에서 "국화의 뿌리는 사방으로 뻗어나가 가을부터 수많은 촉이 자라나서, 이듬해 봄에 나누어 심을 수 있다. 국화의 촉은 생명력이 매우 강하여 흙이 달린 채로 심을 수도 있고 그렇지 않을 수도 있는데, 흙이 달리지 않아도 살아난다."라고 한다.

창 출[178]

蒼朮

『사시유요』[179]: 2월에 뿌리를 갈라 쪼개어 이랑에 심는다. 거름과 물을 주고, 1년이 지나면 이랑에 가득 자라난다. 싹은 채소로도 먹을 수 있다. 만약 이것으로 밀전蜜餞[180]을 만든다면 마땅히 많이 심어야 한다.

『四時類要』: 二月, 取根子劈破, 畦中種. 上糞下水, 一年卽稠. 苗亦可爲菜. 若作煎, 宜多種之.

황 정[181]

黃精

『사시유요』[182]: 2월에 잎이 마주보고 자란

『四時類要』: 二

178) 역자주 무계유 교석본에 의하면, 창출은 국화과이며 다년생 초본으로서 오늘날에는 모창출(茅蒼朮)과 북창출(北蒼朮)로 나누어진다. 뿌리와 줄기는 약용을 목적으로 생산하며, 본문 속에 '근자(根子)'라고 하는 것은 뿌리와 줄기를 가리키는 것이다. 이것은 봄철에 묵은 뿌리에서 여린 싹이 돋아나며 흰색의 털이 있고 식용할 수 있다. 줄기는 두세 자 정도 자라며 뿌리가 크게 되면 약재나 식용으로 쓸 수 있다고 한다.

179) '『사시유요(四時類要)』': 지금은 『사시찬요』 권2의 「2월(二月)」편에 보이며, 원 제목은 '종술(種術)'이다. 당시에는 '백술(白術)'과 '창술(蒼術)'의 구분이 없었다.

180) '전(煎)': 거성(去聲)으로 읽으며, 벌꿀과 함께 끓여 식물의 기관에 스며들게 하여 표피조직을 당분으로 채운 후, 서서히 수분을 증발시키면, 당분이 농축된다. 이렇게 만들어진 식품을 지금도 '밀전(蜜煎)'이라고는 한다. 다만 '전(煎)'자를 쓰지 않고 주로 '밀전(蜜餞)'으로 쓴다.

181) 역자주 무계유 교석본에 의하면, 백합과의 황정은 여러 종류가 있으며 잎에는 줄기의 한 마디에 세 개 이상의 잎이 윤형으로 나는 윤생과 잎이 서로 어긋맞게 나는 호생이 있는데, 여기서 말하는 것은 잎이 4~6 정도 달리는 윤생으로서 화북과 동북 등지에서 자라기 때문에 북황정(北黃精)이라고 부른다. 뿌리나 종자로 번식하는 다년생 초본이다. 줄기는 3자[尺] 정도 자라며 잎은 대나무 잎과 같지만 짧고 간혹 두 잎, 세 잎, 네다섯 잎이 마디를 마주보고 자란다고 한다.

것을 선택하는 것이[183] 가장 좋은 황정을 얻는 방법이다. 땅속줄기를 2치 정도로 쪼개어 듬성듬성 심는다. 1년이 지나면 무성하게 자라 매우 조밀하게 된다. 종자를 파종해도 좋다.[184] 잎은 아주 맛이 좋아 채소로 쓰인다. 땅속줄기는 조림을 할 수도 있다. 창술[朮]과 황정黃精은 모두 신선이 되기를 염원하는 선가仙家인들이 중히 여긴다.

月, 擇取葉相對生者, 是眞黃精. 擘長二寸許, 稀種之. 一年後, 甚稠. 種子亦得. 其葉甚美, 入菜用. 其根堪爲煎. 朮與黃精, 仙家所重.57

▌교 석 (校釋)▐

57 '중(重)': 민각, 절각에는 '종(種)'으로 새겨져 있으나, 소각과 격본에는 '중(重)'으로 되어 있다.

백 합[185]

百合

『사시유요』:[186] 2월에 백합을 파종한다.[187]

『四時類要』: 二

182) '『사시유요(四時類要)』': 지금은 『사시찬요』 권2의 「2월(二月)」편 '종황정(種黃精)'조에 보이며, 조선각본에는 '정(精)'이 '청(菁)'으로 되어 있다.

183) 역자주 마종신은 역주에서 "황정의 잎은 이시진의 설명에 의하면 '마디를 마주보고 자란다.'고 하는데, 이는 마디의 둘레에서 자란다는 의미이다."라고 한다.

184) 역자주 마종신은 황정의 열매는 검은색이며 둥글고 콩과 같으며, 그것으로써 유생번식을 할 수 있다고 역주하고 있다.

185) 역자주 Encyber 백과사전에 의하면, 주로 햇볕을 직접 쬐지 않는 숲이나 수목의 그늘 또는 북향의 서늘한 곳에서 자란다. 잎은 어긋나고 줄 모양이거나 바소꼴인데 때로는 돌려난다. 꽃은 크고 화피갈래조각은 6개로 떨어져 나며 내면에 밀구(蜜溝)가 있다. 수술은 6개이고 꽃밥은 T자형으로 달린다. 삭과는 납작한 종자이며, 종자의 수명은 보통 3년이다. 가을에 심는 구근초로 북반구의 온대에 70~100종이 있다. 특히 동아시아에는 종류가 풍부하며 아름다운 꽃이 피는 것이 많다. 옛날부터 세계 각지에서 진귀하게 여겨왔으며 개량하여 좋은 품종을 많이 길러냈다. 땅속의 비늘줄기는 채소로 쓴다.

이 식물은 특별히 닭똥 시비를 좋아한다.[188] 매 구덩이마다 깊이 5치로 파며, 마늘 심는 법과 동일하다.	月, 種百合. 此物尤宜雞糞. 每阬深五寸, 如種蒜法.
또 이르길 "(땅속 비늘줄기인) 뿌리를 햇볕에 말려 절구에 찧어 체에 쳐서 가루를 만들면, 사람에게 매우 이롭다."라고 한다.	又云, 取根曝乾, 擣爲麪, 細篩, 甚益人.

우 엉[189] | 牛蒡子

『사시유요』[190]: 비옥한 땅을 여러 차례 갈아 | 『四時類要』: 熟

186) '『사시유요(四時類要)』': 조선각본 『사시찬요』 권2 「2월(二月)」편의 '종백합(種百合)'조를 본서에 인용한 것과 비교해 보면, '심오촌(深五寸)' 아래에 "닭똥을 쌓고, 그 위에 백합꽃잎을 쌓는다.[著鷄糞, 糞上著百合瓣.]"가 있고, 뒤쪽에 "백합은 지렁이가 변한 것인데 닭똥을 좋아하다니 이해가 가지 않는다.[百合, 蚯蚓所化, 而反好鷄糞, 理不可知也.]"(안: 이것은 황당한 미신이다.)라는 주가 하나 더 있다. 지금 붙어 있는 주문은 『사시찬요』에서는 별도의 조로 쓰였는데 제목은 '백합면(百合面)'이다.

187) 역자주 마종신은 역주에서 흔히 백합은 통상 땅속의 비늘줄기로서 무성번식을 한다고 한다.

188) 역자주 무계유 교석본에 의하면, 『분문쇄쇄록(分門瑣碎錄)』에 이르기를 "닭똥을 … 백합에 시비하면 무성하게 자란다."라고 한다. 이것은 땅위의 밑동 줄기에서 작은 비늘줄기가 나오기 쉽게 하기 위한 것이지만, 구체적인 것은 알 수 없다.

189) 역자주 무계유 교석본에 의하면, 우엉은 국화과로서 두해살이의 대형 초본 식물이다. 종자로써 번식한다. 봄에 파종한 것은 이듬해 가을에 종자를 거두는데 이것을 일러 두 해 만에 거두는 씨[2년자(二年子)]라고 한다. 가을에 파종하여 제3년차에 씨를 거두는 것을 '3년자'라고 하며 2년자보다 좋다. 종자와 뿌리는 모두 약용으로 쓰인다. 마종신(馬宗申)의 역주에 의하면, 우엉은 4~5자 정도 자라며 잎이 크며 하트형으로서 긴 잎자루가 있으며 아래에는 하얀 털이 달려 있다. 뿌리줄기는 굵기가 2, 3치 되며 길이는 2자 정도이고 잎과 뿌리는 연하여서 모두 식용으로 쓸 수 있다고 한다.

깊고 평탄하게 골라 준다. 2월 말에 파종한다. 싹이 난 후에 김매기한다. 날이 가물면 바로 물을 준다. 8월 이후면 바로 뿌리를 캐서 먹을 수 있다. 만약 종자를 받으려 한다면, 뿌리를 이듬해까지 남겨두어야만 비로소 종자가 달린다.[191] 무릇 놀고 있는 땅에는 모두 파종할 수 있으며, 반드시 이랑에만 파종해야 하는 것은 아니다.

耕肥地, 令深、平. 二月末下子. 苗出後, 耘. 旱卽澆灌. 八月已後, 卽取根食. 若取子, 卽留[58]隔年, 方有子. 凡是閑地, 卽須種之, 不但畦種也.

『무본신서』: 우엉은 두해살이 뿌리이며 '서점자鼠粘子'[192]라고도 한다. 그 잎은 채소로 먹을 수 있으며, 눈이 밝아지고 기력을 보호하며 풍風을 없앤다. 오랫동안 먹으면 몸이 가벼워지고 노화를 방지한다.

『務本新書』: 牛蒡子, 宿根, 亦名'鼠黏子'. 葉作菜食, 明目、補中、去風. 久食, 輕身耐老.

▎교 석 (校釋) ▎

[58] '즉유(卽留)'자는 전본에는 있지만, 격본에는 '수유(須留)'라고 하며, 『사시찬요』에는 '즉수유각(卽須留却)'이라고 되어 있다.

---

190) '『사시유요(四時類要)』': 지금은 『사시찬요』 권2 「2월(二月)」편의 '종우방(種牛蒡)'조에 보인다.

191) 역자주 마종신의 역주에는 "첫해 봄에 파종하여 가을이 되면 묵은 뿌리가 장성한다. 땅속에 묵은 뿌리를 남겨두면 이듬해 봄에 싹이 나고 그루가 자라나 여름이 되면 꽃이 피고 열매를 맺는다."라고 한다.

192) 역자주 무계유 교석본에 의하면, 우엉열매의 총포[꽃대의 끝에서 꽃의 밑동을 싸고 있는 비늘 모양의 조각]는 동글고 총포의 끝은 가시가 달려 있어 다른 것들을 붙이기 용이하다. 그래서 서점자(鼠粘子)라고 한다. 가시가 많아서 송나라 소송의 『도경본초(圖經本草)』에는 "껍질이 밤과 같으며 작고 가시가 많아서 쥐가 지나가면 걸려서 벗어날 수가 없는 고로 이를 일러 서점자라고 한다."라고 하였다. 가시가 많기 때문에 우엉을 또 '악실(惡實)'이라고도 한다.

결 명[193] | 決明

『사시유요』[194]: 2월에 종자를 이랑에 파종하는데, 아욱 심는 방법과 같다. 잎이 자라면 곧 먹을 수 있다. 가을에 열매가 맺을 때까지 계속 먹을 수 있다. 만약 뒤의 센 잎을 싫어하면, 다시 한 번 그루터기 위에 종자를 파종해도 좋다. 만약 약용으로 쓰려면 마제[馬蹄][195]결명을 파종하는 것이 낫다.

『四時類要』: 二月, 取子畦種, 同葵法. 葉生便食. 直至秋間有子. 若嫌老, 番種亦得. 若入藥, 不如種馬蹄者.

『박문록』: 채소밭과 꽃밭의 주변에 결명을 많이 파종하는데, 그러면 뱀이 감히 들어오지 못한다.[196]

『博聞錄』: 園圃四旁, 宜多種, 蛇不敢入.

193) 역자주 무계유 교석본에 의하면, 결명은 두과 식물로서 긴 꼬투리열매가 달리며 종자는 각진 형이다. 또 마제결명이라고도 한다. 종자는 약으로도 쓰며 약용으로는 마제결명이 가장 좋으며, 본문에서 "마제를 파종하는 것만 못하다."라는 것은 이 종자를 두고 하는 말이다. 그 외에 강망(茳芒)결명도 있는데 약효는 비교적 적지만 떡잎은 먹을 수 있으며, 본문 중의 파종하여서 식용으로 할 수 있다고 한 것은 바로 이 종자를 두고 한 것이다. 결명에는 여러 종류가 있는데 대개 종자로 번식을 한다. 특히 초결명(草決明)이라는 것은 청상자(青葙子)라고도 한다. 약효는 결명과 비슷하며 별종에 속한다고 한다.

194) '『사시유요(四時類要)』': 지금은 『사시찬요』 권2 「2월(二月)」편의 '종결명(種決明)'조에 보인다.

195) '마제자(馬蹄者)': 결명자인 cossia tora를 가리킨다. 마종신의 역주본에는 "이시진이 이르기를 '결명에는 두 종류가 있는데, 하나는 마제결명이며 씨를 눈약에 넣으면 가장 좋다. 또 한 종은 망결명(강망결명을 잘못 표기한 듯)으로서 『구황본초(救荒本草)』에서 말하는 산편두(山扁豆)가 이것이다. 강망결명은 떡잎이 연하고 꽃과 꼬투리를 모두 먹을 수 있다. 마제결명은 떡잎과 꼬투리는 모두 써서 먹을 수 없다.'"(『본초강목』 권16 「결명」조)라고 소개하고 있다.

196) "뱀이 감히 들어오지 못한다.[蛇不敢入.]": 사실 여부에 대한 근거가 있는 것인지 매우 의심스럽다.

사탕수수	甘蔗
○ 새로 덧붙이기: 옮겨 심는 법: 거름을 준 비옥한 땅을 매년 봄에 4차례 정도 거듭 갈이하는데, 갈이하는 횟수는 많을수록 좋다. 묵은 그루터기와 잡초를 쓰레질하여 땅을 깨끗하고 부드럽게 만들고, 생토生土[197]를 갈아엎어서는 안 된다.	新添: 栽種法: 用肥壯糞地, 每歲春間, 耕轉四徧, 耕多更好. 耰去柴草, 使地淨熟, 蓋下土頭.
대도大都[198]와 같은 기후에서는 3월에 파종하는 것이 적합하며, 남쪽지역은 날씨가 무덥기 때문에 2월에 파종하는 것이 좋다.	如大都天氣, 宜三月內下種, 迤南暄熱, 二月內亦得.
'옮겨 심을 묘목'[199]은 5치 전후로 마디가 있게 잘라야 하며, 매 그루에는 2~3마디가 있어야 하고, 마디 위에서 싹이 난다. 이랑은 한 자 넓이로 하고, 파종하는 곳은 흙을 북돋아 약간 높게 하고 그 양쪽은 낮게 한다. 5치 간격으로 평평하게 눕혀서 하나씩 심는다. 그 위에 2치 두께로 흙을 덮는다. 옮겨 심는 것이 끝나면 물을 이랑 주위로 뿌려주며, 물이 충분히 스며들게 하고, 옮겨 심은 가지를 덮은 흙이 물에 잠겨서는 안 된다.	每'栽子'一箇, 截長五寸許有節者, 中須帶三兩節, 發芽於節上. 畦寬一尺, 下種處, 微壅土高, 兩邊低下. 相離五寸, 臥栽一根. 覆土厚二寸. 栽畢, 用水澆澆, 止

197) 역자주 무계유 교석본에 의하면, '토두(土頭)'는 흙덩이를 가리킨다고 한다. 이것은 경작할 때 정경세작을 하여 토양을 부드럽게 해서, 흙덩이가 지지 않게 하는 것을 말한다. 이에 대해서 마종신의 역주에는 무계유와는 달리 토두를 생토라고 하며, 생토를 뒤엎어서 작물의 생장에 영향을 주지 않도록 해야 한다고 말하고 있다.

198) '대도(大都)': 원나라 초기에는 북경(北京)을 '대도(大都)'라고 했다.

199) 역자주 무계유는 교석에서 '재자(栽子)'는 짧게 자른 사탕수수의 종자를 가리키며 오늘날의 종묘라고 말한다. 사탕수수의 줄기에는 마디마다 한 개의 싹이 난다고 한다.

날이 가물면 2～3일에 한 번 물을 준다. 만약 비가 고르게 내리면 10일 간격으로 한 번 물을 준다. 사탕수수가 2자 정도 자라게 되면 부지런히 물을 두루 뿌려주어야 한다.[200] 잡초가 많으면 김매기를 해준다. 꽃이 핀 후 열매가 맺히지 않더라도, 9월이 되어 서리가 내리게 되면 사탕수수 대를 맛보아서 달고 새콤하면 이미 성숙한 것이고, 맛이 쓴 것은 아직 성숙하지 않은 것이다.[201] 성숙한 것은 뿌리 가까이를 베어서 흔히 하는 대로 즉시 졸인다. 이외 '옮겨 심을' 사탕수수 대[稭稈]를 남기려면 끝 부분의 쓸데없는 가지를 잘라낸다. 깊은 구덩이를 파고 구덩이 바닥에 마른 풀을 깐다. 수숫대를 세워서 구덩이 속에 저장한다. 구덩이 위에는 나무판을 덮고, 그 위에 흙을 덮어, 바람이 통해서 수수대의 묘목이 얼어 죽지 않게 해야 한다. 이듬해 봄이 되어 시간에 맞추어 구덩이 속에서 꺼내어 위에서 했던 방법과 같이 옮겨 심을 수숫대를 자른다.

令濕潤根脉, 無致渰沒栽封.

旱則三二日澆一徧. 如雨水調勻, 每一十日澆一徧. 其苗高二尺餘, 頻用水廣澆之. 荒則鋤耘. 並不開花結子, 直至九月霜後, 品嘗稭稈, 酸甛者, 成熟, 味苦者未成熟. 將成熟者, 附根刈倒, 依法卽便煎熬外. 將所留'栽子'稭稈, 斬去虛梢. 深撅掘窖院, 窖底用草襯藉. 將稭稈竪立收藏, 於上用板蓋, 土覆之, 毋令透風及凍損. 直至來春, 依時出窖, 截栽如前法.

200) 역자주 마종신은 사탕수수는 생장기에 물의 요구량이 크며 가장 적합한 토양의 함수량은 30%에 달한다고 역주하고 있다.

201) 역자주 마종신의 역주에는, "여기서 말하는 성숙과 미성숙은 모두 가공에 필요한 성숙도이며 생리적인 성숙도를 말하는 것은 아니다. 위에서 말하는 것은 꽃피고 열매 맺는 것을 기다리지 않아도 된다."라고 한다.

일반적으로 옮겨 심을 때는 윗부분을 잘라 파종용으로 사용한다. 통통하고 즙이 많은 아랫부분을 잘라 졸여서 사탕沙糖을 만드는 데 사용한다. 만약 아랫부분의 통통한 부분을 파종하면 더욱 좋다.

大抵栽種者, 多用上半截, 儘堪作種. 其下截肥好者, 留熬沙糖. 若用肥好者作種, 尤佳.

○ 사탕 졸이는 법: 만약 베어낸 사탕수수대가 방치된 채로 10여 일이 지나면 졸이기에 적합하지 않다. 갓 베어낸 사탕수수대는 가지와 잎을 잘라내고, 2치 정도 크기로 절단하여 방아로 찧는다. 촘촘한 광주리나 베주머니에 담아 눌러 즙을 짜낸다. 즉시 구리 솥에 넣고 즙의 양을 헤아려서, 약한 불과 센 불로 달인다. 솥은 칸막이를 쳐서 칸막이 밖에 아궁이를 두어 연기가 솥에 닿지 못하게 한다. 한 사람이 별도로 불꽃을 살펴서 달인 점도가 검은 대추처럼 되면 불꽃색이 적당한 것이다.

煎熬法: 若刈倒放十許日, 卽不中煎熬. 將初刈倒稭稈, 去梢葉, 截長二寸, 碓擣碎. 用密筐或布袋盛頓, 壓擠取汁. 卽用銅鍋, 內斟酌多寡, 以文武火煎熬. 其鍋, 隔牆安置, 牆外燒火, 無令烟火近鍋. 專一令人看視, 熬至稠粘似黑棗, 合色.

동이[瓦盆] 밑바닥에 젓가락 끝 크기의 구멍 한 개를 뚫고, 동이 아래 쪽에 한 개의 항아리를 붙여 놓는다. 졸인 사탕의 즙은 표주박으로 동이에 부어 넣는다. 아주 좋은 것은 동이 속에서 걸러져 항아리 속으로 흘러들어가며, 오직 음료용으로 사용한다. 좋은 것은 바로 구멍[竅眼]난 동이에 넣고, 혹은 항아리 속에 넣어도 좋다. 덮개로 덮어 준다.[202] 먹을 때 편하게 꺼낼 수 있다. 열을 받으

用瓦盆一隻, 底上鑽箸頭大竅眼一個, 盆下用甕承接. 將熬成汁, 用瓢豁於盆內. 極好者澄於盆, 流於甕內者, 止可調渴水飲用. 將好者, 就

면 쉽게 녹기 때문에 뜨거운 구들[炕] 위에 놓지 않도록 조심해야 한다.

用有竅眼盆盛頓, 或倒在瓦罌內亦可. 以物覆蓋之. 食則從便. 愼勿置於熱炕上, 恐熱開化.

대개 사탕을 졸일 때는 아랫부분의 통통한 사탕수수대를 잘라서 사용하면, 당도가 높고 사탕의 양이 많다. 만약 윗부분도 함께 잘라 사용한다면 그것도 괜찮다.

大抵煎熬者, 止取下截肥好者, 有力糖多. 若連上截用之, 亦得.

율 무[203]

薏苡

○ 새로 덧붙이기: 9월에 서리가 내린 뒤 종자를 거둔다. 이듬해 3월 중순에 땅을 갈면서 쟁기의 뒤쪽에서 바로 종자를 고랑에 점파한다.[204]

新添: 九月霜後收子. 至來年三月中, 隨耕地於壟內

202) 역자주 무계유 교석본에 의하면, 이 방법은 사탕을 분리하는 방법으로서 항아리 속에 흘러내린 것을 잡질이 많은 사탕 꿀물로 보고 있다. 이 부분은 전후의 맥락으로 보아 따르기 곤란하다.

203) 역자주 무계유 교석본에 의하면, 억의(薏苡)는 화본과 초본식물로서 그 씨를 억의라고 이름하며 약용으로 사용한다. 종자로 번식을 하며 대개 봄에 파종하는데 여름에 파종하기도 한다. 마종신의 역주본에 의하면 억의는 억미(薏米), 수옥미(水玉米)라고도 부르며 1년생 혹은 다년생 초본이다. 종자에는 당, 지방, 단백질, 아미노산 등의 성분이 풍부하다. 죽을 끓이거나 빵을 만들 수 있고 술을 담글 수 있으며 약재로도 사용된다고 한다.

204) 역자주 마종신의 역주에 의하면, 옛날의 농촌에는 누거(耬車)를 이용해서 파종한 것 이외에 쟁기로써 고랑을 타서 점파하거나 산파하는 것 역시 널리 사용된 파종 방법이라고 한다.

그런 후에 끌개[耮]로 흙을 평평하게 골라 준다. 밭 가운데 풀이 자라면 김매준다.

點種. 撈蓋令平. 有草則鋤.

인동꽃[205]

藤花

○ 새로 덧붙이기: 춘분春分을 전후하여 옮겨 심는다. 만약 덩굴이 길게 자라날 때는 나무를 심어서 덩굴을 받쳐 주어야, 인동꽃이 무성하게 핀다. 맑은 날을 틈타 꽃을 따서 바로 말려 눅눅해져 손상되지 않도록 한다. 꽃을 거두어 잘 보관하면 음식물의 소[餡][206]를 만들어 먹을 수 있다.

新添: 春分前後移栽. 長時, 宜靠樹架起, 其花茂盛. 採時天晴便曬乾, 不致浥損. 收藏, 可爲素餡食之.

---

205) 역자주 무계유 교석본에 의하면, 등화는 금은등화(金銀藤花)라고 한다. 금은등(金銀藤)은 바로 인동(忍冬)과이고 다년생 초질 덩굴 식물인 인동이다. 그 꽃은 먼저 흰 꽃이 피고 뒤이어서 누런 꽃이 핀다. 황색과 백색이 서로 조화를 이루기 때문에 별칭하여 '금은화' 또는 '금은등화'라고 한다. 열을 내리고 해독하는 약효가 있으며 종자로써 번식을 하거나 그루를 나누어서 이식하기도 한다. 주로 산비탈에서 생장하면서 나무 위로 감아 올라가거나 나무에 붙어서 덩굴을 뻗어 통풍과 채광을 받는 데 유리했다고 한다. 마종신의 역주에서는 『본초강목』에 기록되어 있는 등나무의 종류는 매우 많아서 이 등나무 꽃이 어떤 등나무인지는 알 수 없다고 한다. 그리고 『본초강목』, 『식물학사전』 등의 책에는 모두 '등화'라는 이름은 보이지 않는다. 무계유가 등화를 인동화라고 지적하고 있는 것으로 미루어 이 견해에 따르고자 한다.

206) 역자주 마종신은 역주에서 소함(素餡)이 만두의 소인지는 알 수 없다고 한다. 통상 '금은화'는 채소로 먹을 수 있는 것이 매우 드물다. 그러나 『농정전서』 권53 구황본초 중에는 '금은화'를 딴다고 기록되어 있으며 식용으로 사용했다고도 한다. 따라서 이른바 소함(素餡)은 결코 맛있는 음식이 아니었음을 알 수 있다.

박 하[207] | 薄荷

○ 새로 덧붙이기: 도처에 보이며,[208] 옮겨 심을 수도 있다. 겨울이 지나도 땅속줄기[209]는 죽지 않는다. 잎을 따서 먹을 수 있으며, 줄기[210]는 약용으로 쓴다.

新添: 諸處多見移栽. 經冬, 根不死. 採葉可食, 本入藥用.

양귀비 어미라고도 한다.[211] | 罌粟 一名御米 59

『사시유요』[212]: 양귀비: 양귀비는 특히 산비탈에 잘 자라며, 또 밭이랑에도 파종한다.

『四時類要』: 罌粟: 尤宜山坡, 亦

207) 역자주 마종신 역주본에 의하면, 박하는 순형과(脣形科)로서 박하속(薄荷屬)에 해당한다. 다년생 초본으로서 땅속줄기가 있으며 매우 무성하게 번식하고 특유의 향이 난다고 한다.

208) 역자주 원각본에는 "제처다가(諸處多可)"를 "제처다견(諸處多見)"이라고 하고 이어서 '이재(移栽)'라는 두 글자를 붙여서 읽고 있다. 두 가지 구독 방법의 의미는 같지 않다. 원각본에는 이 부분을 "여러 곳에서 옮겨 심는 것을 볼 수 있다." 라고 해석하고 있지만 여기서는 전본에 따라 해석하였다.

209) 역자주 마종신의 역주본에 의하면, '근(根)'은 여기서는 땅속줄기를 뜻하며 땅속에서 월동하여 2월에 싹을 틔운다고 한다.

210) 역자주 마종신의 역주본에 의하면, "본(本)은 『본초강목』을 살피건대 박하의 줄기와 잎은 모두 약용으로 쓰이지만 '근[根(本)]'은 약용으로 쓰이지 않았다. 따라서 '본(本)'은 줄기로 해석한다."라고 하였다.

211) 역자주 무계유 교석본에 의하면, 앵속은 앵속과로서 2년생 초본식물로 '앵자속(罌子粟)'이라고 한다. 옛날에는 관상용으로 사용되었다. 훗날에는 점차 그 연한 잎을 먹는 것을 알게 되었으며, 종자 또한 식용으로 사용했고 종자의 껍질은 약용으로 사용했다. 과일의 껍질을 갈라 즙을 내어 아편담배를 만든 것은 명대 후기의 일이라고 한다.

212) '『사시유요(四時類要)』': 지금은 『사시찬요』 권4의 「8월(八月)」편 '앵속(罌粟)'조에 보인다. 앵속이라는 명칭은 당나라 진장기(陳藏器)의 『본초습유(本草拾遺)』[『중수정화증류도경본초(重修政和證類圖經本草)』 권26에 인용]에서 최초

可畦種.

『박문록』: 9월 9일에 파종하거나 혹은 중추절 밤에 파종하면 앵귀비의 열매가 더욱 크며, 그 속에 씨 또한 매우 가득 차게 된다.[213] 파종이 끝나면 대빗자루로써 한번 쓸어준다.

『博聞錄』: 重九日種, 又中秋夜種, 則罌大子滿. 種訖, 以竹箒掃之.

| 교 석 (校釋) |

59 '앵속(罌粟)': 격본에는 제목 아래에 '일명어미(一名御米)'라는 작은 주가 있으나, 전본에는 없다.

거여목[214]

苜蓿

『제민요술』[215]: 땅은 갈이가 잘 된 좋은 땅이

『齊民要術』: 地

로 보이며, 당시에는 화훼로 감상하는 것 외에도 씨에 있는 기름을 식용으로 사용하였다. 예전에는 이것이 아편의 원료라는 것을 몰랐다. 마종신의 역주본에 의하면 앵귀비가 중국으로 유입된 것은 대개 당대(唐代)라고 한다.

213) 역자주 마종신의 역주본에 의하면, 앵귀비의 열매가 익으면 약 한 치 정도 크기의 항아리 모양을 띠게 된다. 그 모양은 배 부분은 크고 주둥이는 작은 항아리[罌]와 같아서 앵자라고 이름을 붙였다. 그 속에는 많은 씨가 들어 있으며, 야채씨처럼 매우 작으며 회백색이거나 갈색을 띠고 있고 먹을 수도 있고 기름을 짜서 약용으로 쓸 수도 있다고 한다.

214) 역자주 무계유 교석본에 의하면, 콩과의 거여목은 자색 꽃과 황색 꽃의 두 종류가 있다고 한다. 여기서는 자색꽃의 거여목을 가리키며 비교적 가뭄과 추위에 잘 견뎌 북방에서 재배하기에 적합하다. 현재 북방에서는 재배해서 녹비나 목초로 사용하고 있다. 『제민요술』과 『사시유요』의 기록에 의하면 자색 거여목의 다년생은 채소와 사료로는 사용되었으나 녹비로는 사용하지는 않았다. 황색 꽃의 거여목은 일명 남목숙(南苜蓿)으로, 남경 사람들은 모제두(母薺頭)라고 하였는데, '모'란 묵은 뿌리에서 싹이 난다는 것을 말하며 '제'는 연한 싹의 맛이 좋아 제와 같다고 하여 일컫는 말이다. 비교적 습기에 강하지만 추위에는 약하여 남쪽에서 대량으로 재배하고 있다.

어야 한다. 7월에 파종한다. 이랑을 만들고 파종을 하고 물주는 방법은 부추[韭]를 파종하는 방법과 동일하다. 매번 한 차례 베어내면 그 위에 한 차례 거름을 주어야 하며, 쇠써레[鐵杷]로 흙을 부드럽게 하고 다시 물을 준다.

宜良熟. 七月種之. 畦種水澆, 一如韭法. 亦一剪一上糞, 鐵耙耬土令起, 然後下水.

1년에 3번 베어낸다. 종자를 남길 경우는 한 차례 베어내고 더 이상 베어서는 안 된다. 봄이 된 이후에는 날것으로 먹을 수 있으며, 국을 끓여도 매우 맛이 좋다. 크게 자란 이후에는 말 먹이로도 쓰이며, 말이 특히 이것을 좋아한다. 이 같은 식물은 오래 살기 때문에 파종하는 사람은 한 번 수고하면 해마다 수확할 수 있다. 도시 근교에서 파종하기에 적합하다.

一年三刈. 留子者, 一刈則止. 春初既中生噉, 爲羹甚香. 長宜飼馬, 馬尤嗜之. 此物長生, 種者一勞永逸. 都邑負郭, 所宜種之.

○ 최식崔寔이 이르길, 7월, 8월에 거여목을 파종한다고 하였다.

崔寔曰, 七月、八月, 可種苜蓿.

『사시유요』[216]: 거여목[苜蓿]은 만약 이랑에 파종하지 않는다면 밀[217]과 섞어서 함께 파종해도 무방하다.

『四時類要』: 苜蓿, 若不作畦種, 卽和麥種之不妨.

○ '거여목 심은 곳 불태우기': 불태울 땅은

'燒苜蓿': 之地, ⓚ

215) '『제민요술(齊民要術)』': 인용문은 『제민요술』 권3 「종목숙제이십구(種苜蓿第二十九)」에 보인다.

216) '『사시유요(四時類要)』': 첫째 조는 지금은 『사시찬요』 권4 「8월(八月)」편에 보인다. 원문 뒤에 '일시숙(一時熟)'이라는 구절이 있다. 둘째 조는 권5의 「12월(十二月)」편에 보이는데, 조선각본의 마지막 단락에는 "6월 이후에 말에게 먹여서는 안 된다. 말이 거미줄을 먹고 토하는 등 말을 상하게 했다.[六月已後, 勿用餵馬, 馬吃着蛛網, 吐水損馬.]"는 몇 구절이 더 있다. 본서의 인용문에는 없는데, 없는 것이 더 낫다.

217) 역자주 마종신의 역주본에 의하면, 이 방식은 섬서지역 농민들이 널리 사용하는 방식이다. 거여목이 처음 싹이 자라서 여린 잎일 때는 겨울철에 밀의 싹이 보호하여 생장이 비교적 왕성해진다. 이듬해 밀을 수확하고 나서 거여목만 밭 가운데 남아도 스스로 무성하게 자라난다고 한다.

마땅히 12월에 불 지르기를 끝내야 한다. 2년에 한 번 이랑 밖의 덩굴뿌리를 갈아서 절단하게 되면, 거여목은 죽지 않고 계속 자란다. 무릇 봄에 거여목을 먹거나 혹은 말린 채소로 만들어서 먹으면, 사람의 몸에 아주 이롭다.[218]

十二月燒之訖. 二年一度耕壟外根, 卽不衰. 凡苜蓿, 春食作乾菜, 至益人.

농상집요 제6권

農桑輯要卷第六

교 안(校案)

ⓚ '지지(之地)': 『사시찬요』에는 원래 '목숙지(苜蓿地)'로 되어 있으나, 본서의 격본, 전본에는 모두 '지지(之地)'로 되어 있어 해석하기가 꽤 어렵다. 원래 자료에서는 습관에 따라 '첩첩(〻〻)[219]' 또는 '첩(〻)'으로 '목숙(苜蓿)' 두 글자가 다시 있어야 한다는 표시로 썼는데, 잘못 보고 '지(之)'자로 쓴 듯하다.

218) 역자주 마종신의 역주본에 의하면, 거여목은 단백질이 풍부하고 봄철의 여린 싹은 채소로 이용하면 매우 신선하여 농민은 늘 채소를 따서 내다 팔았다. 그러나 초봄이 지난 후에는 먹기에 적합하지 않다고 한다.

219) 중복을 나타내는 첩(〻)과 비슷한 글자이다.

농상집요 역주 | 권7

A Translated Annotation of the
Agricultural Manual "Nongsangjipyo" | No. 7

가축 번식시키기[孳畜] 1

말·소 기르기 총론

『제민요술』[1]: 소에게 쟁기를 끌게 하고 말에게 사람을 태우게 하는 것은 반드시 그들의 능력을 헤아려서 사용해야 한다. 날씨가 차거나 따뜻한 정도에 따라서 사료를 먹이고, 물을 마시는 것 또한 그들의 습성에 적합해야 한다. 이와 같이 한다면 그들이 살찌고 번식할 수 없는 경우는 결코 없을 것이다. 농언에 이르기를, "여윈 소와 허약한 말은 한식寒食을 넘기지 못한다."라고 하였다. (왜냐하면 겨울철에) 사료가 부족하기 때문에 가축이 수척해지고 약해져서 봄이 되면 반드시 죽게 된다. 적당히 조절하고 배불리 먹이는 데 힘쓰는 것 외에는 없다.

養馬牛總論

『齊民要術』: 服牛乘馬, 量其力能. 寒、溫、飮、飼, 適其天性. 如不肥充蕃息者, 未之有也. 諺曰, "羸牛劣馬寒食下." 言其乏食瘦瘠, 春中必死. 務在充飽調適而已.

교 석(校釋)

1 전본의 제목 아래에는 '금어급세용잡사부(禽魚及歲用雜事附)'라는 여덟 글자의 주가 있다. 권5의 '황과(黃瓜)'조의 전본에서 첨가한 주로 봤을 때, 전본의 목록 역시 『영락대전』에서 베낀 것으로(권5 참조), 이 주도 『영락대전』을 베낀 것일 수 있다. 격본에는 이 주가 없으며, '금어(禽魚)'와 '세용잡사

---

1) '『제민요술(齊民要術)』': 이 절은 지금은 『제민요술』 권6의 '양우마려라제오십육(養牛馬驢騾第五十六)'편 처음에 보인다.

(歲用雜事)'의 격본에는 '자축(孳畜)'과 동급의 제목으로 되어 있으므로, 이렇게 설명할 필요가 없다. 뒷부분은 이미 격본에 따라 보충하여 수정했으니, 이 작은 주는 삭제해야 한다.

말 나귀 · 노새를 덧붙임

『제민요술』[2]: '(가축에게) 사료를 주고 마시게 하는 방법'으로 사료를 먹이는 데는 '삼추三芻'가 있고, 마시는 데는 '삼시三時'가 있다. 이것[三芻]은 무엇을 말하는가? 첫째는 '거친 사료'이고, 둘째는 '일반 사료', 셋째는 '부드러운 사료'이다. 이 말은 가축이 배가 고플 때 거친 사료를 먹이고, 이미 배가 불렀을 때는 부드러운 사료를 주어 계속 먹게 한다. 항상 배불리 먹이면 살찌지 않을 수 없다. 풀을 너무 거칠게 썰게 되면, 비록 콩이나 곡물을 충분히 준다고 할지라도 가축은 살찌지 않는다. 풀을 잘게 썰되 긴 마디가 생기지 않도록 하고, 흙을 체질한 이후에 먹이면 곧 말이 살찌고 또한 목에 걸리지 않게 된다. 이같이 사료를 먹이는 방법은 아주 좋은 것이다.

무엇을 삼시三時라고 하는 것인가? 첫째, 아침에 마시는 물은 적어야 하고, 둘째, 낮에 마시는 것은 절제 있게[胸饜水][3] 마시게 하고, 세 번째 저

馬 驢騾附

『齊民要術』: '飮飼之節', 食有'三芻', 飮有'三時'. 何謂也. 一曰'惡芻', 二曰'中芻', 三曰'善芻'. 謂飢時與惡芻, 飽食與善芻, 引之令食. 食常飽, 則無不肥. 剉草麁, 雖足豆穀, 亦不肥充. 細剉, 無節, 簁去土而食之者, 令馬肥, 不𠯗. 如此喂飼, 自然好也.

何謂三時. 一曰, 朝飮少之, 二曰, 晝飮則胸饜水, 三

---

2) '『제민요술(齊民要術)』': 본장의 인용문은 '치우마역기방(治牛馬疫氣方)'까지이며, 『제민요술』 권6 「양우마려라제오십육(養牛馬驢騾第五十六)」에 보인다.

3) 역자주 무계유 역주본에 의하면 물을 마시는 데 있어서 절제가 있게 해야 한다고 하지만, 그에 반해 혹자는 흉염수(胸饜水)의 염(饜)의 음은 염(厭)이고, 뜻은 배부름이라고 한다. 그리고 그 뜻은 낮에 말에게 한껏 물을 마시게 한다는 것이다.

녁에 마시는 것은 양껏 마시게 한다. 다른 한 견해는 여름에 땀이 나고 겨울에 추울 때는 모두 적게 마셔야 한다고 한다. 농언에 이르기를 "아침에 말을 타고 달리는 것은 곡식의 힘이고, 낮에 달리는 것은 물의 힘이다."라고 하였다. 이 말은 아침에는 물을 적게 마시게 해야 한다는 말이다. 매일 물과 사료를 먹인 다음에 말을 달리게 하면[4] 곧 물이 소모되는데, 단지 몇 백보(步)만 빨리 달리게 해도 효과를 알 수 있다. 열흘에 한 번 야외에 방목하여 자유롭게 뛰어놀게 하여[5] 몸을 쭉 펴게 하면 말이 튼튼해진다.

나귀와 노새를 기르는 방법은 말과 비슷하므로 다시 따로 조항을 만들어 언급하지 않는다.

무릇 갓 태어난 나귀와 망아지는 화로재의 기운[灰氣]을 매우 꺼려하는데 화로에서 새로 꺼낸 재가 몸에 닿으면 번번이 죽는다. 비가 와서 재가 씻기면 죽지 않는다.

무릇 돼지 구유[槽]를 사용하여 말에게 사료를 주거나, 석회를 말구유에 바르거나, 땀 흘리는 말을 문에 묶어 두면 말이 유산할 수 있다. 술(術)[6]에 이르길, 항상 미후(獼猴)를 마구간[馬房]에 매어두면 말이 두려워하지 않아 나쁜 기운을 물리쳐 모든 병을 없앨 수 있다고 한다.

曰, 暮極飮之. 一曰, 夏汗冬寒, 皆當節飮. 諺曰: "旦起騎穀, 日中騎水." 斯言旦飮, 須節水也. 每飮食, 令行驟, 則消水, 小驟數百步, 亦佳. 十日一放, 令其陸梁舒展, 令馬硬實也.

驢、騾大槩類馬, 不復別起條端.

凡驢、馬駒初生, 忌灰氣, 遇新出爐者, 輒死. 經雨卽不死.ⓐ

凡以豬槽餵馬, 以石灰泥馬槽, 汗ⓑ繫著門, 皆令馬落駒. 術曰, 常繫獼猴於馬房,ⓒ 令馬下畏, 辟

그런 까닭으로 "일중기수(日中騎水)"라는 속담이 있다. 문장의 흐름으로 미루어 무계유의 해석이 타당할 듯하다.

4) 역자주 무계유 역주본에 의하면, 『제민요술』에는 '령(令)'으로 되어 있으며, 전본(殿本)에는 '물(勿)'로 되어 있는데, '물'은 잘못이라고 한다.

5) 역자주 무계유 교석본에 의하면, '육양(陸梁)'은 자유롭게 달린다는 의미라고 한다.

6) 역자주 무계유 역주본에 의하면, 『제민요술』에서 인용하는 『술(術)』이라는 책은 여러 종류가 있는데, 『사광점술(師曠占術)』, 『회남술(淮南術)』, 『회남만필술(淮南萬畢術)』, 『도주공술(陶朱公術)』 등이 있다. 하지만 이곳에서 인용한 술은 어떤 책인지 알 수 없다고 한다.

惡, 消百病也.

○ 말: 말은 오래 달리면 힘줄에 무리가 나타나 근로筋勞가 생긴다. 힘줄에 무리가 생기면 말발굽에 통증을 일으킨다. 오래 서 있으면 골로骨勞가 발생한다. 골로가 발생하면 옹종癰腫[7]이 발생한다. 오래도록 흘린 땀이 마르지 않으면 피로皮勞가 생긴다. 피로가 생긴 말은 구르고자 해도 흙을 떨치지 못한다. 땀이 마르지 않았을 때 물을 먹이고 먹이를 주면 기로氣勞가 생긴다. 기로의 증상은 말이 흙에 구르면서도 숨을 내쉬지 못하는 것이다. 무절제하게 말을 채찍질하여 빨리 달리게 하면 혈로血勞가 생긴다. 혈로의 증상은 어지러이 뛰어나가거나 달리는 것 등이다.

馬: 久步, 卽生筋勞. 筋勞則生蹄[d]痛. 久立則發骨勞. 骨勞則發癰腫. 久汗不乾, 則生皮勞. 皮勞者, 騙而不振. 汗未燥而飲飼之, 則生氣勞. 氣勞者, 騙[e]而不噴. 驅馳無節, 則生血勞. 血勞則發强行.

어떻게 말의 오로五勞를 관찰할 수 있을까? 종일 말을 타고 달린 뒤에 잠시 풀어 놓고 살펴본다. 말이 땅 위에 구르지 않는 경우는 근로이다. 땅에 구르다가 불시에 일어나는 경우는 골로骨勞이다. 일어나긴 하되 흙을 떨쳐내지 못하는 것은 피로이다. 흙을 떨치고 일어나더라도 울음을 울지 못하는 것은 기로이다. 울음을 운 뒤에 오줌을 누지 못하는 것은 혈로이다.

何以察五勞. 終日馳驅, 舍而視之. 不騙者, 筋勞也. 騙而不時起者, 骨勞也. 起而不振者, 皮勞也. 振而不噴者, 氣勞也. 噴而不溺者, 血努也.

근로인 경우에는 앞과 뒤의 다리를 양쪽으로

筋勞者, 兩絆,

7) 역자주 기혈(氣血)이 사독(邪毒)을 받아 옹색(壅塞)하여 통하지 않음으로써 국부적으로 일어나는 종창(腫脹)의 증상이다.[한국 전통지식 포탈](http://www.koreantk.com/JZ0100.jsp) 본장의 전통의약부분의 약재나 병증의 용어설명은 [한국 전통지식 포탈]을 참고했으며, 식물, 채소 및 생활용구 등에 대한 간단한 설명은 주로 [국립국어원](http://www.korean.go.kr/09_new/index.jsp) 사전을 참고했지만 일일이 밝히지 않았음을 알려둔다.

나누어 묶어 일으키고 30보를 뒷걸음질 치게 한다. 골로인 경우에는 사람을 시켜 끌어 일으키거나 뒤에서 볼기를 쳐서 일어나게 한다. 피로인 경우에는 말 잔등의 양측을 손으로 문질러 열이 나게 한다. 기로인 경우에는 잠시 말구유 근처에 매어두지 말고 구유에서 약간 떨어진 곳에 묶어두면 말이 풀을 먹고자 하여 숨을 내뿜는다. 혈로의 경우는 높이 묶어 놓고 물이나 먹이를 주지 않으면 크게 오줌을 누고 나서 좋아진다.

소말[牛馬]의 전염병[疫氣]을 치료하는 처방: 수달[獺]의 똥을 가져다가 끓여 먹인다. 만약 수달의 고기와 간을 사용할 수 있다면 더욱 좋고, 고기와 간을 구할 수 없으면 똥을 써도 된다.

『사시유요四時類要』[8]: 3월은 용구龍駒[9]를 얻을 수 있는 종자 교배의 시기이다. 나귀와 말의 암컷[牝]과 수컷[牡]을 교배시키는 것은 이 달 3일이 가장 좋다. 「월령月令」에 따르면 3월에 마땅히 노새, 소, 나귀, 말의 교배를 시켜야 하는데, 마구간 속의 암컷을 수컷 무리 속으로 풀어 놓아 교배하게 한다. 5월 이후에는 풀어 놓은 암컷들을 따로 무리 짓게 하고 수컷들은 줄로 잡아매어 둔다.

却行三十步而已. 骨勞者, 令人牽之起, 從後笞之, 起而已. 皮勞者, 夾脊摩之, 熱而已. 氣勞者, 緩繫之櫪上, 遠餧草, 噴而已. 血勞者, 高繫無飮食之, 大溺, 而已.

治牛馬疫氣方: 取獺屎, 煮灌之. 獺肉及肝彌良, 不能得肉肝, 乃用屎耳.

『四時類要』: [2] 三月, 收合龍駒. 合驢馬之牝牡, 此月三日[f]爲上. 準「令」,[3] 季春之月, 乃合騾、牛、驢、馬,[4] 遊牝於牡.[g] 仲夏之月, 遊牝別羣, 則縶騰駒.

8) '사시유요(四時類要)': 서명 아래부터 '치마식조내초결방(治馬食槽內草結方)'의 끝까지는 지금 조선각본『사시찬요』 권2 「3월(三月)」편에 보인다.

9) 역자주 『진서(晉書)』 「육운전(陸雲傳)」에 의하면 용구봉추(龍駒鳳雛)는 '뛰어난 망아지와 봉황의 새끼'를 지칭하는 것으로, 재주와 지혜가 뛰어난 소년을 이른다.

○ 말의 후종喉腫[10]을 치료하는 방법: 삼끈 등으로 칼을 감은 다음 칼끝이 1치 정도만 나오게 하여 말의 인후咽喉를 찔러 터뜨리면 곧 낫게 된다.

治馬喉腫方: 以物纏刀子, 露刃鋒一寸許, 刺咽喉, 潰則愈.

○ 또다른 처방: 마른 말똥을 구해 병 속에 넣고, 머리카락으로 그 윗부분에 덮는다. 불로 말똥과 머리카락을 태워 병 입구에서 연기가 나오면 이를 말코의 아래에 댄다. 연기가 콧구멍 속에 들어가면 순식간에 낫게 된다.

又方:**5** 取乾馬糞置瓶子中, 頭髮覆之. 火燒馬糞及髮, 煙出, 著馬鼻. 熏令煙入鼻中, 須臾卽差.

○ 또 다른 방법: 돼지 등뼈 아래에서 뽑은 기름과 【웅황雄黃[11]】, 헝클어진 머리카락[亂髮]을 불에 태워 그 연기를 말의 코에 쐬게 하는 것은 위의 방법과 동일하다.

又方: 豬脊引脂, 【雄黃】 亂髮, 燒煙熏鼻, 同上法.

○ 또 말의 똥이 단단하고, 열이 나며, 자고 일어나 몸서리를 치며[戰][12] 물과 풀을 먹지 않을 때 치료하는 방법: 황련黃連[13] 2량 찧은 가루, 백선피白鮮皮[14] 1량 찧은 가루, 기름 5홉[合], 돼지비계 4량 잘

又療馬結熱、起臥、戰、不食水草方: 黃連二兩 杵末, 白鮮皮一兩 杵末,**6**

10) 역자주 후종은 인후가 붓고 아프면서 말소리가 나오지 않는 증상이다.

11) 역자주 웅황은 온천침전물, 변질산물(특히 계관석) 또는 열수맥(熱水脈) 내의 저온 산물로서 산출되는 투명한 황색의 황화비소이다. '난발' 위에 전본에는 웅황이라는 글자가 있지만 원각대자본과 『찬요』에는 이런 글자가 보이지 않는다.

12) 역자주 무계유본에 의하면, '전(戰)'은 『찬요』에는 원래 '한전(寒戰)'으로 되어 있는데, 곧 추위를 두려워하여 전율한다는 뜻이라고 한다. 전본에는 '한(寒)'의 글자가 없다.

13) 역자주 황련의 뿌리는 가슴이 답답하고 잠을 자지 못하는 데나 구토, 설사 따위에 쓴다.

14) 역자주 가을에 백선(白鮮) 뿌리의 겉껍질을 벗겨 햇볕에 말린 것을 백선피(白鮮皮)라고 하는데, 한방에서 해독, 황달, 강심제로 사용한다.

게 썬다. 위의 것들을 모두 온수溫水 1되 반에 넣고 약을 고루 배합하여 먹인다. 끌고 가서 울타리 안에 넣어 두고 똥을 누게 하면 곧 낫는다.	油五合、豬脂四兩細切. 右以溫水一升半, 和藥調停, 灌下. 牽行抛糞, 卽愈.
○ 말의 옴[疥]을 치료하는 방법: 납월에 취황臭黃[15] 과 머리카락을 돼지기름에 지져 머리카락이 녹아 없어지게 한 뒤 뜨거울 때 붙이면 바로 효과를 볼 수 있다.	馬疥方: 臭黃,**7** 頭髮, 臘月豬脂煎令髮消, 及熱塗, 立効.
○ 물로 인해 말에게 생긴 병[16]을 치료하는 방법: 파, 소금, 기름을 한데 섞어 버무려서 단자團子로 만들어 말의 코 안에 넣는다. 손으로 말의 코를 막아 공기가 통하지 않도록 한다. 조금만 지나면 말의 눈에서 눈물이 나오면서 바로 멎는다.	馬傷水: 用葱、鹽、油相和, 搓成團子, 內鼻中. 以手掩**8**馬鼻, 令不通氣. 良久, 待眼淚出, 卽止.
○ 사료로 인해 말이 상한 것을 치료하는 방법: 3~5개의 생무[生蘿蔔]를 얇게 썰어 말에게 먹인다. 즉시 효과가 있다.	馬傷料: 用生蘿蔔三五箇, 切作片子, 啖之. 効.
○ 말이 갑자기 열이 나서 복창腹脹[17]이 생기거나 일어서고 눕는 것이 편안하지 않고, 마치 죽으려 하는 것 같을 때의 치료 방법: 쪽[藍] 즙 두 되를 냉수 두 되와 섞어 먹인다. 바로 효과가 있다.	馬猝熱、腹脹、起臥欲死方: 藍汁二升, 和冷水二升, 灌之. 立効.
○ 새로 태어난 작은 망아지의 설사를 치료	治新生小駒子

15) 역자주 석성한 교주본에는 다음 부분에 "『제민요술』에는 웅황(雄黃)이라 한다.[按齊民要術作雄黃.]"라는 소주가 보인다.

16) 역자주 『유사추간고석(流沙墜簡考釋)』「방기류(方技類)」에 의하면, 가축이 입으로 물 마시는 것에 절제가 없어서 병이 난 생긴 것이라고 한다.

17) 역자주 수창(水脹)이라고도 하며 신장병(腎臟病)으로 몸이 붓는 병(病)이다.

하는 방법: 고본藁本[18] 가루 3전비錢匕[19]와 삼씨를 간 즙을 섞어서 먹인다. 약즙이 목구멍으로 들어가게 하면 곧 약효를 볼 수 있다. 그 다음에 황련黃連 가루와 대마의 즙을 사용하여 약 성분이 잘 퍼지게 해 준다.

○ 나귀와 말이 비벼서 터진 종기를 치료하는 방법: 쇠비름[馬齒菜]과 석회를 함께 찧어서 덩어리를 만든다. 햇볕에 말린 후에 다시 가늘게 빻고 체질하여 가루를 거둔다. 먼저 입에 머금었던 소금물을 사용하여 종기를 깨끗이 씻어주고 나서 약가루를 그 위에 붙여 준다. 효험이 있다.

○ 항상 말에게 먹이는 약: 울금鬱金[20]·대황大黃[21]·감초甘草·산치자山梔子·패모貝母[22]·백약자白藥子·황약자黃藥子[23]·황금黃芩[24]·관동화款冬花[25]·진구秦艽[26]·황벽黃蘗[27]·황련黃連·지

瀉肚方: 藁本末三錢匕, 9 大麻子研汁, 調灌. 下咽喉, 便效. 次以黃連末大麻汁解之.

驢馬磨打破瘡: 馬齒菜、石灰, 一處擣爲團. 曬乾後, 再擣羅爲末. 先口含鹽漿水, 洗淨, 用藥末貼之. 驗.

常啖馬藥: 鬱金、大黃、甘草、山梔子、貝母、白藥子、黃藥子、黃芩、款

18) 역자주 산형과(傘形科)의 여러해살이풀. 줄기는 높이가 60~80cm이며, 8~9월에 작고 흰 꽃이 겹산형 꽃차례로 줄기 끝에 핀다. 타원형의 열매를 맺으며 뿌리는 약용한다. 산에서 주로 나며 한반도 각지에 분포한다. 진통·진경제로서 외감(外感)으로 인한 두통, 요통 및 외과 약으로 쓴다.

19) 역자주 고대 약 가루를 재는 단위명칭이다.

20) 역자주 열대 아시아에 자생하는 다년초의 근경으로, 치자 대신 황색 염색에 쓰이며 건위제로 이용되기도 하는 생강과 여러해살이풀이다.

21) 역자주 여뀟과의 여러해살이풀로서 꽃은 7~8월에 피고, 뿌리는 약용한다. 만주, 몽골 등지에서 자란다.

22) 역자주 백합과의 여러해살이풀로서 5월에 자주색의 종 모양 꽃이 줄기 끝에 피고 열매는 삭과(蒴果)로 6개의 날개가 있다. 관상용이고 약용한다. 한국의 함경도와 중국 등지에 분포한다.

23) 역자주 마과에 속하며 괴경이라고 하고 해독의 효능이 있으며 토혈, 후두염, 임파선종, 창옹 등의 치료에도 이용한다.

24) 역자주 꿀풀과의 여러해살이풀로서 7~8월에 자줏빛 꽃이 피고 뿌리는 약용하며, 산지(山地)에서 자라는데 한국, 중국 등지에 분포하고 있다.

모知母[28]·도라지[桔梗]·고본藁本이다. 이상의 15가지 약은 모두 같은 중량을 한곳에 모아 가늘게 빻고 체질하여 가루로 만든다. 말 1필당 한 번 먹이는 약 가루는 2량 정도로 하고, 또 기름, 꿀, 돼지기름, 달걀, 그 밖에 약간의 밥을 사용하여 함께 먹인다. 먹인 다음에는 물을 먹게 해서는 안 되고, 한밤중에 다시 한 번 더 먹인다.

冬花、秦艽、黃蘗、黃連、知母、桔梗、藁本. 右件一十五味, 各等分, 同擣羅爲末. 每一疋馬, 每啖藥末二兩許, 仍用油、蜜、豬脂、雞子、 飯食少許, 同和調, 啖之. 啖後不得飲水, 至夜喂飼.

○ 말의 기를 다스리는 약의 처방: 청귤피青橘皮·당귀當歸·계심桂心[29]·대황大黃·작약芍藥·목통木通[30]·욱리인郁李仁[31]·구맥瞿麥[32]·백지白芷[33]·견우자牽牛子[34] 등 이상의 10가지 약

馬氣藥方: 青橘皮、當歸、桂心、大黃、芍藥、木通、郁李仁、瞿麥、白

25) 역자주 말린 머위의 꽃봉오리를 한방에서 이르는 말로서 기침, 가래, 숨이 찬 데에 쓰인다.

26) 역자주 '진구(秦艽)'는 진조(秦爪)라고도 하며, 미나리아재빗과의 여러해살이 풀로서 뿌리는 약용한다.

27) 역자주 운향과(芸香科: Rutaceae)에 속하는 낙엽교목으로 껍질과 열매는 장티푸스·콜레라·토혈·임질·당뇨의 치료에 쓰이며, 황벽이라는 이름은 내피가 노란 색이기 때문에 붙여졌다.

28) 역자주 백합과의 여러해살이풀로서, 늦봄에 자줏빛 꽃이 두세 개씩 피고 관상용으로 재배한다. 한국의 황해도, 일본 등지에 분포한다.

29) 역자주 허한증, 종기(腫氣) 따위의 한약재(韓藥材)로 쓰이는 계피의 겉데기를 깎고 남은 속의 얇은 부분이다.

30) 역자주 으름덩굴의 줄기를 말린 것으로 성질이 차고 오줌을 잘 누게 하는 작용이 있다.

31) 역자주 산매실, 소이인(小李仁)이라고 하며 낙엽 관목으로 껍질은 회갈색이고 소변이 잘 나오지 않을 때 쓴다. [Baidu 百科](http://baike.baidu.com).

32) 역자주 패랭이꽃을 한방에서 이르는 말로서 임질 치료에 쓴다.

33) 역자주 구릿대의 뿌리로서 감기로 인한 두통이나 종기의 외과 약으로도 쓴다.

재를 모두 같은 중량으로 한곳에 모아 빻아서 체질하여 가루를 만든다. 데운 술에 타서 먹인다. 말 1필당 반량의 약 가루를 사용한다.

芷、牽牛子, 右件十味, 各等分, 同擣羅爲末. 用溫酒調灌. 每疋馬, 藥末半兩.

○ 말 눈에 넣는 안약: 청염青鹽・황련黃連・마아초馬牙硝[35]・유인蕤仁[36] 등 이상 4종류의 약을 모두 같은 중량으로 한곳에 모아서 갈아 고운 가루를 만들고, 꿀에 넣어 졸이고 나서 사기병에 가득 담아 저장한다. 말의 눈에 넣을 때 수시로 사용하는데 일정한 분량을 우물물에 넣어 녹여서 말 눈에 떨어뜨린다.

點馬眼藥: 青鹽、黃連、馬牙硝、蕤仁, 右件四味, 各等分, 同硏爲末, 用蜜煎, 入瓷瓶子盛. 或點時, 旋取少許, 以井水浸化, 點.

○ 말이 갑자기 일어났다 누웠다 할 때의 처방: 벽에 발린 오래된 석회를 떼어내어 곱게 빻고 체질한 다음, 2량 정도를 술에 타서 먹인다. 즉시 효험을 본다.

治馬急起臥: 取壁上多年石灰, 細杵, 羅, 用酒調二兩, 用水灌之. 立効.

○ '말의 식도'에 얹힌 내용물을 내려가게 하는 처방: 좋은 백반白礬 가루 1량을 두 번에 나누어 먹인다. 매 첩貼마다 마시는 물에 타서 말이 마시게 한다. 2~3번이 지나지 않아서 얹힌 내용물이 식도에서 해소된다. 이 방법은 신비한 효험이 있다.

治馬'食槽'內草結方: 好白礬末一兩, 分爲二服. 每貼, 和飮水後啖之. 不過三兩度, 卽內消却. 此法神驗.

『박문록博聞錄』에서 말하는 말의 지라[脾]가

『博聞錄』: 馬傷

34) 역자주 나팔꽃의 씨를 한방에서 이르는 말로서 그 씨는 맛이 쓰고 성질이 차며 대소변을 통하게 한다.

35) 역자주 박초(朴硝)를 두 번 달여서 만든 약재로서 변비 치료에 쓴다.

36) 역자주 장미과 식물로 간에 좋고 눈을 밝게 하는 데 쓴다.

상했을 때의 처방: 천후박川厚朴[37]의 거친 껍질을 벗겨 낸 후 갈아서 고운 가루를 만들어 생강[薑]・대추[棗]와 함께 달여서 마시게 한다. 무릇 지라와 위가 상하여[38] 물과 풀을 먹지 않고 입술이 올라가 웃는 것 같고, 콧구멍 속의 숨이 가빠지면 신속하게 이 약을 먹여야 한다.

○ 말의 심열心熱에 대한 처방: 감초・망초芒硝[39]・황벽・대황・산치자・과루瓜蔞[40]를 가루로 만들어 물에 타서 마시게 한다. 무릇 말은 심장心臟과 폐가 막혀 열이 나면 입과 코로 피를 흘리고, 펄쩍펄쩍 뛰어오르면서 답답해하는데 이때 재빨리 이 약을 먹여야 한다.

○ 말의 폐독肺毒을 치료하는 법: 천문동天門

脾方: 川厚朴, 去麤皮爲末, 同薑、棗煎灌. 應脾胃有傷, 不食水草, 褰唇似笑, 鼻中氣短, 宜速與此藥.

馬心熱方: 甘草、芒硝、黃檗、大黃、山梔子、瓜蔞爲末, 水調灌. 應心肺壅熱, 口鼻流血, 跳躑煩燥, 宜急與此藥.

馬肺毒方: 天門

---

37) 역자주 목란과(木蘭科) 식물로 후박(厚朴: Magnolia officinalis Rehd. Et Wils.)의 말린 줄기와 껍질 및 뿌리를 가리킨다.[Hudong百科](http://www.hudong.com).

38) '응(應)': 『편민도찬』 권14에 인용되어 있는 이 방법은 '응(應)'자가 '일응(一應)'으로 되어 있다. '응(應)'자를 살펴보면, '우연히 만나다'로 해석할 수 있다. 당나라와 송나라의 조례(條例) 문서들에는 '범(凡)'자의 용법으로 써서 조건 제시 및 상호 대응하는 방법을 총괄하는 글자의 역할을 했다. 송, 원나라 때의 사람인 주밀(周密)의 『제동야어(齊東野語)』 권6의 「소흥어부서화식(紹興御府書畫式)」에는 여러 조가 병렬되어 있으며, 모두 '응(應)'자로 시작한다. 명나라 때에 이르러서는 모든 조의 시작문구에 '일(一)'자를 썼으며(『농정전서』에서 인용한 조례들이 대부분 이런 형식이다.), '응(應)'자 위에도 일률적으로 '일응(一應)'을 중복해서 써서 '모든'이라는 뜻으로 해석됐다. 『박문록』에는 남송시대의 습관대로 '응(應)'자만 있고, '일응(一應)'은 쓰지 않았다.

39) 역자주 망초는 박초(朴硝)를 두 번 달여서 만든 약재이다. 맛은 짜고 쓰며 성질은 찬데, 실열(實熱)로 인한 변비·적취(積聚) 따위에 쓴다.

40) 역자주 하눌-타리로서 박과의 여러해살이 덩굴풀이다. 7~8월에 자주색 꽃이 잎겨드랑이에 피고 열매는 공 모양으로 누렇게 익는다. 과육은 화장품 재료로 쓰고 덩이뿌리와 씨는 약용한다. 한국과 중국 등지에 분포한다.(국립국어원 제공자료)

冬[41]・지모知母・패모貝母・자소紫蘇[42]・망초・황금黃芩・감초甘草・박하잎[薄荷葉]을 함께 찧어 만든 가루에 약간의 식초를 떨어뜨려 밥물에 타서 먹인다. 폐독으로 인하여 열이 몹시 나는 것을 치료하려면 콧구멍 바깥 부분에 물을 뿌려 주면 된다.

○ 말의 간기肝氣가 막혔을 때의 처방: 박초朴硝・황련을 갈아서 고운 가루로 만들어 남자 머리카락을 태운 재와 함께 장수漿水[43]에 타서 먹인다. 무릇 사기邪氣가 간에 부딪히면 눈의 모양이 잠자는 것 같고 갑자기 어지러워하면서 넘어지는데 이 처방이 모두 적용된다.

○ 경련을 일으키는 말의 콩팥을 다스리는 처방: 오약烏藥[44]・작약・당귀・현삼玄參・산인진山茵蔯[45]・백지白芷・산약山藥・행인杏仁・진구秦艽를 (함께 빻아 가루로 만들고) 매번 1량씩 복용

冬、知母、貝母、紫蘇、芒硝、黃芩、甘草、薄荷葉, 同末, 飯湯、入少許醋, 調灌. 療肺毒熱極, 鼻中噴水.

馬肝壅方: 朴硝、黃連, 爲末, 男子頭髮, 燒灰存性, 漿水調灌. 應邪氣衝肝, 眼目 10 似睡, 忽然眩倒, 此方主之.

馬腎搐方: 烏藥、芍藥、當歸、玄參、山茵蔯、白芷、山藥、杏仁、秦艽,

---

41) 역자주 백합과(百合科: Liliaceae)에 속하는 다년생초로서 바닷가 근처에서 자란다. 열매는 둥글고 뿌리줄기가 짧고 뿌리가 길게 뻗으며 열매가 붉은색으로 거담제, 진해제, 양정제, 보신제, 이뇨제, 강장제로 사용하며 토혈(吐血), 폐렴에도 쓴다.

42) 역자주 차조기의 잎으로 성질(性質)이 온(溫)하여 땀을 내며 속을 조화(調和)시키는 약이다.

43) 역자주 좁쌀죽을 끓여서 삭힌 물을 말한다. 일설에는 좁쌀죽을 끓여서 그 위에 뜬 맑은 물을 말한다고 한다.

44) 역자주 녹나뭇과의 상록 관목으로 말린 천태오약의 덩이뿌리를 말한다. 기를 잘 통하게 하고 한사(寒寫)를 없애며 신장(腎臟)과 방광을 따뜻하게 하여 심복통(心腹痛), 각기(脚氣), 소변의 치료에 쓴다.

45) 역자주 인진쑥이라고 하며 국화과에 속하는 다년생 풀로서 생당쑥의 전초를 말린 것이다. 각지의 산기슭과 길섶, 들에서 자란다. 여름철 꽃이 피기 전에 전초를 베어 그늘에서 말린다. 맛은 쓰고 매우며 성질은 차다. 방광경, 비경, 위경에 작용한다. 열을 내리고 습을 없애며 소변이 잘 나오게 한다.

하는데 술 큰 1되와 함께 달여서 따뜻할 때 먹인다. 하루걸러 한 차례 더 먹인다.

每服一兩, 酒一大升同煎, 溫灌. 隔日再灌.

○ 말의 천식[氣喘][46]을 치료하는 처방: 현삼玄參·정력葶藶[47]·승마升麻[48]·우방牛蒡[49]·두령兜苓[50]·황기黃耆·지모知母·패모貝母를 함께 갈아 가루로 만든다. 매번 2량씩 먹이는데 장수漿水에 타서 풀을 먹인 뒤에 마시게 한다. 무릇 호흡곤란과 기침을 모두 치료할 수 있다.

馬氣喘方: 玄參、葶藶、升麻、牛蒡、[11]兜苓、黃耆、知母、貝母, 同爲末. 每服二兩, 漿水調, 草後灌之. 應喘嗽皆治.

○ 말의 피오줌[血尿]을 치료하는 처방: 황기·오약烏藥·작약·산인진·지황地黃·두령兜零·비파나무 잎[枇杷葉]을 갈아서 가루로 만들고, 장수漿水를 달여 끓어오르면 식은 후에 타서 먹인다. 갑자기 열을 받아 피오줌을 누는 경우에는 모두 이 처방을 사용하여 치료할 수 있다.

馬尿血方: 黃蓍、烏藥、芍藥、山茵蔯、地黃、兜零、枇杷葉, 爲末, 漿水煎沸, 候冷, 調灌. 應卒[12]熱, 尿血, 皆主療之.

○ 말의 목구멍에 종기가 났을 때의 처방: 나청螺青·천궁川芎·지모·천울금川鬱金[51]·우방 볶은 것·박하薄荷·패모를 함께 갈아서 가루로 만

馬喉腫方: 螺青、川芎、知母、川鬱金、牛蒡炒、薄荷、

---

46) 역자주 가슴이 불룩하여 몹시 답답하고 숨이 차서 헐떡거리며 목구멍에서 가래 소리가 나는 증상(症狀)이다.

47) 역자주 다닥냉이이다.

48) 역자주 승마. 왜승마의 뿌리이다.

49) 역자주 우엉. 해열(解熱)과 통경(通經) 등의 약제(藥劑)로 쓰인다.

50) 역자주 쥐방울덩굴. 쥐방울덩굴과의 여러해살이 식물이다.

51) 역자주 생강과(Zingiberaceae) 식물인 강황(薑黃, Curcuma longa Linné)의 덩이뿌리를 그대로 또는 주피를 제거하고 쪄서 말린 것이다.

든다. 매번 이것 2량과 벌꿀 2량을 먹이는데 장수漿水를 끓여 따뜻할 때 섞어서 먹인다.

貝母, 同爲末. 每服二兩, 蜜二兩, 漿水煎沸, 候溫, 調灌.

○ 말의 오줌이 막혔을 때 치료하는 처방: 활석滑石·박초朴硝·목통木通·차전자車前子[52]를 함께 갈아서 가루로 만든다. 매번 1량씩 먹이는데 따뜻한 물에 타서 먹인다. 간격을 두고 다시 한 번 더 먹인다. 오줌 막힌 것이 심할 때는 산치자山梔子·적작약赤芍藥을 (위에서 제시한 각종 약과) 함께 갈아서 가루로 만든다.

馬結尿方: 滑石、朴硝、木通、車前子, 爲末. 每服一兩, 溫水調灌. 隔時再服. 結甚, 則加山梔子、赤芍藥同末.

○ 말의 똥이 막힌 것을 치료하는 처방: 조각皁角[53] 태운 재를 대황大黃·지각枳殼[54]·마자인麻子仁[55]·황련·후박厚朴과 함께 갈아 고운 가루로 만들어 맑은 쌀뜨물에 타서 먹인다. 만약 직장이 뒤집힌 것[56]을 발견하면, 만형자蔓荊子[57]의 고운 가루를 더 보태어 함께 타 먹인다.

馬結糞方: 皁角燒灰存性, 同大黃、枳殼、麻子仁、黃連、厚朴爲末, 淸米泔調灌. 若傷突, 加蔓荊子末同調.

○ 말의 혀가 굳었을 때 치료하는 처방: 관동화款冬花·구맥瞿麥·산치자山梔子·지선초地仙草[58]·청대青黛[59]·붕사硼砂[60]·박초朴硝[61]·유

馬舌硬方: 款冬花、瞿麥、山梔子、地仙草、青黛、硼

52) 역자주 질경이 씨다.

53) 역자주 조협(皁莢) 쥐엄나무의 열매를 말린 한약재이다.

54) 역자주 탱자를 썰어 말린 약재이다.

55) 역자주 삼씨 속알갱이다.

56) '상돌(傷突)': 『편민도찬』 권14에 이 방법이 인용되어 있으며, '상(傷)'자를 '장(腸)'으로 했는데, 이것이 더 낫다. '장돌(腸突)'은 직장이 뒤집힌 것이다.

57) 역자주 순비기나무의 열매이다.

58) 역자주 짚신나물로서 장미과(薔薇科)에 속하는 다년생초이다. 산이나 들에서 흔히 자라고 이른 봄에 어린잎을 캐서 나물로 먹으며, 구충제·수렴제(收斂劑)로 쓰고, 이가 아플 때도 쓴다.

연묵油煙墨[62)]을 각각 같은 분량으로 찧어서 고운 가루로 만든다. 매번 반량 전후로 말 혀 위에 붙여 두면 즉시 차도가 있다.	砂、朴硝、油煙墨, 等分爲細末. 每用半兩許, 塗舌上, 立差.
○ 말의 흉격통[膈痛]을 치료하는 처방: 강활羌活[63)]·백약白藥·참외씨[甛瓜子]·당귀當歸·몰약沒藥[64)]·작약芍藥을 가루로 만드는데, 봄과 여름에는 장수漿水에 꿀을 타서 먹이며, 가을, 겨울에는 소변에 타서 먹인다. 격통을 치료하는 데 머리를 숙이는 것이 힘들면 풀을 먹이지 않는다.	馬膈痛方: 羌活、白藥、甛瓜子、當歸、沒藥、芍藥, 爲末, 春夏漿水加蜜, 秋冬小便調. 療膈痛, 低頭難, 不食草.
○ 말이 거품을 흘릴 때 치료하는 처방: 당귀·창포菖蒲·백출白朮[65)]·택사澤瀉[66)]·적석지	馬流沫方: 當歸、菖蒲、白朮、澤瀉、

59) 역자주 쪽을 가공하여 만든 약재이다. 열독(熱毒)으로 인한 발반(發斑)과 각종 출혈증, 어린아이의 경풍(驚風) 따위에 쓴다.

60) 역자주 천연붕사(tincal)로서 사붕산 나트륨 10수화물($Na_2B_4O_7 \cdot 10H_2O$)이다. 연하고 가벼운 무색의 결정성 물질이다. 붕사는 요업에서는 도자기에 바르는 유약, 야금술(冶金術)에서는 금속 산화물의 슬래그를 제거하는 용매로 쓰이고, 용접(鎔接) 또는 납땜할 때 사용되는 융제(融劑), 비료첨가제, 비누보조제, 소독제, 구강세정액, 수질연화제 등 여러 분야에 사용된다.[브리태니커 백과사전](http://www.britannica.co.kr).

61) 역자주 초석(硝石)을 한 번 구워서 만든 약재(藥材), 이뇨제(利尿劑)로 쓰인다.

62) 역자주 유연기름, 관솔 따위를 불완전(不完全) 연소(燃燒)시킬 때 생기는 검은색의 미세(微細)한 탄소(炭素) 가루를 아교(阿膠)로 굳혀서 만든 먹이다.[doopepia](http://www.doopedia.co.kr/index.do).

63) 역자주 산형과의 두해살이풀 또는 여러해살이풀로서 열매는 타원형이다. 도라지와 비슷한 뿌리는 한방에서 해열제와 진통제로 쓴다.

64) 역자주 감람과의 소교목으로 잎은 겹잎이고 꽃잎은 네 장이며 열매는 핵과(核果)이다.

65) 역자주 삽주의 덩이줄기를 말린 약재로서 맛은 달고 쓰며 성질은 따뜻한데, 비기를 보호하고 입맛을 돕고 음식물의 소화를 도우며 이뇨 작용을 한다.

66) 역자주 택사과의 여러해살이풀로서 7~8월에 흰 꽃이 총상(總狀) 꽃차례로 피고 열매는 수과(瘦果)를 맺는다. 뿌리는 약용하고 늪이나 얕은 물에서 자란다.

赤石脂[67]·지각·후박·감초를 합쳐서 갈아 고운 가루로 만든다. 매번 1량 반 정도의 양을 먹이는데 술 1되, 총백葱白[68] 3쪽을 물에 넣어 함께 달여 따뜻할 때 먹인다.	赤石脂、枳殼、厚朴、甘草, 爲末. 每一兩半, 酒一升, 葱白三握, 同水煎, 溫灌.
○ 말발굽의 상처를 치료하는 처방: 대황大黃, 오령지五靈脂,[69] 기름을 짜낸 목별자木鼈子,[70] 해동피海桐皮,[71] 감초, 토황土黃,[72] 운대자蕓薹子,[73] 백개자白芥子[74]를 갈아서 고운 가루로 만들고, 기장쌀로 만든 묽은 죽에 타서 약처럼 배합한 다음 비단 위에 발라서 다친 말의 발굽 위를 감싸 준다.	馬傷蹄方: 大黃、五靈脂、木鼈子去油、海桐皮、甘草、土黃、蕓薹子、白芥子, 爲末, 黃米粥調藥, 攤帛上裹之.

교 석(校釋)

2 '『사시유요(四時類要)』': 전본에서 이 절의 인용문은 본편의 첫 번째 조인「양마우총론(養馬牛總論)」에서 인용한『제민요술』뒤에 있는데, 격본에는 두 번째 조인 '마(馬)'에서 인용한『제민요술』뒤에 있다. 내용으로 봤을 때,『사시찬요』의 이 절에는 확실히 '우(牛)'자가 있는데, 이는「양마우총론(養馬牛總論)」이라는 제목의 '우(牛)'자와 맞아떨어진다. 하지만 이 절의 실질적

67) 역자주 중국의 지난[濟南] 등지에서 나는 붉은색의 규산염 광물로서 지사, 지혈 작용이 있어 설사나 위장 출혈, 위궤양 따위에 약으로 쓴다.

68) 역자주 파의 밑동을 한방에서 이르는 말로 감기로 인한 오한, 발열 따위에 쓴다.

69) 역자주 산박쥐의 똥이다.

70) 역자주 항염증(抗炎症), 해독약(解毒藥)으로서 옹종(擁腫), 유종(乳腫), 악창(惡瘡), 치질(痔疾), 나력 등 증상에 응용한다. 주로 외용(外用)이다.

71) 역자주 엄나무의 껍질이다.

72) '토황(土黃)':『편민도찬』권14에는 이 방법을 '지황(地黃)'이라고 했는데, 이것이 더 낫다.

73) 역자주 유채 종자이다.

74) 역자주 겨자 종자로 흰 겨자라고 한다.

인 대상으로 봤을 때, 말, 나귀, 노새는 '마려라부(馬驢騾附)'라는 제목에 더 잘 어울린다. 그 외에 '치마후종방(治馬喉腫方)'에서 『박문록』을 인용한 부분까지의 단락의 자료는 격본에는 "3월에 용구(龍駒)를 모은다.[三月收合龍駒.]"는 조의 뒤에 있으며, 이는 모두 원래 출처가 『사시유요』라는 것을 말해주는 것이다. '치마후종방(治馬喉腫方)'은 순전히 『제민요술』의 "말의 목에 병이 생겨 죽을 것 같을 때 치료하는 방법[치마환후병욕사방(治馬患喉病欲死方)]"을 베낀 것이며, 시작하는 부분에 '이물(以物)' 두 글자를 첨가하고, 마지막 부분의 "치료하지 않으면 죽는다.[不治必死也.]"를 삭제한 것뿐이다. 하지만, 처방의 이름을 바꿨으며, 원래 『제민요술』에 아랫부분에 붙어 있던 '치마흑한방(治馬黑汗方: 역자주 말의 혈맥이 원활하지 않아 생기는 병으로, 어혈이 기를 막아 심장이나 뇌에 쌓이면서 생기는 병이다.)'의 처방 이름을 없애고 합쳐서 썼다. 이처럼 잘못 합쳐진 것들이 지금은 조선 각본 『사시찬요』에 보이며, 완전히 똑같다. 이를 통해 격본이 근거로 한 저본이 『사시찬요』에서 직접 인용한 것임을 짐작할 수 있다. 전본에는 이 절을 앞부분인 '마(馬)'조에 인용되어 있는 '치우마역기방(治牛馬疫氣方)'절로 옮겨서 『사시유요』에서 인용한 '치마후종방(治馬喉腫方)'과 연결되도록 했으며, '치마후종방(治馬喉腫方)'에서 『박문록』까지의 모든 의학적 처방은 모두 『제민요술』의 글자에서 인용한 것으로 되었다. 실제로 '마후종방(馬喉腫方)'과 '마흑한방(馬黑汗方)'의 출처는 모두 『제민요술』이며, 전본에서는 '마흑한방(馬黑汗方)'까지 『제민요술』로 치고 있는데, 틀렸다고는 할 수 없다. 하지만, 『사시찬요』의 잘못 합쳐진 내용은 『제민요술』과 맞아떨어지지 않기 때문에, 전본을 찬집한 사람이 어쩔 수 없이 '마흑한방(馬黑汗方)'의 끝부분에 "이 두 조에 따라 치마흑한방(治馬黑汗方)을 합친다. 원래는 '치마후종우방(治馬喉腫又方)'이라고 되어 있다. 지금은 『제민요술』에 근거하여 교정한다."라고 주를 붙였다.

3 '준령(準令)': 무계유 교석본에는 '준령(準令)'은 예기 월령에서 따온 것이라고 한다. 석성한의 교주에 의하면, 전본에는 '월령(月令)', 격본에는 '유령(唯令)'으로 되어 있으며, 이는 『사시찬요』의 원문과도 부합된다. '영(令)'은 『월령(月令)』을 가리키며, '유(唯)'는 "~에 따르다."는 의미로 해석했다. 노교: "별본에는 위쪽에 공백을 두지 않았으며, '월령(月令)'은 '유령(唯令)'으로 되어 있는데, 이는 아마도 『사시유요』에서 인용했을 것이다."라고 한다.

4 '나우려마(騾牛驢馬)': 전본에서는 '누우등마(累牛騰馬)'로 고치고, "『월령』을 살펴보면, '합라우려마(合騾牛驢馬)'에는 "'누(累)'와 '등(騰)'은 모두 타

는 것의 이름이다."라는 주가 있다. 편찬한 사람은 『사시유요』의 원서를 보지 않았으며, 『영락대전』본에 "위쪽에 공백을 두지 않은 것"이 『사시유요』 자체의 '준령(准令)'으로 추정한 말이라는 것도 모르고, 이 구절을 『월령』의 원문으로 봤기 때문에 이렇게 '교정'한 것이다. 격본과 조선각본 『사시찬요』은 본문과 동일하다. 하지만 『제민요술』에서부터 중국에서는 예전에 노새는 교배할 수 없으며, 특히 암컷 노새는 교배를 해서는 안 된다고 여긴 것이 드러나며, 『제민요술』에서는 "암컷 노새는 새끼를 낳을 수 없으며, 새끼를 낳고 죽지 않는 것이 없다.[草騾不産, 産無不死.]"라며, 교배해서는 안 된다고 경고했다. 문장의 구조를 살펴보면, 일반적인 언어습관에 따라 '나(騾)'자가 '우(牛)'자 앞에 놓이고 뒤에서 다시 '나마(騾馬)'라고 말해서는 안 될 것이다. 그러므로 『사시찬요』와 『사시유요』, 더 나아가 『사시찬요』에 인용되어 있는 『농상집요』의 '나우(騾牛)'는 '누우(累牛)'의 오기인 듯하다.

5 '우방(又方)': 격본과 『사시찬요』 현존본에는 모두 이 제목이 없다. 전본의 경우, 내용에 따라 『제민요술』에서 차용해 제목을 보충한 것(위의 교석 2 참고)으로, 석성한 교석본에는 '치마흑한방(治馬黑汗方)'이란 제목을 붙이고 있다. 이는 『농상집요』 원본(元本)의 원래 형태와 일치하지는 않다.

6 '말(末)': 전본에는 '피(皮)'로 되어 있으나, 격본과 『사시찬요』에는 '말'로 되어 있다.

7 격본에는 '취황(臭黃)' 아래의 주문이 없다. 전본에는 '취황(臭黃)'으로 하고 있지만 『사시찬요』에는 '臭黃'으로 되어 있다.

8 '엄(掩)': 전본에는 '엄(掩)'으로 되어 있으나, 격본과 『사시찬요』의 원래 처방에는 '착(捉)'으로 되어 있다. 『사시찬요』는 『제민요술』을 옮겨 기록한 것인데, 『제민요술』에는 원래 '착(捉)'자로 되어 있다.

9 '비(匕)': 전본에는 '용(用)'으로 되어 있으나, 격본과 『사시찬요』에는 '비(匕)'로 되어 있다. 하지만, '용(用)'과 '비(匕)' 모두 해석하기 힘들고, 아마도 원래는 글자의 형태가 비슷한 '칠(七)'자인 듯하며, 다음의 구절은 '칠(과)대마자[七(顆)大麻子]'인 듯하다.

10 '목(目)': 민각, 절각에는 '목(目)'으로 되어 있으나, 소각과 격본에는 '혼(昏)'으로 되어 있다.

11 '방(蒡)': 전본에는 '황(黃)'으로 되어 있으나, 격본에는 '방'으로 되어 있다. 『편민도찬(便民圖纂)』 권14에 기재되어 있는 이 처방도 역시 '방(蒡)'이다.

12 '졸(卒)': 전본에는 '6월(六月)'이라는 두 글자로 되어 있으나, 격본에 는 '졸'로 되어 있다.

▌교 안(校案)▌

ⓐ "비를 맞아도 죽지 않는다.[經雨卽不死.]": 『제민요술』의 원래 주에 따라 "비를 맞아도 싫어하지 않는다.[經雨則不忌.]"로 해야 한다. 안: 사실이 아닐 수도 있다.

ⓑ '한(汗)'자 위에 『제민요술』에는 '마(馬)'자를 보충하고 있다.

ⓒ '방(房)': 『제민요술』 원문에는 '방(坊)'으로 되어 있다. 이는 지붕은 있으나 벽은 한두 면밖에 없는 건축물을 가리킨다. 말은 '방(房)'안에서 기를 수 없다. 이 조의 내용은 사실이 아닐 수도 있다. 짧은 꼬리 원숭이는 가만히 있지 못하는 성격으로 항상 말을 놀라게 하므로, 짧은 꼬리 원숭이들을 자주 풀어놓는 것은 '화를 피하는' 것이라고 할 수 없다.

ⓓ 『제민요술』 전본에는 '제통(蹄痛)' 아래에 '능기(淩氣)'라는 두 글자와 작은 주 하나가 더 있으며, 모두 이해하기 힘들다. 본서에는 기록하지 않는 것이 비교적 깔끔하다.

ⓔ '전이불분(驏而不噴)': 『제민요술』에는 원래 '전이불기(驏而不起)'로 되어 있고, 다음 문장에는 또 '진이불분(振而不噴)'으로 되어 있다. 본서의 인용문은 두 구절을 합쳐서 한 구절로 만든 듯하다.

ⓕ "이 달 3일이 가장 좋다.[此月三日爲上.]": 조선각본 『사시찬요』에는 이 구절이 없다.

ⓖ '모(牡)': 조선본 『사시찬요』에는 '모(牡)'로 되어 있고, 전본에는 '목(牧)'으 되어 있고, 이는 『예기』 「월령」과 같다.

소 물소를 덧붙임

『사시유요四時類要』[75]: 소 전염병의 처방[76]:

牛 水牛附

『四時類要』: 治

75) '『사시유요(四時類要)』': 지금은 조선각본 『사시찬요』 권1 「정월(正月)」편 뒷부분에 보인다. 본서의 인용문은 자구가 조선각본과는 다소 차이가 있는데, 일반적으로 본서의 인용문이 더 간결한 것으로 보아 고친 듯하다.

76) 본권에서 인용한 수의학적 처방은 출처가 다양하다. 우리가 찾아서 맞춰봤는데, 표본의 출처는 늦게 출판된 서적이지만 실제로 이미 『제민요술』에서도 보이는 것은 (석성한 교주본에는) 모두 '방(方)'자의 오른쪽 위에 *표를 해두었다.

인삼을 잘게 썰어 5되의 물에 넣어 달인 즙을 입안에 부어 주면 곧 낫는다.	牛疫方: 取人參細切, 水煮汁五升, 灌口中, 差.
○ 또 다른 처방: 평소에 향을 태우는 것같이 소 외양간에 안식향安息香[77]을 피워준다. — 예컨대, 만약 1~2마리의 소가 전염병에 감염되었다는 사실을 알게 되면, 즉시 외양간에서 끌어내어 — 코로 향기 나는 연기를 쐬게 하면 바로 낫는다.	又方: 眞安息香, 於牛欄中燒, 如燒香法. — 如初覺有一頭至兩頭是疫, 卽牽出 — 以鼻吸之, 立愈.
○ 또 다른 처방: 12월에 토끼 머리를 태워서 재로 만들어, 물 5되에 섞어서 입속에 부어 넣으면 바로 좋아진다.	又方: 十二月兎頭, 燒作灰, 和水五升, 灌口中, 良.
○ 소가 신장염[腹脹]으로 죽으려고 할 때의 처방[78]: 삼씨[麻子]를 간 즙 5되를 뜨끈하게 데워서 입속에 부어 주면 곧 낫는다. 이 방식은 소가 생콩[生豆]을 먹고 복창을 일으켜 죽으려고 할 때 치료하는 것으로 매우 효과적이다.	牛欲死腹脹方: 研麻子汁五升, 溫令熱, 灌口中, 愈. 此治食生豆脹, 垂死者, 甚良.
○ 소의 코가 염증으로 부풀어 오를 때[鼻脹]의 처방: 식초[醋]를 소의 귓속에 넣어주면 즉시 낫는다.	牛鼻脹方: 以醋灌耳[h]中, 立差.
○ 소의 옴[疥]을 치료하는 처방: 검정콩[烏豆]을 삶아 즙을 내어 뜨거운 상태에서 5차례 씻어	牛疥方: 煮烏[13]豆汁熱洗, 五度,

77) 역자주 무계유 교석본에 의하면, 안식향은 안식향 나무 가지를 상처낸 후에 분비되어 나오는 향기가 나는 나무진으로, 건조하면 황흑색의 덩어리가 되어 약용과 향료를 만드는 데 사용되며, 열대와 아열대 지역에서 생산된다고 한다.

78) 역자주 석성한 교주본에는 이것과는 달리 '우복창욕사방(牛腹脹欲死方)'이라고 제목을 달고 있다.

주면 차도가 있다. 어떤 판본에서는 '오두즙(烏頭汁)'이라고 한다.

差. 一本作'烏頭汁'.

○ 소의 뱃속이 부풀어 오르거나 소가 기침을 할 때의 처방: 느릅나무의 흰 껍질을 물에 넣고 푹 삶으면 그 즙이 아주 미끌미끌해지는데, 이것 3~5되를 소에게 먹이면 차도가 있다.

牛肚脹及嗽方: 取楡白皮, 水煮令熟, 甚滑, 以三五升灌之, 卽差.

○ 소의 이[虱]를 치료하는 처방: 참기름을 발라 주면 즉시 낫는다. 돼지기름을 발라주어도 좋다. 육축[79]에 이가 생겨도 이와 같이 발라 주면 즉시 치유된다.

牛虱方: 以胡麻油塗之, 卽愈. 豬脂亦得. 六畜虱, 塗之, 亦愈.

『박문록』: 소의 장역瘴疫[80]을 치료하는 처방: 찻잎[眞茶] 가루 2량을 물 5되와 섞어 마시게 한다.

『博聞錄』: 牛瘴疫方: 用眞茶[14]二兩, 和水五升灌之.

○ 또 소가 갑자기 전염병이 들어서 머리를 움직여 옆구리를 칠 때의 처방: 재빨리 파두巴豆[81] 7알의 껍질을 벗기고 곱게 갈아 기름을 내어 먹이면 즉시 치유된다.

又治牛卒疫而動頭打脇: 急用巴、豆七箇, 去殼, 細研出油, 和灌之, 卽愈.

○ 또 다른 처방: 창출蒼朮[82]을 태운 연기를 소가 들이쉬게 하면 역병이 곧 멎는다.

又: 燒蒼朮, 令牛鼻吸其香, 止.

---

79) 역자주 소, 말, 돼지, 양, 닭, 개의 가축을 이른다.

80) 역자주 장기(瘴氣: 축축하고 더운 땅에서 일어나는 독기)에 중독되어 생기는 유행 열병이다.

81) 역자주 상록 활엽 관목으로 달걀 모양이며 가장자리에 톱니가 있다. 열대 아시아가 원산지로 중국 남부, 대만 등지에 분포한다. 배에 물이 차서 배가 더부룩한 경우나 변비에 쓴다.

82) 역자주 당삽주의 뿌리를 한방에서 이르는 말이다. 소화 불량, 설사, 수종(水腫) 따위에 쓴다.(국립국어원 제공자료).

○ 소의 피 오줌을 치료하는 처방: 천당귀川當歸[83]・홍화紅花[84]를 갈아서 고운 가루로 만들고, 술 2되 반에 부은 후 달여서 2되의 즙으로 만들어 차게 하여 먹인다.

○ 또 다른 처방: 콩 메주즙[豉汁]에 식염을 타서 먹인다.

○ 소가 눈에 흰막[白膜]이 덮이는 안질을 앓을 때 처방: 볶은 소금을 대나무 속에 넣고 태운 후 함께 갈아 가루를 만든다. 매번 1전錢[85] 정도를 흰 막 위에 붙이면 매우 효과가 있다.

○ 소의 기도가 막힐 때의 처방: 소가 '띠풀의 뿌리[茅根]에 의해 기도가 막혀 앓게 되면', 조각皂角 가루를 코 속에 불어넣고, 신발 밑바닥으로 소의 꽁무니뼈[尾停骨][86]를 내리치면 아주 효과가 있다.

○ 소가 배 아플 때[腹脹]의 처방: 소가 잡다한 벌레를 먹고 복통을 일으키면 제비똥[燕屎] 1홉을 장수漿水 2되에 타서 마시게 하면 매우 효과가 있다.

○ 소가 사람을 떠받을 때 치료하는 처방: 소가 미쳐 날뛰며 사람을 만났을 때 떠받는 것은 간이 아주 커져 그러한 것이다. 황련・대황大黃가루・달걀을 술에 타서 먹인다.

牛尿血方: 川當歸、紅花, 爲細末, 以酒二升半, 煎取二升. 冷灌之.

又方: 豉汁調食鹽灌.

牛患白膜遮眼: 用炒鹽, 幷竹節燒存性, 細硏. 一錢貼膜, 效.

牛氣噎方: 牛有'茅根噎', 以皂角末吹鼻中, 更以鞋底拍尾停骨下, 效.

牛腹脹方: 牛喫著雜蟲, 致[15]腹脹, 用燕屎一合, 漿水二升, 調灌之, 效.

牛觸人方: 牛顚走, 逢人卽觸, 是膽大也. 黃連、大黃末、雞子, 酒調

83) 역자주 사천성에서 생산되는 당귀이다.

84) 역자주 잇꽃이라고 하며, 갱년기 장애를 비롯한 부인과 질병치료에 긴요하게 쓰이는 약재이다.

85) 역자주 '전(錢)'은 중량의 단위로서 십분(十分)이 일전(一錢)이고, 십전이 일량(一兩)에 해당한다.

86) 역자주 미추골(尾椎骨), 곧 꽁무니뼈이다.

灌之.

○ 소의 꼬리가 그을려 사료와 물을 먹지 않을 때 처방: 대황·황련·백지白芷[87]가루·달걀을 술에 타서 먹인다.

牛尾焦不食水草: 以大黃、黃連、白芷末、雞子, 酒調灌之.

○ 소의 뱃속에 가스가 찬 것[88]을 치료하는 처방: 깨끗한 물로 땀으로 젖은 버선을 빨아서 얻은 더러운 물 1되를 좋은 식초 반 되 정도와 섞어서 먹인다. 그러면 곧 바로 낫는다.

牛氣脹方: 淨水洗汗韈, 取汁一升, 好醋半升許, 灌之, 愈.

○ 소의 어깨가 헐었을 때 치료하는 처방: 헌 솜[綿絮] 3량을 태운 것을 삼씨기름에 개어서 상처 부위에 발라 준다. 물을 5일간 닿지 않게 하면 자연스럽게 치유된다.

牛肩爛方: 舊綿絮三兩, 燒存性, 麻油調抹. 忌水五日. 愈.

○ 소의 발굽에 구멍이 났을 때의 처방: 보라색 광물[紫礦]을 갈아 가루로 만들어 돼지기름과 섞어 발굽 속에 집어넣고, 불에 달군 쇠 빗[篦子]으로 지져 주면 낫는다.

牛漏蹄方: 紫礦爲末, 豬脂和, 納入蹄中, 燒鐵篦烙之, 愈.

○ 소의 두드러기[沙疥][89]를 치료하는 처방: 적당량의 메밀[蕎麥][90]을 태운 재를 물에 타서 녹반綠礬[91] 1홉을 넣고 섞어 발라 주면 낫는다.

牛沙疥方: 蕎麥隨多寡, 燒灰淋汁, 入綠礬一合, 和塗,

---

87) 역자주 산형과의 여러해살이풀로서 어린잎은 식용하고 뿌리는 '백지'라 하여 한약재로 쓴다. 산지(山地)의 골짜기에서 나는데 한국, 만주, 일본 등지에 분포한다.

88) 역자주 뱃속에 가스가 가득 차서 배가 불룩해지며 몸이 붓고 팔다리가 여위는 병(病)이다.

89) 역자주 살갗에 좁쌀 같은 것이 돋아 가렵고 아픈 병(病)이다.[네이버 한자사전](http://hanja.naver.com).

90) 역자주 무계유 교석본에 의하면, 전본에는 '교맥(蕎麥)'으로 되어 있지만, 『편민도찬』에는 '교맥양(蕎麥穰)'으로 되어 있다고 한다.

『한씨직설韓氏直說』: 소를 먹이고 기르는 방법: 농한기[農隙]에는 소를 따뜻한 우리에 넣고 타작한 왕겨와 짚을 소의 발아래 깔아 주는데, 이를 '우포牛鋪'라 하고, 소의 똥, 오줌은 모두 그 위에 누게 한다. 이튿날 다시 왕겨와 짚을 한 층 더 깔아 준다. 매일 한 차례씩 깔고 10일마다 한 번 깨끗하게 청소해준다. 소 3마리를 한 단위로 하여[92] 매일 오전과 오후로 대략 풀 3묶음[束], 콩 8되를 사료로 먹인다. 또한 누에똥[蠶沙]과 마른 뽕잎을 물 3통에 넣어서 먹인다. (아침에) 소가 구유에서 사료를 먹고[93] 되새김질[94]을 마치면 솔로 털을 깨끗하게 손질하고 물을 먹게 하며 진시辰時와 사시巳時[95] 사이에 다시 구유에 한 끼의 사료를 넣어준다. 매끼마다 세 차례로 나누어서 '풀과 사료를 혼합하여' 주는데, 모두 물에 섞어 주어야 한다. 첫 번째는 풀이 많고, 사료가 적어야 한다. 두 번째는 풀을 절반으로 줄이고 사료를 약간 늘

愈.

『韓氏直說』: 餵養牛法: 農隙時, 入暖屋, 用場上諸糠穰, 鋪牛脚下, 謂之'牛鋪', 牛糞其上. 次日, 又覆糠穰. 每日一覆, 十日除一次. 牛一具三隻, 每日前後餉, 約飼草三束, 豆料八升. 或用蠶沙、乾桑葉, 水三桶浸之. 牛下餉噍透, 刷鉋、飲畢, 辰巳時間, 上槽一頓. 可分三'和', 皆水拌. 第一和, 草多

91) 역자주 황산 제1철(黃酸第一鐵)의 통속적(通俗的)인 이름이다.[국립국어원](http://www.korean.go.kr/09_new/index.jsp).

92) '우일구(牛一具)': 『제민요술』의 권두에 섞여 있는 「잡설(雜說)」에는 '일구우(一具牛)'를 여러 차례 언급하면서 마릿수를 설명했다. 『한씨직설』에서는 명확하게 '소 세 마리[牛一具三只]'라고 제시했다. 이 조에 있는 '위양우법(餵養牛法)'의 '우포(牛鋪)'는 『제민요술』 앞부분의 「잡설(雜說)」 중 '답분법(踏糞法)'(본서 권2에 인용)과 유사하니 참조할 수 있다.

93) '향(餉)': 점심밥을 뜻한다. '전향(前餉)'은 점심밥을 먹이기 전, '하향(下餉)'은 점심밥을 먹인 후가 되며, 지금은 일반적으로 '상(晌)'으로 쓴다.

94) '초(噍)': 반추하여 음식물을 씹는 소의 되새김질을 가리킨다.[국립국어원](http://www.korean.go.kr/09_new/index.jsp).

95) 역자주 오전 7~11시 사이를 이른다.

린다. 세 번째는 풀을 다시 또 절반으로 줄이고 남은 사료 전부를 섞어서 준다. 사료를 먹고 나면 즉시 끌고 나가 밭을 갈게 해야 하는데, ― 되새김질을 하고 나면 소가 힘을 쓰지 못하기 때문이다. 밤에 소에게 먹이를 먹일 때는 소마다 방울을 달아 두어야 하는데, 풀을 먹고 난 후에 소가 더 이상 먹지 않으면 방울 소리가 들리지 않게 되니, 재빨리 다시 섞어 주어야 한다. 배불리 먹인 뒤에 곧 밭을 갈게 한다. 농언에 이르길 "풀 셋에 사료 하나를 섞어서 모름지기 배불리 먹게 한다. 되새김질을 기다리지 말고 밭갈이 하게 하는 것이 가장 좋다."라고 하였다.

料少. 第二, 比前草減半, 少加料. 第三, 草比第二又減半, 所有料全繳拌. 食盡卽往使耕, ― 噍了, 牛無力. 夜餵牛, 各帶一鈴, 草盡, 牛不食, 則鈴無聲, 卽拌之. 飽, 使耕. 俗諺云: "三和一繳, 須管要飽. 不要噍了, 使去最好."

○ 물소: 물을 마시고 사료를 먹는 방법은 황우黃牛와 같다. 여름철에는 반드시 진흙 웅덩이가 있어야 하고, 겨울에는 따뜻한 외양간과 우의牛衣가 필요하다.[96]

水牛: 飮飼, 與黃牛同. 夏須得水池, 冬須得暖廠、牛衣.

▎교 석(校釋)▎

⑬ '오두(烏豆)': 전본에는 '흑두(黑豆)'로 되어 있으나, 격본과 『사시찬요』의 원문에는 '오두(烏豆)'로 되어 있다. 이 처방의 출처는 『제민요술』로서, 『제민요술』의 구각본(舊刻本)에는 원래 '오두(烏豆)'로 되어 있다. 『사시찬요』에는 '일본작오두즙(一本作烏頭汁)'이라는 주가 붙어 있으므로, '오두(烏頭)'로 하는 것이 더 합리적이다.

96) '우의(牛衣)': 황하유역에는 겨울이면 볏짚과 부들을 엮어서 만든 거적을 소의 등에 덮어서 소를 따뜻하게 하는데, 이를 '우의(牛衣)'라고 한다. 양한(兩漢)시대의 문장에 이미 '우의(牛衣)'가 등장한다.

14 전본에는 '차(茶)자 다음에 '말(末)'자가 빠져 있으나, 격본에는 있다. 『박문록』을 살펴보면, 『박문록』은 남송시대의 서적이나 적혀 있는 처방은 매우 이른 시기의 것이다. '진차말(眞茶末)'의 '진(眞)'자와 '말(末)'자는 모두 주목할 만하다. '말차(末茶)'는 당나라와 송나라 때 유행하던 조리 방법으로, '진(眞)'자는 당시에 '대용품'이 있었을 가능성이 있다는 것을 암시한다.

15 '치(致)': 전본에는 '즉(卽)'으로 되어 있으나, 격본에는 '치(致)'로 되어 있다.

| 교 안 (校案) |

ⓗ '이(耳)': 『사시찬요』에는 '비(鼻)'로 되어 있다.

양

『제민요술』[97]: 음력 선달[臘月]과 정월에 태어난 새끼 양을 남겨서 종자로 쓰는 것이 가장 좋고, 11월과 2월에 태어난 것이 그 다음으로 좋다. 이 몇 개월 사이에 태어난 것이 아니면 털이 반드시 말려 올라가고, 골격(骨格)은 가늘고 작게 된다. 원인은 새끼 양이 생장기에 추위나 더위를 만나기 때문이다. 8·9·10월의 3개월 사이에 태어나면 비록 어미양이 살찌는 계절이지만 늦겨울이 되면 어미젖이 일찍이 말라버리고 봄풀도 아직 자라지 않기 때문에 새끼 양이 잘 자랄 수가 없다. 3·4월에 태어난 양은 비록 풀이 무성하고 기름지지만 새끼 양이 어려서 먹을 수가 없고 단지 어미 양의 따뜻한

羊

『齊民要術』: 常留臘月、正月生羔爲種者上, 十一月、二月生者, 次之. 非此月數生者, 毛必焦卷, 骨骼細小. 所以然者, 逢寒遇熱故也. 其八、九、十月生者, 雖値秋肥, 然比至16冬暮, 母乳已竭, 春草未生, 是

97) '『제민요술(齊民要術)』': 지금은 『제민요술』 권6 「양양제오십칠(養羊第五十七)」에 보인다.

젖만 먹을 수 있기 때문에 역시 좋지 않다. 5·6·7월에 태어난 것은 날씨도 무덥고 어미젖도 덥기 때문에[兩熱][98] 이들 중에서도 가장 좋지 않다. 11월과 12월에 태어난 것은 어미 양이 새끼를 품고 있어서 매우 살이 찌기에 좋은데, 비록 이때 아직 푸른 풀이 없을지라도 어미 양은 결코 여윌 수 없는 고로 젖은 많게 된다. 어미양의 젖이 마를 때가 되면, 마침 때맞춰 봄풀이 돋아나오니 이 때문에 이때 태어난 새끼 양이 가장 좋다.

故不佳. 其三、四月生者, 草雖茂美, 而羔小未食, 常飲熱乳, 所以亦惡. 五、六、七月生者, 兩熱相仍, 此惡中之甚.[17] 其十一月、十二月生者, 母旣含重,ⓘ 膚軀充滿,ⓙ 草雖枯, 亦不羸瘦. 母乳適盡, 卽得春草, 是以極佳.

일반적으로 말하면 양 10마리당 숫양[羝] 두 마리가 있어야 한다.[99] 숫양이 적으면 어미 양이 새끼를 배기 어렵고, 숫양이 많으면 무리가 어지럽게 된다. 새끼를 배지 못하면 반드시 여위게 되고, 그렇게 되면 번식을 하지 못할 뿐만 아니라 겨울을 나는 동안에 또 죽어 버리게 된다. **종자로 쓸 숫양에 만약 뿔이 없다면 더욱 좋다.** 뿔이 있는 것은 서로 치받기 좋아하여 태아에 손상을 입히기 쉽기 때문이다.

大率十口二羝. 羝少則不孕, 羝多則亂羣. 不孕者必瘦, 瘦則匪惟不蕃息, 經冬或死. **羝無角者更佳.** 有角者, 喜相觝觸, 傷胎所由也.

식용으로 쓸 숫양은 반드시 거세[100]해야 한다. 거세하는 방법: 태어난 지 10여 일이 지난 새끼 숫양의 고환을 보자기로 싸서 이빨로 깨물어 터뜨린다.

擬供廚者, 宜剩之. 剩法: 生十餘日, 布裹齒碎之.

---

98) 역자주 무계유 교석본에 의하면, '양열(兩熱)'은 날씨가 덥고 어미젖도 더운 것을 말하는 것으로 새끼 양의 성장과 발육에 매우 좋지 않다고 한다.

99) '저(羝)': 숫양이다.

100) '잉(剩)': 거세한다는 뜻이다. 원래 거세한 양은 '이(羠)(명사와 동사가 같다)'라고 하고, 거세한 말은 '승(騬)'[또는 '선(騸)', '선(驕)', '선(騸)'이라고 하며, 거세한 닭은 '산(𨫼)'이라고 하며, siēn 또는 xiēn으로 읽는다. 이는 모두 말이 조금씩 변하면서 현지의 독음과 비슷한 글자로 기록한 것이다.]이라고 한다. 나중에는 거세한 말의 호칭을 차용하여 거세한 모든 가축 및 가금류를 일컫는 표현으로 사용했다.

양을 치는 사람은 반드시 성품이 온화하고 세심한 노인이어야 한다. 그들은 때맞추어 방목하고 휴식할 수 있으며, 모든 사정을 양의 습성에 따라 적당하게 안배하기 때문이다. 복식卜式[101]이 이르길 "백성을 교육하고 다스리는 방식 또한 이와 같지 않겠는가?"라고 하였다. 만약 성질이 급한 사람이나 어린아이가 방목하게 하면 양이 그들의 지시에 따르지 않을 때 때려서 상처를 입히는 불상사가 생기거나, 놀이에 빠져 양을 제대로 돌보지 않아서 들개나 이리에게 해를 입는 위험이 생길 것이다. 혹 논다고 양을 돌보지 다니지 않아 충분히 살찌게 먹지 못하게 되거나, 혹은 양이 적당히 휴식을 취하지 못하게 되어 새끼 양이 죽을병을 앓게 되는 일이 발생할 수 있게 된다. 방목 때에는 물이 있는 곳은 멀리 할수록 좋다. 양이 물로 탈이 난 뒤에는 발굽 사이에서 고름이 흘러나오게 된다. 이틀에 한 번 물을 마시게 한다. 물 마시는 횟수가 많으면 물로 탈이 난 후에 코에서 고름이 나오게 된다. 양떼는 천천히 몰아 앞으로 가게 하고, 멈추어 쉬게 해서는 안 된다. 쉴 때 풀을 먹지 않으면 양은 곧 여위게 된다. 급히 몰면 먼지를 일으키면 양의 이마에 농창[蚛顙][102]이 생기게 된다.

牧羊, 必須大老子, 18 心性宛順者. 起居以時, 調其宜適. 卜式云: "牧民何異于是者." 若使急性人及小兒者, 欄約不得, 必有打傷之灾. 或勞戲不看, 則有狼犬之害. 懶不驅行, 無肥充之理, 將息失所, 有羔死之患也. 惟遠水爲良, 傷水, 則蹄甲膿出. k 二日一飮. 頻飮, 則傷水而鼻膿. 緩驅行, 勿停息. 息則不食而羊瘦, 急行則坌塵而蚛顙也.

101) 역자주 『한서』 권 58 「복식전(卜式傳)」에 의하면 복식은 하남(河南)인이며 목축에 종사하였고 무제시기에 20만 전을 하남군 태수에게 헌납하였다. 뒤에 낭중(郞中)이 되어 상림원(上林苑)에서 목양을 하였고 다시 구씨현령과 성고현령을 거쳐 제왕(齊王)의 태부가 되었다. 원정연간에 어사대부가 되었다가 다시 태자태부로 폄질되었다.

102) '중상(蚛顙)': 『광운』 거성(去聲)의 '일송(一送)', '중(仲)'뉴의 '충(虫)'자에는 '虫, 食物'이라는 주가 있고, 음은 '충(沖)'이며, 또는 '중(蚛)'으로 쓴다고 되어 있다. 『집운』 거성(去聲)의 '일송(一送)', '중(仲)뉴'의 '충(虫), 중(蚛)'에 "충(虫)은 음식물이다.[虫 食物也.]"라는 주가 붙어 있다. 『자치통감(資治通鑑)』 당기십일(唐紀十一), 정관(貞觀) 14년에 "제후와 왕은 중상(蚛顙)에 걸린 말을 모았고, 행

봄철과 여름철에는 일찍 방목하러 나가야 하며, 가을철과 겨울철에는 늦게 방목하러 나가야 한다. 봄과 여름에는 기후가 온화하기 때문에 일찍 나가야 한다. 가을과 겨울에는 풀 위에 서리와 이슬이 내리므로 늦게 나가야 한다. 『양생경(養生經)』[103]에는 "봄과 여름에는 일찍 일어나는데, 수탉의 울음소리와 함께 일어나며, 가을과 겨울에는 늦게 일어나는데, 반드시 해가 뜨길 기다렸다가 일어나야 한다."라고 하였다. 이것이 바로 이른바 '일찍(早)'과 '늦음(晩)'의 의미인 것이다. 여름철에는 날씨가 무더우므로 그늘지고 서늘하게 해주어야 하며, 만약 한낮의 뜨거운 열기를 피하지 못하면, 땀과 먼지가 서로 들러붙어 가을과 겨울 중에 반드시 옴과 버짐[疥癬]이 생기게 된다. 7월 이후에는 밤에 서리와 이슬이 내리니 반드시 해가 뜨기를 기다렸다가 서리와 이슬이 말라 없어진 뒤에 방목해야 한다. 이렇게 하지 않으면 독기(毒氣)가 스며들게 되어 양의 입안이 허는 병[口瘡]이나 복창(腹脹)이 생긴다.

春夏早放，秋冬晚出. 春夏氣軟,❶ 所以宜早. 秋冬霜露, 所以宜晚. 『養生經』云, "春夏早起, 與雞俱興, 秋冬晏起, 必待日光." 此其義也. 夏日盛暑, 須得陰涼, 若日中不避熱, 則塵汗相漸,[19] 秋冬之間, 必致癬疥. 七月已後, 霜露氣降, 必須日出, 霜露晞解, 然後放之. 不爾則逢毒氣, 令羊口瘡, 腹脹也.

양의 우리가 가까운 것을 꺼려 하지 말고, 반드시 사람이 거주하는 곳과 서로 인접해야 하며 방의 창문은 양 우리를 향해 열어두어야 한다. 이렇게 하는 까닭은, 양의 성질은 겁이 많고 연약하여 야생 동물에 맞서 방어할 수 없어서 이리가 양의 우리에 들어오면 양의 무리

圈不厭近，必須與人居相連，開窗向圈. 所以然者, 羊性怯弱, 不能禦物, 狼一入圈, 或能絶羣. **架北**

군의 총책임자인 조원해(趙元楷)가 직접 손가락에 그 고름을 묻혀 냄새를 맡아보았다.[侯君集馬病蚛顙, 行軍總管趙元楷, 以指霑其膿而齅之.]"라고 기록되어 있으며, '중(蚛)'자 아래에는 호신지(胡身之)가 "충식(虫食)은 '중(蚛)'이라고 했다.[虫食曰'蚛'.]"라고 주를 달았다. 이것이 '중(蚛)'과 '중상(蚛顙)'의 정확한 해석이다.[『제민요술금석(齊民要術今釋)』의 '중상(蚛顙)'에 대한 주는 완전히 틀렸다.] 하지만 '충(虫) 식액(食額)'에는 '농(膿)'이 있어서는 안 되며, '중상(蚛顙)'은 아마도 비저(鼻疽)류의 질병일 것이다.

103) 역자주 마종신은 『양생경(養生經)』은 송나라 『숭문총목(崇文總目)』에 의하면 남조의 양나라 도홍경(陶弘景)의 찬술(撰述)이라고 교석하고 있다.

가 모두 물려 죽게 되기 때문이다. 양 우리의 북쪽 담에 시렁을 세워 이엉을 설치한다. 만약 집을 만들게 되면 양이 더위를 먹기 쉽고, 양이 열을 받게 되면 쉽게 옴과 버짐이 발생한다. 또 집안에 있다 보면 따뜻한 것에 익숙해져서 겨울철에 들판에 방목할 때 더욱 추위를 견디지 못하게 된다. 우리 안의 지면을 높여 주고 배수구를 정비하여 우리 안에 물이 고이지 않게 한다. 이틀에 한 번 청소해서 똥이 쌓여 더럽혀지지 않도록 해야 한다. 우리 안이 더러우면 양털이 더러워지고, 우리 안에 물이 고이면 '발굽에 염증[夾蹄]'104)이 생긴다. 축축한 곳에 누우면 양에게 복창(腹脹)이 생기게 된다. 우리 안은 담장에 붙여 싸리나무 가지를 세워서 담장을 따라 완전히 둘러친다. 양이 흙담에 비빌 수가 없어서 자연히 양털은 매우 깨끗해진다. 만약 싸리나무 가지를 세우지 않으면 양이 담장에 몸을 비벼 흙과 땀이 서로 뒤섞여 양털이 들러붙게 된다. 또 세워 놓은 싸리나무 가지가 담장보다 더 높으면 호랑이나 이리가 감히 뛰어넘을 수 없게 된다.

牆爲廠. 爲屋卽傷熱, 熱則生疥癬. 且屋處慣暖, 冬月入田, 尤不耐寒. 圈中, 作臺、開竇, 無令停水. 二日一除, 毋使糞穢. 穢則汚毛, 停水則'夾蹄'. 眠濕則腹脹也. 圈內, 須並牆豎柴棚, 令周匝. 羊不揩土, 毛常自淨. 不豎柴者, 羊揩牆壁, 土鹹相得, 毛皆成氈. 又豎棚頭出牆者, 虎狼不敢踰.

양 사육이 1천여 마리에 이르면, 3, 4월 중에 1경의 토지에 대두大豆를 파종하여 잡다한 곡식과 잡초가 함께 자라도록 내버려 두고 김매기를 하지 않는다. 8, 9월이 되면 푸른 사료용 풀[青茭]을 벤다. 만약 콩과 곡식을 파종하지 않을 때에는 풀씨가 맺히려 할 때 잡초를 베어서 땅에 얇게 깔고 그늘에 말려 습기에 의해 뜨지 않도록 해야 한다. 야생콩[豋豆]과 완두[胡豆], 쑥[蓬], 명아주[藜], 가시풀[荊棘]이 가

羊一千口者, 三四月中種大豆一頃, 雜穀幷草留之, 不須鋤治. 八九月中, 刈作青茭. 若不種豆穀者, 初草實成時, 收刈雜草, 薄鋪使乾, 勿令鬱

104) 역자주 무계유와 마종신의 역주에 의하면, 협제는 양의 발굽이 오랫동안 진흙탕 속에 잠겨 있으면, 발굽 부분에 염증이 일어나 발굽이 변형되고 오므라들면서 생기는 증상이라고 한다.

장 좋다. 콩과 팥의 줄기가 그 다음이다. 고려두(高麗豆)[105]의 줄기는 더욱 적합하다.[106] 갈대[蘆]와 물억새[薍] 이 두 가지 줄기는 적합하지 못하다. 무릇 가을에 잡초를 베면 바로 양의 사료로서 쓸 뿐 아니라 일반적으로 (이때 베어낸 건초는) 특별히 좋다. 최식(崔寔)이 말하기를 "7월 7일에 사료용 꼴[芻茭]을 벤다."라고 한다. 한겨울이 되면 바람이 많이 불고 서리와 눈이 많이 온다. 간혹 초봄에도 비가 많고, 풀이 아직 자라지 않는 때가 있는데 (이때에는) 양을 우리 속에 가두어 먹여야지 바깥에 방목해서는 안 된다.

浥. 豋豆、胡豆、蓬、藜、荊棘爲上. 大、小豆萁次之. 高麗豆萁, 尤是所便. 蘆、薍二種, 則不中. 凡乘秋刈草, 非直爲羊而然, 大凡悉皆倍勝. 崔寔曰, "七月七日, 刈芻茭"也. 既至冬寒, 多饒風霜. 或春初雨落, 青草未生時, 則須飼, 不宜出放.

양에 옴이 생기면 격리시켜야 하는데, 격리시키지 않으면 서로 전염이 되어 양 전부가 죽어버릴 수도 있다. 양의 옴이 입가에서 먼저 발생하면 치료하기가 어렵고 대부분 죽게 된다.

羊有疥者, 間別之, 不別, 相染汙, 或能合羣致死. 羊疥先著口者, 難治, 多死.

대개 옴이 치료된 양이 초여름에 살이 찌게 되면 팔아버리고, 그런 다음 새 양을 사서 기른다. 이렇게 하지 않고 계속 기르다, 이듬해 봄에 만약 또다시 옴이 발생하면 반드시 죽을 것이다.

凡羊經疥得差後, 夏初肥時, 宜賣易之. 不爾, 後春疥發, 必死矣.

○ 『가정법家政法』에서 제시한 '양 기르는

『家政法』曰,

105) 역자주 『제민요술』「대두(大豆)」편에는 황고려두(黃高麗豆)와 흑고려두 두 종류가 있다고 한다. 이들은 메주를 만들어 간장과 된장을 만드는 데 사용된다.

106) 역자주 무계유 교석본에 의하면, "노두(豋豆)는 대개 야생 흑소두로서 알이 작고 서리가 내리면 익는다. 호두(胡頭)는 『수시통고(授時通考)』에서는 완두라고 하며 일명 청소두 또는 청반두(青斑豆)라고도 한다. 고려두는 황색과 흑색의 두 종류가 있는데 주로 메주콩으로 이용된다."라고 한다.

법': 항아리에 소금 1되를 가득 담아서 양 우리 속에 매달아 둔다. 양이 소금을 좋아해서 자연스럽게 돌아와 먹기 때문에 사람이 따라다니면서 먹이는 수고를 할 필요가 없다.

양에게 병이 생기면 쉽게 전염된다. 이와 같이 병든 양을 분별하기 위해서는 다음과 같은 방법을 실시할 수 있다. 우리 앞에 깊이 2자, 너비 4자인 도랑을 파놓는다. 우리를 나고들 때 도랑을 뛰어 넘는 것은 병이 없는 놈이고, 뛰어 넘지 못하고 도랑으로 내려가는 놈은 병이 있는 것이므로 즉시 골라낸다.

【『용어하도龍魚河圖』에 이르기를,】[107] 뿔이 하나뿐인 양의 고기를 먹게 되면 사람이 상하게 된다고 한다.[108]

○ 『사시유요』:[109] 양의 옴을 치료하는 처방: 이로梨蘆[110] 뿌리를 껍질째 두드려 으깬 다음 쌀뜨물에 담가 둔다. 물통[缾]에 넣어서 병마개를 닫아 부뚜막 곁에 놓아두면 항상 따뜻하게 유지

'養羊法', 當以瓦器盛一升鹽, 懸羊欄中. 羊喜鹽, 自數還啖之, 不勞人牧.

羊有病, 輒相汙, 欲令別病. 法: 當欄前掘瀆, 深二尺, 廣四尺. 往還皆跳過者, 無病, 不能過者, 入瀆中行, 過便別之.

【『龍魚河圖』[20]曰,】羊有一角, 食之傷人.

『四時類要』: 羊疥方:[21] 梨蘆根, 敲打令皮[m]破, 以泔浸之. 缾盛, 塞口,

107) 역자주 【 】부분은 원각대자본에는 없지만 석성한 교주본에는 "이 조항에 의거하여 원본에는 '용어하도왈(龍魚河圖曰)'이란 다섯 글자가 빠져 있지만 지금 교석하여 넣었다.[按此條上, 原本脫去'龍魚河圖曰'五字, 今校增.]"라는 말을 삽입하여 설명하고 있다.

108) "뿔이 한 개인 양을 먹으면 사람을 상하게 한다.[羊有一角 食之傷人.]": 이는 『용어하도』에 나오는 황당무계한 미신의 전형이다.

109) '『사시유요(四時類要)』': 지금은 조선각본 『사시찬요』 권1의 「정월(正月)」편 뒷부분에 보인다. 처방은 모두 『제민요술』을 베꼈으며, 그 중에 '양농비방(羊膿鼻方)'의 진위 여부는 아직은 결론내리기 힘들다.

110) 역자주 '이로'는 여로(黎蘆)과에 딸린 여러해살이풀로서 뿌리줄기는 짧으며 밑에서 수염뿌리가 나고 겉은 섬유(纖維)로 덮여져서 언뜻 보기에 종려털과 같다. 뿌리줄기는 살충제로 사용하며 민간약으로도 사용하고 있다.

된다. 며칠 지나서 신맛을 띠면 사용하기에 적합하다. 벽돌이나 기와를 사용하여 옴이 생긴 곳을 긁어서 붉은 색으로 변하게 하는데, 만약 그 옴의 딱지가 딱딱해지면 뜨거운 물로 딱지를 씻는다. 딱지를 떼어내고 깨끗하게 말려 약즙을 발라준다. 두 번 정도 발라 주면 곧 낫는다. 옴이 너무 많으면 매일 여러 차례 나누어서 점차적으로 발라 주며, 한 번에 다 발라서는 안 되는데, 통증을 견디지 못할까 두렵기 때문이다.

放竈邊, 令常暖. 數日味酸, 便中用. 以甎瓦刮疥處令赤, 若堅硬者, 湯洗之. 去痂, 拭令乾, 以藥汁塗之. 再上, 愈. 疥若多, 逐日漸漸塗之, 勿以頓塗, 恐不勝痛也.

○ 또 다른 방법: 돼지기름을 취황臭黃에 섞어서 바르면 낫는다.

又方: 豬脂和臭黃, 塗之, 愈.

○ 양이 진물에 의해 병이 생겼을 때의 처방: 양의 코가 짓무르고 눈이 맑지 않은 경우에는 모두 물로 씻어 치료한다. 방법은 다음과 같다. 끓는 물을 국자 속에 담긴 소금에 부으면 녹아서 매우 짜게 되는데, 탕이 식기를 기다렸다가 위에 뜬 맑은 액즙을 거둔다. 계란 한 개 크기를 담을 수 있는 작은 뿔 모양의 용기를 이용하여 두 콧구멍에 각각 1통씩 부어 넣는다. 5일이 지난 후에는 반드시 살이 차오르는데,[111] 눈과 코의 농이 깨끗한지 아닌지의 여부를 살펴서, 만약 아직 깨끗이 낫지 않았다면 다시 부어 넣는다.

羊中水方, 羊膿鼻, 眼不淨者, 皆以水澆[22]ⓝ治之. 其方: 以湯和鹽, 杓中研令極鹹, 候冷, 取淸者. 以小角子受一雞子者, 灌兩鼻, 各一角. 五日後必肥, 以眼鼻淨爲候, 不差, 更灌.

○ 양의 코에서 고름이 나오는 것을 치료하는 처방: 양의 코에서 고름이 나오고, 입과 뺨에

羊膿鼻方: 羊膿鼻及口頰生瘡如

111) 역자주 원각대자본의 원문에는 『사시찬요』와 마찬가지로 '필비(必肥)'라고 되어 있는데, 마종신은 역주본에서 『제민요술』에 근거하여 '필음(必飮)'으로 쓰고 있다. 전본에는 이 두 글자가 없다.

마른 종기[乾癬] 같은 부스럼이 생겨나면 서로 전염되어 항상 무리를 이루고 있는 양 전부가 죽게 된다.

乾癬者, 相染多致絶羣.

○ 치료하는 법: 양 우리 가운데에 긴 장대[竿]를 세우고 장대 끝에 판자를 설치하여 그 위에 한 마리의 원숭이를 놓아두면 여우나 살쾡이가 감히 가까이 접근을 하지 못하여 양의 병이 낫게 되는데 시간을 벌 수 있다.

治法: 豎長竿圈中, 竿頭置板, 令獼猴居上, 辟狐狸而益羊差病也.

○ 양의 발굽이 갈라지는 것[夾蹄]을 치료하는 처방: 검은 암양의 기름을 소금 위에 부어 졸인 다음에 약간 빨갛게 달군 철봉에 그 기름을 골고루 발라서 지진다. 지진 후 진흙탕 속에 들어가지 못하게 한다. 며칠이 지나지 않아 바로 낫는다.

羊夾蹄方: 取羖羊脂, 和鹽煎令熟, 燒鐵令微熱, 勻脂烙之. 勿令入泥水. 不日自差.

○ 양털 깎는 법: 3월에 양이 털갈이하려고 할 때를 기다려 바로 깎아주어야 한다. 깎고 난 뒤에 강물로 깨끗이 씻겨주면 새로 난 털이 자연스럽게 하얗게 된다. 8월에 도꼬마리 열매[胡菓子][112]가 아직 자라지 않았을 때 바로 털을 깎기 시작해야 하는데, 이때 하지 않으면 털이 손상을 입게 된다. 8월 중순이 지난 뒤에 깎을 때에는 씻지 말아야 하는데, 왜냐하면 양이 한기寒氣를 느껴 병이 들까 두렵기 때문이다.

剪羊毛: 三月, 候毛床動則剪. 剪訖, 以河水洗, 卽生毛潔白. 八月, 候胡菓子未成時剪之, 不爾則損毛. 中旬後剪, 則勿洗, 恐寒氣損羊.

112) 역자주 국화과에 속한 일년생 초본인 도꼬마리의 성숙한 과실을 말하는데, 풍한으로 인한 콧물, 코막힘, 축농증, 비염 등의 증상을 개선하는 데 좋은 효과가 있다.[국립국어원](http://www.korean.go.kr/09_new/index.jsp).

교 석(校釋)

16 '지(至)': 민각, 절각에는 '지(之)'로 되어 있으나, 소각과 격본과 『제민요술』에는 '지(至)'로 되어 있다.

17 '차악중지심(此惡中之甚)': 전본에는 '중지심악(中之甚惡)'으로 되어 있으나, 격본과 『제민요술』의 원래 구절에는 본문과 같은 순서로 되어 있다.

18 '대노자(大老子)': 전본(殿本)에는 '노인(老人)'으로 되어 있으나, 격본에 따라 고쳐야 『제민요술』의 원문과 일치한다. 노교(盧校): "구본(舊本)을 보면 '대노자(大老子)'로 되어 있는데, 남북조시대에 이 말이 없었다."

19 '점(漸)': 전본에는 '염(染)'으로 되어 있으나, 격본과 『제민요술』에는 '점(漸)'으로 되어 있다. '점(漸)'은 서서히 쌓이는 것이며, 요인은 한 가지에 그치지 않는다.

20 '용어하도왈(龍魚河圖曰)': 격본에는 없으나, 전본에는 있다. 이 조의 내용은 황당무계한 미신이다.

21 '방(方)': 전본에는 '피(皮)'로 되어 있으나, 격본과 『사시찬요』의 원문에는 '방'으로 되어 있다.

22 '요(澆)': 전본에는 '세(洗)'로 되어 있으나, 격본에는 '요(澆)'로 되어 다음에 나오는 '관(灌)'자와 서로 호응하고 있다. '요관(澆灌)'은 자주 함께 쓰인다. 살펴보면, 이 처방은 원래 『제민요술』 권6 「양양제오십칠(養羊第五十七)」에 있는 "코가 짓무르고, 눈이 맑지 않은 양은 모두 '중수(中水)'로 치료한다.[羊膿鼻眼不淨者, 皆以'中水'治方.]"를 포괄하여 쓴 것으로, 『제민요술』의 원문은 "모두 '중수(中水)'로 치료한다.[皆以'中水'治.]"이다.

교 안(校案)

ⓘ '함중(含重)': 『제민요술』에는 원래 '함중(含重)'으로 되어 있으며, '임신하다'의 뜻이다. 석성한의 교주에는 이 대신 '다유(多乳)'를 쓰고 있다.

ⓙ '만(滿)': 본서의 인용문은 가나자와[金澤] 문고본 『제민요술』과는 같지만, 『제민요술』의 다른 판본에는 모두 '저(儲)'로 되어 있다.

ⓚ "먼 곳의 물이 좋다.[遠水爲良.]" 아래의 작은 주는 원각대자본에 보이며, 석성한의 교주본에도 보인다.

ⓛ '연(軟)':『제민요술』 에는 '연(軟)'으로 되어 있고, 전본에는 '화(和)'로 되어 있다. 원래는 '㬉'자 였지만 잘못되어 '연(輭)'으로 되었다가, 다시 '연(軟)'으로 썼다.

ⓜ '고타령피(敲打令皮)': '고타(敲打)'는 『제민요술』에는 원래 '㕮咀'로 되어 있으나, 본서에는 '고타(敲打)'로 되어 있으며, 뜻은 둘 다 비슷하다. '피(皮)'자는 『제민요술』에는 원래 없다.
ⓝ '수요(水澆)': 『제민요술』의 원제목은 '중수(中水)'이다. ['중(中)'자는 거성(去聲)으로 읽으며, '물의 피해를 입다'로 해석된다. '중독(中毒)', '중전(中箭: 화살에 맞다)', '중서(中暑: 더위를 먹다)' … 등과 같다.] '중수(中水)'로 하는 것이 합리적이다.

돼 지

『제민요술』[113]: 어미돼지는 주둥이가 짧고 몸에 부드러운 털이 없는 것을 선택하는 것이 좋다. 주둥이가 길면 반드시 이빨이 많은 것인데, 한쪽에 3개 이상 이빨이 있으면 기를 수가 없다. 왜냐하면 이 같은 돼지는 살찌우기 어렵기 때문이다. 몸에 부드러운 털이 있는 것은 불에 그슬려 깨끗하게 털을 처리하기 어렵다.

어린 암돼지는 어미와 새끼를 한 울타리에서 같이 길러서는 안 된다. 새끼돼지와 어미가 한 울타리에 있으면 한곳에 모여 있기를 좋아해서 먹는 것을 잊게 되어 죽거나 상해를 입기 쉽다. 작은 수퇘지는 어미돼지와 함께 길러도 별 문제 없다. 작은 수퇘지는 뛰어다니는 것을 좋아해서 만약 우리에 기르지 않는다면 잃어버리기 쉽다. 돼지는 우리가 좁아도 싫어하지 않는다. 우리가 작으면 빨리

豬

『齊民要術』: 母豬, 取短喙無柔毛者良. 喙長則牙多, 一廂三牙已上則不煩畜. 爲難肥故. 有柔毛者, 焰治難淨也.

牝者, 子母不同圈. 子母同圈, 喜相聚不食, 則死傷.ⓞ 牡者同圈則無嫌. 牡性遊蕩, 若非家生, 則喜浪失. 圈不厭小. 圈小則肥疾. 處不厭穢.

113) '『제민요술(齊民要術)』': 지금은 『제민요술』 권6의 「양저제오십팔(養猪第五十八)」에 보이며, '염(焰)'은 '섬(燗)'['섬(燅)', '섬(燖)']자로 『제민요술』의 원전본(原傳本)이 잘못 표기한 것이다.

살찐다. 누울 곳이 더러워도 싫어하지 않는다. 진흙에 뒹굴면 더위를 피할 수 있다. 그러나 천정을 작은 이엉으로 덮어 주어야 비와 눈을 피할 수 있다.

泥汙[23]則避暑. 亦須小廠, 以避雨雪.

봄여름에 풀이 많으면 때맞추어 방목하는데, 지게미[糟]나 겨[糠] 같은 사료는 매일 별도로 먹여야 한다. 왜냐하면 지게미나 겨 같은 사료는 여름철이 지나면 번번이 상하여 오랫동안 둘 수 없기 때문이다. 8~10월에는 방목만 하고 사료는 먹이지 않는다. 가지고 있는 새로운 지게미와 겨는 모두 겨울이나 초봄까지 비축하였다가 사료로 쓴다. 돼지는 본래 물에서 자라는 풀 등을 먹기를 매우 좋아하는데, 갈고리로 수조 등을 강기슭에 건져 올려 돼지에게 먹이면 잘 크고 살찐다.

春夏草生, 隨時放牧, 糟糠之屬, 當日別與. 糟糠經夏輒敗, 不中停放. 八、九、十月, 放而不飼. 所有糟糠, 則畜待窮冬春初. 豬性甚便水生之草, 耙樓水藻等, 令近岸, 豬則食之, 皆肥.

갓 새끼를 낳은 어미돼지에게는 마땅히 삶은 곡물을 먹여야 한다. 새끼돼지는 3일이 되면 꼬리 끝을 잘라 주고 60일 이후에는 거세한다. 3일째에 꼬리 끝을 잘라 주면 '파상풍'을 걱정할 필요가 없다. 돼지를 거세할 때 죽는 것은 모두 꼬리를 자를 때 '파상풍'에 감염되었기 때문이다. 거세할 때 꼬리를 잘라 주지 않으면, 자라면서 몸 앞쪽은 커지고 뒤쪽은 작아진다. 거세한 돼지는 자라면서 뼈가 가늘어지고 살은 많아지며, 거세하지 않은 돼지는 뼈가 굵어지고 살은 도리어 적어진다. 소를 거세하는 방법대로 돼지를 거세하면 돼지가 '파상풍'으로 죽을 염려가 없다. 11월과 12월에 태어난 새끼돼지는 밤새도록 찜질을 해주어야 한다. 찜질법: 거친 풀을 엮어서 짠 망태기에 새끼돼지를 담아 큰 시루 안에 넣고 약한 불에 찜질해주는데 새끼돼지의 몸에서 땀이 나면 멈춘다. 찜질을 하지 않으면 새끼돼지의 뇌가 얼게 되고 두개골이 밀착될 수가 없어, 열흘이 지

初產者, 宜煮穀飼之. 其子三日便掐尾, 六十日後, 犍. 三日掐尾, 則不畏'風'. 凡犍豬死者, 皆尾'風'所致耳. 犍不截尾, 則前大後小. 犍者, 骨細肉多, 不犍者, 骨麁肉少. 如犍牛法者, 無'風'死之患. 十一月十二月生者, 豚一宿蒸之. 蒸法: 索籠盛豚, 著甑中, 微火蒸之, 汗出便罷. 不蒸, 則腦凍不合不出

나지 않아서 죽게 된다. 그 까닭은 새끼돼지는 뇌가 작아서 스스로 내는 열량이 많지 않기 때문에 날씨가 너무 추우면 외부의 온기를 빌려서 도와주어야 한다.

旬便死. 所以然者, 豚性腦少, 寒盛則不能自煖, 故須煖氣助之.

식용으로 쓸 새끼돼지는 젖 먹는 새끼돼지가 가장 좋으니 별도로 선별하여 사육해야 한다.[114] 새끼돼지와 어미돼지를 같은 우리 속에 기르면, 곡물과 콩을 충분히 먹을 수 없어서, 살찌지 않을까를 두려워하게 된다. 이럴 경우 울타리에 큰 수레바퀴를 (세워) 묻고 울타리 밖에 별도의 먹이를 주는 곳을 만들어서 그 속에 곡물과 콩을 놓아두면 새끼돼지가 자유롭게 드나들어 배불리 먹을 수 있어서 빠르게 살이 찌게 된다.

供食豚, 乳下者佳, 簡取別飼之. 愁其不肥 共母同圈, 粟豆難足. 宜埋車輪爲食場, 散粟豆于內, 小豚足食, 出入自由, 則肥速.

『사시유요』[115]: 돼지를 거세한 뒤에 상처 부위가 말라 완전히 회복된 이후에는 파두巴豆[116] 2알을 껍질을 벗기고 문드러지게 찧어 깻묵[麻籸]이나 쌀겨와 같은 사료와 섞어서 먹인다. 반나절이 지나면 심하게 설사를 한다. 그 뒤에는 돼지가 나날이 살찌게 된다.

『四時類要』: 閹豬了,[24] 待瘡口乾平復後, 取巴豆兩粒, 去殼, 爛擣, 和麻籸糟糠之類飼之. 半日後, 當大瀉. 其後, 日見肥大.

○ 돼지 살찌우는 법[117]: 삼씨[麻子] 2되를 공

肥豕法: 麻子二

114) 역자주 무계유 교석본에 의하면, 어미돼지 배의 앞쪽에 붙은 젖꼭지에는 분비되는 우유의 양이 많아서 이 젖꼭지를 빤 새끼돼지는 빨리 자라고 살쪄서 좋은 체질의 돼지가 된다. 이 때문에 이런 돼지를 선별하여 기르면 식용에 매우 적합하다고 한다.

115) '『사시유요(四時類要)』': 『사시찬요』 권4 「8월(八月)」편의 '목시(牧豕)'조의 뒷부분과 '비시법(肥豕法)'은 본서에 인용된 『사시유요』와 일치한다.

116) 역자주 마종신은 역주에서 상록관목으로서 열매는 콩과 같으며 설사약으로 유명하다고 한다.

117) '비시법(肥豕法)': 사실상 『제민요술』에 근거하여 『회남만필서(淮南萬畢書)』

이로 10여 차례 찧어 소금 1되를 섞어 같이 삶아서 쌀겨 3말과 버무려서 먹이면, 빨리 살이 찐다.	升, 擣十餘杵, 鹽一升, 同煮後, 和糠三斗飼之, 立肥.

교 석 (校釋)

23 '오(汙)': 민각본과 절각본에는 '즙(汁)'으로 되어 있는데, 이는 아마도 '오(汙)'자가 훼손되면서 잘못 옮겨 쓴 듯하며, 소각과 격본과 『제민요술』의 원문에는 맞게 쓰여 있다.

24 '료(了)': 전본에는 '자(子)'로 되어 있으나, 격본과 『사시찬요』의 원래 글자에는 '료'로 되어 있다.

교 안 (校案)

● '사상(死傷)': 『제민요술』 교정본에 따라 '불비(不肥)'로 해야 한다. '사상(死傷)'은 지나치다고 볼 수 있다.

를 인용한 것으로, '입비(立肥)'는 『제민요술』에서 인용한 '칙비(則肥)'만 못하다.

날짐승과 물고기 [禽魚] 25

닭 기르기 / 養雞

『제민요술』[118]: 종자용 닭: 뽕나무 잎이 떨어질 때 부화한 병아리가 가장 좋다. 체구가 작고 털색이 옅고 다리가 가늘고 짧은 것이 좋다. (이런 것이) 알을 많이 낳고 소리지르는 것도 적어 병아리를 부화시키는 데 적합하다. 봄과 여름에 부화한 병아리는 모두 좋지 않다. 체구가 크고 깃털에 윤기가 나고 다리가 굵고 긴 것이 바로 이것이다. 아무 곳에서나 땅을 파고 소리 지르고 알을 낳는 것을 꺼린다. 알을 잘 품지 않으니 번식이 될 수가 없다. 봄과 여름에 부화한 병아리는 20일 이내에는 둥지 밖을 나가지 못하게 하고, 마른 모이를 먹인다. 둥지를 일찍 나가면 까마귀나 솔개에게 피해를 입게 되며, 젖은 모이를 먹게 되면 항문이 곪는다.

『齊民要術』: 雞種, 取桑落時生者良. 形小淺毛, 脚細短者, 是也. 守窠少聲, 善育雛子. 春夏生者, 則不佳. 形大, 毛羽悅澤, 脚麄長者, 是. 游蕩饒聲, 産乳易厭. 既不守窠, 則無緣蕃息也. 雞春夏雛, 二十日內無令出窠, 飼以燥飯. 出窠早, 不免烏鴟. 與濕飯, 則令臍膿也.

○ 닭의 둥지: 땅바닥에 의거하여 닭장을 만들고 그 안에 나무를 걸쳐 둔다. 비록 닭 울음소리가 낭랑하지 않더라도 서서 안정을 취한다면 잘 자라고 살이 찌며, 또 여우나 살쾡이에게 물려갈

雞棲: 宜據地爲籠, 籠內著棧. 雖鳴聲不朗, 而安穩易肥, 又免狐狸之

118) '『제민요술(齊民要術)』': 지금은 『제민요술』 권6의 「양계제오십구(養鷄第五十九)」에 보인다.

염려가 없다. 만약 나무 위에 둥지를 설치하였다가 하루아침에 큰 바람과 한파를 만나면 닭은 여위게 되고 병아리는 죽기도 한다.

患. 若任之樹木, 一遇風寒, 大者損瘦, 小者或死.

버드나무 장작을 태우면[119] 닭과 병아리가 피해를 입게 되는데, 어린 것은 죽을 수도 있고 큰 것은 눈이 멀게 된다. 이러한 지적은 기장 줄기를 태우면 조롱박을 죽이는 것과 같은 것으로 그 원인을 명백하게 이해하기는 어렵다.

燃柳柴, 殺雞雛, 小者死, 大者盲. 此亦燒黍穰殺瓠之流, 其理難悉.

○ 『가정법』에서 말하는 '닭 기르는 법': 2월에 먼저 1무[畝]의 땅을 갈아엎어서 밭을 일구고, 차조[秫]로 죽을 쑤어 그 위에 뿌린다. 신선한 띠풀을 베어서 지면에 덮어 주면 자연스럽게 하얀 벌레가 생긴다. 누런 암탉 10마리와 수탉 1마리를 구입한다. 땅 위에 사방 15자[尺]의 작은 집 한 칸을 만든다. 지붕 아래에 가로로 된 시렁을 매달아 닭이 그 위에서 서식하게 해 준다. 여름철 한낮의 날씨가 무더우면 닭이 지붕 아래에 들어와 쉴 수 있다. 이것 외에 뜰 가운데 작은 집을 지어 주면 어미 닭이 병아리를 품을 수 있으며, 까마귀도 들어오지 못한다.

『家政法』曰: 養雞法: 二月, 先耕一畝作田, 秫粥洒之. 刈生茅, 覆上, 自生白蟲. 便買黃雌雞十隻, 雄一隻. 於地上作屋, 方廣丈五. 於屋下懸簀, 令雞宿上. 夏月盛晝, 雞當還屋下息. 幷於園中築作小屋, 覆雞得養子, 烏不得就.

○ 닭을 길러 빨리 살찌게 하기 위해서 지붕 위에 올라가지 않게 하고 뜰을 쏘다니지 않게 하며, 까마귀・솔개・여우・살쾡이를 두려워하지 않게 하는 법: 특별히 담장을 하나 쌓고 담장 위에 작은 문을

養雞令速肥, 不爬屋、不暴園、不畏烏、鴟、狐狸法: 別築牆匡, 開小門. 作

119) "연류시(燃柳柴)….": 이는 가사협 자신이 이미 "그 원리는 알기가 어렵다.[其理難悉.]"라고 한 것과 같이, 단지 우연한 사건인 듯하다.

낸다. 담장 가운데에 작은 헛간을 만들어 닭이 바람과 비나 뜨거운 햇볕을 피할 수 있게 한다. 암탉과 수탉이 날 때에 사용하는 털[六翮][120]을 모두 잘라주어 담장 밖으로 나갈 수 없게 한다. 평소에 쭉정이나 피[稗], 야생 완두[野豌豆][121]와 같은 사료를 모았다가 먹인다. 또 작은 구유를 만들어 물을 담아 놓는다. 가시나무로 엮은 닭장을 만들어서 지면에서 1자 떨어진 위치에 설치하고 닭장 아래의 닭똥은 항상 소제해주어야 한다. 땅에서 1자 높이로 떨어진 담장 위에 작은 구멍을 뚫어 둥지를 만든다. 겨울철에는 둥지 속에 반드시 마른 풀을 깔아 준다. 풀을 깔아 주지 않으면 계란이 얼게 된다. 봄・여름・가을의 세 계절에는 풀을 깔 필요가 없다. 닭이 바로 흙 위에 누워서 마음대로 알을 낳고, 병아리를 부화시키게 한다. 둥지 안에 풀이 있으면 구더기가 생기기 쉽다. 병아리가 부화한 이후에는 둥지 밖으로 꺼내어 광주리로 덮어 준다. 메추라기[鶴鶉] 크기로 자라면 바로 담장 안에 놓아서 기를 수 있다. 식용 닭으로 키우려면 다시 별도로 담장을 쳐서 밀[小麥]을 찐 후 사료로 먹이면 21일쯤 지나 비대해진다.

小廠, 令雞以避[26]雨日. 雌雄皆斬去六翮, 無令得飛出. 常多收秕、稗、胡豆之類以養之. 亦作小槽, 以貯水. 荊藩爲棲, 去地一尺, 數掃去屎. 鑿牆爲窠, 亦去地一尺. 惟冬天著草, 不茹則子凍. 春夏秋三時, 則不須. 直置土上, 任其產伏. 留草, 則蛆蟲生. 雛出, 則著外, 以罩籠之. 如鶴鶉大, 還內牆[27]匡中. 其供食者, 又別[28]作牆匡, 蒸小麥飼之, 三七日, 便肥大矣.

○ **무정란[122]을 취하여 일상의 식용 계란으로 쓰는 법:** 별도로 어미 닭을 가려내어 수탉과 섞이지 않게

取[29]穀產雞子, 供常食法: 別取雌雞,

120) 역자주 무계유 교석본에 의하면, '육핵(六翮)'은 날개의 총칭이라고 한다.

121) 역자주 '야완두'는 콩과식물인 야생완두[大野豌豆]의 다년생 초본으로 열매는 협과(莢果)로 일그러진 장방형이고 광택이 난다. 종자는 한 개이고 흑색이다. 주로 산비탈, 바위언덕 및 산 정상에 자란다. 중국의 동북, 산서, 하북, 섬서, 감숙지방에 분포한다.

122) 역자주 마종신의 역주에는 "곡산계자(穀產雞子)는 민간에서는 수컷이 없는 달걀이라고 하는데, 이는 음양이 조화되지 않은 상태에서 생긴 것을 의미한다. 그리고 그런 의미에서 미수정란이라고 할 수 있다. 남북조시대에는 불교가 성행하였고 특히 북위는 더욱 심하였다. 때문에 일반 사람들은 살생을 경계했다. 하지만 무정란은 생명이 없기 때문에 먹어도 당시에는 죄책감을 느끼지 못한 듯하다."라고 한다.

한다. 담장을 치고 날개를 자르며, 가시나무로 닭장을 만들고 담장에 구멍을 뚫어 둥지를 만드는 등의 일은 모두 앞에서 말한 것과 같다. 단지 곡식을 많이 먹여 겨울철에 비대해지면 자연적으로 '무정란을 생산'하게 된다. 닭 한 마리가 100여 개의 알을 낳지만, 병아리로 부화되지 못하므로 그것을 식용으로 하더라도 죄책감을 느낄 필요가 없다.

勿令與雄相雜. 其牆匡, 斬翅、荊棲、土窠, 一如前. 惟多與穀, 令竟冬肥盛, 自然'穀產'矣. 一雞生百餘卵, 不雛, 並食之無咎.

【『용어하도龍魚河圖』에 이르기를,】[123] 머리가 흰 검은 닭은 사람이 먹으면 병이 생긴다. 발가락이 6개 달린 닭을 먹으면 사람이 죽을 수도 있다고 한다.

【『龍魚河圖』30 曰,】 黑雞白頭, 食之病人. 有六指者殺人.

『양생론養生論』에는, 닭고기를 어린아이가 먹도록 해서는 안 되는데, 먹이면 회충蚘蟲이 생길 수 있고, 또 몸이 약해지고 여위게 되기 때문이라고 하였다.

『養生論』曰, 雞肉不可令小兒食, 食之生蚘蟲, 又令體消瘦.

▌교 석(校釋)▌

25 '금어(禽魚)'라는 큰 제목은 전본에는 없으나, 격본에 따라 보충한다. 이 윗부분은 포유류의 '가축'에 대해 기술한 것이며, 아랫부분은 '가금류'와 '곤충', '어류'에 관한 것이다.

26 전본에는 '피(避)'자 위에 '이(以)'자가 더 있지만, 격본과 『제민요술』의 원래 문장에는 덧붙인 글자가 없다.

27 '내장(內牆)': 전본에는 '장내(牆內)'로 되어 있으나, 격본에는 순서를 바꾸어 '내장(內牆)'이라고 하고 있으며, 이는 『제민요술』 원문과 일치하며, '내(內)'자는 '납(納)'자를 차용해서 쓴 것이다.

28 '별(別)': 전본에는 빠져 있으나, 격본과 『제민요술』에는 들어 있다.

29 '취(取)': 전본에는 '우(又)'로 되어 있으나, 격본과 『제민요술』의 원래 제목

123) 역자주 석성한의 교석본에는 【 】 부분을 보충하고 있다.

에는 '취'로 되어 있다.

30 '용어하도왈(龍魚河圖曰)': 전본에는 있으나, 격본에는 없다. 『제민요술』은 원래 『용어하도(龍魚河圖)』에서 인용한 것이다. 본문의 '흑(黑)'자는 『제민요술』의 원래 인용문에는 '현(玄)'으로 되어 있다. 내용이 황당무계하고 신뢰가 가지 않는다.

거위·오리

鵝鴨

『제민요술』[124]: 거위와 오리는 모두 그 해에 두 번째로 부화한 병아리를 종자로 삼는다. 첫 번째 부화한 것은 계란이 적고, 세 번째 부화되어 나온 것은 겨울 날씨가 추워서 새끼 오리와 거위가 대부분 살아나기 어렵다.

통상 거위는 암컷 3마리에 수컷 1마리를 짝지어 준다. 오리는 암컷 5마리에 수컷 1마리의 오리를 짝지어 준다. 거위가 첫 번째로 낳는 알은 10여 개이고, 오리는 수십 개를 낳는데, 늙은 거위와 오리는 해가 갈수록 알을 적게 낳는다. 항상 오곡 사료를 충분히 먹여 기르면 거위와 오리는 알을 많이 낳는다. 먹이는 사료가 충분하지 못한 경우에 거위와 오리는 알을 적게 낳는다.

헛간 아래 거위와 오리의 알 낳는 둥지를 지어준다. 돼지·개·여우·살쾡이의 습격으로 놀랄 걱정을 피하게 된다. 둥지 속에는 가는 풀을 많이 깔아 따뜻하게 해주어야 한다. 미리 흰색의 나무로 나무 알을

『齊民要術』: 鵝、鴨, 並一歲再伏者爲種. 一伏者得子少, ⓟ 三伏者, 冬寒, 雛多死也.

大率, 鵝, 三雌一雄. 鴨, 五雌一雄. 鵝, 初輩生子十餘, 鴨生數十, 後輩皆漸少矣. 常足五穀飼之, 生子多. 不足者, 生子少.

欲於廠屋之下作窠. 以防豬犬狐狸驚恐之患害. 31 多著細草於窠中令煖.

124) '『제민요술(齊民要術)』': 지금은 『제민요술』 권6 「양아압제육십(養鵝鴨第六十)」에 보인다.

깎아 만들어 둥지마다 하나씩 놓아두고 알인 것처럼 유인한다. 이렇게 하지 않으면 거위와 오리가 둥지 안으로 들어가지 않고 아무데서나 알을 낳기를 좋아하게 되며, 만약 단지 하나의 둥지에 알을 넣어두면 이후에 둥지를 다투는 현상이 발생하게 된다. 알을 낳게 되면 즉시 거두어들이고 별도로 따뜻한 곳에 놓아두며, 가늘고 부드러운 풀을 깔아준다. 만약 둥우리 속에 둔다면 얼게 되어 새끼 거위와 오리가 부화하지 못한다.

先刻白木爲卵形, 窠別著一枚以誑之. 不爾, 不肯入窠, 喜東西浪生, 若獨著一窠, 後⑨有爭窠之患. 生時, 尋卽收取, 別著一煖處, 以柔細草覆藉之. 停置窠中, 凍卽雛死.

부화할 때 큰 거위는 10개의 알을 품으며, 큰 오리는 20개의 알을 품을 수 있다. 거위와 오리가 작을 때는 적당히 알을 줄인다. 품는 알이 너무 많으면 어미가 두루 잘 품지 못하게 된다. 부화 기간 중에 수시로 둥지에서 일어나는 것은 어미 거위와 어미 오리로 삼을 수 없다. 일어나는 횟수가 많으면 알이 얼게 될 것이다. 알을 품기만 하고 일어나지 않으려는 경우에는 5~6일마다 한 번씩 먹이를 주어서 나오게 하고, 그로 하여금 흙 속에 한 번씩 몸을 비비게 한다. 긴 시간 동안 일어나지 않으면 굶주려 몸이 여위고 차가워져 계속 품더라도 알을 따뜻하게 할 수 없게 된다.

伏時, 大鵝一十子, 大鴨二十子. 小者減之. 多則不周. 數起者, 不任爲種. 數起, 則凍冷也. 其貪伏不起者, 須五六日一與食, 起之, 令洗浴. 久不起者, 飢羸身冷, 雖伏無熱.

거위와 오리는 1개월의 시간이 지나야만 병아리가 껍질을 깨고 나올 수 있다. 병아리가 알에서 깨어 나올 때를 기다리는 4~5일 이내에는 북 치고 물레 잣는 소리, 크게 고함치는 소리, 돼지와 개 짖는 소리 및 방아 찧는 소리를 들리게 해서는 안 된다. 또 사용하는 기물은 잿물[125]에 담가서는 안 되고, 갓 아기를 낳은 임산부도 보게 해서는 안 된다.

鵝鴨皆一月雛出. 量雛欲出之時, 四五日內不用聞打鼓、紡車、大叫、豬、犬及舂聲. 又不用器淋灰, 不用見新産婦. 觸忌者,

이러한 금기를 어기면 병아리는 대부분 그들의 기에 압도되어서 깨어 나올 수 없으며 만약 깨어 나오더라도 아주 빨리 죽게 된다.

거위와 오리의 병아리가 부화한 이후에는 광주리[籠]를 만들어 덮어 준다. 우선 멥쌀[粳米]로 죽을 끓여 한 끼를 배불리 먹인다. 이를 '전소塡嗉'126)라고 한다. 만약 전소를 하지 않으면 음식물이 목이 막혀 번번이 헛소리만 내고, 목멘 소리를 내다가 죽게 된다. 전소한 뒤에, 밥에 잘게 썬 씀바귀[苦菜]와 무청[蕪菁英] 잎을 비벼서 먹인다. 병아리에게 깨끗한 물을 먹이는데 물이 혼탁해지면 새로 갈아 준다. 만약 물을 갈아 주지 않으면 진흙이 콧구멍을 막아 죽을 수 있다. 물속에 넣을 때는 오랜 시간 머물게 하지 말고 재빨리 나오게 한다. 거위와 오리는 본래 물새 계통이라서 물이 없으면 곧 죽는다. (그러나) 배꼽이 아직 아물지 않아서 오랜 시간 물속에 있으면 한기가 들어 죽게 된다. 광주리 안의 높은 곳에 가는 풀을 깔아 병아리가 그 위에서 자게 한다. 병아리가 작고 배꼽이 아직 아물지 않았을 때는 찬 곳에서 자게해서는 안 된다. 15일쯤 지난 뒤에 비로소 광주리 밖으로 나가게 한다. 일찍 내보내면 체력이 달아 쉽게 피로해질 뿐 아니라 또한 추위와 함께 까마귀나 솔개의 피해를 입게 된다.

거위는 오직 오곡五穀, 피[稗子]와 신선한 풀만

雛多厭殺, 不能自出. 假令出, 亦尋死也.

雛既出, 作籠籠之. 先以粳米粥糜, 一頓飽食之. 名曰'塡嗉'. 不爾, 噎輒軒虛, 羌量而死. 32 然後以粟飯, 切苦菜, 蕪菁英爲食. 以淸水與之, 濁則易. 不易, 泥塞鼻則死. 入水中, 不用停久, 尋宜驅出. 此既水禽, 不得水卽死. 臍未合, 久在 33 水中, 冷徹亦死. 於籠中高處, 敷細草, 令寢處其上. 雛小, 臍未合, 不欲冷也. 十五日後, 乃出籠. 早放者, 匪直乏劣致困, 又有寒冷, 兼烏鴟灾也.

鵝惟食五穀, 稗

125) "그릇을 잿물에 담가서는 안 된다.[不用器淋灰.]": 이러한 금기는 미신으로 볼 수밖에 없다.

126) 역자주 마종신은 역주에서 '전소(塡嗉)'는 거위와 오리의 전소로서, 죽과 같은 음식물로 모이주머니를 가득 차게 하는 것으로, 이는 소화기관의 발육을 촉진하고 음식을 먹을 때 목이 메는 것을 방지할 수 있다고 한다.

을 먹고 곤충은 먹지 않는다. 『갈홍방(葛洪方)』[127]에 이르기를, '사공(射工)'[128]이 살고 있는 곳에 거위를 기르면 응당 사공을 볼 때마다 거위가 쪼아 먹기 때문에 이러한 곤충을 물리칠 수 있다고 하였다. 오리는 아무것이나 잘 먹는다. 물에서 자라는 피가 익을 때를 특히 좋아하여, 이것을 먹으면 매우 통통하게 살이 찐다.

子及草萊, 不食生蟲. 『葛洪方』曰: 居'射工'之地, 當養鵝, 鵝見此物能食之, 故鵝辟此物也. 鴨, 靡不食矣. 水稗實成時, 尤是所便, 噉此足得肥充.

식용으로 쓸 새끼거위는 100일 이후, 새끼오리는 60~70일 이후라야 살도 찌고 고기도 연하여 매우 맛이 있다. 너무 시간이 길어지면 육질이 질겨진다.

供廚者, 子鵝百日以外, 子鴨六七十日, 佳. 過此肉硬.

일반적으로 거위와 오리를 기른 지 6년이 지나면 늙어서 다시는 알을 낳지 못하고, 또 알을 품지도 못하니 마땅히 바꾸어야 한다. 갓 자란 거위와 오리는 막 알을 낳고 품기 시작하지만 능숙하지 못하니 오직 2년 이상 된 것만이 좋다.

大率鵝, 鴨六年以上, 老, 不復生, 伏矣, 宜去之. 少者, 初生, 伏又未能工, 惟數年之中佳耳.

어미오리를 기르려면 수오리와 섞어서는 안 되며, 먹일 곡식과 사료는 충분하게 하여서 오리가 배불리 먹도록 하여 살이 찌게 하면 한 마리의 오리가 1년에 100개의 알을 낳을 수 있다. 이것이 곧 흔히 말하는 '곡생(鷇生: 무정란)'이라는 것이다. 이 같은 알은 암수가 교배하여 낳은 것이 아니기 때문에 비록 새끼를 품어도

純取雌鴨, 無令雜雄, 足其粟豆, 常令肥飽, 一鴨便生百卵. 俗所謂'鷇[34]生'者. 此卵旣非陰陽合生, 雖伏亦不成雛. 宜以供

127) '갈홍방(葛洪方)': 신화적인 색채가 농후하므로, 신뢰할 수 없다. 갈홍(葛洪)이 한 말이 아닐 수도 있다.

128) 역자주 무계유 교석본에 의하면, 사공(射工)은 전설상의 독충으로 『박물지』 권2에는 "강남의 강과 계곡 속에 사공충이 살고 있는데, 갑충(甲蟲)류이다. 길이는 12자로 붙으면 상처가 생겨 다스리지 않으면 사람을 죽게 한다."라고 한다.

오리 새끼를 부화시킬 수 없다. 식용으로 쓰는 것이 마땅하며, '미란(䴠卵)[129]의 죄의식'을 느낄 필요가 없다.

膳, 幸無'䴠卵之咎'也.

▌교 석(校釋)▌

31 '환(患)': 전본에는 '환(患)'으로 되어 있으며, 격본에는 '해(害)'로 쓰여 있으며, 이는 『제민요술』에서 원래 사용한 글자와 부합한다.

32 '전소(塡嗉)': 이하의 주문은 전본에는 모두 빠져 있다. 격본에는 있으나, '공등(空等)' 중에 잘못된 글자가 있어 뜻이 통하지 않는다. 지금은 격본의 형식에 따라 『제민요술』 교정본에서 '헌허(軒虛)' 즉 '헛기침하다'는 뜻을 보충해 넣는다. 강(羌, qiang으로 읽음)량(量: liang으로 읽음), 또는 '강량(嗴喨)', '강량(嗴哴)'으로 쓰이며, 『방언(方言)』 권1, 『광아(廣雅)』 권3에 보인다. 목소리가 갈라진다는 뜻이다.

33 '재(在)': 민각, 절각에는 '칙(則)'으로 되어 있으나, 소각과 격본은 원래 『제민요술』에서 쓴 '재(在)'자로 고쳤다.

34 '곡(穀)': 전본에는 '살(殺)'로 되어 있고, 격본에는 비어 있는데, 『제민요술』의 원문에는 '곡(穀)'자로 쓰고 있다. '곡산(穀産)'은 곡식을 먹여 키워 암컷 가금류가 알을 낳도록 하는 것이다. 앞부분의 '계(雞)'장에는 "닭에게 곡식을 먹여 알을 낳게 하는 법[穀産雞子供常食法]"이 있다.

▌교 안(校案)▌

ⓟ '일복자득자소(一伏者得子少)': 『제민요술』에는 "첫 번째 부화는 새끼를 적게 얻는다.[一伏者得子少.]"라고 하고 있으며, 석성한의 교주에는 '일복득자자소(一伏得子者少)'라고 하고 있다.

ⓠ '후(後)': 가나자와 문고본 『제민요술』에는 '복(復)'으로 쓰고 있다.

---

129) 역자주 마종신의 역주에 의하면, '미란(䴠卵)'은 어린 사슴과 새 알로 무릇 어리고 작은 금수를 가리킨다. 『주례』 지관의 '적인(迹人)'에 "미란(䴠卵)을 금지한다."는 구절이 있는데, 어린 사슴과 새알을 포획함을 금지한 것이다. 여기서 말하는 곡단(穀蛋: 무정란)은 거위의 부화용으로 제공되는 것이 아니어서 금지된 미란의 계열에 속하지 않기 때문에 곡단을 먹는 것은 죄의식을 느낄 필요가 없다고 한다.

물고기

『제민요술』130): 『도주공양어경陶朱公養魚經』에 이른바, 사람들이 삶을 영위하는 방식에는 5가지가 있는데, 그 중에서 수산 양식이 첫 번째이다. 수산 양식이란 곧 '못에서 고기를 기르는 것'이다. 6무畝 면적의 못을 만들고 못 가운데 9개의 섬[九洲]을 만든다. 3자 길이의 알밴 어미잉어[鯉魚] 20마리와 3자 길이의 수잉어 4마리를 구한다. 2월 상순의 경일庚日에 못 가운데에 넣어 물을 소리 나지 않게 하면 어미 물고기는 반드시 산란하게 된다. 4월이 되면 못 속에 '신수神守' 한 마리를 넣어 주고, 6월에 다시 2마리의 '신수'를 넣어 주며, 8월 중에 신수 3마리를 또 넣어 준다. '신수'는 곧 자라[鼈]이다. 못 가운데에 '신수'를 넣어 주는 까닭은, 못 속의 물고기가 360마리로 번식하면, 교룡蛟龍이 고기들의 우두머리가 되어서 물고기 떼를 이끌고 뛰쳐나가는 것을 방지하기 위함이다. 자라를 넣어 주면 고기들이 다시는 뛰쳐나갈 수 없고, 못 안에서 9개의 섬을 끊임없이 돌며, 스스로 그곳이 곧 큰 강과 큰 호수라고 생각하게 된다.

魚

『齊民要術』:『陶朱公養魚經』曰, 夫治生之法有五, 水畜第一. 水畜, 所謂'魚池'也. 以六畝地爲池, 池中作九洲. 求懷子鯉魚, 長三尺者, 二十頭, 牡鯉魚, 長三尺者, 四頭. 以二月上庚日, 內[35]池中, 令水無聲, 魚必生. 至四月, 內一'神守', 六月, 內二'神守', 八月, 內三'神守'. '神守'者, 鼈也. 所以內鼈者, 魚滿三百六十, 則蛟龍爲之長, 而將魚飛去. 內鼈則魚不復去, 在池

130) '『제민요술(齊民要術)』': 지금은 『제민요술』 권6의 「양어제육십일(養魚第六十一)」에 보이며, 여기에 인용한 『도주공양어경(陶朱公養魚經)』은 신화적인 색채가 농후하며, 숫자는 더더욱 계산하기 힘들다. 본서에 인용된 내용에서는 물고기를 팔아 번 돈을 삭제했는데, 삭제하는 것이 더 적합하다.

中周遶九洲無窮, 自謂江湖也.

이듬해 2월이 되면 1자 길이의 잉어가 1만 5천 마리나 되며, 3자 길이는 4만 5천 마리가 되고, 2자 길이의 잉어는 1만 마리나 된다. 3년째에 이르면 1자 길이의 잉어는 10만 마리가 되며, 2자 길이는 5만 마리, 3자 길이는 5만 마리, 4자 길이의 잉어는 4만 마리가 된다. 2자 길이의 잉어 2천 마리는 종자로 남겨두고, 나머지는 모두 판다. 4년째가 되면 고기는 셀 수가 없이 많아진다.

至來年二月, 得鯉魚, 長一尺者, 一萬五千枚, 三尺者, 四萬五千枚, 二尺者, 萬枚. 至明年, 得長一尺者, 十萬枚, 長二尺者, 五萬枚, 長三尺者, 五萬枚, 長四尺者, 四萬枚. 留長二尺者二千枚作種, 所餘皆貨. 候至明年, 不可勝計也.

못 가운데 9개의 섬과 8개의 협곡을 만들어 준다. 협곡의 꼭대기는 수면에서 2자 깊이로 잠기게 하고, 협곡 가운데는 수면에서 6자 깊이로 한다. 잉어를 양식하는 까닭은 잉어는 같은 종류끼리는 서로 잡아먹지 않고 빨리 자라며 비싸기 때문이다.

池中有九洲、八谷. 谷上立水二尺, 又谷中立水六尺. 所以養鯉者, 鯉不相食, 易長, 又貴也.

○ 또 다른 고기 연못을 만드는 방법: 3자 길이의 큰 잉어는 큰 강이나 큰 호수 근처가 아니면 빨리 구할 수가 없다. 만약 작은 물고기를 기르는 경우에는 짧은 시간 안에 큰 물고기로 키우기가 쉽지 않다. 고기 연못 속에 큰 물고기를 기르려고 한다면 그 방법은, 모름지기 못과 늪의 큰 고기가

又作魚池法: 三尺大鯉, 非近江湖, 倉卒難求. 若養小魚, 積年不大. 欲令生大魚法, 須載取藪、澤、陂、湖,

잘 자라는 곳의 물가 근처의 진흙 십여 수레를 실어다가 못 바닥에 깔아주는 것이다. (이처럼 하면) 2년 안에 바로 큰 물고기로 자라게 된다. 이것은 진흙 속에 원래 큰 물고기의 알이 있는데 물을 만나게 되면서 매우 빨리 생장하는 까닭이다.

饒大魚之處, 近水際土十數載, 以布池底. 二年之內, 卽生大魚. 蓋由土中先有大魚子, 得水卽生也.

| 교 석(校釋) |

35 '내(內)': 전본에는 '납(納)'으로 되어 있으며, 이것이 오늘날 사용하는 글자이다. 하지만 "4월이 되면, 자라를 한 마리 넣는다.[至四月, 內一神守.]"와 같은 세 구절의 '내(內)'자에 또 '내(內)'를 만들었는데, 분명 『영락대전』을 옮겨 적을 때 『제민요술』에 쓰인 인용문의 뜻을 이해하지 못하고 이 세 개의 '내(內)'자를 고치고, 나머지 세 개의 '내(內)'는 '월내(月內)'로 읽었기 때문에 서로 다르게 적힌 듯하다. 격본과 『제민요술』의 원래 인용문에는 '내(內)'자로 되어 있다.

꿀 벌

蜜蜂

○ 새로 덧붙이기: 일반적으로 민가에서는 대부분 산야의 폐굴131) 속에서 꿀을 딴다. 작은 집을 짓거나 혹은 가시나무를 엮어서 둥근 곳집

新添: 人家多於山野古窯中收取. 蓋小房, 或編荊囤,

131) 역자주 무계유 교석본에 의하면, '고요(古窯)'는 폐기된 황토굴이거나 황토 구덩이다. 본래 야생벌은 황토 굴 속에 집을 지었는데 사람들이 그것을 거두어서 집에서 기르게 된 것이다. 명나라 말까지는 여전히 야생벌이 많고 집에서 기르는 양봉은 적었다고 한다.

(벌통)을 만들고 양 끝을 진흙으로 밀봉하고 위에 1~2개의 작은 구멍을 뚫어서 벌이 출입할 수 있게 해 준다.132) 그 외에 또한 벌통에 작은 문을 만들어 진흙으로 밀봉하는데, — 수시로 열어서 깨끗하게 청소해주어야 하며 — 다른 동물이 침범하지 못하게 해야 한다. 가을이 지나서 모든 꽃이 다 떨어지면 벌들이 겨울을 날 정도의 꿀만 남기고 벌집[脾]을 떼어내서 꿀과 봉납蜂蠟을 거둔다.

兩頭泥封, 開一二小竅, 使通出入. 另開一小門, 泥封 — 時時開却, 掃除常淨 — 不令他物所侵. 秋花彫盡, 留冬月可36食蜜, 脾割取作蜜蠟.

봄 3월이 되어서 깨끗하게 청소하는 것은 앞의 방법과 같다. 움집[窭: 벌통] 앞에 물을 떠놓고 벌이 갈증으로 인해 해를 입지 않게 한다. 봄이 되어 새 벌이 자라 여왕벌의 수, 벌의 많고 적음, 벌떼가 건강한지 아닌지를 살펴 2개의 벌통으로 나누는데, 여왕벌은 단지 2마리만 남겨 두고 그 나머지는 집어내어 제거한다. 만약 벌떼가 건강하지 못하면 옛 여왕벌을 제외하고, 새 여왕벌은 모두 가려내어 없애버린다. '움집[窭]'이란 굴속에 거주한다는 의미이다.

至春三月, 掃除如前. 常於蜂窭前置水一器, 不致渴損. 春月蜂成, 有數箇蜂王, 當審多少, 壯與不壯, 若可分爲兩窭, 止留蜂王兩箇, 其餘摘去. 如不壯, 除舊蜂王外, 其餘蜂王, 盡行摘去. '窭' 穴居也.

▌교 석(校釋)▌

36 "먹을 정도의 꿀만 남기고 벌집[脾]을 떼어내서 꿀과 봉납蜂蠟을 거둔다. …[可食蜜, 脾割取作蜜蠟. …]": 전본에는 '봉소식밀여밀비(蜂所食蜜餘蜜脾)'의

132) 역자주 마종신의 역주에는 "구식 양봉 법은 대부분 작은 집을 지어서 벌집으로 삼고 벌집의 전면에는 구멍이 많이 뚫린 판자를 붙여 벌들이 출입하게 하고, 뒷면에는 작은 문을 내어 청소를 하거나 벌을 관리하고 분봉하는 등의 용도로 사용하였다. 가시나무로 짜서 벌집을 만드는 것은 이보다 더 옛날 방식이다."라고 한다.

형식으로 되어 있다. 격본에는 '봉소(蜂所)' 두 글자 대신 '가(可)'자만 있고, '밀여(蜜餘)'두 글자는 없어 "(겨울까지 남겨) 먹을 꿀만 남기고, 나머지 벌집[脾]을 떼어낸다. …(留冬月)可食蜜: 脾割. …]"로 되어 있다. 왕정의 『농서』 권5의 '농상통결오(農桑通訣五)', '밀봉류(蜜蜂類)'의 인용문은 "먹을 수 있으며, 밀비(蜜脾)의 남은 것은 나눠서…[可食, 蜜脾, 餘者割…]"로 되어 있는데, 이것이 원래의 형태인지는 확실하지 않다.

매년 해야 할 잡다한 일들 [歲用雜事]

『사시유요』[133]: ○ 정월: 울타리를 세운다. 밭에 거름을 준다. 황무지를 개간한다. 잠실을 수리한다. 잠박蠶箔을 짠다. 뽕잎 따는 걸상[桑机][134]을 만든다. 삼으로 미투리를 삼는다. 쌀을 찧는다. 이달은 사람들이 한가하다. 담을 쌓는다.

○ 2월: 버드나무를 심는다. 묻어둔 포도덩굴을[135] 펴서 시렁 위에 올린다. (월동을 위해) 밤나무 모종에 덮어 두었던 풀을 걷어낸다. 석류나무 모종에 덮어 두었던 풀을 걷어낸다. 장醬을 담근다. 이 달이 장을 담그는 데 적기이다. 한식寒食 전후에 땔나무와 숯을 마련한다. 베를 짠다. 겨울옷을 빤

歲用雜事

『四時類要』: 正月: 豎籬落. 糞田. 開荒. 修蠶屋. 織蠶箔. 造桑. 造麻鞋. 舂米. 此月人閑. 築牆.

二月: 栽柳. 舒蒲桃上架. 解栗裹縛. 去石榴裹縛. 造醬. 是月合爲中時. 寒食前後收柴炭. 造布. 浣冬衣. 採桑

133) 『사시유요(四時類要)』: 이 조는 각각 조선각본 『사시찬요』 각 월 끝부분의 '잡사(雜事)'조에 보이며, 대부분 『사민월령』과 『제민요술』 권3의 「잡설제삼십(雜說第三十)」의 내용을 베낀 것이다. 『사시유요』가 이들 조를 모아 놓은 것인지, 아니면 『농상집요』를 모아놓은 것인지 단정할 수 없다.

134) 역자주 무계유 역주본에서는 '상(桑)'을 '상궤(桑机)'라고 보고 있으며, 궤(机)는 뽕 잎을 따는 데 사용하는 나무 걸상이라고 한다.

135) 역자주 본문의 포도(蒲桃)는 포도(葡萄)이다.

다. 뽕나무의 사마귀 알집[螵蛸136)]을 따낸다.

○ 3월: 도랑[溝瀆]을 쳐서 정비한다. 담장[垣牆]을 수리한다. 집[屋室]을 수리하여 장맛비[霖雨]에 대비한다. 날벽돌을 찍어 낸다.137) 가지를 옮겨 심는다. 반 응고된 우유[酪]를 만든다. 이 달에 소와 양(羊)에게 풀을 배불리 먹이면 좋은 우유를 만들 수 있다.

○ 4월: 순무[蔓菁]·갓[芥]·무[蘿蔔] 등의 씨를 거둔다. 말린 오디를 거두어들인다. 파[葱]를 김매기한다. 말린 죽순[笋]과 절인 죽순을 마련한다. 이 달에 벌목하면 좀이 슬지 않는다. 제방을 수리하고 물길[水竇]을 연다. 집의 물이 새는 곳을 손질하여 폭우에 대비한다.

○ 5월: 초목을 태운 재를 모직 품과 깃털 제품 속에 넣어둔다. (여름철에 좀이 스는 것을 예방한다.) 양탄자는 모름지기 사람이 눕는 것인데, 눕지 않을 때는 햇볕에 말리고 빗자루로 깨끗하게 청소한다. 누에씨[蠶種]·완두豌豆·촉개蜀芥·고수씨[胡荽子]138)를 거둔다.

○ 6월: 여공女工에게 실을 자아 비단을 짜게

螵蛸.

三月: 利溝瀆. 葺垣牆. 治屋室以待霖雨. 脫墼. 移茄子. 造酪. 是月牛羊飽草好造也.

四月: 收蔓菁芥蘿蔔等子. 收乾椹子. 鋤葱. 收乾笋藏笋. 此月伐木不蛀. 修隄防開水竇. 整屋漏以備暴雨.

五月: 灰藏毛羽物. 氈須人臥, 不臥則曬箒掃. 收蠶種、豌豆、蜀芥、胡荽子.

六月: 命女工織

136) 역자주 무계유 교석본에 의하면, 사마귀는 가을에 나뭇가지나 풀의 줄기에 알을 낳기 때문에 나뭇가지 등에 알집이 매달려 있다. 옛날에는 불에 굽거나 쪄서 말린 후 약용으로 사용했지만, 지금은 대부분 물에 삶아 말린 후 약용으로 사용한다고 한다.

137) 역자주 마종신은 역주에서, 격(墼)은 토배(土坯), 즉 굽지 않은 벽돌로, 산동의 토배는 흙과 보릿짚을 섞어 진흙으로 만들어 나무틀에 넣어 벽돌을 찍어내는 것인데, '탈배(脫坯)' 또는 '탈격(脫墼)'이라고 한다.

138) 역자주 호유(胡荽, 고수): 향채로서 맛이 매우며[辛] 독이 약간 있다. 특이한 향내가 있으며 거담·구풍·건위제로 쓰인다.[국립국어원](http://www.korean.go.kr/09_new/index.jsp).

한다. 겨자씨를 거둔다. 중추(中秋) 이후에 심는다. 화초와 약초[花藥]의 씨를 거둔다.139) 바로 심는다. 자두나무 씨[李核]를 거둔다. 바로 심는다. 거여목[苜蓿]을 거둔다. 홰나무 꽃[槐花]을 수확한다. 볕에 말린다. 대나무를 벤다. 이달과 8월에 베면 좀이 슬지 않는다. 삼[麻]을 물에 담근다. 양털 담요[氈褥]·책·갓옷[裘]을 햇볕에 쬐어 말린다. 달래[小蒜]140)를 심는다. 7월에도 파종할 수 있다. 무를 심는다.

○ 7월: 닥나무 씨를 거둔다. 묵은 옷을 빨고 새 옷을 만들며 겹옷[夾衣]을 지어 날씨가 추워질 것에 대비한다. 다복쑥[蒿草]을 벤다. 촉개를 심는다. 염교[薤]를 분재한다. 늦삼[晩麻]을 물에 담근다. 채소밭을 일군다. 연잎[荷葉]을 거두어 그늘에 말린다. 칠기漆器를 깨끗이 닦아 둔다. 5월부터 7월까지 비가 내린 이후에 칠기·그림[圖畫]·책 상자[箱篋]는 반드시 햇볕에 말려야 손상되지 않는다. 참외꼭지[瓜蔕]141)를 거둔다. 질려자蒺藜子142)를 거둔다. 8월에도 수확할 수 있다.

○ 8월: 율무[薏苡]를 거둔다. 각호角蒿143)를 거

紬絹. 收芥子. 中秋後種. 收花藥子. 便種之. 收李核. 便種. 收苜蓿. 收槐花. 曝乾. 斫竹. 此月及八月不蛀. 37 漚麻. 曬氈褥書裘. 種小蒜. 同七月. 蘿蔔.

七月: 收楮子. 浣故衣製新衣作夾衣, 以備始涼. 刈蒿草. 種蜀芥. 分薤. 漚晩麻. 耕菜地. 收荷葉陰乾. 拭漆器. 五月至此月, 盡經雨後, 漆器、圖畫、箱筬, 須曬乾, 則不損. 收瓜蒂. 收蒺藜子. 同八月.

八月: 收薏苡.

---

139) 역자주 본서에서 말하는 약초 종류는 매우 많아서 여기서 말하는 화초와 약초가 무엇을 가리키는지 정확히 알 수 없다.

140) 역자주 달래[小蒜]로 일명 역근(鬲根) 또는 완자(亂子)라고도 하는데 산에서 난다. 뿌리와 잎은 마늘 같으나 가늘고 작으며 냄새가 몹시 난다. 음력 5월에 캔다.[국립국어원](http://www.korean.go.kr/09_new/index.jsp).

141) 역자주 참외 꼭지이다. 성질(性質)은 차며 맛이 써서 토하게 하는 데에 쓰며, 담(痰)·후증(喉症)·부증(浮症)·황달(黃疸) 등의 병을 고치는 데 쓰인다.[국립국어원](http://www.korean.go.kr/09_new/index.jsp).

142) 역자주 말린 남가새의 열매이다.

둔다. 부추꽃[韭花][144]을 거둔다. 호두[胡桃]를 수확한다. 대추[棗]를 수확한다. 꿀[蜜]을 딴다. 하순에 유의油衣[145]를 만든다. 참깨[油麻]·찰수수[秫]·강두江豆를 거둔다. 겨울옷을 준비한다. (자리를 짜는 데 사용하는) 골풀[莞]·갈대[葦]를 벤다.

收角蒿. 收韭花. 收胡桃. 收棗. 開蜜. 下旬造油衣. 收油麻、秫、江豆. 備冬衣. 刈莞葦.

○ 9월: 돼지[豕]를 방목[146]한다. 10월에도 방목할 수 있다. 주엽나무 열매[皁角][147]를 거둔다. 마씨[麻子]와 깨[油麻]를 비축한다. 국화菊花를 딴다. 모과[木瓜]를 수확한다. 겨울을 대비하여 저장: 대개 순무[蔓菁]·들깨[荏]·여뀌[蓼]·부추 등은 연하고 맛있지만 오래 두지 못한다. 밭의 채소는 비교적 단단해서 2월까지 두어도 된다.

九月: 收豕. 同十月. 收皁角. 貯麻子油. ❶ 採菊花. 收木瓜. 備冬藏: 凡蔓菁、荏蓼、韭葷、脆美而不耐停. 若旱園菜稍硬, 停得至二月.

○ 10월: 담장을 쌓고 북쪽 창문을 진흙으로 도배한다. 거적을 친다. 소와 말의 외양간을 (거적 등으로) 가려 준다. 홰나무 열매[槐實]·가래나무 열매를 수확한다. 쇠무릎[牛膝]뿌리·지황地黃[148]

十月: 築垣牆墐北戶. 縛薦. 遮掩牛馬屋. 收槐實、梓實. 收牛膝、地

143) 역자주 1년생 초본식물로 긴 뿔 모양의 삭과(蒴果)가 열리는데 살충작용을 한다.

144) 역자주 가을에 흰 부추꽃이 피며, 대부분 꽃이 필 무렵에 따서 식용으로 사용한다.

145) 역자주 비막이용으로 종이, 포목(布木)으로 지어 기름에 결인 옷이다.[국립국어원](http://www.korean.go.kr/09_new/index.jsp).

146) 역자주 무계유 교석본에서는 전본과 달리 수(收)를 목(牧)으로 해석하고 있다. 합당한 듯하다.

147) 역자주 조협(皁莢)이라고도 한다.[국립국어원](http://www.korean.go.kr/09_new/index.jsp).

148) 역자주 현삼과의 여러해살이풀이며, 잎은 모여 나고 긴 타원형이다. 6~7월에 연자주색 꽃이 총상(總狀) 꽃차례로 피고 열매는 타원형의 삭과(蒴果)를 맺는다. 뿌리는 약용하고 중국이 원산지로 한반도 각지에 분포한다.[국립국어원](http://www.korean.go.kr/09_new/index.jsp).

을 수확한다. 우의牛衣[149])를 만든다. 포도蒲桃를 둘둘 감아 흙속에 묻는다. 밤나무·석류나무를 풀로 덮어 주는데 그렇게 하지 않으면 얼어 죽는다. 모든 곡물과 콩과 팥 종자를 수확한다.

○ 11월: 땔나무[薪柴]·솜[綿絮]을 판다. 나무를 베고 화살대를 거둔다. 이 달이 단단해지기 때문이다.[150]) 집기[什物]와 농구農具를 만든다. 삼[麻]을 쪼개고 삼베를 짠다.[151]) 쑥이나 멧대추나무[棘]를 벤다. 연간 사용할 땔감과 풀[年支草]을 빈터에 잘 보관해 둔다. 6월에서 가을 장마철에 그 값이 배로 뛴다.

○ 12월: 수레를 만든다. 눈 녹은 물을 저장한다. 납조臘糟[152])를 준비한다. 땅에 거름을 준다. 멧대추나무를 베어다가 담장 아래 놓아둔다.[153]) 농기구農器具를 만든다. 새끼 양[羔種]의 종자를 선택한다. 쇠똥을 거둔다.[154])

농상집요 제7권

黃. 造牛衣. 盤瘞蒲桃. 包裹栗樹、石榴樹, 不爾卽凍死. 收諸般穀種, 大小豆種.

十一月: 貨薪柴、綿絮. 伐木, 取竹箭, 此月堅成. 造什物、農具. 折ⓢ麻放麻. 刈蒿棘. 貯年支草於隙地. 至六月及秋霖時, 俱利倍.

十二月: 造車. 貯雪水. 收臘糟. 糞地. 刈棘屯ⓣ牆. 造農器. 收羔種. 收牛糞.

農桑輯要卷第七

149) 역자주 덕석이라고도 하며, 날씨가 추워지면 짚이나 무명 헝겊으로 만든 소의 옷을 일컫는다.[국립국어원](http://www.korean.go.kr/09_new/index.jsp).

150) 역자주 무계유 교석본에는 '차월견성(此月堅成)'이란 말이 덧붙여 있다.

151) 역자주 원문의 방마(放麻)는 방마(紡麻)의 잘못으로 생각된다.

152) 역자주 납일(臘日)에 술지게미와 소금을 섞어 독에 담는다.

153) 역자주 마종신은 가시나무를 베어서 담장 아래 두는 것은 겨울과 봄철에 방목하는 가축이 담장을 허무는 것을 막기 위함이라고 역주하고 있다.

154) 역자주 마종신은 역주에서 쇠똥을 거두는 이유는 잠실의 난방을 하기 위함이라고 한다.

교 석(校釋)

37 '주(蛀)': 전본에는 '휴(畦)'로 되어 있으나, 『사치찬요』와 격본에는 본문과 같이 되어 있다.

교 안(校案)

ⓡ '저마자유(貯麻子油)': 『사시찬요』에는 "마씨, 깨[胡麻]를 비축한다.[貯麻子、油麻.]"라고 한다.

ⓢ '절(折)': 『사시찬요』에는 '석(析)'으로 표기하고 있다.

ⓣ '둔(屯)': 무계유 교석본에 의하면, 전본에는 '둔(屯)'으로 쓰여 있으며, 『사시찬요』에는 이 글자가 없다고 한다. '둔(屯)'자는 조선본 각본에서 특별히 쓴 것으로 필히 '잡(匝)'의 파자(破字)는 아닐 것이라고 한다.

농상집요 역주 | 부록

A Translated Annotation of the
Agricultural Manual "Nongsangjipyo" | Appendix

부록 1
附錄一

석성한의 교주후기 校注後記

1.

원나라 태종太宗 오고타이 칸은 만리장성 안쪽의 새로 정복한 지역의 농경지를 목축지로 개간하자는 몽골족 장군들의 제안을 거절하고, 야율초재耶律楚材의 건의를 받아들여 이 지역의 농민들이 계속해서 농업에 종사하도록 장려하고, 세금을 납부하도록 했다. 이 방법은 이듬해에 확실한 효과를 보여, 왕은 대량의 은과 물자, 식량을 거두어들일 수 있었다. 원나라의 칸[大汗]들은 이로써 농업생산의 장점을 알게 되었고, 초기의 왕들은 '권농勸農'에 많은 힘을 기울였다. 원나라 세조世祖 쿠빌라이 칸은 즉위한 이듬해에 농업을 관장하는 '사농사司農司'를 설치했으며, 지원 10년 늦가을, 사농사에서 찬집한 농업기술 지도서인 『농상집요農桑輯要』가 새겨지자, 곧바로 각지에 있는 행중서성의 '권농관勸農官'에게 반포하고 이에 따라 농업을 널리 보급하도록 하였다. 『농상집요』는 중국정부에서 편찬한 현존하는 농업생산 지도서 중 최초의 서적이라고 할 수 있다. 여러 사람들의 '서적 목록'에 관한 기록을 살펴보면, 이보다 더 이른 시기의 것으로 당나라(측천무후 때 '산정刪定'한) 때의 『조인본업兆人本業』과 송나라 때의 『진종수시요록眞宗授時要錄』이 있다. 하지만 이 두 서적은 국내에 존재하지 않는 서적으로,[1] 서명과 기

1) 왕육호, 『중국농학서록』, 중화서국판(中華書局版), 1957, 35쪽, 49쪽과 1964년 농업출판사판(農業出版社版), 37쪽, 62쪽.

록 속 책의 분량으로 봤을 때, '월령月令'과 유사한, 생산시기에 대한 지침서로서 기존의 '수시授時'(조정에서 농사와 관련된 적합한 계절을 공포하는 것)를 위주로 하며, 상세한 기술적인 설명은 없었을 것으로 추정된다. 『농상집요』에 기술 전수와 관련된 내용을 실은 이후로, 대략 500년의 세월이 흐른 뒤 청나라 고종高宗[건륭제(乾隆帝)]에 이르러서야 수시授時와 기술적인 설명을 같이 다룬 『수시통고授時通考』를 찬집하도록 했다. 중국 역사상 정부에서 편찬한 '전국적인 범위'의 성격을 띤 농서는 이 두 권뿐이다.

2.

『농상집요』는 '관서官書'이다. 조정에서는 수도首都, 강절江浙 등 지역에서 책을 다시 새길[重刻] 것을 여러 차례 명령하였다.('부록1' '무영전취진본농상집요제요'의 설명 및 각 조의 주문 참고) 지금의 전본傳本 중에 권3과 권4의 여러 군데와 권5의 두 군데에 있는 작은 글자의 주문에서 추측해 보건대, 다시 새길 때 증보한 적이 있는 듯하다. 다만, 아쉬운 점이 있다면, 원나라 때의 원래 각본은 지금은 보기가 어려운 관계로[2] 이러한 추측들이 사실과 부합되는지의 여부를 판단할 수 없다는 것이다. 명나라 때의 『영락대전』은 책 전권을 권638과 권639, 두 권에 수록했다. 내용을 베낄 때 원서 7권을 합치면서 각 장절의 순서가 바뀌거나 착오를 빚게 되었다. 명나라 후기 장사설張師說의 『전원경제田園經濟』와 호문환의 『격치총서格致叢書』에 다 기록되어 있는데, 전자는 이미 국내에는 남아 있는 것이 없으며,[3] 격치총서본格致叢書本은 국내에 최소

2) 왕육호, 『중국농학서록』, 중화서국판, 1957, 90쪽과 농업출판사판 109쪽과 본서 교주의 설명 참조.

3) 위의 주) 2번 왕육호 『중국농학서록』 참조. 또한 일본농업총합연구소(日本農業總合硏究所)에서 1962년 출판된 아마노 모토노스케(天野元之助)의 『중국농업사연구(中國農業史硏究)』 479쪽에서 '명나라 진무사 간본[明の陳無私刊本]'을 인용하여 일본의 나고야시립 호사문고[名古屋蓬左文庫]와 동경내고(東京內庫)

한 두세 부 정도는 있을 것이다. 지금 유통되고 있는 판본은 모두 청나라 건륭연간에 『영락대전』에서 찬집한 '전본殿本'[목각 활자로 조판 인쇄한 '무영전취진판총서(武英殿聚珍版叢書)']에 근거하여 복각 또는 조판 인쇄한 것이다. 격치총서본은 온통 잘못된 곳과 누락된 곳 투성이라서 두 권은 내용을 이해할 수가 없다. 전본은 『영락대전』의 혼란스러움을 그대로 답습했을 뿐만 아니라, 몇 군데 그나마 고친 것도 잘못 고쳐져 있다.

3.

격치총서본과 전본殿本을 대조해 보면, 전본이 잘못되고 혼란스럽긴 해도 누락된 것은 없다는 것을 증명할 수 있다. 목록에 기록되어 있는 일곱 권이 지금도 완벽하게 보존되어 있으나, 전본이 새로 분권되면서 착오가 생긴 것이다.

일곱 권은 총 10편으로 나뉘어져 있다. 1편의 '전훈典訓'은 '총론' 또는 '서론'의 성격을 띠고 있으며, '역사적인 자료'를 통해 농본사상을 설명하고 있다. 나머지 9편은 모두 기술적인 자료로서, 2편 '경간耕墾'은 토지정리와 이용에 대한 내용을 담고 있으며, 3편 '파종播種'은 곡물, 기름을 함유한 열매, 섬유 등 세 종류의 기본 농작물의 경작, 재배에 대한 내용을 담고 있다. 4편 재상栽桑과 5편 양잠養蠶은 명주실의 생산에 대한 지침으로 내용이 풍부하다. 그 다음으로, 6편은 과채瓜菜, 7편은 과실果實, 8편은 죽목竹木, 9편은 약초藥草, 10편은 자축孳畜이고, 뒤에는 매월 해야 하는 일을 기록한 '세용잡사歲用雜事'가 붙어 있다. 중국의 북쪽 지방은 일반적으로 밭농사[旱農]지역으로, 농업과 부업에 필요한 여러 가지 중요한 항목을 대부분 빠짐없이 포함하고 있다.

이를 통해 『농상집요』가 사상적 체계와 항목 배분에 있어서 700

가 『전원경제(田園經濟)』본을 각 한 부씩 소장하고 있으며, 교토대학인문과학연구소(京都大學人文科學研究所)가 '격치총서본'을 소장하고 있다고 했다.

년 전의 북쪽 지방의 농서인 『제민요술』을 기반으로 하여 『제민요술』 권1-권6의 내용을 담고 있으며, 곡물 생산을 중심으로 각종 부업을 통해 자급자족하는 소농의 경제 시스템을 구축하는 '농본사상'을 담고 있다는 것을 알 수 있다. 또한 순서는 경간, 곡물, 기름을 함유한 열매, 섬유, 채소, 과수果樹, 속생재목速生材木, 특수작물 및 목축으로 되어 있다. 하지만, 700년의 세월이 흐르면서 새로운 기술들이 필요하게 되었고, 『농상집요』는 『제민요술』의 장점을 취함과 동시에 새로운 방법과 발전된 기술을 담고 있다.

눈에 띄는 첫 번째 변화는 명주실의 생산이 농업에서 차지하는 중요성이 유례 없이 높아졌다는 것이다. 『제민요술』에는 양잠에 대한 내용만 담은 편이 따로 없고, '종상자種桑柘'편의 부록으로 실려 있을 뿐인데, 『농상집요』에서는 재상栽桑, 양잠에 대한 내용이 각각 한 권씩을 차지하고 있다. 분량과 조의 수로 봤을 때, 이는 전체의 32%로 거의 1/3을 차지하는 분량이며, 절대적인 양으로만 비교하면 『제민요술』에 있는 '종상자種桑柘' 전체의 9배에 해당된다. 『농상집요』라는 서명에 '상桑'과 '농農'을 나란히 놓은 것도 당시에 양잠을 중요시했다는 것을 말해준다. 이러한 변화는 원나라 초기 명주실에 대한 수요가 절박했음을 반영하고 있다.

두 번째는 『제민요술』의 권7, 8, 9 세 권의 주제인 식품제조 및 조리에 대한 내용이 『농상집요』에는 '과채'편의 뒤에 붙어 있는 '두시豆豉', '부시麩豉' 두 항項과 '약초'편의 '감자甘蔗: 사탕수수' 장에 붙어 있는 '자당蔗糖 졸이는 법'으로만 남아 있다는 점이다. '두시豆豉'와 '부시麩豉' 두 항은 농촌의 잡곡과 부산물을 재료로 하여 사람들이 쉽게 구할 수 있는 조미료를 만드는 방법이다. (그리고 '자당 졸이는 법'은 자급자족하는 것 말고도 부업의 의미도 있으며, 나머지 수많은 '식단'들은 모두 삭제되었다.)

세 번째는 『제민요술』의 잡다한 고증과 쓸데없이 화려한 어휘를 늘어놓은 장들은 거의 삭제하였다는 점이다.['과실'의 '봉(棒)'조에 약간의 흔적만 남아 있을 뿐이다.] 그 외에도 '총진叢辰', '점후占候' … 등 유심론적 미신인 예언과 금기에 대해, 『제민요술』은 비판적인 태도를 취하고는 있지만 여전히 많은 내용이 기록되어 있다. 『농상집요』는 『제민요술』에서 베껴 온 이러한 내용들을 '거의 남지 않았다.'라고 말할 정도의 수준까지 줄였으며, 새로 수록한 내용은 권4 '양잠'편의 몇 조에 불과하다.

네 번째는 상술한 두 번째, 세 번째 내용에 따른 삭제로 분량이 많이 줄어들면서, 『농상집요』 일곱 권 전체의 분량은 『제민요술』 9권 이전까지의 절반밖에 되지 않지만, 실제로 새로 추가한 내용들은 굉장히 많다. 양잠에 관한 두 편의 내용이 『제민요술』의 열 배 이상이며, 곡물 중에 완두, 촉서蜀黍: 고량, 교맥蕎麥: 메밀[『제민요술』의 '잡설雜說'에 있는 교맥은 원래 있던 것이 아니다.]을 새로 추가했으며, 섬유의 원료가 되는 식물에는 저마苧麻, 면화棉花가 추가되었고, 채소에는 균자菌子: 버섯, 파릉菠薐: 시금치, 와거萵苣: 상치, 동호同蒿: 쑥류, 인현人莧: 비름, 남채藍菜: 쪽, 군달莙薘: 근대, 감로자甘露子가 늘어났다. 과수에는 은행, 등橙, 감柑, 귤橘, 사자樝子: 풀명자나무가 추가되었다. 또한 죽목에는 조협皂莢, 연楝: 단향목, 춘椿: 참죽나무, 위葦: 갈대, 적荻:물억새, 포蒲: 부들가 새로 추가되었고, 약초에는 차茶, 회향茴香, 서여薯蕷: 마, 구기枸杞, 국화菊花[안: 약초용 '감국(甘菊)'], 창출蒼朮, 황정黃精, 백합百合, 우방牛蒡: 우엉, 결명決明, 감자甘蔗, 의이薏苡: 율무, 등화藤花: 등꽃, 박하薄荷와 기름을 내는 데 쓰인 앵속罌粟: 양귀비이 추가되었고, 목축에는 봉蜂이 추가되는 등 모두 40여 항목이 추가되었다. 이 외에도, 『제민요술』 권1-권6에 명칭만 언급되고 재배기술은 없었던 '칠漆'과 '치자梔子'에 대한 내용도 처음으로 기재되어 있다.

4.

『농상집요』의 제1편인 '전훈'의 제목의 뜻은 기준 또는 법칙['전(典)']의 지침['훈(訓)']이며, 실제 내용은 예부터 전해져 내려오는 '농본사상'이다.

통치자는 경험과 상식에 근거하여 자신의 권세와 생활이 농업 종사자들에 대한 착취에 기반을 두고 있음을 확실히 이해하고, 일찌감치 "백성은 나라의 근본이요, 음식은 백성의 하늘이다.[民爲邦本, 食爲民天.]"라는 원칙을 도출해냈다. 이러한 원칙에서 출발하여 농민들이 '자신의 분수에 만족하며,' 토지를 지키고 자신의 생업에 종사할 수 있게끔 모든 방법을 생각해냈다. '농農'을 '사민四民' 중에서 '사士'의 다음에 놓아 표면적으로는 농민을 중시하며, "농업을 본업으로 삼다[農爲本業]"라는 구호 아래 '귀농천상貴農賤商'이라는 형태로 농민들을 기만했다. 또 다른 한편으로는 정치적인 힘으로 농민을 조직하고, 교육함으로써 일정한 생산수준을 유지하여 사람들의 생활에 필요한 물자를 공급할 수 있도록 했다. 당시 사람들은 농업 생산에 있어서 모든 기술과 지식이 실제로 농민들이 자연과의 투쟁을 통해 쌓은 공공의 성과임을 명백히 알고 있었던 듯하다. 예를 들어, 공자는 "나는 경험 있는 농부만 못하며, 나는 경험 많은 채소꾼만도 못하다.[吾不知老農, 吾不如老圃.]"라고 인정했으며, 옛말에는 "밭일은 종에게 물어야 하고, 베 짜는 일은 계집종에게 물어야 한다.[耕當問奴, 織當問婢.]"라는 말이 있다. 하지만 각종 터무니없는 말을 날조하여 이러한 농업에 대한 지식은 통치자인 '옛 성인과 선현'들이 창조한 것이라고 하여 모든 공을 제왕, 후비后妃, 관리 및 귀족들에게 돌렸다. '전훈'편의 '농업의 기원[農功起本]'과 '양잠의 기원[蠶事起本]' 두 장은 바로 이러한 거짓말의 표본이다. 3장 '농업에 대한 경전의 교훈[經史法言]'은 『상서尙書』, 『예기禮記』 등의 '경經'서와 『사기史記』, 『한서漢書』 등의 '사史'서, 『관자管子』, 『제민요술齊民要術』의 서문 등 '자子'서에서 '설교說敎'의 말들을 옮기면서, 통치자에게는 식량의 생산과 비축에 관심을 가지도록, 피통치자에게는 식량의 생산과 절약에 주의하며, 통치자와 피통치자의 사이에 위치하고 있는 '사士'와 '관官: 관리'에게는 위로 통치자를 보좌하여 농민의 식량 생산을 격려하는 데 관심을 가지도록 가르치고 있다. 4장의 제목은 '농업에 대한 선현들의 관심[先賢務農]'으로 내용은 전설, 『사기』, 『한서』에서 『당서唐書』에 이르는 역사적 기록 중에서 통치자의 무사안일을 유지하기 위해 일부 '관官'들이 어떻게 농민들의 생산력을 강화시켰는지, '뜻대로 되지 않을 때' 어떤 방법으로 농민을 착취했는지 사례들을 모아 놓았다. 이 두 장은 모두 『제민요술』 서문의 내용을 인용했는데, 『제민요술』 서문에는 전체 내용에 대한 설명뿐만 아니라, "백성들을 안정되게 하고, 그들을 풍족하게 하기 위해 가르치고자 함이다.[要在安民, 富而教之.]"라는 중요한 통치강령을 강조하고 있다. 『농상집요』를 편찬한 사람과 『농상집요』 초판의 서문을 쓴 왕반은 모두 '사士'와 '관官'을 대표하는 사람으로 '농본사상'을 품고 이러한 강령을 옹호한 것이다. 이러한 정치 강령은 착취계급 자신들의 이익을 위한 것이지 '농업지식'을 위한 것이 아니므로, 마땅히 버려야 할 것이다. 인용한 개개인의 행위는 효과적인 면에서는 반드시 부정해야 하며, 기술과 지식은 유용한 면이 있으므로 참고를 위해 남겨 놓았다.

5.

『농상집요』 뒷부분의 아홉 편은 모두 기술 자료이다.

분석 및 계산의 편의를 위해 우리는 이 아홉 편의 자료를 '572조條'로 나누었다.[4] '조'의 계산 기준은 다음의 다섯 가지가 있다.

1. 식물 또는 동물의 종류에 따른 분류
2. 식물의 재배, 동물의 사육 관련 기술에 따른 분류
3. 동일한 기술에 대한 출처에 따른 문헌 분류
4. 전체 기술 중 세부 항목의 크고 작은 변화에 따른 분류: '또한',

4) 자료의 총 조의 수는 사실상 571개이며, 표에서는 권4의 '누에 채반 바꾸기[分擡總論]'장 끝부분에 있는 작은 주에 붙어 있는 '잠경(蠶經)'도 한 조로 쳤기 때문에, 표에서의 '총계'는 572개가 되었다.

'또 다른 방법으로는' 등 별도로 표기하였다.

5. 여러 가지 소소한 사항들의 경우, 일일이 열거하여 이것들을 귀속시킬 수 있는 하나의 체계를 만들어 기록하거나 파악하기 편하도록 했으며, 항목이 많더라도 하나의 조로 만들었다. 예를 들어, 권4의 '잠사잡록蠶事雜錄', 권7의 '매년 해야 할 잡다한 일들[歲用雜事]' 등이다. 이들 572조의 출처를 다음의 표로 정리했다.

표에 나오는 몇 가지 통계는 다음과 같은 사항을 말해주고 있다.

1. 『농상집요』의 사상이나 구조가 『제민요술』을 본뜬 것일 뿐만 아니라, 내용의 주요 출처 또한 『제민요술』이었다는 것이다. 즉, 전체 572조의 기술적인 자료 중에 225조의 출처가 『제민요술』인데, 이는 거의 전체의 2/5(실제로는 39.3%)에 해당하는 분량이다.

2. 금나라 때 만들어진 『무본신서務本新書』와 『사농필용士農必用』 두 서적에서 인용한 내용은 모두 합쳐서 140조로 전체 조의 24.5%를 차지하고 있으며, 주로 양잠부분의 내용을 많이 참고했다.

3. 『사시유요四時類要』와 『박문록博聞錄』은 각각 11.4%와 9.8%를 차지하고 있다.

4. '새로 추가된' 38조의 내용 중에서 최초로 기재된 내용은 조의 수로 봤을 때, 572조의 1/15(6.6%)밖에 안 되지만 가치가 뛰어나다. 『제민요술』에 비해 『농상집요』의 내용이 40여 가지가 많고, 그 중 완전히 새로운 내용은 24가지로, 비교적 이른 시기의 자료이긴 하나 내용이 충분하지 않은 것도 7가지가 있으며, 그 외 5가지는 기술상 많이 개선되었다. 또한 '구곡의 풍토 및 파종에 관한 논의[論九穀風土及種蒔時月]'와 '모시와 목면에 대한 논의[論苧麻木棉]' 두 장은 시기와 지역에 따른 원리를 설명하면서, 농민의 주관과 능동성을 강조했으며, 이론적으로보다 가장 정교하고 발전된 정수를 보여주고 있다.

〈 농상집요 기술자료의 출처 분석 〉

편 / 출처	경간 (耕墾)	파종 (播種)	재상 (栽桑)	양잠 (養蠶)	과채 (瓜菜)	과실 (果實)	죽목 (竹木)	약초 (藥草)	자축 (孳畜)	총계 (%)
제민요술 (齊民要術)	경(耕) 3(F) (3)	수종(收種14[F7,C,Y2,광사(曠史)];곡(穀)11[여(呂),X,F,H3,C];맥(麥)5(X,F2);도(稻)6[주(周),F,C];한도(旱稻);서(黍)4(X, F2);량(粱);대두(大豆)6(X, F3,C);소두(小豆)4(F2);호(蒿);호마(胡麻);마자(麻子)2(F) (58)	종상(種桑);종심(種椹)2(F);이(移);압(壓);행(行);수(修)3;과(科);상잡(桑雜);자(柘)2 (13)	성(性)?;종(種);구(具)2;실(室)2(C);화(火);퇴(槌);하(下);량(涼);질(疾);하(夏) (11)	과(瓜)10(C);용(龍);동(冬)2;호(瓠)(F,J);우(芋)3[F2,열(列)];규(葵)2(C);가(茄);만(蔓) 2;라(蘿);촉(蜀);강(薑)a(C);산(蒜)3(C);해(薤)2(C);총(蔥);구(韭)2(C);수(荽);난(蘭)2[박(博)];임(荏);근(芹) (39)	리(梨)3;도(桃)5;앵(櫻);포도(蒲桃);리(李)4;매(梅)4;내(柰)2;조(棗)4;율(栗)2[혈(頁)];진(榛)3[주(周),육(陸)];시(柿);류(榴);목과(木瓜);제과(諸果)3[C,식(食)2] (33)	죽(竹)3;송(松);유(楡)3(C);양(楊);당(棠);저(楮);괴(槐);유(柳)5[술(術)];추(楸);재(梓);오(梧);작(柞);리(籬);제수(諸樹)4(C);벌(伐)[주(周),C] (31)	자(紫);홍(紅)2;남(藍)2(C);초(椒);수(茱);연(蓮)2;검(芡);기(芰);지황(地黃);목(苜)2 (13)	총(總);마(馬)6;양(羊)5[J2,용(龍)];저(猪)2;계(雞)6[J3,용양(龍養)];아(鵝);어(魚) (24)	225 (39.3)
사시유요 (四時類要)		맥(麥);호(胡) (2)	종심(種椹) (1)		호(瓠);라(蘿);강(薑);균(菌)2;산(蒜);해(薤);총(蔥);구(韭);시(豉);부시(麩豉) (11)	▲ 매(梅);제과(諸果)2;접(接) (4)	죽(竹)2;유(柳);벌(伐) (4)	차(茶);여(蕷)3;출(术);황정(黃精);백합(百合);방(蒡);결(決);앵목(罌苜)2 (12)	마(馬)15;우(牛)8;양(羊)5;저(猪)2;세용(歲用) (31)	65 (11.4)

도경본초 (圖經本草)		저(苧)3[육도(陸陶)] (3)								3 (0.5)
세시광기 (歲時廣記)				욕(浴)2 (2)		제과(諸果) (1)				3 (0.5)
박문록 (博聞錄)			상종(桑種);자(柘) (2)	하(下) (1)	과(瓜);구(韭);수(荾);파(菠)난(蘭) (5)	포포(蒲萄);은행(銀杏);제과(諸果)4 (6)	죽(竹)6;송(松)3;유(柳);조(皁) (11)	구(构);결(決);국(菊);앵(罌) (4)	마(馬)14;우(牛)13 (27)	56 (9.8)
종시직설 (種蒔直說)	경(耕) (1)	곡(穀) (1)								2 (0.4)
무본신서 (務本新書)		서(黍);완(豌);촉서(蜀黍);마자(麻子) (4)	종심(種椹)4;지(地);이(移)6;압(壓)4;수(修)2;의(義);상잡(桑雜)6 (26)	종(種);욕(浴)2;건(乾);분(粉);우분(牛糞);욕(蓐);실(室);화(火);변(變);하(下);량(凉);사(飼);분(分);초(初);대(大);십(十);잡기(雜忌);족(簇);택(擇);하(夏)3 (23)	우(芋)2;가(茄)2;만(蔓);촉(蜀);산(蒜);남채(藍菜);감로(甘露)	목과(木瓜) (1)	유(楡);제수(諸樹) (2)	자(紫);초(椒);회(茴);여(蕷);구(枸);국(菊);방(蒡) (7)		72 (12.6)
잠 경 (蠶 經)				▲분(分);광(光);광(廣);희(稀) (4)						4 (0.7)
사농필용 (士農必用)		맥(麥) (1)	상종(桑種);종심(種椹)4;지(地)2;이(移)2;압(壓);조(絛);	성(性);종(種)3;욕(浴);건(乾);우분(牛糞);호(蒿);점(苫);구(具)2;실(室);화(火)2;퇴(槌);변(變);생(生);하(下);량(凉);사						68 (11.9)

			행(行);수(修);과(科);접환(接換)9 (23)	(飼)2;분(分);초(初);벽(擘);두(頭)2;정(停)2;화(火)5;잡기(雜忌);족(簇);소(繅)7;하(夏)2 (44)						
한씨직설 (韓氏直說)	경(耕) (1)	곡(穀);맥(麥) (2)	지(地);수(修) (2)	사(飼);화(火);식(植);만(晩);팔(八);족(簇)4;증(蒸) (10)					우(牛)2 (2)	17 (2.9)
상잠직설 (桑蠶直說)				변(變);사(四) (2)						2 (0.4)
농상요지 (農桑要旨)			▲ ▲ 지(地)2;수(修)2 (4)	▲ (모든 글자 위에) 종(種);실(室);퇴(槌);변(變);분(分);하(夏) (7)						11 (1.9)
진지홍 (陳志弘)				▲ ▲ 종(種);실(室) (2)						2 (0.4)
야 어 (野 語)				▲ (모든 글자 위에) 종(種);분(粉);점(苫);분(分) (4)						4 (0.7)
새로 추가		저면(苧棉);구(九);론(論) (4)			서과(西瓜);라(蘿)3;파(菠);와(萵);동(同);현(莧);군(莙)	은행(銀杏);등(橙);매(梅);귤(橘);사(櫨)	송(松);회(檜);칠(漆);조(皂);련(楝);춘(椿);	치(梔);구(枸)3;자(蔗)a;의(薏);등화(藤	봉(蜂) (1)	38 (6.6)

					(9)	(5)	위(葦)2;적(荻);포(蒲)(10)	花);박하(薄荷)(9)		
총계	5	75	71	110	73	50	58	45	85	572 (100)

1. 칸 안의 단어는 장의 제목을 나타냄. 괄호 안의 내용은 간접적으로 인용한 서명을 나타내며, 최대한 첫 번째 단어를 기재했음. 하지만 혼동을 피하기 위해 때로는 두 번째 글자 또는 세 번째 글자를 썼음. 또한 분별이 힘든 경우에는 두 글자를 쓰기도 했음.
2. 제목을 나타내는 글자 뒤의 숫자는 조(條)의 수를 나타내며, 숫자가 없는 것은 조가 하나뿐인 것임.
3. 숫자 뒤의 괄호 안의 간접적으로 인용한 서명의 경우, 일부는 중국어 병음의 성모로 표기했으며, 일부 단어에 대한 해석은 다음과 같음. 뒷부분의 숫자는 조의 숫자임.

C=최식(崔寔); F=범승지서(氾勝之書); H=한서(漢書); J=가정법(家政法); X=효경원신계(孝經援神契); Y=잡음양서(雜陰陽書); 하(夏)=하소정(夏小正); 여(呂)=여씨춘추(呂氏春秋); 사(史)=사기(史記); 주(周)=주관(周官); 용(龍)=용어하도(龍魚河圖); 양(養)=양생론(養生論); 육(陸)=모시초목조수충어소(毛詩草木鳥獸蟲魚疏); 도(陶)=명의별록(名醫別錄); 술(術)=도주공술(陶朱公術)

(▲)작은 글씨의 주가 나온다는 것을 나타냄; 장명의 앞은 모두 작은 글자임을 나타냄; 장명 다음에 나오는 (▲)는 한 조의 작은 글자를 나타냄.

6.

『제민요술』은 과거의 자료를 인용할 때 출처의 표기와 원문의 기록이라는 두 가지 점에서 대단히 신중하고 엄격한 태도를 취했다. 『농상집요』는 이러한 장점을 매우 잘 이어받았고, 이 점은 그 이후의 농서들과는 비교할 수도 없을 정도로 훌륭하다.[5] 『제민요술』은 서적을 인용할 때 원서의 시대적인 순서에 주의를 기울이기는 하였으나, 일부 어수선하게 정리된 부분이 다소 존재한다. 그러나 『농상집요』의 인용 서적은 시대적인 순서가 뒤바뀐 것이 전혀 없다고 할 수 있다. 현재 전본殿本 계통의 판본은 『영락대전』의 여러 가지 내용을 합친 형식을 답습했기 때문에 이를 알아차리기가 어렵다. 격치총서본格致叢書本은 직접 인용한 서적의 서명은 줄을 바꾸고 들여쓰기를 하지 않았으며, 간접 인용한 서적은 칸을 띄어 쓰거나 흑점으로 표기했는데, 이는 원간본元刊本의 원래 형식이다. 유문흥劉文興의 말에 따라 원간본의 남아 있는 부분을 살펴보면, 직접 인용한 서적의 서명은 검은 바탕에 흰 글자로 새겼고, 간접 인용한 서적은 칸을 띄어 쓰거나 흑점으로 표기했다고 한다. 검은 바탕에 흰 글자로 된 책이 지금도 존재한다. 원간본이 명각본明刻本에 비해 맥락이 더욱 명확하다. 우리는 지금 교주본을 원간본에 가깝게 '복원'하기 위해 최선을 다했다. 원간본은 없어진 것이 있고, 격본은 페이지가 누락되거나 잘못된 부분이 있기 때문에, 이번 복원은 우리의 주관적인 판단이 섞여 있어 틀린 곳이 전혀 없다고는 할 수 없지만, 유통되고 있는 전본에 비해서는 확실히 개선된 점이 있으며, 이번 복원을 통해 『농상집요』에서 인용한 서적의 시대적인 순서가 조금 더 이해하기 쉬워졌다고 자신하는 바이다. 예를 들어, '파종'편

5) 왕정(王禎)의 『농서(農書)』는 이 두 가지 점이 매우 약하다. 『농정전서』의 현재 전본은 인용한 서명이 틀린 것이 매우 많으며, 원문을 삭제하거나 고친 것은 더 많다. 『수시통고』는 『농정전서』에 비해서는 좀 낫지만 엄격하게 대조할 만한 자료는 못 된다.

의 '조파종[種穀]'장은 전본에는 잘못된 곳과 뒤집힌 부분이 있었으나, 복원된 후에는 다음과 같이 전장의 내용이 정리되었다.

1. 『제민요술』 인용: (1) 『제민요술』의 본문, (2) 『제민요술』에서 원래 인용한 『여씨춘추呂氏春秋』, 『효경원신계孝經援神契』, 『범승지서氾勝之書』, 『한서漢書』 「식화지食貨志」('조과능위대전[趙過能爲代田: 대전법(代田法)에 능했던 조과(趙過)]'절 포함), 최식崔寔의 『정론政論』, (3) 가사협賈思勰의 『정론』에 대한 비판(작은 주)이 포함된다.

2. 『종시직설種蒔直說』 인용

3. 『한씨직설韓氏直說』 인용

「재상栽桑」편의 「종심種椹」장:

1. 『제민요술』 인용: 『제민요술』 본문과 『범승지서』 포함.

2. 『사시유요四時類要』

3. 『무본신서』

4. 『사농필용』

마찬가지로, 「죽목竹木」편의 「종죽種竹」장의 자료 구성을 추측해 보면 다음과 같다.

1. 『제민요술』

2. 『사시유요』의 두 조

3. 『박문록』에 인용된 '월암종죽법月菴種竹法'에서 한 조, 『몽계(망회록)[夢溪(忘懷錄)]』에서 한 조, 『지림志林』에서 두 조, 『쇄쇄록瑣碎錄』에서 두 조.

이처럼 엄격한 시대적 순서가 있기 때문에, 아홉 권의 기술적인 자료에 인용된 13가지의 서적을[6] 각 권에서 나타난 순서에 따라 정리해서 참고로 할 수 있는 방법을 모색할 수 있었다. 자료의 출처를 분석한 표에는 잠정적으로 원서의 시대에 맞는다고 생각되는 순서로 배열하였다. 지금 이들 13가지의 서적을 전체적으로 간단히 설명해 보면, 『제민요술』과 『도경본초圖經本草』는 매우 익숙할 것으로 생각되며, 전재하여 인용한 서적을 원래 인용된 순서대로 열거했다. 나머지 11가지는 왕육호王毓瑚 교수의 『중국농학서록中國農學書錄』 초판[중화서국(中華書局), 1957], 신판[농업출판사(農業出版社), 1964]에서 이미 10가지가 소개되었으며, 『중국농학서록』의 페이지를 기록해 놓았으니 왕육호 교수의 저서를 참고하기 바란다.

1. 『제민요술』: 본서에 인용된 원서의 정문正文 외에, 간접적으로 전재하여 인용된 것에는 다음과 같은 서적이 있다.

(1) 『하소정夏小正』, (2) 『주관周官』, (3) 『예기』, (4) 『맹자孟子』, (5) 『여씨춘추』, (6) 『회남자淮南子』, (7) 위서緯書 『효경원신계』와 『춘추고이우春秋考異郵』, (8) 『사기』, (9) 『한서』, (10) 『범승지서』, (11) 최식의 『사민월령』과 『정론』, (12) 『사광점師曠占』, (13) 『잡음양서雜陰陽書』, (14) 『박물지博物志』, (15) 『열선전列仙傳』, (16) 『식경食經』, (17) 『가정법家政法』, (18) 『용어하도龍魚河圖』, (19) 『양생론養生論』, (20) 육기陸璣의 『모시초목조수충어소毛詩草木鳥獸蟲魚疏』.

2. 『도경본초』: 육기의 『모시초목조수충어소』와 도홍경陶弘景의 『명의별록名醫別錄』을 전재해서 인용했다.

3. 『사시유요』: 왕육호 교수의 『중국농학서록』 초판 89쪽과 신판 109쪽에 소개되어 있다. 『농상집요』에서 인용한 순서는 모두 『제민요술』의 뒤, 『박문록』의 앞이다. 『박문록』은 남송시대의 서적이며, 『사

6) 자료의 직접적인 출처의 경우, 우리가 확신하는 것은 14가지이다. 그 중에 '진지홍(陳志弘)'의 서명은 알 길이 없으며, 원래의 서명을 아는 것은 13가지뿐이다.

시유요』가 남송시대 이전의 책이라는 사실은 확실한 증거가 있다. 1962년 일본 야마모토서점山本書店에서 영인한, 모리야 미츠오守屋美都雄 교수가 '해설'이 뒤에 붙어 있는 조선각본 『사시찬요四時纂要』(왕육호 교수의 『중국농학서록』 신판 48쪽의 내용 참조)와 맞춰본 결과, 본서에서 인용한 『사시유요』의 각 조는 '제과諸果'장의 작은 주에 있는 두 군데를 포함하여 모두 『사시찬요』에 있으며, 자구字句상 약간의 차이가 있다. 권7의 「세용잡사歲用雜事」는 『사시찬요』의 매월 끝부분에 있는 「잡사雜事」항에 보이지만, 『사시찬요』의 「잡사」에 원래 있던 내용 중 농업생산과 관계없는 조의 경우, 『농상집요』에서 인용하지 않았다. 『사시유요』와 『사시찬요』의 관계에 대해서는 결론을 내릴 수가 없다[권2의 교44, 주26), 51), 권3의 주7), 55), 권5의 교31, 주16), 17), 36), 44), 45), 51), 55), 60), 63), 79), 80), 92), 106), 111), 안 ⑯, ⑰, ⑱, 권6의 교16, 51, 58, 주 5), 6), 29), 42), 47), 60), 63), 65), 67), 69), 70), 71), 72), 76), 78), 권7의 교2, 4, 5, 8, 13, 21, 주3), 7), 19), 21), 29), 안 ⑥, ⑦, ⑧, ⑳].[7)]

4. 『세시광기歲時廣記』: 남송시대 진원정陳元靓이 모은 개인 '유서類書'이다. 『중국농학서록』 초판 84쪽과 신판 102쪽에 소개되어 있으며, 권4의 주8)(『집정력集正曆』을 전재하여 인용하였으며, 안에 설명이 있다.)과 권5의 주 참조.

5. 『박문록』: 이 역시 진원정이 모은 개인 '유서'이다. 예찬倪燦이 찬집한 『송사예문지보宋史藝文志補』의 자부子部 잡가류雜家類에 보인다. 권3의 주3) 참조.

---

7) 역자주 이 부록에 등장하는 주), 교), 안)의 번호는 석성한, 『농상집요교주』, 농업출판사, 1982에 근거한 것이다.

6. 『종시직설』: 『중국농학서록』 초판 87쪽, 신판 106쪽에 소개되어 있다. 권2의 주8) 참조.

7. 『무본신서』: 『중국농학서록』 초판 88쪽, 신판 106쪽에 소개되어 있다. 권2의 주70)과 112) 참조.

8. 『잠경蠶經』: 『중국농학서록』 초판 45쪽, 신판 52-53쪽에 소개되어 있다. 권4의 주29)에 설명이 있다. 『농상집요』의 인용서적의 순서를 가지고 시대를 확정할 수 없다. 권4의 주29)의 위치는 작은 인용문이 붙어 있던 곳이다. 만약 이 작은 주가 『사농필용』에 원래 있었다면, 『사농필용』 이전에 있었다는 것으로 볼 수 있지만, 이 점은 판단할 만한 충분한 근거가 없기 때문에, 일단은 그대로 배열했다.

9. 『사농필용』: 『중국농학서록』 초판 87쪽, 신판 107쪽에 소개되어 있다. 권2의 주), 권3의 주) 참조.

10. 『한씨직설』: 『중국농학서록』 초판 87쪽, 신판 106쪽에 소개되어 있다.

11. 『상잠직설桑蠶直說』: 권4의 주26) 참조. 『농상집요』에는 큰 글자로 새겨진 조가 있는데, 이는 초판에 있던 자료로 지원 10년 이전의 서적인 것으로 추정된다. 하지만 별다른 증거가 없기 때문에 단정할 수는 없다.

12. 『농상요지農桑要旨』: 『중국농학서록』 초판 88쪽, 신판 107쪽에 소개되어 있다. 권3의 주27), 권4의 주) 참조.

13. 『야어野語』: 권4의 주4) 참조.

7.

해방 후, 국내의 각 부서와 개인은 모택동 주석의 지시에 호응하여 중국의 농서를 정리하였다. 예부터 전해 내려오던 국내 농서들이 모두 재출판되었고, 그 과정에서 수많은 서적들이 정교한 교주작업을 거쳐서 정리되었다. 하지만 실용성이 매우 높은 농서인 『농상집요』는 정리되지 않았을 뿐만 아니라, 다시 출판된 서적조차 없었다. 1955년부터 필자는 고농서 정리 프로젝트에 참여하였으며, 교주의 기초적인 교정작업에 최선을 다했다. 부족한 인력으로 『농정전서』와 『수시통고』 두 책의 작업에 매진하고 있을 당시, 일찍이 전문가들이 1958년도에 이 책을 출판하기로 계획했다는 얘기를 들었다. 『농정전서』에 인용된 『농상집요』의 양은 적지 않은데, 강성의康成懿는 『농정전서』에 인용된 문헌 탐구에서 170개로 추정했고, 우리의 기준으로 조를 나누어 보면 실제로는 300조도 넘는다. 이러한 조에 대한 문제를 우선 해결하지 않는다면, 『농정전서』 문제도 해결되지 않을 것이다. 강성의 선생은 북경도서관 선본실善本室의 협조를 두 번 받은 적이 있는데, 그곳의 선본善本을 이용하여 교校를 하고, '노교盧校'와 '부교傅校'를 기록했으나, 여전히 의문점이 많았으며, 결정하기가 쉽지 않았다. 1962년 농업출판사農業出版社에서 출판 계획을 조정할 때, 우리에게 『농상집요』도 함께 작업할 것을 제안하였다. 1963년, 중국 서북농학원의 당위원회는 상부의 결정에 따라 『농상집요』 정리를 본원의 연구과제로 결정하고, 필자에게 책임을 맡겼다. 그 해 12월, 『농정전서』의 교를 다시 정리하는 작업에 참여하면서 정리작업의 모색을 시작하였다. 상해도서관上海圖書館은 우리를 대신해 격치총서본의 부본副本을 옮겨 적어 강성의가 기록한 '노교', '부교'와 비교할 수 있도록 협조해 주었으며, 이렇게 틈틈이 교와 주, 안 작업을 했다. 올해 2월부터 4월까지 두 달이 넘는 시간 동안 모든 교주를 한 차례 정리하였으며, 정문을 교정 후의 형식에 따라 정리했고, 강의안姜義安 선생이 권1, 2의 '교', '주', '안'을 대신해서 옮겨 쓰는 것으로 기초 작업이 완성되었다. 지식과 작업시간의 제약, 정신과 체력적인 한계, 게다가 작년 가을에 왼쪽 눈의 초기 백내장이 발견되면서 업무 효율이 더욱 떨어졌으므로, 이번 작업의 수준이 기대에 미치지 못한다는 것을 잘 알고 있다. 지금 미진하나마 내놓은 이 '미완성품'이 많은 사람들이 비판하고 수정하는 자료로서, 잠시라도 일부 부족한 부분을 메울 것이다. 앞으로 더욱 뛰어난 학자가 이 '미완성품'을 이용해 멋진 완성품을 완성할 수 있길 바라며, 여러분 앞에 내놓는다.

1965년 4월 14일 석성한石聲漢

서북농학원西北農學院

부록 2
附錄二

원각대자본[元刻大字本]『농상집요』의 우월성[1)]

원대元代 가장 중요한 종합 농서인『농상집요』는 농상農桑과 수리水利 문제를 전문적으로 관리하는 중앙기구인 대사농사大司農司에서 주관하여 편찬한 책이다. 이 책을 편찬한 사람은 맹기孟棋, 창사문暢師文, 묘호겸苗好謙 등이고, 장문겸張文謙도 이에 참여한 듯하다.

책은 모두 7권이며, 대략 6만5천여 글자로 구성되어 있다. 이 책은 원 세조世祖 지원至元 10년(1273년)에 간행되었는데, 이때는 원나라 초기로서 이미 금金은 멸망했지만, 아직 남송南宋을 통일하지 못하여 조정에서는 농업의 부흥과 발전을 매우 중요시하였던 때였다.

이 책 속에는 작물재배, 양식업養殖業과 가공업 등 여러 방면의 내용이 포함되어 있다. 북방의 한지旱地농업을 주요 대상으로 하고 있는 상황에서 '잠업[桑]'의 위치가 점차 상승하여 '농업[農]'과 대등한 위치에 도달함에 따라 이 책 이름 속에 양자가 나란히 자리 잡게 되었다.

자료의 인용은 간결하면서 번거롭지 않게 하고, 서술은 소박하지만 핵심을 잘 제시하고 있으며, 미신적인 부분은 차단하고 실용적인 면을 중시하였다. 본서는 분명히 상당한 농학農學 수준을 지닌 훌륭한 농서이며, 당시의 농업생산에 크나큰 추동작용을 일으켰고, 후세에도 깊은 영향을 끼쳤다.

---

1) 이 글은 무계유교석(繆啓愉校釋),『원각농상집요교석(元刻農桑輯要校釋)』, 농업출판사, 1988의 「대서(代序)」의 일부인 1~3쪽을 번역 소개한 것이다.

다만 이 책은 관찬 농서이었기 때문에 단지 조정의 중앙관리[朝官]나 농업생산을 독려하는 권농관에게만 배포되어 민간에서는 구해보기 어려웠다. 이 때문에 원대의 각본刻本은 후대에 전해진 것이 매우 적었다. 명대에 비록 다시 인쇄되었기는 하지만, 당시 복각된 책은 잉크 번짐이 좋지 않고 질도 높지 않아 현재에도 매우 보기 어렵다.

오늘날 흔히 볼 수 있는 『농상집요』의 판본은 단지 청대의 『무영전취진판총서武英殿聚珍版叢書』본 계통에서 내려온 복각본復刻本과 보급용 활자본[排印本]이다. 이것이 바로 교석에서 간단하게 전본殿本이라고 하는 것이다.

전본의 원조본元祖本은 『영락대전永樂大典』본으로, 원서는 7권으로 되어 있었으나, 『영락대전』의 편찬자가 이를 두 권으로 묶어 편찬했으며, 『사고전서四庫全書』 편찬자는 『영락대전』을 편집하면서 다시 또 7권으로 나누었다.

합치고 분리하는 과정에서 편篇, 장章이 나뉘거나 합쳐지고 또는 수정하거나 빠지기도 하여 원각元刻 원래의 모습과 많이 달라진 것이다. 그동안 문장이 잘못되었거나 빠지고 덧붙이고 다시 쓴 것 등등이 일일이 열거할 수 없을 지경이다.

이런 잘못들 중에는 일부 『영락대전』을 편찬하면서 생긴 것을 제외하고는 대부분은 확실한 근원도 알 수 없다. 아마 합치고 분리하고 다시 편집하는 과정에서 몇 차례 거듭 옮겨 새김에 따라 생긴 현상으로 보인다. 이런 것이 아니라면 『영락대전』이 참고한 어떤 원대 각본刻本 역시 질이 좋은 상태가 아니었을 것이다.

상해도서관이 현존하는 유일본인 원각대자본元刻大字本을 영인하여 소장하고 있었던 것에 감사드린다. 이 책은 편집 배열이 정연하고, 본문과 소주小注의 구분[主次]이 분명하며 품질이 매우 뛰어나다. 이 책을 전본殿本과 대비해보면, 비로소 전본이 원서原書로서의 우수성이 떨어진다는 것을 명확하게 알 수 있다.

전본이 원서가 지닌 우수성에서 크게 떨어진다는 것은 중요한 문제이다. 그러나 다른 한 측면에서 보면, 그것 또한 원각元刻이 잘못되고 누락된 부분을 어느 정도 바로잡고 보완하였다.

두 책을 비교해보면 비록 바꾸기 쉬운 것은 다소 보충하고 바로잡았을지라도 바로잡기 곤란한 것은 여전히 많이 남아 있어 문제가 심각하다. 이른바 쉽게 바꿀 수 있는 것들은, 한 번 보기만 해도 바로 글씨가 잘못되었음을 알 수 있다거나 혹은 원서와 대조하여 보고 조사하면 바로 보충하거나 고칠 수 있는 것들이다. 전본의 보정補正은 대부분 이런 범주에 속한다. 고치기 힘든 것은 간혹 『영락대전』에서 나온 것이거나 혹은 조사할 책이 없었다거나 농사에 밝지 못했기 때문이거나 이해 잘못 등의 다양한 원인으로 인해 잘못을 고치지 않고 방치한 것이다. 간혹 이와 같은 것들은 고쳤다 하더라도 합당하지 않고, 그 위에 다시 한 번 더 쓰고 새김으로써 잘못이 많아지게 된 것들이다.

『사고전서』의 편찬자가 비록 일찍이 교감하여 고치려고 노력했을지라도, 전본에 남아 있는 문제에는 여전히 심각한 부분이 적지 않다. 고치기 쉬워 이미 고친 곳도 100여 곳이 되며, 고치기가 어려워 남겨둔 것도 300여 곳이나 된다. 이들 양쪽이 현격하게 다르다고 해서 옛사람들의 탓을 할 수 없다. 다행히 원각대자본元刻大字本에 따라 잘못을 수정하여 『농상집요』 그 본래의 모습을 되돌릴 수 있었다.

부록 3
附錄三

『농상집요교주農桑輯要校注』 약례

1. 『농상집요교주農桑輯要校注』는 청나라 건륭乾隆연간[1]에 소주부蘇州府에서 복각覆刻한 '무영전취진판武英殿聚珍版'본(이후 전본殿本으로 약함)을 기초로 정리·교정하여 만든 것이다. '전본殿本'의 복각본은 아주 많은데, 소주부에서 새긴 소자본小字本은 정서淨書 및 교정, 대조가 기존의 절강본浙江本, 복건본福建本에 비해 더욱 정교하고 정확하다. '전본'은 편篇과 목目으로 나누어져 있는데, 이는 『영락대전永樂大典』에서 모을 때 나눈 것으로 원나라 간본刊本의 원래 모습 그대로가 아니다. 원나라 간본에 따라 교정한 몇 편의 '교본校本'과 명나라 때의 각본刻本에 근거하여 일부 혼란스러운 부분을 교정했다. 또한 '교본'과 명본明本을 대조하여 일부 누락되었거나 잘못 쓰인 글자와 췌사[衍字]들을 보충하고, 교정한 후 주注를 붙였다. 전부 근대의 구두점 및 끊어 읽기 표시를 했으며, 내용을 고려하여 다시 단락을 나눴다.

---

1) 소주부 각본 끝부분에 변체문(騈體文)의 '공기(恭紀)'가 있는데, 청나라 고종이 강남(江南)에 조서를 내려 『무영전총서(武英殿叢書)』를 편찬하게 했으며, 소주부가 이러한 임무를 맡게 된 경과를 서술하고 있다. 문장의 끝부분에는 살재(薩載), 민악원(閔鶚元), 팽원서(彭元瑞), 대제원(戴第元) 등 관리 및 참여자 명단이 기재되어 있다. 『중국인명대사전(中國人名大辭典)』에 따르면, 이들은 모두 건륭연간의 사람으로 이 책이 새겨진 것은 건륭연간이라는 것을 알 수 있다. 다만, 책에는 연월에 대한 기록이 없어 도대체 어느 해에 새겨진 것인지 알 수 없다.

2. 교校에 사용한 판본版本을 모아보면 다음과 같다.

1) '**노교**盧校' 북경도서관 소장으로, '계미癸未'(1943)년에 부증상傅增湘이 노문초盧文弨가 '원간본元刊本' 및 '별본別本'에 의거하여 대조하고 교정한 것을 손수 기록한 '전본'이다. 노문초가 사용한 저본底本 역시 전본으로, '원간본'에 근거한 곳은 권2, 권3 및 일부가 손상된 권6밖에 없다. 없는 페이지의 시작과 끝부분을 비교해 볼 때 아래에서 언급할 '유교劉校'가 근거한 '원간대자본元刊大字本'이 맞는 듯하다. '별본'이 무엇인지에 대해서는 별다른 언급이 없지만, 원간본이나 전본은 아니며 아마 명나라 때 새긴 『전원경제田園經濟』 또는 『격치총서格致叢書』와 같은 서적 중 하나일 것이다.

2) '**부교**傅校' 북경도서관은 부증상의 또 다른 수교본手校本을 소장하고 있는데, 청나라 광서光緖 25년(1899년) 광아서국廣雅書局에서 복각한 전본을 저본으로 하고, '원간' 및 '명판明版'을 대조하여 교정한 것이다. 교정한 내용은 줄 바꾸기 및 띄어쓰기 등으로, 교정 내용이 '노교'에 비해 더욱 상세하며, 누락되었거나 잘못 쓰인 글자와 쓸데없는 글자 등에 대한 보충과 교정이 많아졌으나 끊어 읽기는 '노교'에 비해 적다. 근거로 삼은 원간의 권수 및 누락된 페이지는 '노교'와 모두 동일하며, '명판' 또한 '노교'에서 사용한 것과 거의 비슷한 듯하다.

3) '**유교**劉校' 서북농학원西北農學院 도서관에서 소장하고 있는 점서촌사漸西村舍 복각 '전본'에는 보응寶應 유문흥劉文興 선생이 조부 유악운劉嶽雲의 저서를 옮겨 적은 것이 있으며, 모두 '원간대자본'과 대조하여 교정한 것이다.[2] 이 '원간대자본'의 출처는 청나라의 내각대고內

2) 1957년 1월, 유문홍 선생이 난주(蘭州)에서 본원의 부탁으로 옮겨 적었다. 그의 또 다른 논문인 「고농서희소본: 원간대자본 『농상집요』(記古農書罕見本: 元刊大字本 『農桑輯要』)」에서는 『농상집요』의 원간의 잔본(殘本)의 상황에 대해

閣大庫로 항일전쟁 중에 유실되었다. 원서는 이미 훼손됐으며, 권2, 권3 두 권 및 권6의 일부가 남아 있다.

이상 원간본을 대조하여 교정한 세 종류의 교본은, 교를 붙인 조條의 수가 많고 적음의 차이는 있지만(전체 조의 수는 '부교'가 가장 많고, '노교'가 가장 적다.), 누락되었거나 잘못 쓰인 글자와 췌사[衍字]에 대한 교정과 그 내용은 거의 동일하다. 이 세 종류의 교본을 인용함에 있어 특수한 몇 개의 조에 대해서만 내력을 기록했으며, 그 외에는 모두 '원본元本'이라는 대표적인 명칭을 차용하여 교정 자구字句가 너무 장황해지지 않도록 했다.

4) '**격본**格本'　　상해도서관은 명나라 호문환胡文煥이 새긴 『격치총서格致叢書』본(105~108, 총 4책冊)을 소장하고 있다.[3] '격본'은 대개 당시 전해지던 특정 원간본에 근거하여 복각한 것이다. 때문에 잘못 줄이거나 누락된 페이지가 매우 많긴 하지만(권3이 특히 심함), 권과 조에 대한 분류는 『영락대전』에서 찬집한 '전본'과 달리 혼란스럽지 않다는 점에서 전본보다 낫다. 그 외에, 줄 바꾸기와 띄어쓰기 역시 비교적 규칙적이다. 인용한 서명 중 1차 자료는 대부분(아쉽게도 전부는 아니지만) 괄호로 아래, 위에 표시함으로써 원간본에서 인용한 원래 서명과 구별할 수 있게 하였는데, 이것은 아주 귀중한 장점이다. 누락되었거나 잘못 쓰인 글자와 쓸데없는 글자는 명나라 중엽 이후에 새겨진 서적의 공통된 문제이다. '격본' 역시 예외가 아니어서, 맞춰본 결과 문제가 전혀 없는 완벽한 페이지는 한 장도 없다는 것을 발견하게 되었다. 때문에, 모든 '격본'은 전본의 잘못된 부분에 대해서는 교를 붙였으나, '격

기술하고 있다.

3) 상해도서관의 협조 하에, 구(瞿)선생님이 본원을 대신해 정성스럽게 베껴주셨다.

본' 자체의 잘못된 부분에 대해서는 일일이 교를 달지 않음으로써 문장이 과도하게 복잡하고 장황해지는 것을 피했다.

5) '전본殿本' 소위 『무영전취진판총서武英殿聚珍版叢書』의 전본으로 원래는 모두 목활자로 조판하여 인쇄한 것이다. 하지만 후에 각지에서 복각된 '전본'은 대부분 청나라 고종高宗의 『어제제무영전취진판십운御制題武英殿聚珍版十韵』의 시詩와 서序가 권두의 앞에 새겨져 있으며, 권두의 목록 아래에도 『무영전취진판』이라는 몇 글자가 새겨져 있기는 하나, 전체 조각 중에 일부 조각일 뿐, 식자植字하여 인쇄한 것은 아니다. 『농상집요』의 '전본' 역시 마찬가지이다. 우리가 사용한 '소각蘇刻[4]'은 판면은 20×14cm밖에 안 되며, 때로는 목판의 줄에 갈라진 흔적도 보인다. '민각閩刻[5]'은 판면의 중간 부분에 갈라진 곳이 더욱 많다. 원래 『영락대전』에서 『농상집요』를 모을 때 초사본鈔寫本이 있었을 것이나, 현재 보이지 않고 문진각文津閣의 '고본庫本'과도 대조해볼 수 없다.[6] 심지어는 목활자로 조판 인쇄한 '전본' 원서조차 보지 못했다. 우리가 사용한 것은 권두의 서문이 없는 복건 복각본覆刻本과 현재 교주본의 저본인 소주부蘇州府 각본刻本뿐이다. 그 외에 중화서국中華書局의 『사부비요四部備要』 배인본排印本[7]을 사용하였는데, 『절강국각본浙江局刻本』 배인본에 근거한 것이라고 표기되어 있다. 상무인서관商務印書館의 『총서집성叢書集成』 초판 배인본은 '거취진본據聚珍本'에 근거하여 배인한 것이다. 대조와 교정 작업을 하면서 소각蘇刻의 정서가 가장 정확하고, 민

4) 역자주 소주 복각본.

5) 역자주 복건 복각본.

6) 호도정(胡道靜) 선생님과 사적인 편지를 주고받던 중 문진각(文津閣) 소장본의 『농상집요』를 교석 작업에 참고할 필요가 있다는 의견을 들었으나, 하지 못했다.

7) 역자주 널리 읽히도록 출판하여 내놓은 서책의 종류이다.

각, 절각浙刻[8]의 누락되었거나 잘못 쓰인 글자와 쓸데없는 글자가 소각에는 없어서 일부의 경우 소각이 『총서집성』 배인본이 근거로 한 전본의 원본보다도 더 낫다는 생각이 들었다. 지금 교를 붙이면서, 이들 복각본 및 다시 만든 배인본이 완전히 일치하는 부분은 '전본'이라는 명칭을 사용하여 표기하였으며, 각 복각본마다 차이가 있는 경우는 각각 '소각', '절각', '민각'이라고 밝혔다.

6) '**점본**漸本'　　청나라 광서 을미乙未(1895)년 중강각서中江榷署에서 발행한 『점서촌사총서漸西村捨叢書』본 『농상집요』는 '전본'을 저본으로 하여 교정한 것이다. 뒤에 첨부한 장행부張行孚의 『잠사요략蠶事要略』 권1로 보아, 근거로 한 '전본'은 취진본 원서가 아니라 절각본인 듯하다. 교주본의 교 가운데에서 '점본'과 '전본'이 일치하는 것은 기록하지 않았고, 일치하지 않는 것은 '점본'이라고 기재했다.

3. 교주본 중에 교를 수정한 항목으로는 다음의 다섯 종류가 있다.

1) '**전본**殿本'　　권1, 권2는 권과 편의 분류에 착오가 있어 '원본元本', '격본'에 근거하여 교정했다.

2) '**전본**殿本'　　권3의 편과 목 분류는 '교원본校元本'에 근거할 만한 교가 있어서 이에 따라 교정했다. '격본'은 앞뒤로 순서가 바뀐 것은 물론 그 외의 착오가 많아 근거로 삼기에는 부족하므로 교기校記하지 않았다.

3) 권4, 권5, 권6, 권7의 편과 장의 분류 체계는 전본이 『영락대전』

---

8) 역자주 절강 복각본.

의 '혼란스러움'을 그대로 답습했으므로, 권6은 원본의 남아 있는 페이지의 교에 따라 일부 수정했으며, 나머지 원본이 손실된 부분은 '격본'을 따랐다.[9]

4) 누락되었거나 잘못 쓰인 글자와 췌사[衍字]는 모두 '원본', '격본', '전본' 중에서 선택하여 결정했다. 선정 기준은 우선 각 서적에 인용하고 있는, 현존하는 비교적 상태가 양호한 판본과 맞춰 봐서(특히 근래 들어 새로 나온 교정본), 이들 판본과 일치하는 것을 최대한 우선적으로 선택했다. 그리고 일부는 나중에 나온 왕정王禎의 『농서農書』와 서광계徐光啟의 『농정전서農政全書』 중의 인용문을 참고하여 결정했으며, 또 일부는 주관적인 판단에 의존할 수밖에 없는 것도 있었다. '원간', '명판'에 얽매이지 않고, '사실과 부합', '이론과 부합', '문장의 뜻과 부합', '근대 습관과 부합' 등을 원칙으로 삼았다. 여기에는 잘못된 점도 많을 것이며, 전통적인 교정 '가법家法'에 위배되는 것도 있을 것이나, 지금의 독자들이 활용하기에는 더욱 편할 것이다. 각 본의 공통점과 차이점을 간략하게 기술하여 독자들이 교기 중에서 선택할 수 있도록 했다.

5) 일부 글자는, 원본, 명본, 전본의 표기가 앞부분과 뒷부분에서 다르거나, 또는 동일한 각본에서 대부분은 일치하나 각본 사이에 차이가 있는 것도 있었는데 이 역시 통일하였다. 이에 대해서는 한 번만 언급하고 일일이 교기校記를 달지는 않았다.

(1) '전본'에는 청나라 황제의 이름을 쓰지 않기 위해 고쳐 쓴 글자가 있는데, 우리는 이를 모두 '원간元刊' 및 '격본'에 따라 복원했다.

---

9) '전본(殿本)'의 목록은 기존의 순서가 아닌, 찬집하여 책으로 만든 후의 권, 편, 조의 순서에 따른다. 잔본 원간본은 목록이 없고, 상해도서관에서 소장하고 있는 '격본' 역시 권두 서문과 목록이 없기 때문에 교주본의 현재 순서는 각 권의 교정 후 실제 내용에 따른 것이다. 교주본의 현재 목록은 교정 후 실제 내용과 상황에 따라 다시 배열한 것이다.

'현玄'[청나라 성조聖祖의 이름 현엽玄燁]을 고쳐 '원元', '윤胤'[세종世宗의 이름인 윤정胤禎]자를 바꾼 원문의 자구, '홍弘'은 '굉宏', '역曆'은 '역歷'[고종高宗의 이름은 홍역弘曆]으로 고쳐놓았다. '절각'(동치同治년에 새김)에 나오는 '녕寧'을 '녕甯'으로 고친 것, '순淳'을 '순湻'[선종宣宗의 이름은 민녕旻寧, 목종穆宗의 이름은 재순載淳]으로 한 것은 '소각', '민각'에는 나타나지 않으므로 교정할 필요가 없다.

(2) 때로는 '총叢'자를 '총藂'으로, '습溼'을 '습濕'으로, '롱壠'을 '롱壟'으로, '용蛹'을 '용螃'으로, '견繭'을 '견蠒'으로, '녹두綠豆'를 '녹두菉豆'로 한 것이 있으나, 전자의 표기법으로 통일했다.

(3) '간閒'자는 때로는 '중간'과 '중단되다'의 뜻으로 쓰이고, 때로는 '사이의 공간'이라는 뜻으로 쓰인다. '고대'에는 같은 글자로 통용했으나, 지금의 독자들은 혼동할 수 있으므로 'jiān'과 'jiàn'으로 읽는 것은 모두 '간間'자로 쓰고, 'xián'으로 읽는 것은 '한閑'자로 쓰며, '간閒'자는 전혀 쓰지 않는다. '장場'자는 때로는 토양의 상황을 뜻하고, 때로는 경작지에 만들어진 줄[이 뜻으로 쓰일 경우 '창暘'과 혼용]을 가리키는 것으로 쓰이기도 하고, 때로는 장소를 뜻하기도 한다. '장'자는 토양의 상황[즉 지금 일부 사람들이 '상墒'으로 쓰는 뜻]을 뜻할 때 쓰고, '창暘'자는 '창농暘壠: 밭이랑'의 뜻으로 사용될 때 쓰며, 장소라는 뜻으로 쓰일 때는 '장塲'[우변 머리의 '인人'을 빼면 지금의 습관에 맞다]자로 쓴다. 권4의 '아蛾'자는 때로는 새로 부화한 유충['잠의蠶蟻']을 가리키고, 때로는 날개가 있는 성충['잠아蠶蝨']을 가리킨다. 이러한 '고체古體'자는 혼동을 일으키기 쉬우므로 유충을 가리키는 것은 일률적으로 '의蟻'자로 바꾸고, 성충을 가리키는 것은 '아蛾'자로 남겨놓는다.

(4) 일부 '목木' 변의 글자가 '수扌' 변으로 새겨져서 다른 글자로 잘못 쓰였고, 어떤 때는 '뢰耒'변으로 쓰여 알아보기 힘들다. 특히 '파杷', '파欛', '노槈', '우櫌' 이 네 가지 농기구의 명칭이 이 조組의 대표 경우이며, 특히 두드러진다. 지금은 모두 '목木' 부수로 바꿨다. 그 외에

'곡穀'자를 나무의 명칭으로 쓰면서 다른 곳의 '곡穀'자는 규칙에 따라 '화禾'변으로 바꿨는데, 이 역시 주의를 기울여 교정했다. 이견을 뜻하는 '기歧'는 때로는 '산山'변의 '기岐'로 쓰고, 때로는 '지止'로 썼는데, 이는 모두 '지止'변으로 교정했다.

(5) '두斗'자는 '당唐'자로 새겨진 곳이 몇 군데 있으며, 송나라 때 통용되던 손 글씨체로 쓰인 '두豆斗'는 모두 '두斗'로 바꿨다.

(6) '우于'와 '어於' 두 글자는 줄곧 서로 구분하지 않고 통용되었다. 인용한 각 서적의 내력이 서로 다를 때 각각의 습관에 따랐다. 지금의 독자들은 이 두 글자에 익숙하므로 굳이 통일하지 않았다.

이상은 교감校勘을 대조하면서 발견한 여섯 부류의[10] 차이점과 공통점이다. 상기 (6)번 부류에 모두 교를 달지 않은 것만을 제외하고, (1)~(5)번 부류의 경우 모두 '교석校釋'자를 원문에 기재하였으며, '교석❶', '교석❷' … 등과 같이 각 권에 작은 숫자를 사용해서 순서에 따라 번호를 매겼다. '교'를 다른 줄에 적고, 간격을 두고 배열하였다.

4. 원간의 잔본殘本에 인용한 각 서적은 대개 직접 인용한 것은 서명을 모두 검은 바탕에 흰 글자로 표기하였다. 전재 인용한 서적의 경우는 일반적인 글자를 쓰고 위쪽을 한 칸 비워두었다.[11] 이렇게 구분하면 맥락이 분명하고, 원서에서 사용된 일차자료의 연대순서도 일목요연해지기 때문에 아주 분명한 장점이다. 원간본의 경우 지금은

---

10) 역자주 본문에는 다섯 가지라고 적혀 있으나, 번역문에서도 알 수 있듯이 실제로는 여섯 가지이므로 여섯 가지로 번역했다.

11) 원간본의 실물은 아직 보지 못했다. 남경농학원(南京農學院)의 유육전(劉毓瑔) 교수가 유문홍 교수가 제공한 자료에 근거하여 『농상집요』의 저자, 판본 및 내용[『농업유산연구집간(農業遺產研究集刊)』 제1집 215-226쪽]에 대해 기록한 바 있다. 지금 교주본에 첨부되어 있는 원간본의 판식(版式)과 내용을 보여 주는 페이지는 유육전 교수가 발표한 내용을 빌려 온 것이다. 그 중 '검은 바탕에 흰 글씨'로 쓴 서명을 선명하게 볼 수 있다.

찾을 수 없고, '노교盧校', '유교劉校', '부교傅校'는 원서의 검은 글자와 흰 글자를 적지 않았다. '격본'은 직접 인용한 서적의 경우에는 대부분 괄호로 묶어서 표기하였고, 전재 인용한 서적의 경우 어떤 것은 줄을 바꾸고 표기는 하지 않거나, 어떤 것은 줄은 바꾸지 않고 칸만 띄우거나 칸에 검은 동그라미를 추가했다. 이렇게 해서 원간본의 장점의 흔적은 볼 수 있지만, 앞뒤가 일치하지 않을 뿐만 아니라 누락된 것도 있는 점이 아쉽다. '전본'은 『영락대전』에서 모을 때, 줄과 단락이 나눠져 있지 않아 혼동을 주는 『영락대전永樂大典』의 문제점에서 탈피하지 못했기 때문에 이러한 구분을 볼 수가 없다. 지금은 '격본'에 남아 있는 흔적에 근거하여 원간본의 장점을 남겨 놓는다. 직접 인용한 서적 또는 전재 인용한 서적에 대해서는 그것이 정문正文이든 작은 주에 나온 것이든 간에 모두 서명부호 『 』로 표시했으며, 원서에 '새로 덧붙이기[新添]'라는 표기가 있는 원시 자료에 대해서는 '신첨新添'이라는 두 글자 뒤에 콜론을 찍어서 표시했다. 이렇게 구분을 함으로써 맥락이 분명해지는 효과를 얻을 수 있다. 그러나 근거가 완전하지 않고 부족하기 때문에 이러한 구분에는 착오가 있을 수 있다. '과유불급過猶不及'이라는 말처럼 이러한 복원은 최대한 피해야 하지만, '서비스 정신'에 입각하여 일부 잘못된 부분에 대해서 먼저 착오를 기재하고 향후에도 수시로 수정하도록 한다. 이처럼 일부분에 대해서는 상황에 따라 처리하는 것이 독자에게도 도움이 될 것이다.

5. 조의 제목과 첨부 조의 제목에는 오른쪽 상단에 괄호를 새로 추가했다.

6. 아래와 같은 상황일 경우 각 권마다 아라비아 숫자를 매긴 '주注'—'주1)', '주2)' 로 표기하고 주석을 달아 설명했다.

(1) 각 서적의 인용 출처: 원서가 권으로 나뉘어져 있는 경우는 원괄호를 사용하여 권의 번호를 서명 아래에 기재했다. 권 안이 편 또는 장으로 나누어져 있는 경우, 편명 또는 장명과 번호를 기재하였다. 예를 들어, 『제민요술齊民要術』(四) 「종상자제사십오種桑柘第四十五」에서 (四)는 권의 번호이고, 그 뒤에 쓴 것은 편명篇名이다. 이렇게 함으로써 독자가 원서와 대조할 때 쉽게 찾아볼 수 있게 했다. 각 서적의 판본이 다른 경우에는 페이지가 달라서 페이지 번호를 적어도 적용할 수 없는 경우가 생기기 때문에 기재하지 않았다.

(2) 주관적으로 봤을 때 이해하기 힘든 부분, 잘 쓰지 않는 자구 및 의심이 가는 자구

(3) 주관적으로 봤을 때 분석 혹은 지적할 만한 내용이 있는 경우

(4) 본서에는 『제민요술』을 인용한 자료가 매우 많다. 예전에 『제민요술』을 정리하여 만든 『제민요술금석齊民要術今釋』의 교주는 누락되거나 잘못된 부분이 많아 지금 본서에서 다시 인용하면서 주를 교정했다.

7. 본서에 인용된 서적과 원서 현존본現存本 간에 차이가 있는 부분에 있어서는, 본서의 각 판본 간에 차이가 없는 경우 본서의 자구를 교정하지 않고, 권을 나누면서 '교안校案ⓐ' '교안ⓑ'와 같이 소문자 로마자의 순서에 따라 번호를 매기고 별도의 설명을 달았다. 또한 일반적인 견해를 제시하여 참고할 수 있도록 했다.

8. 본서 각 판본의 큰 글씨와 작은 글씨를 배치하는 데 있어, 특히 권3과 권4 두 권에 이해하기 어려운 부분이 있다. 큰 글씨로 새겨

야 할 '정문正文'이 '원간', '명판'에서 '전본'까지 다 작은 글씨로 새겨져 있다. 이 부분에 대해서는 잠정적으로 바꾸지 않고 그대로 둔다.

석 성 한

서북농학원西北農學院 고농학연구실古農學研究室

1978년 10월

부록 4
附錄四

무영전취진본武英殿聚珍本『농상집요農桑輯要』제요

신 등이 삼가 올리옵니다. 『농상집요農桑輯要』 일곱 권은 원나라 세조世祖 때 사농사司農司에서 찬집하여 반포한 것입니다. 사농사는 지원至元 7년에 설립되었으며, 농업·양잠·수리水利를 관장했습니다, 권농관을 파견하여 고을을 순찰하고, 농사가 잘 되고 있는지를 관찰하여 호부戶部에 전달하였으며, 최고의 목민관을 선정했습니다. 『원사元史』[1]에는 세조 즉위 초기에 농사를 숭상하고 상업과 기술을 경시하도록 명했고, 이에 『농상집요』를 백성에게 반포했다고 나와 있습니다. 『영락대전永樂大典』에 기록된 서적에는 지원至元 10년 왕반王磐의 서序에서 지순至順 3년[2]에 이르기까지 간행된 만부의 정부 문서[官牒]가 있습니다. 이것들을 소천작蘇天爵의 『원문류元文類』에 실려 있는 채문연蔡文淵의 서와

1) "원사위세조(元史謂世祖) ⋯.": 『원사』 권93의 「지사이(志四二), 식화일(食貨一)」의 「농상(農桑)」편의 "세조 즉위 초기에 '나라의 근본은 백성이요, 백성들의 근본은 먹는 것과 입는 것이며, 먹는 것과 입는 것의 근본은 농업과 양잠이다.'라고 천하에 선포했고, 이에 『농상집요』를 백성들에게 반포하여 그들이 농업을 숭상하고 상업과 기술을 경시하도록 명하였다.[世祖卽位之初, 首詔天下, '國以民爲本, 民以衣爲本, 衣食以農桑爲本', 于是頒《農桑輯要》之書于民, 俾民崇本抑末.]"가 바로 본 절에 있는 인용문의 근거이다. 하지만 '세조본기(世祖本紀)'에서는 이 '조서(詔書)'를 찾지 못했으며, 『농상집요』는 아무리 일러도 지원 10년 8월(왕반의 원서에 기재된 연월) 이후이기 때문에, '즉위초기'인 중통(中統: 1260-1263) 연간일 리가 없다. 「본기(本紀)」의 기재에 따르면 이보다 더 늦은 지원 23년(1286)이 된다. 이는 물론 『원사』의 틀리고 누락된 부분이기도 하지만, 『무영전총서(武英殿叢書)』의 찬집인 역시 대조에 소홀했다고 할 수 있다.

2) '지순삼년(至順三年)': 문종(文宗)의 마지막 해로 1332년이다.

합하여, 연우延祐 원년元年[3]에 인종仁宗은 강절江浙의 행성行省에서 새길 것을 명하였습니다. 또한 이후 영종英宗, 명종明宗, 문종文宗[4]이 재차 반포를 명하였습니다. 초횡焦竑의 『경적지經籍志』[5]와 전증錢曾의 『독서민구기讀書敏求記』[6]에는 모두 일곱 권이라고 언급되어 있습니다. 『영락대

---

3) '연우원년(延祐元年)': 1314년으로 인종(仁宗) 3년이다.

4) '영종, 명종, 문종(英宗, 明宗, 文宗)': 1321-1323(영종), 1329.1-1329.8(명종), 1329-1332(문종) 이 13년을 가리킨다. 『원사』 '본기(本紀)'의 기록에 따르면 『농상집요』를 반포한 연대는 다음과 같다.

(1) 세조(世祖) 지원 23년 6월 을사(乙巳)(1286년 6월 23일), "대사농사(大司農司)에서 새로 찬집한 『농상집요』를 각 지역에 반포할 것[以大司農司所定 『農桑輯要』 書頒諸路]"을 명했다.

(2) 인종(仁宗) 연우(延祐) 2년 8월 임인(壬寅)(1315년 9월 25일), "강절(江浙)의 행성(行省)에 『농상집요』 만 부를 인쇄해 유사(有司, 관리)에게 반포하여 조례를 권하고 준수할 것[江浙行省印 『農桑輯要』 萬部, 頒降有司遵守勸課]"을 명했다. (살펴보면, 채문연의 서에 기록된 것보다 1년 늦으며, 이는 『원사』의 기록에 착오가 있는 것으로 보이므로, 채문연의 서에 따른 1314년 9월 21일이어야 한다.) 채문연의 서에는 이때 천오백 부를 인쇄했다는 설명이 있다.

(3) '문종(文宗)' 천력(天歷) 2년 2월 무술(戊戌)(1329년 3월 2일), 『농상집요』와 『재상도(栽桑圖)』를 반포했다. [안: 『재상도』는 묘호겸(苗好謙)이 찬집한 것으로, 인종 연우 5년에 "1,000질(帙)을 인쇄하여, 백성들에게 나누어 주도록 하라.[刊印千帙, 散之民間.]"라고 명한 바 있다. 또한 천력 2년은 사실상 문종이 명종을 대신하여 북경에서 황제가 되었던 해의 연호이다. 명종은 어떠한 조서도 내린 적이 없었으며, 제요에서 언급한 '명종(明宗)'은 단지 '의미 없이 한 구절 더 첨가한 것'일 뿐이다.]

(4) 순제(順帝) 지정(至正) 2년 2월 임인(壬寅)(1342년 3월 28일) 『농상집요』 반포. 이 중에 고증할 만한 영종 때의 조령이 없다. 다만 『원문류』 권36에 있는 채문연의 『농상집요』서에 "지치(至治)로 연호를 바꾼 다음 해에[영종이 연호를 바꾼 후인 지치(至治) 2년] … 500질(帙)을 더 간행하라는 명을 받들었다.[至治改元之明年 … 奉旨復印五百帙.]"라고 언급되어 있다.

5) "초횡경적지(焦竑經籍志)": 명나라 초횡(焦竑)의 『경적지(經籍志)』 권4 하(下)의 자부(子部) 농가(農家)에 "『농상집요』 7권은 원나라의 사농사가 찬집했다.[農桑輯要七卷, 元司農司輯.]"라고 기록되어 있다.

6) "전증독서민구기(錢曾讀書敏求記)": 전증(錢曾)의 『독서민구기(讀書敏求記)』 권3의 '농가(農家)'에 "『농상집요』 7권은, 연우 원년에 황제의 조서에서 '… 이 농상책자는 글씨체가 좋지 않으니, 큰 글씨의 책자로 편찬하라.'라고 했으며, … 강절(江浙) 등 지역의 행중서성사(行中書省事)가 이 판본이 강남(江南)에서 출판

전』은 두 권으로 되어 있는데, 이는 훼손되거나 유실된 것이 아니라 책을 엮을 때 내용들을 합쳤던 것입니다. 지금 이를 다시 일곱 권으로 나눕니다. 방대한 경서와 사서, 제자諸子와 잡가雜家, 실험적인 방법들을 상세하게 대조해 보니, 모두 실제로 사용하는 방법들이었으므로 농상집요가 당시의 귀중한 자료였다는 것은 거짓이 아닙니다. 건륭乾隆 38년 6월,[7] 삼가 교정을 보고, 배상하는 바입니다.

총찬관總纂官: 편수신編修臣 기 윤紀 昀
낭중신郞中臣 육석웅陸錫熊
찬수관纂修官: 시강신侍講臣 추혁효鄒奕孝

된 것을 알고 … [農桑輯要七卷, 延祐元年, 皇帝聖旨里, '這農桑册子字樣不好, 教眞謹大字書寫開板' … 皆江浙等處行中書省事官, 則知是板刊于江南…]"라는 기록이 있다. 이는 『원사』의 "연우 2년에 조칙을 내려…[延祐二年詔…]"는 연대를 잘못 기록한 것임을 증명하는 것이다.

7) "건륭삼십팔년육월(乾隆三十八年六月)": 1773년 7월 하순에서 8월 중순이다. 왕반이 본서의 첫 번째 각본에 서를 쓴 날짜는 1273년 11월 상순으로, 이때는 이미 정확히 500년이 흐른 뒤이다. 왕반의 서문은 본서의 첫 번째 인쇄본이 새겨진 서문에 "판본으로 새겨지다.[鏤爲版本.]"라는 구절이 있다. 후에 쓴 것으로, 책으로 만들어진 것과 새겨진 날짜보다 조금 빠르다.

찾아보기

나

農桑輯要譯註

Nongsangjipyo